FULL STRATEGIES OF ADVANCED MATHEMATICAL PROBLEMS (I)

（上卷）

吴振奎　梁邦助　唐文广　编著

哈尔滨工业大学出版社

内容简介

高等数学是大学理工科及经济管理类专业的重要基础课,是培养学生形象思维、抽象思维、创造性思维的重要园地.

本书从浩瀚的题海中归纳、总结出的题型解法,对同学们解题具有很大的指导作用. 书中的经典问题解析对教材的重点、难点进行了诠释,对同学们掌握这方面知识起到了事半功倍的效果.

本书是针对考研、参加数学竞赛的同学撰写的,对在读的本科生、专科生及数学教师同仁也具有很高的参考价值.

图书在版编目(CIP)数据

高等数学解题全攻略. 上卷/吴振奎,梁邦助,唐文广编著.
—哈尔滨:哈尔滨工业大学出版社,2013. 5
ISBN 978-7-5603-4040-1

Ⅰ. ①高… Ⅱ. ①吴… ②梁… ③唐… Ⅲ. ①高等数学-高等学校-教学参考资料 Ⅳ. ①O13

中国版本图书馆 CIP 数据核字(2013)第 067331 号

策划编辑	刘培杰　张永芹
责任编辑	张永芹　王勇钢
封面设计	孙茵艾
出版发行	哈尔滨工业大学出版社
社　　址	哈尔滨市南岗区复华四道街 10 号　邮编 150006
传　　真	0451－86414749
网　　址	http://hitpress. hit. edu. cn
印　　刷	哈尔滨工业大学印刷厂
开　　本	787mm×1092mm　1/16　印张 39　字数 1153 千字
版　　次	2013 年 5 月第 1 版　2013 年 5 月第 1 次印刷
书　　号	ISBN 978-7-5603-4040-1
定　　价	58. 00 元

近年来，随着高等教育事业的迅猛发展，我国研究生的报考和招收人数逐年增多，这无论是对高校在校学子，还是对已经工作的往届大学毕业生乃至自学者来讲，都无疑提供了极好的继续深造、施展才华的机会。

"高等数学（微积分）"（包括线性代数和概率论与数理统计）是大学理工科及部分文科（如经济、管理等）专业的重要基础课，也是大多数专业研究生入学考试的必试科目。但其内容较为庞杂，涉及分支也多，且题目新颖灵活、花样纷繁多变。这一切常令不少考生因敬畏而却步，也许会留下终生遗憾。

1982年，余在辽宁大学供职，正课之暇，为学校部分打算报考研究生的学子开设了"高等数学复习与试题选讲"选修课，目的是从知识上给学生们一个小结，方法上给他们一点开拓，技巧上给他们些微启迪，让他们多看些、多练些（当时的考研正是方兴未艾之际）。

当时课讲得很辛苦，但学生们学的极认真。教者与学者不断的交流、研讨、切磋，使得两遍下来，讲义便已形成，且由辽宁科学技术出版社于1984年出版，转年增订本再印。

尔后，笔者调天津工作，种种原因，加之机会未逮与环境不济，使笔者终与本书修订再版工作无缘。

一晃20余年过去，时过境迁，感触良多。

随着近年来大学扩招，由于办学条件的限制，学生们对数学学习普遍感到困难，不少学生都希望能有一本数学复习用书，希望这本书的知识面广阔些，内容上丰富些，层次稍高些，这不仅对在校生复习迎考有所帮助，而且对于考研甚至参加数学竞赛也能有益，因为学子们都将同样面临复习、考试，尽管是不同的类型、层次的考试。

此前，北京工业大学出版社将本书曾按学科拆分成："高等数学（微积分）"、"线性代数"和"概率论与数理统计"三册出版。但事后发觉有些读者因无法购得全套书而多有不便，故又将它们合并为二册。

眼下再应哈尔滨工业大学出版社之邀，笔者又将书稿再次修订，如今再由哈尔滨工业大学出版社奉献给广大读者。为此笔者对原书大动刀斧，以使之适应新时代、新潮流、新形势、新变化。

另外，在本书的每章增加了以下内容：

(1) 经典问题解析；

(2) 1987 年以后全国硕士学位研究生招生数学统考试题选讲；

(3) 国内外大学生数学竞赛题赏析。

俗话说："温故知新"，历史也许不会重复，但考试却不然，几年、十几年前的题目，往往又会被改头换面地拿出来，甚至原封不动地"克隆"。了解这些看上去也许有些"陈旧"的试题，细细品味，有时仍感新鲜、别致，不信就请查一查近年的考卷，你总会有"似曾相识"之感。因为"高等数学"内容就那么多，好的试题也就那么一些。正如时尚的流行，一个周期下来，便是旧时尚的复制与翻版（当然不是简单的重复）。

"登高望远"，对考研题乃至竞赛题的了解与赏析，往往会使我们开阔眼界、打通思路，因为掌握蕴涵在这些题目中的匠心、立意、解法、技巧，不仅使我们会有茅塞顿开之感，有时还会使我们大吃一惊，啊哈！原来如此。

本书编写过程参阅了大量文献，天津文登学校也提供了极为宝贵的资料，笔者谨向他们致以谢意。本书修订过程中，年轻的梁邦助、唐文广两老师的加盟，加之哈尔滨工业大学出版社刘培杰数学工作室的编辑精心审读、编辑加工，已使本书增色不少。

尽管笔者十分努力，但精力与体力已使我感到力不从心，幸好有梁、唐两才俊的力助，使我已感轻松不少，但我知道我仍须努力，我也仍会努力，且依旧在努力。

本书的出版唤起了笔者对在辽宁大学工作的那段美好时光的追忆，对昔日的挚友、同仁的怀念，在此也向他们捎去祝福。

笔者也殷切期待着读者的建议、批评和指教，让我们一起将这本书再次修订成功。

吴振奎

2012 年 8 月

目 录

数学分析与空间解析几何篇

数学分析与
空间解析几何篇

函数、极限、连续

内 容 提 要

(一) 集合及运算

集合是现代数学中最基本的概念,其观点和方法已渗透到数学的许多分支中.通常用"具有某种特定性质事物(对象)的全体"去描述集合.集合简称集,通常用大写字母 $A,B,C,\cdots$ 表示.构成集合的事物称为元素,通常用小写字母 $a,b,c,\cdots$ 表示.

若 a 是 A 的元素,称 a 属于 A,记 $a\in A$;若 a 不是 A 的元素,称 a 不属于 A,记作 $a\overline{\in}A$.

又 $A=\{a\mid a$ 具有 $P\}$ 表示集合 A 由满足条件 P 的元素组成.

不含任何元素的集合叫**空集**,记作 $\varnothing$.

又若 $x\in A$,必有 $x\in B$,则称 A 是 B 的**子集**,记 $A\subseteq B$.

当 $A\subseteq B$,且 $B\subseteq A$ 时,称集合 A,B **相等**,记 $A=B$.

集合的运算指交、并、差等(图1):

$X:\{x\mid x\in A$ 或 $x\in B\}$ 称集合 A,B 的**并**,记 $A\bigcup B$;

$Y:\{y\mid y\in A$ 且 $y\in B\}$ 称集合 A,B 的**交**,记 $A\bigcap B$;

$Z:\{z\mid z\in A$ 且 $z\overline{\in}B\}$ 称集合 A,B 的**差**,记 $A-B$ 或 $A\backslash B$;

又若 S 是全空间,则任一集合 $A\subseteq S$,称 $S-A$ 为 A 的余集或补集,记 $\overline{A}$.

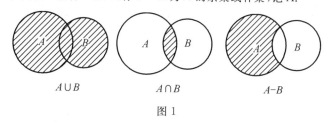

图 1

(二) 函数概念

1. 函数

如图2所示,X,Y 两个集合,若对 X 中每一元素 x,通过法则(映射)f 对应到 Y 中一个元素 y,则称 f 为定义在 X 上的一个函数,记 $y=f(x)$(x 又称自变量,y 称因变量).

X 称为函数定义域,而 $Y=\{y\mid y=f(x),x\in X\}$ 称为函数的值域.变量也称为元.随自变量个数不同函数又分一元函数、二元函数 …… 多元函数.

  注 这里 X 中的元素 x 可以是 n 维空间中的点,这样一来定义就包括了一元函数、二元函数、多元函数等.

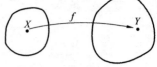

图 2

2. 函数的表示法

  函数的表示法有解析法(又称公式法,它有显式、隐式、参数式之分)、列表法、图象法等.

3. 函数的几种特性

单、多值性	对定义域 X 中每一个 x,只确定唯一的 y 的函数叫**单值函数**;否则称为**多值函数**
奇偶性	$f(-x) = f(x)$ 称 $f(x)$ 为**偶函数**,$f(-x) = -f(x)$ 称 $f(x)$ 为**奇函数**(对所有 $x \in X$)
单调性	对于 X 内任两点 $x_1 < x_2$,若 $f(x_1) < f(x_2)$($f(x_1) \leqslant f(x_2)$)则称函数 $f(x)$ **单增(不减)**;$f(x_1) > f(x_2)$($f(x_1) \geqslant f(x_2)$)则称函数 $f(x)$ **单减(不增)**
有界性	若 $\mid f(x) \mid \leqslant M$($M$ 是正的常数)对所有 $x \in X$ 成立,则 $f(x)$ 在 X 上**有界**;否则称为**无界**
周期性	若 $f(x+T) = f(x)$,对所有 $x \in X$ 成立,称 $f(x)$ 为**周期函数**.满足上式的最小正数 T(如果存在)称为该函数的周期
齐次性	对多元函数 $f(x_1, x_2, \cdots, x_n)$ 来说,若 $f(tx_1, tx_2, \cdots, tx_n) = t^k f(x_1, x_2, \cdots, x_n)$,称该函数为 k 次齐次函数

4. 反函数、复合函数

  复合函数是由函数 $y = f(u)$,$u = \varphi(x)$ 经过中间变量 u 而组合成的函数 $y = f[\varphi(x)]$.

  注意当 $x \in X$(或其一部分),$\varphi(x)$ 的值域包含在 $f(u)$ 的定义域中时,函数才能复合.

	自变量	因变量	定义域	值域	表达式
函 数	x	y	X	Y	$y = f(x)$
反函数	y	x	Y(或部分)	X(或部分)	$x = f^{-1}(y)$

  注 函数与反函数是相对的,它们的位置可互换.

5. 显函数、隐函数

	定 义	表示式
显函数	已解出因变量为自变量的解析表达式所表示的函数	$y = f(x_1, x_2, \cdots, x_n)$
隐函数	未解出因变量,而是用方程表示自变量与因变量间的关系的函数	$F(x_1, x_2, \cdots, x_n, y) = 0$

6. 初等函数

  基本初等函数是指幂函数、指数函数、对数函数、三角函数、反三角函数等.

  初等函数是由基本初等函数经有限次代数运算或函数复合得到的函数.

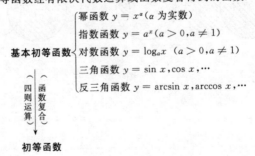

$$
\text{基本初等函数} \begin{cases} \text{幂函数 } y = x^{\alpha}(\alpha \text{ 为实数}) \\ \text{指数函数 } y = a^x (a > 0, a \neq 1) \\ \text{对数函数 } y = \log_a x \ (a > 0, a \neq 1) \\ \text{三角函数 } y = \sin x, \cos x, \cdots \\ \text{反三角函数 } y = \arcsin x, \arccos x, \cdots \end{cases}
$$

$\downarrow$ (四则运算)(函数复合)

初等函数

（三）极限的概念

1. 极限

极限分数列的极限和函数的极限，详见如下：

数列的极限	对一个数列 $\{x_n\}$，若任给 $\varepsilon > 0$，存在自然数 $N = N(\varepsilon)$，使当 $n > N$ 时，不等式 $\lvert x_n - A \rvert < \varepsilon$ 恒成立，则称 A 为 $\{x_n\}$ 当 $n \to \infty$ 时的极限，记为 $$\lim_{n \to \infty} x_n = A \text{ 或 } x_n \to A\text{（当 } n \to \infty \text{ 时）}$$
函数的极限	若任给 $\varepsilon > 0$，总存在 $\delta > 0$，使当 $0 < \lvert x - x_0 \rvert < \delta$ 时，不等式 $\lvert f(x) - A \rvert < \varepsilon$ 恒成立，则称 A 为 $f(x)$ 当 $x \to x_0$ 时的极限，记为 $$\lim_{x \to x_0} f(x) = A \text{ 或 } f(x) \to A\text{（当 } x \to x_0 \text{ 时）}$$ 当 x 从 x_0 左（右）边趋向于 x_0 时，$f(x)$ 的极限称为左（右）极限，记为 $$\lim_{x \to x_0 - 0} f(x) \left(\lim_{x \to x_0 + 0} f(x) \right)$$

注1 一些常见数列的极限，如：

(1) $\lim\limits_{n \to \infty} \dfrac{1}{n} = 0$;　　　　　　(2) $\lim\limits_{n \to \infty} q^n = 0$ ($\lvert q \rvert < 1$);

(3) $\lim\limits_{n \to \infty} \sqrt[n]{a} = 1$ ($a > 1$);　　　(4) $\lim\limits_{n \to \infty} \sqrt[n]{n} = 1$.

注2 这里函数极限定义只给了其中的一种情形，其他情形如下：

任　给	存　在	当自变量变化到	恒有关系式成立	结　　论	记　　号
$\varepsilon > 0$	$N > 0$	$\lvert x \rvert > N$	$\lvert f(x) - A \rvert < \varepsilon$	A 为 $x \to \infty$ 时 $f(x)$ 的极限	$\lim\limits_{x \to \infty} f(x) = A$
		$x > N$		A 为 $x \to +\infty$ 时 $f(x)$ 的极限	$\lim\limits_{x \to +\infty} f(x) = A$
		$x < -N$		A 为 $x \to -\infty$ 时 $f(x)$ 的极限	$\lim\limits_{x \to -\infty} f(x) = A$

注3 若数列 $\{x_n\}$ 看成自变量只取自然数的函数：$x_n = f(n)$，则数列极限可看做一种函数极限. 然而应注意：函数的自变量取连续变化的实数值，而数列中 n 只取自然数.

2. 极限的运算

若 $\lim f(x) = A$，$\lim \varphi(x) = B$，则：

(1) $\lim[f(x) \pm \varphi(x)] = \lim f(x) \pm \lim \varphi(x) = A \pm B$;

(2) $\lim cf(x) = c \lim f(x) = cA$;

(3) $\lim f(x) \cdot \varphi(x) = \lim f(x) \cdot \lim \varphi(x) = A \cdot B$;

(4) $\lim \dfrac{f(x)}{\varphi(x)} = \dfrac{\lim f(x)}{\lim \varphi(x)} = \dfrac{A}{B}$ ($B \neq 0$).

这里 $\lim$ 下未写 x 的趋向，表示 $x \to x_0$，$x \to \infty$，$x \to +\infty$ 中的一种.

3. 两个重要的极限

$$\boxed{\lim_{x \to 0} \frac{\sin x}{x} = 1}\qquad \boxed{\lim_{x \to \infty} \left(1 + \frac{1}{x}\right)^x = e}$$

4. 无穷大量、无穷小量及其阶

无穷小量	$\lim \alpha(x) = 0$	关　系	$\lim \dfrac{1}{\alpha(x)} = \infty$
无穷大量	$\lim g(x) = \infty$		$\lim \dfrac{1}{g(x)} = 0$

$$\text{无穷小量 } \alpha(x), \beta(x) \text{ 的阶}$$

比 值		定 义	记 号
$\lim\dfrac{\alpha(x)}{\beta(x)}$	$= 0$	$\alpha(x)$ 是比 $\beta(x)$ 高阶无穷小	$\alpha(x) = o[\beta(x)]$
	$= A \neq 0$	$\alpha(x)$ 与 $\beta(x)$ 是同阶无穷小	$\alpha(x) = O[\beta(x)]$①
	$= 1$	$\alpha(x)$ 与 $\beta(x)$ 是等价无穷小	$\alpha(x) \sim \beta(x)$
$\lim\dfrac{\alpha(x)}{\beta^k(x)} = A \neq 0(k > 0)$		$\alpha(x)$ 是 $\beta(x)$ 的 k 阶无穷小	$\alpha(x) = O[\beta^k(x)]$

无穷小量的性质:

(1) 有限个无穷小量的代数和仍是无穷小量;

(2) 有限个无穷小量的乘积仍是无穷小量;

(3) 无穷小量与有界量的乘积仍是无穷小量.

注 $\lim\limits_{x \to a} f(x) = A$(有极限)$\Leftrightarrow x \to a$ 时 $f(x) - A$ 是无穷小量.

5. 极限存在的判定

(1) **柯西(Cauchy)准则** $\lim\limits_{x \to \infty} f(x)$ 存在 $\Leftrightarrow N(\varepsilon) > 0$,使任何 $x_1 \geqslant N, x_2 \geqslant N$ 时, $|f(x_1) - f(x_2)| < \varepsilon$ 恒成立.

(2) **单调有界函数有极限** (a,b) 内单调有界函数 $f(x)$ 存在 $\lim\limits_{x \to a+0} f(x)$ 和 $\lim\limits_{x \to b-0} f(x)$.

(3) **压挤或夹逼准则** $\lim g(x) = \lim h(x) = A$,又 $g(x) \leqslant f(x) \leqslant h(x)$,则 $\lim f(x) = A$.

(4) $\lim\limits_{x \to x_0} f(x)$ 存在 $\Leftrightarrow \lim\limits_{x \to x_0-0} f(x) = \lim\limits_{x \to x_0+0} f(x)$.

6. 极限的常用求法

方 法	例 子	
利用定义 $(\varepsilon - \delta(N)$ 方法)	若 $\{x_n\}$ 满足 $\lim\limits_{n \to \infty}(x_n - x_{n-2}) = 0$,则 $\lim\limits_{n \to \infty}\dfrac{x_n - x_{n-1}}{n} = 0$	(国防科技大学,1981)
利用极限的基本性质和法则	求 $\lim\limits_{x \to \infty}\dfrac{x^4}{a^{\frac{x}{2}}}(a > 1)$	(中南矿冶学院,1982)
连续函数求极限	求 $\lim\limits_{x \to x}\left(\dfrac{\sin x}{x}\right)^{\frac{1}{x^2}}$	(大连铁道学院,1989)
利用两个重要极限 $\lim\limits_{x \to 0}\dfrac{\sin x}{x} = 1$ $\lim\limits_{x \to \infty}\left(1 + \dfrac{1}{x}\right)^x = e$	求 $\lim\limits_{x \to \infty}\left(\cos\dfrac{\theta}{n}\right)^n$	(东北重型机械学院,1981)
	求 $\lim\limits_{x \to 1}(2 - x)^{\tan\frac{\pi x}{2}}$	(一机部 1981 $\sim$ 1982 年出国进修生)
利用适当的函数变换 (化去不定型的不定性 或变化不定型类型)	求 $\lim\limits_{x \to -1}\dfrac{x^3 - 4x^2 - x + 4}{x + 1}$	(哈尔滨工业大学,1981)
	求 $\lim\limits_{x \to 1}(1 - x)\tan\dfrac{\pi}{2}x$(提示:令 $1 - x = u$)	(湘潭大学,1981)

① 更确切地讲,若 $\lim\dfrac{\alpha(x)}{\beta(x)} = A \neq 0$,则记 $\alpha(x) = O^*[\beta(x)]$;若 $\left|\dfrac{\alpha(x)}{\beta(x)}\right| \leqslant M \neq 0$,则记 $\alpha(x) = O[\beta(x)]$.

方　　法	例　　子	
洛必达(L'Hospital) 法　则	求 $\lim\limits_{x \to 0} \dfrac{\sin x - \tan x}{x - \sin x}$	（国防科技大学,1983）
极限判别准则	设对 $n=1,2,\cdots$ 均有 $0 < x_n < 1$,且 $x_{n+1} = -x_n^2 + 2x_n$,则 $\lim\limits_{n\to\infty} x_n = 1$	（湘潭大学,1981）
等价无穷小代换	求 $\lim\limits_{x\to 0} \dfrac{\ln(\sin^2 x + \mathrm{e}^x) - x}{\ln(x^2 + \mathrm{e}^{2x}) - 2x}$	（湖南大学,1983）
用左右极限关系	设 $y = \begin{cases} \dfrac{2^{\frac{1}{x}} - 1}{2^{\frac{1}{x}} + 1}, & x \neq 0 \\ 1, & x = 0 \end{cases}$,求 $\lim\limits_{x\to 0} y$	（厦门大学,1980）
用级数敛散性	求证 $\lim\limits_{n\to\infty} \dfrac{2^n}{n!} = 0$	（成都地质学院,1979;山东矿业学院,1982）
适当放缩 （利用不等式）	求 $\lim\limits_{x\to 0} x \sqrt[3]{\sin \dfrac{1}{x^2}}$	（湘潭大学,1982）
利用积分	求 $\lim\limits_{n\to 0} \dfrac{1 + \sqrt{2} + \sqrt{3} + \cdots + \sqrt{n}}{n\sqrt{n}}$	（华东水利学院,1980）

注　表中方法的详细使用情况,请见后文或相应章节及例子(关于洛必达法则内容见下一章).

（四）函数的连续性

1. 连续性的概念及连续函数

设函数 $f(x)$ 在 x_0 的某邻域内有定义,且 $\lim\limits_{x\to x_0} f(x) = f(x_0)$,称 $f(x)$ 在点 x_0 **处连续**.

若函数 $f(x)$ 在某区间的每一点都连续,则说函数在该区间上连续,且称 $f(x)$ 为该区间上的**连续函数**.

2. 左、右连续及函数连续条件

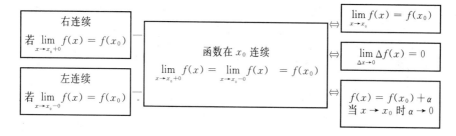

3. 函数的间断点

函数的间断点	间断点的分类
① $f(x)$ 在 x_0 无定义; ② $f(x)$ 在 x_0 有定义,但 $\lim\limits_{x \to x_0} f(x)$ 不存在; ③ $f(x)$ 在 x_0 有定义,$\lim\limits_{x \to x_0} f(x)$ 存在,但 $\lim\limits_{x \to x_0} f(x) \neq f(x_0)$(可去间断点); ④ $\lim\limits_{x \to x_0+0} f(x) \neq \lim\limits_{x \to x_0-0} f(x)$	满足 ③、④ 的间断点称为第一类间断点,其余的间断点称为第二类间断点

4. 一致连续

函数 $f(x)$ 在区间 I 上有定义,若对任给 $\varepsilon > 0$,存在 $\delta > 0$,使对任意 $x_1, x_2 \in I$,当 $|x_1 - x_2| < \delta$ 时,总有 $|f(x_1) - f(x_2)| < \varepsilon$ 成立,则称 $f(x)$ 在 I 上一致连续.

5. 闭区间连续函数的基本性质

最(大、小)值定理	若 $f(x)$ 在 $[a,b]$ 上连续,则 $f(x)$ 在该区间至少取得最大、最小值各一次(它们分别记为 M, m,由此可推出 $\|f(x)\| \leqslant M$(有界性))
介值定理	若 $m \leqslant f(x) \leqslant M$,又 $\mu \in [m, M]$,则 $[a,b]$ 上至少有一点 ξ,使 $f(\xi) = \mu$. 特别地,若 $f(a)f(b) < 0$,则有 $\xi \in (a,b)$,使 $f(\xi) = 0$
一致连续定理	闭区间上的连续函数,在该区间一致连续

$$
\text{连续函数性质} \begin{cases} \text{局部性质} \quad f(x) \text{ 在 } x_0 \text{ 的邻域有 } f(x) > 0 \text{(或 } f(x) < 0 \text{)(局部保号性)} \\ \text{闭区间整体性质} \begin{cases} \text{最(大、小)值定理} \\ \text{介值定理} \\ \text{一致连续定理} \end{cases} \end{cases}
$$

6. 连续函数的性质

四则运算的连续性	若 $f_1(x), f_2(x)$ 在某一区间上连续,则 $\alpha f_1(x) \pm \beta f_2(x)$,$f_1(x) \cdot f_2(x)$,$f_1(x)/f_2(x)$ $(f_2(x) \neq 0)$ 也连续(在同一区间),这里 α, β 为常数
复合函数	若 $y = f(z)$ 在 z_0 连续,$z = \varphi(x)$ 在 x_0 连续,且 $z_0 = \varphi(x_0)$,则 $y = f[\varphi(x)]$ 在 x_0 连续
反函数	若 $y = f(x)$ 在 $[a,b]$ 上单增(减)、连续,则其反函数 $x = f^{-1}(y)$ 在其值域上也单增(减)、连续

7. 初等函数的连续性

(1) 基本初等函数在其定义域内是连续的;

(2) 初等函数在其定义域内是连续的.

经 典 问 题 解 析

1. 函数及其表达式

(1) 函数表达式

例1 设函数 $f(x) = \dfrac{x}{x-1}$,试求 $f(f(f(f(x))))$ 和 $f\left(\dfrac{1}{f(x)}\right)$ $(x \neq 0$ 且 $x \neq 1)$.

解 由 $f(x) = \dfrac{x}{x-1} = \dfrac{1}{1-\dfrac{1}{x}}$,有 $\dfrac{1}{f(x)} = 1 - \dfrac{1}{x}$,则

$$
f(f(x)) = \frac{1}{1-\dfrac{1}{f(x)}} = \frac{1}{1-\left(1-\dfrac{1}{x}\right)} = x
$$

故
$$f(f(f(x))) = f(x)$$

从而
$$f(f(f(f(x)))) = \frac{1}{1 - \frac{1}{f(x)}} = x$$

而
$$f\left(\frac{1}{f(x)}\right) = f\left(1 - \frac{1}{x}\right) = \frac{1 - \frac{1}{x}}{1 - \frac{1}{x} - 1} = 1 - x \quad x \neq 0 \text{ 且 } x \neq 1$$

注　由解题过程不难发现

$$\underbrace{f(f(\cdots f(x)\cdots))}_{k\,\text{重}} = \begin{cases} f(x), & k \text{ 为奇数} \\ x, & k \text{ 为偶数} \end{cases}$$

严格的证明,还要用数学归纳法去完成.

例 2　若 $f\left(x + y, \dfrac{y}{x}\right) = x^2 - y^2$,求 $f(x, y)$.

解　设 $x + y = u, \dfrac{y}{x} = v$,解得 $x = \dfrac{u}{1+v}, y = \dfrac{uv}{1+v}$,故

$$f(u, v) = \left(\frac{u}{1+v}\right)^2 - \left(\frac{uv}{1+v}\right)^2 = \frac{(1-v)u^2}{1+v}$$

即
$$f(x, y) = \frac{x^2(1-y)}{1+y}$$

还有一批函数解析式的求法可见后面的"微分方程"一章内容.

这里我们想指出一点,并非所有函数均可用解析式表达,有的函数只能用语言文字描述,比如:

符号函数
$$y = \operatorname{sgn} x = \begin{cases} 1, & x > 0 \\ 0, & x = 0 \\ -1, & x < 0 \end{cases}$$

迪利克雷(Dirichlet)函数
$$y = D(x)^{①} = \begin{cases} 1, & x \text{ 是有理数时} \\ 0, & x \text{ 是无理数时} \end{cases}$$

黎曼(Riemann)函数
$$y = R(x) = \begin{cases} \dfrac{1}{n}, & \text{当 } x = \dfrac{m}{n} \text{ 时},m,n \text{ 互质},n \geq 1 \\ 0, & \text{当 } x \text{ 为无理数时} \end{cases}$$

高斯(Gauss)函数:$y = [x]$ 表示不超过 x 的最大整数.

(2) 函数定义域

例 1　设 $f(x) = \dfrac{1}{\ln(3-x)} + \sqrt{49 - x^2}$,求 $f(x)$ 的定义域.

解　由题设有 $3 - x > 0, 3 - x \neq 1$,即 $\ln(3-x) \neq 0$ 和 $49 - x^2 \geq 0$.
故 $f(x)$ 的定义域为 $-7 \leq x < 2, 2 < x < 3$.

例 2　设函数 $f(x)$ 的定义域为 $[0,1]$,试求 $f(x+a) + f(x-a)$ 的定义域$(a > 0)$.

解　令 $x + a = u, x - a = v$,则 $f(x+a) + f(x-a) = f(u) + f(v)$.
由题设有:

---

① 迪利克雷函数还可写成极限形式的表达式:$\lim\limits_{m \to \infty}\left\{\lim\limits_{n \to \infty}[\cos(m!\pi x)]^n\right\}$.

$0 \leqslant u \leqslant 1$，即 $0 \leqslant x+a \leqslant 1$，得 $-a \leqslant x \leqslant 1-a$；

$0 \leqslant v \leqslant 1$，即 $0 \leqslant x-a \leqslant 1$，得 $a \leqslant x \leqslant 1+a$.

若 $0 < a \leqslant \dfrac{1}{2}$，则所求定义域为区间 $[a, 1-a]$；若 $a > \dfrac{1}{2}$，其定义域不存在.

（3）函数奇偶性、周期性

例1　试证定义在 $(-l, l)$ 内的任何函数 $f(x)$ 均可表为奇函数与偶函数之和的形式，且表示式唯一.

证　令 $H(x) = \dfrac{1}{2}[f(x) + f(-x)]$，$G(x) = \dfrac{1}{2}[f(x) - f(-x)]$，易验证 $H(x), G(x)$ 分别为定义在 $(-l, l)$ 上的偶函数和奇函数. 则

$$f(x) = H(x) + G(x) \tag{$*$}$$

下证唯一性. 若还有偶函数 $H_1(x)$ 和奇函数 $G_1(x)$ 使 $f(x) = H_1(x) + G_1(x)$，则由式（$*$）有

$$H(x) - H_1(x) = G_1(x) - G(x)$$

用 $-x$ 代入上式有 $H(x) - H_1(x) = G(x) - G_1(x)$，故

$$H(x) = H_1(x), \quad G(x) = G_1(x)$$

此即说明表示式唯一.

例2　求 $f(x) = x - [x]$ 的最小周期.

解　设 $x = n + r$（$0 \leqslant r < 1, n$ 为整数），T 为任意整数，则由

$$f(x+T) = f(n+T+r) = n+T+r-[n+T+r] = n+T+r-(T+[n+r])$$
$$= n+r-[n+r] = f(x)$$

故任何整数均为其周期，则最小周期 $T = 1$.

例3　试证 $f(x) = \sin x^2$ 不是周期函数.

证　考虑 $\sin x^2 = 0$，即 $f(x)$ 的零点分布：$x^2 = k\pi$，$x = \sqrt{k\pi}$（$k = 0,1,2,\cdots$）. 注意到

$$\sqrt{(k+1)\pi} - \sqrt{k\pi} = \frac{\pi}{\sqrt{(k+1)\pi} + \sqrt{k\pi}}$$

它随 k 的增大而变小，即 $f(x)$ 的零点随 k 的增大越来越密，这是不可能的. 因为周期函数的零点分布也是以周期形式出现的.

2. 数列极限及函数极限

说到数列极限及函数极限的经典问题莫过于

$$\lim_{n \to \infty} \left(1 + \frac{1}{n}\right)^n = e, \lim_{x \to 0} \frac{\sin x}{x} = 1$$

利用它们的结果和方法可解决许多数列及函数的极限问题.

（1）数列极限

例1　求 $x_0 = 0$，$x_1 = 1$，且 $x_{n+1} = \dfrac{1}{2}(x_n + x_{n-1})$，求 $\lim\limits_{n \to \infty} x_n$.

解　由题设 $x_{n+1} - x_n = \dfrac{1}{2}(x_n + x_{n-1}) - x_n = -\dfrac{1}{2}(x_n - x_{n-1})$，反复运用此结论可有

$$x_{n+1} - x_n = \left(-\frac{1}{2}\right)^n (x_1 - x_0) = \frac{(-1)^n}{2^n} \quad n = 1, 2, \cdots$$

于是由下面变形有

$$x_{n+1} = (x_{n+1} - x_n) + (x_n - x_{n-1}) + \cdots + (x_1 - x_0) + x_0$$
$$= \left(-\frac{1}{2}\right)^n + \left(-\frac{1}{2}\right)^{n-1} + \cdots + \left(-\frac{1}{2}\right) + 1$$

$$= \frac{1 - \left(-\frac{1}{2}\right)^{n+1}}{1 - \left(-\frac{1}{2}\right)}$$

则 $\lim\limits_{n\to\infty} x_n = \frac{2}{3}$.

例 2 若 $x_0 = 1$,且 $x_n = \dfrac{3 + 2x_{n-1}}{3 + x_{n-1}}$,$n = 1, 2, \cdots$,试证:数列 $\{x_n\}$ 收敛,且求其值.

解 由题设有 $x_{n+1} - x_n = \dfrac{3 + 2x_n}{3 + x_n} - \dfrac{3 + 2x_{n-1}}{3 + x_{n-1}} = \dfrac{3(x_n - x_{n-1})}{(3 + x_n)(3 + x_{n-1})}$,故

$$\mid x_{n+1} - x_n \mid = \frac{3 \mid x_n - x_{n-1} \mid}{\mid 3 + x_n \mid \mid 3 + x_{n-1} \mid}$$

又由题设,显然 $x_n > 0$,从而 $\mid x_{n+1} - x_n \mid \leqslant \dfrac{1}{3} \mid x_n - x_{n-1} \mid$,归纳地可有

$$\mid x_{n+1} - x_n \mid \leqslant \frac{1}{3^n} \mid x_1 - x_0 \mid = \frac{1}{3^n \cdot 4}$$

这里注意到,$x_0 = 1$,$x_1 = \dfrac{5}{4}$. 从而正项级数 $\sum\limits_{n=1}^{\infty} (x_{n+1} - x_n)$ 收敛.

又 $\sum\limits_{n=1}^{\infty} (x_{n+1} - x_n) = \lim\limits_{m\to\infty} \left[\sum\limits_{n=1}^{m} (x_{n+1} - x_n) \right] = \lim\limits_{m\to\infty} (x_m - x_1) = \lim\limits_{m\to\infty} x_m - x_1$,从而极限 $\lim\limits_{m\to\infty} x_m$ 存在,设其为 A.

在 $x_n = \dfrac{3 + 2x_{n-1}}{3 + x_{n-1}}$ 两边取极限 $(n \to \infty)$,有 $A = \dfrac{3 + 2A}{3 + A}$,即

$$A^2 + A - 3 = 0 \Rightarrow A = \frac{1}{2}(-1 + \sqrt{13}) \quad (\text{已舍去负值})$$

例 3 若数列 $\{p_n\}$,$\{q_n\}$ 满足 $p_{n+1} = p_n + 2q_n$,$q_{n+1} = p_n + q_n$,且 $p_1 = q_1 = 1$,求 $\lim\limits_{n\to\infty} \dfrac{p_n}{q_n}$.

解 设 $a_n = \dfrac{p_n}{q_n}$. 由题设对一切 a_n 均有 $a_n \geqslant 1$,且

$$a_{n+1} = \frac{p_{n+1}}{q_{n+1}} = \frac{p_n + 2q_n}{p_n + q_n} = 1 + \frac{q_n}{p_n + q_n} = 1 + \frac{1}{a_n + 1} \qquad (*)$$

由

$$\mid a_{n+1} - a_n \mid = \left| \left(1 + \frac{1}{a_n + 1}\right) - \left(1 + \frac{1}{a_{n-1} + 1}\right) \right| = \frac{\mid a_{n-1} - a_n \mid}{\mid (a_n + 1)(a_{n-1} + 1) \mid} < \frac{\mid a_{n-1} - a_n \mid}{4}$$

$$< \frac{\mid a_{n-2} - a_{n-1} \mid}{4} < \cdots < \frac{a_2 - a_1}{4^{n-1}}$$

有

$$\mid a_{n+m} - a_n \mid = \mid (a_{n+m} - a_{n+m-1}) + (a_{n+m-1} - a_{n+m-2}) + \cdots + (a_{n+1} - a_n) \mid$$

$$\leqslant \mid a_{n+m} - a_{n+m-1} \mid + \mid a_{n+m-1} - a_{n+m-2} \mid + \cdots + \mid a_{n+1} - a_n \mid$$

$$< (a_2 - a_1) \left(\frac{1}{4^{m+n-2}} + \frac{1}{4^{m+n-3}} + \cdots + \frac{1}{4^{n-1}} \right)$$

由于 $\sum\limits_{n=1}^{\infty} \dfrac{1}{4^n}$ 收敛,对充分大的 n 和给定的 m,上式右端最后一项可小于 $\dfrac{\varepsilon}{a_2 - a_1}$,从而 $\{a_n\}$ 收敛.设

$\lim\limits_{n\to\infty} a_n = a$. 在式 $(*)$ 两边取极限有 $a = 1 + \dfrac{1}{a + 1}$,得 $a = \sqrt{2}$. 故 $\lim\limits_{n\to\infty} \dfrac{p_n}{q_n} = \sqrt{2}$.

注 仿例的方法可以证明下列问题:

设实数列 $\{x_n\}$ 满足 $\lim\limits_{n\to\infty} (x_n - x_{n-2}) = 0$,证明:$\lim\limits_{n\to\infty} \dfrac{\mid x_n - x_{n-1} \mid}{n} = 0$.

略证：记 $y_n = |x_n - x_{n-1}|$，则 $|x_n - x_{n-2}| \geqslant |y_n - y_{n-1}|$，则

$$\left|\frac{x_n - x_{n-1}}{n}\right| \leqslant \frac{y_n}{n} \leqslant \frac{1}{n}(|y_n - y_{n-1}| + y_{n-1} - y_{n-2}| + \cdots + |y_{N+1} - y_N| + y_N)$$

其中 N 为使 $n \geqslant N$ 时，$|y_n - y_{n-1}| < \dfrac{\varepsilon}{2}$ 的正整数. 接下来可用极限定义去考虑，注意到式右括号内每项皆为定数.

更一般地可有：

命题：设 $\lim\limits_{n \to \infty} x_n = A$，则 $\lim\limits_{n \to \infty} \dfrac{x_1 + x_2 + \cdots + x_n}{n} = A$.

下面的例子涉及数列极限存在的柯西准则.

例 4 若 $\{a_n\}(n = 1, 2, \cdots)$ 是一数列，又 $\lim\limits_{n \to \infty} \dfrac{a_1 + a_2 + \cdots + a_n}{n} = a$，则 $\lim\limits_{n \to \infty} \dfrac{a_n}{n} = 0$.

证 由极限存在的柯西准则，对任给 $\varepsilon > 0$，存在充分大的 n，使

$$\left|\frac{a_1 + a_2 + \cdots + a_n}{n} - \frac{a_1 + a_2 + \cdots + a_{n+1}}{n+1}\right| < \varepsilon$$

即

$$\left|\frac{a_1 + a_2 + \cdots + a_n - na_{n+1}}{n(n+1)}\right| < \varepsilon \text{ 或 } \left|\frac{a_1 + a_2 + \cdots + a_n}{n(n+1)} - \frac{a_{n+1}}{n+1}\right| < \varepsilon$$

则

$$\frac{a_1 + a_2 + \cdots + a_n}{n(n+1)} - \varepsilon < \frac{a_{n+1}}{n+1} < \frac{a_1 + a_2 + \cdots + a_n}{n(n+1)} + \varepsilon \qquad ①$$

另一方面，当 n 充分大时还有

$$a - \varepsilon < \frac{a_1 + a_2 + \cdots + a_n}{n} < a + \varepsilon \qquad ②$$

从而由式 ① 及式 ② 有

$$\frac{a - \varepsilon}{n+1} - \varepsilon < \frac{a_{n+1}}{n+1} < \frac{a + \varepsilon}{n+1} + \varepsilon$$

即 n 充分大时，$\dfrac{a + \varepsilon}{n+1} < \varepsilon$，$\dfrac{a - \varepsilon}{n+1} > -\varepsilon$. 故 $-2\varepsilon < \dfrac{a_{n+1}}{n+1} < 2\varepsilon$，即 $\lim\limits_{n \to \infty} \dfrac{a_n}{n} = 0$.

例 5 求 $\lim\limits_{n \to \infty} \dfrac{\sqrt[n]{n!}}{n}$.

解 注意到下面的变形

$$\frac{n+1}{\sqrt[n]{n!}} = \sqrt[n]{\frac{(n+1)^n}{n!}} = \sqrt[n]{\frac{2}{1} \cdot \frac{3^2}{2^2} \cdot \frac{4^3}{3^3} \cdots \cdot \frac{(n+1)^n}{n^n}}$$
$$= \sqrt[n]{\left(1 + \frac{1}{1}\right)^1 \left(1 + \frac{1}{2}\right)^2 \left(1 + \frac{1}{3}\right)^3 \cdots \left(1 + \frac{1}{n}\right)^n}$$

由正项数列 $\{a_n\} \to a \ (n \to \infty)$，则 $\sqrt[n]{a_1 a_2 \cdots a_n} \to a \ (n \to \infty)$.

故由 $\lim\limits_{n \to \infty} \left(1 + \dfrac{1}{n}\right)^n = e$，有 $\lim\limits_{n \to \infty} \dfrac{n+1}{\sqrt[n]{n!}} = e$，则

$$\lim_{n \to \infty} \frac{\sqrt[n]{n!}}{n} = \lim_{n \to \infty} \frac{\sqrt[n]{n!}}{n+1} \cdot \frac{n+1}{n} = \lim_{n \to \infty} \frac{\sqrt[n]{n!}}{n+1} = \frac{1}{e}$$

注 1 由上结论可证 $\lim\limits_{n \to \infty} (n!)^{\frac{1}{n^2}} = 1$.

这只需注意到 $(n!)^{\frac{1}{n^2}} = \left[\dfrac{(n!)^{\frac{1}{n}}}{n+1}\right]^{\frac{1}{n}} (n+1)^{\frac{1}{n}}$ 和 $\lim\limits_{n \to \infty} \sqrt[n]{n} = 1$ 即可.

注 2 它的另外证法，见后文例子.

例 6　求 $\lim\limits_{n\to\infty}\underbrace{\sin(\sin(\cdots(\sin x)\cdots))}_{n\uparrow}$, $x\in(-\infty,+\infty)$.

解　记 $f_n(x)=\underbrace{\sin(\sin(\cdots(\sin x)\cdots))}_{n\uparrow}$. 设 $0\leqslant x\leqslant\pi$, 则 $0\leqslant\sin x\leqslant x$, 从而

$$f_{n+1}(x)=\sin[f_n(x)]\leqslant f_n(x)$$

知 $\{f_n(x)\}$ 单调减少, 又其非负, 故知其有极限. 取 $x_0\in[0,\pi]$, 则

$$0\leqslant u=\lim_{n\to\infty}f_n(x_0)=\lim_{n\to\infty}\sin[f_{n-1}(x_0)]=\sin[\lim_{n\to\infty}f_{n-1}(x_0)]=\sin u\leqslant 1$$

又由 $\sin u\leqslant u$, 知 $u=0$.

从而对一切 $x\in[0,\pi]$, 有 $\lim\limits_{n\to\infty}f_n(x)=0$.

同理, 可证 $x\in[\pi,2\pi]$ 的情形.

又由 $\sin x$ 的周期性, 有 $\lim\limits_{n\to\infty}\underbrace{\sin(\sin(\cdots(\sin x)\cdots))}_{n\uparrow}=0$.

注　本例又可写为:

若 $x_{n+1}=\sin x_n$, $0<x_n<\pi$, 求 $\lim\limits_{n\to\infty}x_n$. 此外还可求 $\lim\limits_{n\to\infty}\left(\dfrac{x_{n+1}}{x_n}\right)^{\frac{1}{x_n^2}}$.

$$x_{n+1}=\sin x_n=x_n+\frac{x_n^3}{3!}+o\left(\frac{x_n^3}{x_n^2}\right)\Rightarrow\lim_{n\to\infty}\left(\frac{x_{n+1}}{x_n}\right)^{x_n^2}=\lim\left(1+\frac{x_n^2}{3!}\right)^{x_n^2}=\mathrm{e}^{\frac{1}{3!}}.$$

例 7　设 $c_1,c_2,c_3,\cdots$ 总满足 $\sum\limits_{k=1}^{n}c_k=0$, 求 $\lim\limits_{x\to\infty}\sum\limits_{k=1}^{n}\left(c_k\sqrt{x^2+1+k}\right)$.

解　由 $\sum\limits_{k=1}^{n}c_k=0$ 知, 对任意 x 均有 $\sum\limits_{k=1}^{n}c_kx=x\sum\limits_{k=1}^{n}c_k=0$.

故 $\lim\limits_{x\to\infty}\sum\limits_{k=1}^{n}c_kx=0$. 从而可有

$$\lim_{x\to\infty}\left(\sum_{k=1}^{n}c_k\sqrt{x^2+1+k}\right)=\lim_{x\to\infty}\left(\sum_{k=1}^{n}c_k\sqrt{x^2+1+k}-\sum_{k=1}^{n}c_kx\right)$$

$$=\lim_{x\to\infty}\left[\sum_{k=1}^{n}c_k(\sqrt{x^2+1+k}-x)\right]=\lim_{x\to\infty}\left(\sum_{k=1}^{n}c_k\frac{1+k}{\sqrt{x^2+1+k}+x}\right)$$

$$=\sum_{k=1}^{n}\left[c_k(1+k)\lim_{x\to\infty}\frac{1}{\sqrt{x^2+1+k}+x}\right]=0$$

例 8　求 $\lim\limits_{n\to\infty}\dfrac{1\cdot 3\cdot 5\cdot\cdots\cdot(2n-1)}{2\cdot 4\cdot 6\cdot\cdots\cdot 2n}$.

解　首先用数学归纳法可证

$$0<\frac{1\cdot 3\cdot 5\cdot\cdots\cdot(2n-1)}{2\cdot 4\cdot 6\cdot\cdots\cdot 2n}<\frac{1}{\sqrt{2n+1}}\quad n=1,2,\cdots$$

事实上, $n=1$ 时, 由 $\dfrac{1}{2}<\dfrac{1}{\sqrt{3}}$, 知命题真.

若 $n=k$ 时命题真, 即

$$\frac{1\cdot 3\cdot 5\cdot\cdots\cdot(2k-1)}{2\cdot 4\cdot 6\cdot\cdots\cdot 2k}<\frac{1}{\sqrt{2k+1}}$$

今考虑 $n=k+1$ 的情形, 注意到

$$\frac{1\cdot 3\cdot 5\cdot\cdots\cdot(2k-1)\cdot(2k+1)}{2\cdot 4\cdot 6\cdot\cdots\cdot 2k\cdot(2k+2)}<\frac{1}{\sqrt{2k+1}}\cdot\frac{2k+1}{2k+2}=\sqrt{\frac{(2k+1)(2k+3)}{(2k+2)^2}}\cdot\frac{1}{\sqrt{2k+3}}$$

因 $(2k+1)(2k+3)=4k^2+8k+3<4k^2+8k+4=(2k+2)^2$, 故

$$\frac{1 \cdot 3 \cdot 5 \cdots (2k+1)}{2 \cdot 4 \cdot 6 \cdots (2k+2)} < \frac{1}{\sqrt{2k+3}}$$

从而不等式对一切自然数 n 真.

由 $\lim\limits_{n \to \infty} \dfrac{1}{\sqrt{2n+1}} = 0$ 及夹逼准则知 $\lim\limits_{n \to \infty} \dfrac{1 \cdot 3 \cdot 5 \cdots (2n-1)}{2 \cdot 4 \cdot 6 \cdots 2n} = 0$.

如果例子中含有参数,一般来讲这类问题对参数加以讨论.请看下面例子.

例 9 设 $\lim\limits_{n \to \infty} \dfrac{n^{2\,004}}{n^\alpha - (n-1)^\alpha}$ 为非零实数,求 α 并求此极限值.

解 注意下面的式子变形(包括无穷小量代换)

$$\frac{n^{2\,004}}{n^\alpha - (n-1)^\alpha} = \frac{n^{2\,004-\alpha}}{1 - \left(\frac{n-1}{n}\right)^\alpha} = \frac{n^{2\,004-\alpha}}{1 - \left[1 - \frac{\alpha}{n} + o\left(\frac{1}{n}\right)\right]} = \frac{n^{2\,004-\alpha}}{\frac{\alpha}{n} - o\left(\frac{1}{n}\right)} = \frac{n^{2\,005-\alpha}}{\alpha + o\left(\frac{1}{n}\right)n}$$

(注意上式最后一步分子、分母同乘以 n)当 $n \to \infty$ 时,$\alpha + o\left(\dfrac{1}{n}\right)n \to \alpha$,这样可有

$$n^{2\,005-\alpha} \xrightarrow{(n\to\infty)} \begin{cases} 1, & \alpha = 2\,005 \\ 0, & \alpha > 2\,005 \\ \infty, & \alpha < 2\,005 \end{cases} \Rightarrow \lim\limits_{n \to \infty} \frac{n^{2\,004}}{n^\alpha - (n-1)^\alpha} = \begin{cases} \dfrac{1}{\alpha}, & \alpha = 2\,005 \\ 0, & \alpha > 2\,005 \\ \infty, & \alpha < 2\,005 \end{cases}$$

故题设要求的 $\alpha = 2\,005$,且此时极限值为 $\dfrac{1}{2\,005}$.

以下几则问题实质上是无穷级数求和问题的变形,这类问题我们在后面"无穷级数"还要介绍.来看两个例子.

例 10 求 $\lim\limits_{n \to \infty} \left[1 - \dfrac{1}{2} + \dfrac{1}{3} - \dfrac{1}{4} + \cdots + (-1)^{n+1} \dfrac{1}{n}\right]$.

解 考虑 $\ln(1+x)$ 的泰勒展开

$$\ln(1+x) = x - \frac{x^2}{2} + \frac{x^3}{3} - \frac{x^4}{4} + \cdots + (-1)^{n+1} \frac{x^n}{n} \quad x \in (-1, 1]$$

当 $x = 1$ 时,$\lim\limits_{n \to \infty} \left[1 - \dfrac{1}{2} + \dfrac{1}{3} - \dfrac{1}{4} + \cdots + (-1)^{n+1} \dfrac{1}{n}\right] = \ln 2$.

例 11 求 $\lim\limits_{n \to \infty} \left(\dfrac{1}{a} + \dfrac{2}{a^2} + \cdots + \dfrac{n}{a^n}\right)$,这里 $a > 1$.

解 设 $S_n = \sum\limits_{k=1}^{n} \dfrac{k}{a^k}$,则考虑

$$S_n - \frac{1}{a}S_n = \frac{1}{a} + \frac{1}{a^2} + \cdots + \frac{n}{a^n} - \frac{n}{a^{n+1}} = \frac{\frac{1}{a}\left(1 - \frac{1}{a^n}\right)}{1 - \frac{1}{a}} - \frac{n}{a^{n+1}}$$

从而有

$$S_n = \frac{1}{1 - \frac{1}{a}} \left[\frac{\frac{1}{a}\left(1 - \frac{1}{a^n}\right)}{1 - \frac{1}{a}} - \frac{n}{a^{n+1}}\right]$$

故

$$\lim\limits_{n \to \infty} S_n = \frac{1}{1 - \frac{1}{a}} \cdot \frac{\frac{1}{a}}{1 - \frac{1}{a}} = \frac{a}{(1-a)^2}$$

例 12 求 $\lim\limits_{n \to \infty} \left[\sum\limits_{k=1}^{n} \dfrac{k+2}{k! + (k+1)! + (k+2)!}\right]$.

解　由

$$\frac{k+2}{k!\ +(k+1)!\ +(k+2)!}=\frac{k+2}{k!\ (k+2)+(k+2)!}$$

$$=\frac{1}{k!\ +(k+1)!}=\frac{1}{k!\ (k+2)}$$

由 $e^x=1+x+\dfrac{x^2}{2!}+\cdots+\dfrac{x^n}{n!}+\cdots(-\infty<x<+\infty)$，则

$$xe^x=x+x^2+\frac{x^3}{2!}+\cdots+\frac{x^{n+1}}{n!}+\cdots\quad-\infty<x<+\infty$$

两边积分 $\displaystyle\int_0^x xe^x\,dx=xe^x-e^x\Big|_0^x=xe^x-e^x+1$，及

$$\int_0^x\Big(\sum_{k=0}^{\infty}\frac{x^{k+1}}{k!}\Big)dx=\sum_{k=0}^{\infty}\Big(\int_0^x\frac{x^{k+1}}{k!}dx\Big)=\sum_{k=0}^{\infty}\frac{x^{k+2}}{(k+2)k!}\quad-\infty<x<+\infty$$

令 $x=1$ 代入上式有

$$\sum_{k=0}^{\infty}\frac{1}{k!\ (k+2)}=1\cdot e-e+1=1$$

故

$$\lim_{n\to\infty}\Big[\sum_{k=1}^{n}\frac{k+2}{k!\ +(k+1)!\ +(k+2)!}\Big]=\sum_{k=1}^{\infty}\frac{1}{(k+2)k!}$$

$$=\sum_{k=0}^{\infty}\frac{1}{(k+2)k!}-\frac{1}{2}=1-\frac{1}{2}=\frac{1}{2}$$

当然下面的例子还与积分运算有关，其实积分不过是求和概念的拓广而已(详见后面章节).

例 13　求 $\displaystyle\lim_{n\to\infty}\Big(\sin\frac{\pi}{n}\sum_{k=1}^{n}\frac{\cos\frac{k\pi}{n}}{2+\sin\frac{k\pi}{n}}\Big)$.

解　可得

$$原式=\lim_{n\to\infty}\Big(\frac{\pi}{n}\cdot\frac{\sin\frac{\pi}{n}}{\frac{\pi}{n}}\sum_{k=1}^{n}\frac{\cos\frac{k\pi}{n}}{2+\sin\frac{k\pi}{n}}\Big)\quad(注意到\lim_{x\to\infty}\frac{\sin x}{x}=1)$$

$$=\pi\lim_{n\to\infty}\Big(\sum_{k=1}^{n}\frac{\cos\frac{k\pi}{n}}{2+\sin\frac{k\pi}{n}}\cdot\frac{1}{n}\Big)\quad(提出因子\pi)$$

$$=\pi\int_0^1\frac{\cos\pi x}{2+\sin\pi x}dx=\int_0^1\frac{d(2+\sin\pi x)}{2+\sin\pi x}=\ln(2+\sin\pi x)\Big|_0^1$$

$$=\ln 2-\ln 2=0$$

下面的数列极限是通过化为函数极限后处理的.

例 14　若 $f(x)$ 在 $x=a$ 处可导，且 $f(a)\neq 0$. 求 $\displaystyle\lim_{n\to\infty}\Big[\frac{f\big(a+\frac{1}{n}\big)}{f(a)}\Big]^n$.

解　考虑函数极限 $\displaystyle\lim_{x\to 0}\Big[\frac{f(a+x)}{f(a)}\Big]^{\frac{1}{x}}$，当 x 充分小时，$f(a)$，$f(a+x)$ 同号，注意到

$$\ln\Big\{\lim_{x\to 0}\Big[\frac{f(a+x)}{f(a)}\Big]^{\frac{1}{x}}\Big\}=\lim_{x\to 0}\Big\{\ln\Big[\frac{|f(a+x)|}{|f(a)|}\Big]^{\frac{1}{x}}\Big\}$$

$$=\lim_{x\to 0}\frac{\ln|f(a+x)|-\ln|f(a)|}{x}=\big[\ln f(x)\big]'_{x=a}=\frac{f'(a)}{f(a)}$$

故 $$\lim_{x \to 0}\left[\frac{f(a+x)}{f(a)}\right]^{\frac{1}{x}} = \exp\left\{\frac{f'(a)}{f(a)}\right\}$$

从而 $$\lim_{n \to \infty}\left[\frac{f\left(a+\frac{1}{n}\right)}{f(a)}\right]^{n} = \exp\left\{\frac{f'(a)}{f(a)}\right\}$$

（2）函数极限

求函数极限的例子后文将有很多,这里简单介绍几例.首先介绍利用无穷小量代换的例子.

例 1　求 $\lim\limits_{x \to 0}\dfrac{\ln(1+x\sin x)}{1-\cos x}$.

解　$x \to 0$ 时,$\ln(1+x\sin x) \sim x\sin x \sim x^2$,而 $1-\cos x \sim \dfrac{x^2}{2}$,故

$$\lim_{x \to 0}\frac{\ln(1+x\sin x)}{1-\cos x} = \lim_{x \to 0}\frac{x^2}{\frac{x^2}{2}} = 2$$

例 2　求 $\lim\limits_{x \to 0}\dfrac{\ln(\sin^2 x + e^x) - x}{\ln(x^2 + e^{2x}) - 2x}$.

解　可得

$$原式 = \lim_{x \to 0}\frac{\ln(\sin^2 x + e^x) - \ln e^x}{\ln(x^2 + e^{2x}) - \ln e^{2x}} = \lim_{x \to 0}\frac{\ln\left(1+\frac{\sin^2 x}{e^x}\right)}{\ln\left(1+\frac{x^2}{e^{2x}}\right)} = \lim_{x \to 0}\frac{\frac{\sin^2 x}{e^x}}{\frac{x^2}{e^{2x}}} \quad (\text{用无穷小量代换})$$

$$= \lim_{x \to 0}e^x = 1$$

接下来看运用洛必达法则的例子.

我们还想指出一点:有些题目需要反复使用洛必达法则才会达到目的,例如例 3.

例 3　(1)若 $a > 1$,n 为自然数,求 $\lim\limits_{x \to +\infty}\dfrac{x^n}{a^x}$;(2)求 $\lim\limits_{x \to 0^+}x(\ln x)^n$.

解　经检验或式子变形后使之符合使用洛必达法则.

(1) $\lim\limits_{x \to +\infty}\dfrac{x^n}{a^x} = \lim\limits_{x \to +\infty}\dfrac{nx^{n-1}}{a^x \ln a} = \cdots = \lim\limits_{x \to +\infty}\dfrac{n!}{a^x (\ln a)^n} = 0.$

(2) $\lim\limits_{x \to 0^+}x(\ln x)^n = \lim\limits_{x \to 0^+}\dfrac{(\ln x)^n}{x^{-1}} = \lim\limits_{x \to 0^+}\dfrac{n(\ln x)^{n-1} \cdot \frac{1}{x}}{-\frac{1}{x^2}} = \lim\limits_{x \to 0^+}\dfrac{n(n-1)(\ln x)^{n-2}}{(-1)^2 \cdot \frac{1}{x}} = \cdots =$

$\lim\limits_{x \to 0^+}\dfrac{n! \cdot \frac{1}{x}}{\frac{(-1)^n}{x^2}} = 0.$

解决抽象函数这类问题往往需要后面章节(如中值定理、积分等)内容及结论,下面来看一个例子.

例 4　若函数 $f(x)$ 在 $(a, +\infty)$ 内可导,且 $\lim\limits_{x \to \infty}f'(x) = A$.试证

$$\lim_{x \to \infty}\frac{f(x)}{x} = A$$

证　由题设对任意 $\varepsilon > 0$,有 X,当 $x > X$ 时,$|f'(x) - A| < \varepsilon$.

再由微分中值定理可有

$$\left|\frac{f(x)-f(X)}{x-X} - A\right| = |f'(\xi) - A| < \varepsilon \quad X < \xi < x$$

即 $$\left(A - \varepsilon + \frac{f(X)}{x-X}\right)\frac{x-X}{x} < \frac{f(x)}{x} < \left(A + \varepsilon + \frac{f(X)}{x-X}\right)\frac{x-X}{x}$$

当 $x \to \infty$ 时,上式左 $\to A - \varepsilon$,上式右 $\to A + \varepsilon$,从而 x 充分大时有

$$A - 2\varepsilon < \frac{f(x)}{x} < A + 2\varepsilon \Rightarrow \left| \frac{f(x)}{x} - A \right| < 2\varepsilon$$

从而

$$\lim_{x \to \infty} \frac{f(x)}{x} = A$$

例 5　设函数 $f(x)$ 在闭区间 $[a,b]$ 上连续,且 $\min\limits_{x \in [a,b]} f(x) = 1$. 试证: $\lim\limits_{n \to \infty} \sqrt[n]{\int_a^b \frac{\mathrm{d}x}{f^n(x)}} = 1$.

证　由题设知 $f(x) \geqslant 1$,从而 $\frac{1}{f(x)} \leqslant 1, x \in [a,b]$,则

$$\sqrt[n]{\int_a^b \frac{\mathrm{d}x}{f^n(x)}} \leqslant \sqrt[n]{\int_a^b \mathrm{d}x} = \sqrt[n]{b - a} \to 1 \quad n \to \infty$$

故

$$\lim_{n \to \infty} \sqrt[n]{\int_a^b \frac{\mathrm{d}x}{f^n(x)}} \leqslant 1 \qquad\qquad ①$$

另一方面,由 $\frac{1}{f(x)}$ 在 $[a,b]$ 上连续,对任意 $\varepsilon > 0$,有 $\delta > 0$. 当 $|x - \xi| < \delta$ 时,有

$$\left| \frac{1}{f(x)} - \frac{1}{f(\xi)} \right| < \varepsilon \Rightarrow \frac{1}{f(x)} > 1 - \varepsilon$$

则

$$\sqrt[n]{\int_a^b \frac{\mathrm{d}x}{f^n(x)}} \geqslant \sqrt[n]{\int_{\xi - \delta}^{\xi + \delta} (1 - \varepsilon)^n \mathrm{d}x} = (1 - \varepsilon) \sqrt[n]{2\delta} \to 1 - \varepsilon \quad n \to \infty$$

故

$$\lim_{n \to \infty} \sqrt[n]{\int_a^b \frac{\mathrm{d}x}{f^n(x)}} \geqslant 1 - \varepsilon$$

由 ε 任意性,知

$$\lim_{n \to \infty} \sqrt[n]{\int_a^b \frac{\mathrm{d}x}{f^n(x)}} \geqslant 1 \qquad\qquad ②$$

由式 ① 及式 ② 有

$$\lim_{n \to \infty} \sqrt[n]{\int_a^b \frac{\mathrm{d}x}{f^n(x)}} = 1$$

研究生入学考试试题选讲

1978 ～ 1986 年部分

1. 函数问题

例 1　设函数 $f(x)$ 的定义域为 $(0,1)$,又 $[x]$ 表示不超过 x 的最大整数,试求 $f\left(\frac{[x]}{x}\right)$ 的定义域.(西北轻工业学院,1985)①

解　欲使 $0 < \frac{[x]}{x} < 1$ 成立,必须 $x > 1$ 且 $x \neq k$ $(k = 2,3,4,\cdots)$.

故 $f\left(\frac{[x]}{x}\right)$ 的定义域为 $\{x \mid x > 1,$ 且 $x \neq 2,3,4,\cdots\}$.

注　欧拉函数 $[x]$ 有许多重要性质和应用,这是需要我们留心的.

---

① 　括号内数字,为该试题考试年份,其前为试题出自的院校.其余类同.

例 2 设 $f(x) = \begin{cases} 1, & |x| \leqslant 1 \\ 0, & |x| > 1 \end{cases}$, $g(x) = \begin{cases} 2-x^2, & |x| \leqslant 1 \\ 2, & |x| > 1 \end{cases}$, 试求 $f[g(x)]$. (南京邮电学院, 1985)

解 由题设知, 当 $|x| < 1$ 时, $f[g(x)] = f(2-x^2) = 0$; 当 $x = 1$ 时, $f[g(x)] = f(1) = 1$; 当 $|x| > 1$ 时, $f[g(x)] = f(2) = 0$.

综上

$$f[g(x)] = \begin{cases} 0, & x \neq 1 \\ 1, & |x| = 1 \end{cases}$$

例 3 设 $f(x) = \begin{cases} -1, & x < -1 \\ x, & |x| \leqslant 1 \\ 1, & x > 1 \end{cases}$, 求 $f(x^2+5) \cdot f(\sin x) + 5f(4x-x^2-6)$. (海军工程学院, 1986)

解 由 $x^2+5 > 1$, 故 $f(x^2+5) = 1$; 又 $|\sin x| \leqslant 1$, $4x - x^2 - 6 = -[(x-2)^2+2] < -1$, 故

$$f(\sin x) = \sin x, \quad f(4x-x^2-6) = -1$$

从而 $f(x^2+5) \cdot f(\sin x) + 5f(4x-x^2-6) = \sin x - 5$.

例 4 设 $f\left(x+y, \dfrac{y}{x}\right) = x^2 - y^2$, 求 $f(x,y)$. (大连轻工业学院, 1982; 哈尔滨工业大学, 1984)

解 $f\left(x+y, \dfrac{y}{x}\right) = x^2 - y^2 = \dfrac{(x+y)^2(x-y)}{x+y} = (x+y)^2 \dfrac{1-\dfrac{y}{x}}{1+\dfrac{y}{x}}$, 故 $f(u,v) = \dfrac{u^2(1-v)}{1+v}$, 其中 $x+y = u$, $\dfrac{y}{x} = v$.

从而 $f(x,y) = \dfrac{x^2(1-y)}{1+y}$.

注 本题亦可用令 $x+y = u$, $\dfrac{y}{x} = v$, 解出 x, y 代入函数式来求.

例 5 已知 $f\left(\sin \dfrac{x}{2}\right) = \cos x + 1$, 求 $f\left(\cos \dfrac{x}{2}\right)$. (武汉钢铁学院, 1980)

解 令 $x = \pi - t$, 则 $\sin\left(\dfrac{\pi}{2} - \dfrac{t}{2}\right) = \cos \dfrac{t}{2}$.

又 $\cos x = \cos(\pi - t) = -\cos t$, 故 $f\left(\cos \dfrac{t}{2}\right) = -\cos t + 1$. 再令 $t = x$, 有

$$f\left(\cos \dfrac{x}{2}\right) = 1 - \cos x$$

注 本题还可以解如, 由

$$f\left(\sin \dfrac{x}{2}\right) = \cos x + 1 = 1 - 2\sin^2 \dfrac{x}{2} + 1 = 2 - 2\sin^2 \dfrac{x}{2}$$

即 $f(u) = 2 - 2u^2$, 从而 $f\left(\cos \dfrac{x}{2}\right) = 2 - 2\cos^2 \dfrac{x}{2} = 1 - \cos x$.

上面的例子都是求函数表达式的, 下面我们再来看一个求复合函数或函数复合的例子.

例 6 设 $f(x) = \dfrac{x}{x-1}$, 试验证: $f(f(f(f(x)))) = x$, 且求 $f\left(\dfrac{1}{f(x)}\right)$, 这里 $x \neq 0$, $x \neq 1$. (华中工学院, 1981)

解 令 $f_1(x) = f(x)$, $f_2(x) = f(f_1(x))$, $\cdots$, $f_n(x) = f(f_{n-1}(x))$. 现只需验证 $f_4(x) = x$

即可.

因 $f(x) = \dfrac{x}{x-1} = \dfrac{1}{1-\frac{1}{x}}$,故 $\dfrac{1}{f(x)} = 1 - \dfrac{1}{x}$,而

$$f_2(x) = f(f(x)) = \frac{1}{1-\frac{1}{f(x)}} = \frac{1}{1-\left[1-\left(\frac{1}{x}\right)\right]} = x$$

又 $f_3(x) = f(f_2(x)) = f(x)$,且

$$f_4(x) = f(f_3(x)) = f(f(x)) = x$$

下面求 $f\left(\dfrac{1}{f(x)}\right)$. 由 $\dfrac{1}{f(x)} = 1 - \dfrac{1}{x}$,则

$$f\left(\frac{1}{f(x)}\right) = f\left(1 - \frac{1}{x}\right) = 1 - x \qquad x \neq 0, x \neq 1$$

注 本题前一结论可推广为:

在题设条件下有, $f_{2n}(x) = x$, $f_{2n+1}(x) = \dfrac{x}{x-1}$,其中 $n \geqslant 1$.

函数的奇偶性和周期性,是某些函数的一些重要性质,我们来看一个关于这方面的例子.

例 7 设函数 $f(x)$ 在 $(-\infty, +\infty)$ 上是奇函数,且 $f(1) = a$,又对任何 x 值均有 $f(x+2) - f(x) = f(2)$. (1)试用 a 表示 $f(2)$ 和 $f(5)$;(2)问 a 取何值时, $f(x)$ 是以 2 为周期的周期函数.(清华大学,1982)

解 (1)因 $f(x)$ 是奇函数,且令 $x = -1$,由题设有 $f(1) - f(-1) = f(2)$,从而

$$f(2) = 2f(1) = 2a$$

再令 $x = 1$ 和 $x = 3$ 代入题设式可有

$$f(3) - f(1) = f(2), f(5) - f(3) = f(2)$$

从而有 $f(5) - f(1) = 2f(2)$,即

$$f(5) = f(1) + 2f(2) = 5a$$

(2)注意到 $a = 0$ 时, $f(2) = 2a = 0$,有 $f(x+2) = f(x)$,此时 $f(x)$ 是以 2 为周期的周期函数.

2. 极限问题

极限的求法很多(见前面的表),灵活性也大.下面我们看几个求数列或函数极限的例子.

例 1 设对于 $n = 0, 1, 2, \cdots$,均有 $0 < x_n < 1$,且 $x_{n+1} = -x_n^2 + 2x_n$.求 $\lim\limits_{n \to \infty} x_n$.(湘潭大学,1981)

解 由设 $x_{n+1} = -x_n^2 + 2x_n = x_n(2 - x_n)$,又 $2 - x_n > 1$,故 $x_{n+1} > x_n$,即 $\{x_n\}$ 递增.

又由 $x_{n+1} = 1 - (x_n - 1)^2 < 1$,故 $\{x_n\}$ 有界.

从而 $\{x_n\}$ 有极限,设为 a .令对 $x_{n+1} = -x_n^2 + 2x_n$ 两边取极限有

$$a = -a^2 + 2a \Rightarrow a(a-1) = 0$$

又 $0 < x_n < 1$ 及 $\{x_n\}$ 递增,知 $a \neq 0$,从而 $a = 1$,即 $\lim\limits_{n \to \infty} x_n = 1$.

注 利用同样的方法我们还可以解下面问题:

设 $x_1 = \sqrt{6}$, $x_n = \sqrt{6 + x_{n-1}}$ $(n = 2, 3, \cdots)$,证明: $\{x_n\}$ 有极限且求其值.(北京邮电学院,1985)

例 2 求极限 $\lim\limits_{n \to \infty} \underbrace{\sqrt{3\sqrt{3\cdots\sqrt{3}}}}_{n\text{个}}$.(中国科学院,1985)

解 可得

$$\lim_{n \to \infty} \underbrace{\sqrt{3\sqrt{3\cdots\sqrt{3}}}}_{n\text{个}} = \lim_{n \to \infty}\left\{\left[(3^{\frac{1}{2}} \cdot 3)^{\frac{1}{2}} \cdot 3\right]^{\frac{1}{2}} \cdots\right\}^{\frac{1}{2}} = \lim_{n \to \infty}(3^{\frac{1}{2}} \cdot 3^{\frac{1}{4}} \cdot \cdots \cdot 3^{\frac{1}{2^n}})$$

$$= \lim_{n \to \infty}(3^{\frac{1}{2}+\frac{1}{4}+\cdots+\frac{1}{2^n}}) = 3^1 = 3$$

例3 求 $\lim\limits_{n\to\infty}\left(1-\dfrac{1}{2^2}\right)\left(1-\dfrac{1}{3^2}\right)\cdots\left(1-\dfrac{1}{n^2}\right)$. (安徽工业学院,1985)

解 可得

$$\lim_{n\to\infty}\left(1-\frac{1}{2^2}\right)\left(1-\frac{1}{3^2}\right)\cdots\left(1-\frac{1}{n^2}\right)=\lim_{n\to\infty}\frac{1\cdot3}{2\cdot2}\cdot\frac{2\cdot4}{3\cdot3}\cdot\cdots\cdot\frac{(n-1)(n+1)}{n\cdot n}$$

$$=\lim_{n\to\infty}\left(\frac{1}{2}\cdot\frac{n+1}{n}\right)=\frac{1}{2}$$

例4 已知数列 $f_n=\dfrac{1}{\sqrt{5}}\left[\left(\dfrac{1+\sqrt{5}}{2}\right)^{n+1}-\left(\dfrac{1-\sqrt{5}}{2}\right)^{n+1}\right]$,试证:$\lim\limits_{n\to\infty}\dfrac{f_n}{f_{n+1}}=\dfrac{\sqrt{5}-1}{2}$. (长春光学精密机械学院,1985)

证 由题设且注意到下面的式子变形可有

$$\lim_{n\to\infty}\frac{f_n}{f_{n+1}}=\lim_{n\to\infty}\frac{\left\{\dfrac{1}{\sqrt{5}}\left[\left(\dfrac{1+\sqrt{5}}{2}\right)^{n+1}-\left(\dfrac{1-\sqrt{5}}{2}\right)^{n+1}\right]\right\}}{\left\{\dfrac{1}{\sqrt{5}}\left[\left(\dfrac{1+\sqrt{5}}{2}\right)^{n+2}-\left(\dfrac{1-\sqrt{5}}{2}\right)^{n+2}\right]\right\}}$$

$$=\lim_{n\to\infty}\frac{\left\{\left(\dfrac{1+\sqrt{5}}{2}\right)^{n+1}\left[1-\left(\dfrac{1-\sqrt{5}}{1+\sqrt{5}}\right)^{n+1}\right]\right\}}{\left\{\left(\dfrac{1+\sqrt{5}}{2}\right)^{n+2}\left[1-\left(\dfrac{1-\sqrt{5}}{1+\sqrt{5}}\right)^{n+2}\right]\right\}}$$

$$=\frac{1}{\dfrac{1+\sqrt{5}}{2}}=\frac{\sqrt{5}-1}{2}$$

注 $\{f_n\}$ 即为斐波那契(Fibonacci)数列:$1,1,2,3,5,8,13,\cdots$;又常数 $\dfrac{\sqrt{5}-1}{2}$ 即为黄金(中外)比值,又称黄金数.

还有些数列的极限须化为函数极限考虑方才简单.

例5 若 $0<a<b$,求数列极限 $\lim\limits_{n\to\infty}(a^n+b^n)^{\frac{1}{n}}$. (北京工业大学,1984)

解 因

$$\lim_{n\to\infty}\left\{\ln(a^n+b^n)^{\frac{1}{n}}\right\}=\lim_{x\to+\infty}\frac{\ln(a^x+b^x)}{x}$$

$$=\lim_{x\to+\infty}\frac{a^x\ln a+b^x\ln b}{a^x+b^x}=\lim_{x\to+\infty}\frac{\left(\dfrac{a}{b}\right)^x\ln a+\ln b}{1+\left(\dfrac{a}{b}\right)^x}=\ln b$$

故

$$\lim_{n\to\infty}(a^n+b^n)^{\frac{1}{n}}=b$$

注 这种将数列极限先化为函数极限的方法还可解下面问题:

求 $\lim\limits_{n\to+\infty}\left(\dfrac{2+\sqrt[n]{64}}{3}\right)^{2n-1}$. (安徽大学,1984)

例6 求 $\lim\limits_{n\to\infty}\left(1+\dfrac{x}{n}+\dfrac{x^2}{2n^2}\right)^{-n}$. (南京大学,1982)

解 令 $u=\dfrac{x}{n}+\dfrac{x^2}{2n^2}$,又 $\lim\limits_{n\to\infty}nu=x$,且 $\lim\limits_{n\to\infty}u=0$.

原式 $=\lim\limits_{n\to\infty}\left[(1+u)^{\frac{1}{u}}\right]^{u(-n)}=\lim\limits_{n\to\infty}e^{-nu\ln(1+u)^{\frac{1}{u}}}=e^{-x}$.

这里利用了重要极限 $\lim\limits_{n\to\infty}\left(1+\dfrac{1}{x}\right)^n = \mathrm{e}$，下面的例子（求函数极限）则要利用洛必达法则处理.

例7 求 $\lim\limits_{x\to 0}\left(\dfrac{a_1^x + a_2^x + \cdots + a_n^x}{n}\right)^{\frac{1}{x}}$（这里 $a_i > 0, i = 1,2,\cdots,n$）.（南京大学,1982）

解 考虑

$$\lim_{x\to 0}\frac{a_1^x + a_2^x + \cdots + a_n^x - n}{x} \quad（由洛必达法则）$$

$$= \lim_{x\to 0}\frac{a_1^x \ln a_1 + a_2^x \ln a_2 + \cdots + a_n^x \ln a_n}{1} = \ln a_1 a_2 \cdots a_n$$

故若令 $u = \dfrac{a_1^x + a_2^x + \cdots + a_n^x - n}{n}$，则

$$\lim_{x\to 0}\left(\frac{a_1^x + a_2^x + \cdots + a_n^x}{n}\right)^{\frac{1}{x}} = \lim_{x\to 0}\left[(1+u)^{\frac{1}{u}}\right]^{\frac{u}{x}} = \mathrm{e}^{\frac{1}{n}\ln a_1 a_2 \cdots a_n} = (a_1 a_2 \cdots a_n)^{\frac{1}{n}}$$

注1 求 $\lim\limits_{x\to 0}\left(\dfrac{a_1^x + a_2^x + \cdots + a_n^x}{n}\right)^{\frac{n}{x}}$ $(a_i > 0, i = 1,2,\cdots,n)$.（东北工学院,1982）

类似的问题还可见：

求 $\lim\limits_{x\to 0}\left(\dfrac{a_1^{\frac{1}{x}} + a_2^{\frac{1}{x}} + \cdots + a_n^{\frac{1}{x}}}{n}\right)^{x}$，其中 $a_i > 0, i = 1,2,\cdots,n$.（同济大学,1983）

注2 这里分子减 n 是为了使 $x \to 1$ 时 $a_k^x - 1(1\leqslant k\leqslant n)$ 变无穷小，然后才能使用洛比达法则. 本题亦可用取对数方法来求.

注3 显然下面诸问题：

(1) 求 $\lim\limits_{x\to 0}\left(\dfrac{3^x + 5^x}{2}\right)^{\frac{1}{x}}$.（中南矿冶学院,1982）

(2) 求 $\lim\limits_{x\to 0}\left(\dfrac{a^x + b^x}{2}\right)^{\frac{2}{x}}$.（北方交通大学,1985）

(3) 求 $\lim\limits_{n\to\infty}\left(\dfrac{a^{\frac{1}{n}} + b^{\frac{1}{n}}}{2}\right)^{n}$.（北京工业大学,1984；北京邮电学院,1986）

(4) 求 $\lim\limits_{x\to +\infty}(2^x + 3^x + 5^x)^{\frac{3}{x}}$.（农牧渔业部教育司,1986）

只是本题的特例.（答案分别为 $\sqrt{15}, ab, \sqrt{ab}, 125$）

如前文所述，利用不等式（包括不等式的放缩）及夹逼准则求极限也是一个重要方法.

例8 求 $\lim\limits_{x\to 0^+}\left(\dfrac{2^x + 3^x}{5}\right)^{\frac{1}{x}}$.（昆明工学院,1982）

解 对于 $x > 0$，有 $0 \leqslant \left(\dfrac{2^x + 3^x}{5}\right)^{\frac{1}{x}} < 3 \cdot \left(\dfrac{2}{5}\right)^{\frac{1}{x}}$.

而 $\lim\limits_{x\to 0^+}\left(\dfrac{2}{5}\right)^{\frac{1}{x}} = 0$，知 $\lim\limits_{x\to 0^+}\left(\dfrac{2^x + 3^x}{5}\right)^{\frac{1}{x}} = 0$.

注 本题亦可利用上题结果来作，只需注意到

$$\left(\frac{2^x + 3^x}{5}\right)^{\frac{1}{x}} = \left(\frac{2^x + 3^x}{2}\right)^{\frac{1}{x}} \cdot \left(\frac{2}{5}\right)^{\frac{1}{x}}$$

而当 $x \to 0$ 时，$\left(\dfrac{2}{5}\right)^{\frac{1}{x}} \to 0$.

例9 计算 $\lim\limits_{x\to 1}(2-x)^{\tan\frac{\pi x}{2}}$.（清华大学,1984）

解 令

$$y = \ln(2-x)^{\tan\frac{\pi x}{2}} = \tan\frac{\pi x}{2} \cdot \ln(2-x) = \frac{\ln(2-x)}{\cot\frac{\pi x}{2}}$$

而

$$\lim_{x \to 1} \frac{\ln(2-x)}{\cot\frac{\pi x}{2}} = \lim_{x \to 1} \frac{-\dfrac{1}{2-x}}{-\csc^2\dfrac{\pi x}{2} \cdot \dfrac{\pi}{2}} = \frac{2}{\pi}$$

故

$$\lim_{x \to 1}(2-x)^{\tan\frac{\pi x}{2}} = e^{\frac{2}{\pi}}$$

注 它和上例一样均是求 1^∞ 型极限问题,但解法却不同.类似地还可求:

$\lim\limits_{x \to 0^+}(\tan x)^{\frac{1}{\ln x}}$.(清华大学,1986)

例 10 求 $\lim\limits_{x \to 0} x\sqrt[3]{\sin\dfrac{1}{x^2}}$.(湘潭大学,1982)

解 由 $0 \leqslant \left| x\sqrt[3]{\sin\dfrac{1}{x^2}} \right| \leqslant |x|$,显然 $\lim\limits_{x \to 0} x\sqrt[3]{\sin\dfrac{1}{x^2}} = 0$.

例 11 求 $\lim\limits_{x \to 0} x\left[\dfrac{1}{x}\right]$,这里 $\left[\dfrac{1}{x}\right]$ 表示不超过 $\dfrac{1}{x}$ 的最大整数.(北京轻工业学院,1984;西北轻工业学院,1985)

解 1 由 $[x]$ 性质知,$\dfrac{1}{x} - 1 < \left[\dfrac{1}{x}\right] \leqslant \dfrac{1}{x}$ $(x \neq 0)$.

故当 $x > 0$ 时,有 $1 - x < x\left[\dfrac{1}{x}\right] \leqslant 1$(两边同乘 x).

当 $x < 0$ 时,有 $1 - x > x\left[\dfrac{1}{x}\right] \geqslant 1$.

于是由夹逼压挤原则,有 $\lim\limits_{x \to 0^+} x\left[\dfrac{1}{x}\right] = \lim\limits_{x \to 0^-} x\left[\dfrac{1}{x}\right] = 1$,从而 $\lim\limits_{x \to 0} x\left[\dfrac{1}{x}\right] = 1$.

解 2 令 $y = \dfrac{1}{x}$,则当 $x \to 0$ 时有 $y \to \infty$.分两种情况考虑.

(1) 当 $x \to 0^+$ 时,$y \to +\infty$,此时 $\lim\limits_{x \to 0^+} x\left[\dfrac{1}{x}\right] = \lim\limits_{y \to +\infty} \dfrac{[y]}{y}$.

对任何充分大的正数 y,总存在自然数 n,使 $n \leqslant y < n+1$,故

$$\frac{n}{n+1} = \frac{[y]}{n+1} < \frac{[y]}{y} = \frac{n}{y} \leqslant \frac{n}{n} = 1$$

又 $y \to +\infty$ 时,$n \to +\infty$,这样

$$\lim_{n \to +\infty} \frac{n}{n+1} = 1$$

$$\lim_{n \to +\infty} \frac{n}{n} = 1 \Rightarrow \lim_{x \to 0^+} x\left[\frac{1}{x}\right] = \lim_{y \to +\infty} \frac{[y]}{y} = 1$$

(2) 当 $x \to 0^-$ 时,$y \to -\infty$,此时 $\lim\limits_{x \to 0^-} x\left[\dfrac{1}{x}\right] = \lim\limits_{y \to -\infty} \dfrac{[y]}{y}$.

仿上对 $|y|$ 充分大的 y,有自然数 n,使 $n < -y \leqslant n+1$,即 $-n > y \geqslant -(n+1)$,且 $[y] = -(n+1)$.

故 $1 = \dfrac{-(n+1)}{-(n+1)} \leqslant \dfrac{[y]}{y} = \dfrac{-(n+1)}{y} < \dfrac{-(n+1)}{-n} < 1 + \dfrac{1}{n}$.

又 $y \to -\infty$ 时,$n \to +\infty$,且 $1 + \dfrac{1}{n} \to 1$.

从而, $\lim\limits_{x\to 0^-} x\left[\dfrac{1}{x}\right] = \lim\limits_{y\to -\infty}\dfrac{[y]}{y} = 1.$

综上, $\lim\limits_{x\to 0} x\left[\dfrac{1}{x}\right] = 1.$

下面的例子是求积分函数极限的,它显然是综合性问题.

例 12　求 $\lim\limits_{x\to 0}\dfrac{1}{x}\displaystyle\int_0^x (1+\sin 2t)^{\frac{1}{t}}\,dt.$（北京工业学院,1984）

解　$t=0$ 不是积分 $\displaystyle\int_0^x(1+\sin 2t)^{\frac{1}{t}}\,dt$ 的瑕点,故所求极限为 $\dfrac{0}{0}$ 型.运用洛必达法则,有

$$原式 = \lim_{x\to 0}\dfrac{\displaystyle\int_0^x(1+\sin 2t)^{\frac{1}{t}}\,dt}{x} = \lim_{x\to 0}(1+\sin 2x)^{\frac{1}{x}}$$

$$= \lim_{x\to 0}\exp\left\{\dfrac{1}{x}\ln(1+\sin 2x)\right\} = \exp\left\{\lim_{x\to 0}\dfrac{1}{x}\ln(1+\sin 2x)\right\}$$

$$= \exp\left\{\lim_{x\to 0}\dfrac{2\cos 2x}{1+\sin 2x}\right\} = e^2$$

有些数列极限问题若转化为积分问题考虑,则很简便(但这种类型是特定的,它通常是求级数和问题).

这类问题常依据:若函数 $f(x)$ 在 $[a,b]$ 上连续,则 $f(x)$ 在 $[a,b]$ 上可积且成立下列两等式,即

$$\int_a^b f(x)\,dx = \lim_{n\to\infty}\dfrac{b-a}{n}\sum_{n=1}^{n} f\left[a+\dfrac{k(b-a)}{n}\right]$$

$$\int_a^b f(x)\,dx = \lim_{n\to\infty}\dfrac{b-a}{n}\sum_{n=1}^{n} f\left[a+\dfrac{(k-1)(b-a)}{n}\right]$$

例 13　求 $\lim\limits_{n\to\infty}\displaystyle\sum_{k=1}^{n}\dfrac{n}{n^2+4k^2}.$（北京工业大学,1982）

解　因 $\dfrac{n}{n^2+4k^2} = \dfrac{1}{n}\cdot\dfrac{1}{1+4\left(\dfrac{k}{n}\right)^2}$,由定积分概念,知

$$\lim_{n\to\infty}\sum_{k=1}^{n}\dfrac{n}{n^2+4k^2} = \lim_{n\to\infty}\sum_{k=1}^{n}\left[\dfrac{1}{n}\cdot\dfrac{1}{1+4\left(\dfrac{k}{n}\right)^2}\right] = \int_0^1\dfrac{dx}{1+4x^2} = \dfrac{1}{2}\arctan 2x\Big|_0^1 = \dfrac{1}{2}\arctan 2$$

注　这类极限问题的实质,是求级数和问题,它只不过以极限问题的面目出现罢了,问题的关键是将"$\sum$"换成"$\int$".

例 14　利用定积分概念求极限 $\lim\limits_{n\to\infty}\left(\ln\dfrac{\sqrt[n]{n!}}{n}\right).$（南京邮电学院,1985）

解　由题设且注意到下面的式子变形,有

$$\lim_{n\to\infty}\left(\ln\dfrac{\sqrt[n]{n!}}{n}\right) = \lim_{n\to\infty}\left(\ln\sqrt[n]{\dfrac{n!}{n^n}}\right)\quad(利用对数性质)$$

$$= \lim_{n\to\infty}\left\{\dfrac{1}{n}\left[\ln\dfrac{1}{n}+\ln\dfrac{2}{n}+\cdots+\ln\dfrac{n}{n}\right]\right\}$$

$$= \lim_{n\to\infty}\left\{\sum_{k=1}^{n}\left(\ln\dfrac{k}{n}\right)\dfrac{1}{n}\right\}$$

令 $f(x)=\ln x$,将 $[0,1]$ 分成 n 等份,则 $\Delta x_k = \dfrac{1}{n}$,且取 $\xi_k = \dfrac{k}{n}$,则

$$\lim_{n\to\infty}\left(\ln\dfrac{\sqrt[n]{n!}}{n}\right) = \lim_{n\to\infty}\left[\sum_{k=1}^{n}\left(\ln\dfrac{k}{n}\right)\dfrac{1}{n}\right] = \lim_{n\to\infty}\left[\sum_{k=1}^{n}f(\xi_k)\Delta x_k\right] = \int_0^1\ln x\,dx$$

而 $\displaystyle\int_0^1 \ln x \mathrm{d}x = \lim_{\varepsilon \to 0^+} \int_\varepsilon^1 \ln x \mathrm{d}x = \lim_{\varepsilon \to 0^+}\left[x\ln x \Big|_\varepsilon^1 - \int_\varepsilon^1 \mathrm{d}x\right] = -1.$

注 1 请当心 $\displaystyle\int_0^1 \ln x \mathrm{d}x$ 是反常积分,因而计算它时须留神(通过取极限运算求得).

注 2 并非所有和式极限均用定积分去考虑,比如:

计算 $\displaystyle\lim_{n\to\infty}\sum_{k=1}^n \frac{k}{(k+1)!}$.(云南工学院,1986)

求解时须注意到 $\dfrac{k}{(k+1)!} = \dfrac{1}{k!} - \dfrac{1}{(k+1)!}$,故

$$\sum_{k=1}^n \frac{k}{(k+1)!} = 1 - \frac{1}{(n+1)!} \Rightarrow \lim_{n\to\infty}\sum_{k=1}^n \frac{k}{(k+1)!} = 1$$

还有些数列极限是通过对判定由所求式子为通项的级数收敛中求得的,因为若级数收敛,其通项当 $n \to \infty$ 时极限为 0.请看下列例题.

例 15 求 $\displaystyle\lim_{n\to\infty}\frac{2^n n!}{n^n}$.(昆明工学院,1982)

解 考虑级数 $\displaystyle\sum_{k=1}^n \frac{2^n n!}{n^n}$,由比值判别法,有

$$\lim_{n\to\infty}\frac{u_{n+1}}{u_n} = \lim_{n\to\infty}\frac{2^{n+1} \cdot (n+1)!}{(n+1)^{n+1}} \cdot \frac{n^n}{2^n n!} = \lim_{n\to\infty}2\left(1 - \frac{1}{n+1}\right)^n = 2 \cdot \frac{1}{\mathrm{e}} < 1$$

可知级数收敛,再由级数收敛的必要条件,知 $\displaystyle\lim_{n\to\infty}\frac{2^n n!}{n^n} = 0.$

下面的例子,也要利用级数的敛散性.

例 16 设序列 $\langle x_n \rangle$ 满足 $|x_{n+1} - x_n| \leqslant \dfrac{1}{2^n}$ $(n = 1,2,3,\cdots)$,求证:极限 $\displaystyle\lim_{n\to\infty}x_n$ 存在.(南京邮电学院,1985)

解 由 $|x_{n+1} - x_n| \leqslant \dfrac{1}{2^n}$,则 $\displaystyle\sum_{n=0}^\infty |x_{n+1} - x_n| \leqslant \sum_{n=0}^\infty \frac{1}{2^n}$.故 $\displaystyle\sum_{n=0}^\infty |x_{n+1} - x_n|$ 收敛,从而 $\displaystyle\sum_{n=0}^\infty (x_{n+1} - x_n)$ 收敛.

又 $S_{N-1} = \displaystyle\sum_{n=0}^{N-1}(x_{n+1} - x_n) = x_N - x_0$,故 $\displaystyle\lim x_n$ 存在.

有时候还要注意:对于含参数求极限问题,所求极限往往因题中参数不同,所得结果形式有异,常常需要讨论,例如下列例题.

例 17 求 $\displaystyle\lim_{n\to\infty}\frac{A\mathrm{e}^{nx} + B}{\mathrm{e}^{nx} + 1}$.(兰州大学,1982)

解 当 $x > 0$ 时,原式 $= \displaystyle\lim_{n\to\infty}\frac{\left(A + \dfrac{B}{\mathrm{e}^{nx}}\right)}{\left(1 + \dfrac{1}{\mathrm{e}^{nx}}\right)} = A.$ 当 $x = 0$ 时,原式 $= \dfrac{A+B}{2}$;当 $x < 0$ 时,原式 $= B.$

例 18 求 $\displaystyle\lim_{n\to+\infty}\frac{2x^{-n} - x^n}{x^{-n} + 3x^n}$ (n 为自然数).(苏州丝绸工学院,1984)

解 当 $x \neq 0$ 时,可有

$$\lim_{n\to+\infty}\frac{2x^{-n} - x^n}{x^{-n} + 3x^n} = \lim_{n\to+\infty}\frac{2 - x^{2n}}{1 + 3x^{2n}} = \begin{cases} 2, & \text{当}\ |x| < 1\ \text{时} \\ \dfrac{1}{4}, & \text{当}\ |x| = 1\ \text{时} \\ -\dfrac{1}{3}, & \text{当}\ |x| > 1\ \text{时} \end{cases}$$

而当 $x = 0$ 时,分式 $\dfrac{2x^{-n} - x^n}{x^{-n} + 3x^n}$ 无意义.

下面是关于两重极限的例子,这往往只需逐层去求.

例 19　求 $\lim\limits_{x \to 0} \left\{ \lim\limits_{n \to +\infty} \left(\cos \dfrac{x}{2} \cos \dfrac{x}{2^2} \cdots \cos \dfrac{x}{2^n} \right) \right\}$. (兰州大学,1982)

解　因为 $\cos \dfrac{x}{2} \cos \dfrac{x}{2^2} \cdots \cos \dfrac{x}{2^n} = \dfrac{\sin x}{2^n \sin \dfrac{x}{2^n}}$,从而

$$\lim_{n \to +\infty} \left(\cos \frac{x}{2} \cos \frac{x}{2^2} \cdots \cos \frac{x}{2^n} \right) = \lim_{n \to +\infty} \frac{\sin x}{2^n \sin \dfrac{x}{2^n}} = \lim_{n \to +\infty} \left[\frac{\sin x}{x} \cdot \frac{\dfrac{x}{2^n}}{\sin \dfrac{x}{2^n}} \right] = \frac{\sin x}{x}$$

故原式 $= \lim\limits_{x \to 0} \dfrac{\sin x}{x} = 1$.

例 20　试求极限 $\lim\limits_{m \to +\infty} \left\{ \lim\limits_{n \to +\infty} \left[\cos(m! \ \pi x) \right]^n \right\}$. (华东工程学院,1984)

解　记 $f(m) = \lim\limits_{n \to +\infty} \left[\cos(m! \ \pi x)^n \right]$.

当 x 为无理数时,对任意自然数 m,有 $\cos(m! \ \pi x) < 1$,故 $f(m) = 0$,从而 $\lim\limits_{m \to +\infty} f(m) = 0$.

当 x 为有理数时,记 $x = \dfrac{q}{p}$,对充分大的 m,$\cos(m! \ \pi x) = \cos 2n\pi = 1$,从而 $\lim\limits_{m \to +\infty} f(m) = 1$.

综上

$$\lim_{m \to +\infty} \left\{ \lim_{n \to +\infty} \left[\cos(m! \ \pi x) \right]^n \right\} = \begin{cases} 0, & x \ \text{为无理数} \\ 1, & x \ \text{为有理数} \end{cases}$$

注　前文已述,如此定义的函数称为迪利克雷函数,它是一个无处连续(或处处不连续)的函数,有趣的是它却是黎曼可积函数.

求某些函数的极限,有时若用洛必达法则需多次反复使用,比如 $\dfrac{0}{0}$ 型的式子、分母无穷小在很多位上是相同的,这时若用等价无穷小量代换(常与函数泰勒展开有关)常可使问题解答简化,如下面例题.

例 21　求 $\lim\limits_{x \to 0^+} \dfrac{\mathrm{e}^{x^3} - 1}{1 - \cos \sqrt{x - \sin x}}$. (长沙铁道学院,1985)

解　利用 $\mathrm{e}^u, \cos v$ 的泰勒(幂级数)展开及等价无穷小代换,有

$$\lim_{x \to 0^+} \frac{\mathrm{e}^{x^3} - 1}{1 - \cos \sqrt{x - \sin x}} = \lim_{x \to 0^+} \frac{x^3}{\dfrac{x - \sin x}{2}} = \lim_{x \to 0^+} \frac{6x^2}{1 - \cos x} = 6 \lim_{x \to 0^+} \frac{2x}{\sin x} = 12$$

注　如果仅用函数泰勒展开还须将其余项写出,这里又利用了等价无穷小代换,故略去了高阶余项.此例若用洛必达法则去考虑较繁.

利用式子本身变形求函数极限的技巧性很强,往往需要因题而异去选择不同的方法.请看下列例题.

例 22　计算 $\lim\limits_{x \to +\infty} \dfrac{x \sqrt{x} \sin \left(\dfrac{1}{x} \right)}{\sqrt{x} - 1}$. (大连工学院,1985)

解　由 $\dfrac{\sqrt{x}}{\sqrt{x} - 1} = 1 + \dfrac{1}{\sqrt{x} - 1}$,则有

$$\lim_{x \to +\infty} \frac{x \sqrt{x} \sin \left(\dfrac{1}{x} \right)}{\sqrt{x} - 1} = \lim_{x \to +\infty} \frac{\sin \left(\dfrac{1}{x} \right)}{\dfrac{1}{x}} \left(1 - \frac{1}{\sqrt{x} - 1} \right) = \lim_{x \to +\infty} \frac{\sin \left(\dfrac{1}{x} \right)}{\dfrac{1}{x}} \cdot \lim_{x \to +\infty} \left(1 - \frac{1}{\sqrt{x} - 1} \right) = 1$$

注　仿例的方法类似地还可以求解下面诸问题:

(1) 计算 $\lim\limits_{x \to +\infty} \arcsin \left(\sqrt{x^2 + x} - x \right)$. (成都科技大学,1985)

(2) 计算 $\lim\limits_{x\to+\infty} x^{\frac{3}{2}}(\sqrt{x+1}+\sqrt{x-1}-2\sqrt{x})$. (成都电讯工程学院,1985)

对于问题(1)只需注意到 $\sqrt{x^2+x}\pm x=\dfrac{x}{\sqrt{x^2+x}\mp x}$ 即可.

同样对于问题(2)还需注意到

$$\sqrt{x+1}+\sqrt{x-1}-2\sqrt{x}=(\sqrt{x+1}-\sqrt{x})+(\sqrt{x-1}-\sqrt{x})$$

有些函数极限求法运用了多种方法,这里技巧性很强.

例 23 求 $\lim\limits_{x\to0}\dfrac{e^2-(1+x)^{\frac{2}{x}}}{x}$. (天津大学,1982)

解 注意到,$\left[(1+x)^{\frac{2}{x}}\right]'=(1+x)^{\frac{2}{x}}\left[\dfrac{2}{x(1+x)}-\dfrac{2\ln(1+x)}{x^2}\right]$.

而 $\dfrac{1}{x(1+x)}=\dfrac{1}{x}-\dfrac{1}{1+x}$. (式子变形) 又 $\dfrac{\ln(1+x)}{x^2}=\dfrac{1}{x}-\dfrac{1}{2}-\dfrac{x}{3}+o(x)$. (泰勒展开) 故

$$\left[(1+x)^{\frac{2}{x}}\right]'=2(1+x)^{\frac{2}{x}}\left[\dfrac{1}{2}-\dfrac{1}{1+x}-\dfrac{x}{3}+o(x)\right] \quad |x|<1$$

从而,原式 $=\lim\limits_{x\to0}\dfrac{\left[e^2-(1+x)^{\frac{2}{x}}\right]'}{x'}=\lim\limits_{x\to0}\left\{-\left[\dfrac{(1+x)^2}{x}\right]'\right\}=e^2$.

利用极限证明不等式的例子也是新颖的.请看下面例题.

例 24 设 $f(x)=\sum\limits_{k=1}^{n}a_k\sin kx$,且 $|f(x)|\leqslant|\sin x|$,又 $a_i(i=1,2,\cdots,n)$ 为常数,试证:

$\left|\sum\limits_{k=1}^{n}ka_k\right|\leqslant1$. (山东海洋学院,1984)

证 由设 $|f(x)|\leqslant|\sin x|$,故当 $x\neq0$ 时,$\left|\dfrac{f(x)}{x}\right|\leqslant\left|\dfrac{\sin x}{x}\right|$,从而

$$\left|\sum\limits_{k=1}^{n}ka_k\dfrac{\sin kx}{kx}\right|\leqslant\left|\dfrac{\sin x}{x}\right|$$

因 $\lim\limits_{x\to0}\dfrac{\sin kx}{kx}=1$ $(k=1,2,\cdots,n)$,上式当 $x\to0$ 时即得 $\left|\sum\limits_{k=1}^{n}ka_k\right|\leqslant1$.

注 此题原为美国第 28 届普特南数学竞赛(大学生)的一个题目,它还可解为

$$\left|\sum\limits_{k=1}^{n}ka_k\right|=|f'(0)|=\lim\limits_{x\to0}\left|\dfrac{f(x)-f(0)}{x}\right|$$

$$=\lim\limits_{x\to0}\left|\dfrac{f(x)}{\sin x}\cdot\dfrac{\sin x}{x}\right|=\lim\limits_{x\to0}\left|\dfrac{f(x)}{\sin x}\right|\leqslant1$$

3. 函数的连续性

下面我们看一些关于函数连续性的例子.

例 1 设函数 $f(x)$ 对于包含 a 点的某一领域内一切 x,都存在正整数 M 使 $|f(x)-f(a)|\leqslant M|x-a|$ 恒成立.证明:$f(x)$ 在 a 点连续. (华中工学院,1981)

证 任给 $\varepsilon>0$,取 $\delta\leqslant\dfrac{\varepsilon}{M}$,当 $|x-a|<\delta$ 时,有

$$|f(x)-f(a)|\leqslant M|x-a|<M\cdot\dfrac{\varepsilon}{M}=\varepsilon$$

故 $f(x)$ 在 $x=a$ 处连续.

注 1 本例的结论还可以进一步推广为:

设函数 $f(x)$ 在 $[a,b]$ 上满足如下条件:存在常数 $M>0$,对于任意的 $x,y\in[a,b]$,有 $|f(x)-f(y)|<M|x-y|^{\alpha}(\alpha>0)$,则当 $\alpha>1$ 时 $f(x)$ 恒等于常数. (湖南大学、山东海洋学院,1984)

证明：设 $\alpha = 1 + \beta$ $(\beta > 0)$，任取一点 $x_0 \in [a,b]$，则有

$$|f(x) - f(x_0)| \leqslant M |x - x_0|^\alpha \quad x \neq x_0, x \in [a,b]$$

即

$$|f(x) - f(x_0)| \leqslant M |x - x_0|^{1+\beta}$$

或 $\left| \dfrac{f(x) - f(x_0)}{x - x_0} \right| \leqslant M |x - x_0|^\beta$，其中等号仅当 $x = x_0$ 时成立.

令 $x \to x_0$，由上式有 $f'(x_0) = 0$.

由 x_0 在 $[a,b]$ 的任意性知，对任意的 $x \in [a,b]$，均有 $f'(x) = 0$，从而在 $[a,b]$ 上恒有 $f(x) \equiv$ const（常数）.

这类问题详见下章内容（它多与函数导数性质有关）.

注2 题中条件 $|f(x) - f(y)| < M |x - y|$ 称为李普希兹（Lipschitz）条件. 它在微分方程解的理论中常用到.

例2 设 $f(x) = \begin{cases} 1, & x \geqslant 0 \\ -1, & x < 0 \end{cases}$，又 $g(x) = \sin x$，讨论 $f[g(x)]$ 的连续性.（湖南大学，1984）

解 $x = 0$ 是 $f(x)$ 的间断点. 又

$$f[g(x)] = \begin{cases} 1, & \sin x \geqslant 0 \\ -1, & \sin x < 0 \end{cases}$$

故当 $\sin x \geqslant 0$ 时，即有 $2n\pi \leqslant x \leqslant (2n+1)\pi$ $(n \in J)$；而当 $\sin x < 0$ 时，有 $(2n+1)\pi < x < (2n+2)\pi$ $(n \in J)$，

综上可有

$$f[g(x)] = \begin{cases} 1, & 2n\pi \leqslant x \leqslant (2n+1)\pi \\ -1, & (2n+1)\pi < x < (2n+2)\pi \end{cases} \quad n = 0, \pm 1, \pm 2, \cdots$$

由 $f(2n\pi + 0) = f((2n+1)\pi - 0) = 1$，而

$$f(2n\pi - 0) = f((2n+1)\pi + 0) = -1$$

故当 $x = n\pi$ $(n = 0, \pm 1, \pm 2, \cdots)$ 时，函数 $f[g(x)]$ 间断；当 $x \neq n\pi$ $(n = 0, \pm 1, \pm 2, \cdots)$ 时，函数 $f[g(x)]$ 连续.

例3 若函数 $f(x)$ 及 $g(x)$ 在 $[a,b]$ 上均连续，试证：函数 $\max\{f(x), g(x)\}$ 及 $\min\{f(x), g(x)\}$ 均在 $[a,b]$ 上连续.（北方交通大学，1983）

证 容易验证关系式

$$\max\{f,g\} = \frac{f + g + |f - g|}{2}, \min\{f,g\} = \frac{f + g - |f - g|}{2}$$

又由设 $x \in [a,b]$ 时，$f(x), g(x)$ 连续，则 $f(x) - g(x)$ 亦连续；进而有 $|f(x) - g(x)|$ 连续.

故 $f(x) + g(x) \pm |f(x) - g(x)|$ 在 $[a,b]$ 上亦连续.

从而 $\max\{f(x), g(x)\}, \min\{f(x), g(x)\}$ 在 $[a,b]$ 上连续.

例4 试求函数 $y = \dfrac{\tan 2x}{x}$ 的间断点，且说明它是哪一类间断点；若有可去间断点，试补充函数定义使之在该点连续.（华北水电学院，1982）

解 注意到 $\lim\limits_{x \to 0} \dfrac{\tan 2x}{x} = 2$，故 $x = 0$ 是此函数的第一类间断点，且是可去间断点. 由此可作如下补充定义

$$y = \begin{cases} \dfrac{\tan 2x}{x}, & x \neq 0 \\ 2, & x = 0 \end{cases}$$

此时，函数在 $x = 0$ 处连续.

又当 $x = \frac{1}{4}(2k\pi + \pi)$ $(k = 0, \pm 1, \pm 2, \cdots)$ 时,函数极限不存在,故为第二类间断点.

下面的例子是利用函数连续性去判断方程(函数) 根的问题.

例 5 试证:方程 $x = \sin x + 2$ 至少有一个不超过 3 的正根.(华中工学院,1984)

证 设 $f(x) = x - \sin x - 2$,而

$$f(0) = -2 < 0, f(3) = 3 - \sin 3 - 2 > 0$$

又 $f(x)$ 为连续函数,故在 $(0,3)$ 上至少有一点 ξ,使 $f(\xi) = 0$.

即方程 $x = \sin x + 2$ 至少有一个不超过 3 的正根.

例 6 设函数 $f(x)$ 对于闭区间 $[a,b]$ 上任意两点 x_1 与 x_2,恒有

$$| f(x_1) - f(x_2) | \leqslant q | x_1 - x_2 |$$

其中 q 为正的常数,且 $f(a) \cdot f(b) < 0$.试证:在 (a,b) 内至少有一点 ξ,使 $f(\xi) = 0$.(西北电讯工程学院,1985)

证 任取定点 $x_0 \in (a,b)$,对于任意 $x \in [a,b]$,由题设知

$$| f(x) - f(x_0) | \leqslant q | x - x_0 |$$

将上式两边取极限,且注意到 $\lim\limits_{x \to x_0} | x - x_0 | = 0$,故有

$$\lim\limits_{x \to x_0} | f(x) - f(x_0) | = 0$$

从而

$$\lim\limits_{x \to x_0} f(x) = f(x_0)$$

同理,当 $x_0 = a$ 时,$\lim\limits_{x \to a^+} f(x) = f(a)$;当 $x_0 = b$ 时,$\lim\limits_{x \to b^-} f(x) = f(b)$.

由 x_0 的任意性,知 $f(x)$ 在闭区间 $[a,b]$ 上连续.

又 $f(a)$ 与 $f(b)$ 异号,由介值定理知:在开区间 (a,b) 内至少有一点 ξ,使 $f(\xi) = 0$.

注 与前面的例比较,前面是证明函数在一点处连续,这里是证明函数在某一区间上连续,但题设条件是类同的.

例 7 设 $f(x)$ 在 $[a,b]$ 上连续,且 $f(a) < a, f(b) < b$.试证:在 (a,b) 内至少有一点 ξ 使 $f(\xi) = \xi$.(湖南大学,1984)

证 考虑辅助函数 $F(x) = f(x) - x$,它在 $[a,b]$ 上连续.

由 $F(b) = f(b) - b > 0$, $F(a) = f(a) - a < 0$.

故由闭区间上连续函数的介值定理知:在 $[a,b]$ 上连续函数 $F(x)$ 在 (a,b) 内至少存在一点 ξ 使 $F(\xi) = 0$,即

$$F(\xi) = f(\xi) - \xi = 0 \Rightarrow f(\xi) = \xi$$

注 1 满足 $f(x) = x$ 的点称为在映射(变换) f 下的**不动点**.

注 2 解这类问题的关键在于:构造**辅助函数**,它往往是利用"式左减式右"而得到的函数作为辅助函数.我们前面曾遇到过此类问题.

判定方程有根的方法,可见下一章的例子(多与微分中值定理有关).

1987 ~ 2012 年部分

(一) 填空题

1. 函数表达式及定义域问题

题 1 (1990①②)[①] 设函数 $f(x) = \begin{cases} 1, & |x| \leqslant 1 \\ 0, & |x| > 1 \end{cases}$,则 $f[f(x)] = $ _____.

解 由于对任意实数 x 均有 $|f(x)| \leqslant 1$,所以 $f[f(x)] = 1$.

题 2 (1992④) 已知 $f(x) = \sin x$,$f[\varphi(x)] = 1 - x^2$,则 $\varphi(x) = $ _____ 的定义域为 _____.

解 由题设,$f[\varphi(x)] = \sin\varphi(x)$,因此 $\sin\varphi(x) = 1 - x^2$.

由此解得 $\varphi(x) = \arcsin(1 - x^2)$.其定义域为 $|1 - x^2| \leqslant 1$,即 $[-\sqrt{2}, \sqrt{2}]$.

题 3 (1988①②) 已知 $f(x) = e^{x^2}$,$f[\varphi(x)] = 1 - x$ 且 $\varphi(x) \geqslant 0$,则 $\varphi(x) = $ _____,其定义域为 _____.

解 由 $e^{[\varphi(x)]^2} = 1 - x$,得 $\varphi(x) = \sqrt{\ln(1 - x)}$.

由 $\ln(1 - x) \geqslant 0$,得 $1 - x \geqslant 1$,即 $x \leqslant 0$.因此 $\varphi(x) = \sqrt{\ln(1 - x)}$,$x \leqslant 0$.

2. 序列的极限

题 1 (1990③④) 极限 $\lim\limits_{n \to \infty}(\sqrt{n + 3\sqrt{n}} - \sqrt{n - \sqrt{n}}) = $ _____.

解 可得

$$原式 = \lim_{n \to \infty} \frac{(\sqrt{n + 3\sqrt{n}} - \sqrt{n - \sqrt{n}})(\sqrt{n + 3\sqrt{n}} + \sqrt{n - \sqrt{n}})}{\sqrt{n + 3\sqrt{n}} + \sqrt{n - \sqrt{n}}}$$

$$= \lim_{n \to \infty} \frac{4}{\sqrt{1 + \frac{3}{\sqrt{n}}} + \sqrt{1 - \frac{1}{\sqrt{n}}}} = 2$$

题 2 (1987②) 极限 $\lim\limits_{n \to \infty}\left(\frac{n - 2}{n + 1}\right)^n = $ _____.

解 可得

$$原式 = \exp\left\{\lim_{n \to \infty} n\ln\left(\frac{n - 2}{n + 1}\right)\right\} = \exp\left\{\lim_{n \to \infty} n\ln\left[1 + \left(\frac{n - 2}{n + 1} - 1\right)\right]\right\}$$

$$= \exp\left[\lim_{n \to \infty}\left(\frac{n - 2}{n + 1} - 1\right) n\right] = \exp\left[\lim_{n \to \infty} \frac{-3n}{n + 1}\right] = e^{-3}$$

注意到 $\ln(1 + x) \sim x$,当 $|x|$ 足够小时.

题 3 (2006③④) 极限 $\lim\limits_{n \to \infty}\left(\frac{n + 1}{n}\right)^{(-1)^n} = $ _____.

解 由 $\frac{n}{n + 1} \leqslant \left(\frac{n + 1}{n}\right)^{(-1)^n} \leqslant \frac{n + 1}{n}$,注意到

$$\lim_{n \to \infty} \frac{n}{n + 1} = 1, \lim_{n \to \infty} \frac{n + 1}{n} = 1$$

---

① 这里括号内开头的数字,代表试题年份;圆圈里的数字 ①、②、③、④ 分别代表数学类别,即数学(一)、数学(二)、数学(三)、数学(四).其余类同.2009 年起教育部将数学(三)与数学(四)整合,统一为数学(三).

故 $\lim\limits_{n\to\infty}\left(\dfrac{n+1}{n}\right)^{(-1)^n}=1.$

题 4 (2002③④) 设常数 $a\neq\dfrac{1}{2}$，则 $\lim\limits_{n\to\infty}\ln\left[\dfrac{n-2na+1}{n(1-2a)}\right]^n=$ _____.

解 原式 $=\ln\left[\exp\lim\limits_{n\to\infty}\dfrac{(n-2na+1-n+2na)n}{n(1-2a)}\right]=\dfrac{1}{1-2a}.$

题 5 (1993④) $\lim\limits_{n\to\infty}\left[\sqrt{1+2+\cdots+n}-\sqrt{1+2+\cdots+(n-1)}\right]=$ _____.

解 由 $1+2+3+\cdots+n=\dfrac{1}{2}n(n+1)$ 等，故有

$$原式 = \lim\limits_{n\to\infty}\dfrac{1}{\sqrt{2}}\left[\sqrt{n(n+1)}-\sqrt{(n-1)n}\right]=\dfrac{1}{\sqrt{2}}\lim\limits_{n\to\infty}\dfrac{2n}{\sqrt{n(n+1)}+\sqrt{(n-1)n}}$$

$$=\dfrac{2}{\sqrt{2}}\lim\limits_{n\to\infty}\dfrac{1}{\sqrt{1+\dfrac{1}{n}}+\sqrt{1-\dfrac{1}{n}}}=\dfrac{\sqrt{2}}{2}$$

题 6 (1995②) $\lim\limits_{n\to\infty}\left(\dfrac{1}{n^2+n+1}+\dfrac{2}{n^2+n+2}+\cdots+\dfrac{n}{n^2+n+n}\right)=$ _____.

解 根据夹逼准则，有

$$\dfrac{i}{n^2+n+n}\leqslant\dfrac{i}{n^2+n+i}\leqslant\dfrac{i}{n^2+n+1}\quad i=1,2,\cdots,n$$

对 i 从 $2\sim n$ 求和，得

$$\dfrac{\dfrac{1}{2}n(n+1)}{n^2+n+n}\leqslant\sum_{i=1}^n\dfrac{i}{n^2+n+i}\leqslant\dfrac{\dfrac{1}{2}n(n+1)}{n^2+n+1}$$

令 $n\to\infty$，两端数学式的极限均为 $\dfrac{1}{2}$，故所求极限为 $\dfrac{1}{2}$.

题 7 (2002②) $\lim\limits_{n\to\infty}\dfrac{1}{n}\left[\sqrt{1+\cos\dfrac{\pi}{n}}+\sqrt{1+\cos\dfrac{2\pi}{n}}+\cdots+\sqrt{1+\cos\dfrac{n\pi}{n}}\right]=$ _____.

解 所求极限式可表成 $\dfrac{1}{n}\sum\limits_{k=1}^n\sqrt{1+\cos\dfrac{k\pi}{n}x}$，故将 $\sum\limits_{k=1}^n$ 换成 $\int_0^1$ 即有

$$原式 = \int_0^1\sqrt{1+\cos\pi x}\,\mathrm{d}x=\int_0^1\sqrt{2\cos^2\dfrac{\pi}{2}}\,\mathrm{d}x=\sqrt{2}\int_0^1\cos\dfrac{\pi-x}{2}\,\mathrm{d}x=\dfrac{2\sqrt{2}}{\pi}$$

题 8 (1999④) 设函数 $f(x)=a^x(a>0,a\neq 1)$，则 $\lim\limits_{n\to\infty}\dfrac{1}{n^2}\ln\left[f(1)f(2)\cdots f(n)\right]=$ _____.

解 由题设及指数函数性质，有

$$原式 = \lim\limits_{n\to\infty}\dfrac{1}{n^2}\ln\left[a^1a^2\cdots a^n\right]=\lim\limits_{n\to\infty}\dfrac{1}{n^2}\ln a^{\frac{n(n+1)}{2}}=\lim\limits_{n\to\infty}\dfrac{n(n+1)}{2n^2}\ln a=\dfrac{\ln a}{2}\lim\limits_{n\to\infty}\dfrac{n(n+1)}{n^2}=\dfrac{1}{2}\ln a$$

3. 函数的极限

题 1 (2001②) $\lim\limits_{x\to 1}\dfrac{\sqrt{3-x}-\sqrt{1+x}}{x^2+x-2}=$ _____.

解 由分子有理化，有

$$原式 = \lim\limits_{x\to 1}\dfrac{(3-x)-(1+x)}{(x-1)(x+2)(\sqrt{3-x}+\sqrt{1+x})}$$

$$=\lim\limits_{x\to 1}\dfrac{-2}{(x+2)(\sqrt{3-x}+\sqrt{1+x})}=-\dfrac{\sqrt{2}}{6}$$

题 2 (1998①②) $\lim\limits_{x\to 0}\dfrac{\sqrt{1+x}+\sqrt{1-x}-2}{x^2}=$ _____.

解 这是 $\dfrac{0}{0}$ 型,用洛必达法则及分子有理化,有

$$原式 = \lim_{x\to 0}\frac{\dfrac{1}{2\sqrt{1+x}}-\dfrac{1}{2\sqrt{1-x}}}{2x} = \lim_{x\to 0}\frac{\sqrt{1-x}-\sqrt{1+x}}{4x}$$

$$= \lim_{x\to 0}\frac{(1-x)-(1+x)}{4x(\sqrt{1-x}+\sqrt{1+x})} = -\frac{1}{4}$$

题 3 (1992②) $\lim\limits_{x\to 0}\dfrac{1-\sqrt{1-x^2}}{e^x-\cos x} = $ _____.

解 利用无穷小量代换注意到 $\sqrt{1-x^2}-1 \sim -\dfrac{1}{2}x^2$,有

$$\lim_{x\to 0}\frac{1-\sqrt{1-x^2}}{e^x-\cos x} = \lim_{x\to 0}\frac{\dfrac{1}{2}x^2}{e^x-\cos x} = \lim_{x\to 0}\frac{x}{e^x+\sin x} = 0$$

题 4 (1993②) $\lim\limits_{x\to 0^+} x\ln x = $ _____.

解 这是 $0\cdot\infty$ 型,可化为 $\dfrac{\infty}{\infty}$ 型,有

$$\lim_{x\to 0^+} x\ln x = \lim_{x\to 0^+}\frac{\ln x}{\dfrac{1}{x}} = \lim_{x\to 0^+}\frac{\dfrac{1}{x}}{-\dfrac{1}{x^2}} = 0$$

题 5 (1989②) $\lim\limits_{x\to 0} x\cot 2x = $ _____.

解 这是 $0\cdot\infty$ 型,可化为 $\dfrac{0}{0}$ 型,有

$$\lim_{x\to 0} x\cot 2x = \lim_{x\to 0}\frac{x}{\tan 2x} = \lim_{x\to 0}\frac{x}{2x} = \frac{1}{2}$$

题 6 (1994①) $\lim\limits_{x\to 0}\cot x\left(\dfrac{1}{\sin x}-\dfrac{1}{x}\right) = $ _____.

解 原式 $= \lim\limits_{x\to 0}\dfrac{x-\sin x}{x\sin x\tan x} = \lim\limits_{x\to 0}\dfrac{x-\sin x}{x^3} = \lim\limits_{x\to 0}\dfrac{1-\cos x}{3x^2} = \dfrac{1}{6}$.

题 7 (1999①) $\lim\limits_{x\to 0}\left(\dfrac{1}{x^2}-\dfrac{1}{x\tan x}\right) = $ _____.

解 这是 $\infty-\infty$ 型,先将式子通分,再用无穷小量代换$(\tan x \sim x)$及洛必达法则可有

$$\lim_{x\to 0}\left(\frac{1}{x^2}-\frac{1}{x\tan x}\right) = \lim_{x\to 0}\frac{\tan x-x}{x^2\tan x} = \lim_{x\to 0}\frac{\tan x-x}{x^3}$$

$$= \lim_{x\to 0}\frac{\sec^2 x-1}{3x^2} = \lim_{x\to 0}\frac{\tan^2 x}{3x^2} = \lim_{x\to 0}\frac{x^2}{3x^2} = \frac{1}{3}$$

题 8 (2000②) $\lim\limits_{x\to 0}\dfrac{\arctan x-x}{\ln(1+2x^3)} = $ _____.

解 注意到,$\ln(1+t) \sim t(t\text{ 充分小})$,有

$$\lim_{x\to 0}\frac{\arctan x-x}{\ln(1+2x^3)} = \lim_{x\to 0}\frac{\arctan x-x}{2x^3} = \lim_{x\to 0}\frac{\dfrac{1}{1+x^2}-1}{6x^2} = -\frac{1}{6}$$

题 9 (1993③) $\lim\limits_{n\to\infty}\dfrac{3x^2+5}{5x+3}\sin\dfrac{2}{x} = $ _____.

解 因为当 $x\to\infty$ 时,$\sin\dfrac{2}{x} \sim \dfrac{2}{x}$,故

$$\lim_{n\to\infty}\frac{3x^2+5}{5x+3}\sin\frac{2}{x}=2\lim_{n\to\infty}\frac{3x^2+5}{(5x+3)x}=\frac{6}{5}$$

题 10 (1996②) $\lim\limits_{x\to\infty}x\left[\sin\ln\left(1+\frac{3}{x}\right)-\sin\ln\left(1+\frac{1}{x}\right)\right]=$ _____.

解 考虑变量代换 $t=\frac{1}{x}$,再用洛必达法则有

$$原式=\lim_{t\to0}\frac{\sin\ln(1+3t)-\sin\ln(1+t)}{t}$$

$$=\lim_{t\to0}\left\{\cos[\ln(1+3t)]\cdot\frac{3}{1+3t}-\cos[\ln(1+t)]\cdot\frac{1}{1+t}\right\}=2$$

题 11 (1997①) $\lim\limits_{x\to0}\dfrac{3\sin x+x^2\cos\dfrac{1}{x}}{(1+\cos x)\ln(1+x)}=$ _____.

解 原式 $=\dfrac{1}{2}\lim\limits_{x\to0}\dfrac{3\sin x+x^2\cos\dfrac{1}{x}}{x}=\dfrac{1}{2}\lim\limits_{x\to0}\dfrac{3\sin x}{x}+\dfrac{1}{2}\lim\limits_{x\to0}x\cos\dfrac{1}{x}=\dfrac{3}{2}.$

题 12 (1988②) $\lim\limits_{x\to0^+}\left(\dfrac{1}{\sqrt{x}}\right)^{\tan x}=$ _____.

解 原式 $=\exp\left\{\lim\limits_{x\to0^+}\left(\tan x\cdot\ln\dfrac{1}{\sqrt{x}}\right)\right\}=\exp\left\{-\dfrac{1}{2}\lim\limits_{x\to0^+}x\ln x\right\}=e^0=1.$

这里注意到 $\tan x\sim x$,当 $x\to0$ 时.

题 13 (1995①) $\lim\limits_{x\to0}(1+3x)^{\frac{2}{\sin x}}=$ _____.

解 原式 $=\exp\left\{\lim\limits_{x\to0}3x\cdot\dfrac{2}{\sin x}\right\}=e^6.$

题 14 (2003①) $\lim\limits_{x\to0}(\cos x)^{\frac{1}{\ln(1+x^2)}}=$ _____.

解 由 $\lim\limits_{x\to0}(\cos x)^{\frac{1}{\ln(1+x^2)}}=e^{\lim\limits_{x\to0}\frac{1}{\ln(1+x^2)}\ln\cos x}$,而

$$\lim_{x\to0}\frac{\ln(\cos x)}{\ln(1+x^2)}=\lim_{x\to0}\frac{\ln(\cos x)}{x^2}=\lim_{x\to0}\frac{\dfrac{-\sin x}{\cos x}}{2x}=-\frac{1}{2}$$

故原式 $=e^{-\frac{1}{2}}=\dfrac{1}{\sqrt{e}}.$

题 15 (1991②) $\lim\limits_{x\to0^+}\dfrac{1-e^{\frac{1}{x}}}{x+e^{\frac{1}{x}}}=$ _____.

解 将被求极限式的分子、分母同除以 $e^{\frac{1}{x}}$,有

$$\lim_{x\to0^+}\frac{1-e^{\frac{1}{x}}}{x+e^{\frac{1}{x}}}=\lim_{x\to0^+}\frac{\dfrac{1}{e^{\frac{1}{x}}}-1}{\dfrac{x}{e^{\frac{1}{x}}}+1}=-1$$

题 16 (2003④) 极限 $\lim\limits_{x\to0}[1+\ln(1+x)]^{\frac{2}{x}}=$ _____.

解 将 $f(x)$ 先变形为 $e^{\ln f(x)}$,再求 $\ln f(x)$ 的极限

$$\lim_{x\to0}[1+\ln(1+x)]^{\frac{2}{x}}=\lim_{x\to0}e^{\frac{2}{x}\ln[1+\ln(1+x)]}=e^{\lim\limits_{x\to0}\frac{2}{x}\ln[1+\ln(1+x)]}=e^{\lim\limits_{x\to0}\frac{2\ln(1+x)}{x}}=e^2$$

注 如前面例的解法,对于 1^∞ 型未定式 $\lim f(x)^{g(x)}$ 的极限,也可直接用公式 $\lim f(x)^{g(x)}=e^{\lim[f(x)-1]g(x)}$ 进行计算,因此本题也可这样求解,即

$$\lim_{x\to 0}[1+\ln(1+x)]^{\frac{2}{x}}=\mathrm{e}^{\lim\limits_{x\to 0}\frac{2}{x}\ln(1+x)}=\mathrm{e}^2$$

下面是一则含参极限问题,这类问题有时要讨论参数.

题 17　(2000④) 若 $a>0,b>0$ 均为常数,则 $\lim\limits_{x\to 0}\left(\dfrac{a^x+b^x}{2}\right)^{\frac{3}{x}}=$ _____.

解　可得

$$原式=\exp\left[\lim_{x\to 0}\left(\frac{a^x+b^x}{2}-1\right)\cdot\frac{3}{x}\right]=\exp\left[\lim_{x\to 0}\frac{3(a^x+b^x-2)}{2x}\right]$$

$$=\exp\left[\lim_{x\to 0}\frac{3(a^x\ln a+b^x\ln b)}{2}\right]=\exp\left[\frac{3(\ln a+\ln b)}{2}\right]=(ab)^{\frac{3}{2}}$$

题 18　(1990①) 设 a 为非零常数,则 $\lim\limits_{x\to\infty}\left(\dfrac{x+a}{x-a}\right)^x=$ _____.

解　$原式=\exp\left[\lim\limits_{x\to\infty}\left(\dfrac{x+a}{x-a}-1\right)x\right]=\exp\left[\lim\limits_{x\to\infty}\dfrac{2ax}{x-a}\right]=\mathrm{e}^{2a}.$

接下来的问题是含参极限问题的反问题,已知极限值反求参数.

题 19　(1996①) 设 $\lim\limits_{x\to\infty}\left(\dfrac{x+2a}{x-a}\right)^x=8$,则 $a=$ _____.

解　$左边=\exp\left\{\lim\limits_{x\to\infty}\left(\dfrac{x+2a}{x-a}-1\right)\cdot x\right\}=\mathrm{e}^{3a}=8,$ 故 $a=\ln 2.$

题 20　(2004③④) 若 $\lim\limits_{x\to 0}\dfrac{\sin x}{\mathrm{e}^x-a}(\cos x-b)=5$,则 $a=$ _____,$b=$ _____.

解　因为 $\lim\limits_{x\to 0}\dfrac{\sin x}{\mathrm{e}^x-a}(\cos x-b)=5$,且 $\lim\limits_{x\to 0}[\sin x\cdot(\cos x-b)]=0$,所以 $\lim\limits_{x\to 0}(\mathrm{e}^x-a)=0$,得 $a=$
1. 这样极限化为

$$\lim_{x\to 0}\frac{\sin x}{\mathrm{e}^x-a}(\cos x-b)=\lim_{x\to 0}\frac{x}{x}(\cos x-b)=1-b=5$$

解得 $b=-4.$因此 $a=1,b=-4.$

4. 无穷小的比较

题 1　(1991①) 已知当 $x\to 0$ 时,$(1+ax^2)^{\frac{1}{3}}-1$ 与 $\cos x-1$ 是等价无穷小,则常数 $a=$ _____.

解　由 $1=\lim\limits_{x\to 0}\dfrac{(1+ax^2)^{\frac{1}{3}}}{\cos x-1}=\lim\limits_{x\to 0}\dfrac{\frac{1}{3}a^2}{-\frac{1}{2}x^2}=-\frac{2}{3}a,$ 解得 $a=-\dfrac{3}{2}.$

题 2　(2003②) 若 $x\to 0$ 时,$(1-ax^2)^{\frac{1}{4}}$ 与 $x\sin x$ 是等价无穷小,则 $a=$ _____.

解　当 $x\to 0$ 时,$(1-ax^2)^{\frac{1}{4}}-1\sim-\dfrac{1}{4}ax^2$,$x\sin x\sim x^2.$ 于是,据题设有

$$\lim_{x\to 0}\frac{(1-ax^2)^{\frac{1}{4}}}{x\sin x}=\lim_{x\to 0}\frac{-\frac{1}{4}ax^2}{x^2}=-\frac{1}{4}a=1$$

解得 $a=-4.$

下面的问题涉及函数的导数.

题 3　(1998①②) 若 $f(t)=\lim\limits_{x\to\infty}t\left(1+\dfrac{1}{x}\right)^{2tx}$,则 $f'(t)=$ _____.

解　由设 $f(t)=t\exp\left(\lim\limits_{x\to\infty}\dfrac{2tx}{x}\right)=t\mathrm{e}^{2t}$,故 $f'(t)=(2t+1)\mathrm{e}^{2t}.$

5. 函数连续问题

题 1　(1988②) 若

$$f(x) = \begin{cases} e^x(\sin x + \cos x), & x > 0 \\ 2x + a, & x \leqslant 0 \end{cases}$$

是 $(-\infty, +\infty)$ 上的连续函数,则 $a = \underline{\hspace{2cm}}$.

解 由 $\lim\limits_{x \to 0^+}(\sin x + \cos x) = 1$, $\lim\limits_{x \to 0^-}(2x + a) = a$, 解得 $a = 1$.

题 2 (1989②) 设

$$f(x) = \begin{cases} a + bx^2, & x \leqslant 0 \\ \dfrac{\sin bx}{x}, & x > 0 \end{cases}$$

在 $x = 0$ 处连续,则常数 a 与 b 应满足的关系是 $\underline{\hspace{2cm}}$.

解 由 $\lim\limits_{x \to 0^-}(a + bx^2) = a$, $\lim\limits_{x \to 0^+}\dfrac{\sin bx}{x} = b$, 得知 $a = b$.

题 3 (1994②) 若

$$f(x) = \begin{cases} \dfrac{\sin 2x + e^{2ax} - 1}{x}, & x \neq 0 \\ a, & x = 0 \end{cases}$$

在 $(-\infty, +\infty)$ 上连续,则 $a = \underline{\hspace{2cm}}$.

解 由洛必达法则,有 $\lim\limits_{x \to 0}\dfrac{\sin 2x + e^{2ax} - 1}{x} = 2 + 2a$.

再由连续性有 $2 + 2a = a$, 解得 $a = -2$.

题 4 (1997②) 已知

$$f(x) = \begin{cases} (\cos x)^{\frac{1}{x^2}}, & x \neq 0 \\ a, & x = 0 \end{cases}$$

在 $x = 0$ 处连续,则 $a = \underline{\hspace{2cm}}$.

解 由题设知 $a = \lim\limits_{x \to 0}f(x) = \lim\limits_{x \to 0}(\cos x)^{\frac{1}{x^2}} = e^{\lim\limits_{x \to 0}\frac{\cos x - 1}{x^2}} = e^{-\frac{1}{2}}$. (注意该极限是 1^∞ 型)

题 5 (2002②) 设函数

$$f(x) = \begin{cases} \dfrac{1 - e^{\tan x}}{\arcsin \dfrac{x}{2}}, & x > 0 \\ ae^{2x}, & x \leqslant 0 \end{cases}$$

在 $x = 0$ 处连续,则 $a = \underline{\hspace{2cm}}$.

解 由题设知 $a = f(0) = \lim\limits_{x \to 0^+}\dfrac{1 - e^{\tan x}}{\arcsin \dfrac{x}{2}} = \lim\limits_{x \to 0^+}\dfrac{-\tan x}{\dfrac{x}{2}} = -2$.

题 6 (2004②) 设 $f(x) = \lim\limits_{n \to \infty}\dfrac{(n-1)x}{nx^2 + 1}$, 则 $f(x)$ 的间断点为 $x = \underline{\hspace{2cm}}$.

解 显然当 $x = 0$ 时, $f(x) = 0$; 当 $x \neq 0$ 时

$$f(x) = \lim_{n \to \infty}\frac{(n-1)x}{nx^2 + 1} = \lim_{n \to \infty}\frac{\left(1 - \dfrac{1}{n}\right)x}{x^2 + \dfrac{1}{n}} = \frac{x}{x^2} = \frac{1}{x}$$

所以

$$f(x) = \begin{cases} 0, & x = 0 \\ \dfrac{1}{x}, & x \neq 0 \end{cases}$$

因为 $\lim\limits_{x \to 0}f(x) = \lim\limits_{x \to 0}\dfrac{1}{x} = \infty \neq f(0)$, 故 $x = 0$ 为 $f(x)$ 的间断点.

（二）选择题

1. 函数表达式及性质

（1）函数表达式

题 1（1992②）设

$$f(x) = \begin{cases} x^2, & x \leqslant 0 \\ x^2 + x, & x > 0 \end{cases}$$

则 $f(-x)$ 等于　　　　　　　　　　　　　　　　　　　　　　　　（　　）

(A) $f(-x) = \begin{cases} -x^2, & x \leqslant 0 \\ -(x^2 + x), & x > 0 \end{cases}$　　　(B) $f(-x) = \begin{cases} -(x^2 + x), & x < 0 \\ -x^2, & x \geqslant 0 \end{cases}$

(C) $f(-x) = \begin{cases} x^2, & x \leqslant 0 \\ x^2 - x, & x > 0 \end{cases}$　　　(D) $f(-x) = \begin{cases} x^2 - x, & x < 0 \\ x^2, & x \geqslant 0 \end{cases}$

解　$f(-x) = \begin{cases} (-x)^2, & -x \leqslant 0 \\ (-x)^2 + (-x), & -x > 0 \end{cases} = \begin{cases} x^2 - x, & x < 0 \\ x^2, & x \geqslant 0 \end{cases}.$

故选（D）.

题 2（1997②）设

$$g(x) = \begin{cases} 2 - x, & x \leqslant 0 \\ x + 2, & x > 0 \end{cases}, f(x) = \begin{cases} x^2, & x < 0 \\ -x, & x \geqslant 0 \end{cases}$$

则 $g[f(x)]$ 等于　　　　　　　　　　　　　　　　　　　　　　　　（　　）

(A) $\begin{cases} 2 + x^2, & x < 0 \\ 2 - x, & x \geqslant 0 \end{cases}$　　　　　　(B) $\begin{cases} 2 - x^2, & x < 0 \\ 2 + x, & x \geqslant 0 \end{cases}$

(C) $\begin{cases} 2 - x^2, & x < 0 \\ 2 - x, & x \geqslant 0 \end{cases}$　　　　　　(D) $\begin{cases} 2 + x^2, & x < 0 \\ 2 + x, & x \geqslant 0 \end{cases}$

解　$g[f(x)] = \begin{cases} 2 - f(x), & f(x) \leqslant 0 \\ f(x) + 2, & f(x) > 0 \end{cases} = \begin{cases} 2 + x, & x \geqslant 0 \\ 2 + x^2, & x < 0 \end{cases}.$

故选（D）.

题 3（2001②）设

$$f(x) = \begin{cases} 1, & |x| \leqslant 1 \\ 0, & |x| > 1 \end{cases}$$

则 $f\{f[f(x)]\}$ 等于　　　　　　　　　　　　　　　　　　　　　　　（　　）

(A) 0　　　　　　(B) 1　　　　　　(C) $\begin{cases} 1, & |x| \leqslant 1 \\ 0, & |x| > 1 \end{cases}$　　　(D) $\begin{cases} 0, & |x| \leqslant 1 \\ 1, & |x| > 1 \end{cases}$

解　由题设可有 $f\{f[f(x)]\} = f(1) = 1.$

故选（B）.

（2）函数奇、偶性

题 1（1987②）$f(x) = |x \sin x| \, \mathrm{e}^{\cos x} (-\infty < x < +\infty)$ 是　　　　　　（　　）

(A) 有界函数　　　　(B) 单调函数　　　　(C) 周期函数　　　　(D) 偶函数

解　因为 $|x \sin x|$，$\mathrm{e}^{\cos x}$ 均为偶函数，其乘积仍为偶函数. 故选（D）.

题 2（1987②）函数 $f(x) = x \sin x$

(A) 当 $x \to \infty$ 时，为无穷大　　　　　　(B) 在 $(-\infty, +\infty)$ 内有界

(C) 在 $(-\infty, +\infty)$ 内无界　　　　　　(D) 当 $x \to \infty$ 时有有限极限

解 当 $x_n = n\pi$ 时,$f(n\pi) = 0$;当 $x_n = (2n-1)\dfrac{\pi}{2}$ 时,$f(x_n) \to \infty$.

故选(C).

题3 (2002②④)设函数 $f(x)$ 连续,则下列函数中,必为偶函数的是 ( )

(A) $\displaystyle\int_0^x f(t^2)\mathrm{d}t$ (B) $\displaystyle\int_0^x f^2(t)\mathrm{d}t$

(C) $\displaystyle\int_0^x t[f(t) - f(-t)]\mathrm{d}t$ (D) $\displaystyle\int_0^x t[f(t) + f(-t)]\mathrm{d}t$

解 取 $f(x) = x$,选项(A)、(B)的积分为

$$\int_0^x t^2 \mathrm{d}t = \frac{1}{3}x^3 \quad (\text{奇函数})$$

选项(C)的积分为

$$\int_0^x 2t^2 \mathrm{d}t = \frac{2}{3}x^3 \quad (\text{奇函数})$$

故选(D).

事实上,令 $F(x) = \displaystyle\int_0^x t[f(t) + f(-t)]\mathrm{d}t$,在积分中用变量代换 $t = -u$,容易证明 $F(-x) = F(x)$,即 $F(x)$ 为偶函数.

题4 (1990③④)设函数 $f(x) = x\tan x \cdot \mathrm{e}^{\sin x}$,则 $f(x)$ 是 ( )

(A) 偶函数   (B) 无界函数   (C) 周期函数   (D) 单调函数

解 当 $x \to (2n+1)\dfrac{\pi}{2}$ $(n \in \mathbf{Z})$ 时,$\tan x \to \infty$,从而 $f(x) \to \infty$,所以 $f(x)$ 是无界函数.

故选(B).

(3) 函数有界性

题 (2004③④)函数 $f(x) = \dfrac{|x|\sin(x-2)}{x(x-1)(x-2)^2}$ 在下列哪个区间有界? ( )

(A) $(-1, 0)$ (B) $(0, 1)$ (C) $(1, 2)$ (D) $(2, 3)$

解 当 $x \neq 0, 1, 2$ 时,$f(x)$ 连续,而

$$\lim_{x \to -1^+} f(x) = -\frac{\sin 3}{18}, \quad \lim_{x \to 0^-} f(x) = -\frac{\sin 2}{4}, \quad \lim_{x \to 0^+} f(x) = -\frac{\sin 2}{4}$$

$$\lim_{x \to 1} f(x) = \infty, \quad \lim_{x \to 2} f(x) = \infty$$

所以,函数 $f(x)$ 在 $(-1, 0)$ 内有界.

故选(A).

2. 序列的极限

题1 (1998②)设数列 x_n 与 y_n 满足 $\lim\limits_{n \to \infty} x_n y_n = 0$,则下列断言正确的是 ( )

(A) 若 x_n 发散,则 y_n 必发散   (B) 若 x_n 无界,则 y_n 必有界

(C) 若 x_n 有界,则 y_n 必为无穷小   (D) 若 $\dfrac{1}{x_n}$ 无穷小,则 y_n 必为无穷小

解 由 $\lim\limits_{n \to \infty} y_n = \lim\limits_{n \to \infty} x_n y_n \cdot \dfrac{1}{x_n} = 0$,知 y_n 必为无穷小,故选(D).

另外,取 $x_n = (-1)^n$,$y_n = 0$,可排除(A).

取 $x_n = 1, 0, 3, 0, 5, 0, \cdots$.又取 $y_n = 0, 2, 0, 4, 0, 6, \cdots$,可排除(B).

取 $x_n = 0$,$y_n = 1$,可排除(C).

题2 (1991④)设数列的通项为

$$x_n = \begin{cases} \dfrac{n^2 + \sqrt{n}}{n}, & \text{若 } n \text{ 为奇数} \\[3mm] \dfrac{1}{n}, & \text{若 } n \text{ 为偶数} \end{cases}$$

则当 $n \to \infty$ 时，x_n 是 （　）

(A) 无穷大量　　　　(B) 无穷小量　　　　(C) 有界变量　　　　(D) 无界变量

解 因为子数列 $\{x_{2m}\}$ 的极限 $\lim\limits_{m\to\infty} x_{2m} = 0$，而子数列 $\{x_{2m-1}\}$ 的极限 $\lim\limits_{m\to\infty} x_{2m-1} = +\infty$，所以 x_n 不是无穷小量，也不是无穷大量，但它是无界变量.

故选(D).

题3 (2003①②) 设 $\{a_n\}, \{b_n\}, \{c_n\}$ 均为非负数列，且 $\lim\limits_{n\to\infty} a_n = 0$，$\lim\limits_{n\to\infty} b_n = 1$，$\lim\limits_{n\to\infty} c_n = \infty$，则必有

（　）

(A) $a_n < b_n$ 对任意 n 成立　　　　　　(B) $b_n < c_n$ 对任意 n 成立

(C) 极限 $\lim\limits_{n\to\infty} a_n c_n$ 不存在　　　　　(D) 极限 $\lim\limits_{n\to\infty} b_n c_n$ 不存在

解 用特例加排除法，取 $a_n = \dfrac{2}{n}$，$b_n = 1$，$c_n = \dfrac{1}{2}n$ $(n = 1, 2, \cdots)$，则可否定选项(A)、(B)、(C)，因此正确选项为(D).

故选(D).

题4 (2003②) 设 $a_n = \dfrac{3}{2} \displaystyle\int_0^{\frac{n}{n+1}} x^{n-1} \sqrt{1+x^n}\, \mathrm{d}x$，则极限 $\lim\limits_{n\to\infty} na_n$ 等于 （　）

(A) $(1+\mathrm{e})^{\frac{3}{2}} + 1$ 　(B) $(1+\mathrm{e}^{-1})^{\frac{3}{2}} - 1$ 　(C) $(1+\mathrm{e}^{-1})^{\frac{3}{2}} + 1$ 　(D) $(1+\mathrm{e})^{\frac{3}{2}} - 1$

解 考虑下面式子变形

$$a_n = \frac{3}{2} \int_0^{\frac{n}{n+1}} x^{n-1} \sqrt{1+x^n}\, \mathrm{d}x = \frac{3}{2n} \int_0^{\frac{n}{n+1}} \sqrt{1+x^n}\, \mathrm{d}(1+x^n)$$

$$= \frac{1}{n}(1+x^n)^{\frac{3}{2}} \Big|_0^{\frac{n}{n+1}} = \frac{1}{n}\left\{ \left[1 + \left(\frac{n}{n+1}\right)^n\right]^{\frac{3}{2}} - 1 \right\}$$

可见 $\lim\limits_{n\to\infty} na_n = \lim\limits_{n\to\infty} \left\{ \left[1 + \left(\dfrac{n}{n+1}\right)^n\right]^{\frac{3}{2}} - 1 \right\} = (1+\mathrm{e}^{-1})^{\frac{3}{2}} - 1.$

故选(B).

这是一则求和极限问题，它多与积分概念有关联，类似的问题曾在前面填空题中出现，更详细讨论见后文.

题5 (2004②) $\lim\limits_{n\to\infty} \ln \sqrt[n]{\left(1+\dfrac{1}{n}\right)^2 \left(1+\dfrac{2}{n}\right)^2 \cdots \left(1+\dfrac{n}{n}\right)^2}$ 等于 （　）

(A) $\displaystyle\int_1^2 \ln^2 x\, \mathrm{d}x$ 　(B) $2\displaystyle\int_1^2 \ln x\, \mathrm{d}x$ 　(C) $2\displaystyle\int_1^2 \ln(1+x)\, \mathrm{d}x$ 　(D) $\displaystyle\int_1^2 \ln^2(1+x)\, \mathrm{d}x$

解 可得

$$\lim_{n\to\infty} \ln \sqrt[n]{\left(1+\frac{1}{n}\right)^2 \left(1+\frac{2}{n}\right)^2 \cdots \left(1+\frac{n}{n}\right)^2}$$

$$= \lim_{n\to\infty} \ln \left[\left(1+\frac{1}{n}\right)\left(1+\frac{2}{n}\right) \cdots \left(1+\frac{n}{n}\right)\right]^{\frac{2}{n}}$$

$$= \lim_{n\to\infty} \frac{2}{n} \left[\ln\left(1+\frac{1}{n}\right) + \ln\left(1+\frac{2}{n}\right) + \cdots + \ln\left(1+\frac{n}{n}\right)\right]$$

$$= \lim_{n\to\infty} 2 \sum_{i=1}^{n} \ln\left(1+\frac{i}{n}\right) \frac{1}{n} = 2\int_0^1 \ln(1+x)\, \mathrm{d}x \quad (\text{令 } 1+x = t)$$

$$= 2\int_1^2 \ln t\,\mathrm{d}t = 2\int_1^2 \ln x\,\mathrm{d}x$$

故选(B).

题 6 (2010①) 极限 $\displaystyle\lim_{n\to\infty}\sum_{i=1}^{n}\sum_{j=1}^{n}\frac{n}{(n+i)(n^2+j^2)} = $ ( )

(A) $\displaystyle\int_0^1 \mathrm{d}x\int_0^x \frac{1}{(1+x)(1+y^2)}\,\mathrm{d}y$ (B) $\displaystyle\int_0^1 \mathrm{d}x\int_0^x \frac{1}{(1+x)(1+y)}\,\mathrm{d}y$

(C) $\displaystyle\int_0^1 \mathrm{d}x\int_0^1 \frac{1}{(1+x)(1+y)}\,\mathrm{d}y$ (D) $\displaystyle\int_0^1 \mathrm{d}x\int_0^1 \frac{1}{(1+x)(1+y^2)}\,\mathrm{d}y$

解 利用定积分的极限定义

$$\lim_{n\to\infty}\sum_{i=1}^{n}\sum_{j=1}^{n}\frac{n}{(n+i)(n^2+j^2)} = \lim_{n\to\infty}\left\{\sum_{i=1}^{n}\frac{1}{(n+i)}\sum_{j=1}^{n}\frac{n}{(n^2+j^2)}\right\}$$

$$= \lim_{n\to\infty}\left\{\sum_{i=1}^{n}\left(\frac{1}{1+\frac{i}{n}}\cdot\frac{1}{n}\right)\sum_{j=1}^{n}\frac{1}{1+\left(\frac{j}{n}\right)^2}\cdot\frac{1}{n}\right\} = \int_0^1\frac{1}{1+x}\,\mathrm{d}x\int_0^1\frac{1}{1+y^2}\,\mathrm{d}y$$

$$= \int_0^1 \mathrm{d}x\int_0^1\frac{1}{(1+x)(1+y^2)}\,\mathrm{d}y$$

故选(D).

3. 函数的极限

题 1 (1999②)"对任意给定的 $\varepsilon\in(0,1)$,总存在正整数 N,当 $n\geqslant N$ 时,恒有 $|x_n - a|\leqslant 2\varepsilon$"是数列 $\{x_n\}$ 收敛于 a 的 ( )

(A) 充分条件但非必要条件 (B) 必要条件但非充分条件

(C) 充分必要条件 (D) 既非充分条件又非必要条件

解 $\{x_n\}$ 收敛于 a 的定义是:"对任意给定的正数 ε_1,总存在正整数 N_1,当 $n > N_1$ 时,恒有 $|x_n - a| < \varepsilon_1$."

可以证明,该定义与题设的叙述是等价的.

故选(C).

题 2 (2000③④) 设对任意的 $x\in(-\infty, +\infty)$,总有 $\varphi(x)\leqslant f(x)\leqslant g(x)$,且 $\displaystyle\lim_{x\to\infty}[g(x) - \varphi(x)] = 0$,则 $\displaystyle\lim_{x\to\infty}f(x)$ ( )

(A) 存在且一定等于零 (B) 存在但不一定为零

(C) 一定不存在 (D) 不一定存在

解 用特值法.

取 $\varphi(x) = f(x) = g(x) = x$,题设条件均满足,但 $\displaystyle\lim_{x\to\infty}f(x) = \infty$(不存在).

又取 $\varphi(x) = f(x) = g(x) = 0$,此时 $\displaystyle\lim_{x\to\infty}f(x) = 0$(存在).

故选(D).

题 3 (1991③④) 下列各式中正确的是 ( )

(A) $\displaystyle\lim_{x\to0^+}\left(1+\frac{1}{x}\right)^x = 1$ (B) $\displaystyle\lim_{x\to0^+}\left(1+\frac{1}{x}\right)^x = e$

(C) $\displaystyle\lim_{x\to\infty}\left(1-\frac{1}{x}\right)^x = -e$ (D) $\displaystyle\lim_{x\to\infty}\left(1+\frac{1}{x}\right)^{-x} = e$

解 选项(A)和(B)是 ∞^0 型极限,而(C)和(D)是 1^∞ 型极限.计算如下:

选项(A):令 $t = \frac{1}{x}$,则有式左 $= \displaystyle\lim_{t\to+\infty}(1+t)^{\frac{1}{t}} = e^{\lim_{t\to+\infty}\frac{\ln(1+t)}{t}} = e^{\lim_{t\to+\infty}\frac{1}{1+t}} = e^0 = 1$.故(B)不真.

选项(C):式左 $= e^{\lim\limits_{x\to\infty}\left(-\frac{1}{x}\right)\cdot x} = e^{-1} \neq -e$. 故(C)错.

选项(D):式左 $= e^{\lim\limits_{x\to\infty}\left(\frac{1}{x}\right)\cdot(-x)} = e^{-1} \neq e$. 故(D)错.

故选(A).

题4 (2010①) 极限 $\lim\limits_{x\to\infty}\left[\dfrac{x^2}{(x-a)(x+b)}\right]^x =$ ( )

(A)1   (B)e   (C)e^{a-b} (D)e^{b-a}

解1 注意到下面极限式变化

$$\lim_{x\to\infty}\left[\frac{x^2}{(x-a)(x+b)}\right]^x = \lim_{x\to\infty}\left[\frac{1}{\left(1-\frac{a}{x}\right)\left(1+\frac{b}{x}\right)}\right]^x = \lim_{x\to\infty}\frac{1}{\left(1-\frac{a}{x}\right)^x\left(1+\frac{b}{x}\right)^x}$$

$$= \lim_{x\to\infty}\left(1-\frac{a}{x}\right)^{-x} \cdot \lim_{x\to\infty}\left(1+\frac{b}{x}\right)^{-x} = e^{a-b}$$

故选(C).

解2 设 $\lim\limits_{x\to\infty}\left[\dfrac{x^2}{(x-a)(x+b)}\right]^x = e^A$, 这样 $u(x)^{v(x)} = e^{v(x)\ln u(x)}$, 当 $u(x)\to 1, v(x)\to\infty$, 且 $u(x)[u(x)-1]$ 极限存在时, $v(x)\ln u(x) \sim v(x)[u(x)-1]$. 从而可有

$$A = \lim_{x\to\infty}x\left[\frac{x^2}{(x-a)(x-b)}-1\right] = \lim_{x\to\infty}\frac{(a-b)x^2+abx^2}{(x-a)(x-b)}$$

$$= \lim_{x\to\infty}\frac{(a-b)x^2+abx}{x^2-(a-b)x-ab} = a-b$$

则

$$\lim_{x\to\infty}\left[\frac{x^2}{(x-a)(x+b)}\right]^x = e^{a-b}$$

故选(C).

题5 (1992①②) 当 $x\to 1$ 时, 函数 $\dfrac{x^2-1}{x-1}e^{\frac{1}{x-1}}$ 的极限 ( )

(A) 等于 2   (B) 等于 0   (C) 为 ∞ (D) 不存在但不为 ∞

解 $f(1-0) = \lim\limits_{x\to 1-0}\dfrac{x^2-1}{x-1}e^{\frac{1}{x-1}} = \lim\limits_{x\to 1-0}(x+1)e^{\frac{1}{x-1}} = 2\cdot 0 = 0.$

而 $f(1+0) = \lim\limits_{x\to 1+0}(x+1)e^{\frac{1}{x-1}} = +\infty.$

故选(D).

题6 (2000②) 若 $\lim\limits_{x\to 0}\left(\dfrac{\sin 6x + xf(x)}{x^3}\right) = 0$, 则 $\lim\limits_{x\to 0}\dfrac{6+f(x)}{x^2}$ 为 ( )

(A)0   (B)6   (C)36   (D)∞

解 利用无穷小量代换 $\sin 6x \sim 6x$, 则有

$$原式 = \lim_{x\to 0}\frac{6x+xf(x)}{x^3} = \lim_{x\to 0}\left[\frac{6x-\sin 6x}{x^3} + \frac{\sin 6x + xf(x)}{x^3}\right]$$

$$= \lim_{x\to 0}\frac{6-6\cos 6x}{3x^2} + 0 = \lim_{x\to 0}\frac{36\sin 6x}{6x} = 36$$

故选(C).

下面是含参函数极限的反问题, 已知极限值反求参数.

题7 (1990②) 已知 $\lim\limits_{x\to\infty}\left(\dfrac{x^2}{x+1}-ax-b\right) = 0$, 其中 a,b 是常数, 则 ( )

(A)$a = 1, b = 1$ (B)$a = -1, b = 1$

(C)$a = 1, b = -1$ (D)$a = -1, b = -1$

解 由题设

$$\lim_{x\to\infty} \frac{(1-a)x^2 - (a+b)x - b}{x+1} = 0$$

必有 $1-a=0$，$a+b=0$，解得 $a=1$，$b=-1$．

故选(C)．

题8 (1994②)设 $\lim\limits_{x\to 0} \dfrac{\ln(1+x) - (ax+bx^2)}{x^2} = 2$，则 （　　）

(A)$a=1$，$b=-\dfrac{5}{2}$ 　　　　　　　(B)$a=0$，$b=-2$

(C)$a=0$，$b=-\dfrac{5}{2}$ 　　　　　　　(D)$a=1$，$b=-2$

解 根据洛必达法则，可有

$$\lim_{x\to 0} \frac{\ln(1+x) - (ax+bx^2)}{x^2} = \lim_{x\to 0} \frac{\dfrac{1}{1+x} - a - 2bx}{2x} = 2$$

因为分子的极限为 0，所以得 $a=1$．

再用一次洛必达法则，并取极限得 $\dfrac{-1-2b}{2} = 2$，因此 $b = -\dfrac{5}{2}$．

故选(A)．

题9 (1994①)设 $\lim\limits_{x\to 0} \dfrac{a\tan x + b(1-\cos x)}{c\ln(1-2x) + d(1-\mathrm{e}^{-x^2})} = 2$，其中 $a^2 + c^2 \neq 0$，则参数 a,b,c,d 间关系必有

（　　）

(A)$b=4d$ 　　　(B)$b=-4d$ 　　　(C)$a=4c$ 　　　(D)$a=-4c$

解 根据题设及洛必达法则，有

$$\lim_{x\to 0} \frac{a\tan x + b(1-\cos x)}{c\ln(1-2x) + d(1-\mathrm{e}^{-x^2})} = \lim_{x\to 0} \frac{a\sec^2 x + b\sin x}{\dfrac{-2c}{1-2x} + 2dx\,\mathrm{e}^{-x^2}} = 2$$

即 $-\dfrac{a}{2c} = 2$，解得 $a = -4c$．

故选(D)．

4. 无穷小的比较

题1 (1992②)当 $x\to 0$ 时，$x - \sin x$ 是 x^2 的 （　　）

(A) 低阶无穷小　　　　　　　　(B) 高阶无穷小

(C) 等价无穷小　　　　　　　　(D) 同阶但非等价无穷小

解 由 $\lim\limits_{x\to 0} \dfrac{1 - \sin x}{x^2} = \lim\limits_{x\to 0} \dfrac{1 - \cos x}{2x} = \lim\limits_{x\to 0} \dfrac{\dfrac{1}{2}x^2}{2x} = 0$，故选(B)．

题2 (1993②)当 $x\to 0$ 时，变量 $\dfrac{1}{x^2}\sin\dfrac{1}{x}$ 是 （　　）

(A) 无穷小　　　　　　　　　　(B) 无穷大

(C) 有界的，但不是无穷小量　　(D) 无界的，但不是无穷大

解 当取 $x_n = \dfrac{1}{n\pi}$ 时，$f(x_n) = 0$；当取 $x_n = \dfrac{1}{\left(2n+\dfrac{1}{2}\right)\pi}$ 时，$f(x_n) \to \infty$．

故选(D)．

题3 (1997②)设 $x\to 0$ 时，$\mathrm{e}^{\tan x} - \mathrm{e}^x$ 与 x^n 是同阶无穷小，则 n 为 （　　）

(A)1   (B)2   (C)3   (D)4

解 考虑下面的运算,即

$$\lim_{x\to 0}\frac{e^{\tan x}-e^{x}}{x^{n}}=\lim_{x\to 0}\frac{e^{x}(e^{\tan x-x}-1)}{x^{n}}=\lim_{x\to 0}\frac{\tan x-x}{x^{n}}=\lim_{x\to 0}\frac{\sec^{2}x-1}{nx^{n-1}}$$

$$=\frac{1}{n}\lim_{x\to 0}\frac{\tan^{2}x}{x^{n-1}}=\frac{1}{n}\lim_{x\to 0}\frac{x^{2}}{x^{n-1}}=\frac{1}{n}\lim_{x\to 0}x^{3-n}.$$

由题设为使此极限等于常数,只能 $n=3$.

故选(C).

题 4 (1992③)当 $x\to 0$ 时,下列 4 个无穷小量中,哪一个是比其他 3 个更高阶的无穷小量( )

(A)x^{2} (B)$1-\cos x$ (C)$\sqrt{1-x^{2}}-1$ (D)$x-\tan x$

解 根据无穷小代换公式,当 x 充分小时有

$$1-\cos x\sim\frac{1}{2}x^{2},\sqrt{1-x^{2}}-1\sim-\frac{1}{2}x^{2},x-\tan x\sim-\frac{1}{3}x^{3}$$

其中最后一式可由 $\lim_{x\to 0}\frac{x-\tan x}{x^{3}}=-\frac{1}{3}$ 得到. 比较以上各式,知(D)为最高阶无穷小.

故选(D).

题 5 (2001②)设当 $x\to 0$ 时,$(1-\cos x)\ln(1+x^{2})$ 是比 $x\sin x^{n}$ 高阶的无穷小,而 $x\sin x^{n}$ 是比 $(e^{x^{2}}-1)$ 高阶的无穷小,则正整数 n 等于 ( )

(A)1   (B)2   (C)3   (D)4

解 因为

$$(1-\cos x)\ln(1+x^{2})\sim\frac{1}{2}x^{4},\ x\sin x^{n}\sim x^{n+1},\ e^{x^{2}}-1\sim x^{2}.$$

所以 $n+1=3$,即 $n=2$.

故选(B).

题 6 (1989③④)设 $f(x)=2^{x}+3^{x}-2$,则当 $x\to 0$ 时 ( )

(A)$f(x)$ 与 x 是等阶无穷小量   (B)$f(x)$ 与 x 同阶但非等价无穷小量

(C)$f(x)$ 是比 x 较高阶的无穷小量   (D)$f(x)$ 是比 x 较低阶的无穷小量

解 由 $\lim_{x\to 0}\frac{2^{x}+3^{x}-2}{x}=\lim_{x\to 0}\frac{2^{x}\ln 2+3^{x}\ln 3}{1}=\ln 2+\ln 3\neq 1$.

故选(B).

题 7 (2004①②)把 $x\to 0^{+}$ 时的无穷小量

$$\alpha=\int_{0}^{x^{2}}\cos t^{2}\mathrm{d}t,\beta=\int_{0}^{x^{2}}\tan\sqrt{t}\,\mathrm{d}t,\gamma=\int_{0}^{\sqrt{x}}\sin t^{3}\mathrm{d}t$$

排列起来,使排在后面的是前一个的高阶无穷小,则正确的排列次序是 ( )

(A)α,β,γ (B)α,γ,β (C)β,α,γ (D)β,γ,α

解 由 $\lim_{x\to 0^{+}}\frac{\beta}{\alpha}=\lim_{x\to 0^{+}}\frac{\int_{0}^{x^{2}}\tan\sqrt{t}\,\mathrm{d}t}{\int_{0}^{x^{2}}\cos t^{2}\mathrm{d}t}=\lim_{x\to 0^{+}}\frac{\tan x\cdot 2x}{\cos x^{2}}=0$,可排除选项(C)、(D).

又 $\lim_{x\to 0^{+}}\frac{\gamma}{\beta}=\lim_{x\to 0^{+}}\frac{\int_{0}^{\sqrt{x}}\sin t^{3}\mathrm{d}t}{\int_{0}^{x^{2}}\tan\sqrt{t}\,\mathrm{d}t}=\lim_{x\to 0^{+}}\frac{\sin x^{\frac{3}{2}}\cdot\frac{1}{2\sqrt{x}}}{2x\tan x}=\frac{1}{4}\lim_{x\to 0^{+}}\frac{x}{x^{2}}=\infty.$

可见 γ 是比 β 低阶的无穷小量,故应选(B).

题 8 (1997③) 设 $f(x) = \int_0^{1-\cos x} \sin t^2 \mathrm{d}t, g(x) = \dfrac{x^5}{5} + \dfrac{x^6}{6}$，则当 $x \to 0$ 时，$f(x)$ 是 $g(x)$ 的 ( )

(A) 低阶无穷小   (B) 高阶无穷小

(C) 等价无穷小   (D) 同阶但不等价的无穷小

解 由洛必达法则及等价无穷小替换，有

$$\lim_{x \to 0} \frac{f(x)}{g(x)} = \lim_{x \to 0} \frac{\sin\left[(1-\cos x)^2\right] \cdot \sin x}{x^4 + x^5} = \lim_{x \to 0} \frac{(1-\cos x)^2 \cdot x}{x^4 + x^5} = \lim_{x \to 0} \frac{\left(\frac{1}{2}x^2\right)^2 x}{x^3 + x^4} = 0$$

故选(B).

题 9 (1997④) 设 $f(x), \varphi(x)$ 在点 $x = 0$ 的某邻域内连续，且当 $x \to 0$ 时，$f(x)$ 是 $\varphi(x)$ 的高阶无穷小，则当 $x \to 0$，$\int_0^x f(t) \sin t \mathrm{d}t$ 是 $\int_0^x t\varphi(t) \mathrm{d}t$ 的 ( )

(A) 低阶无穷小   (B) 高阶无穷小

(C) 同阶但不等价的无穷小   (D) 等价无穷小

解 因为

$$\lim_{x \to 0} \frac{\int_0^x f(t) \sin t \mathrm{d}t}{\int_0^x t\varphi(t) \mathrm{d}t} = \lim_{x \to 0} \frac{f(x) \sin x}{x\varphi(x)} = \lim_{x \to 0} \frac{f(x)}{\varphi(x)} = 0$$

故选(B).

下面也是一个待定参数问题.

题 10 (1996②) 设当 $x \to 0$ 时，$\mathrm{e}^x - (ax^2 + bx + 1)$ 是比 x^2 高阶的无穷小，则 ( )

(A)$a = \dfrac{1}{2}, b = 1$ (B)$a = 1, b = 1$ (C)$a = -\dfrac{1}{2}, b = 1$ (D)$a = -1, b = 1$

解 依题意

$$0 = \lim_{x \to 0} \frac{\mathrm{e}^x - (ax^2 + bx + 1)}{x^2} = \lim_{x \to 0} \frac{\mathrm{e}^x - 2ax - b}{2x} = \lim_{x \to 0} \frac{\mathrm{e}^x - 2a}{2}$$

于是有 $\dfrac{1}{2} - a = 0$，解得 $a = \dfrac{1}{2}$. 又由 $\lim\limits_{x \to 0}(\mathrm{e}^x - 2ax - b) = 0$，解得 $b = 1$.

故选(A).

5. 函数的连续性问题

题 1 (1990②) 设

$$F(x) = \begin{cases} \dfrac{f(x)}{x}, & x \neq 0 \\ f(0), & x = 0 \end{cases}$$

其中 $f(x)$ 在 $x = 0$ 处可导，$f'(0) \neq 0, f(0) = 0$，则 $x = 0$ 是 $F(x)$ 的 ( )

(A) 连续点   (B) 第一类间断点

(C) 第二类间断点   (D) 连续点或间断点不能由此确定

解 注意到，$\lim\limits_{x \to 0} F(x) = \lim\limits_{x \to 0} \dfrac{f(x)}{x} = f'(0) \neq 0 = f(0) = F(0)$.

故选(B).

题 2 (1995②) 设 $f(x)$ 和 $\varphi(x)$ 在 $(-\infty, +\infty)$ 内有定义，$f(x)$ 为连续函数，且 $f(x) \neq 0, \varphi(x)$ 有间断点，则 ( )

(A)$\varphi[f(x)]$ 必有间断点   (B)$[\varphi(x)]^2$ 必有间断点

(C)$f[\varphi(x)]$ 必有间断点   (D)$\dfrac{\varphi(x)}{f(x)}$ 必有间断点

解 若 $F(x)=\dfrac{\varphi(x)}{f(x)}$ 为连续函数,则 $\varphi(x)=f(x)F(x)$ 必连续.

故选(D).

题3 (1998③④) 设函数 $f(x)=\lim\limits_{n\to\infty}\dfrac{1+x}{1+x^{2n}}$,讨论函数 $f(x)$ 的间断点,其结论为   ( )

(A) 不存在间断点   (B) 存在间断点 $x=1$

(C) 存在间断点 $x=0$ (D) 存在间断点 $x=-1$

解 考虑 $|x|<1$,$|x|=1$ 和 $|x|>1$,分3种情况求极限,得

$$f(x)=\begin{cases}1+x, & \text{当}|x|<1\text{时}\\[2mm]\dfrac{1+x}{2}, & \text{当}|x|=1\text{时}\\[2mm]0, & \text{当}|x|>1\text{时}\end{cases}$$

可知在 $x=1$ 处 $f(x)$ 间断.

故选(B).

题4 (1992③④) 设 $F(x)=\dfrac{x^2}{x-a}\displaystyle\int_a^x f(t)\mathrm{d}t$,其中 $f(x)$ 为连续函数,则 $\lim\limits_{x\to a}F(x)$ 等于   ( )

(A)a^2 (B)$a^2 f(a)$ (C)0 (D) 不存在

解 由洛必达法则和 $f(x)$ 的连续性,有

$$\lim_{x\to a}F(x)=\lim_{x\to a}\frac{x^2\displaystyle\int_a^x f(t)\mathrm{d}t}{x-a}=\lim_{x\to a}\frac{2x\displaystyle\int_a^x f(t)\mathrm{d}t+x^2 f(x)}{1}=a^2 f(a)$$

故选(B).

题5 (1987③) 函数在其定义域内连续的是   ( )

(A)$f(x)=\ln x+\sin x$ (B)$f(x)=\begin{cases}\sin x, & x\leqslant 0\\\cos x, & x>0\end{cases}$

(C)$f(x)=\begin{cases}x+1, & x<0\\0, & x=0\\x-1, & x>0\end{cases}$ (D)$f(x)=\begin{cases}\dfrac{1}{\sqrt{|x|}}, & x\neq 0\\[2mm]0, & x=0\end{cases}$

解 $\ln x$ 在 $(0,+\infty)$ 和 $\sin x(-\infty,+\infty)$ 上都是连续函数,其和在 $(0,+\infty)$ 也是连续函数,故选(A).其余各选项的函数都在 $x=0$ 处间断.

题6 (1987④) 函数在其定义域连续的是   ( )

(A)$f(x)=\dfrac{1}{x}$ (B)$f(x)=\begin{cases}\sin x, & x\leqslant 0\\\cos x, & x>0\end{cases}$

(C)$f(x)=\begin{cases}x+1, & x<0\\0, & x=0\\x-1, & x>0\end{cases}$ (D)$f(x)=\begin{cases}\dfrac{1}{|x|}, & x\neq 0\\[2mm]0, & x=0\end{cases}$

解 $f(x)=\dfrac{1}{x}$ 在其定义域 $(-\infty,0)\bigcup(0,+\infty)$ 上连续.

故选(A).

题7 (2004③④) 设函数 $f(x)$ 在 $(-\infty,+\infty)$ 内有定义,且 $\lim\limits_{x\to\infty}f(x)=a$. 又

$$g(x)=\begin{cases}f\left(\dfrac{1}{x}\right), & x\neq 0\\[2mm]0, & x=0\end{cases}$$

则　　　　　　　　　　　　　　　　　　　　　　　　　　　　　　　　（　　）

(A)$x=0$ 必是 $g(x)$ 的第一类间断点　　(B)$x=0$ 必是 $g(x)$ 的第二类间断点

(C)$x=0$ 必是 $g(x)$ 的连续点　　(D)$g(x)$ 在点 $x=0$ 处的连续性与 a 的取值有关

解　因为 $\lim\limits_{x\to\infty}g(x)=\lim\limits_{x\to0}f\left(\dfrac{1}{x}\right)=\lim\limits_{u\to\infty}f(u)=a$（注意这里已令 $u=\dfrac{1}{x}$），又 $g(0)=0$，所以当 $a=0$ 时,$\lim\limits_{x\to0}g(x)=g(0)$,即 $g(x)$ 在点 $x=0$ 处连续；当 $a\ne0$ 时,$\lim\limits_{x\to0}g(x)\ne g(0)$,即 $x=0$ 是 $g(x)$ 的第一类间断点.因此,$g(x)$ 在点 $x=0$ 处的连续性与 a 的取值有关.

故选(D).

题8　(2000②) 设函数 $f(x)=\dfrac{x}{a+\mathrm{e}^{bx}}$ 在 $(-\infty,+\infty)$ 内连续,且 $\lim\limits_{x\to-\infty}f(x)=0$,则常数 a,b 满足

（　　）

(A)$a<0,b>0$　　　　(B)$a>0,b>0$　　　　(C)$a\leqslant0,b>0$　　　　(D)$a\geqslant0,b<0$

解　当 $b>0$ 时 $x\to-\infty$ 且,$\mathrm{e}^{bx}\to0$,从而 $f(x)\to0$,因此 $b<0$,排除选项(B)和(C).又因为 $\mathrm{e}^{bx}>0$,为使 $f(x)=\dfrac{x}{a+\mathrm{e}^{bx}}$ 到处连续,只能 $a\geqslant0$.

故选(D).

(三) 证明与计算题

1. 序列的极限

题1　(1996①) 设 $x_1=10,x_{n+1}=\sqrt{6+x_n}$ $(n=1,2,\cdots)$,试证:数列 $\{x_n\}$ 极限存在,并求此极限.

证　(数学归纳法)由 $x_1=10$ 及 $x_2=\sqrt{6+x_1}=\sqrt{16}=4$,知 $x_1>x_2$.

设对某正整数 k 有 $x_k>x_{k+1}$,则有

$$x_{k+1}=\sqrt{6+x_k}>\sqrt{6+x_{k+1}}=x_{k+2}$$

故由归纳假设知,对一切正整数 n,都有 $x_n>x_{n+1}$,即 $\{x_n\}$ 为单调减少数列.

又显见 $x_n>0$ $(n=1,2,\cdots)$,即 $\{x_n\}$ 有下界.

根据极限存在准则,知 $\lim\limits_{n\to\infty}x_n$ 存在.故可设 $\lim\limits_{n\to\infty}x_n=a$,则有 $a=\sqrt{6+a}$.从而 $a^2-a-6=0$,解得 $a=3$ 或 $a=-2$.

但因 $x_n>0$ $(n=1,2,\cdots)$,所以 $a\geqslant0$,舍去 $a=-2$,得 $\lim\limits_{n\to\infty}x_n=3$.

题2　(2002②) 设 $0<x_1<3$,且 $x_{n+1}=\sqrt{x_n(3-x_n)}$ $(n=1,2,\cdots)$,证明:数列 $\{x_n\}$ 的极限存在,并求此极限.

证　只需证明数列 $\{x_n\}$ 单调有界.

(1) 有界性.由 $0<x_1<3$ 知 x_1 和 $3-x_1$ 均为正数,因此由算术－几何平均值不等式有

$$0<x_2=\sqrt{x_1(3-x_1)}\leqslant\frac{1}{2}(x_1+3-x_1)=\frac{3}{2}$$

设 $0<x_k\leqslant\dfrac{3}{2}$ $(k>1)$,则 $0<x_{k+1}=\sqrt{x_k(3-x_k)}\leqslant\dfrac{1}{2}(x_k+3-x_k)=\dfrac{3}{2}$.

由数学归纳法知,对任意正整数 $n>1$ 均有 $0<x_n\leqslant\dfrac{3}{2}$,故数列 $\{x_n\}$ 有界.

(2) 单调性.当 $n\geqslant1$ 时,$\dfrac{x_{n+1}}{x_n}=\dfrac{\sqrt{x_n(3-x_n)}}{x_n}=\sqrt{\dfrac{3}{x_n}-1}\geqslant\sqrt{2-1}=1$.

因而有 $x_{n+1}\geqslant x_n(n>1)$,即数列 $\{x_n\}$ 单调增加.由单调有界序列的收敛性知 $\{x_n\}$ 的极限存在.

(3) 设 $\lim\limits_{n\to\infty}x_n=a$,在 $x_{n+1}=\sqrt{x_n(3-x_n)}$ 两边取极限,得 $a=\sqrt{a(3-a)}$.由此解得 $a=\dfrac{3}{2}$,$a=$

0(舍去). 故 $\lim\limits_{n \to \infty} x_n = \dfrac{3}{2}$.

题3 (1994②) 计算 $\lim\limits_{n \to \infty} \tan^n\left(\dfrac{\pi}{4} + \dfrac{2}{n}\right)$.

解 可得

$$\text{原式} = \exp\left\{\lim_{n \to \infty}\left[\tan\left(\frac{\pi}{4} + \frac{2}{n}\right) - 1\right]n\right\} \quad (\text{利用 } \tan(\alpha + \beta) \text{ 公式})$$

$$= \exp\left\{\lim_{n \to \infty} \frac{2n\tan\dfrac{2}{n}}{1 - \tan\dfrac{2}{n}}\right\}$$

$$= \exp\left\{\lim_{n \to \infty} \frac{4}{1 - \tan\dfrac{2}{n}}\right\} = e^4$$

题4 (1998④) 求 $\lim\limits_{n \to \infty}\left(n\tan\dfrac{1}{n}\right)^{n^2}$ (n 为自然数).

解 先将数列极限化为函数极限, 考虑有

$$\lim_{x \to 0^+}\left(\frac{\tan x}{x}\right)^{\frac{1}{x^2}} = \exp\left\{\lim_{x \to 0^+}\frac{\tan x - x}{x^3}\right\} = \exp\left\{\lim_{x \to 0^+}\frac{\sec^2 x - 1}{3x^2}\right\}$$

$$= \exp\left\{\lim_{x \to 0^+}\frac{\tan^2 x}{3x^2}\right\} = \exp\left\{\lim_{x \to 0^+}\frac{x^2}{3x^2}\right\} = e^{\frac{1}{3}}$$

则

$$\lim_{n \to \infty}\left(n\tan\frac{1}{n}\right)^{n^2} = e^{\frac{1}{3}}$$

我们知道积分不过是求和概念的推广而已, 因而某些求和极限问题多又以化为积分考虑. 这一点在前文已有述.

题5 (1998①) 求 $\lim\limits_{n \to \infty}\left[\dfrac{\sin\dfrac{\pi}{n}}{n+1} + \dfrac{\sin\dfrac{2\pi}{n}}{n+\dfrac{1}{2}} + \cdots + \dfrac{\sin\dfrac{n\pi}{n}}{n+\dfrac{1}{n}}\right]$.

解 设 $I_n = \sum\limits_{i=1}^{n}\dfrac{\sin\dfrac{i\pi}{n}}{n+\dfrac{1}{i}}$. 由 $\sin\dfrac{i\pi}{n} \geqslant 0$, 注意到下面不等式

$$\frac{\sin\dfrac{i\pi}{n}}{n+1} \leqslant \frac{\sin\dfrac{i\pi}{n}}{n+\dfrac{1}{i}} \leqslant \frac{\sin\dfrac{i\pi}{n}}{n} \quad i = 1, 2, \cdots, n$$

不等式两边求和, 即

$$\frac{n}{n+1}\sum_{i=1}^{n}\sin\frac{i\pi}{n}\cdot\frac{1}{n} \leqslant I_n \leqslant \sum_{i=1}^{n}\sin\frac{i\pi}{n}\cdot\frac{1}{n}$$

令 $n \to \infty$, 取极限

$$\int_0^1 \sin\pi x\,\mathrm{d}x \leqslant \lim_{n \to \infty} I_n \leqslant \int_0^1 \sin\pi x\,\mathrm{d}x$$

故原式 $= \displaystyle\int_0^1 \sin\pi x\,\mathrm{d}x = -\frac{1}{\pi}\cos\pi x\,\bigg|_0^1 = \frac{2}{\pi}$.

题6 (1) 证明: 对任意的正整数 n, 都有 $\dfrac{1}{n+1} < \ln\left(1 + \dfrac{1}{n}\right) < \dfrac{1}{n}$ 成立.

(2) 设 $a_n = 1 + \dfrac{1}{2} + \cdots + \dfrac{1}{n} - \ln n (n = 1, 2, \cdots)$, 证明: 数列 $\{a_n\}$ 收敛.

证 (1) 根据拉格朗日中值定理,存在 $\xi \in (n, n+1)$,使得

$$\ln\left(1+\frac{1}{n}\right) = \ln(n+1) - \ln n = \frac{1}{\xi}$$

所以

$$\frac{1}{n+1} < \ln\left(1+\frac{1}{n}\right) = \frac{1}{\xi} < \frac{1}{n}$$

(2) 当 $n \geqslant 1$ 时,由(1)知

$$a_{n+1} - a_n = \frac{1}{n+1} - \ln\left(1+\frac{1}{n}\right) < 0$$

且

$$a_n = 1 + \frac{1}{2} + \cdots + \frac{1}{n} - \ln n > \ln(1+1) + \ln\left(1+\frac{1}{2}\right) + \cdots + \ln\left(1+\frac{1}{n}\right) - \ln n$$

$$= \ln(1+n) - \ln n > 0$$

所以数列 $\{a_n\}$ 单调下降且有下界,故 $\{a_n\}$ 收敛.

题7 (2010①)(1) 比较 $\int_0^1 |\ln t| \, [\ln(1+t)]^n \mathrm{d}t$ 与 $\int_0^1 |\ln t| \, \mathrm{d}t\,(n=1,2,\cdots)$ 的大小,说明理由.

(2) 记 $u_n = \int_0^1 |\ln t| \, [\ln(1+t)]^n \mathrm{d}t\,(n=1,2,\cdots)$,求极限 $\lim\limits_{n\to\infty} u_n$.

解 (1) 因为 $0 \leqslant \ln(1+t) \leqslant t\,(0 \leqslant t \leqslant 1)$,所以 $|\ln t| \, [\ln(1+t)]^n \leqslant t^n |\ln t|$,从而有

$$\int_0^1 |\ln t| \, [\ln(1+t)]^n \mathrm{d}t < \int_0^1 t^n |\ln t| \, \mathrm{d}t \quad n=1,2,\cdots$$

(2) 因为 $0 \leqslant u_n = \int_0^1 |\ln t| \, [\ln(1+t)]^n \mathrm{d}t \leqslant \int_0^1 t^n |\ln t| \, \mathrm{d}t$,又

$$\int_0^1 t^n |\ln t| \, \mathrm{d}t = -\int_0^1 t^n \ln t \, \mathrm{d}t = -\int_0^1 \ln t \, \mathrm{d}\frac{t^{n+1}}{n+1}$$

$$= \frac{t^{n+1}}{(n+1)^2}\Big|_0^1 = \frac{1}{(n+1)^2} \to 0 \quad n \to \infty$$

故由夹逼定理得 $\lim\limits_{n\to\infty} u_n = 0$.

题8 (1999②) 设 $f(x)$ 是区间 $[0,+\infty)$ 上单调减少且非负的连续函数,又 $a_n = \sum\limits_{k=1}^n f(k) - \int_1^n f(x)\mathrm{d}x\,(n=1,2,\cdots)$,证明:数列 $\{a_n\}$ 的极限存在.

证 只需证 a_n 是单调有界数列.由题设

$$f(k+1) \leqslant \int_k^{k+1} f(x)\mathrm{d}x \leqslant f(k) \quad k=1,2,\cdots$$

(1) 有界性.注意到 $f(x)$ 非负及下面的运算,即

$$a_n = \sum_{k=1}^n f(k) - \sum_{k=1}^{n-1} \int_k^{k+1} f(x)\mathrm{d}x = \sum_{k=1}^{n-1} f(k)\left[f(k) - \int_k^{k+1} f(x)\mathrm{d}x\right] + f(n) \geqslant 0$$

(2) 单调性.由 $a_{n+1} - a_n = f(n+1) - \int_n^{n+1} f(x)\mathrm{d}x \leqslant 0$,知 $\{a_n\}$ 单调减少.

故 $\{a_n\}$ 的极限存在.

题9 设数列 $\{x_n\}$ 满足 $0 < x_1 < \pi, x_{n+1} = \sin x_n\,(n=1,2,\cdots)$.

(1) 证明: $\lim\limits_{n\to\infty} x_n$ 存在,并求该极限;

(2) 计算 $\lim\limits_{n\to\infty}\left(\dfrac{x_{n+1}}{x_n}\right)^{\frac{1}{x_n^2}}$.

证 (1) 容易看到 $0 < x_n \leqslant 1\,(n=2,3,\cdots)$,所以

$$x_{n+1} = \sin x_n < x_n \quad n=2,3,\cdots$$

因此 $\{x_n\}$ 是单调减少有下界数列，于是 $\lim\limits_{n\to\infty}x_n$ 存在．记这个极限为 a，则 $a\in[0,1]$．等式 $x_{n+1}=\sin x_n$ 两边令 $n\to\infty$ 取极限，得

$$a=\sin a \quad a\in[0,1]$$

这个方程只有解 $a=0$，由此得到 $\lim\limits_{n\to\infty}x_n=0$．

（2）可得

$$\lim_{n\to\infty}\left(\frac{x_{n+1}}{x_n}\right)^{\frac{1}{x_n^2}}=\lim_{n\to\infty}\left(\frac{\sin x_n}{x_n}\right)^{\frac{1}{x_n^2}}\xlongequal{\text{令}\,t=x_n}\lim_{t\to0}\left(\frac{\sin t}{t}\right)^{\frac{1}{t^2}} \quad\text{（这里利用了（1）的结果）}$$

$$=\exp\left[\lim_{t\to0}\frac{\ln\left(\frac{\sin t}{t}\right)}{t^2}\right] \qquad\qquad\text{①}$$

由于

$$\lim_{t\to0}\frac{\ln\left(\frac{\sin t}{t}\right)}{t^2}=\lim_{t\to0}\frac{\ln\left[1+\left(\frac{\sin t}{t}-1\right)\right]}{t^2}$$

$$=\lim_{t\to0}\frac{\frac{\sin t}{t}-1}{t^2}\quad\left(\text{利用}\,t\to0\,\text{时}，\ln\left[1+\left(\frac{\sin t}{t}-1\right)\right]\sim\frac{\sin t}{t}-1\right)$$

$$=\lim_{t\to0}\frac{\sin t-t}{t^3}\xlongequal{\text{洛必达法则}}\lim_{t\to0}\frac{\cos t-1}{3t^2}=\lim_{t\to0}\frac{-\frac{1}{2}t^2}{3t^2}=-\frac{1}{6} \qquad\text{②}$$

所以，将式②代入式①得 $\lim\limits_{n\to\infty}\left(\dfrac{x_{n+1}}{x_n}\right)^{\frac{1}{x_n^2}}=\mathrm{e}^{-\frac{1}{6}}$．

2. 函数的极限

题 1　（1993②）求 $\lim\limits_{x\to-\infty}x(\sqrt{x^2+100}+x)$．

解　将原式分子有理化且分子、分母同除以 $-x$，则

$$\lim_{x\to-\infty}x(\sqrt{x^2+100}+x)=\lim_{x\to-\infty}\frac{100x}{\sqrt{x^2+100}-x}=\lim_{x\to-\infty}\frac{100}{-\left(\sqrt{1+\frac{100}{x^2}}+1\right)}=-50$$

注意到这里 $x<0$，且 $(\sqrt{x^2+100}+x)(\sqrt{x^2+100}-x)=100$．

题 2　（1997②）求极限 $\lim\limits_{x\to-\infty}\dfrac{\sqrt{4x^2+x-1}+x+1}{\sqrt{x^2+\sin x}}$．

解　$\lim\limits_{x\to-\infty}\dfrac{\sqrt{4x^2+x-1}+x+1}{\sqrt{x^2+\sin x}}=\lim\limits_{x\to-\infty}\dfrac{\frac{1}{x}\sqrt{4x^2+x-1}+1+\frac{1}{x}}{\frac{1}{x}\sqrt{x^2+\sin x}}=1.$

题 3　（1995②）求 $\lim\limits_{x\to0^+}\dfrac{1-\sqrt{\cos x}}{x(1-\cos\sqrt{x})}$．

解　$\lim\limits_{x\to0^+}\dfrac{1-\sqrt{\cos x}}{x(1-\cos\sqrt{x})}=\lim\limits_{x\to0^+}\dfrac{1-\cos x}{x(1-\cos\sqrt{x})(1+\cos\sqrt{x})}=\lim\limits_{x\to0^+}\dfrac{\frac{1}{2}x^2}{x\cdot\frac{1}{2}x(1+\cos\sqrt{x})}=\dfrac{1}{2}.$

题 4　（1999②）求 $\lim\limits_{x\to0}\dfrac{\sqrt{1+\tan x}-\sqrt{1+\sin x}}{x\ln(1+x)-x^2}$．

解　可得

$$\lim_{x\to0}\frac{\sqrt{1+\tan x}-\sqrt{1+\sin x}}{x\ln(1+x)-x^2}=\lim_{x\to0}\left\{\frac{\tan x-\sin x}{x[\ln(1+x)-x]}\cdot\frac{1}{\sqrt{1+\tan x}+\sqrt{1+\sin x}}\right\}$$

$$= \frac{1}{2} \lim_{x \to 0} \frac{\tan x(1-\cos x)}{x[\ln(1+x)-x]} \quad (\text{分式用无穷小量代换})$$

$$= \frac{1}{4} \lim_{x \to 0} \frac{x^2}{\ln(1+x)-x} \quad (\text{用洛必达法则})$$

$$= \frac{1}{4} \lim_{x \to 0} \frac{2x}{\frac{-x}{1+x}} = -\frac{1}{2}$$

题 5 (1987④)求极限 $\lim\limits_{x \to +\infty} \dfrac{\ln\left(1+\dfrac{1}{x}\right)}{\text{arccot } x}$

解 注意到代换 $\ln(1+t) \sim t(t$ 充分小$)$,再用洛必达法则有

$$\lim_{x \to +\infty} \frac{\ln\left(1+\frac{1}{x}\right)}{\text{arccot } x} = \lim_{x \to +\infty} \frac{\frac{1}{x}}{\text{arccot } x} = \lim_{x \to +\infty} \frac{-\frac{1}{x^2}}{-\frac{1}{1+x^2}} = \lim_{x \to +\infty} \frac{1+x^2}{x^2} = 1$$

题 6 (1988④)求极限 $\lim\limits_{x \to 1}(1-x^2)\tan\dfrac{\pi}{2}x$.

解 将 $0 \cdot \infty$ 型化为 $\dfrac{0}{0}$ 型,有

$$\lim_{x \to 1}(1-x^2)\tan\frac{\pi}{2}x = \lim_{x \to 1} \frac{1-x^2}{\cot\frac{\pi}{2}x} = \lim_{x \to 1} \frac{-2x}{-\frac{\pi}{2}\csc^2\frac{\pi}{2}x} = \frac{4}{\pi}$$

题 7 (1992④)求极限 $\lim\limits_{x \to 1} \dfrac{\ln\cos(x-1)}{1-\sin\dfrac{\pi}{2}x}$.

解 这是 $\dfrac{0}{0}$ 型,用洛必达法则,有

$$\lim_{x \to 1} \frac{\ln\cos(x-1)}{1-\sin\frac{\pi}{2}x} = \lim_{x \to 1} \frac{-\sin(x-1)}{\cos(x-1)\left(-\frac{\pi}{2}\cos\frac{\pi}{2}x\right)} = \frac{2}{\pi}\lim_{x \to 1} \frac{\sin(x-1)}{\cos\frac{\pi}{2}x}$$

$$= \frac{2}{\pi}\lim_{x \to 1} \frac{\cos(x-1)}{-\frac{\pi}{2}\sin\frac{\pi}{2}x} = -\frac{4}{\pi^2}$$

题 8 (2004③④)求 $\lim\limits_{x \to 0}\left(\dfrac{1}{\sin^2 x} - \dfrac{\cos^2 x}{x^2}\right)$.

解 分子用三角函数倍角公式,当 $x \to 0$ 时分母用 $\sin x \sim x$ 代换

$$\text{原式} = \lim_{x \to 0} \frac{x^2 - \sin^2 x\cos^2 x}{x^2\sin^2 x}$$

$$= \lim_{x \to 0} \frac{x^2 - \frac{1}{4}\sin^2 2x}{x^4} = \lim_{x \to 0} \frac{2x - \frac{1}{2}\sin 4x}{4x^3} \quad (\text{用洛必达法则})$$

$$= \lim_{x \to 0} \frac{1-\cos 4x}{6x^2} = \lim_{x \to 0} \frac{\frac{1}{2}(4x)^2}{6x^2} = \frac{4}{3}$$

题 9 (1994④)求极限 $\lim\limits_{x \to \infty}\left[x - x^2\ln\left(1+\dfrac{1}{x}\right)\right]$.

解 1 令 $x = \dfrac{1}{t}$,且注意使用洛必达法则,可有

$$\lim_{x \to \infty}\left[x - x^2\ln\left(1+\frac{1}{x}\right)\right] = \lim_{t \to 0}\left[\frac{1}{t} - \frac{1}{t^2}\ln(1+t)\right] = \lim_{t \to 0} \frac{t - \ln(1+t)}{t^2} = \lim_{t \to 0} \frac{1-\frac{1}{1+t}}{2t} = \frac{1}{2}$$

解 2 注意到，当 $\alpha \ll 1$ 时，$\ln(1+\alpha) = \alpha + \dfrac{\alpha^2}{2} + o(\alpha^2)$，这样

$$\text{原式} = \lim_{x \to \infty} \left[x - x^2 \left(\frac{1}{x} - \frac{1}{2x^2} \right) \right] = \frac{1}{2}$$

题 10　(1991②) 求 $\lim\limits_{x \to 0} \dfrac{x - \sin x}{x^2(e^x - 1)}$.

解　注意到 $x \to 0$ 时 $e^x - 1 \sim x$，则

$$\lim_{x \to 0} \frac{x - \sin x}{x^2(e^x - 1)} = \lim_{x \to 0} \frac{x - \sin x}{x^3} = \lim_{x \to 0} \frac{1 - \cos x}{3x^2} = \lim_{x \to 0} \frac{\frac{1}{2}x^2}{3x^2} = \frac{1}{6}$$

题 11　(1992①) 求 $\lim\limits_{x \to 0} \dfrac{e^x - \sin x - 1}{1 - \sqrt{1 - x^2}}$.

解　注意到 $x \to 0$ 时 $\sqrt{1 - x^2} \sim 1 - \dfrac{1}{2}x^2$，则

$$\lim_{x \to 0} \frac{e^x - \sin x - 1}{1 - \sqrt{1 - x^2}} = \lim_{x \to 0} \frac{e^x - \sin x - 1}{1 - \left(1 - \frac{1}{2}x^2\right)} = \lim_{x \to 0} \frac{e^x - \cos x}{x} = \lim_{x \to 0} \frac{e^x + \sin x}{1} = 1$$

题 12　(2000①) 求 $\lim\limits_{x \to 0} \left(\dfrac{2 + e^{\frac{1}{x}}}{1 + e^{\frac{4}{x}}} + \dfrac{\sin x}{|x|} \right)$.

解　注意到下面式子变形

$$\lim_{x \to 0^+} \left(\frac{2 + e^{\frac{1}{x}}}{1 + e^{\frac{4}{x}}} + \frac{\sin x}{|x|} \right) = \lim_{x \to 0^+} \left(\frac{2e^{-\frac{4}{x}} + e^{-\frac{3}{x}}}{e^{-\frac{4}{x}} + 1} + \frac{\sin x}{x} \right) = 1$$

及

$$\lim_{x \to 0^-} \left(\frac{2 + e^{\frac{1}{x}}}{1 + e^{\frac{4}{x}}} + \frac{\sin x}{|x|} \right) = \lim_{x \to 0^-} \left(\frac{2 + e^{\frac{1}{x}}}{1 + e^{\frac{4}{x}}} - \frac{\sin x}{x} \right) = 2 - 1 = 1$$

故

$$\lim_{x \to 0} \left(\frac{2 + e^{\frac{1}{x}}}{1 + e^{\frac{4}{x}}} + \frac{\sin x}{|x|} \right) = 1$$

题 13　(2004②) 求 $\lim\limits_{x \to 0} \dfrac{1}{x^3} \left[\left(\dfrac{2 + \cos x}{3} \right)^x - 1 \right]$.

解　可得

$$\lim_{x \to 0} \frac{1}{x^3} \left[\left(\frac{2 + \cos x}{3} \right)^x - 1 \right] = \lim_{x \to 0} \frac{e^{x \ln\left(\frac{2 + \cos x}{3}\right)} - 1}{x^3} \quad (\text{用代换 } e^t - 1 \sim t, \text{当 } t \to 0 \text{ 时})$$

$$= \lim_{x \to 0} \frac{\ln\left(\frac{2 + \cos x}{3}\right)}{x^2} \quad (\text{由对数性质})$$

$$= \lim_{x \to 0} \frac{\ln(2 + \cos x) - \ln 3}{x^2} \quad (\text{由洛必达法则})$$

$$= \lim_{x \to 0} \frac{\frac{1}{2 + \cos x} \cdot (-\sin x)}{2x} \quad (\text{式子化简、变形})$$

$$= -\frac{1}{2} \lim_{x \to 0} \frac{1}{2 + \cos x} \cdot \frac{\sin x}{x} = -\frac{1}{6}$$

题 14　(1998③) 求极限 $\lim\limits_{x \to 1} \dfrac{x^x - 1}{x \ln x}$.

解　令 $t = x \ln x$，则 $x^x = e^{x \ln x} = e^t$，于是 $\lim\limits_{x \to 1} \dfrac{x^x - 1}{x \ln x} = \lim\limits_{t \to 0} \dfrac{e^t - 1}{t} = 1$.

题 15　(2010③) 求极限 $\lim\limits_{x \to +\infty} (x^{\frac{1}{x}} - 1)^{\frac{1}{\ln x}}$.

解 将指数函数用对数函数恒等化处理可有

$$\lim_{x\to+\infty}(x^{\frac{1}{x}}-1)^{\frac{1}{\ln x}}=\exp\left\{\lim_{x\to+\infty}\frac{\ln(e^{\frac{\ln x}{x}}-1)}{\ln x}\right\}$$

则由洛必达法则可有

$$\lim_{x\to+\infty}\frac{\ln(e^{\frac{\ln x}{x}}-1)}{\ln x}=\lim_{x\to+\infty}\frac{1}{\frac{1}{x}}\cdot\frac{e^{\frac{\ln x}{x}}}{e^{\frac{\ln x}{x}}-1}\cdot\frac{1-\ln x}{x^2}=\lim_{x\to+\infty}\frac{e^{\frac{\ln x}{x}}}{e^{\frac{\ln x}{x}}-1}\cdot\frac{1-\ln x}{x}$$

$$=\lim_{x\to+\infty}\frac{1}{\frac{\ln x}{x}}\cdot\frac{1-\ln x}{x}=\lim_{x\to+\infty}\frac{1-\ln x}{\ln x}=-1$$

上式中注意到 $x\to+\infty$ 时，$\dfrac{\ln x}{x}\to0$，$e^{\frac{\ln x}{x}}-1\sim\dfrac{\ln x}{x}$.

故 $\lim\limits_{x\to+\infty}(x^{\frac{1}{x}}-1)^{\frac{1}{\ln x}}=e^{-1}$.

题 16 (1989③)求极限 $\lim\limits_{x\to\infty}\left(\sin\dfrac{1}{x}+\cos\dfrac{1}{x}\right)^x$.

解 令 $t=\dfrac{1}{x}$，则由 $f(x)=e^{\ln f(x)}$ 及 $\ln(1\pm t)\sim\pm t(t\to0$ 时)，有

$$\lim_{x\to\infty}\left(\sin\frac{1}{x}+\cos\frac{1}{x}\right)^x=\lim_{t\to0}(\sin t+\cos t)^{\frac{1}{t}}=\exp\left\{\lim_{t\to0}\frac{\sin t+\cos t-1}{t}\right\}$$

$$=\exp\{\lim_{x\to0}(\cos t-\sin t)\}=e$$

题 17 (1989④)求极限 $\lim\limits_{x\to+\infty}(x+e^x)^{\frac{1}{x}}$.

解 可得

$$\lim_{x\to+\infty}(x+e^x)^{\frac{1}{x}}=\exp\left\{\lim_{x\to+\infty}\frac{\ln(x+e^x)}{x}\right\}=\exp\left\{\lim_{x\to+\infty}\frac{1+e^x}{x+e^x}\right\}$$

$$=\exp\left\{\lim_{x\to+\infty}\frac{e^x}{x+e^x}\right\}=\exp\left\{\lim_{x\to+\infty}\frac{e^x}{e^x}\right\}=e$$

题 18 (1987③)求极限 $\lim\limits_{x\to0}(1+xe^x)^{\frac{1}{x}}$.

解 解法较多，至少有三种

$$\lim_{x\to0}(1+xe^x)^{\frac{1}{x}}=\lim_{x\to0}\left[(1+xe^x)^{\frac{1}{xe^x}}\right]^{e^x}=e\quad(凑式子)$$

或 $$\lim_{x\to0}(1+xe^x)^{\frac{1}{x}}=\exp\left\{\lim_{x\to0}\frac{\ln(1+xe^x)}{x}\right\}=\exp\left\{\lim_{x\to0}\frac{e^x+xe^x}{1+xe^x}\right\}=e\quad(用洛必达法则)$$

或 $$\lim_{x\to0}(1+xe^x)^{\frac{1}{x}}=\exp\left\{\lim_{x\to0}\frac{xe^x}{x}\right\}=e\quad(用\ln[1\pm u(x)]\sim\pm u(x),u(x)\to0\text{ 时})$$

题 19 (1987②)求 $\lim\limits_{x\to0}\left(\dfrac{1}{x}-\dfrac{1}{e^x-1}\right)$.

解 可得

$$\lim_{x\to0}\left(\frac{1}{x}-\frac{1}{e^x-1}\right)=\lim_{x\to0}\frac{e^x-1-x}{x(e^x-1)}\quad(分母用\ e^x-1\sim x\ 代换后，再用洛必达法则)$$

$$=\lim_{x\to0}\frac{e^x-1-x}{x^2}=\lim_{x\to0}\frac{e^x-1}{2x}=\frac{1}{2}$$

题 20 (1992②)求 $\lim\limits_{x\to\infty}\left(\dfrac{3+x}{6+x}\right)^{\frac{x-1}{2}}$.

解 函数式取对数后，再用 $u(x)\to0$ 时 $\ln[1\pm u(x)]\sim\pm u(x)$ 代换，有

$$\lim_{x\to\infty}\left(\frac{3+x}{6+x}\right)^{\frac{x-1}{2}}=\exp\left[\lim_{x\to\infty}\left(\frac{3+x}{6+x}-1\right)\cdot\frac{x-1}{2}\right]=\exp\left[\lim_{x\to\infty}\frac{-3(x-1)}{2(6+x)}\right]=e^{-\frac{3}{2}}$$

题 21 (1991④)求极限 $\lim\limits_{x\to+\infty}(x+\sqrt{1+x^2})^{\frac{1}{x}}$.

解 原式 $=\exp\left\{\lim\limits_{x\to+\infty}\dfrac{\ln(x+\sqrt{1+x^2})}{x}\right\}=\exp\left\{\lim\limits_{x\to+\infty}\dfrac{1}{\sqrt{1+x^2}}\right\}=e^0=1$.

题 22 (1991①)求 $\lim\limits_{x\to0^+}(\cos\sqrt{x})^{\frac{\pi}{x}}$.

解 $\lim\limits_{x\to0^+}(\cos\sqrt{x})^{\frac{\pi}{x}}=e^{\pi\lim\limits_{x\to0}\frac{\cos\sqrt{x}-1}{x}}=e^{\pi\lim\limits_{x\to0}\frac{-\frac{1}{2}x}{x}}=e^{-\frac{\pi}{2}}$.

题 23 (1989②)求 $\lim\limits_{x\to0}(2\sin x+\cos x)^{\frac{1}{x}}$.

解 $\lim\limits_{x\to0}(2\sin x+\cos x)^{\frac{1}{x}}=e^{\lim\limits_{x\to0}\frac{2\sin x+\cos x-1}{x}}=e^{\lim\limits_{x\to0}\frac{2\sin x}{x}+\lim\limits_{x\to0}\frac{\cos x-1}{x}}=e^2$.

下面的极限问题涉及 n 项函数和.

题 24 (1991③)求极限 $\lim\limits_{x\to0}\left(\dfrac{e^x+e^{2x}+\cdots+e^{nx}}{n}\right)^{\frac{1}{x}}$，其中 n 是给定的自然数.

解 我们前文已多次使用了下面的公式

$$\lim[1\pm u(x)]^{v(t)}=\lim e^{v(t)\ln[1\pm u(x)]}=e^{\lim\{v(t)\ln[1\pm u(x)]\}}=e^{\lim[\pm v(x)u(x)]}$$

$$原式=\exp\left\{\lim\limits_{x\to0}\frac{e^x+e^{2x}+\cdots+e^{nx}-n}{nx}\right\}=\exp\left\{\lim\limits_{x\to0}\frac{e^x+2e^{2x}+\cdots+ne^{nx}}{n}\right\}$$

$$=\exp\left\{\frac{1+2+\cdots+n}{n}\right\}=e^{\frac{n+1}{2}}$$

接下来是两个含有参数的极限问题.

题 25 (1997④)求极限 $\lim\limits_{x\to0}\left[\dfrac{a}{x}-\left(\dfrac{1}{x^2}-a^2\right)\ln(1+ax)\right]$ $(a\neq0)$.

解 先将所求极限式通分再用洛必达法则，有

$$原式=\lim\limits_{x\to0}\frac{ax-(1-a^2x^2)\ln(1+ax)}{x^2}=\lim\limits_{x\to0}\frac{a+2a^2x\ln(1+ax)-a(1-ax)}{2x}$$

$$=\lim\limits_{x\to0}\frac{2a^2\ln(1+ax)+\frac{2a^3x}{1+ax}+a^2}{2}=\frac{a^2}{2}$$

下面的问题则是含参极限的反问题：已知极限值反求参数问题.

题 26 (1990②)已知 $\lim\limits_{x\to\infty}\left(\dfrac{x+a}{x-a}\right)^x=9$，求常数 a.

解 注意到下面式子变形

$$\lim\limits_{x\to\infty}\left(\frac{x+a}{x-a}\right)^x=e^{\lim\limits_{x\to\infty}\left(\frac{x+a}{x-a}-1\right)x}=e^{\lim\limits_{x\to\infty}\frac{2ax}{x-a}}=e^{2a}$$

又由题设 $e^{2a}=9$，得 $a=\ln 3$.

接下来是几则与积分表达式有关的极限问题.

题 27 (2012②)已知函数 $f(x)=\dfrac{1+x}{\sin x}-\dfrac{1}{x}$，记 $a=\lim\limits_{x\to0}f(x)$.

(1)求 a 的值；

(2)若当 $x\to0$ 时，$f(x)-a$ 与 x^k 是同阶无穷小，求常数 k 的值.

解 (1)由题意

$$a=\lim\limits_{x\to0}\left(\frac{1+x}{\sin x}-\frac{1}{x}\right)=\lim\limits_{x\to0}\frac{x+x^2-\sin x}{x\sin x}$$

$$=\lim\limits_{x\to0}\frac{x+x^2-\sin x}{x^2}=\lim\limits_{x\to0}\frac{1+2x-\cos x}{2x}=1$$

(2)注意到

$$f(x)-a=\frac{1+x}{\sin x}-\frac{1}{x}-1=\frac{x+x^2-\sin x-x\sin x}{x\sin x}$$

$$\lim_{x\to0}\frac{f(x)-a}{x^k}=\lim_{x\to0}\frac{x+x^2-\sin x-x\sin x}{x^{k+2}}=\lim_{x\to0}\frac{1+2x-\cos x-\sin x-x\cos x}{(k+2)x^{k+1}}$$

$$=\lim_{x\to0}\frac{2+\sin x-2\cos x+x\sin x}{(k+2)(k+1)x^k}=\lim_{x\to0}\frac{\cos x+3\sin x+x\cos x}{(k+2)(k+1)kx^{k-1}}$$

所以,当 $k=1$ 时,有 $\lim_{x\to0}\frac{f(x)-a}{x^k}=\frac{1}{6}$.此时 $f(x)-a$ 与 x 是同阶无穷小$(x\to0)$,因此 $k=1$.

题 28 (1990④)求极限 $\lim_{x\to\infty}\frac{1}{x}\int_0^x(1+t^2)e^{t^2-x^2}dt$.

解 根据洛必达法则及积分性质,有

$$\lim_{x\to\infty}\frac{1}{x}\int_0^x(1+t^2)e^{t^2-x^2}dt=\lim_{x\to\infty}\frac{\int_0^x(1+t^2)e^{t^2}dt}{xe^{x^2}}=\lim_{x\to\infty}\frac{(1+x^2)e^{x^2}}{(1+2x^2)e^{x^2}}=\frac{1}{2}$$

题 29 (1994③④)设函数 $f(x)$可导,且

$$f(0)=0,F(x)=\int_0^x t^{n-1}f(x^n-t^n)dt$$

求 $\lim_{x\to0}\frac{F(x)}{x^{2n}}$.

解 设 $x^n-t^n=u$, 则 $-nt^{n-1}dt=du$.

当 $t=0$ 时,$u=x^n$;当 $t=x$ 时,$u=0$. 于是

$$F(x)=\frac{1}{n}\int_0^{x^n}f(u)du,\quad F'(x)=x^{n-1}f(x^n)$$

故 $$\lim_{x\to0}\frac{F(x)}{x^{2n}}=\lim_{x\to0}\frac{F'(x)}{2nx^{2n-1}}=\frac{1}{2n}\lim_{x\to0}\frac{f(x^n)}{x^n}=\frac{1}{2n}\lim_{x\to0}\frac{f(x^n)-f(0)}{x^n-0}=\frac{1}{2n}f'(0)$$

注 本题在当年数学(四)试题中是证明题,即证明$\lim_{x\to0}\frac{F(x)}{x^{2n}}=\frac{f'(0)}{2n}$.

题 30 (2002③④)求极限$\lim_{x\to0}\frac{\int_0^x\left[\int_0^{u^2}\arctan(1+t)dt\right]du}{x(1-\cos x)}$.

解 可得

$$原式=2\lim_{x\to0}\frac{\int_0^x\left[\int_0^{u^2}\arctan(1+t)dt\right]du}{x^3}=2\lim_{x\to0}\frac{\int_0^{x^2}\arctan(1+t)dt}{3x^2}$$

$$=2\lim_{x\to0}\frac{2x\arctan(1+x^2)}{6x}=\frac{2}{3}\cdot\frac{\pi}{4}=\frac{\pi}{6}$$

下面的问题涉及积分极限式且与参数有关.

题 31 (1987①)求正常数 a 与 b,使等式$\lim_{x\to0}\frac{1}{bx-\sin x}\int_0^x\frac{t^2}{\sqrt{a+t^2}}dt=1$ 成立.

解 根据洛必达法则,有

$$左式=\lim_{x\to0}\frac{\frac{x^2}{\sqrt{a+x^2}}}{b-\cos x}=\lim_{x\to0}\frac{x^2}{b-\cos x}=1$$

可得 $b=\lim_{x\to0}\cos x=1$.

由 $\lim_{x\to0}\frac{\frac{x^2}{\sqrt{a+x^2}}}{1-\cos x}=\lim_{x\to0}\frac{1}{\sqrt{a+x^2}}\cdot\frac{x^2}{\frac{1}{2}x^2}=\frac{2}{\sqrt{a}}=1$, 可得 $a=4$.

题32 (1993③④)已知 $\lim\limits_{x\to\infty}\left(\dfrac{x-a}{x+a}\right)^x=\int_a^{+\infty}4x^2\mathrm{e}^{-2x}\mathrm{d}x$,求常数 a 的值.

解 可得

$$\text{左式}=\exp\left\{\lim_{x\to\infty}\left(\dfrac{x-a}{x+a}-1\right)x\right\}=\mathrm{e}^{-2a}$$

$$\text{右式}=-2\int_a^{+\infty}x^2\mathrm{d}\mathrm{e}^{-2x}=\left[-2x^2\mathrm{e}^{-2x}\right]_a^{+\infty}+4\int_a^{+\infty}x\mathrm{e}^{-2x}\mathrm{d}x$$

$$=2a^2\mathrm{e}^{-2a}-\left[2x\mathrm{e}^{-2x}+\mathrm{e}^{-2x}\right]_a^{+\infty}=2a^2\mathrm{e}^{-2a}+2a\mathrm{e}^{-2a}+\mathrm{e}^{-2a}$$

于是 $\mathrm{e}^{-2a}=2a^2\mathrm{e}^{-2a}+2a\mathrm{e}^{-2a}+\mathrm{e}^{-2a}$,解得 $a=0$,或 $a=-1$.

题33 (1998②)确定常数 a,b,c 的值,使 $\lim\limits_{x\to0}\dfrac{ax-\sin x}{\displaystyle\int_b^x\dfrac{\ln(1+t^3)}{t}\mathrm{d}t}=c(c\neq0)$.

解 由于 $x\to0$ 时,$ax-\sin x\to0$,且极限 c 不为零,所以当 $x\to0$ 时,积分

$$\int_b^x\dfrac{\ln(1+t^3)}{t}\mathrm{d}t\to0$$

故必有 $b=0$.
    由于

$$\lim_{x\to0}\dfrac{ax-\sin x}{\displaystyle\int_b^x\dfrac{\ln(1+t^3)}{t}\mathrm{d}t}=\lim_{x\to0}\dfrac{a-\cos x}{\dfrac{\ln(1+x^3)}{x}}=\lim_{x\to0}\dfrac{a-\cos x}{\dfrac{x^3}{x}}=\lim_{x\to0}\dfrac{a-\cos x}{x^2}=c$$

故必有 $a=1$,从而 $c=\dfrac{1}{2}$.

题34 (2005②)设函数 $f(x)$ 连续,且 $f(0)\neq0$,求极限 $\lim\limits_{x\to0}\dfrac{\displaystyle\int_0^x(x-t)f(t)\mathrm{d}t}{x\displaystyle\int_0^xf(x-t)\mathrm{d}t}$.

解 因

$$\int_0^xf(x-t)\mathrm{d}t\xrightarrow{x-t=u}\int_x^0f(u)(-\mathrm{d}u)=\int_0^xf(u)\mathrm{d}u$$

故

$$\lim_{x\to0}\dfrac{\displaystyle\int_0^x(x-t)f(t)\mathrm{d}t}{x\displaystyle\int_0^xf(x-t)\mathrm{d}t}=\lim_{x\to0}\dfrac{x\displaystyle\int_0^xf(t)\mathrm{d}t-\displaystyle\int_0^xtf(t)\mathrm{d}t}{x\displaystyle\int_0^xf(u)\mathrm{d}u}$$

$$=\lim_{x\to0}\dfrac{\displaystyle\int_0^xf(t)\mathrm{d}t+xf(x)-xf(x)}{\displaystyle\int_0^xf(u)\mathrm{d}u+xf(x)}=\lim_{x\to0}\dfrac{\displaystyle\int_0^xf(t)\mathrm{d}t}{\displaystyle\int_0^xf(u)\mathrm{d}u+xf(x)}$$

$$\xrightarrow{\text{积分中值定理}}\lim_{x\to0}\dfrac{xf(\xi)}{xf(\xi)+xf(x)}$$

$$=\dfrac{f(0)}{f(0)+f(0)}=\dfrac{1}{2}\quad(\text{因 }x\to0\text{ 时},\xi\to0,\text{且 }f(x)\text{ 为连续函数})$$

题35 (2008①②)求极限 $\lim\limits_{x\to0}\dfrac{\left[\sin x-\sin(\sin x)\right]\sin x}{x^4}$.

解 可得

$$\lim_{x\to0}\dfrac{\left[\sin x-\sin(\sin x)\right]\sin x}{x^4}=\lim_{x\to0}\dfrac{\sin x-\sin(\sin x)}{x^3}$$

$$=\lim_{x\to0}\dfrac{\cos x-\cos(\sin x)\cdot\cos x}{3x^2}=\lim_{x\to0}\dfrac{\cos x\left[1-\cos(\sin x)\right]}{3x^2}$$

$$=\lim_{x\to 0}\frac{1-\cos(\sin x)}{3x^2}=\lim_{x\to 0}\frac{\frac{1}{2}\sin^2 x}{3x^2}=\frac{1}{6}$$

3. 无穷小的比较

题1 (2002①)设函数 $f(x)$ 在 $x=0$ 的某邻域内具有一阶连续导数,且 $f(0)\neq 0,f'(0)\neq 0$. 若 $af(h)+bf(2h)-f(0)$ 在 $h\to 0$ 时是比 h 高阶的无穷小,试确定 a,b 的值.

解 由题设条件和洛必达法则,有

$$0=\lim_{h\to 0}\frac{af(h)+bf(2h)-f(0)}{h}=\lim_{h\to 0}\frac{af'(h)+2bf'(2h)}{1}=(a+2b)f'(0)$$

由于 $f(0)\neq 0$ 和 $f'(0)\neq 0$,并注意到上面两个极限中分子的极限必为 0,故可得

$$\begin{cases} af(0)+bf(0)-f(0)=0 \\ af'(0)+2bf'(0)=0 \end{cases} \Rightarrow \begin{cases} a+b-1=0 \\ a+2b=0 \end{cases}$$

由此解得 $a=2$, $b=-1$.

题2 (2002②)设函数 $f(x)$ 在 $x=0$ 的某邻域内具有二阶连续导数,且 $f(0)\neq 0,f'(0)\neq 0$, $f''(0)\neq 0$.证明:存在唯一的一组实数 $\lambda_1,\lambda_2,\lambda_3$,使得当 $h\to 0$ 时,$\lambda_1 f(h)+\lambda_2 f(2h)+\lambda_3 f(3h)-f(0)$ 是比 h^2 高阶的无穷小.

证 只需证存在唯一的一组实数 $\lambda_1,\lambda_2,\lambda_3$,使

$$\lim_{h\to 0}\frac{\lambda_1 f(h)+\lambda_2 f(2h)+\lambda_3 f(3h)-f(0)}{h^2}=0$$

由题设和洛必达法则,有

$$\lim_{h\to 0}\frac{\lambda_1 f(h)+\lambda_2 f(2h)+\lambda_3 f(3h)-f(0)}{h^2}=\lim_{h\to 0}\frac{\lambda_1 f'(h)+2\lambda_2 f'(2h)+3\lambda_3 f'(3h)}{2h}$$

$$=\lim_{h\to 0}\frac{\lambda_1 f''(h)+4\lambda_2 f''(2h)+9\lambda_3 f''(3h)}{2}$$

$$=\frac{1}{2}(\lambda_1+4\lambda_2+9\lambda_3)f''(0)$$

由于 $f'(0)\neq 0,f''(0)\neq 0$,又上式极限式为 0,故知极限分子为 0,可得方程组及其系数行列式,即

$$\begin{cases} \lambda_1+\lambda_2+\lambda_3=1 \\ \lambda_1+2\lambda_2+3\lambda_3=0 \\ \lambda_1+4\lambda_2+9\lambda_3=0 \end{cases} \Rightarrow \begin{vmatrix} 1 & 1 & 1 \\ 1 & 2 & 3 \\ 1 & 4 & 9 \end{vmatrix}=2\neq 0$$

因此,存在唯一的一组实数 $\lambda_1,\lambda_2,\lambda_3$,使得当 $h\to 0$ 时,$\lambda_1 f(h)+\lambda_2 f(2h)+\lambda_3 f(3h)-f(0)$ 是比 h^2 高阶的无穷小.

4. 函数连续问题

题1 (2003③)设 $f(x)=\frac{1}{\pi x}+\frac{1}{\sin\pi x}-\frac{1}{\pi(1-x)}$, $x\in\left[\frac{1}{2},1\right)$. 试补充定义 $f(1)$ 使得 $f(x)$ 在 $\left[\frac{1}{2},1\right)$ 上连续.

解 由题设再注意到

$$\lim_{x\to 1^-}f(x)=\lim_{x\to 1^-}\left[\frac{1}{\pi x}+\frac{1}{\sin\pi x}-\frac{1}{\pi(1-x)}\right]=\frac{1}{\pi}+\frac{1}{\pi}\lim_{x\to 1^-}\frac{\pi(1-x)-\sin\pi x}{(1-x)\sin\pi x} \quad (\text{由洛必达法则})$$

$$=\frac{1}{\pi}+\frac{1}{\pi}\lim_{x\to 1^-}\frac{-\pi-\pi\cos\pi x}{-\sin\pi x+(1-x)\cos\pi x}$$

$$=\frac{1}{\pi}+\frac{1}{\pi}\lim_{x\to 1^-}\frac{\pi^2\sin\pi x}{-\pi\cos\pi x-\pi\cos\pi x-(1-x)\pi^2\sin\pi x}=\frac{1}{\pi}$$

由于 $f(x)$ 在半开区间 $\left[\dfrac{1}{2},1\right)$ 上连续,因此定义 $f(1)=\dfrac{1}{\pi}$,则 $f(x)$ 在闭区间 $\left[\dfrac{1}{2},1\right]$ 上连续.

注　本题实质上是一求极限问题,但以这种形式表现出来,还考查了连续的概念.在计算过程中,也可先做变量代换 $y=1-x$,转化为求 $y\rightarrow 0^{+}$ 的极限,这样计算过程可以适当简化.

题 2　(1992③)设函数

$$f(x)=\begin{cases} \dfrac{\ln\cos(x-1)}{1-\sin\dfrac{\pi}{2}x}, & x\neq 1 \\[4mm] 1, & x=1 \end{cases}$$

问函数 $f(x)$ 在 $x=1$ 处是否连续?若不连续,修改函数在 $x=1$ 处的定义,使之连续.

解　因为

$$\lim_{x\to 1}f(x)=\lim_{x\to 1}\frac{\ln\cos(x-1)}{1-\sin\dfrac{\pi}{2}x}=\lim_{x\to 1}\frac{-\sin(x-1)}{-\dfrac{\pi}{2}\cos\dfrac{\pi}{2}x\cdot\cos(x-1)}$$

$$=\frac{2}{\pi}\lim_{x\to 1}\frac{\sin(x-1)}{\cos\dfrac{\pi}{2}x}=\frac{2}{\pi}\lim_{x\to 1}\frac{\cos(x-1)}{-\dfrac{\pi}{2}\sin\dfrac{\pi}{2}x}=-\frac{4}{\pi^{2}}\neq f(1)$$

所以函数在 $x=1$ 处不连续.

若修改定义,令 $f(1)=-\dfrac{4}{\pi^{2}}$,则函数 $f(x)$ 在 $x=1$ 处连续.

题 3　(2003②)设函数

$$f(x)=\begin{cases} \dfrac{\ln(1+ax^{3})}{x-\arcsin x}, & x<0 \\[3mm] 6, & x=0 \\[3mm] \dfrac{\mathrm{e}^{ax}+x^{2}-ax-1}{x\sin\dfrac{x}{4}}, & x>0 \end{cases}$$

问:a 为何值时,$f(x)$ 在 $x=0$ 处连续;a 为何值时,$x=0$ 是 $f(x)$ 的可去间断点.

解　题设 $f(x)$ 在 $x=0$ 连续,则由

$$f(0-0)=\lim_{x\to 0^{-}}f(x)=\lim_{x\to 0^{-}}\frac{\ln(1+ax^{3})}{x-\arcsin x}\quad(\text{因 }\ln(1+ax^{3})\sim ax^{3})$$

$$=\lim_{x\to 0^{-}}\frac{ax^{3}}{x-\arcsin x}=\lim_{x\to 0^{-}}\frac{3ax^{2}}{1-\dfrac{1}{\sqrt{1-x^{2}}}}\quad(\text{分母通分})$$

$$=\lim_{x\to 0^{-}}\frac{3ax^{2}}{\sqrt{1-x^{2}}-1}=\lim_{x\to 0^{-}}\frac{3ax^{2}}{-\dfrac{1}{2}x^{2}}=-6a$$

又

$$f(0+0)=\lim_{x\to 0^{+}}f(x)=\lim_{x\to 0^{+}}\frac{\mathrm{e}^{ax}+x^{2}-ax-1}{x\sin\dfrac{x}{4}}\quad\left(\text{由 }\sin\dfrac{x}{4}\sim\dfrac{x}{4}\right)$$

$$=4\lim_{x\to 0^{+}}\frac{\mathrm{e}^{ax}+x^{2}-ax-1}{x^{2}}=4\lim_{x\to 0^{+}}\frac{a\mathrm{e}^{ax}+2x-a}{2x}=2a^{2}+4$$

令 $f(0-0)=f(0+0)$,有 $-6a=2a^{2}+4$,得 $a=-1$ 或 $a=-2$.

当 $a=-1$ 时,$\lim\limits_{x\to 0}f(x)=6=f(0)$,即 $f(x)$ 在 $x=0$ 处连续.

当 $a=-2$ 时,$\lim\limits_{x\to 0}f(x)=12\neq f(0)$,因而 $x=0$ 是 $f(x)$ 的可去间断点.

题 4 (2001②)求极限 $\lim\limits_{t \to x}\left(\dfrac{\sin t}{\sin x}\right)^{\frac{x}{\sin t - \sin x}}$，记此极限为 $f(x)$，求函数 $f(x)$ 的间断点并指出其类型.

解 根据 1^∞ 型极限计算公式，有

$$f(x) = \exp\left[\lim\limits_{t \to x}\left(\frac{\sin t}{\sin x} - 1\right) \cdot \frac{x}{\sin t - \sin x}\right] = \mathrm{e}^{\frac{x}{\sin x}}$$

间断点为 $x = k\pi$ $(k = 0, \pm 1, \pm 2, \cdots)$.

因为 $\lim\limits_{x \to 0} f(x) = \lim\limits_{x \to 0}\mathrm{e}^{\frac{x}{\sin x}} = \mathrm{e}$，所以 $x = 0$ 为第一类(或可去)间断点. 其余间断点属于第二类(或无穷)间断点.

题 5 (1998②)求函数 $f(x) = (1 + x)^{\frac{x}{\tan\left(x - \frac{\pi}{4}\right)}}$ 在区间 $(0, 2\pi)$ 内的间断点，并判断其类型.

解 由设知 $f(x)$ 在 $(0, 2\pi)$ 内的间断点为 $\dfrac{\pi}{4}, \dfrac{3\pi}{4}, \dfrac{5\pi}{4}, \dfrac{7\pi}{4}$.

在 $x = \dfrac{\pi}{4}$ 处，$f\left(\dfrac{\pi}{4} + 0\right) = +\infty$；在 $x = \dfrac{5\pi}{4}$ 处，$f\left(\dfrac{5\pi}{4} + 0\right) = +\infty$.

故 $x = \dfrac{\pi}{4}, \dfrac{5\pi}{4}$ 为第二类(或无穷)间断点.

在 $x = \dfrac{3\pi}{4}$ 处，$\lim\limits_{x \to \frac{3\pi}{4}} f(x) = 1$；在 $x = \dfrac{7\pi}{4}$ 处，$\lim\limits_{x \to \frac{7\pi}{4}} f(x) = 1$.

故 $x = \dfrac{3\pi}{4}, \dfrac{7\pi}{4}$ 为第一类(或可去)间断点.

5. 综合题及杂例

下面是一道综合题，它不仅涉及了极限概念，还与函数导数有关联.

题 1 (2001③④)已知 $f(x)$ 在 $(-\infty, +\infty)$ 内可导，且

$$\lim\limits_{x \to \infty} f'(x) = \mathrm{e}, \quad \lim\limits_{x \to \infty}\left(\frac{x + c}{x - c}\right)^x = \lim\limits_{x \to \infty}\left[f(x) - f(x - 1)\right]$$

求 c 的值.

解 将题设 1^∞ 型极限化为指数、对数形式计算，有

$$\lim\limits_{x \to \infty}\left(\frac{x + c}{x - c}\right)^x = \exp\left\{\lim\limits_{x \to \infty}\left(\frac{x + c}{x - c} - 1\right)x\right\} = \mathrm{e}^{2c}$$

对 $f(x)$ 在区间 $[x - 1, x]$ 上使用拉格朗日中值定理，有

$$f(x) - f(x - 1) = f'(\xi) \qquad x - 1 < \xi < x$$

于是

$$\lim\limits_{x \to \infty}\left[f(x) - f(x - 1)\right] = \lim\limits_{\xi \to \infty} f'(\xi) = \mathrm{e}$$

由题设 $\mathrm{e}^{2c} = \mathrm{e}$，解得 $c = \dfrac{1}{2}$.

最后来看一则极限在经济上应用的问题.

题 2 (1997③)在经济学中，称函数 $Q(x) = A\left[\delta K^{-x} + (1 - \delta)L^{-x}\right]^{-\frac{1}{x}}$ 为固定替代弹性生产函数，而称函数 $\overline{Q} = AK^\delta L^{1-\delta}$ 为 Cobb-Douglas 生产函数(简称 C-D 生产函数). 试证明：当 $x \to 0$ 时，固定替代弹性生产函数变为 C-D 生产函数，即有 $\lim\limits_{x \to 0} Q(x) = \overline{Q}$.

证 根据 1^∞ 型极限计算方法，有

$$\lim\limits_{x \to 0} Q(x) = A\lim\limits_{x \to 0}\left[\delta K^{-x} + (1 - \delta)L^{-x}\right]^{-\frac{1}{x}} = A\exp\left\{\lim\limits_{x \to 0}\frac{\delta K^{-x} + (1 - \delta)L^{-x} - 1}{-x}\right\}$$

$$= A\exp\left\{\lim\limits_{x \to 0}\frac{-\delta K^{-x}\ln K - (1 - \delta)L^{-x}\ln L}{-1}\right\} = A\exp\{\delta\ln K + (1 - \delta)\ln L\}$$

$$= AK^\delta L^{1-\delta} = \overline{Q}$$

国内外大学数学竞赛题赏析

1. 数列及函数极限

（1）数列的通项

这类问题在大学生数学竞赛中出现的不多.

例 设 $x_0 = 1$，当 $n \geqslant 0$ 时，$x_{n+1} = 3x_n + [\sqrt{5}x_n]$，这里 $[a]$ 表示不超 a 的最大整数. 特别地，如 $x_1 = 5$，$x_2 = 26, x_3 = 136, x_4 = 712, \cdots$，求 $x_{2\,007}$ 的表达式.（美国 Putnam Exam, 2007）

解 由题设可以观察出该数列与斐波那契数列 $1, 1, 2, 3, 5, 8, 13, 21, 34, \cdots$ 之间的关联

$$x_1 = 5, \frac{x_2}{2} = 13, \frac{x_3}{4} = \frac{x_3}{2^2} = 34, \frac{x_4}{8} = \frac{x_4}{2^3} = 89, \cdots$$

故我们猜测 $x_n = 2^{n-1}F_{2n+3}$，而数列 $\{F_n\}$ 的通项可用 Binet 公式表示如

$$F_n = \frac{1}{\sqrt{5}}\left[\left(\frac{1+\sqrt{5}}{2}\right)^n - \left(\frac{1-\sqrt{5}}{2}\right)^n\right]$$

记 $\alpha = \frac{1+\sqrt{5}}{2}$，则 $\frac{1}{\alpha} = \alpha^{-1} = \frac{1-\sqrt{5}}{2}$. 如此有

$$x_n = \frac{2^{n-1}}{\sqrt{5}}(\alpha^{2n+3} - \alpha^{-2n-3})$$

下用数学归纳法证明之.

(1) $x_0 = 1$，结论真.

(2) 今设 x_n 真，考虑 $x_{n+1} = 3x_n + [\sqrt{5}x_n]$，再注意到 $\alpha^{\pm 2} = \frac{1}{2}(3 \pm \sqrt{5})$，则

$$x_{n+1} - (3+\sqrt{5})x_n = \frac{2^n}{\sqrt{5}}\left[2(\alpha^{2n+5} - \alpha^{-2n-5})\right] - (3+\sqrt{5})$$

$$(\alpha^{2n+3} - \alpha^{-2n-3}) = 2^n \alpha^{-(2n+3)}$$

而

$$2^n \alpha^{-(2n+3)} = 2^n(\alpha^{-2})^n \alpha^{-3} = \left(\frac{1-\sqrt{5}}{2}\right)^3 (3-\sqrt{5})^n$$

该数介于 $0, 1$ 之间，这样

$$x_{n+1} - [3x_n + \sqrt{5}x_n] = x_{n+1} - 3x_n - [\sqrt{5}x_n] = 0$$

则

$$x_{n+1} = 3x_n + [\sqrt{5}x_n]$$

从而 $x_{2\,007} = \dfrac{2^{2\,006}}{\sqrt{5}}(\alpha^{3\,997} - \alpha^{-3\,997})$，其中 $\alpha = \dfrac{1}{2}(1+\sqrt{5})$.

（2）数列的极限

例 1 设 $\{a_n\}_{n=0}^{\infty}$ 为数列，a, λ 为有限数，求证：

(1) 如果 $\lim\limits_{n \to \infty} a_n = a$，则 $\lim\limits_{n \to \infty} \dfrac{a_1 + a_2 + \cdots + a_n}{n} = a$；

(2) 如果存在正整数 p，使得 $\lim\limits_{n \to \infty}(a_{n+p} - a_n) = \lambda$，则 $\lim\limits_{n \to \infty} \dfrac{a_n}{n} = \dfrac{\lambda}{p}$.（全国大学生数学竞赛，2011）

证 (1) 由 $\lim\limits_{n \to \infty} a_n = a$，存在 $M > 0$ 使得 $|a_n| \leqslant M$，且任意 $\varepsilon > 0$，存在 $N_1 \in \mathbf{N}$，当 $n > N_1$ 时

$$|a_n - a| < \frac{\varepsilon}{2}$$

因为存在 $N_2 > N_1$，当 $n > N_2$ 时

$$\frac{N_1(M + |a|)}{n} < \frac{\varepsilon}{2}$$

于是
$$\left|\frac{a_1+\cdots+a_n}{n}-a\right|\leqslant\frac{N_1(M+|a|)}{n}\cdot\frac{\varepsilon}{2}+\frac{(n-N_1)}{n}\cdot\frac{\varepsilon}{2}<\varepsilon$$

所以
$$\lim_{n\to\infty}\frac{a_1+a_2+\cdots+a_n}{n}=a$$

(2)对于 $i=0,1,\cdots,p-1$，令 $c_n^{(i)}=a_{(n+1)p+i}-a_{np+i}$，易知 $\{c_n^{(i)}\}$ 为 $\{a_{n+p}-a_n\}$ 的子列.

由 $\lim_{n\to\infty}(a_{n+p}-a_n)=\lambda$，知 $\lim_{n\to\infty}c_n^{(i)}=\lambda$，从而 $\lim_{n\to\infty}\frac{c_1^{(i)}+c_2^{(i)}+\cdots+c_n^{(i)}}{n}=\lambda$.

而 $c_1^{(i)}+c_2^{(i)}+\cdots+c_n^{(i)}=a_{(n+1)p+i}-a_{p+i}$，所以 $\lim_{n\to\infty}\frac{a_{(n+1)p+i}-a_{p+i}}{n}=\lambda$.

由 $\lim_{n\to\infty}\frac{a_{p+i}}{n}=0$，知 $\lim_{n\to\infty}\frac{a_{(n+1)p+i}}{n}=\lambda$. 从而 $\lim_{n\to\infty}\frac{a_{(n+1)p+i}}{(n+1)p+i}=\lim_{n\to\infty}\frac{n}{(n+1)p+i}\cdot\frac{a_{(n+1)p+i}}{n}=\frac{\lambda}{p}$.

任给 $m\in\mathbf{N}$，存在 $n,p,i\in\mathbf{N},0\leqslant i\leqslant p-1$，使得 $m=np+i$，且当 $m\to\infty$ 时，$n\to\infty$. 故 $\lim_{n\to\infty}\frac{a_n}{m}=\frac{\lambda}{p}$.

例 2　若序列 $\{a_n\}$ 满足 $(2-a_n)a_{n+1}=1(n\geqslant1)$，证明：$\lim_{n\to\infty}a_n=1$. (美国 Putnam Exam,1947)

证　先证明存在 a_n 使 $0<a_n<1$，事实上：

若 $a_1<0$，则 $0<a_2=\dfrac{1}{2-a_1}<1$.

若 $a_1>2$，则 $a_2=\dfrac{1}{2-a_1}<1$.

若 $a_1=1$，则对一切 n 均有 $a_n=1$.

若 $1<a_1\leqslant2$，可以证明其不具有 $\dfrac{n+1}{n}$ 形式，否则 $a_n=2$ 而使 a_{n+1} 无意义；若 $a_1\in\left(\dfrac{n+1}{n},\dfrac{n}{n-1}\right)$，$n>1$，可证明 $a_{n+1}\in(0,1)$.

综上知，有 a_n 存在且使 $0<a_n<1$. 这样
$$a_{n+1}-a_n=\frac{1}{2-a_n}-a_n=\frac{1-(2-a_n)a_n}{2-a_n}=\frac{(1-a_n)^2}{2-a_n}>0$$

又 $a_{n+1}=\dfrac{1}{2-a_n}<1$，故 $a_n<a_{n+1}<a_{n+2}<\cdots<1$.

单调有界序列有极限，设 $\lim_{n\to\infty}a_n=A$.

由题设 $(2-a_n)a_{n+1}=1$，两边取极限有 $(2-A)A=1$，得 $A=1$.

例 3　设 $a_1\geqslant-12,a_{n+1}=\sqrt{a_n+12}$，$n=1,2,3,\cdots$，证明：$\lim_{n\to\infty}a_n$ 存在并求其值. (天津市大学生数学竞赛,2010)

证　因为 $a_{n+1}-a_n=\sqrt{a_n+12}-\sqrt{a_{n-1}+12}=\dfrac{a_n-a_{n-1}}{\sqrt{a_n+12}+\sqrt{a_{n-1}+12}}$，所以 $a_{n+1}-a_n$ 与 a_n-a_{n-1} 的符号相同，且类似可得与 a_2-a_1 同号. 而
$$a_2-a_1=\sqrt{a_1+12}-a_1=\frac{a_1+12-a_1^2}{\sqrt{a_1+12}+a_1}=-\frac{(a_1-4)(a_1+3)}{\sqrt{a_1+12}+a_1}$$

于是可有：

① 有 $a_1\leqslant0$ 时，有 $a_2>a_1$，即数列 $\{a_n\}$ 单调增加；

② 当 $0<a_1<4$ 时，也有 $a_2>a_1$，数列 $\{a_n\}$ 单调增加；

③ 当 $a_1>4$ 时，有 $a_2<a_1$，数列 $\{a_n\}$ 单调减少；

④ 当 $a_1=4$ 时，$a_n=4$，$n=1,2,3,\cdots$

又 $a_{n+1}-4=\sqrt{a_n+12}-4=\dfrac{a_n-4}{\sqrt{a_n+12}+4}$，即 $a_{n+1}-4$ 与 a_1-4 同号.

所以,当 $a_1 \leqslant 0$ 时,或 $0 < a_1 < 4$ 时,$a_n < 4$,$n = 1, 2, 3, \cdots$,即数列 $\{a_n\}$ 有上界,此时数列 $\{a_n\}$ 单调增加且有上界,$\{a_n\}$ 收敛.

当 $a_1 > 4$ 时,$a_n > 4$,$n = 1, 2, 3, \cdots$,数列 $\{a_n\}$ 有下界,此时数列 $\{a_n\}$ 单调减少且有下界,$\{a_n\}$ 收敛.

当 $a_1 = 4$ 时,$a_n = 4$,$n = 1, 2, 3, \cdots$,常数数列 $\{a_n\}$ 显然收敛.

综上所述,$\lim\limits_{n \to \infty} a_n$ 存在,设其值为 A,故 $A = \lim\limits_{n \to \infty} a_{n+1} = \lim \sqrt{a_n + 12} = \sqrt{A + 12}$.

有 $A^2 - A - 12 = 0$,$(A-4)(A+3) = 0$,得 $A = 4$($A = -3$ 舍去,因 $a_n \geqslant 0$,$n = 2, 3, \cdots$).

例 4 若 $a_1 = 2$,$a_2 = 2 + \dfrac{1}{2}$,$a_3 = 2 + \dfrac{1}{2 + \frac{1}{2}}$,$\cdots$,证明:$\{a_n\}$ 有极限且求出它.(北京市大学生数学竞赛,1988)

证 由设 $a_1 = 2$,且 $a_n = 2 + \dfrac{1}{a_{n-1}}$ $(n \geqslant 2)$.若 $\{a_n\}$ 有极限,令其为 A.对上式两边取极限,有

$$A = 2 + \frac{1}{A} \Rightarrow A^2 - 2A - 1 = 0$$

解得 $A = 1 + \sqrt{2}$(已舍去负值).今证 A 确实为 $\{a_n\}$ 的极限.

令 $a_n = 1 + \sqrt{2} + \varepsilon_n$.由递推关系,有

$$a_{n+1} = 1 + \sqrt{2} + \varepsilon_{n+1} = 2 + \frac{1}{a_n} = 2 + \frac{1}{1 + \sqrt{2} + \varepsilon_n}$$

由上可解得

$$\varepsilon_{n+1} = \frac{\varepsilon_n(1 - \sqrt{2})}{1 + \sqrt{2} + \varepsilon_n}$$

又 $$\varepsilon_n = a_n - (1 + \sqrt{2}) = \left(2 + \frac{1}{a_{n-1}}\right) - (1 + \sqrt{2}) = 1 - \sqrt{2} + \frac{1}{a_{n-1}}$$

注意到 $a_{n-1} > 2$,故 $|\varepsilon_n| < 1$.从而

$$|\varepsilon_{n+1}| \leqslant |\varepsilon_n| \left| \frac{1 - \sqrt{2}}{\sqrt{2}} \right| \leqslant \frac{1}{2} |\varepsilon_n|$$

又 $$|\varepsilon_1| = \left| 2 - (1 + \sqrt{2}) \right| = \left| 1 - \sqrt{2} \right| < \left| \frac{1}{2} \right|$$

递推可有

$$|\varepsilon_n| < \frac{1}{2^n}$$

即 $n \to \infty$ 时,$\varepsilon_n \to 0$,从而 $\lim\limits_{n \to \infty} a_n = 1 + \sqrt{2}$.

注 当心这里的数列 $\{a_n\}$ 系摆动数列.

例 5 求极限 $\lim\limits_{n \to \infty} \sum\limits_{k=1}^{n-1} (1 + \frac{k}{n}) \sin \dfrac{k\pi}{n^2}$.(全国大学生数学竞赛,2010)

解 记 $S_n = \sum\limits_{k=1}^{n-1} (1 + \frac{k}{n}) \sin \dfrac{k\pi}{n^2}$,则

$$S_n = \sum_{k=1}^{n-1} \left(1 + \frac{k}{n}\right) \left(\frac{k\pi}{n^2} + o\left(\frac{1}{n^2}\right)\right) = \frac{\pi}{n^2} \sum_{k=1}^{n-1} k + \frac{\pi}{n^3} \sum_{k=1}^{n-1} k^2 + o\left(\frac{1}{n}\right) \Rightarrow$$

$$\frac{\pi}{2} + \frac{\pi}{3} = \frac{5\pi}{6}$$

下面的例子是将数列极限化为函数极限求解的.

例 6 计算 $\lim\limits_{n \to \infty} \left[\left(n^3 - n^2 + \dfrac{n}{2}\right) \mathrm{e}^{\frac{1}{n}} - \sqrt{1 + n^6} \right]$.(天津市大学生竞赛,2010)

解 题目要求数列极限,先考虑函数极限 $\lim\limits_{x\to\infty}\left[\left(x^2-x^2+\dfrac{x}{2}\right)\mathrm{e}^{\frac{1}{x}}-\sqrt{1+x^6}\right]$. 令 $t=\dfrac{1}{x}$,当 $x\to+\infty$ 时,$t\to0^+$,则

$$\lim_{x\to\infty}\left[\left(x^3-x^2+\frac{x}{2}\right)\mathrm{e}^{\frac{1}{x}}-\sqrt{1+x^6}\right]=\lim_{t\to0^+}\frac{\left(1-t+\frac{1}{2}t^2\right)\mathrm{e}^t-\sqrt{1+t^6}}{t^3}$$

$$=\lim_{t\to0^+}\frac{\frac{1}{2}t^2\mathrm{e}^t-\dfrac{3t^5}{\sqrt{1+t^6}}}{3t^2}=\lim_{t\to0^+}\frac{\frac{1}{2}\mathrm{e}^t-\dfrac{3t^3}{\sqrt{1+t^6}}}{3}=\frac{1}{6}$$

从而

$$\lim_{n\to\infty}\left[\left(n^3-n^2+\frac{n}{2}\right)\mathrm{e}^{\frac{1}{n}}-\sqrt{1+n^6}\right]=\frac{1}{6}$$

例7 若 $-1<a_0<1$,且 $a_n=\sqrt{\dfrac{1+a_{n-1}}{2}}$,$n>0$,又设 $A_n=4^n(1-a_n)$. 求 $\lim\limits_{n\to\infty}A_n$. (Amer. Math. Monthly 征解问题)

解 由设知有唯一 θ $(0<\theta<\pi)$,使 $a_n<\cos\theta$,对于该 θ 有

$$a_1=\sqrt{\frac{1+\cos\theta}{2}}=\cos\frac{\theta}{2},\quad a_2=\sqrt{\frac{1+\cos(\frac{\theta}{2})}{2}}=\cos\frac{\theta}{4}$$

类似地可有 $a_n=\cos\dfrac{\theta}{2^n}$,$n>3$. 从而

$$A_n=4^n\left(1-\cos\frac{\theta}{4^n}\right)=\frac{4^n\left(1-\cos\dfrac{\theta}{4^n}\right)\left(1+\cos\dfrac{\theta}{4^n}\right)}{\left(1+\cos\dfrac{\theta}{4^n}\right)}$$

$$=\frac{4^n\sin^2\dfrac{\theta}{2^n}}{1+\cos\dfrac{\theta}{2^n}}=\left(\frac{\theta^2}{1+\cos\dfrac{\theta}{2^n}}\right)\left(\frac{\sin\dfrac{\theta}{2^n}}{\dfrac{\theta}{2^n}}\right)^2$$

由 $\lim\limits_{n\to\infty}\dfrac{\theta^2}{1+\cos\dfrac{\theta}{2^n}}=\dfrac{\theta^2}{2}$ 及 $\lim\limits_{n\to\infty}\dfrac{\sin\dfrac{\theta}{2^n}}{\dfrac{\theta}{2^n}}=1$,故 $\lim\limits_{n\to\infty}A_n=\dfrac{\theta^2}{2}$.

下面的例子涉及二项式定理.

例8 若 $\{x\}$ 表示 x 的小数部分,试求 $\lim\limits_{n\to\infty}\{(2+\sqrt{3})^n\}$. (前苏联全苏高校数学竞赛,1975)

解 由二项式定理有

$$(2+\sqrt{3})^n=\sum_{n=0}^{n}\mathrm{C}_n^k(\sqrt{3})^k2^{n-k}=A_n+B_n\sqrt{3}$$

这里 A_n 表示 k 为偶数的诸项和,$B_n\sqrt{3}$ 表示 k 为奇数的诸项和.

显然,$\{(2+\sqrt{3})^n\}=\{B_n\sqrt{3}\}$. 再考虑 $(2-\sqrt{3})^n=A_n-B_n\sqrt{3}$.

由 $0<2-\sqrt{3}<1$,知 $(2-\sqrt{3})^n\to0(n\to\infty$ 时),即 $A_n-B_n\sqrt{3}\to0$.

故 $\{B_n\sqrt{3}\}=B_n\sqrt{3}-(A_n-1)=1-(A_n-B_n\sqrt{3})\to1$ $(n\to\infty$ 时).

例9 求 $\lim\limits_{n\to\infty}\sum\limits_{k=n^2}^{(n+1)^2}\dfrac{1}{\sqrt{k}}$. (前苏联高校数学竞赛题,1977)

解 $\sum\limits_{k=n^2}^{(n+1)^2}\dfrac{1}{\sqrt{k}}$ 共有 $2n+2$ 项,又

$$\frac{1}{\sqrt{(n+1)^2}} = \frac{1}{n+1} < \frac{1}{\sqrt{k}} < \frac{1}{n} = \frac{1}{\sqrt{n^2}}, k = n^2, n^2+1, \cdots, (n+1)^2$$

有
$$\frac{2n+2}{n+1} \leqslant \sum_{k=n^2}^{(n+1)^2} \frac{1}{\sqrt{k}} \leqslant \frac{2n+2}{n}$$

又
$$\lim_{n \to \infty} \frac{2n+2}{n+1} = \lim_{n \to \infty} \frac{2n+2}{n} = 2$$

故
$$\lim_{n \to \infty} \sum_{k=n^2}^{(n+1)^2} \frac{1}{\sqrt{k}} = 2$$

注 类似地还可求下面的极限问题：

(1) 求 $\lim\limits_{n \to \infty} \sum\limits_{k=1}^{n} \frac{k^3+6k^2+11k+5}{(k+3)!}$.（前苏联大学生数学竞赛题，1977）

(2) 求 $\lim\limits_{n \to \infty} \sum\limits_{k=1}^{n} \frac{k^3-1}{k^3+1}$.（前苏联大学生数学竞赛题，1975）

例 10 计算下列各极限.

(1) $\lim\limits_{n \to \infty} \left(\sum\limits_{k=1}^{n} \frac{1}{\sqrt{n^2+k^2}} \right)$; (2) $\lim\limits_{n \to \infty} \left(\sum\limits_{k=1}^{n} \frac{1}{\sqrt{n^2+k}} \right)$; (3) $\lim\limits_{n \to \infty} \left(\sum\limits_{k=1}^{n^2} \frac{1}{\sqrt{n^2+k}} \right)$. （美 国 Putnam Exam，1941）

解 (1) 由 $\sum\limits_{k=1}^{n} \frac{1}{\sqrt{n^2+k^2}} = \frac{1}{n} \sum\limits_{k=1}^{n} \frac{1}{\sqrt{1+\left(\frac{k}{n}\right)^2}}$，从而

$$\lim_{n \to \infty} \left(\sum_{k=1}^{n} \frac{1}{\sqrt{n^2+k^2}} \right) = \int_0^1 \frac{\mathrm{d}x}{\sqrt{1+x^2}} = \ln(x + \sqrt{1+x^2}) \Big|_0^1 = \ln(1+\sqrt{2})$$

(2) 又由
$$\frac{1}{\sqrt{n^2+n}} \leqslant \frac{1}{\sqrt{n^2+k}} \leqslant \frac{1}{\sqrt{n^2+1}} \quad k = 1, 2, \cdots, n$$

有
$$\frac{n}{\sqrt{n^2+n}} \leqslant \sum_{k=1}^{n} \frac{1}{\sqrt{n^2+k}} \leqslant \frac{n}{\sqrt{n^2+1}}$$

不等式两边取极限 $(n \to \infty)$，有

$$\frac{n}{\sqrt{n^2+n}} \to 1, \quad \frac{n}{\sqrt{n^2+1}} \to 1$$

故
$$\lim_{n \to \infty} \left(\sum_{k=1}^{n} \frac{1}{\sqrt{n^2+k}} \right) = 1$$

(3) 由
$$\frac{1}{\sqrt{n^2+k}} \geqslant \frac{1}{\sqrt{n^2+n^2}} = \frac{1}{\sqrt{2}n} \quad k = 1, 2, \cdots, n^2$$

故 $\sum\limits_{i=1}^{n^2} \frac{1}{\sqrt{n^2+k}} \geqslant \frac{1}{\sqrt{2}}$，则 $\lim\limits_{n \to \infty} \left(\sum\limits_{k=1}^{n^2} \frac{1}{\sqrt{n^2+k}} \right) = \infty$.

例 11 求 $\lim\limits_{n \to \infty} \left(\sum\limits_{k=1}^{n^2} \frac{n}{n^2+k} \right)$.（美国 Putnam Exam，1961）

解 令 $S_n = \sum\limits_{k=1}^{n^2} \frac{n}{n^2+k}$，注意到下面的不等式，即

$$\int_{\frac{k}{n}}^{\frac{k+1}{n}} \frac{\mathrm{d}x}{1+x^2} < \frac{1}{n} \cdot \frac{1}{1+\left(\frac{k}{n}\right)} < \int_{\frac{k-1}{n}}^{\frac{k}{n}} \frac{\mathrm{d}x}{1+x^2}$$

两边求和可得

$$\int_{\frac{1}{n}}^{\frac{n+1}{n}} \frac{\mathrm{d}x}{1+x^2} < S_n < \int_0^n \frac{\mathrm{d}x}{1+x^2}$$

不等式两边取极限 $\dfrac{\pi}{2} \leqslant \lim\limits_{n\to\infty} S_n \leqslant \dfrac{\pi}{2}$,故 $\lim\limits_{n\to\infty} S_n = \dfrac{\pi}{2}$.

例 12 若数列 $\{a_n\}$ 满足 $0 \leqslant a_k \leqslant 100 a_n$,其中 $n \leqslant k \leqslant 2n$,这里 $n = 1, 2, \cdots$. 又级数 $\sum\limits_{n=1}^{\infty} a_n$ 收敛. 证明:$\lim\limits_{n\to\infty} n a_n = 0$.(美国 Putnam Exam,1951)

证 由题设,对任何正整数 n 均有 $a_{2n} \leqslant 100 a_{n+m}$,这里

$$n + m \leqslant k = 2n \leqslant 2(n+m) \quad m = 0, 1, \cdots, n-1$$

从而,$n a_{2n} \leqslant 100 \sum\limits_{m=0}^{n-1} a_{n+m}$. 由 $\sum\limits_{n=1}^{\infty} a_n$ 收敛,则 $\lim\limits_{k\to\infty} 2k a_{2k} = 0$.

另一方面,$(2k-1)a_{2k-1} \leqslant 2k a_{2k-1} \leqslant 200 \sum\limits_{m=1}^{k} a_{k+m}$. 故有 $\lim\limits_{k\to\infty}(2k-1)a_{2k-1} = 0$.

综上 $\lim\limits_{n\to\infty} n a_n = 0$.

例 13 序列 $\{a_n\}$ 定义如下:$a_0 = 1$;对于每个 $n \geqslant 0$,均有 $a_{2n+1} = a_n, a_{2n+2} = a_n + a_{n+1}$. 证明:每个正有理数都在下述集合中出现

$$\left\{ \frac{a_{n-1}}{a_n} \,\middle|\, n \geqslant 1 \right\} = \left\{ \frac{1}{1}, \frac{1}{2}, \frac{2}{1}, \frac{1}{3}, \frac{3}{2}, \cdots \right\}$$

(美国 Putnam Exam,2002)

证 只需对于满足 $(A, B) = 1$,即 A, B 互质,且 $A, B \geqslant 1$ 的 $\dfrac{A}{B}$ 进行考虑,注意到题设.

对于 $A = B = 1, \dfrac{a_0}{a_1} = \dfrac{1}{1}$. 若 $A > B$,选取 n 使得 $\dfrac{a_{n-1}}{a_n} = \dfrac{A-B}{B}$,这样

$$\frac{a_{2n}}{a_{2n+1}} = \frac{a_n + a_{n-1}}{a_n} = 1 + \frac{A-B}{B} = \frac{A}{B}$$

或 $A < B$,选取 n 使得 $\dfrac{a_{n-1}}{a_n} = \dfrac{A}{B-A}$,这样

$$\frac{a_{2n-1}}{a_{2n}} = \frac{a_{n-1}}{a_{n-1} + a_n} = \frac{A}{B}$$

例 14 计算 $\lim\limits_{n\to\infty} \dfrac{1}{n^4} \prod\limits_{k=1}^{2n}(n^2 + k^2)^{\frac{1}{n}}$.(美国 Putnam Exam,1970)

解 由题设将通项取对数,有

$$\ln\left[\frac{1}{n^4} \prod_{k=1}^{2n}(n^2+k^2)^{\frac{1}{n}} \right] = \ln\frac{1}{n^4} + \frac{1}{n}\sum_{k=1}^{2n}\ln(n^2+k^2)$$

$$= \frac{1}{n}\left[\ln\left(\frac{1}{n^4}\right)^n + \sum_{k=1}^{2n}\ln(n^2+k^2) \right] = \frac{1}{n}\left[\ln\left(\frac{1}{n^2}\right)^{2n} + \sum_{k=1}^{2n}\ln(n^2+k^2) \right]$$

$$= \frac{1}{n}\left[\ln\left(\frac{1}{n^2}\right)^{2n} + \sum_{k=1}^{2n}\ln\left(1+\frac{k^2}{n^2}\right) + \ln(n^2)^{2n} \right]$$

$$= \frac{1}{n}\left[\ln 1 + \sum_{k=1}^{2n}\ln\left(1+\frac{k^2}{n^2}\right) \right] = \frac{1}{n}\sum_{k=1}^{2n}\ln\left(1+\frac{k^2}{n^2}\right)$$

由

$$\lim_{n\to\infty}\left[\frac{1}{n}\sum_{k=1}^{2n}\ln\left(1+\frac{k^2}{n^2}\right) \right] = \int_1^2 \ln(1+x^2)\mathrm{d}x = 2\ln 5 - 4 + 2\arctan 2$$

故

$$\lim_{n\to\infty} \frac{1}{n^4}\prod_{k=1}^{2n}(n^2+k^2)^{\frac{1}{n}} = \exp\{2\ln 5 - 4 + 2\arctan 2\}$$

例 15 若 $\{x_n\}$($n = 0, 1, 2, 3, \cdots$)满足 $x_n^2 - x_{n-1}x_{n+1} = 1$($n = 1, 2, 3, \cdots$)的非零实数列,试证:存在

一个实数 α 使得所有 $n \geqslant 1$，有 $x_{n+1} = \alpha x_n - x_{n-1}$.（美国 Putnam Exam，1993）

证 1 由于

$$\frac{x_{n+2}+x_n}{x_{n+1}} - \frac{x_{n+1}+x_{n-1}}{x_n} = \frac{(x_n x_{n+2}+x_n^2) - (x_{n+1}^2 + x_n x_{n+1})}{x_n x_{n+1}}$$

$$= \frac{-(x_{n+1}^2 - x_n x_{n+2}) + (x_n^2 - x_{n-1}x_{n+1})}{x_n x_{n+1}} = \frac{-1+1}{x_n x_{n+1}} = 0$$

由数学归纳法可知 $\alpha = \dfrac{x_{n+1}+x_{n-1}}{x_n}$ 与 n 无关，故 α 存在.

证 2 由题设知对 $n \geqslant 1$，总有

$$\begin{vmatrix} x_{n-1}+x_{n+1} & x_n + x_{n+2} \\ x_n & x_{n+1} \end{vmatrix} = \begin{vmatrix} x_{n-1} & x_n \\ x_n & x_{n+1} \end{vmatrix} + \begin{vmatrix} x_{n+1} & x_{n+2} \\ x_n & x_{n+1} \end{vmatrix} = -1 + 1 = 0$$

而上式式左恰为 $\left(\dfrac{x_{n-1}+x_{n+1}}{x_n} - \dfrac{x_n + x_{n+2}}{x_{n+1}}\right) x_n x_{n+1}$，此即说 α 与 n 值无关.

例 16 n 是正整数. 从序列 $1, \dfrac{1}{2}, \dfrac{1}{3}, \cdots, \dfrac{1}{n}$ 开始，取其相邻两项的平均值，形成一个具有 $n-1$ 项的

新序列 $\dfrac{3}{4}, \dfrac{5}{12}, \cdots, \dfrac{2n-1}{2n(n-1)}$. 对第 2 个序列相邻两项再取平均值，得到一个具有 $n-2$ 项的第 3 个序列.

继续下去，直到最后得到的序列由一个数 x_n 组成. 证明：$x_n < \dfrac{2}{n}$.（美国 Putnam Exam，2003）

证 考虑一般情形，即对序列 $a_1, a_2, \cdots, a_n$ 来实施题设过程. 相继的序列形成后，其中第 k 个序列的第一项即为在乘积

$$\left(\frac{1}{2} + \frac{1}{2}x\right)^{k-1}(a_1 + a_2 x + a_3 x^2 + \cdots + a_n x^{n-1})$$

中 x^{k-1} 的系数. 因而，第 n 个序列的单独的项即为在乘积

$$\left(\frac{1}{2} + \frac{1}{2}x\right)^{n-1}(a_1 + a_2 x + a_3 x^2 + \cdots + a_n x^{n-1})$$

$$= \frac{1}{2^{n-1}}(1+x)^{n-1}\sum_{r=1}^{n} a_r x^{r-1} = \frac{1}{2^{n-1}}\sum_{k=0}^{n-1}\binom{n-1}{k}x^k \sum_{r=0}^{n-1}\frac{1}{r+1}x^r$$

中 x^{n-1} 的系数. 在这个表达式中 x^{n-1} 的系数是

$$\frac{1}{2^{n-1}}\sum_{i=0}^{n-1}\binom{n-1}{i}\frac{1}{n-i} = \frac{1}{2^{n-1}}\sum_{i=0}^{n-1}\binom{n-1}{n-i-1}\frac{1}{n-i} = \frac{1}{2^{n-1}}\sum_{i=0}^{n-1}\frac{1}{n}\binom{n}{n-i}$$

$$= \frac{1}{n2^{n-1}}(2^n - 1) \leqslant \frac{2}{n}$$

例 17 若设函数 $f(x)$ 在 $x = a$ 处可微，并且 $f(a) \neq 0$，试求极限 $\lim\limits_{n\to\infty}\left[\dfrac{1}{f(a)}f\left(a + \dfrac{1}{n}\right)\right]^n$.（陕西省

大学生数学竞赛，1990）

解 令 $y = \lim\limits_{n\to\infty}\left[\dfrac{1}{f(a)}f\left(a + \dfrac{1}{n}\right)\right]^n$，则

$$\ln y = \lim_{n\to\infty}\frac{\ln\left|f\left(a + \dfrac{1}{n}\right)\right| - \ln|f(a)|}{\dfrac{1}{n}}$$

而

$$\lim_{x\to+\infty}\frac{\ln\left|f\left(a + \dfrac{1}{x}\right)\right| - \ln|f(a)|}{\dfrac{1}{x}} = \lim_{x\to+\infty}\frac{\dfrac{1}{f\left(a+\dfrac{1}{x}\right)} \cdot f'\left(a + \dfrac{1}{x}\right) \cdot \left(-\dfrac{1}{x^2}\right)}{-\dfrac{1}{x^2}} = \frac{f'(a)}{f(a)} \quad \text{（用洛必达法则）}$$

从而 $\ln y = \dfrac{f'(a)}{f(a)}$, 故 $y = \exp\left\{\dfrac{f'(a)}{f(a)}\right\}$.

例 18 求 $\lim\limits_{n\to\infty}\displaystyle\int_0^{\frac{1}{2}}\dfrac{x^n}{1+x}\mathrm{d}x$. (北京市大学生数学竞赛, 1993)

解 由积分(第一)中值定理, 有

$$\lim_{n\to\infty}\int_0^{\frac{1}{2}}\frac{x^n}{1+x}\mathrm{d}x = \lim_{n\to\infty}\frac{1}{1+\xi_n}\int_0^{\frac{1}{2}}x^n\mathrm{d}x = \lim_{n\to\infty}\frac{1}{1+\xi_n}\cdot\frac{1}{n+1}\cdot\frac{1}{2^{n+1}} = 0$$

这里 $0 \leqslant \xi_n \leqslant \dfrac{1}{2}$.

注 本题亦可用夹逼准则解得. 当 $0 \leqslant x \leqslant \dfrac{1}{2}$ 时, 有 $0 \leqslant \dfrac{1}{1+x} \leqslant 1$. 故

$$0 \leqslant \int_0^{\frac{1}{2}}\frac{x^n}{1+x}\mathrm{d}x \leqslant \int_0^{\frac{1}{2}}x^n\mathrm{d}x = \frac{1}{(n+1)2^{n+1}}$$

又 $\lim\limits_{n\to\infty}\dfrac{1}{(n+1)2^{n+1}} = 0$, 故 $\lim\limits_{n\to\infty}\displaystyle\int_0^{\frac{1}{2}}\dfrac{x^n}{1+x}\mathrm{d}x = 0$.

例 19 设 $f(x)$ 在区间 $[0,1]$ 上有连续导数, n 为正整数, 证明: 当 $n \to +\infty$ 时

$$\int_0^1 x^n f(x)\mathrm{d}x = \frac{f(1)}{n} + o\left(\frac{1}{n}\right)$$

(北京大学生数学竞赛, 2009)

证 可得

$$\int_0^1 x^n f(x)\mathrm{d}x = \frac{1}{n}\int_0^1 x f(x)\mathrm{d}x^n = \frac{1}{n}x^{n+1}f(x)\Big|_0^1 - \frac{1}{n}\int_0^1(f(x)+xf'(x))x^n\mathrm{d}x$$

$$= \frac{1}{n}f(1) - \frac{1}{n}\int_0^1(f(x)+xf'(x))x^n\mathrm{d}x$$

由于 $f'(x)$ 在 $[0,1]$ 上连续, 所以存在 $M>0$, 对所有 $x\in[0,1]$, 有 $|f(x)+xf'(x)|\leqslant M$, 从而

$$\left|\int_0^1(f(x)+xf'(x))x^n\mathrm{d}x\right| \leqslant \int_0^1|f(x)+xf'(x)|x^n\mathrm{d}x \leqslant M\int_0^1 x^n\mathrm{d}x = \frac{M}{n+1} \to 0 \quad (n\to\infty)$$

故当 $n\to\infty$ 时, $\displaystyle\int_0^1 x^n f(x)\mathrm{d}x = \dfrac{f(1)}{n} + o\left(\dfrac{1}{n}\right)$.

例 20 设数 $F_0(x) = \ln x$, 当 $x>0$, 且 n 为正整数时 $F_{n+1}(x) = \displaystyle\int_0^x f_n(t)\mathrm{d}t$, 求极限 $\lim\limits_{n\to\infty}\dfrac{n!\ F_n(1)}{\ln n}$.

(美国 Putnam Exam, 2008)

解 用归纳法(计算 n 个 $F_n(x)$ 以寻规律) 可以猜测:

对 $n\geqslant 0$, 存在 $\alpha_n\in\mathbf{R}$, 使得任意 $x\in(0,+\infty)$, 均有

$$F_n(x) = \frac{x^n}{n!}\ln x - \alpha_n x^n \tag{$*$}$$

今用数学归纳法证明之.

(1) 当 $n=0$ 时, 由题设知式($*$)成立(注意 $0! = 1$ 及 $x>0$ 时 $x^0 = 1$).

(2) 今设 n 时式($*$)成立, 考虑 $n+1$ 的情形

$$\int F_n(x)\mathrm{d}x = \int\left(\frac{x^n}{n!}\ln x - \alpha_n x^n\right)\mathrm{d}x$$

$$= \frac{x^{n+1}}{(n+1)!}\ln x - \int\frac{x^n}{(n+1)!}\mathrm{d}x - \int\alpha_n x^n\mathrm{d}x$$

$$= \frac{x^{n+1}}{(n+1)!}\ln x - \left[\frac{1}{(n+1)!\ (n+1)} + \frac{\alpha_n}{n+1}\right]x^{n+1} + c$$

当 $x\to 0^+$ 时, 上式式右取极限得 $c=0$, 从而

$$F_{n+1}(x) = \int_0^x F_n(x)\mathrm{d}x = \frac{x^{n+1}}{(n+1)!}\ln x - \left[\frac{1}{(n+1)!\ (n+1)} + \frac{\alpha_n}{n+1}\right]x^{n+1}$$

故当 $\alpha_{n+1} = \frac{\alpha_n}{n+1} + \frac{1}{(n+1)!\ (n+1)}$ 时结论成立.

因而 $(n+1)!\ \alpha_{n+1} = n!\ \alpha_n + \frac{1}{n+1}$.

这样当 $n > 1$ 时, $n!\ \alpha_n = \sum\limits_{k=1}^n \frac{1}{k}$ 记为 H_n.

与 $\int_1^n \frac{1}{t}\mathrm{d}t$ 比较可知, 当 $n \to +\infty$ 时, $H_n - \ln n$ 有界(注意 $\lim\limits_{n\to\infty}\left(\sum\limits_{k=1}^n \frac{1}{k} - \ln n\right) = 0.577\ 215\ 6\cdots$, 称为欧拉常数). 从而

$$\lim_{n\to+\infty}\frac{n!\ F_n(1)}{\ln n} = \lim_{n\to+\infty}\frac{n!\ (-\alpha_n)}{\ln n} = \lim_{n\to\infty}-\frac{H_n}{\ln n} = -1$$

例 21　计算 $I = \lim\limits_{n\to\infty}\frac{1}{n}\sum\limits_{k=1}^n\left(\left[\frac{2n}{k}\right] - 2\left[\frac{n}{k}\right]\right)$. 注: 答案用 $\ln a - b$ 形式给出, 这里 a, b 为正整数. (美国 Putnam Exam, 1976)

解　设 $f(x) = \left[\frac{2}{x}\right] - 2\left[\frac{1}{x}\right]$, 则 $I = \int_0^1 f(x)\mathrm{d}x$.

又 $n = 1, 2, \cdots$ 时, 若 $\frac{2}{2n+1} < x \leqslant \frac{1}{n}$, 有 $f(x) = 0$; 若 $\frac{1}{n+1} < x \leqslant \frac{2}{2n+1}$, 有 $f(x) = 1$. 从而

$$I = \int_0^1 f(x)\mathrm{d}x = \left(\frac{2}{3} - \frac{2}{4}\right) + \left(\frac{2}{5} - \frac{2}{6}\right) + \cdots = -1 + 2\left(1 - \frac{1}{2} + \frac{1}{3} - \cdots\right)$$

$$= -1 + 2\int_0^1\frac{\mathrm{d}x}{1+x} = -1 + 2\ln 2 = \ln 4 - 1$$

例 22　求无穷乘积 $\prod\limits_{n=2}^\infty\frac{n^3-1}{n^3+1}$ 的值. (美国 Putnam Exam, 1976)

解　由题设注意下面式子变形(注意 $x^3 \pm 1 = (x \pm 1)(x^2 \mp x + 1)$)

$$\prod_{n=2}^N\frac{n^3-1}{n^3+1} = \frac{2^3-1}{2^3+1}\cdot\frac{3^3-1}{3^3+1}\cdots\cdot\frac{N^3-1}{N^3+1} = \frac{1\cdot 7}{3\cdot 3}\cdot\frac{2\cdot 13}{4\cdot 7}\cdot\frac{3\cdot 21}{5\cdot 13}\cdots\cdot\frac{(N-1)(N^2+N+1)}{(N+1)(N^2-N+1)}$$

$$= \frac{2}{3}\cdot\frac{N^2+N+1}{N(N+1)}$$

注意到 $(N+1)^2 - (N+1) + 1 = N^2 + N + 1$ 及乘式分子、分母相约即可. 故

$$\prod_{n=2}^\infty\frac{n^3-1}{n^3+1} = \lim_{N\to\infty}\left(\prod_{n=2}^N\frac{n^3-1}{n^3+1}\right) = \lim_{N\to\infty}\left[\frac{2}{3}\cdot\frac{N^2+N+1}{N(N+1)}\right] = \frac{2}{3}$$

例 23　求 $\lim\limits_{n\to\infty}I_n = \lim\limits_{n\to\infty}\int_0^1\int_0^1\cdots\int_0^1\cos^2\left[\frac{\pi}{2n}(x_1 + x_2 + \cdots + x_n)\right]\mathrm{d}x_1\mathrm{d}x_2\cdots\mathrm{d}x_n$ 的值. (美国 Putnam Exam, 1976)

解　令 $x_k = 1 - y_k$ $(k = 1, 2, \cdots, n)$, 则

$$I_n = \int_0^1\int_0^1\cdots\int_0^1\cos^2\left[\frac{\pi}{2n}\left(n - \sum_{k=1}^n y_k\right)\right]\mathrm{d}y_1\mathrm{d}y_2\cdots\mathrm{d}y_n = \int_0^1\int_0^1\cdots\int_0^1\sin^2\left(\frac{\pi}{2n}\sum_{k=1}^n y_k\right)\mathrm{d}y_1\mathrm{d}y_2\cdots\mathrm{d}y_n$$

而 $\int_0^1\int_0^1\cdots\int_0^1\left[\sin^2\left(\frac{\pi}{2n}\sum\limits_{k=1}^n y_k\right) + \cos^2\left(\frac{\pi}{2n}\sum\limits_{k=1}^n y_k\right)\right]\mathrm{d}y_1\mathrm{d}y_2\cdots\mathrm{d}y_n = 1$, 故 $I_n = \frac{1}{2}$, 且

$$\lim_{n\to\infty}I_n = \frac{1}{2}$$

下面来看一个涉及矩阵的数列极限问题.

例 24　若 d_n 是 $A^n - I$ 中元素最大公因子 $(n \geqslant 1)$, 其中 $A = \begin{pmatrix} 3 & 2 \\ 2 & 3 \end{pmatrix}$, $I = \begin{pmatrix} 1 & 0 \\ 0 & 1 \end{pmatrix}$. 试证: $\lim\limits_{n\to\infty}d_n =$

∞.(前苏联全苏高校数学竞赛,1976)

证 用数学归纳法可证得 A^n 形如 $\begin{pmatrix} a_n & b_n \\ 2b_n & a_n \end{pmatrix}$,其中 a_n 为奇数,且 $\lim\limits_{n \to \infty} a_n = \infty$.

由 $\det A = 1$,有 $\det A^n = (\det A)^n = 1$,故有 $a_n^2 - 1 = 2b_n^2$,因而 $2b_n^2$ 有因子 $a_n - 1$,则 $b_n \geqslant \sqrt{\dfrac{a_n - 1}{2}}$.

由 $A^n - I = \begin{pmatrix} a_n - 1 & b_n \\ 2b_n & a_n - 1 \end{pmatrix}$,有 $d_n = (a_n - 1, b_n) \geqslant \sqrt{\dfrac{a_n - 1}{2}}$,这里 (m, n) 表示 m, n 的最大公因子.

故 $\lim\limits_{n \to \infty} d_n \geqslant \lim\limits_{n \to \infty} \sqrt{\dfrac{a_n - 1}{2}} = \infty$.

注 1 本题亦可通过求矩阵 A 的特征根 $\lambda_1 = 3 + 2\sqrt{2}$,$\lambda_2 = 3 - 2\sqrt{2}$ 来求 A^n 的元素,即它们均可表示为 $\alpha_1 \lambda_1^n + \alpha_2 \lambda_2^n$ 形式,注意到 $\lambda_1 = (1 + \sqrt{2})^2$ 及 $\lambda_2 = (1 - \sqrt{2})^2$ 即可.

注 2 本题结论可推广至 $\det A = 1$,$|\operatorname{tr} A| = 1$ 的一般矩阵情形,这里 $\operatorname{tr} A$ 表示矩阵 A 的迹.

(3)函数的极限

例 1 若 $a > 0, a \neq 1$,计算 $\lim\limits_{x \to +\infty} \left(\dfrac{1}{x} \cdot \dfrac{a^x - 1}{a - 1} \right)^{\frac{1}{x}}$.(美国 Putnam Exam,1956)

解 令 $f(x) = \left(\dfrac{1}{x} \cdot \dfrac{a^x - 1}{a - 1} \right)^{\frac{1}{x}}$.对于 a 分两种情况讨论.

(1)对于 $x > 0$ 及 $a > 0$ 时,有

$$\ln f(x) = -\frac{\ln x}{x} - \frac{\ln(a - 1)}{x} + \frac{\ln(a^x - 1)}{x}$$

当 $x \to +\infty$ 时,$\dfrac{\ln x}{x} \to 0$,$\dfrac{\ln(a - 1)}{x} \to 0$,且

$$\frac{1}{x} \ln(a^x - 1) = \frac{1}{x} \ln(1 - a^x) + \ln a \to \ln a$$

故 $\lim\limits_{x \to +\infty} f(x) = \ln a$.

(2)对于 $x > 0$ 及 $0 < a < 1$ 时,有

$$\ln f(x) = -\frac{\ln x}{x} - \frac{\ln(a - 1)}{x} + \frac{\ln(1 - a^x)}{x}$$

当 $x \to +\infty$ 时,上式右三项皆趋于零,故 $\lim\limits_{x \to +\infty} [\ln f(x)] = 0$.

综上

$$\lim\limits_{x \to +\infty} f(x) = \lim\limits_{x \to +\infty} \exp\{\ln f(x)\} = \exp\left\{ \lim\limits_{x \to +\infty} [\ln f(x)] \right\}$$
$$= \begin{cases} \exp\{\ln a\} = a, & a > 0 \text{ 时} \\ \exp\{0\} = 1, & 0 < a < 1 \text{ 时} \end{cases}$$

或记 $\lim\limits_{x \to +\infty} f(x) = \max\{a, 1\}$.

例 2 若 $f(x)$ 在 $x = 0$ 的某邻域内有二阶连续导数,且 $\lim\limits_{x \to 0} \dfrac{f(x)}{x} = 0$,$f''(0) = 4$. 求 $\lim\limits_{x \to 0} \left[1 + \dfrac{f(x)}{x} \right]^{\frac{1}{x}}$.(北京邮电学院数学竞赛,1996;北京工业大学数学竞赛,1999)

解 先将式子变形,即 $\left[1 + \dfrac{f(x)}{x} \right]^{\frac{1}{x}} = \left\{ \left[1 + \dfrac{f(x)}{x} \right]^{\frac{x}{f(x)}} \right\}^{\frac{f(x)}{x^2}}$.

再由设 $\lim\limits_{x \to 0} \dfrac{f(x)}{x} = 0$,得 $\lim\limits_{x \to 0} f(x) = 0$.

又 $f'(0) = \lim\limits_{x \to 0} \dfrac{f(x) - f(0)}{x - 0} = \lim\limits_{x \to 0} \dfrac{f(x)}{x} = 0$，及

$$\lim_{x \to 0} f'(x) = f'(0) = 0$$

用洛必达法则，有

$$\lim_{x \to 0} \frac{f(x)}{x^2} = \lim_{x \to 0} \frac{f'(x)}{2x} = \lim_{x \to 0} \frac{f''(x)}{2} = \frac{4}{2} = 2$$

故

$$\lim_{x \to 0}\left[1 + \frac{f(x)}{x}\right]^{\frac{1}{x}} = \lim_{x \to 0}\left\{\left[1 + \frac{f(x)}{x}\right]^{\frac{x}{f(x)}}\right\}^{\frac{f(x)}{x^2}} = \mathrm{e}^2$$

注 显然 $f''(0) = a$ 时，所求极限值为 $\mathrm{e}^{\frac{a}{2}}$.

例3 若 $f(x)$ 在 $(1, +\infty)$ 内可微，且对任意 $x > 1$ 有

$$f'(x) = \frac{x^2 - f^2(x)}{x^2[f^2(x) + 1]}$$

试证：$\lim\limits_{x \to \infty} f(x) = \infty$. （美国 Putnam Exam, 2009）

证 对题设式而言，当 $x \geqslant 2$ 时可推得：

(1) 若 $|f(x)| \geqslant x$，则 $|f'(x)| \leqslant \dfrac{1}{x^2} \leqslant \dfrac{1}{4}$.

(2) 若 $|f(x)| < x$，则 $0 \leqslant f'(x) \leqslant 1$.

从而对所有 $x \geqslant 2$，不等式 $|f(x)| < x$ 不成立.

再由(2)对所有较大的 x 亦有 $|f(x)| < x$. 此外，由于此时 $f'(x) \geqslant 0$，知 $f(x)$ 单增，有界单调函数有极限，令 $\lim\limits_{x \to \infty} f(x) = L$.

下面用反证法证明题目结论. 若 L 有限，由题设式有

$$\lim_{x \to \infty} f'(x) = \lim_{x \to \infty}\left\{\frac{\left[1 - \dfrac{f^2(x)}{x^2}\right]}{(f^2(x) + 1)}\right\} = \frac{1}{L^2 + 1} > 0$$

故存在 $a > 0$，使充分大的 x 有 $f'(x) > a$.

但此时由 $f'(x) > a > 0$，知 $f(x)$ 单增，故存在另一常数 b，使得所有充分大的 x 满足 $f(x) \geqslant ax + b$. 这与上面假设 L 有限相悖，从而

$$\lim_{n \to \infty} f(x) = \infty$$

例4 设 $f(x)$ 在 $[0, +\infty)$ 上连续，并且无穷积分 $\displaystyle\int_0^\infty f(x)\mathrm{d}x$ 收敛. 求 $\lim\limits_{y \to +\infty} \dfrac{1}{y}\displaystyle\int_0^y xf(x)\mathrm{d}x$. （全国大学生数学竞赛, 2010）

解 设 $\displaystyle\int_0^{+\infty} f(x)\mathrm{d}x = l$，并令 $F(x) = \displaystyle\int_0^x f(t)\mathrm{d}t$. 这时，$F(x) = f(x)$，并有 $\lim\limits_{x \to +\infty} F(x) = l$.

对于任意的 $y > 0$，我们有

$$\frac{1}{y}\int_0^y xf(x)\mathrm{d}x = \frac{1}{uy}\int_0^y x\,\mathrm{d}F(x) = \frac{1}{y}xF(x)\bigg|_{x=0}^{x=y} - \frac{1}{y}\int_0^y F(x)\mathrm{d}x = F(y) - \frac{1}{y}\int_0^y F(x)\mathrm{d}x$$

根据洛比达法则和变上限积分的求导公式，不难看出

$$\lim_{y \to +\infty} \frac{1}{y}\int_0^y F(x)\mathrm{d}x = \lim_{y \to +\infty} F(y) = l \Rightarrow \lim_{y \to +\infty} \frac{1}{y}\int_0^y xf(x)\mathrm{d}x = l - l = 0$$

例5 求 $\lim\limits_{x \to 0} \dfrac{1}{x}\displaystyle\int_0^x (1 + \sin 2t)^{\frac{1}{t}}\mathrm{d}t$. （美国 Putnam Exam, 1938）

解 由洛必达法则，有

$$\lim_{x \to 0} \frac{1}{x}\int_0^x (1 + \sin 2t)^{\frac{1}{t}}\mathrm{d}t = \lim_{x \to 0}(1 + \sin 2x)^{\frac{1}{x}}$$

$$= \lim_{x \to 0} \exp\left\{\frac{1}{x}\ln(1+\sin 2x)\right\} = \exp\left\{\lim_{x \to 0}\frac{1}{x}\ln(1+\sin 2x)\right\}$$

$$= \exp\left\{\lim_{x \to 0}\frac{2\cos 2x}{1+\sin 2x}\right\} = \exp\{2\} = e^2$$

例 6 若 $0 < a < b$，求 $\lim_{t \to 0}\left\{\int_0^1 [bx+a(1-x)]^t\right\}^{\frac{1}{t}}$．(美国 Putnam Exam, 1979)

解 令 $u = bx + a(1-x)$，则

$$I(t) = \int_0^1 [bx+a(1-x)]^t dt = \frac{1}{b-a}\int_a^b u^t du = \frac{b^{t+1}-a^{t+1}}{(1+t)(b-a)}$$

则

$$\lim_{t \to 0}\left\{\int_0^1 [bx+a(1-x)]^t dt\right\}^{\frac{1}{t}} = \lim_{t \to 0}[I(t)]^{\frac{1}{t}}$$

$$= \lim_{t \to 0}\left[\exp\left(\frac{1}{t}\ln I(t)\right)\right] = \exp\left[\lim_{t \to 0}\frac{\ln I(t)}{t}\right]$$

$$= \exp\left\{\lim_{t \to 0}\left[\frac{1}{t}\ln\frac{b^{t+1}-a^{t+1}}{(1+t)(b-a)}\right]\right\} = \frac{1}{e}\left(\frac{b^b}{a^a}\right)^{\frac{1}{b-a}}$$

例 7 若 $f(x)$ 满足 $f(1) = 1$，且对 $x \geq 1$ 时有 $f'(x) = \dfrac{1}{x^2+f^2(x)}$，证明：$\lim_{x \to \infty}f(x)$ 存在，且值小于 $1+\dfrac{\pi}{4}$．(美国 Putnam Exam, 1947)

证 由积分公式，知 $f(x) - f(1) = \int_a^x f'(x)dx$．

注意到 $f'(x) > 0$，知 $f(x)$ 是增函数 $(x \geq 1)$；又 $f(1) = 1$，故当 $x \geq 1$ 时，$f(x) \geq 1$．这样

$$f(x) - f(1) = \int_1^x \frac{dx}{x^2+f^2(x)} \leqslant \int_1^x \frac{dx}{1+x^2} = \arctan x \Big|_1^x$$

$$= \arctan x - \arctan 1 < \frac{\pi}{2} - \frac{\pi}{4} = \frac{\pi}{4}$$

又 $f(x)$ 单增有上界 $1+\dfrac{\pi}{4}$，故 $\lim_{x \to \infty}f(x)$ 存在，且值小于 $1+\dfrac{\pi}{4}$．

下面的数列极限是化为函数极限问题处理的．

例 8 设 $f(x)$ 在 $[a,b]$ 上连续，$M = \max_{a \leqslant x \leqslant b} f(x)$，求证：$\lim_{n \to \infty}\sqrt[n]{\int_a^b f^n(x)dx} = M$．(北京市大学生数学竞赛, 1993)

证 设 $f(c) = M = \max_{a \leqslant x \leqslant b} f(x)$，其中 $c \in [a,b]$，下面对 c 分两种情况讨论．

(1) 若 $c \in (a,b)$，则当 n 充分大时 $\left[c-\dfrac{1}{n}, c+\dfrac{1}{n}\right] \subseteq [a,b]$，由积分中值定理，存在 $c_n \in \left[c-\dfrac{1}{n}, c+\dfrac{1}{n}\right]$，使

$$\left(\frac{2}{n}\right)^{\frac{1}{n}}f(c_n) = \sqrt[n]{\int_{c-\frac{1}{n}}^{c+\frac{1}{n}} f^n(x)dx} \leqslant \sqrt[n]{\int_a^b f^n(x)dx} \leqslant M(b-a)^{\frac{1}{n}}$$

由 $f(x)$ 的连续性有 $\lim_{n \to \infty}c_n = c$，且 $\lim_{n \to \infty}\left(\dfrac{2}{n}\right)^{\frac{1}{n}} = 1$，$\lim_{n \to \infty}(b-a)^{\frac{1}{n}} = 1$，故

$$\lim_{n \to \infty}\sqrt[n]{\int_a^b f^n(x)dx} = M$$

(2) 若 $c = a$ 或 $c = b$，仿上在区间 $\left[a, a+\dfrac{1}{n}\right]$ 或 $\left[b-\dfrac{1}{n}, b\right]$ 上讨论可有同样结论．

注1 类似的问题可见前面"经典问题解析"中的例子.

注2 本题原本是 1982 年浙江大学研究生入学试题.

2. 函数的表达式及其连续性

这里涉及的函数表达式与函数导数无关,与之有关的问题我们后文另行介绍.

例1 若多项式函数 $P(x)$ 满足 $P(0)=0$,且 $P(x^2+1)=P^2(x)+1$,试求 $P(x)$. (美国 Putnam Exam,1971)

解 由题设 $P(0)=0$,则 $P(1)=P(0^2+1)=P^2(0)+1=1$;同理

$$P(2)=P(1^2+1)=P^2(1)+1=2$$
$$P(5)=P(2^2+1)=P^2(2)+1=5$$
$$P(26)=P(5^2+1)=P^2(5)+1=26$$

知 $P(x)-x$ 有无穷多个零点,从而 $P(x)-x\equiv0$,即 $P(x)\equiv x$.

注 若 n 次多项式函数 $P_n(x)=a_0x^n+a_1x^{n-1}+\cdots+a_{n-1}x+a_n$ 有 $n+1$ 个不同的零点(根),则 $P_n(x)\equiv0$.

这个结论可由"线性代数"的线性方程组理论(且用到范德蒙行列式)证得.

例2 若 $f(n)=1-n\ (n\in\mathbf{Z})$,且对每个 n 有 $f[f(n)]=n$,且 $f[f(n+2)+2]=n$,同时 $f(0)=1$.试证:$f(n)$ 唯一. (美国 Putnam Exam,1992)

证 由 $f(n)=1-n$,则 $f[f(n)]=f(1-n)=1-(1-n)=n$.

又 $f[f(n+2)+2]=f[f(-n-1)+2]=f(1-n)=n$,且 $f(0)=1$.

反之,由 $f\{f[f(n+2)+2]\}=f(n)$,从而可有 $f(n+2)+2=f(n)$,即

$$f(n+2)=f(n)-2$$

归纳地有

$$f(n)=\begin{cases}f(0)-n, & n\text{ 为偶数}\\ f(1)+1-n, & n\text{ 为奇数}\end{cases}$$

又 $f(0)=1$,从而 $f(1)=0$,即 $f(n)=n$.

例3 设 $f(x)$ 除 $x=0$ 和 $x=1$ 两点外,对所有实数有定义,且 $f(x)+f\left(1-\dfrac{1}{x}\right)=1+x$,求 $f(x)$. (美国 Putnam Exam,1971)

解 首先将题设等式

$$f(x)+f\left(1-\frac{1}{x}\right)=1+x \qquad ①$$

中 x 用 $1-\dfrac{1}{x}$ 代入且整理后为

$$f\left(1-\frac{1}{x}\right)+f\left(\frac{1}{1-x}\right)=2-\frac{1}{x} \qquad ②$$

再将式① 中 x 用 $\dfrac{1}{1-x}$ 代入且整理后为

$$f\left(\frac{1}{1-x}\right)+f(x)=1-\frac{1}{x-1} \qquad ③$$

由式① +式③ -式②,得

$$2f(x)=1+x-2+\frac{1}{x}+1-\frac{1}{x-1}=x+\frac{1}{x}-\frac{1}{x-1}$$

故

$$f(x)=\frac{1}{2}\left(x+\frac{1}{x}-\frac{1}{x-1}\right)=\frac{x^3-x^2-1}{2x(x-1)}$$

例4 设函数 $f(u)$ 在 $(-\infty,+\infty)$ 内可导,且 $f(0)=0$.又

$$f'(\ln x) = \begin{cases} 1, & 0 < x \leqslant 1 \\ \sqrt{x}, & x > 1 \end{cases}$$

求 $f(u)$ 的表达式.（北京市大学生数学竞赛,1993)

解 令 $F(x) = f(\ln x)$，$x > 0$，则 $f(1) = 0$，且

$$F'(x) = f'(\ln x) \frac{1}{x} = \begin{cases} \dfrac{1}{x}, & 0 < x \leqslant 1 \\ \dfrac{1}{\sqrt{x}}, & x > 1 \end{cases}$$

从而

$$f(u) = F(e^u) = \begin{cases} u, & u \leqslant 0 \\ 2e^{\frac{u}{2}} - 2, & u > 0 \end{cases}$$

下面的问题涉及函数的零点问题.

例 5 设函数 $f(x)$ 在闭区间 $[a,b]$ 上连续，并且对任一 $x \in [a,b]$，存在 $y \in [a,b]$ 使得 $f(y) = \frac{1}{2}|f(x)|$．证明:存在 $\xi \in [a,b]$，使 $f(\xi) = 0$．（天津市大学生数学竞赛,2011)

证 1 应用闭区间上连续函数的最值定理，存在 $x_1, x_2 \in [a,b]$，使

$$f(x_1) = m = \min_{x \in [a,b]} f(x), \quad f(x_2) = M = \max_{x \in [a,b]} f(x)$$

由题设，对于 $x \in [a,b]$，存在 $y \in [a,b]$，使得 $f(y) = \frac{1}{2}|f(x)| \geqslant 0$．可见 $M \geqslant 0$．

现在证明:$f(x_1) = m = \min\limits_{x \in [a,b]} f(x) \leqslant 0$．事实上，假如 $f(x_1) = m > 0$，由题设，存在 $x_0 \in [a,b]$，使

$$f(x_0) = \frac{1}{2}|f(x_1)| = \frac{1}{2}f(x_1) < f(x_1)$$

此与"$f(x_1)$ 是 $f(x)$ 在 $[a,b]$ 上的最小值"矛盾.

综上，得到结论:$m \leqslant 0 \leqslant M$．于是，应用介值定理，存在 $\xi \in [a,b]$，使 $f(\xi) = 0$．

证 2 任取一个 $x_0 \in [a,b]$，由题设存在 $x_1 \in [a,b]$，使

$$f(x_1) = \frac{1}{2}|f(x_0)|$$

从而存在 $x_2 \in [a,b]$，使

$$f(x_2) = \frac{1}{2}|f(x_1)| = \frac{1}{2^2}|f(x_0)|$$

如此继续下去，可得数列 $\{x_n\} \subseteq [a,b]$，使

$$f(x_n) = \frac{1}{2^n}|f(x_0)| \to 0 \quad n \to \infty$$

由于有界无穷数列 $\{x_n\}$ 必有一个收敛的子数列 $\{x_{n_k}\}$，可设存在一个 $\xi \in [a,b]$ 使

$$\lim_{k \to \infty} x_{n_k} = \xi$$

由于 $f(x)$ 的连续性，$f(\xi) = \min\limits_{k \to \infty} f(x_{n_k}) = 0$．

例 6 函数 $f(x)$ 在圆周上有定义且连续，证明:必存在该圆的一条直径，使其两端点 a, b 满足 $f(a) = f(b)$．（美国 Putnam Exam,2000）

证 令 $g(\theta) = f(\theta) - f(\theta + \pi)$，则 $g(\theta)$ 是 $[0,\pi]$ 上的连续函数，且

$$g(0) = f(0) - f(\pi)$$
$$g(\pi) = f(\pi) - f(2\pi) = f(\pi) - f(0) = -[f(0) - f(\pi)]$$

由连续函数介值定理知，有 $\theta_0 \in [0,\pi]$ 使 $g(\theta_0) = 0$，即 $f(\theta_0) = f(\pi + \theta_0)$．

例 7 若连续函数 $f(x)$ 对任意 x 皆有 $f(2x^2 - 1) = 2xf(x)$，试证:当 $x \in [-1,1]$ 时，$f(x) \equiv 0$．（前苏联全苏大学生数学竞赛）

证 由题设有

$$f\left(-\frac{1}{2}\right)=f\left[2\left(-\frac{1}{2}\right)^2-1\right]=2\left(-\frac{1}{2}\right)f\left(-\frac{1}{2}\right)=-f\left(-\frac{1}{2}\right)$$

从而知 $f\left(-\frac{1}{2}\right)=0$.

又对任意 θ,有 $f(\cos 2\theta)=f(2\cos^2\theta-1)=2\cos\theta f(\cos\theta)$.

若 $\cos\theta\neq0$,则 $f(\cos 2\theta)=0$,从而有 $f(\cos\theta)=0$.

而 $f(\cos\theta)=0$,当且仅当 $f[\cos(\theta+2\pi)]=0$.

这样由 $f\left(\cos\dfrac{2\pi}{3}\right)=f\left(-\dfrac{1}{2}\right)=0$,则对任意 $m,n\in\mathbf{Z}$,有

$$f\left(\cos\frac{2\pi+2m\pi}{2^n}\right)=0$$

即在 $[-1,1]$ 中有一个 x 的稠密集 X 使 $x\in X$ 时 $f(x)=0$.

又由 $f(x)$ 的连续性,知 $f(x)\equiv0,x\in[-1,1]$.

例 8 若 $f(x),g(x)$ 是定义在 $(-\infty,+\infty)$ 上的实值函数. 求证:存在 x_1,x_2,其中 $0\leqslant x_1\leqslant1,0\leqslant x_2\leqslant1$,使 $\left|x_1x_2-f(x_1)-f(x_2)\right|\geqslant\dfrac{1}{4}$. (美国 Putnam Exam,1959)

证 由题设且注意到

$$1=\left|[1-f(1)-g(1)]+[f(1)+g(0)]+[f(0)+g(1)]-[f(0)+g(0)]\right|$$
$$\leqslant\left|1-f(1)-g(1)\right|+\left|f(1)+g(0)\right|+\left|f(0)+g(1)\right|+\left|f(0)+g(0)\right|$$

显然,上面不等式有的 4 个绝对值式中至少有一个不小于 $\dfrac{1}{4}$.

故在 $(x_1,x_2)=(0,0),(0,1),(1,0)$ 和 $(1,1)$ 中至少有一个满足 $0\leqslant x_1\leqslant1$,$0\leqslant x_2\leqslant1$,使

$$\left|x_1x_2-f(x_1)-f(x_2)\right|\geqslant\frac{1}{4}$$

例 9 证明:$\sin 1$ 是无理数. (北京市大学生数学竞赛,2007)

证 用反证法. 设 $\sin 1$ 是有理数,则 $\sin 1=\dfrac{p}{q}$,这里 p,q 是互素的正整数.

由 $\sin x$ 的泰勒展开式有

$$\frac{p}{q}=1-\frac{1}{3!}+\frac{1}{5!}-\frac{1}{7!}+\cdots+\frac{(-1)^{n-1}}{(2n-1)!}+\frac{(-1)^n}{(2n+1)!}\cos\xi \quad (\text{这里 } 2n-1>q)$$

两边同乘 $(2n-1)!$ 有

$$(2n-1)!\ \frac{p}{q}=(2n-1)!\left[1-\frac{1}{3!}+\frac{1}{5!}-\frac{1}{7!}+\cdots+\frac{(-1)^{n-1}}{(2n-1)!}\right]+\frac{(-1)^n}{2n(n+1)}\cos\xi$$

比较式子两边知 $\dfrac{(-1)^n}{2n(2n+1)}\cos\xi$ 是整数(两个整数之差仍是整数).

然而,$|\cos\xi|\leqslant1,2n>1$,故 $\dfrac{(-1)^n\cos\xi}{2n(2n+1)}$ 不可能是整数,矛盾. 故前设不真,从而 $\sin 1$ 是无理数.

习　题

1. 设 $Z=x+y+f(x-y)$,又若 $y=0$ 时,$Z=x^2$,求函数 f 及 Z 的表达式. (北京航空学院,1979)

2. 若 $Z=\sqrt{y}+f(\sqrt[3]{x}-1)$,且有 $y=1$ 时,$Z=x$,求函数 $f(x)$ 及 Z 的分析表达式. (北京工业大学,1979)

3. 设 $f\left(x+\dfrac{1}{x}\right)=x^2+\dfrac{1}{x^2}$,求 $f(x)$. (合肥工业大学,1981)

4. 设 $f(x) = \sqrt{x + \sqrt{x^2}}$,求:(1)$f(x)$ 的定义域;(2)$\frac{1}{2}\{f[f(x)]\}^2$.(西北工业大学,1985)

5. 若函数 $f(x)$ 定义域与值域均为 $x > 0$,命 $f_0(x) = f(x)$,$f_n(x) = f[f_{n-1}(x)](n \geqslant 1)$. 又若 $f_{n+1}(x) = [f_n(x)]^2$,求 $f_3(x)$.(华中工学院,1984)

6. 设 $f(x) = \begin{cases} 1+x, & x < 0 \\ 1, & x \geqslant 0 \end{cases}$,求 $f[f(x)]$.(同济大学,1984)

7. 设 $f(x) = \begin{cases} 0, & x < 0 \\ x, & x \geqslant 0 \end{cases}$,$g(x+1) = x^2 + x + 1$. 试求:$f[g(x)]$,$g[f(x)]$,$f\{f[g(x)]\}$,$f\{g[f(x)]\}$.(北京工业大学,1983)

8. 求函数 $y = \begin{cases} 2x, & -1 \leqslant x \leqslant 0 \\ e^x, & x > 0 \end{cases}$ 的反函数.(东北重型机器学院,1984)

9. 设 $f(x) = \begin{cases} 1, x > 0 \\ 0, x \leqslant 0 \end{cases}$,$g(x) = \begin{cases} x-1, x \geqslant 1 \\ 1-x, x < 1 \end{cases}$.(1)证明:$g[g(x)] = 1 - f(x)$;(2)指出 $f[g(x)]$ 的间断点,且指明间断点类型.(华东工程学院,1984)

10. 设 $f(x) = \min\{2x+5, x^2, -x+6\}(-\infty < x < +\infty)$,求 $\max f(x)$.(陕西机械学院,1983)

11. 数列 $\{a_n\}$ 由下式定义:$a_{n+2} = \frac{1}{2}(a_n + a_{n+1})$,$n = 1, 2, \cdots$,又设 $a_1 = 1$,$a_2 = 2$,试证:$\lim\limits_{n \to \infty} a_n = \frac{5}{3}$.(武汉地质学院,1982)

12. 数列 $\{a_n\}$ 满足 $a_1 > \sqrt{a}$(a 为正的常数). 又 $a_{n+1} = \frac{1}{2}\left(a_n + \frac{a}{a_n}\right)(n = 1, 2, \cdots)$.试证:$\{a_n\}$ 单减且有极限,并求 $\lim\limits_{n \to \infty} a_n$.(郑州工学院,1983)

13. 数列 $\{x_n\}$ 满足:$x_1 = a$,$x_2 = b$,$x_n = \frac{1}{2}(x_{n-2} + x_{n-1})(n \geqslant 2)$,求 $\lim\limits_{n \to \infty} x_n$.(湖南大学,1982)

14. 若 $u_{n+1} = \sqrt{u_n + 1}$,且 $u_1 = 1$,试证:(1)序列 $\{u_n\}$ 极限存在;(2)$\lim\limits_{n \to \infty} u_n = \frac{1}{2}(1 + \sqrt{5})$.(郑州工学院,1982)

15. 数列 $\{a_n\}$ 中:$a_1 = 1$,$a_2 = 1$,$a_3 = 2$,$a_4 = 3$,$\cdots$. 一般地,$a_n = a_{n-1} + a_{n-2}(n \geqslant 3)$.今令 $b_n = \frac{a_n}{a_{n+1}}$,试证:$\lim\limits_{n \to \infty} b_n = \frac{1}{2}(\sqrt{5} - 1)$.(南京工学院,1980)

16. 设 $a_1 = 2$,$a_n = \frac{1}{2}\left(1 + \frac{1}{n}\right)a_{n-1} + \frac{1}{n}(n \geqslant 2)$,试证:$\lim\limits_{n \to \infty} na_n$ 存在,且求它的值.(甘肃工业大学,1982)

17. 已知数列 $\{x_n\}$ 满足条件 $\lim\limits_{n \to \infty}(x_n - x_{n-2}) = 0$,试证:$\lim\limits_{n \to \infty} \frac{x_n - x_{n-1}}{n} = 0$.(国防科技大学,1981)

18. 设 $0 < x_n < 1$,且 $x_{n+1} = x_n(1 - x_n)$,$n = 1, 2, \cdots$,证明:$\lim\limits_{n \to \infty} nx_n = 1$.(合肥工业大学,1983)

19. 设 $x_1 = a > 0$,$y_1 = b > 0(a < b)$. 又 $x_{n+1} = \sqrt{x_n y_n}$,$y_{n+1} = \frac{x_n + y_n}{2}$.试证:$\lim\limits_{n \to \infty} x_n = \lim\limits_{n \to \infty} y_n$.(哈尔滨工业大学,1983)

20. 设两数列 $\{u_n\}$ 和 $\{v_n\}$,已知 $\lim\limits_{n \to \infty} \frac{u_n}{v_n} = a \neq 0$,又 $\lim\limits_{n \to \infty} u_n = 0$,试证:$\lim\limits_{n \to \infty} v_n = 0$.(上海交通大学,1983)

21. 设 $a_1 = 2$,$a_2 = 2 + \frac{1}{2}$,$a_3 = 2 + \cfrac{1}{2 + \cfrac{1}{2}}$,$\cdots$,求 $\lim\limits_{n \to \infty} a_n$(已知 a_n 的极限存在).(华中工学院,1983)

22. 设 $f(x, y) = \frac{1}{2x}f(y - x)$ 及 $F(1, y) = \frac{y^2}{2} - y + 5$.任选 $x_0 > 0$,作 $x_1 = F(x_0, 2x_0)$,$x_2 = F(x_1,$

$2x_1$),$\cdots$,$x_{n+1} = F(x_n, 2x_n)$,$\cdots$.证明:$\lim\limits_{n \to \infty} x_n$ 存在,且求其值.(西安交通大学,1981)

23. 试求下列数列极限:

(1) $\lim\limits_{n \to \infty} \left(\dfrac{n}{n-1} \right)^{2-n}$.(北京师范大学,1982)

(2) $\lim\limits_{n \to \infty} \dfrac{2^n}{n!}$.(北京师院大学,1982;成都地质学院,1979)

(3) $\lim\limits_{n \to \infty} \dfrac{\mathrm{e}^n}{n!}$.(上海铁道学院,1980)

(4) $\lim\limits_{n \to \infty} \dfrac{n!}{n^n}$.(中南矿冶学院,1980;石油化工科学研究学院,1980;湘潭大学,1981;厦门大学,1982)

(5) $\lim\limits_{n \to \infty} \dfrac{n^n}{n!}$.(吉林工业大学,1983)

计算下列序(数)列的极限(24 ~ 55 题).

24. $\lim\limits_{n \to \infty} \dfrac{n^n}{k^3 (n!)^3}$.(中国人民解放军测绘学院,1984)

25. $\lim\limits_{n \to \infty} \dfrac{x^n}{\mathrm{e}^{2x}}$.(北京师范大学,1983)

26. $\lim\limits_{n \to \infty} \dfrac{n}{\cos n^2}$.(北京师范大学,1983)

27. $\lim\limits_{n \to \infty} \left(\cos \dfrac{\theta}{n} \right)^n$.(东北重型机械学院,1981)

28. $\lim\limits_{n} n^2 \left[\arctan\left(\dfrac{a}{n} \right) - \arctan\left(\dfrac{a}{n+1} \right) \right]$.(天津大学,1981)

29. $\lim\limits_{n \to \infty} \dfrac{k \cdot (k+1) \cdots (k+n-1)}{1 \cdot 3 \cdot 5 \cdots (2n-1)}$,这里 k 为自然数.(天津纺织工学院,1984)

30. $\lim\limits_{n \to \infty} \dfrac{x^n - 1}{x^n + 1}$,$x > 0$.(华东师范大学,1984)

31. $\lim\limits_{n \to \infty} \left(1 + \dfrac{1}{n} + \dfrac{1}{n^2} \right)^n$.(山东工学院,1980;华东师范大学,1984)

32. $\lim\limits_{n \to \infty} \dbinom{n}{k} \left(\dfrac{\lambda}{n} \right)^k \left(1 - \dfrac{\lambda}{n} \right)^{n-k}$,这里 $\dbinom{n}{k}$ 即 C_n^k.(大连工学院,1980)

33. $\lim\limits_{n \to \infty} \left(\dfrac{1}{n^2} + \dfrac{2}{n^2} + \cdots + \dfrac{n}{n^2} \right)$.(北京师范学院,1982)

34. $\lim\limits_{n \to \infty} \dfrac{1^2 + 2^2 + \cdots + n^2}{n^3}$.(北京师范学院,1982)

35. $\lim\limits_{n \to \infty} \dfrac{1 \cdot (2n-1) + 2 \cdot (2n-3) + 3 \cdot (2n-5) + \cdots + n \cdot 1}{n^3}$.(东北师范大学,1983)

36. $\lim\limits_{n \to \infty} \sqrt[n]{\dfrac{1 \cdot 3 \cdot 5 \cdots (2n-1)}{2 \cdot 4 \cdot 6 \cdots 2n}}$.(北京师范大学,1983)

37. $\lim\limits_{n \to \infty} \sum\limits_{k=1}^{n} \dfrac{1}{1 + 2 + \cdots + k}$.(长春光机学院,1980;西北电讯工程学院,1982)

38. $\lim\limits_{n \to \infty} \left[\dfrac{1}{n} \sum\limits_{k=1}^{n-1} \left(\alpha + \dfrac{k\beta}{n} \right) \right]$.(上海机械学院,1982)

39. $\lim\limits_{n \to \infty} \left[\dfrac{1}{n} \sum\limits_{k=1}^{n} \left(x + \dfrac{2k}{n} \right) \right]$.(天津大学,1984)

40. $\lim\limits_{n \to \infty} \left(n \sum\limits_{k=1}^{n} \dfrac{1}{n^2 + k^2} \right)$.(安徽工业学院,1982;北方交通大学,1983)

41. $\lim\limits_{n\to\infty}\sum\limits_{k=1}^{n}\dfrac{1}{n+k}$.（北京化工学院,1980;同济大学,1983）

42. $\lim\limits_{n\to\infty}\sum\limits_{k=1}^{n}\dfrac{1}{\sqrt{n^2+k}}$.（北京邮电学院,1983;华东师范大学,1984）

43. $\lim\limits_{n\to\infty}\sum\limits_{k=1}^{n}\dfrac{1}{\sqrt{4n^2-k^2}}$.（华中工学院,1982）

44. $\lim\limits_{n\to\infty}\left(\sum\limits_{k=1}^{n}\dfrac{\sqrt{k}}{n\sqrt{n}}\right)$.（华东水利学院,1980;大连轻工业学院,1984）

45. $\lim\limits_{n\to\infty}\left(\dfrac{\sum\limits_{k=1}^{n}k^{a+1}}{n\sum\limits_{k=1}^{n}k^a}\right)$,$a$ 为任意实数.（华中工学院,1981）

46. $\lim\limits_{n\to\infty}\left(\dfrac{1}{n}\sum\limits_{n=0}^{n-1}\mathrm{e}^{\frac{2k\pi}{n}}\right)$.（太原工学院,1980）

47. $\lim\limits_{n\to\infty}\sum\limits_{k=1}^{n}\dfrac{\mathrm{e}^{\frac{k}{n}}}{n}$.（苏州丝绸工学院,1983）

48. $\lim\limits_{n\to\infty}\left(\dfrac{1}{n^{p+1}}\sum\limits_{k=1}^{n}k^p\right)\;(p>0)$.（太原工学院,1979）

49. $\lim\limits_{n\to\infty}\left[\dfrac{1}{n}\sum\limits_{k=0}^{n-1}\sin\left(\alpha+\dfrac{k}{n}\beta\right)\right]$.（武汉建材学院,1982）

50. $\lim\limits_{n\to\infty}\left(\dfrac{1}{n}\sum\limits_{k=1}^{n}\sin\dfrac{k\pi}{n}\right)$.（武汉建工学院,1985）

51. $\lim\limits_{n\to\infty}\left[\sum\limits_{k=1}^{n}\dfrac{1}{k(k+1)}\right]^n$.（北京工业大学,1983）

52. $\lim\limits_{n\to\infty}\left[\left(1+\dfrac{1}{n}\right)\left(1+\dfrac{2}{n}\right)\cdots\left(1+\dfrac{n}{n}\right)\right]^{\frac{1}{n}}$.（北京工业大学,1983）

53. $\lim\limits_{n\to\infty}\prod\limits_{k=1}^{n}\left(1+x^{2^k}\right)$.（国防科技大学,1979）

54. $\lim\limits_{n\to\infty}\prod\limits_{k=1}^{n}\left(1-\dfrac{1}{k^2}\right)$.（上海机械学院,1982）

55. $\lim\limits_{n\to\infty}\dfrac{(2^2-1)(3^2-1)\cdots(n^2-1)}{(n!)^2}$.（长春地质学院,1983）

56. 设 $x_n=\prod\limits_{k=1}^{n}\left(1+\dfrac{1}{k^2}\right)$,试判断 $\lim\limits_{n\to\infty}x_n$ 是否存在.（同济大学,1983）

57. 求证 $\lim\limits_{n\to\infty}\prod\limits_{k=1}^{n}\sec\dfrac{x}{2^k}=x\csc x\;(0<x<\pi)$.（四川大学,1980）

58. 求证 $\lim\limits_{n\to\infty}\int_0^1\dfrac{x^n}{1+x}\mathrm{d}x==0$.（中国科学院,1983）

59. 若函数 $f(x)$ 在闭区间 $[0,1]$ 上连续,且 $f(x)>0$,试求:极限

$$\lim\limits_{n\to\infty}\sqrt[n]{f\left(\dfrac{1}{n}\right)f\left(\dfrac{2}{n}\right)\cdots f\left(\dfrac{n-1}{n}f(1)\right)}$$

（上海科技大学,1980）

60. 若设 $A=\max\{a_1,a_2,\cdots,a_m\}$,这里 $a_k>0\;(k=1,2,\cdots,m)$,试求极限

$$\lim\limits_{n\to\infty}\sqrt[n]{a_1^n+a_2^n+\cdots+a_m^n}$$

（陕西师范大学,1982；西安公路学院,1983）

61. 设 $f'(a)$ 不存在，求 $\lim\limits_{n\to\infty}\left\{n\left[f\left(a+\dfrac{\alpha}{n}\right)-f\left(a-\dfrac{\beta}{n}\right)\right]\right\}$（其中 $\alpha\beta\neq 0$）.（天津纺织工学院,1983）

试求下列函数极限(62～110题).

62. $\lim\limits_{n\to\infty}\left(\sqrt{x+\sqrt{x+\sqrt{x}}}-\sqrt{x}\right)$.（西安交通大学,1979）

63. $\lim\limits_{x\to-\infty}\left(\sqrt{1+x+x^2}-\sqrt{1-x+x^2}\right)$.（天津大学,1983）

64. $\lim\limits_{x\to+\infty}\dfrac{\sqrt{x+\sqrt{2x+\sqrt{3x}}}}{\sqrt{x+1}}$.（陕西机械学院,1983）

65. $\lim\limits_{x\to 0^-}\dfrac{|x|}{\sqrt{1+x}-\sqrt{1-x}}$.（长春地质学院,1983）

66. $\lim\limits_{x\to 1}\dfrac{x+x^2+\cdots+x^n-n}{x-1}$.（北方交通大学,1980）

67. $\lim\limits_{x\to 1}\dfrac{x^2+x^4+x^6+\cdots+x^{2n}-n}{x^3-1}$.（华东水利学院,1982）

68. $\lim\limits_{x\to 0}\left(\dfrac{a_1^x+a_2^{2x}+a_3^{3x}+\cdots+a_n^{nx}}{n}\right)^{\frac{2}{\sin x}}$.（华东水利学院,1982）

69. $\lim\limits_{x\to 1}\dfrac{(1-\sqrt{x})(1-\sqrt[2]{x})\cdots(1-\sqrt[n]{x})}{(1-x)^{n-1}}$.（西北工业大学,1983）

70. $\lim\limits_{x\to 0}\dfrac{\mathrm{e}^{-\frac{1}{x^2}}}{x^{100}}$.（北京工业学院,1983）

71. $\lim\limits_{x\to\infty}\dfrac{x^4}{a^{\frac{x}{2}}}(a>1)$.（中南矿冶学院,1982）

72. $\lim\limits_{x\to\infty}x\left[\left(1+\dfrac{1}{x}\right)^x-\mathrm{e}\right]$.（同济大学,1982）

73. $\lim\limits_{x\to 0}\left[\dfrac{(1+x)^{\frac{1}{x}}}{\mathrm{e}}\right]^{\frac{1}{x}}$.（东北工学院,1984）

74. $\lim\limits_{x\to 0}(ax+b)^{\frac{1}{x}}$,其中 $a>b>0,x>0$.（上海工业大学,1982）

75. $\lim\limits_{x\to 0}\dfrac{(a+x)^x-a^x}{x^2}$ $(a>0)$.（陕西机械学院,1983）

76. $\lim\limits_{x\to 1}\left(\dfrac{x}{x-1}-\dfrac{1}{\ln x}\right)$.（石化科学研究院,1980）

77. $\lim\limits_{x\to 0}\left(\dfrac{1}{x^2}+\cot^2 x\right)$.（上海工业大学,1982）

78. $\lim\limits_{x\to 1}(1-x)\log_x 2$.（北方交通大学,1980）

79. $\lim\limits_{x\to 0}\dfrac{\sin x-\tan x}{x-\sin x}$.（国防科技大学,1983）

80. $\lim\limits_{x\to 0}\dfrac{\tan x-x}{x-\sin x}$.（北方交通大学,1980）

81. $\lim\limits_{x\to 0}\dfrac{|\sin x|}{x}$.（北京师范大学,1982）

82. $\lim\limits_{x\to\infty}\dfrac{x+\cos x}{x+a}$.（北京师范大学,1982）

83. $\lim\limits_{x\to 0}\left(\cot x-\dfrac{1}{x}\right)$.（北京师范大学,1982；天津大学,1983）

84. $\lim\limits_{x \to 0}\left[\cot x\left(\dfrac{1}{\sin x}-\dfrac{1}{x}\right)\right]$.(同济大学,1984)

85. $\lim\limits_{x \to 1}\dfrac{(x^{3x-2})\sin 2(x-1)}{(x-1)^3}$.(西安交通大学,1983)

86. $\lim\limits_{x \to 1}\dfrac{\sin \pi x}{\ln x}$.(兰州大学,1982)

87. $\lim\limits_{x \to 0}(1+x^2 e^x)^{\frac{1}{1-\cos x}}$.(上海机械学院,1982;吉林工业大学,1983)

88. $\lim\limits_{x \to 0^+} x^{\frac{1}{\ln(e^x-1)}}$.(长春地质学院,1983)

89. $\lim\limits_{x \to 0}\left[\tan\left(\dfrac{\pi}{4}-x\right)\right]^{\cot x}$.(北京邮电学院,1983)

90. $\lim\limits_{x \to 0}\dfrac{\ln(1+x)\ln(1-x)-\ln(1-x^2)}{x^4}$.(长沙铁道学院,1983)

91. $\lim\limits_{x \to 0^+}\dfrac{e^x-1-x}{\sqrt{1-x}-\cos\sqrt{x}}$.(北方交通大学,1983)

92. $\lim\limits_{x \to 0}\dfrac{\ln(\sin^2 x+e^x)-x}{\ln(x^2+e^{2x})-2x}$.(湖南大学,1983)

93. $\lim\limits_{x \to 0}\dfrac{\sqrt{1+x^2}-1-\dfrac{x^2}{2}}{(e^x-\cos x)\sin x^2}$.(北京邮电学院,1983)

94. $\lim\limits_{n \to \infty}\displaystyle\int_0^1 (1-x^2)^n \,dx$.(天津纺织工学院,1980)

95. $\lim\limits_{n \to \infty}\displaystyle\int_{-1}^2 \arctan nx \,dx$.(上海工业大学,1982)

96. $\lim\limits_{n \to \infty}\displaystyle\int_n^{n+1} x^2 e^{-x^2} \,dx$.(无锡轻工业学院,1984)

97. $\lim\limits_{n \to \infty}\displaystyle\int_n^{n+p} \dfrac{\sin x}{x} \,dx\,(p>0)$.(西北电讯工程学院,1982)

98. $\lim\limits_{x \to 0}\dfrac{\displaystyle\int_0^{x^2}\sqrt{1-t^2}\,dt}{x^2}$.(上海机械学院,1981)

99. $\lim\limits_{x \to \infty}\dfrac{\displaystyle\int_1^x \sqrt{t+\dfrac{1}{t}}\,dt}{x\sqrt{x}}$.(上海纺织工学院,1980)

100. $\lim\limits_{x \to \infty}\dfrac{\displaystyle\int_{\frac{1}{x}}^1 \dfrac{\cos 2t}{4t^2}\,dt}{x}$.(东北工学院,1981)

101. $\lim\limits_{x \to 0}\dfrac{\displaystyle\int_0^x \arctan t\,dt}{x^2}$.(兰州铁道学院,1984)

102. $\lim\limits_{x \to \infty}\dfrac{x^{10}}{\displaystyle\int_0^{x^5} e^t\,dt}$.(华中工学院,1981)

103. $\lim\limits_{x \to 0}\dfrac{\displaystyle\int_0^{x^2}(e^{t}-1)\,dt}{x^2}$.(合肥工业大学,1981)

104. $\lim\limits_{x \to \infty}\dfrac{\left(\displaystyle\int_0^x e^t\,dt\right)^2}{\displaystyle\int_0^x e^t\,dt}$.(湘潭大学,1982)

105. $\lim\limits_{x \to 0} \dfrac{x \int_0^x e^{-t^2} dt}{1 - e^{-x^2}}$. (浙江大学,1984)

106. $\lim\limits_{x \to \infty} \dfrac{e^{-x^2}}{x} \int_0^x x^2 e^{x^2} dx$. (北京化工学院,1984)

107. $\lim\limits_{x \to \infty} \dfrac{\int_1^x \ln^2 t\, dt}{\int_1^x e^t\, dt}$. (吉林工业大学,1983)

108. $\lim\limits_{x \to 0} \dfrac{x - \int_0^x \dfrac{\sin t}{t} dt}{x - \sin x}$. (镇江农机学院,1982)

109. $\lim\limits_{x \to +\infty} \dfrac{\int_0^x |\sin t|\, dt}{x}$. (南京工学院,1983)

110. $\lim\limits_{x \to 0} \dfrac{\int_{x^2}^0 e^{-t^2} dt}{1 - \cos x}$. (吉林工业大学,1984)

111. 求 $\lim\limits_{x \to +\infty} \int_x^{x+a} \dfrac{\ln^n t}{t + 2} dt$, 其中 $a > 0$, n 为自然数. (苏州丝绸工学院,1983)

112. 计算 $\lim\limits_{a \to 0} \int_{-a}^{a} \left(1 - \dfrac{|x|}{a}\right) \cos(b - x) dx$, 这里 a, b 与 x 无关. (西安交通大学,1982)

113. 求下列极限(n 为自然数):

(1) $\lim\limits_{\varphi \to 0} \dfrac{1 - \sqrt[n]{\cos \varphi}}{\varphi^2}$;

(2) $\lim\limits_{\varphi \to 0} \dfrac{1 - \cos \varphi \sqrt{\cos 2\varphi} \sqrt[3]{\cos 3\varphi} \cdots \sqrt[n]{\cos n\varphi}}{\varphi^2}$. (南京工学院,1984)

114. 设曲线 $y = f(x) = x^n$ 上的点 $(1,1)$ 处的切线交 Ox 轴于 $(\xi, 0)$, 试求 $\lim\limits_{\xi \to 0} f(\xi)$. (北京邮电学院,1985)

115. 设 $0 < a < b$, $x_i = a + \dfrac{i}{n}(b - a)$ $(i = 1, 2, \cdots, n)$, 试用定积分定义求 $\lim\limits_{n \to \infty} \sqrt[n]{x_1 x_2 \cdots x_n}$. (无锡工业学院,1984)

116. 试用等价无穷小量去代替下面和式中的每一项后,再求极限

$$\lim\limits_{n \to \infty} \left[\dfrac{1}{n} \arctan\left(\dfrac{1^2}{n^3}\right) + \dfrac{2}{n} \arctan\left(\dfrac{2^2}{n^3}\right) + \cdots + \arctan\left(\dfrac{n^2}{n^3}\right)\right]$$

(长沙铁道学院,1984)

117. 试将 $\cos^2 x$, $\sin^2 x$ 利用泰勒级数展开,将它们分别展到 x^6 的项,且计算 $\lim\limits_{x \to 0} \dfrac{1}{x^6}\left[\cos^2 x \sin^2 x - x^2(1 - x^2)^{\frac{4}{3}}\right]$. (上海化工学院,1980)

118. 若 $f(x)$, $g(x)$, $\varphi(x)$ 均有连续的二阶导数,求

$$\lim\limits_{h \to 0} \dfrac{1}{h^3} \begin{vmatrix} f(x) & g(x) & \varphi(x) \\ f(x+h) & g(x+h) & \varphi(x+h) \\ f(x+2h) & g(x+2h) & \varphi(x+2h) \end{vmatrix}$$

(国防科技大学,1979)

119. 若 $p(x) = a_1 x + a_2 x^2 + \cdots + a_n x^n$, 试证: $\lim\limits_{x \to 0} \dfrac{\sqrt[m]{1 + p(x)} - 1}{x} = \dfrac{a_1}{m}$. (武汉地质学院,1982)

120. 若 $f_n(x) = \sum\limits_{k=1}^{n} (-1)^k \dfrac{1}{k!} \dfrac{1}{x^k}$,求:(1) $\lim\limits_{n \to \infty} f_n(x)$;(2) $\lim\limits_{x \to \infty} f_n(x)$.(淮南矿业学院,1982)

121. 若函数 $f(x)$ 的一阶可导(导数存在),又 a 为给定常数,试求极限

$$\lim_{r \to 0} \frac{1}{r} \left[f\left(t + \frac{r}{a}\right) - f\left(t - \frac{r}{a}\right) \right]$$

(重庆建工学院,1985)

122. 已知 $f(x)$ 在 $x = 12$ 的邻域内为可导函数,$\lim\limits_{x \to 12} f(x) = 0$,$\lim\limits_{x \to 12} f'(x) = 9\,910$,求极限

$$\lim_{x \to 12} \frac{\displaystyle\int_{12}^{x} \left[t \int_{12}^{x} f(u)\,\mathrm{d}u \right] \mathrm{d}t}{(12 - x)^3}$$

(西安交通大学,1982)

123. 设二次可微函数 $f(x)$ 满足:$f(0) = 0$,$f'(0) = 1$,$f''(0) = 2$. 试求极限 $\lim\limits_{x \to 0} \dfrac{f(x) - x}{x^2}$.(东北工学院,1984)

124. 试决定常数 c,使下式成立:$\lim\limits_{x \to +\infty} \left(\dfrac{x + c}{x - c} \right)^x = \displaystyle\int_{-\infty}^{c} t e^{2t}\,\mathrm{d}t$.(镇江农机学院,1982;上海交通大学、天津大学、浙江大学等八院校,1985)

125. 若 $f(x)$ 在 $[0, +\infty)$ 上连续,且恒为正,又 $\lim\limits_{x \to +\infty} f(x) = 0$,试求:$\lim\limits_{x \to +\infty} \displaystyle\int_0^1 f(nx)\,\mathrm{d}x$.(华东工程学院,1981)

126. 若函数 $f(x)$ 在区间 $[x_0, +\infty)$ 上连续,且 $\lim\limits_{x \to +\infty} f(x) = 0$,试证:$\lim\limits_{x \to +\infty} e^{-x} \displaystyle\int_{x_0}^{x} f(t) e^t\,\mathrm{d}t = 0$.(同济大学,1984)

127. (1)设函数 $f(x)$ 在区间 $(-\infty, 0)$ 内可微,并且 $\lim\limits_{x \to -\infty} f'(x) = 0$,证明:$\lim\limits_{x \to -\infty} \dfrac{f(x)}{x} = 0$.(西北电讯工程学院,1979)

(2)若函数 $f(x)$ 在 $(-\infty, +\infty)$ 内可导,且 $\lim\limits_{x \to +\infty} f'(x) = L > 0$,则必有 $\lim\limits_{x \to +\infty} \dfrac{f(x)}{x} = L$.(重庆大学,1981)

(3)设 $f(x)$ 在 $[0, +\infty)$ 上有连续导数,且 $\lim\limits_{x \to -\infty} [f'(x) + f(x)] = 0$,证明:$\lim\limits_{x \to +\infty} f(x) = 0$.(昆明工学院,1981)

128. 设 $f'(x)$ 在 $[a, b]$ 上连续,试证:$\lim\limits_{\lambda \to \infty} \displaystyle\int_a^b f(t) \sin(\lambda t)\,\mathrm{d}t = 0$.(甘肃工业大学,1984)

129. 若函数 $f(x)$ 在 $(-\infty, +\infty)$ 上可导,并且满足 $\lim\limits_{x \to \infty} f'(x) = A$,试求:$\lim\limits_{x \to \infty} \dfrac{f'(x) - f(x - a)}{a}$ ($a \neq 0$ 常数).(重庆大学,1983)

130. 函数 $f(x)$ 满足 $f(1) = 1$,且 $x \geqslant 1$ 时,$f'(x) = \dfrac{1}{x^2 + f^2(x)}$. 试证:$\lim\limits_{x \to \infty} f(x)$ 存在,且极限值小于 $1 + \dfrac{\pi}{4}$.(华南工学院,1984)

131. 若 $f'(x)$ 连续,且 $f(0) = 0$,同时 $f'(0) \neq 0$. 求 $\lim\limits_{x \to \infty} \dfrac{\displaystyle\int_0^{x^2} f(t)\,\mathrm{d}t}{\left(x^2 \displaystyle\int_0^x f(t)\,\mathrm{d}t \right)}$.(同济大学,1984)

132. 设函数 $f(x)$ 是周期为 T ($T > 0$) 的连续函数,试证:$\lim\limits_{x \to +\infty} \dfrac{1}{x} \displaystyle\int_0^x f(t)\,\mathrm{d}t = \dfrac{1}{T} \displaystyle\int_0^T f(t)\,\mathrm{d}t$.(天津大学,1982)

133. 判断 $\varphi = \displaystyle\int_0^{x^2} t\arctan t\,\mathrm{d}t$，当 $x \to 0$ 时无穷小的阶.（大连轻工业学院,1982）

134. 设 $\varphi(x) = \displaystyle\int_0^{\sqrt{1+x}-1} \ln(1+x)\,\mathrm{d}x$，$\psi(x) = \displaystyle\int_0^{\frac{\pi}{2}} \arcsin x\,\mathrm{d}x$. 当 $x \to 0$ 时,试比较无穷小 $\varphi(x)$ 和 $\psi(x)$.（重庆大学,1984）

135. 若函数

$$f(x) = \begin{cases} \dfrac{1-\cos x}{x^2}, & x < 0 \\ 5, & x = 0 \\ \dfrac{1}{x}\displaystyle\int_0^x \cos t^2\,\mathrm{d}t, & x > 0 \end{cases}$$

求 $\lim\limits_{x\to 0} f(x)$.（上海工业大学,1979）

136. 若函数

$$f(x) = \begin{cases} x\arctan \dfrac{1}{x}, & x \neq 0 \\ 0, & x = 0 \end{cases}$$

讨论 $f(x)$ 在 $x = 0$ 处的连续性、可微性.（兰州大学,1982）

137. 设函数

$$f(x) = \begin{cases} \dfrac{\sin 2(\mathrm{e}^x - 1)}{\mathrm{e}^x - 1}, & x > 0 \\ 2, & x = 0 \\ \dfrac{1}{x}\displaystyle\int_0^x \cos^2 t\,\mathrm{d}t, & x < 0 \end{cases}$$

试讨论 $f(x)$ 的连续性.（中山大学,1982）

138. 讨论函数

$$f(x) = \begin{cases} \lim\limits_{x\to 0^+} \dfrac{[x]}{x}, & x = 0 \\ \dfrac{[x]}{x}, & 0 < x \leqslant 1 \\ x, & 1 \leqslant x \leqslant 2 \end{cases}$$

的连续性,且作图.（太原工业大学,1985）

139. 若 $f(x)$ 在 x_0 点连续,且 $f(x_0) > 0$.试证:存在 x_0 的一个邻域,在其上恒有 $f(x) > \dfrac{1}{2} f(x_0)$.（大连轻工业学院,1984）

140. 设 $f(x)$ 在 (a,b) 内连续,又 $a < x_1 < x_2 < \cdots < x_n < b$,证明:在区间 (a,b) 内存在着点 ξ,使 $f(\xi) = \dfrac{1}{n}\sum\limits_{k=1}^{n} f(x_k)$.（长春光机学院,1980）

141. 设 $F(x,y) = \left(\dfrac{1-y}{2x+1}\right)^{\frac{x}{2x+y}}$,这里 $(1-y)(2x+1) > 0$,且 $y \neq -\dfrac{x}{2}$,$f(x) = \lim\limits_{y\to -\frac{x}{2}} F(x,y)$.试求 $f(x)$ 的连续区间、间断点及间断点处的左右极限.（安徽工学院,1982）

142. 讨论函数

$$y = \begin{cases} \dfrac{\sin x}{|x|}, & x \neq 0 \\ 1, & x = 0 \end{cases}$$

的连续性,并绘出函数的图形.（西南交通大学,1984）

第 **2** 章

一元函数微分学

内 容 提 要

(一) 导数与微分

1. 导数与微分定义

函数 $y=f(x)$ 在 x_0 的邻域内有定义,并且极限

$$\lim_{\Delta x \to 0} \frac{\Delta y}{\Delta x} = \lim_{\Delta x \to 0} \frac{f(x_0 + \Delta x) - f(x_0)}{\Delta x}$$

存在,则称其为 $f(x)$ 在 x_0 处的导数,记 $f'(x_0)$,又称 $f(x)$ 在 x_0 可导.

若 $f(x)$ 在某区间上可导,则称 $f'(x)$ 为 $f(x)$ 在该区间上的**导函数**,简称**导数**.

基本导数如下:

序号	公 式	序号	公 式
①	$(c)'=0$	⑫	$(a^x)'=(\ln a)a^x$
②	$(x^a)'=ax^{a-1}$(a 为实数)	⑬	$(\arcsin x)'=\dfrac{1}{\sqrt{1-x^2}}$
③	$(\sin x)'=\cos x$		
④	$(\cos x)'=-\sin x$	⑭	$(\arccos x)'=\dfrac{-1}{\sqrt{1-x^2}}$
⑤	$(\tan x)'=\sec^2 x$		
⑥	$(\cot x)'=\csc^2 x$	⑮	$(\arctan x)'=\dfrac{1}{1+x^2}$
⑦	$(\sec x)'=\sec x \tan x$		
⑧	$(\csc x)'=-\csc x \cot x$	⑯	$(\text{arccot } x)'=\dfrac{-1}{1+x^2}$
⑨	$(\ln\lvert x \rvert)'=\dfrac{1}{x}$	⑰	$[\ln(x+\sqrt{x^2+1})]'=\dfrac{1}{\sqrt{x^2+1}}$
⑩	$(\log_a x)'=(\ln a)^{-1}x^{-1}$		
⑪	$(e^x)'=e^x$	⑱	$[\ln(x+\sqrt{x^2-1})]'=\dfrac{1}{\sqrt{x^2-1}}$ $(x>1)$

$dy=f'(x)dx$ 称为 $f(x)$ 的微分.

若函数 $y=f(x)$ 在 x_0 有微分 dy,则称 $f(x)$ 在 x_0 **可微**;若 $f(x)$ 在区间 I 的每一点可微,则称 $f(x)$ 在 I 可微.

高阶导数(略).

2. 微分法

（1）基本微分表（略）

（2）函数四则运算的微分法

$$①\mathrm{d}(u\pm v)=\mathrm{d}u\pm\mathrm{d}v;②\mathrm{d}(uv)=u\mathrm{d}v+v\mathrm{d}u;③\mathrm{d}\left(\frac{u}{v}\right)=\frac{v\mathrm{d}u-u\mathrm{d}v}{v^2}\quad(v\neq0)$$

（3）微分法

函数名称	函数形式	求导法则
复合函数	$y=f(u),u=\varphi(x)(y=f[\varphi(x)])$	$f'[\varphi(x)]=f'(u)\varphi'(x)$，简记 $y_x'=y_u'u_x'$
反函数	若 $y=f(x)$ 在某区间上单调，且不为 0，其反函数 $x=\varphi(y)$	$\varphi'(y)=\dfrac{1}{f'(x)}$
隐函数	$F(x,y)=0$	两边对 x 求导，解出 $y_x'=y(x,y(x))$
参数方程	$\begin{cases}x=\varphi(t)\\y=\psi(t)\end{cases}$	$\dfrac{\mathrm{d}y}{\mathrm{d}x}=\dfrac{\psi'(t)}{\varphi'(t)}$
极坐标方程	$\begin{cases}x=r\cos\theta\\y=r\sin\theta\end{cases},r=r(\theta)$	$\tan\varphi=\dfrac{r(\theta)}{r'(\theta)}$（$\varphi$ 为矢径与切线的夹角）

（4）微分形式不变性

不论 u 是自变量还是中间变量，公式

$$\mathrm{d}y=f'(u)\mathrm{d}u$$

总成立．此性质称为**微分形式不变性**.

注　此即可视为复合函数微分法.

3. 应用

（1）曲线 $y=f(x)$ 在 x_0 处的切线、法线方程

切　线	$y-y_0=f'(x_0)(x-x_0)$	法　线	$y-y_0=-\dfrac{x-x_0}{f'(x_0)}$

（2）曲线 y 的曲率及曲率半径

曲　率	$k=\dfrac{y''}{(1+y'^2)^{\frac{3}{2}}}$	曲率半径	$R=\dfrac{1}{k}$

注　作圆与曲线相切，在切点处若该圆与曲线有相同的 y,y' 和 y'' 值，称该圆为曲率圆，该圆圆心为曲率中心.

（3）近似计算和误差估计

$$f(x_0+\Delta x)\approx f(x_0)+f'(x_0)\Delta x \text{ 或记为 } |\Delta y|\approx|y_0'|\cdot\Delta x.$$

常用近似计算公式（当 $x\to0$ 时）：

①　$\sqrt[n]{1+x}\approx1+\dfrac{x}{n}$；

②　$\sin x \approx x$；

③　$\ln(1+x) \approx x$；

④　$e^x \approx 1+x$.

绝对误差：$\delta_y = |f'(x)|\delta_x$.

相对误差：$\delta_y^* = \left|\dfrac{xf'(x)}{f(x)}\right|\delta_x^*$.

其中 δ_x 为 x 的绝对误差，δ_y 为计算函数 $y=f(x)$ 时，函数的绝对误差. δ_x^*,δ_y^* 分别为 x,y 的相对误差.

（二）中值定理

1. 中值定理

若 $f(x),\varphi(x)$ 在 $[a,b]$ 上连续，且在 (a,b) 内可导，又 $\varphi'(x)\neq0$，则有 $\xi\in(a,b)$ 使下面诸定理，在续加条件下成立（其中包括它们彼此间的转化，如特例与推广）：

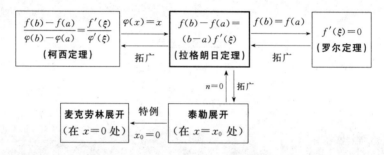

2. 洛必达法则

（1）未定（待定）型

$\dfrac{0}{0}$，$\dfrac{\infty}{\infty}$ 型是基本类型，其他类型如 $0\cdot\infty$，$\infty-\infty$，0^0，1^∞，∞^0 常可通过代数变换化为前两型（下面的 f^{-1} 表示 f 的倒数 $\dfrac{1}{f}$ 而非反函数，余同）：

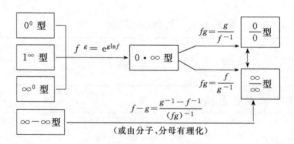

（2）洛必达法则

	条　件	结　论
第一法则	① $\lim\limits_{x \to x_0} f(x) = \lim\limits_{x \to x_0} g(x) = 0$； ② $f(x), g(x)$ 在 x_0 邻域可导，且 $g'(x) \neq 0$； ③ $\lim\limits_{x \to x_0} \dfrac{f'(x)}{g'(x)} = A$（或 ∞）	$\lim\limits_{x \to x_0} \dfrac{f(x)}{g(x)} = \lim\limits_{x \to x_0} \dfrac{f'(x)}{g'(x)}$ （$\dfrac{0}{0}$ 型法则）
第二法则	① $\lim\limits_{x \to x_0} f(x) = \infty$，$\lim\limits_{x \to x_0} g(x) = \infty$； ② $f(x), g(x)$ 在 x_0 邻域可导，且 $g'(x) \neq 0$； ③ $\lim\limits_{x \to x_0} \dfrac{f'(x)}{g'(x)} = A$（或 ∞）	$\lim\limits_{x \to x_0} \dfrac{f(x)}{g(x)} = \lim\limits_{x \to x_0} \dfrac{f'(x)}{g'(x)}$ （$\dfrac{\infty}{\infty}$ 型法则）

注　关于洛必达法则方面的例子，详见前文"函数、极限、连续"一章.

3. 函数展开

泰勒公式　若函数 $f(x)$ 在含 x_0 的某个区间 (a,b) 内存在 $1 \sim n+1$ 阶导数，则 $x \in (a,b)$ 时，$f(x)$ 可表示为

$$f(x) = f(x_0) + f'(x_0)(x - x_0) + \frac{f''(x_0)}{2!}(x - x_0)^2 + \cdots + \frac{f^{(n)}(x_0)}{n!}(x - x_0)^n + R_n$$

其中 R_n 为**余项**.

柯西余项 $R_n(x) = \dfrac{f^{(n+1)}(x_0 + \theta h)}{n!}(1 - \theta)^n h^n$　（$0 < \theta < 1, h = x - x_0$）.

拉格朗日余项 $R_n(x) = \dfrac{f^{(n+1)}(\xi)}{(n+1)!} h^{n+1}$，$\xi$ 在 x_0 和 x 之间.

余项估计：$|R_n| \leqslant \dfrac{M h^{n+1}}{n!}$，其中 $M \geqslant |f^{n+1}(x)|$，当 $x \in [x_0, x_0 + h]$ 时.

又当 $x_0 = 0$ 时，上展式称为**麦克劳林公式**. 这种展开称**麦克劳林展开**.

几个基本初等函数的麦克劳林展开（带拉格朗日余项）

$$e^x = \sum_{k=0}^{n} \frac{x^k}{k!} + \frac{x^{n+1}}{(n+1)!} e^{\xi}$$

$$\sin x = \sum_{k=0}^{n} (-1)^k \frac{x^{2k+1}}{(2k+1)!} + \frac{x^{2(n+1)}}{[2(n+1)]!} \sin[(n+1)\pi + \xi]$$

$$\cos x = \sum_{k=0}^{n} (-1)^k \frac{x^{2k}}{(2k)!} + \frac{x^{2(n+1)}}{[2(n+1)]!} \cos[(n+1)\pi + \xi]$$

$$\ln(1+x) = \sum_{k=1}^{n} (-1)^k \frac{x^k}{k} + (-1)^n \frac{x^{n+1}}{n+1} \cdot \frac{1}{(1+\xi)^{n+1}}$$

$$(1+x)^m = \sum_{k=0}^{n} \binom{m}{k} x^k + \binom{m}{n+1}(1+\xi)^{m-n-1} x^{n+1} \quad ①$$

其中 ξ 在 0 与 x 之间.②

------

① 记号 $\binom{m}{k}$ 即 $C_m^k = \dfrac{m(m-1)\cdots(m-k+1)}{k!}$，此展开式可视为广义牛顿二项式展开.

② 上述诸展开式均可展为无穷级数形式（此时便无余项），如 $e^x = \sum\limits_{k=0}^{\infty} \dfrac{x^k}{k!}$ 等.

（三）导数在函数曲线性态研究上的应用

	条 件	性 态	注 记
单调	$f'(x)>0$（或$f'(x)<0$），$x\in(a,b)$	$f(x)$在(a,b)内单增（或单减）	若$f'(x)\geqslant 0$，则函数不减；$f'(x)\leqslant 0$，则函数不增
极值	必要条件：$f'(x_0)=0$	x_0是驻点，又$f''(x_0)<0$，极大点（或$f'(x)$在x_0符号由正变负）；反之，极小点	若函数二阶导数不存在，可讨论一阶导数变化（详见后面表）
凹凸	若$f''(x)>0$（或$f''(x)<0$）	向上凹（或向下凹）	向上凹又称向下凸或下凸（该函数简称凸函数）
拐点	若$f''(x_0)=0$，并且$f''(x)$在x_0处变号	x_0是拐点	$f''(x_0)=0$，但$f'''(x_0)\neq 0$，亦可判定x_0是拐点
渐近线	若$\lim\limits_{x\to x_0}f(x)=\infty$（或常数$c$）	$x=x_0$是铅直渐近线（或$y=c$是水平渐近线）	
	若$\lim\limits_{x\to\infty}\dfrac{f(x)}{x}=a$，且 $\lim\limits_{x\to\infty}[f(x)-ax]=b$	$y=ax+b$是曲线的渐近线	先求a，再求b

弧微分 已知曲线$y=f(x)$，则其弧微分公式为

$$ds=\sqrt{1+y'^2}\,dx=\sqrt{d^2x+d^2y}=\sqrt{x'^2(t)+y'^2(t)}\,dt \quad dt>0$$

（四）函数的极值与最（大、小）值

1. 函数极值的判别

必要条件		$f(x)$在x_0有极值且可导，则$f'(x_0)=0$. 使$f'(x_0)=0$的点称为驻点	
充分条件	第一充分条件	$f(x)$在x_0邻域内可导，并且$f'(x_0)=0$，x由小到大经x_0时，$f'(x)$变号	当$f'(x)$由$+$变$-$，$f(x_0)$是极大值；当$f'(x)$由$-$变$+$，$f(x_0)$是极小值；当$f'(x)$不变号，$f(x_0)$是非极值
	第二充分条件	$f(x)$在x_0有二阶导数，并且$f'(x_0)=0$	若$f''(x_0)<0$，$f(x_0)$为极大值；若$f''(x_0)>0$，$f(x_0)$为极小值；若$f''(x_0)=0$，待定

2. 函数的最值

一般来讲，函数极值与最值是有区别的，极值系函数的局部性质，而最值则是函数在某区间上的整体性质.

定理 若$f(x)$在$[a,b]$上连续，则$f(x)$在它的极值点或区间端点处取得最值.

显然闭区间上的连续函数的最值，只需从函数的极值和它在区间端点处的函数值比较后选取和确定. 至于开区间上的连续函数的最值讨论，情况稍复杂（关键在区间端点）.

函数的极小（大）值不一定是它在该区间上的最小（大）值；反之亦然.

（五）方程近似解

若$f(x)$在$[a,b]$上满足：①$f'(x)$，$f''(x)$存在且定号，②$f(a)f(b)<0$，则$f(x)=0$在(a,b)内有且仅

有一实根.

该实根可用下面方法求得近似值：

弦 位 法	切 线 法
$x_1 = b - \dfrac{f(b)}{f(b) - f(a)}(b - a)$，或 $x_1 = a - \dfrac{f(a)}{f(b) - f(a)}(b - a)$，再由 $[a, x_1]$ 或 $[x_1, b]$ 去求 $x_2, \cdots$	$x_1 = a - \dfrac{f(a)}{f'(a)}$，若 $f(a)$ 与 $f''(a)$ 同号，或 $x_1 = b - \dfrac{f(b)}{f'(b)}$，若 $f(b)$ 与 $f''(b)$ 同号.重复上面步骤（迭代）可求 $x_2, \cdots$

几个常用重要解析不等式：

柯西不等式

若 $a_i, b_i \in \mathbf{R}$ $(i = 1, 2, \cdots, n)$，则 $\left(\sum\limits_{k=1}^{n} a_k b_k \right)^2 \leqslant \left(\sum\limits_{k=1}^{n} a_k^2 \right) \left(\sum\limits_{k=1}^{n} b_k^2 \right)$.

伯努利（Bernoulli）不等式

若 $x > -1$，且 $x \neq 0$，则 $(1+x)^a \begin{cases} > 1 + ax, & \text{若 } a > 1 \text{ 或 } a < 0 \\ < 1 + ax, & \text{若 } 0 < a < 1 \end{cases}$.

赫尔德（Hölder）不等式

若 $a_k \geqslant 0, b_k \geqslant 0, k = 1, 2, \cdots, n$，且 $\dfrac{1}{p} + \dfrac{1}{q} = 1$，其中 $p > 1$，则

$$\left(\sum\limits_{k=1}^{n} a_k^p \right)^{\frac{1}{p}} \left(\sum\limits_{k=1}^{n} b_k^q \right)^{\frac{1}{q}} \geqslant \sum\limits_{k=1}^{n} a_k b_k$$

闵可夫斯基（Minkowski）不等式

若 $a_k \geqslant 0, b_k \geqslant 0, k = 1, 2, \cdots, n$，且 $p > 1$，则

$$\left[\sum\limits_{k=1}^{n} (a_k + b_k)^p \right]^{\frac{1}{p}} \leqslant \left(\sum\limits_{k=1}^{n} a_k^p \right)^{\frac{1}{p}} \left(\sum\limits_{k=1}^{n} b_k^p \right)^{\frac{1}{p}}$$

(5) 杨（W. H. Young）不等式

设 $f(x)$ 在 $[0, c]$ 上连续且严格单增，又 $f(0) = 0, a \in [0, c], b \in [0, f(c)]$，则

$$\int_0^a f(x) \mathrm{d}x + \int_0^b f^{-1}(x) \mathrm{d}x \geqslant ab$$

这里 f^{-1} 是 f 的反函数.

经 典 问 题 解 析

1. 函数导数

（1）函数一阶导数问题

利用定义求函数导数往往是处理某些特殊函数在特殊点的情形时使用.

例 1　若 $f(x) = x|x|$，求 $f'(x)$.

解　由题设有 $f(x) = \begin{cases} x^2, & x \geqslant 0 \\ -x^2, & x < 0 \end{cases}$.

当 $x > 0$ 时，$y' = 2x$；当 $x < 0$ 时，$y' = -2x$；而当 $x = 0$ 时

$$\lim_{x \to 0^+} \frac{f(\Delta x) - f(0)}{\Delta x} = \lim_{x \to 0^+} \frac{(\Delta x)^2}{\Delta x} = 0, \ \lim_{x \to 0^-} \frac{f(\Delta x) - f(0)}{\Delta x} = \lim_{x \to 0^-} \frac{-(\Delta x)^2}{\Delta x} = 0$$

综上

$$f'(x) = \begin{cases} 2x, & x \geqslant 0 \\ -2x, & x < 0 \end{cases}$$

注 众所周知,函数 $y=|x|$ 在 $x=0$ 不可导;但 $y=x|x|$ 在 $x=0$ 可导.类似地问题有:

试证:$f(x)=(x^2-x-2)|x^3-x|$ 不可导的点的个数是 2(在 $x=1$ 和 $x=0$ 处).

例 2 讨论 $f(x)=|\sin x|$ 在 $x=0$ 点的可导性.

解 由设 $f(x)=\begin{cases}\sin x, & 0\leqslant x\leqslant\dfrac{\pi}{2} \\ -\sin x, & -\dfrac{\pi}{2}\leqslant x<0\end{cases}$,又 $\lim\limits_{x\to 0^+}f(x)=\lim\limits_{x\to 0^-}f(x)=0$,故 $f(x)$ 在 $x=0$ 点连续.但

$$\lim_{\Delta x\to 0^+}\frac{f(0+\Delta x)-f(0)}{\Delta x}=\lim_{\Delta x\to 0^+}\frac{\sin\Delta x}{\Delta x}=1,\ \lim_{\Delta x\to 0^-}\frac{f(0+\Delta x)-f(0)}{\Delta x}=\lim_{\Delta x\to 0^-}\frac{-\sin\Delta x}{\Delta x}=-1$$

故 $f(x)$ 在 $x=0$ 不可导.

对于一些特殊函数的求导问题,多半要用到导数定义去解决.

例 3 设函数

$$f(x)=\begin{cases}0, & \text{若 } x \text{ 是无理数} \\ \dfrac{1}{q}, & \text{若 } x \text{ 是有理数 } \dfrac{p}{q}(q\geqslant 1 \text{ 且 } p,q \text{ 互质})\end{cases}$$

证明:$f(x)$ 在 $(-\infty,+\infty)$ 内处处不可导.

证 当 $x_0\in(-\infty,+\infty)$ 为有理数 $\dfrac{q}{p}$ 时,$f(x_0)=\dfrac{1}{q}$,则由于在 x_0 的任何邻域内都有无理数 α,使 $f(\alpha)=0$.于是 $|f(x_0)-f(\alpha)|=\dfrac{1}{q}$,这表明 $f(x)$ 在有理点 x_0 不连续,从而不可导.

当 $x_0\in(-\infty,+\infty)$ 为无理数时,由于 $f(x)$ 以 1 为周期(按定义可验证),无妨取 $x_0\in[0,1]$,显然

$$\lim_{x\to x_0}\frac{f(x)-f(x_0)}{x-x_0}\begin{cases}=0, & \text{当 } x \text{ 取无理序列趋向于 } x_0 \text{ 时} \\ \neq 0, & \text{当 } x \text{ 取有理序列趋向于 } x_0 \text{ 时}\end{cases}$$

事实上,若取 $x_n=\dfrac{p_n}{q_n}\to x_0$,则

$$\left|\frac{f\left(\dfrac{p_n}{q_n}\right)-f(x_0)}{\dfrac{p_n}{q_n}-x_0}\right|=\frac{\dfrac{1}{q_n}}{\left|\dfrac{p_n}{q_n}-x_0\right|}\geqslant\frac{\dfrac{1}{q_n}}{\dfrac{p_n}{q_n}}=\frac{1}{p_n}\neq 0$$

即 $f(x)$ 在有理点 x_0 也不可导.

下面两则问题涉及函数乘积(多项)在某一点处的导数值,但它们处理的方法却不同,即一个用定义,一个用公式.

例 4 设 $f(x)=x(x-1)(x-2)\cdots(x-1\,000)$.求 $f'(0)$.

解 由导数定义,有

$$f'(0)=\lim_{x\to 0}\frac{f(x)-f(0)}{x}=\lim_{x\to 0}\frac{x(x-1)(x-2)\cdots(x-1\,000)}{x}=1\,000!$$

注 1 本题还可解如:

令 $g(x)=(x-1)(x-2)\cdots(x-1\,000)$,则 $f(x)=xg(x)$.

又 $f'(x)=[xg(x)]'=g(x)+xg'(x)$,故

$$f'(0)=g(0)+0\cdot g'(0)=g(0)=1\,000!$$

注 2 类似地我们可以求得

$$\left[\prod_{k=1}^{n}(x-a_k)^{a_k}\right]'=\prod_{k=1}^{n}(x-a_k)^{a_k}\cdot\sum_{k=1}^{n}\frac{a_k}{x-a_k}$$

例 5 若 $f(t)=\left(\tan\dfrac{\pi t}{4}-1\right)\left(\tan\dfrac{\pi t^2}{4}-2\right)\cdots\left(\tan\dfrac{\pi t^{100}}{4}-100\right)$,求 $f'(1)$.

解　令 $\varphi(t)=\tan\dfrac{\pi t}{4}-1$，$\psi(t)=\left(\tan\dfrac{\pi t^2}{4}-2\right)\left(\tan\dfrac{\pi t^3}{4}-3\right)\cdots\left(\tan\dfrac{\pi t^{100}}{4}-100\right)$，则

$$f(t)=\varphi(t)\psi(t)\,,\quad f'(t)=\varphi'(t)\psi(t)+\psi'(t)\varphi(t)$$

故

$$f'(1)=\varphi'(1)\psi(1)+\psi'(1)\varphi(1)$$

而

$$\varphi'(1)=\frac{\pi}{4}\sec^2\frac{\pi t}{4}\bigg|_{t=1}=\frac{\pi}{4}\sec^2\frac{\pi}{4}=\frac{\pi}{2}$$

又

$$\psi(1)=\left(\tan\frac{\pi}{4}-2\right)\cdots\left(\tan\frac{\pi}{4}-100\right)=(-1)\cdots(-99)=(-1)^{99}\cdot99!=-99!$$

及　$\varphi(1)=\tan\dfrac{\pi}{4}-1=0$，且 $\psi'(1)$ 存在，故

$$f'(1)=\frac{\pi}{2}\cdot(-99!)=\frac{-99!\pi}{2}$$

注　本题亦可由导数定义求得. 这里利用了 $\varphi(1)=0$ 的事实.

涉及绝对值函数的求导问题，往往是分段处理的，分界点多是使绝对值在其两边取不同值的点. 下面是关于隐函数求导的例子.

例 6　设 $f(x)$ 满足 $af(x)+bf\left(\dfrac{1}{x}\right)=\dfrac{c}{x}$，式中 a,b,c 均为常数，且 $|a|\neq|b|$. 求 $f'(x)$.

解　将所给方程两边对 x 求导，有

$$af'(x)-\frac{b}{x^2}f'\left(\frac{1}{x}\right)=-\frac{c}{x^2} \tag{①}$$

以 x 代替题设式中 $\dfrac{1}{x}$ 有

$$af\left(\frac{1}{x}\right)-bf(x)=cx$$

将其两边仍对 x 求导有

$$-\frac{a}{x^2}f'\left(\frac{1}{x}\right)+bf'(x)=c \tag{②}$$

$b\times$式②$-a\times$式①得

$$(b^2-a^2)f'(x)=bc+\frac{ac}{x^2}$$

故

$$f'(x)=\frac{c(a+bx^2)}{(b^2-a^2)x^2}$$

这里想指出一点：对于隐函数表达式来说，若能从中解出 y 来，就先解出，然后按显函数求导.

例 7　若 $x=\mathrm{e}^{\frac{x-y}{y}}$，求 y_x'.

解　两边取对数有 $\ln x=\dfrac{x-y}{y}$，解得 $y=\dfrac{x}{1+\ln x}$，故 $y'=\dfrac{\ln x}{(1+\ln x)^2}$.

反函数求导的问题，可直接利用公式.

例 8　设函数 $y=f(x)$ 三次可微，试求其反函数 $x=\varphi(y)$ 的导数 x_y'，x_y''，和 x_y'''.

解　由反函数求导公式，有

$$x_y'=\frac{1}{y_x'}$$

$$x_y''=-\frac{1}{(y_x')^2}\frac{\mathrm{d}y_x'}{\mathrm{d}y}=-\frac{1}{(y_x')^2}\frac{\mathrm{d}y_x'}{\mathrm{d}x}\frac{\mathrm{d}x}{\mathrm{d}y}=-\frac{y_x''}{(y_x')^3}$$

$$x_y'''=-\frac{y_x'''\cdot\dfrac{1}{y_x'}\cdot(y_x')^2-3(y_x')^2y_x''\cdot\dfrac{1}{y_x'}y_x''}{(y_x')^6}=-\frac{y_x'y_x'''-3(y_x'')^2}{(y_x')^5}$$

下面是一道综合问题,它涉及行列式的概念.

例9 若 u,v,w 为 x 的函数,又 $W(u,v,w)=\begin{vmatrix} u & v & w \\ u' & v' & w' \\ u'' & v'' & w'' \end{vmatrix}$,试证: $W(u,v,w)=u^3 W\left(1,\dfrac{v}{u},\dfrac{w}{u}\right)$.

证 考虑到行列式性质及函数求导法则,有

$$W\left(1,\frac{v}{u},\frac{w}{u}\right)=\begin{vmatrix} 1 & \dfrac{v}{u} & \dfrac{w}{u} \\ 0 & \left(\dfrac{v}{u}\right)' & \left(\dfrac{w}{u}\right)' \\ 0 & \left(\dfrac{v}{u}\right)'' & \left(\dfrac{w}{u}\right)'' \end{vmatrix} \quad \text{(由函数导数性质)}$$

$$=\begin{vmatrix} 1 & \dfrac{v}{u} & \dfrac{w}{u} \\ 0 & \dfrac{v'u-u'v}{u^2} & \dfrac{w'u-u'w}{u^2} \\ 0 & \dfrac{u(uv''-u''v)-2u'(uv'-u'v)}{u^3} & \dfrac{u(uw''-u''w)-2u'(uw'-u'w)}{u^3} \end{vmatrix}$$

$$=\frac{1}{u^6}\begin{vmatrix} u & v & w \\ 0 & v'u-u'v & w'u-u'w \\ 0 & u(uv''-u''v) & u(uw''-u''w) \end{vmatrix} \quad \text{(由行列式性质)}$$

$$=\frac{1}{u^5}\begin{vmatrix} u & v & w \\ uu' & v'u & w'u \\ uu'' & v''u & w''u \end{vmatrix}=\frac{1}{u^3}\begin{vmatrix} u & v & w \\ u' & v' & w' \\ u'' & v'' & w'' \end{vmatrix}$$

$$=\frac{1}{u^3}W(u,v,w)$$

反常积分求导的例子不甚常见,但其解题思想甚有特点.请看下面例题.

例10 已知 $\displaystyle\int_{-\infty}^{+\infty}e^{-x^2}\,dx=\sqrt{\pi}$,又 $f(t)=\displaystyle\int_{-\infty}^{+\infty}e^{-tx^2}\,dx$,$t>0$,求 $f'(t)$.

解 作变换 $y=\sqrt{t}x$,则有

$$f(t)=\int_{-\infty}^{+\infty}e^{-tx^2}\,dx=\int_{-\infty}^{+\infty}e^{-y^2}\cdot\frac{1}{\sqrt{t}}\,dy=\frac{1}{\sqrt{t}}\int_{-\infty}^{+\infty}e^{-y^2}\,dy=\sqrt{\frac{\pi}{t}}$$

故

$$f'(t)=-\frac{\sqrt{\pi}}{2}t^{-\frac{3}{2}}$$

(2) 函数高阶导数问题

例1 若 $f(x)=\dfrac{1}{1-x^2}$,求 $f^{(n)}(x)$.

解 由 $f(x)=\dfrac{1}{1-x^2}=\dfrac{1}{2}\left(\dfrac{1}{1+x}+\dfrac{1}{1-x}\right)$ 及 $\dfrac{1}{1\pm x}$ 的高阶导数公式,则

$$f^{(n)}(x)=\frac{1}{2}\left[\frac{n!(-1)^n}{(1+x)^{n+1}}+\frac{n!}{(1-x)^{n+1}}\right]=\frac{n!}{2}\left[\frac{(-1)^n}{(1+x)^{n+1}}+\frac{1}{(1-x)^{n+1}}\right]$$

注 类似的问题如:

若 $f(x)=\ln(1-x^2)(|x|<1)$,求 $f^{(n)}(x)$.

注意到 $\ln(1-x^2)=\ln[(1+x)(1-x)]=\ln(1+x)+\ln(1-x)$ 即可.

例2 设 $y=xe^{-x}$,求 $y^{(n)}$.

解 由 $y'=e^{-x}-xe^{-x}$,$y''=-2e^{-x}+xe^{-x}$,$y'''=3e^{-x}-xe^{-x}$,$\cdots$

设 $y^{(k)} = (-1)^{k-1}ke^{-x} + (-1)^k e^{-x} \cdot x$，则

$$y^{(k+1)} = [y^{(k)}]' = (-1)^k(k+1)e^{-x} + (-1)^{k+1}e^{-x}$$

故

$$y^{(n)} = (-1)^{n-1}ne^{-x} + (-1)^n xe^{-x}$$

求函数高阶导数有时还可以用函数泰勒展开.

例 3　若 $f(x) = \dfrac{1+x+x^2}{1-x+x^2}$，求 $f^{(4)}(0)$ 的值.

解　由 $f(x) = 1 + \dfrac{2x}{1-x+x^2} = 1 + \dfrac{2x}{1-(x-x^2)}$，先将 $f(x)$ 展成 $x-x^2$ 的幂级数，有

$$f(x) = 1 + 2x[1 + (x-x^2) + (x-x^2)^2 + (x-x^2)^3 + o(x^3)]$$
$$= 1 + 2x + 2x^2 - 2x^4 + o(x^4)$$

由 $\dfrac{f^{(4)}(0)}{4!} = -2$，故 $f^{(4)}(0) = -48$.

注　这里是求 $f^{(4)}(0)$，故只需考虑 x^4 的系数，展开时只需展到 x^3 项，因为展开式前还有 $2x$. 在括号内化简时，高于 $3x^3$ 项可统统记到 $o(x^3)$ 中.

2. 导数(包括微分中值定理)的应用

(1) 不等式的问题

例 1　证明：$\sin x + \tan x > 2x$，其中 $0 < x < \dfrac{\pi}{2}$.

证　设 $f(x) = \sin x + \tan x - 2x$，则 $f(x)$ 在 $\left[0, \dfrac{\pi}{2}\right]$ 上连续，在 $\left(0, \dfrac{\pi}{2}\right)$ 内可微(导)，又

$$f'(x) = \cos x + \sec^2 x - 2 = \frac{\cos^3 x + 1 - 2\cos^2 x}{\cos^2 x} = \frac{\cos x(1-\cos x)^2 + (1-\cos x)}{\cos^2 x} > 0$$

知 $f(x)$ 在 $\left(0, \dfrac{\pi}{2}\right)$ 严格单增，即 $0 < x < \dfrac{\pi}{2}$ 时，$f(x) > f(0) = 0$. 即 $\sin x + \tan x > 2x$，当 $0 < x < \dfrac{\pi}{2}$ 时.

例 2*　当 $a, b \geqslant 1$ 时，试证：$ab \leqslant e^{a-1} + b\ln b$.

证　令 $\varphi(x) = e^x - 1$，则 $\varphi(0) = 0$.

又 $\varphi'(x) = e^x > 0$，知 $\varphi(x)$ 严格单增，其反函数为 $\varphi^{-1}(x) = \ln(1+x)$.

由设 $a \geqslant 1, b \geqslant 1$，又由杨不等式，则

$$\int_0^{a-1} \varphi(x)dx + \int_0^{b-1} \varphi^{-1}(x)dx \geqslant (a-1)(b-1)$$

由

$$\int_0^{a-1}(e^x - 1)dx + \int_0^{b-1}\ln(1+x)dx$$
$$= e^{a-1} - a + 1 + \left[(1+x)\ln(1+x)\right]_0^{b-1} - \int_0^{b-1}\frac{1+x}{1-x}dx$$
$$= e^{a-1} - a + b\ln b - b + 1$$

有

$$e^{a-1} - a + b\ln b - b + 1 \geqslant (a-1)(b-1)$$

即

$$e^{a-1} + b\ln b \geqslant ab$$

注　带 * 号问题为较难的问题. 这里用到了所谓杨不等式：

$f(x)$ 当 $x \geqslant 0$ 时连续，严格单增，$f(0) = 0, a \geqslant 0, b \geqslant 0$，则

$$\int_0^a f(x)dx + \int_0^b f^{-1}(x)dx \geqslant ab$$

等号当且仅当 $b = f(a)$ 时成立.

例 3　比较 $\sqrt{2}, \sqrt[e]{e}, \sqrt[3]{3}$ 三数的大小，且说明理由.

解 考虑函数 $f(x)=x^{\frac{1}{x}}(x>0)$，则 $\ln f(x)=\frac{1}{x}\ln x$，两边求导有

$$\frac{f'(x)}{f(x)}=\frac{1-\ln x}{x^2} \Rightarrow f'(x)=\frac{1-\ln x}{x^2}\cdot x^{\frac{1}{x}}$$

令 $f'(x)=0$，得 $x=$e. 当 $x>$e 时，$f'(x)<0$；当 $x<$e 时，$f'(x)>0$，则 $f(x)$ 在 $x=$e 取极大值. 从而

$$\sqrt{2}<\sqrt[e]{e}, \quad \sqrt[3]{3}<\sqrt[e]{e}.$$

又 $(\sqrt{2})^6=8$，$(\sqrt[3]{3})^6=9$，知 $\sqrt{2}<\sqrt[3]{3}$.

故 $\sqrt{2}<\sqrt[3]{3}<\sqrt[e]{e}$.

例 4 若 $0<x<1$，试证：$\sum\limits_{k=1}^{n}x^k(1-x)^{2k}\leqslant\frac{4}{23}$.

证 令 $f_k(x)=x^k(1-x)^{2k}$，则

$$f_k'(x)=kx^{k-1}(1-x)^{2k}-2kx^k(1-x)^{2k-1}=kx^{k-1}(1-x)^{2k-1}(1-x-2x)$$
$$=kx^{k-1}(1-x)^{2k-1}(1-3x)$$

由 $f_k'\left(\frac{1}{3}\right)=0$，则当 $0<x<\frac{1}{3}$ 时，$f_k'(x)>0$；当 $\frac{1}{3}<x<1$ 时，$f_k'(x)<0$. 知 $x=\frac{1}{3}$ 是 $f_k(x)$ 的极大值点.

又 $f_k(0)=f_k(1)=0$，故当 $0<x<1$ 时，$f_k(x)$ 在 $x=\frac{1}{3}$ 时达到最大值，从而

$$\sum_{k=1}^{n}x^k(1-x)^{2k}\leqslant\sum_{k=1}^{n}\left(\frac{1}{3}\right)^k\left(1-\frac{1}{3}\right)^{2k}=\sum_{k=1}^{n}\left(\frac{4}{27}\right)^k$$

$$\leqslant\sum_{k=1}^{\infty}\left(\frac{4}{27}\right)^k=\frac{\frac{4}{27}}{1-\frac{4}{27}}=\frac{4}{23}$$

即 $\sum\limits_{k=1}^{n}x^k(1-x)^{2k}\leqslant\frac{4}{23}$，当 $0<x<1$ 时.

例 5 若 $f(x)$ 为连续正值函数，试证：当 $x>0$ 时，函数

$$\varphi(x)=\frac{\int_0^x tf(t)\mathrm{d}t}{\int_0^x f(t)\mathrm{d}t}$$

是单增函数.

证 由题设及积分分式求导以及 $f(x)$ 为正值函数性质，有

$$\varphi'(x)=\frac{xf(x)\int_0^x f(t)\mathrm{d}t-f(x)\int_0^x tf(t)\mathrm{d}t}{\left[\int_0^x f(t)\mathrm{d}t\right]^2}=\frac{f(x)\int_0^x(x-t)f(t)\mathrm{d}t}{\left[\int_0^x f(t)\mathrm{d}t\right]^2}>0$$

注意到 $x-t>0$，$f(t)>0$ $(0<t<x)$，故 $\varphi(x)$ 在 $x>0$ 时单增.

(2) 方程根的问题

例 1 证明：$x^2=x\sin x+\cos x$ 仅有两个实根.

证 考虑 $f(x)=x^2-x\sin x-\cos x$，显然

$$f\left(-\frac{\pi}{2}\right)>0, \quad f(0)<0, \quad f\left(\frac{\pi}{2}\right)>0$$

由连续函数介值定理知 $f(x)$ 在 $\left(-\frac{\pi}{2},\frac{\pi}{2}\right)$ 内至少有两个零点.

又若 $f(x)$ 在上述区间零点多于两个，知 $f'(x)$ 在该区间至少有两个零点，但事实上

$$f'(x)=2x-\sin x-x\cos x+\sin x=x[2-\cos x]$$

在 $\left(-\dfrac{\pi}{2},\dfrac{\pi}{2}\right)$ 内仅有一个零点,矛盾!

又由 $f'(x)$ 的符号 $\left(\text{即}\ f'(x)<0,\ x<-\dfrac{\pi}{2}\text{时};f'(x)>0,\ x>\dfrac{\pi}{2}\text{时}\right)$,知函数 $f(x)$ 在区间 $\left(-\infty,-\dfrac{\pi}{2}\right)$ 和 $\left(\dfrac{\pi}{2},+\infty\right)$ 内单调.

从而,方程 $x^2=x\sin x+\cos x$ 仅有两个实根.

例 2　设 $f(x)$ 在 $(-\infty,+\infty)$ 内连续且 n 为奇数时 $\lim\limits_{x\to-\infty}\dfrac{f(x)}{x^n}=0$,试证:方程 $x^n+f(x)=0$ 有实根.

证　若 $f(0)=0$,则 $x_0=0$ 为 $x^n+f(x)=0$ 的一个实根.

若 $f(0)>0$,注意 n 为奇数,由 $\lim\limits_{x\to0^-}\dfrac{f(x)}{x^n}=-\infty$,则题设 $\lim\limits_{x\to-\infty}\dfrac{f(x)}{x^n}=0$.

因 $\dfrac{f(x)}{x^n}$ 在 $(-\infty,0)$ 内连续,由介值定理必存在 x_0 使 $\dfrac{f(x_0)}{x_0^n}=-1$,即

$$x_0^n+f(x_0)=0$$

例 3　若 $a>0$,又数列 $\{a_n\}$ 满足 $a_1=(a+a^{\frac{1}{3}})^{\frac{1}{3}}$,$a_2=(a_1+a^{\frac{1}{3}})^{\frac{1}{3}}$,$\cdots$,$a_n=(a_{n-1}+a_{n-2}^{\frac{1}{3}})^{\frac{1}{3}}$,$\cdots$. 试证:(1)数列 $\{a_n\}$ 单调有界;(2)$\{a_n\}$ 收敛于方程 $x^3-x-x^{\frac{1}{3}}=0$ 的一个正根.

证　令 $a_0=a$,显然 $a_n>0$($n=0,1,2,\cdots$).

(1)若 $a_1\geqslant a$,则 $a_2^3-a_1^3=a_1-a>0$,故 $a_2\geqslant a_1$.

一般地,$a_n^3-a_{n-1}^3=a_{n-1}-a_{n-2}+a_{n-2}^{\frac{1}{3}}-a_{n-3}^{\frac{1}{3}}$,用数学归纳法又证得 $a_n\geqslant a_{n-1}$($n=1,2,3,\cdots$),故 $\{a_n\}$ 单调增加.

又 $a_1>a$,可知 $a<2$(否则由下式知 $a_1<a$),于是

$$a_1=\sqrt[3]{a+\sqrt[3]{a}}<\sqrt[3]{2+\sqrt[3]{2}}<2$$

类似地,$a_2<2$,$a_3<2$,$\cdots$,$a_n<2$,$\cdots$,从而 $\{a_n\}$ 有界.

仿上若 $a_1<a$,可归纳地证得 $a_n<a_{n-1}$($n=1,2,3,\cdots$),即 $\{a_n\}$ 单减,又 $a_n>0$ 知其有界.

(2)由(1)可知 $\{a_n\}$ 极限存在,且记为 A.

在 $a_n=(a_{n-1}+a_{n-2}^{\frac{1}{3}})^{\frac{1}{3}}$ 两边取极限($n\to\infty$),有

$$A=(A+A^{\frac{1}{3}})^{\frac{1}{3}}\quad\text{或}\quad A^3=A+A^{\frac{1}{3}}$$

即 A 为方程 $x^3-x-x^{\frac{1}{3}}=0$ 的一个正根.

例 4　若 $f_n(x)=1+x+\dfrac{x^2}{2!}+\dfrac{x^3}{3!}+\cdots+\dfrac{x^n}{n!}$,其中 n 为自然数,求证:方程 $f_n(x)f_{n+1}(x)=0$ 在 $(-\infty,+\infty)$ 内仅有一实根.

证　由题设知 $f_n(x)$ 在 $(-\infty,+\infty)$ 内连续.

当 n 为偶数时,$\lim\limits_{x\to+\infty}f_n(x)=+\infty$,$\lim\limits_{x\to-\infty}f_n(x)=+\infty$,故 $f_n(x)$ 存在极小点 x_0,则由 $f_n(x_0)=f_n'(x_0)+\dfrac{x_0^n}{n!}=\dfrac{x_0^n}{n!}$,又 $f_n(0)=1$,从而 $f_n(x)>0$,即 $f_n(x)$ 在 $(-\infty,+\infty)$ 内无实根.

当 n 为奇数时,$\lim\limits_{x\to+\infty}f_n(x)=+\infty$,$\lim\limits_{x\to-\infty}f_n(x)=-\infty$,知 $f_n(x)$ 在区间 $(-\infty,+\infty)$ 内有实根.

由 $f_n'(x)=f_{n-1}(x)$,而 $n-1$ 为偶数,则 $f'(x)>0$,知 $f_n(x)$ 在区间 $(-\infty,+\infty)$ 严格单增,故其有唯一实根.

从而 $f_n(x)f_{n+1}(x)$ 无论 n 为奇数还是偶数,它在 $(-\infty,+\infty)$ 内有唯一实根.

例 5　若 $f(x)$ 在 $[a,b]$ 上二次可微,且对 $[a,b]$ 上每个 x 均有:$f(x)$ 与 $f''(x)$ 同号或同时为零. 又

$f(x)$在$[a,b]$的任何子区间不恒为零,试证:$f(x)=0$ 在(a,b)内若有根则必唯一.

证 用反证法. 设$f(x)=0$在(a,b)内有两个相异实根α,β. 由题设$f(x)$在$[\alpha,\beta]$上的最大、最小值不能同时为零,设其最大点为ξ,则$f'(\xi)=0$,并且$f(\xi)\neq0$.

由$f(\alpha)=f(\beta)=0$知$f(\xi)>0$,由题设知$f''(\xi)>0$. 由连续函数保号性知存在ξ的一个邻域使$f(x)>0$,且存在一点x_1使$f(x_1)<f(\xi)$.

再取x_1关于ξ的对称点x_2,x_2亦在上面邻域中. 于是

$$\frac{1}{2}[f(x_1)+f(x_2)]<f(\xi)=f\left(\frac{x_1+x_2}{2}\right)$$

但此邻域内$f''(x)>0$,即$f(x)$下凸,与上述结论相抵! 从而前设$f(x)=0$有两不同实根α,β不妥.

故 $f(x)=0$在(a,b)内若有实根,必唯一.

(3)函数性态研究

利用导数还可以进行函数性态研究. 这里仅举一例说明.

例 试作出函数$f(x)=[\sin(2\arcsin x)]^2$的图象.

解 因$\sin(2\arcsin x)=2\sin(\arcsin x)\cdot\cos(\arcsin x)=2x\sqrt{1-x^2}$,则

$$f(x)=4x^2(1-x^2) \quad -1\leqslant x\leqslant1$$

$f(-x)=f(x)$,则$f(x)$的图形关于y轴对称. 仅讨论$[0,1]$区间的情况:

由 $f'(x)=8x(1-2x^2)=0$,得驻点 $x=0$, $x=\pm\frac{\sqrt{2}}{2}$.

又 $f''(x)=8-48x^2=0$,解得 $x=\pm\frac{1}{\sqrt{6}}$.

经计算容易得到:

x	0	$\left(0,\frac{1}{\sqrt{6}}\right)$	$\frac{1}{\sqrt{6}}$	$\left(\frac{1}{\sqrt{6}},\frac{1}{\sqrt{2}}\right)$	$\frac{1}{\sqrt{2}}$	$\left(\frac{1}{\sqrt{6}},1\right)$
$f'(x)$	0	>0	>0	>0	0	<0
$f''(x)$	>0	>0	0	<0	<0	<0
$f(x)$	极小	↗(上凹)	拐点	↗(下凹)	极大	↘(下凹)

这样可得函数$y=f(x)$的草图(图1).

(4)微分中值定理的应用

这类问题我们后文会多次遇到(前文也已见过),这里仅举一例.

例 若$f(x)$在$\mathbf{R}$上可微,且$|f'(x)|\leqslant r<1$,则有$a\in$ $\mathbf{R}$使$f(a)=a$.

证 对任意实数$x,y\in\mathbf{R}$,由微分中值定理,有

$|f(y)-f(x)|=|f'(\xi)||y-x|\leqslant r|y-x|$ $\xi\in(x,y)$

对任意$x_0\in\mathbf{R}$,定义$x_1=f(x_0),x_2=f(x_1),\cdots$,则

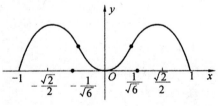

图 1

$$|x_{n+1}-x_n|=|f(x_n)-f(x_{n-1})|\leqslant r|x_n-x_{n-1}|\leqslant\cdots\leqslant r^n|x_1-x_0|$$

$$|x_{n+p}-x_n|\leqslant|x_{n+p}-x_{n+p-1}|+|x_{n+p-1}-x_{n+p-r}|+\cdots+|x_{n+1}-x_n|$$

$$\leqslant(r^{n+p-1}+r^{n+p-2}+\cdots+r^n)|x_1-x_0|\leqslant\frac{r^n}{1-r}|x_1-x_0|$$

故当n充分大时,对任意p有$|x_{n+p}-x_n|<\varepsilon$,其中$\varepsilon$为任意给定的小数.

由柯西准则推出$\{x_n\}$收敛,设它收敛到$x\in\mathbf{R}$.

又因 f 在 **R** 上连续，故 $x=\lim\limits_{n\to\infty}x_{n+1}=\lim\limits_{n\to\infty}f(x_n)=f(x)$，即 $f(x)=x$.

研究生入学考试试题选讲

1978～1986 年部分

1. 函数求导问题

下面我们来看一些例.

例 1 设 a,b 为实常数，$b<0$，定义

$$f(x)=\begin{cases} x^a\sin x^b, & \text{当 } x>0 \text{ 时}\\ 0, & \text{当 } x\leqslant0 \text{ 时}\end{cases}$$

试回答下列问题，且简单说明理由：

(1)在什么情况下，$f(x)$ 不是连续函数？

(2)在什么情况下，$f(x)$ 连续，但不可微？

(3)在什么情况下，$f(x)$ 可微，但 $f'(x)$ 在 $[-1,1]$ 上无界？

(4)在什么情况下，$f(x)$ 可微且 $f'(x)$ 在 $[-1,1]$ 上有界，但 $f'(x)$ 不连续？

(5)在什么情况下，$f(x)$ 连续可微？（中国科学院，1985）

解 (1)若 $a\leqslant0$，因 $\lim\limits_{x\to0^+}f(x)=\lim\limits_{x\to0^+}x^a\sin x^b$ 不存在，故 $f(x)$ 不连续；

(2)当 $0<a\leqslant1$ 时，$f(x)$ 连续，但由于

$$\lim\limits_{x\to0^+}\frac{f(x)-f(0)}{x}=\lim\limits_{x\to0^+}x^{a-1}\sin x^b$$

不存在，故 $f(x)$ 不可微；

(3)当 $1<a<1-b$ 时，$f(x)$ 可微，但

$$\lim\limits_{x\to0^+}f'(x)=\lim\limits_{x\to0^+}[ax^{a-1}\sin(x^b)+bx^{a-1+b}\cos(x^b)]$$

无界；

(4)当 $a=1-b$ 时，$f(x)$ 可微且 $f'(x)$ 在 $[-1,1]$ 有界，但

$$\lim\limits_{x\to0^+}\frac{f(x)-f(0)}{x}=\lim\limits_{x\to0^+}x^{-b}\sin x^b=0=f'(0)$$

而 $\lim\limits_{x\to0^+}f'(x)=\lim\limits_{x\to0^+}b\cos x^b$ 不存在，故 $f'(x)$ 不连续；

(5)当 $a>1-b$ 时，因 $x\neq0$ 时，$f'(x)$ 显然连续，又 $\lim\limits_{x\to0}f'(x)=f'(0)=0$，故 $f(x)$ 连续可微.

注 函数连续但不一定可微，最简单的例子是：

$y=|x|$ 在 $x=0$ 点连续但不可微.

对一元函数来讲，函数可微，首先要求函数连续，即函数可微必连续.

人们也曾构造了处处连续，但处处不可微函数的例子，比如

$$f(x)=\sum\limits_{n=0}^{+\infty}b^n\cos(a^n\pi x)$$

其中 b 是奇数，且 $0<a<1$ 及 $ab>1+\dfrac{3}{2}\pi$.

例 2 设 $f(x)=(x-a)\varphi(x)$，其中 $\varphi(x)$ 在 $x=a$ 处是连续的，求 $f'(a)$.（大连铁道学院，1980）

解 依导数定义，可有

$$f'(a)=\lim\limits_{x\to a}\frac{f(x)-f(a)}{x-a}=\lim\limits_{x\to a}\frac{(x-a)\varphi(x)-0}{x-a}=\lim\limits_{x\to a}\varphi(x)=\varphi(a)$$

注1 这里因未假定 $\varphi(x)$ 在 $x=a$ 处可导,故不能用函数乘积求导法则.

注2 类似的问题如:

(1)若 $f(x)=(x-a)^2\varphi(x)$,又 $\varphi'(x)$ 在 $x=a$ 处连续,求 $f''(a)$.(武汉工学院,1982)

(2)设 $f(x)=(x^{1985}-1)g(x)$,其中 $g(x)$ 在 $x=1$ 处连续,并且 $g(1)=1$,求 $f'(1)$.(西北工业大学,1985)

例3 设 $x^y=y^x$,其中 y 是 x 的函数,求 $\dfrac{\mathrm{d}y}{\mathrm{d}x}$.(南京大学,1982)

解 等式 $x^y=y^x$,即 $\mathrm{e}^{y\ln x}=\mathrm{e}^{x\ln y}$,两边关于 x 求导,即

$$x^y\left[y'\ln x+\frac{y}{x}\right]=y^x\left[\ln y+\frac{x}{y}y'\right]$$

由上可解出 $\dfrac{\mathrm{d}y}{\mathrm{d}x}=\dfrac{yx^{y-1}-y^x\ln y}{xy^{x-1}-x^y\ln x}=\dfrac{y(y-x\ln y)}{x(x-y\ln x)}$,注意到 $x^y=y^x$.

注 此类问题通常是先对等式两边求导,然后解出所求的式子.本题亦可两边先取对数后再求导.类似地可见:

设 $y=x(\sin x)^{\cos x}$,求 $\dfrac{\mathrm{d}y}{\mathrm{d}x}$.(同济大学等六省一市部分院校联合命题,1986)

例4 设 $y=f(\mathrm{e}^x)\mathrm{e}^{f(x)}$,其中 $f(x)$ 可微,求 $\dfrac{\mathrm{d}y}{\mathrm{d}x}$.(福州大学,1980)

解 由函数求导法则,可有

$$\frac{\mathrm{d}y}{\mathrm{d}x}=f'(\mathrm{e}^x)\mathrm{e}^{x+f(x)}+f(\mathrm{e}^x)\mathrm{e}^{f(x)}f'(x)=\mathrm{e}^{f(x)}[\mathrm{e}^xf'(\mathrm{e}^x)+f(\mathrm{e}^x)f'(x)]$$

例5 设 $f(x)=\mathrm{e}^x$,$g(x)=\sin x$,求 $f'[g(x)]+f[g'(x)]$.(西北农学院,1982)

解 由题设有 $f'(x)=\mathrm{e}^x$,$g'(x)=\cos x$,故 $f'[g(x)]+f[g'(x)]=\mathrm{e}^{\sin x}+\mathrm{e}^{\cos x}$.

我们再看两个求高阶导数的例子.

例6 设 $y=\sin^4 x-\cos^4 x$,求 $y^{(n)}$.(上海交通大学,1980)

解 考虑到三角函数性质及下面式子变形

$$y=\sin^4 x-\cos^4 x=(\sin^2 x+\cos^2 x)(\sin^2 x-\cos^2 x)=-\cos 2x$$

则

$$y'=2\sin 2x=-2\cos\left(\frac{\pi}{2}+2x\right)$$

$$y''=2^2\cos 2x=-2^2\cos\left(\frac{\pi}{2}\cdot 2+2x\right)$$

$$y'''=-2^3\sin 2x=-2^3\cos\left(\frac{\pi}{2}\cdot 3+2x\right)$$

$$\vdots$$

故

$$y^{(n)}=-2^n\cos\left(\frac{n\pi}{2}+2x\right)$$

注 这种利用三角公式变形而使问题简化的方法在许多问题中有用,原则通常是降幂,即把三角函数式的高次幂降为低次幂.

例7 已知 $f(x)=\dfrac{1}{x(1-x)}$,求 $y^{(n)}(x)$.(北京工业大学,1982)

解 由 $f(x)=\dfrac{1}{x(1-x)}=\dfrac{1}{x}+\dfrac{1}{1-x}$,故

$$y^{(n)}(x)=\left(\frac{1}{x}\right)^{(n)}+\left(\frac{1}{1-x}\right)^{(n)}=\frac{(-1)^n n!}{x^{n+1}}+\frac{(-1)^n n!}{(1-x)^{n+1}}(-1)^n$$

$$=n!\left[\frac{(-1)^n}{x^{n+1}}+\frac{1}{(1-x)^{n+1}}\right]$$

注 1　这里先把 $f(x)$ 恒等变形为简单易于求导的形式(说得确切些是部分分式,但这里不是用待定系数法),然后再求导.类似的例子还可见(或见习题):

(1)设 $y=\dfrac{1}{x^2-5x+6}$,求 $y^{(n)}$.(大连轻工业学院,1984)

(2)设 $y=\dfrac{1}{(x-a)(x-b)(x-c)}$,其中 a,b,c 为 3 个互不相等的实数,求 $y^{(n)}$.(大连轻工业学院,1985)

注 2　求有些函数的高阶导数,有时先找出规律式,再用数学归纳法证.

有些函数定义是分段的,因而在求导时也应分段考虑.请看下面例题.

例 8　若 $F(x)=\max\{f_1(x),f_2(x)\}$,且定义域为 $(0,2)$,其中 $f_1(x)=x,f_2(x)=x^2$,试在定义域内求 $\dfrac{\mathrm{d}}{\mathrm{d}x}F(x)$.(中国科学院,1982)

解　由题设将 $F(x)=\max\{f_1(x),f_2(x)\}$ 改写成分段函数,有

$$F(x)=\begin{cases}x, & 0<x\leqslant 1\\ x^2, & 1<x<2\end{cases}$$

由分段函数求导公式显然有

$$F'(x)=\begin{cases}1, & 0<x<1\\ 不存在, & x=1\\ 2x, & 1<x<2\end{cases}$$

这里注意到 $F(x)$ 在 $x=1$ 处左导数 $F'(1^-)=1$,而右导数 $F'(1^+)=2$,因而 $F'(1)$ 不存在.

注　注意到下面关系式(等式)

$$\max\{f_1(x),f_2(x)\}=\frac{1}{2}\big[f_1(x)+f_2(x)+|f_1(x)-f_2(x)|\big]$$

$$\min\{f_1(x),f_2(x)\}=\frac{1}{2}\big[f_1(x)+f_2(x)-|f_1(x)-f_2(x)|\big]$$

因而绝对值问题与该问题可以互化.实际上它们属于同类问题.

当然对于函数求导来讲,这类函数的求导问题,利用上式即化为求函数绝对值的导数,此时则方便得多.比如,对于 $(0,2)$ 内的函数 $|x^2-x|=|x(x-1)|=x|x-1|$,它在 $x=1$ 处显然不可导.

下面的一个求导问题,方法是独特的.

例 9　已知 $f(t)=\left(\tan\dfrac{\pi t}{4}-1\right)\left(\tan\dfrac{\pi t^2}{4}-2\right)\cdots\left(\tan\dfrac{\pi t^{100}}{4}-100\right)$,试求 $f'(1)$.(武汉水运工程学院,1985)

解　令 $g(t)=\tan\dfrac{\pi t}{4}-1$,$h(t)=\left(\tan\dfrac{\pi t^2}{4}-2\right)\cdots\left(\tan\dfrac{\pi t^{100}}{4}-100\right)$,则

$$f(t)=g(t)\cdot h(t)$$

故
$$f'(t)=g'(t)h(t)+g(t)h'(t)$$

从而
$$f'(1)=g'(1)h(1)+g(1)h'(1)$$

而
$$g'(1)=g'(t)\Big|_{t=1}=\frac{\pi}{4}\sec^2\frac{\pi t}{4}\Big|_{t=1}=\frac{\pi}{4}\sec^2\frac{\pi}{4}=\frac{\pi}{2}$$

且　$h(1)=\left(\tan\dfrac{\pi}{4}-2\right)\cdots\left(\tan\dfrac{\pi}{4}-100\right)=(-1)(-2)\cdots(-99)=(-1)^{99}\cdot 99!=-99!$

及　$g(1)=\tan\dfrac{\pi}{4}-1=0$,又 $h'(1)$ 存在,故

$$f'(1) = \frac{-99!}{2}\pi$$

注 1 这里关键是利用了 $g(1)=0$ 这个事实而避免去求 $h'(1)$ (直接计算 $h'(t)$ 也是麻烦的),这样计算 $f'(t)$ 将简捷得多.

这个方法还可推广到一般情形:

若可导函数 $f(t)=g(t)h(t)$,且 $g(a)=0$,又 $g'(a)$,$h(a)$ 较容易计算,但 $f'(a)$ 计算较麻烦,则可用

$$f'(t) = g'(t)h(t) + g(t)h'(t)$$

计算 $f'(a)$.

注 2 类似地可用此方法解:

若 $f(x)=x(x-1)(x-2)\cdots(x-100)$,求 $f'(0)$.(无锡轻工业学院,1984)

例 10 设 $f(x)$ 在 $(-\infty,+\infty)$ 上有连续导数,则 $f(x)$ 为偶函数的充要条件是 $f'(x)$ 是奇函数.(上海科技大学,1980)

证 必要性. 由设 $f(x)$ 是偶函数,即 $f(-x)=f(x)$.

将该式两边对 x 求导得 $-f'(-x)=f'(x)$,即 $f'(-x)=-f'(x)$,故 $f'(x)$ 为奇函数.

充分性. 设 $f'(x)$ 是奇函数,即 $f'(-x)=-f'(x)$,又由 $f(x)=\int_0^x f'(t)\mathrm{d}t + f(0)$,注意到

$$\int_0^x f'(t)\mathrm{d}t = -\int_0^x f'(-t)\mathrm{d}t = \int_0^x f'(-t)\mathrm{d}(-t) = \int_0^{-x} f'(u)\mathrm{d}u$$

故 $f(x)=f(-x)$,即 $f(x)$ 为偶函数.

注 类似的试题有:

(1)设函数 $f(x)$ 可微,试证明:若 $f(x)$ 是奇函数,则 $f'(x)$ 及 $\int_0^x f(t)\mathrm{d}t$ 都是偶函数.(华南工学院,1981)

(2)证明:可微的偶函数的导函数为奇函数,而可微的奇函数的导函数为偶函数.(兰州大学,1982)

(3)$f(x)$ 为偶函数,且在 $x=0$ 处可导.求证:$f'(0)=0$.(哈尔滨工业大学,1980)

下面的例子属于参数方程求导的.

例 11 设 $x=\int_0^t a\cos t\,\mathrm{d}t$,$y=b\cos t$ $\left(0<\alpha\leqslant t\leqslant\beta<\frac{\pi}{2}\right)$,求 $\frac{\mathrm{d}^2 y}{\mathrm{d}x^2}$.(西北电讯工程学院,1984)

解 由题设 $\frac{\mathrm{d}x}{\mathrm{d}t}=a\cos t$,$\frac{\mathrm{d}y}{\mathrm{d}t}=-b\sin t$,$\frac{\mathrm{d}y}{\mathrm{d}x}=-\frac{b}{a}\tan t$,则

$$\frac{\mathrm{d}^2 y}{\mathrm{d}x^2} = \frac{\mathrm{d}\left(-\frac{b}{a}\tan t\right)}{\mathrm{d}x} = \frac{-\frac{b}{a}\sec^2 t}{a\cos t} = -\frac{b}{a^2}\sec^3 t$$

我们再来看一个求函数导数的例子,从某种意义上讲它属于隐函数求导问题.

例 12 设 $f(x)$ 满足 $af(x)+bf\left(\frac{1}{x}\right)=\frac{c}{x}$,式中 a,b,c 均为常数,且 $|a|\neq|b|$,求 $f'(x)$.(湘潭大学,1983)

解 将所给方程两边对 x 求导,有

$$af'(x)-\frac{b}{x^2}f'\left(\frac{1}{x}\right)=-\frac{c}{x^2} \tag{①}$$

再将原方程中 $\frac{1}{x}$ 替换成 x,原式变为

$$af\left(\frac{1}{x}\right)+bf(x)=cx \tag{②}$$

将其两边再对 x 求导,得

$$-\frac{a}{x^2}f'\left(\frac{1}{x}\right)+bf'(x)=c \qquad ③$$

$b×$式③$-a×$式①,得

$$(b^2-a^2)f'(x)=bc+\frac{ac}{x^2}=\frac{c(a+bx^2)}{x^2}$$

由之解得

$$f'(x)=\frac{c(a+bx^2)}{(b^2-a^2)x^2}$$

注 这里的技巧是用了以 $\frac{1}{x}$ 代 x 的替换,这是基于题设式中的形式而定的.当然也可仿上面变换先从题设及式②中解出 $f(x)$.

导数在解题中有许多应用(这一点我们后文还要叙及),这里先举一个利用导数性质证明代数式等于某个常数的例子.

例 13 试证:当 $|x|\leqslant\frac{1}{2}$ 时,$3\arccos x-\arccos(3x-4x^3)=\pi$.(陕西机械学院,1985)

证 令 $F(x)=3\arccos x-\arccos(3x-4x^3)$.

当 $|x|\leqslant\frac{1}{2}$ 时,$F'(x)=\frac{-3}{\sqrt{1-x^2}}+\frac{3}{\sqrt{1-x^2}}=0$.

故 $F(x)$ 在 $\left(-\frac{1}{2},\frac{1}{2}\right)$ 内恒为常数,即

$$3\arccos x-\arccos(3x-4x^3)=c$$

令 $x=0$,得 $c=\pi$. 故在 $\left(-\frac{1}{2},\frac{1}{2}\right)$ 内下面等式成立,即

$$3\arccos x-\arccos(3x-4x^3)=\pi$$

又容易验证,$F\left(\pm\frac{1}{2}\right)=\pi$.

故 $|x|\leqslant\frac{1}{2}$ 时,$3\arccos x-\arccos(3x-4x^3)=\pi$.

注 这种先由 $F'(x)=0$ 断定 $F(x)=c$(常数),再由某些特殊 x 值计算 $F(x)$ 得 c 的办法,在这类证明问题中是巧妙的,当然,这些特殊值应取那些使 $F(x)$ 容易计算的 x 值.

又本题亦可利用反三角函数性质,再用初等办法直接验证.此外也可以用拉普拉斯变换考虑(它似乎更简洁).

2. 中值定理问题

中值定理是微分学的一个重要内容,它有许多重要的应用,下面我们来看几个例子.

例 1 若函数 $f(x)$,$g(x)$ 在 $[a,b]$ 上连续,在 (a,b) 内可导,又 $f(a)=f(b)=0$,同时 $g(x)\neq0$,$x\in[a,b]$,则至少有一点 $\xi\in(a,b)$,使 $f'(\xi)g(\xi)=f(\xi)g'(\xi)$.(合肥工业大学,1985)

解 考虑辅助函数 $F(x)=\frac{f(x)}{g(x)}$,则 $F(x)$ 在 $[a,b]$ 上连续,在 (a,b) 内可导,且 $F(a)=F(b)=0$. 又

$$F'(x)=\frac{f'(x)g(x)-g'(x)f(x)}{g^2(x)}$$

由罗尔定理知:至少有一点 $\xi\in(a,b)$,使 $F'(\xi)=0$,即

$$f'(\xi)g(\xi)-f(\xi)g'(\xi)=0$$

例 2 设函数 $f(x)$,$g(x)$,$h(x)$ 在 $[a,b]$ 上连续,在 (a,b) 内可导,试证:在 (a,b) 内至少有一点 ξ,使

$$\begin{vmatrix} f'(\xi) & g'(\xi) & h'(\xi) \\ f(a) & g(a) & h(a) \\ f(b) & g(b) & h(b) \end{vmatrix}=0 \qquad (*)$$

且由此导出拉格朗日和柯西中值定理.(南京大学、南京林产学院、陕西机械学院,1982)

证　考虑辅助函数

$$F(x)=\begin{vmatrix} f(x) & g(x) & h(x) \\ f(a) & g(a) & h(a) \\ f(b) & g(b) & h(b) \end{vmatrix}$$

由题设,有 $F(x)$ 在$[a,b]$上连续,在(a,b)内可导,且易验得 $F(a)=F(b)=0$(行列式有两行相等).

由罗尔定理知,在(a,b)内至少有一点 ξ 使 $F'(\xi)=0$,即命题式(*)成立.

又在式(*)中,令 $g(x)\equiv x,h(x)\equiv 1$,则有

$$\begin{vmatrix} f(\xi) & 1 & 0 \\ f(a) & a & 1 \\ f(b) & b & 1 \end{vmatrix}=f'(\xi)(a-b)-[f(a)-f(b)]=0$$

即 $f'(\xi)=\dfrac{f(b)-f(a)}{b-a}$,$\xi\in(a,b)$,此即拉格朗日公式(定理).

在式(*)中令 $h(x)\equiv 1$,仿上则有

$$\frac{f'(\xi)}{g'(\xi)}=\frac{f(b)-f(a)}{g(b)-g(a)} \qquad \xi\in(a,b)$$

这里 $g'(\xi)\neq 0,g(a)\neq g(b)$,此即柯西公式(定理).

注1　此题可视为中值定理的推广.这里还利用了行列式的性质去造辅助函数.

注2　此命题还可稍加推广:

设常数 $a<b<c$,又函数 $f(x)$ 在$[a,b]$上有二阶导数 $f''(x)$.试证明:必有一点 $\xi\in(a,b)$ 使 $\dfrac{f(a)}{(a-b)(a-c)}+\dfrac{f(b)}{(b-a)(b-c)}+\dfrac{f(c)}{(c-a)(c-b)}=\dfrac{f''(\xi)}{2}$.(山东工学院,1981)

这只需考虑辅助函数

$$F(x)=\begin{vmatrix} 1 & x & x^2 & f(x) \\ 1 & a & a^2 & f(a) \\ 1 & b & b^2 & f(b) \\ 1 & c & c^2 & f(c) \end{vmatrix}$$

即可.

注3　下面的命题只是本题结论的特殊情形:

设 $e<a<b$(其中 e 为欧拉数),试证:在区间(a,b)内存在唯一的点 ξ,使

$$\begin{vmatrix} a & e^{-b} & \ln a \\ b & e^{-b} & \ln b \\ 1 & e^{-\xi} & \xi^{-1} \end{vmatrix}=0$$

(阜新煤矿学院等六院校,1985)

这里应注意"唯一性"的证明.

注4　由上两例解法可见,解答这类问题的关键是造辅助函数;而辅助函数造法通常是依据题设条件,考虑要证的结论及现有定理.

下面的一些例子的解法也是如此.造辅助函数问题,我们在后面章节还要介绍.

例3　设函数 $f(x)$ 在$[x_1,x_2]$上可导,且 $0<x_1<x_2$.试证:在(x_1,x_2)内至少存在一点 ξ 使

$$\frac{1}{x_1-x_2}\begin{vmatrix} x_1 & x_2 \\ f(x_1) & f(x_2) \end{vmatrix}=f(\xi)-\xi f'(\xi)$$

(西安矿业学院,1984)

证 设 $F(x) = \dfrac{f(x)}{x}, G(x) = \dfrac{1}{x}$.

由题设知,$F(x), G(x)$ 在 $[x_1, x_2]$ 上连续,且在 (x_1, x_2) 内可导,又 $G'(x) = \dfrac{-1}{x^2} \neq 0$. 由柯西中值定理知,在 (x_1, x_2) 内至少有一点 ξ 使

$$\frac{F(x_2) - F(x_1)}{G(x_2) - G(x_1)} = \frac{F'(\xi)}{G'(\xi)}$$

再注意到恒等式

$$\frac{1}{x_1 - x_2} \begin{vmatrix} x_1 & x_2 \\ f(x_1) & f(x_2) \end{vmatrix} = \frac{F(x_2) - F(x_1)}{G(x_2) - G(x_1)}$$

及

$$\frac{F'(\xi)}{G'(\xi)} = f(\xi) - \xi f'(\xi)$$

(注意到 x_1, ξ, x_2 均不为零),从而命题得证.

注 下面的命题显然是本例的特殊情形.

设 $0 < a < b$,则存在 $\xi \in (a, b)$ 使 $b \ln a - a \ln b = (b - a)(\ln \xi - 1)$. (西北工业大学,1985)

例 4 设 $f(x)$ 在 $[a, b]$ 上连续 $(a > 0)$,在 (a, b) 内可导,且 $f'(x) \neq 0$. 证明:存在 $\xi, \eta \in (a, b)$ 使 $f'(\xi) = \dfrac{a + b}{2\eta} f'(\eta)$. (长沙铁道学院、阜新矿业学院等六院校,1985)

证 作函数 $g(x) = x^2$. 由于 $a > 0$,则 $f(x), g(x)$ 在 $[a, b]$ 上满足柯西定理条件,故有 $\eta \in (a, b)$ 使

$$\frac{f(b) - f(a)}{b^2 - a^2} = \frac{f'(\eta)}{2\eta} \Rightarrow \frac{f(b) - f(a)}{b - a} = \frac{a + b}{2\eta} f'(\eta)$$

又 $f(x)$ 在 $[a, b]$ 上满足拉格朗日定理条件,故有 $\xi \in (a, b)$ 使

$$\frac{f(b) - f(a)}{b - a} = f'(\xi)$$

再由上式可有 $f'(\xi) = \dfrac{a + b}{2\eta} f'(\eta)$.

注 本题用了柯西和拉格朗日中值定理,且造了辅助函数 $g(x)$,目的是为了凑出 $\dfrac{a + b}{2\eta}$.

例 5 设函数 $f(x)$ 在 $[a, b]$ 上连续,在 (a, b) 内可导,并且 $f(a)f(b) > 0, f(a)f\left(\dfrac{a+b}{2}\right) < 0$. 试证:至少有一点 $\xi \in (a, b)$ 使得 $f'(\xi) = f(\xi)$. (西安交通大学,1986)

证 作辅助函数 $F(x) = e^{-x} f(x), x \in [a, b]$,则 $F(x)$ 与 $f(x)$ 同号.

故有 $F(a)F(b) > 0$ 及 $F(a)F\left(\dfrac{a+b}{2}\right) < 0$.

无妨设 $F(a) > 0, F(b) > 0$,则 $F\left(\dfrac{a+b}{2}\right) < 0$.

故有 $\xi_1 \in \left(a, \dfrac{a+b}{2}\right), \xi_2 \in \left(\dfrac{a+b}{2}, b\right)$,使 $F(\xi_1) = F(\xi_2) = 0$.

从而由罗尔定理,有 $\xi \in (\xi_1, \xi_2)$ 使 $F'(\xi) = 0$.

即 $e^{-\xi} f'(\xi) - e^{-\xi} f(\xi) = 0$,亦即 $f(\xi) = f'(\xi), \xi \in (a, b)$.

下面我们谈谈微分中值定理应用方面的例子.

例 6 设 $f(x) = \begin{cases} |x|, & x \neq 0 \\ 1, & x = 0 \end{cases}$,证明:不存在一个函数以 $f(x)$ 为其导函数. (中国科学院,1983)

证 反证法. 若存在 $F(x)$,使 $F'(x) = f(x)$,那么,一方面

$$F'(0) = \lim_{x \to 0} \frac{F(x) - F(0)}{x} = f(0) = 1$$

另一方面,由 $F(x)$ 可导,则由微分中值定理有

$$\frac{F(x)-F(0)}{x}=F'(\xi)=f(\xi) \quad 0<|\xi|<|x|$$

故

$$\lim_{x\to 0}\frac{F(x)-F(0)}{x}=\lim_{x\to 0}f(\xi)=\lim|\xi|$$

而当 $x\to 0$ 时, $\xi\to 0$,即有 $|\xi|\to 0$.

从而, $F'(0)=\lim_{x\to 0}\frac{F(x)-F(0)}{x}=\lim|\xi|=0$. 与上矛盾!故前设不真.

例 7　设 $f(x)$ 在闭区间 $[0,1]$ 可微,且满足条件: $f(0)=0$, $|f'(x)|\leqslant\frac{1}{2}|f(x)|$. 试证:在闭区间 $[0,1]$ 上, $f(x)\equiv 0$. (西安交通大学,1983)

证　由题设 $f(0)=0$,又由题设及拉格朗日中值定理,有

$$|f'(x)|\leqslant\frac{1}{2}|f(x)|=\frac{1}{2}|f(x)-f(0)|=\frac{1}{2}|x\cdot f'(\xi_1)|$$

$$=\frac{1}{2}|x||f'(\xi_1)|=\frac{1}{2}x|f'(\xi_1)| \quad x\in[0,1],0<\xi\leqslant x$$

即

$$|f'(x)|\leqslant\frac{1}{2}x|f'(\xi_1)|$$

同理

$$|f'(\xi_1)|\leqslant\frac{1}{2}\xi_1|f'(\xi_2)| \quad 0<\xi_2<\xi_1$$

$$|f'(\xi_2)|\leqslant\frac{1}{2}\xi_2|f'(\xi_3)| \quad 0<\xi_3<\xi_2$$

故

$$|f'(x)|\leqslant\frac{1}{2^3}x\xi_1\xi_2|f'(\xi_3)|$$

归纳地可以有

$$|f'(x)|\leqslant\frac{1}{2^n}x\xi_1\xi_2\cdots\xi_{n-1}|f'(\xi_n)|\leqslant\frac{1}{2^n}x\xi_1\xi_2\cdots\xi_{n-1}\cdot\frac{1}{2}|f(\xi_n)|$$

$$=\frac{1}{2^{n+1}}x\xi_1\xi_2\cdots\xi_{n-1}|f(\xi_n)| \tag{$*$}$$

这里 $0<\xi_n<\xi_{n-1}<\cdots<\xi_2<\xi_1<x\leqslant 1$.

又 $f(x)$ 在 $[0,1]$ 上可微,故 $f(x)$ 在其上连续,且 x 与 $\xi_i(i=1,2,\cdots)$ 有界.同时,由 $f(x)=0$,有

$$\lim_{\substack{n\to\infty\\(\xi_n\to 0)}}f(\xi_n)=f(0)=0$$

由夹逼准则,对式 $(*)$ 令 $n\to\infty$,有

$$f'(x)=0 \quad x\in[0,1]$$

故 $f(x)=c$,注意到 $f(0)=0$,从而 $f(x)\equiv 0,x\in[0,1]$.

3. 方程根的问题

利用连续函数性质及微分性质,还可判断某些方程的实根个数.

例 1　若 $a^2-3b<0$,则方程 $f(x)\equiv x^3+ax^2+bx+c$ 只有唯一的实根. (北京邮电学院,1983;湖南大学,1984)

证　$f(x)$ 是三次多项式,由实系数多项式复根成对出现的结论知它至少有一实根.另外, $f'(x)=3x^2+2ax+b$,其判别式 $\Delta=4a^2-12b=4(a^2-3b)<0$,故 $f'(x)=0$ 无实根,即 $f'(x)$ 在 $(-\infty,+\infty)$ 内符号恒定.

由 $x\to\pm\infty$ 时, $f'(x)=x^2\left(3+\frac{2a}{x}+\frac{b}{x^2}\right)\to+\infty$,知 $f'(x)>0,x\in(-\infty,+\infty)$.

因此 $f(x)$ 在 $(-\infty,+\infty)$ 上严格增加,从而 $f(x)=0$ 仅有唯一实根.

注 本题亦可直接由三次方程求根公式即卡当(Cardano)公式去判断.

严格地讲,题设条件应为 $f(x)$ 是实系数三次多项式.

例2 设 $f(x)$ 在 $[a,b]$ 上连续,且 $f(x)>0$,又 $G(x)=\int_a^x f(t)\mathrm{d}t+\int_b^x \frac{1}{f(t)}\mathrm{d}t$. 试证:(1) $G'(x)\geqslant 2$;

(2)方程 $G(x)=0$ 在 (a,b) 内有且仅有一个实根.(上海机械学院,1979;昆明工学院,1982;无锡轻工业学院,1983;国防科技大学,1985)

证 (1)由题设有(注意到 $f(x)>0$)

$$G'(x)=f(x)+\frac{1}{f(x)}=\left(\sqrt{f(x)}-\frac{1}{\sqrt{f(x)}}\right)^2+2\geqslant 2$$

故
$$G'(x)\geqslant 2 \quad x\in(a,b)$$

(2)由 $G'(x)\geqslant 2>0$,故 $G(x)$ 在 (a,b) 内单调. 再注意到

$$G(a)=\int_b^a \frac{1}{f(t)}\mathrm{d}t<0 \quad (因为 a<b, \frac{1}{f(x)}>0)$$

$$G(b)=\int_a^b f(t)\mathrm{d}t>0 \quad (因为 a<b, f(x)>0)$$

故 $G(x)$ 在 (a,b) 内有且仅有一个实根.

注 (1)可直接用算术—几何平均值不等式证得,即

$$f(x)+\frac{1}{f(x)}\geqslant 2\sqrt{f(x)\cdot\frac{1}{f(x)}}=2$$

我们再来看一个例子,它是判断 $f'(x)=0$ 的根的.

例3 若函数 $f(x)$ 在 $(-\infty,+\infty)$ 内可导,又 $f(a)=f(b)=0$,且 $f'(a)<0,f'(b)<0$. 试证: $f'(x)$ 在 (a,b) 内至少有两个不同的实根.(湖南大学,1985)

证 因 $f'(a)<0$, $f(a)=0$,故

$$\lim_{x\to a+0}\frac{f(x)-f(a)}{x-a}=f'(a)<0$$

即
$$\lim_{x\to a+0}\frac{f(x)-f(a)}{x-a}<0$$

于是有点 $x_1\in\left(a,\frac{a+b}{2}\right)$ 满足 $\frac{f(x_1)}{x_1-a}<0$, 或 $f(x_1)<0$.

又由 $f'(b)<0$, $f(b)=0$,同理有 $x_2\in\left(\frac{a+b}{2},b\right)$ 使 $f(x^2)>0$.

对 $f(x)$ 在 $[x_1,x_2]$ 应用介值定理,知有 $c\in(x_1,x_2)$ 使 $f(c)=0$.

再对 $f(x)$ 分别在 $[a,c]$ 和 $[c,b]$ 上应用罗尔定理知:

至少有一点 $\xi_1\in(a,c)$ 使 $f'(\xi_1)=0$;至少有一点 $\xi_2\in(c,b)$ 使 $f'(\xi_2)=0$.

有时判断 $f(x)=0$ 的根,常须先借助辅助函数 $F(x)$,通过 $F'(x)=f(x)=0$ 根的结论,去解决 $f(x)=0$ 根的问题.

例4 若 $a_0,a_1,\cdots,a_n$ 是满足 $a_0+\frac{a_1}{2}+\cdots+\frac{a_{n-1}}{n}+\frac{a_n}{n+1}=0$ 的实数,则方程 $a_0+a_1x+a_2x^2+\cdots+a_nx^n=0$ 在 $[0,1]$ 上至少有一个实根.(山东海洋学院、南京工学院,1980;哈尔滨工业大学,1984;西安地质学院,1985)

证 考虑构造 $f(x)=\sum_{k=0}^n \frac{a_k}{k+1}x^{k+1}$,其在 $[0,1]$ 上满足罗尔定理条件,且

$$f(0)=0,f(1)=\sum_{k=0}^n \frac{a_k}{k+1}=0 \quad (题设)$$

故有点 $\xi \in (0,1)$ 使 $f'(\xi)=0$. 即 $\sum\limits_{k=0}^{n} a_k x^k = 0$ 在区间 $[0,1]$ 上至少有一实根.

注 造辅助函数对于判断方程有根问题(它多涉及微分中值定理)来讲,也是一个十分重要的手段和技巧.

例 5 设 $f(x)=a_0+a_1\cos x+a_2\cos 2x+\cdots+a_n\cos nx$,其中 $a_i(i=0,1,\cdots,n)$ 都是实数,且 $a_n>|a_0|+|a_1|+\cdots+|a_{n-1}|$.试证:$f^{(n)}(x)$ 在 $[0,2\pi]$ 内至少有 n 个实根.(长沙铁道学院,1985)

证 由题设有 $f\left(\dfrac{k\pi}{n}\right)=(-1)^k a_n+\sum\limits_{i=0}^{n-1} a_i\cos\dfrac{ik\pi}{n}$, $k=0,1,2,\cdots,2n$.

由 $a_n>\sum\limits_{i=0}^{n-1}|a_i|\geqslant\sum\limits_{i=0}^{n-1}\left|a_i\cos\dfrac{ik\pi}{n}\right|$, 故 $f\left(\dfrac{k\pi}{n}\right)$ 与 $(-1)^k a_n$ 同号.

依根的存在定理知,$f(x)=0$ 在 $[0,2\pi]$ 上至少有 $2n$ 个根,即 $x_1,x_2,\cdots,x_{2n}$,则有

$$0<x_1<\frac{\pi}{n}<x_2<\frac{2\pi}{n}<\cdots<x_{2n}<\frac{2n\pi}{n}=2\pi$$

由 $f(x_i)=0$ $(i=1,2,\cdots,2n)$,根据罗尔定理知:$f'(x)$ 在 (x_1,x_{2n}) 内至少有 $2n-1$ 个根,即 ξ_1,$\xi_2,\cdots,\xi_{2n-1}$,则有

$$x_1<\xi_1<x_2<\xi_2<\cdots<\xi_{2n-1}<x_{2n}$$

反复利用罗尔定理最后可得:$f^{(n)}(x)$ 在 $[0,2\pi]$ 内至少有 n 个实根.

注 本题亦可用数学归纳法去证.

下面的问题是求函数方程中的 $f(x)$ 问题,它可视为普通方程概念的拓广.

例 6 已知 $f(x)$ 在数轴上处处有定义,且 $f'(0)$ 存在.又对任何 x,ξ,恒有 $f(x+\xi)=f(x)+f(\xi)+2x\xi$,试求出 $f(x)$.(南京航空学院,1982)

解 取 $x=0$,由题设有 $f(0+\xi)-f(0)=f(\xi)$.

又由 $f'(0)$ 存在,故

$$\lim_{\xi\to 0}\frac{f(\xi)}{\xi}=\lim_{\xi\to 0}\frac{f(0+\xi)-f(0)}{\xi}=f'(0)$$

由题设对任何 x,有

$$\frac{f(x+\xi)-f(x)}{\xi}=\frac{f(\xi)}{\xi}+2x$$

令 $\xi\to 0$,可知 $f(x)$ 在任何点 x 处可导,且有

$$f'(x)=f'(0)+2x$$

由此,$f(x)=f'(0)\cdot x+x^2+c$. 令 $\xi=x=0$ 代入题设,得

$$f(0)=f(0)+f(0)$$

由之有 $f(0)=0$. 进而可定出常数 $c=0$. 故

$$f(x)=f'(0)x+x^2$$

注 1 下面的命题显然可视为本命题的特例:

设 $f(x)$ 在 $(-\infty,+\infty)$ 上有定义且在 $x=0$ 处连续,又对任意的 x_1,x_2 均有 $f(x_1+x_2)=f(x_1)+f(x_2)$. (1)试证:$f(x)$ 在 $(-\infty,+\infty)$ 上连续;(2)若设 $f'(0)=a$(常数),证明:$f(x)=ax$.(大连工学院,1985)

注 2 例中知 $f'(0)$ 存在而推得 $f'(x)$ 存在,注 1 中问题则是由 $f(x)$ 在 $x=0$ 连续,推证 $f(x)$ 连续.

4. 函数的单调性及不等式问题

利用微分中值定理及导数的性质,可讨论函数的单调性及证明某些不等式.

例 1 若函数 $f(0)=0$,且 $f'(x)$ 在 $(0,+\infty)$ 上单调增加,证明:$\dfrac{f(x)}{x}$ 在 $(0,+\infty)$ 上也单调增加.(华

东化工学院,1982;国防科技大学,1983;武汉测绘学院、成都科技大学,1984;同济大学等八院校,1985)

证 令 $\varphi(x)=\dfrac{f(x)}{x}$,则 $\varphi'(x)=\dfrac{f'(x)x-f(x)}{x^2}$.

又 $f(x)=f(x)-f(0)=f'(\xi)(x-0)=f'(\xi)x$, $0<\xi<x$.

因 $f'(x)$ 单增,故 $f'(\xi)\leqslant f'(x)$.

又 $x>0$,有 $f(x)\leqslant f'(x)x$,从而 $\varphi'(x)\geqslant0$.

由之 $\varphi(x)$ 单增,即 $\dfrac{f(x)}{x}$ 单增.

例 2 若 $x>0$,试证明:(1) $\sqrt{x+1}-\sqrt{x}=\dfrac{1}{2\sqrt{x+\theta}}$;(2) $\dfrac{1}{4}\leqslant\theta\leqslant\dfrac{1}{2}$. (长春地质学院,1980;吉林工业大学、武汉水利电力学院,1981).

证 (1)设 $f(x)=\sqrt{x}$,在 $[x,x+1]$ 上用拉格朗日中值定理,有

$$\sqrt{x+1}-\sqrt{x}=\frac{1}{2\sqrt{\xi}} \quad x<\xi<x+1$$

令 $\xi=x+\theta$,则 $\sqrt{x+1}-\sqrt{x}=\dfrac{1}{2\sqrt{x+\theta}}$.

(2)由 $\sqrt{x+1}-\sqrt{x}=\dfrac{1}{\sqrt{x+1}+\sqrt{x}}$,有 $\sqrt{x+1}+\sqrt{x}=2\sqrt{x+\theta}$,解得

$$\theta=\frac{1}{4}[1+2\sqrt{x^2+x}-2x]$$

注意到 $2x\leqslant2\sqrt{x^2+x}\leqslant2x+1$,有 $1\leqslant1+2\sqrt{x^2+x}-2x\leqslant2$.

故 $\dfrac{1}{4}\leqslant\dfrac{1}{4}[1+2\sqrt{x^2+x}-2x]\leqslant\dfrac{1}{2}$,即 $\dfrac{1}{4}\leqslant\theta\leqslant\dfrac{1}{2}$.

例 3 若函数 $\varphi(x)$ 及 $\psi(x)$ 是 n 阶可微的,且 $\varphi^{(k)}(x_0)=\psi^{(k)}(x_0)$, $k=1,2,\cdots,n-1$. 又 $x>x_0$ 时, $\varphi^{(n)}(x)>\psi^{(n)}(x)$.试证:当 $x>x_0$ 时, $\varphi(x)>\psi(x)$. (西安地质学院,1984)

证 令 $u^{(n-1)}(x)=\varphi^{(n-1)}(x)-\psi^{(n-1)}(x)$.

在 $[x_0,x]$ 上运用微分中值定理,有

$$u^{(n-1)}(x)-u^{(n-1)}(x_0)=u^{(n)}(\xi)\cdot(x-x_0) \quad x_0<\xi<x$$

又由设 $u^{(n)}(\xi)>0$,知 $u^{(n-1)}(x)-u^{(n-1)}(x_0)>0$.

注意到 $u^{(n-1)}(x_0)=0$,故 $u^{(n-1)}(x)>0$.

即当 $x>x_0$ 时, $\varphi^{(n-1)}(x)>\psi^{(n-1)}(x)$.

类似地可证

$$u^{(n-2)}(x)=\varphi^{(n-2)}(x)-\psi^{(n-2)}(x)>0$$

归纳地可有

$$u^{(n-3)}(x)>0, \cdots, u'(x)>0, u(x)>0$$

于是,当 $x>x_0$ 时, $\varphi(x)>\psi(x)$.

上面是利用中值定理证明不等式的例子,下面的例子也属此类.

例 4 设在 $[0,1]$ 上满足 $|f''(x)|\leqslant M$,且 $f(x)$ 在 $(0,1)$ 内取得最大值. 试证: $|f'(0)|+|f'(1)|\leqslant M$. (长春光学精密机械学院,1985)

证 因 $f'(x)$ 在 $(0,1)$ 内存在,且 $f(x)$ 在 $(0,1)$ 内取得最大值.设取得最大值的点为 $x_0\in(0,1)$,显然有 $f'(x_0)=0$.

在 $[0,x_0]$, $[x_0,1]$ 上分别应用拉格朗日中值定理于

$$f'(x_0)-f'(0)=f''(\xi_1)(x_0-0) \quad \xi_1\in(0,x_0)$$
$$f'(1)-f'(x_0)=f''(\xi_2)(1-x_0) \quad \xi_2\in(x_0,1)$$

故 $\quad f'(0)=-x_0f''(\xi_1),\ f'(1)=(1-x_0)f''(\xi_2)$

从而 $\quad |f'(0)|+|f'(1)|=|f''(\xi_1)|\cdot x_0+|f''(\xi_2)|\cdot(1-x_0)\leqslant Mx_0+M(1-x_0)=M$

注 这个命题可推广为：

设在区间 $[0,a]$ 上有 $|f''(x)|\leqslant M$，且 $f(x)$ 在 $(0,a)$ 内取得最大值．试证：$|f'(0)|+|f'(a)|\leqslant Ma$．(成都电讯工程学院、武汉水电学院，1985)

应用洛必达法则求函数极限(不定型)的例子，我们在第二章已经介绍，这里再举一例说明．

例5 设函数 $f(x)$ 具有二阶连续导数，且 $\lim\limits_{x\to0}\dfrac{f(x)}{x}=0$，又 $f''(0)=4$，求 $\lim\limits_{x\to0}\left[1+\dfrac{f(x)}{x}\right]^{\frac1x}$．(中南矿冶学院，1985)

解 由题设 $\lim\limits_{x\to0}\dfrac{f(x)}{x}=0$，可知 $\lim\limits_{x\to0}f(x)=0$．

因 $f(x)$ 有二阶连续导数，故 $\lim\limits_{x\to0}f'(x)$ 存在，于是由洛必达法则有

$$\lim_{x\to0}f'(x)=\lim_{x\to0}\frac{f(x)}{x}=0$$

由此知 $\lim\limits_{x\to0}\dfrac{f(x)}{x^2}$ 和 $\lim\limits_{x\to0}\dfrac{f'(x)}{x}$ 都是不定式极限．

再由洛必达法则及 $f''(0)=4$，有

$$\lim_{x\to0}\frac{f(x)}{x^2}=\lim_{x\to0}\frac{f'(x)}{2x}=\lim_{x\to0}\frac{f''(x)}{2}=2$$

故
$$\lim_{x\to0}\left[1+\frac{f(x)}{x}\right]^{\frac1x}=\lim_{x\to0}\left\{\left[1+\frac{f(x)}{x}\right]^{\frac{x}{f(x)}}\right\}^{\frac{f(x)}{x^2}}=e^2$$

注 这里还想再强调一下：运用洛必达法则是有条件的(详见前文)，只有在验证了式子满足法则条件时才可用．

再来看两个关于应用泰勒展开证明不等式的例子．

例6 设函数 $f(x)$ 在 (a,b) 内存在二阶导数，且 $f''(x)<0$．试证：

(1)若 $x_0\in(a,b)$，则对于 (a,b) 内的任何 x，有
$$f(x_0)\geqslant f(x)-f'(x_0)(x-x_0)$$

等号当且仅当 $x=x_0$ 时成立；

(2)若 $x_1,x_2,\cdots,x_n\in(a,b)$，且 $x_i<x_{i+1}(i=1,2,\cdots,n-1)$，则
$$f\left(\sum_{i=1}^n k_ix_i\right)>\sum_{i=1}^n k_if(x_i)$$

其中常数 $k_i>0\ (i=1,2,\cdots,n)$，且 $\sum\limits_{i=1}^n k_i=1$．(清华大学，1984)

证 (1)将 $f(x)$ 在 x_0 点展开成泰勒级数，即
$$f(x)=f(x_0)+f'(x_0)(x-x_0)+\frac{f''(\xi)}{2!}(x-x_0)^2$$

ξ 在 x_0 与 x 之间．

由题设 $f''(x)<0,x\in(a,b)$，故有
$$\frac{f''(\xi)}{2!}(x-x_0)^2\leqslant0 \quad (\text{等号当且仅当 }x=x_0\text{ 时成立})$$

于是 $f(x)\leqslant f(x_0)+f'(x_0)(x-x_0)$，即

$$f(x_0) \geqslant f(x) - f'(x_0)(x - x_0)$$

且等号当且仅当 $x = x_0$ 时成立.

(2) 由 $x_1 = \left(\sum_{i=1}^{n} k_i\right) x_1 < \sum_{i=1}^{n} k_i x_i < \left(\sum_{i=1}^{n} k_i\right) x_n = x_n$,故 $\sum_{i=1}^{n} k_i x_i \in (a, b)$.

令之为 x_0. 对 $x_i (i = 1, 2, \cdots, n)$ 利用 (1) 的结果有

$$f(x_0) \geqslant f(x_i) - f'(x_0)(x_i - x_0) \quad i = 1, 2, \cdots, n$$

等号当且仅当 $x_i = x_0$ 时成立.

注意到 $x_0 \neq x_1$ 且 $x_0 \neq x_n$,将上面诸式分别乘 $k_i (i = 1, 2, \cdots, n)$ 后再求和,有

$$\sum_{i=1}^{n} k_i f(x_0) > \sum_{i=1}^{n} k_i f(x_i) - \sum_{i=1}^{n} f'(x_0) k_i (x_i - x_0)$$

即

$$f(x_0) \sum_{i=1}^{n} k_i > \sum_{i=1}^{n} k_i f(x_i) - f'(x_0) \sum_{i=1}^{n} (k_i x_i - k_i x_0)$$

又 $\sum_{i=1}^{n} k_i = 1$,及 $\sum_{i=1}^{n} (k_i x_i - k_i x_0) = \sum_{i=1}^{n} k_i x_i - x_0 \sum_{i=1}^{n} k_i = 0$,故

$$f'(x_0) > \sum_{i=1}^{n} k_i f(x_i)$$

即

$$f\left(\sum_{i=1}^{n} k_i x_i\right) > \sum_{i=1}^{n} k_i f(x_i)$$

注　问题 (2) 中不等式实际上是所谓凸函数的重要性质,关于凸函数请参考相应文献. 显然下面的命题只是本例结论的特殊情形:

设导函数 $f''(x)$ 在区间 (a, b) 内恒正,又 $a < x_1 < x_2 < b$, $0 < k < 1$,则 $kf(x_1) + (1-k)f(x_2) > f[kx_1 + (1-k)x_2]$. (同济大学,1983)

例 7　设 $f(x) = \sum_{k=1}^{n} a_k \sin kx$,其中 $a_i (1 \leqslant i \leqslant n)$ 均为实数,n 是正整数. 又对一切实数 x 有 $|f(x)| \leqslant |\sin x|$. 证明:$\left|\sum_{k=1}^{n} k a_k\right| \leqslant 1$. (无锡轻工业学院,1986)

证　由题设有 $f'(x) = \sum_{k=1}^{n} k a_k \cos kx$,故 $f'(0) = \sum_{k=1}^{n} k a_k$.

又 $|f'(0)| = \lim_{x \to 0} \left|\frac{f(x) - f(0)}{x - 0}\right| = \lim_{x \to 0} \left|\frac{f(x)}{x}\right| \leqslant \lim_{x \to 0} \left|\frac{\sin x}{x}\right| = 1$. 故

$$\left|\sum_{k=1}^{n} k a_k\right| \leqslant 1$$

例 8　函数 $f(x)$ 有二阶导数,且 $f(0) = f(1) = 0$,又 $\max_{0 \leqslant x \leqslant 1}\{f(x)\} = 2$. 试证: $\min_{0 \leqslant x \leqslant 1}\{f''(x)\} \leqslant -16$. (西北工业大学,1984)

证　设 $x_0 \in (0, 1)$ 是 $f(x)$ 的最大值点,即 $f(x_0) = 2$.

又由题设它显然是 $f(x)$ 的极大值点,故 $f'(x_0) = 0$.

将 $f(x)$ 在 x_0 处进行一阶泰勒展开,则有

$$f(x) = f(x_0) + f'(x_0)(x - x_0) + \frac{f''[x_0 + \theta(x - x_0)]}{2!}(x - x_0)^2$$

$$= 2 + \frac{1}{2} f''[x_0 + \theta(x - x_0)](x - x_0)^2 \quad x \in [0, 1], 0 < \theta < 1$$

而 $x = 0$,$x = 1$ 时代入上式分别有

$$0 = 2 + \frac{1}{2} f''(x_0 - \theta_0 x_0) x_0^2 \quad 0 < \theta_0 < 1$$

$$0=2+\frac{1}{2}f''[x_0+\theta_1(1-x_0)](1-x_0)^2 \quad 0<\theta_1<1$$

即

$$f''(x_0-\theta_0 x_0)=-\frac{4}{x_0{}^2}$$

和

$$f''[x_0+\theta_1(1-x_0)]=-\frac{4}{(1-x_0)^2}$$

故当 $0<x_0<\frac{1}{2}$ 时,有 $f''(x_0-\theta_0 x_0)\leqslant-16$,且 当 $\frac{1}{2}<x_0<1$ 时,有 $f''[x_0+\theta_1(1-x_0)]\leqslant-16$.

注意到,$x_0-\theta_0 x_0=(1-\theta_0)x_0\in(0,1)$ 且 $x_0+\theta_1(1-x_0)\in(0,1)$,从而

$$\min_{0\leqslant x\leqslant1}\{f''(x)\}\leqslant-16$$

下面的例子也属此类问题.

例 9 设函数 $f(x)$ 在 x_0 的一个邻域内存在四阶导数,且 $|f^{(4)}(x)|\leqslant M$. 证明:对于此邻域内异于 x_0 的任何 x 均有

$$\left|f''(x_0)-\frac{f(x)-2f(x_0)+f(x^*)}{(x-x_0)^2}\right|\leqslant\frac{M}{12}(x-x_0)^2$$

其中 x^* 与 x 是关于 x_0 点对称的.(清华大学,1982)

证 由 $f(x)$ 的泰勒展开,可有

$$f(x)=f(x_0)+f'(x_0)(x-x_0)-\frac{f''(x_0)}{2!}(x-x_0)^2+\frac{f'''(x_0)}{3!}(x-x_0)^3+\frac{f^{(4)}(\xi)}{4!}(x-x_0)^4$$

由 x^* 与 x 关于 x_0 对称,故

$$f(x^*)=f(x_0)+f'(x_0)(x^*-x_0)+\frac{f''(x_0)}{2!}(x^*-x_0)^2+$$

$$\frac{f'''(x_0)}{3!}\cdot(x^*-x_0)^3+\frac{f^{(4)}(\xi^*)}{4!}(x^*-x_0)^4$$

其中 ξ 在 x_0 与 x 之间,ξ^* 在 x_0 与 x^* 之间.将上两式相加,注意到 $x-x_0=-(x^*-x_0)$,有

$$f(x)+f(x^*)=2f(x_0)+f''(x_0)(x-x_0)^2+\frac{1}{4!}[f^{(4)}(\xi)+f^{(4)}(\xi^*)](x-x_0)^4$$

因 $x\neq x_0$,故由上式有

$$\left|f''(x_0)-\frac{f(x)-2f(x_0)+f(x^*)}{(x-x_0)^2}\right|=\frac{1}{4!}|f^{(4)}(\xi)+f^{(4)}(\xi^*)|(x-x_0)^2$$

又因为 $|f^{(4)}(x)|\leqslant M$,则 $|f^{(4)}(\xi)+f^{(4)}(\xi^*)|\leqslant2M$,故

$$\left|f''(x_0)-\frac{f(x)-2f(x_0)+f(x^*)}{(x-x_0)^2}\right|\leqslant\frac{1}{12}M(x-x_0)^2$$

例 10 若 $x>-1$,证明:当 $0<\alpha<1$ 时有 $(1+x)^\alpha<1+\alpha x$;当 $\alpha<0$ 或 $\alpha>1$ 时有 $(1+x)^\alpha>1+\alpha x$. (南京工学院,1982)

证 令 $f(x)=(1+x)^\alpha$,则有

$$f'(x)=\alpha(1+x)^{\alpha-1},f''(x)=\alpha(\alpha-1)(1+x)^{\alpha-2}$$

由 $f(x)$ 的泰勒展开式

$$f(x)=f(0)+f'(0)x+\frac{f''(\xi)}{2!}x^2 \quad \xi\in(0,1)$$

当 $x>-1,0<\alpha<1$ 时,$\alpha(\alpha-1)<0,1+\xi>0$.

从而 $\frac{f''(\xi)}{2!}<0$,故 $f(x)<f(0)+f'(0)x$,即

$$(1+x)^\alpha<1+\alpha x$$

类似地可证 $x>-1,\alpha<0$ 或 $\alpha>1$ 时,有

$$(1+x)^a>1+\alpha x$$

注　这也是一个造辅助函数达到解题目的的例子.此外本题还可用求函数极值的办法证明.

例 11　利用 $f(x)=(1+x)^m$ 在 $x=0$ 点的 n 阶泰勒公式,将函数 $g(x)=\dfrac{1+x+x^2}{1-x+x^2}$ 按 x 的正整数幂展开到含 x^4 项为止,且求 $g^{(4)}(0)$ 的值.(武汉钢铁学院,1983)

解　先将题设式变形后再按公式展开,有

$$
\begin{aligned}
g(x)&=1+\frac{2x}{1-x+x^2}=1+\frac{2x}{1-(x-x^2)}\\
&=1+2x[1+(x-x^2)+(x-x^2)^2+(x-x^2)^3+o(x^3)]\\
&=1+2x+2x^2-2x^4+o(x^4)
\end{aligned}
$$

由上式不难有,$g^{(4)}(0)=-2\times4!=-48$.

注　这种通过恒等变形使式子变为特定形状后,再利用某些熟知的结论(这里利用 $\dfrac{1}{1+t}$ 幂级数的间接展开法)常可使演证过程简化,类似的例子我们后面还会看到.此外还要注意:$\dfrac{g^{(4)}(0)}{4!}=-2$.

5. 函数的极(最)值问题

微分学还有一个重要内容,即求函数极(最)值.

例 1　设 $f(x)=\left(1+x+\dfrac{x^2}{2!}+\cdots+\dfrac{x^n}{n!}\right)e^{-x}$,其中 n 是正整数,求 $f(x)$ 的极值.(无锡轻工业学院,1985)

解　由题设及函数极值存在的必要条件先求

$$f'(x)=\left(1+x+\frac{x^2}{2!}+\cdots+\frac{x^n}{n!}\right)'e^{-x}+\left(1+x+\frac{x^2}{2!}+\cdots+\frac{x^n}{n!}\right)(e^{-x})'=-\frac{x^n}{n!}e^{-x}$$

令 $f'(x)=0$,得驻点 $x=0$.

当 n 是偶数时,$f'(x)<0$ $(x\neq0)$,故 $f(x)$ 在 $x=0$ 处无极值;当 n 是奇数时,由

$$f'(x)\text{的符号}\begin{cases}>0,&x<0\text{ 时}\\<0,&x>0\text{ 时}\end{cases}$$

知 $f'(x)$ 在 $x=0$ 处变号,故 $f(x)$ 在 $x=0$ 处取得极大值 $f(0)=1$.

例 2　求 $I=\displaystyle\int_0^x(1+y)\arctan y\,dy$ 的极小值.(安徽工学院,1982)

解　由　$\dfrac{dI}{dx}=\dfrac{d}{dx}\left(\displaystyle\int_0^x(1+y)\arctan y\,dy\right)=(1+x)\arctan x=0$,得驻点 $x=0$ 和 $x=-1$.

再考虑 $\dfrac{d^2I}{dx^2}=\arctan x+\dfrac{1+x}{1+x^2}$.

又 $I''(0)-1>0$,$I''(-1)=-\dfrac{\pi}{4}<0$,故所求函数的极小值为

$$I(0)=\int_0^0(1+y)\arctan y\,dy=0$$

例 3　设 $f(x)$ 是定义于 $x\geqslant1$ 上的正值函数,试求:$F(x)=\displaystyle\int_1^x\left\{\left(\dfrac{2}{x}+\ln x\right)-\left(\dfrac{2}{t}+\ln t\right)\right\}f(t)dt$ $(x\geqslant1)$ 的极值.(太原工业大学,1985)

解　由函数极值存在的必要条件,对 $F(x)$ 求导,有

$$
\begin{aligned}
F'(x)&=\frac{d}{dx}\left\{\left(\frac{2}{x}+\ln x\right)\int_1^x f(t)dt-\int_1^x\left(\frac{2}{t}+\ln t\right)f(t)dt\right\}\\
&=\left(-\frac{2}{x^2}+\frac{1}{x}\right)\int_1^x f(t)dt+\left(\frac{2}{x}+\ln x\right)f(x)-\left(\frac{2}{x}+\ln x\right)f(x)
\end{aligned}
$$

$$= \left(-\frac{2}{x^2} + \frac{1}{x} \right) \int_1^x f(t) \mathrm{d}t$$

由题设,$f(x)$ 在 $x \geqslant 1$ 上是正值函数,故

$$\int_1^x f(t) \mathrm{d}t > 0$$

令 $F'(x) = 0$,有 $-\frac{2}{x^2} + \frac{1}{x} = 0$,即 $\frac{x-2}{x^2} = 0$,有 $x = 2$.

当 $x < 2$ 时,可算得 $F'(x) < 0$;当 $x > 2$ 时,$F'(x) > 0$. 知 $F'(x)$ 在 $x = 2$ 处变号(由负变正),故 $x = 2$ 为 $F(x)$ 的极小点.

从而 $F_{\min} = F(2) = \int_1^2 \left\{ (1 + \ln 2) - \left(\frac{1}{t} + \ln t \right) \right\} f(t) \mathrm{d}t$.

注 这里并未具体算出 $F(2)$ 来,原因是 $f(t)$ 的表达式没有给出,且它也不能由题设条件求得.

下面例子是求隐函数极值问题.

例 4 试讨论由方程 $x^2 y^2 + y = 1$ $(y > 0)$ 所确定的函数 $y = y(x)$ 的极值情况,若有,试求之. (清华大学,1986).

解 将方程两边对 x 求导,有

$$2xy^2 + 2x^2 y'y + y' = 0 \implies y' = \frac{-2xy^2}{1 + 2x^2 y}$$

又

$$y'' = \frac{(-2y^2 - 4xyy')(1 + 2x^2 y) + (2x^2 y' + 4xy)(2xy^2)}{(1 + 2x^2 y)^2}$$

令 $y' = 0$ 得 $x = 0$(注意到 $y > 0$),又 $y''\big|_{x=0} = -2 < 0$.

故 $y_{\max} = y(0) = 1$.

注 讨论极值情况时,亦可不必求函数的二阶导数,而只需讨论其一阶导数在驻点 $x = 0$ 处符号的变化即可,注意 $y > 0$.

我们来看几个求函数最值的例子,它与求函数极值问题略有不同.

例 5 求函数 $I(x) = \int_2^x \frac{\ln t}{t^2 - 2t + 1} \mathrm{d}t$ 在区间 $[2, e]$ 上的最大、最小值,这里 e 为 Euler 数. (合肥工业大学,1984)

解 因

$$I'(x) = \frac{\ln x}{x^2 - 2x + 1}$$

故在区间 $[2, e]$ 上 $I'(x) > 0$,知 $I(x)$ 在 $[2, e]$ 上为单增函数,因而

$$\min_{x \in [2, e]} I(x) = \int_2^2 \frac{\ln t}{t^2 - 2t + 1} \mathrm{d}t = 0$$

$$\max_{x \in [2, e]} I(x) = \int_2^e \frac{\ln t}{t^2 - 2t + 1} \mathrm{d}t = \int_2^e \ln t \mathrm{d}\left(-\frac{1}{t-1} \right) = -\frac{\ln t}{t-1} \bigg|_2^e + \int_2^e \frac{\mathrm{d}t}{(t-1)t}$$

$$= \ln[4(e-1)] - \frac{1}{e-1}$$

注 这里利用了函数的单调性而避免求 $I(x)$ 的驻点和极值点,这对求函数的最值来讲,是简便的、可取的,但它并非对所有函数均适用.

下面的问题涉及积分,但它也属极(最)值问题.

例 6 如图 2(a)所示,问 t 取何值时,使曲边三角形 S_1 与 S_2 的和最小? 何时最大? (上海机械学院,无锡轻工业学院,1982)

解 如图 2(b)所示,A 的坐标为 (t, t^2),B 的坐标 $(1, 1)$,则

$$S_1 = t \cdot t^2 - \int_0^t x^2 \mathrm{d}x = \frac{2}{3} t^3$$

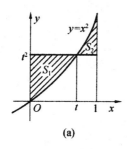
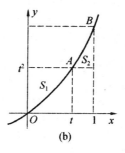

图 2

$$S_2 = \int_t^1 x^2 \, \mathrm{d}x - (1-t)t^2 = \frac{1}{3} + \frac{2}{3}t^3 - t^2$$

故

$$S_1 + S_2 = \frac{4}{3}t^3 - t^2 + \frac{1}{3} = f(t)$$

又 $f'(t) = 4t^2 - 2t = 2t(2t-1) = 0$，可解得驻点 $t=0$ 和 $t=\frac{1}{2}$.

再考虑边界点 $t=1$，则有

$$f(0) = \frac{1}{3}, f\left(\frac{1}{2}\right) = \frac{1}{4}, f(1) = \frac{2}{3}$$

由之，当 $t = \frac{1}{2}$ 时，$S_1 + S_2$ 取最小值 $\frac{1}{4}$；当 $t=1$ 时，$S_1 + S_2$ 取最大值 $\frac{2}{3}$.

注　极值与最（大、小）值是有区别的，这常需我们留心. 当然我们有时也不加区别地将函数 $y = f(x)$ 的极大（小）值和最大（小）值一律记作 $y_{\max}(y_{\min})$，但这时应与题目要求对应起来.

再来看一个有约束的二元函数的极值问题（条件极值），它是先将二元函数化为一元函数（将约束条件代入目标函数）后，再行处理的.

例 7　设 $f(x,y) = x^n y^m (m,n > 0)$ 定义在线段 $AB: x+y=a, x \geqslant 0, y \geqslant 0, a > 0$ 上. 求 $f(x,y)$ 在 AB 上的最大值.（北京钢铁学院，1982）

解　在线段 AB 上，有

$$f(x,y) = x^n y^m = x^n (a-x)^m = F(x) \qquad 0 \leqslant x \leqslant a$$

由 $F'(x) = x^{n-1}(a-x)^{m-1}(na - nx - mx) = 0$，得

$$x = \frac{na}{m+n}$$

比较 $F(x)$ 在端点 $x=0$ 和 $x=a$ 处的值，知

$$F\left(\frac{na}{n+m}\right) = \frac{n^n m^m a^{m+n}}{(m+n)^{m+n}}$$

是 $f(x,y)$ 在 AB 上的最大值.

下面的例子也与函数的极值有关：

例 8　设 $f(x)$ 是定义在闭区间 $[a,b]$ 上的连续函数，且 $f(a) = f(b) = 0$. 又设在开区间 (a,b) 内的每一点处 $f(x)$ 存在右导数 $f'_+(x)$. 试证：在 (a,b) 内存在一点 c，使 $f'_+(c) \leqslant 0$.（中国人民解放军国防科技大学，1981）

证　若 $f(x) \equiv 0$，命题显然真. 若 $f(x) \not\equiv 0$，考虑两种情况：

(1) 若 $f(c)$ 是极大值：

因 $c \in (a,b)$，在 $x > c$ 的小邻域内有 $\dfrac{f(x) - f(c)}{x - c} \leqslant 0$，故

$$f'_+(c) = \lim_{x \to c^+} \frac{f(x) - f(c)}{x - c} \leqslant 0$$

(2)若 $f(x)$ 无极大值:

即函数 $f(x)$ 的最大值仅在 a 或 b 处取得,且存在 $x_0 \in (a, b)$ 使 $f(x_0)$ 为最小值,则有 $\delta > 0$ 使 $f(x)$ 在 $(x_0 + \delta, x_0)$ 内单减.

任取 $c \in (x_0, x_0 + \delta)$,则 $c < x < x_0$ 时 $f(c) > f(x)$,这样

$$f'_+(c) = \lim_{x \to c^+} \frac{f(x) - f(c)}{x - c} \leqslant 0$$

注 利用最大、最小值来证明不等式,是不等式证明的重要手段之一. 类似的问题可见:

比较 π^e 和 e^π 的大小. (清华大学,1981)

这只需注意到 $y = \dfrac{\ln x}{x}$ 当 $y' = \dfrac{1 - \ln x}{x^2} = 0$ 时,即 $x = e$ 为其极大点,且 y 在 $[e, +\infty)$ 上单减.

由 $\pi > e$ 知 $\dfrac{\ln \pi}{\pi} > \dfrac{\ln e}{e}$,即 $\pi^e < e^\pi$.

例 9 证明:若 $0 \leqslant x \leqslant 1, p > 1$,则有 $2^{1-p} \leqslant x^p + (1-x)^p \leqslant 1$. (湖南大学,1984)

证 令 $f(x) = x^p + (1-x)^p$,$x \in [0, 1]$.

由 $f'(x) = p[x^{p-1} - (1-x)^{p-1}] = 0$,得驻点 $x = \dfrac{1}{2}$.

又 $f\left(\dfrac{1}{2}\right) = \dfrac{1}{2^{p-1}}$,$f(0) = f(1) = 1$,故

$$\max_{0 \leqslant x \leqslant 1} f(x) = 1, \ \min_{0 \leqslant x \leqslant 1} f(x) = 2^{1-p}$$

从而 $$2^{1-p} \leqslant x^p + (1-x)^p \leqslant 1$$

利用函数极、最值性质还可以证明一些等式问题.

例 10 设 $f(x)$ 与 $g(x)$ 在 $(-\infty, +\infty)$ 内有定义,$f'(x)$ 与 $f''(x)$ 存在,且满足关系式:$f''(x) + f'(x)g(x) - f(x) = 0$. 若 $f(a) = f(b) = 0$ $(a < b)$,试证:当 $a \leqslant x \leqslant b$ 时,$f(x) \equiv 0$. (大连工学院,1984)

证 由设 $f(x)$ 在 $[a, b]$ 上连续,则它在 $[a, b]$ 上有最大、最小值,今分别记为 M, m.

若 $f(x) \not\equiv 0, x \in [a, b]$,则 M, m 至少有一不为 0. 今设 $M \neq 0$,则 $M > 0$(注意到 $f(a) = f(b) = 0$),且存在 $\xi \in (a, b)$,使 $f(\xi) = M > 0$,$f'(\xi) = 0$.

由设有 $f''(\xi) - g(\xi)f'(\xi) - f(\xi) = 0$,即 $f''(\xi) = f(\xi) = M > 0$.

于是 $f(\xi)$ 在 ξ 处取得极小值,这与前设 $M = \max\{f(x) | x \in [a, b]\}$ 相抵!

从而 $f(x) \equiv 0$,$x \in [a, b]$.

注 1 本例中 $g(x)$ 可为任意在 $(-\infty, +\infty)$ 有定义的函数.

注 2 显然下面的问题只是它的特例:

设 $f(x)$ 在 $[a, b]$ 上有连续二阶导数,且满足方程 $f''(x) + (1-x)^2 f'(x) - f(x) = 0$. 证明:若 $f(a) = f(b) = 0$,则 $f(x)$ 在 $[a, b]$ 上恒为 0. (广西大学,1981)

例 11 对于所有的实数 x,求下式的最小值

$$|\sin x + \cos x + \tan x + \cot x + \sec x + \csc x|$$

(美国 Putnam Exam,2003)

解 由题设及三角函数公式有

$$\tan x + \cot x + \sec x + \csc x = \frac{1 + \sin x + \cos x}{\sin x \cos x}$$

$$= \frac{(\sin x + \cos x + 1)(\sin x + \cos x - 1)}{(\sin x \cos x)(\sin x + \cos x - 1)} = \frac{2}{\sin x + \cos x - 1}$$

这样,问题中的表达式即为 $f(t)=1+t+\dfrac{2}{t}$ 形式,其中 $t=\sin x+\cos x-1$.

由于 $\sin x+\cos x=\sqrt{2}\sin\left(x+\dfrac{\pi}{4}\right)$,故只考虑在 $[-\sqrt{2}-1,\sqrt{2}-1]$ 中的 t 值.

因为 $f'(t)=1-\dfrac{2}{t^2}$,所以 f 在 $(0,\sqrt{2}-1]$ 中是减函数.这样,若 $t>0$,则

$$f(t)\geqslant 1+\sqrt{2}-1+\dfrac{2}{\sqrt{2}-1}=2+3\sqrt{2}$$

另一方面,若 $t<0$,则 f 在 $[-\sqrt{2}-1,-\sqrt{2}]$ 上单增,并在 $[-\sqrt{2},0)$ 上单减.于是,对于 $t<0$,有 $f(t)\leqslant 1-2\sqrt{2}$,当 $t=-\sqrt{2}$ 时等号成立.

综上有 $|f(t)|\geqslant 2\sqrt{2}-1$.

6. 函数的性态、图象及导数的几何应用

我们看一个利用微分性质,讨论函数曲线的性状及作出草图的例子.

例 1　试描出由 $x^2-x^4+x^6-\cdots+(-1)^{n-1}x^{2n}+\cdots$ 所确定的函数图象.(郑州工学院,1982)

解　由 $x^2-x^4+x^6-\cdots+(-1)^{n-1}x^{2n}+\cdots=\dfrac{x^2}{1+x^2}$,$|x|<1$,今设 $f(x)=\dfrac{x^2}{1+x^2}$(其中 $|x|<1$),则由 $f(-x)=f(x)$,知图象关于 Oy 轴对称.

又由 $f'(x)=\dfrac{2x}{(1+x^2)^2}$,$f''(x)=\dfrac{2-6x^2}{(1+x^2)^3}$,令 $f'(x)=0$,得驻点 $x=0$.(可判断函数极值)令 $f''(x)=0$,得 $x=\pm\dfrac{\sqrt{3}}{3}$.(可判断函数拐点)

综上结果可有:

x	$f'(x)$	$f''(x)$	$f(x)$	$y=f(x)$
$\left(-1,-\dfrac{\sqrt{3}}{3}\right)$	$-$	$-$	$\searrow$	下凹
$-\dfrac{\sqrt{3}}{3}$		3	$\dfrac{1}{4}$	拐点
$\left(-\dfrac{\sqrt{3}}{3},0\right)$	$-$	$+$	$\searrow$	上凹
0	0	$+$	0	极小
$\left(0,\dfrac{\sqrt{3}}{3}\right)$	$+$	$+$	$\nearrow$	上凹
$\dfrac{\sqrt{3}}{3}$		0	$\dfrac{1}{4}$	拐点
$\left(\dfrac{\sqrt{3}}{3},1\right)$	$-$	$-$	$\nearrow$	下凹

这样可作图 3.

例 2　求函数 $y=xe^{-x^2}$ 的极值及该函数图形的凹凸区间和拐点.(同济大学等华东六省一市部分院校联合命题,1986)

解　令 $y'=(1-2x^2)e^{-x^2}=0$,得驻点 $x=\pm\dfrac{1}{\sqrt{2}}$.

又 $y''=2x(2x^2-3)e^{-x^2}$,且 $y''|_{x=\frac{1}{\sqrt{2}}}<0$,$y''|_{x=-\frac{1}{\sqrt{2}}}>0$,则

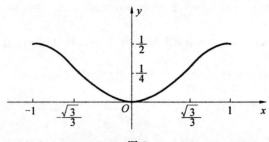

图 3

$$y_{\max} = y\left(\frac{1}{\sqrt{2}}\right) = \frac{1}{\sqrt{2}}e^{-\frac{1}{2}}, \quad y_{\min} = y\left(\frac{-1}{\sqrt{2}}\right) = -\frac{1}{\sqrt{2}}e^{-\frac{1}{2}}$$

令 $y''=0$, 求得 $x=0,\pm\sqrt{\frac{3}{2}}$. 故有:

区 间	$\left(-\infty,-\sqrt{\frac{3}{2}}\right)$	$\left(-\sqrt{\frac{3}{2}},0\right)$	$\left(0,\sqrt{\frac{3}{2}}\right)$	$\left(\sqrt{\frac{3}{2}},+\infty\right)$
y''的符号	<0	>0	<0	>0
y 图形凹凸	凸区间	凹区间	凸区间	凹区间

又 $(0,0)$, $\left(-\sqrt{\frac{3}{2}},-\sqrt{\frac{3}{2}}e^{-\frac{3}{2}}\right)$, $\left(\sqrt{\frac{3}{2}},\sqrt{\frac{3}{2}}e^{-\frac{3}{2}}\right)$ 为该函数图形的拐点.

注 这里 $y_{\max},y_{\min}$ 表示该函数的极大、极小值(而非最大、最小值).

下面的例子是求函数解析式(或曲线方程)的,它是函数图象问题的"反问题".关于这类问题我们曾在"函数、极限、连续"一章遇到过,后面(如"微分方程"一章)还将会遇到,所不同的是,它们使用了各自的方法.

例3 确定一个六次有理函数,使其曲线关于纵轴对称,在$(1,1)$处有拐点,且该点处有水平切线,并在原点与横轴相切.(兰州大学,1982)

解 由于曲线为六次有理函数,且关于纵(Oy)轴对称,故可设

$$f(x) = ax^6 + bx^4 + cx^2 + d$$

又由题设知

$$f(0) = d = 0, f(1) = a + b + c = 1, f'(1) = 6a + 4b + 2c = 0, f''(1) = 30a + 12b + 2c = 0$$

解上述方程组得: $a=1,b=-3,c=3,d=0$.

故所求曲线为 $f(x)=x^6-3x^4+3x^2$.

最后我们来看几个关于函数曲率半径的例子.

例4 求曲线 $F(x,y)=0$ 在 $M(x,y)$ 处的曲率半径.(湖南大学,1982)

解 将 $F(x,y)=0$ 两边对 x 微导有 $F_x + F_y \cdot y' = 0$.

故 $y'=-\dfrac{F_x}{F_y}$. (这里 F_x 表示 F'_x,本书有时省去了"′",其余类同)从而

$$y'' = -\frac{(F_{xx}+F_{xy}\cdot y')F_y - F_x(F_{yx}+F_{yy}\cdot y')}{F_y^2} = -\frac{F_{xx}F_y - F_{xy}F_x + (F_{xy}F_y - F_{yy}F_x)y'}{F_y^2}$$

$$= -\frac{F_{xx}F_y^2 - 2F_{xy}F_xF_y + F_{yy}F_x^2}{F_y^3}$$

这里是将 $y'=-\dfrac{F_x}{F_y}$ 代入了前式中. 又

$$1+y'^2=1+\left(-\frac{F_x}{F_y}\right)^2=\frac{F_x^2+F_y^2}{F_y^2}$$

从而曲率半径

$$R=\left|\frac{(1+y'^2)^{\frac{3}{2}}}{y''}\right|=\left|\frac{(F_x^2+F_y^2)^{\frac{3}{2}}}{F_{xx}F_y^2-2F_{xy}F_xF_y+F_{yy}F_x^2}\right|$$

例 5　证明平面曲线为圆周的充要条件是其曲率半径为常数.(上海交通大学,1984)

证　必要性.设圆周方程为 $x^2+y^2=a^2$,两边对 x 微导,有

$$2x+2yy'=0\ \Rightarrow\ y'=-\frac{x}{y}$$

故

$$y''=-\frac{y-xy'}{y^2}=-\frac{x^2+y^2}{y^3}=-\frac{a^2}{y^3}$$

其曲率半径

$$R=\left|\frac{(1+y'^2)^{\frac{3}{2}}}{y''}\right|=\left|\frac{\left[1+\left(-\frac{x}{y}\right)^2\right]^{\frac{3}{2}}}{-\frac{a^2}{y^3}}\right|=a$$

充分性.若平面曲线 $y=f(x)$ 上任一点 (x,y) 处的曲率半径均为常数 a,即

$$\left|\frac{(1+y'^2)^{\frac{3}{2}}}{y''}\right|=a$$

亦即

$$\pm ay''=(1+y'^2)^{\frac{3}{2}} \tag{*}$$

令 $y'=p$, $y''=\dfrac{\mathrm{d}p}{\mathrm{d}x}$,由式(*)有 $\pm a\dfrac{\mathrm{d}p}{\mathrm{d}x}=(1+p^2)^{\frac{3}{2}}$,即 $\dfrac{\pm a}{(1+p^2)^{\frac{3}{2}}}\mathrm{d}p=\mathrm{d}x$,两边积分有

$$\frac{\pm ap}{\sqrt{1+p^2}}=x+c_1$$

将 $p=y'$ 代回,整理后可有

$$y'=\pm\frac{x+c_1}{\sqrt{a^2-(x+c_1)^2}}$$

积分得

$$y+c_2=\mp\sqrt{a^2+(x+c_1)^2}$$

即 $(x+c_1)^2+(y+c_2)^2=a^2$,此乃圆心在 $(-c_1,-c_2)$,半径为 a 的圆周.

注　在证明必要性时,设圆周方程为 $(x+c_1)^2+(y+c_2)^2=a^2$ 亦可证得结论.另从证明的结论可看出,圆的曲率半径即为圆的半径.

例 6　设 $y=f(x)$,$y=g(x)$ 为两函数,试解释

$$\begin{cases}f(a)=g(a)\\ f'(a)>g'(a)\end{cases} \tag{①}$$

$$\begin{cases}f(a)=g(a)\\ f'(a)=g'(a)\\ |f''(a)|>|g''(a)|\end{cases} \tag{②}$$

的几何意义.(哈尔滨工业大学,1984)

解　式①表示 $y=f(x)$ 和 $y=g(x)$ 两函数的几何图形在横坐标为 $x=a$ 的点相交,且在该点处曲线 $y=f(x)$ 的切线斜率大于 $y=g(x)$ 的切线斜率,故曲线 $y=f(x)$ 比曲线 $y=g(x)$ 要陡峭.

式②表示 $y=f(x)$ 和 $y=g(x)$ 两函数的几何图形在横坐标 $x=a$ 的点处相交,且在该点的切线斜率相等(有公共切线),再由

$$|f''(a)|>|g''(a)| \text{ 及 } f'(a)=g'(a)$$

有

$$\left|\frac{f''(a)}{[1+f'^2(a)]^{\frac{3}{2}}}\right|>\left|\frac{g''(a)}{[1+g'^2(a)]^{\frac{3}{2}}}\right|$$

即在 $x=a$ 的点处曲线 $y=f(x)$ 的曲率大于曲线 $y=g(x)$ 的曲率,也就是在 $x=a$ 的点曲线 $y=f(x)$ 比曲线 $y=g(x)$ 更加弯曲些.

例 7 设 R 为抛物线 $y=x^2$ 上任一点 $M(x,y)$ 处的曲率半径,s 为该曲线上某一定点 M_0 到点 M 的弧长.证明:R,s 满足方程 $3R\dfrac{\mathrm{d}^2R}{\mathrm{d}s^2}-\left(\dfrac{\mathrm{d}R}{\mathrm{d}s}\right)^2-9=0$. (同济大学等华东六省一市部分院校联合命题,1986)

证 由题设可有 $y'=2x$,$y''=2$,则该曲线的曲率为

$$k=\frac{|y''|}{(1+y'^2)^{\frac{3}{2}}}=\frac{2}{(1+4x^2)^{\frac{3}{2}}}$$

故

$$R=\frac{1}{k}=\frac{(1+4x^2)^{\frac{3}{2}}}{2}=\frac{1}{2}(1+4x^2)^{\frac{3}{2}}$$

而

$$\mathrm{d}R=\frac{1}{2}\cdot\frac{3}{2}\cdot 8x(1+4x^2)^{\frac{1}{2}}\mathrm{d}x=6x\sqrt{1+4x^2}\,\mathrm{d}x$$

且

$$\mathrm{d}s=\sqrt{1+y'^2}\,\mathrm{d}x=\sqrt{1+4x^2}\,\mathrm{d}x$$

故

$$\frac{\mathrm{d}R}{\mathrm{d}s}=6x$$

将上两式代入下面经变形后的式子,有

$$\frac{\mathrm{d}^2R}{\mathrm{d}s^2}=\frac{\mathrm{d}}{\mathrm{d}x}\left(\frac{\mathrm{d}R}{\mathrm{d}s}\right)\cdot\frac{\mathrm{d}x}{\mathrm{d}s}=\frac{6}{\sqrt{1+4x^2}}$$

从而

$$3R\frac{\mathrm{d}^2R}{\mathrm{d}s^2}-\left(\frac{\mathrm{d}R}{\mathrm{d}s}\right)^2-9=3\cdot\frac{1}{2}(1+4x^2)^{\frac{3}{2}}\cdot\frac{6}{\sqrt{1+4x^2}}-(6x)^2-9$$

$$=9(1+4x^2)-(6x)^2-9=0$$

1987～2012 年部分

(一)填空题

1. 导数计算

(1) 一阶导数问题

题 1 (1989②)设 $f(x)=x(x+1)(x+2)\cdots(x+n)$,则 $f'(0)=$ _____.

解 由题设 $f(0)=0$,再由导数定义,有

$$f'(0)=\lim_{x\to 0}\frac{f(x)-f(0)}{x-0}=\lim_{x\to 0}(x+1)(x+2)\cdots(x+n)=n!$$

题 2 (1996②)设 $y=(x+\mathrm{e}^{-\frac{x}{2}})^{\frac{2}{3}}$,则 $y'|_{x=0}=$ _____.

解 由题设有 $y'=\dfrac{2}{3}(x+\mathrm{e}^{-\frac{x}{2}})^{-\frac{1}{3}}\cdot\left(1-\dfrac{1}{2}\mathrm{e}^{-\frac{x}{2}}\right)$,故 $y'|_{x=0}=\dfrac{1}{3}$.

题 3 (2004④)设 $y=\arctan\mathrm{e}^x-\ln\sqrt{\dfrac{\mathrm{e}^{2x}}{\mathrm{e}^{2x}+1}}$,则 $\dfrac{\mathrm{d}y}{\mathrm{d}x}\bigg|_{x=1}=$ _____.

解　因为 $y=\arctan \mathrm{e}^x-x+\dfrac{1}{2}\ln(\mathrm{e}^{2x}+1)$，$y'=\dfrac{\mathrm{e}^x}{1+\mathrm{e}^{2x}}-1+\dfrac{\mathrm{e}^{2x}}{\mathrm{e}^{2x}+1}$，所以

$$\frac{\mathrm{d}y}{\mathrm{d}x}\bigg|_{x=1}=\frac{\mathrm{e}-1}{\mathrm{e}^2+1}$$

题 4　（1995②）设 $y=\cos(x^2)\sin^2\dfrac{1}{x}$，则 $y'=$ _____.

解　由设 $y'=-2x\sin(x^2)\sin^2\dfrac{1}{x}-\dfrac{1}{x^2}\sin\dfrac{2}{x}\cos(x^2)$.

题 5　（1990②）设 $y=\mathrm{e}^{\tan\frac{1}{x}}\sin\dfrac{1}{x}$，则 $y'=$ _____.

解　$y'=\mathrm{e}^{\tan\frac{1}{x}}\cdot\left(\tan\dfrac{1}{x}\right)'\cdot\sin\dfrac{1}{x}+\mathrm{e}^{\tan\frac{1}{x}}\cdot\left(\sin\dfrac{1}{x}\right)'=-\dfrac{1}{x^2}\mathrm{e}^{\tan\frac{1}{x}}\left(\tan\dfrac{1}{x}\cdot\sec\dfrac{1}{x}+\cos\dfrac{1}{x}\right)$.

题 6　（1992②）设 $\begin{cases}x=f(t)-\pi\\ y=f(\mathrm{e}^{3t}-1)\end{cases}$，其中 f 可导，且 $f'(0)\neq0$，则 $\dfrac{\mathrm{d}y}{\mathrm{d}x}\bigg|_{t=0}=$ _____.

解　由 $\dfrac{\mathrm{d}y}{\mathrm{d}x}=\dfrac{3\mathrm{e}^{3t}f'(\mathrm{e}^{3t}-1)}{f'(t)}$，将 $t=0$ 代入式中得 $\dfrac{\mathrm{d}y}{\mathrm{d}x}\bigg|_{t=0}=3$.

题 7　（1993②）函数 $y=y(x)$ 由方程 $\sin(x^2+y^2)+\mathrm{e}^x-xy^2=0$ 所确定，则 $\dfrac{\mathrm{d}y}{\mathrm{d}x}=$ _____.

解　对方程两边求导，得

$$(2x+2yy')\cos(x^2+y^2)+\mathrm{e}^x-y^2-2xyy'=0$$

解得

$$y'=\frac{y^2-\mathrm{e}^x-2x\cos(x^2+y^2)}{2y\cos(x^2+y^2)-2xy}$$

题 8　（1999②）设函数 $y=y(x)$ 由方程 $\ln(x^2+y)=x^3y+\sin x$ 确定，则 $\dfrac{\mathrm{d}y}{\mathrm{d}x}\bigg|_{x=0}=$ _____.

解　当 $x=0$ 时 $y=1$，对方程两边关于 x 求导，得

$$\frac{2x+y'}{x^2+y}=3x^3y+x^3y'+\cos x\Rightarrow y'|_{x=0}=1$$

题 9　（1992①）设函数 $y=y(x)$ 由方程 $\mathrm{e}^{x+y}+\cos(xy)=0$ 确定，则 $\dfrac{\mathrm{d}y}{\mathrm{d}x}=$ _____.

解　对方程两边求导，得 $\mathrm{e}^{x+y}(1+y')-\sin(xy)(y+xy')=0$，解得

$$\frac{\mathrm{d}y}{\mathrm{d}x}=y'=\frac{y\sin(xy)-\mathrm{e}^{x+y}}{\mathrm{e}^{x+y}-x\sin(xy)}$$

题 10　（1994③④）设方程 $\mathrm{e}^{xy}+y^2=\cos x$ 确定 y 为 x 的函数，则 $\dfrac{\mathrm{d}y}{\mathrm{d}x}=$ _____.

解　对方程两边关于 x 求导，有

$$\mathrm{e}^{xy}(y+xy')+2yy'=-\sin x\Rightarrow y'=-\frac{y\mathrm{e}^{xy}+\sin x}{x\mathrm{e}^{xy}+2y}$$

题 11　（1992④）设 $f(t)=\lim_{x\to\infty}t\left(\dfrac{x+t}{x-t}\right)^x$，则 $f'(t)=$ _____.

解　根据 1^∞ 型极限计算方法，有

$$\lim_{x\to\infty}\left(\frac{x+t}{x-t}\right)^x=\exp\left\{\lim_{x\to\infty}\left(\frac{x+t}{x-t}-1\right)x\right\}=\exp\left\{\lim_{x\to\infty}\frac{2tx}{x-t}\right\}=\mathrm{e}^{2t}$$

故

$$f'(t)=(t\mathrm{e}^{2t})'=(2t+1)\mathrm{e}^{2t}$$

题 12　（1993③④）已知 $y=f\left(\dfrac{3x-2}{3x+2}\right)$，$f'(x)=\arcsin x^2$，则 $\dfrac{\mathrm{d}y}{\mathrm{d}x}\bigg|_{x=0}=$ _____.

解 由 $\dfrac{\mathrm{d}y}{\mathrm{d}x}=f'\left(\dfrac{3x-2}{3x+2}\right)\cdot\left(\dfrac{3x-2}{3x+2}\right)'=\arcsin\left(\dfrac{3x-2}{3x+2}\right)^2\cdot\dfrac{12}{(3x+2)^2}$, 故

$$\dfrac{\mathrm{d}y}{\mathrm{d}x}\bigg|_{x=0}=3\arcsin 1=\dfrac{3\pi}{2}$$

题 13 (1989①②)已知 $f'(3)=2$,则 $\lim\limits_{h\to 0}\dfrac{f(3-h)-f(3)}{2h}=$_____.

解 原式 $=-\dfrac{1}{2}\lim\limits_{h\to 0}\dfrac{f(3-h)-f(3)}{-h}=-\dfrac{1}{2}f'(3)=-1$.

题 14 (1994③④)已知 $f'(x_0)=-1$,则 $\lim\limits_{x\to 0}\dfrac{x}{f(x_0-2x)-f(x_0-x)}=$_____.

解 可得

$$原式=\cfrac{1}{\cfrac{f(x_0-2x)-f(x_0-x)}{x}} \qquad \text{(分母变形凑项)}$$

$$=\lim\limits_{x\to 0}\cfrac{1}{\cfrac{[f(x_0-2x)-f(x_0)]}{2x}-\cfrac{[f(x_0-x)-f(x_0)]}{x}}=\dfrac{1}{-f'(x_0)}=1$$

(2)高阶导数问题

题 1 (1987②)设 $y=\ln(1+ax)$,其中 a 为非零常数,则 $y'=$_____ $,y''=$_____.

解 $y'=\dfrac{1}{1+ax}\cdot(1+ax)'=\dfrac{a}{1+ax}$, $\quad y''=\dfrac{-a\cdot a}{(1+ax)^2}=\dfrac{-a^2}{(1+ax)^2}$.

题 2 (1997②)设 $y=\ln\sqrt{\dfrac{1-x}{1+x^2}}$,则 $y''|_{x=0}=$_____.

解 由 $y=\dfrac{1}{2}[\ln(1-x)-\ln(1+x^2)]$, $y'=\dfrac{1}{2}\left(\dfrac{-1}{1-x}-\dfrac{2x}{1+x^2}\right)$,且

$$y''=\dfrac{1}{2}\left[\dfrac{-1}{(1-x)^2}-\dfrac{2(1+x^2)-4x}{(1+x^2)^2}\right]$$

故

$$y''|_{x=0}=-\dfrac{3}{2}$$

题 3 (2002①)已知函数 $y=y(x)$ 由方程 $e^y+6xy+x^2-1=0$ 确定,则 $y''(0)=$_____.

解 在原式中令 $x=0$,得 $y(0)=0$,对原式两边两次求导,得

$$e^y y'+6y+6xy'+2x=0 \qquad ①$$
$$e^y y'^2+e^y y''+6y'+6y'+6xy''+2=0 \qquad ②$$

在式①中令 $x=0$,得 $y'(0)=0$.在式②中令 $x=0$,得 $y''(0)=-2$.

题 4 (1994②)设函数 $y=y(x)$ 由参数方程

$$\begin{cases}x=t-\ln(1+t)\\y=t^3+t^2\end{cases}$$

所确定,则 $\dfrac{\mathrm{d}^2 y}{\mathrm{d}x^2}=$_____.

解 由题设,有 $\dfrac{\mathrm{d}y}{\mathrm{d}x}=\dfrac{y'_t}{x'_t}=\dfrac{3t^2+2t}{1-\dfrac{1}{1+t}}=(3t+2)(1+t)$,则

$$\dfrac{\mathrm{d}^2 y}{\mathrm{d}x^2}=\dfrac{\mathrm{d}\left(\dfrac{\mathrm{d}y}{\mathrm{d}x}\right)}{\mathrm{d}t}\cdot\dfrac{\mathrm{d}t}{\mathrm{d}x}=(6t+5)\cdot\dfrac{t+1}{t}=\dfrac{(6t+5)(t+1)}{t}$$

题 5 (1991①)设 $\begin{cases}x=1+t^2\\y=\cos t\end{cases}$,则 $\dfrac{\mathrm{d}^2 y}{\mathrm{d}x^2}=$_____.

解　由题设,有 $\dfrac{dy}{dx}=\dfrac{-\sin t}{2t}$,则

$$\frac{d^2 y}{dx^2}=\frac{d\left(\frac{dy}{dx}\right)}{dt}\cdot\frac{dt}{dx}=\frac{-1}{2}\cdot\frac{t\cos t-\sin t}{t^2}\cdot\frac{1}{2t}=\frac{\sin t-t\cos t}{4t^3}$$

题 6　(1996④)设 $y=\ln(x+\sqrt{1+x^2})$,则 $y'''|_{x=\sqrt{3}}=$ _____.

解　由题设,有 $y'=\dfrac{1}{\sqrt{1+x^2}}$,则

$$y''=\left[(1+x^2)^{-\frac{1}{2}}\right]'=-\frac{1}{2}(1+x^2)^{-\frac{3}{2}}\cdot 2x=-x(1+x^2)^{-\frac{3}{2}}$$

且

$$y'''=\left[-x+(1+x^2)^{-\frac{3}{2}}\right]'=-(1+x^2)^{-\frac{3}{2}}+3x^2(1+x^2)^{-\frac{5}{2}}$$

故

$$y'''|_{x=\sqrt{3}}=-\frac{1}{8}+\frac{9}{23}=\frac{5}{32}$$

题 7　(1995③)设 $f(x)=\dfrac{1-x}{1+x}$,则 $f^{(n)}(x)=$ _____.

解　由题设 $f(x)=-\dfrac{(x+1)-2}{1+x}=-1+2(1+x)^{-1}$,则

$$f'(x)=2(-1)(1+x)^{-2}$$
$$f''(x)=2(-1)(-2)(1+x)^{-3}$$
$$\vdots$$
$$f^{(n)}(x)=2(-1)(-2)\cdots(-n)(1+x)^{-(n+1)}=\frac{(-1)^n 2\cdot n!}{(1+x)^{n+1}}$$

下面的问题涉及麦克劳林展开问题(其实质仍是求函数高阶导数).

题 8　(2010①)设 $x=e^{-t},y=\displaystyle\int_0^t \ln(1+u^2)du$,则 $\dfrac{d^2 y}{dx^2}\Big|_{t=0}=$ _____.

解　由参数方程求导公式有 $\dfrac{dx}{dt}=-e^{-t}$, $\dfrac{dy}{dt}=\ln(1+t^2)$,于是

$$\frac{dy}{dx}=\frac{\frac{dy}{dt}}{\frac{dx}{dt}}=\frac{\ln(1+t^2)}{-e^{-t}}=-e\ln(1+t^2)$$

$$\frac{d^2 y}{dx^2}=\frac{d}{dx}\left(\frac{dy}{dx}\right)=\frac{d}{dt}\left(\frac{dy}{dx}\right)\cdot\frac{dt}{dx}=\left[-e^t\ln(1+t^2)\right]'_t\cdot(-e^t)$$

$$=e^t\left[e^t\ln(1+t^2)+e^t\frac{2t}{1+t^2}\right]=e^{2t}\left[\frac{2t}{1+t^2}+\ln(1+t^2)\right]$$

从而可有 $\dfrac{d^2 y}{dx^2}\Big|_{t=0}=0$.

题 9　(2003②)$y=2^x$ 的麦克劳林公式中 x^n 项的系数是 _____.

解　因为 $y'=2^x\ln 2$, $y''=2^x(\ln 2)^2,\cdots,y^{(n)}=2^x(\ln 2)^n$,于是有 $y^{(n)}(0)=(\ln 2)^n$.

故麦克劳林公式中 x^n 的项系数是 $\dfrac{y^{(n)}(0)}{n!}=\dfrac{(\ln 2)^n}{n!}$.

2. 函数的微分

题 1　(1989②)设 $\tan y=x+y$,则 $dy=$ _____.

解 1　对方程两边关于 x 求导,有 $\sec^2 y\cdot y'=1+y'$,解得 $y'=\cot^2 y$,于是

$$dy=y'dx=\cot^2 y dx$$

解 2　对方程两边取微分 $\sec^2 y dy=dx+dy$,解出 dy 即得结果.

题 2 (1991②)设 $y=\ln(1+3^{-x})$,则 $dy=$ _____.

解 由 $y'=\dfrac{1}{1+3^{-x}}\cdot(-1)\cdot3^{-x}\ln 3$,则 $dy=y'dx=-\dfrac{3^{-x}\ln 3}{1+3^{-x}}dx.$

题 3 (1996③④)设方程 $x=y^y$ 确定 y 是 x 的函数, $dy=$ _____.

解 1 方程两边取对数,即 $\ln x=y\ln y$,求导得

$$\frac{1}{x}=y'\ln y+y\cdot\frac{1}{y}\cdot y'$$

解得 $y'=\dfrac{1}{x(1+\ln y)}$, 故 $dy=\dfrac{1}{x(1+\ln y)}dx.$

解 2 方程两边取微分,得

$$dx=d(y^y)=(de^{y\ln y})=y^y d(y\ln y)=y^y(\ln y\cdot dy+dy)$$

解出

$$dy=\frac{1}{y^y(1+\ln y)}dx=\frac{1}{x(1+\ln y)}dx$$

题 4 (2000②)设函数 $y=y(x)$ 由方程 $2^{xy}=x+y$ 所确定,则 $dy|_{x=0}=$ _____.

解 取微分 $d2^{xy}=dx+dy$,即 $2^{xy}\ln 2\cdot(ydx+xdy)=dx+dy.$

令 $x=0$,则得 $y=1$.代入前式中,解得 $dy=(\ln 2-1)dx.$

题 5 (1997③④)设 $y=f(\ln x)e^{f(x)}$,其中 f 可微,则 $dy=$ _____.

解 1 由 $y'=f'(\ln x)\cdot\dfrac{1}{x}\cdot e^{f(x)}+f(\ln x)e^{f(x)}f'(x)$,则

$$dy=y'dx=e^{f(x)}\left[\frac{1}{x}f'(\ln x)+f'(x)f(\ln x)\right]dx$$

解 2 可得

$$dy=d[f(\ln x)e^{f(x)}]=e^{f(x)}d[f(\ln x)]+f(\ln x)d(e^{f(x)})$$
$$=e^{f(x)}\left[\frac{1}{x}f'(\ln x)+f'(x)f(\ln x)\right]dx$$

3. 导数的几何应用

题 1 (2003②)设函数 $y=f(x)$ 由方程 $xy+2\ln x=y^4$ 所确定,则曲线 $y=f(x)$ 在点 $(1,1)$ 处的切线方程是 _____.

解 等式 $xy+2\ln x=y^4$ 两边直接对 x 求导,得 $y+xy'+\dfrac{2}{x}=4y^3 y'.$

将 $x=1,y=1$ 代入上式,有 $y'(1)=1.$ 故过点 $(1,1)$ 处的切线方程为
$$y-1=1\cdot(x-1)\Rightarrow x-y=0$$

题 2 曲线 $y=\ln x$ 上与直线 $x+y=1$ 垂直的切线方程为 _____.

解 由 $y'=(\ln x)'=\dfrac{1}{x}=1$,得 $x=1.$ 可见切点为 $(1,0).$

于是所求的切线方程为
$$y-0=1\cdot(x-1)\Rightarrow y=x-1$$

题 3 (1989 年③④)曲线 $y=x+\sin^2 x$ 在点 $\left(\dfrac{\pi}{2},1+\dfrac{\pi}{2}\right)$ 处的切线方程是 _____.

解 由 $y'=1+2\sin x\cos x$,则 $y'|_{x=\frac{\pi}{2}}=1$,故切线方程为 $y=x+1.$

题 4 (1996③)设 (x_0,y_0) 是抛物线 $y=ax^2+bx+c$ 上的一点,若在该点的切线过原点,则系数应满足的关系是 _____.

解 在点 (x_0,y_0) 处抛物线的切线斜率为 $2ax_0+b$,切线方程为
$$y-y_0=(2ax_0+b)(x-x_0)$$

因为原点在此切线上,所以得 $y_0=2ax_0^2+bx_0$.

将最后一式与 $y_0=ax_0^2+bx_0+c$ 联立,即得 $ax_0^2=c$,且 b 任意.

题 5 (2003③)已知曲线 $y=x^3-3a^2x+b$ 与 x 轴相切,则 b^2 可以 a 表示为 $b^2=$_____.

解 由题设,在切点 x_0 处有 $y'=3x_0^2-3a^2=0$,有 $x_0^2=a^2$.

又在此点 y 坐标为 0,于是有 $x_0^3-3a^2x_0+b=0$.

故 $b^2=x_0^2(3a^2-x_0^2)^2=a^2\cdot4a^4=4a^6$.

题 6 (1991③④)设曲线 $f(x)=x^3+ax$ 与 $g(x)=bx^2+c$ 都通过点 $(-1,0)$,且在该点有公共切线,则 $a=$_____,$b=$_____,$c=$_____.

解 由 $f'(x)=3x^2+a,g'(x)=2bx$.

依题意 $f'(-1)=g'(-1)$,即 $3+a=-2b$.

又由 $f(-1)=-1-a=0$,得 $a=-1$.代入前式中,解得 $b=-1$.

最后由 $g(-1)=b+c=0$,得 $c=1$.

题 7 (1998③④)设曲线 $f(x)=x^n$ 在点 $(1,1)$ 处的切线与 Ox 轴的交点为 $(\xi_n,0)$,则 $\lim\limits_{n\to\infty}f(\xi_n)=$_____.

解 由 $f'(x)=nx^{n-1}$,有 $f'(1)=n$,切线方程为 $y-1=n(x-1)$.

将 $(\xi_n,0)$ 代入方程中,解出 $\xi_n=1-\dfrac{1}{n}$.于是

$$\lim_{n\to\infty}f(\xi_n)=\lim_{n\to\infty}\left(1-\frac{1}{n}\right)^n=e^{\lim\limits_{n\to\infty}\left(-\frac{1}{n}\right)n}=e^{-1}$$

题 8 (1997①)对数螺线 $\rho=e^\theta$ 在点 $(\rho,\theta)=\left(e^{\frac{\pi}{2}},\dfrac{\pi}{2}\right)$ 处的切线的直角坐标方程为_____.

解 对数螺线的参数方程为

$$\begin{cases}x=\rho\cos\theta=e^\theta\cos\theta\\y=\rho\sin\theta=e^\theta\sin\theta\end{cases}$$

它在点 $\left(e^{\frac{\pi}{2}},\dfrac{\pi}{2}\right)$ 处的切线斜率为

$$y'\bigg|_{\left(e^{\frac{\pi}{2}},\frac{\pi}{2}\right)}=\frac{e^\theta\sin\theta+e^\theta\cos\theta}{e^\theta\cos\theta-e^\theta\sin\theta}\bigg|_{\left(e^{\frac{\pi}{2}},\frac{\pi}{2}\right)}=-1$$

又点 $\left(e^{\frac{\pi}{2}},\dfrac{\pi}{2}\right)$ 的直角坐标为 $\left(0,e^{\frac{\pi}{2}}\right)$,因此,所求切线方程为

$$y-e^{\frac{\pi}{2}}=-(x-0)\Rightarrow x+y=e^{\frac{\pi}{2}}$$

题 9 (1987②)曲线 $y=\arctan x$ 在横坐标为 1 的点处的切线方程是_____;法线方程是_____.

解 由题设有 $y'=\dfrac{1}{1+x^2}$,令 $x=1$,可得切线斜率 $k=\dfrac{1}{2}$,法线斜率 $k_1=-\dfrac{1}{k}=-2$.

故过点 $\left(1,\dfrac{\pi}{4}\right)$ 的切线方程为 $y-\dfrac{\pi}{4}=\dfrac{1}{2}(x-1)$,法线方程为 $y-\dfrac{\pi}{4}=-2(x-1)$.

题 10 (2001②)设函数 $y=f(x)$ 由方程 $e^{2x+y}-\cos(xy)=e-1$ 所确定,则曲线 $y=f(x)$ 在点 $(0,1)$ 处的法线方程为_____.

解 对方程两边关于 x 求导,得

$$e^{2x+y}(2+y')+(y+xy')\sin(xy)=0$$

将 $x=0,y=1$ 代入,解得切线斜率 $y'(0)=-2$,于是法线斜率 $k=\dfrac{1}{2}$.

故所求法线方程为 $y-1=\dfrac{1}{2}(x-0)$，即 $x-2y+2=0$.

题 11 (1990②) 曲线 $\begin{cases}x=\cos^3 t \\ y=\sin^3 t\end{cases}$，上对应于 $t=\dfrac{\pi}{6}$ 点处的法线方程是_____.

解 由 $\dfrac{\mathrm{d}y}{\mathrm{d}x}=\dfrac{(\sin^3 t)'}{(\cos^3 t)'}=-\tan t$. 令 $t=\dfrac{\pi}{6}$，得切线斜率 $k=-\dfrac{1}{\sqrt{3}}$.

因此法线斜率 $k_1=\sqrt{3}$. 故法线方程为 $y=\sqrt{3}x-1$.

题 12 (1999②) 曲线 $\begin{cases}x=e^t\sin 2t \\ y=e^t\cos t\end{cases}$，在点 $(0,1)$ 处的法线方程为_____.

解 $\dfrac{\mathrm{d}y}{\mathrm{d}x}=\dfrac{(e^t\cos t)'}{(e^t\sin 2t)'}=\dfrac{\cos t-\sin t}{\sin 2t+2\cos 2t}$，又 $(x,y)=(0,1)$，知 $t=0$，从而切线斜率 $k=\dfrac{1}{2}$，法线斜率 $k_1=-2$.

故所求法线方程为 $y-1=-2(x-0)$，即 $y+2x-1=0$.

4. 利用导数研究函数的性态

(1) 函数连续性

题 1 (2003③) 设

$$f(x)=\begin{cases}x^\lambda\cos\dfrac{1}{x}, & \text{若 } x\neq 0 \\ 0, & \text{若 } x=0\end{cases}$$

其导函数在 $x=0$ 处连续，则 λ 的取值范围是_____.

解 当 $\lambda>1$ 时，有

$$f'(x)=\begin{cases}\lambda x^{\lambda-1}\cos\dfrac{1}{x}+x^{\lambda-2}\sin\dfrac{1}{x}, & \text{若 } x\neq 0 \\ 0, & \text{若 } x=0\end{cases}$$

显然当 $\lambda>2$ 时，有 $\lim\limits_{x\to 0}f'(x)=0=f'(0)$，即其导函数在 $x=0$ 处连续.

题 2 (1990③④) 设函数 $f(x)$ 有连续的导函数，$f(0)=0$ 且 $f'(0)=b$，若函数

$$F(x)=\begin{cases}\dfrac{f(x)+a\sin x}{x}, & x\neq 0 \\ A, & x=0\end{cases}$$

在 $x=0$ 处连续，则常数 $A=$_____.

解 $A=\lim\limits_{x\to 0}F(x)=\lim\limits_{x\to 0}\dfrac{f(x)+a\sin x}{x}=\lim\limits_{x\to 0}\dfrac{f(x)-f(0)}{x-0}+\lim\limits_{x\to 0}\dfrac{a\sin x}{x}=f'(0)+a=b+a.$

(2) 曲线(函数的图象)的渐近线

题 1 (2000②) 曲线 $y=(2x-1)e^{\frac{1}{x}}$ 的斜渐近线方程为_____.

解 由 $a=\lim\limits_{x\to\infty}\dfrac{y}{x}=\lim\limits_{x\to\infty}\dfrac{(2x-1)e^{\frac{1}{x}}}{x}=\lim\limits_{x\to\infty}\left(2-\dfrac{1}{x}\right)e^{\frac{1}{x}}=2$

且 $b=\lim\limits_{x\to\infty}(y-ax)=\lim\limits_{x\to\infty}[(2x-1)e^{\frac{1}{x}}-2x]=\lim\limits_{x\to\infty}[2x(e^{\frac{1}{x}}-1)-e^{\frac{1}{x}}]=\lim\limits_{x\to\infty}2x\cdot\dfrac{1}{x}-\lim\limits_{x\to\infty}e^{\frac{1}{x}}=1$

故斜渐近线方程为 $y=ax+b$，即 $y=2x+1$.

题 2 (1998②) 曲线 $y=x\ln\left(e+\dfrac{1}{x}\right)(x>0)$ 的渐近线方程为_____.

解 由 $a=\lim\limits_{x\to+\infty}\dfrac{y}{x}=\lim\limits_{x\to+\infty}\dfrac{x\ln\left(e+\dfrac{1}{x}\right)}{x}=1$

且

$$b=\lim_{x\to+\infty}(y-ax)=\lim_{x\to+\infty}x\left[\ln\left(e+\frac{1}{x}\right)-1\right]\quad\left(\text{令}\ \frac{1}{x}=t\ \text{代换}\right)$$

$$=\lim_{t\to0^{+}}\frac{\ln(e+t)-1}{t}=\lim_{t\to0^{+}}\frac{1}{e+t}=\frac{1}{e}$$

故渐近线方程为 $y=ax+b$，即 $y=x+\dfrac{1}{e}$.

题 3　(1995②)曲线 $y=x^2\mathrm{e}^{-x^2}$ 的渐近线方程为_____.

解　由 $\lim\limits_{x\to\infty}x^2\mathrm{e}^{-x^2}=\lim\limits_{x\to\infty}\dfrac{x^2}{\mathrm{e}^{x^2}}=\lim\limits_{x\to\infty}\dfrac{2x}{2x\mathrm{e}^{x^2}}=0$，故渐近线方程为 $y=0$.

题 4　(1995②)曲线 $\begin{cases}x=1+t^2\\ y=t^3\end{cases}$ 在 $t=2$ 处的切线方程为_____.

解　由 $\dfrac{\mathrm{d}y}{\mathrm{d}x}=\dfrac{3t^2}{2t}=\dfrac{3}{2}t$，当 $t=2$ 时，$\dfrac{\mathrm{d}y}{\mathrm{d}x}=3$，且 $x_0=1+2^2=5$，$y_0=2^3=8$.

故所求切线方程为 $y-8=3(x-5)$，即 $3x-y-7=0$.

（3）函数的凹凸

题 1　(1991②)曲线 $y=\mathrm{e}^{-x^2}$ 的向上凸区间是_____.

解　令 $y''=2(2x^2-1)\mathrm{e}^{-x^2}=0$，知在 $\left(-\dfrac{\sqrt{2}}{2},\dfrac{\sqrt{2}}{2}\right)$ 内 $y''<0$，即上凸区间.

题 2　(2004②)设函数 $y(x)$ 由参数方程

$$\begin{cases}x=t^3+3t+1\\ y=t^3-3t+1\end{cases}$$

确定，则曲线 $y=y(x)$ 向上凸的 x 取值范围为_____.

解　由题设有

$$\frac{\mathrm{d}y}{\mathrm{d}x}=\frac{\dfrac{\mathrm{d}y}{\mathrm{d}t}}{\dfrac{\mathrm{d}x}{\mathrm{d}t}}=\frac{3t^2-3}{3t^2+3}=\frac{t^2-1}{t^2+1}=1-\frac{2}{t^2+1}$$

又

$$\frac{\mathrm{d}^2y}{\mathrm{d}x^2}=\frac{\mathrm{d}}{\mathrm{d}t}\left(\frac{\mathrm{d}y}{\mathrm{d}x}\right)\frac{\mathrm{d}t}{\mathrm{d}x}=\frac{\mathrm{d}}{\mathrm{d}t}\left(1-\frac{2}{t^2+1}\right)\cdot\frac{1}{3(t^2+1)}=\frac{4t}{3(t^2+1)^3}$$

令 $\dfrac{\mathrm{d}^2y}{\mathrm{d}x^2}<0$，解得 $t<0$. 又 $x=t^3+3t+1$ 在 $t<0$ 时单调增.

故 y 的上凸区间为 $x\in(-\infty,1)$.（因 $t=0$ 时，$x=1$，知 $x\in(-\infty,1]$ 时，曲线上凸）

（4）函数的极（最）值

题 1　(1992②)函数 $y=x+2\cos x$ 在区间 $\left[0,\dfrac{\pi}{2}\right]$ 上的最大值为_____.

解　令 $y'=1-2\sin x=0$，解得驻点 $x=\dfrac{\pi}{6}$，比较如下函数值

$$y(0)=2,y\left(\frac{\pi}{6}\right)=\frac{\pi}{6}+\sqrt{3},y\left(\frac{\pi}{2}\right)=\frac{\pi}{2}$$

得知 y 在 $\left[0,\dfrac{\pi}{2}\right]$ 上的最大值为 $\dfrac{\pi}{6}+\sqrt{3}$.

题 2　(1987①)当 $x=$_____时，函数 $y=x2^x$ 取得极小值.

解　令 $y'=0$，可得 $x=-\dfrac{1}{\ln 2}$.

且当 $x<-\dfrac{1}{\ln 2}$ 时，$y'<0$；当 $x>-\dfrac{1}{\ln 2}$ 时，$y'>0$.

因此当 $x=-\dfrac{1}{\ln 2}$ 时，函数 $y=x\cdot 2^x$ 取得极小值.

题 3 （1991③④）设 $f(x)=xe^x$，则 $f^{(n)}(x)$ 在点 $x=$ _____处取极小值_____.

解 经 n 次求导可得 $f^{(n)}(x)=(n+x)e^x$.

令 $\varphi'(x)=f^{(n+1)}(x)=(n+1+x)e^x=0$，解得驻点 $x_0=-(n+1)$.

因为 $\varphi''(x)=(n+2+x)e^x$，知 $\varphi''(x_0)=e^{-(n+1)}>0$，则 $x_0=-(n+1)$ 是函数极小点，其极小值为 $\varphi(-(n+1))=-e^{-(n+1)}$.

5. 在经济上的应用

题 1 （1989④）某商品的需求量 Q 与价格 P 的函数关系为 $Q=aP^b$，其中 a 和 b 为常数，且 $a\neq 0$，则需求量价格 P 的弹性是_____.

解 根据定义，所求弹性

$$\eta=\frac{P}{Q}\cdot\frac{\mathrm{d}Q}{\mathrm{d}P}=\frac{P}{aP^b}\cdot abaP^{b-1}=b$$

题 2 （2001③④）设生产函数为 $Q=AL^\alpha K^\beta$，其中 Q 是产出量，L 是劳动投入量，K 是资本投入量，而 A,α,β 均为大于零的参数，则当 $Q=1$ 时 K 关于 L 的弹性为_____.

解 当 $Q=1$ 时，$AL^\alpha K^\beta=1$. 解出 $K=A^{-\frac{1}{\beta}}L^{-\frac{\alpha}{\beta}}$. 代入公式中，得弹性

$$\eta=\frac{L}{K}\cdot\frac{\mathrm{d}K}{\mathrm{d}L}=\frac{L}{A^{-\frac{1}{\beta}}L^{-\frac{\alpha}{\beta}}}\cdot\left(-\frac{\alpha}{\beta}\right)A^{-\frac{1}{\beta}}L^{-\frac{\alpha}{\beta}-1}=-\frac{\alpha}{\beta}$$

题 3 （1992③④）设商品的需求函数为 $Q=100-5P$，其中 Q,P 分别表示需求量和价格. 如果商品需求弹性的绝对值大于 1，则商品价格的取值范围是_____.

解 弹性 $\eta=\dfrac{P}{Q}\cdot\dfrac{\mathrm{d}Q}{\mathrm{d}P}=\dfrac{-5P}{100-5P}$. 依题意 $\left|\dfrac{-5P}{100-5P}\right|>1$，解得 $P>10$.

但因为 $Q=100-5P\geqslant 0$，所以又有 $P\leqslant 20$.

故商品价格取值范围是 $(10,20]$.

(二)选择题

1. 函数的导数

(1) 一阶导数问题

题 1 （2001①②）设 $f(0)=0$，则 $f(x)$ 在点 $x=0$ 可导的充要条件为　　　　　　( )

(A)$\lim\limits_{h\to 0}\dfrac{1}{h^2}f(1-\cos h)$ 存在

(B)$\lim\limits_{h\to 0}\dfrac{1}{h}f(1-e^h)$ 存在

(C)$\lim\limits_{h\to 0}\dfrac{1}{h^2}f(1-\sin h)$ 存在

(D)$\lim\limits_{h\to 0}\dfrac{1}{h}[f(2h)-f(h)]$ 存在

解 易见 4 个选项都是 $f(x)$ 在 $x=0$ 处可导的必要条件，但有些并不充分. 以下证明(B)是充分条件. 因为

$$\lim_{h\to 0}\frac{1}{h}f(1-e^h)=\lim_{h\to 0}\frac{1-e^h}{h}\cdot\frac{f(1-e^h)}{1-e^h}=\lim_{h\to 0}\frac{f(1-e^h)}{1-e^h}=\lim_{x\to 0}\frac{f(x)-f(0)}{x-0}$$

存在(在最后一步令 $x=1-e^h$)，所以 $f(x)$ 在 $x=0$ 处可导.

故选(B).

注 取 $f(x)=|x|$ 可以断定(A)和(C)不是充分条件.

例如，$\lim\limits_{h\to0}\dfrac{1}{h^2}|1-\cos h|=\dfrac{1}{2}$ 存在，而 $f(x)$ 在 $x=0$ 处并不可导；取

$$f(x)=\begin{cases}1, & x\neq0\\0, & x=0\end{cases}$$

选项(D)的极限存在且为 0，但 $f(x)$ 在 $x=0$ 处不可导，故(D)不是充分条件．又 $\lim\limits_{h\to0}\dfrac{1}{h}[f(2h)-f(h)]=\lim\limits_{h\to0}f'(h)$ 不一定为 $f'(0)$，故知(D)不真．

题 2　(1989②)设 $f(x)$ 在 $x=a$ 的某个领域内有定义，则 $f(x)$ 在 $x=a$ 处可导的一个充分条件是
（　　）

(A) $\lim\limits_{h\to+\infty}\left[f\left(a+\dfrac{1}{h}\right)-f(a)\right]$ 存在　　　　(B) $\lim\limits_{h\to0}\dfrac{f(a+2h)-f(a+h)}{h}$ 存在

(C) $\lim\limits_{h\to0}\dfrac{f(a+h)-f(a-h)}{h}$ 存在　　　　(D) $\lim\limits_{h\to0}\dfrac{f(a)-f(a-h)}{h}$ 存在

解　设 $h=-\Delta x$，则 $\lim\limits_{h\to0}\dfrac{f(a)-f(a-h)}{h}=\lim\limits_{\Delta x\to0}\dfrac{f(a+\Delta x)-f(a)}{\Delta x}$ 存在．

故选(D)．

注　另外选项不成立的理由为：选项(A)只能保证 $f'_+(a)$ 存在．选项(B)和(C)可用如下反例说明其不真：设

$$f(x)=\begin{cases}1, & x\neq a\\0, & x=a\end{cases}$$

则 $f(x)$ 在 $x=a$ 间断，因此 $f(x)$ 在 $x=a$ 不可导，但(B)和(C)中的极限均存在(等于 0)．

题 3　(1995①)设 $f(x)$ 可导，又 $F(x)=f(x)(1+|\sin x|)$，则 $f(0)=0$ 是 $F(x)$ 在 $x=0$ 处可导的
（　　）

(A)充分必要条件　　　　　　　　(B)充分条件但非必要条件
(C)必要条件但非充分条件　　　　(D)既非充分条件又非必要条件

解　由于题设 $f(x)$ 可导，则 $F(x)$ 在 $x=0$ 处可导的充分条件是 $\varphi(x)=f(x)|\sin x|$ 可导

$$\varphi'_+(0)=\lim\limits_{x\to0^+}\dfrac{f(x)|\sin x|-0}{x-0}=\lim\limits_{x\to0^+}\dfrac{f(x)\sin x}{x}=f(0)$$

$$\varphi'_-(0)=\lim\limits_{x\to0^-}\dfrac{f(x)|\sin x|-0}{x-0}=\lim\limits_{x\to0^+}\dfrac{-f(x)\sin x}{x}=-f(0)$$

因此 $F(x)$ 在 $x=0$ 处可导的充要条件是 $f(0)=-f(0)$，即 $f(0)=0$．

故选(A)．

题 4　(1994②)设函数

$$f(x)=\begin{cases}\dfrac{2}{3}x^3, & x\leqslant1\\x^2, & x>1\end{cases}$$

则 $f(x)$ 在 $x=1$ 处的
（　　）

(A)左、右导数都存在　　　　　　(B)左导数存在，但右导数不存在
(C)左导数不存在，但右导数存在　(D)左、右导数都不存在

解　按照函数左、右导数定义，有

左导数 $f'_-(1)=\lim\limits_{x\to1^-}\dfrac{f(x)-f(1)}{x-1}=\lim\limits_{x\to1^-}\dfrac{\frac{2}{3}(x^3-1)}{x-1}=2.$

右导数 $f'_+(1)=\lim\limits_{x\to1^+}\dfrac{f(x)-f(1)}{x-1}=\lim\limits_{x\to1^+}\dfrac{x^2-\frac{2}{3}}{x-1}$ 不存在.

故选(B).

题5 (1998①②)函数 $f(x)=(x^2-x-2)|x^3-x|$ 不可导点的个数是 　　　　( )

(A)3　　　　　　　(B)2　　　　　　　(C)1　　　　　　　(D)0

解 由 $f(x)=(x+1)(x-2)|x||x+1||x-1|$,知 $f(x)$ 的不可导点只可能在 $x=-1,0,1$ 三点处. 因为 $g(x)=(x-a)|x-a|$ 在 $x=a$ 处可导,而 $\varphi(x)=|x-a|$ 在 $x=a$ 处不可导,所以 $f(x)$ 在 $x=0$ 和 $x=1$ 处不可导.

故选(B).

题6 (2000③④)设函数 $f(x)$ 在点 $x=a$ 处可导,则函数 $|f(x)|$ 在点 $x=a$ 处不可导的充分条件是 　　　　( )

(A)$f(a)=0$ 且 $f'(a)=0$ 　　　　　　　(B)$f(a)=0$ 且 $f'(a)\neq0$

(C)$f(a)>0$ 且 $f'(a)>0$ 　　　　　　　(D)$f(a)<0$ 且 $f'(a)<0$

解 使用特值加排除法. 当 $f(a)\neq0$ 时,例如选项(C)中 $f(a)>0$,则由 $f(x)$ 在点 $x=a$ 处的连续性(可导必连续)知,在 $x=a$ 的某个邻域内 $f(x)>0$,此时 $|f(x)|=f(x)$ 在 $x=a$ 处可导. 因此排除了选项(C)和(D).

当 $f(a)=0$ 时,设 $\varphi(x)=|f(x)|$,则有

$$\varphi'_+(a)=\lim_{x\to a^+}\frac{|f(x)|-|f(a)|}{x-a}=\lim_{x\to a^+}\frac{|f(x)|}{x-a}=\left|\lim_{x\to a^+}\frac{f(x)-f(a)}{x-a}\right|=|f'(a)|$$

$$\varphi'_-(a)=\lim_{x\to a^-}\frac{|f(x)|-|f(a)|}{x-a}=\lim_{x\to a^-}\frac{|f(x)|}{-|x-a|}=-\left|\lim_{x\to a^-}\frac{f(x)-f(a)}{x-a}\right|=-|f'(a)|$$

而 $\varphi(x)=|f(x)|$ 在 $x=a$ 处可导的充要条件是 $\varphi'_+(a)=\varphi'_-(a)$,即

$$|f'(a)|=-|f'(a)|\Longleftrightarrow|f'(a)|=0\Longleftrightarrow f'(a)=0$$

故排除(A),同时也证明了(B)是正确的.

故选(B).

题7 (1987②)设 $f(x)$ 在点 $x=a$ 处可导,$\lim\limits_{x\to0}\dfrac{f(a+x)-f(a-x)}{x}$ 等于 　　　　( )

(A)$f'(a)$　　　　　(B)$2f'(a)$　　　　　(C)0　　　　　(D)$f'(2a)$

解 原式 $=\lim\limits_{x\to0}\dfrac{[f(a+x)-f(a)]-[f(a-x)-f(a)]}{x}=f'(a)+f'(a)=2f'(a)$.

故选(B).

题8 (2002②)设函数 $f(u)$ 可导,$y=f(x^2)$. 当自变量 x 在 $x=-1$ 处取得增量 $\Delta x=-0.1$ 时,相应的函数增量 Δy 的线性主部为 0.1,则 $f'(1)$ 等于 　　　　( )

(A)-1　　　　　　(B)0.1　　　　　　(C)1　　　　　　(D)0.5

解 对 $y=f(x^2)$ 取微分,得 $dy=2xf'(x^2)dx$.

将 $x=-1,dx=\Delta x=-0.1$ 和 $dy=0.1$ 代入微分式中,得 $f'(1)=0.5$.

故选(D).

题9 (2011③)设函数 $f(x)$ 在 $x=0$ 处可导,且 $f(0)=0$,则 $\lim\limits_{x\to0}\dfrac{x^2f(x)-2f(x^3)}{x^3}$ 等于 　　　　( )

(A)$-2f'(0)$　　　　　(B)$-f'(0)$　　　　　(C)$f'(0)$　　　　　(D)0

解 利用导数的定义可有

$$\lim_{x\to 0}\frac{x^2 f(x)-2f(x^3)}{x^3}=\lim_{x\to 0}\left\{\frac{x^2[f(x)-f(x)]}{x^3}-\frac{f(x^3)-f(0)}{x^3}\right\}$$

$$=\lim_{x\to 0}\frac{f(x)-f(x)}{x}-\lim_{x\to 0}\frac{f(x^3)-f(0)}{x^3}$$

$$=f'(0)-2f'(0)=-f'(0)$$

故应选(B).

（2）高阶导数问题

题 1　(1992①)设 $f(x)=3x^3+x^2|x|$,则使 $f^{(n)}(0)$ 存在最高阶数 n 为　　　　　　（　　）

(A)0　　　　　　　(B)1　　　　　　　(C)2　　　　　　　(D)3

解　由题设 $f(x)=\begin{cases}4x^3, & x\geqslant 0\\ 2x^3, & x<0\end{cases}$,可有 $f'(x)=\begin{cases}12x^2, & x\geqslant 0\\ 6x^2, & x<0\end{cases}$.

又有 $f''(x)=\begin{cases}24x, & x\geqslant 0\\ 12x, & x<0\end{cases}$,及 $f'''(x)=\begin{cases}24, & x>0\\ 12, & x<0\end{cases}$.但 $f'''_+(0)=24\neq f'''_-(0)=12$,知 $f(x)$ 在 $x=0$ 处三阶导数不存在.

故选(C).

题 2　(1990①)已知函数 $f(x)$ 具有任意阶导数,且 $f'(x)=[f(x)]^2$,则当 n 为大于 2 的正整数时, $f(x)$ 的 n 阶导数 $f^{(n)}(x)$ 是　　　　　　　　　　　　　　　　　　（　　）

(A)$n!\,[f(x)]^{n+1}$　　　(B)$n[f(x)]^{n+1}$　　　(C)$[f(x)]^{2n}$　　　(D)$n!\,[f(x)]^{2n}$

解　由题设先对 $f(x)$ 逐次求导,得

$$f''(x)=([f(x)^2])'=2f(x)f'(x)=2[f(x)]^3$$

$$f'''(x)=3\cdot 2[f(x)]^2 f'(x)=3!\,[f(x)]^4$$

故有 $f^{(n)}(x)=n!\,[f(x)]^{n+1}$(可用数学归纳法证明).

应选(A).

题 3　(2005①②)设函数 $f(x)=\lim_{n\to\infty}\sqrt[n]{1+|x|^{3n}}$,则 $f(x)$ 在 $(-\infty,+\infty)$ 内　　　（　　）

(A)处处可导　　　　　　　　　　　(B)恰有 1 个不可导点

(C)恰有 2 个不可导点　　　　　　　(D)至少有 3 个不可导点

解　因为当 $|x|\leqslant 1$ 时, $\lim_{n\to\infty}\sqrt[n]{1+|x|^{3n}}=1$,当 $|x|>1$ 时

$$\lim_{n\to\infty}\sqrt[n]{1+|x|^{3n}}=|x|^3\lim_{n\to\infty}\sqrt[n]{1+\left|\frac{1}{x}\right|^{3n}}=|x|^3$$

所以, $f(x)=\begin{cases}1, & |x|\leqslant 1\\ |x|^3, & |x|>1\end{cases}$ 恰有 2 个不可导点 $x=1$ 和 $x=-1$.

因此本题选(C).

2. 利用导数研究函数的性态

（1）连续、可导、单调性

题 1　(2004④)设函数

$$f(x)=\begin{cases}1, & x>0\\ 0, & x=0\\ -1, & x<0\end{cases}$$

又 $F(x)=\int_0^x f(t)\mathrm{d}t$,则　　　　　　　　　　　　　　　　　　　　　　　　　（　　）

(A)$F(x)$ 在 $x=0$ 点不连续

(B)$F(x)$ 在 $(-\infty,+\infty)$ 内连续,但在 $x=0$ 点不可导

(C)$F(x)$在$(-\infty,+\infty)$内可导,且满足$F'(x)=f(x)$

(D)$F(x)$在$(-\infty,+\infty)$内可导,但不一定满足$F'(x)=f(x)$

解 当$x<0$时,$F(x)=\int_0^x(-1)\mathrm{d}t=-x$;当$x=0$时,$F'(0)=0$;当$x>0$时,$F(x)=\int_0^x 1\mathrm{d}t=x$.
故$F(x)=|x|$.

知$F(x)$在$(-\infty,+\infty)$内连续,但在$x=0$处不可导.

故选(B).

题2 (1993③④)设函数

$$f(x)=\begin{cases}\sqrt{|x|}\sin\dfrac{1}{x^2},&x\neq0\\[2mm]0,&x=0\end{cases}$$

则$f(x)$在$x=0$处 ( )

(A)极限不存在 (B)极限存在但不连续

(C)连续但不可导 (D)可导

解 先判断$f(x)$在$x=0$处的连续性.

因为$\lim\limits_{x\to0}f(x)=\lim\limits_{x\to0}\sqrt{|x|}\sin\dfrac{1}{x^2}=0=f(0)$,知$f(x)$在$x=0$连续.

又因为$\lim\limits_{x\to0}\dfrac{f(x)-f(0)}{x-0}=\lim\limits_{x\to0}\dfrac{\sqrt{|x|}\sin\dfrac{1}{x^2}}{x}$不存在,知$f(x)$在$x=0$不可导.

故选(C).

题3 (2003④)设函数$f(x)=|x^3-1|\varphi(x)$,其中$\varphi(x)$在$x=1$处连续,则$\varphi(1)=0$是$f(x)$在$x=1$处可导的 ( )

(A)充分必要条件 (B)必要但非充分条件

(C)充分但非必要条件 (D)既非充分也非必要条件

解 因为$\lim\limits_{x\to1^+}\dfrac{f(x)-f(1)}{x-1}=\lim\limits_{x\to1^+}\dfrac{x^3-1}{x-1}\cdot\varphi(x)=3\varphi(1)$,又

$$\lim\limits_{x\to1^-}\dfrac{f(x)-f(1)}{x-1}=-\lim\limits_{x\to1^-}\dfrac{x^3-1}{x-1}\cdot\varphi(x)=-3\varphi(1)$$

故$f(x)$在$x=1$处可导的充分必要条件是$3\varphi(1)=-3\varphi(1)$,即$\varphi(1)=0$.

故选(A).

注 函数表达式中含有绝对值、取最大最小符号(max,min)等,均应视做分段函数处理.

一般地,函数$g(x)=|x-x_0|\varphi(x)$在点$x=x_0$处可导的充分必要条件是$\varphi(x_0)=0$.

题4 (2002①②)设函数$y=f(x)$在$(0,+\infty)$内有界且可导,则 ( )

(A)当$\lim\limits_{x\to+\infty}f(x)=0$时,必有$\lim\limits_{x\to+\infty}f'(x)=0$ (B)当$\lim\limits_{x\to+\infty}f'(x)$存在时,必有$\lim\limits_{x\to+\infty}f'(x)=0$

(C)当$\lim\limits_{x\to0^+}f(x)=0$时,必有$\lim\limits_{x\to0^+}f'(x)=0$ (D)当$\lim\limits_{x\to0^+}f'(x)$存在时,必有$\lim\limits_{x\to0^+}f'(x)=0$

解1 (用排除法)设$f(x)=\dfrac{1}{x}\sin x^2$,则导数$f'(x)=-\dfrac{1}{x^2}\sin x^2+2\cos x^2$.因为$f(+\infty)=0$,但$f'(+\infty)=0$不存在,所以排除选项(A).

又设$f(x)=\sin x$,则$f'(x)=\cos x$.因为$f(+0)=0$,而$f'(+0)=1$,所以排除选项(C)和选项(D).

故选(B).

解2 (直接证明)对于选项(B),使用反证法证明其真.

假设$\lim\limits_{x\to+\infty}f'(x)=a\neq0$,不妨设$a>0$,则必存在$x_0>0$.当$x>x_0$时,有$f'(x)>\dfrac{a}{2}$.在$[x_0,x]$上使用

拉格朗日定理,则存在 $\xi \in (x_0, x)$ 使得

$$f(x) = f(x_0) + f'(\xi)(x-x_0) > f(x_0) + \frac{a}{2}(x-x_0)$$

从而当 $x \to +\infty$ 时, $f(x) \to +\infty$.

这与 $f(x)$ 有界矛盾.故选(B).

题 5　(1996④)设 $f(x)$ 处处可导,则　　　　　　　　　　　　　　　　(　　)

(A)当 $\lim\limits_{x \to +\infty} f'(x) = +\infty$ 时,必有 $\lim\limits_{x \to +\infty} f(x) = +\infty$

(B)当 $\lim\limits_{x \to +\infty} f(x) = +\infty$ 时,必有 $\lim\limits_{x \to +\infty} f'(x) = +\infty$

(C)当 $\lim\limits_{x \to -\infty} f'(x) = -\infty$ 时,必有 $\lim\limits_{x \to -\infty} f(x) = -\infty$

(D)当 $\lim\limits_{x \to -\infty} f(x) = -\infty$ 时,必有 $\lim\limits_{x \to -\infty} f'(x) = -\infty$

解　(使用排除法)取 $f(x) = x$,则 $f'(x) = 1$.易见选项(B)与(D)错.

再取 $f(x) = x^2$,则 $f'(x) = 2x$.易见(C)亦不真.

故(A)正确.

注　事实上,由于 $\lim\limits_{x \to +\infty} f'(x) = +\infty$,则必存在正数 a,当 $x > a$ 时,恒有 $f'(x) > 1$.由拉格朗日定理

$$f(x) = f(a) + f'(\xi)(x-a) > f(a) + (x-a) \quad x > \xi > a$$

故

$$\lim_{x \to +\infty} f(x) \geqslant \lim_{x \to +\infty} [f(a) + (x-a)] = +\infty$$

题 6　(2004③④)设 $f(x)$ 在 $[a,b]$ 上连续,且 $f'(a) > 0, f'(b) < 0$,则下列结论中错误的是　(　　)

(A)至少存在一点 $x_0 \in (a,b)$,使得 $f(x_0) > f(a)$

(B)至少存在一点 $x_0 \in (a,b)$,使得 $f(x_0) > f(b)$

(C)至少存在一点 $x_0 \in (a,b)$,使得 $f'(x_0) = 0$

(D)至少存在一点 $x_0 \in (a,b)$,使得 $f(x_0) = 0$

解　首先由题设知 $f'(x)$ 在 $[a,b]$ 上连续,且 $f'(a) > 0, f'(b) < 0$,则由介值定理,至少存在一点 $x_0 \in (a,b)$,使得 $f'(x_0) = 0$.

另外,由 $f'(a) = \lim\limits_{x \to a^+} \dfrac{f(x) - f(a)}{x - a} > 0$,再由极限的保号性,至少存在一点 $x_0 \in (a,b)$ 使得

$$\frac{f(x_0) - f(a)}{x_0 - a} > 0 \implies f(x_0) > f(a)$$

同理,至少存在一点 $x_0 \in (a,b)$ 使得 $f(x_0) > f(b)$.

所以选项(A),(B),(C)都正确,错误的选项为(D).

故选(D).

题 7　(1993②)设

$$f(x) \begin{cases} \dfrac{|x^2 - 1|}{x - 1}, & x \neq 1 \\ 2, & x = 1 \end{cases}$$

则在点 $x = 1$ 处函数 $f(x)$　　　　　　　　　　　　　　　　　　　　　　(　　)

(A)不连续　　　　　　　　　　　　(B)连续但不可导

(C)可导且导数不连续　　　　　　　(D)可导且导数连续

解　由 $f(1+0) = \lim\limits_{x \to 1+0} \dfrac{x^2 - 1}{x - 1} = 2, f(1-0) = \lim\limits_{x \to 1-0} \dfrac{-(x^2 - 1)}{x - 1} = -2$.

则由 $f(1+0) \neq f(1-0)$,知 $f(x)$ 在 $x = 1$ 处不连续,从而不可导.

故选(A).

题 8　(1999①)若设

$$f(x)=\begin{cases}\dfrac{1-\cos x}{\sqrt{x}}, & x>0 \\ x^2 g(x), & x\leqslant 0\end{cases}$$

其中 $g(x)$ 是有界函数,则 $f(x)$ 在 $x=0$ 处 ( )

(A)极限不存在   (B)极限存在,但不连续

(C)连续,但不可导   (D)可导

解 由 $f'_-(0)=\lim\limits_{x\to 0^-}\dfrac{x^2 g(x)-0}{x-0}=0$, $f'_+(0)=\lim\limits_{x\to 0^+}\dfrac{1-\cos x}{\sqrt{x}}=0$.

因为 $f'_-(0)=f'_+(0)$,所以 $f(x)$ 在 $x=0$ 处可导.

故选(D).

题 9 (2003③)设 $f(x)$ 为不恒等于零的奇函数,并且 $f'(0)$ 存在,则函数 $g(x)=\dfrac{f(x)}{x}$ ( )

(A)在 $x=0$ 处左极限不存在   (B)有跳跃间断点 $x=0$

(C)在 $x=0$ 处右极限不存在   (D)有可去间断点 $x=0$

解 显然 $x=0$ 为 $g(x)$ 的间断点,且由 $f(x)$ 为不恒等于零的奇函数知,$f(0)=0$. 于是有

$$\lim_{x\to 0}g(x)=\lim_{x\to 0}\frac{f(x)}{x}=\lim_{x\to 0}\frac{f(x)-f(0)}{x-0}=f'(0)$$

存在,故 $x=0$ 为可去间断点.

注 本题也可用反例排除,例如 $f(x)=x$,则此时

$$g(x)=\frac{x}{x}=\begin{cases}1, & x\neq 0 \\ 0, & x=0\end{cases}$$

可排除(A),(B),(C)三项. 故选(D).

事实上,若 $f(x)$ 在 $x=x_0$ 处连续,则

$$\lim_{x\to x_0}\frac{f(x)}{x-x_0}=A\Longleftrightarrow f(x_0)=0, f'(x_0)=A$$

题 10 (1990③④)设函数 $f(x)$ 对任意 x 均满足等式 $f(1+x)=af(x)$,且有 $f'(0)=b$,其中 a,b 为非零常数,则 ( )

(A) $f(x)$ 在 $x=1$ 处不可导   (B) $f(x)$ 在 $x=1$ 处可导,且 $f'(1)=a$

(C) $f(x)$ 在 $x=1$ 处可导,且 $f'(1)=b$ (D) $f(x)$ 在 $x=1$ 处可导,且 $f'(1)=ab$

解 由题设等式,令 $x=0$,得 $f(1)=af(0)$. 由导数定义

$$f'(1)=\lim_{x\to 0}\frac{f(1+x)-f(1)}{x}=\lim_{x\to 0}\frac{af(x)-af(0)}{x}=af'(0)=ab$$

故选(D).

题 11 (1996②)设函数 $f(x)$ 在区间 $(-\delta,\delta)$ 内有定义,若当 $x\in(-\delta,\delta)$ 时,恒有 $|f(x)|\leqslant x^2$,则 $x=0$ 必是 $f(x)$ 的 ( )

(A)间断点   (B)连续而不可导的点

(C)可导的点,且 $f'(0)=0$ (D)可导的点,且 $f'(0)\neq 0$

解 由于 $f(0)=0$, $f'(0)=\lim\limits_{x\to 0}\dfrac{f(x)}{x}=\lim\limits_{x\to 0}\dfrac{f(x)}{x^2}\cdot x=0$.

故选(C).

题 12 (1993②)若 $f(x)=-f(-x)$,在 $(0,+\infty)$ 内 $f'(x)>0$,$f''(x)>0$,则 $f(x)$ 在 $(-\infty,0)$ 内 ( )

(A) $f'(x)<0$,$f''(x)<0$ (B) $f'(x)<0$,$f''(x)>0$

(C)$f'(x)>0,f''(x)<0$ (D)$f'(x)>0,f''(x)>0$

解 1　图解法. $f(x)$是奇函数,它在第一象限内是单调增加且为下凹(例如 $y=x^3$ 的),则它在第三象限内的图形必然也是单调增加(与 $f'(x)>0$ 对应),且为下凸的(与 $f''(x)<0$ 对应).

故选(C).

解 2　由题设 $f(x)=-f(-x)$,则
$$f'(x)=-f'(-x)\cdot(-1)=f'(-x),\quad f''(x)=-f''(-x)<0$$
故 $x\in(-\infty,0)$时,$-x\in(0,+\infty)$,有 $f'(x)>0,f''(-x)>0$.从而
$$f'(x)=f'(-x)>0,\quad f''(x)<0$$

故选(C).

题 13　(2004①②)设函数 $f(x)$连续,且 $f'(0)>0$,则存在 $\delta>0$,使得 　　　　( )

(A)$f(x)$在$(0,\delta)$内单调增加 (B)$f(x)$在$(-\delta,0)$内单调减少

(C)对任意的 $x\in(0,\delta)$有 $f(x)>f(0)$ (D)对任意的 $x\in(-\delta,0)$有 $f(x)>f(0)$

解　由导数的定义,知

$$f'(0)=\lim_{x\to 0}\frac{f(x)-f(0)}{x}>0$$

根据保号性,知存在 $\delta>0$,当 $x\in(-\delta,0)\bigcup(0,\delta)$时,有 $\dfrac{f(x)-f(0)}{x}>0$,即当 $x\in(-\delta,0)$时,$f(x)<f(0)$;而当 $x\in(0,\delta)$时,有 $f(x)>f(0)$.

故选(C).

题 14　(2001②)已知函数 $f(x)$在区间$(1-\delta,1+\delta)$内具有二阶导数,又 $f'(x)$严格单调减少,且 $f(1)=f'(1)=1$,则 　　　　　　　　　　　　　　( )

(A)在$(1-\delta,1)$和$(1,1+\delta)$内均有 $f(x)<x$

(B)在$(1-\delta,1)$和$(1,1+\delta)$内均有 $f(x)>x$

(C)在$(1-\delta,1)$内,$f(x)<x$;在$(1,1+\delta)$内,$f(x)>x$

(D)在$(1-\delta,1)$内,$f(x)>x$;在$(1,1+\delta)$内,$f(x)>x$

解 1　当 $x<1$ 时 $f'(x)>f'(1)=1$,则 $\displaystyle\int_x^1 f'(x)\mathrm{d}x>\int_x^1\mathrm{d}x$,得 $f(x)<x$.

当 $x>1$ 时 $f'(x)<f'(1)=1$,则 $\displaystyle\int_1^x f'(x)\mathrm{d}x<\int_1^x\mathrm{d}x$,得 $f(x)<x$.

故选(A).

解 2　图解法. 由 $f'(x)$单调下降,从而 $f''(x)\leqslant 0$.表明 $f(x)$的图形为下凸的,且点$(1,f(1))$在曲线切线上.

故选(A).

题 15　(1995②)设函数 $f(x)$在$(-\infty,+\infty)$内可导,且对任意 x_1,x_2,当 $x_1>x_2$ 时,都有 $f(x_1)>f(x_2)$,则 　　　　　　　　　　　　　　　　　　　( )

(A)对任意 $x,f'(x)>0$ (B)对任意 $x,f'(x)\leqslant 0$

(C)函数 $f(-x)$单调增加 (D)函数 $-f(-x)$单调增加

解　当 $x_1>x_2$ 时,有 $-x_1<-x_2$,于是
$$f(-x_1)<f(-x_2)\Rightarrow -f(-x_1)>-f(-x_2)$$

故选(D).

题 16　(2005③④)以下四个命题中正确的是 　　　　　　　　　　　　( )

(A)若 $f'(x)$在$(0,1)$内连续,则 $f(x)$在$(0,1)$内有界

(B)若 $f(x)$在$(0,1)$内连续,则 $f(x)$在$(0,1)$内有界

(C)若 $f'(x)$ 在 $(0,1)$ 内有界,则 $f(x)$ 在 $(0,1)$ 内有界

(D)若 $f(x)$ 在 $(0,1)$ 内有界,则 $f'(x)$ 在 $(0,1)$ 内有界

解 令 $f(x)=\dfrac{1}{x}$,则 $f(x)$ 与 $f'(x)=-\dfrac{1}{x^2}$ 都在 $(0,1)$ 内连续,但 $f(x)$ 在 $(0,1)$ 内无界,所以排除选项(A)和(B),又令 $f(x)=\sqrt{x}$,则 $f(x)$ 在 $(0,1)$ 内有界,但 $f'(x)=\dfrac{1}{2\sqrt{x}}$ 在 $(0,1)$ 内无界,所以排除(D).

因此本题选(C).

题 17 (2007①②)设函数 $f(x)$ 在 $x=0$ 处连续,下列命题错误的是 ( )

(A)若 $\lim\limits_{x\to 0}\dfrac{f(x)}{x}$ 存在,则 $f(0)=0$ (B)若 $\lim\limits_{x\to 0}\dfrac{f(x)+f(-x)}{x}$ 存在,则 $f(0)=0$

(C)若 $\lim\limits_{x\to 0}\dfrac{f(x)}{x}$ 存在,则 $f'(0)$ 存在   (D)若 $\lim\limits_{x\to 0}\dfrac{f(x)-f(-x)}{x}$ 存在,则 $f'(0)$ 存在

解 当 $\lim\limits_{x\to 0}\dfrac{f(x)}{x}$ 存在时,由 $f(x)$ 在 $x=0$ 处连续得 $f(0)=\lim\limits_{x\to 0}f(x)=0$;

当 $\lim\limits_{x\to 0}\dfrac{f(x)+f(-x)}{x}$ 存在时,由 $f(x)$ 在 $x=0$ 处连续得 $2f(0)=\lim\limits_{x\to 0}[f(x)+f(-x)]=0$,即有 $f(0)=0$;

当 $\lim\limits_{x\to 0}\dfrac{f(x)}{x}$ 存在时,$f'(0)=\lim\limits_{x\to 0}\dfrac{f(x)-f(0)}{x-0}=\lim\limits_{x\to 0}\dfrac{f(x)}{x}$ 存在.

由此可知,选项(A),(B),(C)都应排除.

因此本题选(D).

(2)极(最)值问题与拐点

题 1 (1990①)已知函数 $f(x)$ 在 $x=0$ 的某个邻域内连续,且 $f(0)=0$,又 $\lim\limits_{x\to 0}\dfrac{f(x)}{1-\cos x}=2$,则在点 $x=0$ 处 $f(x)$ ( )

(A)不可导   (B)可导,且 $f'(0)\neq 0$ (C)取得极大值   (D)取得极小值

解 由极限的保号性,在 $x=0$ 的某空心邻域内,有

$$\lim\limits_{x\to 0}\dfrac{f(x)}{1-\cos x}=\lim\limits_{x\to 0}\dfrac{f(x)}{\frac{1}{2}x^2}=2>0$$

即 $\dfrac{2f(x)}{x^2}>0$,从而 $f(x)>f(0)$.

故选(D).

题 2 (1994②)设 $y=f(x)$ 是满足微分方程 $y''-y'-e^{\sin x}=0$ 的解,且 $f'(x_0)=0$,则 $f(x)$ 在 ( )

(A)x_0 的某个邻域内单调增加   (B)x_0 的某个邻域内单调减少

(C)x_0 处取得极小值   (D)x_0 处取得极大值

解 由题设 $f(x)$ 满足方程 $f''(x)+f'(x)-e^{\sin x}=0$,所以有 $f''(x_0)=e^{\sin x_0}-f'(x_0)=e^{\sin x_0}>0$,即 $f'(x_0)=0$,$f''(x_0)>0$. 故 $f(x)$ 在 x_0 处取得极小值.

故选(C).

题 3 (1988①②)设 $y=f(x)$ 是方程 $y''+2y'+4y=0$ 的一个解,又若 $f(x_0)>0$ 且 $f'(x_0)=0$,则函数 $f(x)$ 在点 x_0 ( )

(A)取得极大值   (B)取得极小值

(C)某个邻域内单调增加   (D)某个邻域内单调减小

解 依题意 $f''(x_0)-2f'(x_0)+4f(x_0)=0$,有 $f''(x_0)=-4f(x_0)$.

因此,驻点 $x=x_0$ 是 $f(x)$ 的极大值点.

故选(A).

题 4 (1997②)已知函数 $y=f(x)$ 对一切 x 满足 $xf''(x)+3x[f'(x)]^2=1-\mathrm{e}^{-x}$,若 $f'(x_0)=0$ ($x_0\neq0$),则 ( )

(A) $f(x_0)$ 是 $f(x)$ 的极大值

(B) $f(x_0)$ 是 $f(x)$ 的极小值

(C) $(x_0,f(x_0))$ 是曲线 $y=f(x)$ 的拐点

(D) $f(x_0)$ 不是 $f(x)$ 的极值,$(x_0,f(x_0))$ 也不是曲线 $y=f(x)$ 的拐点

解 由题设,在 $f(x)$ 的驻点 $x=x_0\neq0$ 处,$f''(x_0)=\dfrac{1}{x_0}(1-\mathrm{e}^{-x})>0$,知 $x=x_0$ 是 $f(x)$ 的极小点.

故选(B).

题 5 (2003①②)设函数 $f(x)$ 在 $(-\infty,+\infty)$ 内连续,其导函数的图象如图 4 所示,则 $f(x)$ 有 ( )

(A) 1 个极小值点和 2 个极大值点

(B) 2 个极小值点和 1 个极大值点

(C) 2 个极小值点和 2 个极大值点

(D) 3 个极小值点和 1 个极大值点

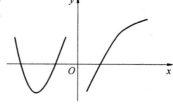

图 4

解 根据导函数的图象可知,一阶导数为零的点有 3 个,而 $x=0$ 则是导数不存在的点.

3 个一阶导数为零的点左右两侧导数符号不一致,必为极值点,且 2 个极小值点,1 个极大值点;

在 $x=0$ 左侧一阶导数为正,右侧一阶导数为负,可见 $x=0$ 为极大值点.

故 $f(x)$ 共有 2 个极小值点和 2 个极大值点.

故选(C).

题 6 (1996①)设 $f(x)$ 有二阶连续导数,且

$$f'(0)=0,\lim_{x\to0}\frac{f''(x)}{|x|}=1$$

则 ( )

(A) $f(0)$ 是 $f(x)$ 的极大值

(B) $f(0)$ 是 $f(x)$ 的极小值

(C) $(0,f(0))$ 是曲线 $y=f(x)$ 的拐点

(D) $f(0)$ 不是 $f(x)$ 的极值,$(0,f(0))$ 也不是曲线 $y=f(x)$ 的拐点

解 由题设

$$f''(0)=\lim_{x\to0}f''(x)=\lim_{x\to0}\frac{f''(x)}{|x|}\cdot|x|=0$$

再由极限的保号性,在 $x=0$ 的某去心邻域内 $\dfrac{f''(x)}{|x|}>0$,从而 $f''(x)>0$.曲线为上凹的,说明 $(0,f(0))$ 不是拐点,排除(C).

由泰勒公式 $f(x)=f(0)+f'(0)x+\dfrac{1}{2}f''(\xi)x^2\Rightarrow f(x)-f(0)=\dfrac{1}{2}f''(\xi)x^2>0$.

得知 $f(0)$ 为极小值(亦可由 $f'(0)=0$,$f''(x)>0$ 去判断).

故选(B).

题 7 (2004①②)设 $f(x)=|x(1-x)|$,则 ( )

(A) $x=0$ 是 $f(x)$ 的极值点,但 $(0,0)$ 不是曲线 $y=f(x)$ 的拐点

(B)$x=0$ 不是 $f(x)$ 的极值点,但 $(0,0)$ 是曲线 $y=f(x)$ 的拐点

(C)$x=0$ 是 $f(x)$ 的极值点,且 $(0,0)$ 是曲线 $y=f(x)$ 的拐点

(D)$x=0$ 不是 $f(x)$ 的极值点,$(0,0)$ 也不是曲线 $y=f(x)$ 的拐点

解 由题设有

$$f(x)=\begin{cases}-x(1-x),&-1<x\leqslant0\\x(1-x),&0<x<1\end{cases}\Rightarrow f'(x)=\begin{cases}-1+2x,&-1<x<0\\1-2x,&0<x<1\end{cases}\Rightarrow f''(x)=\begin{cases}2,&-1<x<0\\-2,&0<x<1\end{cases}$$

从而 $-1<x<0$ 时,$f(x)$ 上凹.$1>x>0$ 时,$f(x)$ 上凸.于是 $(0,0)$ 为拐点.

又 $f(0)=0,x\neq0,1$ 时,$f(x)>0$,从而 $x=0$ 为极小值点.

所以 $x=0$ 是极值点,$(0,0)$ 是曲线 $y=f(x)$ 的拐点.

故选(C).

题 8 (2000②)设函数 $f(x)$ 满足关系式 $f''(x)+[f'(x)]^2=x$,且 $f'(0)=0$,则 ( )

(A)$f(0)$ 是 $f(x)$ 的极大值

(B)$f(0)$ 是 $f(x)$ 的极小值

(C)点 $(0,f(0))$ 是曲线 $y=f(x)$ 的拐点

(D)$f(0)$ 不是 $f(x)$ 的极值,点 $(0,f(0))$ 也不是曲线 $y=f(x)$ 的拐点

解 在题设方程中令 $x=0$,可得 $f''(0)=0$.又由题设有

$$f''(x)=x-[f'(x)]^2=x\left\{1-\frac{[f'(x)]^2}{x}\right\}\tag{*}$$

由于

$$\lim_{x\to0}\frac{[f'(x)]^2}{x}=\lim_{x\to0}\left[\frac{f'(x)-f'(0)}{x-0}\right]^2\cdot x=0$$

因此 $x=0$ 充分小的邻域内,由式(*)看出 $f''(x)$ 左右变号,知其为拐点.

故选(C).

题 9 (1991②)设函数 $f(x)$ 在 $(-\infty,+\infty)$ 内有定义,$x_0\neq0$ 是函数 $f(x)$ 的极大点,则 ( )

(A)x_0 是 $f(x)$ 的驻点   (B)$-x_0$ 必是 $-f(-x)$ 的极小点

(C)$-x_0$ 是 $f(-x)$ 的极小点   (D)对一切 x 都有 $f(x)\leqslant f(x_0)$

解 在 x_0 的去心邻域内有 $f(x)<f(x_0)$,即 $-f(x)>-f(x_0)$.

从而 $-f(-(-x))>-f(-(-x_0))$.

知(B)真与此同时否定了(C).因为 $f(x)$ 无可导条件,所以否定(A).因为极大值是邻域中的最大值,而不是"对一切 x",所以否定(D).

故选(B).

题 10 (1987①)设 $\lim\limits_{x\to0}\dfrac{f(x)-f(a)}{(x-a)^2}=-1$,则在点 $x=a$ 处 ( )

(A)$f(x)$ 的导数存在,且 $f'(a)\neq0$ (B)$f(x)$ 取得极大值

(C)$f(x)$ 取得极小值   (D)$f(x)$ 的导数不存在

解 由极限的保号性,在 a 的某个去心邻域内使 $\dfrac{f(x)-f(a)}{(x-a)^2}<0$.

从而 $f(x)<f(a)$.

故选(B).

题 11 (2011①)设函数 $f(x)$ 具有二阶连续导数,且 $f(x)>0,f'(0)=0$,则函数 $z=f(x)\ln f(y)$ 在点 $(0,0)$ 处取得极小值的一个充分条件是 ( )

(A)$f(0)>1,f''(0)>0$ (B)$f(0)>1,f''(0)<0$

(C)$f(0)<1,f''(0)>0$ (D)$f(0)<1,f''(0)<0$

解　由 $z=f(x)\ln f(y)$，有 $z'_x(x,y)=f'(x)\ln f(y)$，$z'_y(x,y)=f(x)\dfrac{f'(y)}{f(y)}$，所以 $z'_x(0,0)=f'(0)\cdot$

$\ln f(0)=0$，$z'_y(0,0)=f(0)\dfrac{1}{f(0)}f'(0)=0$. 故 $(0,0)$ 是 $z=f(x)\ln f(y)$ 可能的极值点. 经计算得

$$z''_{xx}(x,y)=f''(x)\ln f(y),\ z''_{yy}(x,y)=f(x)\dfrac{f''(y)f(y)-f'^2(y)}{f^2(y)},\ z''_{xy}(x,y)=f'(x)\dfrac{f'(y)}{f(y)}$$

所以 $A=z''_{xx}(0,0)=f''(0)\ln f(0)$，$B=z''_{xy}(0,0)=0$，$C=z''_{yy}(0,0)=f''(0)$.

由 $B^2-AC<0$，且 $A>0$，$C>0$，有 $f''(0)>0$，$f(0)>1$.

故选(A).

题 12　(1998②)设函数 $f(x)$ 在 $x=a$ 的某个邻域内连续，且 $f(a)$ 为其极大值，则存在 $\delta>0$，当 $x\in$
$(a-\delta,a+\delta)$ 时，必有　　　　　　　　　　　　　　　　　　　　　　　　　　　（　　）

(A)$(x-a)[f(x)-f(a)]\geqslant 0$　　　　　　(B)$(x-a)[f(x)-f(a)]\leqslant 0$

(C)$\lim\limits_{t\to a}\dfrac{f(t)-f(x)}{(t-x)^2}\geqslant 0\ (x\neq a)$　　(D)$\lim\limits_{t\to a}\dfrac{f(t)-f(x)}{(t-x)^2}\leqslant 0\ (x\neq a)$

解　选项(A)和(B)表明函数单调变化，但题中未设，故排除(A)和(B).

因为选项(C)和(D)极限式的分母大于零(在 a 的充分小邻域内)，所以由 $f(x)$ 的连续性及 $f(a)$ 为极大值的条件(即 $f(a)\geqslant f(x)$)，有

$$\lim\limits_{t\to a}\dfrac{f(t)-f(x)}{(t-x)^2}=\dfrac{f(a)-f(x)}{(a-x)^2}\geqslant 0\quad x\neq a$$

由此知(C)正确. 故选(C).

题 13　(1989②)设两函数 $f(x)$ 及 $g(x)$ 都在 $x=a$ 处取得极大值，则函数 $F(x)=f(x)g(x)$ 在 $x=a$
处　　　　　　　　　　　　　　　　　　　　　　　　　　　　　　　　　　　　　　　（　　）

(A)必取极大值　　　　　　　　　　　　(B)必取极小值

(C)不可能取极值　　　　　　　　　　　(D)是否取极值不能确定

解　取 $f(x)=g(x)=-x^2$，而 $f(x)g(x)=x^4$ 取了极小值，于是排除了选项(A)和(C).

取 $f(x)=-x^2$，$g(x)=1-x^2$，两者都在 $x=0$ 处取得极大值，而

$$\varphi(x)=f(x)g(x)=-x^2(1-x^2)$$

在 $x=0$ 处仍然取得了极大值，这是因为

$$\varphi(x)=-x^2+x^4,\quad \varphi'(x)=-2x+4x^3,\quad \varphi''(x)=-2+12x^2$$

在驻点 $x=0$ 处 $\varphi''(x)=-2<0$，即取极大值. 于是也排除了选项(B).

故选(D).

题 14　(2001①②)设函数 $f(x)$ 在定义域可导，$y=f(x)$ 的图形如图 5 所示，则
导函数 $y=f'(x)$ 的图形为　　　　　　　　　　　（　　）

图 5

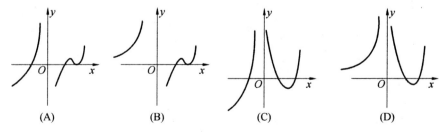

(A)　　　　　　　(B)　　　　　　　(C)　　　　　　　(D)

解　用排除法. 因为 $f(x)$ 在 y 轴左侧的图象是单调增加的，则 $f'(x)\geqslant 0$，由此知(A)和(C)不真；因为 $f(x)$ 在 y 轴右侧至极大点左侧的图象也是单调增加的，则 $f'(x)\geqslant 0$，由此知(B)亦不真.

故选(D).

题 15 (2001②)曲线 $y=(x-1)^2(x-3)^2$ 的拐点个数为 （ ）

(A)0　　　　　(B)1　　　　　(C)2　　　　　(D)3

解 1 求 y'，y''，令 $y''=0$，解得 $x_{1,2}=2\pm\dfrac{\sqrt{3}}{3}$.

然后可判断在这两点的左、右邻域内，y'' 都变号，则有 2 个拐点. 故选(C).

解 2 由于题设函数特殊，不必计算二阶导数即可判断出拐点的个数.

首先，y 是 4 次多项式，其曲线最多拐 3 次弯，因此拐点最多有 2 个.

其次，$x=1$，$x=3$ 是极小点，在两点之间必有唯一的极大点，设为 x_0.

又 $\lim\limits_{x\to-\infty}y=+\infty$，$\lim\limits_{x\to+\infty}y=+\infty$，$y$ 的大致图象如图 6 所示，于是在 $(1,x_0)$ 和 $(x_0,3)$ 内各有一个拐点.
故选(C).

(3)介值定理与中值定理

题 1 (2000①②)设 $f(x)$，$g(x)$ 是恒大于零的可导函数，且 $f'(x)g(x)-f(x)g'(x)<0$，则当 $a<x<b$ 时，有 （ ）

(A)$f(x)g(b)>f(b)g(x)$ 　　　　(B)$f(x)g(a)>f(a)g(x)$

(C)$f(x)g(b)>f(b)g(b)$ 　　　　(D)$f(x)g(x)>f(a)g(a)$

解 1 由 $f'(x)g(x)-f(x)g'(x)<0$，有

$$\frac{f'(x)g(x)-f(x)g'(x)}{g^2(x)}<0$$

则 $\left[\dfrac{f(x)}{g(x)}\right]'<0$. 又 $\dfrac{f(x)}{g(x)}$ 单减，则当 $a<x<b$ 时

$$\frac{f(x)}{g(x)}>\frac{f(b)}{g(b)}\ \Rightarrow\ f(x)g(b)>f(b)g(x)$$

解 2 由 $f'(x)g(x)-f(x)g'(x)<0$，有

$$\frac{f'(x)}{f(x)}<\frac{g'(x)}{g(x)}\ \Rightarrow\ \int_x^b\frac{f'(x)}{f(x)}\mathrm{d}x<\int_x^b\frac{g'(x)}{g(x)}\mathrm{d}x$$

从而 $\ln\left[\dfrac{f(b)}{f(x)}\right]<\ln\left[\dfrac{g(b)}{g(x)}\right]$，故 $f(x)g(b)>f(b)g(x)$.

故选(A).

题 2 (1995①②)设在 $[0,1]$ 上 $f''(x)>0$，则 $f'(0)$，$f'(1)$，$f(1)-f(0)$ 或 $f(0)-f(1)$ 的大小顺序是 （ ）

(A)$f'(1)>f'(0)>f(1)-f(0)$ 　　　　(B)$f'(1)>f(1)-f(0)>f'(0)$

(C)$f(1)-f(0)>f'(1)>f'(0)$ 　　　　(D)$f'(1)>f(0)-f(1)>f'(0)$

解 由题设及拉格朗日中值定理，有

$$f(1)-f(0)=f'(\xi)(1-0)=f'(\xi)\qquad \xi\in(0,1)$$

又 $f''(x)>0$，$f'(x)$ 单调增加，因此有 $f'(1)>f'(\xi)>f'(0)$.
故选(B).

题 3 (1996②)设 $f(x)$ 处处可导，则 （ ）

(A)当 $\lim\limits_{x\to-\infty}f(x)=-\infty$，必有 $\lim\limits_{x\to-\infty}f'(x)=-\infty$

(B)当 $\lim\limits_{x\to-\infty}f'(x)=-\infty$，必有 $\lim\limits_{x\to-\infty}f(x)=-\infty$

(C)当 $\lim\limits_{x\to+\infty}f(x)=+\infty$，必有 $\lim\limits_{x\to+\infty}f'(x)=+\infty$

(D)当 $\lim\limits_{x\to+\infty}f'(x)=+\infty$，必有 $\lim\limits_{x\to+\infty}f(x)=+\infty$

解 若 $\lim\limits_{x\to+\infty} f'(x) = +\infty$,则对任意取定的正数 M,存在 x_0,当 $x > x_0$ 时,$f'(x) > M$.

对 $f(x)$ 在区间 $[x_0,x]$ 使用拉格朗日定理,存在 $\xi \in (x_0,x)$ 使

$$f(x) = f(x_0) + f'(\xi)(x-x_0) > f(x_0) + M(x-x_0)$$

故当 $x \to +\infty$ 时,$f(x) \to +\infty$.

当取 $f(x) = x$ 时,可否定 (A) 和 (C). 当取 $f(x) = x^2$ 时,可否定 (B).

故选 (D).

题 4 (1987③④)若函数 $f(x)$ 在区间 (a,b) 内可导,又 x_1 和 x_2 是区间 (a,b) 内任意两点,且 $x_1 < x_2$,则至少存在一点 ξ,使 （　　）

(A) $f(b)-f(a) = f'(\xi)(b-a)$,其中 $a < \xi < b$

(B) $f(b)-f(x_1) = f'(\xi)(b-x_1)$,其中 $x_1 < \xi < b$

(C) $f(x_2)-f(x_1) = f'(\xi)(x_2-x_1)$,其中 $x_1 < \xi < x_2$

(D) $f(x_2)-f(a) = f'(\xi)(x_2-a)$,其中 $a < \xi < x_2$

解 使用拉格朗日定理条件为:函数在闭区间上连续,在开区间上可导. 而选项 (A),(B) 和 (D) 在区间端点不满足前一条件. 只有 (C) 符合定理条件.

故选 (C).

题 5 (2002③④)设函数 $f(x)$ 在闭区间 $[a,b]$ 上有定义,在开区间 (a,b) 内可导,则 （　　）

(A) 当 $f(a)f(b) < 0$ 时,存在 $\xi \in (a,b)$,使 $f(\xi) = 0$

(B) 对任何 $\xi \in (a,b)$,有 $\lim\limits_{x\to\xi}[f(x)-f(\xi)] = 0$

(C) 当 $f(a) = f(b)$ 时,存在 $\xi \in (a,b)$,使 $f'(\xi) = 0$

(D) 存在 $\xi \in (a,b)$,使 $f(b)-f(a) = f'(\xi)(b-a)$

解 因为 $f(x)$ 在 $x = a$ 和 $x = b$ 处无连续性题设,所以介值零点定理、罗尔定理和拉格朗日中值定理不成立,选项 (A),(C) 和 (D) 不真.

实际上,因为 $f(x)$ 在点 ξ 处可导,则必连续,故 (B) 正确.

故选 (B).

3. 导数的几何作用

题 1 (1995③④)设 $f(x)$ 为可导函数,且满足条件 $\lim\limits_{x\to 0}\dfrac{f(1)-f(1-x)}{2x} = -1$,则曲线 $y = f(x)$ 在点 $(1,f(1))$ 处的切线斜率为 （　　）

(A) 2　　　　　　(B) -1　　　　　　(C) $\dfrac{1}{2}$　　　　　　(D) -2

解 注意到 $-1 = \lim\limits_{x\to 0}\dfrac{f(1)-f(1-x)}{2x} = \dfrac{1}{2}\lim\limits_{x\to 0}\dfrac{f(1-x)-f(1)}{-x} = \dfrac{1}{2}f'(1)$,解得 $f'(1) = -2$.

故选 (D).

题 2 (1991②)若曲线 $y = x^2 + ax + b$ 和 $2y = -1 + xy^3$ 在点 $(1,-1)$ 处相切,其中 a,b 是常数,则 （　　）

(A) $a = 0, b = -2$　　　　　　(B) $a = 1, b = -3$

(C) $a = -3, b = 1$　　　　　　(D) $a = -1, b = -1$

解 依题意两曲线切线斜率相等.

第二个方程两边对 x 求导,得 $2y' = y^3 + 3xy^2 y'$. 将 $x = 1, y = -1$ 代入,解得切线斜率为 1. 因此 $y'|_{x=1} = 2 + a = 1$,得 $a = -1$.

将 a 及 $(1,-1)$ 代入第一个方程可得 $b = -1$.

故选 (D).

题 3 (1988②)函数 $f(x)=\dfrac{1}{3}x^3+\dfrac{1}{2}x^2+6x+1$ 的图象在点 $(0,1)$ 处切线与 Ox 轴交点的坐标是

      (   )

(A) $\left(-\dfrac{1}{6},0\right)$ (B) $(-1,0)$ (C) $\left(\dfrac{1}{6},0\right)$ (D) $(1,0)$

解 由 $f'(0)=6$,知图象在 $(0,1)$ 处的切线方程为 $y-1=6x$.

令 $y=0$,可解得 $x=-\dfrac{1}{6}$.

故选(A).

题 4 (1984②)曲线 $y=\mathrm{e}^{\frac{1}{x^2}}\arctan\dfrac{x^2+x+1}{(x-1)(x+2)}$ 的渐近线有

      (   )

(A)1 条   (B)2 条   (C)3 条   (D)4 条

解 因为 $\lim\limits_{x\to 0}y=\dfrac{\pi}{4}$,$\lim\limits_{x\to\infty}y=\infty$,所以曲线有渐近线 $y=\dfrac{\pi}{4}$,$x=0$.

故选(B).

题 5 (1991①②)曲线 $y=\dfrac{1+\mathrm{e}^{-x^2}}{1-\mathrm{e}^{-x^2}}$

      (   )

(A)没有渐近线   (B)仅有水平渐近线

(C)仅有铅直渐近线   (D)既有水平渐近线又有铅直渐近线

解 因为 $\lim\limits_{x\to\infty}\dfrac{1+\mathrm{e}^{-x^2}}{1-\mathrm{e}^{-x^2}}=1$, $\lim\limits_{x\to 0}\dfrac{1+\mathrm{e}^{-x^2}}{1-\mathrm{e}^{-x^2}}=+\infty$,知曲线有水平和铅直渐近线.

故选(D).

题 6 (1989①②)当 $x>0$ 时,曲线 $y=x\sin\dfrac{1}{x}$

      (   )

(A)有且仅有水平渐近线   (B)有且仅有铅直渐近线

(C)既有水平渐近线,也有铅直渐近线   (D)既无水平渐近线,也无铅直渐近线

解 因 $\lim\limits_{x\to 0}x\sin\dfrac{1}{x}=0$,$\lim\limits_{x\to\infty}x\sin\dfrac{1}{x}=1$,知曲线有水平和铅直渐近线.

故选(A).

题 7 (1998③④)设周期函数 $f(x)$ 在 $(-\infty,+\infty)$ 内可导,其周期为 4,又 $\lim\limits_{x\to 0}\dfrac{f(1)-f(1-x)}{2x}=$

-1,则曲线 $y=f(x)$ 在点 $(5,f(5))$ 处的斜率为

      (   )

(A) $\dfrac{1}{2}$ (B)0   (C) -1 (D) -2

解 由题设,有

$$-1=\lim\limits_{x\to 0}\frac{f(1)-f(1-x)}{2x}=\frac{1}{2}\lim\limits_{x\to 0}\frac{f(5-x)-f(5)}{-x}=\frac{1}{2}f'(5)$$

则有 $f'(5)=-2$.

故选(D).

4. 方程的根的讨论

题 1 (1989②)若 $3a^2-5b<0$,则方程 $x^5+2ax^3+3bx+4c=0$

      (   )

(A)无实根   (B)有唯一实根

(C)有 3 个不同实根   (D)有 5 个不同实根

解 由题设 $f(x)=x^5+2ax^3+3bx+4c$ 是奇次的,故方程 $f(x)=0$ 至少有一实根.

又 $f'(x)=5x^4+6ax^2+3b$ 可视为 x^2 的二次方程,其判别式

$$\Delta=12(3a^2-5b)<0$$

意即 $f'(x)>0$,知 $f(x)$ 严格单调增加,方程 $f(x)=0$ 有根必唯一.

故选(B).

题 2　(2005③④)a 为何值时,$f(x)=2x^3-9x^2+12x-a$ 恰有两个不同的零点　　　　　　( )

(A)2　　　　　　(B)4　　　　　　(C)6　　　　　　(D)8

解 1　由题设知 $f(x)$ 有一对重根和一个单根,又 $f'(x)=6(x-1)(x-2)$,知 $f'(x)$ 零点为 $x=1$ 或 $x=2$.

而 $f(1)=5-a,f(2)=4-a$.这样 $y=f(x)$ 的图象大致如图 7 所示,而当 $a=4$ 时图象如虚线所描绘.

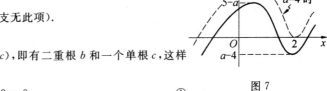

图 7

从而知 $a=4(a=5$ 亦可,但选择支无此项).

故选(B).

解 2　令 $f'(x)=2(x-b)^2(x-c)$,即有二重根 b 和一个单根 c,这样将其展开且与题设 $f(x)$ 式比较可有

$$\begin{cases}4b+2c=9 & ① \\ 2bc+b^2=6 & ② \\ 2b^2c=a & ③\end{cases}$$

式①$\times b$-式②有 $b^2=3b-2$,得 $b=1$ 或 2.这时可得 $c=\dfrac{5}{2}$ 或 $\dfrac{1}{2}$,进而知 $a=5$ 或 4.

因选项中仅有 4,故选(B).

注　注意方程"零点"与"根"的差异,一对或多个重根仅能算一个零点,而计算根时,应说一对或多重根.

题 3　(1996②)在区间 $(-\infty,+\infty)$ 内,方程 $|x|^{\frac{1}{4}}+|x|^{\frac{1}{2}}-\cos x=0$　　　　　　( )

(A)无实根　　　　　　　　　　　(B)有且仅有一个实根

(C)有且仅有两个实根　　　　　　(D)有无穷多个实根

解　设 $f(x)=|x|^{\frac{1}{4}}+|x|^{\frac{1}{2}}-\cos x$,则 $f(x)$ 为偶函数,只需讨论 $x\geqslant0$.

显然当 $x>1$ 时 $f(x)>0$,表明 $x>1$ 时无根.

因为 $f(0)=-1<0,f(1)=2-\cos1>0$,则 $f(x)$ 在 $(0,1)$ 内有零点.

当 $x\in(0,1)$ 时,$f'(x)=\dfrac{1}{4\sqrt[4]{x^3}}+\dfrac{1}{2\sqrt{x}}+\sin x>0$,所以 $f(x)$ 有唯一零点.

故选(C).

5. 无穷小的阶

题 1　(1988①②)若函数 $y=f(x)$ 有 $f'(x_0)=\dfrac{1}{2}$,则当 $\Delta x\to0$ 时,该函数在 $x=x_0$ 处的微分 dy 是　　　　　　( )

(A)与 Δx 等价的无穷小　　　　　(B)与 Δx 同阶的无穷小

(C)与 Δx 低阶的无穷小　　　　　(D)比 Δx 高阶的无穷小

解　由题设在 $x=x_0$ 处,d$y=f'(x_0)\Delta x=\dfrac{1}{2}\Delta x$.

故选(B).

题 2　(1998①②)已知函数 $y=y(x)$ 在任意点 x 处的增量 $\Delta y=\dfrac{y\Delta x}{1+x^2}+\alpha$,且当 $\Delta x\to0$ 时,α 是 Δx 的高阶无穷小,$y(0)=\pi$,则 $y(1)$ 等于　　　　　　( )

$(A)2\pi$ $(B)\pi$ $(C)e^{\frac{\pi}{4}}$ $(D)\pi e^{\frac{\pi}{4}}$

解 由题设和微分定义 $dy=\dfrac{y}{1+x^2}dx$，两边积分有

$$\int\frac{dy}{y}=\int\frac{dx}{1+x^2}\Rightarrow \ln|y|=\arctan x+\ln|C|$$

又 $y=Ce^{\arctan x}$. 令 $x=0$, 定出 $C=\pi$. 于是 $y(1)=\pi e^{\frac{\pi}{4}}$.

故选(D).

(三)计算证明题

1. 函数的导数

(1) 一阶导数问题

题1 (1987③④)设 $y=\ln\dfrac{\sqrt{1+x^2}-1}{\sqrt{1+x^2}+1}$, 求 y'.

解 由设 $y=\ln(\sqrt{1+x^2}-1)-\ln(\sqrt{1+x^2}+1)$，这样

$$y'=\frac{1}{\sqrt{1+x^2}-1}\cdot\frac{x}{\sqrt{1+x^2}}-\frac{1}{\sqrt{1+x^2}+1}\cdot\frac{x}{\sqrt{1+x^2}}=\frac{2}{x\sqrt{1+x^2}}$$

题2 (1989②)已知 $y=\arcsin e^{-\sqrt{x}}$, 求 y'.

解 由复合函数求导法则有

$$y'=-\frac{e^{-\sqrt{x}}}{2\sqrt{x(1-e^{-2\sqrt{x}})}}$$

题3 (1997②)设 $y=y(x)$, 由 $\begin{cases}x=\arctan t\\2y-ty^2+e^t=5\end{cases}$ 所确定, 求 $\dfrac{dy}{dx}$.

解 由题设 $\dfrac{dx}{dt}=\dfrac{1}{1+t^2}$, 又由隐函数求导法可得 $\dfrac{dy}{dt}=\dfrac{y^2-e^t}{2(1-ty)}$, 故

$$\frac{dy}{dx}=\frac{(y^2-e^t)(1+t^2)}{2(1-ty)}$$

下面是一个求函数微分的题目,本质上讲也是求函数一阶导数.

题4 (1990②)求由方程 $2y-x=(x-y)\ln(x-y)$ 所确定的函数 $y=y(x)$ 的微分 dy.

解 对方程两边求导数, 即 $2y'-1=(1-y')\ln(x-y)+(1-y')$.

解得 $y'=\dfrac{2+\ln(x-y)}{3+\ln(x-y)}=\dfrac{x}{2x-y}$, 故 $dy=\dfrac{x}{2x-y}dx$.

(2)高阶导数问题

题1 (1991②)设 $\begin{cases}x=t\cos t\\y=t\sin t\end{cases}$, 求 $\dfrac{d^2y}{dx^2}$.

解 由题设,有

$$\frac{dy}{dx}=\frac{\sin t+t\cos t}{\cos t-t\sin t},\quad \frac{d^2y}{dx^2}=\frac{2+t^2}{(\cos t-t\sin t)^3}$$

题2 (1987②)设 $\begin{cases}x=5(t-\sin t)\\y=5(1-\cos t)\end{cases}$, 求 $\dfrac{dy}{dx},\dfrac{d^2y}{dx^2}$.

解 由题设,有

$$\frac{dy}{dx}=\frac{\dfrac{dy}{dt}}{\dfrac{dx}{dt}}=\frac{5\sin t}{5(1-\cos t)}=\frac{\sin t}{1-\cos t}$$

且

$$\frac{\mathrm{d}^2 y}{\mathrm{d}x^2} = \frac{\mathrm{d}}{\mathrm{d}t} \left(\frac{\sin t}{1 - \cos t} \right) \cdot \frac{1}{\frac{\mathrm{d}x}{\mathrm{d}t}} = \frac{-1}{1 - \cos t} \cdot \frac{1}{5(1 - \cos t)} = \frac{-1}{5(1 - \cos t)^2}$$

题 3 (1989②)已知 $\begin{cases} x = \ln(1 + t^2) \\ y = \arctan t \end{cases}$，求 $\dfrac{\mathrm{d}y}{\mathrm{d}x}, \dfrac{\mathrm{d}^2 y}{\mathrm{d}x^2}$.

解 由题设，有

$$\frac{\mathrm{d}y}{\mathrm{d}x} = \frac{1}{2t}, \qquad \frac{\mathrm{d}^2 y}{\mathrm{d}x^2} = -\frac{1 + t^2}{4t^3}$$

题 4 (1992②)设函数 $y = y(x)$ 系由方程 $y - x\mathrm{e}^y = 1$ 所确定，试求 $\dfrac{\mathrm{d}^2 y}{\mathrm{d}x^2}\bigg|_{x=0}$ 的值.

解 由题设，有 $y' - \mathrm{e}^y - x\mathrm{e}^y y' = 0$，且 $y'' - \mathrm{e}^y y' - (\mathrm{e}^y y' + x\mathrm{e}^y y'^2 + x\mathrm{e}^y y'') = 0$.
当 $x = 0$ 时 $y = 1$，代入上两式得 $y'|_{x=0} = \mathrm{e}, y''|_{x=0} = 2\mathrm{e}^2$.

题 5 (1995②)设函数 $y = y(x)$ 系由方程 $x\mathrm{e}^{f(y)} = \mathrm{e}^y$ 确定，其中 f 具有二阶导数，且 $f' \neq 1$，求 $\dfrac{\mathrm{d}^2 y}{\mathrm{d}x^2}$.

解 方程两边取对数得 $\ln x + f(y) = y$，再求导有

$$y' = \frac{1}{x[1 - f'(y)]}, \qquad y'' = -\frac{[1 - f'(y)]^2 - f''(y)}{x^2 [1 - f'(y)]^3}$$

题 6 (1993②)设 $y = \sin[f(x^2)]$，其中 f 具有二阶导数，求 $\dfrac{\mathrm{d}^2 y}{\mathrm{d}x^2}$.

解 由题设，有 $\dfrac{\mathrm{d}y}{\mathrm{d}x} = 2x f'(x^2) \cos[f(x^2)]$，这样

$$\frac{\mathrm{d}^2 y}{\mathrm{d}x^2} = 2f'(x^2) \cos[f(x^2)] + 4x^2 \{f''(x^2) \cos[f(x^2)] - [f'(x^2)]^2 \sin[f(x^2)]\}$$

题 7 (1988②)已知 $y = 1 + x\mathrm{e}^{xy}$，求 $y'|_{x=0}$ 及 $y''|_{x=0}$.

解 由题设，有 $y' = \mathrm{e}^{xy}(x^2 y' + xy + 1)$，则

$$y'' = \mathrm{e}^{xy}(x^2 y'' + 2xy' + xy' + y) + \mathrm{e}^{xy}(x^2 y' + xy + 1)(xy' + y)$$

当 $x = 0$ 时 $y = 1$，代入上两式得 $y'|_{x=0} = \mathrm{e}^0 = 1$, $y''|_{x=0} = \mathrm{e}^0 + \mathrm{e}^0 = 2$.

注 若由前一式解出 $y' = \dfrac{\mathrm{e}^{xy}(1 + xy)}{1 - x^2 \mathrm{e}^{xy}}$ 再去求 y''，计算稍繁.

题 8 (1994②)设 $y = f(x + y)$，其中 f 具有二阶导数，且其一阶导数不等于 1，求 $\dfrac{\mathrm{d}^2 y}{\mathrm{d}x^2}$.

解 对方程两边求导，得 $y' = (1 + y')f'$，解出 $y' = \dfrac{f'}{1 - f'}$.

这样

$$y'' = \left(\frac{f'}{1 - f'} \right)' = \frac{f'' \cdot (1 + y')(1 - f') - f' \cdot (-f'')(1 + y')}{(1 - f')^2}$$

$$= \frac{f'' \cdot (1 + y')}{(1 - f')^2} = \frac{f''}{(1 - f')^2} \cdot \left(1 + \frac{f'}{1 - f'} \right) = \frac{f''}{(1 - f')^3}$$

题 9 (2003②)设函数 $y = y(x)$ 由参数方程

$$\begin{cases} x = 1 + 2t^2 \\ y = \displaystyle\int_1^{1 + 2\ln t} \frac{\mathrm{e}^u}{u} \mathrm{d}u \end{cases} \quad t > 1$$

所确定，试求 $\dfrac{\mathrm{d}^2 y}{\mathrm{d}x^2}\bigg|_{x=9}$.

解　由

$$\frac{\mathrm{d}y}{\mathrm{d}t}=\frac{\mathrm{e}^{1+2\ln t}}{1+2\ln t}\cdot\frac{2}{t}=\frac{2\mathrm{e}t}{1+2\ln t},\ \frac{\mathrm{d}x}{\mathrm{d}t}=4y$$

得

$$\frac{\mathrm{d}y}{\mathrm{d}x}=\frac{\dfrac{\mathrm{d}y}{\mathrm{d}t}}{\dfrac{\mathrm{d}x}{\mathrm{d}t}}=\frac{\dfrac{2\mathrm{e}t}{1+2\ln t}}{4t}=\frac{\mathrm{e}}{2(1+2\ln t)}$$

故

$$\frac{\mathrm{d}^2y}{\mathrm{d}x^2}=\frac{\mathrm{d}}{\mathrm{d}t}\left(\frac{\mathrm{d}y}{\mathrm{d}x}\right)\frac{1}{\dfrac{\mathrm{d}x}{\mathrm{d}t}}=\frac{\mathrm{e}}{2}\cdot\frac{-1}{(1+2\ln t)^2}\cdot\frac{2}{t}\cdot\frac{1}{4t}=-\frac{\mathrm{e}}{4t^2(1+2\ln t)^2}$$

当 $x=9$ 时,由 $x=1+2t^2$ 及 $t>1$ 得 $t=2$. 故

$$\frac{\mathrm{d}^2y}{\mathrm{d}x^2}\bigg|_{x=9}=-\frac{\mathrm{e}}{4t^2(1+2\ln t)^2}\bigg|_{t=2}=-\frac{\mathrm{e}}{16(1+2\ln 2)^2}$$

题 10　(1994①)设

$$\begin{cases}x=\cos(t^2)\\ y=t\cos(t^2)-\displaystyle\int_1^{t^2}\frac{1}{2\sqrt{u}}\cos u\,\mathrm{d}u\end{cases}$$

求 $\dfrac{\mathrm{d}y}{\mathrm{d}x},\dfrac{\mathrm{d}^2y}{\mathrm{d}x^2}$ 在 $t=\sqrt{\dfrac{\pi}{2}}$ 的值.

解　由题设,有 $\dfrac{\mathrm{d}x}{\mathrm{d}t}=-2t\sin(t^2)$.

又

$$\frac{\mathrm{d}y}{\mathrm{d}t}=\cos(t^2)-2t^2\sin(t^2)-\frac{2t}{2\sqrt{t^2}}\cos(t^2)=-2t^2\sin(t^2)$$

则 $\dfrac{\mathrm{d}y}{\mathrm{d}x}=t$, 且

$$\frac{\mathrm{d}^2y}{\mathrm{d}x^2}=\frac{\mathrm{d}}{\mathrm{d}t}\left(\frac{\mathrm{d}y}{\mathrm{d}x}\right)\cdot\frac{1}{\dfrac{\mathrm{d}x}{\mathrm{d}t}}=-\frac{1}{2t\sin(t^2)}$$

故在 $t=\sqrt{\dfrac{\pi}{2}}$ 处, $\dfrac{\mathrm{d}y}{\mathrm{d}x}=\sqrt{\dfrac{\pi}{2}}$, $\dfrac{\mathrm{d}^2y}{\mathrm{d}x^2}=-\dfrac{1}{\sqrt{2\pi}}$.

题 11　(1996②)设

$$\begin{cases}x=\displaystyle\int_0^t f(u^2)\,\mathrm{d}u\\ y=[f(t^2)]^2\end{cases}$$

其中 $f(u)$ 具有二阶导数,且 $f(u)\neq0$,求 $\dfrac{\mathrm{d}^2y}{\mathrm{d}x^2}$.

解　由题设,有 $\dfrac{\mathrm{d}x}{\mathrm{d}t}=f(t^2)$, $\dfrac{\mathrm{d}y}{\mathrm{d}t}=4tf(t^2)f'(t^2)$. 故

$$\frac{\mathrm{d}y}{\mathrm{d}x}=4tf'(t^2),\ \frac{\mathrm{d}^2y}{\mathrm{d}x^2}=\frac{4[f'(t^2)+2t^2f''(t^2)]}{f(t^2)}$$

下面是两则计算函数 n 阶导数及泰勒展开的例题.

题 12　(2000②)求函数 $f(x)=x^2\ln(1+x)$ 在 $x=0$ 处的 n 阶导数 $f^{(n)}(0)(n\geqslant3)$.

解 1　设 $u=x^2,v=\ln(1+x)$. 根据莱布尼兹公式,有

$$f^{(n)}(x)=uv^{(n)}+\mathrm{C}_n^1u'v^{(n-1)}+\mathrm{C}_n^2u''v^{(n-2)}\quad(\text{注意}:u^{(k)}=0,k\geqslant3)$$

$$=x^2\frac{(-1)^{(n-1)}(n-1)!}{(1+x)^n}+2nx\frac{(-1)^{(n-2)}(n-2)!}{(1+x)^{n-1}}+n(n-1)\frac{(-1)^{(n-3)}(n-3)!}{(1+x)^{(n-2)}}$$

故 $$f^{(n)}(0)=(-1)^{n-3}n(n-1)(n-3)!=\frac{(-1)^{(n-1)}n!}{n-2}$$

解 2 由麦克劳林公式将 $f(x)$ 在 $x=0$ 展开,即

$$f(x)=f(0)+\frac{f'(0)}{1!}x+\cdots+\frac{f^n(0)}{n!}x^n+o(x^n)$$

以及 $\ln(1+x)$ 的泰勒展开,有

$$x^2\ln(1+x)=x^2\left[x-\frac{x^2}{2}+\frac{x^3}{3}+\cdots+(-1)^{n-1}\frac{x^{n-2}}{n-2}+o(x^{n-2})\right]$$

$$=x^3-\frac{x^4}{2}+\frac{x^5}{3}+\cdots+(-1)^{n-1}\cdot\frac{x^n}{n-2}+o(x^n)$$

比较 x^n 的系数得 $\dfrac{f^{(n)}(0)}{n!}=\dfrac{(-1)^{n-1}}{n-2}$,故 $f^{(n)}(0)=\dfrac{(-1)^{n-1}n!}{n-2}$.

题 13 (1996②)求函数 $f(x)=\dfrac{1-x}{1+x}$ 在 $x=0$ 点处带拉格朗日型余项的 n 阶泰勒展开式.

解 将 $f(x)$ 改写为 $f(x)=-1+\dfrac{2}{1+x}=-1+2(1+x)^{-1}$,再对其连续求导,得(注意总结规律)

$$f^{(k)}(x)=\frac{(-1)^k 2\cdot k!}{(1+x)^{k+1}}\quad k=1,2,\cdots,n+1$$

$$f(x)=1-2x+2x^2+\cdots+(-1)^n 2x^n+(-1)^{n+1}\frac{2x^{n+1}}{(1+\theta x)^{n+2}}\quad 0<\theta<1$$

注 余项也可写为 $(-1)^{n+1}\dfrac{2x^{n+1}}{(1+\xi)^{n+2}}$,其中 ξ 在 0 和 x 之间.

题 14 (2008②)设函数 $y=y(x)$ 由参数方程 $\begin{cases}x=x(t)\\ y=\displaystyle\int_0^{t^2}\ln(1+u)\mathrm{d}u\end{cases}$ 确定,其中 $x(t)$ 是初值问题

$$\begin{cases}\dfrac{\mathrm{d}x}{\mathrm{d}t}-2te^{-x}=0\\ x\Big|_{t=0}=0\end{cases}$$ 的解,求 $\dfrac{\mathrm{d}^2 y}{\mathrm{d}x^2}$.

解 由 $\dfrac{\mathrm{d}x}{\mathrm{d}t}-2te^{-x}=0$ 得 $e^x\mathrm{d}x=2t\mathrm{d}t$,积分并由条件 $x\Big|_{t=0}=0$,得 $e^x=1+t^2$,即 $x=\ln(1+t^2)$,有

$$\frac{\mathrm{d}y}{\mathrm{d}x}=\frac{\dfrac{\mathrm{d}y}{\mathrm{d}t}}{\dfrac{\mathrm{d}x}{\mathrm{d}t}}=\frac{\ln(1+t^2)\cdot 2t}{\dfrac{2t}{1+t^2}}=(1+t^2)\ln(1+t^2)$$

$$\frac{\mathrm{d}^2 y}{\mathrm{d}x^2}=\frac{\mathrm{d}}{\mathrm{d}x}\left(\frac{\mathrm{d}y}{\mathrm{d}x}\right)=\frac{\mathrm{d}}{\mathrm{d}t}\left(\frac{\mathrm{d}y}{\mathrm{d}x}\right)\cdot\frac{1}{\dfrac{\mathrm{d}x}{\mathrm{d}t}}=\frac{\mathrm{d}\left[(1+t^2)\ln(1+t^2)\right]}{\dfrac{\mathrm{d}x}{\mathrm{d}t}}$$

$$=\frac{2t\ln(1+t^2)+2t}{\dfrac{2t}{1+t^2}}=(1+t^2)\left[\ln(1+t^2)+1\right]$$

2. 利用导数研究函数的性态

(1)函数的连续性与可导性

题 1 (1995②)设

$$f(x)=\begin{cases}x\arctan\dfrac{1}{x^2}, & x\neq 0\\ 0, & x=0\end{cases}$$

试讨论 $f'(x)$ 在 $x=0$ 处的连续性.

解 因为

$$f'(0)=\lim_{x\to 0}\frac{x\arctan\frac{1}{x^2}-0}{x-0}=\frac{\pi}{2}$$

又

$$\lim_{x\to 0}f'(x)=\lim_{x\to 0}\left(\arctan\frac{1}{x^2}-\frac{2x^2}{1+x^4}\right)=\frac{\pi}{2}=f'(0)$$

所以 $f'(x)$ 在 $x=0$ 处是连续的.

题 2 (1996②)设函数

$$f(x)=\begin{cases}1-2x^2, & x<-1 \\ x^3, & -1\leqslant x\leqslant 2 \\ 12x-16, & x>2\end{cases}$$

(1)写出 $f(x)$ 的反函数 $g(x)$ 的表达式.

(2)$g(x)$ 是否有间断点、不可导点;若有,指出这些点.

解 (1)由题设,有

$$g(x)=\begin{cases}-\sqrt{\dfrac{1-x}{2}}, & x<-1 \\ \sqrt[3]{x}, & -1\leqslant x\leqslant 8 \\ \dfrac{x+16}{12}, & x>8\end{cases}$$

(2)利用函数连续的充要条件,可判定 $x=-1,8$ 不是间断点,从而 $g(x)$ 处处连续.再利用导数定义可判定 $x=-1,0$ 是不可导点.

题 3 (1995③④)设

$$f(x)=\begin{cases}\dfrac{2}{x^2}(1-\cos x), & x<0 \\ 1, & x=0 \\ \dfrac{1}{x}\displaystyle\int_0^x\cos t^2\,dt, & x>0\end{cases}$$

讨论 $f(x)$ 在 $x=0$ 处的连续性和可导性.

解 (1)连续性.因为

$$\lim_{x\to 0^-}\frac{2}{x^2}(1-\cos x)=\lim_{x\to 0^-}\frac{\sin x}{x}=1,\ \lim_{x\to 0^+}\frac{1}{x}\int_0^x\cos t^2\,dt=\lim_{x\to 0^+}\frac{\cos x^2}{1}=1$$

所以 $f(0-0)=f(0+0)=f(0)=1$,即 $f(x)$ 在 $x=0$ 处连续.

(2)可导性.因为

$$f'_-(0)=\lim_{x\to 0^-}\frac{1}{x}\left[\frac{2(1-\cos x)}{x^2}-1\right]=\lim_{x\to 0^-}\frac{2(1-\cos x)-x^2}{x^3}$$

$$=\lim_{x\to 0^-}\frac{2\sin x-2x}{3x^2}=\lim_{x\to 0^-}\frac{2\cos x-2}{6x}=\lim_{x\to 0^-}\frac{-\sin x}{3}=0$$

$$f'_+(0)=\lim_{x\to 0^+}\frac{1}{x}\left(\frac{1}{x}\int_0^x\cos t^2\,dt-1\right)=\lim_{x\to 0^+}\frac{\displaystyle\int_0^x\cos t^2\,dt-x}{x^2}$$

$$=\lim_{x\to 0^+}\frac{\cos x^2-1}{2x}=\lim_{x\to 0^+}\frac{-2x\sin x^2}{2}=0$$

所以 $f'_-(0)=f'_+(0)=0$,即 $f(x)$ 在 $x=0$ 处可导,且 $f'(0)=0$.

题 4 (1996③④)设 $$f(x)=\begin{cases}\dfrac{g(x)-e^{-x}}{x}, & \text{若 } x\neq 0 \\ 0, & \text{若 } x=0\end{cases}$$

其中 $g(x)$ 有二阶连续导数,且 $g(0)=1,g'(0)=-1$.

(1)求 $f'(x)$;

(2)讨论 $f'(x)$ 在 $(-\infty,+\infty)$ 上的连续性.

解　(1)分情况讨论:当 $x\neq 0$ 时

$$f'(x)=\frac{x[g'(x)+\mathrm{e}^{-x}]-g(x)+\mathrm{e}^{-x}}{x^2}=\frac{xg'(x)-g(x)+(x+1)\mathrm{e}^{-x}}{x^2}$$

当 $x=0$ 时

$$f'(0)=\lim_{x\to 0}\frac{\dfrac{g(x)-\mathrm{e}^{-x}}{x}}{x}=\lim_{x\to 0}\frac{g'(x)+\mathrm{e}^{-x}}{2x}=\lim_{x\to 0}\frac{g''(x)-\mathrm{e}^{-x}}{2}=\frac{g''(0)-1}{2}$$

故

$$f'(x)=\begin{cases}\dfrac{xg'(x)-g(x)+(x+1)\mathrm{e}^{-x}}{x^2},&\text{若 } x\neq 0\\[3mm]\dfrac{g''(0)-1}{2},&\text{若 } x=0\end{cases}$$

(2)在 $x=0$ 处,因为

$$\lim_{x\to 0}f'(x)=\lim_{x\to 0}\frac{xg'(x)-g(x)+(x+1)\mathrm{e}^{-x}}{x^2}=\lim_{x\to 0}\frac{g''(x)-\mathrm{e}^{-x}}{2}=\frac{g''(0)-1}{2}=f'(0)$$

所以 $f'(x)$ 在 $x=0$ 处连续.又显然 $f'(x)$ 在 $x\neq 0$ 处连续,故 $f'(x)$ 在 $(-\infty,+\infty)$ 上是连续函数.

下面是一个待定常数问题,它与函数可导性有关.

题 5　(1988④)确定常数 a 和 b,使函数

$$f(x)=\begin{cases}ax+b,&x>1\\x^2,&x\leqslant 1\end{cases}$$

处处可导.

解　当 $x<1$ 和 $x>1$ 时,$f(x)$ 都是多项式函数,处处可导.

为使 $f(x)$ 在 $x=1$ 处可导,首先要满足连续条件,即 $f(1+0)=f(1-0)=f(1)$,有 $a+b=1$;其次要满足可导条件,即 $f'_+(1)=f'_-(1)$,有 $a=2$.

将 $a=2$ 代入 $a+b=1$ 中,得 $b=-1$.

故当 $a=2,b=-1$ 时,$f(x)$ 处处可导.

(2)函数的切线、法线及其图象

题 1　(2002②)已知曲线的极坐标方程是 $r=1-\cos\theta$,求该曲线上对应于 $\theta=\dfrac{\pi}{6}$ 处的切线与法线的直角坐标方程.

解　此曲线的参数方程为

$$\begin{cases}x=(1-\cos\theta)\cos\theta\\y=(1-\cos\theta)\sin\theta\end{cases}\Rightarrow\begin{cases}x=\cos\theta-\cos^2\theta\\y=\sin\theta-\sin\theta\cos\theta\end{cases}$$

由 $\theta=\dfrac{\pi}{6}$,得到切点的坐标 $\left(\dfrac{\sqrt{3}}{2}-\dfrac{3}{4},\dfrac{1}{2}-\dfrac{\sqrt{3}}{4}\right)$.切线斜率为

$$\frac{\mathrm{d}y}{\mathrm{d}x}\bigg|_{\theta=\frac{\pi}{6}}=\left[\frac{\dfrac{\mathrm{d}y}{\mathrm{d}\theta}}{\dfrac{\mathrm{d}x}{\mathrm{d}\theta}}\right]_{\theta=\frac{\pi}{6}}=\frac{\cos\theta-\cos^2\theta+\sin^2\theta}{-\sin\theta+2\cos\theta\sin\theta}\bigg|_{\theta=\frac{\pi}{6}}=1$$

所求切线方程为 $y-\dfrac{1}{2}+\dfrac{\sqrt{3}}{4}=x-\dfrac{\sqrt{3}}{2}+\dfrac{3}{4}$,即 $x-y-\dfrac{3}{4}\sqrt{3}+\dfrac{5}{4}=0$.

法线方程为 $y-\dfrac{1}{2}+\dfrac{\sqrt{3}}{4}=-\left(x-\dfrac{\sqrt{3}}{2}+\dfrac{3}{4}\right)$,即 $x+y-\dfrac{\sqrt{3}}{4}+\dfrac{1}{4}=0$.

题 2 (1995②)如图 8 所示,设曲线 L 的方程为 $y=f(x)$,且 $y''>0$. 又 MT, MP 分别为该曲线的点 $M(x_0, y_0)$ 处的切线和法线. 已知线段 MP 的长度为 $\dfrac{(1+y_0'^2)^{\frac{3}{2}}}{y_0''}$,其中 $y_0'=y'(x_0)$, $y_0''=y''(x_0)$,试推导出 $P(\xi, \eta)$ 的坐标表达式.

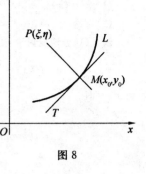

图 8

解 因为 $|MP|=\dfrac{(1+y_0'^2)^{\frac{3}{2}}}{y_0''}$,且 P 在曲线 L 的过点 M 的法线上,所以得到下列两式,即

$$
\begin{cases}
(\xi-x_0)^2+(\eta-y_0)^2=\dfrac{(1+y_0'^2)^3}{y_0''^2} \\
\eta-y_0=-\dfrac{1}{y_0'}(\xi-x_0)
\end{cases}
$$

联立解得 $(\eta-y_0)^2=\dfrac{(1+y_0'^2)^2}{y_0''^2}$. 由于 $y''>0$,曲线 L 是上凹的. 故 $\eta>y_0$,于是 $\eta=y_0+\dfrac{1+y_0'^2}{y_0''}$.

将此代入方程组的第二个方程中,解出 $\xi=x_0-\dfrac{y_0'(1+y_0'^2)}{y_0''}$.

题 3 (2000②)已知 $f(x)$ 是周期为 5 的连续函数,它在 $x=0$ 的某个邻域内满足关系式 $f(1+\sin x)-3f(1-\sin x)=8x+\alpha(x)$,其中 $\alpha(x)$ 是当 $x\to 0$ 时比 x 的高阶的无穷小,且 $f(x)$ 在 $x=1$ 处可导,求曲线 $y=f(x)$ 的点 $(6, f(6))$ 处的切线方程.

解 因为 $f(x)$ 周期为 5,所以在点 $(6, f(6))$ 和点 $(1, f(1))$ 处曲线具有相同的切线斜率. 因此只需根据题设方程求出 $f'(1)$.

对题设方程两边取 $x\to 0$ 的极限,得 $f(1)-3f(1)=0$,故 $f(1)=0$.

题设方程两边除以 x 后,当 $x\to 0$ 时取极限

$$\lim_{x\to 0}\frac{f(1+\sin x)-3f(1-\sin x)}{x}=\lim_{x\to 0}\left[8+\frac{\alpha(x)}{x}\right]$$

$$式右=\lim_{x\to 0}\left[8+\frac{\alpha(x)}{x}\right]=8$$

$$式左=\lim_{x\to 0}\frac{f(1+\sin x)-3f(1-\sin x)}{\sin x}\cdot\frac{\sin x}{x}\quad(令 \sin x=t)$$

$$=\lim_{t\to 0}\frac{f(1+t)-3f(1-t)}{t}$$

$$=\lim_{x\to 0}\frac{f(1+t)-f(1)}{t}+3\lim_{t\to 0}\frac{f(1-t)-f(1)}{-t}=4f'(1)$$

故 $4f'(1)=8$,由此知 $f'(1)=2$.

由于 $f(x+5)=f(x)$,所以 $f(6)=f(1)=0$, $f'(6)=f'(1)=2$. 故所求切线方程为 $y=2(x-6)$,或 $2x-y-12=0$.

题 4 (1990②)求曲线 $y=\dfrac{1}{1+x^2}$ $(x>0)$ 的拐点.

解 令 $y''=2\cdot\dfrac{3x^2-1}{(1+x^2)^3}=0$,在 $x>0$ 时解得 $x_0=\dfrac{1}{\sqrt 3}$(此时 $y_0=\dfrac{3}{4}$).

在此点左右邻域 y'' 变号,故 $\left(\dfrac{1}{\sqrt 3}, \dfrac{3}{4}\right)$ 是拐点.

题 5 对函数 $y=\dfrac{x+1}{x^2}$ 填写下表:

单调减少区间		凹区间	
单调增加区间		凸区间	
极值点		拐　点	
极　值		渐近线	

(1989②)

解　由题设可得计算结果如下(过程略)所示:

单调减少区间	$(-\infty,-2),(0,+\infty)$	凹区间	$(-3,0),(0,+\infty)$
单调增加区间	$(-2,0)$	凸区间	$(-\infty,-3)$
极值点	-2	拐　点	$\left(-3,-\dfrac{2}{9}\right)$
极　值	$-\dfrac{1}{4}$	渐近线	$x=0$ 和 $y=0$

题 6　作函数 $y=\dfrac{6}{x^2-2x+4}$ 的图象,并填写下表:

单调增加区间		凹区间	
单调减少区间		凸区间	
极值点		拐　点	
极　值		渐近线	

(1988②)

解　由题设经计算可得下表:

单调增加区间	$(-\infty,1)$	凹区间	$(-\infty,0)$ 及 $(2,+\infty)$
单调减少区间	$(1,+\infty)$	凸区间	$(0,2)$
极值点	$x=1$	拐　点	$\left(0,\dfrac{2}{3}\right)$ 及 $\left(2,\dfrac{2}{3}\right)$
极　值	$y_{\max}=2$	渐近线	$y=0$

再根据上表中的数据,所画函数图象如图 9 所示.

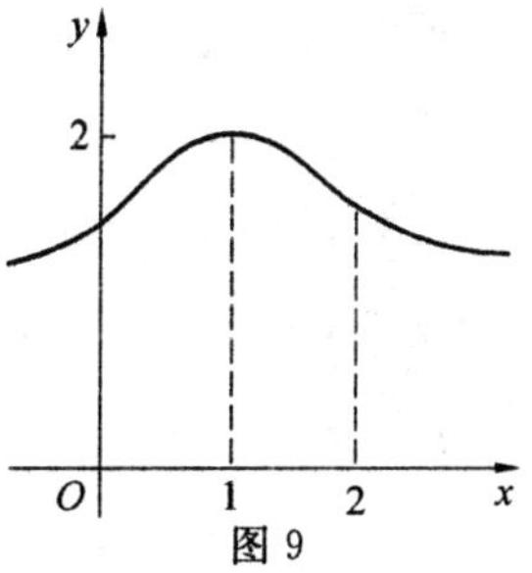

题 7　(1994②)设 $y=\dfrac{x^3+4}{x^2}$,求:

(1) 函数的增减区间及极值;

(2) 函数图象的凹凸区间及拐点;

(3) 渐近线;

(4) 作出其图象.

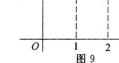

图 9

解　由设知函数定义域 $(-\infty,0)\bigcup(0,+\infty)$. 当 $x=-\sqrt[3]{4}$ 时, $y=0$.

(1)令 $y'=1-\dfrac{8}{x^3}=0$,得驻点 $x=2$,不可导点 $x=0$.

函数大致性态如下所示:

x	$(-\infty,0)$	$(0,2)$	2	$(2,+\infty)$
y'	$+$	$-$	0	$+$
y	↗	↘	3	↗

所以 $(-\infty,0)$ 及 $(2,+\infty)$ 为函数单增区间, $(0,2)$ 为函数单减区间, $x=2$ 为极小点,极小值为 $y=3$.

(2) $y''=\dfrac{24}{x^4}>0$,故 $(-\infty,0),(0,+\infty)$ 均为凹区间,且无拐点.

(3)因

$$\lim_{x\to 0}\frac{x^3+4}{x^2}=+\infty$$

145

又
$$\lim_{x\to\infty}\frac{y}{x}=\lim_{x\to\infty}\frac{x^3+4}{x^3}=1=a$$

所以 $x=0$ 为铅直渐近线,$y=x$ 为斜渐近线.

(4)所出函数图象如图 10 所示.

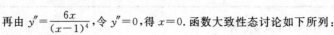

题 8 (1999②)已知函数 $y=\dfrac{x^3}{(x-1)^2}$,求:

(1)函数的增减区间及极值;

(2)函数图象的凹凸区间及拐点;

(3)函数图象的渐近线.

图 10

解 所给函数的定义域为 $(-\infty,1)\bigcup(1,+\infty)$.

又由 $y'=\dfrac{x^2(x-3)}{(x-1)^3}$,令 $y'=0$,得驻点 $x=0$ 及 $x=3$.

再由 $y''=\dfrac{6x}{(x-1)^4}$,令 $y''=0$,得 $x=0$. 函数大致性态讨论如下所列:

x	$(-\infty,0)$	0	$(0,1)$	$(1,3)$	3	$(3,+\infty)$
y'	+	0	+	−	0	+
y''	−	0	+	+	+	+
y	↗	拐点	↗	↘	极小值	↗

由此可知:(1)函数的单调增加区间为 $(-\infty,0)$,$(0,1)$ 和 $(3,+\infty)$,单调减少区间为 $(1,3)$;极小值为 $y|_{x=3}=\dfrac{27}{4}$.

(2)函数图象在区间 $(-\infty,0)$ 内是(向上)凸出的,在区间 $(0,1)$,$(1,+\infty)$ 内是(向上)凹的,拐点为点 $(0,0)$.

(3)由 $\lim\limits_{x\to1}\dfrac{x^3}{(x-1)^2}=+\infty$,知 $x=1$ 是函数图象的铅直渐近线.

又 $\lim\limits_{x\to\infty}\dfrac{y}{x}=\lim\limits_{x\to\infty}\dfrac{x^2}{(x-1)^2}=1$,$\lim\limits_{x\to\infty}(y-x)=\lim\limits_{x\to\infty}\left[\dfrac{x^3}{(x-1)^2}-x\right]=2$.

故 $y=x+2$ 是函数图形的斜渐近线.

题 9 (1989④)已知函数 $y=\dfrac{2x^2}{(1-x)^2}$,试求其单调区间,极值点及图形的凹凸性、拐点和渐近线,并画出函数的图象.

解 由题设,有 $y'=\dfrac{4x}{(1-x)^3}$,$y''=\dfrac{8x+4}{(1-x)^4}$.

令 $y'=0$,得 $x=0$. 令 $y''=0$,得 $x=-\dfrac{1}{2}$. 函数大致性态如下所列:

x	$\left(-\infty,-\dfrac{1}{2}\right)$	$-\dfrac{1}{2}$	$\left(-\dfrac{1}{2},0\right)$	0	$(0,1)$	1	$(1,+\infty)$
y'	−		−	0	+		−
y''	−	0	+	+	+		+
y	↘	拐点	↘	极小值	↗	∞	↗

由上表可见,函数的单增区间为 $(0,1)$,单减区间为 $(-\infty,0)$ 和 $(1,+\infty)$;函数在 $x=0$ 取得极小值,极小值为 0;函数的图象在 $\left(-\infty,-\dfrac{1}{2}\right)$ 上是凸的,在 $\left(-\dfrac{1}{2},1\right)$ 和 $(1,+\infty)$ 上是凹的. $\left(-\dfrac{1}{2},\dfrac{2}{9}\right)$ 是曲线的拐点.

由 $\lim\limits_{x\to\infty}y=2$,知 $y=2$ 为图象的水平渐近线.

由 $\lim\limits_{x\to1}y=+\infty$，知 $x=1$ 为图象的铅直渐近线(图 11).

题 10　(1993④)运用导数的知识作函数 $y=(x+6)^{\frac{1}{x}}$ 的图象.

解　由题函数定义域为 $(-\infty,0)\bigcup(0,+\infty)$，注意到 $\lim\limits_{x\to0^-}(x+6)^{\frac{1}{x}}=0$.

又 $y'=\dfrac{x^2-x-6}{x^2}e^{\frac{1}{x}}$，及 $y''=\dfrac{13x+6}{x^2}e^{\frac{1}{x}}$. 令 $y'=0$，得 $x_1=-2,x_2=3$.

令 $y''=0$，得 $x_3=-\dfrac{6}{13}$.

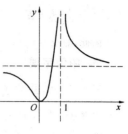

图 11

函数大致性态如下所列：

x	$(-\infty,-2)$	-2	$\left(-2,-\dfrac{6}{13}\right)$	$-\dfrac{6}{13}$	$\left(-\dfrac{6}{13},0\right)$	0	$(0,3)$	3	$(3,+\infty)$
y'	$+$	0	$-$		$-$		$-$	0	$+$
y''	$-$	$-$	$-$	0	$+$		$+$	$+$	$+$
y	↗	极大值	↘	拐点	↘	不存在	↘	极小值	↗

极大值为 $y|_{x=-2}=\dfrac{4}{\sqrt{e}}$，　极小值 $y|_{x=3}=9\sqrt[3]{e}$，拐点 $\left(-\dfrac{6}{13},\dfrac{72}{13}e^{-\frac{13}{6}}\right)$.

由 $\lim\limits_{x\to0}y=+\infty$，知 $x=0$ 为铅直渐近线. 因

$$\lim_{x\to\infty}\frac{f(x)}{x}=\lim_{x\to\infty}\frac{(x+6)e^{\frac{1}{x}}}{x}=1=a$$

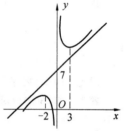

又 $\lim\limits_{x\to\infty}[f(x)-x]=\lim\limits_{x\to\infty}\left[(x+6)e^{\frac{1}{x}}-x\right]=7=b$. 所以 $y=x+7$ 为斜渐近线(图 12).

图 12

题 11　(2000③④)求函数 $y=(x-1)e^{\frac{\pi}{2}+\arctan x}$ 的单调区间和极值，并求该函数图象的渐近线.

解　由题设有 $y'=\dfrac{x^2+x}{1+x^2}e^{\frac{\pi}{2}+\arctan x}$. 令 $y'=0$，得驻点 $x_1=0,x_2=-1$.

函数大致性态如下所列：

x	$(-\infty,-1)$	-1	$(-1,0)$	0	$(0,+\infty)$
y'	$+$	0	$-$	0	$+$
y	↗	$-2e^{\frac{\pi}{4}}$	↘	$-e^{\frac{\pi}{2}}$	↗

由上表可知，函数的单增区间为 $(-\infty,-1)\bigcup(0,+\infty)$；函数的单减区间为 $(-1,0)$.

极小值为 $f(0)=-e^{\frac{\pi}{2}}$；极大值为 $f(-1)=-2e^{\frac{\pi}{4}}$.

因为

$$a_1=\lim_{x\to+\infty}\frac{f(x)}{x}=e^{\pi}，\quad b_1=\lim_{x\to+\infty}[f(x)-a_1x]=-2e^{\pi}$$

及

$$a_2=\lim_{x\to-\infty}\frac{f(x)}{x}=1，\quad b_2=\lim_{x\to-\infty}[f(x)-a_2x]=-2$$

故图象有两条斜渐近线，即

$$y_1=a_1x+b_1=e^{\pi}(x-2)，\quad y_2=a_2x+b_2=x-2.$$

题 12　(2007③④)设函数 $y=y(x)$ 由方程 $y\ln y-x+y=0$ 确定，试判断曲线 $y=y(x)$ 在点(1,1)附近的凹凸性.

解　对所给方程两边关于 x 求导得

$$y'\ln y+y'-1+y'=0$$

即 $y' = \dfrac{1}{2 + \ln y}$. 于是, $y'' = -\dfrac{1}{(2 + \ln y)^2} \cdot \dfrac{y'}{y} = -\dfrac{1}{y(2 + \ln y)^3}$. 显然在点 $(1,1)$ 附近 $y'' < 0$.

因此,曲线 $y = y(x)$ 在点 $(1,1)$ 附近是凸的.

3. 中值定理

题 1 (1996④)设 $f(x)$ 在 $[a,b]$ 上连续,在 (a,b) 内可导,且 $\dfrac{1}{b-a}\displaystyle\int_a^b f(x)\mathrm{d}x = f(b)$. 求证:在 (a,b) 内至少存在一点 ξ,使 $f'(\xi) = 0$.

证 根据题设条件和积分中值定理,有

$$f(b) = \frac{1}{b-a}\int_a^b f(x)\mathrm{d}x = \frac{1}{b-a} \cdot f(\eta)(b-a) = f(\eta) \qquad \eta \in (a,b)$$

又因为 $f(x)$ 在 $[\eta,b]$ 上连续,在 (η,b) 内可导,所以根据罗尔中值定理,存在 $\xi \in (\eta,b) \subseteq (a,b)$,使 $f'(\xi) = 0$.

题 2 (1991①)设函数 $f(x)$ 在 $[0,1]$ 上连续,$(0,1)$ 内可导,且 $3\displaystyle\int_{\frac{2}{3}}^1 f(x)\mathrm{d}x = f(0)$. 证明:在 $(0,1)$ 内存在一点 c,使 $f'(c) = 0$.

证 由题设和积分中值定理知,在 $\left[\dfrac{2}{3},1\right]$ 内存在一点 c_1,使

$$\int_{\frac{2}{3}}^1 f(x)\mathrm{d}x = f(c_1)$$

从而有 $f(c_1) = f(0)$. 故 $f(x)$ 在区间 $[0,c_1]$ 上满足罗尔中值定理条件.

因此在 $(0,c_1)$ 内存在一点 $c \in (0,c_1) \subseteq (0,1)$,使 $f'(c) = 0$.

题 3 (2003③)设函数 $f(x)$ 在 $[0,3]$ 上连续,在 $(0,3)$ 内可导,且 $f(0) + f(1) + f(2) = 3$, $f(3) = 1$. 试证:必存在 $\xi \in [0,3]$,使 $f'(\xi) = 0$.

解 根据罗尔定理,只需再证明存在一点 $c \in (0,3)$,使得 $f(c) = 1 = f(3)$. 然后在 $[0,3]$ 上应用罗尔定理即可.

题设条件 $f(0) + f(1) + f(2) = 3$ 等价于 $\dfrac{f(0) + f(1) + f(2)}{3} = 1$,这样问题可转化为证明 1 介于 $f(x)$ 的两最值之间,然后再用介值定理即可.

因为 $f(x)$ 在 $[0,3]$ 上连续,所以 $f(x)$ 在 $[0,2]$ 上连续,且在 $[0,2]$ 上必有最大值 M 和最小值 m,于是
$$m \leqslant f(0) \leqslant M, m \leqslant f(1) \leqslant M, m \leqslant f(2) \leqslant M$$

故 $m \leqslant \dfrac{f(0) + f(1) + f(2)}{3} \leqslant M$. 又 $m \leqslant f(x) \leqslant M, x \in [0,2]$.

由介值定理,至少存在一点 $c \in [0,2]$,使 $f(c) = \dfrac{f(0) + f(1) + f(2)}{3} = 1$.

因为 $f(c) = 1 = f(3)$,且 $f(x)$ 在 $[c,3]$ 上连续,在 $(c,3)$ 内可导,所以由罗尔中值定理知,必存在 $\xi \in (c,3) \subseteq (0,3)$,使 $f'(\xi) = 0$.

注 介值定理、微分中值定理与积分中值定理都是重要命题,本题综合了介值定理与微分中值定理的情形.

题 4 (1996②)设 $f(x)$ 在区间 $[a,b]$ 上具有二阶导数,且 $f(a) = f(b) = 0$,又 $f'(a)f'(b) > 0$,证明:存在 $\xi \in (a,b)$ 和 $\eta \in (a,b)$ 使 $f(\xi) = 0$ 及 $f''(\eta) = 0$.

证 (1)假设 $f'(a) > 0, f'(b) > 0$.(对于 $f'(a) < 0, f'(b) < 0$ 的情况,类似可证)根据导数定义和极限保号性,有

$$f'_+(a) = \lim_{x \to a+0} \frac{f(x)}{x-a} > 0, \text{有 } a_1 \in (a, a+\delta_1) \text{ 使 } \frac{f(a_1)}{a_1-a} > 0, \text{即 } f(a_1) > 0$$

$$f'_-(b) = \lim_{x \to b-0} \frac{f(x)}{x-b} > 0, \text{有 } b_1 \in (b-\delta_2, b) \text{ 使 } \frac{f(b_1)}{b_1-b} > 0, \text{即 } f(b_1) < 0$$

其中 δ_1 和 δ_2 是充分小的正数.

根据连续函数的介值定理知, 存在 $\xi \in (a_1, b_1) \subseteq (a, b)$ 使 $f(\xi) = 0$.

(2) 由 $f(a) = f(\xi) = f(b) = 0$, 根据罗尔定理知, 存在 $\eta_1 \in (a, \xi)$ 和 $\eta_2 \in (\xi, b)$, 使 $f'(\eta_1) = f'(\eta_2) = 0$.

再由罗尔中值定理知, 存在 $\eta \in (\eta_1, \eta_2) \subseteq (a, b)$, 使 $f''(\eta) = 0$.

题 5　(1993③)假设函数 $f(x)$ 在 $[0,1]$ 上连续, 在 $(0,1)$ 内二阶可导, 过点 $A(0, f(0))$ 与 $B(1, f(1))$ 的直线与曲线 $y = f(x)$ 相交于点 $C(c, f(c))$, 其中 $0 < c < 1$, 证明: 在 $(0,1)$ 内至少存在一点 ξ, 使 $f''(\xi) = 0$.

证　分别在区间 $[0, c]$ 和 $[c, 1]$ 上对函数 $f(x)$ 使用拉格朗日定理, 得

$$\frac{f(c) - f(0)}{c - 0} = f'(\xi_1) \quad 0 < \xi_1 < c$$

$$\frac{f(1) - f(c)}{1 - c} = f'(\xi_2) \quad c < \xi_2 < 1$$

由于点 C 在弦 AB 上, 以上两等式的左端都表示直线 AB 的斜率, 因此右端也相等, 即 $f'(\xi_1) = f'(\xi_2)$.

再根据罗尔中值定理, 在 $(\xi_1, \xi_2) \subseteq (0, 1)$ 内至少存在一点 ξ 使 $f''(\xi) = 0$.

题 6　(1995④)设 $f(x)$ 在区间 $[a, b]$ 上连续, 在 (a, b) 内可导, 证明: 在 (a, b) 内至少存在一点 ξ, 使

$$\frac{bf(b) - af(a)}{b - a} = f(\xi) + \xi f'(\xi)$$

证　由 $[xf(x)]' = f(x) + xf'(x)$, 作辅助函数 $F(x) = xf(x)$.

在区间 $[a, b]$ 上对 $F(x)$ 使用拉格朗日定理, 得

$$\frac{F(b) - F(a)}{b - a} = F'(\xi) \quad a < \xi < b$$

即

$$\frac{bf(b) - af(a)}{b - a} = f(\xi) + \xi f'(\xi) \quad a < \xi < b$$

题 7　(1998③)设函数 $f(x)$ 在 $[a, b]$ 上连续, 在 (a, b) 内可导, 且 $f'(x) \neq 0$. 试证: 存在 $\xi, \eta \in (a, b)$, 使得 $\dfrac{f'(\xi)}{f'(\eta)} = \dfrac{e^b - e^a}{b - a} \cdot e^{-\eta}$.

证　将等式改写为 $f'(\xi) = \dfrac{e^b - e^a}{b - a} \cdot \dfrac{f'(\eta)}{e^\eta}$, 设 $F(x) = e^x$. 对 $f(x)$ 和 $F(x)$ 在 $[a, b]$ 上使用柯西中值定理, 有

$$\frac{f(b) - f(a)}{e^b - e^a} = \frac{f'(\eta)}{e^\eta} \quad \eta \in (a, b)$$

再对 $f(x)$ 在 $[a, b]$ 上使用拉格朗日定理, 有

$$f(b) - f(a) = f'(\xi)(b - a) \quad \xi \in (a, b)$$

将此式代入前式中, 经整理得

$$\frac{f'(\xi)}{f'(\eta)} = \frac{e^b - e^a}{b - a} \cdot e^{-\eta} \quad \xi, \eta \in (a, b)$$

题 8　(1998④)设 $f(x)$ 在 $[a, b]$ 上连续, 在 (a, b) 内可导, 且 $f(a) = f(b) = 1$, 试证: 存在 $\xi, \eta \in (a, b)$, 使得 $e^{\eta - \xi}[f(\eta) + f'(\eta)] = 1$.

证 1　将要证等式改写为 $e^\eta[f(\eta) + f'(\eta)] = e^\xi$, 由 $[e^x f(x)]' = e^x[f(x) + f'(x)]$, 设 $F(x) = e^x f(x)$, 对该函数在 $[a, b]$ 上使用拉格朗日定理, 有

$$\frac{e^b f(b) - e^a f(a)}{b-a} = e^\eta [f(\eta) + f'(\eta)] \qquad \eta \in (a,b)$$

将 $f(a) = f(b) = 1$ 代入上式中, 得

$$\frac{e^b - e^a}{b-a} = e^\eta [f(\eta) + f'(\eta)] \qquad \eta \in (a,b)$$

再设 $G(x) = e^x$, 对这个函数在 $[a,b]$ 上使用拉格朗日定理, 有

$$\frac{e^b - e^a}{b-a} = e^\xi \qquad \xi \in (a,b)$$

将此式与前式比较, 有

$$e^{\eta - \xi}[f(\eta) + f'(\eta)] = 1 \qquad \xi, \eta \in (a,b)$$

证 2 令 $F(x) = e^x[f(x) - 1]$, 由 $F(a) = F(b) = 0$ 及罗尔中值定理有 $\eta \in (a,b)$ 使 $F'(\eta) = 0$, 这样有

$$f(\eta) + f'(\eta) = 1$$

取 $\xi = \eta$, 则由 $e^{\xi - \eta} = e^0 = 1$, 从而有

$$e^{\eta - \xi}[f(\eta) + f'(\eta)] = 1 \qquad \xi, \eta \in (a,b)$$

题 9 (2005①②)已知函数 $f(x)$ 在 $[0,1]$ 上连续, 在 $(0,1)$ 内可导, 且 $f(0) = 0$, $f(1) = 1$. 证明:

(1) 存在 $\xi \in (0,1)$, 使得 $f(\xi) = 1 - \xi$;

(2) 存在两个不同的点 $\eta, \zeta \in (0,1)$, 使得 $f'(\eta)f'(\zeta) = 1$.

证 (1)令 $F(x) = f(x) - 1 + x$, 则 $F(x)$ 在 $[0,1]$ 上连续, 且 $F(0) = -1 < 0$, $F(1) = 1 > 0$, 由介值定理知, 存在 $\xi \in (0,1)$, 使得 $F(\xi) = 0$, 即 $f(\xi) = 1 - \xi$.

(2) 在区间 $[0,\xi]$ 和 $[\xi,1]$ 上对 $f(x)$ 分别应用拉格朗日中值定理, 知存在两个不同的 $\eta \in (0,\xi)$, $\zeta \in (\xi,1)$, 使得

$$f'(\eta) = \frac{f(\xi) - f(0)}{\xi - 0} = \frac{f(\xi)}{\xi} = \frac{1 - \xi}{\xi}$$

$$f'(\zeta) = \frac{f(1) - f(\xi)}{1 - \xi} = \frac{1 - (1 - \xi)}{1 - \xi} = \frac{\xi}{1 - \xi}$$

故 $f'(\eta)f'(\zeta) = 1$.

题 10 (2000①②③④)设函数 $f(x)$ 在 $[0,\pi]$ 上连续, 且 $\int_0^\pi f(x)\,dx = 0$, $\int_0^\pi f(x)\cos x\,dx = 0$. 试证: 在 $(0,\pi)$ 内至少存在两个不同的点 ξ_1, ξ_2, 使 $f(\xi_1) = f(\xi_2) = 0$.

证 如对 $f(x)$ 的原函数 $F(x) = \int_0^x f(t)\,dt$ 能找到 3 个点 $F(x) = 0$, 则使用两次罗尔定理就可以得 ξ_1, ξ_2, 且使 $f(\xi_1) = f(\xi_2) = 0$.

令 $F(x) = \int_0^x f(t)\,dt$, $0 \leq x \leq \pi$, 则有

$$F(0) = 0, F(\pi) = 0$$

$$0 = \int_0^\pi f(x)\cos x\,dx = \int_0^\pi \cos x\,dF(x) = [F(x)\cos x]_0^\pi + \int_0^\pi F(x)\sin x\,dx$$

$$= \int_0^\pi F(x)\sin x\,dx$$

对 $\varphi(x) = \int_0^x F(t)\sin t\,dt$ 在 $[0,\pi]$ 上使用拉格朗日微分中值定理得

$$0 = \int_0^\pi F(x)\sin x\,dx = \varphi(\pi) - \varphi(0) = \pi F(\xi)\sin \xi \qquad 0 < \xi < \pi$$

因为 $\sin \xi \neq 0$, 所以 $F(\xi) = 0$.

再对 $F(x)$ 在区间 $[0,\xi]$, $[\xi,\pi]$ 上分别用罗尔定理知: 至少存在 $\xi_1 \in (0,\xi)$, $\xi_2 \in (\xi,\pi)$, 使 $F'(\xi_1) =$

$F'(\xi_2)=0$，即 $f(\xi_1)=f(\xi_2)=0$.

题 11 （2003②）设函数 $f(x)$ 在闭区间 $[a,b]$ 上连续，在开区间 (a,b) 内可导，且 $f'(x)>0$. 若极限 $\lim\limits_{x\to a^+}\dfrac{f(2x-a)}{x-a}$ 存在，证明：

(1) 在 (a,b) 内 $f(x)>0$；

(2) 在 (a,b) 内存在点 ξ，使 $\dfrac{b^2-a^2}{\displaystyle\int_a^b f(x)\mathrm{d}x}=\dfrac{2\xi}{f(\xi)}$；

(3) 在 (a,b) 内存在与 (2) 中 ξ 相异的点 η，使 $f'(\eta)(b^2-a^2)=\dfrac{2\xi}{\xi-a}\displaystyle\int_a^b f(x)\mathrm{d}x$.

证 （1）因为 $\lim\limits_{x\to a^+}\dfrac{f(2x-a)}{x-a}$ 存在，故 $\lim\limits_{x\to a^+}f(2x-a)=f(a)=0$.

又 $f'(x)>0$，于是 $f(x)$ 在 (a,b) 内单调增加，故
$$f(x)>f(a)=0 \quad x\in(a,b)$$

（2）设 $F(x)=x^2$，$g(x)=\displaystyle\int_a^x f(t)\mathrm{d}t\ (a\leqslant x\leqslant b)$，则 $g'(x)=f(x)>0$.

故 $F(x),g(x)$ 满足柯西中值定理的条件，于是在 (a,b) 内存在点 ξ，使
$$\frac{F(b)-F(a)}{g(b)-g(a)}=\frac{b^2-a^2}{\displaystyle\int_a^b f(t)\mathrm{d}t-\int_a^a f(t)\mathrm{d}t}=\frac{(x^2)'}{\left(\displaystyle\int_a^x f(t)\mathrm{d}t\right)'}\bigg|_{x=\xi}\Rightarrow\frac{b^2-a^2}{\displaystyle\int_a^b f(x)\mathrm{d}x}=\frac{2\xi}{f(\xi)}$$

（3）因 $f(\xi)=f(\xi)-f(0)=f(\xi)-f(a)$，在 $[a,\xi]$ 上应用拉格朗日中值定理知：在 (a,ξ) 内存在一点 η，使 $f(\xi)=f'(\eta)(\xi-a)$，从而由 (2) 的结论得
$$\frac{b^2-a^2}{\displaystyle\int_a^b f(x)\mathrm{d}x}=\frac{2\xi}{f'(\eta)(\xi-a)}\Rightarrow f'(\eta)(b^2-a^2)=\frac{2\xi}{\xi-a}\int_a^b f(x)\mathrm{d}x$$

题 12 （2011③）设函数 $f(x)$ 在闭区间 $[0,3]$ 上连续，在开区间 $(0,3)$ 内存在二阶导数，且
$$2f(0)=\int_0^2 f(x)\mathrm{d}x=f(2)+f(3)$$

(1) 证明：存在 $\eta\in(0,2)$，使得 $f(\eta)=f(0)$；

(2) 证明：存在 $\xi\in(0,3)$，使得 $f''(\xi)=0$.

证 （1）令 $F(x)=\displaystyle\int_0^x f(t)\mathrm{d}t$，则由拉格朗日中值定理可得存在 $\eta\in(0,2)$，使得 $F(2)-F(0)=2f(\eta)$，而 $F(2)-F(0)=\displaystyle\int_0^2 f(x)\mathrm{d}x$，即 $\displaystyle\int_0^2 f(x)\mathrm{d}x=2f(\eta)$，又 $2f(0)=\displaystyle\int_0^2 f(x)\mathrm{d}x$，所以 $f(0)=f(\eta)$.

（2）$f(x)$ 在闭区间 $[2,3]$ 上连续，从而在该区间存在最大值 M 和最小值 m，于是
$$m\leqslant f(2)\leqslant M, m\leqslant f(3)\leqslant M\Rightarrow m\leqslant\frac{f(2)+f(3)}{2}\leqslant M$$

由介值定理可得
$$f(\xi)=\frac{f(2)+f(3)}{2} \quad \xi\in[2,3]$$

于是
$$f(0)=f(\eta)=f(\xi) \quad \eta\in(0,2), \xi\in[2,3]$$

函数 $f(x)$ 在 $[0,\eta]$，$[\eta,\xi]$ 均满足罗尔定理，所以存在 $\xi_1\in(0,\eta)$，$\xi_2\in(\eta,\xi)$，使得
$$f'(\xi_1)=f'(\xi_2)=0$$

函数 $f'(x)$ 在 $[\xi_1,\xi_2]$ 满足罗尔定理，故存在 $\xi\in(\xi_1,\xi_2)\subseteq(0,3)$，使得 $f''(\xi)=0$.

题 13 （1995①）设函数 $f(x)$ 和 $g(x)$ 在 $[a,b]$ 上存在二阶导数，并且 $g''(x)\neq0$，$f(a)=f(b)=g(a)=g(b)=0$，试证：

(1)在开区间(a,b)内 $g(x) \neq 0$；

(2)在开区间(a,b)内至少存在一点 ξ,使$\dfrac{f(\xi)}{g(\xi)} = \dfrac{f''(\xi)}{g''(\xi)}$.

简析 题设式改写且设 $z(x) = f(x)g''(x) - g(x)f''(x)$.如果导出

$$\varphi(x) = \int z(x)\mathrm{d}x, \quad \varphi(a) = \varphi(b)$$

那么根据罗尔定理,第(2)个论断即被证明.事实上

$$\varphi(x) = \int f(x)g''(x)\mathrm{d}x - \int g(x)f''(x)\mathrm{d}x = \int f(x)\mathrm{d}g'(x) - \int g(x)\mathrm{d}f'(x)$$

$$= f(x)g'(x) - \int g'(x)f'(x)\mathrm{d}x - \left[g(x)f'(x) - \int g'(x)f'(x)\mathrm{d}x \right]$$

$$= f(x)g'(x) - f'(x)g(x) + C \quad (C \text{ 为任意常数})$$

证 (1)反证法.假设存在点 $c \in (a,b)$,使 $g(c) = 0$,对 $g(x)$ 在$[a,c]$和$[c,b]$上分别应用罗尔定理知,存在 $\xi_1 \in (a,c)$ 和 $\xi_2 \in (c,b)$,使 $g'(\xi_1) = g'(\xi_2) = 0$.

再由罗尔定理知,存在 $\xi_3 \in (\xi_1,\xi_2)$,使 $g''(\xi_3) = 0$.

这与条件 $g''(x) \neq 0$ 矛盾,故在开区间(a,b)内 $g(x) \neq 0$.

(2)令 $\varphi(x) = f(x)g'(x) - f'(x)g(x)$,则 $\varphi(a) = \varphi(b) = 0$.

由罗尔定理知,存在 $\xi \in (a,b)$,使 $\varphi'(\xi) = 0$,即

$$f(\xi)g''(\xi) - f''(\xi)g(\xi) = 0$$

因 $g(\xi) \neq 0, g''(\xi) \neq 0$,故得

$$\frac{f(\xi)}{g(\xi)} = \frac{f''(\xi)}{g''(\xi)} \quad \xi \in (a,b)$$

下面的问题涉及函数不等式或单调性.

题14 (1990①)设不恒为常数的函数 $f(x)$ 在闭区间$[a,b]$上连续,在开区间(a,b)内可导,且 $f(a) = f(b)$,证明:在区间(a,b)内至少存在一点 ξ,使得 $f'(\xi) > 0$.

证 因 $f(a) = f(b)$ 且 $f(x)$ 不恒为常数,故由连续函数性质知,至少存在一点 $c \in (a,b)$ 使得 $f(c) \neq f(a)$ 或 $f(b)$.

不妨设 $f(c) > f(a)$(对于 $f(c) < f(a)$ 情形类似可证).于是根据拉格朗日中值定理,至少存在一点 $\xi \in (a,c) \subseteq (a,b)$,使得

$$f'(\xi) = \frac{1}{c-a}[f(c) - f(a)] > 0$$

题15 (1994③)假设函数 $f(x)$ 在$[a,+\infty)$上连续,又 $f''(x)$ 在$(a,+\infty)$内存在且大于零,记 $F(x) = \dfrac{f(x) - f(a)}{x - a}$ $(x > a)$.证明:$F(x)$ 在$(a,+\infty)$内单调增加.

证 由题设,有 $F'(x) = \dfrac{1}{x-a}\left[f'(x) - \dfrac{f(x) - f(a)}{x-a} \right]$.由拉格朗日中值定理,知 $\dfrac{f(x) - f(a)}{x-a} = f'(\xi)$ $(a < \xi < x)$.代入前式中,得

$$F'(x) = \frac{1}{x-a}[f'(x) - f'(\xi)]$$

由题设 $f''(x) > 0$,可知 $f'(x)$ 在$(a,+\infty)$内单调增加.因此对任意 x 和 ξ $(a < \xi < x)$,有 $f'(x) > f'(\xi)$,从而 $F'(x) > 0$.

所以 $F(x)$ 在$(a,+\infty)$内单调增加.

题16 (2001①)设 $y = f(x)$ 在$(-1,1)$内具有二阶连续导数且 $f''(x) \neq 0$,试证:

(1)对于$(-1,1)$内的任意 $x \neq 0$,存在唯一的 $\theta(x) \in (0,1)$,使下式成立

$$f(x) = f(0) + xf'(\theta(x)x)$$

(2)$\lim\limits_{x \to 0} \theta(x) = \dfrac{1}{2}$.

证 (1)任给非零 $x \in (-1,1)$,由拉格朗日中值定理得

$$f(x) = f(0) + xf'(\theta(x)x) \quad 0 < \theta(x) < 1 \tag{①}$$

唯一性的证明使用反证法.假设还存在与 $\theta(x)$ 不等的 $\theta_1(x)$,使

$$f(x) = f(0) + xf'(\theta_1(x)x) \quad 0 < \theta_1(x) < 1$$

则有

$$f'(\theta_1(x)x) = \frac{f(x) - f(0)}{x} = f'(\theta(x)x)$$

根据罗尔定理,在 $\theta_1(x)x$ 与 $\theta(x)x$ 之间必定存在 ξ,使 $f''(\xi) = 0$,而这与 $f''(x) \neq 0$ 矛盾.

(2)根据函数 $f(x)$ 的麦克劳林展开式,有

$$f(x) = f(0) + f'(0)x + \frac{1}{2}f''(0)x^2 + o(x^2) \tag{②}$$

式①-式②可得

$$\frac{f'(\theta(x)x) - f'(0)}{x} = \frac{1}{2}f''(0) + \frac{o(x^2)}{x^2}$$

取极限

$$\lim_{x \to 0}\left[\theta(x) \cdot \frac{f'(\theta(x)x) - f'(0)}{\theta(x)x}\right] = \frac{1}{2}f''(0)$$

即有

$$\lim_{x \to 0}\theta(x) \cdot f''(0) = \frac{1}{2}f''(0)$$

故 $\lim\limits_{x \to 0}\theta(x) = \dfrac{1}{2}$.

题 17 (1999③)设函数 $f(x)$ 在区间 $[0,1]$ 上连续,在 $(0,1)$ 内可导,且 $f(0) = f(1) = 0$,$f\left(\dfrac{1}{2}\right) = 1$.试证:

(1)存在 $\eta \in \left(\dfrac{1}{2}, 1\right)$,使 $f(\eta) = \eta$;

(2)对任意实数 λ,必存在 $\xi \in (0, \eta)$,使得 $f'(\xi) - \lambda[f(\xi) - \xi] = 1$.

证 (1)$G(x) = f(x) - x$,则 $G(x)$ 在 $[0,1]$ 上连续.

又 $G(1) = -1 < 0$,$G\left(\dfrac{1}{2}\right) = \dfrac{1}{2} > 0$,故由闭区间上连续函数的零点定理知,存在 $\eta \in \left(\dfrac{1}{2}, 1\right)$,使得

$$G(\eta) = f(\eta) - \eta = 0 \implies f(\eta) = \eta$$

(2)$F(x) = e^{-\lambda x}[f(x) - x]$,则 $F(x)$ 在 $[0, \eta]$ 上连续,在 $(0, \eta)$ 内可导,且

$$F(0) = 0, \quad F(\eta) = e^{-\lambda \eta}[f(\eta) - \eta] = 0$$

即 $F(x)$ 在 $[0, \eta]$ 上满足罗尔定理的条件,故存在 $\xi \in (0, \eta)$,使得

$$F'(\xi) = 0 \implies e^{-\lambda \xi}\{f'(\xi) - \lambda[f(\xi) - \xi] - 1\} = 0$$

从而

$$f'(\xi) - \lambda[f(\xi) - \xi] = 1$$

题 18 (2008②)(1)证明积分中值定理:若函数 $f(x)$ 在闭区间 $[a,b]$ 上连续,则至少存在一点 $\eta \in [a,b]$,使得

$$\int_a^b f(x)\,\mathrm{d}x = f(\eta)(b - a)$$

(2)若函数 $\varphi(x)$ 具有二阶导数,且满足 $\varphi(2) > \varphi(1)$,$\varphi(2) > \displaystyle\int_2^3 \varphi(x)\,\mathrm{d}x$,则至少存在一点 $\xi \in (1,3)$,使得 $\varphi''(\xi) < 0$.

证 (1)设 M 和 m 分别是 $f(x)$ 在区间 $[a,b]$ 上的最大值和最小值,则有

$$m(b-a) \leqslant \int_a^b f(x)\mathrm{d}x \leqslant M(b-a)$$

不等式各除以 $b-a$,得

$$m \leqslant \frac{1}{b-a}\int_a^b f(x)\mathrm{d}x \leqslant M$$

根据闭区间上连续函数的介值定理,在 $[a,b]$ 至少存在一点 η,使得 $f(\eta) = \frac{1}{b-a}\int_a^b f(x)\mathrm{d}x$,即

$$\int_a^b f(x)\mathrm{d}x = f(\eta)(b-a)$$

(2)由(1)的结论,可知至少存在一点 $\eta \in [2,3]$,使得

$$\int_2^3 \varphi(x)\mathrm{d}x = \varphi(\eta)(3-2) = \varphi(\eta)$$

又由 $\varphi(2) > \int_2^3 \varphi(x)\mathrm{d}x = \varphi(\eta)$ 知,$2 < \eta \leqslant 3$.

对 $\varphi(x)$ 在 $[1,2]$ 和 $[1,2]$ 上分别应用拉格朗日中值定理,并注意到 $\varphi(1) < \varphi(2)$,$\varphi(\eta) < \varphi(2)$,得

$$\varphi'(\xi_1) = \frac{\varphi(2) - \varphi(1)}{2-1} > 0 \quad 1 < \xi_1 < 2$$

$$\varphi'(\xi_2) = \frac{\varphi(\eta) - \varphi(2)}{\eta - 1} < 0 \quad 2 < \xi_2 < \eta \leqslant 3$$

在 $[\xi_1, \xi_2]$ 上对 $\varphi'(x)$ 应用拉格朗日中值定理,有

$$\varphi''(\xi) = \frac{\varphi'(\xi_2) - \varphi'(\xi_1)}{\xi_2 - \xi_1} < 0 \quad \xi \in (\xi_1, \xi_2) \subseteq (1,3)$$

4. 方程根的个数讨论和判定

题 1 (1992④)求证:方程 $x + p + q\cos x = 0$ 恰有一个实根,其中 p, q 为常数,且 $0 < q < 1$.

证 (1)存在性.设 $f(x) = x + p + q\cos x$.因为 $\lim\limits_{x \to +\infty} f(x) = +\infty$,所以当 x 充分大时必有 $f(x) > 0$,特别地取 $x = b$,有 $f(b) > 0$.

同理,因为 $\lim\limits_{x \to -\infty} f(x) = -\infty$,所以存在 a $(a < b)$,使 $f(a) < 0$.

于是由连续函数性质知,在 (a,b) 内至少存在一点 c,使 $f(c) = 0$,即方程 $f(x) = 0$ 在 $(-\infty, +\infty)$ 上至少有一实根.

(2)唯一性用反证法.假设 $f(x) = 0$ 在 $(-\infty, +\infty)$ 有两个不同实数根 x_1, x_2,即 $f(x_1) = f(x_2)$.

根据罗尔定理,在 x_1 和 x_2 之间至少存在一点 x_0 使 $f'(x_0) = 0$,即

$$1 - q\sin x_0 = 0 \quad \text{或} \quad \sin x_0 = \frac{1}{q} > 1 \quad (\text{注意到 } 0 < q < 1)$$

这是不可能的.故方程的根是唯一的.

题 2 (1994②)设当 $x > 0$ 时,方程 $kx + \frac{1}{x^2} = 1$ 有且仅有一个解,求 k 的取值范围.

解 设 $f(x) = kx + \frac{1}{x^2} - 1$,则 $f'(x) = k - \frac{2}{x^3}$,$f''(x) = \frac{6}{x^4} > 0$.

因为 $x > 0$,故可分 $k \leqslant 0$ 和 $k > 0$ 两种情况讨论.

(1)当 $k \leqslant 0$ 时,$f'(x) < 0$,$f(x)$ 单调减少,又

$$\lim_{x \to 0^+} f(x) = +\infty, \quad \lim_{x \to +\infty} f(x) = \begin{cases} -\infty, & k < 0 \\ -1, & k = 0 \end{cases}$$

因此 $f(x) = kx + \frac{1}{x^2} - 1 = 0$ 在 $[0, +\infty)$ 内仅有一个解.

(2)当 $k>0$ 时,$f'(x)$ 符号无法判定,但 $f''(x)>0$,故可考虑极值情况,令 $f'(x)=0$,得唯一驻点 $x_0=\sqrt[3]{\dfrac{2}{k}}$.

又 $f''(x_0)>0$,所以 $x_0=\sqrt[3]{\dfrac{2}{k}}$ 为极小点.

由 $f''(x)>0$ 知 $y=f(x)$ 的图象在 $(0,+\infty)$ 内是向上凹的.

为使方程有唯一根,令极小值为零,即

$$f\left(\sqrt[3]{\frac{2}{k}}\right)=k\sqrt[3]{\frac{2}{k}}+\frac{1}{\left(\sqrt[3]{\dfrac{2}{k}}\right)^2}-1=0$$

由此解得 $k=\dfrac{2}{9}\sqrt{3}$. 当 $k\neq\dfrac{2}{9}\sqrt{3}$ 时,原方程无解或有两个解.

故当 $k\leqslant 0$ 或 $k=\dfrac{2}{9}\sqrt{3}$ 时,方程有且仅有一个解.

注　当 $x>0$ 时题设方程与 $\dfrac{1}{x}-\dfrac{1}{x^3}=k$ 同解. 故可设 $f(x)=\dfrac{1}{x}-\dfrac{1}{x^3}$,$g(x)=k$,然后讨论 $f(x)$ 与 $g(x)$ 图象交点的情况,关键是讨论 $f(x)$ 的性态及大致图形.

题 3　(1997③)就 k 的不同取值情况,确定方程 $x-\dfrac{\pi}{2}\sin x=k$ 在开区间 $\left(0,\dfrac{\pi}{2}\right)$ 内根的个数,并证明你的结论.

解　设 $f(x)=x-\dfrac{\pi}{2}\sin x-k$,$f'(x)=1-\dfrac{\pi}{2}\cos x$.

再对 $f(x)$ 求导且令 $f'(x)=0$,得唯一驻点 $x_0=\arccos\dfrac{2}{\pi}$.

因为 $f'(x)$ 在 $(0,x_0)$ 和 $\left(x_0,\dfrac{\pi}{2}\right)$ 内由负变正,所以 x_0 是极小点,也是 $\left[0,\dfrac{\pi}{2}\right]$ 上的最小点,其最小值为 $f(x_0)=x_0-\dfrac{\pi}{2}\sin x_0-k$. 而最大值为 $f(0)=f\left(\dfrac{\pi}{2}\right)=-k$.

当 $f(x_0)=0$ 时,即当 $k=x_0-\dfrac{\pi}{2}\sin x_0$ 时,方程有唯一(实)根.

当 $f(x_0)<0$ 且 $f(0)=-k>0$ 时,即当 $x_0-\dfrac{\pi}{2}\sin x_0<k<0$ 时,方程有两个(实)根.

当 $f(x_0)>0$ 且 $f(0)=-k\leqslant 0$ 时,即当 $k<x_0-\dfrac{\pi}{2}\sin x_0$ 或 $k\geqslant 0$ 时,方程无(实)根.

题 4　(2011③)证明方程 $4\arctan x-x+\dfrac{4\pi}{4}-\sqrt{3}=0$ 恰有两个实根.

证　构造函数,设 $f(x)=4\arctan x-x+\dfrac{4\pi}{4}-\sqrt{3}$,则

$$f'(x)=\frac{4}{1+x^2}-1=\frac{(\sqrt{3}-x)(\sqrt{3}+x)}{1+x^2}$$

令 $f'(x)=0$,解得驻点 $x_1=-\sqrt{3}$,$x_2=\sqrt{3}$.

由单调性判别法知 $f(x)$ 在 $(-\infty,-\sqrt{3}]$ 上单调减少,在 $[-\sqrt{3},\sqrt{3}]$ 上单调增加,在 $[\sqrt{3},+\infty)$ 上单调减少.

因为 $f(-\sqrt{3})=0$,且由上述单调性可知 $f(-\sqrt{3})$ 是 $f(x)$ 在 $(-\infty,\sqrt{3}]$ 上的最小值,故 $x=-\sqrt{3}$ 是函数 $f(x)$ 在 $(-\infty,\sqrt{3}]$ 上唯一的零点.

又因为 $f(\sqrt{3})=2\left(\dfrac{4\pi}{3}-\sqrt{3}\right)>0$,且 $\lim\limits_{x\to+\infty}f(x)=-\infty$,所以由连续函数的介值定理知 $f(x)$ 在区间 $(\sqrt{3},+\infty)$ 内存在零点,且由 $f(x)$ 的单调性知零点唯一.

综上可知,$f(x)$ 在 $(-\infty,+\infty)$ 内恰有两个零点,即原方程恰有两个实根.

题 5 (1989①②)证明:方程 $\ln x=\dfrac{x}{\mathrm{e}}-\displaystyle\int_0^\pi\sqrt{1-\cos 2x}\,\mathrm{d}x$ 在区间 $(0,+\infty)$ 内有且仅有两个不同实根.

证 由 $\displaystyle\int_0^\pi\sqrt{1-\cos 2x}\,\mathrm{d}x=2\sqrt{2}$. 设 $F(x)=\dfrac{x}{\mathrm{e}}-\ln x-2\sqrt{2}$.

令 $F'(x)=\dfrac{1}{\mathrm{e}}-\dfrac{1}{x}=0$,得驻点 $x=\mathrm{e}$,又 $F(\mathrm{e})=-2\sqrt{2}<0$.

当 $0<x<\mathrm{e}$ 时,$F'(x)<0$,知 $F(x)$ 单调减少,$\lim\limits_{x\to 0^+}F(x)=+\infty$;

当 $\mathrm{e}<x<+\infty$ 时,$F'(x)>0$,知 $F(x)$ 单调增加,$\lim\limits_{x\to+\infty}F(x)=+\infty$.

故由连续函数性质知,$F(x)$ 在 $(0,\mathrm{e})$,$(\mathrm{e},+\infty)$ 内分别至少有一个零点. 于是原命题得证.

题 6 (1987①)设函数 $f(x)$ 在闭区间 $[0,1]$ 上可微,对于 $[0,1]$ 上的每一个 x,函数 $f(x)$ 的值都在开区间 $(0,1)$ 内,且 $f'(x)\neq 1$,证明:$(0,1)$ 内有且仅有一个 x,使 $f(x)=x$.

证 令 $F(x)=f(x)-x$,则 $F(x)$ 在 $[0,1]$ 上连续.

由于 $0<f(x)<1$,所以 $F(0)=f(0)-0>0$,$F(1)=f(1)-1<0$.

故由连续函数性质知,在 $(0,1)$ 内至少存在一点 x,使

$$F(x)=f(x)-x=0 \Rightarrow f(x)=x$$

用反证法证这样的 x 唯一.

若有 $x_1,x_2\in(0,1)$,且 $x_1\neq x_2$,使 $F(x_1)=0,F(x_2)=0$.

根据罗尔定理,存在 $\xi\in(0,1)$ 使 $F'(\xi)=f'(\xi)-1=0$.这与 $f'(x)\neq 1$ 矛盾.知方程两根 x_1,x_2 的假设不真.

故方程在 $(0,1)$ 内有唯一(实)根.

题 7 (1993①)设在 $[0,+\infty)$ 上函数 $f(x)$ 有连续导数,且 $f'(x)\geqslant k>0$,$f(0)<0$,证明:$f(x)$ 在 $(0,+\infty)$ 内有且仅有一零点.

证 作直线 $y=f(0)+kx$.令 $y=0$,解得 $x=a=-\dfrac{f(0)}{k}$.

取 $b>a=-\dfrac{f(0)}{k}$,则有 $f(0)+kb>0$.

对 $f(x)$ 在 $[0,b]$ 上使用拉格朗日中值定理,必存在 $\xi\in(0,b)$ 使

$$f(b)=f(0)+f'(\xi)b\geqslant f(0)+kb>0$$

由题设 $f(0)>0$,故根据连续函数性质,在 $(0,b)\subseteq(0,+\infty)$ 内至少存在一点 x_0 使 $f(x_0)=0$.

因为 $f'(x)\geqslant k>0$,知 $f(x)$ 严格单调增加,所以 $f(x)=0$ 有唯一根.

题 8 (2003②)讨论曲线 $y=4\ln x+k$ 与 $y=4x+\ln^4 x$ 的交点个数.

解 设 $\varphi(x)=\ln^4 x-4\ln x+4x-k$,则有

$$\varphi'(x)=\dfrac{4(\ln^3 x-1+x)}{x}$$

不难看出,$x=1$ 是 $\varphi(x)$ 的驻点(图 13).

当 $0<x<1$ 时,$\varphi'(x)<0$,即 $\varphi(x)$ 单调减少;当 $x>1$ 时,$\varphi'(x)>0$,即 $\varphi(x)$ 单调增加,故 $\varphi(1)=4-k$ 为函数 $\varphi(x)$ 的最小值.

当 $k<4$ 时,即 $4-k>0$ 时,$\varphi(x)=0$ 无实根,即两条曲线无交点.

当 $k=4$ 时,即 $4-k=0$ 时,$\varphi(x)=0$ 有唯一实根,即两条曲线只有一个交点.

当 $k>4$ 时,即 $4-k<0$ 时,由于

$$\lim_{x\to 0}\varphi(x)=\lim_{x\to 0}[\ln x(\ln^3 x-4)+4x-k]=+\infty$$

$$\lim_{x\to +\infty}\varphi(x)=\lim_{x\to +\infty}[\ln x(\ln^3 x-4)+4x-k]=+\infty$$

故 $\varphi(x)=0$ 有两个实根,分别位于 $(0,1)$ 与 $(1,+\infty)$ 内,即两条曲线有两个交点.

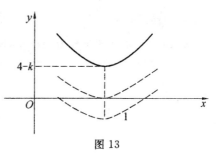

图 13

下面的问题涉及数列极限,甚至与函数导数有关.

题 9　(2012②)(1)证明:方程 $x^n+x^{n-1}+\cdots+x=1$(n 为大于 1 的整数)在区间 $(\frac{1}{2},1)$ 内有且仅有一个实根.

(2)记(1)中的实根为 x_n,证明:$\lim\limits_{n\to\infty} x_n$ 存在,并求此极限.

证　(1)令 $f(x)=x^n+x^{n-1}+\cdots+x-1(n>1)$,则 $f(x)$ 在 $[\frac{1}{2},1]$ 上连续,且

$$f(\frac{1}{2})=\frac{\frac{1}{2}(1-\frac{1}{2^n})}{1-\frac{1}{2}}-1=-\frac{1}{2^n}<0,\ f(1)=n-1>0$$

由闭区间上连续函数的介值定理知,方程 $f(x)=0$ 在 $(\frac{1}{2},1)$ 内至少有一个实根.

当 $x\in(\frac{1}{2},1)$ 时

$$f'(x)=nx^{n-1}+(n-1)x^{n-2}+\cdots+2x+1>1>0$$

故 $f(x)$ 在 $(\frac{1}{2},1)$ 内单调增加.

综上所述,方程 $f(x)=0$ 在 $(\frac{1}{2},1)$ 内有且仅有一个实根.

(2)由 $x_n\in(\frac{1}{2},1)$ 知数列 $\{x_n\}$ 有界,又

$$x_n^n+x_n^{n-1}+\cdots+x_n=1$$
$$x_{n+1}^{n+1}+x_{n+1}^n+x_{n+1}^{n-1}+\cdots+x_{n+1}=1$$

因为 $x_{n+1}^{n+1}>0$,所以

$$x_n^n+x_n^{n-1}+\cdots+x_n>x_{n+1}^n+x_{n+1}^{n-1}+\cdots+x_{n+1}$$

于是有

$$x_n>x_{n+1}\qquad n=1,2,\cdots$$

即 $\{x_n\}$ 单调减少.

综上所述,数列 $\{x_n\}$ 单调有界,故 $\{x_n\}$ 收敛.

记 $a=\lim\limits_{n\to\infty} x_n$.由于

$$\frac{x_n-x_n^{n+1}}{1-x_n}=1$$

令 $n\to\infty$ 并注意到 $\frac{1}{2}<x_n<x_1<1$,则有

$$\frac{a}{1-a}=1$$

解得 $a=\dfrac{1}{2}$，即 $\lim\limits_{n\to\infty}x_n=\dfrac{1}{2}$.

题 10 (1999②)设函数 $f(x)$ 在闭区间 $[-1,1]$ 上具有三阶连续导数，且 $f(-1)=0$，及 $f(1)=1$，又 $f'(0)=0$，证明：在开区间 $(-1,1)$ 内至少存在一点 ξ，使 $f'''(\xi)=3$.

证 将 $f(x)$ 按麦克劳林公式展开，即

$$f(x)=f(0)+f'(0)x+\frac{1}{2!}f''(0)x^2+\frac{1}{3!}f'''(\eta)x^3 \qquad \eta\text{ 介于 }0\text{ 与 }x\text{ 之间}$$

再将 $x=-1$ 和 $x=1$ 分别代入上式中，得

$$0=f(-1)=f(0)+\frac{1}{2}f''(0)-\frac{1}{6}f'''(\eta_1) \quad -1<\eta_1<0$$

$$1=f(1)=f(0)+\frac{1}{2}f''(0)+\frac{1}{6}f'''(\eta_2) \quad 0<\eta_2<1$$

两式相减，可得 $f'''(\eta_1)+f'''(\eta_2)=6$.

设 M 和 m 分别是 $f'''(x)$ 在 $[\eta_1,\eta_2]$ 上的最大值和最小值，显然有

$$m\leqslant f'''(\eta_1)\leqslant M, m\leqslant f'''(\eta_2)\leqslant M$$

则

$$m\leqslant\frac{1}{2}[f'''(\eta_1)+f'''(\eta_2)]\leqslant M$$

再由连续函数的介值定理知，至少存在一点 $\xi\in[\eta_1,\eta_2]\subseteq(-1,1)$，使

$$f'''(\xi)=\frac{1}{2}[f'''(\eta_1)+f'''(\eta_2)]=3$$

5. 不等式证明

题 1 (1999④)证明：当 $0<x<\pi$ 时，有 $\sin\dfrac{x}{2}>\dfrac{x}{\pi}$.

证 设 $f(x)=\sin\dfrac{x}{2}-\dfrac{x}{\pi}$，有 $f(0)=0$，$f(\pi)=0$，$f'(x)=\dfrac{1}{2}\cos\dfrac{x}{2}-\dfrac{1}{\pi}$.

注意到 $f'(x)$ 在 $(0,\pi)$ 内变号. 令 $f'(x)=0$，得驻点 $x_0=2\arccos\dfrac{2}{\pi}$，易算得 $f(x_0)>0$.

在 $(0,x_0)$ 内 $f'(x)>0$，知 $f(x)$ 单增，且当 $0<x<x_0$ 时 $f(x)>f(0)=0$，有 $\sin\dfrac{x}{2}-\dfrac{x}{\pi}>0$，即 $\sin\dfrac{x}{2}>\dfrac{x}{\pi}$.

在 (x_0,π) 内 $f'(x)<0$，知 $f(x)$ 单减，且当 $x_0<x<\pi$ 时 $f(x)>f(\pi)=0$，有 $\sin\dfrac{x}{2}-\dfrac{x}{\pi}>0$，即 $\sin\dfrac{x}{2}>\dfrac{x}{\pi}$.

综合上面两式，即当 $0<x<\pi$ 时，$\sin\dfrac{x}{2}>\dfrac{x}{\pi}$.

题 2 (1990②)证明：当 $x>0$ 时，有不等式 $\arctan x+\dfrac{1}{x}>\dfrac{2}{\pi}$.

证 设 $f(x)=\arctan x+\dfrac{1}{x}-\dfrac{2}{\pi}$，有 $f(+\infty)=\lim\limits_{x\to+\infty}f(x)=0$.

由 $f'(x)=\dfrac{1}{1+x^2}-\dfrac{1}{x^2}<0$，知 $f(x)$ 单减，且当 $0<x<+\infty$ 时，$f(x)>f(+\infty)=0$.

即 $\arctan x+\dfrac{1}{x}>\dfrac{2}{\pi}$，$x>0$.

题 3 (1991④)证明：不等式 $\ln\left(1+\dfrac{1}{x}\right)>\dfrac{1}{1+x}$，这里 $0<x<+\infty$.

证 设 $f(x)=\ln\left(1+\dfrac{1}{x}\right)-\dfrac{1}{1+x}$, $0<x<+\infty$.

由 $f(+\infty)=\lim\limits_{x\to+\infty}f(x)=\lim\limits_{x\to+\infty}\left[\ln\left(1+\dfrac{1}{x}\right)-\dfrac{1}{1+x}\right]=0$, 又 $f'(x)=-\dfrac{1}{x(1+x)^2}<0$.

于是, $f'(x)<0$, 知 $f(x)$ 单减, 且当 $0<x<+\infty$ 时, $f(x)>f(+\infty)=0$, 即

$$\ln\left(1+\frac{1}{x}\right)>\frac{1}{1+x}\qquad 0<x<+\infty$$

题 4 (1991②)利用导数证明: 当 $x>1$ 时, $\dfrac{\ln(1+x)}{\ln x}>\dfrac{x}{1+x}$.

证 设 $f(x)=(1+x)\ln(1+x)-x\ln x$, 有 $f(1)=2\ln 2>0$.

由 $f'(x)=\ln\left(1+\dfrac{1}{x}\right)>0(x>0)$, 知 $f(x)$ 单增, 且当 $x>1$ 时, $f(x)>f(1)=2\ln 2>0$.

从而得 $\dfrac{\ln(1+x)}{\ln x}>\dfrac{x}{1+x}$, 其中 $x>1$.

题 5 (1990④)证明: 不等式

$$1+x\ln(x+\sqrt{1+x^2})\geqslant\sqrt{1+x^2}\qquad -\infty<x<+\infty$$

证 1 设 $f(x)=1+x\ln(x+\sqrt{1+x^2})-\sqrt{1+x^2}$.

因为 $\ln(x+\sqrt{1+x^2})$ 是奇函数, 所以 $x\ln(x+\sqrt{1+x^2})$ 是偶函数, 从而 $f(x)$ 是偶函数.

因此只需证明, 当 $x\geqslant0$ 时 $f(x)\geqslant0$.

首先, $f(0)=0$. 再注意到

$$f'(x)=\ln(x+\sqrt{1+x^2})+\frac{x}{\sqrt{1+x^2}}-\frac{x}{\sqrt{1+x^2}}$$
$$=\ln(x+\sqrt{1+x^2})\geqslant0\qquad(这里 x\geqslant0)$$

于是 $f'(x)\geqslant0$, 知 $f(x)$ 单增, 且当 $x\geqslant0$ 时 $f(x)\geqslant f(0)=0$.

证 2 设 $f(x)=1+x\ln(x+\sqrt{1+x^2})-\sqrt{1+x^2}$, 则

$$f'(x)=\ln(x+\sqrt{1+x^2})$$

令 $f'(x)=0$, 解得唯一驻点 $x=0$.

由于 $f''(x)=\dfrac{1}{\sqrt{1+x^2}}>0$, 知 $x=0$ 为极小值点, 即最小值点.

由 $f(x)$ 的最小值为 $f(0)=0$, 对一切 $x\in(-\infty,+\infty)$ 有 $f(x)\geqslant0$, 即有

$$1+x\ln(x+\sqrt{1+x^2})\geqslant\sqrt{1+x^2}\qquad -\infty<x<+\infty$$

题 6 (1991③)试证明: 函数 $f(x)=\left(1+\dfrac{1}{x}\right)^x$ 在区间 $(0,+\infty)$ 内单调增加.

证 由题设, 有

$$f'(x)=\left(1+\frac{1}{x}\right)^x\left[\ln\left(1+\frac{1}{x}\right)-\frac{1}{1+x}\right]$$

因对任意 $x\in(0,+\infty)$ 不难证得(见前面例) $\ln\left(1+\dfrac{1}{x}\right)>\dfrac{1}{1+x}$, 从而对任意 $x\in(0,+\infty)$ 有 $f'(x)>0$, 所以函数 $f(x)$ 在 $(0,+\infty)$ 内单调增加.

题 7 (1993④)设 p,q 是大于 1 的常数, 且 $\dfrac{1}{p}+\dfrac{1}{q}=1$, 证明: 对任意 $x>1$, 有 $\dfrac{1}{p}x^p+\dfrac{1}{q}\geqslant x$.

证 令 $f(x)=\dfrac{1}{p}x^p+\dfrac{1}{q}-x$, 则 $f'(x)=x^{p-1}-1$, $f''(x)=(p-1)x^{p-2}$.

令 $f'(x)=0$, 得 $x=1$. 由 $f''(1)=p-1>0$, 知当 $x=1$ 时, $f(x)$ 取得极小值, 亦为最小值.

从而当 $x>0$ 时，有 $f(x) \geqslant f(1)=0$，即 $\dfrac{1}{p}x^p+\dfrac{1}{q} \geqslant x$.

题8 (1993①)设 $b>a>e$，证明：$a^b>b^a$.

证 设 $f(x)=\dfrac{\ln x}{x}$，$f'(x)=\dfrac{1-\ln x}{x^2}$. 当 $x>e$ 时，$f'(x)<0$，此时 $f(x)$ 单调减少.

故当 $b>a>e$ 时，$\dfrac{\ln a}{a}>\dfrac{\ln b}{b}$，即 $a^b>b^a$.

注 类似的方法可解：

(1)证明：$e^\pi>\pi^e$.(清华大学，1981)

(2)试证：$\sqrt{2}<\sqrt[3]{3}<\sqrt[e]{e}$.(北京师范大学，1984)

(3)设 $x>0$，常数 $a>e$，证明：$(a+x)^a<a^{a+x}$.(1993①)

题9 (1998②)设 $x\in(0,1)$，证明下面不等式：

(1)$(1+x)\ln^2(1+x)<x^2$；(2)$\dfrac{1}{\ln 2}-1<\dfrac{1}{\ln(1+x)}-\dfrac{1}{x}<\dfrac{1}{2}$.

证 (1)令 $\varphi(x)=x^2-(1+x)\ln^2(1+x)$，有 $\varphi(0)=0$，且

$$\varphi'(x)=2x-\ln^2(1+x)-2\ln(1+x),\quad \varphi'(0)=0$$

当 $x\in(0,1)$ 时，$\varphi''(x)=\dfrac{2}{1+x}[x-\ln(1+x)]>0$，知 $\varphi'(x)$ 单增，从而 $\varphi'(x)>\varphi'(0)=0$，知 $\varphi(x)$ 单增，则 $\varphi(x)>\varphi(0)=0$，即

$$(1+x)\ln^2(1+x)<x^2$$

(2)令 $f(x)=\dfrac{1}{\ln(1+x)}-\dfrac{1}{x}$，$x\in(0,1]$，则有

$$f(1)=\dfrac{2}{\ln 2}-1$$

$$f'(x)=\dfrac{(1+x)\ln^2(1+x)-x^2}{x^2(1+x)\ln^2(1+x)}$$

由(1)，当 $x\in(0,1)$ 时 $f'(x)<0$，知 $f(x)$ 单减，从而

$$f(x)>f(1)=\dfrac{1}{\ln 2}-1$$

又注意到

$$\lim_{x\to 0^+}f(x)=\lim_{x\to 0^+}\dfrac{x-\ln(1+x)}{x\ln(1+x)}=\lim_{x\to 0^+}\dfrac{x-\ln(1+x)}{x^2}=\lim_{x\to 0^+}\dfrac{x}{2x(1+x)}=\dfrac{1}{2}$$

当 $x\in(0,1)$ 时，$f'(x)<0$，知 $f(x)$ 单减，且 $f(x)<f(+0)=\dfrac{1}{2}$.

综上有

$$\dfrac{1}{\ln 2}-1<\dfrac{1}{\ln(1+x)}-\dfrac{1}{x}<\dfrac{1}{2}$$

题10 (2012①②③)证明：$x\ln\dfrac{1+x}{1-x}+\cos x\geqslant 1+\dfrac{x^2}{2}(-1<x<1)$.

证 记 $f(x)=x\ln\dfrac{1+x}{1-x}+\cos x-\dfrac{x^2}{2}-1$，则

$$f'(x)=\ln\dfrac{1+x}{1-x}+\dfrac{2x}{1-x^2}-\sin x-x,\quad f''(x)=\dfrac{4}{(1-x^2)^2}-1-\cos x$$

当 $-1<x<1$ 时，由于 $\dfrac{4}{(1-x^2)^2}\geqslant 4$，$1+\cos x\leqslant 2$，所以 $f''(x)\geqslant 2>0$，从而 $f'(x)$ 单调增加.

又因为 $f'(0)=0$，所以，当 $-1<x<0$ 时，$f'(x)<0$；当 $0<x<1$ 时，$f'(x)>0$，于是 $f(0)=0$ 是函数

$f(x)$ 在 $(-1,1)$ 内的最小值.

从而当 $-1<x<1$ 时,$f(x) \geqslant f(0)=0$,即

$$x \ln \frac{1+x}{1-x}+\cos x \geqslant 1+\frac{x^2}{2}$$

题 11 (1999①)试证:当 $x>0$ 时,$(x^2-1)\ln x \geqslant (x-1)^2$.

证 1 设 $\varphi(x)=(x^2-1)\ln x-(x-1)^2$,有 $\varphi(1)=0$.

又 $\varphi'(x)=2x\ln x-x+2-\dfrac{1}{x}$, $\varphi'(1)=0$,且 $\varphi''(x)=2\ln x+1+\dfrac{1}{x^2}$, $\varphi''(1)=2>0$,

及 $\varphi'''(x)=\dfrac{2(x^2-1)}{x^3}$.

当 $x \geqslant 1$ 时,$\varphi''(x)>0$,知 $\varphi'(x)$ 单增,则 $\varphi'(x) \geqslant \varphi'(1)=0$,从而 $\varphi(x)$ 单增,故 $\varphi(x) \geqslant \varphi(1)=0$.原式成立.

当 $0<x<1$ 时,$\varphi'''(x)<0$,知 $\varphi''(x)$ 单减,从而 $\varphi''(x)>\varphi''(1)=2>0$,则 $\varphi'(x)$ 单增,可有 $\varphi'(x)<\varphi'(1)=0$,

则 $\varphi(x)$ 单减,知 $\varphi(x)>\varphi(1)=0$.原式成立.

证 2 当 $x=1$ 时,原式显然成立.以下只需证明 $x \neq 1$ 时,原式成立.

当 $x \neq 1$ 时,由拉格朗日中值定理得

$$\ln x=\ln 1+\frac{1}{\xi}(x-1)=\frac{1}{\xi}(x-1) \quad \xi \text{ 在 } 1 \text{ 与 } x \text{ 之间}$$

题设不等式两边除以 $(x-1)^2$(它大于 0),再由上式则有

$$(x^2-1)\ln x \geqslant (x-1)^2 \Longleftrightarrow \ln x \geqslant 1 \Longleftrightarrow \frac{1}{\xi}(x-1) \geqslant 1 \Longleftrightarrow x+1 \geqslant \xi$$

当 $0<x<1$ 时,$0<x<\xi<1$,有 $x+1>1>\xi$.

当 $x>1$ 时,$x>\xi>1$,有 $x+1>x>\xi$.于是原式成立.

注 问题还可由设 $\varphi(x)=\ln x-\dfrac{x-1}{x+1}$,则 $\varphi(1)=0$,再考虑 $\varphi'(x)$ 即可.

题 12 (2004①②)设 $\mathrm{e}<a<b<\mathrm{e}^2$,证明:$\ln^2 b-\ln^2 a>\dfrac{4}{\mathrm{e}^2}(b-a)$.

证 1 对函数 $\ln^2 x$ 在 $[a,b]$ 上应用拉格朗日中值定理,得

$$\ln^2 b-\ln^2 a=\frac{2\ln \xi}{\xi}(b-a) \quad a<\xi<b$$

设 $\varphi(t)=\dfrac{\ln t}{t}$, 则 $\varphi'(t)=\dfrac{1-\ln t}{t^2}$.

当 $t>\mathrm{e}$ 时,$\varphi'(t)<0$,所以 $\varphi(t)$ 单调减少,从而 $\varphi(\xi)>\varphi(\mathrm{e}^2)$,即

$$\frac{\ln \xi}{\xi}>\frac{\ln \mathrm{e}^2}{\mathrm{e}^2}=\frac{2}{\mathrm{e}^2}$$

从而

$$\ln^2 b-\ln^2 a>\frac{4}{\mathrm{e}^2}(b-a)$$

证 2 设 $\varphi(x)=\ln^2 x-\dfrac{4}{\mathrm{e}^2}x$,则

$$\varphi'(x)=\frac{2\ln x}{x}-\frac{4}{\mathrm{e}^2}, \quad \varphi''(x)=\frac{2(1-\ln x)}{x^2}$$

所以当 $x>\mathrm{e}$ 时,$\varphi''(x)<0$.故 $\varphi'(x)$ 单调减少,从而当 $\mathrm{e}<x<\mathrm{e}^2$ 时

$$\varphi'(x)>\varphi'(\mathrm{e}^2)=\frac{4}{\mathrm{e}^2}-\frac{4}{\mathrm{e}^2}=0$$

即当 $e<x<e^2$ 时，$\varphi(x)$ 单调增加，注意到 $e<a<b<e^2$.

因此，当 $e<x<e^2$ 时，$\varphi(b)>\varphi(a)$，即

$$\ln^2 b-\frac{4}{e^2}b>\ln^2 a-\frac{4}{e^2}a$$

故

$$\ln^2 b-\ln^2 a>\frac{4}{e^2}(b-a)$$

题 13 (2002②)设 $0<a<b$，证明：不等式

$$\frac{2a}{a^2+b^2}<\frac{\ln b-\ln a}{b-a}<\frac{1}{\sqrt{ab}}$$

证 先证左边的不等式. 设 $f(x)=\ln x(x>a>0)$，根据拉格朗日定理

$$\frac{\ln b-\ln a}{b-a}=(\ln x)'|_{x=\xi}=\frac{1}{\xi}\quad a<\xi<b$$

因此 $\frac{1}{\xi}>\frac{1}{b}>\frac{2a}{a^2+b^2}$（注意 $a^2+b^2>2ab$）.

故 $\frac{\ln b-\ln a}{b-a}>\frac{2a}{a^2+b^2}$.

再证右边不等式. 设 $\varphi(x)=\frac{x-a}{\sqrt{ax}}-\ln x+\ln a(x>a>0)$，则 $\varphi(a)=0$，且

$$\varphi'(x)=\frac{1}{\sqrt{a}}\left(\frac{1}{2\sqrt{x}}+\frac{a}{2x\sqrt{x}}\right)-\frac{1}{x}=\frac{(\sqrt{x}-\sqrt{a})^2}{2x\sqrt{ax}}>0$$

于是 $\varphi'(x)>0$，知 $\varphi(x)$ 单增，从而，当 $x>a>0$ 时 $\varphi(x)>\varphi(0)=0$.

特别地令 $x=b$，则有 $\varphi(b)>0$，即 $\frac{\ln b-\ln a}{b-a}<\frac{1}{\sqrt{ab}}$.

题 14 (1992①②)设 $f''(x)<0,f(0)=0$，证明：对任何 $x_1>0,x_2>0$，有
$$f(x_1+x_2)<f(x_1)+f(x_2)$$

证 设 $\varphi(x)=f(x)+f(x_2)-f(x+x_2)$，有 $\varphi(0)=0$.

由 $\varphi'(x)=f'(x)-f'(x+x_2)>0$，知 $\varphi(x)$ 单增.

从而当 $x>0$ 时，$\varphi(x)>\varphi(0)=0$.

式中 $f'(x)-f'(x+x_2)>0$ 成立是因为：$f''(x)<0,f'(x)$ 单调减少.

于是在 $\varphi(x)>0$ 中令 $x=x_1$，即为 $f(x_1+x_2)<f(x_1)+f(x_2)$.

题 15 (1995②)设 $\lim\limits_{x\to 0}\frac{f(x)}{x}=1$ 且 $f''(x)>0$，证明：$f(x)\geqslant x$.

证 由 $f(0)=\lim\limits_{x\to 0}f(x)=\lim\limits_{x\to 0}\frac{f(x)}{x}\cdot x$，有 $f'(0)=\lim\limits_{x\to 0}\frac{f(x)-f(0)}{x-0}=1$.

将 $f(x)$ 在 $x=0$ 处的泰勒展开，即

$$f(x)=f(0)+f'(0)x+\frac{f''(\xi)}{2}x^2=x+\frac{f''(\xi)}{2}x^2\quad \xi\text{ 在 } 0 \text{ 与 } x \text{ 之间}$$

因为 $f''(\xi)>0$，所以 $f(x)\geqslant x$.

题 16 (1990③)设 $f(x)$ 在闭区间 $[0,c]$ 上连续，其导数 $f'(x)$ 在开区间 $(0,c)$ 内存在且单调减少，$f(0)=0$，试应用拉格朗日中值定理证明不等式
$$f(a+b)\leqslant f(a)+f(b)$$
其中常数 a,b 满足条件 $0\leqslant a\leqslant b\leqslant a+b\leqslant c$.

证 当 $a=0$ 时，$f(a)=0$，因此有 $f(a+b)=f(b)=f(a)+f(b)$.

以下设 $a>0$. 对 $f(x)$ 在 $[0,a]$ 和 $[b,a+b]$ 上分别应用拉格朗日中值定理，可有

$$f(a) = f(a) - f(0) = f'(\xi_1)a \qquad 0 < \xi_1 < a$$
$$f(a+b) - f(b) = f'(\xi_2)a \qquad b < \xi_2 < a+b$$

后式减前式,得

$$f(a+b) - f(a) - f(b) = [f'(\xi_2) - f'(\xi_1)]a \leqslant 0$$

上式最后不等式成立是因为由题设 $f'(x)$ 单调减少,于是

$$f(a+b) \leqslant f(a) + f(b)$$

题 17　(1996①)设 $f(x)$ 在 $[0,1]$ 上具有二阶导数,且满足条件 $|f(x)| \leqslant a$,$|f''(x)| \leqslant b$,其中 a,b 都是非负常数,c 是 $(0,1)$ 内任意一点.

(1)写出 $f(x)$ 在点 c 处带拉格朗日型余项的一阶泰勒公式;

(2)证明:$|f'(c)| \leqslant 2a + \dfrac{b}{2}$.

解　(1)$f(x) = f(c) + f'(c)(x-c) + \dfrac{f''(\xi)}{2!}(x-c)^2$,其中 ξ 在 x,c 之间.

(2)由上面一阶泰勒公式,分别令 $x=0$ 和 $x=1$,则有

$$f(0) = f(c) - f'(c)c + \frac{f''(\xi_1)}{2!}c^2 \qquad 0 < \xi_1 < c < 1$$

$$f(1) = f(c) + f'(c)(1-c) + \frac{f''(\xi_2)}{2!}(1-c)^2 \qquad 0 < c < \xi_2 < 1$$

两式相减得

$$f(1) - f(0) = f'(c) + \frac{1}{2!}[f''(\xi_2)(1-c)^2 + f''(\xi_1)c^2]$$

因此

$$|f'(c)| \leqslant |f(1)| + |f(0)| + \frac{1}{2}|f''(\xi_2)|(1-c)^2 + \frac{1}{2}|f''(\xi_1)|c^2$$

$$\leqslant a + a + \frac{b}{2}[(1-c)^2 + c^2]$$

又因 $c \in (0,1)$,有 $(1-c)^2 + c^2 \leqslant 1$,故 $|f'(c)| \leqslant 2a + \dfrac{b}{2}$.

6.函数极(最)值问题

题 1　(2003④)设 $a > 1$,又函数 $f(t) = a^t - at$ 在 $(-\infty, +\infty)$ 内的驻点为 $t(a)$.问:a 为何值时,$t(a)$ 最小?并求出最小值.

解　由 $f'(t) = a^t \ln a - a = 0$,得唯一驻点 $t(a) = 1 - \dfrac{\ln(\ln a)}{\ln a}$.

考察函数 $t(a) = 1 - \dfrac{\ln(\ln a)}{\ln a}$ 在 $a > 1$ 时的可能最小值,令

$$t'(a) = \frac{\dfrac{1}{a} - \dfrac{1}{a}\ln(\ln a)}{(\ln a)^2} = \frac{1 - \ln(\ln a)}{a(\ln a)^2} = 0$$

得唯一驻点 $a = e^e$.

当 $a > e^e$ 时,$t'(a) > 0$,t 单增;当 $a < e^e$ 时,$t'(a) < 0$,t 单减.

因此 $t(e^e) = 1 - \dfrac{1}{e}$ 为极小值,从而是最小值.

题 2　(1996②)设函数 $y = y(x)$ 由方程 $2y^3 - 2y^2 + 2xy - x^2 = 1$ 所确定,试求 $y = y(x)$ 的驻点,并判别它是否为极值点.

解　对方程两边求导,可得

$$3y^2y'-2yy'+xy'+y-x=0 \tag{*}$$

令 $y'=0$，解得 $y=x$.

将此代入原方程有 $2x^3-x^2-1=0$，由此可得唯一驻点 $x=1$.

再对式(*)边求导，得

$$(3y^2-2y+x)y''+2(3y-1)y'^2+2y'-1=0$$

因此 $y''(1)=\frac{1}{2}>0$，故 $x=1$ 是 $y=y(x)$ 的极小值点.

题3（1987②）(1)证明：若 $f(x)$ 在 (a,b) 内可导，且导数 $f'(x)$ 恒大于零，则 $f(x)$ 在 (a,b) 内单调增加.

(2)证明：若 $g(x)$ 在 $x=c$ 处二阶导数存在，且 $g'(c)=0$，$g''(c)<0$，则 $g(c)$ 为 $g(x)$ 的一个极大值.

证（1）在 (a,b) 内任取两个不同点 x_1,x_2，根据拉格朗日公式，有

$$f(x_2)-f(x_1)=f'(\xi)(x_2-x_1) \quad \xi \text{在} x_1 \text{与} x_2 \text{之间}$$

因为 $f'(\xi)>0$，所以当 $x_2>x_1$ 时 $f(x_2)>f(x_1)$，即 $f(x)$ 单调增加.

（2）因为 $g''(c)=\lim\limits_{x\to c}\frac{g'(x)}{x-c}<0$，故由极限的保号性，在 c 的去心邻域内 $\frac{g'(x)}{x-c}<0$. 当 $x<c$ 时，$g'(x)<0$；当 $x>c$ 时，$g'(x)<0$. 故 $g(c)$ 为极大值.

题4（1988②④）将长为 a 的铁丝切成两段. 一段围成正方形，另一段围成圆形，问这两段铁丝各长为多少时，正方形与圆形的面积之和为最小.

解 设圆的周长为 x，则正方形的周长为 $a-x$，两图形的面积之和

$$S=\left(\frac{a-x}{4}\right)^2+\pi\left(\frac{x}{2\pi}\right)^2=\frac{4+\pi}{16\pi}x^2-\frac{a}{8}x+\frac{a^2}{16}$$

由 $S'=\frac{4+\pi}{8\pi}x-\frac{a}{8}$ 及 $S''=\frac{4+\pi}{8\pi}>0$，令 $S'=0$，解得唯一驻点 $x=\frac{\pi a}{4+\pi}$.

故当圆的周长 $x=\frac{\pi a}{4+\pi}$，正方形的周长为 $a-x=\frac{4a}{4+\pi}$ 时，两图形的面积之和为最小.

题5（1991②）如图14所示，A,D 分别是曲线 $y=e^x$ 和 $y=e^{-2x}$ 上的点，AB 和 DC 均垂直 x 轴，且 $|AB|:|DC|=2:1$，$|AB|<1$. 求点 B 和 C 的横坐标，使梯形 $ABCD$ 的面积最大.

解 设 B,C 的横坐标分别为 ξ,η，则 $|AB|=e^\xi$，$|DC|=e^{-2\eta}$.

于是 $e^\xi:e^{-2\eta}=2:1$，则 $\xi=\ln2-2\eta$.

又 $|BC|=\eta-\xi=3\eta-\ln2$，$\eta>0$.

梯形 $ABCD$ 的面积

$$S=\frac{1}{2}|BC|(|AB|+|DC|)=\frac{3}{2}(3\eta-\ln2)e^{-2\eta}$$

由 $S'=\frac{3}{2}(3-6\eta+2\ln2)e^{-2\eta}=0$，解得驻点 $\eta=\frac{1}{2}+\frac{1}{3}\ln2$.

在驻点的左、右邻域内 S' 由正变负，该驻点为最大点.

故 当 $\eta=\frac{1}{2}+\frac{1}{3}\ln2$，$\xi=\frac{1}{3}\ln2-1$ 时，梯形面积最大.

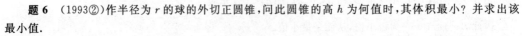
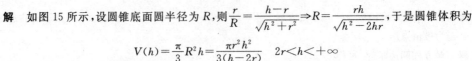

图14

题6（1993②）作半径为 r 的球的外切正圆锥，问此圆锥的高 h 为何值时，其体积最小？并求出该最小值.

解 如图15所示，设圆锥底面圆半径为 R，则 $\frac{r}{R}=\frac{h-r}{\sqrt{h^2+r^2}}\Rightarrow R=\frac{rh}{\sqrt{h^2-2hr}}$，于是圆锥体积为

$$V(h)=\frac{\pi}{3}R^2h=\frac{\pi r^2h^2}{3(h-2r)} \quad 2r<h<+\infty$$

令 $V'(h)=\dfrac{\pi r^2(h^2-4rh)}{3(h-2r)^2}=0$，解得在 $(2r,+\infty)$ 内的唯一驻点 $h=4r$.

在驻点的左、右邻域内 $V'(h)$ 由负变正，故 $V(h)$ 取得最小值

$$V(4r)=\frac{8\pi r^3}{3}$$

题 7 （1990②）在椭圆 $\dfrac{x^2}{a^2}+\dfrac{y^2}{b^2}=1$ 的第一象限部分上求一点 P，使该点处的切线、椭圆及两坐标轴所围图形的面积为最小（其中 $a>0,b>0$）.

解 设所求点为 $P(\xi,\eta)$，则椭圆在点 P 处的切线方程为 $\dfrac{\xi x}{a^2}+\dfrac{\eta y}{b^2}=1$.

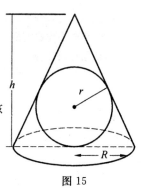

图 15

在 Ox 轴和 Oy 轴上截距分别为 $\dfrac{a^2}{\xi}$ 和 $\dfrac{b^2}{\eta}$，于是所围图形面积

$$S=\frac{a^2b^2}{2\xi\eta}-\frac{1}{4}\pi ab \qquad \xi\in(0,a)$$

为求 S 的最小值，只需求 $\zeta=\xi\eta=\dfrac{b}{a}\xi\sqrt{a^2-\xi^2}$ 的最大值.

令 $\dfrac{\mathrm{d}\zeta}{\mathrm{d}\xi}=\dfrac{b(a^2-2\xi^2)}{a\sqrt{a^2-\xi^2}}=0$，解得唯一驻点 $\xi=\dfrac{a}{\sqrt{2}}$.

由于 $\dfrac{\mathrm{d}\zeta}{\mathrm{d}\xi}$ 在 $\xi=\dfrac{a}{\sqrt{2}}$ 的左、右邻域内由正变负，$\xi=\dfrac{a}{\sqrt{2}}$ 为最大值点，此时 $\eta=\dfrac{b}{\sqrt{2}}$.

故所求点 $P\left(\dfrac{a}{\sqrt{2}},\dfrac{b}{\sqrt{2}}\right)$ 时，所围成图形面积最小.

7. 在经济中的应用

微积分在经济上的应用考题，系全国硕士生招生入学统一考试试题中出现的一类题型，它们与经济生活有密切的联系，经济学模型、概率知识渗入其中，然而就其本身的数学含义并不深奥. 请看下面例题.

题 1 （1997③）一商家销售某种商品的价格满足关系 $p=7x-0.2x^2$（万元/吨），x 为销售量（单位：吨），商品的成本函数是 $C=3x+1$（万元）.（1）若每销售一吨商品，政府要征税 t（万元），求该商家获最大利润时的销售量；（2）t 为何值时，政府税收总额最大.

解 （1）总税额 $T=tx$，利润函数

$$L=p-C-T=-0.2x^2+(4-t)x-1$$

令 $L'=-0.4x+4-t=0$，解得唯一驻点 $x=\dfrac{5}{2}(4-t)$.

因为 $L''=-0.4<0$，所以 $x=\dfrac{5}{2}(4-t)$ 为利润最大时的销售量.

（2）将 $x=\dfrac{5}{2}(4-t)$ 代入 $T=tx$，得 $T=10t-\dfrac{5}{2}t^2$.

令 $T'=10-5t=0$，解得唯一驻点 $t=2$.

因为 $T''=-5<0$，所以当 $t=2$ 时，T 有最大值，此时，政府税收总额最大.

题 2 （1993④）已知某厂生产 x 件产品的成本 $C=25\,000+200x+\dfrac{1}{40}x^2$（元），问：（1）要使平均成本最小，应生产多少件产品？（2）若产品以每件 500 元售出，要使利润最大，应生产多少件产品？

解 （1）设平均成本为 y，则 $y=\dfrac{25\,000}{x}+200+\dfrac{x}{40}$.

令 $y'=-\dfrac{25\,000}{x^2}+\dfrac{1}{40}=0$，解得 $x_1=1\,000,x_2=-1\,000$（舍去）.

因为 $y''|_{x=1\,000}=5\times10^{-5}>0$,所以当 $x=1\,000$ 时,y 取得极小值即最小值.

因此,要使平均成本最小,应生产 1 000 件产品.

(2)依题意,利润函数

$$L=500x-\left(25\,000+200x+\frac{x^2}{40}\right)=300x-\frac{x^2}{40}-25\,000$$

由 $L'=300-\dfrac{x}{20}=0$, 得 $x=6\,000$. 又因 $L''|_{x=6\,000}=-\dfrac{1}{20}<0$,所以当 $x=6\,000$ 时,L 取得极大即最大值. 因此,要使利润最大,应生产 6 000 件产品.

题3 (1997④)假设某种商品的需求量 Q 是单价 P(单位:元)的函数:$Q=12\,000-80P$;商品的总成本 C 是需求量 Q 的函数:$C=25\,000+50Q$,每单位商品需纳税 2 元,试求使销售利润最大的商品单价和最大利润额.

解 依题意总成本为

$$C=25\,000+50Q=25\,000+50(12\,000-80P)=625\,000-4\,000P$$

销售利润额为

$$L=(P-2)Q-C=-80P^2+16\,160P-649\,000$$

令 $L'=-160P+16\,160=0$,解得唯一驻点 $P=101$.

因为 $L''|_{P=101}=-160<0$,所以当 $P=101$ 时,L 有最大值.

即最大利润额 $L_{max}=L|_{P=101}=167\,080$(元).

题4 (1996③④)设某种商品的单价为 P 时,售出的商品数量 Q 可以表示成 $Q=\dfrac{a}{P+b}-c$,其中 a,b,c 均为正数,且 $a>bc$.(1)求 P 在何范围变化时,使相应销售额增加或减少;(2)要使销售额最大,商品单价 P 应取何值? 最大销售额是多少?

解 (1)依题意商品的销售额 $R=PQ=P\left(\dfrac{a}{P+b}-c\right)$.

令 $R'=\dfrac{ab-c(P+b)^2}{(P+b)^2}=0$, 得 $P_0=\sqrt{\dfrac{ab}{c}}-b=\sqrt{\dfrac{b}{c}}(\sqrt{a}-\sqrt{bc})>0$.

当 $0<P<P_0$ 时,$R'>0$ 知 R 单增,从而当单价增加时销售额增加.

当 $P>P_0$ 时,$R'<0$ 知 R 单减,从而当单价增加时销售额减少.

(2)由(1)看到,当 P 增加且经过 P_0 时 R' 由正变负.

因此当 $P=\sqrt{\dfrac{b}{c}}(\sqrt{a}-\sqrt{bc})$ 时,销售额 R 取得最大值,最大销售额

$$R_{max}=\left(\sqrt{\dfrac{ab}{c}}-b\right)\left[\dfrac{a}{\sqrt{\dfrac{ab}{c}}}-c\right]=(\sqrt{a}-\sqrt{bc})^2$$

题5 (2004③④)设某商品的需求函数 $Q=100-5P$,其中价格 $P\in(0,20)$,Q 为需求量.(1)求需求量对价格的弹性 $E_d(E_d>0)$;(2)推导 $\dfrac{dR}{dP}=Q(1-E_d)$(其中 R 为收益),并用弹性 E_d 说明价格在何范围内变化时,降低价格反而使收益增加.

解 (1)由题设有 $E_d=\left|\dfrac{P}{Q}\dfrac{dQ}{dP}\right|=\dfrac{P}{20-P}$.

(2)由 $R=PQ$,则有

$$\dfrac{dR}{dP}=Q+P\dfrac{dQ}{dP}=Q\left(1+\dfrac{P}{Q}\dfrac{dQ}{dP}\right)=Q(1-E_d)$$

又由 $E_d=\dfrac{P}{20-P}=1$, 解得 $P=10$.

当 $10 < P < 20$ 时，$E_d > 1$，于是 $\dfrac{dR}{dP} < 0$，

故当 $10 < P < 20$ 时，降低价格反而使收益增加.

注　当 $E_d > 0$ 时，需求量对价格的弹性公式为 $E_d = \left| \dfrac{P}{Q}\dfrac{dQ}{dP} \right| = -\dfrac{P}{Q}\dfrac{dQ}{dP}$.

利用需求弹性分析收益的变化的情况有以下 4 个常用的公式

$$dR = (1 - E_d)Q\,dP, \quad \frac{dR}{dP} = (1 - E_d)Q, \quad \frac{dR}{dQ} = \left(1 - \frac{1}{E_d}\right)P$$

$$\frac{ER}{EP} = \frac{P}{R}\frac{dR}{dP} = 1 - E_d\,(\text{收益对价格的弹性})$$

题 6　（2002④）设某商品需求量 Q 是价格 P 的单调减少函数 $Q = Q(P)$，其需求弹性 $\eta = \dfrac{2P^2}{192 - P^2} > 0$.

(1) 设 R 为总收益函数，证明：$\dfrac{dR}{dP} = Q(1 - \eta)$.

(2) 求 $P = 6$ 时，总收益对价格的弹性，并说明其经济意义.

证　(1) 对 $R(P) = PQ(P)$ 的两边关于 P 求导，得

$$\frac{dR}{dP} = Q + P\frac{dQ}{dP} = Q\left(1 + \frac{P}{Q}\frac{dQ}{dP}\right) = Q(1 - \eta)$$

(2) 由公式及题设有

$$\frac{ER}{EP} = \frac{P}{R}\frac{dR}{dP} = \frac{P}{PQ}(1 - \eta) = 1 - \eta = 1 - \frac{2P^2}{192 - P^2} = \frac{192 - 3P^2}{192 - P^2}$$

故

$$\left.\frac{ER}{EP}\right|_{P=6} = \frac{192 - 3 \cdot 6^2}{192 - 6^2} = \frac{7}{13} \approx 0.54$$

它的经济意义：当 $P = 6$ 时，若价格上涨 1%，则总收益将增加 0.54%.

题 7　（1987③）已知某商品的需求量 x 对价格 P 的弹性 $\eta = -3P^3$，而市场对该商品的最大需求量为 1（万件）. 求需求函数.

解　需求量 x 对价格 P 的弹性 $\eta = \dfrac{P}{x}\dfrac{dx}{dP}$. 依题意

$$\frac{P}{x}\frac{dx}{dP} = -3P^3 \Rightarrow \frac{dx}{x} = -3P^2\,dP$$

两边积分，得 $\ln x = -P^3 + \ln|C|$，从而 $x = Ce^{-P^3}$.

由题设知 $P = 0$ 时 $x = 1$，从而 $C = 1$. 于是所求的需求函数 $x = e^{-P^3}$.

题 8　（1989④）已知某企业的总收入函数 $R = 26x - 2x^2 - 4x^3$，总成本函数 $C = 8x + x^2$，其中 x 表示产品的产量，求利润函数、边际收入函数、边际成本函数，以及企业获得最大利润时的产量和最大利润.

解　利润函数 $L = R - C = 18x - 3x^2 - 4x^3$.

边际收入函数 $\dfrac{dR}{dx} = 26 - 4x - 12x^2$.

边际成本函数 $\dfrac{dC}{dx} = 8 + 2x$.

由 $\dfrac{dL}{dx} = 18 - 6x - 12x^2 = 0$，得 $x = 1$，$x = -1.5$（舍去）.

又 $\left.\dfrac{d^2L}{dx^2}\right|_{x=1} = (-6 - 24x)|_{x=1} = -30 < 0$，知当 $x = 1$ 时 L 取极大值，其值为

$$L|_{x=1} = (18x - 3x^2 - 4x^3)|_{x=1} = 11$$

因为 $x > 0$ 时，$L(x)$ 只有一个极大值，故此极大值就是最大值.

于是,当产量为 1 时利润最大,最大利润为 11.

题 9 (1987④)设某产品的成本函数 $C(x)=400+3x+\dfrac{1}{2}x^2$,而需求函数 $P=\dfrac{100}{\sqrt{x}}$,其中 x 为产量(假定等于需求量),P 为价格.试求:(1)边际成本;(2)边际收益;(3)边际利润;(4)收益的价格弹性.

解 (1)边际成本函数 $\dfrac{\mathrm{d}C(x)}{\mathrm{d}x}=3+x$.

(2)因收益 $R=Px=100\sqrt{x}$,故边际收益函数 $\dfrac{\mathrm{d}R(x)}{\mathrm{d}x}=\dfrac{50}{\sqrt{x}}$.

(3)因利益 $=R-C$,故边际利润为 $\dfrac{\mathrm{d}(R-C)}{\mathrm{d}x}=\dfrac{50}{\sqrt{x}}-3-x$.

(4)因收益 $R=Px$,而 $P=\dfrac{100}{\sqrt{x}}$ 知 $x=\dfrac{100^2}{P^2}$,故 $R=\dfrac{100^2}{P}$.

收益对价格的弹性为 $\dfrac{P}{R}\cdot\dfrac{\mathrm{d}R}{\mathrm{d}P}=\left(\dfrac{P}{100}\right)^2\left(-\dfrac{100^2}{P^2}\right)=-1$.

题 10 (1993③)设某产品的成本函数 $C=aq^2+bq+c$,需求函数 $q=\dfrac{1}{e}(d-P)$,其中 C 为成本,q 为需求量(即产量),P 为单位价格,a,b,c,d,e 都是正的常数,且 $d>b$ 求:

(1)利润最大时的产量及最大利润;

(2)需求对价格的弹性;

(3)需求对价格弹性的绝对值为 1 时的产量.

解 (1)由需求函数表达式解出 $P=d-eq$,代入利润函数中,有
$$L=Pq-C=(d-eq)q-(aq^2+bq+c)=(d-b)q-(e+a)q^2-c$$

令 $\dfrac{\mathrm{d}L}{\mathrm{d}q}=(d-b)-2(e+a)q=0$,解得 $q=\dfrac{d-b}{2(e+a)}$.

因为 $\dfrac{\mathrm{d}^2L}{\mathrm{d}q^2}=-2(e+a)<0$,所以当 $q=\dfrac{d-b}{2(e+a)}$ 时,利润最大,最大值
$$L_{\max}=\dfrac{(d-b)^2}{4(e+a)}-c$$

(2)根据弹性公式,有
$$\eta=-\dfrac{P}{q}\dfrac{\mathrm{d}q}{\mathrm{d}P}=-\dfrac{d-eq}{q}\left(-\dfrac{1}{e}\right)=\dfrac{d-eq}{eq}$$

(3)由 $|\eta|=1$,得 $q=\dfrac{d}{2e}$.

题 11 (1988③)已知某商品的需求量 D 和供给量 S 都是价格 P 的函数
$$D=D(P)=\dfrac{a}{P^2},S=S(P)=bP$$

其中 $a>0$ 和 $b>0$ 为常数;价格 P 是时间 t 的函数且满足方程
$$\dfrac{\mathrm{d}P}{\mathrm{d}t}=k[D(P)-S(P)]\quad k \text{ 为正的常数}$$

假设当 $t=0$ 时价格为 1,试求:

(1)需求量等于供给量的均衡价格 P_e;

(2)价格函数 $P(t)$;

(3)极限 $\lim\limits_{t\to\infty}P(t)$.

解 (1)当需求量 $D(P)$ 等于供给量 $S(P)$ 时,有 $\dfrac{a}{P^2}=bP$,由此得均衡价格

$$P_e = \sqrt[3]{\frac{a}{b}}$$

(2)把 $D(P) = \dfrac{a}{P^2}$，$S(P) = bP$ 代入 $\dfrac{dP}{dt} = k[D(P) - S(P)]$ 中，得 $\dfrac{dP}{dt} = k\left[\dfrac{a}{P^2} - bP\right]$，故

$$\int \frac{P^2\, dP}{a - bP^3} = \int k\, dt$$

即

$$-\frac{1}{3b}\ln|a - bP^3| = kt + C$$

解得

$$P^3 = \frac{a}{b} - \frac{C_1}{b}e^{-3kbt} \qquad \text{其中 } C_1 = \pm e^{-3bC}$$

将初始条件 $P(0) = 1$ 代入上式，解得 $C_1 = a - b$. 因此得到价格函数

$$P = \left[\frac{a}{b} + \left(\frac{a}{b} - 1\right)e^{-3kbt}\right]^{\frac{1}{3}} \quad \text{或} \quad P = [P_e^3 + (1 - P_e^3)e^{-3kbt}]^{\frac{1}{3}}$$

(3)由上有 $\lim\limits_{t \to \infty} P(t) = \lim\limits_{t \to \infty}[P_e^3 + (1 - P_e^3)e^{-3kbt}]^{\frac{1}{3}} = P_e$.

题 12　(1995③④)设某产品的需求函数 $Q = Q(P)$，收益函数 $R = PQ$，其中 P 为产品价格，Q 为需求量(产品的产量)，$Q(P)$ 是单调减函数. 如果当价格为 P_0，对应产量为 Q_0 时，边际收益 $\dfrac{dR}{dQ}\Big|_{Q=Q_0} = a > 0$，收益对价格的边际效应 $\dfrac{dR}{dP}\Big|_{P=P_0} = c < 0$，需求对价格的弹性 $E_P = b > 1$，求 P_0 和 Q_0.

解　收益 $R = PQ$ 对 Q 求导，有

$$\frac{dR}{dQ} = P + Q\frac{dP}{dQ} = P + \left(-\frac{Q}{P}\frac{dP}{dQ}\right)(-P) = P\left(1 - \frac{1}{E_P}\right)$$

由

$$\frac{dR}{dQ}\Big|_{Q=Q_0} = P_0\left(1 - \frac{1}{b}\right) = a \Rightarrow P_0 = \frac{ab}{b-1}$$

收益 $R = PQ$ 对 P 求导，有

$$\frac{dR}{dP} = Q + P\frac{dQ}{dP} = Q + \left(-\frac{P}{Q}\frac{dQ}{dP}\right)(-Q) = Q(1 - E_P)$$

由 $\dfrac{dR}{dQ}\Big|_{P=P_0} = Q_0(1 - E_P) = c$，得 $Q_0 = \dfrac{c}{1-b}$.

注　由题设 $E_P = b > 1$ 和 $Q(P)$ 为单调减函数知，$E_P = -\dfrac{P}{Q}\dfrac{dQ}{dP}$.

题 13　(1989③)设某厂家打算生产一批商品投放市场，已知该商品的需求函数 $P = P(x) = 10e^{-\frac{x}{2}}$，且最大需求量为 6，其中 x 表示需求量，P 表示价格.

(1)求该商品的收益函数和边际收益函数；

(2)求使收益最大时的产量、最大收益和相应的价格；

(3)画出收益函数的图象.

解　(1)依题设收益函数为

$$R(x) = Px = 10xe^{-\frac{x}{2}} \qquad 0 \leqslant x \leqslant 6$$

则边际收益函数为 $\dfrac{dR}{dx} = 5(2-x)e^{-\frac{x}{2}}$.

(2)由 $R' = 5(2-x)e^{-\frac{x}{2}} = 0$，得驻点 $x_0 = 2$. 又由于

$$R''\Big|_{x=2} = \frac{5}{2}(x-4)e^{-\frac{x}{2}}\Big|_{x=2} = -5e^{-1} < 0$$

故知当产量为 2 时，收益最大，其最大值为

$$R(2) = 10xe^{-\frac{x}{2}}\Big|_{x=2} = 20e^{-1}$$

此时相应的价格为 $10e^{-1}$.

(3)为了画出收益函数图象,先列表如下:

x	$[0,2)$	2	$(2,4)$	4	$(4,6]$
R'	$+$	0	$-$		$-$
R''	$-$	$-$	$-$	0	$+$
R	↗	极大值$\left(\dfrac{20}{e}\right)$	↘	拐点$\left(40,\dfrac{40}{e^2}\right)$	↘

根据此表,可知收益函数的图象大致如图 16 所示.

题 14 (1992④)设生产某产品的固定成本为 10,而产量为 x 的边际成本函数 $MC = 40 - 20x + 3x^2$,边际收益函数为 $MR = 32 - 10x$.试求:

(1)总利润函数;

(2)使总利润最大的产量.

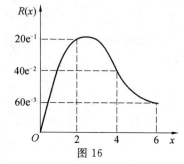

图 16

解 (1)依题意,$\dfrac{dC}{dx} = 40 - 20x + 3x^2$,$\dfrac{dR}{dx} = 32 - 10x$,对第一式积分,得

$$C(x) = \int(40 - 20x + 3x^2)dx = 40x - 10x^2 + x^3 + C_1$$

因为固定成本为 10,即 $C(0) = 10$,代入上式定出 $C_1 = 10$.故得总成本函数为

$$C(x) = 10 + 40x - 10x^2 + x^3$$

对前面第二式 $\dfrac{dR}{dx} = 32 - 10x$ 两边积分,得

$$R(x) = \int(32 - 10x)dx = 32x - 5x^2 + C_2$$

因为 $R(0) = 0$,代入上式,定出 $C_2 = 0$.故得总收入函数为

$$R(x) = 32x - 5x^2$$

最后得总利润函数 $L(x) = R(x) - C(x) = -10 - 8x + 5x^2 - x^3$.

(2)由 $L'(x) = -8 + 10x - 3x^2$ 及 $L''(x) = 10 - 6x$,令 $L'(x) = 0$,得驻点 $x_1 = \dfrac{4}{3}$,$x_2 = 2$.或由 $MC = MR$,即 $C'(x) = R'(x)$,解得 $x_1 = \dfrac{4}{3}$,$x_2 = 2$.

由于 $L''\left(\dfrac{4}{3}\right) = 2 > 0$,表明 $L\left(\dfrac{4}{3}\right)$ 为 $L(x)$ 的极小值,舍去.

由于 $L''(2) = -2 < 0$,表明 $L(2)$ 为 $L(x)$ 的极大值,即最大值.

故当产量为 2 时总利润最大.

题 15 (2001④)某商品进价为 a(元/件),根据以往经验,当销售价为 b(元/件)时,销售量为 c 件(a,b,c 均为正常数,且 $b \geqslant \dfrac{4}{3}a$).市场调查表明,销售价每下降 10%,销售量可增加 40%.现决定一次性降价,试问:当销售价定为多少时,可获得最大利润?并求出最大利润.

解 根据所求,关键是要建立利润 L 与销售价 P 之间的函数关系.

设销售量为 q,则三者之间的关系为 $L = (P - a)q$.

下面来建立销售量 q 与销售价 P 之间的函数关系.

因 $\dfrac{b-P}{b}100\%$ 是销售价下降的百分数,$\dfrac{q-c}{c}100\%$ 是销售量增加的百分数,依题意可有

$$\frac{b-P}{b} : 10 = \frac{q-c}{c} : 40 \Rightarrow q = 5c - \frac{4c}{b}P$$

则 $L = (P-a)\left(5c - \frac{4c}{b}P\right) = -\frac{4c}{b}P^2 + \frac{(4a+5b)c}{b}P - 5ac$.

令 $\dfrac{\mathrm{d}L}{\mathrm{d}P} = -\dfrac{8c}{b}P + \dfrac{(4a+5b)c}{b} = 0$，解得唯一驻点 $P_0 = \dfrac{5}{8}b + \dfrac{1}{2}a$.

由于 $\dfrac{\mathrm{d}^2L}{\mathrm{d}P^2} = -\dfrac{8c}{b} < 0$，表明所求得的 P_0 为极大点，也是最大点，代入利润表达式中，得最大利润为

$$L\big|_{P=P_0} = -\frac{4c}{b}\left(\frac{5}{8}b + \frac{1}{2}a\right)^2 + \frac{(4a+5b)c}{b}\left(\frac{5}{8}b + \frac{1}{2}a\right) - 5ac = \frac{c}{16b}(5b-4a)^2 \text{（元）}$$

题 16　(2003④)设某商品从时刻 0 到时刻 t 的销售量为 $x(t) = kt, t \in [0, T]$，并且 $k > 0$. 欲在 T 时将数量为 A 的该商品销售完，试求：

(1)t 时的商品剩余量，并确定 k 的值；

(2)在时间段 $[0, T]$ 上的平均剩余量.

解　在时刻 t 的剩余量 $y(t)$ 可用总量 A 减去销量 $x(t)$ 得到；由于 $y(t)$ 随时间连续变化，因此在时间段 $[0, T]$ 上的平均剩余量，即函数平均值可用积分 $\dfrac{1}{T}\displaystyle\int_0^T y(t)\mathrm{d}t$ 表示.

(1)在时刻 t 商品的剩余量 $y(t) = A - x(t) = A - kt, t \in [0, T]$.

由 $A - kt = 0$，得 $k = \dfrac{A}{T}$，因此 $y(t) = A - \dfrac{A}{T}t, t \in [0, T]$.

(2)依题意，$y(t)$ 在 $[0, T]$ 上的平均值

$$\overline{y} = \frac{1}{T}\int_0^T y(t)\mathrm{d}t = \frac{1}{T}\int_0^T \left(A - \frac{A}{T}t\right)\mathrm{d}t = \frac{A}{2}$$

因此在时间段 $[0, T]$ 上的平均剩余量为 $\dfrac{A}{2}$.

注　记住函数 $f(x)$ 在 $[a, b]$ 上的平均值为 $\dfrac{1}{b-a}\displaystyle\int_a^b f(x)\mathrm{d}x$.

题 17　(1998③④)设某酒厂有一批新酿的好酒，如果现在(假定 $t=0$ 就售出，总收入为 R_0(元). 如果窖藏起来待日后按陈酒价格出售，t 年末总收入为 $R = R_0 \mathrm{e}^{\frac{2}{5}\sqrt{t}}$. 假定银行的年利率为 r，并以连续复利计息，试求窖藏多少年售出可使总收入的现值最大，并求 $r = 0.06$ 时的 t 值.

解　根据连续复利公式，这批酒在窖藏 t 年末售出收入 R 的现值为 $A(t) = R\mathrm{e}^{-rt}$，而 $R = R_0 \mathrm{e}^{\frac{2}{5}\sqrt{t}}$，所以，$A(t) = R_0 \mathrm{e}^{\frac{2}{5}\sqrt{t}-rt}$.

令 $\dfrac{\mathrm{d}A}{\mathrm{d}t} = R_0 \mathrm{e}^{\frac{2}{5}\sqrt{t}-rt}\left(\dfrac{1}{5\sqrt{t}} - r\right) = 0$，得唯一驻点 $t_0 = \dfrac{1}{25r^2}$.

由 $\dfrac{\mathrm{d}^2A}{\mathrm{d}t^2} = R_0 \mathrm{e}^{\frac{2}{5}\sqrt{t}-rt}\left[\left(\dfrac{1}{5\sqrt{t}} - r\right)^2 - \dfrac{1}{10\sqrt{t^3}}\right]$，则 $\dfrac{\mathrm{d}^2A}{\mathrm{d}t^2}\bigg|_{t=t_0} = R\mathrm{e}^{\frac{1}{25r}}(-12.5r^3) < 0$.

于是 $t_0 = \dfrac{1}{25r^2}$ 是极大值点，即最大值点.

故窖藏 $t = \dfrac{1}{25r^2}$(年)售出，总收入的现值最大.

又当 $r = 0.06$ 时，$t = \dfrac{100}{9} \approx 11$(年).

8. 杂例

下面的例子是利用"若 $f'(x) \equiv 0$，则 $f(x) \equiv c$(常数)"证明三角函数等式的问题.

题 1　(1992③)求证：当 $x \geqslant 1$ 时，$\arctan x - \dfrac{1}{2}\arccos\dfrac{2x}{1+x^2} = \dfrac{\pi}{4}$.

证　令 $f(x)=\arctan x-\dfrac{1}{2}\arccos\dfrac{2x}{1+x^2}-\dfrac{\pi}{4}$，将其两边对 x 求导得

$$f'(x)=\frac{1}{1+x^2}+\frac{1}{2}\cdot\frac{1+x^2}{x^2-1}\cdot\frac{2(1-x^2)}{(1+x^2)^2}=0 \quad x>1$$

上式表明 $f(x)$ 在 $x\geqslant 1$ 上恒为常数，即

$$\arctan x-\frac{1}{2}\arccos\frac{2x}{1+x^2}-\frac{\pi}{4}=C \quad C\ \text{为常数}$$

令 $x=1$，解 $C=0$. 故原式得证.

接下来的例子是函数几何问题与极限的结合.

题 2　(1999③④)曲线 $y=\dfrac{1}{\sqrt{x}}$ 的切线与 Ox 轴和 Oy 轴围成一个图形，记切点的横坐标为 α，试求切线方程和这个图形的面积，以及当切点沿曲线趋于无穷远时，该面积的变化趋势如何?

解　由 $y=\dfrac{1}{\sqrt{x}}$，得 $y'=-\dfrac{1}{2}x^{-\frac{3}{2}}$，则切点 $P\left(\alpha,\dfrac{1}{\sqrt{\alpha}}\right)$ 处的切线方程为

$$y-\frac{1}{\sqrt{\alpha}}=-\frac{1}{2\sqrt{\alpha^3}}(x-\alpha)$$

切线与 Ox 轴和 Oy 轴的交点分别为 $Q(3\alpha,0)$ 和 $R\left(0,\dfrac{3}{2\sqrt{\alpha^3}}\right)$.

于是 $\triangle ORQ$ 的面积 $S=\dfrac{1}{2}\cdot 3\alpha\cdot\dfrac{3}{2\sqrt{\alpha^3}}=\dfrac{9}{4\sqrt{\alpha}}$.

当切点按 Ox 轴正方向趋于无穷远时，有 $\lim\limits_{\alpha\to+\infty}S=0$.

当切点按 Oy 轴正方向趋于无穷远时，有 $\lim\limits_{\alpha\to 0^+}S=+\infty$.

国内外大学数学竞赛题赏析

1. 函数导数

涉及函数导数的竞赛题不多，如果它们出现，也多以综合问题形式出现. 这里仅举几例说明.

例 1　设当 $0\leqslant x<1$ 时，$f(x)=x(1-x^2)$，且 $f(x+1)=af(x)$，试确定常数 a 的值，使 $f(x)$ 在 $x=0$ 点处可导，并求此导数. (天津市大学生数学竞赛,2007)

解　首先写出 $f(x)$ 在 $x<0$ 附近的表达式：当 $-1\leqslant x<0$ 时，$0\leqslant x+1<1$. 由 $f(x+1)=af(x)$ 知

$$f(x)=\frac{1}{a}f(x+1)=\frac{1}{a}(x+1)[1-(x+1)^2]=-\frac{1}{a}x(x+1)(x+2)$$

故

$$f(x)=\begin{cases}-\dfrac{1}{a}x(x+1)(x+2), & -1\leqslant x<0\\[2mm] x(1-x)(1+x), & 0\leqslant x<1\end{cases}$$

显然，$f(x)$ 在点 $x=0$ 处连续，且

$$f(0)=0$$

$$f'_-(0)=\lim_{x\to 0^-}\frac{-\dfrac{1}{a}x(x+1)(x+2)-0}{x}=-\frac{2}{a}$$

$$f'_+(0)=\lim_{x\to 0^+}\frac{x(1-x)(1+x)-0}{x}=1$$

因 $f(x)$ 在 $x=0$ 点处可导的充要条件为：$f'_-(0)=f'_+(0)$，即 $-\dfrac{2}{a}=1$，故 $a=-2$，且 $f'(0)=1$.

例 2　给定正整数 k,函数 $1/(x^k-1)$ 的 n 阶导数有形式 $P_n(x)/(x^k-1)^{n+1}$,其中 $P_n(x)$ 是一个多项式. 求 $P_n(1)$. (美国 Putnam Exam,2002)

解　由题设对 $P_n(x)/(x^k-1)^{n+1}$ 求导数可给出关系式

$$P_{n+1}(x)=(x^k-1)P'_n(x)-(n+1)kx^{k-1}P_n(x)$$

这样 $P_{n+1}(1)=-k(n+1)P_n(1)$. 因为 $P_0(1)=1$,因而由归纳法得 $P_n(1)=(-k)^n n!$.

例 3　若设 $f(x)=(x-1)(x+2)(x-3)(x+4)\cdots(x-99)(x+100)$,试求 $f'(1)$. (北京市大学生数学竞赛,1994)

解　由题设有

$$f'(x)=(x-1)'\big[(x+2)(x-3)\cdots(x+100)\big]+$$
$$(x-1)\big[(x+2)(x-3)(x+4)\cdots(x+100)\big]'$$

故

$$f'(1)=3\times(-2)\times5\times(-4)\times\cdots\times99\times(-98)\times101$$
$$=(-1)^{49}\times2\times3\times4\times5\times\cdots\times98\times99\times101$$
$$=(-1)^{49}\frac{101!}{100}$$

例 4　若 $f(x)=\sqrt[4]{x\sqrt[3]{\mathrm{e}^x\sqrt{\sin\frac{1}{x}}}}$,求 $f'(x)$. (北京市大学生数学竞赛,1995)

解　先取对数有 $\ln f(x)=\frac{1}{4}\ln x+\frac{1}{12}x+\frac{1}{24}\ln\left(\sin\frac{1}{x}\right)$.

由 $\big[\ln f(x)\big]'=\dfrac{f'(x)}{f(x)}$, 故

$$f'(x)=f(x)\big[\ln f(x)\big]'=\sqrt[4]{x\sqrt[3]{\mathrm{e}^x\sqrt{\sin\frac{1}{x}}}}\left(\frac{1}{4x}+\frac{1}{12}-\frac{1}{24x^2}\cot\frac{1}{x}\right)$$

或

$$f'(x)=\frac{1}{4}x^{\frac{1}{4}}\mathrm{e}^{\frac{x}{12}}\left(\sin\frac{1}{x}\right)^{\frac{1}{24}}\left(\frac{1}{x}+\frac{1}{3}-\frac{1}{6x^2}\cot\frac{1}{x}\right)$$

下面是一则求函数高阶导数的例子.

例 5　设 $f(x)=\arctan\dfrac{1-x}{1+x}$,求 $f^{(5)}(0)$. (天津市大学生数学竞赛,2010)

解　由题设有 $f'(x)=-\dfrac{1}{1+x^2}$,即

$$(1+x^2)f'(x)=-1 \tag{*}$$

等式 (*) 两边再对 x 求 2 阶导数得

$$(1+x^2)f'''(x)+4xf''(x)+2f'(x)=0$$

令 $x=0$,得 $f'''(0)=2$.

等式 (*) 两边对 x 求 4 阶导数得

$$(1+x^2)f^{(5)}(x)+8xf^{(4)}(x)+12f'''(x)=0$$

令 $x=0$,得 $f^{(5)}(0)=-12f'''(0)=-24$.

例 6　若 $f(x)=\displaystyle\int_0^x\left[1+\frac{x-t}{1!}+\frac{(x-t)^2}{2!}+\cdots+\frac{(x-t)^{n-1}}{(n-1)!}\right]\mathrm{e}^{nt}\,\mathrm{d}t$,求 $f^{(n)}(x)$. (美国 Putnam Exam,1941)

解　设 $\varphi_k(x)=\displaystyle\int_0^x\frac{(x-t)^k}{k!}\mathrm{e}^{nt}\,\mathrm{d}t$,则当 $k>0$ 时

$$\varphi'_k(x)=\int_0^x\frac{(x-t)^{k-1}}{(k-1)!}\mathrm{e}^{nt}\,\mathrm{d}t=\varphi_{k-1}(x)$$

且
$$\varphi_0(x) = \int_0^x e^{nt}\,dt = \frac{1}{n}e^{nt}\Big|_0^x = \frac{1}{n}(e^{nt}-1)$$

对 $n>k$ 时,有 $\varphi_k^{(n)}(x) = \varphi_0^{n-k}(x) = n^{n-k-1}e^{nx}$,故

$$f^{(n)}(x) = \Big[\sum_{k=0}^{n-1}\varphi_k(x)\Big]^{(n)} = \Big(\sum_{k=1}^n n^{n-k}\Big)e^{nx} = \begin{cases} \dfrac{n^2-1}{n-1}e^{nx}, & n\neq 1 \\ e^x, & n=1 \end{cases}$$

注 本题曾为清华大学 1985 年数学竞赛试题.

例 7 找出所有的可微函数 $f:(0,+\infty)\to(0,+\infty)$,它们满足:存在一个正实数 a,使得对于所有的 $x>0$,有 $f'\left(\dfrac{a}{x}\right) = \dfrac{x}{f(x)}$. (美国 Putnam Exam,2004)

解 对于 $x\in(0,+\infty)$ 定义 $g(x) = f(x)f\left(\dfrac{a}{x}\right)$. 我们断言,$g$ 是一个常值函数.事实上,在给定的条件下对 x 作代换 $\dfrac{a}{x}$ 导致 $x>0$ 时 $f\left(\dfrac{a}{x}\right)f'(x) = \dfrac{a}{x}$,因而

$$g'(x) = f'(x)f\left(\frac{a}{x}\right) + f(x)f'\left(\frac{a}{x}\right)\left(-\frac{a}{x^2}\right) = \frac{a}{x} - \frac{a}{x} = 0$$

这保证了 g 是某个正常数 b.

从原来要求 f 满足的条件我们可以写为

$$b = g(x) = f(x)f\left(\frac{a}{x}\right) = f(x)\left(\frac{a}{x}\cdot\frac{1}{f'(x)}\right)$$

从而

$$\frac{f'(x)}{f(x)} = \frac{a}{bx}$$

对上式两边积分,我们得到 $\ln f(x) = \left(\dfrac{a}{b}\right)\ln x + \ln c$,其中 $c>0$ 为常数.

由此即得,对 $x>0$ 有 $f(x) = cx^{\frac{a}{b}}$. 代换回原来的条件中,得到

$$c\cdot\frac{a}{b}\cdot\frac{a^{\frac{a}{b}-1}}{x^{\frac{a}{b}-1}} = \frac{x}{cx^{\frac{a}{b}}}$$

即

$$c^2 a^{\frac{a}{b}} = b$$

消去 c 后我们得到一族解 $f_b(x) = \sqrt{b}\left(\dfrac{x}{\sqrt{a}}\right)^{\frac{a}{b}}$ $(b>0)$.

例 8 是否存在 $\mathbf{R}^1$ 中的可微函数 $f(x)$ 使得
$$f(f(x)) = 1 + x^2 + x^4 - x^3 - x^5$$

若存在,请给出一个例子;若不存在,请给出证明. (全国大学生数学竞赛,2010)

解 1 不存在.假设存在 $\mathbf{R}^1$ 中的可微函数 $f(x)$ 使得
$$f(f(x)) = 1 + x^2 + x^4 - x^3 - x^5$$

考虑方程 $f(f(x)) = x$,即 $1+x^2+x^4-x^3-x^5 = x$,或 $(x-1)(x^4+x^2+1)=0$. 此方程有唯一实数根 $x=1$,即 $f(f(x))$ 有唯一不动点 $x=1$.

下面证明 $x=1$ 也是 $f(x)$ 的不动点.事实上,令 $f(1)=t$,则 $f(t)=f(f(1))=1$,$f(f(t))=f(1)=t$,因此 $t=1$. 记 $g(x)=f(f(x))$,则一方面
$$[g(x)]' = [f(f(x))]' \Rightarrow g'(1) = (f'(1))^2 \geqslant 0$$

另一方面,$g'(x) = (1+x^2+x^4-x^3-x^5)' = 2x+4x^3-3x^2-5x^4$,则 $g'(1)=-2$,矛盾.

故不存在 $\mathbf{R}^1$ 中的可微函数 $f(x)$ 使得 $f(f(x)) = 1+x^2+x^4-x^3-x^5$.

解 2 满足条件的函数不存在,理由如下:

首先,不存在 $x_k\to+\infty$,使 $f(x_k)$ 有界,否则 $f(f(x_k)) = 1+x_k^2+x_k^4-x_k^3-x_k^5$ 有界,矛盾.

因此，$\lim\limits_{x\to+\infty}f(x)=\infty$. 从而由连续函数的介值性有 $\lim\limits_{x\to+\infty}f(x)=+\infty$ 或 $\lim\limits_{x\to+\infty}f(x)=-\infty$.

若 $\lim\limits_{x\to+\infty}f(x)=+\infty$，则 $\lim\limits_{x\to+\infty}f(f(x))=\lim\limits_{y\to+\infty}f(y)=-\infty$，矛盾.

若 $\lim\limits_{x\to+\infty}f(x)=-\infty$，则 $\lim\limits_{x\to+\infty}f(f(x))=\lim\limits_{y\to-\infty}f(y)=+\infty$，矛盾.

综上，无论哪种情况都不可能.

2. 微分中值定理的应用

（1）微分中值定理问题

例 1　设 $f(x)$ 在 $[a,b]$ 上连续，在 $[a,b]$ 内可导，且 $0\leqslant a\leqslant b\leqslant\dfrac{\pi}{2}$. 证明：至少存在两点 $\xi,\eta\in(a,b)$，使得

$$f'(\eta)\tan\frac{a+b}{2}=f'(\xi)\frac{\sin\eta}{\cos\xi}$$

（北京大学生数学竞赛，2010）

证　设 $g_1(x)=\sin x$，由柯西中值定理，有

$$\frac{f(b)-f(a)}{\sin b-\sin a}=\frac{f'(\xi)}{\cos\xi}\quad a<\xi<b$$

再设 $g_2(x)=\cos x$，由柯西中值定理，有

$$\frac{f(b)-f(a)}{\cos b-\cos a}=\frac{f'(\eta)}{-\sin\eta}\quad a<\eta<b$$

比较上述两式，得到

$$\frac{f'(\xi)}{\cos\xi}(\sin b-\sin a)=-\frac{f'(\eta)}{\sin\eta}(\cos b-\cos a)$$

即

$$\frac{\sin\eta}{\cos\xi}f'(\xi)=-\frac{\cos b-\cos a}{\sin b-\sin a}f'(\eta)$$

亦即

$$f'(\eta)\tan\frac{a+b}{2}=f'(\xi)\frac{\sin\eta}{\cos\xi}$$

例 2　设函数 $f(x)$ 在闭区间 $[a,b]$ 上连续，在开区间 (a,b) 内可导，且有 $\int_0^{\frac{2}{\pi}}e^{f(x)}\arctan x\,\mathrm{d}x=\dfrac{1}{2}$，$f(1)=0$，则至少存在一点 $\xi\in(0,1)$，使得 $(1+\xi^2)\arctan\xi\cdot f'(\xi)=-1$.（天津市大学生数学竞赛，2007）

证　由积分中值定理知，存在 $\eta\in\left(0,\dfrac{2}{\pi}\right)$，使

$$e^{f(\eta)}\arctan\eta=\frac{1}{\dfrac{2}{\pi}}\cdot\frac{1}{2}=\frac{\pi}{4}$$

又 $e^{f(1)}\arctan 1=\dfrac{\pi}{4}$，故若设 $\varphi(x)=e^{f(x)}\arctan x,x\in[\eta,1]\subseteq[0,1]$，显然 $\varphi(x)$ 满足罗尔定理的各个条件，从而至少存在一点 $\xi\in(\eta,1)\subseteq(0,1)$ 使 $\varphi'(\xi)=0$. 而

$$\varphi'(\xi)=e^{f(\xi)}f'(\xi)\arctan\xi+\frac{e^{f(\xi)}}{1+\xi^2}$$

即

$$(1+\xi^2)\arctan\xi\cdot f'(\xi)=-1$$

例 3　若 $f(x)$ 在 $[0,1]$ 上连续，在 $(0,1)$ 内可微，又若 $f(0)=0,f(1)=1$，则在 $[0,1]$ 上存在两点 x_1，x_2 使 $\dfrac{1}{f'(x_1)}+\dfrac{1}{f'(x_2)}=2$.（北京市大学生数学竞赛，1995）

证　由设 $f(0)=0,f(1)=1$，则有 $\xi\in(0,1)$ 使 $f(\xi)=\dfrac{1}{2}$. 在区间 $[0,\xi]$ 或 $[\xi,1]$ 上由拉格朗日中值定

理,注意到 $f(0)=0,f(1)=1$,则有 $x_1\in(0,\xi)$,$x_2\in(\xi,1)$,使

$$f'(x_1)=\frac{f(\xi)}{\xi},f'(x_2)=\frac{1-f(\xi)}{1-\xi}$$

又 $f(\xi)=\dfrac{1}{2}$,故 $\dfrac{1}{f'(x_1)}+\dfrac{1}{f'(x_2)}=2\xi+2-2\xi=2.$

注 1 此结论可推广为:

若 $f(x)$ 在 $[0,1]$ 上连续,在 $(0,1)$ 内可微,又若 $f(0)=0,f(1)=1$,对于任意 $m,M>0$,在 $[0,1]$ 上总存在两点 x_1,x_2,使 $\dfrac{m}{f'(x_1)}+\dfrac{M}{f'(x_2)}=m+M.$

注 2 本命题其实是下面命题的特例.

设 $f(x)$ 在 $[0,1]$ 上可微,且 $f(0)=0,f(1)=1$. 证明:对任意自然数 n,在 $[0,1]$ 中存在 n 个相异点 $x_i(1\leqslant i\leqslant n)$ 满足 $\sum\limits_{k=1}^{n}\dfrac{1}{f'(x_k)}=n.$ (中国科技大学,1983)

例 4 设 $f(x)$ 在 $\mathbf{R}$ 上可微,且 $f(0)=0$. 又 $|f'(x)|\leqslant\alpha|f(x)|$,这里 $0<\alpha<1$. 试证:$f(x)\equiv0$,当 $x\in\mathbf{R}$ 时. (北京市大学生数学竞赛,1995)

证 由题设知 $f(x)$ 在 $[0,1]$ 上连续,可得 $|f(x)|$ 在 $[0,1]$ 上亦连续.

又设 $M=\max\limits_{x\in[0,1]}|f(x)|=|f(x_0)|$,由拉格朗日中值定理有

$$M=|f(x_0)|=|f(x_0)-f(0)|=|f'(\xi)x_0|\quad \xi\in(0,x_0)\subseteq[0,1]$$

则 $$M=|f'(\xi)x_0|\leqslant|f'(\xi)|\leqslant\alpha|f(\xi)|\leqslant\alpha M$$

而题设 $0<\alpha<1$,故 $M=0$.

从而 $f(x)\equiv0,x\in[0,1]$. 类似地考虑区间 $[1,2],[2,3],\cdots$ 上的情形. 至于区间 $[-1,0],[-2,-1],\cdots$ 上的情形亦有同样结论. 从而 $f(x)\equiv0,x\in\mathbf{R}.$

例 5 若 $g(x)$ 在 $[a,b]$ 上连续,又 $f(x)$ 在 $[a,b]$ 上满足 $f''+gf'-f=0$,且 $f(a)=f(b)=0$. 证明:$f(x)\equiv\text{const}$(常数),$x\in[a,b]$. (北京市大学生数学竞赛,1997)

证 若不然,设 $f(x_0)$ 在 $[a,b]$ 上不恒为常数,由设 $f(x)$ 连续及 $f(a)=f(b)=0$ 知,有 $x_0\in(a,b)$ 使 $f(x_0)\neq0$ 且为 $f(x)$ 在 $[a,b]$ 上的最大(或最小)值. 由费马(Fermat)定理知 $f'(x_0)=0$. 又由题设有 $f''(x_0)-f(x_0)=0$.

若 $f(x_0)$ 为最大值,则 $f(x_0)>0$. 从而 $f''(x_0)=f(x_0)>0$.

这与函数极值判别条件矛盾. 对于 $f(x_0)$ 为最小值的情形仿上讨论亦然.

故 $f(x)$ 在 $[a,b]$ 不恒为常数假使不真. 从而 $f(x)\equiv\text{const},x\in[a,b].$

例 6 若 $f(x)=\sum\limits_{j=1}^{n}a_j\sin(2\pi jx)$,其中 $a_j\in\mathbf{R}$ 且对 $x\in[0,1)$ 时 $a_n\neq0$. 令 n_k 表示 $\dfrac{\mathrm{d}^kf}{\mathrm{d}x^k}$ 的零点个数(含重数). 试证:$n_1\leqslant n_2\leqslant n_3\leqslant\cdots$,且 $\lim\limits_{k\to\infty}n_k=2n$. (美国 Putnam Exam,2000)

证 将 $f(x)$ 视为定义在圆周上的一个实连续且无穷次可微的函数. 由罗尔定理,在 $f^{(k)}$ 的任何两个零点间总存在 $f^{(k+1)}$ 的一个零点. 故对任何 k 总有 $n_k\leqslant n_{k+1}$.

再设 $g_k(x)=\dfrac{f^{(4k+1)}(x)}{(2\pi)^{4k+1}}=\sum\limits_{j=1}^{n}a_jj^{4k+1}\cos(2\pi jx)$,对于 $m=0,1,2,\cdots,2n$,当 k 充分大时有

$$\frac{1}{a_n}(-1)^mg_k\left(\frac{m}{2n}\right)=\sum_{j=1}^{n-1}\frac{1}{a_n}(-1)^mj^{4k+1}a_j\cos\left[2\pi j\left(\frac{m}{2n}\right)\right]+n^{4k+1}\geqslant n^{4k+1}-\sum_{j=1}^{n-1}\frac{|a_j||j|^{4k+1}}{|a_n|}>0$$

由连续函数介值定理,在每个区间 $\left(\dfrac{m}{2n},\dfrac{m+1}{2n}\right)$ 中 $g_k(x)$ 有一个零点,这样有 $n_{4k+1}\geqslant2n$,从而 $\lim\limits_{k\to\infty}n_k\geqslant2n$.

又若记 $z=\mathrm{e}^{2\pi ix}$,则 $f^{(k)}(x)$ 有 $\sum\limits_{k=1}^{n}(c_kz^k+d_kz^{-k})$ 形式,两边同乘 z^n 可得到一个 $2n$ 次多项式. 显然它

的根不超过 $2n$ 个,即 $n_k \leqslant 2n$.

综上,有 $\lim\limits_{k \to \infty} n_k = 2n$.

例 7 设函数 $f(x)$ 在闭区间 $[-2,2]$ 上具有二阶导数,$|f(x)| \leqslant 1$,且 $[f(0)]^2 + [f'(0)]^2 = 4$. 证明:存在一点 $\xi \in (-2,2)$,使得 $f(\xi) + f''(\xi) = 0$.(天津市大学生数学竞赛,2005)

证 在区间 $[-2,0]$ 和 $[0,2]$ 上分别对函数 $f(x)$ 应用拉格朗日中值定理,则存在 $\eta_1 \in (-2,0)$ 使 $f'(\eta_1) = \dfrac{f(0) - f(-2)}{2}$;存在 $\eta_2 \in (0,2)$ 使 $f'(\eta_2) = \dfrac{f(2) - f(0)}{2}$.

注意到:$|f(x)| \leqslant 1$,因此 $|f'(\eta_1)| = \dfrac{f(0) - f(-2)}{2} \leqslant 1$,$|f'(\eta_2)| \leqslant 1$.

令:$F(x) = [f(x)]^2 + [f'(x)]^2$,则 $F(x)$ 在区间 $[-2,2]$ 上可导,且

$$F(\eta_1) = [f(\eta_1)]^2 + [f'(\eta_1)]^2 \leqslant 2$$
$$F(\eta_2) = [f(\eta_2)]^2 + [f'(\eta_2)]^2 \leqslant 2$$
$$F(0) = 4$$

故 $F(x)$ 在闭区间 $[\eta_1,\eta_2]$ 上的最大值 $F(\xi) = \max\limits_{x \in (\eta_1, \eta_2)} \{f(x) \geqslant 4\}$,且 $\xi \in (\eta_1, \eta_2)$. 由费马定理 ξ 为驻点,故知 $F'(\xi) = 0$,而

$$F'(x) = 2f(x)f'(x) + 2f'(x)f''(x)$$

故

$$F'(\xi) = 2f'(\xi)[f(\xi) + f''(\xi)] = 0$$

由于 $F(\xi) = [f(\xi)]^2 + [f'(\xi)]^2 \geqslant 4$,所以 $f'(\xi) \neq 0$,从而 $f(\xi) + f''(\xi) = 0$.

例 8 设 $f(x)$ 在区间 $[-1,1]$ 上三次可微,证明:存在实数 $\xi \in (-1,1)$,使得

$$\frac{f'''(\xi)}{6} = \frac{f(1) - f(-1)}{2} - f'(0)$$

(北京市大学生数学竞赛,2007)

证 将 $f(1)$,$f(-1)$ 在 $x = 0$ 处泰勒展开,有

$$f(1) = f(0) + f'(0) + \frac{f''(0)}{2!} + \frac{f'''(\xi_1)}{3!}$$

$$f(-1) = f(0) - f'(0) + \frac{f''(0)}{2!} + \frac{f'''(\xi_2)}{3!}$$

从而

$$f(1) - f(-1) = 2f'(0) + \frac{1}{6}[f'''(\xi_1) + (\xi'''_2)]$$

由导数的介值性知存在实数 $\xi \in (\xi_1, \xi_2)$ 或 (ξ_2, ξ_1),使得 $f'''(\xi) = \dfrac{1}{2}[f'''(\xi_1) + f'''(\xi_2)]$,于是

$$\frac{f'''(\xi)}{6} = \frac{f(1) - f(-1)}{2} - f'(0)$$

(2)方程根的讨论

例 1 设 $f(x) = 1 + \sum\limits_{k=1}^{n} (-1)^k \dfrac{x^k}{k}$,试证:当 n 为奇数时方程 $f(x) = 0$ 恰有一实根;当 n 为偶数时方程无实根.(北京交通大学数学竞赛,1994)

证 由 $f'(x) = \sum\limits_{k=1}^{n} (-1)^k x^{k-1}$,今考虑:

(1)n 为奇数时,$f'(-1) = -n < 0$.

当 $x \neq -1$ 时,$f'(x) = -\dfrac{1+x^n}{1+x}$;当 $x < -1$ 时,$f'(x) < 0$;当 $x > -1$ 时,$f'(x) < 0$.

知此时 $f(x)$ 单调减少.

又 $f(0)=1>0$，而 $f(2)=1-2+\dfrac{2^2}{2}-\dfrac{2^3}{3}+\cdots+\dfrac{2^{n-1}}{n-1}-\dfrac{2^n}{n}<0$.

这样 n 为奇数时，$f(x)=0$ 有且仅有一实根.

(2)n 为偶数时，$f'(-1)=-n<0$.

当 $x\neq-1$ 时，$f'(x)=\dfrac{x^n-1}{1+x}$；当 $x<-1$ 时，$f'(x)<0$；当 $x>-1$ 时，$f'(x)\geqslant0$. 又 $f'(1)=0$，知 $f(x)$ 在 $x=1$ 处取得极小值且为最小值.

而 $n\geqslant2$ 时，$f(1)=1-1+\dfrac{1}{2}-\dfrac{1}{3}+\cdots+\dfrac{1}{n-2}-\dfrac{1}{n-1}+\dfrac{1}{n}>0$.

故 n 为偶数时，$f(x)=0$ 无实根.

例 2 设 $n>1$ 为整数，又 $F(x)=\displaystyle\int_0^x e^{-t}\left(1+\dfrac{t}{1!}+\dfrac{t^2}{2!}+\cdots+\dfrac{t^n}{n!}\right)dt$. 证明：方程 $F(x)=\dfrac{n}{2}$ 在 $\left(\dfrac{n}{2},n\right)$ 内至少有一个根.（全国大学生数学竞赛，2010）

证 因为
$$e^{-t}\left(1+\dfrac{t}{1!}+\dfrac{t^2}{2!}+\cdots+\dfrac{t^n}{n!}\right)<1\quad 任意\ t>0$$

故有
$$F\left(\dfrac{n}{2}\right)=\int_0^{\frac{n}{2}}e^{-t}\left(1+\dfrac{t}{1!}+\dfrac{t^2}{2!}+\cdots+\dfrac{t^n}{n!}\right)dt<\dfrac{n}{2}$$

下面只需证明 $F(n)>\dfrac{n}{2}$ 即可. 我们有

$$F(n)=\int_0^n e^{-t}\left(1+\dfrac{t}{1!}+\dfrac{t^2}{2!}+\cdots+\dfrac{t^n}{n!}\right)dt=-\int_0^n\left(1+\dfrac{t}{1!}+\dfrac{t^2}{2!}+\cdots+\dfrac{t^n}{n!}\right)de^{-t}$$

$$=1-e^{-n}\left(1+\dfrac{n}{1!}+\dfrac{n^2}{2!}+\cdots+\dfrac{n^n}{n!}\right)+\int_0^n e^{-t}\left(1+\dfrac{t}{1!}+\dfrac{t^2}{2!}+\cdots+\dfrac{t^{n-1}}{(n-1)!}\right)dt$$

由此推出

$$F(n)=\int_0^n e^{-t}\left(1+\dfrac{t}{1!}+\dfrac{t^2}{2!}+\cdots+\dfrac{t^n}{n!}\right)dt=1-e^{-n}\left(1+\dfrac{n}{1!}+\dfrac{n^2}{2!}+\cdots+\dfrac{n^n}{n!}\right)+$$

$$1-e^{-n}\left(1+\dfrac{n}{1!}+\dfrac{n^2}{2!}+\cdots+\dfrac{n^{n-1}}{(n-1)!}\right)+\cdots+1-e^{-n}\left(1+\dfrac{n}{1!}\right)+1-e^{-n}\qquad(*)$$

记 $a_i=\dfrac{n^i}{i!}$，那么 $a_0=1<a_1<a_2<\cdots<a_n$. 观察下面的方阵

$$\begin{pmatrix}a_0 & 0 & \cdots & 0\\ a_0 & a_1 & \cdots & 0\\ \vdots & \vdots & \ddots & \vdots\\ a_0 & a_1 & \cdots & a_n\end{pmatrix}+\begin{pmatrix}a_0 & a_1 & \cdots & a_n\\ 0 & a_1 & \cdots & a_n\\ \vdots & \vdots & \ddots & \vdots\\ 0 & 0 & \cdots & a_n\end{pmatrix}=\begin{pmatrix}2a_0 & a_1 & \cdots & a_n\\ a_0 & 2a_1 & \cdots & a_n\\ \vdots & \vdots & \ddots & \vdots\\ a_0 & a_1 & \cdots & 2a_n\end{pmatrix}$$

整个矩阵的所有元素之和为
$$(n+2)(1+a_1+a_2+\cdots+a_n)=(n+2)\left(1+\dfrac{n}{1!}+\dfrac{n^2}{2!}+\cdots+\dfrac{n^n}{n!}\right)$$

由式（*）我们便得到
$$F(n)>n+1-\dfrac{(2+n)}{2}e^{-n}\left(1+\dfrac{n}{1!}+\dfrac{n^2}{2!}+\cdots+\dfrac{n^n}{n!}\right)>n+1-\dfrac{n+2}{2}=\dfrac{n}{2}$$

例 3 若 $Q(x)$ 是二次多项式，$P(x)$ 是 n 次多项式，且 $P(x)=Q(x)P''(x)$. 试证：若 $P(x)$ 至少有两个不同的根（实或复的），则它必将有 n 个不同的根.（美国 Putnam Exam，1999）

证 若不然，设 $P(x)$ 有重根. 比如 α 是 $P(x)$ 的一个 m 重根（$m\geqslant2$），显然 α 即为 $P''(x)$ 的 $m-2$ 重根.

由题设 $P(x)=Q(x)P''(x)$ 知，α 是 $Q(x)$ 的 2 重根，因而

$$Q(x) = \frac{(x-\alpha)^2}{n(n-1)}$$

记 $P(x) = a_m(x-\alpha)^m + a_{m+1}(x-\alpha)^{m+1} + \cdots + a_n(x-\alpha)^n$，且 $a_n \neq 0$.

再由题设有 $\frac{m(m-1)a_m}{n(n-1)} = a_m$，而 $a_m \neq 0$，故 $m = n$.

换言之，α 是 $P(x)$ 的 n 重根，这与 $P(x)$ 至少有两个相异根的题设相抵！故 $P(x)$ 有重根的假设不真，从而知它有 n 个不同的根.

注 由高等代数知识可有：n 次多项式有 n 个根，但这里可能有重根，而本例则给出了多项式无重根的一种判断方法或准则.

例 4 试证：$f(x) = \sum_{k=1}^{n} c_k \exp(a_k x)$ 在 $(-\infty, +\infty)$ 内至多有 $n-1$ 个零点，这里 a_k 为相异实数，c_k 为不全为 0 的实数 $(k=1,2,\cdots,n)$. (前苏联全苏高校数学竞赛，1975)

证 令 $g(x) = \exp(-a_n x) f(x) = \sum_{k=1}^{n} c_k \exp\{(a_k - a_n)x\}$.

由于 $\exp(-a_n x) \neq 0$，故 $g(x) = \exp(-a_n x) f(x)$ 与 $f(x)$ 有相同零点.

若 $f(x)$ 有多于 $n-1$ 个零点，则 $g'(x) = 0$ 至少有 $n-2$ 个零点. 又

$$g'(x) = \sum_{k=1}^{n-1} c_k(a_k - a_n) \exp\{(a_k - a_n)x\}$$

与 $f(x)$ 形式相同，项数少 1. 重复上面步骤 $g^{(n-2)}(x)$ 形如

$$\frac{\mathrm{d}}{\mathrm{d}x}\left\{\exp(-a_2 x) \cdots \frac{\mathrm{d}}{\mathrm{d}x}\left[\exp(-a_{n-1}x)\frac{\mathrm{d}}{\mathrm{d}x}(\exp(-a_n x)f(x))\right]\right\}$$

它至少应有 $n-1-(n-2)=1$(个)实根，但 $m\exp(kx) = 0$ 无实根($m \neq 0$ 时).

从而 $f(x)$ 至多有 $n-1$ 个不同的零点.

例 5 若 $f(x),g(x)$ 在 $[a,b]$ 上连续，且 $[a,b]$ 上的序列 $\{x_n\}$ 使 $g(x_n) = f(x_{n+1})$，$n=1,2,3,\cdots$. 试证：$f(x) - g(x) = 0$ 在 $[a,b]$ 上至少有一个实根. (北京市大学生数学竞赛，1996)

证 无妨设 $f(x_1) \leqslant g(x_1)$.

又若有 k 使 $f(x_k) > g(x_k)$，由连续函数介值定理知在 x_1 和 x_k 之间至少存在一点 x_0，使 $f(x_0) - g(x_0) = 0$，问题得证.

若不存在 k 使 $f(x_k) > g(x_k)$，换言之，对 $n=2,3,\cdots$，均有 $f(x_n) \leqslant g(x_n)$. 由题设 $f(x_n) \leqslant g(x_n) = f(x_{n+1})$，知 $\{f(x_n)\}$ 单增. 同理可证 $\{g(x_n)\}$ 亦单增.

由有界闭区间上连续函数有界，知 $\{f(x_n)\}$ 和 $\{g(x_n)\}$ 亦有上界，故它们有极限.

又由 $g(x_n) = f(x_{n+1})$，知 $\lim_{n \to \infty} f(x_n) = \lim_{n \to \infty} g(x_n) = A$.

再由有界序列 $\{x_n\}$ 必可找到一收敛子序列 $\{x_{n_k}\}$，设其收敛于 x_0，由 $f(x),g(x)$ 的连续性有

$$\lim_{k \to \infty} f(x_{n_k}) = f(\lim_{k \to \infty} x_{n_k}) = f(x_0), \quad \lim_{k \to \infty} g(x_{n_k}) = g(\lim_{k \to \infty} x_{n_k}) = g(x_0)$$

从而 x_0 满足 $f(x) - g(x) = 0$.

下面的例子是导函数零点问题，当然它有时并不涉及微分中值定理.

例 6 设 $f(x) = x^\alpha \sin x$，其中 $\alpha > 0$，讨论函数 $f''(x)$ 在区间 $(0,\pi)$ 内零点的个数. (天津市大学生数学竞赛，2008)

解 由题设可有

$$f'(x) = \alpha x^{\alpha-1}\sin x + x^\alpha \cos x$$

$$f''(x) = \alpha(\alpha-1)x^{\alpha-2}\sin x + 2\alpha x^{\alpha-1}\cos x - x^\alpha \sin x = [\alpha(\alpha-1)x^{\alpha-2} - x^\alpha]\sin x + 2\alpha x^{\alpha-1}\cos x$$

注意到：当 $x \in (0,\pi)$ 时，$\sin x \neq 0$，故方程 $f''(x) = 0$ 与方程 $\cot x + \frac{\alpha-1}{2x} - \frac{x}{2\alpha} = 0$ 同解.

令：$g(x) = \cot x + \dfrac{\alpha-1}{2x} - \dfrac{x}{2\alpha}, x \in (0, \pi)$. 又

$$\lim_{x \to 0^+} g(x) = \lim_{x \to 0^+} \left(\cot x + \frac{\alpha-1}{2x} - \frac{x}{2\alpha} \right) = \lim_{x \to 0^+} \frac{2x\cos x + (\alpha-1)\sin x}{2x\sin x}$$

$$= \frac{1}{2} \lim_{x \to 0^+} \frac{2(\cos x - x\sin x) + (\alpha-1)\cos x}{\sin x + x\cos x} = \frac{1}{2} \lim_{x \to 0^+} \frac{(\alpha+1)\cos x - 2x\sin x}{\sin x + x\cos x} = +\infty$$

$$\lim_{x \to \pi^-} g(x) = \lim_{x \to \pi^-} \left(\cot x + \frac{\alpha-1}{2x} - \frac{x}{2\alpha} \right) = -\infty$$

由闭区间上连续函数零点定理知，$g(x)$ 在区间 $x \in (0, \pi)$ 内至少有一个零点. 又

$$g'(x) = -\frac{1}{\sin^2 x} - \frac{\alpha-1}{2x^2} - \frac{1}{2\alpha} = \frac{2x^2 - \sin^2 x}{2x^2 \sin^2 x} - \frac{\alpha}{2x^2} - \frac{1}{2\alpha} < 0$$

即 $g(x)$ 在区间 $(0, \pi)$ 内单调减，所以 $g(x)$ 在区间 $(0, \pi)$ 内至多有一个零点，从而函数 $f''(x)$ 在区间 $(0, \pi)$ 内有且仅有一个零点.

例 7 证明：方程 $2^x = x^2 + 1$ 有且仅有 3 个实根.（北京市大学生数学竞赛, 2005）

证 令 $f(x) = 2^x - x^2 - 1$, 显然 $f(0) = f(1) = 0$.

又 $f(2) = -1 < 0$, $f(5) = 6 > 0$, 且 $f(x)$ 连续，由连续函数的零点定理知 $f(x)$ 在 $(2,5)$ 内至少存在 1 个零点，从而 $f(x)$ 至少有 3 个零点.

若 $f(x)$ 有 4 个或 4 个以上的零点，则由罗尔定理知 $f'''(x)$ 至少有 1 个零点，而 $f'''(x) = 2^x \ln^3 2$ 有 1 个零点是不可能的. 故 $f(x)$ 至多有 3 个零点.

综上可知，$f(x)$ 有且仅有 3 个零点，即方程 $2^x = x^2 + 1$ 有且仅有 3 个实根.

（3）不等式问题的研究

例 1 在区间 $\left(0, \dfrac{\pi}{2}\right)$ 内，试比较函数 $\tan(\sin x)$ 与 $\sin(\tan x)$ 的大小，并证明你的结论.（北京市大学生数学竞赛, 2007）

解 设 $f(x) = \tan(\sin x) - \sin(\tan x)$, 则

$$f'(x) = \sec^2(\sin x)\cos x - \cos(\tan x)\sec^2 x = \frac{\cos^3 x - \cos(\tan x)\cos^2(\sin x)}{\cos^2(\sin x)\cos^2 x}$$

当 $0 < x < \arctan \dfrac{\pi}{2}$ 时, $0 < \tan x < \dfrac{\pi}{2}$, $0 < \sin x < \dfrac{\pi}{2}$

由余弦函数在 $\left(0, \dfrac{\pi}{2}\right)$ 上的凸性有

$$\sqrt[3]{\cos(\tan x)\cos^2(\sin x)} \leqslant \frac{1}{3}[\cos(\tan x) + 2\cos(\sin x)] \leqslant \cos \frac{\tan x + 2\sin x}{3}$$

设 $\varphi(x) = \tan x + 2\sin x - 3x$, $\varphi'(x) = \sec^2 x + 2\cos x - 3 = \tan^2 x - 4\sin^2 \dfrac{x}{2} > 0$, 于是 $\tan x + 2\sin x > 3x$, 所以 $\cos \dfrac{\tan x + 2\sin x}{3} < \cos x$, 即

$$\cos(\tan x)\cos^2(\sin x) < \cos^3 x$$

当 $x \in \left(0, \arctan \dfrac{\pi}{2}\right)$ 时, $f'(x) > 0$, 又 $f(0) = 0$, 所以 $f(x) = 0$.

当 $x \in \left[\arctan \dfrac{\pi}{2}, \dfrac{\pi}{2}\right]$ 时, $\sin\left(\arctan \dfrac{\pi}{2}\right) < \sin x < 1$. 由于

$$\sin\left(\arctan \frac{\pi}{2}\right) = \frac{\tan\left(\arctan \dfrac{\pi}{2}\right)}{\sqrt{1 + \tan^2\left(\arctan \dfrac{\pi}{2}\right)}} = \frac{\dfrac{\pi}{2}}{\sqrt{1 + \dfrac{\pi^2}{4}}} = \frac{\pi}{\sqrt{4 + \pi^2}} > \frac{\pi}{4}$$

故 $\dfrac{\pi}{4}<\sin x<1$，于是 $1<\tan(\sin x)<\tan 1$.

因此当 $x\in\left[\arctan\dfrac{\pi}{2},\dfrac{\pi}{2}\right)$ 时，$f(x)>0$.

综上可得，当 $x\in\left(0,\dfrac{\pi}{2}\right)$ 时，$\tan(\sin x)>\sin(\tan x)$.

例 2　设 $f(x)=\sum\limits_{k=1}^{n}a_k\sin kx$，并且 $|f(x)|\leqslant|\sin x|$. 试证：$\left|\sum\limits_{k=1}^{n}ka_k\right|\leqslant 1$.（美国 Putnam Exam，1967）

证　首先由题设有 $f(0)=0$，$f'(0)=\sum\limits_{k=1}^{n}ka_k$.

另外由导数定义：$f'(0)=\lim\limits_{x\to 0}\dfrac{f(x)}{x}$，故

$$|f'(0)|=\lim_{x\to 0}\left|\dfrac{f(x)}{x}\right|\leqslant\lim_{x\to 0}\left|\dfrac{\sin x}{x}\right|=1$$

综上 $\left|\sum\limits_{k=1}^{n}ka_k\right|\leqslant 1$.

例 3　设 $0<x_i<\varphi(i=1,2,\cdots,n)$，又 $\bar{x}=\dfrac{1}{n}\sum\limits_{i=1}^{n}x_i$. 证明：$\prod\limits_{i=1}^{n}\dfrac{\sin x_i}{x_i}\leqslant\left(\dfrac{\sin\bar{x}}{\bar{x}}\right)^n$.（美国 Putnam Exam，1978）

证　设 $f(x)=\ln\left(\dfrac{\sin x}{x}\right)=\ln(\sin x)-\ln x$. 当 $x>0$ 时，$x>\sin x$，则有

$$f'(x)=\cot x-\dfrac{1}{x}$$

$$f''(x)=-\csc x+\dfrac{1}{x^2}=\dfrac{1}{x^2}-\dfrac{1}{\sin^2 x}<0\quad 0<x<\pi$$

知函数 $f(x)$ 图象向下凹，因而有

$$\dfrac{1}{n}\sum_{i=1}^{n}f(x_i)\leqslant f\left(\dfrac{1}{n}\sum_{i=1}^{n}x_i\right)=f(\bar{x})$$

即 $\sum\limits_{i=1}^{n}f(x_i)\leqslant nf(\bar{x})$. 又 e^x 为增函数，从而

$$\prod_{i=1}^{n}\dfrac{\sin x_i}{x_i}=\exp\left\{\sum_{i=1}^{n}f(x_i)\right\}\leqslant\exp\left\{\sum_{i=1}^{n}f(\bar{x})\right\}=\left(\dfrac{\sin\bar{x}}{\bar{x}}\right)^n$$

对于某些离散变元的不等式化为连续变元问题考虑，有时会方便得多.

例 4　若 $n>8$，证明：$(\sqrt{n+1})^{\sqrt{n}}<(\sqrt{n})^{\sqrt{n+1}}$.（美国 Putnam Exam，1940）

证　对于 $x>0$，考察函数 $f(x)=\dfrac{\ln x}{x}$，则 $f'(x)=\dfrac{1-\ln x}{x}$. 当 $x>e$ 时，$f'(x)<0$，知 $f(x)$ 单减. 从而，当 $e\leqslant x<y$ 时，有 $f(y)<f(x)$.

进而 $xy\left(\dfrac{\ln y}{y}\right)<xy\left(\dfrac{\ln x}{x}\right)$，即 $e^{x\ln y}<e^{y\ln x}$.

即当 $e\leqslant x<y$ 时，有 $y^x<x^y$.

故当 $n>8$ 时，有 $e<\sqrt{n}<\sqrt{n+1}$，从而 $(\sqrt{n+1})^{\sqrt{n}}<(\sqrt{n})^{\sqrt{n+1}}$.

例 5　试证：$\sum\limits_{n=1}^{\infty}\dfrac{1}{(n+1)\sqrt[p]{n}}<p$，其中 $p\geqslant 1$.（前苏联全苏高校数学竞赛）

证　由 $\dfrac{1}{(n+1)\sqrt[p]{n}}=n^{\frac{p-1}{p}}\dfrac{1}{n(n+1)}=n^{\frac{p-1}{p}}\left(\dfrac{1}{n}-\dfrac{1}{n+1}\right)=n^{\frac{p-1}{p}}\left[\left(\dfrac{1}{\sqrt[p]{n}}\right)^p-\left(\dfrac{1}{\sqrt[p]{n+1}}\right)^p\right]$

又由微分中值定理,有

$$\left(\frac{1}{\sqrt[p]{n}}\right)^p - \left(\frac{1}{\sqrt[p]{n+1}}\right)^p = p\left(\frac{1}{\sqrt[p]{n+\theta}}\right)^{p-1}\left(\frac{1}{\sqrt[p]{n}} - \frac{1}{\sqrt[p]{n+1}}\right) \quad 0<\theta<1$$

从而

$$\frac{1}{(n+1)\sqrt[p]{n}} < p\left(\frac{1}{\sqrt[p]{n}} - \frac{1}{\sqrt[p]{n+1}}\right)$$

又由

$$\sum_{n=1}^{\infty}\left(\frac{1}{\sqrt[p]{n}} - \frac{1}{\sqrt[p]{n+1}}\right) = 1$$

故

$$\sum_{n=1}^{\infty}\frac{1}{(n+1)\sqrt[p]{n}} < p\sum_{n=1}^{\infty}\left(\frac{1}{\sqrt[p]{n}} - \frac{1}{\sqrt[p]{n+1}}\right) = p$$

例 6　试证:不等式 $\left(\frac{2n-1}{e}\right)^{\frac{2n-1}{2}} < (2n-1)!! < \left(\frac{2n+1}{e}\right)^{\frac{2n+1}{2}}$. (美国 Putnam Exam,1996)

证　令 $M = \ln[(2n-1)!!] = \sum_{k=2}^{n}\ln(2k-1)$. 而和式 $2\sum_{k=2}^{n}\ln(2k-1)$ 可视为定积分黎曼和,它们分别以 $3,5,7,\cdots,2n+1$ 和左端点为分点,以 $1,3,5,\cdots,2n-1$ 和右端点为分点得估计式

$$2M < \int_3^{2n+1}\ln x\,dx \text{ 和 } 2M < \int_1^{2n-1}\ln x\,dx$$

有

$$\int_1^{2n-1}\ln x\,dx < 2M < \int_3^{2n+1}\ln x\,dx$$

即

$$\left[x\ln x - x\right]_1^{2n-1} < 2M < \left[x\ln x - x\right]_3^{2n+1}$$

或

$$2(n-1)\ln(2n-1) - (2n-1) < 2M < (2n+1)\ln(2n+1) - (2n+1)$$

即

$$\frac{2n-1}{2}\ln\frac{2n-1}{e} < M < \frac{2n+1}{2}\ln\frac{2n+1}{e}$$

下面涉及抽象函数不等式问题,多数情况会与函数导数(包括中值定理)、积分等有关联.

例 7　设整数 $n>1$,求证:$\frac{1}{2ne} < \frac{1}{e} - \left(1-\frac{1}{n}\right)^n < \frac{1}{ne}$. (北京市大学生数学竞赛,2006)

证　先证不等式 $\frac{1}{e} - \left(1-\frac{1}{n}\right)^n < \frac{1}{ne} \Leftrightarrow \left(1-\frac{1}{n}\right)\ln\left(1-\frac{1}{n}\right) + \frac{1}{n} > 0$.

设 $f(x) = (1-x)\ln(1-x) + x, x \in [0,1], f'(x) = -\ln(1-x) > 0, x \in (0,1)$,所以 $f(x)$ 在 $[0,1]$ 上单增,$f(0)=0$,当 $x \in (0,1)$ 时,$f(x) = (1-x)\ln(1-x) + x > 0$,故

$$f\left(\frac{1}{n}\right) = \left(1-\frac{1}{n}\right)\ln\left(1-\frac{1}{n}\right) + \frac{1}{n} > 0$$

再证不等式

$$\frac{1}{2ne} < \frac{1}{e} - \left(1-\frac{1}{n}\right)^n \Leftrightarrow \frac{1}{n}\ln\left(1-\frac{1}{2n}\right) - \ln\left(1-\frac{1}{n}\right) - \frac{1}{n} > 0$$

设

$$f(x) = x\ln\left(1-\frac{x}{2}\right) - \ln(1-x) - x \quad x \in [0,1]$$

则

$$f'(x) = \ln\left(1-\frac{x}{2}\right) - \frac{x}{2-x} + \frac{1}{1-x} - 1 \quad x \in (0,1)$$

且

$$f''(x) = -\frac{1}{2-x} - \frac{2}{(2-x)^2} + \frac{1}{(1-x)^2} = \frac{x(x^2+5x+5)}{(2-x)^2(1-x)^2} > 0 \quad x \in (0,1)$$

故 $f'(x)$ 在 $[0,1]$ 上单增,又 $f''(0)=0$,且当 $x \in (0,1)$ 时

$$f'(x) = \ln\left(1-\frac{x}{2}\right) - \frac{x}{2-x} + \frac{1}{1-x} - 1 > 0$$

知 $f(x)$ 在 $[0,1]$ 上单增,而 $f(0)=0$,且当 $x \in (0,1)$ 时

$$f(x) = x\ln\left(1-\frac{x}{2}\right) - \ln(1-x) - x > 0$$

故
$$f\left(\frac{1}{n}\right)=\frac{1}{n}\ln\left(1-\frac{1}{2n}\right)-\ln\left(1-\frac{1}{n}\right)-\frac{1}{n}>0$$

例 8　若 $f(x)$ 在 **R** 上二次可微,且 $g(x)\geqslant0,x\in\mathbf{R}$. 又 $f(x)+f''(x)=-xg(x)f'(x)$. 试证: $|f(x)|$ 在 **R** 上有界.(美国 Putnam Exam,1997)

证　先将题设两边同乘 $f'(x)$,目的是将题设式左凑成 $[f^2(x)+f'^2(x)]'$,这时有

$$f(x)f'(x)+f'(x)f''(x)=-xg(x)f'^2(x) \tag{$*$}$$

当 $x\geqslant0$ 时,式 $(*)$ 右 $\leqslant0$,则 $f^2(x)+f'^2(x)$ 单减.

但 $f^2(x)+f'^2(x)\geqslant0$,知其有界,故上界为 $f^2(0)+f'^2(0)$.

当 $x\leqslant0$ 时,式 $(*)$ 右 $\geqslant0$,则 $f^2(x)+f'^2(x)$ 单增,知其有上界,且其上界为 $f^2(0)+f'^2(0)$.

综上,$|f(x)|$ 在 **R** 上有界.

不等式问题中有时也会涉及导函数问题.

例 9　设 $f(x)$ 是二次可微的函数,满足 $f(0)=1,f'(0)=0$,且对任意的 $x\geqslant0$ 有 $f''(x)-5f'(x)+6f(x)\geqslant0$,证明:对每个 $x\geqslant0$,都有 $f(x)\geqslant3\mathrm{e}^{2x}-2\mathrm{e}^{3x}$.(北京大学生数学竞赛,2011)

证　首先由题设 $[f''(x)-2f'(x)]-3[f'(x)-2f(x)]\geqslant0$.

令 $g(x)=f'(x)-2f(x)$,则 $g'(x)-3g(x)\geqslant0$,因此 $(g(x)\mathrm{e}^{-3x})'\geqslant0$,所以 $g(x)\mathrm{e}^{-3x}\geqslant g(0)=-2$,或者 $f'(x)-2f(x)\geqslant-2\mathrm{e}^{3x}$.

进而有 $(f(x)\mathrm{e}^{-2x})'\geqslant-2\mathrm{e}^{x}$,即 $(f(x)\mathrm{e}^{-2x}+2\mathrm{e}^{x})'\geqslant0$,知求导函数单增.

所以 $f(x)\mathrm{e}^{-2x}+2\mathrm{e}^{x}\geqslant f(0)+2=3$,即 $f(x)\geqslant3\mathrm{e}^{2x}-2\mathrm{e}^{3x}$.

如果由方程求解得出 $f(x)=3\mathrm{e}^{2x}-2\mathrm{e}^{3x}$. 再由初始条件及题设亦可得解.

例 10　若 $f(x)$ 定义在一个长度不小于 2 的区间上,且 $|f(x)|\leqslant2,|f''(x)|\leqslant1$. 求证:$|f'(x)|\leqslant2$.(美国 Putnam Exam,1962)

证　不失一般性.无妨设 $f(x)$ 定义在 $[-1,1]$ 上.

由泰勒展开,当 $x\in[-1,1]$ 时

$$f(1)=f(x)+(1-x)f'(x)+\frac{1}{2}(1-x)^2f''(\xi)\quad\xi\in(x,1)$$

$$f(-1)=f(x)+(-1-x)f'(x)+\frac{1}{2}(-1-x)^2f''(\eta)\quad\eta\in(-1,x)$$

由上两式相减,有

$$f(1)-f(-1)=2f'(x)+\frac{1}{2}(1-x)^2f''(\xi)-\frac{1}{2}(1+x)^2f''(\eta)$$

注意到 $|f(x)|\leqslant2,|f''(x)|\leqslant1$ 及 $x\in[-1,1]$,则有

$$2|f'(x)|\leqslant|f(1)|+|f(-1)|+\frac{1}{2}(1-x)^2|f''(\xi)|+\frac{1}{2}(1+x)^2|f''(\eta)|$$

$$\leqslant2+\frac{1}{2}(1-x)^2+\frac{1}{2}(1+x)^2\leqslant3+x^2\leqslant4$$

从而 $|f'(x)|\leqslant2$.

例 11　若 $f(x)$ 在 **R** 上三次可微,且对 $x\in\mathbf{R}$,有 $f(x),f'(x),f''(x),f'''(x)$ 均为正值.又若对 x 有 $f'''(x)\leqslant f(x)$,则对一切 $x\in\mathbf{R}$ 有 $f'(x)<2f(x)$.(美国 Putnam Exam,1999)

证　对于给定的常数 c,令

$$g(x)=f(x)-f'(x)(x-c)+\frac{1}{2}f''(x)(x-c^2)$$

则 $g'(x)=\frac{1}{2}f'''(x)(x-c^2)\geqslant0$,当且仅当 $x=c$ 时等号成立.

故对 $y>0$,总有

$$f(c+y)-f'(c+y)y+\frac{1}{2}f''(c+y)y^2=g(c+y)$$

$$>g(c-y)=f(c-y)+f'(c-y)+\frac{1}{2}f''(c-y)y^2>\frac{1}{2}f''(c-y)y^2$$

由微分中值定理,在$(c-y,c+y)$中有ξ使

$$f''(c+y)-f''(c-y)=2yf'''(\xi)\leqslant 2yf(\xi)<2yf(c+y)$$

由上两式有 $f(c+y)-f'(c+y)y+f(c+y)y^2>0$,即

$$\frac{1+y^3}{y}f(c+y)>f'(c+y)$$

当 $y=\frac{1}{\sqrt[3]{2}}$ 时,$\frac{1+y^3}{y}=\frac{3}{\sqrt[3]{4}}<2$,由此有 $f'(c+y)<2f(c+y)$.

由 c 的任意性知,$f'(x)<2f(x)$.

例 12 设函数 $f(x)$ 在闭区间 $[a,b]$ 上具有二阶导数,且 $f(a)<0,f(b)<0,\int_a^b f(x)\mathrm{d}x=0$. 证明:存在一点 $\xi\in(a,b)$ 使得 $f''(\xi)<0$.(天津市大学生数学竞赛,2009)

证 因为 $f(x)$ 在闭区间 $[a,b]$ 上连续,且 $f(a)<0,f(b)<0$,以及 $\int_a^b f(x)\mathrm{d}x=0$,故在开区间 (a,b) 内至少存在一个小区间使得 $f(x)$ 在其内为正,从而知 $f(x)$ 在闭区间 $[a,b]$ 上的最大值为正,且最大值点 $\eta\in(a,b)$,$f'(\eta)=0$.

对于 $x\in[a,b]$,由泰勒公式 $f(x)=f(\eta)+\frac{1}{2}f''(\xi)(x-\eta)^2$,其中 ξ 位于 x 与 η 之间. 命 $x=a$,则

$$f(a)-f(\eta)=\frac{1}{2}f''(\xi)(a-\eta)^2$$

因其中$(a-\eta)^2>0$,$f(a)-f(\eta)<0$,故 $f''(\xi)<0$.

例 13 令 $a_1,a_2,\cdots,a_n$ 和 $b_1,b_2,\cdots,b_n$ 都是非负实数. 证明

$$(a_1a_2\cdots a_n)^{\frac{1}{n}}+(b_1b_2\cdots b_n)^{\frac{1}{n}}\leqslant((a_1+b_1)(a_2+b_2)\cdots(a_n+b_n))^{\frac{1}{n}}$$

(美国 Putnam Exam,2003)

证 1 若有某 $a_i=0$,则不等式是平凡的,因而假设对于所有的 i 皆有 $a_i>0$.

不等式两边除以 $(a_1a_2\cdots a_n)^{\frac{1}{n}}$,我们无妨假设每个 $a_i=1$. 再对不等式两端乘 n 次幂,其左端变为 $\sum_{k=0}^{n}\binom{n}{k}(b_1b_2\cdots b_n)^{\frac{k}{n}}$,而右端变为 $\sum_{k=0}^{n}e_k$ 是诸 b_i 的第 k 个初等对称函数. 对于 e_k 中的 $\binom{n}{k}$ 或记 C_n^k 个被加数应用算术—几何平均不等式,我们得到

$$\left(b_1^{\binom{n-1}{k-1}}\cdots b_n^{\binom{n-1}{k-1}}\right)^{\frac{1}{C_n^k}}\leqslant\frac{e_k}{C_n^k}$$

即 $\binom{n}{k}(b_1b_2\cdots b_n)^{\frac{k}{n}}\leqslant e_k$. 再对 k 求和即可.

证 2 仿上设所有的 a_i 均大于 0. 不等式两边除以 $(a_1a_2\cdots a_n)^{\frac{1}{n}}$,并令 $x_i=\frac{b_i}{a_i}$,问题归结为证明

$$1+(x_1\cdots x_n)^{\frac{1}{n}}\leqslant[(1+x_1)\cdots(1+x_n)]^{\frac{1}{n}}$$

令 $x_i=\mathrm{e}^{t_i}$,并对不等式两端取对数,因为 $\ln$ 是增函数,因此我们看到上面的不等式等价于

$$\ln(1+\mathrm{e}^{\frac{t_1+\cdots+t_n}{n}})\leqslant\frac{1}{n}\left(\sum_{i=1}^{n}\ln(1+\mathrm{e}^{t_i})\right) \tag{*}$$

令 $f(t)=\ln(1+\mathrm{e}^t)$,我们知道 $f''(t)=\frac{\mathrm{e}^t}{(1+\mathrm{e}^t)^2}\geqslant 0$,因而 f 是凸的. 但是从 Jensen 不等式直接得到

式(＊).

例 14　若 $a>0,b>0$,证明:$2ab\leqslant e^{a-1}+e^{b-1}+a\ln a+b\ln b$.(中国第五届全国大学生数学夏令营试题,1991)

证 1　令 $f(a)=\dfrac{e^{a-1}}{a}+\ln a-a$,其中 $a>0$,则 $f(1)=0$.又

$$f'(a)=\frac{ae^{a-1}-e^{a-1}}{a^2}+\frac{1}{a}-1=\frac{ae^{a-1}+e^{a-1}-a-a^2}{a^2}=\frac{(e^{a-1}-a)(a-1)}{a^2}$$

易证对 $a\in\mathbf{R}$,有 $e^{a-1}-a\geqslant0$,等号仅在 $a=1$ 时成立,故当 $a<1$ 时,$f'(a)<0$;当 $a=1$ 时,$f'(a)=0$;当 $a>1$ 时,$f'(a)>0$.

从而对 $a>0$,有 $f(a)>f(1)=0$,从而

$$e^{a-1}+a\ln a>a^2$$

故　　　　　　　　　　　　$2ab\leqslant a^2+b^2\leqslant e^{a-1}+a\ln a+e^{b-1}+b\ln b$

证 2　令 $g(a)=e^{a-1}+a\ln a-a^2,a>0$,则由

$$g'(a)=e^{a-1}+\ln a+1-2a,g''(a)=e^{a-1}+\frac{1}{a}-2$$

$$g'''(a)=e^{a-1}-\frac{1}{a^2},g^{(4)}(a)=e^{a-1}+\frac{2}{a^3}>0\quad a>0$$

讨论 $g(a)$ 的单调性亦可证得 $a^2\leqslant e^{a-1}+a\ln a,a>0$.

例 15　能否有最小的正数 k,使得对任意 $x>0,y>0,z>0$,不等式 $\dfrac{x}{\sqrt{y+z}}+\dfrac{y}{\sqrt{z+x}}+\dfrac{z}{\sqrt{x+y}}\leqslant$

$k\sqrt{x+y+z}$ 成立?(中国第五届全国大学生数学夏令营试题,1991)

解　令 $P(x,y,z)=\dfrac{x}{\sqrt{y+z}}+\dfrac{y}{\sqrt{z+x}}+\dfrac{z}{\sqrt{x+y}},Q(x,y,z)=\sqrt{x+y+z}$,则

$$\lim_{x\to+\infty}\frac{P(x,1,1)}{Q(x,1,1)}=\lim_{x\to+\infty}\frac{1}{\sqrt{x+2}}\left(\frac{x}{\sqrt{2}}+\frac{2}{\sqrt{1+x}}\right)=\lim_{x\to+\infty}\frac{1}{\sqrt{2}}\frac{x}{\sqrt{x+2}}=+\infty$$

故对任何 $k>0$,题设不等式均不能对所有正数 x,y,z 都成立.

例 16　证明:当 $0<x<\dfrac{\pi}{2}$ 时,$(\sin x)^{-2}\leqslant x^{-2}+1-\dfrac{4}{\pi^2}$.(北京市大学生数学竞赛,2007)

证　设 $f(x)=(\sin x)^{-2}-x^{-2}$,则

$$f'(x)=-2\sin^{-3}x\cos x+2x^{-3}=-2(\sin^{-3}x\cos x-x^{-3})$$

又令 $\varphi(x)=\sin x\cos^{-\frac{1}{3}}x-x$,则

$$\varphi'(x)=\cos x\cos^{-\frac{1}{3}}x+\frac{1}{3}\sin x\cos^{-\frac{4}{3}}x-1=\frac{2}{3}\cos^{\frac{2}{3}}x+\frac{1}{3}\cos^{-\frac{4}{3}}x-1\geqslant\sqrt[3]{\cos^{\frac{4}{3}}x\cos^{-\frac{4}{3}}x}-1=0$$

知 $\varphi(x)$ 单调增加且 $\varphi(0)=0$,故 $0<x<\dfrac{\pi}{2}$ 时,$\varphi(x)>0$.于是 $f'(x)>0$,从而 $f(x)$ 单调增加且 $f\left(\dfrac{\pi}{2}\right)=1-\dfrac{4}{\pi^2}$.故当 $0<x<\dfrac{\pi}{2}$ 时

$$(\sin x)^{-2}\leqslant x^{-2}+1-\frac{4}{\pi^2}$$

例 17　函数 $f(x)$ 在 $[a,b]$ 上有二阶导数,又 $f'(a)=f'(b)=0$.试证:在 (a,b) 内至少存在一点 ξ 满足 $|f''(\xi)|\geqslant\dfrac{4}{(b-a)^2}|f(b)-f(a)|$.(陕西省大学生数学竞赛,1999)

证　由 $f(c)$ 在 $x=a,x=b$ 点泰勒展开,其中 $c=\dfrac{a+b}{2}$,且注意到 $f'(a)=0,f'(b)=0$ 可有

$$f(c)=f(a)+f'(a)\cdot(c-a)+\frac{f''(\xi_1)}{2}(c-a)^2=f(a)+\frac{f''(\xi_1)}{8}(b-a)^2\quad a<\xi_1<c$$

又 $f(c)=f(b)+f'(b)\cdot(c-b)+\dfrac{f''(\xi_2)}{2}(b-a)^2=f(b)+\dfrac{f''(\xi_2)}{8}(b-a)^2$，$c<\xi_2<b$，故

$$|f(b)-f(a)|=\frac{1}{8}(b-a)^2|f''(\xi_2)-f''(\xi_1)|\leqslant\frac{1}{8}(b-a)^2[|f''(\xi_2)|+|f''(\xi_1)|]$$

$$\leqslant\frac{1}{4}(b-a)^2|f''(\xi)|$$

即 $|f''(\xi)|\geqslant\dfrac{4}{(b-a)^2}|f(b)-f(a)|$，其中 $|f''(\xi)|=\max\{|f''(\xi_1)|,|f''(\xi_2)|\}$.

注 此题亦为前苏联大学生竞赛题.

下面再来看一个通过构造函数证明不等式的例子.

例 18 设 $f(x)$ 在 $(-\infty,+\infty)$ 内有界且导函数连续，对任意 $x\in\mathbf{R}$ 均有 $|f(x)+f'(x)|\leqslant 1$. 试证：$|f(x)|\leqslant 1$.（广东省大学生数学竞赛,1991）

证 令 $F(x)=\mathrm{e}^x f(x)$，$F'(x)=\mathrm{e}^x[f(x)+f'(x)]$. 由题设有

$$|F'(x)|\leqslant\mathrm{e}^x \quad \text{或} \quad \mathrm{e}^{-x}\leqslant F(x)\leqslant\mathrm{e}^x$$

这样 $-\displaystyle\int_{-\infty}^x\mathrm{e}^x\mathrm{d}x\leqslant\int_{-\infty}^x F'(x)\mathrm{d}x\leqslant\int_{-\infty}^x\mathrm{e}^x\mathrm{d}x$.

因而 $-\mathrm{e}^x\leqslant\mathrm{e}^x f(x)\Big|_{-\infty}^x\leqslant\mathrm{e}^x$，而 $\displaystyle\lim_{x\to-\infty}\mathrm{e}^x f(x)=0$，从而 $-\mathrm{e}^x\leqslant\mathrm{e}^x f(x)\leqslant\mathrm{e}^x$.

故 $-1\leqslant f(x)\leqslant 1$，即 $|f(x)|\leqslant 1$.

例 19 (1)证明：当 $|x|$ 充分小时,不等式 $0\leqslant\tan^2 x-x^2\leqslant x^4$ 成立.

(2)设 $x_n=\displaystyle\sum_{k=0}^n\tan^2\frac{1}{\sqrt{n+k}}$,求 $\displaystyle\lim_{x\to\infty}x_n$.（天津市大学生数学竞赛,2006）

证 (1)因为 $\displaystyle\lim_{x\to 0}\frac{\tan^2 x-x^2}{x^4}=\lim_{x\to 0}\frac{\tan x-x}{x^3}\cdot\lim_{x\to 0}\frac{\tan x-x}{x}=2\lim_{x\to 0}\frac{\sec^2 x-1}{3x^2}=\frac{2}{3}\lim_{x\to 0}\frac{\tan^2 x}{x^2}=\frac{2}{3}$,注意
到当 $|x|$ 充分小时,$\tan x\geqslant x$,所以不等式 $0\leqslant\tan^2 x-x^2\leqslant x^4$ 成立.

(2)由(1)知,当 n 充分大时有 $\dfrac{1}{n+k}\leqslant\tan^2\left(\dfrac{1}{\sqrt{n+k}}\right)\leqslant\dfrac{1}{n+k}+\dfrac{1}{(n+k)^2}$,故

$$\sum_{k=1}^n\frac{1}{n+k}\leqslant x_n\leqslant\sum_{k=1}^n\frac{1}{n+k}+\sum_{k=1}^n\frac{1}{(n+k)^2}$$

$$\leqslant\sum_{k=1}^n\frac{1}{n+k}+\frac{1}{n}$$

而 $\displaystyle\sum_{k=1}^n\frac{1}{n+k}=\frac{1}{n}\sum_{k=1}^n\frac{1}{1+\frac{k}{n}}$,故

$$\lim_{n\to\infty}\sum_{k=1}^n\frac{1}{n+k}=\lim_{n\to\infty}\frac{1}{n}\sum_{k=1}^n\frac{1}{1+\frac{k}{n}}=\int_0^1\frac{1}{1+x}\mathrm{d}x=\ln 2$$

由夹逼定理知 $\displaystyle\lim_{n\to\infty}x_n=\ln 2$.

（4）极值与最值

例 1 对 t 的不同取值,讨论函数 $f(x)=\dfrac{1+2x}{2+x^2}$ 在区间 $[t,+\infty)$ 上是否有最大值或最小值,若存在
最大值或最小值,求出相应的最大值点与最大值或最小值点与最小值.（天津市大学生数学竞赛,2008）

解 显然 $f(x)$ 的定义域为：$(-\infty,+\infty)$,可得

$$f'(x)=\frac{2(2+x^2)-2x(1+2x)}{(2+x^2)^2}=\frac{2(2+x)(1-x)}{(2+x^2)^2}$$

得驻点：$x_1=-2,x_2=1$.于是有

x	$(-\infty,-2)$	-2	$\left(-2,-\dfrac{1}{2}\right)$	$-\dfrac{1}{2}$	$\left(-\dfrac{1}{2},1\right)$	1	$(1,+\infty)$
y'	$-$	0	$+$	$+$	$+$	0	$-$
y	$\searrow$	极小值$-\dfrac{1}{2}$	$\nearrow$	0	$\nearrow$	极大值1	$\searrow$

又：$\lim\limits_{x\to+\infty}f(x)=0,\ \lim\limits_{x\to+\infty}f(x)=0.$

记：$M(t)$ 与 $m(t)$ 分别表示 $f(x)$ 在区间 $[t,+\infty)$ 上的最大值与最小值.

从上表不难看出：

① $t\leqslant-2$ 时，$m(t)=f(-2)=-\dfrac{1}{2},M(t)=f(1)=1$；

② $-2<t\leqslant-\dfrac{1}{2}$ 时，$m(t)=f(t)=-\dfrac{1+2t}{2+t^2},M(t)=f(1)=1$；

③ $-\dfrac{1}{2}<t\leqslant1$ 时，无 $m(t)$，$M(t)=f(1)=1$；

④ $1<t$ 时，无 $m(t)$，$M(t)=f(1)=\dfrac{1+2t}{2+t^2}$.

例 2　设 $f(x)=\begin{cases}x^{2x}, & x>0\\ x+1, & x\leqslant0\end{cases}$，求 $f(x)$ 的极值.（北京市大学生数学竞赛，2007）

解　注意到 $\lim\limits_{x\to0^+}f(x)=\lim\limits_{x\to0^+}x^{2x}=1,\ \lim\limits_{x\to0^-}f(x)=1$，故知 $f(x)$ 在 $x=0$ 处连续. 从而

$$f'(x)=\begin{cases}2(\ln x+1)x^{2x}, & x>0\\ 1, & x<0\end{cases}$$

由此可得驻点 $x=\mathrm{e}^{-1}$.

又当 $0<x<\mathrm{e}^{-1}$ 时，$f'(x)<0$；当 $x>\mathrm{e}^{-1}$ 时，$f'(x)>0$，所以 $x=\mathrm{e}^{-1}$ 是极小值点.

注意到当 $x<0$ 时，$f'(x)>0$，所以 $x=0$ 是极大值点.

从而，$f(x)$ 的极小值 $f(\mathrm{e}^{-1})=\mathrm{e}^{-2\mathrm{e}^{-1}}$，极大值 $f(0)=1$.

例 3　对于 $x\in\mathbf{R}$ 求 $|f(x)|=|\sin x+\cos x+\tan x+\cot x+\sec x+\csc x|$ 的极小值.（美国 Putnam Exam，2003）

解　由题设及三角函数公式有

$$\tan x+\cot x+\sec x+\csc x=\frac{1+\sin x+\cos x}{\sin x\cos x}$$

$$=\frac{(\sin x+\cos x+1)(\sin x+\cos x-1)}{\sin x\cos x(\sin x+\cos x-1)}$$

$$=\frac{2}{\sin x+\cos x-1}$$

这样问题中的表达式可化为 $f(t)=1+t+\dfrac{2}{t}$ 形式，其中 $t=\sin x+\cos x-1$.

注意到 $\sin x+\cos x=\sqrt{2}\sin(x+\dfrac{\pi}{4})$，故只考虑在区间 $[-\sqrt{2}-1,\sqrt{2}-1]$ 中的 t 值.

而 $f'(t)=1-\dfrac{2}{t^2}$，知 $f(t)$ 在 $(0,\sqrt{2}-1)$ 中是减函数，这样若 $t>0$，则

$$f(t)\geqslant1+(\sqrt{2}-1)+\frac{2}{\sqrt{2}-1}=2+3\sqrt{2}$$

另外，若 $t<0$，则 $f(t)$ 在 $[-\sqrt{2}-1,-\sqrt{2}]$ 上单增，故对 $t<0$，总有 $f(t)\leqslant1-2\sqrt{2}$，等号当 $t=-\sqrt{2}$ 时成立.

综上 $|f(t)| \geqslant 2\sqrt{2}-1$,即其最小值为 $2\sqrt{2}-1$.

例 4 分针和时针在零点重合后,两针针尖间的距离逐渐由小变大,再由大变小,经过 $\dfrac{12}{11}$ h 后再次重合.设时针和分针分别长 a 与 $2a$,问两针尖相离的速率何时达到最大.(北京市大学生数学竞赛,2006)

解 由题意知时针的角速度为 $\omega_2=\dfrac{\pi}{6}$ rad/h,分针的角速度为 $\omega_2=2\pi$ rad/h,所以在 $t\in\left[0,\dfrac{6}{11}\right]$ 时刻,时针分针分别转动的角度为 $a=\dfrac{\pi t}{6}$ 和 $\beta=2\pi t$,此时,时针和分针两针尖的位置分别为 $A\left(a\sin\dfrac{\pi}{6}t,\right.$ $\left.a\cos\dfrac{\pi}{6}t\right)$,$B(2a\sin 2\pi t,2a\cos 2\pi t)$,故 A,B 之间的距离为

$$s=\sqrt{(2a\sin 2\pi t-a\sin\dfrac{\pi}{6}t)^2+(2a\cos 2\pi t-a\cos\dfrac{\pi}{6}t)^2}=a\sqrt{5-4\cos\dfrac{11\pi}{6}t}\quad t\in\left[0,\dfrac{6}{11}\right]$$

两针尖分离的速度为

$$v=s'=\dfrac{11\pi a}{3}\dfrac{\sin\dfrac{\pi}{6}t}{\sqrt{5-4\cos\dfrac{11\pi}{6}t}}\quad t\in\left[0,\dfrac{6}{11}\right]$$

$$v'=-\dfrac{121\pi^2}{18}\dfrac{2\left(\cos\dfrac{11\pi}{6}t\right)^2-5\cos\dfrac{11\pi}{6}t+2}{\left(\sqrt{5-4\cos\dfrac{11\pi}{6}t}\right)^3}\quad t\in\left[0,\dfrac{6}{11}\right]$$

令 $v'=0$ 解得驻点 $t=\dfrac{2}{11}$,即在 $\dfrac{2}{11}$ h 后两针尖分离的速度最大,即从重合开始经过 10 min54.54 s 两针尖分离速度最大.

例 5 设函数 $y=f(x)=\dfrac{1}{1+|x|}+\dfrac{1}{1+|x-2|}$,作函数图象并填写下表:

单增区间	单减区间	最大值	最小值	极大值	极小值	拐 点

(北京市大学生数学竞赛,2005)

解 由题设考虑所给函数表达式可有下表(过程略),据表可给出函数大致图象如图 17 所示.

单增区间	单减区间	最大值	最小值	极大值	极小值	拐 点
$(-\infty,0),(1,2)$	$(0,1),(2,+\infty)$	$\dfrac{4}{3}$	无	$\dfrac{4}{3}$	1	无

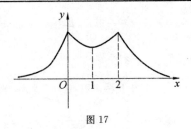

图 17

习　题

1. 讨论下面诸函数的连续性和可微性：

(1) 已知 $f(x)=\begin{cases} x^2\sin\dfrac{1}{x}, & x\neq 0 \\ 0, & x=0 \end{cases}$．①求 $f'(x)$；②$f'(x)$ 在 $x=0$ 处是否连续？（华中工学院，1980；南京邮电学院，1982）

(2) 讨论函数 $f(x)=\begin{cases} x^4\sin\dfrac{1}{x}, & x\neq 0 \\ 0, & x=0 \end{cases}$ 在 $x=0$ 有几阶导数及这些导数在 $x=0$ 点的连续性．（合肥工业大学，1985）

(3) 设 $f(x)=\begin{cases} \dfrac{\sin x}{x}, & x\neq 0 \\ 1, & x=0 \end{cases}$，求 $f'(x)$．（北京化工学院，1983）

(4) 设 $f(x)=\begin{cases} x\mathrm{e}^{-\frac{1}{x^2}}, & x\neq 0 \\ 0, & x=0 \end{cases}$，求 $f'(0)$．（重庆大学，1983）

(5) 讨论 $f(x)=\begin{cases} \dfrac{2^{\frac{1}{x}}x}{1+2^{\frac{1}{x}}}, & x\neq 0 \\ 0, & x=0 \end{cases}$ 在 $x=0$ 处的可导性．（厦门大学，1982）

(6) 讨论 $f(x)=\begin{cases} \dfrac{1-\cos x}{x^2}, & x\neq 0 \\ \dfrac{1}{2}, & x=0 \end{cases}$ 在 $x=0$ 点的连续性和可微性．（云南大学，1983）

(7) 讨论 $f(x)=\begin{cases} \dfrac{1}{x}-\dfrac{1}{\mathrm{e}^x-1}, & x\neq 0 \\ \dfrac{1}{2}, & x=0 \end{cases}$ 在 $x=0$ 点的连续性和可微性．（东北工学院，1983）

(8) 设 $f(x)=\begin{cases} \mathrm{e}^{-\frac{1}{x^2}}, & x\neq 0 \\ 0, & x=0 \end{cases}$，试证：$f'(x)$ 在 $x=0$ 处连续．（华中工学院，1979）

2. 已知 $f(x)=\begin{cases} \sin x, & x\leqslant c \\ ax+b, & x>c \end{cases}$，其中 c 为常数．试确定参数 a,b 的值，使 $f'(c)$ 存在．（武汉钢铁学院，1982）

3. 确定常数 a,b,c,d 使

$$f(x)=\begin{cases} x^2+4, & x\leqslant 0 \\ ax^3+bx^2+cx+d, & 0<x<1 \\ x^2-x, & x\geqslant 1 \end{cases}$$

在 $(-\infty,+\infty)$ 上连续，处处可导．（华北电力学院北京研究生部，1980）

4. 设 $f(x)=\varphi(a+bx)-\varphi(a-bx)$，其中 $\varphi(x)$ 在 $(-\infty,+\infty)$ 有定义，且在 $x=a$ 处可导，求 $f'(0)$ 的值．（西安交通大学，1984）

5. 设 $x>a$ 时函数 $f(x)$ 可导，且 $\lim\limits_{x\to+\infty}f'(x)$ 存在，$\lim\limits_{x\to+\infty}f(x)=k$（常数），证明：$\lim\limits_{x\to+\infty}f'(x)=0$．（合肥工业大学，1983）

6. 设 $f_n(x)=\dfrac{n+x}{1+nx^2}+n^2\cos\dfrac{x-1}{n}$ $(n=1,2,3,\cdots)$，求 $\lim\limits_{n\to+\infty}f'_n(x)$．（中国科学院，1984）

7. 求下列函数的导数 $\dfrac{\mathrm{d}y}{\mathrm{d}x}$：

(1) $y = \dfrac{3^x}{2^x} + \tan\dfrac{x}{2} + x^{\frac{1}{x}}$ $(x > 0)$.（中山大学，1981）

(2) $y = a^{a^x} + \arctan\dfrac{x^2}{a} + \ln(\mathrm{e}^x + \sqrt{1 + \mathrm{e}^{2x}})$，这里 $a > 0$.（中山大学，1983）

(3) $y = \ln(\mathrm{e}^x + \sqrt{1 + \mathrm{e}^{2x}})$.（北京航空学院，1983）

(4) $y = x(\sin x)^x$.（北京农机学院，1980）

(5) $y = x(\sin x)^{\cos x}$.（上海机械学院，1981）

(6) $y = |\pi - 2x| \cos^2 x$.（中山大学，1983）

(7) $y = x^{\sin\frac{1}{x}}$.（浙江大学，1981）

(8) $y = x^x$.（西安交通大学，1980；北京大学，1982）

(9) $y = 2^{|a-x|}$.（中山大学，1982）

(10) $y = \dfrac{1-x}{1+x}\mathrm{e}^{\sqrt{x}}$.（同济大学，1982）

(11) $y = \cos\left(\left|\dfrac{\pi}{2} + \sin(x^2 + 1)\right|\right)$.（华东工程学院，1984）

(12) $y = \log_{\varphi(x)}\psi(x)$，其中 $\varphi(x) > 0, \psi(x) > 0$.（南京工学院，1983）

8. 求 y 对 x 的导数，若：

(1) $\ln\sqrt{x^2 + y^2} = \arctan\dfrac{y}{x}$.（中山大学，1981；武汉地质学院，1982；北京工业大学，1983）

(2) $y = \arctan\sqrt{x} + x^y$.（西安交通大学，1979）

(3) $(\sin y)^x = (\cos x)^y$.（兰州大学，1982）

(4) $\arcsin x \ln y - \mathrm{e}^{2x} + \tan y = 0$.（西安交通大学，1981）

9. 设 $f(x) = \ln(1+x)$，$y = f[f(x)]$，求 $\dfrac{\mathrm{d}y}{\mathrm{d}x}$.（太原工业大学，1985）

10. 设 $f_n(x) = \underbrace{f\{f[\cdots f(x)]\}}_{n\text{次}}$，且 $f(x) = \dfrac{x}{\sqrt{1+x^2}}$，求 $\dfrac{\mathrm{d}f_n(x)}{\mathrm{d}x}$.（西北工业大学，1983）

11. 求下面参数方程的导数：

(1) 若 $\begin{cases} x = \arcsin\dfrac{1}{\sqrt{1+t^2}} \\ y = \arccos\dfrac{1}{\sqrt{1+t^2}} \end{cases}$，求 $\dfrac{\mathrm{d}y}{\mathrm{d}x}$.（中山大学，1981）

(2) 若 $\begin{cases} x = (1+t)^{1+\frac{1}{t}} \\ y = (1+t)^{\frac{1}{t}} \end{cases}$，求 $\dfrac{\mathrm{d}y}{\mathrm{d}x}$.（中山大学，1983）

12. 求下面参数方程的一阶、二阶导数：

(1) 若 $\begin{cases} x = \dfrac{3at}{1+t^3} \\ y = \dfrac{3at^2}{1+t^3} \end{cases}$，求 $\dfrac{\mathrm{d}y}{\mathrm{d}x}, \dfrac{\mathrm{d}^2y}{\mathrm{d}x^2}$.（中山大学，1982）

(2) 若 $\begin{cases} x = a(t - \sin t) \\ y = a(1 - \cos t) \end{cases}$，求 $\dfrac{\mathrm{d}y}{\mathrm{d}x}, \dfrac{\mathrm{d}^2y}{\mathrm{d}x^2}$.（大连海运学院，1980）

13. 若 $\begin{cases} x = \varphi(t) \\ y = \psi(t) \\ z = kt^2 \end{cases}$，求 $\dfrac{\mathrm{d}x}{\mathrm{d}z}, \dfrac{\mathrm{d}y}{\mathrm{d}z}$．（华中工学院，1981）

14. 计算 $\dfrac{\mathrm{d}}{\mathrm{d}x} \displaystyle\int_{x^2}^{x^3} \dfrac{\mathrm{d}t}{\sqrt{1+t^4}}$．（大连铁道学院，1980）

15. 计算 $\dfrac{\mathrm{d}}{\mathrm{d}x} \displaystyle\int_0^x (x-t) f'(t)\mathrm{d}t$．（南京工学院，1980）

16. 已知 $f(t)$ 在 $(-\infty, +\infty)$ 上连续，求 $\displaystyle\int_{x^2}^{e^x} f(t)\mathrm{d}t$ 在 $x=0$ 点的导数．（北京钢铁学院，1980）

17. 设 $f(x) = \displaystyle\int_{x^2}^q \sin^2 u\,\mathrm{d}u$，求 $f'\left(\dfrac{\pi}{2}\right)$．（石化科学研究院，1980）

18. 已知 $\displaystyle\int_0^y \mathrm{e}^t \mathrm{d}t = \int_0^{x^2} \cos t\,\mathrm{d}t$，求 $\dfrac{\mathrm{d}y}{\mathrm{d}x}, \dfrac{\mathrm{d}^2 y}{\mathrm{d}x^2}$．（天津大学，1979）

19. 设函数

$$f(x) = \begin{cases} \dfrac{g(x) - \cos x}{x}, & x \neq 0 \\ a, & x = 0 \end{cases}$$

其中 $g(x)$ 具有二阶连续导函数且 $g(0) = 1$．

(1)试确定 a 值使 $f(x)$ 在点 $x=a$ 处连续；(2)求 $f'(x)$；(3)讨论 $f'(x)$ 在点 $x=0$ 处的连续性．（哈尔滨工业大学，1984）

20. 设 $F(x) = \displaystyle\int_a^b f(y)\,|x-y|\,\mathrm{d}y$，求 $f''(y)$．（重庆建工学院，1985）

21. 设函数 $f(x)$ 当 $x \leqslant 0$ 时二次可微，如何选择 a, b, c 才能使函数

$$F(x) = \begin{cases} f(x), & x \leqslant 0 \\ ax^2 + bx + c, & x > 0 \end{cases}$$

也二次可微．（南京工学院，1983）

22. 设函数 $f(y)$ 的反函数 $f^{-1}(x)$ 及 $f'[f^{-1}(x)], f''[f^{-1}(x)]$ 都存在，且 $f'[f^{-1}(x)] \neq 0$．试证：$\dfrac{\mathrm{d}^2 f^{-1}(x)}{\mathrm{d}x^2} = -\dfrac{f''[f^{-1}(x)]}{\{f'[f^{-1}(x)]\}^3}$．（湖南大学，1984）

23. 设 $y = \mathrm{e}^x \sin x$，求 $y^{(n)}$．（北京工业大学，1983）

24. 设 $y = \dfrac{x}{\sqrt[3]{1+x}}$，求 $y^{(n)}$．（复旦大学，1983）

25. 设 $y = \dfrac{x^3}{1-2x}$，求 $y^{(n)}$．（厦门大学，1983）

26. 设 $f(x) = \arctan x$．

(1)试证：$(1+x^2) f^{(n+2)}(x) + 2(n+1)x f^{(n+1)}(x) + n(n+1) f^{(n)}(x) = 0$；(2)求 $f^{(n)}(0)$．（厦门大学，1982）

27. 设 $y = (\arcsin x)^2$．试证明：关系式

$$(1-x^2) y^{(n+1)} - (2n-1)xy^{(n)} - (n-1)^2 y^{(n-1)} = 0$$

成立，且求 $y'(0), y''(0), \cdots, y^{(n)}(0)$．（浙江大学，1979）

28. 将函数 $f(x) = \dfrac{1}{4}\ln\dfrac{1+x}{1-x} + \dfrac{1}{2}\arctan x$ 在 $x=0$ 点展为泰勒级数．（北方交通大学，1983）

29. 将函数 $f(x) = \displaystyle\int_0^x \mathrm{e}^{-t^2} \mathrm{d}t$ 展成麦克劳林级数，且求 $f^{(20)}(x)\big|_{x=0}$．（长春地质学院，1983）

30. (1)设 $P_n(x)=\dfrac{1}{2^n n!}\dfrac{\mathrm{d}^n}{\mathrm{d}x^n}(x^2-1)^n$，证明：$P'_{n+1}(x)-P'_{n-1}(x)=(2n+1)P_n(x)$. (成都电讯工程学院,1982)

(2)证明:对于任何自然数 n, $Q_n(x)=\dfrac{\mathrm{d}^n}{\mathrm{d}x^n}(x^2-1)^n$ 有 n 个相异零点. (吉林大学、北京邮电学院,1983)

31. 设函数 $f(x)$ 在 $[a,b]$ 上满足:对任意 $x\in[a,b]$, $y\in[a,b]$ 均有 $|f(x)-f(y)|\leqslant M|x-y|^{\alpha}$, 其中 M 为正的常数,试证:当 $\alpha>1$ 时, $f(x)\equiv C$(常数),当 $x\in[a,b]$. (湖南大学、山东海洋学院,1984)

32. 设函数 $f(x)$ 在 $[a,b]$ 上具有连续的一阶导数,又 $f(a)=0$, 且有正实数 M 使 $|f'(x)|\leqslant M|f(x)|(a\leqslant x\leqslant b)$. 试证: $f(x)\equiv 0$, 当 $x\in[a,b]$. (天津大学,1983)

33. 设 $f(x)$ 处处可导,且 $0\leqslant f'(x)\leqslant\dfrac{k}{1+x^2}$ (k 为正常数),试证:由下列递推关系所确定的 x_n, 当 $n\to\infty$ 时有极限: x_0 任意, $x_n=f(x_{n-1})$, $n=1,2,\cdots$, 且证明此极限满足方程 $x=f(x)$. (西北工业大学,1982)

34. 设 $f(x)$ 在 $[0,1]$ 上可导,且 $0<f(x)<1$, 对于 $(0,1)$ 内所有 x 有 $f'(x)\neq 1$. 证明:在 $(0,1)$ 内有且仅有一点 x 使 $f(x)=x$. (上海交通大学,1984)

35. $f(x)$ 在 $[a,b]$ 上连续,且 $f(a)<a$, $f(b)<b$. 试证:在 (a,b) 内至少有一点 ξ 使 $f(\xi)=\xi$. (湖南学院,1984)

36. 已知函数 $f(x)=1-x+\dfrac{x^2}{2}-\dfrac{x^3}{3}+\cdots+(-1)^n\dfrac{x^n}{n}$, 求证:当 n 为奇数时, $f(x)$ 有一实零点;当 n 为偶数时, $f(x)$ 无实零点. (天津大学,1979)

37. 若 $a^2-3b<0$, 试判断 $x^3+ax^2+bx+c=0$ 实根的个数. (北京邮电学院,1983)

38. 若 $a_1,a_2,\cdots,a_n$ 是满足 $a_1-\dfrac{a_2}{3}+\dfrac{a_3}{5}-\cdots+(-1)^{n-1}\dfrac{a_n}{2n-1}=0$ 的实数. 证明:方程 $a_1\cos x+a_2\cos 3x+\cdots+a_n\cos(2n-1)x=0$ 在 $\left(0,\dfrac{\pi}{2}\right)$ 内至少有一实根. (长沙铁道学院,1981;西安地质学院,1985)

39. 讨论 $\sin^3 x\cos x=a(a>0)$ 在 $0\leqslant x\leqslant\pi$ 上的实根个数. (长沙铁道学院,1983)

40. 设 a 为正数,试就 a 的取值范围,讨论方程 $e^{ax}-x=0$ 的实根个数. (昆明工学院,1980)

41. 讨论 $xe^{-x}=a(a>0)$ 的实根个数. (同济大学,1979)

42. 设 k 是任意实常数,试讨论方程 $(x+2)e^{\frac{1}{x}}-k=0$ 的实根个数及大致范围. (天津大学,1983)

43. 证明:方程 $a^x=bx$ ($a>1$)当 $b>e\ln a$ 时有两实根;当 $0<b<e\ln a$ 时没有实根;当 $b<0$ 时有唯一实根. (西安公路学院,1980)

44. 若 a,b,c,d 皆为实数,且 $a>b>c>d$, 若设 $f(x)=(x-a)(x-b)\cdot(x-c)(x-d)$. 试证:方程 $f'(x)=0$ 必有 3 个实根,请指出其所在区间. (北京农机学院,1980)

45. 设 $f(x)$ 在 $[0,1]$ 上连续,且 $f(x)<1$. 试证: $2x-\displaystyle\int_0^x f(t)\mathrm{d}t=1$ 在 $[0,1]$ 上只有唯一解. (大连工学院,1985)

46. 设 $f(x)$ 在 $[a,+\infty)$ 上二次可微,又 $f(a)>0$, $f'(a)<0$, $f''(x)<0$. 试证:方程 $f(x)=0$ 在 $[a,+\infty)$ 内有且仅有一个实根. (长春光机学院,1984)

47. 设 $f(x)$ 在 $[a,+\infty)$ 上连续,当 $x>a$ 时 $f'(x)>k>0$ (k 为常数). 证明:若 $f(a)<0$, 那么方程 $f(x)=0$ 在 $\left[a,a-\dfrac{f(a)}{k}\right]$ 上有且仅有一个实根. (湘潭大学,1983;大连轻工业学院,1984;东北工学院,1985)

48. 设函数 $f(x)$ 在 $[a,b]$ 上连续,在 (a,b) 内二阶可导.又设联结 $(a,f(a))$,$(b,f(b))$ 两点的直线和曲线 $y=f(x)$ 交于点 $(c,f(c))$,其中 $a<c<b$.试证:在 (a,b) 内至少一点 ξ,使 $f''(\xi)=0$.(成都科技大学,1985)

49. 已知多项式 $P_n(x)=a_0x^n+a_1x^{n-1}+\cdots+a_n$ 的一切根为实数,这里 $a_0\neq 0$,a_k 为实数 $(k=0,1,2,\cdots,n)$.试证:$P_n(x)$ 的逐阶导数 $P_n'(x)$,$P_n''(x)$,$\cdots$,$P_n^{(n-1)}(x)$ 也仅有实根.(一机部 1981—1982 年出国进修生)

50. 若 $f(x)$ 在 $[a,b]$ 上有 n 阶导数存在,且 $f(a)=f(b)=f'(b)=f''(b)=\cdots=f^{(n-1)}(b)$,则 (a,b) 内至少存在一点 ξ 使得 $f^{(n)}(\xi)=0$.(上海师范大学,1979)

51. 已知 $f(x)$ 在 $[0,1]$ 上连续,在 $(0,1)$ 内可微,且 $f(0)=1$,$f(1)=0$,则在区间 $(0,1)$ 内至少有一点 c 满足 $f'(c)=-\dfrac{f(c)}{c}$.(国防科技大学,1984)

52. 设 $f(x)$ 在 $[a,b]$ 上连续,在 (a,b) 内可微,若 $a\geqslant 0$,证明:在 (a,b) 内存在 3 个实数 x_1,x_2,x_3 使

$$f'(x)=(b+a)\frac{f'(x_2)}{x_2}=(b^2+ba+a^2)\frac{f'(x_3)}{3x_3^2}$$

(南京工学院,1982)

53. (1)若 $f(x)$ 在 $[a,b]$ 上连续,在 (a,b) 内可导 $(a>0)$.证明:在 (a,b) 内至少有一点 ξ 使 $2\xi[f(b)-f(a)]=(b^2-a^2)f'(\xi)$ 成立.(上海铁道学院,1980;西北纺织工学院,1984)

(2)若 $f(x)$ 在 $(0,+\infty)$ 上可导,且 $0\leqslant f(x)\leqslant\dfrac{x}{1+x^2}$.证明:存在 $\xi>0$ 使 $f'(\xi)=\dfrac{1-\xi^2}{(1+\xi^2)^2}$.(上海交通大学,1981)

54. 若 $x_1x_2>0$,试证:$x_1\mathrm{e}^{x_2}-x_2\mathrm{e}^{x_1}=(1-\xi)\mathrm{e}^{\xi(x_1-x_2)}$,这里 ξ 是介于 x_1,x_2 之间的数.(上海机械学院,1981)

55. 设函数 $f(x)$,$g(x)$ 在 $[a,b]$ 上连续,在 (a,b) 内二阶可导且存在相等的最大值,又 $f(a)=g(a)$,$f(b)=g(b)$.证明:存在 $\xi\in(a,b)$,使得 $f(\xi)=g(\xi)$.(2007①②)

56. 已知函数 $f(x)$ 在 $[0,1]$ 上连续,在 $(0,1)$ 内可导,且 $f(0)=0$,$f(1)=1$.证明:

(1)存在 $\xi\in(0,1)$,使得 $f(\xi)=1-\xi$;

(2)存在两个不同的点 $\eta,\xi\in(0,1)$,使得 $f'(\eta)f'(\xi)=1$.(2005①)

57. 设函数在区间 $[a,b]$ 上有二阶导数 $f''(x)$,又 $f'(a)=f'(b)=0$.试证明:在区间 (a,b) 内至少存在一点 ξ 满足

$$|f''(\xi)|\geqslant\frac{4|f(b)-f(a)|}{(b-a)^2}$$

(长沙铁道学院、哈尔滨工业大学,1983)

58. 若函数 $f(x)$ 在 $[0,1]$ 上二次可微,且 $f(0)=f(1)$,$|f''(x)|\leqslant 1$.试证:$|f'(x)|\leqslant\dfrac{1}{2}$ 于区间 $[0,1]$ 上成立.(西北电讯工程学院,1985)

59. (1)设 $x>0$,且 $0<\alpha<1$,试证:$x^\alpha-\alpha x\leqslant 1-\alpha$.(西北电讯工程学院,1982)

(2)设 $\alpha<0$ 或 $\alpha>1$,则当 $-1<x<+\infty$ 时,成立不等式 $x^\alpha-\alpha x\geqslant 1-\alpha$.(吉林工业大学,1984)

60. 设 $0\leqslant x\leqslant 1$,且 $p>1$,试证:$2^{1-p}\leqslant x^p+(1-x)^p\leqslant 1$.(北京钢铁学院、上海科技大学,1979;太原工学院,1982;湖南大学,1984)

61. 若 $a\geqslant 0$,$b\geqslant 0$,且 $0<p<1$.试证:$(a+b)^p\leqslant a^p+b^p$.(南京大学,1982)

62. 若 $0<b\leqslant a$,则 $\dfrac{a-b}{a}\leqslant\ln\dfrac{a}{b}\leqslant\dfrac{a-b}{b}$.(兰州大学,1982;华中工学院,1983)

63. 试证下列不等式:

(1)$\dfrac{x}{1+x}<\ln(1+x)<x$,当 $x>-1$ 时.(北京化工学院,1979;石化科学院,1980)

(2)$x-\dfrac{x^2}{2}<\ln(1+x)<x$,当 $x>-1$ 时.(东北工学院,1980)

64. 设 $a>b>0$,求证:不等式 $\arctan a-\arctan b<a-b$.(中南矿冶学院,1980)

65. 若 $0<y<x$ 时,证明:不等式 $e^{x-y}-1>x-y$.(重庆建工学院,1985)

66. $0\leqslant t\leqslant 1$.(1)证明:不等式 $2t\leqslant 1+\sin\dfrac{\pi t}{2}\leqslant 2$;(2)求 $\lim\limits_{n\to\infty}\left[\int_0^1\left(1+\sin\dfrac{\pi t}{2}\right)^n\mathrm{d}t\right]^{\frac{1}{n}}$.(长沙铁道学院,1981)

67. 设 $F(x)$ 是定义在 $(-\infty,+\infty)$ 上具有非负的二阶导数的函数,证明:

(1)对任何实数 x_1,x_2,有

$$F\left(\frac{x_1+x_2}{2}\right)\leqslant\frac{F(x_1)+F(x_2)}{2}$$

(2)对于任何有限区间 $\left[0,\dfrac{\pi}{2}\right]$ 上的连续函数,有

$$F\left[\int_0^{\frac{\pi}{2}}f(x)\sin x\mathrm{d}x\right]\leqslant\int_0^{\frac{\pi}{2}}F[f(x)]\sin x\mathrm{d}x\quad(合肥工业大学,1981)$$

68. 设 $f(x)$ 在 $[a,b]$ 上有二阶连续导数,且 $f''(x)\leqslant 0$.试证

$$\int_a^b f(x)\mathrm{d}x\leqslant(b-a)f\left(\frac{a+b}{2}\right)$$

(清华大学,1984)

69. 设 $f(x),g(x)$ 可微,且当 $x\geqslant a$ 时,$|f'(x)|\leqslant g'(x)$.试证:当 $x\geqslant a$ 时,$|f(x)-f(a)|\leqslant g(x)-g(a)$.(中山大学,1983)

70. 证明下列不等式:

(1)$|x|\leqslant 2$ 时,$|3x-x^3|\leqslant 2$.(湖南大学,1980)

(2)$x^m(a-x)^n\leqslant\dfrac{m^m n^n}{(m+n)^{m+n}}a^{m+n}$(这里 $m,n>0$,且 $0\leqslant x\leqslant a$).(天津纺织工学院,1984)

(3)$x>0$ 时,$e^x>1+\ln(1+x)$.(吉林工业大学,1983)

(4)$e<x_1<x_2$ 时,$\dfrac{x_1}{x_2}<\dfrac{\ln x_1}{\ln x_2}<\dfrac{x_2}{x_1}$.(长沙铁道学院,1984)

(5)若 $a>b>0$,则 $\dfrac{a-b}{a}<\ln\dfrac{a}{b}<\dfrac{a-b}{b}$.(华中工学院,1983)

(6)$x<1$ 时,$e^x\leqslant\dfrac{1}{1-x}$.(哈尔滨工业大学,1981)

(7)$\pi^e<e^\pi$.(清华大学,1981)

(8)当 $x\geqslant 5$ 时,$2^x>x^2$.(同济大学,1981)

(9)$x-\dfrac{x^3}{6}<\sin x<x$,当 $x>0$ 时.(北京工业大学,1983)

(10)$3x<\tan x+2\sin x$,当 $0<x<\dfrac{\pi}{2}$ 时.(华东化工学院,1984)

(11)$\dfrac{1}{2}\leqslant\int_0^{\frac{1}{2}}\dfrac{\mathrm{d}x}{\sqrt{x^2-x+1}}\leqslant\dfrac{\sqrt{14}}{7}$.(上海科技大学,1980)

(12)$2e^{-\frac{1}{4}}\leqslant\int_0^2 e^{x^2-x}\mathrm{d}x\leqslant 2e^2$.(中国科学院,1985)

(13)$\sqrt{\dfrac{\pi}{2}\left(1-e^{-\frac{a^2}{2}}\right)}<\int_0^a e^{-\frac{x^2}{2}}\mathrm{d}x<\sqrt{\dfrac{\pi}{2}\left(1-e^{-a^2}\right)}$.(云南大学,1983)

71. 利用函数 $f(x) = a^{\frac{1}{x}}$,对于 $a > 1, n \geqslant 1$,证明:不等式

$$\frac{a^{\frac{1}{n+1}}}{(n+1)^2} < \frac{a^{\frac{1}{n}} - a^{\frac{1}{n+1}}}{\ln a} < \frac{a^{\frac{1}{n}}}{n^2}$$

（华中工学院,1984）

72. 若 $f(x)$ 定义于 $[0, c]$ 上,$f'(x)$ 存在且单调下降,又 $f(x) = 0$.试证:对于 $0 \leqslant a \leqslant b \leqslant a+b \leqslant c$,恒有 $f(a+b) \leqslant f(a) + f(b)$.（湖南大学,1981）

73. 设 $y = f(x)$ 在 $(-\infty, +\infty)$ 内存在 n 阶导数,且 $f(0) = f'(0) = f''(0) = \cdots = f^{(n-1)}(0) = 0$. 又当 $x > 0$ 时,$f^{(n)}(x) > 0$.试证:当 $x > 0$ 时,$f(x) > 0$.（北方交通大学,1982）

74. 设 $f(x)$ 有连续的二阶导数,且 $f(0) = f(1) = 0$,又 $\min\limits_{x \in [0,1]} f(x) = -1$. 求证:$\max\limits_{x \in [0,1]} f''(x) \geqslant 8$.（湖南大学,1982;兰州铁道学院,1984）

75. 设 $f(x)$ 在 $[a, b]$ 上连续,在 (a, b) 内可微,且 $f'(x) \geqslant 0$. 证明:$F(x) = \dfrac{1}{x-a} \displaystyle\int_a^x f^3(t)\mathrm{d}t$ $(a < x < b)$ 在 (a, b) 内不减.（华东水利学院,1982）

76. $f(x)$ 在 $[a, b]$ 上连续,在 (a, b) 内可导,且 $f'(x) < 0$. 试讨论函数 $F(x) = \dfrac{1}{x} \displaystyle\int_0^{kx} f(t)\mathrm{d}t$ 在 $(0, a)$ 内增减性,其中 k 为正的常数.（北京化工学院,1983）

77. 设函数 $f(x)$ 在 $(-\infty, +\infty)$ 内连续,且令 $F(x) = \displaystyle\int_0^x (x - 2t)f(t)\mathrm{d}t$. 试证:(1)若 $f(x)$ 是偶函数,则 $F(x)$ 也是偶函数;(2)若 $f(x)$ 为非增,则 $F(x)$ 为非减.（成都科技大学,1985）

78. 若 $f(x)$ 在 $[a, b]$ 上单调增加,则 $F(x) = \dfrac{1}{x-a} \displaystyle\int_0^x f(t)\mathrm{d}t$ 在 (a, b) 上也单调增加.（上海工业大学、上海海运学院,1984）

79. 试证:$f(x) = \dfrac{\displaystyle\int_0^x t\mathrm{e}^{-t^2}\mathrm{d}t}{\displaystyle\int_0^x \mathrm{e}^{-t^2}\mathrm{d}t}$ $(x > 0)$ 为单调增函数.（兰州铁道学院,1985）

80. 设函数 $u(x)$ 在 $(-\infty, +\infty)$ 上连续,且满足 $u(x) = \displaystyle\int_0^x tu(x-t)\mathrm{d}t$.试证:$u(x) \equiv 0$.（东北工学院,1984）

81. 设 $a > 0$,求 $f(x) = \dfrac{1}{1 + |x|} + \dfrac{1}{1 + |x-a|}$ 的最大值.（无锡轻工业学院,1983;安徽工学院,1985）

82. 设 $y = x\ln x - x - \dfrac{x^2}{6}$,试证:$y$ 仅有一个极大值和一个极小值.（南京大学,1982）

83. 讨论 $y = x^n(a-x)^m$ 的极大值与极小值 $(m, n$ 为正整数,$a > 0)$.（华中工学院,1981）

84. 研究函数 $y = \left(1 + x + \dfrac{2^2}{2!} + \cdots + \dfrac{x^n}{n!}\right)\mathrm{e}^{-x}$（$n$ 为自然数）的极值情况.（华南工学院,1979）

85. 求函数 $y = \displaystyle\int_0^x (x-1)(x-2)^2\mathrm{d}x$ 的极值.（湖南大学,1983）

86. 设 $F(x) = \displaystyle\int_0^x \mathrm{e}^{-t}\cos t\mathrm{d}t$. 试求:(1)$F(0)$;(2)$F'(0)$;(3)$F''(0)$;(4)$F(x)$ 在闭区间 $[0, x]$ 上的极大值与极小值.（北方交通大学,1980）

87. 求 $y = \displaystyle\int_1^x (1-t)\arctan(1+t^2)\mathrm{d}t$ 的极值.（中南矿冶学院,1983）

88. 求 $F(x) = \displaystyle\int_0^x (1+t)\arctan t\mathrm{d}t$ 的极小值.（中国科技大学,1979）

89. 求 $f(x) = \int_x^{x+\frac{\pi}{2}} |\sin t| \, dt$ 的极值.(西北电讯工程学院,1982)

90. 若 $\varphi(x) = \int_x^{x+\frac{\pi}{2}} |\cos t| \, dt, x \in (-\infty, +\infty)$,求 $\varphi(x)$ 在 $(-\infty, +\infty)$ 内的最大、最小值.(武汉水运工程学院,1985)

91. 求 $f(x) = \int_0^x [1 + \ln(1+x)] \, dx$ 在 $[0,1]$ 上的最大、最小值.(华东水利学院,1984)

92. 设区间 $[a,b]$($a > 0$)上的函数 $f(x) = cx + d - \ln x$(c, d 为参数),满足 $f(x) \geqslant 0$. 若 $I = \int_a^b f(x) \, dx$,试选择适当的 c 和 d 使 I 最小.(上海机械学院,1981)

93. 设 $f(x) = nx(1-x)^n$(n 为自然数). 试求:(1)$f(x)$ 在 $0 \leqslant x \leqslant 1$ 的最大值 $M(n)$;(2)$\lim\limits_{n \to \infty} M(n)$.(哈尔滨工业大学,1981)

94. 对于 $x \geqslant 0$,证明:$f(x) = \int_0^x (t - t^2) \sin^{2n} t \, dt$($n$ 为正整数)的值不超过 $\dfrac{1}{(2n+2)(2n+3)}$.(清华大学,1981)

95. 设函数 $g(x)$ 在 $(-\infty, +\infty)$ 内严格单增,试证明:$f(x)$ 与 $g(x)$ 在同一点处达到极值.(成都地质学院,1984)

96. 若函数 $f(x)$ 对于一切实数 x 均满足微分方程 $xf''(x) + 3x[f'(x)]^2 = 1 - e^{-x}$.

(1)如果 $f(x)$ 在 $x = c$($c \neq 0$)有极值,则它是极小值;(2)如果 $f(x)$ 在 $x = 0$ 有极值,它是极小值还是极大值;(3)如果 $f(0) = f'(0) = 0$,求最小常数 k,使对于所有 $x \geqslant 0$ 时有 $f(x) \leqslant kx^2$.(华中工学院,1980)

97. 设函数 $f(x)$ 满足微分方程
$$xf''(x) - 3x[f'(x)]^2 = 1 - e^{-x} \quad -\infty < x < +\infty$$
若 $f(0) = f'(0) = 0$,求一个常数 A,使得当 $x \geqslant 0$ 时有 $f(x) \leqslant Ax^2$.(广西大学,1980)

98. 设函数 $f(x) = (x - x_0)^n \varphi(x)$($n$ 为任意自然数),其中函数 $\varphi(x)$ 当 $x = x_0$ 时连续.(1)证明:$f(x)$ 在 $x = x_0$ 处可导;(2)若 $\varphi(x_0) \neq 0$,问函数在 $x = x_0$ 处有无极值?为什么?(北京航空学院,1979)

99. 设 $f(x)$ 满足 $af(x) + bf\left(\dfrac{1}{x}\right) = \dfrac{c}{x}$,其中 a, b, c 均为常数,且 $|a| \neq |b|$.(1)证明 $f(x) = -f(x)$;(2)求 $f'(x), f''(x)$ 及 $f^{(n)}(x)$;(3)若 $c > 0, |a| > |b|$,则 a, b 应满足什么条件 $f(x)$ 才有极大值和极小值.(成都地质学院,1979)

100. 设函数
$$y = f(x) = \begin{cases} x^{2x}, & x > 0 \\ x + 1, & x \leqslant 0 \end{cases}$$

(1)研究函数在 $x = 0$ 处的连续性;(2)问 x 为何值时,$f(x)$ 取得极值.(清华大学,1980)

101. 已知平面曲线 l 的方程为 $(x^2 + y^2)^2 = 8x$,考虑把 l 围在内部且各边平行于坐标轴的矩形,试求这些矩形中面积的最小值.(中国科技大学,1980)

102. 设 $f(x)$ 在点 x_0 及邻域有 $n+1$ 阶导数,且 $f'(x_0) = f''(x_0) = \cdots = f^{(n-1)}(x_0) = 0$,且 $f^{(n)}(x_0) \neq 0$.试给出 $f^{(n)}(x_0)$ 的值,并判别 $f(x)$ 在 x_0 是否取得极值及取得极值情况的判别法则.(南京气象学院,1984)

103. 设 $f(x)$ 是二阶连续可导的偶函数,且 $f''(0) \neq 0$.试证:$x = 0$ 是 $f(x)$ 的极值点.(吉林工业大学,1985)

104. 设 $f(x)$ 在 $x = x_0$ 的某邻域存在四阶连续导数,且 $f'(x_0) = f''(x_0) = f'''(x_0) = 0$,但 $f^{(4)}(x_0) \neq 0$.试证:$f(x)$ 在 x_0 处取得极值.(武汉测绘学院,1984)

105. 试在一半径为 R 的半圆内,作一面积最大的矩形.(山东大学,1980)

106. 试求通过点 $(1,1)$ 的直线 $y=f(x)$ 中,使得 $\int_0^2 [x^2-f(x)]^2 \mathrm{d}x$ 为最小的直线方程.(大连工学院,1980)

107. 若 $f(x)$ 为连续正值函数,证明:当 $x\geqslant 0$ 时,函数

$$\varphi(x)=\frac{\int_0^x tf(t)\mathrm{d}t}{\int_0^x f(t)\mathrm{d}t}$$

是增函数.(华南工学院,1980)

108. 设 $f(x)>0$,且 $f''(x)$ 连续,$x\in(-\infty,+\infty)$.又

$$g(x)=\begin{cases}\dfrac{\int_0^x tf(t)\mathrm{d}t}{\int_0^x f(t)\mathrm{d}t}, & x\neq 0 \\ 0, & x=0\end{cases}$$

(1)求 $g'(x)$;(2)证明:$g'(x)$ 在 $(-\infty,+\infty)$ 内处处连续;(3)$g(x)$ 单调.(北京工业大学,1984)

109. 设函数 $f(x)$ 在闭区间 $[0,1]$ 上二次可微,且 $f(0)=0$,$f''(x)>0$,试证:$\dfrac{f(x)}{x}$ 在 $[0,1]$ 上是增函数.(国防科技大学,1983)

110. 设 $y_1>y_2>0$,记 $\bar{y}=\dfrac{y_1+y_2}{2}$,$y^*=\dfrac{y_2-y_1}{\ln y_2-\ln y_1}$.证明:当 $y_1\leqslant 2y_2$ 时,用 $\bar{y}$ 代替 y^* 产生的相对误差小于 4%($\ln 2=0.693\ 1$).(清华大学,1979)

111. 当变量 θ 由 0 到 2π 变化时:(1)讨论函数 $y=\dfrac{1}{\sin\theta}+\dfrac{1}{\cos\theta}$ 单调性与极值,并作出草图;(2)研究 $\dfrac{1}{\sin\theta}+\dfrac{1}{\cos\theta}=k$,当 k 取不同值时实根个数.(西安交通大学,1980)

112. 设函数 $f(x)$ 在 $(-\infty,+\infty)$ 内连续,且 $F(x)=\int_0^x(x-2t)f(t)\mathrm{d}t$.试证:(1)如果 $f(x)$ 是偶函数,则 $F(x)$ 也是偶函数;(2)如果 $f(x)$ 非增,那么 $F(x)$ 非减.(天津大学,1982)

113. 试求对于 x_1 和 x_2 所有实值且满足:(1)$f(x_1+x_2)=f(x_1)+f(x_2)$ 的连续实函数;(2)$g(x_1+x_2)=g(x_1)\cdot g(x_2)$ 的连续实函数.(北京大学,1982)

114. 设函数 $f(x)$ 满足:①对其定义内任意两点 x,y 均有 $f(x+y)=\dfrac{f(x)+f(y)}{1-f(x)f(y)}$;②$f'(0)=a$.(1)证明:$f'(0)=0$;(2)证明:$f(x)$ 可微;(3)求 $f(x)$.(天津大学,1984)

115. $f(x)$ 对任意实数有定义,且对任意实数 x,y 均有 $f(x+y)=f(x)+f(y)$.证明:(1)若 $f(x)$ 在 $x=0$ 处连续,则 $f(x)$ 在一切 x 处连续;(2)若 $f(x)$ 可导,则 $f(x)=ax$,且 $f(1)=a$.(中国科学院长春光机所,1982)

116. 设函数 $f(x)$ 在 $(-\infty,+\infty)$ 上有连续的三阶导数,且在等式

$$f(x+h)=f(x)+hf'(x+\theta h)\qquad 0<\theta<1$$

中,θ 与 h 无关,则 $f(x)$ 必为一个一次函数或二次函数.(长沙铁道学院,1985)

117. 求函数 $y=\int_0^x x\mathrm{e}^{-x}\mathrm{d}x$ 的极值与拐点.(西安矿业学院,1983)

118. 设 $f(x)=\lim\limits_{n\to\infty}\dfrac{x^{2n}-1}{x^{2n}+1}x$,试作出它的图象,并指出间断点的类型.(上海交通大学,1980)

119. 研究函数 $y=\lim\limits_{n\to\infty}\dfrac{x+x^2\mathrm{e}^{nx}}{1+\mathrm{e}^{nx}}$ 的连续性,且作出图象.(华东化工学院,1982;西北电讯工程学院,

1984)

120. 试作函数 $y = \lim\limits_{n \to \infty} \sqrt[n]{1 + x^n}$ $(x \geqslant 0)$ 的图象.(西北电讯工程学院,1984)

121. 设函数 $f(x) = \lim\limits_{n \to \infty} \dfrac{x(1 + \sin \pi x)^n + \sin \pi x}{1 + (1 + \sin \pi x)^n}$ $(n$ 为自然数).试作出 $f(x)$ 在 $[-1,1]$ 上函数的图象.(上海交通大学,1984)

122. 指出函数 $y = f(x) = \lim\limits_{x \to \infty}(x-1)\arctan x^n$ 的定义域,且作该函数的图象.(南京邮电学院,1984)

123. 设 $F(x,t) = \left(\dfrac{x-1}{t-1}\right)^{\frac{1}{x-t}}$,这里 $(x-1)(t-1) > 0$,且 $x \neq t$,又函数 $f(x)$ 由下列表达式确定: $f(x) = \lim\limits_{t \to \infty} F(x,t)$,试求 $f(x)$ 连续区间及间断点,且研究 $f(x)$ 在其间断点处左右极限,并画出草图.(北京工业大学,1979)

124. 设 $f(x) = \lim\limits_{n \to \infty} \dfrac{n^x - n^{-x}}{n^x + n^{-x}} e^{-x}$ $(n$ 为正整数),研究 $f(x)$ 的连续性,试作出 $y = f(x)$ 的函数图象.(大连铁道学院,1986)

125. 研究函数 $y = \lim\limits_{n \to \infty} \dfrac{1 - x^n}{1 + x^n}$ $(x \geqslant 0)$ 的连续性且作出该函数的图象.(华东化工学院,1982)

126. 指出函数 $y = \dfrac{x^2 - x}{|x|(x^2 - 1)}$ 的间断点,且说明它是哪一类间断,并作出函数图象.(北方交通大学,1983)

127. 讨论且描绘曲线 $x^2 + y^2 = x^4 + y^4$ 图象(拐点不讨论).(国防科技大学,1981)

128. 设 $f(x) = \begin{cases} e^x, & x < 0 \\ a + bx, & x \geqslant 0 \end{cases}$. (1)确定 a,b 使 $f(x)$ 在 $x = 0$ 处连续且可导;(2)画出函数图象;(3)写出曲线在 $x = 0$ 处切线、法线方程.(北方交通大学,1980)

129. (1)作出 $y = \dfrac{\ln x}{x}$ 的图象,注明极值点、拐点、渐近线;(2)比较 e^π 和 π^e 的大小,且说明理由;(3)证明:当 $0 < x < 1$ 或 $x = e$ 时,只有 $y = x$ 才满足等式 $x^y = y^x$;当 $x > 1$ 并且 $x \neq e$ 时,对任意一个 x 均可找唯一的一个 $y \neq x$,满足 $x^y = y^x$.(清华大学,1981)

130. 设 $\varphi(x,u) = \left(\dfrac{x-1}{u-1}\right)^{\frac{u}{x-u}}$,其中 $(x-1)(u-1) > 0$,$x \neq u$. 函数 $f(x)$ 定义为 $f(x) = \lim\limits_{u \to x}(x,u)$.试求函数 $f(x)$ 的连续区间和间断点,且求 $f(x)$ 在其间断点处的左右极限,并画出草图.(一机部机械研究院,1982)

131. (1)描绘函数 $y = e^{-\frac{1}{x}}$ 的图象.(大连海运学院,1986)

(2)简要讨论函数 $y = e^u$ 的性质,其中 $u = \dfrac{2x}{1 - x^2}$,并作出函数图象.(武汉地质学院,1982)

132. 设 $I(x) = \int_0^x e^{-t^2} dt$,证明:$I(x)$ 是严格增加的奇函数.作出 $I(x)$ 的图象,且以此说明 $\int_0^\infty 2^{-x^2} dx$ 的敛散性.(华中工学院,1982)

133. 对函数 $x^{\frac{2}{3}} e^{-x}$ 进行全面讨论,并画出其草图.(武汉建材学院,1982)

134. 对函数 $y = \dfrac{x}{\ln x}$ 进行全面讨论,且画出其图象.(苏州丝绸工学院,1983)

135. 对函数 $y = \dfrac{x}{1 + x^2}$ 进行全面讨论,且绘出其图象.(北京航空学院,1983)

136. 求曲线 $y = \tan x$ 在点 $\left(\dfrac{\pi}{4}, 1\right)$ 处的曲率圆方程.(山东工学院,1980)

137. 确定 a,b,c 使 $y=x^3+ax^2+bx+c$ 有一拐点 $(1,-1)$，且在 $x=0$ 处有极大值 1.（无锡轻工业学院，1984）

138. 已知曲线 $c:y=x^2(0\leqslant x<+\infty)$，求 $\dfrac{\mathrm{d}k}{\mathrm{d}s}$（其中 k 是曲线 c 在点 x 处的曲率，s 是对应于区间 $[0,x]$ 上曲线 c 的一段弧长）.（太原工学院，1980）

139. 给定曲线 $c:x=\ln\left(\tan\dfrac{t}{2}\right)+\cos t,y=\sin t$ $(0<t<\pi)$. 设曲线 c 上任一点 P 处切线与 Ox 轴交点为 T，则线段 PT 定长.（北京工业大学，1984）

140. 求出两个多项式 $P(x)$ 与 $Q(x)$ 使下式成立

$$\int[(2x^4-1)\cos x+(8x^3-x^2-1)\sin x]\mathrm{d}x=P(x)\cos x+Q(x)\sin x+c$$

（淮南煤矿学院，1983）

141. 试从光行最速原理（即光从一点反射或折射达到另一点是沿着需要最短时间的路线传播）推出光的折射率：$\dfrac{\sin\alpha}{\sin\beta}=\dfrac{v_1}{v_2}$，其中 α,β 分别为入射角和折射角；v_1,v_2 分别为光在第一介质与第二介质中的传播速度.（湘潭大学，1981）

142. 在宽为 a 的河旁，修建一条宽为 b 的运河，使二者相交成直角. 问能驶进运河的船，其最大长度几何？（山东海洋学院，1980）

143. 水沟的横断面为等腰梯形，若沟中流水的横断面积为 S，水面高为 h. 问水沟侧边的倾角 θ 为多少时，才能使横断面被水浸湿的周长最小？（上海海运学院，1980）

第 **3** 章

一元函数积分学

内 容 提 要

(一) 不定积分

1. 原函数与不定积分

若 $F'(x) = f(x)$，则称 $F(x)$ 为 $f(x)$ 的原函数，$f(x)$ 原函数的全体 $\int f(x)\mathrm{d}x = F(x) + C$ 称为 $f(x)$ 的不定积分，这里 C 是任意常数.

2. 不定积分性质

$(1)\int f'(x)\mathrm{d}x = f(x) + C;$ $\qquad$ $(2)\left[\int f(x)\mathrm{d}x\right]' = f(x);$

$(3)\int kf(x)\mathrm{d}x = k\int f(x)\mathrm{d}x(k$ 为常数$);$ $\qquad$ $(4)\int[f(x) \pm g(x)]\mathrm{d}x = \int f(x)\mathrm{d}x \pm \int g(x)\mathrm{d}x.$

3. 基本积分

$(1)\int 0 \cdot \mathrm{d}x = C;$ $\qquad$ $(2)\int x^a \mathrm{d}x = \dfrac{x^{a+1}}{a+1} + C(a \neq -1);$

$(3)\int \dfrac{\mathrm{d}x}{x} = \ln \mid x \mid + C;$ $\qquad$ $(4)\int a^x \mathrm{d}x = \dfrac{a^x}{\ln a} + C;$

$(5)\int \mathrm{e}^x \mathrm{d}x = \mathrm{e}^x + C;$ $\qquad$ $(6)\int \sin x\mathrm{d}x = -\cos x + C;$

$(7)\int \cos x\mathrm{d}x = \sin x + C;$ $\qquad$ $(8)\int \dfrac{\mathrm{d}x}{\cos^2 x} = \tan x + C;$

$(9)\int \dfrac{\mathrm{d}x}{\sin^2 x} = -\cot x + C;$ $\qquad$ $(10)\int \dfrac{\mathrm{d}x}{\sqrt{1-x^2}} = \arcsin x + C;$

$(11)\int \dfrac{\mathrm{d}x}{1+x^2} = \arctan x + C;$ $\qquad$ $(12)\int \mathrm{sh}\, x\mathrm{d}x = \mathrm{ch}\, x + C;$

$(13)\int \mathrm{ch}\, x\mathrm{d}x = \mathrm{sh}\, x + C;$ $\qquad$ $(14)\int \dfrac{\mathrm{d}x}{1-x^2} = \dfrac{1}{2}\ln\left|\dfrac{1+x}{1-x}\right| + C;$

$(15)\int \dfrac{\mathrm{d}x}{\sqrt{x^2 \pm 1}} = \ln \mid x + \sqrt{x^2 \pm 1} \mid + C.$

4. 基本积分法则

(1) 分部积分：$\int u\mathrm{d}v = uv - \int v\mathrm{d}u;$

(2) 换元法则：

	第一换元法（凑微分法）	第二换元法（变量置换法）
基本形式	$\int f[\varphi(x)]\varphi'(x)\mathrm{d}x$ $=\int f[\varphi(x)]\mathrm{d}\varphi(x)\ (令\ u=\varphi(x))$ $=\int f(u)\mathrm{d}u$ $=F(u)+C\quad (回代\ u=\varphi(x))$ $=F[\varphi(x)]+C$	$\int f(x)\mathrm{d}x\ (令\ x=x(u))$ $=\int f[x(u)]x'(u)\mathrm{d}u$ $=\int g(u)\mathrm{d}u$ $=G(u)+C\quad (回代\ u=u(x))$ $=G[u(x)]+C$
换元内容	$a\mathrm{d}x=\mathrm{d}(ax)=\mathrm{d}(ax+b)(a,b\ 为常数)$ $x^m\mathrm{d}x=\dfrac{\mathrm{d}x^{m+1}}{m+1}=\dfrac{\mathrm{d}(ax^{m+1}+b)}{a(m+1)}\quad (m\ne -1)$ $\mathrm{e}^{kx}\mathrm{d}x=\dfrac{\mathrm{d}(a\mathrm{e}^{kx}+b)}{ak}\quad (k\ 为常数)$ $\sin x\mathrm{d}x=-\mathrm{d}(\cos x)$ $\cos x\mathrm{d}x=\mathrm{d}(\sin x)$ $\dfrac{\mathrm{d}x}{\sqrt{1-x^2}}=\mathrm{d}(\arcsin x)=-\mathrm{d}(\arccos x)$ $\dfrac{\mathrm{d}x}{1+x^2}=\mathrm{d}(\arctan x)=-\mathrm{d}(\mathrm{arccot}\ x)$ $\dfrac{\mathrm{d}x}{x}=\mathrm{d}(\ln\mid x\mid)$	$\int R(\sqrt{a^2-x^2})\mathrm{d}x,$ 　　令 $x=a\sin t$ 或 $x=a\cos t.$ $\int R(\sqrt{a^2+x^2})\mathrm{d}x,$ 　　令 $x=a\tan t$ 或 $x=a\cot t.$ $\int R(\sqrt{x^2-a^2})\mathrm{d}x,$ 　　令 $x=a\sec t$ 或 $x=a\csc t.$ 其余可见各类函数积分法表

5. 各类函数积分法

	函数类型	积分方法
有理函数	$\int\dfrac{P(x)}{Q(x)}\mathrm{d}x,$ 其中 $Q(x)=\prod\limits_i p(x-a_i)^{k_i}\cdot$ $\prod\limits_j (x^2+p_jx+q_j)^{k_j}$	用部分分式将 $\dfrac{P(x)}{Q(x)}$ 化为 $\sum\limits_i\left[\dfrac{A_1}{x-a_i}+\dfrac{A_2}{(x-a_i)^2}+\cdots+\dfrac{A_{k_i}}{(x-a_i)^{k_i}}\right]+$ $\sum\limits_j\left[\dfrac{M_1x+N_2}{x^2+p_jx+q_j}+\dfrac{M_2x+N_2}{(x^2+p_jx+q_j)^2}+\cdots+\right.$ $\left.\dfrac{M_{k_j}x+N_{k_j}}{(x^2+p_jx+q_j)^{k_j}}\right]$
几种无理函数	若 $R(u,v)$ 是有理函数 $\int R(\sqrt{ax^2+bx+c},x)\mathrm{d}x$	$\Delta=b^2-4ac<0$ 时用欧拉变换； 当 $a>0$ 时，令 $\sqrt{ax^2+bx+c}=\sqrt{a}x+t;$ 当 $a<0$ 时，令 $\sqrt{ax^2+bx+c}=xt+\sqrt{c}.$ 它也可以先经配方，后再用三角函数代换化为三角函数的有理式积分
	$\int R(\sqrt[n]{\dfrac{ax+b}{cx+d}},x)\mathrm{d}x$	令 $t=\sqrt[n]{\dfrac{ax+b}{cx+d}}$
	$\int R(\sqrt{ax+b},x)\mathrm{d}x$	令 $t=\sqrt{ax+b}$

	函数类型	积分方法
三角函数	$\displaystyle\int R(\sin x,\cos x)\mathrm{d}x$ 记 $\sin x$ 为 s,$\cos x$ 为 c	一般地可用半角代换,即令 $t=\tan\dfrac{x}{2}$. 若 $R(-s,c)=-R(s,c)$,则令 $t=\cos x$; 若 $R(s,-c)=-R(s,c)$,则令 $t=\sin x$; 若 $R(-s,-c)=R(s,c)$,则令 $t=\tan x$
二项微分式	$\displaystyle\int x^m(a+bx^m)^p\mathrm{d}x$	p 是整数,令 $t=\sqrt[N]{x}$,N 为 m,n 公分母; $\dfrac{m+1}{n}$ 是整数,令 $t^N=a+bx^n$,N 是 p 的分母; $\dfrac{m+1}{n}$ 是整数,令 $t^N=ax^{-n}+b$,N 是 p 的分母

注1 有理函数所化成的 4 种简单分式积分:

(1) $\displaystyle\int\frac{A\mathrm{d}x}{x-a}=A\ln|x-a|+C$;

(2) $\displaystyle\int\frac{A\mathrm{d}x}{(x-a)^k}=\frac{A(x-a)^{1-k}}{1-k}+C$;

(3) $\displaystyle\int\frac{Ax+B}{x^2+px+q}\mathrm{d}x=\frac{A}{2}\ln(x^2+px+q)^{1-k}-\frac{2B-Ap}{\sqrt{4q^2-p^2}}\arctan\frac{2x+p}{\sqrt{4q-p^2}}$;

(4) $\displaystyle\int\frac{Ax+B}{(x^2+px+q)^k}\mathrm{d}x=\frac{A}{2(1-n)}(x^2+px+q)^{1-k}+\left(B-\frac{A}{2}\right)\int\frac{\mathrm{d}x}{(x^2+px+q)^k}$;

其中式右的积分可化为 $I_n=\displaystyle\int\frac{\mathrm{d}t}{(t^2+a^2)^n}$ 形状,而 $I_n=\dfrac{1}{a^2}\displaystyle\int\frac{t^2+a^2-t^2}{(t^2+a^2)^n}\mathrm{d}t$.

这样计算下去可有

$$I_n=\frac{1}{2a^2(n-1)}\left[\frac{t}{(t^2+a^2)^{n-1}}+(2n-3)I_{n-1}\right]\quad n=2,3,\cdots$$

注2 有理三角函数式中半角代换具体内容为:

令 $t=\tan\dfrac{x}{2}$,则 $\sin x=\dfrac{2t}{1+t^2}$, $\cos x=\dfrac{1-t^2}{1+t^2}$, $\mathrm{d}x=\dfrac{2\mathrm{d}t}{1+t^2}$.

从而 $\displaystyle\int R(\sin x,\cos x)\mathrm{d}x=\int R\left(\frac{2t}{1+t^2},\frac{1-t^2}{1+t^2}\right)\frac{2\mathrm{d}t}{1+t^2}$.

以上变换又称欧拉变换.

几个常用的递推公式:

下面是几个三角函数方幂的积分递推式,一般无须强记,重要的是了解这种"共轭"处理思想.

(1) 若 $I_n=\displaystyle\int\sin^n x\,\mathrm{d}x$,则 $I_n=\dfrac{-\sin^{n-1}x\cos x}{n}+\dfrac{n-1}{n}I_{n-2}$, $n\neq 0$;

(2) 若 $I_n=\displaystyle\int\cos^n x\,\mathrm{d}x$,则 $I_n=\dfrac{\sin x\cos^{n-1}x}{n}+\dfrac{n-1}{n}I_{n-2}$, $n\neq 0$;

(3) 若 $I_n=\displaystyle\int\tan^n x\,\mathrm{d}x$,则 $I_n=\dfrac{\tan^{n-1}x}{n}-I_{n-2}$, $n\neq 1$;

(4) 若 $I_{m,n}=\displaystyle\int\sin^m x\cos^n x\,\mathrm{d}x$,则

$$I_{m,n} = \begin{cases} \dfrac{\sin^{m+1} x \cos^{n-1} x}{m+n} + \dfrac{n-1}{m+n} I_{m,n-2}, & m+n \neq 0 \\[3mm] \dfrac{-\sin^{m+1} x \cos^{n+1} x}{n+1} + \dfrac{m+n+2}{n+1} I_{m,n+2}, & n \neq -1 \\[3mm] \dfrac{-\sin^{m-1} x \cos^{n+1} x}{m+n} + \dfrac{m-1}{m+n} I_{m-2,n}, & m+n \neq 0 \\[3mm] \dfrac{\sin^{m+1} x \cos^{n+1} x}{m+1} + \dfrac{m+n+2}{m+1} I_{m+2,n}, & m \neq -1 \end{cases}$$

6. 不定积分法小结

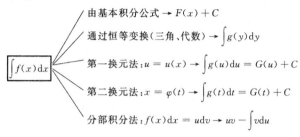

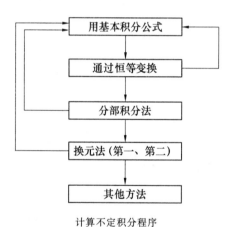

计算不定积分程序

(二) 定积分

1. 定义(略)

2. 存在定理

若 $f(x)$ 在 $[a,b]$ 上连续,或者在 $[a,b]$ 上只有有限个第一类间断点,则 $f(x)$ 在 $[a,b]$ 上的定积分存在(可积).

3. 性质(这里对各种定积分作了统一处理)

(1) 线性性质: $\int_\Gamma (af + bg) \mathrm{d}r = a \int_\Gamma f \mathrm{d}r + b \int_\Gamma g \mathrm{d}r$,这里 Γ 为积分域;

(2) 对积分域的可加性: 若 $\Gamma_1 + \Gamma_2 = \Gamma$,则

$$\int_\Gamma f \mathrm{d}r = \int_{\Gamma_1} f \mathrm{d}r + \int_{\Gamma_2} f \mathrm{d}r$$

(3) 若 $f \vee g$,这里 $\vee$ 表示 $>$、$<$、$\geqslant$、$\leqslant$ 之一,则 $\int_\Gamma f \mathrm{d}r \vee \int_\Gamma g \mathrm{d}r$(这里 $\vee$ 与 $f \vee g$ 取同一符号);

(4) $\left| \int_\Gamma f \mathrm{d}r \right| \leqslant \int_\Gamma | f | \mathrm{d}r$;

(5) 若在 Γ 上 $m \leqslant f \leqslant M$, 则 $m\mu \leqslant \int_\Gamma f \mathrm{d}r \leqslant M\mu$, 其中 μ 为 Γ 的长度、面积或体积(测度), 因而 $\int_\Gamma f \mathrm{d}r = \xi\mu$, 这里 $m \leqslant \xi \leqslant M, \xi = \dfrac{1}{\mu} \int_\Gamma f \mathrm{d}r$ 称为 f 在 Γ 上的平均值.

注 这里 $\mu = \int_\Gamma \mathrm{d}r$ 称为 Γ 的测度, 当然测度的含义不止于此.

(6) (积分中值定理) 若 f 在 Γ 上连续, 则在 Γ 上存在一点 P 使 $\int_\Gamma f \mathrm{d}r = \mu f(P)$, 其中 $\mu = \int_\Gamma \mathrm{d}r$.

4. 定积分与不定积分关系

原函数存在定理 若 $f(x)$ 在 $[a,b]$ 上连续, 则函数 $F(x) = \int_a^x f(t) \mathrm{d}t$ 是 $f(x)$ 在 $[a,b]$ 上的一个原函数.

显然由此还可有 $F'(x) = f(x)$.

牛顿－莱布尼兹公式 若 $F(x)$ 是 $f(x)$ 在 $[a,b]$ 上的一个原函数, 且 $f(x)$ 在 $[a,b]$ 上连续, 则

$$\int_a^b f(x) \mathrm{d}x = F(b) - F(a) = F(x) \Big|_a^b$$

公式的使用法:

求定积分 $\int_a^b f(x)\mathrm{d}x$ ──由 $\int f(x)\mathrm{d}x$──→ 求原函数 $F(x)$

计算 $F(b) - F(a)$ (牛顿－莱布尼兹公式) ←──代入上、下限──

5. 定积分的计算

名　称	计　算
牛顿－莱布尼兹 公式	$$\int_a^b f(x)\mathrm{d}x = F(b) - F(a)$$ $F(x)$ 是 $f(x)$ 在 $[a,b]$ 上的一个原函数
分部积分法	$$\int_a^b u(x)\mathrm{d}v(x) = u(x)v(x) \Big|_a^b - \int_a^b v(x)\mathrm{d}u(x)$$ 其中, $u'(x), v'(x)$ 在 $[a,b]$ 上连续
换元积分法 (变量置换)	$f(x)$ 在 $[a,b]$ 上连续, $x = \varphi(t)$ 单值, 且 $\varphi'(t)$ 在 $[a,\beta]$ 上连续, 又 $a = \varphi(a), b = \varphi(\beta)$, 则有 $$\int_a^b x f(x)\mathrm{d}x = \int_a^\beta f[\varphi(t)]\varphi'(t)\mathrm{d}t$$

常用的积分公式:

(1) $\displaystyle\int_{-a}^a f(x)\mathrm{d}x = \int_0^a [f(x) + f(-x)]\mathrm{d}x$.

(2) $\displaystyle\int_{-a}^a f(x)\mathrm{d}x = \begin{cases} 0, & f(x) \text{ 是奇函数} \\ 2\displaystyle\int_0^a f(x)\mathrm{d}x, & f(x) \text{ 是偶函数} \end{cases}$.

$(3) \int_0^a f(x)\mathrm{d}x = \int_0^a f(a-x)\mathrm{d}x.$

$(4) \int_0^\pi f(\sin x)\mathrm{d}x = 2\int_0^{\frac{\pi}{2}} f(\sin x)\mathrm{d}x.$

$(5) \int_{-\frac{\pi}{2}}^{\frac{\pi}{2}} f(\cos x)\mathrm{d}x = 2\int_0^{\frac{\pi}{2}} f(\cos x)\mathrm{d}x.$

$(6) \int_0^{\frac{\pi}{2}} f(\sin x,\cos x)\mathrm{d}x = \int_0^{\frac{\pi}{2}} f(\cos x,\sin x)\mathrm{d}x.$

$(7) \int_0^\pi x f(\sin x)\mathrm{d}x = \frac{\pi}{2}\int_0^\pi f(\sin x)\mathrm{d}x = \pi\int_0^{\frac{\pi}{2}} f(\sin x)\mathrm{d}x.$

(8) 若 $f(x)$ 是以 l 为周期的周期函数，则

$$\int_0^l f(x)\mathrm{d}x = \int_{-\frac{l}{2}}^{\frac{l}{2}} f(x)\mathrm{d}x = \int_a^{a+l} f(x)\mathrm{d}x$$

(9) 若 $f(x)$ 是在 $[0,\pi]$ 上连续，则

$$\int_0^\pi \frac{x f(\sin x)}{1+\cos^2 x}\mathrm{d}x = \frac{\pi}{2}\int_0^\pi \frac{f(\sin x)}{1+\cos^2 x}\mathrm{d}x$$

(10) 若 $I_n = \int_0^{\frac{\pi}{2}} \sin^n x\,\mathrm{d}x = \int_0^{\frac{\pi}{2}} \cos^n x\,\mathrm{d}x$（$n$ 非负整数），则

$$I_n = \begin{cases} \dfrac{(n-1)!!}{2\cdot n!!}\pi, & n\text{ 为偶数} \\[3mm] \dfrac{(n-1)!!}{n!!}, & n\text{ 为奇数} \end{cases}$$

(11) 若 $I = \int_0^{\frac{\pi}{2}} \sin^m x\cos^n x\,\mathrm{d}x = \int_0^{\frac{\pi}{2}} \sin^n x\cos^m x\,\mathrm{d}x$（$m,n$ 自然数）

$$I = \begin{cases} \dfrac{(m-1)!!\,(n-1)!!}{2\cdot(m+n)!!}\pi, & m,n\text{ 为偶数} \\[3mm] \dfrac{(m-1)!!\,(n-1)!!}{(m+n)!!}, & m,n\text{ 至少之一为奇数} \end{cases}$$

近似计算

设 $y_i = f(x_i)(i=0,1,2,\cdots,n)$，$\dfrac{b-a}{n} = h$.

名　称	公　式
矩形公式	$\int_a^b f(x)\mathrm{d}x \approx h\sum_{i=0}^{n-1} y_i \approx h\sum_{i=1}^n y_i$
梯形公式	$\int_a^b f(x)\mathrm{d}x \approx h\sum_{i=0}^{n-1} \approx h\left[\dfrac{y_0+y_n}{2}+\sum_{i=0}^{n-1} y_i\right]$
辛卜生公式	$\int_a^b f(x)\mathrm{d}x \approx \dfrac{1}{6}h\left[(y_0+y_{2n})+2\sum_{i=1}^n y_{2i}+4\sum_{i=1}^n y_{2i-1}\right]$

6. 定积分的应用

定积分的应用（在几何、物理上的）如下：

几 何 方 面	平面图形面积	$S = \int_a^b [f(x) - g(x)]\mathrm{d}x$（直角坐标系） $S = \dfrac{1}{2}\int_a^\beta r^2(\theta)\mathrm{d}\theta$（极坐标系） $\left(S = \int_{t_1}^{t_1} \psi(t)\varphi'(t)\mathrm{d}t \text{（参数方程）}\right)$
	几何体体积	$V = \int_a^b S(x)\mathrm{d}x$ $V = \pi\int_a^b f^2(x)\mathrm{d}x$
	曲线弧长	直角系 $l = \int_a^b \sqrt{1 + f'^2(x)}\,\mathrm{d}x, \widehat{AB}: y = f(x), a \leqslant x \leqslant b$ 参数方程 $l = \int_a^b \sqrt{x'^2(t) + y'^2(t)}\,\mathrm{d}t, \widehat{AB}: x = x(t), y = y(t), \alpha \leqslant x \leqslant \beta$ 极坐标系 $l = \int_a^b \sqrt{r^2(\theta) + r'^2(\theta)}\,\mathrm{d}t, \widehat{AB}: r = r(\theta), \alpha \leqslant x \leqslant \beta$
	旋转曲面 面积	设 $\widehat{AB}$ 方程：$y = f(x), a \leqslant x \leqslant b, \widehat{AB}$ 绕 Ox 轴的旋转曲面面积 $S = 2\pi\int_a^b f(x)\sqrt{1 + f'^2(x)}\,\mathrm{d}x$
物 理 方 面	功	物体在力 $F(x)$ 作用下沿力的方向从 $x = a$ 到 $x = b$，此时力 F 所做的功 $W = \int_a^b F(x)\mathrm{d}x$
	重 心	由 $y = f(x)$，$x = a$，$x = b$ 及 x 轴所围成平面图形的重心 $(\bar{x}, \bar{y})$ 可由 $\bar{x} = \dfrac{1}{S}\int_a^b x f(x)\mathrm{d}x, \quad \bar{y} = \dfrac{1}{2S}\int_a^b f^2(x)\mathrm{d}x$ 给出，其中 $S = \int_a^b f(x)\mathrm{d}x$

区间上的平均值公式

$$\bar{y} = \frac{1}{b-a}\int_a^b f(x)\mathrm{d}x \text{ 称 } f(x) \text{ 在}[a,b]\text{上的平均值.}$$

（三）反常积分

1. 无穷区间上的反常积分

定义　积分 $\displaystyle\int_a^{+\infty} f(x)\mathrm{d}x = \lim_{b\to+\infty}\int_a^b f(x)\mathrm{d}x$ 称为 $f(x)$ 在 $[a,+\infty)$ 内的（无穷限）**反常积分**.

收敛与发散　视极限 $\displaystyle\lim_{b\to+\infty}\int_a^b f(x)$ 存在与否定义:若极限存在称积分**收敛**,否则称积分**发散**.

类似地,可定义 $\displaystyle\int_{-\infty}^b f(x)\mathrm{d}x,\int_{-\infty}^{+\infty} f(x)\mathrm{d}x$ 及敛散性.

2. 被积函数有无穷不连续点的反常积分

定义　若函数 $f(x)$ 在闭区间 $[a,b]$ 上连续,且 $\displaystyle\lim_{x\to b^-} f(x) = \infty$,积分

$$\int_a^b f(x)\mathrm{d}x = \lim_{\varepsilon\to 0}\int_a^{b-\varepsilon} f(x)\mathrm{d}x$$

称为 $f(x)$ 在 $[a,b]$ 上的（无界函数）**反常积分**(或称**瑕积分**),而点 b 称为 $f(x)$ 的**瑕点**.

反常积分敛散(收敛或发散)定义(与无穷区间上类同,略).

又若 $f(x)$ 在 $(a,b]$ 上连续, $\displaystyle\lim_{x\to a^+} f(x) = \infty$;

或若 $f(x)$ 在 (a,b) 内连续, $\displaystyle\lim_{x\to a^+} f(x) = \infty$,且 $\displaystyle\lim_{x\to b^-} f(x) = \infty$;

仿上同样可定义反常积分 $\displaystyle\int_a^b f(x)\mathrm{d}x$.

绝对收敛和条件收敛

若 $|f(x)|$ 的反常积分收敛,则称 $f(x)$ 对应的反常积分**绝对收敛**;

若 $f(x)$ 的反常积分收敛,但 $|f(x)|$ 对应的反常积分不收敛,则称 $f(x)$ 的反常积分**条件收敛**.

若 $\displaystyle\int_a^{+\infty} |f(x)|\mathrm{d}x$(或 $\displaystyle\int_a^b |f(x)|\mathrm{d}x$) 收敛,则 $\displaystyle\int_a^{+\infty} f(x)\mathrm{d}x$(或 $\displaystyle\int_a^b f(x)\mathrm{d}x$) 也一定收敛.

3. 反常积分收敛的充要条件(柯西准则)

无穷限反常积分	瑕　积　分
任给 $\varepsilon > 0$,存在 $A > a$,使当 $A_1, A_2 > A$ 时, $\left\|\displaystyle\int_{A_1}^{A_2} f(x)\mathrm{d}x\right\| < \varepsilon$ 成立,则 $\displaystyle\int_a^{+\infty} f(x)\mathrm{d}x$ 收敛	任给 $\varepsilon > 0$,存在 $\delta > 0$,对任意的 b_1, b_2,只要 $0 < b-b_1 < \delta, 0 < b-b_2 < \delta$ 时,均有 $\left\|\displaystyle\int_{b_1}^{b_2} f(x)\mathrm{d}x\right\| < \varepsilon$ 成立,则 $\displaystyle\int_a^b f(x)\mathrm{d}x$ 收敛(b 是唯一瑕点)

反常积分敛散性比较判别法

		$\int_a^{+\infty} f(x)\mathrm{d}x$	$\int_a^b f(x)\mathrm{d}x$ (b 是瑕点)
比较判别法	一般形式	$f(x)\geqslant 0(x\geqslant a$ 时),且 $f(x)\leqslant\varphi(x)$: 当 $\int_a^{+\infty}\varphi(x)\mathrm{d}x$ 收敛 $\Rightarrow\int_a^{+\infty}f(x)\mathrm{d}x$ 收敛; 当 $\int_a^{+\infty}f(x)\mathrm{d}x$ 发散 $\Rightarrow\int_a^{+\infty}\varphi(x)\mathrm{d}x$ 发散	$0\leqslant f(x)\leqslant\varphi(x),x\in[a,b]$: 若 $\int_a^b\varphi(x)\mathrm{d}x$ 收敛 $\Rightarrow\int_a^b f(x)\mathrm{d}x$ 收敛; 若 $\int_a^b f(x)\mathrm{d}x$ 发散 $\Rightarrow\int_a^b\varphi(x)\mathrm{d}x$ 发散
	极限形式	设 $\varphi(x)\geqslant 0$,且 $\lim\limits_{x\to\infty}\dfrac{|f(x)|}{\varphi(x)}=l$: $0\leqslant l<+\infty$ 时,若 $\int_a^{+\infty}\varphi(x)\mathrm{d}x$ 收敛 $\Rightarrow\int_a^{+\infty}|f(x)|\mathrm{d}x$ 收敛; $0<l\leqslant+\infty$ 时,若 $\int_a^{+\infty}|f(x)|\mathrm{d}x$ 发散 $\Rightarrow\int_a^{+\infty}\varphi(x)\mathrm{d}x$ 发散	设 $\varphi(x)\geqslant 0,\lim\limits_{x\to b^-}\dfrac{|f(x)|}{\varphi(x)}=l$: $0\leqslant l<+\infty$ 时,若 $\int_a^b\varphi(x)\mathrm{d}x$ 收敛 $\Rightarrow\int_a^b|f(x)|\mathrm{d}x$ 收敛; $0<l\leqslant+\infty$ 时,若 $\int_a^b|f(x)|\mathrm{d}x$ 发散 $\Rightarrow\int_a^b\varphi(x)\mathrm{d}x$ 发散; $0<l<+\infty$ 时,两积分同敛散
柯西判别法	一般形式	当 $|f(x)|\leqslant\dfrac{c}{x^p},p>1$ 时,积分 $\int_a^{+\infty}|f(x)|\mathrm{d}x$ 收敛; 当 $f(x)>A\geqslant a$ 时定号,且 $|f(x)|\geqslant\dfrac{c}{x^p},p\leqslant 1$,则积分 $\int_a^{+\infty}f(x)\mathrm{d}x$ 发散(其中 $c>0$)	当 $|f(x)|\leqslant\dfrac{c}{(b-x)^p},p<1$ 时, $\int_a^b|f(x)|\mathrm{d}x$ 收敛; 当 $|f(x)|>\dfrac{c}{(b-x)^p},p\geqslant 1$ 时, $\int_a^b|f(x)|\mathrm{d}x$ 发散(其中 $c>0$)
	极限形式	设 $\lim\limits_{x\to+\infty}x^p|f(x)|=l$. 当 $0\leqslant l<+\infty,p>1$ 时,积分 $\int_a^{+\infty}|f(x)|\mathrm{d}x$ 收敛; 当 $0<l\leqslant+\infty,p\leqslant 1$ 时,积分 $\int_a^{+\infty}|f(x)|\mathrm{d}x$ 发散	设 $\lim\limits_{x\to b^-}(b-x)^p|f(x)|=l$. 若 $0\leqslant l<+\infty,p<1$ 时,积分 $\int_a^{+\infty}|f(x)|\mathrm{d}x$ 收敛; 若 $0<l\leqslant+\infty,p\geqslant 1$ 时,积分 $\int_a^{+\infty}|f(x)|\mathrm{d}x$ 发散

经 典 问 题 解 析

1. 积分计算

(1) 不定积分问题

不定积分计算,是高等数学课程中较棘手的内容,技巧性、灵活性是其一大特点,加强这类问题的练习对学好高等数学至关重要.

例 1 计算(1)$\displaystyle\int\frac{x^4+1}{(x-1)(x^2+1)}\mathrm{d}x$;(2)$\displaystyle\int\frac{1}{1+x^4}\mathrm{d}x$.

解 (1)可得

$$原式=\int\frac{x^4-1+2}{(x-1)(x^2+1)}\mathrm{d}x$$

$$= \int \frac{x^4 - 1}{(x-1)(x^2+1)} dx + \int \frac{2}{(x-1)(x^2+1)} dx$$

$$= \int (x+1) dx + \int \left(\frac{1}{x-1} - \frac{x+1}{x^2+1} \right) dx$$

$$= \frac{x^2}{2} + x + \ln|x-1| - \int \frac{x}{x^2+1} \ln(x^2+1) dx - \int \frac{dx}{x^2+1}$$

$$= \frac{x^2}{2} + x + \ln|x-1| - \frac{1}{2} \ln(x^2+1) - \arctan x + C$$

变换 $t = \tan \dfrac{x}{2}$ 又称为 Euler 变换,一般来讲,被积函数为三角函数的问题,皆可由此变换化为有理函数积分.

(2) 注意下面代数式变换 $\dfrac{1}{1+x^4} = \dfrac{1}{2} \left[\dfrac{1+x^2}{1+x^4} + \dfrac{1-x^2}{1+x^4} \right]$ 这样可将题设积分式化为两个可以积出的积分式(步骤略).

例 2　计算 $\displaystyle\int \frac{x \ln(x + \sqrt{1+x^2})}{(1+x^2)^2} dx$.

解　可得

$$原式 = \frac{1}{2} \int \ln(x + \sqrt{1+x^2}) \cdot \frac{1}{(1+x^2)^2} d(1+x^2)$$

$$= \frac{1}{2} \int \ln(x + \sqrt{1+x^2}) d\left(\frac{-1}{1+x^2} \right)$$

$$= -\frac{\ln(x + \sqrt{1+x^2})}{2(1+x^2)} + \frac{1}{2} \int \frac{1}{(1+x^2)^{\frac{3}{2}}} dx$$

$$= -\frac{\ln(x + \sqrt{1+x^2})}{2(1+x^2)} + \frac{x}{2\sqrt{1+x^2}} + C$$

在三角学中,$\sin^2 \alpha + \cos^2 \alpha = 1$ 被视为三角中的"勾股定理",它有很多巧妙的应用,在不定积分中也是这样.

例 3　计算 $\displaystyle\int \frac{dx}{\sin 2x \cos x}$.

解　可得

$$原式 = \int \frac{\cos^2 x + \sin^2 x}{2\sin x \cos^2 x} dx = \frac{1}{2} \int \frac{1}{\sin x} dx + \frac{1}{2} \int \frac{\sin x}{\cos^2 x} dx$$

$$= \frac{1}{2} (\ln|\csc x - \cot x| + \sec x) + C$$

注　类似的例子比如计算 $I = \displaystyle\int \frac{dx}{\sin^2 x \cos^2 x}$. 解如

$$I = \int \frac{\sin^2 x + \cos^2 x}{\sin^2 x \cos^2 x} dx = \int \left(\frac{1}{\cos^2 x} + \frac{1}{\sin^2 x} \right) dx = \tan x - \cot x + C$$

三角函数的恒等变换,常会使某些积分变得相对容易.

例 4　计算 $\displaystyle\int \frac{1 + \sin x}{1 + \cos x} e^x dx$.

解　可得

$$原式 = \int \frac{1 + 2\sin \frac{x}{2} \cos \frac{x}{2}}{2\cos^2 \frac{x}{2}} e^x dx = \int \frac{e^x}{2\cos^2 \frac{x}{2}} dx + \int e^x \tan \frac{x}{2} dx$$

$$= \int e^x d\left(\tan\frac{x}{2}\right) + \int \tan\frac{x}{2} d(e^x) = e^x \tan\frac{x}{2} - \int \tan\frac{x}{2} d(e^x) + \int \tan\frac{x}{2} d(e^x)$$

$$= e^x \tan\frac{x}{2} + C \quad (\text{巧在后两式相消})$$

注 积分还可由被积式分子分母同乘 $1-\cos x$（注意 $1-\cos^2 x = \sin^2 x$），将积分化为 4 个，逐一积分且相消，此时得 I 的另一表达式 $I = e^x \csc x - e^x \cot x + C$.

某些情况函数式运算中加、减同一数或项的技巧，我们应不陌生，在不定积分中亦是如此.

例 5 计算 $\int \dfrac{dx}{1+a\cos x}$，这里 $|a| > 1$.

解 令 $t = \tan\dfrac{x}{2}$，则 $dx = \dfrac{2}{1+t^2} dt$，有

$$\int \frac{dx}{1+a\cos x} = \int \frac{\dfrac{2}{1+t^2}}{1 + a\dfrac{1-t^2}{1+t^2}} dt = \int \frac{2}{1+t^2 + a(1-t^2)} dt$$

$$= \frac{2}{1+a} \int \frac{dt}{1 - \dfrac{a-1}{a+1} t^2} = \frac{1}{1+a} \sqrt{\frac{a+1}{a-1}} \ln\left[\frac{1 + \sqrt{\dfrac{a-1}{a+1}} t}{1 - \sqrt{\dfrac{a-1}{a+1}} t}\right] + C$$

$$= \frac{1}{1+a} \sqrt{\frac{a+1}{a-1}} \ln\left[\frac{1 + \sqrt{\dfrac{a-1}{a+1}} \tan\dfrac{x}{2}}{1 - \sqrt{\dfrac{a-1}{a+1}} \tan\dfrac{x}{2}}\right] + C$$

这里由于 $|a| < 1$，可知 $\sqrt{\dfrac{a+1}{a-1}}$ 有意义.

（2）定积分问题

定积分问题只不过是将不定积分运用牛顿—莱布尼兹公式化为积分上下限函数计算而已.

公式 $\int_a^b f(x)dx = F(b) - F(a)$（这里 $f(x)$ 在 $[a,b]$ 上可积，$F(x)$ 为它的一个原函数）称为牛顿—莱布尼兹公式，亦称为微积分基本公式. 这是计算定积分时一个重要常用公式.

公式表明：在计算定积分 $\int_a^b f(x)dx$ 时，只要先求得 $f(x)$ 的一个原函数 $F(x)$，则对应上、下限函数值差 $F(b) - F(a)$ 即为所求定积分值，所求定积分问题则化为求原函数即不定积分问题. 这种关系可见

$$
\boxed{\text{计算 } I = \int_a^b f(x)dx} \xrightarrow{\text{由} \int f(x)dx} \boxed{\text{原函数 } F(x)}
$$

$$
\boxed{I = F(b) - F(a)} \xleftarrow{\text{代入上、下限}}
$$

例 1 计算 $\int_0^1 \arcsin x \cdot \arccos x \, dx$.

解 可得

$$\text{原式} = x\arcsin x \cdot \arccos x \Big|_0^1 - \int_0^1 x \, d(\arcsin x \arccos x)$$

$$= -\int_0^1 \left(\frac{x}{\sqrt{1-x^2}} \arccos x - \frac{x}{\sqrt{1-x^2}} \arcsin x\right) dx$$

$$= \sqrt{1-x^2} \arccos x \Big|_0^1 - \int_0^1 \sqrt{1-x^2} \frac{-1}{\sqrt{1-x^2}} dx -$$

$$\sqrt{1-x^2}\arcsin x \Big|_0^1 + \int_0^1 \sqrt{1-x^2}\,\frac{1}{\sqrt{1-x^2}}\mathrm{d}x$$

$$= -\frac{\pi}{2} + 1 + 1 = 2 - \frac{\pi}{2}$$

注　本例亦可用换元法去解,这只需令 $t = \arcsin x$,则

$$\int_0^1 \arcsin x \cdot \arccos x\,\mathrm{d}x = \int_0^{\frac{\pi}{2}} t\left(\frac{\pi}{2}-t\right)\cos t\,\mathrm{d}t$$

再用分部积分可得.

例 2　计算 $\int_0^{\frac{\pi}{2}} \dfrac{\sin\theta}{\sin\theta+\cos\theta}\mathrm{d}\theta$.

解　令 $x = \dfrac{\pi}{2} - \theta$,则 $\mathrm{d}x = -\mathrm{d}\theta$,且

$$\int_0^{\frac{\pi}{2}} \frac{\sin\theta}{\sin\theta+\cos\theta}\mathrm{d}\theta = \int_{\frac{\pi}{2}}^0 \frac{\sin\left(\frac{\pi}{2}-x\right)}{\sin\left(\frac{\pi}{2}-x\right)+\cos\left(\frac{\pi}{2}-x\right)}(-\mathrm{d}x)$$

$$= \int_0^{\frac{\pi}{2}} \frac{\cos x}{\sin x + \cos x}\mathrm{d}x = \int_0^{\frac{\pi}{2}} \frac{\cos\theta}{\sin\theta+\cos\theta}\mathrm{d}\theta$$

又

$$\int_0^{\frac{\pi}{2}} \frac{\sin\theta}{\sin\theta+\cos\theta}\mathrm{d}\theta + \int_0^{\frac{\pi}{2}} \frac{\cos\theta}{\sin\theta+\cos\theta}\mathrm{d}\theta = \int_0^{\frac{\pi}{2}} \frac{\sin\theta+\cos\theta}{\sin\theta+\cos\theta}\mathrm{d}\theta = \frac{\pi}{2}$$

故

$$\int_0^{\frac{\pi}{2}} \frac{\sin\theta}{\sin\theta+\cos\theta}\mathrm{d}\theta = \frac{\pi}{4}$$

注 1　由解题过程不难发现:积分 $\int_0^{\frac{\pi}{2}} \dfrac{\cos\theta}{\sin\theta+\cos\theta}\mathrm{d}\theta = \dfrac{\pi}{4}$.

注 2　下面的命题经 $x = a\sin\theta$ 换元后即可化为 $\int_0^a \dfrac{\mathrm{d}x}{x+\sqrt{a^2-x^2}}$.

例 3　若 $f(x) = \displaystyle\int_0^x \frac{\ln(1-t)}{t}\mathrm{d}t$,求证: $f(x) + f(-x) = \dfrac{1}{2}f(x^2)$.

证　由题设知 $f(x) + f(-x) = \displaystyle\int_0^x \frac{\ln(1-t)}{t}\mathrm{d}t + \int_0^{-x} \frac{\ln(1-t)}{t}\mathrm{d}t$.

在后一积分中令 $u = -t$,则

$$\int_0^{-x} \frac{\ln(1-t)}{t}\mathrm{d}t = \int_0^x \frac{\ln(1+u)}{u}\mathrm{d}u$$

从而

$$f(x) + f(-x) = \int_0^x \frac{\ln(1-u^2)}{u}\mathrm{d}u \quad (\text{令 } u^2 = y)$$

$$= \int_0^{x^2} \frac{\ln(1-y)}{\sqrt{y}}\,\frac{\mathrm{d}y}{2\sqrt{y}} = \frac{1}{2}\int_0^{x^2} \frac{\ln(1-y)}{y}\mathrm{d}y$$

$$= \frac{1}{2}f(x^2)$$

接下来看一个与递推方法有关的例子.

例 4　计算 $I_n = \displaystyle\int_0^{\frac{\pi}{2}} \sin^n x\,\mathrm{d}x$.

解　由分部积分法可有

$$I_n = -\int_0^{\frac{\pi}{2}} \sin^{n-1}x\,\mathrm{d}(\cos x) = \left[-\cos x\sin^{n-1}x\right]_0^{\frac{\pi}{2}} + (n-1)\int_0^{\frac{\pi}{2}} \sin^{n-2}x\cos^2 x\,\mathrm{d}x$$

$$= (n-1)\int_0^{\frac{\pi}{2}} \sin^{n-2}x(1-\sin^2 x)\,\mathrm{d}x = (n-1)I_{n-2} - (n-1)I_n$$

故
$$I_n = \frac{n-1}{n} \cdot I_{n-2}$$

由之可有当 $n = 2k$ 时
$$I_n = I_{2k} = \frac{2k-1}{2k}I_{2k-2} = \cdots = \frac{(2k-1)!!}{(2k)!!}I_0 = \frac{(2k-1)!!}{(2k)!!} \cdot \frac{\pi}{2}$$

当 $n = 2k+1$ 时
$$I_n = I_{2k+1} = \frac{2k}{2k+1}I_{2k-1} = \cdots = \frac{(2k)!!}{(2k+1)!!}I_1 = \frac{(2k)!!}{(2k+1)!!}$$

注1 又由 $\int_0^{\frac{\pi}{2}} f(\sin x)\mathrm{d}x = \int_0^{\frac{\pi}{2}} f(\cos x)\mathrm{d}x$ 可有
$$J_n = \int_0^{\frac{\pi}{2}} \cos^n x\,\mathrm{d}x = \begin{cases} \dfrac{(2k-1)!!}{(2k)!!} \cdot \dfrac{\pi}{2}, & n = 2k \\[3mm] \dfrac{(2k)!!}{(2k+1)!!}, & n = 2k+1 \end{cases}$$

注2 由本例结论及不等式：$\int_0^{\frac{\pi}{2}} \sin^{2n+1} x\,\mathrm{d}x < \int_0^{\frac{\pi}{2}} \sin^{2n} x\,\mathrm{d}x < \int_0^{\frac{\pi}{2}} \sin^{2n-1} x\,\mathrm{d}x$，当 $0 < x < \frac{\pi}{2}$ 时，我们还可以由此推得可以用来计算 π 值的著名的沃里斯(Wallis)公式，即
$$\lim_{n \to \infty}\left[\frac{(2n)!!}{(2n-1)!!}\right]^2 \cdot \frac{1}{n} = \pi$$

这里是把超越数 π 表示成有理数的极限形式.

（3）反常积分问题

例1 计算 $\int_0^1 x^2 \ln^3\left(\frac{1}{x}\right) \mathrm{d}x$.

解 注意到 $\ln^3\left(\frac{1}{x}\right) = -\ln^3 x$，反复利用分部积分可有
$$\int_0^1 x^2 \ln^3\left(\frac{1}{x}\right)\mathrm{d}x = -\int_0^1 x^2 \ln^3 x\,\mathrm{d}x = \int_0^1 x^2 \ln^2 x\,\mathrm{d}x = -\frac{2}{3}\int_0^1 x^2 \ln x\,\mathrm{d}x = \frac{2}{9}\int_0^1 x^2\,\mathrm{d}x = \frac{2}{27}$$

这里注意到 $\lim_{x \to 0} \dfrac{\ln x}{\frac{1}{x}} = \lim_{y \to \infty} \dfrac{-\ln y}{y} = 0$，以及 $\ln \dfrac{1}{y} = -\ln y$.

例2 计算 $\int_0^{+\infty} \mathrm{e}^{-\sqrt{x}}\,\mathrm{d}x$.

解 令 $\sqrt{x} = u$，由分部积分，有
$$\int \mathrm{e}^{-\sqrt{x}}\,\mathrm{d}x = 2\int u\mathrm{e}^{-u}\,\mathrm{d}u = -2\sqrt{x}\,\mathrm{e}^{-\sqrt{x}} - 2\mathrm{e}^{-\sqrt{x}} + C$$

故原式 $= \lim_{t \to +\infty} \int_0^t \mathrm{e}^{-\sqrt{x}}\,\mathrm{d}x = \lim_{t \to +\infty}(-2\sqrt{t}\,\mathrm{e}^{-\sqrt{t}} - 2\mathrm{e}^{-\sqrt{t}} + 2\mathrm{e}^0) = 2$.

例3 计算积分 $\int_0^{+\infty} \dfrac{\mathrm{d}x}{(1+x^2)^8}$.

解 令 $x = \tan t$，则 $\mathrm{d}x = \sec^2 t\,\mathrm{d}t$，$1 + \tan^2 t = \sec^2 t$，故
$$原式 = \int_0^{\frac{\pi}{2}} \frac{\sec^2 t\,\mathrm{d}t}{(1+\tan^2 t)^8} = \int_0^{\frac{\pi}{2}} \frac{\mathrm{d}t}{\sec^{14} t} = \int_0^{\frac{\pi}{2}} \cos^{14} t\,\mathrm{d}t = \frac{13!!}{14!!} \cdot \frac{\pi}{2}$$

注 当然下面的命题可视为本例的推广：$\int_{-\infty}^{+\infty} \dfrac{\mathrm{d}x}{(1+x^2)^n} = \dfrac{(2n-3)!!}{(2n-2)!!}\pi$.

仿上例可令 $x = \tan t$ 即可(注意到被积函数为偶函数). 此外它还可由
$$I_n = 2\int_0^{+\infty} \frac{x^2 + 1 - x^2}{(1+x^2)^n}\mathrm{d}x = I_{n-1} - \int_0^{+\infty} \frac{x^2\,\mathrm{d}x}{(1+x^2)^n}$$

$$= I_{n-1} - \frac{1}{2(n-1)} I_{n-1} = \frac{2n-3}{2n-2} I_{n-1}$$

递推得到结论,这只需注意到 $I_1 = 2 \int_0^{+\infty} \frac{dx}{1+x^2} = \pi$ 即可.

下面是一个重要积分计算 —— 概率积分,因为它在概率计算上经常会用到.

例 4　计算 $\int_0^{+\infty} e^{-x^2} dx$.

它的计算详见后文(多元函数积分)章节的例题.

例 5　计算 $I(\alpha) = \int_0^{+\infty} e^{-\left(x - \frac{\alpha}{x}\right)^2} dx$ (已知 $\int_0^{+\infty} e^{-x^2} dx = \frac{\sqrt{\pi}}{2}$).

解　作变换 $x = \frac{\alpha}{u}$,则 $u = \frac{\alpha}{x}$. 这样

$$I(\alpha) = \int_{+\infty}^0 e^{-\left(\frac{\alpha}{u} - u\right)^2} \cdot \left(-\frac{\alpha}{u^2}\right) du = \int_0^{+\infty} \frac{\alpha}{u^2} e^{-\left(u - \frac{\alpha}{u}\right)^2} du = \int_0^{+\infty} \frac{\alpha}{x^2} e^{-\left(x - \frac{\alpha}{x}\right)^2} dx$$

故
$$2I(\alpha) = \int_0^{+\infty} \left(1 + \frac{\alpha}{x^2}\right) e^{-\left(x - \frac{\alpha}{x}\right)^2} dx = \int_0^{+\infty} e^{-\left(x - \frac{\alpha}{x}\right)^2} d\left(x - \frac{\alpha}{x}\right)$$

再令 $t = x - \frac{\alpha}{x}$,则可有

$$2I(\alpha) = \int_{-\infty}^{+\infty} e^{-t^2} dt = 2 \int_0^{+\infty} e^{-t^2} dt = 2 \cdot \frac{\sqrt{\pi}}{2}$$

故
$$I(\alpha) = \frac{\sqrt{\pi}}{2}$$

例 6　计算 $\int_{-\infty}^{+\infty} (|x| + x) e^{-|x|} dx$.

解　由于 $x e^{-|x|}$, $|x| e^{-|x|}$ 分别为奇、偶函数,又积分区间 $(-\infty, +\infty)$ 关于原点 O 对称,故

$$\int_{-\infty}^{+\infty} (|x| + x) e^{-|x|} dx = \int_{-\infty}^{+\infty} |x| e^{-|x|} dx + \int_{-\infty}^{+\infty} x e^{-|x|} dx$$

$$= 2 \int_0^{+\infty} x e^{-x} dx + 0 = 2 \int_0^{+\infty} x e^{-x} dx = 2 \lim_{t \to +\infty} \int_0^t x e^{-x} dx$$

$$= 2 \lim_{t \to +\infty} \left[-x e^{-x} \Big|_0^t + \int_0^t e^{-x} dx \right] = -2 \lim_{t \to +\infty} \left[(x+1) e^{-x} \right]_0^t$$

$$= -2 \lim_{t \to +\infty} \left(\frac{t+1}{e^t} - 1 \right) = 2$$

2. 积分不等式

下面的例子是一些涉及积分的不等式问题,其实这类问题我们前文已有接触.

例 1　求实数 a, b 使 $a \leqslant \int_0^1 \sqrt{1+x^4} \, dx \leqslant b$,且 $b - a \leqslant 0.1$.

解　令 $f(x) = \sqrt{1+x^4}$,则 $f'(x) = \frac{2x^3}{\sqrt{1+x^4}} \geqslant 0$, $x \in [0,1]$. 故 $f(x)$ 在 $[0,1]$ 上单调增加. 由积分定义,有

$$\frac{1}{n} \sum_{k=1}^{n-1} \sqrt{1 + \left(\frac{k}{n}\right)^4} < \int_0^1 \sqrt{1+x^4} \, dx < \frac{1}{n} \sum_{k=1}^{n} \sqrt{1 + \left(\frac{k}{n}\right)^4} \quad n \geqslant 1$$

又
$$\frac{1}{n} \sum_{k=1}^{n} \sqrt{1 + \left(\frac{k}{n}\right)^4} - \frac{1}{n} \sum_{k=1}^{n-1} \sqrt{1 + \left(\frac{k}{n}\right)^4} = \frac{1}{n}(\sqrt{2} - 1)$$

当 $n = 5$ 时,有

$$\frac{1}{n}(\sqrt{2} - 1) \leqslant \frac{1}{5}(1.414 - 1) < 0.1$$

故取
$$a = \frac{1}{5}\sum_{k=1}^{4}\sqrt{1+\left(\frac{k}{5}\right)^4}, \quad b = \frac{1}{5}\sum_{k=1}^{5}\sqrt{1+\left(\frac{k}{5}\right)^4}$$

例 2 设函数 $f(x)$ 在 $[0,1]$ 上连续,且 $f(x) > 0$.试证明

$$\ln\int_0^1 f(x)\mathrm{d}x \geqslant \int_0^1 [\ln f(x)]\mathrm{d}x$$

证 将区间 $(0,1]$ n 等分,设分点为 $x_k = \frac{k}{n}$ $(k = 0,1,2,\cdots,n)$,又记 $f_k = f(x_k)$,则

$$\lim_{n\to\infty} \frac{1}{n}\sum_{k=1}^{n} f_k = \int_0^1 f(x)\mathrm{d}x$$

又

$$\sqrt[n]{f_1 f_2 \cdots f_n} \leqslant \frac{1}{n}(f_1 + f_2 + \cdots + f_n)$$

即

$$e^{\frac{1}{n}(\ln f_1 + \ln f_2 + \cdots + \ln f_n)} \leqslant \frac{1}{n}(f_1 + f_2 + \cdots + f_n) \qquad (*)$$

而

$$\lim_{n\to\infty} e^{\frac{1}{n}(\ln f_1 + \ln f_2 + \cdots + \ln f_n)} = e^{\lim_{n\to\infty}\left[\frac{1}{n}(\ln f_1 + \ln f_2 + \cdots + \ln f_n)\right]} = e^{\int_0^1 \ln f(x)\mathrm{d}x}$$

对式 $(*)$ 两边取极限便有 $e^{\int_0^1 \ln f(x)\mathrm{d}x} \leqslant \int_0^1 f(x)\mathrm{d}x$(亦为一漂亮不等式),即

$$\ln\int_0^1 f(x)\mathrm{d}x \geqslant \int_0^1 [\ln f(x)]\mathrm{d}x$$

注 该不等式其实是后文我们将介绍的清华大学 1980 年考题的特例.

例 3 若 $f'(x)$ 在 $[0,2\pi]$ 上连续,且 $f'(x) \geqslant 0$,则对任意正整数 n 有

$$\left|\int_0^{2\pi} f(x)\sin nx\,\mathrm{d}x\right| \leqslant \frac{2}{n}[f(2\pi) - f(0)]$$

证 注意到下面的变换

$$\left|\int_0^{2\pi} f(x)\sin nx\,\mathrm{d}x\right| = \frac{1}{n}\left|\int_0^{2\pi} f(x)\mathrm{d}(\cos nx)\right|$$

$$= \left|\left[\frac{1}{n}f(x)\cos nx\right]_0^{2\pi} - \frac{1}{n}\int_0^{2\pi}\cos nx f'(x)\mathrm{d}x\right|$$

$$\leqslant \frac{1}{n}[f(2\pi) - f(0)] + \frac{1}{n}\left|\int_0^{2\pi}\cos nx f'(x)\mathrm{d}x\right|$$

$$\leqslant \frac{1}{n}[f(2\pi) - f(0)] + \frac{1}{n}\int_0^{2\pi}|\cos nx f'(x)|\mathrm{d}x$$

$$\leqslant \frac{1}{n}[f(2\pi) - f(0)] + \frac{1}{n}\int_0^{2\pi} f'(x)\mathrm{d}x$$

$$= \frac{1}{n}[f(2\pi) - f(0)] + \frac{1}{n}f(x)\Big|_0^{2\pi}$$

$$= \frac{2}{n}[f(2\pi) - f(0)]$$

例 4 若连续函数 $f(x)$ 在 $(-\infty, +\infty)$ 上满足 $f(x+T) = f(x)$,并且 $|f(x) - f(y)| \leqslant L|x-y|$,这里 T, L 为某个常数,又 $\int_0^T f(x)\mathrm{d}x = 0$.试证:不等式 $\frac{2}{L}\max_{x\in[0,T]}|f(x)| \leqslant T$.

证 由 $f(x)$ 连续,取 y 满足 $0 \leqslant y \leqslant T$,使 $f(y) = \max_{x\in[0,T]}|f(x)|$.

对任意 $x \in [0, T]$,若 $x > y$,由题设,有

$$T = x + y + T - x - y = |x-y| + |y + T - x|$$

$$\geqslant \frac{1}{L}\{|f(x) - f(y)| + |f(y+T) - f(x)|\}$$

$$= \frac{1}{L} \{ \mid f(x) - f(y) \mid + \mid f(y) - f(x) \mid \}$$

$$= \frac{2}{L} \mid f(x) - f(y) \mid$$

同理,若 $x < y$,仿上可有 $T \geqslant \frac{2}{L} \mid f(x) - f(y) \mid$.

总之,$T \geqslant \frac{2}{L} \mid f(x) - f(y) \mid$,两边积分,有

$$\int_0^T T \mathrm{d}x \geqslant \frac{2}{L} \int_0^T \mid f(x) - f(y) \mid \mathrm{d}x \geqslant \frac{2}{L} \left| \int_0^T [f(x) - f(y)] \right| \mathrm{d}x$$

$$= \frac{2}{L} \int_0^T f(y) \mathrm{d}x = \frac{2}{L} \max_{x \in [0, T]} \mid f(x) \mid \cdot T$$

又 $\int_0^T T \mathrm{d}x = T^2$,从而 $T \geqslant \frac{2}{L} \max_{x \in [0, T]} \mid f(x) \mid$.

例 5　若 $f(x)$ 是 $[0, 1]$ 上实值非负连续函数,又当 $t \in [0, 1]$ 时,$f^2(t) \leqslant 1 + 2 \int_0^t f(u) \mathrm{d}u$. 证明:当 $t \in [0, 1]$ 时,$f(t) \leqslant 1 + t$.

证　令 $\varphi(t) = 1 + 2 \int_0^t f(u) \mathrm{d}u$,则 $\varphi'(t) = 2f(t)$,又由题设,则

$$\varphi'(t) = 2f(t) \leqslant 2 \sqrt{1 + 2 \int_0^T f(u) \mathrm{d}u} = 2 \sqrt{\varphi(t)}$$

于是

$$\sqrt{\varphi(t)} - 1 = \int_0^t \frac{\varphi'(u)}{2 \sqrt{\varphi(u)}} \mathrm{d}u \leqslant \int_0^t \mathrm{d}u = t$$

故

$$f(t) \leqslant \sqrt{\varphi(t)} \leqslant 1 + t$$

例 6　若 $a > 0$,且 $f(x)$ 在 $[0, a]$ 上有连续导数,试证

$$\mid f(0) \mid \leqslant \frac{1}{a} \int_0^a \mid f(x) \mid \mathrm{d}x + \int_0^a \mid f'(x) \mid \mathrm{d}x$$

证　由积分中值公式,有

$$\frac{1}{a} \int_0^a \mid f(x) \mid \mathrm{d}x = \frac{1}{a} \mid f(\xi) \mid (a - 0) = \mid f(\xi) \mid \quad \xi \in [0, a]$$

又

$$\int_0^a \mid f'(x) \mid \mathrm{d}x \geqslant \int_0^\xi \mid f'(x) \mid \mathrm{d}x \geqslant \left| \int_0^\xi f'(x) \mathrm{d}x \right|$$

$$= \left| [f(x)]_0^\xi \right| = \mid f(\xi) - f(0) \mid \geqslant \mid f(0) \mid - \mid f(\xi) \mid$$

故

$$\frac{1}{a} \int_0^a \mid f(x) \mid \mathrm{d}x + \int_0^a \mid f'(x) \mid \mathrm{d}x \geqslant \mid f(\xi) \mid + \mid f(0) \mid - \mid f(\xi) \mid = \mid f(0) \mid$$

例 7　若 $f(x)$ 在区间 $[a, b]$ 上单增,则 $\int_a^b x f(x) \mathrm{d}x \geqslant \frac{a + b}{2} \int_a^b f(x) \mathrm{d}x$.

证　令 $\Phi(x) = \left(x - \frac{a + b}{2} \right) \left[f(x) - f\left(\frac{a + b}{2} \right) \right]$,由题设知 $\Phi(x) \geqslant 0$. 这样可有

$$\int_a^b \Phi(x) \mathrm{d}x \geqslant 0$$

又可算得 $\int_a^b \left(x - \frac{a + b}{2} \right) f\left(\frac{a + b}{2} \right) \mathrm{d}x = 0$,从而可有

$$\int_a^b \left(x - \frac{a + b}{2} \right) f(x) \mathrm{d}x \geqslant 0 \Rightarrow \int_a^b x f(x) \mathrm{d}x \geqslant \frac{a + b}{2} \int_a^b f(x) \mathrm{d}x$$

3. 积分应用及杂例

利用积分证明组合分式,方法也很新颖,请看下面例题.

例1 证明 $\displaystyle\sum_{k=0}^{n}(-1)^k\frac{C_n^k}{k+m+1}=\sum_{k=0}^{m}(-1)^k\frac{C_m^k}{k+n+1}$.

证 注意到 $\displaystyle\frac{1}{k+m+1}=\int_0^1 t^{k+m}dt$,这样

$$\sum_{k=0}^{n}(-1)^k\frac{C_n^k}{k+m+1}=\sum_{k=0}^{n}(-1)^k C_n^k\int_0^1 t^{k+m}dt$$

$$=\int_0^1\sum_{k=0}^{n}(-1)^k C_n^k t^{k+m}dt$$

$$=\int_0^1 t^m(1-t)^n dt\quad(令\ u=1-t)$$

$$=\int_0^1 u^n(1-u)^m du$$

$$=\int_0^1 u^n\sum_{k=0}^{m}(-1)^k C_m^k u^k du=\sum_{k=0}^{m}(-1)^k C_m^k\int_0^1 u^{k+n}$$

$$=\sum_{k=0}^{m}(-1)^k\frac{C_m^k}{k+n+1}$$

利用积分性质去证普通不等式的方法虽不常用,但不失新鲜、别致,请看下面例题.

例2 试证当 $x>0$ 时,$x-\dfrac{x^3}{6}<\sin x<x-\dfrac{x^3}{6}+\dfrac{x^5}{120}$.

证 由 $\cos x\leqslant 1$,特别地对 $x>0$ 时亦真,且等号当且仅当 $x=2k\pi$ 时成立.两边在 $[0,x]$ 上积分,有

$$\int_0^x\cos x dx<\int_0^x dx\ \Rightarrow\ \sin x<x\quad x>0$$

亦有
$$\int_0^x\sin x dx<\int_0^x x dx\ \Rightarrow\ 1-\cos x<\frac{x^2}{2}\quad x>0$$

同时
$$\int_0^x(1-\cos x)dx<\int_0^x\frac{x^2}{2}dx\ \Rightarrow\ x-\sin x<\frac{x^3}{6}$$

则
$$x-\frac{x^3}{6}<\sin x\quad x>0$$

对上式再在 $[0,x]$ 上积分两次可有 $\sin x<x-\dfrac{x^3}{6}+\dfrac{x^5}{120}$.

从而,当 $x>0$ 时,$x-\dfrac{x^3}{6}<\sin x<x-\dfrac{x^3}{6}+\dfrac{x^5}{120}$.

注 本题亦可由 $\sin x$ 的泰勒展开证得.

下面的例子涉及函数值问题.

例3 若 $f(x)$ 在 $[0,1]$ 上连续,且对一切 $x\in[0,1]$,有 $\displaystyle\int_0^x f(u)du\geqslant f(x)\geqslant 0$,则 $f(x)\equiv 0$.

证 由题设 $f(x)$ 在 $[0,1]$ 上连续,由积分中值定理,有

$$\int_0^x f(u)du=f(\xi)(x-0)\quad \xi\in(0,1)\subset[0,1]$$

又当 $x\in[0,1]$ 时,$\displaystyle\int_0^x f(u)du\geqslant f(x)\geqslant 0$.若当 $x_1\geqslant x_2$ 时,有 $\displaystyle\int_0^{x_1}f(u)du\geqslant\int_0^{x_2}f(u)du$,于是

$$xf(\xi)=\int_0^x f(u)du\geqslant\int_0^\xi f(u)du\geqslant f(\xi)$$

即
$$(1-x)f(\xi)\leqslant 0$$

当 $x \in (0,1)$ 时,有 $1-x \neq 0$,这时则有 $f(\xi) = 0$. 从而

$$\int_0^x f(u)\mathrm{d}u = f(\xi)x = 0$$

由 $f(u) \geqslant 0$ 及连续函数保号性,对 $u \in [0,x]$ 有 $f(u) = 0$,即 $f(x)$ 在 $[0,1]$ 上恒为 0. 再由 $f(x)$ 连续性,知 $f(1) = 0$,从而 $f(x) \equiv 0, x \in [0,1]$.

例 4 若函数 $u(x)$ 可积,且 $0 \leqslant u(x) \leqslant 1$,试证

$$\int_0^1 \frac{u(x)}{1-u(x)}\mathrm{d}x \geqslant \frac{\int_0^1 u(x)\mathrm{d}x}{1 - \int_0^1 u(x)\mathrm{d}x}$$

证 我们先来回顾一下命题(见前文积分不等式中的例):

若 $f(x)$ 处处二阶可导,又对任意 x 皆有 $f''(x) > 0$,而 $u = u(t)$ 为任意连续函数,则

$$\frac{1}{a}\int_0^a f(u(t))\mathrm{d}t \geqslant f\left(\frac{1}{a}\int_0^a u(t)\mathrm{d}t\right) \tag{$*$}$$

令 $f(x) = \dfrac{x}{1-x}$,则 $f''(x) = \dfrac{2}{(1-x)^3}$,当 $x \leqslant 1$ 时,$f''(x) > 0$. 令 $x = u(t)$,由题设 $0 \leqslant u(t) \leqslant 1$,代入式 ($*$) 可有

$$\int_0^1 f(u(t))\mathrm{d}t = \int_0^1 \frac{u(t)}{1-u(t)}\mathrm{d}t \geqslant \frac{\int_0^1 u(t)\mathrm{d}t}{1 - \int_0^1 u(t)\mathrm{d}t}$$

最后我们来看一个反函数积分等式.

例 5 设 $f(x)$ 连续可微,且导数不为 0,又 $f^{-1}(x)$,$F(x)$ 分别为 $f(x)$ 的反函数和一个原函数,则

$$\int f^{-1}(x)\mathrm{d}x = xf^{-1}(x) - F(f^{-1}(x)) + C.$$

解 注意到 $x = f(f^{-1}(x))$,再由分部积分可有

$$\int f^{-1}(x)\mathrm{d}x = xf^{-1}(x) - \int x\mathrm{d}(f^{-1}(x))$$
$$= xf^{-1}(x) - \int f(f^{-1}(x))\mathrm{d}(f^{-1}(x))$$
$$= xf^{-1}(x) - F(f^{-1}(x)) + C$$

研究生入学考试试题选讲

1978～1986 年部分

1. 不定积分问题

求函数的不定积分,是一种技巧性很强的运算. 这些技巧的掌握,主要靠我们多练、多看. 下面来看一些例子.

例 1 求不定积分 $\displaystyle\int \frac{\mathrm{d}x}{\sqrt{x^{14} - x^2}}$. (北京工业大学,1982)

解 由 $\sqrt{x^{14} - x^2} = x\sqrt{x^{12} - 1}$,令 $x^{12} = t$,于是 $x = t^{\frac{1}{12}}$,$\mathrm{d}x = \dfrac{1}{12}t^{-\frac{11}{12}}\mathrm{d}t$,因此

$$\int \frac{\mathrm{d}x}{\sqrt{x^{14} - x^2}} = \frac{1}{12}\int t^{-1}(t-1)^{-\frac{1}{2}}\mathrm{d}t = \frac{1}{12}\int \frac{\mathrm{d}t}{t\sqrt{t-1}}$$

再令 $\sqrt{t-1} = u$,有 $\mathrm{d}t = 2u\mathrm{d}u$,故

$$\int \frac{\mathrm{d}x}{\sqrt{x^{14}-x^2}} = \frac{1}{6}\int \frac{\mathrm{d}u}{1+u^2} = \frac{1}{6}\arctan u + C = \frac{1}{6}\arctan\sqrt{t-1} + C$$

$$= \frac{1}{6}\arctan\sqrt{x^{12}-1} + C$$

注 这里两次利用了变量替换.

例 2 求下列不定积分:$(1)\int x^3\sin x^2\mathrm{d}x$,$(2)\int x^3\mathrm{e}^{-x^2}\mathrm{d}x$.(同济大学等六省一市部分院校联合命题,1986)

解 考虑变换 $x^2 = t$,则有:

$$(1)\int x^3\sin x^2\mathrm{d}x = \frac{1}{2}\int t\sin t\mathrm{d}t = -\frac{1}{2}\left(t\cos t - \int \cos t\mathrm{d}t\right) = -\frac{1}{2}t\cos t + \frac{1}{2}\sin t + C$$

$$= -\frac{1}{2}x^2\cos x^2 + \frac{1}{2}\sin x^2 + C$$

$$(2)\int x^3\mathrm{e}^{-x^2}\mathrm{d}x = \frac{1}{2}\int t\mathrm{e}^{-t}\mathrm{d}t = -\frac{1}{2}\int t\mathrm{d}(\mathrm{e}^{-t}) = -\frac{1}{2}\left(t\mathrm{e}^{-t} - \int \mathrm{e}^{-t}\mathrm{d}t\right) = -\frac{1}{2}(t+1)\mathrm{e}^{-t} + C$$

$$= -\frac{1}{2}(x^2+1)\mathrm{e}^{-x^2} + C$$

例 3 计算 $\int \frac{x\mathrm{e}^x}{\sqrt{\mathrm{e}^x-2}}\mathrm{d}x(x>1)$(清华大学,1984)

解 令 $u = \sqrt{\mathrm{e}^x-2}$,$\mathrm{e}^x = u^2+2$,$x = \ln(u^2+2)$,有

$$\int \frac{x\mathrm{e}^x}{\sqrt{\mathrm{e}^x-2}}\mathrm{d}x = \int \frac{(2+u^2)\ln(2+u^2)}{u}\cdot\frac{2u}{2+u^2}\mathrm{d}u$$

$$= 2\int \ln(2+u^2)\mathrm{d}u \quad (\text{分部积分})$$

$$= 2u\ln(2+u^2) - 2\int \frac{2u^2}{2+u^2}\mathrm{d}u$$

$$= 2u\ln(2+u^2) - 4u + 4\sqrt{2}\tan\frac{u}{\sqrt{2}} + C \quad (\text{回代 } u = \sqrt{\mathrm{e}^x-2})$$

$$= 2\sqrt{\mathrm{e}^x-2}(x-2) + 4\arctan\sqrt{\frac{1}{2}\mathrm{e}^x-1} + C$$

注 本题亦可先用分部积分求得

$$\text{原式} = \int \frac{x\mathrm{d}(\mathrm{e}^x-2)}{\sqrt{\mathrm{e}^x-2}} = \int 2x\mathrm{d}\sqrt{\mathrm{e}^x-2} = 2x\sqrt{\mathrm{e}^x-2} - 2\int \sqrt{\mathrm{e}^x-2}\mathrm{d}x$$

再令 $u = \sqrt{\mathrm{e}^x-2}$ 解得.

有些时候要对题设中的参数进行讨论 —— 因为这些参数不同,函数求积的办法有异.请看下列例题.

例 4 计算不定积分 $\int \frac{x^{\frac{n}{2}}}{\sqrt{1-x^{n+2}}}\mathrm{d}x$.(北京邮电学院,1986)

解 考虑 n 分两种情况:

(1)当 $n = -2$ 时

$$\int \frac{x^{\frac{n}{2}}}{\sqrt{1-x^{n+2}}}\mathrm{d}x = \frac{1}{\sqrt{2}}\int \frac{\mathrm{d}x}{x} = \frac{1}{\sqrt{2}}\ln x + C$$

(2)当 $n \neq -2$ 时

$$\int \frac{x^{\frac{n}{2}}}{\sqrt{1-x^{n+2}}}\mathrm{d}x = \frac{2}{n+2}\int \frac{\mathrm{d}(x^{\frac{n+2}{2}})}{\sqrt{1-(x^{\frac{n+2}{2}})^2}} = \frac{2}{n+2}\ln(x^{\frac{n+2}{2}} + \sqrt{1-x^{n+2}}) + C$$

例 5　计算积分 $\displaystyle\int\tan^4 x\,\mathrm{d}x$.（山东大学,1980）

解　由题设考虑式子变形有

$$\int\tan^4 x\,\mathrm{d}x=\int(\tan^4 x-1+1)\mathrm{d}x=\int[(\tan^2 x-1)(\tan^2 x+1)+1]\mathrm{d}x$$

$$=\int\tan^2 x\sec^2 x\,\mathrm{d}x-\int\sec^2 x\,\mathrm{d}x+\int 1\cdot\mathrm{d}x=\int\tan^2 x\,\mathrm{d}(\tan x)-\int\sec^2 x\,\mathrm{d}x+\int 1\cdot\mathrm{d}x$$

$$=\frac{1}{3}\tan^3 x-\tan x+x+C$$

注　这里被积函数式中加、减 1,目的是"凑"成所需函数形状,便于积分.

例 6　计算 $\displaystyle\int\mathrm{e}^x\frac{1+\sin x}{1+\cos x}\mathrm{d}x$.（华中工学院,1980）

解　可得

$$\int\mathrm{e}^x\frac{1+\sin x}{1+\cos x}\mathrm{d}x=\int\mathrm{e}^x\frac{(1+\sin x)(1-\cos x)}{1-\cos^2 x}\mathrm{d}x$$

$$=\int\frac{\mathrm{e}^x}{\sin^2 x}\mathrm{d}x-\int\frac{\mathrm{e}^x\cos x}{\sin^2 x}\mathrm{d}x+\int\frac{\mathrm{e}^x}{\sin x}\mathrm{d}x-\int\mathrm{e}^x\cot x\,\mathrm{d}x$$

$$=\int\mathrm{e}^x\mathrm{d}(-\cot x)-\int\mathrm{e}^x\mathrm{d}\left(-\frac{1}{\sin x}\right)+\int\frac{\mathrm{e}^x\,\mathrm{d}x}{\sin x}-\int\mathrm{e}^x\cot x\,\mathrm{d}x$$

$$=-\mathrm{e}^x\cot x+\int\cot x\,\mathrm{d}(\mathrm{e}^x)+\frac{\mathrm{e}^x}{\sin x}-\int\frac{\mathrm{d}(\mathrm{e}^x)}{\sin x}+\int\frac{\mathrm{e}^x\,\mathrm{d}x}{\sin x}-\int\mathrm{e}^x\cot x\,\mathrm{d}x$$

$$=-\mathrm{e}^x\cot x+\frac{\mathrm{e}^x}{\sin x}+C$$

注　从上两例中可见:在求函数的不定积分中,同时加、减或乘、除某一函数式而使被积函数变成利于积分的例子或方法,是屡见不鲜的.这是一种技巧性较强的变形.这方面的例子还可见:

(1) 计算 $\displaystyle\int\frac{x^4+1}{x^6+1}\mathrm{d}x$.（太原重型机械学院,1982）

略解

$$\int\frac{x^4+1}{x^6+1}\mathrm{d}x=\int\frac{x^4-x^2+1}{x^6+1}\mathrm{d}x+\int\frac{x^2}{x^6+1}\mathrm{d}x=\int\frac{1}{x^2+1}\mathrm{d}x+\int\frac{x^2}{x^6+1}\mathrm{d}x$$

$$=\arctan x+\frac{1}{3}\arctan x^3+C$$

(2) 计算 $\displaystyle\int\frac{x^2-1}{x^4+1}\mathrm{d}x$.（大连海运学院,1982）

略解

$$\int\frac{x^2-1}{x^4+1}\mathrm{d}x=\int\left[\left(1-\frac{1}{x^2}\right)\Big/\left(x^2+\frac{1}{x^2}\right)\right]\mathrm{d}x=\int\left\{1\Big/\left[\left(x+\frac{1}{x}\right)^2-2\right]\right\}\mathrm{d}\left(x+\frac{1}{x}\right)$$

$$=\frac{1}{2\sqrt{2}}\ln\left|\frac{x^2-\sqrt{2}x+1}{x^2+\sqrt{2}x+1}\right|+C$$

前一个例子是在被积函数上同加、减一个式子,后一例子是在被积函数分子、分母上同乘一个式子.当然有些时候还需要我们同加、减且还要同乘、除某一式子(见本节习题),目的是使被积函数"凑"成好积分的形式.

若注意到 $\dfrac{1}{1+x^4}=\dfrac{1}{2}\left(\dfrac{1+x^2}{1+x^4}+\dfrac{1-x^2}{1+x^4}\right)$,则我们还可以用上面的办法计算积分 $\displaystyle\int\frac{1}{1+x^4}\mathrm{d}x$.同样我们可以处理下面的例题.

(3) 计算 $\displaystyle\int\frac{\sin x}{\sin x+\cos x}\mathrm{d}x$.（南京邮电学院,1984）

略解

$$\int \frac{\sin x}{\sin x + \cos x} dx = \frac{1}{2} \int \left(1 - \frac{\cos x - \sin x}{\sin x - \cos x}\right) dx = \frac{1}{2} \left[\int dx - \int \frac{d(\sin x + \cos x)}{\sin x + \cos x}\right]$$

$$= \frac{1}{2} [x - \ln | \sin x + \cos x |] + C$$

又这类问题也可以和其对偶形式,即积分 $\displaystyle\int \frac{\cos x}{\sin x + \cos x} dx$ 一起考虑,有时也很方便.

更一般的,如计算 $I = \displaystyle\int \frac{\sin x}{a \sin x + b \cos x} dx$,再考虑 $J = \displaystyle\int \frac{\cos x dx}{a \sin x + b \cos x}$,则我们有

$$\begin{cases} bI + aJ = x + C_1 \\ -aI + bJ = \ln | a\cos x + b\sin x | + C_2 \end{cases}$$

从中容易解出 I 和 J 来. 这种方法后文还会使用.

例 7　计算 $\displaystyle\int e^{1-|x|} dx$.（第二炮兵技术学院,1986）

解　因积分中被积函数有绝对值,故应分段考虑,注意到

$$e^{1-|x|} = \begin{cases} e^{1-x}, & x \geqslant 0 \\ e^{1+x}, & x < 0 \end{cases}$$

这样便有

$$\int e^{1-|x|} dx = \begin{cases} -e^{1-x} + C_1, & x \geqslant 0 \\ e^{1+x} + C_2, & x < 0 \end{cases}$$

由于原函数连续,则有当 $x = 0$ 时, $-e + C_1 = e + C_2$.

令 $C_2 = C - e$, 则 $C_1 = C + e$,从而可有

$$\int e^{1-|x|} dx = \begin{cases} -e^{1-x} + e + C, & x \geqslant 0 \\ e^{1+x} - e + C, & x < 0 \end{cases}$$

注　由原函数的连续性,而决定积分常数的值,这一点对分段函数积分来讲务须当心.

2. 定积分问题

求函数的不定积分,是十分重要的基础训练,它的技巧性也很强,这方面的例子我们不打算多举了,因为计算函数的定积分也常需要先算不定积分,再用牛顿—莱布尼兹公式. 这里我们仅举几个普通教材中稍微不太常见的例子.

例 1　令 $f(x) = \displaystyle\int_1^x \frac{\ln t}{1+t} dt, x > 0$. 求 $f(x) + f\left(\dfrac{1}{x}\right)$. （上海纺织工学院,1980；太原工业大学,1986）

解　令 $u = \dfrac{1}{t}$, 则 $dt = -\dfrac{1}{u^2} dt$, 从而

$$\int_1^{\frac{1}{x}} \frac{\ln t}{1+t} dt = \int_1^x \frac{\ln \frac{1}{u}}{1 + \frac{1}{u}} \left(-\frac{1}{u^2}\right) du = \int_1^x \frac{\ln u}{u(1+u)} du$$

故

$$f(x) + f\left(\frac{1}{x}\right) = \int_1^x \frac{\ln t}{1+t} dt + \int_1^x \frac{\ln u}{u(1+u)} du$$

$$= \int_1^x \frac{\ln t}{1+t} dt + \int_1^x \frac{\ln t}{t(1+t)} dt \quad (\text{将上面一式中 } u \text{ 换成 } t)$$

$$= \int_1^x \frac{t\ln t + \ln t}{t(1+t)} dt = \int_1^x \frac{\ln t}{t} dt = \left[\frac{1}{2} \ln^2 t\right]_1^x = \frac{1}{2} \ln^2 x$$

例 2 求 $\int_1^n \dfrac{[x]}{x}\mathrm{d}x$,这里 $[x]$ 表示不超过 x 的最大整数.(西北轻工业学院,1985)

解 $\int_1^n \dfrac{[x]}{x}\mathrm{d}x = \sum_{k=1}^{n-1}\int_k^{k+1}\dfrac{k}{x}\mathrm{d}x = \sum_{k=1}^{n-1}k\{\ln(k+1)-\ln k\} = \ln\dfrac{n^n}{(n-1)!}.$

例 3 (1) 计算 $\int_{-2}^2 \max(1,x^2)\mathrm{d}x.$(上海工业大学,1979)

(2) 计算 $\int_{-2}^2 \min\left\{\dfrac{1}{|x|},x^2\right\}\mathrm{d}x.$(北京轻工业学院,1984)

解 分别依情况将积分区间分段:

(1) $\int_{-2}^2 \max(1,x^2)\mathrm{d}x = \int_{-2}^{-1}x^2\mathrm{d}x + \int_{-1}^1 1\cdot\mathrm{d}x + \int_1^2 x^2\mathrm{d}x = 2\int_1^2 x^2\mathrm{d}x + 2 = \dfrac{20}{3}.$

(2) $\int_{-2}^2 \min\left\{\dfrac{1}{|x|},x^2\right\}\mathrm{d}x = 2\left(\int_0^1 x^2\mathrm{d}x + \int_1^2 \dfrac{1}{x}\mathrm{d}x\right) = 2\left(\dfrac{1}{3}+\ln 2\right).$

注 1 这种分段考虑问题(分区间积分)的方法,也适宜处理下面问题:

(1) 计算积分 $\int_0^2 |x(x^2-1)|\mathrm{d}x.$(长春光学精密机械学院,1985)

(2) 计算积分 $\int_{-1}^1 x\mathrm{e}^{x|x|}\mathrm{d}x.$(新疆工学院,1985)

(3) 计算积分 $\int_{-1}^1 (x+|x|)^2\mathrm{d}x.$(武汉工业大学,1986)

注 2 类似地,我们不难计算:

$\int_{-1}^2 \min(2,x^2)\mathrm{d}x.$(武汉工学院,1982)

对于反常积分亦有:

求 $\int_0^{+\infty} \min\left(\mathrm{e}^{-x},\dfrac{1}{2}\right)\mathrm{d}x.$(西北电讯工程学院,1979)

下面的分段求积的例子与函数的表达式有关.

例 4 设

$$f(x) = \begin{cases} \dfrac{1}{1+x}, & x\geqslant 0 \\[2mm] \dfrac{1}{1+\mathrm{e}^x}, & x<0 \end{cases}$$

计算积分 $\int_0^2 f(x-2)\mathrm{d}x.$(上海交通大学等八院校,1985)

解 注意到下面的变量替换及积分区间分段

$$\int_0^2 f(x-2)\mathrm{d}x = \int_{-1}^1 f(u)\mathrm{d}u \quad (\text{令 } x-1=u)$$
$$= \int_{-1}^0 \dfrac{1}{1+\mathrm{e}^x}\mathrm{d}x + \int_0^1 \dfrac{1}{1+x}\mathrm{d}x$$
$$= \int_{-1}^0 \dfrac{1+\mathrm{e}^x-\mathrm{e}^x}{1+\mathrm{e}^x}\mathrm{d}x + \ln(1+x)\Big|_0^1 = \left[x-\ln(1+\mathrm{e}^x)\right]_{-1}^0 + \ln 2$$
$$= 1 + \ln(1+\mathrm{e}^{-1})$$

例 5 求 $\int_0^\pi [f(\cos x)\cos x - f'(\cos x)\sin^2 x]\mathrm{d}x$,其中导函数 $f'(u)$ 在区间 $[-1,1]$ 上连续.(北京轻工业学院,1982)

解 可得

$$\int_0^\pi [f(\cos x)\cos x - f'(\cos x)\sin^2 x]\mathrm{d}x = \int_0^\pi f(\cos x)\cos x\mathrm{d}x - \int_0^\pi f'(\cos x)\sin^2 x\mathrm{d}x$$
$$= f(\cos x)\sin x\Big|_0^\pi - \int_0^\pi f'(\cos x)(-\sin x)\sin x\mathrm{d}x - \int_0^\pi f'(\cos x)\sin^2 x\mathrm{d}x$$

$$= f(\cos x)\sin x \Big|_0^\pi = 0$$

下面例子中积分区域给出的形式稍有曲折.

例 6 求 $\int_E |\cos x| \sqrt{\sin x}\,\mathrm{d}x$，其中 E 为闭区间 $[0,100\pi]$ 中使被积函数有意义的一切值的集合.

(太原工业大学,1985)

解 先将 $|\cos x| \sqrt{\sin x}$ 分段表示出来,即

$$|\cos x| \sqrt{\sin x} = \begin{cases} \cos x \sqrt{\sin x}, & 2(k-1)\pi \leqslant x \leqslant [2(k-1)+\frac{1}{2}]\pi \\ -\cos x \sqrt{\sin x}, & [2(k-1)+\frac{1}{2}]\pi \leqslant x \leqslant (2k-1)\pi \end{cases}$$

其中 $k = 1,2,\cdots,49,50$. 故

$$\int_E |\cos x| \sqrt{\sin x}\,\mathrm{d}t$$

$$= \sum_{k=1}^{50} \left\{ \int_{2(k-1)\pi}^{2(k-1)\pi+\frac{\pi}{2}} \cos x \sqrt{\sin x}\,\mathrm{d}x + \int_{2(k-1)\pi+\frac{\pi}{2}}^{2(k-1)\pi} -\cos x \sqrt{\sin x}\,\mathrm{d}x \right\}$$

$$= \sum_{k=1}^{50} \left\{ \frac{2}{3}(\sin x)^{\frac{3}{2}} \Big|_{2(k-1)\pi}^{2(k-1)\pi+\frac{\pi}{2}} - \frac{2}{3}(\sin x)^{\frac{3}{2}} \Big|_{2(k-1)\pi+\frac{\pi}{2}}^{2(k-1)\pi} \right\}$$

$$= \sum_{k=1}^{50} \left\{ \frac{2}{3} + \frac{2}{3} \right\} = 50 \times \frac{4}{3} = \frac{200}{3}$$

注 显然这里既要考虑 $\sqrt{\sin x}$ 的存在区域,还要分别对 $\cos x$ 的正负情况进行讨论、计算.

下面的例子是求定积分表达式的.

例 7 设 $f(x) = x (x \geqslant 0)$,又

$$g(x) = \begin{cases} \sin x, & 0 \leqslant x \leqslant \frac{\pi}{2} \\ 0, & x > \frac{\pi}{2} \end{cases}$$

分别求当 $0 \leqslant x \leqslant \frac{\pi}{2}$ 与 $x > \frac{\pi}{2}$ 时,积分 $\int_0^x f(t)g(x-t)\mathrm{d}t$ 的表达式. (西安交通大学,1984)

解 我们不难由变量替换证得

$$\int_0^x f(t)g(x-t)\mathrm{d}t = \int_0^x g(t)f(x-t)\mathrm{d}t$$

又 $f(x-t) = x-t (x \geqslant t)$,再由上式知积分变量 $t \leqslant x$ 总成立,故当 $0 \leqslant x \leqslant \frac{\pi}{2}$ 时,由题设有

$$原式 = \int_0^x g(t)f(x-t)\mathrm{d}t = \int_0^x \sin t \cdot (x-t)\mathrm{d}t = x - \sin x$$

当 $x > \frac{\pi}{2}$ 时,可有

$$原式 = \int_0^x g(t)f(x-t)\mathrm{d}t = \int_0^{\frac{\pi}{2}} \sin t \cdot (x-t)\mathrm{d}t + \int_{\frac{\pi}{2}}^x 0 \cdot (x-t)\mathrm{d}t$$

$$= \int_0^{\frac{\pi}{2}} \sin t \cdot (x-t)\mathrm{d}t = x - 1$$

综上

$$\int_0^x f(t)g(x-t)\mathrm{d}t = \begin{cases} x - \sin x, & 0 \leqslant x \leqslant \frac{\pi}{2} \\ x - 1, & x > \frac{\pi}{2} \end{cases}$$

注　本题还可先将 $g(x-t)$ 表达式求出

$$g(x-t) = \begin{cases} \sin(x-t), & 0 \leqslant x-t \leqslant \dfrac{\pi}{2} \\[2mm] 0, & x-t > \dfrac{\pi}{2} \end{cases}$$

即

$$g(x-t) = \begin{cases} \sin(x-t), & x-\dfrac{\pi}{2} \leqslant t \leqslant x \\[2mm] 0, & t < x-\dfrac{\pi}{2} \end{cases}$$

再分 $0 \leqslant x \leqslant \dfrac{\pi}{2}$ 及 $x > \dfrac{\pi}{2}$ 两种情形考虑.

下面是一个貌似二重积分,但实际只需按一重积分处理的例子.

例 8　计算 $I = \displaystyle\int_0^1 \dfrac{f(x)}{\sqrt{x}}\mathrm{d}x$,其中 $f(x) = \displaystyle\int_1^{\sqrt{x}} \mathrm{e}^{-t^2}\mathrm{d}t$.(重庆大学,1985)

解　由分部积分法,有

$$I = \int_0^1 \frac{f(x)}{\sqrt{x}}\mathrm{d}x = \left[2\sqrt{x}\,f(x)\right]_0^1 - 2\int_0^1 \sqrt{x}\,f'(x)\mathrm{d}x$$

注意到 $f(1) = 0$,$f'(x) = \dfrac{\mathrm{e}^x}{2\sqrt{x}}$,则

$$I = -2\int_0^1 \sqrt{x}\,\frac{\mathrm{e}^{-x}}{2\sqrt{x}}\mathrm{d}x = -\int_0^1 \mathrm{e}^{-x}\mathrm{d}x = \mathrm{e}^{-x}\Big|_0^1 = \mathrm{e}^{-1} - 1$$

有时利用二重积分也可计算某些一重积分,如下面例题.

例 9　求 $I = \displaystyle\int_0^1 \dfrac{x^q - x^p}{\ln x}\mathrm{d}x$ $(p \geqslant 0, q \geqslant 0)$.(兰州大学,1982)

解　因为 $\displaystyle\lim_{x\to 0^+} \dfrac{x^q - x^p}{\ln x} = 0$,又

$$\lim_{x\to 1^-} \frac{x^q - x^p}{\ln x} = \lim_{x\to 1^-} \frac{q\,x^{q-1} - p\,x^{p-1}}{x^{-1}} = \lim_{x\to 1^-}(qx^q - px^p) = q - p$$

因而 I 不是反常积分!

补充定义被积函数在 $x = 0$ 处的值为 0,$x = 1$ 处的值为 $q - p$,则可视积分 I 为在 $[0,1]$ 上连续函数的定积分.注意到

$$\frac{x^q - x^p}{\ln x} = \int_p^q x^y \mathrm{d}y \quad (0 \leqslant x \leqslant 1)$$

这里,上式左端规定:$x = 0$ 时为 0;$x = 1$ 时为 $q - p$.

从而函数 x^y 在 $0 \leqslant x \leqslant 1$,$p \leqslant y \leqslant q$ 上连续(这里设 $p \leqslant q$),故有

$$\int_0^1 \frac{x^q - x^p}{\ln x}\mathrm{d}x = \int_0^1 \mathrm{d}x\int_p^q x^y \mathrm{d}y = \int_p^q \mathrm{d}y\int_0^1 x^y \mathrm{d}x = \int_p^q \frac{\mathrm{d}y}{1+y} = \ln\frac{1+q}{1+p}$$

注　本例是一个一重积分化为二重积分,然后交换积分次序而求积分值的例子.这种方法有时也常遇到.

下面来看几个关于证明方面的例子.

例 10　(1) 设 $f(x),\varphi(x)$ 在 $[a,b]$ 上连续,又在区间 $[a,b]$ 上 $\varphi(x) \geqslant 0$.试证在 $[a,b]$ 上至少可找一点 ξ 使 $\displaystyle\int_a^b f(x)\varphi(x)\mathrm{d}x = f(\xi)\int_a^b \varphi(x)\mathrm{d}x$;(2) 利用(1)证明 $\displaystyle\int_0^{2\pi} \dfrac{\sin x}{x}\mathrm{d}x > 0$.(成都科技大学,1984)

证　(1) 由设 $f(x)$ 在 $[a,b]$ 上连续,则在其上有最大值 M 和最小值 m 使

$$m \leqslant f(x) \leqslant M$$

又 $\varphi(x) \geqslant 0$，则 $m\varphi(x) \leqslant f(x)\varphi(x) \leqslant M\varphi(x)$，从而

$$m\int_a^b \varphi(x)\mathrm{d}x \leqslant \int_a^b f(x)\varphi(x)\mathrm{d}x \leqslant M\int_a^b \varphi(x)\mathrm{d}x$$

若 $\int_a^b \varphi(x)\mathrm{d}x = 0$，则 $\int_a^b f(x)\varphi(x)\mathrm{d}x = 0$，则对 $[a,b]$ 上任一点 ξ 所证等式成立.

若 $\int_a^b \varphi(x)\mathrm{d}x > 0$，则有

$$m \leqslant \int_a^b f(x)\varphi(x)\mathrm{d}x \Big/ \int_a^b \varphi(x)\mathrm{d}x \leqslant M$$

由闭区间上连续函数性质，知 (a,b) 内至少有一点 ξ 使

$$f(\xi) = \int_a^b f(x)\varphi(x)\mathrm{d}x \Big/ \int_a^b \varphi(x)\mathrm{d}x$$

即

$$\int_a^b f(x)\varphi(x)\mathrm{d}x = f(\xi)\int_a^b \varphi(x)\mathrm{d}x$$

(2) 令 $F(x) = \begin{cases} \sin x / x, & x \neq 0 \\ 1, & x = 0 \end{cases}$，则 $F(x)$ 在 $[0,\pi]$ 上连续，而

$$\int_0^{2\pi} \frac{\sin x}{x}\mathrm{d}x = \int_0^{2\pi} F(x)\mathrm{d}x = \int_0^{\pi} F(x)\mathrm{d}x + \int_\pi^{2\pi} \frac{\sin x}{x}\mathrm{d}x$$

令 $x - \pi = t$，则

$$\int_\pi^{2\pi} \frac{\sin x}{x}\mathrm{d}x = \int_0^\pi \frac{-\sin t}{\pi - t}\mathrm{d}t = \int_0^\pi \frac{-\sin x}{\pi + x}\mathrm{d}x$$

于是

$$\int_0^{2\pi} \frac{\sin x}{x}\mathrm{d}x = \int_0^\pi F(x)\mathrm{d}x - \int_0^\pi \frac{\sin x}{\pi + x}\mathrm{d}x = \pi\int_0^\pi \frac{F(x)}{\pi + x}\mathrm{d}x$$

因 $F(x)$ 及 $\dfrac{1}{\pi + x}$ 在 $[0,\pi]$ 上均连续，且在 $[0,\pi]$ 上 $\dfrac{1}{\pi + x} > 0$. 故

$$\int_0^{2\pi} \frac{\sin x}{x}\mathrm{d}x = \pi F(\xi)\int_0^\pi \frac{\mathrm{d}x}{\pi + x} = \pi F(\xi)\ln 2 \quad (0 < \xi < \pi)$$

因为 $F(\xi) = \dfrac{\sin \xi}{\xi} > 0$，故有 $\int_0^{2\pi} \dfrac{\sin x}{x}\mathrm{d}x > 0$.

注 这个例子是属于积分中值定理的.

例 11 对于实数 $x > 0$，定义对数函数 $\ln x = \int_1^x \dfrac{\mathrm{d}t}{t}$. 依此定义试证：

(1)$\ln \dfrac{1}{x} = -\ln x(x > 0)$；(2)$\ln(xy) = \ln x + \ln y(x > 0, y > 0)$.（武汉钢铁学院，1983）

证 (1) 令 $\xi = \dfrac{1}{t}$，则有

$$\ln \frac{1}{x} = \int_1^{\frac{1}{x}} \frac{\mathrm{d}t}{t} = \int_1^x \xi\left(-\frac{1}{\xi^2}\right)\mathrm{d}\xi = -\int_1^x \frac{1}{\xi}\mathrm{d}\xi = -\int_1^x \frac{1}{t}\mathrm{d}t = -\ln x$$

(2) 令 $\xi = \dfrac{1}{t}$ 则有

$$\ln(xy) = \int_1^{xy} \frac{\mathrm{d}t}{t} = \int_{\frac{1}{x}}^y \frac{1}{xt}x\,\mathrm{d}t = \int_{\frac{1}{x}}^1 \frac{\mathrm{d}\xi}{\xi} + \int_1^y \frac{\mathrm{d}\xi}{\xi}$$

$$= -\int_1^{\frac{1}{x}} \frac{\mathrm{d}t}{t} + \int_1^y \frac{\mathrm{d}t}{t} = -\ln \frac{1}{x} + \ln y = \ln x + \ln y$$

注 这实际上可看做对数函数(以 e 为底的自然对数)的一种定义方法.

例 12 构造一个函数 $f(x)$，使

$$\int_{-1}^1 x^4 f(x)\mathrm{d}x = \int_{-1}^1 f(x)\cos x\,\mathrm{d}x = 0$$

并且 $\int_{-1}^{1}[f(x)]^{2}\mathrm{d}x = 1.$（中国科学院,1985）

解　由第一个条件可知 $f(x)$ 为奇函数.

现任取奇函数 $g(x)\not\equiv 0$,且使 $g^{2}(x)$ 可积. 若

$$\int_{-1}^{1}g^{2}(x)\mathrm{d}x = a^{2}\quad（显然 a\neq 0）$$

则 $f(x)=\dfrac{1}{a}g(x)$ 即为所求.

例如:若 $g(x)=x$,则 $f(x)=\sqrt{\dfrac{3}{2}}\,x$ 等.

注　从"正交性"观点来看,$f(x)$ 与 $\cos x,x^{4}$ 在积分意义下是正交的,但 $f(x),\cos x,x^{4}$ 并不彼此正交,实因

$$\int_{-1}^{1}x^{4}\cos x\mathrm{d}x\neq 0$$

下面的例子是关于正交函数(列)的.

例 13　设函数 $\varphi_{1}(x),\varphi_{2}(x),\cdots,\varphi_{n}(x),\cdots$ 是 $[a,b]$ 上正交函数列,即满足关系式

$$\int_{a}^{b}\varphi_{i}(x)\varphi_{j}(x)\mathrm{d}x = 0\quad(i\neq j)$$

又 $\varphi_{k}(x)$ 的模记作 $\|\varphi_{k}(x)\|=\sqrt{\int_{a}^{b}\varphi_{k}^{2}(x)\mathrm{d}x}\quad(k=1,2,\cdots)$. 试证

$$\int_{a}^{b}f^{2}(x)\mathrm{d}x=\sum_{k=1}^{\infty}a_{k}^{2}\|\varphi_{k}(x)\|^{2}\text{ 成立}\Longleftrightarrow\lim_{n\to\infty}\int_{a}^{b}[f(x)-\sum_{k=1}^{n}a_{k}\varphi_{k}(x)]^{2}\mathrm{d}x=0$$

其中 $a_{k}=\int_{a}^{b}f(x)\varphi_{k}(x)\mathrm{d}x/\|\varphi_{k}(x)\|\quad(k=1,2,\cdots)$.（西北电讯工程学院,1983）

证　先证必要性. 因

$$\int_{a}^{b}[f(x)-\sum_{k=1}^{n}a_{k}\varphi_{k}(x)]^{2}\mathrm{d}x=\int_{a}^{b}f^{2}(x)\mathrm{d}x-\sum_{k=1}^{n}a_{k}^{2}\|\varphi_{k}(x)\|^{2}$$

由设 $\lim\limits_{n\to\infty}a_{k}^{2}\|\varphi_{k}(x)\|^{2}=\int_{a}^{b}f^{2}(x)\mathrm{d}x$,故

$$\lim_{n\to\infty}\int_{a}^{b}[f(x)-\sum_{k=1}^{n}a_{k}\varphi_{k}(x)]^{2}\mathrm{d}x=0$$

再证充分性. 由设可有

$$\lim_{n\to\infty}[\int_{a}^{b}f^{2}(x)\mathrm{d}x-\sum_{k=1}^{n}a_{k}\|\varphi_{k}(x)\|^{2}]=\lim_{n\to\infty}\int_{a}^{b}[f(x)\mathrm{d}x-\sum_{k=1}^{n}a_{k}\varphi_{k}(x)]^{2}\mathrm{d}x=0$$

故

$$\int_{a}^{b}f^{2}(x)\mathrm{d}x=\lim_{n\to\infty}\sum_{k=1}^{n}a_{k}^{2}\|\varphi_{k}(x)\|^{2}=\sum_{k=1}^{\infty}a_{k}^{2}\|\varphi_{k}(x)\|^{2}$$

下面的两例中均涉及被积函数为自然数 n 的方幂,它常可由递推公式(由分部积分得到)去完成. 不过前者是一个不定积分问题.

例 14　设 $I_{n}=\int\tan^{n}x\mathrm{d}x$（$n\geqslant 2$ 的自然数）,证明 $I_{n}=\dfrac{1}{n-1}\tan^{n-1}x-I_{n-2}$.（湘潭大学,1981）

证　由三角函数公式变换

$$I_{n}=\int\tan^{n-2}x\cdot\tan^{2}x\mathrm{d}x=\int\tan^{n-2}x(\sec^{2}x-1)\mathrm{d}x$$

$$=\int\tan^{n-2}x\mathrm{d}(\tan x)-\int\tan^{n-2}x\mathrm{d}x=\frac{1}{n-1}\tan^{n-1}x-I_{n-2}$$

注　这里给出了计算 I_{n} 的递推关系式,它为我们的计算提供了方便.

再看一个计算定积分的例子.

例 15 计算 $I_n = \int_{-1}^{1} (x^2 - 1)^n \mathrm{d}x$. (西安公路学院,1983)

解 由分部积分,有

$$I_n = x(x^2 - 1)^n \Big|_{-1}^{1} - 2n\int_{-1}^{1} x^2 (x^2 - 1)^{n-1} \mathrm{d}x = -2n\int_{-1}^{1} (x^2 - 1)^n \mathrm{d}x - 2n\int_{-1}^{1} (x^2 - 1)^{n-1} \mathrm{d}x$$

$$= -2nI_n - 2nI_{n-1}$$

故

$$I_n = -\frac{2n}{2n+1}I_{n-1}$$

递归地

$$I_{n-1} = -\frac{2(n-1)}{2n-1}I_{n-2}, \quad I_{n-2} = -\frac{2(n-2)}{2n-3}I_{n-3}, \cdots, I_2 = -\frac{4}{5}I_1$$

又

$$I_1 = \int_{-1}^{1} (x^2 - 1) \mathrm{d}x = -\frac{4}{3} \Rightarrow I_n = (-1)^n \frac{2^{2n+1}(n!)^2}{(2n+1)!}$$

注 类似的问题如:

计算 $\int_{0}^{1} (1 - x^2)^n \mathrm{d}x$. (西安地质学院,1984)

略解: 令 $x = \sin t$,则原式 $= \int_{0}^{\frac{\pi}{2}} \cos^{2n+1} t\mathrm{d}t = \frac{(2n)!!}{(2n+1)!!}$,这只需注重到

$$I_n = \int_{0}^{\frac{\pi}{2}} \sin^n x \mathrm{d}x = \int_{0}^{\frac{\pi}{2}} \cos^n x \mathrm{d}x = \begin{cases} \dfrac{(n-1)!!}{n!!} \dfrac{\pi}{2}, & n \text{ 为偶数时} \\[2mm] \dfrac{(n-1)!!}{n!!}, & n \text{ 为奇数时} \end{cases}$$

例 16 计算 $\int_{0}^{1} x^x \mathrm{d}x$. (成都科技大学,1980)

解 因为 $\lim\limits_{x \to 0^+} x^x = 1$,所以 $x = 0$ 不是瑕点.

由 $x^x = \mathrm{e}^{x\ln x} = \sum\limits_{n=0}^{\infty} \dfrac{(x\ln x)^n}{n!}$,可得

$$\int_{0}^{1} x^x \mathrm{d}x = \sum_{n=0}^{\infty} \int_{0}^{1} \frac{(x\ln x)^n}{n!} \mathrm{d}x = \sum_{n=0}^{\infty} \frac{(-1)^n}{(n+1)^{n+1}}$$

这里用到了

$$\int_{0}^{1} (x\ln x)^n \mathrm{d}x = \int_{0}^{1} \frac{\ln^n x}{n+1} \mathrm{d}x^{n+1} = \frac{x^{n+1}}{n+1}\ln^n x \Big|_{0}^{1} - \int_{0}^{1} \frac{n}{n+1} x^n \ln^{n-1} x \mathrm{d}x$$

$$= -\frac{n}{(n+1)^2} \int_{0}^{1} \ln^{n-1} x \mathrm{d}x^{n+1} = -\frac{n}{(n+1)^2} x^{n+1} \ln^{n-1} x \Big|_{0}^{1} + \int_{0}^{1} \frac{n(n-1)}{(n+1)^2} x^n \ln^{n-2} x \mathrm{d}x$$

$$= \cdots = \frac{(-1)^n n!}{(n+1)^{n+1}}$$

例 17 (1) 若 $f(x) = \int_{0}^{x} \cos\dfrac{1}{t} \mathrm{d}t$,则 $f'_{(0)} = 0$.

(2) 若 $f(x)$ 在 $(-\infty, +\infty)$ 上连续,且 $f(x) = \int_{0}^{x} f(t)\mathrm{d}t$,试证:$f(x) \equiv 0 (-\infty < x < +\infty)$. (陕西机械学院,1982)

证明 (1) 由

$$f(x) = \int_{0}^{x} \cos\frac{1}{t} \mathrm{d}t = \int_{0}^{x} -t^2 \mathrm{d}\sin\frac{1}{t} = -t^2 \sin\frac{1}{t} \Big|_{0}^{x} + \int_{0}^{x} 2t\sin\frac{1}{t} \mathrm{d}t$$

$$= -x^2 \sin\frac{1}{x} + 2\int_{0}^{x} t\sin\frac{1}{t} \mathrm{d}t$$

可得

$$f'_{(0)} = \lim_{x \to 0} \frac{f(x) - f(0)}{x - 0} = \lim_{x \to 0} x \sin \frac{1}{x} + 2 \lim_{x \to 0} \frac{\int_0^x t \sin \frac{1}{t} \mathrm{d}t}{x} = 0 + 2 \lim_{x \to 0} x \sin \frac{1}{x} = 0$$

(2) 由 $f(x) = \int_0^x f(t)\mathrm{d}t$, 可知 $f'(x) = f(x)$, 其通解为 $f(x) = ce^x$, 又 $f(0) = 0$, 故 $f(x) \equiv 0$.

注　(1) 中若按利用洛必达法则求极限, 则有 $f(0) = \lim_{x \to 0} \frac{\int_0^x \cos \frac{1}{t} \mathrm{d}t}{x} = \lim_{x \to 0} \cos \frac{1}{x}$, 但 $\lim_{x \to 0} \cos \frac{1}{x}$ 不存在.

3. 积分不等式问题

我们再来看几个关于积分不等式的例子.

例 1　设 $I_n = \int_0^{\frac{\pi}{4}} \tan^n x \, \mathrm{d}x$, 其中 $n > 1$ 的自然数, 试证: $\dfrac{1}{2(n+1)} < I_n < \dfrac{1}{2(n-1)}$. (华中工学院, 1980; 成都科技大学、南京化工学院, 1985)

解　由上面一节例题 13 显然有

$$I_n + I_{n-2} = \frac{1}{n-1} \tan^{n-1} x \Big|_0^{\frac{\pi}{4}} = \frac{1}{n-1} \tag{$*$}$$

下面用反证法证 $I_n > \dfrac{1}{2(n+1)}$.

若不然, 今设 $I_n \leqslant \dfrac{1}{2(n+1)}$, 则 $I_{n+2} \leqslant \dfrac{1}{2(n+3)}$, 于是

$$I_n + I_{n+2} \leqslant \frac{1}{2(n+1)} + \frac{1}{2(n+3)} = \frac{n+2}{(n+1)(n+3)} < \frac{1}{n+1}$$

这与式 $(*)$ 矛盾! 从而 $I_n > \dfrac{1}{2(n+1)}$.

类似地可证 $I_n < \dfrac{1}{2(n-1)}$.

综上可有 $\dfrac{1}{2(n+1)} < I_n < \dfrac{1}{2(n-1)}$.

注 1　由题设条件 $I_n = \int_0^{\frac{\pi}{4}} \tan^n x \, \mathrm{d}x \, (n > 1)$ 还可有结论:

(1) $I_{n+1} < I_n$; (2) $I_n + I_{n-2} = \dfrac{1}{n-1}$, $n > 2$ 时. (南京化工学院, 1985)

这只需注意到 $0 < x \leqslant \dfrac{\pi}{4}$ 时, $0 \leqslant \tan x \leqslant 1$.

故 $\tan^{n+1} x \leqslant \tan^n x$, 则 $I_{n+1} < I_n$.

又

$$I_n + I_{n-2} = \int_0^{\frac{\pi}{4}} \tan^n x \, \mathrm{d}x + \int_0^{\frac{\pi}{4}} \tan^{n-2} x \, \mathrm{d}x$$

$$= \int_0^{\frac{\pi}{4}} \tan^{n-2} x (1 + \tan^2 x) \mathrm{d}x = \int_0^{\frac{\pi}{4}} \tan^{n-2} x \, \mathrm{d}(\tan x)$$

$$= \frac{1}{n-1} \left[\tan^{n-1} x \right]_0^{\frac{\pi}{4}} = \frac{1}{n-1} \quad (\text{其中 } n > 2)$$

这样例的结论还可证, 例如:

由 $I_{n+2} + I_n = \dfrac{1}{n+1}$, 故 $I_{n+2} < I_n < I_{n-2}$, 从而

$$I_n + I_{n+2} < 2I_n < I_{n-2} + I_n$$

即 $$\frac{1}{n+1} < 2I_n < \frac{1}{n-1} \quad (\text{其中 } n > 1)$$

注2 这种利用递推关系求积分(或证明等式、不等式)的例子除了前面介绍过的例子外,还可见本节中的习题.

又下面的命题也属此种方法:

(1) 试证 $I_m = \int_0^{\frac{\pi}{2}} \frac{\sin(2m-1)x}{\sin x} dx = \frac{\pi}{2}$,这里 m 是自然数.(大连化学物理所,1982)

这只需注意到 $I_m = \frac{1}{2}(I_{m+1} + I_m)$,且由此可有 $I_{m+1} = I_m$.再注意到 $I_1 = \frac{\pi}{2}$ 即可(还要用归纳法).

(2) 计算 $\int_0^\pi x\sin^n x \, dx$ (n 是自然数).(西南石油学院,1982)

利用 $\int_0^\pi xf(\sin x)dx = \frac{\pi}{2}\int_0^\pi f(\sin x)dx$ (令 $x = \pi - t$ 即可).

再注意到 $\int_0^{\frac{\pi}{2}} f(\sin x)dx = \int_0^{\frac{\pi}{2}} f(\cos x)dx$,有

$$\int_0^\pi \sin^n x \, dx = 2\int_0^{\frac{\pi}{2}} \sin^n x \, dx = 2\int_0^{\frac{\pi}{2}} \cos^n x \, dx$$

例2 试证:$\frac{1}{2} < \int_0^{\frac{1}{2}} \frac{dx}{\sqrt{1-x^n}} < \frac{\pi}{6}$ ($n > 2$).(武汉地质学院,1982)

证 当 $0 < x \leqslant \frac{1}{2}, n > 2$ 时,可有 $1 < \frac{1}{\sqrt{1-x^n}} < \frac{1}{\sqrt{1-x^2}}$.于是有

$$\int_0^{\frac{1}{2}} dx < \int_0^{\frac{1}{2}} \frac{dx}{\sqrt{1-x^n}} < \int_0^{\frac{1}{2}} \frac{dx}{\sqrt{1-x^2}}$$

而 $\int_0^{\frac{1}{2}} \frac{dx}{\sqrt{1-x^2}} = \arcsin x \Big|_0^{\frac{1}{2}} = \frac{\pi}{6}$,从而不等式得证.

例3 设 $f(x)$ 为 $[0,1]$ 上的连续函数,且 $\int_0^1 f(x)dx = 0, \int_0^1 xf(x)dx = 0, \cdots, \int_0^1 x^{n-1}f(x)dx = 0$,但 $\int_0^1 x^n f(x)dx = 1$.试证 $|f(x)| \geqslant 2^n(n+1)$ 在 $[0,1]$ 的某一部分(子区间)上成立.(大连海运学院,1985)

证 考虑 $I = \int_0^1 \left(x - \frac{1}{2}\right)^n f(x)dx$,由题设及二项式定理,知

$$I = \int_0^1 \sum_{k=0}^n C_n^k x^{n-k}\left(-\frac{1}{2}\right)^k f(x)dx = \int_0^1 x^n f(x)dx + \sum_{k=1}^n C_n^k \left(-\frac{1}{2}\right)^k \int_0^1 x^{n-k}f(x)dx = 1$$

今用反证法证明 $|f(x)| \geqslant 2^n(n+1)$ 在 $[0,1]$ 的某一子区间上成立.

若不然,即在 $[0,1]$ 上处处有 $|f(x)| < 2^n(n+1)$,则

$$I = \int_0^1 \left(x - \frac{1}{2}\right)^n f(x)dx \leqslant \int_0^1 \left|\left(x - \frac{1}{2}\right)^n f(x)\right| dx$$

$$< 2^n(n+1)\int_0^1 \left|\left(x - \frac{1}{2}\right)^n\right| dx$$

$$= 2^n(n+1)\left[\int_0^{\frac{1}{2}} \left(\frac{1}{2} - x\right)^n dx + \int_{\frac{1}{2}}^1 \left(x - \frac{1}{2}\right)^n dx\right]$$

$$= 2^n(n+1)\left\{\left[-\frac{\left(\frac{1}{2} - x\right)^{n+1}}{n+1}\right]_0^{\frac{1}{2}} + \left[\frac{\left(x - \frac{1}{2}\right)^{n+1}}{n+1}\right]_{\frac{1}{2}}^1\right\}$$

$$= 2^n(n+1)\left[\frac{1}{2^{n+1}(n+1)} + \frac{1}{2^{n+1}(n+1)}\right] = 1$$

即 $I = \int_0^1 \left(x - \frac{1}{2}\right)^n f(x)\mathrm{d}x < 1$，这与题设条件相抵！

因而 $|f(x)| < 2^n(n+1)$ 不恒在 $[0,1]$ 上成立.

故 $|f(x)| \geqslant 2^n(n+1)$ 在 $[0,1]$ 上某个部分（子区间）上成立.

例 4 设函数 $\varphi(x)$ 和 $\psi(x)$ 连同其平方在 $[a,b]$ 上可积，试证

$$\left(\int_a^b \varphi(x)\psi(x)\mathrm{d}x\right)^2 \leqslant \int_a^b \varphi^2(x)\mathrm{d}x \cdot \int_a^b \psi^2(x)\mathrm{d}x$$

（成都电讯工程学院、西南石油学院，1982）

证 对任意实数 t，总有不等式

$$\int_a^b [\varphi(x) - t\psi(x)]^2 \mathrm{d}x \geqslant 0$$

即

$$\int_a^b \varphi^2(x)\mathrm{d}x + t^2\int_a^b \psi^2(x)\mathrm{d}x - 2t\int_a^b \varphi(x)\psi(x)\mathrm{d}x \geqslant 0$$

从而关于 t 的一元二次不等式恒成立，故有

$$\Delta = \left(2\int_a^b \varphi(x)\psi(x)\mathrm{d}x\right)^2 - 4\int_a^b \varphi^2(x)\mathrm{d}x\int_a^b \psi^2(x)\mathrm{d}x \leqslant 0$$

即

$$\left(\int_a^b \varphi(x)\psi(x)\mathrm{d}x\right)^2 \leqslant \int_a^b \varphi^2(x)\mathrm{d}x\int_a^b \psi^2(x)\mathrm{d}x$$

注 1 下面的命题只是本命题的特例：

设 $f(x)$ 在 $[a,b]$ 上连续，且 $f(x) > 0$. 证明：$\int_a^b f(x)\mathrm{d}x\int_a^b \frac{\mathrm{d}x}{f(x)} \geqslant (b-a)^2$. （哈尔滨工业大学，1981）

这只需取 $\varphi(x) = f(x), \psi(x) = \frac{1}{f(x)}$ 即可. 还可以用别的方法证，比如"多元函数积分"一章中的例子.

注 2 本例用了二次三项式判别式不大于零的性质，这在不等式的证明中是一个有力的手段和重要技巧. 然而我们又须注意它的使用条件：实数域上的二次三项式，并且其非正（负）或恒正（负）.

注 3 利用这种方法，我们还可以证明：

设 $f(x)$ 在 $[a,b]$ 上具有连续导数，$f(a) = f(b) = 0$，且 $\int_a^b f^2(x)\mathrm{d}x = 1$. (1) 求 $\int_a^b xf(x)f'(x)\mathrm{d}x$；
(2) 证明 $\left(\int_a^b [f'(x)]^2\mathrm{d}x\right)\left(\int_a^b x^2 f^2(x)\mathrm{d}x\right) > \frac{1}{4}$. （南京工学院，1981）

不等式证明只需考虑 $\int_a^b [f'(x) + \lambda x f(x)]^2 \mathrm{d}x > 0$ 即可.

注 4 利用该不等式我们还可以证明：

(1) 若函数 $f(x)$ 在 $[a,b]$ 上连续可微，且 $f(a) = 0$. 试证 $\int_a^b f^2(x)\mathrm{d}x \leqslant \frac{1}{2}\left[(b-a)^2\int_a^b f'^2(x)\mathrm{d}x - \int_a^b f'^2(x)(x-a)^2\mathrm{d}x\right]$. （北京航空学院，1983）

(2) 若 $f(x)$ 在 $[a,b]$ 上可导，且 $f'(x)$ 连续，又 $f(a) = 0$，则

$$\int_a^b f^2(x)\mathrm{d}x \leqslant \frac{1}{2}(b-a)^2 \int_a^b [f'(x)]^2\mathrm{d}x$$

（西北工业大学，1985）

显然命题(2)只是命题(1)的特例情形.

例 5 设函数 $f(x)$ 在实轴上二阶可导，且对于每一个 x，均有 $f''(x) \geqslant 0$. 又 $u = u(t)$ 为任意一个连

续函数,试证明: $\dfrac{1}{a}\displaystyle\int_0^a f[u(t)]\mathrm{d}t \geqslant f\left[\dfrac{1}{a}\displaystyle\int_0^a u(t)\mathrm{d}t\right]$. (清华大学,1980)

证 将 $[0,a]n$ 等分,设 $x_k = u(t_k) = u\left(\dfrac{ka}{n}\right)\ (k=1,2,\cdots,n)$.

由 $f''(x) \geqslant 0$ 可证得

$$f\left(\frac{x_1,x_2,\cdots,x_n}{n}\right) \leqslant \frac{f(x_1)+\cdots+f(x_n)}{n}$$

即

$$f\left[\frac{1}{a}\sum_{k=1}^n u\left(\frac{ka}{n}\right)\cdot\frac{a}{n}\right] \leqslant \frac{1}{a}\sum_{k=1}^n f\left[u\left(\frac{ka}{n}\right)\right]\frac{a}{n}$$

于是 $f\left[\dfrac{1}{a}\lim\limits_{n\to\infty}\sum_{k=1}^n u\left(\dfrac{ka}{n}\right)\cdot\dfrac{a}{n}\right] \leqslant \dfrac{1}{a}\lim\limits_{n\to\infty}\sum_{k=1}^n f\left[u\left(\dfrac{ka}{n}\right)\right]\dfrac{a}{n} \Rightarrow f\left[\dfrac{1}{a}\displaystyle\int_0^a u(t)\mathrm{d}t\right] \leqslant \dfrac{1}{a}\displaystyle\int_0^a f[u(t)]\mathrm{d}t$

注1 本题还可由凸函数性质去证.

注意到 $y = f(x)$ 在 $x = b$ 点的切线方程为

$$y - f(b) = f'(b)(x-a)$$

若令 $b = \dfrac{1}{a}\displaystyle\int_0^a u(t)\mathrm{d}t$,则有

$$f[u(t)] \geqslant f(b) + f'(b)[u(t)-b]$$

两边在 $[0,a]$ 上积分则可导出不等式.

注2 下面的命题均为本命题的特例.

(1) 设函数 $f(x)$ 在区间 $[0,1]$ 上连续,且 $f(x) > 0$,证明: $\ln\displaystyle\int_0^1 f(x)\mathrm{d}x \geqslant \displaystyle\int_0^1 [\ln f(x)]\mathrm{d}x$. (大连工学院,1981)

(2) 设 $[a,b]$ 上的连续函数 $f(x) > 0$,证明: $\mathrm{e}^{\frac{1}{a-b}\int_a^b \ln f(x)\mathrm{d}x} \leqslant \dfrac{1}{b-a}\displaystyle\int_a^b f(x)\mathrm{d}x$. (湖南大学,1986)

(3) 设 $F(x)$ 是定义在 $(-\infty,+\infty)$ 上具有非负的二阶导数的函数,证明:对任何有限区间 $\left[0,\dfrac{\pi}{2}\right]$ 上的连续函数 $f(x)$,有

$$F\left[\int_0^{\frac{\pi}{2}} f(x)\sin x\,\mathrm{d}x\right] \leqslant \int_0^{\frac{\pi}{2}} F[f(x)]\sin x\,\mathrm{d}x$$

(合肥工业大学,1981)

我们再来看一个涉及 max 的积分不等式例子.

例6 对于闭区间 $[a,b]$ 上连续可微函数 $f(x)$,若 $f(a) = f(b) = 0$,则

$$\max_{a\leqslant x\leqslant b}|f'(x)| \geqslant \frac{4}{(b-a)^2}\int_a^b |f(x)|\,\mathrm{d}x$$

(华中工学院,1984)

证 由设若 $x \in [a,b]$,则 $f(x) = f'(\xi_1)(x-a) = f'(\xi_2)(x-b)$,这里 $\xi_1 \in (a,x)$,$\xi_2 \in (x,b)$. 因而

$$|f(x)| \leqslant M(x-a),\ |f(x)| \leqslant M(b-x),M = \max_{a\leqslant x\leqslant b}|f'(x)|$$

故

$$\frac{4}{(b-a)^2}\int_a^b |f(x)|\,\mathrm{d}x \leqslant \frac{4}{(b-a)^2}\int_a^{\frac{1}{2}(a+b)} M(x-a)\mathrm{d}x + \int_{\frac{1}{2}(a+b)}^b M(b-x)\mathrm{d}x$$

$$= \frac{4}{(b-a)^2}\left[\frac{1}{8}(b-a)^2 M + \frac{1}{8}(b-a)^2 M\right]$$

$$= M = \max_{a\leqslant x\leqslant b}|f'(x)|$$

注 显然下面的问题只是本命题的特例:

若 $f(x)$ 的一阶导数在 $0 \leqslant x \leqslant 1$ 上连续,且 $f(0) = f(1) = 0$,试证

$$\left| \int_0^1 f(x) \mathrm{d}x \right| \leqslant \frac{1}{4} \max_{x \in [0,1]} | f'(x) |$$

(清华大学,1985)

利用定积分的近似计算还可证明某些不等式.请看下面例题.

例 7　若 n 为大于 1 的自然数,试证

$$\frac{3n+1}{2n+2} < \left(\frac{1}{n}\right)^n + \left(\frac{2}{n}\right)^n + \cdots + \left(\frac{n}{n}\right)^n < \frac{2n+1}{n+1}$$

(西北工业大学,1983)

证　在区间 $[0,1]$ 上考虑函数 $f(x) = x^n$,当 $n > 1$ 时,函数 $f(x)$ 是下凸的.将区间 $[0,1]$ 分成 n 等分,由定积分的近似计算(矩形法、梯形法),有

$$\frac{1}{n} \sum_{k=1}^n f\left(\frac{k-1}{n}\right) < \int_0^1 x^n \mathrm{d}x < \frac{1}{n} \left\{ \frac{1}{2} \left[f(0) + f(1) \right] \sum_{k=1}^n f\left(\frac{k}{n}\right) \right\}$$

从而

$$\sum_{k=1}^{n-1} \left(\frac{k}{n}\right)^n < \frac{n}{n+1} < \frac{1}{2} + \sum_{k=1}^{n-1} \left(\frac{k}{n}\right)^n$$

即

$$\sum_{k=1}^n \left(\frac{k}{n}\right)^n < \frac{n}{n+1} + 1 < \frac{2n+1}{n+1}$$

且

$$\sum_{k=1}^n \left(\frac{k}{n}\right)^n = \left[\sum_{k=1}^{n-1} \left(\frac{k}{n}\right)^n + \frac{1}{2} \right] + \frac{1}{2} > \frac{n}{n+1} + \frac{1}{2} > \frac{3n+1}{2n+2}$$

故

$$\frac{3n+1}{2n+2} < \sum_{k=1}^n \left(\frac{k}{n}\right)^n < \frac{2n+1}{n+1}$$

注　类似的问题可如:

若 s 为正整数,n 为自然数,则 $\dfrac{n^{s+1}}{s+1} < \displaystyle\sum_{k=1}^n k^s < \dfrac{(n+1)^{s+1}}{s+1}$.(北京工业学院,1983)

我们再来看一个例子.

例 8　设 $f(x) = \dfrac{\ln(1+x)}{1+x}$ $(x > 0)$,定义 $A(x) = \displaystyle\int_0^x f(t) \mathrm{d}t$. 命 $A = A(1) + A\left(\dfrac{1}{2}\right) + A\left(\dfrac{1}{3}\right) + \cdots + A\left(\dfrac{1}{n}\right) + \cdots$,试证 $\dfrac{7}{24} < A < 1$.(兰州铁道学院,1985)

证　考察 $\ln(1+t)$ 的泰勒展开式

$$\ln(1+t) = t - \frac{t^2}{2} + \frac{t^3}{2} - \frac{t^4}{2} + \cdots$$

当 $t \in (0,1]$ 时,右端为一交错级数,故

$$-\frac{t^2}{2} + \frac{t^3}{3} - \frac{t^4}{4} + \cdots < 0$$

$$\frac{t^3}{3} - \frac{t^4}{4} + \frac{t^5}{5} - \cdots > 0$$

且由

$$\ln(1+t) < t, \ln(1+t) > t - \frac{t^2}{2} \quad t \in (0,1] \tag{$*$}$$

(1) 当 $x \in (0,1]$ 时,由式 $(*)$ 可有

$$A(x) = \int_0^x \frac{\ln(1+t)}{1+t} \mathrm{d}t > \frac{1}{1+x} \int_0^x \ln(1+t) \mathrm{d}t > \frac{1}{1+x} \int_0^x \left(t - \frac{t^2}{2} \right) \mathrm{d}t = \frac{1}{1+x} \left(\frac{x^2}{2} - \frac{x^3}{6} \right)$$

$$= \frac{x^2}{1+x} \cdot \frac{1}{2} \left(1 - \frac{x}{3} \right) = \frac{1}{3} \cdot \frac{x^2}{1+x}$$

$$A = A(1) + A\left(\frac{1}{2}\right) + A\left(\frac{1}{3}\right) + \cdots > \frac{1}{3}\left[\frac{1^2}{1+1} + \frac{\frac{1}{2^2}}{1+\frac{1}{2}} + \frac{\frac{1}{3^2}}{1+\frac{1}{3}} + \cdots\right]$$

$$= \frac{1}{3}\left(\frac{1}{1\times 2} + \frac{1}{2\times 3} + \frac{1}{3\times 4} + \cdots\right) = \frac{1}{3}\left[\frac{1}{2} + \left(\frac{1}{2} - \frac{1}{3}\right) + \left(\frac{1}{3} - \frac{1}{4}\right) + \cdots\right]$$

$$= \frac{1}{3}\left[\frac{1}{2} + \frac{1}{2}\right] = \frac{1}{3} > \frac{7}{24}$$

(2) 又 $A(x) = \int_0^x \frac{\ln(1+t)}{1+t}\mathrm{d}t = \frac{1}{2}[\ln(1+x)]^2$,当 $x \in (0,1]$ 时,由式(*)可有 $A(x) < \frac{1}{2}x^2$. 故

$$A = A(1) + A\left(\frac{1}{2}\right) + A\left(\frac{1}{3}\right) + A\left(\frac{1}{4}\right) + \cdots < \frac{1}{2}\left(1^2 + \frac{1}{2^2} + \frac{1}{3^2} + \frac{1}{4^2} + \cdots\right)$$

$$= \frac{1}{2}\left[1 + \left(\frac{1}{2^2} + \frac{1}{3^2}\right) + \left(\frac{1}{4^2} + \frac{1}{5^2} + \frac{1}{6^2} + \frac{1}{7^2}\right) + \cdots\right]$$

$$< \frac{1}{2}\left[1 + 2\left(\frac{1}{2^2}\right) + 4\left(\frac{1}{4^2}\right) + \cdots\right] < \frac{1}{2}\left(1 + \frac{1}{2} + \frac{1}{2^2} + \cdots\right) = 1$$

综上(1)、(2)有 $\frac{7}{24} < A < 1$.

4. 积分杂例

函数的泰勒展开也可与积分式联系在一起,比如下面例题.

例 1 设 $f(x)$ 在 $[a,b]$ 上具有连续的二阶导数,试证在 (a,b) 内存在 ξ,使

$$\int_a^b f(x)\mathrm{d}x = (b-a)f\left(\frac{a+b}{2}\right) + \frac{1}{24}(b-a)^3 f''(\xi)$$

(陕西机械学院,1985)

证 由泰勒公式,$f(x)$ 可有展开式

$$f(x) = f(x_0) + f'(x_0)(x-x_0) + \frac{f''(\xi_0)}{2!}(x-x_0)^2 \qquad ①$$

其中,$x_0, x \in (a,b)$,且 ξ_0 在 x_0 与 x 之间. 故

$$\int_a^b f(x)\mathrm{d}x = \int_a^b\left[f(x_0) + f'(x_0)(x-x_0) + \frac{f''(\xi_0)}{2!}(x-x_0)^2\right]\mathrm{d}x$$

$$= (b-a)f(x_0) + \frac{f'(x_0)}{2}[(b-x_0)^2 - (a-x_0)^2] + \frac{f''(\xi_0)}{6}[(b-x_0)^3 - (a-x_0)^3]$$

在上式中令 $x_0 = \frac{a+b}{2}$,则有

$$\int_a^b f(x)\mathrm{d}x = (b-a)f\left(\frac{a+b}{2}\right) + \frac{1}{2}f'\left(\frac{a+b}{2}\right)\cdot\left[\left(b-\frac{a+b}{2}\right)^2 - \right.$$

$$\left.\left(a-\frac{a+b}{2}\right)^2\right] + \frac{f''(\xi)}{6}\left[\left(b-\frac{a+b}{2}\right)^3 - \left(a-\frac{a+b}{2}\right)^3\right]$$

$$= (b-a)f\left(\frac{a+b}{2}\right) + \frac{1}{24}(b-a)^3 f''(\xi) \quad \xi \in (a,b) \qquad ②$$

注 解答本题时,令 $x_0 = \frac{a+b}{2}$ 是关键,当然只要仔细分析一下要证结论,想法不难得到.

注意式 ① 与式 ② 中 ξ 值是不同的.

由于定积分可视为积分限的函数,因而对于函数问题的某些研究,对定积分也同样适用.下面的例子是判断无穷小量阶的.

例 2 判断 $\varphi(x) = \int_0^{x^2} t\arctan t\,\mathrm{d}t$,当 $x \to 0$ 时无穷小的阶.(大连轻工业学院,1982)

解　由题设及分部积分有

$$\varphi(x) = \int_0^{x^2} t\arctan t\,dt = \frac{1}{2}(1+t^2)\arctan t\,\Big|_0^{x^2} - \frac{1}{2}\int_0^{x^2}dt$$

$$= \frac{1}{2}\arctan x^2 + \frac{1}{2}x^2\arctan x^2 + \frac{1}{2}x^2$$

$$= \frac{1}{2}\left[x^2 - \frac{x^6}{3} + o(x^9)\right] + \frac{1}{2}x^2\left[x^2 + o(x^5)\right] - \frac{1}{2}x^2$$

$$= \frac{1}{2}x^4 + o(x^5)$$

故当 $x \to 0$ 时，$\varphi(x)$ 是 4 阶无穷小.

利用一些等式关系求定积分的值，在定积分计算中也常遇到.请看下面例题.

例 3　证明 $\displaystyle\int_0^{\frac{\pi}{2}} \frac{\sin\theta\,d\theta}{\sin\theta + \cos\theta} = \int_0^{\frac{\pi}{2}} \frac{\cos\theta\,d\theta}{\sin\theta + \cos\theta}$，且求它们的值.（西安交通大学，1982）

证　令 $\theta = \frac{\pi}{2} - x$，则 $d\theta = -dx$，从而

$$\int_0^{\frac{\pi}{2}} \frac{\sin\theta}{\sin\theta + \cos\theta}d\theta = \int_{\frac{\pi}{2}}^0 \frac{-\sin\left(\frac{\pi}{2} - x\right)}{\sin\left(\frac{\pi}{2} - x\right) + \cos\left(\frac{\pi}{2} - x\right)}d\theta$$

$$= \int_{\frac{\pi}{2}}^0 \frac{-\cos x}{\cos x + \sin x}dx = \int_0^{\frac{\pi}{2}} \frac{\cos\theta}{\sin\theta + \cos\theta}d\theta$$

从而　　$\displaystyle\int_0^{\frac{\pi}{2}} \frac{\sin\theta}{\sin\theta + \cos\theta}d\theta = \frac{1}{2}\left[\int_0^{\frac{\pi}{2}} \frac{\sin\theta}{\sin\theta + \cos\theta}d\theta + \int_0^{\frac{\pi}{2}} \frac{\cos\theta}{\sin\theta + \cos\theta}d\theta\right] = \frac{1}{2}\int_0^{\frac{\pi}{2}}d\theta = \frac{\pi}{4}$

注　利用该例等式还可以求解下面问题：

计算 $\displaystyle\int_a^b \frac{dx}{x + \sqrt{a^2 - x^2}}$　$(a > 0)$.（上海交通大学，1983）

这只需令 $x = a\sin t$，上式即化为 $\displaystyle\int_0^{\frac{\pi}{2}} \frac{\cos t}{\sin t + \cos t}dt$.

5. 反常积分

下面我们来看几个反常积分的例子.

例 1　计算 $\displaystyle\int_1^5 \frac{dx}{\sqrt{(x-1)(5-x)}}$.（清华大学，1986）

解　显然 $x = 1, x = 5$ 为积分瑕点，这样

$$\int_1^5 \frac{dx}{\sqrt{(x-1)(5-x)}} = \lim_{\varepsilon_1,\varepsilon_2 \to 0} \int_{1+\varepsilon_1}^{5-\varepsilon_2} \frac{dx}{\sqrt{(x-1)(5-x)}}$$

令 $x - 1 = 4\sin^2 t$，则 $5 - x = 4\cos^2 t$.注意积分换限有

$$\int_1^5 \frac{dx}{\sqrt{(x-1)(5-x)}} = \lim_{\varepsilon_1',\varepsilon_2' \to 0} \int_{0+\varepsilon_1'}^{\frac{\pi}{2}-\varepsilon_2'} \frac{4 \cdot 2\sin t\cos t}{4\sin t\cos t}dt = \pi$$

例 2　计算 $I_n = \displaystyle\int_0^{+\infty} x^n e^{-x}dx$（$n$ 是正整数）.（上海机械学院，1981）

解　由 $\displaystyle\lim_{x \to \infty} x^k e^{-x} = 0$ $(k = 0, 1, \cdots, n)$，故

$$I_n = -\int_0^{+\infty} x^n d(e^{-x}) = -x^n e^{-x}\,\Big|_0^{+\infty} + n\int_0^{+\infty} x^{n-1}e^{-x}dx = nI_{n-1}$$

从而　　$I_n = nI_{n-1} = n(n-1)I_{n-2} = \cdots = n!\ I_0$

而　　$I_0 = \displaystyle\int_0^{+\infty} e^{-x}dx = -e^{-x}\,\Big|_0^{+\infty} = 1$

故 $$I_n = n!$$

注 反常积分中也有分部及递推关系,这甚至是重要的,由其为 Γ 函数的特殊情形.

这种递推关系求积分值的方法(特别是某些与 n 有关的积分)是常用的,这在我们前面的例子中也已见到.我们有时也会遇到一些与某个常数有关的积分,这往往需要进行一些讨论.

例3 计算 $\int_2^{+\infty} \dfrac{\mathrm{d}x}{x(\ln x)^k}$ (k 为常数).(北京航空学院,1980)

解 因 k 值不同,分 3 种情况讨论:

若 $k > 1$,原式 $= \int_2^{+\infty} \dfrac{\mathrm{d}(\ln x)}{(\ln x)^k} = \dfrac{1}{1-k} \lim\limits_{t \to +\infty} \left[(\ln x)^{1-k} \right]_2^t = \dfrac{(\ln 2)^{1-k}}{k-1}$;

若 $k = 1$,原式 $= \int_2^{+\infty} \dfrac{\mathrm{d}(\ln x)}{(\ln x)^k} = \lim\limits_{t \to +\infty} \left[\ln(\ln x) \right]_2^t = +\infty$,即积分发散;

若 $k < 1$,原式 $= \dfrac{1}{1-k} \lim\limits_{t \to +\infty} \left[(\ln x)^{1-k} \right]_2^t = +\infty$,即积分发散.

例4 求 $I = \int_{-\infty}^{+\infty} \dfrac{1+x^2}{1+x^4} \mathrm{d}x$.(兰州铁道学院,1980)

解 $I = 2\int_0^{+\infty} \dfrac{1+x^2}{1+x^4} \mathrm{d}x$,令 $x - \dfrac{1}{x} = t$,且取 $x = \dfrac{1}{2}(t + \sqrt{t^2+4})$,则

$$x^2 + \frac{1}{x^2} = t^2 + 2, \quad \mathrm{d}t = \left(1 + \frac{1}{x^2}\right)\mathrm{d}x$$

于是 $I = 2\int_0^{+\infty} \left[\left(1 + \dfrac{1}{x^2}\right) \Big/ \left(x^2 + \dfrac{1}{x^2}\right) \right] \mathrm{d}x = 2\int_0^{+\infty} \dfrac{\mathrm{d}t}{t^2+2} = \dfrac{2}{\sqrt{2}} \arctan \dfrac{t}{\sqrt{2}} \Big|_0^{+\infty} = \dfrac{\sqrt{2}}{2}\pi$

例5 证明: $\int_0^{+\infty} \dfrac{\mathrm{d}x}{1+x^4} = \int_0^{+\infty} \dfrac{x^2}{1+x^4} \mathrm{d}x = \dfrac{\pi}{2\sqrt{2}}$.(北京航空学院,1980)

证 令 $x = \dfrac{1}{t}$ 可证得

$$\int_0^{+\infty} \frac{x^2}{1+x^4} \mathrm{d}x = \int_0^{+\infty} \frac{\mathrm{d}t}{1+t^4}$$

故 $$\int_0^{+\infty} \frac{\mathrm{d}x}{1+x^4} = \frac{1}{2}\left[\int_0^{+\infty} \frac{\mathrm{d}x}{1+x^4} + \int_0^{+\infty} \frac{x^2}{1+x^4} \mathrm{d}x \right] = \frac{1}{2}\int_0^{+\infty} \frac{1+x^2}{1+x^4} \mathrm{d}x$$

由上例知

$$\int_0^{+\infty} \frac{\mathrm{d}x}{1+x^4} = \frac{1}{2} \cdot \frac{\sqrt{2}}{2}\pi = \frac{\pi}{2\sqrt{2}}$$

注 这种类似的技巧我们经常用到,特别是在求定积分中.有时我们直接计算某个函数的定积分是困难的,便常引进一个辅助函数,它往往像几何证明中的辅助线.

例6 试证:

(1) $\int_0^{+\infty} \dfrac{\sin x}{x} \mathrm{d}x = \sum\limits_{n=0}^{+\infty} (-1)^n \int_0^{\pi} \dfrac{\sin x}{x+n\pi} \mathrm{d}x$;

(2) $\int_0^{+\infty} \dfrac{\sin x}{x} \mathrm{d}x < \int_0^{\pi} \dfrac{\sin x}{x} \mathrm{d}x$.(浙江大学,1984)

证 (1) 考虑变换 $x + n\pi = t$,则

$$\sum_{n=0}^{+\infty} (-1)^n \int_0^{\pi} \frac{\sin x}{x+n\pi} \mathrm{d}x = \sum_{n=0}^{+\infty} \int_{n\pi}^{(n+1)\pi} \frac{\sin t}{t} \mathrm{d}t = \lim_{m \to +\infty} \int_0^{m\pi} \frac{\sin t}{t} \mathrm{d}t = \lim_{m \to +\infty} f(m\pi)$$

这里 $f(x) = \int_0^x \dfrac{\sin t}{t} \mathrm{d}t (x > 0)$,且 m 是自然数.

因反常积分 $\lim\limits_{m\to+\infty}\displaystyle\int_0^{+\infty}\dfrac{\sin t}{t}\mathrm{d}t$ 收敛,故有

$$\lim_{m\to+\infty}f(m\pi)=\lim_{m\to+\infty}f(x)=\int_0^{+\infty}\frac{\sin t}{t}\mathrm{d}t$$

(2) 由(1)知

$$\int_0^{+\infty}\frac{\sin x}{x}\mathrm{d}x-\int_0^{\pi}\frac{\sin x}{x}\mathrm{d}x=\sum_{n=1}^{+\infty}(-1)^n\int_0^{\pi}\frac{\sin x}{x+n\pi}\mathrm{d}x$$

$$=\sum_{n=1}^{+\infty}\left(-\int_0^{\pi}\frac{\sin x}{x+(2k-1)\pi}\mathrm{d}x+\int_0^{\pi}\frac{\sin x}{x+2k\pi}\mathrm{d}x\right)$$

$$=-\pi\sum_{n=1}^{+\infty}\int_0^{\pi}\frac{\sin x}{[x+(2k-1)\pi](x+2k\pi)}\mathrm{d}x<0$$

这只需注意到 $\dfrac{\sin x}{[x+(2k-1)\pi](x+2k\pi)}>0,x\in(0,\pi)$.

像正常积分那样,反常积分也不因为被积函数有限或可列个间断点而影响其收敛性.请看:

例 7 设函数

$$f(x)=\begin{cases}1,&x\text{ 为正整数}\\\dfrac{1}{4+x^2},&\text{其他}\end{cases}$$

试求积分 $\displaystyle\int_0^{+\infty}f(x)\mathrm{d}x$. (北京邮电学院,1985)

解 因被积函数 $f(x)$ 仅有可列个间断点,当 $b>0$ 时

$$\int_0^b f(x)\mathrm{d}x=\int_0^b\frac{\mathrm{d}x}{x^2+4}=\frac{1}{2}\arctan\frac{b}{2}$$

故

$$\int_0^{+\infty}f(x)\mathrm{d}x=\lim_{b\to+\infty}\frac{1}{2}\arctan\frac{b}{2}=\frac{\pi}{4}$$

我们再来看两个关于含参变量积分的例子.

例 8 计算 $I(t)=\displaystyle\int_0^1\frac{\arctan(xt)}{x\sqrt{1-x^2}}\mathrm{d}x,t\geqslant0$. (厦门大学,1982)

解 由 $I(0)=0$,且 $I'(t)=\displaystyle\int_0^1\frac{\mathrm{d}x}{\sqrt{1-x^2}(1+t^2x^2)}$.

令 $x=\dfrac{1}{y}$,则 $I'(t)=\displaystyle\int_1^{+\infty}\frac{y\mathrm{d}y}{(y^2+t^2)\sqrt{y^2-1}}$.

再令 $u^2=y^2-1$,则 $y^2=u^2+1$,$u\mathrm{d}u=y\mathrm{d}y$. 于是

$$I'(t)=\int_0^{+\infty}\frac{\mathrm{d}u}{u^2+t^2+1}=\frac{1}{\sqrt{1+t^2}}\arctan\frac{u}{\sqrt{1+u^2}}\bigg|_0^{+\infty}=\frac{\pi}{2}\cdot\frac{1}{\sqrt{1+t^2}}$$

故

$$I(t)=\frac{\pi}{2}\int_0^t\frac{\mathrm{d}t}{\sqrt{1+t^2}}=\frac{\pi}{2}\ln(t+\sqrt{1+t^2})$$

注 求含参变量的积分时,通常都是先对参变量求导(或求偏导数),而求导后函数的积分往往可求出,这样最后可求得原积分值(它通常为反常积分).再例如下面的问题.

设 $u(y)=\displaystyle\int_0^{+\infty}\mathrm{e}^{-x^2}\cos 2xy\mathrm{d}x$,证明:积分关于 y 的一致收敛,且计算 $u(y)$. (已知 $\displaystyle\int_0^{+\infty}\mathrm{e}^{-x^2}\mathrm{d}x=\dfrac{\sqrt{\pi}}{2}$)(浙江大学,1980)

例 9 已知 $I(\alpha)=\displaystyle\int_0^{\pi}\frac{\sin x\mathrm{d}x}{\sqrt{1-2\alpha\cos x+\alpha^2}}$,求积分 $\displaystyle\int_{-3}^2 I(\alpha)\mathrm{d}\alpha$. (武汉水利电力学院,1984)

解 先计算 $I(\alpha)$, 分几种情况考虑:

(1) 当 $\alpha \neq 0, \pm 1$ 时

$$I(\alpha) = \frac{1}{2\alpha} \int_0^\pi \frac{d(1 - 2\alpha\cos x + \alpha^2)}{\sqrt{1 - 2\alpha\cos \alpha + \alpha^2}} = \frac{1}{\alpha}(|1 + \alpha| - |1 - \alpha|)$$

(2) 当 $\alpha = 1$ 时

$$I(\alpha) = \int_0^\pi \frac{\sin x \, dx}{\sqrt{2 - 2\cos x}} = \lim_{\varepsilon \to 0^+} \int_\varepsilon^\pi \frac{\sin x \, dx}{\sqrt{2 - 2\cos x}} = \lim_{\varepsilon \to 0}(2 - \sqrt{2 - 2\cos \varepsilon}) = 2$$

(3) 当 $\alpha = -1$ 时

$$I(\alpha) = \int_0^\pi \frac{\sin x \, dx}{\sqrt{2 + 2\cos x}} = \lim_{\varepsilon \to 0} \int_0^{\pi - \varepsilon} \frac{\sin x \, dx}{\sqrt{2 + 2\cos x}} = 2$$

(4) 当 $\alpha = 0$ 时

$$I(\alpha) = \int_0^\pi \sin x \, dx = 2$$

综上

$$I(\alpha) = \begin{cases} -\dfrac{2}{\alpha}, & \alpha < -1 \\ 2, & -1 \leqslant \alpha \leqslant 1 \\ \dfrac{2}{\alpha}, & \alpha > 1 \end{cases}$$

故

$$\int_{-3}^2 I(\alpha) d\alpha = \int_{-3}^{-1} \frac{-2}{\alpha} d\alpha + \int_{-1}^1 2 d\alpha + \int_1^2 \frac{2}{\alpha} d\alpha = 2\ln 6 + 4$$

6. 定积分的应用

我们再来看看关于定积分应用的例子.

例1 试求两椭圆 $x^2 + \dfrac{y^2}{3} = 1$ 和 $\dfrac{x^2}{3} + y^2 = 1$ 的公共部分的面积.(中国科技大学,1982)

解 容易求出两椭圆的交点为 $(x, y) = (\pm\dfrac{\sqrt{3}}{2}, \pm\dfrac{\sqrt{3}}{2})$.

如图1所示, 再设图中 I, II, III, IV, V 部分图形面积分别为 S_1, S_2, S_3, S_4, S_5, 则

$$S_1 = 2\int_0^{\frac{\sqrt{3}}{2}} \sqrt{3}\sqrt{1 - x^2} \, dx - 2\int_0^{\frac{\sqrt{3}}{2}} \sqrt{1 - \frac{x^2}{3}} \, dx$$

在第一个积分中令 $x = \sin t$, 在第二个积分中令 $x = \sqrt{3}\sin t$, 得

$$S_1 = 2\sqrt{3}\int_{\frac{\pi}{6}}^{\frac{\pi}{3}} \cos^2 t \, dt - 2\sqrt{3}\int_0^{\frac{\pi}{6}} \cos^2 t \, dt$$

$$= \sqrt{3}\int_{\frac{\pi}{6}}^{\frac{\pi}{3}} (1 + \cos 2t) \, dt = \sqrt{3}\left[\frac{\pi}{6} + \frac{1}{2}\sin 2t\right]_{\frac{\pi}{6}}^{\frac{\pi}{3}} = \frac{\sqrt{3}}{6}\pi$$

由对称性有 $S_1 = S_3 = S_4 = S_5$, 从而

$$S = S_{椭圆面积} - 2S_1 = \sqrt{3}\pi - \frac{\sqrt{3}}{3}\pi = \frac{2\sqrt{3}}{3}\pi$$

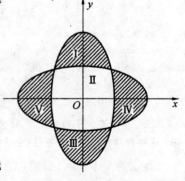

图1

再来看一个关于求极坐标系下曲线所围区域的面积的例子.

例2 试用定积分计算极坐标方程 $r = 2a\cos \theta \ (a > 0)$ 的曲线所围成的图形的面积.(北京师范大学,1982)

解 根据极坐标系下的平面图形面积公式知所求面积

$$S = \frac{1}{2}\int_{-\frac{\pi}{2}}^{\frac{\pi}{2}} r^2 d\theta = \frac{1}{2}\int_{-\frac{\pi}{2}}^{\frac{\pi}{2}} (2a\cos \theta)^2 d\theta = 4\int_0^{\frac{\pi}{2}} a^2\cos^2 \theta \, d\theta$$

$$=4a^2\int_0^{\frac{\pi}{2}}\frac{1+\cos 2\theta}{2}\mathrm{d}\theta=2a^2(\theta+\sin 2\theta)\Big|_0^{\frac{\pi}{2}}=\pi a^2$$

注 下面的问题也是要先将直角坐标系下的方程化为极坐标方程,然后再行计算:

计算双纽线$(x^2+y^2)^2=2a^2(x^2-y^2)$所围平面区域的面积.(武汉测绘学院,1984)

下面是一个用定积分计算几何体体积的例子.

例 3 求正椭圆锥的体积,其底面是长、短半轴分别等于a,b的椭圆,面高等于h.(长沙铁道学院,1981)

解 以底面椭圆中心为原点,原点与锥顶之连线为Oy轴,则在纵坐标为y处的平行于底面的截椭圆锥的截面面积$S(y)$为

$$S(y)=\pi ab\left(1-\frac{y}{h}\right)^2$$

故所求几何体体积

$$V=\int_0^h S(y)\mathrm{d}y=\pi ab\int_0^h\left(1-\frac{y}{h}\right)^2\mathrm{d}y=\frac{1}{3}\pi abh$$

定积分还常应用在物理方面,比如下面例题.

例 4 在水渠的垂直截面上有一闸门,闸门上有一矩形泄水孔,尺寸如图 2 所示.经过小孔的水流速为$v=c\sqrt{2gh}$,其中h是离水面的深度,g为重力加速度,c为常数,求流经矩形泄孔的流量.(沈阳机电学院,1981)

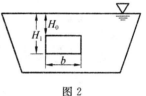

图 2

解 设流量为Q.又在离水面深为h处,宽为$\mathrm{d}h$的小长条的流量为$\mathrm{d}Q$,则

$$\mathrm{d}Q=vb\mathrm{d}h=bc\sqrt{2gh}\,\mathrm{d}h$$

故 $$Q=\int_{H_0}^{H_1}bc\sqrt{2gh}\,\mathrm{d}h=\frac{2}{3}bc\sqrt{2g}h^{\frac{3}{2}}\Big|_{H_0}^{H_1}=\frac{2}{3}bc\sqrt{2g}\left(H_1^{\frac{3}{2}}-H_0^{\frac{3}{2}}\right).$$

例 5 在Ox轴上,从原点O到点$P(l,0)$有一线密度为常量ρ的细棒,在点$A(0,a)$处有一质量为m的质点.求(1)质点与细棒间引力的大小和方向;(2)当$l\to+\infty$时,质点与细棒间引力的大小和方向.(苏州丝绸工学院,1984)

解 如图 3 所示,在OP上,区间$[x,x+\mathrm{d}x]$一段细棒质量元素为$\rho\mathrm{d}x$,点A处的质点与质量元素$\rho\mathrm{d}x$间的引力元素$\mathrm{d}F=\dfrac{km\rho\mathrm{d}x}{x^2+a^2}$,其中$k$为万有引力常数.

$\mathrm{d}F$沿两坐标轴的分力元素分别为

$$\mathrm{d}F_x=\frac{x}{\sqrt{x^2+a^2}}\mathrm{d}F=\frac{km\rho x\,\mathrm{d}x}{(x^2+a^2)^{3/2}},\quad \mathrm{d}F_y=\frac{a}{\sqrt{x^2+a^2}}\mathrm{d}F=\frac{km\rho a\,\mathrm{d}x}{(x^2+a^2)^{3/2}}$$

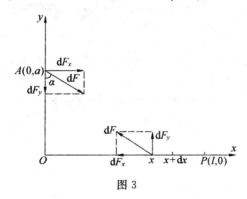

图 3

(1) 这样可有

$$F_x = \int_0^l \frac{x}{\sqrt{x^2+a^2}} dF = \int_0^l \frac{km\rho x}{(x^2+a^2)^{3/2}} dx = -km\rho \left. \frac{1}{\sqrt{x^2+a^2}} \right|_0^l$$

$$= km\rho \left(\frac{1}{a} - \frac{1}{\sqrt{l^2+a^2}} \right)$$

$$F_y = \int_0^l \frac{a}{\sqrt{x^2+a^2}} dF = \int_0^l \frac{km\rho a}{(x^2+a^2)^{3/2}} dx \quad (\diamondsuit\ x = a\tan t)$$

$$= \frac{kml}{a} \int_0^{\arctan \frac{l}{a}} \cos t\, dt = \frac{kml}{a} \cdot \frac{l}{\sqrt{l^2+a^2}} = \frac{klml}{a\sqrt{l^2+a^2}}$$

故

$$F = \sqrt{F_x^2 + F_y^2} = km\rho \sqrt{\frac{2}{a^2} - \frac{2}{a\sqrt{a^2+l^2}}}$$

若设 F 与 Oy 轴夹角为 α,则有

$$\tan \alpha = \frac{F_x}{F_y} = \frac{\sqrt{l^2+a^2}-a}{l}$$

(2) 由上可得

$$\lim_{l \to +\infty} F_x = \frac{kml}{a}, \quad \lim_{l \to +\infty} F_y = \frac{kml}{a}$$

故

$$\lim_{l \to +\infty} F = \lim_{l \to +\infty} \sqrt{F_x^2 + F_y^2} = \frac{\sqrt{2}\, kml}{a}$$

又 $\lim\limits_{l \to +\infty} \tan \alpha = 1$,此时 $\alpha \to \dfrac{\pi}{4}$.

还有些问题是属于综合性的,这类问题在近年的试题中也常出现.请看下面例题.

例 6 求曲线 $y = \mathrm{e}^{-x} \sin x$ 的 $x \geqslant 0$ 部分与 Ox 轴围成的面积.(中南矿冶学院,1983)

解 由设及图 4 可得所求面积

$$S = \int_0^\pi \mathrm{e}^{-x} \sin x\, dx - \int_\pi^{2\pi} \mathrm{e}^{-x} \sin x\, dx + \cdots + (-1)^n \int_{n\pi}^{(n+1)\pi} \mathrm{e}^{-x} \sin x\, dx$$

$$= \sum_{n=0}^\infty (-1)^{n+1} \left[\frac{\mathrm{e}^{-x}(\sin x + \cos x)}{2} \right]_{n\pi}^{(n+1)\pi} = \frac{1+\mathrm{e}^{-\pi}}{2} \sum_{n=0}^\infty \mathrm{e}^{-n\pi}$$

$$= \frac{1+\mathrm{e}^{-\pi}}{2} \cdot \frac{1}{1-\mathrm{e}^{-\pi}} = \frac{1}{2} \cdot \frac{\mathrm{e}^\pi+1}{\mathrm{e}^\pi-1}$$

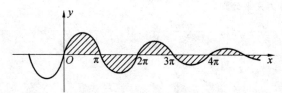

图 4

1987~2012 年部分

(一)填空题

1. 不定积分问题

题 1 (1999②)$\displaystyle\int \frac{x+5}{x^2-6x+13} dx = $ _____.

解 令 $x-3 = t$,这样

$$原式 = \int \frac{x+5}{(x-3)^2 + 2^2} \mathrm{d}x = \int \frac{t+8}{t^2 + 2^2} \mathrm{d}t$$

$$= \frac{1}{2} \ln(t^2 + 2^2) + 4\arctan \frac{t}{2} C$$

再代入 $t = x - 3$,即得

$$\int \frac{x+5}{x^2 - 6x + 13} \mathrm{d}x = \frac{1}{2} \ln(x^2 - 6x + 13) + 4\arctan \frac{x-3}{2} + C$$

题 2　(1997②)$\displaystyle\int \frac{\mathrm{d}x}{\sqrt{x(4-x)}} = $ ＿＿＿＿＿.

解　先考虑被积式变换(分子与分母同除 $\sqrt{x}$),这样

$$\int \frac{\mathrm{d}x}{\sqrt{x(4-x)}} = \int \frac{\dfrac{1}{\sqrt{x}}\mathrm{d}x}{\sqrt{4-(\sqrt{x})^2}} = \int \frac{2}{\sqrt{4-(\sqrt{x})^2}}\mathrm{d}\sqrt{x} = 2\arcsin \frac{\sqrt{x}}{2} + C$$

或

$$\int \frac{\mathrm{d}x}{\sqrt{x(4-x)}} = \int \frac{\mathrm{d}x}{\sqrt{4-(x-2)^2}} = \int \frac{\mathrm{d}(x-2)}{\sqrt{4-(x-2)^2}} = \arcsin \frac{x-2}{2} + C$$

题 3　(1997④)$\displaystyle\int \frac{\mathrm{d}x}{(2-x)\sqrt{1-x}} = $ ＿＿＿＿＿.

解　可得

$$\int \frac{\mathrm{d}x}{(2-x)\sqrt{1-x}} = \int \frac{-\mathrm{d}(1-x)}{(2-x)\sqrt{1-x}} = \int \frac{-2\mathrm{d}\sqrt{1-x}}{1+(\sqrt{1-x})^2}$$

$$= -2\arctan \sqrt{1-x} + C$$

题 4　(1995③④) 设 $f'(\ln x) = 1 + x$,则 $f(x) = $ ＿＿＿＿＿.

解　令 $t = \ln x$,则 $x = \mathrm{e}^t$. 代入 $f'(\ln x) = 1 + x$ 中,得 $f'(t) = 1 + \mathrm{e}^t$.

故 $f(t) = \displaystyle\int f'(t)\mathrm{d}t = \int (1 + \mathrm{e}^t)\mathrm{d}t = t + \mathrm{e}^t + C.$

题 5　(1997②)$\displaystyle\int \frac{\ln(\sin x)}{\sin^2 x}\mathrm{d}x = $ ＿＿＿＿＿.

解　可得

$$\int \frac{\ln(\sin x)}{\sin^2 x}\mathrm{d}x = -\int \ln(\sin x)\mathrm{d}(\cot x) \quad (由分部积分)$$

$$= -\cot x \cdot \ln(\sin x) + \int \cot x \cdot \frac{\cos x}{\sin x}\mathrm{d}x$$

$$= -\cot x \cdot \ln(\sin x) + \int \left(\frac{1}{\sin^2 x} - 1\right)\mathrm{d}x$$

$$= -\cot x \cdot \ln(\sin x) - \cot x - x + C$$

题 6　(1998③④)$\displaystyle\int \frac{\ln x - 1}{x^2}\mathrm{d}x = $ ＿＿＿＿＿.

解　可得

$$\int \frac{\ln x - 1}{x^2}\mathrm{d}x = \int \frac{\ln x}{x^2}\mathrm{d}x - \int \frac{\mathrm{d}x}{x^2} = -\int \ln x\,\mathrm{d}\left(\frac{1}{x}\right) + \frac{1}{x}$$

$$= -\frac{\ln x}{x} + \int \frac{1}{x^2}\mathrm{d}x + \frac{1}{x} = -\frac{\ln x}{x} + C$$

题 7　(2000④)$\displaystyle\int \frac{\arcsin \sqrt{x}}{\sqrt{x}}\mathrm{d}x = $ ＿＿＿＿＿.

解 1　可得

$$\int \frac{\arcsin \sqrt{x}}{\sqrt{x}}dx = 2\int \arcsin \sqrt{x}\, d\sqrt{x} = 2\sqrt{x}\arcsin \sqrt{x} - 2\int \frac{\sqrt{x}}{\sqrt{1-x}}\cdot \frac{1}{2\sqrt{x}}dx$$

$$= 2\sqrt{x}\arcsin \sqrt{x} + 2\sqrt{1-x} + C$$

解 2　设 $\sqrt{x} = t, x = t^2, dx = 2tdt$，则

$$\int \frac{\arcsin \sqrt{x}}{\sqrt{x}}dx = \int \frac{\arcsin t}{t}\cdot 2tdt = 2\int \arcsin tdt = 2t\arcsin t - 2\int \frac{tdt}{\sqrt{1-t^2}}$$

$$= 2t\arcsin t + 2\sqrt{1-t^2} + C = 2\sqrt{x}\arcsin \sqrt{x} + 2\sqrt{1-x} + C$$

下面的两则问题属于综合类考题.

题 8　(2000④)已知函数 $f(x)$ 的一个原函数为 $\ln^2 x$，则 $\int xf'(x)dx =$ _____.

解　依题意

$$f(x) = (\ln^2 x)' = \frac{2\ln x}{x} = \frac{2}{x}\ln x$$

故

$$\text{原式} = \int xdf(x) = xf(x) - \int f(x)dx = 2\ln x - \ln^2 x + C$$

注　由于 $2\ln x = \ln x^2$，故答案亦可为 $\ln x^2 - \ln^2 x + C$.

题 9　(1996③④)设不定积分 $\int xf(x)dx = \arcsin x + C$，则 $\int \frac{1}{f(x)}dx =$ _____.

解　因为 $xf(x) = (\arcsin x)' = \frac{1}{\sqrt{1-x^2}}$，所以 $f(x) = \frac{1}{x\sqrt{1-x^2}}$，故

$$\int \frac{1}{f(x)}dx = \int x\sqrt{1-x^2}dx = -\frac{1}{2}\int (1-x^2)^{\frac{1}{2}}d(1-x^2) = -\frac{1}{3}(\sqrt{1-x^2})^3 + C$$

2. 定积分问题

(1) 定积分计算

题 1　(1990②)$\int_0^1 x\sqrt{1-x}dx =$ _____.

解　令 $t = \sqrt{1-x}$，则 $x = 1-t^2$，且

$$\int_0^1 x\sqrt{1-x}dx = \int_1^0 (1-t^2)(-2t^2)dt = \int_0^1 (2t^2 - 2t^4)dt = \left[\frac{2}{3}t^3 - \frac{2}{5}t^5\right]_0^1 = \frac{4}{15}$$

题 2　(1996②)$\int_{-1}^1 (x + \sqrt{1-x^2})^2 dx =$ _____.

解　将被积函数展开、化简，再由奇偶函数在对称区间上的积分性质,有

$$\int_{-1}^1 (x + \sqrt{1-x^2})^2 dx = \int_{-1}^1 (x + 2x\sqrt{1-x^2})dx = \int_{-1}^1 dx = 2$$

题 3　(2000①)$\int_0^1 \sqrt{2x - x^2}dx =$ _____.

解　图解法. 积分值是圆 $(x-1)^2 + y^2 = 1$ 的 1/4 面积，即 $\pi/4$.

或

$$\int_0^1 \sqrt{2x - x^2}dx = \int_0^1 \sqrt{1-(1-x)^2}dx \quad (\text{令 } 1-x = t)$$

$$= \int_0^1 \sqrt{1-t^2}dt \quad (\text{令 } t = \sin u)$$

$$= \int_0^{\frac{\pi}{2}} \cos u\cdot \cos udu = \int_0^{\frac{\pi}{2}} \frac{1 + \cos 2u}{2}du$$

$$= \left[\frac{1}{2}u + \frac{1}{4}\sin 2u\right]_0^{\frac{\pi}{2}} = \frac{\pi}{4}$$

题 4　(1994③④) $\displaystyle\int_{-2}^{2}\dfrac{x+\mid x\mid}{2+x^2}\mathrm{d}x=$ _____.

解　可得

$$原式=\int_{-2}^{2}\frac{x}{2+x^2}\mathrm{d}x+\int_{-2}^{2}\frac{\mid x\mid}{2+x^2}\mathrm{d}x=0+2\int_{0}^{2}\frac{x}{2+x^2}\mathrm{d}x$$
$$=\ln(2+x^2)\Big|_{0}^{2}=\ln 3$$

题 5　(2001②) $\displaystyle\int_{-\frac{\pi}{2}}^{\frac{\pi}{2}}(x^3+\sin^2 x)\cos^2 x\,\mathrm{d}x=$ _____.

解　由奇偶函数在对称区间上积分性质,知

$$原式=2\int_{0}^{\frac{\pi}{2}}\sin^2 x(1-\sin^2 x)\mathrm{d}x\quad(因\ \sin^2 x+\cos^2 x=1)$$
$$=2\left(\int_{0}^{\frac{\pi}{2}}\sin^2 x\,\mathrm{d}x-\int_{0}^{\frac{\pi}{2}}\sin^4 x\,\mathrm{d}x\right)$$
$$=2\left(\frac{1}{2}\times\frac{\pi}{2}-\frac{3}{4}\times\frac{1}{2}\times\frac{\pi}{2}\right)=\frac{\pi}{8}$$

这里注意到 $x^3\cos^2 x$ 是奇函数,它在对称区间上积分值为 0.

题 6　(2000③) $\displaystyle\int_{1}^{+\infty}\dfrac{\mathrm{d}x}{\mathrm{e}^x+\mathrm{e}^{2-x}}\mathrm{d}x=$ _____.

$$原式=\int_{1}^{+\infty}\frac{\mathrm{e}^x\,\mathrm{d}x}{\mathrm{e}^{2x}+\mathrm{e}^2}=\int_{1}^{+\infty}\frac{\mathrm{d}\mathrm{e}^x}{(\mathrm{e}^x)^2+\mathrm{e}^2}=\frac{1}{\mathrm{e}}\arctan\frac{\mathrm{e}^x}{\mathrm{e}}\Big|_{1}^{+\infty}=\frac{\pi}{4\mathrm{e}}.$$

题 7　(1994②) $\displaystyle\int x^3\mathrm{e}^{x^2}\mathrm{d}x=$ _____.

解　$\displaystyle\int x^3\mathrm{e}^{x^2}\mathrm{d}x=\frac{1}{2}\int x^2\,\mathrm{d}(\mathrm{e}^{x^2})=\frac{1}{2}\left[x^2\mathrm{e}^{x^2}-\int\mathrm{e}^{x^2}\,\mathrm{d}(x^2)\right]=\frac{1}{2}\mathrm{e}^{x^2}(x^2-1)+C.$

下面的被积函数中有绝对值运算,积分要分段进行.

题 8　(2003④) $\displaystyle\int_{-1}^{1}(\mid x\mid+x)\mathrm{e}^{-\mid x\mid}\mathrm{d}x=$ _____.

解　首先注意到奇偶函数在对称区间上的积分性质,再考虑绝对值性质,有

$$\int_{-1}^{1}(\mid x\mid+x)\mathrm{e}^{-\mid x\mid}\mathrm{d}x=\int_{-1}^{1}\mid x\mid\mathrm{e}^{-\mid x\mid}\mathrm{d}x+\int_{-1}^{1}x\mathrm{e}^{-\mid x\mid}\mathrm{d}x$$
$$=\int_{-1}^{1}\mid x\mid\mathrm{e}^{-\mid x\mid}\mathrm{d}x=2\int_{0}^{1}x\mathrm{e}^{-x}\mathrm{d}x=-2\int_{0}^{1}x\,\mathrm{d}\mathrm{e}^{-x}$$
$$=-2\left[x\mathrm{e}^{-x}\Big|_{0}^{1}-\int_{0}^{1}\mathrm{e}^{-x}\mathrm{d}x\right]=2(1-2\mathrm{e}^{-1})$$

下面是一个需要变量替换的积分问题.

题 9　(1998②) $\displaystyle\int_{0}^{4}\mathrm{e}^{\sqrt{x}}\mathrm{d}x=$ _____.

解　令 $t=\sqrt{x}$,则 $x=t^2$,且

$$\int_{0}^{4}\mathrm{e}^{\sqrt{x}}\mathrm{d}x=\int_{0}^{2}\mathrm{e}^t 2t\,\mathrm{d}t=2\left[t\mathrm{e}^t-\mathrm{e}^t\right]_{0}^{2}=2(\mathrm{e}^2+1)$$

(2) 综合问题

题 1　(1998①②) 设 $f(x)$ 是连续函数,且 $\displaystyle\int_{0}^{x^3-1}f(t)\mathrm{d}t=x$,则 $f(7)=$ _____.

解　对原式两边求导得 $f(x^3-1)\cdot 3x^2=1$,即 $f(x^3-1)=\dfrac{1}{3x^2}$.

令 $x^3-1=7$,得 $x=2$,故 $f(7)=\dfrac{1}{3\times 2^2}=\dfrac{1}{12}$.

题 2 (1994②) $\dfrac{\mathrm{d}}{\mathrm{d}x}\left(\displaystyle\int_0^{\cos 3x} f(t)\mathrm{d}t\right) = $ _____.

解 $\dfrac{\mathrm{d}}{\mathrm{d}x}\left(\displaystyle\int_0^{\cos 3x} f(t)\mathrm{d}t\right) = f(\cos 3x)\cdot(\cos 3x)' = -3\sin 3x f(\cos 3x).$

题 3 (1995①) $\dfrac{\mathrm{d}}{\mathrm{d}x}\displaystyle\int_{x^2}^0 x\cos t^2\mathrm{d}t = $ _____.

解 原式 $= \dfrac{\mathrm{d}}{\mathrm{d}x}\left(x\displaystyle\int_{x^2}^0 x\cos t^2\mathrm{d}t\right) = \displaystyle\int_{x^2}^0 \cos t^2\mathrm{d}t - 2x^2\cos x^4.$

题 4 (1999①) $\dfrac{\mathrm{d}}{\mathrm{d}x}\displaystyle\int_0^x \sin(x-t)^2\mathrm{d}t = $ _____.

解 令 $x-t=u$,有 $\displaystyle\int_0^x \sin(x-t)^2\mathrm{d}t = \displaystyle\int_0^x \sin u^2\mathrm{d}u.$ 于是

$$\dfrac{\mathrm{d}}{\mathrm{d}x}\int_0^x \sin(x-t)^2\mathrm{d}t = \dfrac{\mathrm{d}}{\mathrm{d}x}\int_0^x \sin u^2\mathrm{d}u = \sin x^2$$

题 5 (1987②) $\displaystyle\int f'(x)\mathrm{d}x = $ _____, $\displaystyle\int_a^b f'(2x)\mathrm{d}x = $ _____.

解 由积分性质,有 $\displaystyle\int f'(x)\mathrm{d}x = f(x)+C$, 故

$$\int_a^b f'(2x)\mathrm{d}x = \dfrac{1}{2}\int_a^b f'(2x)\mathrm{d}(2x) = \dfrac{1}{2}f(t)\Big|_{2a}^{2b} = \dfrac{1}{2}\big[f(2b)-f(2a)\big]$$

题 6 (1999③) 设函数 $f(x)$ 有一个原函数 $\dfrac{\sin x}{x}$,则 $\displaystyle\int_{\frac{\pi}{2}}^{\pi} xf'(x)\mathrm{d}x = $ _____.

解 依题意

$$f(x) = \left(\dfrac{\sin x}{x}\right)' = \dfrac{x\cos x - \sin x}{x^2}$$

$$\int_{\frac{\pi}{2}}^{\pi} xf'(x)\mathrm{d}x = \int_{\frac{\pi}{2}}^{\pi} x\mathrm{d}f(x) = \big[xf(x)\big]_{\frac{\pi}{2}}^{\pi} - \int_{\frac{\pi}{2}}^{\pi} f(x)\mathrm{d}x$$

$$= \left[\dfrac{x\cos x - \sin x}{x}\right]_{\frac{\pi}{2}}^{\pi} - \left[\dfrac{\sin x}{x}\right]_{\frac{\pi}{2}}^{\pi} = \dfrac{4}{\pi} - 1$$

题 7 (1997③) 若 $f(x) = \dfrac{1}{1+x^2} + \sqrt{1-x^2}\displaystyle\int_0^1 f(x)\mathrm{d}x$,则 $\displaystyle\int_0^1 f(x)\mathrm{d}x = $ _____.

解 设 $\displaystyle\int_0^1 f(x)\mathrm{d}x = a$,则 $f(x) = \dfrac{1}{1+x^2} + a\sqrt{1-x^2}$. 两边积分得

$$a = \int_0^1 f(x)\mathrm{d}x = \int_0^1 \dfrac{\mathrm{d}x}{1+x^2} + a\int_0^1 \sqrt{1-x^2}\mathrm{d}x = \big[\arctan x\big]_0^1 + \dfrac{\pi}{4}a = \dfrac{\pi}{4} + \dfrac{\pi}{4}a$$

由上式解得, $a = \dfrac{\pi}{4-\pi}$.

题 8 (1997④) 设 $f(x) = \dfrac{1}{1+x^2} + x^3\displaystyle\int_0^1 f(x)\mathrm{d}x$,则 $\displaystyle\int_0^1 f(x)\mathrm{d}x = $ _____.

解 设 $\displaystyle\int_0^1 f(x)\mathrm{d}x = a$,则 $f(x) = \dfrac{1}{1+x^2} + ax^3$. 两边积分得

$$a = \int_0^1 f(x)\mathrm{d}x = \int_0^1 \dfrac{\mathrm{d}x}{1+x^2} + a\int_0^1 x^3\mathrm{d}x = \dfrac{\pi}{4} + \dfrac{1}{4}a$$

由上式解出 $a = \dfrac{\pi}{3}$.

题 9 (2004③④) 设

$$f(x) = \begin{cases} xe^{x^2}, & -\dfrac{1}{2}\leqslant x < \dfrac{1}{2} \\[2mm] -1, & x\geqslant \dfrac{1}{2} \end{cases}$$

则 $\int_{\frac{1}{2}}^{2} f(x-1)\mathrm{d}x =$ _____.

解　令 $x-1=t$,则 $x=1+t$ 且

$$\int_{\frac{1}{2}}^{2} f(x-1)\mathrm{d}x = \int_{-\frac{1}{2}}^{1} f(t)\mathrm{d}t = \int_{-\frac{1}{2}}^{1} f(x)\mathrm{d}x$$

$$= \int_{-\frac{1}{2}}^{\frac{1}{2}} x\mathrm{e}^{x}\,\mathrm{d}x + \int_{\frac{1}{2}}^{1}(-1)\mathrm{d}x = 0 + \left(-\frac{1}{2}\right) = -\frac{1}{2}$$

下面的问题涉及函数在某个区间上的所谓平均值.

题 10　(1999②) 函数 $y = \dfrac{x^2}{\sqrt{1-x^2}}$ 在区间 $\left[\dfrac{1}{2}, \dfrac{\sqrt{3}}{2}\right]$ 上的平均值为 _____.

解　由定义知

$$\overline{y} = \frac{1}{b-a}\int_{a}^{b} y\,\mathrm{d}x = \frac{1}{\frac{\sqrt{3}}{2}-\frac{1}{2}}\int_{\frac{1}{2}}^{\frac{\sqrt{3}}{2}} \frac{x^2\,\mathrm{d}x}{\sqrt{1-x^2}}$$

设 $x = \sin t$,则 $\mathrm{d}x = \cos t\,\mathrm{d}t$. 当 $x = \dfrac{1}{2}$ 时,$t = \dfrac{\pi}{6}$;当 $x = \dfrac{\sqrt{3}}{2}$ 时,$t = \dfrac{\pi}{3}$. 于是

$$\overline{y} = \frac{2}{\sqrt{3}-1}\int_{\frac{\pi}{6}}^{\frac{\pi}{3}} \frac{\sin^2 t}{\cos t}\cdot\cos t\,\mathrm{d}t = \frac{2}{\sqrt{3}-1}\int_{\frac{\pi}{6}}^{\frac{\pi}{3}} \frac{1-\cos 2t}{2}\mathrm{d}t = \frac{\sqrt{3}+1}{12}\pi$$

题 11　(1988③④) 已知函数 $f(x) = \int_{0}^{x} \mathrm{e}^{-\frac{t^2}{2}}\mathrm{d}t, -\infty < x < +\infty$,则:

(1) $f'(x) =$ _____;

(2) $f(x)$ 的单调性:_____;

(3) $f(x)$ 的奇偶性:_____;

(4) $f(x)$ 的图形的拐点:_____;

(5) $f(x)$ 的图形的凹、凸性:_____,_____;

(6) $f(x)$ 的图形的水平渐近线_____.

解　(1) 根据变上限积分求导公式 $f'(x) = \mathrm{e}^{-\frac{x^2}{2}}$.

(2) 当 $x \in (-\infty, +\infty)$ 时,$f'(x) > 0$,故 $f(x)$ 单调增加.

(3) 因为 $f(-x) = \int_{0}^{-x} \mathrm{e}^{-\frac{t^2}{2}}\mathrm{d}t$(令 $u = -x$) $= -\int_{0}^{x}\mathrm{d}u = -f(x)$,所以 $f(x)$ 为奇函数.

(4)、(5) 由 $f'(x) = \mathrm{e}^{-\frac{t^2}{2}}$ 且 $f''(x) = -x\mathrm{e}^{-\frac{t^2}{2}}$ 及 $f''(0) = 0$,则可知:

当 $x < 0$ 时,$f''(x) > 0$,函数下凸;当 $x > 0$ 时,$f''(x) < 0$,函数下凹. 因此 $x = 0$ 为拐点.

(6) 因为 $\lim\limits_{x \to +\infty}\int_{0}^{x} \mathrm{e}^{-\frac{t^2}{2}}\mathrm{d}t = \sqrt{\dfrac{\pi}{2}}$, $\lim\limits_{x \to -\infty}\int_{0}^{x}\mathrm{e}^{-\frac{t^2}{2}}\mathrm{d}t = -\sqrt{\dfrac{\pi}{2}}$,所以函数图象有两条水平渐近线.

3. 反常积分

题 1　(1997②) $\int_{0}^{+\infty} \dfrac{\mathrm{d}x}{x^2 + 4x + 8} =$ _____.

解　将被积式变形可有

$$\int_{0}^{+\infty} \frac{\mathrm{d}x}{x^2+4x+8} = \int_{0}^{+\infty} \frac{\mathrm{d}(x+2)}{(x+2)^2+4} = \left[\frac{1}{2}\arctan\frac{x+2}{2}\right]_{0}^{+\infty} = \frac{\pi}{8}$$

题 2　(1992②) $\int_{1}^{+\infty} \dfrac{\mathrm{d}x}{x(x^2+1)} =$ _____.

解　原式 $= \int_{1}^{+\infty}\left(\dfrac{1}{x} - \dfrac{x}{x^2+1}\right)\mathrm{d}x = \left[\ln x - \dfrac{1}{2}\ln(x^2+1)\right]_{1}^{+\infty} = \left[\ln\dfrac{x}{\sqrt{x^2+1}}\right]_{1}^{+\infty} = \dfrac{1}{2}\ln 2.$

题3 (2004②) $\displaystyle\int_1^{+\infty} \frac{\mathrm{d}x}{x\sqrt{x^2-1}} = \underline{\qquad}$.

解 令 $x = \sec t$,则有
$$\int_1^{+\infty} \frac{\mathrm{d}x}{x\sqrt{x^2-1}} = \int_0^{\frac{\pi}{2}} \frac{\sec t \cdot \tan t}{\sec t \cdot \tan t}\mathrm{d}t = \frac{\pi}{2}$$

题4 (2000②) $\displaystyle\int_2^{+\infty} \frac{\mathrm{d}x}{(x+7)\sqrt{x-2}} = \underline{\qquad}$.

解 设 $\sqrt{x-2} = t$, 则 $x = t^2+2$, 且 $\mathrm{d}x = 2t\mathrm{d}t$.

当 $x=2$ 时,$t=0$;当 $x=+\infty$ 时,$t=+\infty$. 于是
$$\int_2^{+\infty} \frac{\mathrm{d}x}{(x+7)\sqrt{x-2}} = \int_0^{+\infty} \frac{2t\mathrm{d}t}{(t^2+9)t} = \frac{2}{3}\left[\arctan\frac{t}{3}\right]_0^{+\infty} = \frac{\pi}{3}$$

题5 (2002①) $\displaystyle\int_e^{+\infty} \frac{\mathrm{d}x}{x\ln^2 x} = \underline{\qquad}$.

解 $\displaystyle\int_e^{+\infty} \frac{\mathrm{d}x}{x\ln^2 x} = \int_e^{+\infty} \frac{\mathrm{d}x}{x\ln^2 x} = \int_e^{+\infty} \frac{\mathrm{d}(\ln x)}{\ln^2 x} = -\left[\frac{1}{\ln x}\right]_e^{+\infty} = 1.$

题6 (1991②) $\displaystyle\int_1^{+\infty} \frac{\ln x}{x^2}\mathrm{d}x = \underline{\qquad}$.

解 $\displaystyle\int_1^{+\infty} \frac{\ln x}{x^2}\mathrm{d}x = -\int_1^{+\infty} \ln x\,\mathrm{d}\frac{1}{x} = -\left[\frac{1}{x}\ln x\right]_1^{+\infty} + \int_1^{+\infty}\frac{1}{x^2}\mathrm{d}x = 0 - \left[\frac{1}{x}\right]_1^{+\infty} = 1.$

这是一则反常积分的反问题,由积分反求常数.

题7 (1995④) 设 $\displaystyle\lim_{x\to+\infty}\left(\frac{1+x}{x}\right)^{ax} = \int_{-\infty}^a te^t\mathrm{d}t$,则常数 $a = \underline{\qquad}$.

解 式左 $= \exp\left\{\lim_{x\to\infty}\left(\frac{1+x}{x}-1\right)ax\right\} = e^a$.

式右 $= \displaystyle\int_{-\infty}^a te^t\mathrm{d}t = \left[te^t - e^t\right]_{-\infty}^a = ae^a - e^a.$

这里注意到
$$\lim[1-u(x)]^{v(x)} = \exp\{\lim v(x)\ln[1-u(x)]\} = \exp\{-\lim[v(x)u(x)]\}$$
于是 $e^a = ae^a - e^a$,由此解得 $a = 2$.

4. 几何问题

题1 (1998②) 曲线 $y = -x^3 + x^2 + 2x$ 与 Ox 轴所围的图形的面积 $A = \underline{\qquad}$.

解 $y = -x^3 + x^2 + 2x$ 是 3 次曲线,在坐标平面上拐 2 个"弯",与 Ox 轴最多有 3 个交点.

令 $y = 0$,解得 $x = -1, 0, 2$,表明恰有 3 个交点.

在区间 $(-1,0)$ 和 $(0,2)$ 内肯定使 y 异号.令 $x = 1$,得 $y = 2$.

因此,当 $-1 < x < 0$ 时,$y < 0$;当 $0 < x < 2$ 时,$y > 0$.故所求面积
$$S = \int_{-1}^0 (0-y)\mathrm{d}x + \int_0^2 y\mathrm{d}x = \frac{37}{12}$$

题2 (1990③④) 曲线 $y = x^2$ 与直线 $y = x+2$ 所围的平面图形的面积为 $\underline{\qquad}$.

解 联立 $y = x^2$ 和 $y = x+2$,求得两交点 $(-1,1)$ 和 $(2,4)$.故所求面积
$$S = \int_{-1}^2 [(x+2)-x^2]\mathrm{d}x = \left[\frac{1}{2}x^2 + 2x - \frac{x^3}{3}\right]_{-1}^2 = \frac{9}{2}$$

题3 (1996②) 由曲线 $y = x + \frac{1}{x}$,$x = 2$ 所围图形的面积 $S = \underline{\qquad}$.

解 $\displaystyle S = \int_1^2 \left(x + \frac{1}{x} - 2\right)\mathrm{d}x = \left[\frac{1}{2}x^2 + \ln x - 2x\right]_1^2 = \ln 2 - \frac{1}{2}.$

题 4 (1987①) 由曲线 $y = \ln x$ 与两直线 $y = (e+1) - x$ 及 $y = 0$ 所围成的平面图形的面积是_____.

解 联立 $y = \ln x$ 与 $y = (e+1) - x$, 求得两条线的交点为 $(e,1)$.

此外, 曲线 $y = \ln x$ 与 Ox 轴交点为 $(1,0)$, 直线 $y = (e+1) - x$ 与 Ox 轴交点为 $(e+1,0)$. 于是平面图形面积

$$S = \int_1^e \ln x \, dx + \int_e^{e+1} [(e+1) - x] \, dx = \frac{3}{2}$$

或

$$S = \int_0^1 \{[(e+1) - y] - e^y\} \, dy = \frac{3}{2}$$

题 5 (2002②) 位于曲线 $y = xe^{-x}(0 \leqslant x < +\infty)$ 下方, Ox 轴上方的无界图形的面积 $S = $ _____.

解 $S = \int_0^{+\infty} xe^{-x} \, dx = -\int_0^{+\infty} x \, de^{-x} = -\left[\frac{x}{e^x}\right]_0^{+\infty} + \int_0^{+\infty} e^{-x} \, dx = 1.$

题 6 (1992②) 由曲线 $y = xe^x$ 与直线 $y = ex$ 所围成的图形的面积 $S = $ _____.

解 两曲线的交点为 $(0,0),(1,e)$, 则所求面积

$$S = \int_0^1 (ex - xe^x) \, dx = \frac{e}{2} - 1$$

题 7 (2003②) 设曲线的极坐标方程为 $\rho = e^{a\theta}(a > 0)$, 则该曲线上相应于 θ 从 0 变到 2π 的一段弧与极轴所围成的图形的面积为_____.

解 由极坐标下图形面积公式, 所求面积为

$$S = \frac{1}{2}\int_0^{2\pi} \rho^2(\theta) \, d\theta = \frac{1}{2}\int_0^{2\pi} e^{2a\theta} \, d\theta = \frac{1}{4a}e^{2a\theta}\Big|_0^{2\pi} = \frac{1}{4a}(e^{4\pi a} - 1)$$

题 8 (1989②) 曲线 $y = \int_0^x (t-1)(t-2) \, dt$ 在点 $(0,0)$ 处的切线方程是_____.

解 由题设 $y' = (x-1)(x-2)$, 在 $(0,0)$ 处的切线斜率为 $y'(0) = 2$, 故所求切线方程为 $y = 2x$.

5. 杂例

题 1 (1989②) 下列两个积分大小的关系

$$\int_{-2}^{-1} e^{-x^2} \, dx \underline{\hspace{2cm}} \int_{-2}^{-1} e^{x^2} \, dx$$

解 在 $[-2,-1]$ 上 $e^{-x^2} > e^{x^2}$, 故 $\int_{-2}^{-1} e^{-x^2} \, dx > \int_{-2}^{-1} e^{x^2} \, dx.$

题 2 (1993①②) 函数 $F(x) = \int_1^x \left(2 - \frac{1}{\sqrt{t}}\right) dt \ (x > 0)$ 的单调减少区间为_____.

解 由 $F'(x) = \left(2 - \frac{1}{\sqrt{x}}\right)$, 故当 $0 < x < \frac{1}{4}$ 时, $F'(x) < 0$.

因此, 在 $\left(0, \frac{1}{4}\right]$ 或 $\left(0, \frac{1}{4}\right)$ 上 $f(x)$ 单减.

题 3 (1991②) 某质点以速度 $t\sin(t^2)$ m/s 作直线运动, 则从时刻 $t_1 = \sqrt{\frac{\pi}{2}}$ s 到 $t_2 = \sqrt{\pi}$ s 内该质点所经过的路程等于_____ m.

解 路程 $= \int_{\sqrt{\frac{\pi}{2}}}^{\sqrt{\pi}} t\sin(t^2) \, dt = -\frac{1}{2}\left[\cos(t^2)\right]_{\sqrt{\frac{\pi}{2}}}^{\sqrt{\pi}} = \frac{1}{2}.$

(二) 选择题

1. 积分计算

题1 (1992②) 若 $f(x)$ 的导函数是 $\sin x$，则 $f(x)$ 有一个原函数为 ( )

(A)$1+\sin x$ (B)$1-\sin x$ (C)$1+\cos x$ (D)$1-\cos x$

解 由 $f'(x)=\sin x$，可有 $f(x)=\int \sin x \mathrm{d}x=-\cos x+C_1$. 从而

$$\int f(x)\mathrm{d}x=\int(-\cos x+C_1)\mathrm{d}x=-\sin x+C_1 x+C_2$$

取 $C_1=0$，$C_2=1$，得 $1-\sin x$.

故选(B).

下面是几则定积分计算问题.

题2 (1993②) 已知 $f(x)=\begin{cases} x^2, & 0\leqslant x<1 \\ 1, & 1\leqslant x\leqslant 2 \end{cases}$，又设 $F(x)=\int_1^x f(t)\mathrm{d}t\ (0\leqslant x\leqslant 2)$，则 $F(x)$ 为

( )

(A)$\begin{cases} \dfrac{1}{3}x^3, & 0\leqslant x<1 \\ x, & 1\leqslant x\leqslant 2 \end{cases}$ (B)$\begin{cases} \dfrac{1}{3}x^3-\dfrac{1}{3}, & 0\leqslant x<1 \\ x, & 1\leqslant x\leqslant 2 \end{cases}$

(C)$\begin{cases} \dfrac{1}{3}x^3, & 0\leqslant x<1 \\ x-1, & 1\leqslant x\leqslant 2 \end{cases}$ (D)$\begin{cases} \dfrac{1}{3}x^3-\dfrac{1}{3}, & 0\leqslant x<1 \\ x-1, & 1\leqslant x\leqslant 2 \end{cases}$

解 由题设及分段函数积分性质，有

$$F(x)=\int_1^x f(t)\mathrm{d}t=\begin{cases} \displaystyle\int_1^x t^2\mathrm{d}t=\dfrac{1}{3}x^3-\dfrac{1}{3}, & 0\leqslant x<1 \\ \displaystyle\int_1^x 1\mathrm{d}t=x-1, & 1\leqslant x\leqslant 2 \end{cases}$$

故选(D).

题3 (1991②) 设函数

$$f(x)=\begin{cases} x^2, & 0\leqslant x\leqslant 1 \\ 2-x, & 1<x\leqslant 2 \end{cases}$$

若记函数 $F(x)=\int_0^x f(t)\mathrm{d}t, 0\leqslant x\leqslant 2$，则有 ( )

(A)$F(x)=\begin{cases} \dfrac{x^3}{3}, & 0\leqslant x\leqslant 1 \\ \dfrac{1}{3}+2x-\dfrac{x^2}{2}, & 1<x\leqslant 2 \end{cases}$

(B)$F(x)=\begin{cases} \dfrac{x^3}{3}, & 0\leqslant x\leqslant 1 \\ -\dfrac{7}{6}+2x-\dfrac{x^2}{2}, & 1<x\leqslant 2 \end{cases}$

(C)$F(x)=\begin{cases} \dfrac{x^3}{3}, & 0\leqslant x\leqslant 1 \\ \dfrac{x^3}{3}+2x-\dfrac{x^2}{2}, & 1<x\leqslant 2 \end{cases}$

(D)$F(x) = \begin{cases} \dfrac{x^3}{3}, & 0 \leqslant x \leqslant 1 \\[2mm] 2x - \dfrac{x^2}{2}, & 1 < x \leqslant 2 \end{cases}$

解　由题设及分段函数积分性质,有

$$F(x) = \begin{cases} \displaystyle\int_0^x t^2 \, \mathrm{d}t, & 0 \leqslant x \leqslant 1 \\[2mm] \displaystyle\int_0^1 t^2 \, \mathrm{d}t + \int_1^x (2-t) \, \mathrm{d}t, & 1 < x \leqslant 2 \end{cases} = \begin{cases} \dfrac{x^3}{3}, & 0 \leqslant x \leqslant 1 \\[2mm] -\dfrac{7}{6} + 2x - \dfrac{x^2}{2}, & 1 < x \leqslant 2 \end{cases}$$

故选(B).

再下面是一则物理问题,它利用定积分计算.

题 4　(1991②)如图 5 所示,x 轴上有一线密度为常数 μ,长度为 l 的细杆,有一质量为 m 的质点到杆右端的距离为 a,已知引力系数为 k,则质点和细杆之间引力的大小为　　　　(　　)

(A)$\displaystyle\int_{-l}^0 \frac{km\mu \mathrm{d}x}{(a-x)^2}$　　　　　　(B)$\displaystyle\int_0^l \frac{km\mu \mathrm{d}x}{(a-x)^2}$

(C)$2\displaystyle\int_{-\frac{l}{2}}^0 \frac{km\mu \mathrm{d}x}{(a+x)^2}$　　　　　(D)$2\displaystyle\int_0^{\frac{l}{2}} \frac{km\mu \mathrm{d}x}{(a+x)^2}$

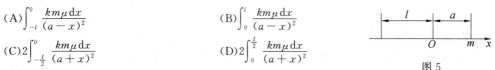

图 5

解　由于两质点引力与它们的质量乘积成正比,与其距离平方成反比,依图建立坐标系,再从积分上、下限即可看出(A)正确.

故选(A).

2. 积分性质

题 1　(1989③④)在下列等式中,正确的结果是　　　　　　　　　(　　)

(A)$\displaystyle\int f'(x)\mathrm{d}x = f(x)$　　　　　　(B)$\displaystyle\int \mathrm{d}f(x) = f(x)$

(C)$\dfrac{\mathrm{d}}{\mathrm{d}x}\displaystyle\int f(x)\mathrm{d}x = f(x)$　　　　(D)$\mathrm{d}\displaystyle\int f(x)\mathrm{d}x = f(x)$

解　选项(A)和(B)的右端都遗漏了"$+C$".选项(D)的右端遗漏了"$\mathrm{d}x$".

故选(C).

题 2　(1999①②③④,2005①②)设 $f(x)$ 是连续函数,$F(x)$ 是 $f(x)$ 的原函数,则　(　　)

(A) 当 $f(x)$ 是奇函数时,$F(x)$ 必为偶函数

(B) 当 $f(x)$ 是偶函数时,$F(x)$ 必为奇函数

(C) 当 $f(x)$ 是周期函数时,$F(x)$ 必为周期函数

(D) 当 $f(x)$ 是单调增函数时,$F(x)$ 必为单调增函数

解　用特值法选取较简单的函数,逐一检验.

取 $f(x) = x$(奇、单增函数),有 $F(x) = \dfrac{1}{2}x^2 + C$ 是非单增,知选项(D)错.

取 $f(x) = x^2$(偶函数),有 $F(x) = \dfrac{1}{3}x^3 + C$ 是非奇函数,选项(B)错.

取 $f(x) = \cos x + 1$(周期函数),有 $F(x) = \sin x + x + C$ 是非周期函数,选项(C)错.

故选(A).

注　选项(A)的正确性可做如下证明.

设 $f(x)$ 是奇函数,即 $f(-x) = -f(x)$.又设 $F(x)$ 为 $f(x)$ 的原函数,则

$$F(x) = \int_0^x f(t)\mathrm{d}t + C$$

令 $t = -u$,则 $dt = -du$. 当 $t = 0$ 时,$u = 0$;当 $t = -x$ 时,$u = x$. 于是

$$F(-x) = \int_0^{-x} f(t)dt + C = -\int_0^x f(-u)du + C = \int_0^x f(u)du + C = F(x)$$

故 $F(x)$ 是偶函数.

题3 (1997①②) 设 $F(x) = -\int_x^{x+2\pi} e^{\sin t} \sin t dt$,则 $F(x)$ ( )

(A) 为正常数   (B) 为负常数   (C) 恒为零   (D) 不为常数

解 因为 $e^{\sin x} \sin x$ 为以 2π 为周期的周期函数,再注意到

$$F(x) = \int_0^{2\pi} e^{\sin t} \sin t dt = -\int_0^{2\pi} e^{\sin t} d\cos t = -\left[e^{\sin t} \cos t \right]_0^{2\pi} + \int_0^{x+2\pi} e^{\sin t} \cos^2 t dt$$

上式第一项为 0;又 $e^{\sin x} \cos^2 x \geqslant 0$,且当 $x = \dfrac{\pi}{4}$ 时,$e^{\sin \frac{\pi}{4}} \cos^2 \dfrac{\pi}{4} > 0$,第二项为正. 于是 $F(x)$ 为正常数.

故选(A).

题4 (1987①②) 设 $f(x)$ 为已知连续函数,$I = t\int_0^{\frac{s}{t}} f(tx)dx$,其中 $t > 0$,$s > 0$,则 I 的值 ( )

(A) 依赖于 s 和 t (B) 依赖于 s,t,x

(C) 依赖于 t 和 x,不依赖于 s (D) 依赖于 s,不依赖于 t

解 设 $tx = u$. 当 $x = 0$ 时,$u = 0$;当 $x = \dfrac{s}{t}$ 时,$u = s$.

于是 $I = \int_0^s f(u)du$,即 I 只依赖于 s.

故选(D).

题5 (1992②) 设 $f(x)$ 连续,$F(x) = \int_0^{x^2} f(t^2)dt$,则 $F'(x)$ 等于 ( )

(A)$f(x^4)$ (B)$x^2 f(x^4)$ (C)$2xf(x^4)$ (D)$2xf(x^2)$

解 由题设 $F'(x) = f(x^4)(x^2)' = 2xf(x^4)$.

故选(C).

题6 (1993③④) 若设 $f(x)$ 为连续函数,且 $F(x) = \int_{\frac{1}{x}}^{\ln x} f(t)dt$,则 $F'(x)$ 等于 ( )

(A) $\dfrac{1}{x}f(\ln x) + \dfrac{1}{x^2}f\left(\dfrac{1}{x}\right)$ (B) $f(\ln x) + f\left(\dfrac{1}{x}\right)$

(C) $\dfrac{1}{x}f(\ln x) - \dfrac{1}{x^2}f\left(\dfrac{1}{x}\right)$ (D) $f(\ln x) - f\left(\dfrac{1}{x}\right)$

解 注意到 $F'(x) = f(\ln x) \cdot (\ln x)' - f\left(\dfrac{1}{x}\right) \cdot \left(\dfrac{1}{x}\right)' = \dfrac{1}{x}f(\ln x) + \dfrac{1}{x^2}f\left(\dfrac{1}{x}\right)$.

故选(A).

题7 (1990①②) 设 $f(x)$ 是连续函数,且 $F(x) = \int_x^{e^{-x}} f(t)dt$,则 $F'(x)$ 等于 ( )

(A) $-e^{-x}f(e^{-x}) - f(x)$ (B) $-e^{-x}f(e^{-x}) + f(x)$

(C)$e^{-x}f(e^{-x}) - f(x)$ (D)$e^{-x}f(e^{-x}) + f(x)$

解 $F'(x) = f(e^{-x}) \cdot (e^{-x})' - f(x) = -e^{-x}f(e^{-x}) - f(x)$.

故选(A).

题8 (1998①②) 设 $f(x)$ 连续,则 $\dfrac{d}{dx}\int_0^x tf(x^2 - t^2)dt$ 等于 ( )

(A)$xf(x^2)$ (B)$-xf(x^2)$ (C)$2xf(x^2)$ (D)$-2xf(x^2)$

解 令 $x^2 - t^2 = u, -2t\mathrm{d}t = \mathrm{d}u.$

当 $t = 0$ 时,$u = x^2$;当 $t = x$ 时,$u = 0$. 于是

$$\int_0^x tf(x^2 - t^2)\mathrm{d}t = -\frac{1}{2}\int_{x^2}^0 f(u)\mathrm{d}u = \frac{1}{2}\int_0^{x^2} f(u)\mathrm{d}u$$

$$\frac{\mathrm{d}}{\mathrm{d}x}\int_0^x tf(x^2 - t^2)\mathrm{d}t = \frac{\mathrm{d}}{\mathrm{d}x}\left[\frac{1}{2}\int_0^{x^2} f(u)\mathrm{d}u\right] = xf(x^2)$$

故选(A).

题 9 (1990②)设函数 $f(x)$ 在实轴 $(-\infty, +\infty)$ 上连续,则微分 $\mathrm{d}\left[\int f(x)\mathrm{d}x\right]$ 等于 ( )

(A)$f(x)$ (B)$f(x)\mathrm{d}x$ (C)$f(x) + C$ (D)$f'(x)\mathrm{d}x$

解 设 $F'(x) = f(x)$,则 $\mathrm{d}\left[\int f(x)\mathrm{d}x\right] = \mathrm{d}[F(x) + C] = f(x)\mathrm{d}x.$

故选(B).

题 10 (2001③④)设 $g(x) = \int_0^x f(u)\mathrm{d}u$. 其中

$$\begin{cases} \frac{1}{2}(x^2 + 1), & \text{若 } 0 \leqslant x < 1 \\ \frac{1}{3}(x - 1), & \text{若 } 1 \leqslant x \leqslant 2 \end{cases}$$

则 $g(x)$ 在区间 $(0,2)$ 内 ( )

(A) 无界 (B) 递减 (C) 不连续 (D) 连续

解 1 图解法. 画出 $f(x)$ 的图形,见图 6.

$g(x) = \int_0^x f(u)\mathrm{d}u$ 的几何意义是,由 0 至 x 一段上的曲边梯形(图

6 中阴影)的面积.

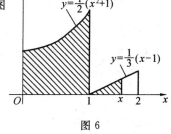

图 6

显然,该面积有界可排除(A),递增可排除选项(B),连续增加的.

故选(D).

解 2 当 $0 \leqslant x < 1$ 时,积分

$$g(x) = \int_0^x \frac{1}{2}(t^2 + 1)\mathrm{d}t = \frac{1}{6}x^3 + \frac{1}{2}x$$

当 $1 \leqslant x \leqslant 2$ 时,积分

$$g(x) = \int_0^1 \frac{1}{2}(t^2 + 1)\mathrm{d}t + \int_1^x \frac{1}{3}(t - 1)\mathrm{d}t = \frac{2}{3} + \frac{1}{6}(x - 1)^2$$

因为 $g(1 - 0) = g(1 + 0) = g(1) = \frac{2}{3}$,所以 $g(x)$ 在 $(0,2)$ 内连续.

故选(D).

下面的问题涉及方程的根或函数零点的个数,当然它与函数积分有关.

题 11 (1994④)函数 $f(x)$ 在闭区间 $[a,b]$ 上连续,且 $f(x) > 0$,则方程

$$\int_a^x f(t)\mathrm{d}t + \int_b^x \frac{1}{f(t)}\mathrm{d}t = 0$$

在区间 (a,b) 内的根有 ( )

(A)0 个 (B)1 个 (C)2 个 (D) 无穷个

解 设 $F(x) = \int_a^x f(t)\mathrm{d}t + \int_b^x \frac{1}{f(t)}\mathrm{d}t$,则 $F'(x) = f(x) + \frac{1}{f(x)} > 0.$

故 $F(x)$ 在闭区间 $[a,b]$ 上为单增函数,若其有根必唯一.

又 $F(a) = \int_b^a \dfrac{1}{f(t)} \mathrm{d}t = -\int_a^b \dfrac{1}{f(t)} \mathrm{d}t < 0$，而 $F(b) = \int_a^b f(t)\mathrm{d}t > 0$.

根据零点定理，方程 $F(x) = 0$ 在 (a,b) 内至少有一根.

故选(D).

3. 几何问题

题 1 (1995②) 曲线 $y = x(x-1)(2-x)$ 与 Ox 轴所围成图形的面积可表为 （   ）

(A) $-\int_0^2 x(x-1)(2-x)\mathrm{d}x$

(B) $\int_0^1 x(x-1)(2-x)\mathrm{d}x - \int_1^2 x(x-1)(2-1)\mathrm{d}x$

(C) $-\int_0^1 x(x-1)(2-x)\mathrm{d}x + \int_1^2 x(x-1)(2-1)\mathrm{d}x$

(D) $\int_0^2 x(x-1)(2-x)\mathrm{d}x$

解 曲线 $y = x(x-1)(2-x)$ 与 Ox 轴有 3 个交点，它们的横坐标依次为 $x = 0,1,2$，且当 $0 < x < 1$ 时 $y < 0$；当 $1 < x < 2$ 时 $y > 0$.

因而其与 Ox 轴所围图形面积为(注意被积式各项在积分区域的符号)

$$\int_0^2 |x(x-1)(x-2)|\mathrm{d}x = -\int_0^1 x(x-1)(2-x)\mathrm{d}x + \int_1^2 x(x-1)(2-x)\mathrm{d}x$$

故选(C).

题 2 (1993①) 双纽线 $(x^2+y^2)^2 = x^2 - y^2$ 所围成的区域面积可用定积分表示为 （   ）

(A) $2\int_0^{\frac{\pi}{4}} \cos 2\theta \mathrm{d}\theta$ 　　　　　　　　　　(B) $4\int_0^{\frac{\pi}{4}} \cos 2\theta \mathrm{d}\theta$

(C) $2\int_0^{\frac{\pi}{4}} \sqrt{\cos 2\theta}\,\mathrm{d}\theta$ 　　　　　　　　(D) $\dfrac{1}{2}\int_0^{\frac{\pi}{4}} (\cos 2\theta)^2 \mathrm{d}\theta$

解 双纽线方程的极坐标形式为 $r^2 = \cos 2\theta$.

因为曲线所围成的区域关于 Ox 轴和 Oy 轴都具有对称性，所以

$$S = 4\int_0^{\frac{\pi}{4}} \frac{1}{2} r^2(\theta)\mathrm{d}\theta = 2\int_0^{\frac{\pi}{4}} \cos 2\theta \mathrm{d}\theta$$

故选(A).

题 3 (1988②) 曲线 $y = \sin^{\frac{3}{2}} x\ (0 \leqslant x \leqslant \pi)$ 与 Ox 轴围成的图形，绕 Ox 轴旋转一周所成的旋转体的体积 V 为 （   ）

(A) $\dfrac{4}{3}$ 　　　　(B) $\dfrac{4}{3}\pi$ 　　　　(C) $\dfrac{2}{3}\pi^2$ 　　　　(D) $\dfrac{2}{3}\pi$

解 由直角坐标系下旋转体体积公式，有

$$V = \pi\int_0^\pi (\sin^{\frac{3}{2}} x)^2 \mathrm{d}x = -\pi\int_0^\pi (1 - \cos^2 x)\mathrm{d}\cos x = \frac{4}{3}\pi$$

故选(B).

题 4 (1989②) 曲线 $y = \cos x\ \left(-\dfrac{\pi}{2} \leqslant x \leqslant \dfrac{\pi}{2}\right)$ 与 Ox 轴所围成的图形，绕 Ox 轴旋转一周所成的旋转体的体积 V 为 （   ）

(A) $\dfrac{\pi}{2}$ 　　　　　(B) π 　　　　　(C) $\dfrac{\pi^2}{2}$ 　　　　　(D) π^2

解 由直角坐标系下旋转体体积公式，有

$$V = \pi\int_{-\frac{\pi}{2}}^{\frac{\pi}{2}} \cos^2 x \mathrm{d}x = 2\pi \cdot \frac{1}{2} \cdot \frac{\pi}{2} = \frac{\pi^2}{2}$$

故选(C).

题 5　(1996②) 设 $f(x),g(x)$ 在区间 $[a,b]$ 上连续,且 $g(x)<f(x)<m$ (m 为常数),则曲线 $y=g(x),y=f(x),x=a$ 及 $x=b$ 所围平面图形绕直线 $y=m$ 旋转而成的旋转体体积 V 为　　　　(　　)

(A) $\displaystyle\int_a^b \pi[2m-f(x)+g(x)][f(x)-g(x)]\mathrm{d}x$　　(B) $\displaystyle\int_a^b \pi[2m-f(x)-g(x)][f(x)-g(x)]\mathrm{d}x$

(C) $\displaystyle\int_a^b \pi[m-f(x)+g(x)][f(x)-g(x)]\mathrm{d}x$　　(D) $\displaystyle\int_a^b \pi[m-f(x)-g(x)][f(x)-g(x)]\mathrm{d}x$

解　由直角坐标系下旋转体体积公式,有

$$V=\int_a^b \pi\{[m-g(x)]^2-[m-f(x)]^2\}\mathrm{d}x=\int_a^b \pi[2m-f(x)-g(x)][f(x)-g(x)]\mathrm{d}x$$

故选(B).

题 6　(1994③④) 曲线 $y=\mathrm{e}^{\frac{1}{x}}\arctan\dfrac{x^2+x-1}{(x+1)(x-2)}$ 的渐近线有　　　　　　(　　)

(A)1 条　　　　　　(B)2 条　　　　　　(C)3 条　　　　　　(D)4 条

解　先考虑是否有水平渐近线;若无水平渐近线应进一步考虑是否存在斜渐近线;而是否存在铅直渐近线,应看函数是否存在无定义点.

因为 $\lim\limits_{x\to\infty}y=\arctan 1=\dfrac{\pi}{4}$,所以 $y=\dfrac{\pi}{4}$ 是水平渐近线.

又因为 $\lim\limits_{x\to 0}y=\infty$,所以 $x=0$ 是铅直渐近线.

故选(B).

题 7　(2003④) 曲线 $y=x\mathrm{e}^{\frac{1}{x^2}}$　　　　　　　　　　　　　(　　)

(A) 仅有水平渐近线　　　　　　　　　　(B) 仅有铅直渐近线

(C) 既有铅直又有水平渐近线　　　　　　(D) 既有铅直又有斜渐近线

解　当 $x\to\pm\infty$ 时,极限 $\lim\limits_{x\to\pm\infty}y$ 均不存在,故函数图象不存在水平渐近线;

又因为 $\lim\limits_{x\to\infty}\dfrac{y}{x}=\lim\limits_{x\to\infty}\mathrm{e}^{\frac{1}{x^2}}=1,\lim\limits_{x\to\infty}(x\mathrm{e}^{\frac{1}{x^2}}-x)=0$,知其有斜渐近线 $y=x$.

另外在 $x=0$ 处 $y=x\mathrm{e}^{\frac{1}{x^2}}$ 无定义,且 $\lim\limits_{x\to 0}\mathrm{e}^{\frac{1}{x^2}}=\infty$,可见 $x=0$ 为铅直渐近线.

故曲线 $y=x\mathrm{e}^{\frac{1}{x^2}}$ 既有铅直又有斜渐近线.

故选(D).

题 8　(2004③④) 设 $f(x)=|x(1-x)|$,则　　　　　　　　　　(　　)

(A) $x=0$ 是 $f(x)$ 的极值点,但 $(0,0)$ 不是曲线 $y=f(x)$ 的拐点

(B) $x=0$ 不是 $f(x)$ 的极值点,但 $(0,0)$ 不是曲线 $y=f(x)$ 的拐点

(C) $x=0$ 是 $f(x)$ 的极值点,且 $(0,0)$ 不是曲线 $y=f(x)$ 的拐点

(D) $x=0$ 不是 $f(x)$ 的极值点,且 $(0,0)$ 不是曲线 $y=f(x)$ 的拐点

解　设 $0<\delta<1$,当 $x\in(-\delta,0)\bigcup(0,\delta)$ 时,$f(x)>0$,而 $f(0)=0$,所以 $x=0$ 是 $f(x)$ 的极小值点.

显然 $x=0$ 是 $f(x)$ 的不可导点.当 $x\in(-\delta,0)$ 时,$f(x)=-x(1-x)$,此时 $f''(x)=2>0$.当 $x\in(0,\delta)$ 时,$f(x)=x(1-x)$,且 $f''(x)=-2<0$.

所以 $(0,0)$ 是曲线 $y=f(x)$ 的拐点.

故选(C).

4. 无穷小量的阶

题 1　(1996①) 设 $f(x)$ 有连续的导数,且 $f(0)=0,f'(0)\neq 0$,又 $F(x)=\displaystyle\int_0^x(x^2-t^2)f(t)\mathrm{d}t$,且当

$x \to 0$ 时, $F'(x)$ 与 x^k 是同阶无穷小,则 k 等于 （　　）

(A)1　　　　　　(B)2　　　　　　(C)3　　　　　　(D)4

解　由设 $F'(x) = \left(x^2 \int_0^x f(t)\mathrm{d}t - \int_0^x t^2 f(t)\mathrm{d}t \right)' = 2x \int_0^x f(t)\mathrm{d}t.$

由洛必达法则,有

$$\lim_{x \to 0} \frac{F'(x)}{x^k} = \lim_{x \to 0} \frac{2\int_0^x f(t)\mathrm{d}t}{x^{k-1}} = 2\lim_{x \to 0} \frac{f(x)}{(k-1)x^{k-2}} = 2\lim_{x \to 0} \frac{f'(x)}{(k-1)(k-2)x^{k-3}}$$

为使此极限等于非零常数,必须取 $k = 3$.

故选(C).

题2　(1999②)设 $\alpha(x) = \int_0^{5x} \frac{\sin t}{t}\mathrm{d}t, \beta(x) = \int_0^{\sin x} (1+t)^{\frac{1}{t}}\mathrm{d}t$,则当 $x \to 0$ 时, $\alpha(x)$ 是 $\beta(x)$ 的

（　　）

(A) 高阶无穷小　　　　　　　　　　(B) 低阶无穷小

(C) 同阶但不等价的无穷小　　　　　(D) 等价无穷小

解　因　$\lim_{x \to 0} \frac{\alpha(x)}{\beta(x)} = \lim_{x \to 0} \frac{\frac{\sin 5x}{5x} \cdot 5}{(1+\sin x)^{\frac{1}{\sin x}} \cdot \cos x} = \frac{\lim\limits_{x \to 0} \frac{\sin 5x}{5x}}{\exp \lim\limits_{x \to 0} \left(\sin x \cdot \frac{1}{\sin x} \right)} = \frac{5}{\mathrm{e}} \neq 1$

故 $\alpha(x)$ 是 $\beta(x)$ 的同阶但不等价的无穷小(注意:上式分母的极限是用 1^∞ 型取对数后用公式计算的).

题3　(1993①)设 $f(x) = \int_0^{\sin x} \sin(t^2)\mathrm{d}t$,且 $g(x) = x^3 + x^4$,则当 $x \to 0$ 时, $f(x)$ 是 $g(x)$ 的

（　　）

(A) 等价无穷小　　　　　　　　　　(B) 同价但非等价无穷小

(C) 高价无穷小　　　　　　　　　　(D) 低价无穷小

解　由洛必达法则,有

$$\lim_{x \to 0} \frac{f(x)}{g(x)} = \lim_{x \to 0} \frac{\sin(\sin^2 x) \cdot \cos x}{3x^2 + 4x^3} = \lim_{x \to 0} \frac{x^2}{3x^2 + 4x^3} = \frac{1}{3}$$

故选(B).

5. 不等式与极值问题

题1　(1997①②)设在 $[a,b]$ 上函数 $f(x) > 0$,且 $f'(x) < 0, f''(x) > 0$. 令 $S_1 = \int_a^b f(x)\mathrm{d}x, S_2 = $

$f(b)(b-a), S_3 = \frac{1}{2}[f(a)+f(b)](b-a)$,则 （　　）

(A) $S_1 < S_2 < S_3$　　　　　　　　(B) $S_2 < S_1 < S_3$

(C) $S_3 < S_1 < S_2$　　　　　　　　(D) $S_2 < S_3 < S_1$

解　图解法. $f(x) > 0$ 表示曲线在 Ox 轴上方, $f'(x) < 0$ 表示曲线连续、光滑且严格单调下降. $f''(x) > 0$ 表示曲线为下凸.

如图7所示 S_1 是曲边梯形面积, S_2 是矩形面积, S_3 是梯形面积.于是看出 $S_2 < S_1 < S_3$.

故选(B).

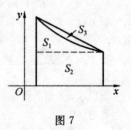

图7

题2　(2012①②)设 $I_k = \int_0^{k\pi} \mathrm{e}^{x^2} \sin x\mathrm{d}x (k = 1,2,3)$,则有 （　　）

(A) $I_1 < I_2 < I_3$　　　　　　　　(B) $I_3 < I_2 < I_1$

(C) $I_2 < I_3 < I_1$　　　　　　　　(D) $I_2 < I_1 < I_3$

解　当 $0 < x < \pi$ 时，$f(x) = \mathrm{e}^x \sin x > 0$，故有 $I_1 > 0$.

利用定积分对积分区间的可加性，并且在区间 $[\pi, 2\pi]$，$[2\pi, 3\pi]$，分别作换元 $x = t + \pi, x = t + 2\pi$，则有

$$I_2 = \int_0^\pi \mathrm{e}^{x^2} \sin x \mathrm{d}x + \int_0^{2\pi} \mathrm{e}^{x^2} \sin x \mathrm{d}x = \int_0^\pi \mathrm{e}^{x^2} \sin x \mathrm{d}x - \int_0^\pi \mathrm{e}^{(x+\pi)^2} \sin x \mathrm{d}x$$

$$= \int_0^\pi (\mathrm{e}^{x^2} - \mathrm{e}^{(x+\pi)^2}) \sin x \mathrm{d}x < 0$$

$$I_3 = \int_0^\pi \mathrm{e}^{x^2} \sin x \mathrm{d}x + \int_0^{2\pi} \mathrm{e}^{x^2} \sin x \mathrm{d}x + \int_{2\pi}^{3\pi} \mathrm{e}^{x^2} \sin x \mathrm{d}x$$

$$= I_1 - \int_0^\pi \mathrm{e}^{(x+\pi)^2} \sin x \mathrm{d}x + \int_0^\pi \mathrm{e}^{(x+2\pi)^2} \sin x \mathrm{d}x$$

$$= I_1 + \int_0^\pi (\mathrm{e}^{(x+2\pi)^2} - \mathrm{e}^{(x+\pi)^2}) \sin x \mathrm{d}x > I_1$$

应选(D).

题 3　(1994①②) 今设三定积分分别为 $M = \int_{-\frac{\pi}{2}}^{\frac{\pi}{2}} \dfrac{\sin x}{1+x^2} \cos^4 x \mathrm{d}x$，且 $N = \int_{-\frac{\pi}{2}}^{\frac{\pi}{2}} (\sin^3 x + \cos^4 x) \mathrm{d}x$，及

$P = \int_{-\frac{\pi}{2}}^{\frac{\pi}{2}} (x^2 \sin^3 x + \cos^4 x) \mathrm{d}x$，则有　　　　　　　　　　　　　　（　　）

(A)$N < P < M$　　　　　　　　　　　　(B)$M < P < N$

(C)$N < M < P$　　　　　　　　　　　　(D)$P < M < N$

解　由奇偶函数对称区间上的积分性质，有

$$M = 0, N = 2\int_0^{\frac{\pi}{2}} \cos^4 x \mathrm{d}x > 0, P = -2\int_0^{\frac{\pi}{2}} \cos^4 x \mathrm{d}x < 0$$

则 $P < M < N$. 故选(D).

题 4　(2003②) 设 $I_1 = \int_0^{\frac{\pi}{4}} \dfrac{\tan x}{x} \mathrm{d}x$，且 $I_2 = \int_0^{\frac{\pi}{4}} \dfrac{x}{\tan x} \mathrm{d}x$，则有　　　　　（　　）

(A)$I_1 > I_2 > 1$　　　　　　　　　　　(B)$1 > I_1 > I_2$

(C)$I_2 > I_1 > 1$　　　　　　　　　　　(D)$1 > I_2 > I_1$

解　因为当 $x > 0$ 时，有 $\tan x > x$，于是 $\dfrac{\tan x}{x} > 1$，$\dfrac{x}{\tan x} < 1$，从而有

$$I_1 = \int_0^{\frac{\pi}{4}} \frac{\tan x}{x} \mathrm{d}x > \frac{\pi}{4}, I_2 = \int_0^{\frac{\pi}{4}} \frac{x}{\tan x} \mathrm{d}x < \frac{\pi}{4}$$

可见有 $I_1 > I_2$ 且 $I_2 < \dfrac{\pi}{4}$，可排除选项(A)，(C)，(D).

故选(B).

题 5　(1988②) 若 $f(x)$ 与 $g(x)$ 在 $(-\infty, +\infty)$ 上皆可导，且 $f(x) < g(x)$，则必有　（　　）

(A)$f(-x) > g(-x)$　　　　　　　　　　(B)$f'(x) < g'(x)$

(C)$\lim\limits_{x \to x_0} f(x) < \lim\limits_{x \to x_0} g(x)$　　　　　　(D)$\int_0^x f(t) \mathrm{d}t < \int_0^x g(t) \mathrm{d}t$

解　取 $f(x) = 0, g(x) = 1$，则有 $f(x) < g(x)$. 容易验证(A)，(B)错，而(C)正确. 代入(D)中得 $x > 0$，但题设中无此假设，即是说当 $x \leqslant 0$ 时，(D) 亦不真.

故选(C).

注　关于"(C) 正确"可证明如下.

任取 x_0 均有 $f(x_0) < g(x_0)$. 由于 $f(x)$ 和 $g(x)$ 可导，知其连续，于是有

$$\lim_{x \to x_0} f(x) = f(x_0) < g(x_0) = \lim_{x \to x_0} g(x)$$

题6 (1997③④) 若 $f(-x) = f(x)$ $(-\infty < x < +\infty)$,在 $(-\infty, 0)$ 内 $f'(x) > 0$ 且 $f''(x) < 0$,则在 $(0, +\infty)$ 内有 ( )

(A) $f'(x) > 0, f''(x) < 0$ 　　　　　　(B) $f'(x) > 0, f''(x) > 0$

(C) $f'(x) < 0, f''(x) < 0$ 　　　　　　(D) $f'(x) < 0, f''(x) > 0$

解 图解法. 在 $(-\infty, 0]$ 上按题意画一条单升(由于 $f'(x) > 0$)、向上凸(由于 $f''(x) < 0$)的光滑曲线(例如 $y = -x^2$),然后以 Oy 轴为对称轴在 $[0, +\infty)$ 上画出它的对称曲线(由于 $f(x)$ 为偶函数).

于是,右侧曲线是下降的,且向上凸. 或由 $f(-x) = f(x)$,得 $-f'(-x) = f'(x)$,$f''(-x) = f''(x)$.

可见当 $x \in (0, +\infty)$ 时,$-x \in (-\infty, 0)$,且 $f'(x) = -f'(-x) < 0$,$f''(x) = f''(-x) < 0$. 故选(C).

以下两则问题与函数极(最)值有关.

题7 (1996④) 设 $f'(x_0) = f''(x_0)$,$f'''(x_0) > 0$,则下列选项正确的是 ( )

(A) $f'(x_0)$ 是 $f'(x)$ 的极大值 　　　　(B) $f(x_0)$ 是 $f(x)$ 的极大值

(C) $f(x_0)$ 是 $f(x)$ 的极小值 　　　　(D) $(x_0, f(x_0))$ 是曲线 $y = f(x)$ 的拐点

由
$$f'''(x_0) = \lim_{x \to x_0} \frac{f''(x) - f''(x_0)}{x - x_0} = \lim_{x \to x_0} \frac{f''(x)}{x - x_0} > 0$$

于是,在 x_0 的某去心邻域内,有

$$\frac{f''(x)}{x - x_0} > 0,则 \begin{cases} f''(x) < 0, & 当 x < x_0 时 \\ f''(x) > 0, & 当 x > x_0 时 \end{cases}$$

在使 $f''(x) = 0$ 的点 x_0 左、右邻域内 $f''(x)$ 变号,因此 $(x_0, f(x_0))$ 是拐点.

故选(D).

题8 (2001③④) 设 $f(x)$ 的导数在 $x = a$ 处连续,又 $\lim\limits_{x \to a} \dfrac{f'(x)}{x - a} = -1$,则 ( )

(A) $x = a$ 是 $f(x)$ 的极小值点

(B) $x = a$ 是 $f(x)$ 的极大值点

(C) $(a, f(a))$ 是曲线 $y = f(x)$ 的拐点

(D) $x = a$ 不是 $f(x)$ 的极值点,$(a, f(a))$ 也不是曲线 $y = f(x)$ 的拐点

解 由于 $f'(a) = \lim\limits_{x \to a} f'(x) = \lim\limits_{x \to a} \dfrac{f'(x)}{x - a} \cdot (x - a) = 0$,表明 $x = a$ 是 $f(x)$ 的驻点. 根据极限的保号性,在 a 的某个去心邻域内恒有 $\dfrac{f'(x)}{x - a} < 0$,从而

$$\begin{cases} f'(x) > 0, & 当 x < a 时 \\ f'(x) < 0, & 当 x > a 时 \end{cases}$$

则 $x = a$ 是 $f(x)$ 的极大值点.

故选(B).

6. 反常积分

题1 (2001③④) 反常积分收敛的是 ( )

(A) $\displaystyle\int_e^{+\infty} \frac{\ln x}{x} dx$ 　　(B) $\displaystyle\int_e^{+\infty} \frac{1}{x \ln x} dx$ 　　(C) $\displaystyle\int_e^{+\infty} \frac{dx}{x(\ln x)^2}$ 　　(D) $\displaystyle\int_e^{+\infty} \frac{dx}{x\sqrt{\ln x}}$

解 由 $\displaystyle\int_e^{+\infty} \frac{dx}{x(\ln x)^k} = \int_e^{+\infty} \frac{d(\ln x)}{(\ln x)^k} = \frac{1}{(1-k)(\ln x)^{k-1}} \Big|_e^{+\infty}$ $(k \neq 1)$.

故知当 $k > 1$ 时,反常积分收敛.

故选(C).

题2 (1995③④) 下列反常积分发散的是 　　　　　　　　　　(　)

(A) $\int_{-1}^{1} \dfrac{1}{\sin x}\mathrm{d}x$　　　　(B) $\int_{-1}^{1} \dfrac{1}{\sqrt{1-x^2}}\mathrm{d}x$　　　　(C) $\int_{0}^{+\infty} e^{-x^2}\mathrm{d}x$　　　　(D) $\int_{0}^{+\infty} \dfrac{1}{x\ln^2 x}\mathrm{d}x$

解　计算各选项的积分,其中(A) 为

$$\int_{-1}^{1} \dfrac{\mathrm{d}x}{\sin x} = \int_{-1}^{0} \csc x\,\mathrm{d}x + \int_{0}^{1} \csc x\,\mathrm{d}x$$

因为前一项 $\int_{-1}^{0} \csc x\,\mathrm{d}x = \Big[\ln|\csc x - \cot x|\Big]_{-1}^{0} = -\infty$,所以积分 $\int_{-1}^{1} \dfrac{\mathrm{d}x}{\sin x}$ 发散.

(亦可由 $\lim\limits_{x\to 0} \dfrac{\sin\frac{1}{x}}{\frac{1}{x}} = 1$ 及 $\int_{-1}^{1} \dfrac{\mathrm{d}x}{x}$ 发散,知 $\int_{-1}^{1} \dfrac{1}{\sin x}\mathrm{d}x$ 发散)

故选(A).

题3 (2011①) 设 m,n 均是正整数,则反常积分 $\int_{0}^{1} \dfrac{\sqrt[m]{\ln^2(1-x)}}{\sqrt[n]{x}}\mathrm{d}x$ 的收敛性 　　(　)

(A) 仅与 m 的取值有关　　　　　　　　(B) 仅与 n 的取值有关

(C) 与 m,n 的取值都有关　　　　　　　(D) 与 m,n 的取值都无关

解　因为 $\lim\limits_{x\to 1} \dfrac{\sqrt[m]{\ln^2(1-x)}}{\sqrt[n]{x}}$ 不存在,所以 $x=1$ 为积分瑕点.

而 $x=0$ 是否为瑕点,要看 $\lim\limits_{x\to 0} \dfrac{\sqrt[m]{\ln^2(1-x)}}{\sqrt[n]{x}}$ 是否存在,而它又要看 m,n 取值.注意到

$$\int_{0}^{1} \dfrac{\sqrt[m]{\ln^2(1-x)}}{\sqrt[n]{x}}\mathrm{d}x = \int_{0}^{\frac{1}{2}} \dfrac{\sqrt[m]{\ln^2(1-x)}}{\sqrt[n]{x}}\mathrm{d}x + \int_{\frac{1}{2}}^{1} \dfrac{\sqrt[m]{\ln^2(1-x)}}{\sqrt[n]{x}}\mathrm{d}x$$

因为 $x\to 0$ 时, $\dfrac{\sqrt[m]{\ln^2(1-x)}}{\sqrt[n]{x}} \sim x^{\frac{2}{m}-\frac{1}{n}}$,又 m,n 是正整数,所以 $\dfrac{2}{m} - \dfrac{1}{n} > -1$.

若 $\dfrac{2}{m} - \dfrac{1}{n} < 0$,则 $x=0$ 为瑕点,但 $\dfrac{2}{m} - \dfrac{1}{n} > -1$,且 $\int_{0}^{\frac{1}{2}} x^{\frac{2}{m}-\frac{1}{n}}\mathrm{d}x$ 收敛,故 $\int_{0}^{\frac{1}{2}} \dfrac{\sqrt[m]{\ln^2(1-x)}}{\sqrt[n]{x}}\mathrm{d}x$ 收敛.

此外,对于反常积分 $\int_{\frac{1}{2}}^{1} \dfrac{\sqrt[m]{\ln^2(1-x)}}{\sqrt[n]{x}}\mathrm{d}x$,注意到极限

$$\lim\limits_{x\to 1^-} \left[(1-x)^{\frac{1}{2m}} \dfrac{\sqrt[m]{\ln^2(1-x)}}{\sqrt[n]{x}}\right] = \lim\limits_{x\to 1^-} \dfrac{\sqrt[m]{(1-x)^{\frac{1}{2}}\ln^2(1-x)}}{1} = 0$$

而 $0 < \dfrac{1}{2m} < 1$,所以 $\int_{\frac{1}{2}}^{1} \dfrac{\sqrt[m]{\ln^2(1-x)}}{\sqrt[n]{x}}\mathrm{d}x$ 收敛.

故反常积分 $\int_{0}^{1} \dfrac{\sqrt[m]{\ln^2(1-x)}}{\sqrt[n]{x}}\mathrm{d}x$ 的收敛性与 m,n 都无关,故选(D).

注　对瑕点 $x=b$ 的瑕积分 $\int_{a}^{b} f(x)\mathrm{d}x$,设 $f(x)$ 在 $[a,b)$ 上连续,且 $f(x) \geqslant 0$,有如下判敛准则:

① 若 $\lim\limits_{x\to b^-}(b-x)^m f(x) = k$,其中 $0 \leqslant k < +\infty$,且 $0 < m < 1$,则 $\int_{a}^{b} f(x)\mathrm{d}x$ 收敛;

② 若 $\lim\limits_{x\to b^-}(b-x)^m f(x) = k$,其中 $0 < k \leqslant +\infty$,且 $m \geqslant 1$,则 $\int_{a}^{b} f(x)\mathrm{d}x$ 发散.

(三) 计算证明题

1. 不定积分问题

题 1 (1987④) 求不定积分 $\int \dfrac{x}{x^4 + 2x^2 + 5}dx$.

解 可得

$$\int \frac{x}{x^4 + 2x^2 + 5}dx = \frac{1}{2}\int \frac{d(x^2)}{(x^2+1)^2 + 4} = \frac{1}{2}\int \frac{d(x^2+1)}{(x^2+1)^2 + 2^2}$$
$$= \frac{1}{4}\arctan \frac{x^2+1}{2} + C$$

题 2 (1992②) 求不定积分 $\int \dfrac{x^3}{\sqrt{1+x^2}}dx$.

解 1 可得

$$\int \frac{x^3}{\sqrt{1+x^2}}dx = \int \frac{x^2}{2\sqrt{1+x^2}}d(1+x^2)$$
$$= \frac{1}{2}\int \left(\sqrt{1+x^2} - \frac{1}{\sqrt{1+x^2}}\right)d(1+x^2) = \frac{1}{3}(1+x^2)^{\frac{3}{2}} - (1+x^2)^{\frac{1}{2}} + C$$

解 2 设 $x = \tan t\left(-\dfrac{\pi}{2} < t < \dfrac{\pi}{2}\right)$，则 $dx = \sec^2 t\,dt$，从而

$$\int \frac{x^3}{\sqrt{1+x^2}}dx = \int \frac{\tan^2 t \cdot \sec^2 t}{\sec t}dt = \int \tan^2 t\,d(\sec t)$$
$$= \int (\sec^2 t - 1)d(\sec t) = \frac{1}{3}\sec^3 t - \sec^2 t + C = \frac{1}{3}(1+x^2)^{\frac{3}{2}} - (1+x^2)^{\frac{1}{2}} + C$$

题 3 (2001②) 求 $\int \dfrac{dx}{(2x^2+1)\sqrt{x^2+1}}$.

解 设 $x = \tan u$，则 $dx = \sec^2 u\,du$. 从而

$$\int \frac{dx}{(2x^2+1)\sqrt{x^2+1}} = \int \frac{du}{\cos u \cdot (2\tan^2 u + 1)} = \int \frac{\cos u\,du}{2\sin^2 u + \cos^2 u}$$
$$= \int \frac{d\sin u}{1 + \sin^2 u} = \arctan(\sin u) + C = \arctan\left(\frac{x}{\sqrt{1+x^2}}\right) + C$$

题 4 (1990②) 计算 $\int \dfrac{\ln x}{(1-x)^2}dx$.

解 可得

$$\int \frac{\ln x}{(1-x)^2}dx = \int \ln x\,d\left(\frac{1}{1-x}\right) = \frac{\ln x}{1-x} - \int \frac{dx}{x(1-x)}$$
$$= \frac{\ln x}{1-x} - \int \left(\frac{1}{x} + \frac{1}{1-x}\right)dx = \frac{\ln x}{1-x} + \ln\left|\frac{1-x}{x}\right| + C$$

题 5 (1989④) 求 $\int \dfrac{x + \ln(1-x)}{x^2}dx$.

解 可得

$$原式 = \int \frac{1}{x}dx - \int \ln(1-x)d\left(\frac{1}{x}\right) = \ln|x| - \frac{1}{x}\ln(1-x) - \int \frac{1}{x(1-x)}dx$$
$$= \ln|x| - \frac{1}{x}\ln(1-x) - \int \left(\frac{1}{x} + \frac{1}{1-x}\right)dx = \ln|x| - \frac{1}{x}\ln(1-x) - \ln|x| + \ln(1-x) + C$$
$$= \left(1 - \frac{1}{x}\right)\ln(1-x) + C$$

题 6　(1989②) 求 $\displaystyle\int\frac{\mathrm{d}x}{x\ln^2 x}$.

解　$\displaystyle\int\frac{\mathrm{d}x}{x\ln^2 x}=\int\frac{\mathrm{d}(\ln x)}{\ln^2 x}=-\frac{1}{\ln x}+C.$

题 7　(1991④) 求不定积分 $I=\displaystyle\int\frac{x^2}{1+x^2}\arctan x\,\mathrm{d}x$.

解　考虑下面被积式变形

$$I=\int\left(1-\frac{1}{1+x^2}\right)\arctan x\,\mathrm{d}x=\int\arctan x\,\mathrm{d}x-\int\arctan x\,\mathrm{d}(\arctan x)$$

$$=x\arctan x-\int\frac{x}{1+x^2}\mathrm{d}x-\frac{1}{2}(\arctan x)^2$$

$$=x\arctan x-\frac{1}{2}\ln(1+x^2)-\frac{1}{2}(\arctan x)^2+C$$

题 8　(2003②) 计算不定积分 $\displaystyle\int\frac{x\mathrm{e}^{\arctan x}}{(1+x^2)^{\frac{3}{2}}}\mathrm{d}x$.

解　设 $x=\tan t$,则

$$\int\frac{x\mathrm{e}^{\arctan x}}{(1+x^2)^{\frac{3}{2}}}\mathrm{d}x=\int\frac{\mathrm{e}^t\tan t}{(1+\tan^2 t)^{\frac{3}{2}}}\sec^2 t\mathrm{d}t=\int\mathrm{e}^t\sin t\mathrm{d}t$$

又　　$\displaystyle\int\mathrm{e}^t\sin t\mathrm{d}t=-\int\mathrm{e}^t\mathrm{d}(\cos t)=-\left(\mathrm{e}^t\cos t-\int\mathrm{e}^t\cos t\mathrm{d}t\right)=-\mathrm{e}^t\cos t+\mathrm{e}^t\sin t-\int\mathrm{e}^t\sin t\mathrm{d}t$

故　　$\displaystyle\int\mathrm{e}^t\sin t\mathrm{d}t=\frac{1}{2}\mathrm{e}^t(\sin t-\cos t)+C$

因此　$\displaystyle\int\frac{x\mathrm{e}^{\arctan x}}{(1+x^2)^{\frac{3}{2}}}\mathrm{d}x=\frac{1}{2}\mathrm{e}^{\arctan x}\left(\frac{x}{\sqrt{1+x^2}}-\frac{1}{\sqrt{1+x^2}}\right)+C=\frac{(x-1)\mathrm{e}^{\arctan x}}{2\sqrt{1+x^2}}+C$

题 9　(1995④) 求不定积分 $\displaystyle\int(\arcsin x)^2\mathrm{d}x$.

解　可得

$$\int(\arcsin x)^2\mathrm{d}x=x(\arcsin x)^2-\int\frac{2x\arcsin x}{\sqrt{1-x^2}}\mathrm{d}x$$

$$=x(\arcsin x)^2+2\int\arcsin x\mathrm{d}(\sqrt{1-x^2})$$

$$=x(\arcsin x)^2+2\sqrt{1-x^2}\arcsin x-2x+C$$

题 10　(1996②) 计算不定积分 $\displaystyle\int\frac{\arctan x}{x^2(1+x^2)}\mathrm{d}x$.

解 1　可得

$$\int\frac{\arctan x}{x^2(1+x^2)}\mathrm{d}x=\int\frac{\arctan x}{x^2}\mathrm{d}x-\int\frac{\arctan x}{1+x^2}\mathrm{d}x$$

$$=-\frac{\arctan x}{x}+\int\frac{\mathrm{d}x}{x(1+x^2)}-\frac{1}{2}(\arctan x)^2$$

$$=-\frac{\arctan x}{x}-\frac{1}{2}(\arctan x)^2+\frac{1}{2}\ln\frac{x^2}{1+x^2}+C$$

解 2　令 $x=\tan t$,则 $\mathrm{d}x=\sec^2 t\mathrm{d}t$,得

$$\int\frac{\arctan x}{x^2(1+x^2)}\mathrm{d}x=\int t(\sec^2 t-1)\mathrm{d}t=-t\cot t+\int\frac{\cos t}{\sin t}\mathrm{d}t-\frac{1}{2}t^2$$

$$=-t\cot t+\ln|\sin t|-\frac{1}{2}t^2+C=-\frac{\arctan x}{x}+\ln\frac{|x|}{\sqrt{1+x^2}}-\frac{1}{2}(\arctan x)^2+C$$

题 11 (1991②) 求 $\int x\sin^2 x\,dx$.

解 可得

$$\int x\sin^2 x\,dx = \int x\,\frac{1-\cos 2x}{2}\,dx = \frac{1}{2}\int x\,dx - \frac{1}{4}\int x\,d(\sin 2x)$$

$$= \frac{x^2}{4} - \frac{1}{4}x\sin 2x + \frac{1}{4}\int \sin 2x\,dx = \frac{x^2}{4} - \frac{1}{4}x\sin 2x - \frac{1}{8}\cos 2x + C$$

题 12 (1996②) 求 $\int \dfrac{dx}{1+\sin x}$.

解 将被积式分子、分母同乘以 $1-\sin x$,且注意到 $\sin^2 x + \cos^2 x = 1$,则有

$$原式 = \int \frac{1-\sin x}{\cos^2 x}\,dx = \int \frac{dx}{\cos^2 x} - \int \frac{\sin x}{\cos^2 x}\,dx = \tan x - \frac{1}{\cos x} + C$$

题 13 (1993②) 求 $\int \dfrac{\tan x}{\sqrt{\cos x}}\,dx$.

解 将 $\tan x$ 表示成 $\dfrac{\sin x}{\cos x}$,则有

$$\int \frac{\tan x}{\sqrt{\cos x}}\,dx = \int \frac{\sin x}{(\cos x)^{\frac{3}{2}}}\,dx = \int \frac{-d(\cos x)}{(\cos x)^{\frac{3}{2}}} = \frac{2}{\sqrt{\cos x}} + C$$

题 14 (1990④) 求不定积分 $\int \dfrac{x\cos^4 \dfrac{x}{2}}{\sin^3 x}\,dx$.

解 由 $\sin x = 2\sin \dfrac{x}{2}\cos \dfrac{x}{2}$, 则有

$$\int \frac{x\cos^4 \dfrac{x}{2}}{\sin^3 x}\,dx = \int \frac{x\cos^4 \dfrac{x}{2}}{8\sin^3 \dfrac{x}{2}\cos^3 \dfrac{x}{2}}\,dx = \frac{1}{8}\int \frac{x\cos \dfrac{x}{2}}{\sin^3 \dfrac{x}{2}}\,dx$$

$$= \frac{1}{4}\int \frac{x}{\sin^3 \dfrac{x}{2}}\,d\left(\sin \dfrac{x}{2}\right) = -\frac{1}{8}\int x\,d\left(\frac{1}{\sin^2 \dfrac{x}{2}}\right)$$

$$= -\frac{x}{8\sin^2 \dfrac{x}{2}} + \frac{1}{8}\int \frac{dx}{\sin^2 \dfrac{x}{2}} = -\frac{x}{8\sin^2 \dfrac{x}{2}} + \frac{1}{4}\cot \dfrac{x}{2} + C$$

$$= -\frac{x}{8}\csc^2 \dfrac{x}{2} + \frac{1}{4}\cot \dfrac{x}{2} + C$$

题 15 (1994①②) 求 $\int \dfrac{dx}{\sin 2x + 2\sin x}$.

解1 由三角函数公式 $\sin 2x = 2\sin x\cos x$, 有

$$\int \frac{dx}{\sin 2x + 2\sin x} = \int \frac{dx}{2\sin x(\cos x + 1)} = \frac{1}{4}\int \frac{d\left(\dfrac{x}{2}\right)}{\sin \dfrac{x}{2}\cos^3 \dfrac{x}{2}}$$

$$= \frac{1}{4}\int \frac{d\left(\tan \dfrac{x}{2}\right)}{\tan \dfrac{x}{2}\cos^2 \dfrac{x}{2}} = \frac{1}{4}\int \frac{1+\tan^2 \dfrac{x}{2}}{\tan \dfrac{x}{2}}\,d\left(\tan \dfrac{x}{2}\right) = \frac{1}{8}\tan^2 \dfrac{x}{2} + \frac{1}{4}\ln\left|\tan \dfrac{x}{2}\right| + C$$

解2 令 $t = \tan \dfrac{x}{2}$,则 $\sin x = \dfrac{2t}{1+t^2}$,$\cos x = \dfrac{1-t^2}{1+t^2}$,且 $x = 2\arctan x$,又 $dx = \dfrac{2}{1+t^2}$,则

$$\int \frac{dx}{\sin 2x + 2\sin x} = \frac{1}{4}\int \left(\frac{1}{t} + t\right)dt = \frac{1}{4}\ln\left|\tan \dfrac{x}{2}\right| + \frac{1}{8}\tan^2 \dfrac{x}{2} + C$$

题 16 (1987 数学 ②) 计算 $\int \dfrac{1}{a^2\sin^2 x + b^2\cos^2 x}\mathrm{d}x$,其中 a,b 不全为 0 的非负常数.

解 当 $a \neq 0, b \neq 0$ 时,有

$$\int \frac{1}{a^2\sin^2 x + b^2\cos^2 x}\mathrm{d}x \quad (分子、分母同除以 \cos^2 x)$$

$$= \int \frac{1}{a^2\tan^2 x + b^2}\mathrm{d}(\tan x) = \frac{1}{ab}\arctan\left(\frac{1}{b}\tan x\right) + C$$

当 $a = 0, b \neq 0$ 时,有

$$\int \frac{1}{a^2\sin^2 x + b^2\cos^2 x}\mathrm{d}x = \frac{1}{b^2}\int \frac{1}{\cos^2 x}\mathrm{d}x = \frac{1}{b^2}\tan x + C$$

当 $a \neq 0, b = 0$ 时,有

$$\int \frac{1}{a^2\sin^2 x + b^2\cos^2 x}\mathrm{d}x = \frac{1}{a^2}\int \frac{1}{\sin^2 x}\mathrm{d}x = \frac{1}{a^2}\cot x + C$$

题 17 (1987③④) 求不定积分 $\int \mathrm{e}^{\sqrt{2x-1}}\mathrm{d}x$.

解 令 $t = \sqrt{2x-1}$,有 $x = \dfrac{1+t^2}{2}$,且 $\mathrm{d}x = t\mathrm{d}t$. 于是

$$\int \mathrm{e}^{\sqrt{2x-1}}\mathrm{d}x = \int t\mathrm{e}^t\mathrm{d}t = t\mathrm{e}^t - \int \mathrm{e}^t\mathrm{d}t = (t-1)\mathrm{e}^t + C = (\sqrt{2x-1}-1)\mathrm{e}^{\sqrt{2x-1}} + C$$

题 18 (1992③) 计算 $I = \int \dfrac{\operatorname{arccot} \mathrm{e}^x}{\mathrm{e}^x}\mathrm{d}x$.

解 可得

$$I = -\int \operatorname{arccot} \mathrm{e}^x \mathrm{d}(\mathrm{e}^{-x}) = -\mathrm{e}^{-x}\operatorname{arccot} \mathrm{e}^x - \int \frac{\mathrm{d}x}{1 + \mathrm{e}^{2x}}$$

$$= -\mathrm{e}^{-x}\operatorname{arccot} \mathrm{e}^x - \int \left(1 - \frac{\mathrm{e}^{2x}}{1 + \mathrm{e}^{2x}}\right)\mathrm{d}x = -\frac{\operatorname{arccot} \mathrm{e}^x}{\mathrm{e}^x} - x + \frac{1}{2}\ln(1 + \mathrm{e}^{2x}) + C$$

题 19 (1992④) 计算 $I = \int \dfrac{\arctan \mathrm{e}^x}{\mathrm{e}^x}\mathrm{d}x$.

解 可得

$$I = -\int \arctan \mathrm{e}^x \mathrm{d}\mathrm{e}^{-x} = -\mathrm{e}^{-x}\arctan \mathrm{e}^x + \int \frac{\mathrm{d}x}{1 + \mathrm{e}^{2x}}$$

$$= -\mathrm{e}^{-x}\arctan \mathrm{e}^x + \int \left(1 - \frac{\mathrm{e}^{2x}}{1 + \mathrm{e}^{2x}}\right)\mathrm{d}x$$

$$= -\frac{\arctan \mathrm{e}^x}{\mathrm{e}^x} + x - \frac{1}{2}\ln(1 + \mathrm{e}^{2x}) + C$$

题 20 (2001①) 求 $\int \dfrac{\arctan \mathrm{e}^x}{\mathrm{e}^{2x}}\mathrm{d}x$.

解 先利用凑微分可有

$$\int \frac{\arctan \mathrm{e}^x}{\mathrm{e}^{2x}}\mathrm{d}x = -\frac{1}{2}\int \arctan \mathrm{e}^x \mathrm{d}(\mathrm{e}^{-2x}) \quad (分部积分)$$

$$= -\frac{1}{2}\left[\mathrm{e}^{-2x}\arctan \mathrm{e}^x - \int \frac{\mathrm{d}\mathrm{e}^x}{\mathrm{e}^{2x}(1 + \mathrm{e}^{2x})}\right] = -\frac{1}{2}\left(\frac{\arctan \mathrm{e}^x}{\mathrm{e}^{2x}} - \int \frac{\mathrm{d}\mathrm{e}^x}{\mathrm{e}^{2x}} + \int \frac{\mathrm{d}\mathrm{e}^x}{1 + \mathrm{e}^{2x}}\right)$$

$$= -\frac{1}{2}\left(\frac{\arctan \mathrm{e}^x}{\mathrm{e}^{2x}} + \frac{1}{\mathrm{e}^x} + \arctan \mathrm{e}^x\right) + C$$

题 21 (1993①) 求 $\int \dfrac{x\mathrm{e}^x}{\sqrt{\mathrm{e}^x - 1}}\mathrm{d}x$.

解 令 $u = \sqrt{\mathrm{e}^x - 1}$,则 $x = \ln(1 + u^2)$,且 $\mathrm{d}x = \dfrac{2u}{1 + u^2}\mathrm{d}u$. 从而

$$\int \frac{x e^x}{\sqrt{e^x - 1}} dx = \int \frac{(1 + u^2) \ln(1 + u^2)}{u} \cdot \frac{2u}{1 + u^2} du$$

$$= 2 \int \ln(1 + u^2) du = 2u \ln(1 + u^2) - \int \frac{4u^2}{1 + u^2} du$$

$$= 2u \ln(1 + u^2) - 4u + 4 \arctan u + C$$

$$= 2x \sqrt{e^x - 1} - 4 \sqrt{e^x - 1} + 4 \arctan u + C$$

题 22 (1997①) 计算 $\int e^{2x} (\tan x + 1)^2 dx$.

解 由三角函数公式 $1 + \tan^2 x = \sec^2 x$, 有

$$\int e^{2x} (\tan x + 1)^2 dx = \int e^{2x} \sec^2 x \, dx + 2 \int e^{2x} \tan x \, dx$$

$$= e^{2x} \tan x - 2 \int e^{2x} \tan x \, dx + 2 \int e^{2x} \tan x \, dx = e^{2x} \tan x + C$$

下面是几则综合问题.

题 23 (1994④) 已知 $\frac{\sin x}{x}$ 是 $f(x)$ 的一个原函数, 求 $\int x^3 f'(x) dx$.

解 由题设 $f(x) = \left(\frac{\sin x}{x} \right)' = \frac{x \cos x - \sin x}{x^2}$, 于是

$$\int x^3 f'(x) dx = x^3 f(x) - 3 \int x^2 f(x) dx = x^3 f(x) - 3 \int x^2 \frac{x \cos x - \sin x}{x^2} dx$$

$$= x^3 \frac{x \cos x - \sin x}{x^2} - 3x \sin x - 6 \cos x + C$$

$$= x^2 \cos x - 4x \sin x - 6 \cos x + C$$

题 24 (2000②) 设 $f(\ln x) = \frac{\ln(1 + x)}{x}$, 计算 $\int f(x) dx$.

解 设 $\ln x = t$, 则 $x = e^t$, 且 $f(t) = \frac{\ln(1 + e^t)}{e^t}$. 从而

$$\int f(x) dx = \int \frac{\ln(1 + e^t)}{e^t} dx = -\int \ln(1 + e^x) de^{-x}$$

$$= -e^{-x} \ln(1 + e^x) + \int \frac{1}{1 + e^x} dx$$

$$= -e^{-x} \ln(1 + e^x) + \int \left(1 - \frac{e^x}{1 + e^x} \right) dx$$

$$= -e^{-x} \ln(1 + e^x) + x - \ln(1 + e^x) + C$$

$$= x - (1 + e^{-x}) \ln(1 + e^x) + C$$

题 25 (1995②) 设 $f(x^2 - 1) = \ln \frac{x^2}{x^2 - 2}$, 且 $f[\varphi(x)] = \ln x$, 求 $\int \varphi(x) dx$.

解 设 $x^2 - 1 = t$, 则 $x^2 = t + 1$, 代入 $f(x^2 - 1) = \ln \frac{x^2}{x^2 - 2}$ 中得

$$f(t) = \ln \frac{t + 1}{t - 1}$$

因此 $f(\varphi(x)) = \ln \frac{\varphi(x) + 1}{\varphi(x) - 1} = \ln x$.

再由 $\frac{\varphi(x) + 1}{\varphi(x) - 1} = x$, 解得 $\varphi(x) = \frac{x + 1}{x - 1}$, 于是

$$\int \varphi(x) dx = \int \frac{x + 1}{x - 1} dx = 2 \ln | x - 1 | + x + C$$

2. 定积分计算问题

（1）一般定积分计算问题

题 1　（1991④）求定积分 $f = \int_{-1}^{1}(2x+|x|+1)^2 \, \mathrm{d}x$.

解　$I = \int_{-1}^{0}(x+1)^2 \, \mathrm{d}x + \int_{0}^{1}(3x+1)^2 \, \mathrm{d}x = \dfrac{1}{3}(x+1)^3 \Big|_{-1}^{0} + \dfrac{1}{9}(3x+1)^3 \Big|_{0}^{1} = \dfrac{22}{3}$.

题 2　（1994②）计算 $\int_{0}^{1} x(1-x^4)^{\frac{3}{2}} \, \mathrm{d}x$.

解　令 $x^2 = \sin t$，则 $2x\mathrm{d}x = \cos t \mathrm{d}t$. 又当 $x = 0$ 时，$t = 0$；当 $x = 1$ 时，$t = \dfrac{\pi}{2}$. 于是

$$\int_{0}^{1} x(1-x^4)^{\frac{3}{2}} \, \mathrm{d}x = \frac{1}{2}\int_{0}^{\frac{\pi}{2}} \cos^4 t \mathrm{d}t = \frac{1}{2} \times \frac{3}{4} \times \frac{1}{2} \times \frac{\pi}{2} = \frac{3\pi}{32}$$

题 3　（1988③④）求定积分 $\int_{0}^{3} \dfrac{\mathrm{d}x}{\sqrt{x}(1+x)}$.

解 1　$\int_{0}^{3} \dfrac{\mathrm{d}x}{\sqrt{x}(1+x)} = \int_{0}^{3} \dfrac{2}{1+(\sqrt{x})^2} \mathrm{d}(\sqrt{x}) = 2\arctan\sqrt{x} \Big|_{0}^{3} = \dfrac{2\pi}{3}$

解 2　设 $\sqrt{x} = t$，则 $x = t^2$，$\mathrm{d}x = 2t\mathrm{d}t$. 当 $x = 0$ 时，$t = 0$；当 $x = 3$ 时，$t = \sqrt{3}$. 因此

$$\int_{0}^{3} \frac{\mathrm{d}x}{\sqrt{x}(1+x)} = \int_{0}^{\sqrt{3}} \frac{2}{1+t^2} \mathrm{d}t = 2\arctan \Big|_{0}^{\sqrt{3}} = \frac{2\pi}{3}$$

题 4　（1991②）计算 $\int_{1}^{4} \dfrac{\mathrm{d}x}{x(1+\sqrt{x})}$.

解　令 $t = \sqrt{x}$，则 $x = t^2$，$\mathrm{d}x = 2t\mathrm{d}t$. 当 $x = 1$ 时，$t = 1$；当 $x = 4$ 时，$t = 2$. 于是

$$\int_{1}^{4} \frac{\mathrm{d}x}{x(1+\sqrt{x})} = \int_{1}^{2} \frac{2}{t(1+t)} \mathrm{d}t = 2\int_{1}^{2}\left(\frac{1}{t} - \frac{1}{1+t}\right) \mathrm{d}t = 2\Big[\ln t - \ln(1+t)\Big]_{1}^{2} = 2\ln\frac{4}{3}$$

题 5　（1993②）求 $\int_{0}^{\frac{\pi}{2}} \dfrac{x}{1+\cos 2x} \, \mathrm{d}x$.

解　可得

$$原式 = \frac{1}{2}\int_{0}^{\frac{\pi}{4}} \frac{x}{\cos^2 x} \mathrm{d}x = \frac{1}{2}\int_{0}^{\frac{\pi}{4}} x\mathrm{d}(\tan x) \quad （凑微分后分部积分）$$

$$= \frac{1}{2}\Big[x\tan x\Big]_{0}^{\frac{\pi}{4}} - \frac{1}{2}\int_{0}^{\frac{\pi}{4}} \tan x\mathrm{d}x = \frac{\pi}{8} + \frac{1}{2}\Big[\ln\cos x\Big]_{0}^{\frac{\pi}{4}} = \frac{\pi}{8} - \frac{1}{4}\ln 2$$

题 6　（1995②）设 $f(x) = \int_{0}^{x} \dfrac{\sin t}{\pi - t} \mathrm{d}t$，计算 $\int_{0}^{\pi} f(x)\mathrm{d}x$.

解　由题设考虑分部积分，则有

$$\int_{0}^{\pi} f(x)\mathrm{d}x = \Big[xf(x)\Big]_{0}^{\pi} - \int_{0}^{\pi} xf'(x)\mathrm{d}x$$

$$= \pi\int_{0}^{\pi} \frac{\sin t}{\pi - t}\mathrm{d}t - \int_{0}^{\pi} x\frac{\sin x}{\pi - x}\mathrm{d}x = \int_{0}^{\pi} \frac{\pi - x}{\pi - x}\sin x\mathrm{d}x = \int_{0}^{\pi} \sin x\mathrm{d}x = 2$$

题 7　（1992②）求 $\int_{0}^{\pi} \sqrt{1-\sin x} \, \mathrm{d}x$.

解　注意到 $\sin^2 \dfrac{x}{2} + \cos^2 \dfrac{x}{2} = 1$，且 $\sin x = 2\sin\dfrac{x}{2}\cos\dfrac{x}{2}$，则

$$原式 = \int_{0}^{\pi} \left|\sin\frac{x}{2} - \cos\frac{x}{2}\right|\mathrm{d}x \quad （注意绝对值性质）$$

$$= \int_{0}^{\frac{\pi}{2}}\left(\cos\frac{x}{2} - \sin\frac{x}{2}\right)\mathrm{d}x + \int_{\frac{\pi}{2}}^{\pi}\left(\sin\frac{x}{2} - \cos\frac{x}{2}\right)\mathrm{d}x$$

$$= 4(\sqrt{2} - 1)$$

题 8 (1987②) 计算 $\int_0^1 x \arcsin x \, dx$.

解 先凑微分,再用分部积分,有

$$\text{原式} = \int_0^1 \arcsin x \, d\left(\frac{x^2}{2}\right) = \frac{x^2}{2} \arcsin x \Big|_0^1 - \int_0^1 \frac{x^2}{2} \frac{1}{\sqrt{1-x^2}} \, dx$$

$$= \frac{\pi}{4} + \frac{1}{2}\left(\int_0^1 \sqrt{1-x^2} \, dx - \int_0^1 \frac{dx}{\sqrt{1-x^2}}\right)$$

$$= \frac{\pi}{4} + \frac{1}{2}\int_0^1 \sqrt{1-x^2} \, dx - \frac{\pi}{4} \quad \left(\text{因} \int_0^1 \frac{dx}{\sqrt{1-x^2}} = \left[\arcsin x\right]_0^1 = \frac{\pi}{2}\right)$$

$$= \frac{1}{2}\left[\frac{1}{2}x\sqrt{1-x^2} + \frac{1}{2}\arcsin x\right]_0^1 = \frac{\pi}{8}$$

题 9 (1996②) 计算 $\int_0^{\ln 2} \sqrt{1 - e^{-2x}} \, dx$.

解 令 $e^{-x} = \sin t$,则 $-e^{-x} dx = \cos t \, dt$. 当 $x = 0$ 时,$t = \frac{\pi}{2}$;当 $x = \ln 2$ 时,$t = \frac{\pi}{6}$,于是

$$\int_0^{\ln 2} \sqrt{1 - e^{-2x}} \, dx = \int_{\frac{\pi}{6}}^{\frac{\pi}{2}} \frac{\cos^2 t}{\sin t} \, dt = \int_{\frac{\pi}{6}}^{\frac{\pi}{2}} \frac{dt}{\sin t} - \int_{\frac{\pi}{6}}^{\frac{\pi}{2}} \sin t \, dt$$

$$= -\ln(\csc t + \cot t)\Big|_{\frac{\pi}{6}}^{\frac{\pi}{2}} - \frac{\sqrt{3}}{2} = \ln(1 + \sqrt{3}) - \frac{\sqrt{3}}{2}$$

题 10 (1987④) 计算定积分 $\int_{\frac{1}{2}}^1 e^{\sqrt{2x-1}} \, dx$.

解 设 $\sqrt{2x-1} = t$,则 $x = \frac{1+t^2}{2}$,$dx = t \, dt$. 当 $x = \frac{1}{2}$ 时,$t = 0$;当 $x = 1$ 时,$t = 1$. 故

$$\int_{\frac{1}{2}}^1 e^{\sqrt{2x-1}} \, dx = \int_0^1 t e^t \, dt = t e^t \Big|_0^1 - \int_0^1 e^t \, dt = e - e^t \Big|_0^1 = 1$$

题 11 (1990①) 求 $\int_0^1 \frac{\ln(1+x)}{(2-x)^2} \, dx$.

解 可得

$$\int_0^1 \frac{\ln(1+x)}{(2-x)^2} \, dx = \int_0^1 \ln(1+x) \, d\left(\frac{1}{2-x}\right) \quad \text{(凑微分后分部积分)}$$

$$= \left[\frac{\ln(1+x)}{2-x}\right]_0^1 - \int_0^1 \frac{dx}{(1+x)(2-x)}$$

$$= \ln 2 - \frac{1}{3}\int_0^1 \left(\frac{1}{2-x} + \frac{1}{1+x}\right) dx = \frac{1}{3}\ln 2$$

下面的例子既涉及绝对值,又涉及被积函数在个别点不存在的问题.

题 12 (1998②) 计算积分 $\int_{\frac{1}{2}}^{\frac{3}{2}} \frac{dx}{\sqrt{|x - x^2|}}$.

解 注意到被积函数内有绝对值号且 $x = 1$ 是其无穷间断点. 因此

$$\int_{\frac{1}{2}}^{\frac{3}{2}} \frac{dx}{\sqrt{|x - x^2|}} = \int_{\frac{1}{2}}^1 \frac{dx}{\sqrt{x - x^2}} + \int_1^{\frac{3}{2}} \frac{dx}{\sqrt{x^2 - x}}$$

又

$$\int_{\frac{1}{2}}^1 \frac{dx}{\sqrt{x - x^2}} = \int_{\frac{1}{2}}^1 \frac{dx}{\sqrt{\frac{1}{4} - \left(x - \frac{1}{2}\right)^2}} = \left[\arcsin(2x - 1)\right]_{\frac{1}{2}}^{1-0} = \arcsin 1 = \frac{\pi}{2}$$

且

$$\int_{1}^{\frac{3}{2}} \frac{\mathrm{d}x}{\sqrt{x^2 - x}} = \int_{1}^{\frac{3}{2}} \frac{\mathrm{d}x}{\sqrt{\left(x - \frac{1}{2}\right)^2 - \frac{1}{4}}}$$

$$= \ln\left[\left(x - \frac{1}{2}\right) + \sqrt{\left(x - \frac{1}{2}\right)^2 - \frac{1}{4}}\right]_{1+0}^{\frac{3}{2}} = \ln(2 + \sqrt{3})$$

故
$$\int_{\frac{1}{2}}^{\frac{3}{2}} \frac{\mathrm{d}x}{\sqrt{|x - x^2|}} = \frac{\pi}{2} + \ln(2 + \sqrt{3})$$

题 13　(1998②) 设 $x \geqslant -1$,求 $\int_{-1}^{x} (1 - |t|)\mathrm{d}t$.

解　被积函数可写为
$$f(t) = \begin{cases} 1 + t, & -1 \leqslant t < 0 \\ 1 - t, & 0 \leqslant t < +\infty \end{cases}$$

下面分段考虑:当 $-1 \leqslant x < 0$ 时
$$\int_{-1}^{x} (1 - |t|)\mathrm{d}t = \int_{-1}^{0} (1 + t)\mathrm{d}t = \frac{1}{2}(1 + t)^2 \Big|_{-1}^{x} = \frac{1}{2}(1 + x)^2$$

当 $x \geqslant 0$ 时
$$\int_{-1}^{x} (1 - |t|)\mathrm{d}t = \int_{-1}^{0} (1 + t)\mathrm{d}t + \int_{0}^{x} (1 - t)\mathrm{d}t = \frac{1}{2} - \frac{1}{2}(1 - x)^2$$

题 14　(1992 数 ①②) 设
$$f(x) = \begin{cases} 1 + x^2, & x \leqslant 0 \\ \mathrm{e}^{-x}, & x > 0 \end{cases}$$

求 $\int_{1}^{3} f(x - 2)\mathrm{d}x$.

解　令 $x - 2 = t$,$\mathrm{d}x = \mathrm{d}t$. 当 $x = 1$ 时,$t = -1$;当 $x = 3$ 时,$t = 1$. 于是
$$\int_{1}^{3} f(x - 2)\mathrm{d}x = \int_{-1}^{1} f(t)\mathrm{d}t = \int_{-1}^{0} (1 + t^2)\mathrm{d}t + \int_{0}^{1} \mathrm{e}^{-t}\mathrm{d}t = \frac{7}{3} - \frac{1}{\mathrm{e}}$$

题 15　(2002②) 设
$$f(x) = \begin{cases} 2x + \dfrac{3}{2}x^2, & -1 \leqslant x < 0 \\ \dfrac{x\mathrm{e}^x}{(\mathrm{e}^x + 1)^2}, & 0 \leqslant x \leqslant 1 \end{cases}$$

求函数 $F(x) = \int_{-1}^{x} f(t)\mathrm{d}t$ 的表达式.

解　因被积函数为分段函数,积分可分段考虑. 当 $-1 \leqslant x < 0$ 时
$$F(x) = \int_{-1}^{x} \left(2t + \frac{3}{2}t^2\right)\mathrm{d}t = \left(t^2 + \frac{1}{2}t^3\right)\Big|_{-1}^{x} = \frac{1}{2}x^3 + x^2 - \frac{1}{2}$$

当 $0 \leqslant x \leqslant 1$ 时
$$F(x) = \int_{-1}^{x} f(t)\mathrm{d}t = \int_{-1}^{0} f(t)\mathrm{d}t + \int_{0}^{x} f(t)\mathrm{d}t$$

$$= \left(t^2 + \frac{1}{2}t^3\right)\Big|_{-1}^{0} + \int_{0}^{x} \frac{t\mathrm{e}^t}{(\mathrm{e}^t + 1)^2}\mathrm{d}t = -\frac{1}{2} - \int_{0}^{x} t\mathrm{d}\left(\frac{1}{\mathrm{e}^t + 1}\right)$$

$$= -\frac{1}{2} - \frac{t}{\mathrm{e}^t + 1}\Big|_{0}^{x} + \int_{0}^{x} \frac{\mathrm{d}t}{\mathrm{e}^t + 1} = -\frac{1}{2} - \frac{x}{\mathrm{e}^x + 1} + \int_{0}^{x} \frac{\mathrm{d}\mathrm{e}^t}{\mathrm{e}^t(\mathrm{e}^t + 1)}$$

$$= -\frac{1}{2} - \frac{x}{\mathrm{e}^x + 1} + \ln\frac{\mathrm{e}^t}{\mathrm{e}^t + 1}\Big|_{0}^{x}$$

$$= -\frac{1}{2} - \frac{x}{\mathrm{e}^x + 1} + \ln\frac{\mathrm{e}^x}{\mathrm{e}^x + 1} + \ln 2$$

题 16 (2005①②)如图 8 所示,曲线 C 的方程为 $y = f(x)$,点(3,2)是它的一个拐点,直线 l_1 与 l_2 分别是曲线 C 在点(0,0)与(3,2)处的切线,其交点为(2,4).设函数 $f(x)$ 具有三阶连续导数,计算定积分 $\int_0^3 (x^2 + x) f'''(x) \mathrm{d}x$.

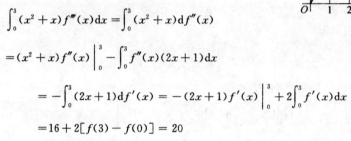

图 8

解 由题设图形可知,$f(0) = 0, f'(0) = 2; f(3) = 2,$ $f'(3) = -2, f''(3) = 0$.由分部积分法,有

$$\int_0^3 (x^2 + x) f'''(x) \mathrm{d}x = \int_0^3 (x^2 + x) \mathrm{d}f''(x)$$

$$= (x^2 + x) f''(x) \Big|_0^3 - \int_0^3 f''(x)(2x+1) \mathrm{d}x$$

$$= -\int_0^3 (2x+1) \mathrm{d}f'(x) = -(2x+1) f'(x) \Big|_0^3 + 2\int_0^3 f'(x) \mathrm{d}x$$

$$= 16 + 2[f(3) - f(0)] = 20$$

(2) 定积分计算的综合问题

题 1 (1991②)设函数 $f(x)$ 在 $(-\infty, +\infty)$ 内满足 $f(x) = f(x-\pi) + \sin x$,且 $f(x) = x, x \in [0, \pi)$,计算 $\int_\pi^{3\pi} f(x) \mathrm{d}x$.

解 依题意,当 $x \in [0, \pi)$ 时,$f(x) = x$.于是当 $x \in [\pi, 2\pi)$ 时,$x - \pi \in [0, \pi)$,因此

$$f(x) = f(x-\pi) + \sin x = x - \pi + \sin x \quad x \in [\pi, 2\pi) \tag{*}$$

当 $x \in [2\pi, 3\pi)$ 时,$x - \pi \in [\pi, 2\pi)$.由式(*)有

$$f(x-\pi) = (x-\pi) - \pi + \sin(x-\pi) = x\pi - 2\pi - \sin x$$

且

$$f(x) = f(x-\pi) + \sin x = x - 2\pi - \sin x + \sin x = x - 2\pi \quad x \in [2\pi, 3\pi)$$

故

$$\int_\pi^{3\pi} f(x) \mathrm{d}x = \int_\pi^{2\pi} (x - \pi + \sin x) \mathrm{d}x + \int_{2\pi}^{3\pi} (x - 2\pi) \mathrm{d}x = \pi^2 - 2$$

题 2 (1999③)设函数 $f(x)$ 连续,且 $\int_0^x t f(2x-t) \mathrm{d}t = \frac{1}{2} \arctan x^2$.已知 $f(1) = 1$,求 $\int_1^2 f(x) \mathrm{d}x$ 的值.

解 设 $u = 2x - t$,则 $t = 2x - u, \mathrm{d}t = -\mathrm{d}u$.当 $t = 0$ 时,$u = 2x$;当 $t = x$ 时,$u = x$.故

$$\int_0^x t f(2x-t) \mathrm{d}t = -\int_{2x}^x (2x-u) f(u) \mathrm{d}u = 2x\int_x^{2x} f(u) \mathrm{d}u - \int_x^{2x} u f(u) \mathrm{d}u$$

由题设 $2x\int_x^{2x} f(u) \mathrm{d}u - \int_x^{2x} u f(u) \mathrm{d}u = \frac{1}{2} \arctan x^2$,两边对 x 求导,得

$$2\int_x^{2x} f(u) \mathrm{d}u + 2x[2f(2x) - f(x)] - [2xf(2x) \cdot 2 - xf(x)] = \frac{x}{1 + x^4}$$

即

$$2\int_x^{2x} f(u) \mathrm{d}u = \frac{x}{1 + x^4} + xf(x)$$

令 $x = 1$,得 $2\int_1^2 f(u) \mathrm{d}u = \frac{1}{2} + 1 = \frac{3}{2}$.故 $\int_1^2 f(x) \mathrm{d}x = \frac{3}{4}$.

题 3 (1999④)已知 $f(x)$ 连续,$\int_0^x t f(x-t) \mathrm{d}t = 1 - \cos x$,求 $\int_0^{\frac{\pi}{2}} f(x) \mathrm{d}x$ 的值.

解 设 $u = x - t$,则 $t = x - u, \mathrm{d}t = -\mathrm{d}u$.当 $t = 0$ 时,$u = x$;当 $t = x$ 时,$u = 0$.于是

$$\int_0^x t f(x-t) \mathrm{d}t = \int_0^x (x-u) f(u) \mathrm{d}u$$

由题设

$$x\int_0^x f(u)\,\mathrm{d}u - \int_0^x uf(u)\,\mathrm{d}u = 1 - \cos x$$

上式两边对 x 求导, 得 $\int_0^x f(u)\,\mathrm{d}u = \sin x$. 再令 $x = \dfrac{\pi}{2}$, 得 $\int_0^{\frac{\pi}{2}} f(x)\,\mathrm{d}x = 1$.

题 4 (1989②) 已知函数

$$f(x) = \begin{cases} x, & 0 \leqslant x \leqslant 1 \\ 2 - x, & 1 < x \leqslant 2 \end{cases}$$

计算下列各题:

(1) $S_0 = \displaystyle\int_0^2 f(x)\mathrm{e}^{-x}\,\mathrm{d}x$;　　　　　　　(2) $S_1 = \displaystyle\int_2^4 f(x-2)\mathrm{e}^{-x}\,\mathrm{d}x$;

(3) $S_n = \displaystyle\int_{2n}^{2n+2} f(x-2n)\mathrm{e}^{-x}\,\mathrm{d}x \ (n = 2, 3, \cdots)$;　　　(4) $S = \displaystyle\sum_{n=0}^{\infty} S_n$.

解 (1) 可得

$$S_0 = \int_0^1 x\mathrm{e}^{-x}\,\mathrm{d}x + \int_1^2 (2-x)\mathrm{e}^{-x}\,\mathrm{d}x$$

$$= -\big[x\mathrm{e}^{-x}\big]_0^1 + \int_0^1 \mathrm{e}^{-x}\,\mathrm{d}x - \big[(2-x)\mathrm{e}^{-x}\big]_1^2 - \int_1^2 \mathrm{e}^{-x}\,\mathrm{d}x$$

$$= 1 - 2\mathrm{e}^{-1} + \mathrm{e}^{-2} = (1 - \mathrm{e}^{-1})^2$$

(2) 设 $x - 2 = t$, 则 $x = t + 2$. 当 $x = 2$ 时, $t = 0$; 当 $x = 4$ 时, $t = 2$. 从而

$$S_1 = \int_2^4 f(x-2)\mathrm{e}^{-x}\,\mathrm{d}x = \int_0^2 f(t)\mathrm{e}^{-t-2}\,\mathrm{d}t = S_0\mathrm{e}^{-2}$$

(3) 设 $x - 2n = t$, 则 $x = t + 2n$. 当 $x = 2n$ 时, $t = 0$; 当 $x = 2n+2$ 时, $t = 2$. 从而

$$S_n = \int_0^2 f(t)\mathrm{e}^{-t-2n}\,\mathrm{d}t = S_0\mathrm{e}^{-2n}$$

(4) $\displaystyle S = \sum_{n=0}^{\infty} S_n = \sum_{n=0}^{\infty} S_0\mathrm{e}^{-2n} = S_0\sum_{n=0}^{\infty}(\mathrm{e}^{-2})^n = \frac{S_0}{1 - \mathrm{e}^{-2}} = \frac{\mathrm{e} - 1}{\mathrm{e} + 1}$.

下面的问题涉及积分求导.

题 5 (1992①) 求 $\dfrac{\mathrm{d}}{\mathrm{d}x}\displaystyle\int_0^x (x^2 - t)f(t)\,\mathrm{d}t$, 其中 $f(t)$ 为已知的连续函数.

解 由题设及积分求得分式, 有

$$\frac{\mathrm{d}}{\mathrm{d}x}\int_0^x (x^2 - t)f(t)\,\mathrm{d}t = \frac{\mathrm{d}}{\mathrm{d}x}\left[x^2\int_0^x f(t)\,\mathrm{d}t - \int_0^x tf(t)\,\mathrm{d}t\right] = 2x\int_0^x f(t)\,\mathrm{d}t$$

题 6 (1998②) 已知 $f(2) = \dfrac{1}{2}, f'(2) = 0$ 及 $\displaystyle\int_0^2 f(x)\,\mathrm{d}x = 1$, 求 $\displaystyle\int_0^1 x^2 f''(2x)\,\mathrm{d}x$.

解 设 $2x = t$, 则 $2\mathrm{d}x = \mathrm{d}t$. 当 $x = 0$ 时, $t = 0$; 当 $x = 1$ 时, $t = 2$. 于是

$$\text{原式} = \frac{1}{2}\int_0^2 \frac{t^2}{4} f''(t)\,\mathrm{d}t = \frac{1}{8}\left(\big[t^2 f'(t)\big]_0^2 - 2\int_0^2 tf'(t)\,\mathrm{d}t\right)$$

$$= -\frac{1}{4}\int_0^2 t\,\mathrm{d}f(t) = -\frac{1}{4}\left(\big[tf(t)\big]_0^2 - \int_0^2 f(t)\,\mathrm{d}t\right) = 0$$

题 7 (1995③④) 设 $f(x), g(x)$ 在区间 $[-a, a]$ $(a > 0)$ 上连续, $g(x)$ 为偶函数, 且 $f(x)$ 满足条件 $f(x) + f(-x) = A$ (A 为常数).

(1) 证明 $\displaystyle\int_{-a}^a f(x)g(x)\,\mathrm{d}x = A\int_0^a g(x)\,\mathrm{d}x$;

(2) 利用 (1) 的结论计算定积分 $\displaystyle\int_{-\frac{\pi}{2}}^{\frac{\pi}{2}} |\sin x|\arctan \mathrm{e}^x\,\mathrm{d}x$.

证 (1) 因 $\int_{-a}^{a} f(x)g(x)dx = \int_{-a}^{0} f(x)g(x)dx + \int_{0}^{a} f(x)g(x)dx$.

设 $x = -t$,则 $dx = -dt$. 当 $x = -a$ 时,$t = a$;当 $x = 0$ 时,$t = 0$. 于是

$$\int_{-a}^{0} f(x)g(x)dx = -\int_{a}^{0} f(-t)g(-t)dt = \int_{0}^{a} f(-x)g(x)dx$$

故

$$\int_{-a}^{a} f(x)g(x)dx = \int_{0}^{a} f(-x)g(x)dx + \int_{0}^{a} f(x)g(x)dx$$

$$= \int_{0}^{a} [f(x) + f(-x)]g(x)dx = A\int_{0}^{a} g(x)dx$$

(2) 取 $f(x) = \arctan e^x$, $g(x) = |\sin x|$,且 $a = \dfrac{\pi}{2}$,则 $f(x), g(x)$ 在 $\left[-\dfrac{\pi}{2}, \dfrac{\pi}{2}\right]$ 上连续,其中 $g(x)$ 为偶函数.

设 $F(x) = \arctan e^x + \arctan e^{-x}$,则

$$F'(x) = \frac{e^x}{1+e^{2x}} - \frac{e^{-x}}{1+e^{-2x}} = \frac{e^x}{1+e^{2x}} - \frac{e^x}{1+e^{2x}} = 0$$

意即 $F(x) = A$(常数). 令 $x = 0$,得 $A = F(0) = 2\arctan 1 = \dfrac{\pi}{2}$,即

$$f(x) + f(-x) = \frac{\pi}{2}$$

于是有

$$\int_{-\frac{\pi}{2}}^{\frac{\pi}{2}} |\sin x| \arctan e^x dx = \frac{\pi}{2} \int_{0}^{\frac{\pi}{2}} |\sin x| dx = \frac{\pi}{2} \int_{0}^{\frac{\pi}{2}} \sin x dx = \frac{\pi}{2}$$

题 8 (1990②) 设 $f(x) = \int_{1}^{x} \dfrac{\ln t}{1+t}dt$,其中 $x > 0$,求 $f(x) + f\left(\dfrac{1}{x}\right)$.

解 令 $t = \dfrac{1}{u}$,$dt = -\dfrac{1}{u^2}du$. 当 $t = 1$ 时,$u = 1$;当 $t = \dfrac{1}{x}$ 时,$u = x$. 于是

$$f\left(\frac{1}{x}\right) = \int_{1}^{\frac{1}{x}} \frac{\ln t}{1+t}dt = \int_{1}^{x} \frac{\ln u}{u(1+u)}du$$

$$f(x) + f\left(\frac{1}{x}\right) = \int_{1}^{x} \frac{\ln t}{1+t}dt + \int_{1}^{x} \frac{\ln t}{t(1+t)}dt = \int_{1}^{x} \frac{\ln t}{t}dt = \frac{1}{2}\ln^2 x$$

题 9 设 $f(x)$ 是区间 $\left[0, \dfrac{\pi}{4}\right]$ 上的单调、可导函数,且满足

$$\int_{0}^{f(x)} f^{-1}(t)dt = \int_{0}^{x} t\frac{\cos t - \sin t}{\sin t + \cos t}dt$$

其中 $f^{-1}(x)$ 是 $f(x)$ 的反函数,求 $f(x)$.

解 条件等式两边对 x 求导,得

$$f^{-1}[f(x)]f'(x) = x\frac{\cos x - \sin x}{\sin x + \cos x}$$

因 $f^{-1}[f(x)] = x$,故有

$$xf'(x) = x\frac{\cos x - \sin x}{\sin x + \cos x}$$

即

$$f'(x) = \frac{\cos x - \sin x}{\sin x + \cos x}$$

积分得

$$\int f'(x)dx = \int \frac{1}{\sin x + \cos x}d(\sin x + \cos x)$$

$$f(x) = \ln |\sin x + \cos x| + C$$

题设条件中令 $x = 0$，得 $\int_0^{f(0)} f^{-1}(t)\mathrm{d}t = 0$，又由 $f(x)$ 是区间 $\left[0, \dfrac{\pi}{4}\right]$ 上的单调可导函数可知 $0 \leqslant$ $f^{-1}(t) \leqslant \dfrac{\pi}{4}$，从而 $f(0) = 0$，进而可得 $C = 0$. 因此

$$f(x) = \ln |\sin x + \cos x|$$

3. 利用定积分讨论函数的性态

（1）涉及函数的基本性质

题 1　（1997③）设函数 $f(x)$ 在 $[0, +\infty)$ 上连续，单调不减且 $f(0) \geqslant 0$，试证函数

$$F(x) = \begin{cases} \dfrac{1}{x} \displaystyle\int_0^x t^n f(t)\mathrm{d}t, & 若\ x > 0 \\[2mm] 0, & 若\ x = 0 \end{cases}$$

在 $[0, +\infty)$ 上连续且单调不减（其中 $n > 0$）.

证　先证连续性. 由洛必达法则

$$\lim_{x \to 0^+} F(x) = \lim_{x \to 0^+} \frac{\displaystyle\int_0^x t^n f(t)\mathrm{d}t}{x} = \lim_{x \to 0^+} x^n f(x) = 0 = F(0)$$

故 $F(x)$ 在 $[0, +\infty)$ 上连续.

再证单调性. 根据积分中值定理，有

$$F'(x) = \frac{x^{n+1} f(x) - \displaystyle\int_0^x t^n f(t)\mathrm{d}t}{x^2} = \frac{x^{n+1} f(x) - \xi^n f(\xi) x}{x^2} = \frac{x^n f(x) - \xi^n f(\xi)}{x}$$

其中 $0 \leqslant \xi \leqslant x$.

由于 $f(x)$ 在 $[0, +\infty)$ 上是单调不减的，所以 $F'(x) \geqslant 0$，故 $F(x)$ 在 $[0, +\infty)$ 上单调不减.

题 2　（2004②）设 $f(x) = \displaystyle\int_x^{x+\frac{\pi}{2}} |\sin t|\,\mathrm{d}t$.

（1）证明 $f(x)$ 是以 π 为周期的周期函数；

（2）求 $f(x)$ 的值域.

证　（1）由题设有 $f(x + \pi) = \displaystyle\int_{x+\pi}^{x+\frac{3\pi}{2}} |\sin t|\,\mathrm{d}t$，设 $t = u + \pi$，则有

$$f(x + \pi) = \int_x^{x+\frac{\pi}{2}} |\sin(u + \pi)|\,\mathrm{d}u = \int_x^{x+\frac{\pi}{2}} |\sin u|\,\mathrm{d}u = f(x)$$

故 $f(x)$ 是以 π 为周期的周期函数.

（2）因为 $|\sin x|$ 在 $(-\infty, +\infty)$ 上连续且周期为 π，故只需在 $[0, \pi]$ 上讨论其值域. 因为

$$f'(x) = \left|\sin\left(x + \frac{\pi}{2}\right)\right| - |\sin x| = |\cos x| - |\sin x|$$

令 $f'(x) = 0$，得 $x_1 = \dfrac{\pi}{4}$，$x_2 = \dfrac{3\pi}{4}$，且

$$f\left(\frac{\pi}{4}\right) = \int_{\frac{\pi}{4}}^{\frac{3\pi}{4}} \sin t\,\mathrm{d}t = \sqrt{2}$$

及

$$f\left(\frac{3\pi}{4}\right) = \int_{\frac{3\pi}{4}}^{\frac{5\pi}{4}} |\sin t|\,\mathrm{d}t = \int_{\frac{3\pi}{4}}^{\pi} \sin t\,\mathrm{d}t - \int_{\pi}^{\frac{5\pi}{4}} \sin t\,\mathrm{d}t = 2 - \sqrt{2}$$

又

$$f(0) = \int_0^{\frac{\pi}{2}} \sin t\,\mathrm{d}t = 1, \quad f(\pi) = \int_{\pi}^{\frac{3\pi}{2}} (\sin t)\,\mathrm{d}t = 1$$

则 $f(x)$ 的最小值是 $2 - \sqrt{2}$，最大值是 $\sqrt{2}$，故 $f(x)$ 的值域是 $[2 - \sqrt{2}, \sqrt{2}]$.

题3 （2002③④）设函数 $f(x),g(x)$ 在 $[a,b]$ 上连续，且 $g(x)>0$.利用闭区间上连续函数性质，证明：存在一点 $\xi\in[a,b]$，使 $\int_a^b f(x)g(x)\mathrm{d}x = f(\xi)\int_a^b g(x)\mathrm{d}x$.

证 因为 $f(x)$ 在 $[a,b]$ 上连续，所以由最值定理，知 $f(x)$ 在 $[a,b]$ 上有最大值 M 和最小值 m，且 $m\leqslant f(x)\leqslant M$.

又因 $g(x)>0$，且 $\int_a^b g(x)\mathrm{d}x>0$，故有

$$mg(x)\leqslant f(x)g(x)\leqslant Mg(x)$$

因此
$$\int_a^b mg(x)\mathrm{d}x\leqslant \int_a^b f(x)g(x)\mathrm{d}x\leqslant \int_a^b Mg(x)\mathrm{d}x$$

从而
$$m\leqslant \frac{\int_a^b f(x)g(x)\mathrm{d}x}{\int_a^b g(x)\mathrm{d}x}\leqslant M$$

由介值定理知，存在 $\xi\in[a,b]$，使

$$f(\xi)=\frac{\int_a^b f(x)g(x)\mathrm{d}x}{\int_a^b g(x)\mathrm{d}x}$$

即
$$\int_a^b f(x)g(x)\mathrm{d}x = f(\xi)\int_a^b g(x)\mathrm{d}x$$

题4 （1997④）设函数 $f(x)$ 在 $(-\infty,+\infty)$ 内连续.且 $F(x)=\int_0^x (x-2t)f(t)\mathrm{d}t$.试证：

(1) 若 $f(x)$ 为偶函数，则 $F(x)$ 也是偶函数；

(2) 若 $f(x)$ 单调不增，则 $F(x)$ 单调不减.

证 (1) 设 $t=-u$，则 $\mathrm{d}t=-\mathrm{d}u$.当 $t=0$ 时，$u=0$；当 $t=-x$ 时，$u=x$.于是

$$F(-x)=\int_0^{-x}(-x-2t)f(t)\mathrm{d}t=\int_0^x (x-2u)f(u)\mathrm{d}u=F(x)$$

即 $F(x)$ 为偶函数.

(2) 对 $F(x)$ 求导后，再利用(定)积分中值定理，得

$$F'(x)=\left[x\int_0^x f(t)\mathrm{d}t-2\int_0^x tf(t)\mathrm{d}t\right]'=\int_0^x f(t)\mathrm{d}t+xf(x)-2xf(x)$$

$$=\int_0^x f(t)\mathrm{d}t-xf(x)=x[f(\xi)-f(x)]\quad \xi\text{ 在 }0\text{ 与 }x\text{ 之间}$$

因 $f(x)$ 单调不增，故当 $x>0$ 时，$f(\xi)-f(x)\geqslant 0$，从而 $F'(x)\geqslant 0$；当 $x<0$ 时，$f(\xi)-f(x)\leqslant 0$，从而 $F'(x)\geqslant 0$.

又 $F'(0)=0$.综上即知 $F(x)$ 为单调不减.

题5 （2008①）设 $f(x)$ 是连续函数.

(1) 利用定义证明函数 $F(x)=\int_0^x f(t)\mathrm{d}t$ 可导，且 $F'(x)=f(x)$；

(2) 当 $f(x)$ 是以2为周期的周期函数时，证明函数 $G(x)=2\int_0^x f(t)\mathrm{d}t-x\int_0^2 f(t)\mathrm{d}t$ 也是以2为周期的周期函数.

证1 (1) 本题为教材中一定理，具体证明可见教材.

(2) 要证明 $G(x)$ 以2为周期，即要证明对任意的 x，都有 $G(x+2)=G(x)$，记 $H(x)=G(x+2)-G(x)$，则

$$H'(x)=\left(2\int_0^{x+2}f(t)\mathrm{d}t-(x+2)\int_0^2 f(t)\mathrm{d}t\right)'-\left(2\int_0^x f(t)\mathrm{d}t-x\int_0^x f(t)\mathrm{d}t\right)'$$

$$= 2f(x+2) - \int_0^2 f(t)\mathrm{d}t - 2f(x) + \int_0^2 f(t)\mathrm{d}t = 0$$

又因为 $H(0) = G(2) - G(0) = \left(2\int_0^2 f(t)\mathrm{d}t - 2\int_0^2 f(t)\mathrm{d}t\right) - 0 = 0$，所以 $H(x) = 0$，即

$$G(x+2) = G(x)$$

证 2 由于 $f(x)$ 是以 2 为周期的周期函数，所以对任意的 x，都有 $f(x+2) = f(x)$，于是

$$G(x+2) - G(x) = \left(2\int_0^{x+2} f(t)\mathrm{d}t - (x+2)\int_0^2 f(t)\mathrm{d}t\right) - \left(2\int_0^x f(t)\mathrm{d}t - x\int_0^2 f(t)\mathrm{d}t\right)$$

$$= 2\left[\int_0^2 f(t)\mathrm{d}t + \int_2^{x+2} f(t)\mathrm{d}t - \int_0^2 f(t)\mathrm{d}t - \int_0^x f(t)\mathrm{d}t\right]$$

$$= 2\left[\int_0^x f(u+2)\mathrm{d}u - \int_0^x f(t)\mathrm{d}t\right] = 2\left[\int_0^x [f(t+2) - f(t)]\mathrm{d}t\right] = 0$$

即 $G(x)$ 也是以 2 为周期的周期函数.

（2）涉及中值定理的问题

下面的几则问题皆与中值定理有关.

题 1 （1996③）设 $f(x)$ 在 $[0,1]$ 上可微，且满足条件 $f(1) = 2\int_0^{\frac{1}{2}} xf(x)\mathrm{d}x$. 试证：存在 $\xi \in (0,1)$，使 $f(\xi) + \xi f'(\xi) = 0$.

证 由 $[xf(x)]' = f(x) + xf'(x)$，作辅助函数 $F(x) = xf(x)$.

由题设和积分中值定理，有

$$F(1) = f(1) = 2\int_0^{\frac{1}{2}} xf(x)\mathrm{d}x = 2 \cdot \frac{1}{2}\eta f(\eta) = F(\eta) \quad \eta \in \left[0, \frac{1}{2}\right]$$

又因为 $F(x)$ 在 $[\eta, 1]$ 上连续，在 $(\eta, 1)$ 上可导，故由罗尔定理知，存在 $\xi \in (\eta, 1) \subset (0,1)$，使得 $F'(\xi) = 0$，即 $f(\xi) + \xi f'(\xi) = 0$.

题 2 （2001④）设 $f(x)$ 在区间 $[0,1]$ 上连续，在 $(0,1)$ 内可导，且满足 $f(1) = 3\int_0^{\frac{1}{3}} \mathrm{e}^{1-x^2} f(x)\mathrm{d}x$，证明存在 $\xi \in (0,1)$，使得 $f'(\xi) = 2\xi f(\xi)$.

证 设 $\varphi(x) = \mathrm{e}^{1-x^2} f(x)$. 由题设和积分中值定理知，存在 $\xi \in \left[0, \frac{1}{3}\right] \subset [0,1]$，使得

$$\varphi(1) = f(1) = 3\int_0^{\frac{1}{3}} \mathrm{e}^{1-x^2} f(x)\mathrm{d}x = \mathrm{e}^{1-\eta^2} f(\eta) = \varphi(\eta)$$

又因为 $\varphi(x)$ 在 $[\eta, 1]$ 上连续，在 $(\eta, 1)$ 内可导，根据罗尔定理，至少存在一点 $\xi \in (\eta, 1) \subset (0,1)$，使得

$$\varphi'(\xi) = \mathrm{e}^{1-\xi^2}[f'(\xi) - 2\xi f(\xi)] = 0$$

即

$$f'(\xi) = 2\xi f(\xi)$$

注 由 $f'(\xi) = (1-\xi^{-1})f(\xi)$ 可联想到

$$f'(x) = (1-x^{-1})f(x)$$

即 $f'(x) - (1-x^{-1})f(x) = 0$. 这样可有

$$f(x) = \varphi(x)\mathrm{e}^{\int \frac{x-1}{x}\mathrm{d}x} = \varphi(x)\mathrm{e}^{x-\ln x} = \varphi(x)\frac{\mathrm{e}^x}{x} \Rightarrow \varphi(x) = x\mathrm{e}^{-x}f(x)$$

题 3 （2001③）设 $f(x)$ 在 $[0,1]$ 上连续，在 $(0,1)$ 内可导，且满足

$$f(1) = k\int_0^{\frac{1}{k}} x\mathrm{e}^{1-x} f(x)\mathrm{d}x \quad (k > 1)$$

证明至少存在一点 $\xi \in (0,1)$，使得 $f'(\xi) = (1-\xi^{-1})f(\xi)$.

证 设 $\varphi(x) = x\mathrm{e}^{1-x}f(x)$. 由题设和积分中值定理知，存在 $\eta \in \left[0, \frac{1}{k}\right] \subset [0,1)$，使得

$$\varphi(1) = f(1) = k\int_0^{\frac{1}{k}} x e^{1-x} f(x) \mathrm{d}x = \eta e^{1-\eta} f(\eta) = \varphi(\eta)$$

又因为 $\varphi(x)$ 在 $[\eta,1]$ 上连续,在 $(\eta,1)$ 内可导,根据罗尔定理,至少存在一点 $\xi \in (\eta,1) \subset (0,1)$,使得

$$\varphi'(\xi) = e^{1-\xi}[f(\xi) - \xi f(\xi) + \xi f'(\xi)] = 0$$

即

$$f'(\xi) = (1 - \xi^{-1}) f(\xi).$$

注 其实要求的 ξ 可由罗尔定理得到. 为找两个使辅助函数值相等的点,须对题设积分运用积分中值定理,即

$$k\int_0^{\frac{1}{k}} x e^{1-x} f(x) \mathrm{d}x = \eta e^{1-\eta} f(\eta) \quad \eta \in \left[0, \frac{1}{k}\right]$$

由此可确定辅助函数为 $\varphi(x) = x e^{1-x} f(x)$. 把所证等式中的 ξ 改为 x 后,可化为求解微分方程 $f'(x) = (1 - x^{-1}) f(x)$ 的问题. 这是可分离变量型,解得 $f(x) = Cx^{-1} e^x$,可得 $x e^{-x} f(x) = C$.

由此可确定辅助函数为 $\varphi(x) = x e^{-x} f(x)$.

(3) 函数的极(最)值问题

题 1 (1995②) 求函数 $f(x) = \int_0^{x^2} (1-t) e^{-t} \mathrm{d}t$ 的最大值和最小值.

解 因 $f(x)$ 是偶函数,故只需求 $f(x)$ 在 $(0, +\infty)$ 内的最大值与最小值.

令 $f'(x) = 2x(2 - x^2) e^{-x^2} = 0$. 在区间 $(0, +\infty)$ 内有唯一一点 $x = \sqrt{2}$.

最大值和最小值可以通过比较 $f(0)$, $f(\sqrt{2})$ 和 $f(+\infty)$ 的大小而得到. 注意到 $f(0) = 0$ 且

$$f(\sqrt{2}) = \int_0^2 (2-t) e^{-t} \mathrm{d}t = -\left[(2-t) e^{-t}\right]_0^2 - \int_0^2 (2-t) e^{-t} \mathrm{d}t = 1 + e^{-2}$$

$$f(+\infty) = \int_0^{+\infty} (2-t) e^{-t} \mathrm{d}t = -\left[(2-t) e^{-t}\right]_0^{+\infty} + \left[e^{-t}\right]_0^{+\infty} = 1$$

故函数最大值为 $1 + e^{-2}$,最小值为 0.

题 2 (1990③) 试求函数 $I(x) = \int_e^x \dfrac{\ln t}{t^2 - 2t + 1} \mathrm{d}t$ 在闭区间 $[e, e^2]$ 上的最大值.

解 由 $I'(x) = \dfrac{\ln x}{x^2 - 2x + 1} = \dfrac{\ln x}{(1-x)^2} > 0$,可知 $I(x)$ 在 $[e, e^2]$ 上单调增加,故最大值为

$$I(e^2) = \int_e^{e^2} \frac{\ln t}{(t-1)^2} \mathrm{d}t = -\int_e^{e^2} \ln t \, \mathrm{d}\left(\frac{1}{t-1}\right) = -\frac{\ln t}{t-1}\bigg|_e^{e^2} + \int_e^{e^2} \frac{1}{t-1} \cdot \frac{1}{t} \mathrm{d}t$$

$$= \frac{1}{e-1} - \frac{2}{e^2-1} + \ln\frac{t-1}{t}\bigg|_e^{e^2} = \frac{1}{e+1} + \ln\frac{e+1}{e} = \ln(1+e) - \frac{e}{1+e}$$

题 3 (2010①) 求函数 $f(x) = \int_1^{x^2} (x^2 - t) e^{-t^2} \mathrm{d}t$ 的单调区间和极值.

解 先求出 $f'(x)$ 的零点,用求得的点将 $f(x)$ 的定义域分为若干子区间,然后列表判断每个子区间 $f'(x)$ 的符号即可. 函数 $f(x)$ 的定义域为 $(-\infty, +\infty)$. 由于

$$f(x) = \int_1^{x^2} (x^2 - t) e^{-t^2} \mathrm{d}t = x^2 \int_1^{x^2} e^{-t^2} \mathrm{d}t - \int_1^{x^2} t e^{-t^2} \mathrm{d}t$$

$$f'(x) = 2x \int_1^{x^2} e^{-t^2} \mathrm{d}t + 2x^3 e^{-x^4} - 2x^3 e^{-x^4} = 2x \int_1^{x^2} e^{-t^2} \mathrm{d}t$$

令 $f'(x) = 0 \Rightarrow x = 0, x = \pm 1$. 以 $x = 0, x = \pm 1$ 为分隔点列表如下:

x	$(-\infty, -1)$	-1	$(-1,0)$	0	$(0,1)$	1	$(1, +\infty)$
$f'(x)$	$-$	0	$+$	0	$-$	0	$+$
$f(x)$	单调下降	极小值	单调上升	极大值	单调下降	极小值	单调上升

综上，$f(x)$ 的单调减少区间为 $(-\infty, -1)$ 和 $(0,1)$；单调增加区间 $(-1,0)$ 和 $(1, +\infty)$，并且 $f(x)$ 在 $x = \pm 1$ 取得极小值 $f(\pm 1) = 0$；同时 $f(x)$ 在 $x = 0$ 取得极大值

$$f(0) = \int_1^0 (0 - t) \mathrm{e}^{-t^2} \mathrm{d}t = \frac{1}{2} \mathrm{e}^{-t^2} \Big|_1^0 = \frac{1}{2} (1 - \mathrm{e}^{-1})$$

注　一般地讲，确定函数的极值和单调增减区间的步骤为：

① 确定函数的定义域；

② 找出使函数一阶导数为零（驻点）或不存在的点；

③ 以 ② 中所求得的点为分隔点将定义域分为若干个子区间；

④ 利用各个子区间内 $f'(x)$ 的符号判断 $f(x)$ 的单调与极值情况.

4. 几何问题

（1）曲线长计算

题 1　(1992②) 计算曲线 $y = \ln(1 - x^2)$ 上相应于 $0 \leqslant x \leqslant \frac{1}{2}$ 的一段弧的长度.

解　由题设及弧长公式，有

$$S = \int_0^{\frac{1}{2}} \sqrt{1 + y'^2} \mathrm{d}x = \int_0^{\frac{1}{2}} \sqrt{1 + \left(\frac{-2x}{1 - x^2}\right)^2} \mathrm{d}x$$

$$= \int_0^{\frac{1}{2}} \frac{1 + x^2}{1 - x^2} \mathrm{d}x = \int_0^{\frac{1}{2}} \left(\frac{1}{1 + x} + \frac{1}{1 - x} - 1\right) \mathrm{d}x = \ln 3 - \frac{1}{2}$$

题 2　(1996①) 求心形线 $r = a(1 + \cos\theta)$ 的全长，其中 $a > 0$ 是常数.

解　由极坐标下弧长公式，有

$$s = 2\int_0^\pi \sqrt{r^2 + r'^2} \mathrm{d}\theta = 2a\int_0^\pi \sqrt{(1 + \cos\theta)^2 + (-\sin\theta)^2} \mathrm{d}\theta = 2a\int_0^\pi 2\cos\frac{\theta}{2} \mathrm{d}\theta = 8a$$

题 3　(1995②) 求摆线 $\begin{cases} x = 1 - \cos t \\ y = t - \sin t \end{cases}$，一拱 $(0 \leqslant t \leqslant 2\pi)$ 的弧长.

解　由参数方程求弧长公式，有

$$s = \int_0^{2\pi} \sqrt{(x'_t)^2 + (y'_t)^2} \mathrm{d}t = \int_0^{2\pi} \sqrt{\sin^2 t + (1 - \cos t)^2} \mathrm{d}t = 2\int_0^{2\pi} \sin\frac{t}{2} \mathrm{d}t = 8$$

（2）几何图形面积与体积

① 面积问题

题 1　(1998①②) 设 $y = f(x)$ 是区间 $[0,1]$ 上的任一非负连续函数.

（1）试证存在 $x_0 \in (0,1)$，使得在区间 $[0, x_0]$ 上以 $f(x_0)$ 为高的矩形面积，等于在区间 $[x_0, 1]$ 上以 $y = f(t)$ 为曲边的曲边梯形面积；

（2）又设 $f(x)$ 在区间 $(0,1)$ 内可导，且 $f'(x) > -\dfrac{2f(x)}{x}$，证明（1）中的 x_0 是唯一的.

证 1　因要证的是存在 $x_0 \in (0,1)$，使 $x_0 f(x_0) = \displaystyle\int_{x_0}^1 f(t)\mathrm{d}t$. 可设辅助函数

$$\varphi(x) = \int_x^1 f(t)\mathrm{d}t - xf(x)$$

接下来分两步进行，即一是使用零点定理，二是找出 $\varphi(x)$ 的原函数 $\Phi(x)$ 后使用罗尔定理. 又

$$\Phi(x) = \int \varphi(x)\mathrm{d}x = \int \left(\int_x^1 f(t)\mathrm{d}t\right)\mathrm{d}x - \int xf(x)\mathrm{d}x$$

$$= x\int_x^1 f(t)\mathrm{d}t + \int xf(x)\mathrm{d}x - \int xf(x)\mathrm{d}x = x\int_x^1 f(t)\mathrm{d}t$$

（1）在区间 $(a, 1) \subset (0, 1)$ $\left(\text{其中 } a \geqslant \dfrac{1}{2}\right)$ 内任取 x_1.

若在区间 $[x_1,1]$ 上 $f(x)\equiv 0$,则 $(x_1,1)$ 内任一点都可作为 x_0.

否则可设 $f(x_2)>0$ 为连续函数 $f(x)$ 在区间 $[x_1,1]$ 上的最大值,其中 $x_2\in[x_1,1]$.

设 $\varphi(x)=\displaystyle\int_x^1 f(t)\mathrm{d}t-xf(x),x\in[0,x_2]$, 于是有 $\varphi(0)>0$,且

$$\varphi(x_2)=\int_{x_2}^1 f(t)\mathrm{d}t-x_2f(x_2)\leqslant(1-2x_2)f(x_2)<0$$

故 $\varphi(x)$ 在 $(0,x_2)\subset(0,1)$ 内有零点 x_0,结论(1)得证.

(2) 由于 $f'(x)>-\dfrac{2f(x)}{x}$,有 $\varphi'(x)=-f(x)-f(x)-xf'(x)<0$,所以 $\varphi(x)$ 在区间 $(0,1)$ 内单调减少,故此时(1)中的 x_0 是唯一的.

证2 (1) 设 $\Phi(x)=x\displaystyle\int_x^1 f(t)\mathrm{d}t$,易见 $\Phi(0)=\Phi(1)=0$.

根据罗尔定理,存在一点 $x_0\in(0,1)$ 使

$$\Phi'(x_0)=\int_{x_0}^1 f(x)\mathrm{d}x-x_0f(x_0)=0$$

(2) 同证1中的(2).

题2 (1988①)设函数 $f(x)$ 在区间 $[a,b]$ 上连续,在 (a,b) 内可导且 $f'(x)>0$.证明:在 (a,b) 内存在唯一的 ξ,使曲线 $y=f(x)$ 与两直线 $y=f(\xi),x=a$ 所围平面图形面积 S_1 是曲线 $y=f(x)$ 与两直线 $y=f(\xi),x=b$ 所围平面图形面积 S_2 的 3 倍.

证 (1) 存在性.在 (a,b) 内任取一点 t,则由曲线 $y=f(x)$ 与两直线 $y=f(t),x=a$ 所围图形(请读者自己画图)的面积为

$$S_1(t)=\int_a^t[f(t)-f(x)]\mathrm{d}t$$

而由曲线 $y=f(x)$ 与两直线 $y=f(t),x=b$ 所围图形的面积为

$$S_2(t)=\int_t^b[f(x)-f(t)]\mathrm{d}x$$

令 $F(t)=S_1(t)-3S_2(t)=\displaystyle\int_a^t[f(t)-f(x)]\mathrm{d}t-3\int_t^b[f(x)-f(t)]\mathrm{d}x$.

因为 $f'(x)>0$,所以 $f(x)$ 严格单增,故当 $a<x<b$ 时,$f(a)<f(x)<f(b)$,于是

$$F(a)=-3\int_a^b[f(x)-f(a)]\mathrm{d}x<0$$

$$F(b)=\int_a^b[f(b)-f(x)]\mathrm{d}x>0$$

由连续函数的性质,知在 (a,b) 内存在 ξ,使 $F(\xi)=0$,即 $S_1=3S_2$.

(2) 唯一性.因为

$$F'(t)=\frac{\mathrm{d}}{\mathrm{d}t}\left[f(t)(t-a)-\int_0^t f(x)\mathrm{d}x-3\int_t^b f(x)\mathrm{d}x+3f(t)(b-t)\right]$$

$$=f'(t)[(t-a)+3(b-t)]>0$$

所以 $F(t)$ 在 (a,b) 内单调增加.因此 (a,b) 内只有一个 ξ,使 $S_1=3S_2$.

题3 (1998②)设有曲线 $y=\sqrt{x-1}$,过原点作其切线,求由此曲线、切线及 Ox 轴围成的平面图形绕 Ox 轴旋转一周所得到的旋转体的表面积.

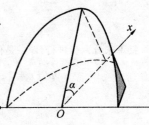

图9

解 设切点为 $(x_0,\sqrt{x_0-1})$,而斜率为 $\dfrac{1}{2\sqrt{x_0-1}}$,于是切线方程为

$$y - \sqrt{x_0 - 1} = \frac{1}{2\sqrt{x_0 - 1}}(x - x_0)$$

因其过原点,以$(0,0)$代入可有过原点的切线方程,即 $y = \frac{1}{2}x$,而切点为$(2,1)$.

由曲线 $y = \sqrt{x-1}$ $(1 \leqslant x \leqslant 2)$ 绕 Ox 轴旋转一周所得到的旋转面的面积

$$S_1 = \int_1^2 2\pi y \sqrt{1 + y'^2}\,\mathrm{d}x = \pi \int_1^2 \sqrt{4x - 3}\,\mathrm{d}x = \frac{\pi}{6}(5\sqrt{5} - 1)$$

由直线段 $y = \frac{1}{2}x$ $(0 \leqslant x \leqslant 2)$ 绕 Ox 轴旋转一周所得到的旋转面的面积

$$S_2 = \int_1^2 2\pi \cdot \frac{1}{2}x \frac{\sqrt{5}}{2}\,\mathrm{d}x = \sqrt{5}\,\pi$$

因此,所求旋转体的表面积

$$S = S_1 + S_2 = \frac{\pi}{6}(11\sqrt{5} - 1)$$

② 体积问题

题 4　(1996②)设有一正椭圆柱体,其底面的长、短轴分别为 $2a, 2b$,用过此柱体底面的短轴且与底面成 α 角 $\left(0 < \alpha < \frac{\pi}{2}\right)$ 的平面截此柱体,得一楔形体(图9),求此楔形体的体积 V.

解　底面椭圆的方程 $\frac{x^2}{a^2} + \frac{y^2}{b^2} = 1$.选 y 为积分变量,用垂直于 Oy 轴的平行平面截此楔形体所得的截面为直角三角形.

两直角边长分别为 $a\sqrt{1 - \frac{y^2}{b^2}}$ 和 $a\sqrt{1 - \frac{y^2}{b^2}}\tan\alpha$,故截面积

$$S(y) = \frac{a^2}{2}\left(1 - \frac{y^2}{b^2}\right)\tan\alpha$$

楔形体的体积

$$V = 2\int_a^b \frac{a^2}{2}\left(1 - \frac{y^2}{b^2}\right)\tan\alpha\,\mathrm{d}y = \frac{2}{3}a^2 b\tan\alpha$$

题 5　(1991②)曲线 $y = (x-1)(x-2)$ 和 Ox 轴围成一平面图形,求此平面图形绕 Oy 轴旋转一周所成的旋转体的体积.

解　曲线 $y = (x-1)(x-2)$ 与 x 轴的交点为 $x = 1, x = 2$,而所围图形在 Ox 轴下方,故所求体积

$$V = \int_1^2 2\pi \mid y \mid \mathrm{d}x = -2\pi\int_1^2 x(x-1)(x-2)\,\mathrm{d}x = \frac{1}{2}\pi$$

题 6　(1990②)过点 $P(1,0)$ 作抛物线 $y = \sqrt{x-2}$ 的切线,该切线与上述抛物线及 Ox 轴围成一平面图形,求此图形绕 Ox 轴旋转一周所成旋转体体积.

解　设所作切线与抛物线相切于点 $(x_0, \sqrt{x_0 - 2})$,且切线斜率为

$$y'\Big|_{x = x_0} = \frac{1}{2\sqrt{x_0 - 2}}$$

切线方程为

$$y - \sqrt{x_0 - 2} = \frac{1}{2\sqrt{x_0 - 2}}(x - x_0)$$

将点 $P(1,0)$ 的坐标代入切线方程,解得 $x_0 = 3$,则斜率 $y'\Big|_{x=3} = \frac{1}{2}$.

因此,切线方程为 $y = \frac{1}{2}(x-1)$.故所求旋转体的体积

$$V = \pi \int_1^3 \frac{1}{4}(x-1)^2 \mathrm{d}x - \pi \int_2^3 (\sqrt{x-2})^2 \mathrm{d}x = \frac{\pi}{6}$$

题 7 (1991③④) 假设曲线 $L_1: y = 1 - x^2$ $(0 \leqslant x \leqslant 1)$，$Ox$ 轴和 Oy 轴所围成区域被曲线 $L_2: y = ax^2$ 分为面积相等的两部分，其中 a 是大于零的常数，试确定 a 的值.

解 联立 $y = 1 - x^2$ 和 $y = ax^2$，在第一象限解得曲线 L_1 与 L_2 的交点 $\left(\frac{1}{\sqrt{1+a}}, \frac{a}{1+a}\right)$. 设由曲线 L_1，Ox 轴和 Oy 轴所围图形在第一象限内的面积记为 S，则

$$S = \int_0^1 (1 - x^2)\mathrm{d}x = \frac{2}{3}$$

又设 S 被 L_2 分割为两部分，其上部分面积记为 S_1（请读者自行画图），则

$$S_1 = \int_0^{\frac{1}{\sqrt{1+a}}} \left[(1-x^2) - ax^2\right]\mathrm{d}x = \left[x - \frac{1}{3}(1+a)x^3\right]_0^{\frac{1}{\sqrt{1+a}}} = \frac{2}{3\sqrt{1+a}}$$

依题意 $S_1 = \frac{1}{2}S$，即 $\frac{2}{3\sqrt{1+a}} = \frac{1}{3}$，得 $a = 3$.

题 8 (1987②) 设 D 是由曲线 $y = \sin x + 1$ 与 3 条直线 $x = 0$，$x = \pi$，$y = 0$ 所围成的曲边梯形，求 D 绕 Ox 轴旋转一周所生成的旋转体的体积.

解 $V = \pi \int_0^{\pi} (\sin x + 1)^2 \mathrm{d}x = \pi \int_0^{\pi} \left[\frac{1 - \cos 2x}{2} + 2\sin x + 1\right]\mathrm{d}x = \frac{\pi}{2}(8 + 3\pi)$.

题 9 (1997④) 求曲线 $y = x^2 - 2x$，$y = 0$，$x = 1$，$x = 3$ 所围成的平面图形的面积 S，并求该平面图形绕 Oy 轴旋转一周所得旋转体的体积 V.

解 如图 10 所示，所求面积

$$S = S_1 + S_2 = \int_1^2 (2x - x^2)\mathrm{d}x + \int_2^3 (x^2 - 2x)\mathrm{d}x$$

$$= \left[x^2 - \frac{1}{3}x^3\right]_1^2 + \left[\frac{1}{3}x^3 - x^2\right]_2^3 = \frac{2}{3} + \frac{4}{3} = 2$$

依旋转体体积公式，有所求体积

$$V = 2\pi \int_1^3 x \mid y \mid \mathrm{d}x$$

$$= 2\pi \int_1^2 x(-y)\mathrm{d}y + 2\pi \int_2^3 xy\mathrm{d}x$$

$$= 2\pi \int_1^2 x(2x - x^2)\mathrm{d}x + 2\pi \int_2^3 x(x^2 - 2x)\mathrm{d}x$$

$$= 2\pi \left[\frac{2}{3}x^2 - \frac{1}{4}x^4\right]_1^2 + 2\pi \left[\frac{1}{4}x^4 - \frac{2}{3}x^3\right]_2^3 = 9\pi$$

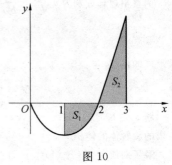

图 10

题 10 (1994②) 求曲线 $y = 3 - \mid x^2 - 1 \mid$ 与 Ox 轴围成的封闭图形绕直线 $y = 3$ 旋转所得的旋转体体积.

解 如图 11 所示，$\overset{\frown}{AB}$ 的方程为 $y = x^2 + 2$ $(0 \leqslant x \leqslant 1)$，$\overset{\frown}{BC}$ 的方程为 $y = 4 - x^2$ $(1 \leqslant x \leqslant 2)$. 选 x 为积分变量，设旋转体在区间 $[0,1]$ 上的体积为 V_1，在区间 $[1,2]$ 上的体积为 V_2，则所求体积

$$V = 2(V_1 + V_2)$$

$$= 2\pi \int_0^1 (8 + 2x^2 - x^4)\mathrm{d}x + 2\pi \int_1^2 (8 + 2x^2 - x^4)\mathrm{d}x$$

$$= 2\pi \int_0^2 (8 + 2x^2 - x^4)\mathrm{d}x = \frac{448}{15}\pi$$

题 11 (1993②) 设平面图形 A 由 $x^2 + y^2 \leqslant 2x$ 与 $y \geqslant x$ 所确定，求图形 A 绕直线 $x = 2$ 旋转一周所

得旋转体的体积.

解　图形 A 如图 12 中阴影部分所示. 图形 A 左侧和右侧边界线的方程分别是 $x_1 = 1 - \sqrt{1 - y^2}$ 和 $x_2 = y$.

选 y 作为积分变量,则所求体积

$$V = \pi \int_0^1 (2 - x_1)^2 \mathrm{d}y - \pi \int_0^1 (2 - x_2)^2 \mathrm{d}y$$

$$= 2\pi \int_0^1 \left[\sqrt{1 - y^2} - (1 - y)^2 \right] \mathrm{d}y$$

$$= 2\pi \left[\frac{y}{2} \sqrt{1 - y^2} + \frac{1}{2} \arcsin y + \frac{(1 - y)^3}{3} \right]_0^1$$

$$= 2\pi \left(\frac{\pi}{4} - \frac{1}{3} \right) = \frac{\pi^2}{2} - \frac{2\pi}{3}$$

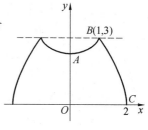

图 11

题 12　(2012②) 过点 $(0,1)$ 作曲线 $L: y = \ln x$ 的切线,切点为 A,又 L 与 x 轴交于点 B,区域 D 由 L 与直线 AB 围成. 求区域 D 的面积及 D 绕 Ox 轴旋转一周所得旋转体的体积.

解　设切点 A 的坐标为 (x_1, y_1),则切线方程为

$$y - y_1 = \frac{1}{x_1}(x - x_1)$$

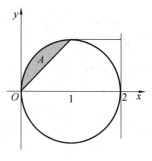

图 12

将点 $(0,1)$ 代入,得 $x_1 = \mathrm{e}^2, y_1 = 2$.

所求面积为

$$S = \int_1^{\mathrm{e}^2} \ln x \mathrm{d}x - \frac{1}{2}(\mathrm{e}^2 - 1) \cdot 2 = x\ln x \mid_1^{\mathrm{e}^2} - \int_1^{\mathrm{e}^x} \mathrm{d}x - \mathrm{e}^2 + 1$$

$$= 2\mathrm{e}^2 - \mathrm{e}^2 + 1 - \mathrm{e}^2 + 1 = 2$$

所求体积为

$$V = \pi \int_1^{\mathrm{e}^2} \ln^2 x \mathrm{d}x - \frac{\pi}{3} \cdot 4 \cdot (\mathrm{e}^2 - 1) = \pi(x\ln^2 x - 2x\ln x + 2x) \mid_1^{\mathrm{e}^2} - \frac{4\pi}{3}(\mathrm{e}^2 - 1)$$

$$= \frac{2\pi}{3}(\mathrm{e}^2 - 1)$$

题 13　(2003①) 如图 13 所示,过坐标原点作曲线 $y = \ln x$ 的切线,该切线与曲线 $y = \ln x$ 及 Ox 轴围成平面图形 D.

(1) 求 D 的面积 A;

(2) 求 D 绕直线 $x = \mathrm{e}$ 旋转一周所得旋转体的体积 V.

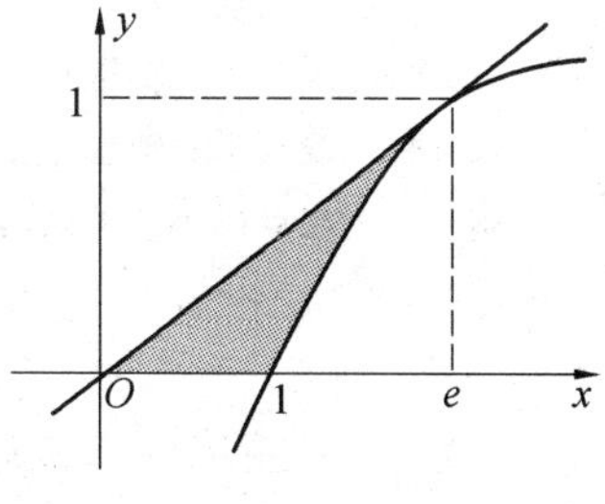

解　(1) 设切点的横坐标为 x_0,则曲线 $y = \ln x$ 在点 $(x_0, \ln x_0)$ 处的切线方程为

$$y = \ln x_0 + \frac{1}{x_0}(x - x_0)$$

又由该切线过原点,知 $\ln x_0 = 1$,从而 $x_0 = \mathrm{e}$. 所以该切线的方程为

$$y = \frac{1}{\mathrm{e}} x$$

平面图形 D 的面积

$$A = \int_0^1 (\mathrm{e}^y - \mathrm{e}y) \mathrm{d}y = \frac{1}{2}\mathrm{e} - 1$$

图 13

(2) 切线 $y = \dfrac{1}{e}x$ 与 Ox 轴及直线 $x = e$ 所围成的三角形绕直线 $x = e$ 旋转所得的圆锥体积

为 $V_1 = \dfrac{1}{3}\pi e^2$.

曲线 $y = \ln x$ 与 Ox 轴及直线 $x = e$ 所围成图形绕直线 $x = e$ 旋转所得的旋转体体积为

$$V_2 = \int_0^1 \pi(e - e^y)^2 \, dy.$$

故所求旋转体的体积为

$$V = V_1 - V_2 = \frac{1}{3}\pi e^2 - \int_0^1 \pi(e - e^y)^2 \, dy = \frac{\pi}{6}(5e^2 - 12e + 3)$$

题 14 (1988③④) 在曲线 $y = x^2 \, (x \geqslant 0)$ 上某点 A 处作一切线,使之与曲线以及 Ox 轴所围图形的

面积为 $\dfrac{1}{12}$,试求:

(1) 切点 A 的坐标;

(2) 过切点 A 的切线方程;

(3) 由上述所围平面图形绕 Ox 轴旋转一周所成旋转体的体积.

解 (1) 设切点 A 的坐标为 (a, a^2),则过切点 A 的切线斜率为 $y'\big|_{x=a} = 2a$,切线方程为

$$y - a^2 = 2a(x - a) \Rightarrow y = 2ax - a^2$$

此切线与 Ox 轴的交点为 $\left(\dfrac{a}{2}, 0\right)$,曲线、$Ox$ 轴及切线所围图形面积

$$S = \int_0^a x^2 \, dx - \frac{a^3}{4} = \frac{a^3}{3} - \frac{a^3}{4} = \frac{a^3}{12}$$

由题设 $S = \dfrac{1}{12}$,因此 $a = 1$. 于是,切点 A 的坐标为 $(1, 1)$.

(2) 过切点 $(1, 1)$ 的切线方程为 $y = 2x - 1$.

(3) 旋转体的体积

$$V = \int_0^1 \pi(x^2)^2 \, dx - \int_{\frac{1}{2}}^1 \pi(2x - 1)^2 \, dx = \frac{\pi}{30}$$

题 15 (1994③④) 已知曲线 $y = a\sqrt{x} \, (a > 0)$ 与曲线 $y = \ln\sqrt{x}$ 在点 (x_0, y_0) 处有公共切线,试求:

(1) 常数 a 及切点 (x_0, y_0);

(2) 两曲线与 Ox 轴围成的平面图形的面积 S;

(3) 两曲线与 Ox 轴围成的平面图形绕 Ox 轴旋转所得旋转体的体积 V_{Ox}.

解 (1) 在点 (x_0, y_0) 处两曲线的切线斜率分别为

$$y'\big|_{x=x_0} = \frac{a}{2\sqrt{x_0}}, \quad y'\big|_{x=x_0} = \frac{1}{2x_0}$$

由题意 $\dfrac{a}{2\sqrt{x_0}} = \dfrac{1}{2x_0}$,得 $x_0 = \dfrac{1}{a^2}$.

又因为 $a\sqrt{x_0} = \ln\sqrt{x_0}$,即 $a\sqrt{\dfrac{1}{a^2}} = \dfrac{1}{2}\ln\dfrac{1}{a^2}$,由此解得 $a = e^{-1}$. 从而

$$x_0 = \frac{1}{(e^{-1})^2} = e^2, \quad y_0 = \ln\sqrt{e^2} = 1$$

(2) 两曲线与 Ox 轴围成的平面图形的面积(y 为积分变量)

$$S = \int_0^1 (e^{2y} - e^2 y^2) \, dy = \frac{1}{2}e^{2y}\Big|_0^1 - \frac{1}{3}e^2 y^3\Big|_0^1 = \frac{1}{6}e^2 - \frac{1}{2}$$

(3) 所求旋转体体积(x 为积分变量)

$$V_{Ox} = \int_0^{e^2} \pi \left(\frac{1}{e}\sqrt{x}\right)^2 dx - \int_0^{e^2} \pi (\ln\sqrt{x})^2 dx = \frac{\pi x^2}{2e^2}\Big|_0^{e^2} - \frac{\pi}{4}\left(x\ln^2 x\Big|_1^{e^2} - 2\int_1^{e^2}\ln x\,dx\right)$$

$$= \frac{1}{2}\pi e^2 - \frac{\pi}{4}\left(4e^2 - 2x\ln x\Big|_1^{e^2} + 2\int_1^{e^2}dx\right) = \frac{1}{2}\pi e^2 - \frac{\pi}{2}x\Big|_1^{e^2} = \frac{\pi}{2}$$

题 10　(1996④) 已知一抛物线通过 x 轴上的两点 $A(1,0), B(3,0)$.

(1) 求证两坐标轴与该抛物线所围图形的面积等于 Ox 轴与该抛物线所围图形的面积;

(2) 计算上述两平面图形绕 Ox 轴旋转一周所产生的两旋转体体积之比.

解　(1) 设过 A, B 两点的抛物线方程为 $y = a(x-1)(x-3)$. 而当 $a > 0$ 时, 抛物线开口向上; 当 $a < 0$ 时, 开口向下. 于是, 抛物线与两坐标轴 Ox, Oy 所围图形的面积

$$S_1 = \int_0^1 |a(x-1)(x-3)|\,dx = |a|\int_0^1 (x^2 - 4x + 3)dx = \frac{4}{3}|a|$$

抛物线与 Ox 轴所围图形的面积

$$S_2 = \int_1^3 |a(x-1)(x-3)|\,dx = |a|\int_1^3 (4x - x^2 - 3)dx = \frac{4}{3}|a|$$

故　　　　　　　　　　　　　　　$S_1 = S_2$

(2) 抛物线与两坐标轴所围图形绕 Ox 轴旋转所得旋转体体积

$$V_1 = \pi\int_0^1 a^2[(x-1)(x-3)]^2 dx = \pi a^2\int_0^1 [(x-1)^4 - 4(x-1)^3 + 4(x-1)^2]dx = \frac{38}{15}\pi a^2$$

抛物线与 Ox 轴所围图形绕 Ox 轴旋转所得旋转体体积

$$V_2 = \pi\int_0^3 a^2[(x-1)(x-3)]^2 dx = \pi a^2\int_1^3 [(x-1)^4 - 4(x-1)^3 + 4(x-1)^2]dx = \frac{16}{15}\pi a^2$$

故　　　　　　　　　　　　　　　$$\frac{V_1}{V_2} = \frac{19}{8}$$

(3) 几何极值问题

下面的诸题皆涉及几何极值问题. 当然它们的解法还是基于几何图形的面积与体积计算.

题 1　(1992④) 给定曲线 $y = \frac{1}{x^2}$. (1) 求曲线在横坐标为 x_0 的点处的切线方程; (2) 求曲线的切线被两坐标轴所截线段的最短长度.

解　(1) 由 $y' = -\frac{2}{x^3}$, 故在点 $\left(x_0, \frac{1}{x_0^2}\right)$ 处的切线斜率 $k = -\frac{2}{x_0^3}$, 所求切线方程为

$$y - \frac{1}{x_0^2} = -\frac{2}{x_0^3}(x - x_0)$$

(2) 分别令 $x = 0$ 和 $y = 0$, 解得切线在 Oy 轴与 Ox 轴上的截距分别为

$$Y = \frac{3}{x_0^2} \text{ 和 } X = \frac{3}{2}x_0$$

由此可得, 切线被坐标轴所截线段长度的平方为

$$z = X^2 + Y^2 = 9\left(\frac{x_0^2}{4} + \frac{1}{x_0^4}\right)$$

令 $z' = 9\left(\frac{x_0}{2} - \frac{4}{x_0^5}\right) = 0$, 解得驻点 $x_0 = \pm\sqrt{2}$.

又 $z''\big|_{x_0} = 9\left(\frac{1}{2} + \frac{20}{x_0^6}\right) > 0$, 知在 $x_0 = \pm\sqrt{2}$ 取极小值, 亦即最小值.

因此, 所求最短截线段长度 $\sqrt{z} = \sqrt{\frac{27}{4}} = \frac{3}{2}\sqrt{3}$.

题 2　(1987④) 考虑函数 $y = x^2$, 其中 $0 \leqslant x \leqslant 1$ (图 14). 问:

(1) t 取何值时, 图中阴影部分的面积 S_1 与 S_2 之和 $S = S_1 + S_2$ 最小?

(2)t 取何值时,面积 $S = S_1 + S_2$ 最大?

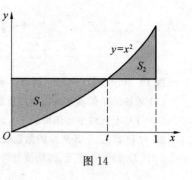
图 14

解 $S_1 = t^2 - \int_0^t x^2 \, \mathrm{d}t = \frac{2}{3}t^3$,且

$$S_2 = \int_t^1 x^2 \, \mathrm{d}x - (1-t)t^2 = \frac{2}{3}t^3 - t^2 + \frac{1}{3}$$

则

$$S = S(t) = S_1 + S_2 = \frac{4}{3}t^3 - t^2 + \frac{1}{3}$$

令 $S' = 4t^2 - 2t = 2t(2t-1) = 0$,在 $(0,1)$ 内得 $t = \frac{1}{2}$,有

$$S\left(\frac{1}{2}\right) = \frac{1}{4}.$$

又 S 在 $[0,1]$ 两端点处的值为 $S(0) = \frac{1}{3}$,$S(1) = \frac{2}{3}$.

比较以上 3 点的函数值知:当 $t = \frac{1}{2}$ 时,S 最小;当 $t = 1$ 时,S 最大.

题 3 (1987②) 在第一象限内求曲线 $y = -x^2 + 1$ 上的一点,使该点处的切线与所给曲线及两坐标轴所围成的图形面积为最小,并求此最小面积.

解 设所求点为 (x,y),则过此点的切线方程为

$$Y - y = -2x(X - x)$$

由此得切线在 Ox 轴的截距 $a = \frac{x^2 + 1}{2x}$,在 Oy 轴的截距 $b = x^2 + 1$.于是,所求面积

$$S(x) = \frac{1}{2}ab - \int_0^1 (-x^2 + 1) \, \mathrm{d}x = \frac{1}{4}x^3 + \frac{1}{2}x + \frac{1}{4x} - \frac{2}{3}$$

令 $S'(x) = \frac{1}{4}\left(3x^2 + 2 - \frac{1}{x^2}\right) = \frac{1}{4}\left(3x - \frac{1}{x}\right)\left(x + \frac{1}{x}\right) = 0$. 解得驻点 $x = \frac{1}{\sqrt{3}}$. 又因

$$S''\left(\frac{1}{\sqrt{3}}\right) = \frac{1}{4}\left(6x + \frac{2}{x^3}\right)\Big|_{x = \frac{1}{\sqrt{3}}} > 0$$

所以 $x = \frac{1}{\sqrt{3}}$ 为极小点,也是最小点.

故所求点为 $\left(\frac{1}{\sqrt{3}}, \frac{2}{3}\right)$,而所求面积 $S\left(\frac{1}{\sqrt{3}}\right) = \frac{2}{9}(2\sqrt{3} - 3)$.

题 4 (2001③) 已知抛物线 $y = px^2 + qx$ ($p < 0, q > 0$) 在第一象限内与直线 $x + y = 5$ 相切,且此抛物线与 Ox 轴所围成的平面图形的面积为 S.

(1) 问 p 和 q 为何值时,S 达到最大值?

(2) 求出此最大值.

解 抛物线 $y = px^2 + qx$ 与 Ox 轴相交的交点为 $(0,0)$ 和 $\left(-\frac{q}{p}, 0\right)$,且开口向下,其面积

$$S = \int_0^{-\frac{q}{p}} (px^2 + qx) \, \mathrm{d}x = \left(\frac{p}{3}x^3 + \frac{q}{2}x^2\right)\Big|_0^{-\frac{q}{p}} = \frac{q^3}{6p^2} \qquad (*)$$

由于直线 $x + y = 5$ 与抛物线 $y = px^2 + qx$ 相切,故它们有唯一公共点.

由方程组

$$\begin{cases} x + y = 5 \\ y = px^2 + qx \end{cases}$$

得 $px^2 + (q+1)x - 5 = 0$,其有重根,故判别式应为零,即

$$\Delta = (q+1)^2 + 20p = 0 \Rightarrow p = -\frac{1}{20}(1+q)^2$$

将 p 代入式($*$)中,得 $S(q) = \dfrac{200q^3}{3(q+1)^4}$

令 $S'(q) = \dfrac{200q^2(3-q)}{3(q+1)^5} = 0$,解得驻点 $q = 3$.

当 $0 < q < 3$ 时,$S'(q) > 0$;当 $q > 3$ 时,$S'(q) < 0$.

于是,当 $q = 3$ 时,$S(q)$ 取极大值,即最大值.

此时 $p = -\dfrac{4}{5}$,从而所求最大值 $S = \dfrac{225}{32}$.

题 5 (1992②)求曲线 $y = \sqrt{x}$ 的一条切线 l,使该曲线与切线 l 及直线 $x = 0$,$x = 2$ 所围成图形的面积最小.

解　设切点为 $(t, \sqrt{t})$,则可求出切线 l 的方程为

$$y - \sqrt{t} = \frac{1}{2\sqrt{t}}(x - t) \Rightarrow y = \frac{1}{2\sqrt{t}}x + \frac{\sqrt{t}}{2}$$

曲线与切线 l 及 $x = 0$,$x = 2$ 所围图形面积

$$S(t) = \int_0^2 \left[\left(\frac{1}{2\sqrt{t}}x + \frac{\sqrt{t}}{2}\right) - \sqrt{x}\right]dx = \frac{1}{\sqrt{t}} + \sqrt{t} - \frac{4\sqrt{2}}{3}$$

令 $S'(t) = -\dfrac{1}{2}t^{-\frac{3}{2}} + \dfrac{1}{2}t^{-\frac{1}{2}} = 0$,解得驻点 $t = 1$.

又 $S''(t) = \left(\dfrac{3}{4}t^{-\frac{5}{2}} - \dfrac{1}{4}t^{-\frac{3}{2}}\right)\bigg|_{t=1} > 0$.

故 $t = 1$ 时,S 取最小值.此时 l 的方程 $y = \dfrac{x}{2} + \dfrac{1}{2}$.

题 6 (1994②)如图 15 所示,设曲线方程为 $y = x^2 + \dfrac{1}{2}$,梯形 $OABC$ 的面积为 D,曲边梯形 $OABC$ 的面积为 D_1,又点 A 的坐标为 $(a, 0)$,$a > 0$.

证明:$\dfrac{D}{D_1} < \dfrac{3}{2}$.

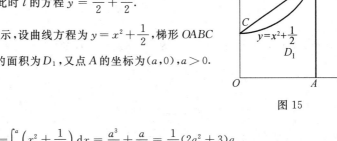

图 15

证　由题设,有

$$D_1 = \int_0^a \left(x^2 + \frac{1}{2}\right)dx = \frac{a^3}{3} + \frac{a}{2} = \frac{1}{6}(2a^2 + 3)a$$

$$D = \frac{1}{2}\left(\frac{1}{2} + a^2 + \frac{1}{2}\right)a = \frac{1}{2}(a^2 + 1)a$$

$$\frac{D}{D_1} = \frac{\dfrac{1}{2}(a^2 + 1)a}{\dfrac{1}{6}(2a^2 + 3)a} = \frac{3}{2}\cdot\frac{a^2 + 1}{a^2 + \dfrac{3}{2}} < \frac{3}{2}$$

题 7 (1987③)考虑函数 $y = \sin x$,$0 \leqslant x \leqslant \dfrac{\pi}{2}$(图 16),问:

(1)t 取何值时,图中阴影部分的面积 S_1 与 S_2 之和 $S = S_1 + S_2$ 最小?

(2)t 取何值时,面积 $S = S_1 + S_2$ 最大?

解　由题设,有

$$S_1 = t\sin t - \int_0^t \sin x\,dx = t\sin t + \cos t - 1$$

$$S_2 = \int_t^{\frac{\pi}{2}} \sin x \mathrm{d}x - \left(\frac{\pi}{2} - t\right) \sin t = \cos t - \left(\frac{\pi}{2} - t\right) \sin t$$

则 $S = S_1 + S_2 = 2\left(t - \frac{\pi}{4}\right) \sin t + 2\cos t - 1$

令 $S' = 2\left(t - \frac{\pi}{4}\right) \cos t = 0$,解得在 $\left(0, \frac{\pi}{2}\right)$ 内得驻点

$t = \frac{\pi}{4}$.

可得,$S\left(\frac{\pi}{4}\right) = \sqrt{2} - 1$.

又 $S = S(t)$ 在区间 $\left[0, \frac{\pi}{2}\right)$ 两端点处的值为 $S(0) = 1$,

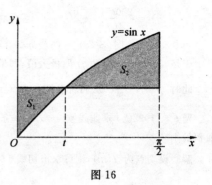

图 16

$S\left(\frac{\pi}{2}\right) = \frac{\pi}{2} - 1$.

比较以上 3 个点的函数值知:当 $t = \frac{\pi}{4}$ 时,所求面积 $S = S_1 + S_2$ 最小;当 $t = 0$ 时,所求面积 $S = S_1 + S_2$ 最大.

题 8 (2004④) 设 $F(x) = \begin{cases} e^{2x}, & x \leqslant 0 \\ e^{-2x}, & x > 0 \end{cases}$. S 表示夹在 Ox 轴与曲线 $y = F(x)$ 之间的面积. 对任何 $t > 0$,$S_1(t)$ 表示矩形:$-t \leqslant x \leqslant t$;$0 \leqslant y \leqslant F(t)$ 的面积. 求:(1)$S(t) = S - S_1(t)$ 的表达式;(2)$S(t)$ 的最小值.

解 (1) 由 $S = 2\int_0^{+\infty} e^{-2x} \mathrm{d}x = -e^{-2x} \Big|_0^{+\infty} = 1$, 则 $S_1(t) = 2te^{-2t}$.

因此,$S(t) = 1 - 2te^{-2t}$, $t \in (0, +\infty)$.

(2) 由 $S'(t) = -2(1 - 2t)e^{-2t}$,令 $S'(t) = 0$,得 $S(t)$ 的唯一驻点 $t = \frac{1}{2}$.

又 $S''(t) = 8(1 - t)e^{-2t}$, 则 $S''\left(\frac{1}{2}\right) = \frac{4}{e} > 0$.

所以 $S\left(\frac{1}{2}\right) = 1 - \frac{1}{e}$ 为极小值,且它也是最小值.

题 9 (1992③) 设曲线方程为 $y = e^{-x} (x \geqslant 0)$.

(1) 把曲线 $y = e^{-x}$,Ox 轴、Oy 轴和直线 $x = \xi (\xi > 0)$ 所围平面图形绕 Ox 轴旋转一周,得一旋转体. 求此旋转体体积 $V(\xi)$;求满足 $V(a) = \frac{1}{2} \lim_{\xi \to +\infty} V(\xi)$ 的 a.

(2) 在此曲线上找一点,使过该点的切线与两个坐标轴所夹平面图形的面积最大,并求出该面积.

解 (1) 由题设及旋转体体积公式,有

$$V(\xi) = \pi \int_0^{\xi} y^2 \mathrm{d}x = \pi \int_0^{\xi} e^{-2x} \mathrm{d}x = \frac{\pi}{2}(1 - e^{-2\xi})$$

则 $$\lim_{\xi \to +\infty} V(\xi) = \frac{\pi}{2}, V(a) = \frac{\pi}{2}(1 - e^{-2a})$$

由题设 $V(a) = \frac{1}{2} \lim_{\xi \to 0} V(\xi)$,即 $\frac{\pi}{2}(1 - e^{-2a}) = \frac{\pi}{4}$,得 $a = \frac{1}{2}\ln 2$.

(2) 设切点为 (x, e^{-x}),则切线方程为 $y - e^{-x} = -e^{-x}(X - x)$.

令 $Y = 0$,得 $X_1 = 1 - x$;令 $X = 0$,得 $Y_1 = (1 + x)e^{-x}$. 切线与两坐标轴所夹图形的面积

$$S = \frac{1}{2} X_1 Y_1 = \frac{1}{2}(1 + x)e^{-x}$$

由
$$S' = (1+x)\mathrm{e}^{-x} - \frac{1}{2}(1+x)^2\mathrm{e}^{-x} = \frac{1}{2}(1-x^2)\mathrm{e}^{-x}$$

及
$$S'' = \left(\frac{1}{2}x^2 - x - \frac{1}{2}\right)\mathrm{e}^{-x}$$

令 $S' = 0$，解得 $x_1 = 1$，$x_2 = -1$(后者不合题意,舍去).

又因为 $S''(1) = -\mathrm{e}^{-1} - 1 < 0$,所以面积 S 有极大值,且即最大值.

所求切点为 $(1, \mathrm{e}^{-1})$，最大面积 $S = \frac{1}{2} \cdot 2^2 \mathrm{e}^{-1} = 2\mathrm{e}^{-1}$.

题 10　(1998④)设直线 $y = ax$ 与抛物线 $y = x^2$ 所围成图形的面积为 S_1,它们与直线 $x = 1$ 所围成的图形面积为 S_2,并且 $a < 1$.

(1) 试确定 a 的值,使 $S_1 + S_2$ 达到最小,并求出最小值;

(2) 求该最小值所对应的平面图形绕 Ox 轴旋转一周所得旋转体的体积.

解　(1) 当 $0 < a < 1$ 时,所围成的图形如图 17(a) 所示,其面积

$$S = S_1 + S_2 = \int_0^a (ax - x^2)\mathrm{d}x + \int_a^1 (x^2 - ax)\mathrm{d}x$$
$$= \left[\frac{ax^2}{2} - \frac{x^3}{3}\right]_0^a + \left[\frac{x^3}{3} - \frac{ax^2}{2}\right]_a^1 = \frac{a^3}{3} - \frac{a}{2} + \frac{1}{3}$$

对 a 求导,有

$$S' = a^2 - \frac{1}{2},\quad S'' = 2a$$

令 $S' = a^2 - \frac{1}{2} = 0$,得 $a = \frac{1}{\sqrt{2}}$. 又 $S''\left(\frac{1}{\sqrt{2}}\right) = \sqrt{2} > 0$,则 $S\left(\frac{1}{\sqrt{2}}\right)$ 是极小值,且即最小值.其值为

$$S\left(\frac{1}{\sqrt{2}}\right) = \frac{1}{6\sqrt{2}} - \frac{1}{2\sqrt{2}} + \frac{1}{3} = \frac{2 - \sqrt{2}}{6}$$

当 $a \leqslant 0$ 时,所围成的图形如图 17(b) 所示,其面积

$$S = S_1 + S_2 = \int_a^0 (ax - x^2)\mathrm{d}x + \int_0^1 (x^2 - ax)\mathrm{d}x = -\frac{a^3}{6} - \frac{a}{2} + \frac{1}{3}$$

由 $S' = -\frac{a^2}{2} - \frac{1}{2} = -\frac{1}{2}(a^2 + 1) < 0$,知 S 单调减少,故 $a = 0$ 时,S 取得最小值,此时 $S = \frac{1}{3}$.

综上,当 $a = \frac{1}{\sqrt{2}}$ 时,$S\left(\frac{1}{\sqrt{2}}\right)$ 为所求最小值.其最小值为 $\frac{2 - \sqrt{2}}{6}$.

(2) 可得

$$V_{Ox} = \pi \int_0^{\frac{1}{\sqrt{2}}} \left(\frac{x^2}{2} - x^4\right)\mathrm{d}x + \pi \int_{\frac{1}{\sqrt{2}}}^1 \left(x^4 - \frac{x^2}{2}\right)\mathrm{d}x$$
$$= \pi\left(\frac{x^3}{6} - \frac{x^5}{5}\right)\Big|_0^{\frac{1}{\sqrt{2}}} + \pi\left(\frac{x^5}{5} - \frac{x^3}{6}\right)\Big|_{\frac{1}{\sqrt{2}}}^1 = \frac{\sqrt{2} + 1}{30}\pi$$

题 11　(2002③)设 D_1 是由抛物线 $y = 2x^2$ 和直线 $x = a, x = 2$ 及 $y = 0$ 所围成的平面区域;D_2 是由抛物线 $y = 2x^2$ 和直线 $y = 0, x = a$ 所围成的平面区域,其中 $0 < a < 2$.

(1) 试求 D_1 绕 Ox 轴旋转而成的旋转体体积 V_1;D_2 绕 Oy 轴旋转而成的旋转体体积 V_2.

(2) 问当 a 为何值时,$V_1 + V_2$ 取得最大值? 试求此最大值.

解　(1) 由题设及旋转体体积公式,有

$$V_1 = \pi \int_a^2 (2x^2)^2 \mathrm{d}x = \frac{4\pi}{5}(32 - a^5)$$

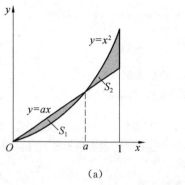

(a)

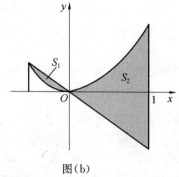

图(b)

图 17

$$V_2 = \pi a^2 \cdot 2a^2 - \pi \int_0^{2a^2} \left(\sqrt{\frac{y}{2}} \right)^2 dy \text{ 或 } V_2 = 2\pi \int_0^a x(2x^2) dx = \pi a^4$$

(2) 设 $V = V_1 + V_2 = \dfrac{4\pi}{5}(32 - a^5) + \pi a^4$. 令 $V' = 4\pi a^3(1-a) = 0$, 得区间 $(0,2)$ 内的唯一驻点 $a = 1$.

当 $0 < a < 1$ 时, $V' > 0$; 当 $a > 1$ 时, $V' < 0$.

故 $a = 1$ 是极大值点, 亦即最大值点, 此时 $V_1 + V_2$ 取得最大值 $\dfrac{129}{5}\pi$.

题 12 (1997②) 设函数 $f(x)$ 在闭区间 $[0,1]$ 上连续, 在开区间 $(0,1)$ 内大于零, 并满足 $xf'(x) = f(x) + \dfrac{3a}{2}x^2$ (a 为常数), 又曲线 $y = f(x)$ 与 $x = 0, x = 1, y = 0$ 所围的图形 S 的面积值为 2, 求函数 $y = f(x)$; 并问 a 为何值时, 图形 S 绕 Ox 轴旋转一周所得的旋转体的体积最小.

解 由题设等式, 当 $x \neq 0$ 时可有

$$\left[\frac{f(x)}{x} \right]' = \frac{xf'(x) - f(x)}{x^2} = \frac{3a}{2}$$

可得 $f(x) = \dfrac{3a}{2}x^2 + Cx$.

由 $f(x)$ 的连续性知 $f(0) = 0$. 又由已知条件

$$2 = \int_0^1 \left(\frac{3}{2}ax^2 + Cx \right) dx = \left[\frac{1}{2}ax^3 + \frac{C}{2}x^2 \right]_0^1 = \frac{a}{2} + \frac{C}{2}$$

可解得 $C = 4 - a$.

因此, 所求函数 $f(x) = \dfrac{3}{2}ax^2 + (4 - a)x$.

所求旋转体的体积为

$$V(a) = \pi \int_0^1 [f(x)]^2 dx = \left(\frac{1}{30}a^2 + \frac{1}{3}a + \frac{16}{3} \right)\pi$$

令 $V'(a) = \left(\dfrac{1}{15}a + \dfrac{1}{3} \right)\pi = 0$, 得 $a = -5$. 又 $V''(a) = \dfrac{1}{15} > 0$.

故当 $a = -5$ 时, 旋转体的体积最小.

题 13 (2000②) 设曲线 $y = ax^2$ ($a > 0, x \geq 0$) 与 $y = 1 - x^2$ 交于点 A, 过坐标原点 O 和点 A 的直线与曲线 $y = ax^2$ 围成一平面图形. 问 a 为何值时, 该图形绕 Ox 轴旋转一周所得的旋转体体积最大? 最大体积是多少?

解 当 $x \geq 0$ 时, 由

$$\begin{cases} y = ax^2 \\ y = 1 - x^2 \end{cases}$$

解得 $x = \dfrac{1}{\sqrt{1+a}}$，$y = \dfrac{a}{1+a}$.

故直线 OA 的方程为 $y = \dfrac{ax}{\sqrt{1+a}}$，则旋转体的体积

$$V = \pi \int_0^{\frac{1}{\sqrt{1+a}}} \left(\frac{a^2 x^2}{1+a} - a^2 x^4 \right) \mathrm{d}x = \pi \left[\frac{a^2}{3(1+a)} x^3 - \frac{a^2}{5} x^5 \right]_0^{\frac{1}{\sqrt{1+a}}} = \frac{2\pi}{15} \cdot \frac{a^2}{(1+a)^{\frac{5}{2}}}$$

又

$$\frac{\mathrm{d}V}{\mathrm{d}a} = \frac{2\pi}{15} \cdot \frac{2a(1+a)^{\frac{5}{2}} - a^2 \cdot \frac{5}{2}(1+a)^{\frac{3}{2}}}{(1+a)^5} = \frac{\pi(4a - a^2)}{15(1+a)^{\frac{7}{2}}} \quad a > 0$$

令 $\dfrac{\mathrm{d}V}{\mathrm{d}a} = 0$，并由 $a > 0$ 得唯一驻点 $a = 4$. 当 a 在以 4 为中心的左、右邻域变化时，$\dfrac{\mathrm{d}V}{\mathrm{d}a}$ 由正变负，知此旋转体在 $a = 4$ 时取极大值，亦是最大值.

故该旋转体最大体积

$$V = \frac{2\pi}{15} \cdot \frac{16}{5^{\frac{5}{2}}} = \frac{32\sqrt{5}}{1\,875}\pi$$

题 14　（1989②）设抛物线 $y = ax^2 + bx + c$ 过原点. 当 $0 \leqslant x \leqslant 1$ 时 $y \geqslant 0$，又已知该抛物线与 Ox 轴及直线 $x = 1$ 所围图形的面积为 $\dfrac{1}{3}$，试确定 a, b, c，使此图形绕 Ox 轴旋转一周而成的旋转体的体积 V 最小.

解　因为曲线过原点，所以 $c = 0$. 由题设，有

$$\frac{1}{3} = \int_0^1 (ax^2 + bx) \mathrm{d}x = \frac{a}{3} + \frac{b}{2}$$

故得 $b = \dfrac{3}{2}(1-a)$. 从而

$$V = \pi \int_0^1 (ax^2 + bx)^2 \mathrm{d}x = \pi \left(\frac{a^2}{5} + \frac{1}{2}ab + \frac{b^2}{3} \right) = \pi \left[\frac{a^2}{5} + \frac{1}{3}(1-a) + \frac{1}{3} \cdot \frac{4}{9}(1-a)^2 \right]$$

又

$$\frac{\mathrm{d}V}{\mathrm{d}a} = \pi \left[\frac{2}{5}a + \frac{1}{3} - \frac{2}{3}a - \frac{8}{27}(1-a) \right] = 0$$

且 $\dfrac{\mathrm{d}^2 V}{\mathrm{d}a^2} = \dfrac{4\pi}{135}$. 令 $\dfrac{\mathrm{d}V}{\mathrm{d}a} = 0$，解得 $a = -\dfrac{5}{4}$，代入 b 的表达式得 $b = \dfrac{3}{2}$.

又因 $\dfrac{\mathrm{d}^2 V}{\mathrm{d}a^2} > 0$，故当 $a = -\dfrac{5}{4}$，$b = \dfrac{3}{2}$，$c = 0$ 时，旋转体体积最小.

题 15　（2007②）设 D 是位于曲线 $y = \sqrt{x}\, a^{-\frac{x}{2a}}(a > 1, 0 \leqslant x < +\infty)$ 下方、x 轴上方的无界区域.

(1) 求区域 D 绕 x 轴旋转一周所成旋转体的体积 $V(a)$；

(2) 当 a 为何值时，$V(a)$ 最小？并求此最小值.

解　(1) 由旋转体体积公式有

$$V(a) = \int_0^{+\infty} \pi y^2 \mathrm{d}x = \pi \int_0^{+\infty} x a^{-\frac{x}{a}} \mathrm{d}x = -\frac{\pi a}{\ln a} \int_0^{+\infty} x \mathrm{d}(a^{-\frac{x}{a}})$$

$$= \frac{\pi a}{\ln a} \left[x a^{-\frac{x}{a}} \Big|_0^{+\infty} - \int_0^{+\infty} a^{-\frac{x}{a}} \mathrm{d}x \right] = \frac{\pi a^2}{(\ln a)^2}$$

(2) 由 $\dfrac{\mathrm{d}v}{\mathrm{d}a} = \pi \cdot \dfrac{2a(\ln a)^2 - a^2(2\ln a) \cdot \dfrac{1}{a}}{(\ln a)^4} = 0$，得 $\ln a \cdot (\ln a - 1) = 0$，即 $a = \mathrm{e}$，因 $a = \mathrm{e}$ 是 $V(a)$ 的

唯一驻点,由题意知此旋转体当 $a = e$ 时体积最小,其最小值为 $V(e) = \pi e^2$.

5. 积分不等式

题 1 (1989③)假设函数 $f(x)$ 在 $[a,b]$ 上连续,在 (a,b) 内可导,且 $f'(x) \leqslant 0$,记 $F(x) = \frac{1}{x-a} \int_a^x f(t) \mathrm{d}t$,证明在 (a,b) 内 $F'(x) \leqslant 0$.

证 由 $F'(x) = \frac{1}{x-a} \left[f(x) - \frac{1}{x-a} \int_a^x f(t) \mathrm{d}t \right]$,依据积分中值定理,有

$$\int_a^x f(t) \mathrm{d}t = f(\xi)(x-a) \quad a \leqslant \xi \leqslant x$$

因此

$$F'(x) = \frac{1}{x-a} [f(x) - f(\xi)] \quad a \leqslant \xi \leqslant x$$

因为 $f'(x) \leqslant 0$,故当 $x \in [\xi, b) \subset (a,b)$ 时,有 $F'(x) \leqslant 0$.

题 2 (2000②)设函数 $S(x) = \int_0^x |\cos t| \mathrm{d}t$. (1)当 n 为正整数,且 $n\pi \leqslant x < (n+1)\pi$ 时,证明 $2n \leqslant S(x) < 2(n+1)$;(2)求 $\lim\limits_{x \to +\infty} \frac{S(x)}{x}$.

解 因为 $|\sin x| \geqslant 0$,且 $n\pi \leqslant x < (n+1)\pi$,所以

$$\int_0^{n\pi} |\cos x| \mathrm{d}x \leqslant S(x) < \int_0^{(n+1)\pi} |\cos x| \mathrm{d}x$$

又因为 $|\cos x|$ 是以 π 为周期的函数,在每个周期上积分值相等,所以

$$\int_0^{n\pi} |\cos x| \mathrm{d}x = n \int_0^{\pi} |\cos x| \mathrm{d}x = 2n$$

$$\int_0^{(n+1)\pi} |\cos x| \mathrm{d}x = (n+1) \int_0^{\pi} |\cos x| \mathrm{d}x = 2(n+1)$$

将这两式代入前式,得 $2n \leqslant S(x) < 2(n+1)$.

(2)由(1)知,当 $n\pi \leqslant x < (n+1)\pi$ 时,有

$$\frac{2n}{(n+1)\pi} < \frac{S(x)}{x} < \frac{2(n+1)}{n\pi}$$

令 $x \to +\infty$,由夹逼准则,得 $\lim\limits_{x \to +\infty} \frac{S(x)}{x} = \frac{2}{\pi}$.

题 3 (1994②)设 $f(x)$ 在 $[0,1]$ 上连续且递减,证明:当 $0 < \lambda < 1$ 时,$\int_0^\lambda f(x) \mathrm{d}x \geqslant \lambda \int_0^1 f(x) \mathrm{d}x$.

证 1 令 $\varphi(\lambda) = \frac{1}{\lambda} \int_0^\lambda f(x) \mathrm{d}x - \int_0^1 f(x) \mathrm{d}x$,有 $\varphi(1) = 0$,又

$$\varphi'(\lambda) = \frac{1}{\lambda} f(\lambda) - \frac{1}{\lambda^2} \int_0^\lambda f(x) \mathrm{d}x = \frac{1}{\lambda^2} \int_0^\lambda [f(\lambda) - f(x)] \mathrm{d}x \leqslant 0$$

式中最后的不等式成立是由于 $f(x)$ 递减,即有 $x \in [0, \lambda]$ 时 $f(\lambda) \leqslant f(x)$. 于是由 $\varphi'(\lambda) \leqslant 0$,知 $\varphi(\lambda)$ 单减,则当 $0 < \lambda < 1$ 时,$\varphi(\lambda) \geqslant \varphi(1) = 0$,即

$$\int_0^\lambda f(x) \mathrm{d}x \geqslant \lambda \int_0^1 f(x) \mathrm{d}x$$

证 2 根据积分中值定理,有

$$\int_0^\lambda f(x) \mathrm{d}x - \lambda \int_0^1 f(x) \mathrm{d}x = \int_0^\lambda f(x) \mathrm{d}x - \lambda \int_0^\lambda f(x) \mathrm{d}x - \lambda \int_\lambda^1 f(x) \mathrm{d}x$$

$$= (1-\lambda) \int_0^\lambda f(x) \mathrm{d}x - \lambda \int_\lambda^1 f(x) \mathrm{d}x = (1-\lambda)\lambda f(\xi_1) - \lambda(1-\lambda) f(\xi_2)$$

$$= \lambda(1-\lambda) [f(\xi_1) - f(\xi_2)]$$

其中 $0 \leqslant \xi_1 \leqslant \lambda \leqslant \xi_2 \leqslant 1$. 因 $f(x)$ 递减,且有 $f(\xi_1) \geqslant f(\xi_2)$.

故原不等式成立.

题 4　(2004③) 设 $f(x),g(x)$ 在 $[a,b]$ 上连续,且满足

$$\int_a^x f(t)\mathrm{d}t \geqslant \int_a^x g(t)\mathrm{d}t \quad x \in [a,b)$$

$$\int_a^b f(t)\mathrm{d}t = \int_a^b g(t)\mathrm{d}t$$

证明 $\displaystyle\int_a^b xf(x)\mathrm{d}x \leqslant \int_a^b xg(x)\mathrm{d}x$.

证　令 $F(x) = f(x) - g(x)$,　$G(x) = \displaystyle\int_a^x F(t)\mathrm{d}t$.

由题设 $G(x) \geqslant 0, x \in [a,b]$,又 $G(a) = G(b) = 0, G'(x) = F(x)$. 从而

$$\int_a^b xF(x)\mathrm{d}x = \int_a^b x\mathrm{d}G(x) = xG(x)\Big|_a^b - \int_a^b G(x)\mathrm{d}x = -\int_a^b G(x)\mathrm{d}x$$

由于 $G(x) \geqslant 0, x \in [a,b]$,故有

$$-\int_a^b G(x)\mathrm{d}x \leqslant 0 \Rightarrow \int_a^b xF(x)\mathrm{d}x \leqslant 0$$

因此
$$\int_a^b xf(x)\mathrm{d}x \leqslant \int_a^b xg(x)\mathrm{d}x$$

题 5　(1988②) 设 $f(x)$ 在 $(-\infty,+\infty)$ 上有连续导数,且 $m \leqslant f'(x) \leqslant M, a > 0$.

(1) 求 $\displaystyle\lim_{a \to 0^+} \frac{1}{4a^2}\int_{-a}^a [f(t+a) - f(t-a)]\mathrm{d}t$;

(2) 证 $\left| \dfrac{1}{2a}\displaystyle\int_{-a}^a f(t)\mathrm{d}t - f(x) \right| \leqslant M - m$.

解　(1) 由积分中值定理和微分中值定理,有

$$\lim_{a \to 0^+} \frac{1}{4a^2}\int_{-a}^a [f(t+a) - f(t-a)]\mathrm{d}t$$

$$= \lim_{a \to 0^+} \frac{1}{2a}[f(\xi+a) - f(\xi-a)] \quad (-a \leqslant \xi \leqslant a)$$

$$= \lim_{a \to 0^+} f'(\eta) = \lim_{\eta \to 0^+} f'(\eta) \quad (\xi - a \leqslant \eta \leqslant \xi + a)$$

$$= f'(0)$$

(2) 由题设 $m \leqslant f'(x) \leqslant M$ 及积分中值定理,有

$$-M \leqslant -f'(x) \leqslant -m, m \leqslant \frac{1}{2a}\int_{-a}^a f'(t)\mathrm{d}t \leqslant M$$

两式相加得

$$-(M-m) \leqslant \frac{1}{2a}\int_{-a}^a f'(t)\mathrm{d}t - f'(x) \leqslant M - m$$

即
$$\left| \frac{1}{2a}\int_{-a}^a f'(t)\mathrm{d}t - f'(x) \right| \leqslant M - m$$

题 6　(1993②) 设 $f'(x)$ 在 $[0,a]$ 上连续,且 $f(0) = 0$,证明

$$\left| \int_0^a f(x)\mathrm{d}x \right| \leqslant \frac{Ma^2}{2}$$

其中 $M = \max\limits_{0 \leqslant x \leqslant a} |f'(x)|$.

证 1　由 $f(0) = 0$ 和微分中值定理 $\dfrac{f(x) - f(0)}{x - 0} = f'(\xi), \xi \in (0,a)$,有

$$\left| \int_0^a f(x)\mathrm{d}x \right| = \left| \int_0^a f'(\xi)x\mathrm{d}x \right| \leqslant \int_0^a |f'(\xi)|\, x\mathrm{d}x \leqslant M\int_0^a x\mathrm{d}x = \frac{M}{2}a^2$$

证 2　由 $f(0) = 0$ 和牛顿—莱布尼兹公式,有

$$\int_0^x f'(t)\mathrm{d}t = f(x) - f(0) = f(x)$$

于是

$$|f(x)| = \left|\int_0^x f'(t)\mathrm{d}t\right| \leqslant \int_0^x |f'(t)|\,\mathrm{d}t \leqslant \int_0^x M\mathrm{d}t = Mx$$

故

$$\left|\int_0^a f(x)\mathrm{d}x\right| \leqslant \int_0^a |f(x)|\,\mathrm{d}x \leqslant \int_0^a Mx\,\mathrm{d}x = \frac{Ma^2}{2}$$

题7 (2005③④) 设 $f(x),g(x)$ 在 $[0,1]$ 上的导数连续,且 $f(0)=0,f'(x)\geqslant 0,g'(x)\geqslant 0$. 证明: 对任何 $a\in[0,1]$ 有

$$\int_0^a g(x)f'(x)\mathrm{d}x + \int_0^1 f(x)g'(x)\mathrm{d}x \geqslant f(a)g(1)$$

证 记 $F(a) = \int_0^a g(x)f'(x)\mathrm{d}x + \int_0^1 f(x)g'(x)\mathrm{d}x - f(a)g(1)$,则 $F(a)$ 在 $[0,1]$ 上连续,在 $(0,1)$ 内可导,且

$$F'(a) = g(a)f'(a) - f'(a)g(1) = f'(a)[g(a)-g(1)] \leqslant 0$$

(这是由于 $f'(a)\geqslant 0$,以及由 $g'(x)\geqslant 0$ 知 $g(a)\leqslant g(1)$),所以

$$F(a) \geqslant F(1) = \int_0^1 g(x)f'(x)\mathrm{d}x + \int_0^1 f(x)g'(x)\mathrm{d}x - f(1)g(1)$$

$$= \int_0^1 \mathrm{d}[f(x)g(x)] - f(1)g(1)$$

$$= [f(1)g(1) - f(0)g(0)] - f(1)g(1) = 0 \quad (a\in[0,1])$$

即对任意 $(a\in[0,1])$,有

$$\int_0^a g(x)f'(x)\mathrm{d}x + \int_0^1 f(x)g'(x)\mathrm{d}x \geqslant f(a)g(1)$$

6. 反常积分

题1 (1993②) 求 $\int_0^{+\infty} \dfrac{x}{(1+x)^3}\mathrm{d}x$.

解 由公式变形 $\dfrac{x}{(1+x)^3} = \dfrac{1}{(1+x)^2} - \dfrac{1}{(1+x)^3}$,则

$$\int_0^{+\infty} \frac{x}{(1+x)^3}\mathrm{d}x = \int_0^{+\infty}\left[\frac{1}{(1+x)^2} - \frac{1}{(1+x)^3}\right]\mathrm{d}x = -\left[\frac{1}{1+x} - \frac{1}{2(1+x)^2}\right]_0^{+\infty} = \frac{1}{2}$$

题2 (2000④) 计算 $I = \displaystyle\int_1^{+\infty} \frac{\mathrm{d}x}{\mathrm{e}^{1+x} + \mathrm{e}^{3-x}}$.

解 被积式分子、分母同乘以 e^x,分母再提出 e,有

$$I = \int_1^{+\infty} \frac{\mathrm{e}^x\mathrm{d}x}{\mathrm{e}^{1+2x} + \mathrm{e}^3} = \frac{1}{\mathrm{e}}\int_1^{+\infty} \frac{\mathrm{d}(\mathrm{e}^x)}{(\mathrm{e}^x)^2 + \mathrm{e}^2} = \frac{1}{\mathrm{e}^2}\arctan\frac{\mathrm{e}^x}{\mathrm{e}}\Big|_1^{+\infty} = \frac{\pi}{4\mathrm{e}^2}$$

题3 (1996③④) 计算 $\displaystyle\int_0^{+\infty} \frac{x\mathrm{e}^{-x}}{(1-\mathrm{e}^{-x})^2}\mathrm{d}x$.

解 设 $\mathrm{e}^x = t$,则 $x = \ln t, \mathrm{d}x = \dfrac{\mathrm{d}t}{t}$.

当 $x=0$ 时,$t=1$;当 $x=+\infty$ 时,$t=+\infty$. 分子、分母同乘 e^{2x},于是

$$原式 = \int_0^{+\infty} \frac{x\mathrm{e}^x}{(1+\mathrm{e}^x)^2}\mathrm{d}x = \int_1^{+\infty} \frac{t\ln t}{(1+t)^2}\cdot\frac{\mathrm{d}t}{t} = \int_1^{+\infty} \frac{\ln t}{(1+t)^2}\mathrm{d}t$$

$$= -\int_1^{+\infty} \ln t\,\mathrm{d}\left(\frac{1}{1+t}\right) = -\left[\frac{\ln t}{1+t}\right]_1^{+\infty} + \int_1^{+\infty} \frac{\mathrm{d}t}{t(1+t)}$$

$$= \int_1^{+\infty}\left(\frac{1}{t} - \frac{1}{t+1}\right)\mathrm{d}t = \ln\frac{t}{1+t}\Big|_1^{+\infty} = \ln 2$$

题4 (1999②) 计算 $\displaystyle\int_1^{+\infty} \frac{\arctan x}{x^2}\mathrm{d}x$.

解　先考虑不定积分

$$\int \frac{\arctan x}{x^2}\mathrm{d}x = -\int \arctan x\,\mathrm{d}\left(\frac{1}{x}\right) = -\frac{\arctan x}{x} + \int \frac{\mathrm{d}x}{x(1+x^2)}$$

$$= -\frac{\arctan x}{x} + \int \left(\frac{1}{x} - \frac{x}{1+x^2}\right)\mathrm{d}x$$

$$= -\frac{\arctan x}{x} + \ln x - \frac{1}{2}\ln(1+x^2) + C$$

$$= -\frac{\arctan x}{x} + \ln \frac{x}{\sqrt{1+x^2}} + C$$

故　　　　原式 $= \left[-\frac{\arctan x}{x} + \ln \frac{x}{\sqrt{1+x^2}}\right]_1^{+\infty} = 0 - \left[-\frac{\pi}{4} + \ln \frac{1}{\sqrt{2}}\right] = \frac{\pi}{4} + \frac{1}{2}\ln 2$

7. 杂例

题 1　(2002①) 已知两曲线 $y=f(x)$ 与 $y=\int_0^{\arctan x} \mathrm{e}^{-t^2}\mathrm{d}t$ 在点 $(0,0)$ 处的切线相同,写出此切线方程,并求极限 $\lim\limits_{n\to\infty} nf\left(\dfrac{2}{n}\right)$.

解　因为两曲线在点 $(0,0)$ 处具有相同的纵坐标和切线斜率,所以

$$f(0)=0,\quad f'(0)=\left.\frac{\mathrm{e}^{-(\arctan x)^2}}{1+x^2}\right|_{x=0}=1$$

故所求切线方程为 $y=x$. 从而

$$\lim_{n\to\infty} nf\left(\frac{2}{n}\right) = \lim_{n\to\infty} 2\cdot \frac{f\left(\frac{2}{n}\right)-f(0)}{\frac{2}{n}} = 2f'(0) = 2$$

题 2　(2000②) 设 xOy 平面上有正方形 $D=\{(x,y)\mid 0\leqslant x\leqslant 1,0\leqslant y\leqslant 1\}$ 及直线 $l\!:x+y=t$ $(t\geqslant 0)$. 若 $S(t)$ 表示正方形 D 位于直线 l 左下方部分的面积,试求 $\int_0^x S(t)\mathrm{d}t$ $(x\geqslant 0)$.

解　由题设容易求出 $S(t)$ 的表达式,即

$$S(t)=\begin{cases} \dfrac{1}{2}t^2, & 0\leqslant t\leqslant 1 \\[2mm] -\dfrac{1}{2}t^2+2t-1, & 1<t\leqslant 2 \\[2mm] 1, & t>2 \end{cases}$$

当 $0\leqslant x\leqslant 1$ 时,$\int_0^x S(t)\mathrm{d}t=\int_0^x \dfrac{1}{2}t^2\,\mathrm{d}t=\dfrac{1}{6}x^3$;

当 $1<x\leqslant 2$ 时,$\int_0^x S(t)\mathrm{d}t=\int_0^1 S(t)\mathrm{d}t+\int_1^x S(t)\mathrm{d}t=-\dfrac{x^3}{6}+x^2-x+\dfrac{1}{3}$;

当 $x>2$ 时,$\int_0^x S(t)\mathrm{d}t=\int_0^2 S(t)\mathrm{d}t+\int_2^x S(t)\mathrm{d}t=x-1$.

因此　　　　$$\int_0^x S(t)\mathrm{d}t=\begin{cases} \dfrac{1}{6}x^3, & 0\leqslant x\leqslant 1 \\[2mm] -\dfrac{1}{6}x^3+x^2-x+\dfrac{1}{3}, & 1<x\leqslant 2 \\[2mm] x-1, & x>2 \end{cases}$$

题 3　(2004②) 曲线 $y=\dfrac{\mathrm{e}^x+\mathrm{e}^{-x}}{2}$ 与直线 $x=0,x=t(t>0)$ 及 $y=0$ 围成一曲边梯形. 该曲边梯形绕 Ox 轴旋转一周得一旋转体. 其体积为 $V(t)$,侧面积为 $S(t)$,在 $x=t$ 处的底面积为 $F(t)$.

(1) 求 $\dfrac{S(t)}{V(t)}$ 的值;

(2) 计算极限 $\lim\limits_{t\to+\infty}\dfrac{S(t)}{F(t)}$.

解 (1) 由题设及旋转体侧面积、体积公式,有

$$S(t)=\int_0^t 2\pi y\sqrt{1+y'^2}\,\mathrm{d}x=2\pi\int_0^t\left(\frac{\mathrm{e}^x+\mathrm{e}^{-x}}{2}\right)\sqrt{1+\frac{\mathrm{e}^{2x}-2+\mathrm{e}^{-2x}}{4}}\,\mathrm{d}x=2\pi\int_0^t\left(\frac{\mathrm{e}^x+\mathrm{e}^{-x}}{2}\right)^2\mathrm{d}x$$

及

$$V(t)=\pi\int_0^t y^2\,\mathrm{d}x=\pi\int_0^t\left(\frac{\mathrm{e}^x+\mathrm{e}^{-x}}{2}\right)^2\mathrm{d}x$$

故

$$\frac{S(t)}{V(t)}=2$$

(2) 由题设知,$F(t)=\pi y^2\big|_{x=t}=\pi\left(\dfrac{\mathrm{e}^t+\mathrm{e}^{-t}}{2}\right)^2$, 故有

$$\lim_{t\to+\infty}\frac{S(t)}{F(t)}=\lim_{t\to+\infty}\frac{2\pi\int_0^t\left(\frac{\mathrm{e}^x+\mathrm{e}^{-x}}{2}\right)^2\mathrm{d}x}{\pi\left(\frac{\mathrm{e}^x+\mathrm{e}^{-x}}{2}\right)^2}=\lim_{t\to+\infty}\frac{2\left(\frac{\mathrm{e}^t+\mathrm{e}^{-t}}{2}\right)^2}{2\left(\frac{\mathrm{e}^t+\mathrm{e}^{-t}}{2}\right)\left(\frac{\mathrm{e}^t-\mathrm{e}^{-t}}{2}\right)}=\lim_{t\to+\infty}\frac{\mathrm{e}^t+\mathrm{e}^{-t}}{\mathrm{e}^t-\mathrm{e}^{-t}}=1$$

下面是一个涉及函数图象的曲率问题,概念性较强.

题 4 (2001②) 设 $\rho=\rho(x)$ 是抛物线 $y=\sqrt{x}$ 上任一点 $M(x,y)(x\geqslant1)$ 处的曲率半径,$s=s(x)$ 是该抛物线上介于点 $A(1,1)$ 与 M 之间的弧长,计算 $3\rho\dfrac{\mathrm{d}^2\rho}{\mathrm{d}s^2}-\left(\dfrac{\mathrm{d}\rho}{\mathrm{d}s}\right)^2$ 的值.(在直角坐标系下曲率公式为

$$\kappa=\frac{|y''|}{(1-y'^2)^{\frac{3}{2}}})$$

解 由设 $y'=\dfrac{1}{2\sqrt{x}}$,$y''=-\dfrac{1}{4\sqrt{x^3}}$. 抛物线在点 $M(x,y)$ 处的曲率半径

$$\rho=\rho(x)=\frac{1}{\kappa}=\frac{(1-y'^2)^{\frac{3}{2}}}{|y''|}=\frac{1}{2}(4x+1)^{\frac{3}{2}}$$

则抛物线上 $\overset{\frown}{AM}$ 的弧长

$$s=s(x)=\int_1^x\sqrt{1+y'^2}\,\mathrm{d}x=\int_1^x\sqrt{1+\frac{1}{4x}}\,\mathrm{d}x$$

故

$$\frac{\mathrm{d}\rho}{\mathrm{d}s}=\frac{\dfrac{\mathrm{d}\rho}{\mathrm{d}x}}{\dfrac{\mathrm{d}s}{\mathrm{d}x}}=\frac{\frac{1}{2}\cdot\frac{3}{2}(4x+1)^{\frac{1}{2}}\cdot4}{\sqrt{1+\frac{1}{4x}}}=6\sqrt{x}$$

又

$$\frac{\mathrm{d}^2\rho}{\mathrm{d}s^2}=\frac{\mathrm{d}}{\mathrm{d}x}\left(\frac{\mathrm{d}\rho}{\mathrm{d}s}\right)\cdot\frac{1}{\dfrac{\mathrm{d}s}{\mathrm{d}x}}=\frac{6}{2\sqrt{x}}\cdot\frac{1}{\sqrt{1+\frac{1}{4x}}}=\frac{6}{\sqrt{4x+1}}$$

因此

$$3\rho\frac{\mathrm{d}^2\rho}{\mathrm{d}s^2}-\left(\frac{\mathrm{d}\rho}{\mathrm{d}s}\right)^2=3\cdot\frac{1}{2}(4x+1)^{\frac{3}{2}}\cdot\frac{6}{\sqrt{4x+1}}-36x=9$$

接下来的例子涉及函数的麦克劳林展开.

题 5 (2001②) 设 $f(x)$ 在区间 $[-a,a](a>0)$ 上具有二阶连续导数,且 $f(0)=0$.

(1) 写出 $f(x)$ 的带拉格朗日余项的一阶麦克劳林公式;

(2) 证明在 $[-a,a]$ 上至少存在一点 η,使 $a^3f''(\eta)=3\int_{-a}^a f(x)\mathrm{d}x$.

解 (1) 对任意 $x\in[-a,a]$,由麦克劳林公式,有

$$f(x)=f(0)+f'(0)x+\frac{f''(\xi)}{2!}x^2=f'(0)x+\frac{f''(\xi)}{2!}x^2$$

其中 ξ 在 0 与 x 之间.

(2) 由 $\displaystyle\int_{-a}^{a} f(x)\mathrm{d}x = \int_{-a}^{a} f'(0)x\mathrm{d}x + \int_{-a}^{a} \frac{x^2}{2!}f''(\xi)\mathrm{d}x = \frac{1}{2}\int_{-a}^{a} x^2 f''(\xi)\mathrm{d}x.$

又 $f''(x)$ 的连续性知其在 $[-a,a]$ 上有最值,设 M,m 分别为 $f''(x)$ 在区间 $[-a,a]$ 上的最大、最小值,因而有 $m \leqslant f''(x) \leqslant M$,从而 $m \leqslant x^2 f''(\xi) \leqslant M$

$$m\int_{0}^{a} x^2 \mathrm{d}x \leqslant \int_{-a}^{a} f(x)\mathrm{d}x = \frac{1}{2}\int_{-a}^{a} x^2 f''(\xi)\mathrm{d}x \leqslant M\int_{0}^{a} x^2 \mathrm{d}x$$

即

$$m \leqslant \frac{3}{a^3}\int_{-a}^{a} f(x)\mathrm{d}x \leqslant M$$

由介值定理知,至少存在一点 $\eta \in [a, -a]$,使 $f''(\eta) = \dfrac{3}{a^3}\displaystyle\int_{-a}^{a} f(x)\mathrm{d}x$,即

$$a^3 f''(\eta) = 3\int_{-a}^{a} f(x)\mathrm{d}x$$

以下是三则应用问题.

题 6　(1999①②) 为清除井底的污泥,用缆绳将抓斗放入井底,抓起污泥后提出井口(图 18(a)).已知井深 30 m,抓斗自重 400 N,缆绳每米重 50 N,抓斗抓起的污泥重 2 000 N,提升速度为 3 m/s.在提升过程中,污泥以 20 N/s 的速率从抓斗缝隙中漏掉,现将抓起污泥的抓斗提升至井口,问克服重力需做多少焦耳的功?

(说明:①1 N×1 m =1 J;m,N,s,J 分别表示米、牛顿、秒、焦耳.②抓斗的高度及位于井口上方的缆绳长度忽略不计)

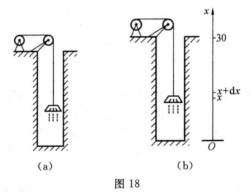

图 18

解　坐标系取法如图 18(b) 所示.现在推导抓斗位于 x 处时的重量包括三部分:抓斗自重 400 N、缆绳重 $50(30 - x)$ N 和污泥重.

污泥在开始被抓起时为 2 000 N,当抓斗提升到 x 处时,用了 $\dfrac{x}{3}$ s,漏出的污泥为 $20 \cdot \dfrac{x}{3}$ N,因此污泥重为 $2\,000 - \dfrac{20x}{3}$ N.于是总重量为

$$P(x) = 400 + 50(30 - x) + 2\,000 - \frac{20x}{3} = 3\,900 - \frac{170}{3}x$$

抓斗克服重力所做的功为

$$W = \int_{0}^{30} P(x)\mathrm{d}x = \int_{0}^{30} \left(3\,900 - \frac{170}{3}x\right)\mathrm{d}x = 91\,500\,(\mathrm{J})$$

题 7　(2002②) 某闸门的形状与大小如图 19(a) 所示,其中直线 l 为对称轴,闸门的上部为矩形 $ABCD$,下部由二次抛物线与线段 AB 所围成.当水面与闸门的上端相平时,欲使闸门矩形部分承受的水

压力与闸门下部承受的水压力之比为 5∶4,闸门矩形部分的高 h 应为多少米?

解 如图 19(b) 建立坐标系,且设抛物线的方程为 $y = x^2$.

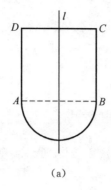

(a)

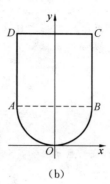

(b)

图 19

由题设闸门矩形部分承受的水压力为

$$P_1 = 2\int_1^{h+1} \rho g (h+1-y)\mathrm{d}y = 2\rho g \left[(h+1)y - \frac{y^2}{2}\right]_1^{h+1} = \rho g h^2$$

其中 ρ 为水的密度,g 为重力加速度.

而闸门下部承受的水压力为

$$P_2 = 2\int_0^1 \rho g (h+1-y)\sqrt{y}\,\mathrm{d}y = 4\rho g \left(\frac{1}{3}h + \frac{2}{15}\right)$$

依题意知

$$\frac{P_1}{P_2} = \frac{h^2}{4\left(\dfrac{1}{3}h + \dfrac{2}{15}\right)} = \frac{5}{4}$$

解得 $h = 2, h = -\dfrac{1}{3}$(舍去),故 $h = 2$.

题 8 (2003①)某建筑工程打地基时,需用汽锤将桩打进土层.汽锤每次击打,都将克服土层对桩的阻力而做功.设土层对桩的阻力的大小与桩被打进地下的深度成正比(比例系数为 $k,k > 0$).汽锤第一次击打将桩打进地下 a m.根据设计方案,要求汽锤每次击打桩时所做的功与前一次击打时所做的功之比为常数 $r(0 < r < 1)$.问:(1)汽锤击打桩 3 次后,可将桩打进地下多深? (2)若击打次数不限,汽锤至多能将桩打进地下多深?

解 (1)设第 n 次击打后,桩被打进地下 x_n;第 n 次击打时,汽锤所做的功为 $W_n (n = 1,2,3,\cdots)$.

由题设,当桩被打进地下的深度为 x 时,土层对桩的阻力的大小为 kx,所以

$$W_1 = \int_0^{x_1} kx\,\mathrm{d}x = \frac{k}{2}x_1^2 = \frac{k}{2}a^2$$

$$W_2 = \int_{x_1}^{x_2} kx\,\mathrm{d}x = \frac{k}{2}(x_2^2 - x_1^2) = \frac{k}{2}(x_2^2 - a^2)$$

由 $W_2 = rW_1$,可得 $x_2^2 - a^2 = ra^2$,即 $x_2^2 = (1+r)a^2$,故

$$W_3 = \int_{x_2}^{x_3} kx\,\mathrm{d}x = \frac{k}{2}(x_3^2 - x_2^2) = \frac{k}{2}[x_3^2 - (1+r)a^2]$$

由 $W_3 = rW_2 = r^2W_1$,可得 $x_3^2 - (1+r)a^2 = r^2a^2$,从而

$$x_3 = \sqrt{1+r+r^2}\,a$$

即汽锤击打 3 次后,可将桩打进地下 $\sqrt{1+r+r^2}\,a$ m.

(2)由归纳法可设 $x_n = \sqrt{1+r+r^2+\cdots+r^{n-1}}\,a$,则

$$W_{n+1} = \int_{x_n}^{x_{n+1}} kx\,\mathrm{d}x = \frac{k}{2}(x_{n+1}^2 - x_n^2) = \frac{k}{2}\big[x_{n+1}^2 - (1 + r + r^2 + \cdots + r^{n-1})a^2\big]$$

由于 $W_{n+1} = rW_n = r^2 W_{n-1} = \cdots = r^n W_1$，故得

$$x_{n+1}^2 - (1 + r + r^2 + \cdots + r^{n-1})a^2 = r^n a^2$$

从而

$$x_{n+1} = \sqrt{1 + r + r^2 + \cdots + r^n}\,a = \sqrt{\frac{1 - r^{n+1}}{1 - r}}\,a$$

于是

$$\lim_{n \to \infty} x_{n+1} = \sqrt{\frac{1}{1-r}}\,a$$

即若击打次数不限,汽锤至多能将桩打进地下 $\sqrt{\dfrac{1}{1-r}}\,a$ m.

国内外大学数学竞赛题赏析

1. 积分计算

（1）正常积分问题

例 1　证明 $\displaystyle\int_0^1 \frac{x^4(1-x)^4}{1+x^2}\,\mathrm{d}x = \frac{22}{7} - \pi$. （美国 Putnam Exam,1968）

证　为凑出一个积分式中的 $\arctan x$ 的项 $\dfrac{1}{1+x^2}$ 注意下面式子变形

$$x^4(1-x)^4 = x^8 - 4x^7 + 6x^6 - 4x^5 + x^4 = (x^6 - 4x^5 + 5x^4 - 4x^2 + 4)(x^2 + 1) - 4$$

则

$$\int_0^1 \frac{x^4 - (1-x)^4}{1+x^2}\,\mathrm{d}x = \int_0^1 \left(x^6 - 4x^5 + 5x^4 - 4x^2 + 4 - \frac{4}{x^2+1}\right)\mathrm{d}x$$

$$= \left[\frac{x^7}{7} - \frac{4}{6}x^6 + x^5 - \frac{4}{3}x^3 + 4x - 4\arctan x\right]_0^1 = \frac{22}{7} - \pi$$

注　$\dfrac{22}{7}$ 和 $\dfrac{355}{113}$ 是 π 两位、三位最佳渐近分数表示,它们系我国古代数学家祖冲之最早发现,人们将它们分别称为"疏率"和"密率".

例 2　试证积分 $I = \displaystyle\int_{-100}^{-10} Q^2(x)\,\mathrm{d}x + \int_{\frac{1}{101}}^{\frac{1}{10}} Q^2(x)\,\mathrm{d}x + \int_{\frac{101}{100}}^{\frac{11}{10}} Q^2(x)\,\mathrm{d}x$ 是有理数,这里 $Q(x) = \dfrac{x^2 - x}{x^3 - 3x + 1}$. （美国 Putnam Exam,1993）

解　令 $x = \dfrac{1}{1-t}$，则 $\displaystyle\int_{\frac{101}{100}}^{\frac{11}{10}} Q^2(x)\,\mathrm{d}x = -\int_{-10}^{-100} \frac{1}{(1-t)^2} Q^2(t)\,\mathrm{d}t$.

又令 $x = 1 - \dfrac{1}{t}$，则 $\displaystyle\int_{\frac{1}{101}}^{\frac{1}{10}} Q^2(x)\,\mathrm{d}x = -\int_{-10}^{-100} \frac{1}{t^2} Q^2(t)\,\mathrm{d}t$,故

$$I = \int_{-100}^{-10} Q^2(x)\left[1 + \frac{1}{x^2} + \frac{1}{(1-x)^2}\right]\mathrm{d}x$$

注意到, $\dfrac{1}{Q(x)} = \left(x + 1 - \dfrac{1}{x} + \dfrac{1}{1-x}\right)^2$,且令 $u = \dfrac{1}{Q(x)}$,故

$$\left[1 + \frac{1}{x^2} + \frac{1}{(1-x)^2}\right]\mathrm{d}x = \mathrm{d}\left(x + 1 - \frac{1}{x} + \frac{1}{1-x}\right) = \mathrm{d}u$$

从而 $I = \displaystyle\int_{-100}^{-10} \frac{\mathrm{d}u}{u^2} = -\frac{x^2 - x}{x^3 - 3x + 1}\bigg|_{-100}^{-10}$ 是有理数.

注　若 $Q(x)$ 的分子换成 4 次以下的有理多项式 $f(x)$,结论亦真.

例 3　计算积分 $I = \displaystyle\int_0^{\frac{\pi}{2}} \frac{\mathrm{d}x}{1 + (\tan x)^{\sqrt{2}}}$. （美国 Putnam Exam,1980）

解 令 $x = \dfrac{\pi}{2} - u$，则有

$$I = \int_{\frac{\pi}{2}}^{0} \frac{-\,\mathrm{d}u}{1 + (\cot u)^{\sqrt{2}}} = \int_{0}^{\frac{\pi}{2}} \frac{(\tan u)^{\sqrt{2}}}{(\tan u)^{\sqrt{2}} + 1}\mathrm{d}u$$

从而

$$2I = \int_{0}^{\frac{\pi}{2}} \frac{1 + (\tan u)^{\sqrt{2}}}{(\tan u)^{\sqrt{2}} + 1}\mathrm{d}u = \int_{0}^{\frac{\pi}{2}} \mathrm{d}u = \frac{\pi}{2}$$

故

$$\int_{0}^{\frac{\pi}{2}} \frac{\mathrm{d}x}{1 + (\tan x)^{\sqrt{2}}} = \frac{\pi}{4}$$

例 4 若 $a > 1$，又$[x]$ 表示不超过 x 的最大整数. 证明

$$\int_{1}^{a} [x] f'(x)\mathrm{d}x = [a] f(a) - \{f(1) + f(2) + \cdots + f([a])\}$$

且求$\int_{1}^{a} [x^2] f'(x)\mathrm{d}x$ 的与上式类同的表达式.(美国 Putnam Exam,1940)

解 由题设 $a > 1$，将积分分段，有

$$\int_{1}^{a} [x] f'(x)\mathrm{d}x = \int_{1}^{2} 1 \cdot f'(x)\mathrm{d}x + \int_{2}^{3} 2 \cdot f'(x)\mathrm{d}x + \cdots + \int_{[a]}^{a} [a] f'(x)\mathrm{d}x$$

$$= [f(2) - f(1)] + 2[f(3) - f(2)] + \cdots + [a][f(a) - f([a])]$$

$$= [a] f(a) - \{f(1) + f(2) + \cdots + f([a])\}$$

仿上证明可有

$$\int_{1}^{a} [x^2] f'(x)\mathrm{d}x = \int_{1}^{\sqrt{2}} 1 \cdot f'(x)\mathrm{d}x + \int_{\sqrt{2}}^{\sqrt{3}} 2 \cdot f'(x)\mathrm{d}x + \cdots + \int_{\sqrt{[a^2]}}^{a} f'(x)\mathrm{d}x$$

$$= [f(\sqrt{2}) - f(1)] + 2[f(\sqrt{3}) - f(\sqrt{2})] + \cdots + [a^2][f(a) - f(\sqrt{[a^2]})]$$

$$= [a^2] f(a) - \{f(1) + f(\sqrt{2}) + \cdots + f(\sqrt{[a^2]})\}$$

由于二重积分有一些特殊的变换或性质可使计算化简，因而有时也利用它去考虑某些一重积分问题. 例如概率积分(前文我们已经介绍过)

$$\int_{0}^{+\infty} \mathrm{e}^{-x^2}\mathrm{d}x = \frac{\sqrt{\pi}}{2}$$

正是利用二重积分算得的. 下面再来看两个例子.

例 5 计算 $I = \int_{0}^{1} \dfrac{x^b - x^a}{\ln x}\mathrm{d}x (a > 0, b > 0)$.(北京市大学生数学竞赛,1992)

解 由 $\int_{a}^{b} x^y \mathrm{d}y = \dfrac{x^b - x^a}{\ln x}$，则 $I = \int_{0}^{1}\mathrm{d}x \int_{a}^{b} x^y \mathrm{d}y$.

注意到 x^y 在 $R = \{(x, y) \mid 0 \leqslant x \leqslant 1,\ a \leqslant y \leqslant b\}$ 上连续，则

$$I = \int_{a}^{b}\mathrm{d}y \int_{0}^{1} x^y \mathrm{d}x = \int_{a}^{b} \frac{\mathrm{d}y}{1 + y} = \ln \frac{b+1}{a+1}$$

注 它还可以用对参数微分法求得，详见后文及例.

例 6 若 $A(x), B(x), C(x), D(x)$ 均为 x 的多项式，试证

$$\int_{1}^{x} A(x) C(x)\mathrm{d}x \cdot \int_{1}^{x} B(x) D(x)\mathrm{d}x - \int_{1}^{x} A(x) D(x)\mathrm{d}x \cdot \int_{1}^{x} B(x) C(x)\mathrm{d}x$$

可以被$(x - 1)^4$ 整除.(美国 Putnam Exam,1946)

证 为简便分别记 A, B, C, D 为 4 个多项式，且令

$$F(x) = \int_{1}^{x} AC\mathrm{d}t \cdot \int_{1}^{x} BD\mathrm{d}t - \int_{1}^{x} AD\mathrm{d}t \cdot \int_{1}^{x} BC\mathrm{d}t$$

显然 $F(1) = 0$，由此知 $F(x)$ 可被 $x - 1$ 整除. 又

$$F'(x) = AC\int_{1}^{x} BD\mathrm{d}t + BD\int_{1}^{x} AC\mathrm{d}t - AD\int_{1}^{x} BC\mathrm{d}t - BC\int_{1}^{x} AD\mathrm{d}t$$

则 $F'(1) = 0$，且

$$F''(x) = (AD)' \int_1^x BD\,dt + (BD)' \int_1^x AC\,dt - (AD)' \int_1^x BC\,dt$$
$$- (BC)' \int_1^x AD\,dt + ACBD + BDAC - ADBC - BCAD$$

则 $F''(1) = 0$，再注意到上式后四项和为零及

$$F'''(x) = (AC)'' \int_1^x BD\,dt + (BD)'' \int_1^x AC\,dt - (AD)'' \int_1^x BC\,dt - (BC)'' \int_1^x AD\,dt$$

知 $F'''(1) = 0$，故 1 为 $F(x)$ 四重根，从而 $F(x)$ 有 $(x-1)^4$ 的因式.

例 7　设 n 为自然数，计算积分 $I_n = \displaystyle\int_0^{\frac{\pi}{2}} \frac{\sin(2n+1)x}{\sin x}\,dx$.（天津市大学生数学竞赛，2006）

解　注意到：对于每个固定的 n，总有

$$\lim_{x \to 0} \frac{\sin(2n+1)x}{\sin x} = 2n+1$$

故 $x = 0$ 不是被积函数的瑕点. 又

$$\sin(2n+1)x - \sin(2n-1)x = 2\cos 2nx \sin x$$

于是有

$$I_n - I_{n-1} = \int_0^{\frac{\pi}{2}} \frac{\sin(2n+1)x - \sin(2n-1)x}{\sin x}\,dx = 2\int_0^{\frac{\pi}{2}} \cos 2nx\,dx = \frac{1}{n}\sin 2nx \Big|_0^{\frac{\pi}{2}} = 0$$

上面的等式对于一切大于 1 的自然数均成立，故有 $I_n = I_{n-1} = \cdots = I_1$，所以

$$I_n = I_1 = \int_0^{\frac{\pi}{2}} \frac{\sin 3x}{\sin x}\,dx = \int_0^{\frac{\pi}{2}} \frac{\cos 2x \sin x + \sin 2x \cos x}{\sin x}\,dx = \int_0^{\frac{\pi}{2}} \cos 2x\,dx + 2\int_0^{\frac{\pi}{2}} \cos^2 x\,dx = \frac{\pi}{2}$$

例 8　计算积分 $I = \displaystyle\int_0^1 \frac{\ln(x+1)}{x^2+1}\,dx$.（美国 Putnam Exam，2005）

解 1　因对任意 $x \in [0,1]$ 有 $x = \tan(\arctan x)$，因此作代换 $\arctan x = t$，我们有

$$I = \int_0^{\frac{\pi}{4}} \ln(1 + \tan t)\,dt$$

再令 $u = \dfrac{\pi}{4} - t$，则得

$$I = \int_{\frac{\pi}{4}}^0 \ln\left(1 + \tan\left(\frac{\pi}{4} - u\right)\right)(-du) = \int_0^{\frac{\pi}{4}} \ln\left(1 + \frac{1 - \tan u}{1 + \tan u}\right)du$$
$$= \int_0^{\frac{\pi}{4}} \ln\left(\frac{2}{1 + \tan u}\right)du = \int_0^{\frac{\pi}{4}} \ln 2\,du - I$$

即得 $2I = \dfrac{\pi}{4}\ln 2$，即 $I = \dfrac{\pi}{8}\ln 2$.

解 2　考虑代换 $x = \dfrac{1-u}{1+u}$，$dx = -\dfrac{2}{(1+u)^2}\,du$，则

$$I = -\int_1^0 \frac{\ln 2 - \ln(1+u)}{1+u^2}\,du = \int_0^1 \frac{\ln 2}{1+u^2}\,du - I$$

这样可有 $I = (\ln 2)\dfrac{\pi}{4} - I$，由此可解得 $I = \dfrac{\pi}{8}\ln 2$.

例 9　已知 $f'(\sin x) = \cos x + \tan x + x$，$-\dfrac{\pi}{2} < x < \dfrac{\pi}{2}$，且 $f(0) = 1$，求 $f(x)$.（北京市大学生数学竞赛，2006）

解　令 $t = \sin x\left(-\dfrac{\pi}{2} < x < \dfrac{\pi}{2}\right)$，则 $f'(t) = \sqrt{1 - t^2} + \dfrac{t}{\sqrt{1 - t^2}} + \arcsin t$，从而

$$f(x) = \int \left(\sqrt{1-x^2} + \frac{x}{\sqrt{1-x^2}} + \arcsin x \right) dx$$

而 $\int \sqrt{1-x^2}\, dx = \frac{1}{2} \left(x\sqrt{1-x^2} + \arcsin x \right) + C_1, \int \left(\frac{x}{\sqrt{1-x^2}} + \arcsin x \right) dx = x\arcsin x + C_2$, 故

$$f(x) = \frac{1}{2} \left(x\sqrt{1-x^2} + \arcsin x \right) + x\arcsin x + C$$

又 $f(0) = 1$, 故 $f(x) = \frac{1}{2} \left(x\sqrt{1-x^2} + \arcsin x \right) + x\arcsin x + 1$.

例 10 设 $f(x)$ 是 $(-\infty, +\infty)$ 上的连续非负函数,且 $f(x)\int_0^x f(x-t)dt = \sin^4 x$,求 $f(x)$ 在区间 $[0,\pi]$ 上的平均值.(北京市大学生数学竞赛,2005)

解 令 $x-t = u$,则 $\int_0^x f(x-t)dt = \int_0^x f(u)du$,记 $F(x) = \int_0^x f(u)du$,则 $F'(x) \cdot F(x) = \sin^4 x$,两端在 $(0,\pi)$ 上积分得

$$\left. \frac{1}{2} F^2(x) \right|_0^\pi = \int_0^\pi \sin^4 x\, dx = \frac{3}{8}\pi$$

故 $F^2(\pi) = \frac{3}{4}\pi$,即 $F(\pi) = \frac{\sqrt{3\pi}}{2}$.

从而 $f(x)$ 在区间 $[0,\pi]$ 上的平均值为 $\frac{1}{\pi}\int_0^x f(x)dx = \frac{\sqrt{3\pi}}{2\pi}$.

例 11 设 $f(x)$ 在 $[0, +\infty)$ 上可导,$f(0) = 0$,其反函数为 $g(x)$,若 $\int_x^{x+f(x)} g(t-x)dt = x^2\ln(1+x)$.求:$f(x)$.(天津市大学生数学竞赛,2005)

解 令 $t-x = u$,则 $dt = du$,于是

$$\int_x^{x+f(x)} g(t-x)dt = \int_x^{f(x)} g(u)du = x^2\ln(1+x)$$

将等式 $\int_0^{f(x)} g(u)du = x^2\ln(1+x)$ 两边同时对 x 求导,同时注意到 $g(f(x)) = x$,于是有

$$xf'(x) = 2x\ln(1+x) + \frac{x^2}{1+x}$$

当 $x \neq 0$ 时,有

$$f'(x) = 2\ln(1+x) + \frac{x}{1+x}$$

对上式两端积分,得到

$$
\begin{aligned}
f(x) &= \int \left[2\ln(1+x) + \frac{x}{1+x} \right] dx \\
&= 2\left[\ln(1+x) + x\ln(1+x) - x \right] + x - \ln(1+x) + C \\
&= \ln(1+x) + 2x\ln(1+x) - x + C
\end{aligned}
$$

由 $f(x)$ 在 $x = 0$ 处连续,可知 $\lim_{x \to +0} f(x) = C$;又 $f(0) = 0$,解得 $C = 0$,于是

$$f(x) = \ln(1+x) + 2x\ln(1+x) - x$$

例 12 设 $f(x)$ 可导,且 $\int x^3 f'(x)dx = x^2\cos x - 4x\sin x - 6\cos x + C$,求 $f(x)$.(北京市大学生数学竞赛,2005)

解 对题设式两边求导化简后有 $x^3 f'(x) = 2\sin x - 2x\cos x - x^2\sin x$,从而有

$$f'(x) = \frac{2\sin x}{x^3} - \frac{2\cos x}{x^2} - \frac{\sin x}{x}$$

两边积分得

$$f(x) = \int \frac{2\sin x}{x^3}dx - \int \frac{2\cos x}{x}dx - \int \frac{\sin x}{x^2}dx = -\frac{\sin x}{x^2} - \int \frac{\cos x}{x^2}dx - \int \frac{\sin x}{x}dx$$

$$= -\frac{\sin x}{x^2} + \frac{\cos x}{x} + C$$

（2）反常积分问题

例 1　证明 $\int_0^{+\infty} \sin x \sin x^2 \, dx$ 收敛.（美国 Putnam Exam,2 000）

解　由分部积分公式,有

$$\int \sin x \sin x^2 \, dx = \frac{\sin x}{x}\left(-\frac{\cos x^2}{2}\right) - \int \left(-\frac{\cos x^2}{2}\right)\left(-\frac{\sin x}{x^2} + \frac{\cos x}{x}\right)dx$$

$$= -\frac{\sin x \cos x^2}{2x} - \int \frac{\cos x^2 \sin x}{2x^2}dx + \frac{\cos x}{2x} \cdot \frac{\sin x^2}{2} -$$

$$\int \frac{\sin x^2}{2}\left[\frac{1}{2}\left(-\frac{\sin x}{x^2} - \frac{2\cos x}{x^3}\right)\right]dx$$

由 $\lim\limits_{t \to +\infty} \frac{\sin t \cos t^2}{t} = 0$，且 $\lim\limits_{t \to +\infty} \frac{\cos t \cos t^2}{t} = 0$，又

$$\int_1^t \frac{\cos x^2 \sin x}{x^2}dx, \quad \int_1^t \frac{\sin x^2 \sin x}{x^2}dx, \quad \int_1^t \frac{\sin x^2 \cos x}{x^3}dx$$

当 $t \to +\infty$ 时,都收敛,且绝对收敛. 故题设积分收敛.

例 2　计算：$(1)\int_1^3 \frac{dx}{\sqrt{(x-1)(3-x)}}$；$(2)\int_1^{+\infty} \frac{dx}{e^{x+1} + e^{3-x}}$. （美国 Putnam Exam,1939）

解　（1）由 $\int \frac{dx}{\sqrt{(x-1)(3-x)}} = \int \frac{dx}{\sqrt{1-(x-2)^2}} = \arcsin(x-2) + C$,故

$$\int_1^3 \frac{dx}{\sqrt{(x-1)(3-x)}} = \lim_{(\varepsilon,\delta) \to (0^+,0^+)} \int_{1+\varepsilon}^{3-\delta} \frac{dx}{\sqrt{(x-1)(3-x)}}$$

$$= \lim_{(\varepsilon,\delta) \to (0^+,0^+)} \arcsin(x-1) \Big|_{1+\varepsilon}^{3-\delta} = \lim_{(\varepsilon,\delta) \to (0^+,0^+)} [\arcsin(1-\delta) - \arcsin(1+\varepsilon)]$$

$$= \frac{\pi}{2} + \frac{\pi}{2} = \pi$$

（2）令 $y = x - 1$,则由下面被积式变换,有

$$\int \frac{dx}{e^{x+1} + e^{3-x}} = \frac{1}{e^2}\int \frac{dx}{e^{x-1} + e^{1-x}} = \frac{1}{e^2}\int \frac{dy}{e^y + e^{-y}} = \frac{1}{e^2}\int \frac{e^y}{e^{2y}+1}dy = \frac{1}{e^2}\arctan(e^x) + C$$

故　$\int_1^{+\infty} \frac{dx}{e^{x+1} + e^{3-x}} = \lim_{u \to +\infty}\int_1^u \frac{dx}{e^{x+1} + e^{3-x}} = \lim_{u \to +\infty}\left[\frac{1}{e^2}\arctan(e^x) \Big|_1^u\right] = \frac{1}{e^2}\left(\frac{\pi}{2} - \frac{\pi}{4}\right) = \frac{\pi}{4e^2}$

例 3　讨论 a,b 的值使积分 $\int_b^{+\infty} \left(\sqrt{\sqrt{x+a} - \sqrt{x}} - \sqrt{\sqrt{x} - \sqrt{x-b}}\right)dx$ 收敛.（美国 Putnam Exam,1995）

解　令 $f(x) = \sqrt{\sqrt{x+a} - \sqrt{x}} - \sqrt{\sqrt{x} - \sqrt{x-b}}$,则

$$f(x) = x^{\frac{1}{4}}\left[\sqrt{\left(1+\frac{a}{x}\right)^{\frac{1}{2}} - 1} - \sqrt{1 - \left(\frac{b}{x}\right)^{\frac{1}{2}}}\right]$$

$$= x^{\frac{1}{4}}\left[\sqrt{\frac{a}{2x} - \frac{a^2}{8x^2} + o(x^{-3})} - \sqrt{\frac{b}{2x} - \frac{b^2}{8x^2} + o(x^{-3})}\right]$$

$$= x^{-\frac{1}{4}}\left[\sqrt{\frac{a}{2}}\sqrt{1 + \frac{a}{4x} + o(x^{-2})} - \sqrt{\frac{b}{2}}\sqrt{1 + \frac{b}{4x} + o(x^{-2})}\right]$$

$$= x^{-\frac{1}{4}}\left\{\frac{\sqrt[4]{a}}{2}\left[1-\frac{a}{8x}+o(x^{-2})\right]-\frac{\sqrt[4]{b}}{2}\left[1+\frac{b}{8x}+o(x^{-2})\right]\right\}$$

$$= x^{-\frac{1}{4}}\left\{\frac{\sqrt[4]{a}}{2}-\frac{\sqrt[4]{b}}{2}\right\}+o(x^{-\frac{5}{4}})$$

因为 $\int_0^{+\infty}x^{-\frac{1}{4}}\mathrm{d}x$ 发散,且 $\int_1^{+\infty}x^{-\frac{5}{4}}\mathrm{d}x$ 收敛,故当 $a\neq b$ 时,$\int_b^{+\infty}f(x)\mathrm{d}x=\int_b^{+\infty}o(x^{-\frac{5}{4}})\mathrm{d}x$ 收敛.

注 本例亦可先对两个根号内的函数用微分中值定理处理后再分别有理化分子亦可解,即

$$\sqrt{x+a}-\sqrt{x}=\frac{a}{\sqrt{a+\xi}}\quad 0<\xi<a$$

$$\sqrt{x}-\sqrt{x-b}=\frac{b}{\sqrt{a+\eta}}\quad 0<\eta<b$$

只需注意到 $f(x+a)-f(x)=af'(x+\xi)$ 等即可.

例 4 若 $f(x)$ 在 $[0,+\infty)$ 上连续且严格单减,又 $\lim\limits_{x\to+\infty}f(x)=0$. 试证广义积分 $\int_0^{+\infty}\frac{f(x)-f(x+1)}{f(x)}\mathrm{d}x$ 发散. (美国 Putnam Exam, 2010)

解 由题设 $f(x)$ 严格单减,且 $\lim\limits_{x\to+\infty}f(x)=0$. 今考虑下面两种情形考虑.

(1) 若 $f(x+1)<\frac{1}{2}f(x)$,则

$$\frac{f(x)-f(x+1)}{f(x)}=1-\frac{f(x+1)}{f(x)}\geqslant 1-\frac{1}{2}=\frac{1}{2}$$

这样积分 $\int_0^{+\infty}\frac{f(x)-f(x+1)}{f(x)}\mathrm{d}x$ 显然发散.

(2) 若不然,今存在数 $r>0$,使 $f(r+1)\geqslant\frac{1}{2}f(r)$,则对充分大的 $s>r>0$,有

$$\int_r^{+\infty}\frac{f(x)-f(x+1)}{f(x)}\mathrm{d}x\geqslant\int_r^s\frac{f(x)-f(x+1)}{f(r)}\mathrm{d}x$$

$$=\int_r^s\frac{f(x)}{f(r)}\mathrm{d}x-\int_r^s\frac{f(x+1)}{f(r)}\mathrm{d}x\quad(\text{令 }x+1=t)$$

$$=\int_r^{r+1}\frac{f(x)}{f(r)}\mathrm{d}x+\int_{r+1}^s\frac{f(x)}{f(r)}\mathrm{d}x-\int_{r+1}^{s+1}\frac{f(t)}{f(r)}\mathrm{d}t\quad(\text{令 }t=x)$$

$$=\int_r^{r+1}\frac{f(x)}{f(r)}\mathrm{d}x+\int_{r+1}^s\frac{f(x)}{f(r)}\mathrm{d}x-\left[\int_{r+1}^s\frac{f(x)}{f(r)}\mathrm{d}x+\int_s^{s+1}\frac{f(x)}{f(r)}\mathrm{d}x\right]$$

$$\geqslant\int_r^{r+1}\frac{f(x)}{f(r)}\mathrm{d}x-\int_s^{s+1}\frac{f(x)}{f(r)}\mathrm{d}t$$

$$\geqslant\frac{1}{2}-\frac{1}{3}=\frac{1}{6}$$

故对任意大的 r 上式皆成立,但若题设积分收敛,则

$$\int_r^{+\infty}\frac{f(x)-f(x+1)}{f(r)}\mathrm{d}x\to 0\quad\text{当 }r\to+\infty\text{ 时}$$

与上结果相悖,则情形(2)不成立,从而积分发散.

例 5 若函数 $f(x)$ 在 $(-\infty,+\infty)$ 内连续,且积分 $\int_{-\infty}^{+\infty}f(x)\mathrm{d}x$ 存在,求证 $\int_{-\infty}^{+\infty}f\left(x-\frac{1}{x}\right)\mathrm{d}x=\int_{-\infty}^{+\infty}f(x)\mathrm{d}x$. (美国 Putnam Exam, 1968)

证 由题设及反常积分性质,有

$$\int_{-\infty}^{+\infty}f\left(x-\frac{1}{x}\right)\mathrm{d}x$$

$$= \lim_{a \to -\infty} \int_a^{-1} f\left(x - \frac{1}{x}\right) \mathrm{d}x + \lim_{b \to 0^-} \int_{-1}^b f\left(x - \frac{1}{x}\right) \mathrm{d}x + \lim_{c \to 0^+} \int_c^1 f\left(x - \frac{1}{x}\right) \mathrm{d}x + \lim_{d \to +\infty} \int_1^d f\left(x - \frac{1}{x}\right) \mathrm{d}x$$

$$= I_1 + I_2 + I_3 + I_4$$

对 I_1, I_2 进行变换 $x = \frac{1}{2}(y - \sqrt{y^2 + 4})$, 有

$$I_1 + I_2 = \frac{1}{2} \int_{-\infty}^0 f(y)\left(1 - \frac{y}{\sqrt{y^2 + 4}}\right) \mathrm{d}y + \frac{1}{2} \int_{-\infty}^0 f(y)\left(1 + \frac{y}{\sqrt{y^2 + 4}}\right) \mathrm{d}y$$

$$= \int_{-\infty}^0 f(y) \mathrm{d}y$$

对 I_3, I_4 进行变换 $x = \frac{1}{2}(y + \sqrt{y^2 + 4})$, 有

$$I_3 + I_4 = \frac{1}{2} \int_0^{+\infty} f(y)\left(1 - \frac{y}{\sqrt{y^2 + 4}}\right) \mathrm{d}y + \frac{1}{2} \int_0^{+\infty} f(y)\left(1 + \frac{y}{\sqrt{y^2 + 4}}\right) \mathrm{d}y = \int_0^{+\infty} f(y) \mathrm{d}y$$

故

$$\int_{-\infty}^{+\infty} f\left(x - \frac{1}{x}\right) \mathrm{d}x = \int_{-\infty}^0 f(x) \mathrm{d}x + \int_0^{+\infty} f(x) \mathrm{d}x = \int_{-\infty}^{+\infty} f(x) \mathrm{d}x$$

2. 积分不等式

例 1　试证积分 $\int_0^{\sqrt{2\pi}} \sin x^2 \mathrm{d}x > 0$.（前苏联全苏高校数学竞赛, 1976）

证　令 $x^2 = u$, 则有

$$\int_0^{\sqrt{2\pi}} \sin x^2 \mathrm{d}x = \int_0^{2\pi} \frac{\sin u}{2\sqrt{u}} \mathrm{d}u = \int_0^{\pi} \frac{\sin u}{2\sqrt{u}} \mathrm{d}u + \int_{\pi}^{2\pi} \frac{\sin u}{2\sqrt{u}} \mathrm{d}u$$

而令 $u = t + \pi$, 则

$$\int_{\pi}^{2\pi} \frac{\sin u}{2\sqrt{u}} \mathrm{d}u = \int_0^{\pi} \frac{-\sin t}{2\sqrt{t + \pi}} \mathrm{d}t$$

故

$$\int_0^{\sqrt{2\pi}} \sin x^2 \mathrm{d}x = \int_0^{\pi} \left(\frac{1}{2\sqrt{t}} - \frac{1}{2\sqrt{t + \pi}}\right) \sin t \mathrm{d}t$$

因 $\lim\limits_{t \to 0^+} \dfrac{\sin t}{2\sqrt{t}} = 0$, 知积分非反常积分.

又在 $(0, \pi)$ 内 $\left(\dfrac{1}{2\sqrt{t}} - \dfrac{1}{2\sqrt{t + \pi}}\right) \sin t \geqslant 0$, 故 $\int_0^{\sqrt{2\pi}} \sin x^2 \mathrm{d}x \geqslant 0$.

例 2　求证 $\dfrac{5\pi}{2} < \int_0^{2\pi} \mathrm{e}^{\sin x} \mathrm{d}x < 2\pi \mathrm{e}^{\frac{1}{4}}$.（北京市大学生数学竞赛, 1993）

证　由泰勒公式, 有

$$\mathrm{e}^{\sin x} = 1 + \sin x + \frac{1}{2!} \sin^2 x + \cdots + \frac{1}{n!} \sin^n x + \cdots$$

将其逐项积分

$$\int_0^{2\pi} \mathrm{e}^{\sin x} \mathrm{d}x = \int_0^{2\pi} \sum_{n=1}^{\infty} \frac{1}{n!} \sin^n x \mathrm{d}x$$

注意到 n 为奇数时 $\int_0^{2\pi} \sin^n x \mathrm{d}x = 0$, 又

$$\int_0^{2\pi} \sin^{2n} x \mathrm{d}x = 4 \int_0^{\frac{\pi}{2}} \sin^{2n} x \mathrm{d}x = \frac{4(2n-1)!!}{(2n)!!} \frac{\pi}{2} \quad n = 1, 2, \cdots$$

故

$$\int_0^{2\pi} \mathrm{e}^{\sin x} \mathrm{d}x = 2\pi + \sum_{n=1}^{\infty} \frac{1}{(2n)!} \int_0^{2\pi} \sin^{2n} x \mathrm{d}x = 2\pi \left[1 + \sum_{n=1}^{\infty} \frac{4(2n-1)!!}{(2n)! \cdot (2n)!!}\right]$$

$$= 2\pi\left[1 + \sum_{n=1}^{\infty} \frac{1}{4^n (n!\ )^2}\right]$$

从而　　　　$\dfrac{5\pi}{2} < 2\pi\left(1 + \dfrac{\pi}{4}\right) < \displaystyle\int_0^{2\pi} e^{\sin x} dx < 2\pi\left[1 + \sum_{n=1}^{\infty} \dfrac{1}{4^n (n!\ )^2}\right] = 2\pi e^{\frac{1}{4}}$

例3　求证 $\sqrt{1 - e^{-1}} < \dfrac{1}{\sqrt{\pi}} \displaystyle\int_0^1 e^{-x^2} dx < \sqrt{1 - e^{-2}}$. (天津市大学生数学竞赛,2008)

证　记 $I = \displaystyle\int_{-1}^1 e^{-x^2} dx$,则 $I^2 = \left(\displaystyle\int_{-1}^1 e^{-y^2} dy\right)\left(\displaystyle\int_{-1}^1 e^{-x^2} dx\right) = \displaystyle\int_{-1}^1 dy \displaystyle\int_{-1}^1 e^{-(x^2+y^2)} dx$.

注意到:$e^{-(x^2+y^2)} > 0$,故 $I^2 < \displaystyle\iint\limits_{x^2+y^2 \leqslant 2} e^{-(x^2+y^2)} dxdy = \displaystyle\int_0^{2\pi} d\theta \displaystyle\int_0^{\sqrt{2}} re^{-r^2} dr = \pi(1 - e^{-2})$;同理

$$I^2 > \iint\limits_{x^2+y^2 \leqslant 1} e^{-(x^2+y^2)} dxdy = \int_0^{2\pi} d\theta \int_0^1 re^{-r^2} dr = \pi(1 - e^{-1}) > 0$$

开方得:$\sqrt{\pi} \cdot \sqrt{1 - e^{-1}} < I < \sqrt{\pi} \cdot \sqrt{1 - e^{-2}}$,即 $\sqrt{1 - e^{-1}} < \dfrac{1}{\sqrt{\pi}} \displaystyle\int_0^1 e^{-x^2} dx < \sqrt{1 - e^{-2}}$.

例4　设函数 $f(x)$ 在闭区间 $[0,1]$ 上连续,在开区间 $(0,1)$ 内具有二阶导数,且 $f''(x) > 0$.证明: $\displaystyle\int_0^1 f(x^n) dx \geqslant f\left(\dfrac{1}{n+1}\right)$,$n$ 为正整数. (天津市大学生数学竞赛,2008)

证　设 $x_0 \in (0,1)$,$t \in [0,1]$,由泰勒展开式

$$f(t) = f(x_0) + f'(x_0)(t - x_0) + \frac{1}{2} f''(\xi)(t - x_0)^2$$

其中 ξ 位于 t 与 x_0 之间.

令 $t = x^n$,得 $f(x^n) = f(x_0) + f'(x_0)(x^n - x_0) + \dfrac{1}{2} f''(\xi)(x^n - x_0)^2$.

注意到:当 $x \in (0,1)$ 时,$f''(x) > 0$,所以

$$f(x^n) \geqslant f(x_0) + f'(x_0)(x^n - x_0)$$

$$\int_0^1 f(x^n) dx \geqslant f(x_0) + f'(x_0) \int_0^1 (x^n - x_0) dx = f(x_0) + f'(x_0)\left(\frac{1}{n+1} - x_0\right)$$

取 $x_0 = \dfrac{1}{n+1}$,得到 $\displaystyle\int_0^1 f(x^n) dx \geqslant f\left(\dfrac{1}{n+1}\right)$.

例5　设函数 $f(x)$ 在闭区间 $[0,1]$ 上连续,且 $|f(x)| < 1$,$\displaystyle\int_0^1 f(x) dx = 0$,证明:对于任意的 $a,b \in [0,1]$ 都有 $\left|\displaystyle\int_b^a f(x) dx\right| \leqslant \dfrac{1}{2}$ 成立. (北京市大学生数学竞赛,2006)

证　不妨假设 $a < b$,今考虑:若 $b - a \leqslant \dfrac{1}{2}$,则

$$\left|\int_b^a f(x) dx\right| = |f(\xi)|\,|b - a| \leqslant \frac{1}{2}$$

若 $b - a > \dfrac{1}{2}$,则

$$\left|\int_a^b f(x) dx\right| \leqslant \left|\int_0^a f(x) dx\right| + \left|\int_b^1 f(x) dx\right| = |f(\xi)|\,a + |f(\eta)|\,(1 - b)$$

$$\leqslant 1 - (b - a) < \frac{1}{2}$$

综上,任意 $a,b \in [0,1]$ 均有 $\left|\displaystyle\int_a^b f(x) dx\right| \leqslant \dfrac{1}{2}$.

例 6　若函数 $f(x)$ 在 $[0,2]$ 上有二阶连续导数，且 $f(1)=0$. 试证 $\left|\displaystyle\int_0^2 f(x)\mathrm{d}x\right| \leqslant \dfrac{1}{3}\max_{0\leqslant x\leqslant 2}|f''(x)| = \dfrac{1}{3}M.$（江苏省大学生数学竞赛,1991）

证　可得

$$
\begin{aligned}
\int_0^2 f(x)\mathrm{d}x &= \int_0^2 \mathrm{d}x \int_1^x f'(t)\mathrm{d}t = \int_0^1 \mathrm{d}x\int_1^x f'(t)\mathrm{d}t + \int_1^2 \mathrm{d}x\int_1^x f'(t)\mathrm{d}t \\
&= -\int_0^1 \mathrm{d}x\int_x^1 f'(t)\mathrm{d}t + \int_1^2 \mathrm{d}x\int_1^x f'(t)\mathrm{d}t \\
&= -\int_0^1 f'(t)\mathrm{d}t\int_0^t \mathrm{d}x + \int_1^2 f'(t)\mathrm{d}t\int_t^2 \mathrm{d}x \\
&= -\int_0^1 tf'(t)\mathrm{d}t + \int_1^2 (2-t)f'(t)\mathrm{d}t \\
&= \int_0^1 \frac{1}{2}t^2 f''(t)\mathrm{d}t + \int_1^2 \frac{1}{2}(2-t)^2 f''(t)\mathrm{d}t
\end{aligned}
$$

因而

$$
\begin{aligned}
\left|\int_0^2 f(x)\mathrm{d}x\right| &\leqslant \left|\frac{1}{2}\int_0^1 t^2 f''(t)\mathrm{d}t\right| + \left|\frac{1}{2}\int_1^2 (2-t)^2 f''(t)\mathrm{d}t\right| \\
&\leqslant \frac{M}{2}\left[\int_0^1 t^2\mathrm{d}t + \int_1^2 (2-t)^2\mathrm{d}t\right] = \frac{M}{3}
\end{aligned}
$$

例 7　设函数 $f(x)$ 在 $[0,1]$ 上有连续导数,且 $0 < f'(x) \leqslant 1$,又 $f(0)=0$. 求证: $\left[\displaystyle\int_0^1 f(x)\mathrm{d}x\right]^2 \geqslant \displaystyle\int_0^1 f^3(x)\mathrm{d}x.$（美国 Putnam Exam,1973）

证 1　令 $G(t) = 2\displaystyle\int_0^t f(x)\mathrm{d}x - f^2(t),\ t\in[0,1].$

显然 $G(0)=0$,且 $G'(t) = 2f(t)[1-f'(t)] \geqslant 0.$

知 $G(t) \geqslant 0$,且 $f(1)G(t) \geqslant 0.$

又令 $F(t) = \left[\displaystyle\int_0^t f(x)\mathrm{d}x\right]^2 - \displaystyle\int_0^t f^3(x)\mathrm{d}x, t\in[0,1].$

则 $F(0)=0$, $F'(t) = f(t)G(t) \geqslant 0$, 知 $F''(t) \geqslant 0.$

特别地,$F(1) \geqslant 0$,此即题设不等式,且仅当 $f(t)G(t) = F'(t) = 0$ 时,题设式等号成立.

证 2　对于 $0 \leqslant x \leqslant 1$,令 $F(x) = \left(\displaystyle\int_0^x f(t)\mathrm{d}t\right)^2 - \displaystyle\int_0^x f^3(t)\mathrm{d}t$, 于是 $F(0)=0$,同时

$$
F'(x) = 2\left[\int_0^x f(t)\mathrm{d}t\right]\cdot f(x) - f^3(x) = f(x)\left[2\int_0^x f(t)\mathrm{d}t - f^2(x)\right]
$$

又由 $f(0)=0$, $f'(x) > 0$, 则 $f(x) \geqslant 0\ (0 < x < 1).$

下面考虑 $G(x) = 2\displaystyle\int_0^x f(t)\mathrm{d}t - f^2(x)$, $0 \leqslant x \leqslant 1$. 显然 $G(0)=0$,同时

$$
G'(x) = 2f(x) - 2f(x)f'(x) = 2f(x)[1-f'(x)] \geqslant 0
$$

这里注意到 $f(x) \geqslant 0$,且 $f'(x) \leqslant 1$ 的题设.

从而 $F'(x) \geqslant 0\ (0 \leqslant x \leqslant 1)$,又 $F(0)=0$,则 $F(x) \geqslant 0$,不等式得证.

例 8　设函数 $f(x)$ 处处二阶可导,若对每一个 x 均有 $f''(x) \geqslant 0$,且 $u=u(t)$ 为任意连续函数,则 $\dfrac{1}{a}\displaystyle\int_0^a f[u(t)]\mathrm{d}t \geqslant f\left[\dfrac{1}{a}\displaystyle\int_0^a u(t)\mathrm{d}t\right].$（北京市大学生数学竞赛,1998）

证　将 $[0,a]$ n 等分,设 $x_k = u(t_k) = u\left(\dfrac{ka}{n}\right),k=1,2,\cdots,n.$

由 $f''(x) \geqslant 0$ 有 $f\left[\dfrac{1}{a}\sum\limits_{k=1}^{n}u\left(\dfrac{ka}{n}\right)\cdot\dfrac{a}{n}\right] \leqslant \dfrac{1}{a}\sum\limits_{k=1}^{n}f\left[u\left(\dfrac{ka}{n}\right)\right]\dfrac{a}{n}$,故

$$f\left[\dfrac{1}{a}\lim_{n\to\infty}\sum_{k=1}^{n}u\left(\dfrac{ka}{n}\right)\cdot\dfrac{a}{n}\right] \leqslant \dfrac{1}{a}\lim_{n\to\infty}\sum_{k=1}^{n}f\left[u\left(\dfrac{ka}{n}\right)\right]\dfrac{a}{n}$$

即

$$f\left[\dfrac{1}{a}\int_0^a u(t)\mathrm{d}t\right] \leqslant \dfrac{1}{a}\int_0^a f[u(t)]\mathrm{d}t$$

例 9　设区间 $[0,1]$ 上的函数 $f(x)$ 连续可微,且 $\displaystyle\int_0^1 f(x)\mathrm{d}x = 0$.证明:对每个 α 值皆有

$$\left|\int_0^\alpha f(x)\mathrm{d}x\right| \leqslant \dfrac{1}{8}\max_{0\leqslant x\leqslant 1}|f'(x)|$$

(美国 Putnam Exam,2007)

证 1　设 $g(x) = \displaystyle\int_0^x f(y)\mathrm{d}y$,且设 $B = \max\limits_{0\leqslant x\leqslant 1}|f'(x)|$.

显然 $g(0) = g(1) = 0$,故 $g(x)$ 的最大值必产生于 $g'(x) = 0$,即 $f(y) = 0$ 的临界 $y \in (0,1)$ 处.取 $\alpha = y$,由于

$$\int_0^\alpha f(x)\mathrm{d}x = -\int_0^{1-\alpha} f(1-x)\mathrm{d}x$$

故可设 $\alpha \leqslant \dfrac{1}{2}$(否则可设 $\displaystyle\int_0^\alpha f(x)\mathrm{d}x \geqslant 0$ 再用 $-f(x)$ 代 $f(x)$).

又由 $f'(x) \geqslant -\max\limits_{0\leqslant x\leqslant 1}|f'(x)|$ 得到

$$0 \leqslant x \leqslant \alpha, f(x) \leqslant \max_{0\leqslant x\leqslant 1}|f'(x)|(\alpha - x)$$

从而(注意到 $\max\limits_{0\leqslant x\leqslant 1}|f'(x)|$ 是常数)

$$\int_0^\alpha f(x)\mathrm{d}x \leqslant \int_0^\alpha \max_{0\leqslant x\leqslant 1}|f'(x)|(\alpha - x)\mathrm{d}x$$

$$= -\dfrac{1}{2}\max_{0\leqslant x\leqslant 1}|f'(x)|(\alpha - x)^2\Big|_0^\alpha = \dfrac{\alpha^2}{2}\max_{0\leqslant x\leqslant 1}|f'(x)| = \dfrac{1}{8}\max_{0\leqslant x\leqslant 1}|f'(x)|$$

证 2　由二次三项式 $-\alpha^2 + \alpha - \dfrac{1}{4} \leqslant 0$,即 $\alpha - \alpha^2 \leqslant \dfrac{1}{4}$,只需证

$$\left|\int_0^\alpha f(x)\mathrm{d}x\right| \leqslant \dfrac{\alpha - \alpha^2}{2}\max_{0\leqslant x\leqslant 1}|f'(x)|$$

在区间 $[0,1]$ 上,由中值定理不等式

$$|f(x) - f(y)| \leqslant \max_{0\leqslant x\leqslant 1}|f'(x)|$$

对任意 $x, y \in [0,1]$ 皆成立,则对所有 $t \in [0,1]$ 有

$$|f(\alpha t) - f(t)| \leqslant (1-\alpha)\max_{0\leqslant x\leqslant 1}|f'(x)|$$

则结合题设有

$$\dfrac{1-\alpha}{2}\max_{0\leqslant x\leqslant 1}|f'(x)| \geqslant \int_0^1 |f(\alpha t) - f(t)|\mathrm{d}t$$

$$\geqslant \left|\int_0^1 f(\alpha t)\mathrm{d}t - \int_0^1 f(t)\mathrm{d}t\right| = \left|\int_0^1 f(\alpha t)\mathrm{d}t\right|$$

令 $\alpha t = u$,则 $\displaystyle\int_0^1 f(\alpha t)\mathrm{d}t = \dfrac{1}{\alpha}\int_0^\alpha f(u)\mathrm{d}u$,从而

$$\left|\int_0^\alpha f(x)\mathrm{d}x\right| \leqslant \dfrac{\alpha - \alpha^2}{2}\max_{0\leqslant x\leqslant 1}|f'(x)|$$

例 10　设函数 $f(x)$ 在 $[a,b]$ 上有连续导数,试证 $\left|\dfrac{1}{b-a}\displaystyle\int_a^b f(x)\mathrm{d}x\right| + \displaystyle\int_a^b |f'(x)|\mathrm{d}x \geqslant \max\limits_{a\leqslant x\leqslant b}|f(x)|$.(上海交通大学数学竞赛,1991;北京邮电学院数学竞赛,1996)

证　由设 $f(x)$ 在 $[a,b]$ 上连续,故 $|f(x)|$ 在 $[a,b]$ 上也连续,从而可有 $x_0 \in [a,b]$,使

$$|f(x_0)| = \max_{a \leqslant x \leqslant b} |f(x)|$$

又由积分中值定理,有

$$\frac{1}{b-a}\int_a^b f(x)\mathrm{d}x = f(\xi) \quad \xi \in [a,b]$$

故

$$\left|\frac{1}{b-a}\int_a^b f(x)\mathrm{d}x\right| + \int_a^b |f'(x)|\mathrm{d}x = |f(\xi)| + \int_a^b |f'(x)|\mathrm{d}x$$

$$\geqslant |f(\xi)| + \left|\int_\xi^{x_0} f'(x)\mathrm{d}x\right| = |f(\xi)| + |f(x_0) - f(\xi)|$$

$$\geqslant |f(\xi) - f(x_0) - f(\xi)| = |f(x_0)| = \max_{a \leqslant x \leqslant b} |f(x)|$$

注　下面的问题与例类同或可视为例的特殊情形:

(1) 若 $f(x)$ 在 $[0,1]$ 上有二阶连续导数,且 $f(0) = f(1) = 0$. 又 $x \in (0,1)$ 时 $f(x) \neq 0$. 试证 $\int_0^1 \left|\dfrac{f''(x)}{f(x)}\right|\mathrm{d}x \geqslant 4$.（北方交通大学数学竞赛,1994）

略证:记 $M = |f(x_0)| = \max\limits_{0 \leqslant x \leqslant 1} |f(x)|$,在区间 $[0,x_0]$ 和 $[x_0,1]$ 上分别使用微分中值定理,有

$$f(x_0) = f'(\xi_1)x_0 \quad 0 < \xi_1 < x_0$$

$$-f(x_0) = f'(\xi_2)(1-x_0) \quad x_0 < \xi_2 < 1$$

则

$$\int_0^1 \left|\frac{f''(x)}{f(x)}\right|\mathrm{d}x \geqslant \int_0^1 \left|\frac{f''(x)}{M}\right|\mathrm{d}x = \frac{1}{|M|}\left[\int_0^{x_0} |f''(x)|\mathrm{d}x + \int_{x_0}^1 |f''(x)|\mathrm{d}x\right]$$

$$\geqslant \frac{1}{|M|}\left|\int_{\xi_1}^{\xi_2} f''(x)\mathrm{d}x\right| = 4$$

(2) 若函数 $f(x)$ 在 $[a,b]$ 上有连续导数,且 $f(a) = f(b) = 0$,试证不等式

$$\max_{a \leqslant x \leqslant b} |f'(x)| \geqslant \frac{4}{(b-a)^2}\int_a^b |f(x)|\mathrm{d}x$$

例 11　设 $f(x)$ 在 $[0,1]$ 上连续,且 $1 \leqslant f(x) \leqslant 3$,试证 $1 \leqslant \int_0^1 f(x)\mathrm{d}x \int_0^1 \dfrac{3\mathrm{d}x}{f(x)} \leqslant \dfrac{4}{3}$.

证　显然 $\int_0^1 f(x)\mathrm{d}x \geqslant \int_0^1 \mathrm{d}x = 1$.

由于 $[f(x)-1][f(x)-3] \leqslant 0$,故有 $\dfrac{[f(x)-1][f(x)-3]}{f(x)} \leqslant 0$,即 $f(x) + \dfrac{3}{f(x)} \leqslant 4$,从而

$$\int_0^1 \left[f(x) + \frac{3}{f(x)}\right]\mathrm{d}x \leqslant 4$$

易知 $ab \leqslant \dfrac{(a+b)^2}{4}$,于是

$$\int_0^1 f(x)\mathrm{d}x \int_0^1 \frac{3\mathrm{d}x}{f(x)} \leqslant \frac{\left[\int_0^1 f(x)\mathrm{d}x \int_0^1 \frac{3\mathrm{d}x}{f(x)}\right]^2}{4} \leqslant 4$$

即

$$\int_0^1 f(x)\mathrm{d}x \int_0^1 \frac{3}{f(x)}\mathrm{d}x \leqslant \frac{4}{3}$$

例 12　若 $f(x)$ 在 $(0,\pi)$ 上二次可微,试证积分不等式

$$\int_0^\pi |f(x) - \sin x|^2 \mathrm{d}x \leqslant \frac{3}{4}, \int_0^\pi |f(x) - \cos x|^2 \mathrm{d}x \leqslant \frac{3}{4}$$

不能同时成立.（中国第六届全国大学生数学夏令营试题,1992）

证　注意到下面事实

$$\int_0^\pi [f(x) - \sin x]^2 dx + \int_0^\pi [f(x) - \cos x]^2 dx = \int_0^\pi \{[f(x) - \sin x]^2 + [f(x) - \cos x]^2\} dx$$

$$\geqslant \frac{1}{2} \int_0^\pi \{[f(x) - \sin x] - [f(x) - \cos x]\}^2 dx = \frac{1}{2} \int_0^\pi (\cos x - \sin x)^2 dx$$

$$= \frac{1}{2} \int_0^\pi (1 - \sin 2x) dx = \frac{\pi}{2}$$

若两个不等式同时成立,则有 $\frac{\pi}{2} < \frac{3}{4} + \frac{3}{4} = \frac{3}{2}$,矛盾. 故题设两个不等式不能同时成立.

例 13 设函数 $f(x)$ 的一阶导数在 $[0,1]$ 上连续,且 $f(0) = f(1) = 0$. 证明

$$\left| \int_0^1 f(x) dx \right| \leqslant \frac{1}{4} \max_{x \in [0,1]} |f'(x)|$$

(天津大学数学竞赛,1995)

证 先凑微分,再用分部积分,有

$$\int_0^1 f(x) dx = \int_0^1 f(x) d\left(x - \frac{1}{2}\right)$$

$$= \left[\left(x - \frac{1}{2}\right) f(x)\right]_0^1 - \int_0^1 f'(x)\left(x - \frac{1}{2}\right) dx = -\int_0^1 f'(x)\left(x - \frac{1}{2}\right) dx$$

而

$$\left| \int_0^1 f(x) dx \right| \leqslant \max_{x \in [0,1]} |f'(x)| \int_0^1 \left| x - \frac{1}{2} \right| dx$$

$$= \max_{x \in [0,1]} |f'(x)| \left\{ \int_0^{\frac{1}{2}} \left(\frac{1}{2} - x\right) dx + \int_{\frac{1}{2}}^1 \left(x - \frac{1}{2}\right) dx \right\}$$

$$= \frac{1}{4} \max_{x \in [0,1]} |f'(x)|$$

故

$$\left| \int_0^1 f(x) dx \right| \leqslant \frac{1}{4} \max_{x \in [0,1]} |f'(x)|$$

注 1 若例中区间 $[0,1]$ 若改为 $[a,b]$,则结论可改为:$\max_{x \in [a,b]} |f'(x)| \geqslant \frac{4}{(b-a)^2} \int_a^b |f(x)| dx.$(见前例注)

略证:这里给出它的另类证法. 若 $x \in (a,b)$,在 $[a,x]$ 及 $[x,b]$ 上对 $f(x)$ 应用拉格朗日中值定理,有

$$f(x) - f(a) = f'(\zeta_1)(x - a) \quad a < \zeta_1 < x \tag{①}$$

$$f(x) - f(b) = f'(\zeta_2)(x - b) \quad x < \zeta_2 < b \tag{②}$$

又 $f(a) = f(b) = 0$,由 $f'(x)$ 在 $[a,b]$ 上连续,故 $|f'(x)|$ 在 $[a,b]$ 上亦连续,$|f'(x)|$ 必有最大值 M,即

$$|f'(x)| \leqslant \max_{a \leqslant x \leqslant b} |f'(x)| = M$$

再由式①、式②有 $|f'(x)| \leqslant M(x - a)$, $|f'(x)| \leqslant M(b - x)$.

故

$$\frac{4}{(b-a)^2} \int_a^b |f'(x)| dx = \frac{4}{(b-a)^2} \left[\int_a^{\frac{a+b}{2}} |f'(x)| dx + \int_{\frac{a+b}{2}}^b |f'(x)| dx \right]$$

$$\leqslant \frac{4}{(b-a)^2} \left[\int_a^{\frac{a+b}{2}} M(x - a) dx + \int_{\frac{a+b}{2}}^b M(b - x) dx \right]$$

$$= \frac{4M}{(b-a)^2} \left[\frac{1}{2} \left(\frac{a+b}{2} - a\right)^2 + \frac{1}{2} \left(b - \frac{a+b}{2}\right)^2 \right] = M = \max_{a \leqslant x \leqslant b} |f'(x)|$$

注 2 由上面问题的特殊情形如:

设函数 $f(x)$ 在 $[0,a]$ 上有连续导数,且 $f(0)=0$.试证

$$\left|\int_b^a f(x)ax\right|\leqslant\frac{Ma^2}{2}$$

这里 $M=\max\limits_{0\leqslant x\leqslant a}|f'(x)|$.

例 14　设函数 $f(x)$ 在 $[0,1]$ 上连续且单调增加,证明不等式 $\int_0^1 f(x)\mathrm{d}x\leqslant 2\int_0^1 xf(x)\mathrm{d}x$.(北京市大学生数学竞赛,2005)

证　对任意 $x,y\in[0,1]$,有 $(x-y)[f(x)-g(y)]\geqslant 0$.

记 $D=\{(x,y)\mid 0\leqslant x,y\leqslant 1\}$,则 $\iint\limits_D(x-y)[f(x)-f(y)]\mathrm{d}x\mathrm{d}y\geqslant 0$.而

$$\iint\limits_D(x-y)[f(x)-f(y)]\mathrm{d}x\mathrm{d}y=\iint\limits_D[xf(x)+yf(y)-xf(y)-yf(x)]\mathrm{d}x\mathrm{d}y$$

$$=2\int_0^1 xf(x)\mathrm{d}x-\int_0^1 f(x)\mathrm{d}x$$

故

$$\int_0^1 f(x)\mathrm{d}x\leqslant 2\int_0^1 xf(x)\mathrm{d}x$$

下面看几个利用积分中值定理证明不等式的例子.

例 15　设 $f(x)$ 为在 $[0,1]$ 上的非负单调递减函数.试证对于 $0<\alpha<\beta<1$,有下面不等式成立:
$\frac{\alpha}{\beta}\int_\alpha^\beta f(x)\mathrm{d}x\leqslant\int_0^\alpha f(x)\mathrm{d}x$.(哈尔滨工业大学数学竞赛,1998)

证　由 $f(x)$ 的单调性及积分中值定理,有

$$\int_0^\alpha f(x)\mathrm{d}x=\alpha f(\xi_1)\geqslant\alpha f(\alpha)\quad 0\leqslant\xi_1\leqslant\alpha$$

$$\int_\alpha^\beta f(x)\mathrm{d}x=(\beta-\alpha)f(\xi_2)\leqslant(\beta-\alpha)f(\alpha)\quad\alpha\leqslant\xi_2\leqslant\beta$$

又 $f(x)$ 非负且 $0<\alpha<\beta<1$,注意上面两式故有

$$\frac{1}{\alpha}\int_0^\alpha f(x)\mathrm{d}x\geqslant\frac{1}{\beta-\alpha}\int_\alpha^\beta f(x)\mathrm{d}x$$

即

$$\left(\frac{\beta}{\alpha}-1\right)\int_0^\alpha f(x)\mathrm{d}x\geqslant\int_\alpha^\beta f(x)\mathrm{d}x$$

或

$$\left(1-\frac{\alpha}{\beta}\right)\int_0^\alpha f(x)\mathrm{d}x\geqslant\frac{\alpha}{\beta}\int_\alpha^\beta f(x)\mathrm{d}x$$

注意到 $\frac{\alpha}{\beta}\int_0^\alpha f(x)\mathrm{d}x\geqslant 0$,从而有 $\int_0^\alpha f(x)\mathrm{d}x\geqslant\frac{\alpha}{\beta}\int_\alpha^\beta f(x)\mathrm{d}x$.

注　显然下面的命题为例的特殊情形.

若 $f(x)$ 在 $[0,1]$ 上可积单调不增,则对任何 $a\in(0,1)$ 有

$$\int_0^a f(x)\mathrm{d}x\geqslant a\int_a^1 f(x)\mathrm{d}x$$

它可由设 $F(a)=\frac{1}{a}\int_0^a f(x)\mathrm{d}x$,然后考虑 $F'(a)\leqslant 0$,故有 $F(0)\geqslant F(1)$(本例亦可仿此证明).

例 16　设 $f(x)$ 在 $[0,1]$ 有连续导数,且 $|f'(x)|\leqslant M,0<x<1$,试证
$\left|\int_0^1 f(x)\mathrm{d}x-\frac{1}{n}\sum\limits_{k=1}^n f\left(\frac{k}{n}\right)\right|\leqslant\frac{M}{n}$.(美国 Putnam Exam,1947)

证　令 $I_k=\int_{\frac{k-1}{n}}^{\frac{k}{n}}f(x)\mathrm{d}x-\frac{1}{n}f\left(\frac{k}{n}\right),k=1,2,\cdots,n$;又由题设 $f(x)$ 连续及积分中值定理,有

$$\int_{\frac{k-1}{n}}^{\frac{k}{n}}f(x)\mathrm{d}x=\frac{1}{n}f(\eta_k)\quad\frac{k-1}{n}<\eta_k<\frac{k}{n}$$

再由微分中值定理,有

$$f(\eta_k) - f\left(\frac{k}{n}\right) = \left(\eta_k - \frac{k}{n}\right)f'(\xi_k) \quad \eta_k < \xi_k < \frac{k}{n}$$

故

$$|I_k| = \frac{1}{n}\left|f(\eta_k) - f\left(\frac{k}{n}\right)\right| = \frac{1}{n}\left|\eta_k - \frac{k}{n}\right| \cdot |f'(\xi_k)| \leqslant \frac{M}{n^2}$$

从而

$$\left|\int_0^1 f(x)\mathrm{d}x - \frac{1}{n}\sum_{k=1}^n f\left(\frac{k}{n}\right)\right| \leqslant \left|\sum_{k=1}^n I_k\right| \leqslant \frac{M}{n}$$

例 17 利用柯西积分不等式 $\left[\int_a^b \varphi(x)\psi(x)\mathrm{d}x\right]^2 \leqslant \int_a^b \varphi^2(x)\mathrm{d}x \cdot \int_a^b \psi^2(x)\mathrm{d}x$,证明

$$\int_a^b f^2(x)\mathrm{d}x \leqslant \frac{(b-a)^2}{2}\int_a^b [f'(x)]^2 \mathrm{d}x$$

这里 $f(x)$ 在 $[a,b]$ 上可导且 $f'(x)$ 连续,$f(a) = 0$.(北京市大学生数学竞赛,1993)

证 由题设 $f'(x)$ 连续,且 $f(a) = 0$,有 $f(x) = \int_a^x f'(t)\mathrm{d}t \ (a \leqslant x \leqslant b)$. 由柯西积分不等式有

$$f^2(x) = \left[\int_a^x f'(t)\mathrm{d}t\right]^2 \leqslant \int_a^x [f'(t)]^2 \mathrm{d}t \cdot \int_a^x 1^2 \mathrm{d}x = (x-a)\int_a^b [f'(t)]^2 \mathrm{d}t$$

因 $[f'(x)]^2 \geqslant 0$,$x - a \geqslant 0$,故有 $f^2(x) \leqslant (x-a)\int_a^b [f'(t)]^2 \mathrm{d}t$,两边从 a 到 b 积分可得

$$\int_a^b f^2(x)\mathrm{d}x \leqslant \frac{(b-a)^2}{2}\int_a^b [f'(x)]^2 \mathrm{d}x$$

例 18 若 $f(x)$ 在 $[a,b]$ 上连续,且 $f(x) \geqslant 0$,又 $\int_a^b f(x)\mathrm{d}x = 1$,试证 $\left(\int_a^b f(x)\cos kx\,\mathrm{d}x\right)^2 + \left(\int_a^b f(x)\sin kx\,\mathrm{d}x\right)^2 \leqslant 1$,这里 k 为任意实数.(北京信息工程学院数学竞赛,1998)

证 因 $f(x) > 0$,由柯西积分不等式,有

$$\left(\int_a^b f(x)\cos kx\,\mathrm{d}x\right)^2 = \left(\int_a^b \sqrt{f(x)} \cdot \sqrt{f(x)}\cos kx\,\mathrm{d}x\right)^2$$

$$\leqslant \left(\int_a^b \left[\sqrt{f(x)}\right]^2 \mathrm{d}x\right)\left(\int_a^b \left[\sqrt{f(x)}\cos kx\right]^2 \mathrm{d}x\right)$$

$$= \int_a^b f(x)\mathrm{d}x \int_a^b f(x)\cos^2 kx\,\mathrm{d}x = \int_a^b f(x)\cos^2 kx\,\mathrm{d}x$$

同理 $\left(\int_a^b f(x)\sin kx\,\mathrm{d}x\right)^2 \leqslant \int_a^b f(x)\sin^2 kx\,\mathrm{d}x$,从而

$$\left(\int_a^b f(x)\cos kx\,\mathrm{d}x\right)^2 + \left(\int_a^b f(x)\sin kx\,\mathrm{d}x\right)^2 \leqslant \int_a^b f(x)(\sin^2 kx + \cos^2 kx)\mathrm{d}x = \int_a^b f(x)\mathrm{d}x = 1$$

例 19 设 $f(x)$ 在 $[0,1]$ 上连续、单减,且恒正,则

$$\frac{\int_0^1 xf^2(x)\mathrm{d}x}{\int_0^1 xf(x)\mathrm{d}x} \leqslant \frac{\int_0^1 f^2(x)\mathrm{d}x}{\int_0^1 f(x)\mathrm{d}x}$$

证 要证结论可化为

$$\int_0^1 f^2(x)\mathrm{d}x \int_0^1 yf(y)\mathrm{d}y - \int_0^1 f(x)\mathrm{d}x \int_0^1 yf^2(y)\mathrm{d}y \geqslant 0$$

即

$$\int_0^1 \int_0^1 [f(x)f(y)y][f(x) - f(y)]\mathrm{d}x\mathrm{d}y \geqslant 0$$

令 $I = \int_0^1 \int_0^1 [f(y)f(x)x][f(y) - f(x)]\mathrm{d}x\mathrm{d}y$(改换积分变元),有

$$2I = \int_0^1 \int_0^1 [f(x)f(y)(y-x)][f(y) - f(x)]\mathrm{d}x\mathrm{d}y$$

因 $f(x) > 0$ 且单减,且对 $x, y \in [0,1]$ 有 $(y-x)[f(x)-f(y)] > 0$,则 $2I \geqslant 0$,从而 $I \geqslant 0$. 故要证不等式成立.

3. 积分问题杂例

例1　若 $0 \leqslant a \leqslant 1$,在 $[0,1]$ 区间上有无非负函数 $f(x)$ 满足

$$\int_0^1 f(x)\mathrm{d}x = 1, \int_0^1 x f(x)\mathrm{d}x = a, \int_0^1 x^2 f(x)\mathrm{d}x = a^2$$

(美国 Putnam Exam,1964)

解1　将 $a^2, -2a, 1$ 分别乘以

$$\int_0^1 f(x)\mathrm{d}x, \int_0^1 x f(x)\mathrm{d}x = a, \int_0^1 x^2 f(x)\mathrm{d}x = a^2$$

两边,然后三式相加则有

$$\int_0^1 (a^2 - 2ax + x^2)f(x)\mathrm{d}x = a^2 - 2a^2 + a^2$$

即

$$\int_0^1 (a-x)^2 f(x)\mathrm{d}x = 0$$

由于 $f(x)$ 在 $[0,1]$ 上非负,且 $(a-x)^2$ 非负,故上积分值不可能为 0,即这样的 $f(x)$ 不存在.

解2　假设这样的函数 $f(x)$ 存在,由柯西不等式及题设可有

$$a = \int_0^1 x f(x)\mathrm{d}x \leqslant \sqrt{\int_0^1 x^2 f(x)\mathrm{d}x \int_0^1 f(x)\mathrm{d}x} \leqslant \sqrt{a} = a$$

等号当且仅当 $x\sqrt{f(x)} = k\sqrt{f(x)}$ 时成立(k 为某个常数).

故 $\sqrt{f(x)} \equiv 0$. 这与 $\int_0^1 f(x)\mathrm{d}x = 1$ 相抵.

故 $f(x)$ 存在的假设不真,从而这样的 $f(x)$ 不存在.

例2　设函数 $f(x)$ 在闭区间 $[0, \pi]$ 上连续,且有

$$\int_0^\pi f(\theta)\cos \theta \mathrm{d}\theta = \int_0^\pi f(\theta)\sin \theta \mathrm{d}\theta = 0$$

求证:在 $(0, \pi)$ 内存在两点 α, β 使 $f(\alpha) = f(\beta) = 0$. (美国 Putnam Exam,1963)

证　若 $f(x) \equiv 0$,则结论显然. 无妨设 $f(x)$ 不恒等于 0.

由 $\int_0^\pi f(\theta)\sin \theta \mathrm{d}\theta$ 及 $\sin \theta > 0$ $(0 < \theta < \pi)$,知 $f(x)$ 在 $(0, \pi)$ 内变号.

又由 $f(x)$ 的连续性可知,至少存在一点 $\alpha \in (0, \pi)$ 使 $f(\alpha) = 0$.

下面用反证法证明 α 非 $f(x)$ 的唯一零点.

若 α 是 $f(x)$ 在 $(0, \pi)$ 内唯一零点,则 $f(x)$ 在 $(0, \pi)$ 和 (α, π) 内异号. 于是

$$\int_0^\pi f(\theta)\sin(\theta - \alpha)\mathrm{d}\theta = \int_0^\alpha f(\theta)\sin(\theta - \alpha)\mathrm{d}\theta + \int_0^\pi f(\theta)\sin(\theta - \alpha)\mathrm{d}\theta \neq 0 \qquad (*)$$

另一方面由题设及积分性质我们又有

$$\int_0^\pi f(\theta)\sin(\theta - \alpha)\mathrm{d}\theta = \cos \alpha \int_0^\pi f(\theta)\sin \theta \mathrm{d}\theta - \sin \alpha \int_0^\pi f(\theta)\cos \theta \mathrm{d}\theta = 0$$

显然这与式 $(*)$ 矛盾! 故知在 $(0, \pi)$ 内至少还有一个 $f(x)$ 的零点 β.

从而有 $\alpha, \beta \in (0, \pi)$,且 $\alpha \neq \beta$ 使 $f(\alpha) = f(\beta) = 0$.

例3　记 $P(x) = x^3 + ax^2 + bx + c$,又若 $P(x) = 0$ 有 3 个相异实根:$x_1 < x_2 < x_3$.试证:

(1) $P'(x_1) > 0, P'(x_2) < 0, P'(x_3) > 0$;

(2) 若 $\int_{x_1}^{x_3} P(x)\mathrm{d}x > 0$,则存在 $\xi \in (x_1, x_2)$ 使 $\int_\xi^{x_3} P(x)\mathrm{d}x = 0$. (北京工业大学数学竞赛,1994)

证　(1) 设 $P(x) = \prod_{k=1}^{3} (x - x_k)$,则

$$P'(x) = (x - x_2)(x - x_3) + (x - x_1)(x - x_3) + (x - x_1)(x - x_2)$$

故
$$P'(x_1) = (x_1 - x_2)(x_1 - x_3) > 0$$

且
$$P'(x_2) = (x_2 - x_1)(x_2 - x_3) < 0$$

及
$$P'(x_3) = (x_3 - x_1)(x_3 - x_2) > 0$$

(2) 令 $Q(x) = \int_x^{x_3} P(x)\mathrm{d}x$, $x \in [x_1, x_2]$.

由题设 $Q(x_1) = \int_{x_1}^{x_3} P(x)\mathrm{d}x > 0$,又当 $x \in (x_2, x_3)$ 时 $P(x) < 0$,故

$$Q(x_2) = \int_{x_2}^{x_3} P(x)\mathrm{d}x < 0$$

从而有 $\xi \in (x_1, x_2)$,使 $\int_{\xi}^{x_3} P(x)\mathrm{d}x = 0$.

下面是两则求函数式的问题,这类问题我们在后文"微分方程"中还要讲述.

例 4 已知 $f'(\sin^2 x) = \cos 2x + \tan^2 x$,试求 $f(x)(0 < x < 1)$.(前苏联大学生数学竞赛,1976)

解 记 $\sin^2 x = y$,则

$$f'(y) = 1 - 2y + \frac{y}{1-y} = -2y + \frac{1}{1-y}$$

$$f(y) = \int \left(-2y + \frac{1}{1-y}\right)\mathrm{d}y = -y^2 - \ln(1-y) + c$$

故
$$f(x) = -x^2 - \ln(1-x) + c \quad 0 < x < 1$$

例 5 若函数 $f(x)$ 满足 $f'(-x) = x[f'(x) - 1]$,试求该函数.(北京市大学生数学竞赛,1994)

解 令 $x = -t$ 代入题设式,有

$$f'(t) = -t[f'(-t) - 1] \Rightarrow f'(x) = -x[f'(-x) - 1]$$

又将题设式两边同乘 x 有

$$xf'(-x) = x^2[f'(x) - 1]$$

由上两式可解得

$$f'(x) = \frac{x + x^2}{1 + x^2}$$

从而
$$f(x) = \int \frac{x + x^2}{1 + x^2}\mathrm{d}x = \frac{1}{2}\ln(1 + x^2) + x - \arctan x + C$$

本质上讲该例是一个微分方程求解的问题.最后来看一个关于积分极值的赛题.

例 6 设 $P(x) = 2 + 4x + 3x^2 + 5x^3 + 3x^4 + 4x^5 + 2x^6$,对于 $0 < k < 5$ 的 k,定义 $I_k = \int_0^{+\infty} \frac{x^k}{P(x)}\mathrm{d}x$,试求 k 使 I_k 值最小.(美国 Putnam Exam,1978)

解 由题设知,当 $-1 < k < 5$ 时积分 I_k 收敛,令 $x = \frac{1}{t}$,有

$$I_k = \int_{-\infty}^0 \frac{t^{-k}}{t^{-6}P(t)} \cdot \frac{-1}{t^2}\mathrm{d}t = \int_0^{+\infty} \frac{t^{4-k}}{P(t)}\mathrm{d}t = I_{4-k}$$

由算术 - 几何平均值不等式有

$$\frac{x^k + x^{4-k}}{2} \geqslant \sqrt{x^k \cdot x^{4-k}} = x^2$$

故
$$I_k = \frac{1}{2}(I_k + I_{4-k}) = \int_0^{+\infty} \frac{1}{2} \cdot \frac{x^k + x^{4-k}}{P(x)}\mathrm{d}x \geqslant \int_0^{+\infty} \frac{x^2}{P(x)}\mathrm{d}x = I_2$$

从而当 $k = 2$ 时,I_k 最小.

例 7 利用定积分证明恒等式:$C_n^1 - \frac{1}{2}C_n^2 + \cdots + \frac{(-1)^{n+1}}{n}C_n^n = 1 + \frac{1}{2} + \cdots + \frac{1}{n}$.(北京大学生数学竞赛,2011)

用两种不同的方法计算定积分 $\int_0^1 \frac{1-(1-x)^n}{x}\mathrm{d}x$.

证 1 注意到积分

$$\int_0^1 \frac{1-(1-x)^n}{x}\mathrm{d}x = \int_0^1 \frac{1}{x}\Big[1-\sum_{k=0}^n C_n^k(-x)^k\Big]\mathrm{d}x = \int_0^1 \sum_{k=1}^n (-1)^{k-1}C_n^k x^{k-1}\mathrm{d}x$$

$$= \sum_{k=1}^n (-1)^{k-1}C_n^k \int_0^1 x^{k-1}\mathrm{d}x = \sum_{k=1}^n (-1)^{k-1}\frac{C_n^k}{k} = C_n^1 - \frac{1}{2}C_n^2 + \cdots + \frac{(-1)^{n+1}}{n}C_n^n$$

证 2 由设注意到积分式变换有

$$\int_0^1 \frac{1-(1-x)^n}{x}\mathrm{d}x = \int_0^1 \frac{1-(1-x)^n}{1-(1-x)}\mathrm{d}x = \int_0^1 \sum_{k=0}^{n-1}(1-x)^k\mathrm{d}x$$

$$= \sum_{k=0}^{n-1}\int_0^1 (1-x)^k\mathrm{d}x = \sum_{k=0}^{n-1}\frac{1}{k+1} = 1 + \frac{1}{2} + \cdots + \frac{1}{n}$$

例 8 任意定义在 $[0,1]$ 上的连续函数 $f(x)$,若设

$$I(f) = \int_0^1 x^2 f(x)\mathrm{d}x, J(f) = \int_0^1 x f^2(x)\mathrm{d}x$$

试求 $I(f) - J(f)$ 的最大值(遍历所有 $f(x)$ 时).(美国 Putnam Exam 2006)

解 注意到下面式子的变形

$$I(f) - J(f) = \int_0^1 \big[x^2 f(x) - x f^2(x)\big]\mathrm{d}x$$

$$= \int_0^1 \left\{\frac{x^3}{4} - x\Big[f(x) - \frac{x}{2}\Big]^2\right\}\mathrm{d}x$$

$$\leqslant \int_0^1 \frac{x^3}{4}\mathrm{d}x = \frac{1}{16}$$

又取 $f(x) = \frac{x}{2}$ 时,$I(f) - J(f) = \frac{1}{16}$.

故 $I(f) - J(f)$ 的最小值为 $\frac{1}{16}$.

例 9 设 $f(x)$ 是除 $x = 0$ 点外处处连续的奇函数,$x = 0$ 为其第一类跳跃间断点,证明 $\int_0^x f(t)\mathrm{d}t$ 是连续的偶函数,但 $x = 0$ 点处不可导.(天津市大学生数学竞赛,2006)

证 因为 $x = 0$ 是 $f(x)$ 的第一类跳跃间断点,设 $\lim\limits_{x \to 0^+} f(x) = A$,则 $A \neq 0$;又因 $f(x)$ 为奇函数,所以 $\lim\limits_{x \to 0^-} f(x) = -A$.

令

$$\varphi(x) = \begin{cases} f(x) - A, & x > 0 \\ 0, & x = 0 \\ f(x) + A, & x < 0 \end{cases}$$

则 $\varphi(x)$ 在 $x = 0$ 点处连续,从而 $\varphi(x)$ 在 $(-\infty, +\infty)$ 上处处连续,且 $\varphi(x)$ 是奇函数:

若 $x > 0$,则 $-x < 0$,$\varphi(-x) = f(-x) + A = -f(x) + A = -[f(x) - A] = -\varphi(x)$;

若 $x < 0$,则 $-x > 0$,$\varphi(-x) = f(-x) - A = -f(x) - A = -[f(x) + A] = -\varphi(x)$.

即 $\varphi(x)$ 是连续的奇函数,于是 $\int_0^x \varphi(t)\mathrm{d}t$ 是连续的偶函数,且在 $x = 0$ 点处可导.又

$$\int_0^x \varphi(t)\mathrm{d}t = \int_0^x f(t)\mathrm{d}t - A\,|\,x\,|$$

即

$$\int_0^x f(t)\mathrm{d}t = \int_0^x \varphi(t)\mathrm{d}t + A\,|\,x\,|$$

所以 $\int_0^x f(t)\mathrm{d}t$ 是连续的偶函数,但在 $x = 0$ 点处不可导.

例 10　试证积分不等式

$$\frac{\sqrt{\pi}}{2}(1-e^{-a^2})^{\frac{1}{2}}<\int_0^a e^{-x^2}dx<\frac{\sqrt{\pi}}{2}(1-e^{-\frac{4}{\pi}a^2})^{\frac{1}{2}}$$

其中 a 是任意函数.（中国第三届全国大学生数学夏令营试题,1989）

证　如图 20 所示,令各部分分别为 Ⅰ～Ⅳ,且记

$$Q_a=\{(x,y)\in \mathbf{R}^2\mid 0<x<a,0<y<a\}$$
$$D_r=\{(x,y)\in \mathbf{R}^2\mid x^2+y^2<r^2,x>0,y>0\}$$

又 $D_{\frac{2a}{\pi}}$ 与 Q_a 不重叠部分 Ⅰ∪Ⅱ$\subset D_{\frac{2a}{\pi}}$,Ⅲ$\subset Q_a$.

这时 $S_{Ⅰ∪Ⅱ}=S_Ⅲ$,这里 S 表示面积.

注意到 $D_a\subset Q_a$,$S_{D_a}<S_{Q_a}$;$S_{Q_a}=S_{D_{\frac{2a}{\sqrt{\pi}}}}=a^2$.

因 $P_a=\int_0^a e^{-x^2}dx=\left[\iint\limits_{Q_a}e^{-(x^2+y^2)}dxdy\right]^{\frac{1}{2}}$,故

$$P_a>\left[\iint\limits_{D_a}e^{-(x^2+y^2)}dxdy\right]^{\frac{1}{2}}=\left[\int_0^{\frac{\pi}{2}}\int_0^a e^{-r^2}rdrdθ\right]^{\frac{1}{2}}=\frac{\sqrt{\pi}}{2}(1-e^{-a^2})^{\frac{1}{2}}$$

此外,当$(x,y)\in$ Ⅲ 时,$x^2+y^2\geqslant\frac{4a^2}{\pi}$,故 $e^{-(x^2+y^2)}\leqslant e^{-\frac{4}{\pi}a^2}$;

而当$(x,y)\in$ Ⅰ∪Ⅱ 时,$x^2+y^2<\frac{4a^2}{\pi}$,故 $e^{-(x^2+y^2)}>e^{-\frac{4}{\pi}a^2}$. 从而可有

$$P_a=\left[\iint\limits_{Q_a}e^{-(x^2+y^2)}dxdy\right]^{\frac{1}{2}}=\left[\iint\limits_Ⅲ+\iint\limits_Ⅳ\right]^{\frac{1}{2}}$$

$$\leqslant\left[e^{-\frac{4}{\pi}a^2}S_Ⅲ+\iint\limits_Ⅳ\right]^{\frac{1}{2}}=\left[e^{-\frac{4}{\pi}a^2}S_{Ⅰ∪Ⅱ}+\iint\limits_Ⅳ\right]^{\frac{1}{2}}$$

$$<\left[\iint\limits_{Ⅰ∪Ⅱ}+\iint\limits_Ⅳ\right]^{\frac{1}{2}}=\left[\iint\limits_{D_{\frac{2a}{\sqrt{\pi}}}}e^{-(x^2+y^2)}dxdy\right]^{\frac{1}{2}}$$

$$=\frac{\sqrt{\pi}}{2}(1-e^{-\frac{4}{\pi}a^2})^{\frac{1}{2}}$$

即右边不等式成立. 左边不等式可仿上给出.

习　　题

1. 计算下列不定积分:

(1)$\int\dfrac{dx}{(x^2+1)^2}$.（北京师范大学,1982）

(2)$\int\dfrac{dx}{x^8(1+x^2)^2}$.（东北工学院,1981）

(3)$\int\dfrac{dx}{x(x^2+a)^n}$ $(a\neq0,n\neq0)$.（厦门大学,1980;淮南煤矿学院,1982）

(4)$\int\dfrac{x^4+1}{(x-1)(x^2+1)}dx$.（华中工学院,1983）

(5)$\int(\mid x\mid+x)^2dx$.（郑州工学院,1984）

(6)$\int\sqrt{1-x^2}dx$.（西北工业大学,1980）

(7) $\displaystyle\int \frac{\mathrm{d}x}{\sqrt{x-1}+\sqrt{x+1}}$. (华中工学院,1982)

(8) $\displaystyle\int \frac{\mathrm{d}x}{1+\sqrt{x}+\sqrt{1+x}}$. (东北工学院,1983)

(9) $\displaystyle\int \frac{\mathrm{d}x}{\sqrt{x-x^2}}$. (北京工业大学,1980)

(10) $\displaystyle\int \frac{\mathrm{d}x}{x-\sqrt{x^2-1}}$. (成都地质学院,1982)

(11) $\displaystyle\int \frac{\mathrm{d}x}{x\sqrt{x^2-1}}$. (西北工业大学,1982)

(12) $\displaystyle\int \frac{\mathrm{d}x}{x\sqrt{1+x^4}}$. (长沙铁道学院,1980)

(13) $\displaystyle\int \frac{\mathrm{d}x}{\sqrt{x}+\sqrt[3]{x}}$. (北京师范大学,1983)

(14) $\displaystyle\int \frac{x}{\sqrt{1+x^2}+\sqrt{(1+x^2)^3}}\mathrm{d}x$. (湘潭大学,1982)

(15) $\displaystyle\int \frac{\mathrm{d}x}{\sqrt[3]{(x+1)^2(x-1)^4}}$. (北京邮电学院,1980)

(16) $\displaystyle\int \frac{\mathrm{d}x}{\sqrt[4]{x^3+1}}\quad(x>-1)$. (华中工学院,1981)

(17) $\displaystyle\int x^{\frac{1}{2}}\,\mathrm{e}^{\sqrt{x}}\,\mathrm{d}x$. (山东工学院,1982)

(18) $\displaystyle\int \frac{\mathrm{e}^{1-\frac{1}{x}}}{x^2}\mathrm{d}x$. (昆明工学院,1982)

(19) $\displaystyle\int \frac{\mathrm{d}x}{\sqrt{1+\mathrm{e}^x}}$. (华南工学院,1980;大连轻工业学院,1982)

(20) $\displaystyle\int \frac{\mathrm{e}^{2x}}{1+\mathrm{e}^x}\mathrm{d}x$. (北京农机学院,1980)

(21) $\displaystyle\int x\ln x\,\mathrm{d}x$. (西北工业大学,1982)

(22) $\displaystyle\int \frac{\ln x}{\sqrt{3x-2}}\mathrm{d}x$. (北京化工学院,1983)

(23) $\displaystyle\int \frac{\ln(1+x)}{\sqrt{x}}\mathrm{d}x$. (浙江大学,1981)

(24) $\displaystyle\int \frac{\ln(1+x^2)}{x^3}\mathrm{d}x$. (中南矿冶学院,1980)

(25) $\displaystyle\int \frac{x\ln(x+\sqrt{1+x^2})}{\sqrt{1+x^2}}\mathrm{d}x$. (北京师范大学,1983)

(26) $\displaystyle\int t^a\ln t\,\mathrm{d}t\ (a\ 为常数)$. (西安交通大学,1980)

(27) $\displaystyle\int \frac{\ln\left[(x-a)^{x+a}(x+b)^{x+b}\right]}{(x+a)(x+b)}\mathrm{d}x$. (上海机械学院,1980;上海工业大学,1982;大连轻工业学院,1985)

(28) $\displaystyle\int \frac{1-\ln x}{(x-\ln x)^2}\mathrm{d}x$. (湖南大学,1983)

(29) $\displaystyle\int \frac{x}{\sin^2 x}\mathrm{d}x.$（华东纺织工学院,1982）

(30) $\displaystyle\int \frac{\mathrm{d}x}{\sin x \cos^4 x}.$（南京大学,1982）

(31) $\displaystyle\int \sqrt{1+\csc x}\,\mathrm{d}x.$（南京大学,1982）

(32) $\displaystyle\int \frac{x\cos x}{\sin^3 x}\mathrm{d}x.$（无锡轻工业学院,1982）

(33) $\displaystyle\int \frac{\sin x}{\sqrt{\cos 2x}}\mathrm{d}x.$（南京工学院,1983）

(34) $\displaystyle\int \csc x \sqrt{\frac{1+\cos x}{1-\cos x}}\,\mathrm{d}x.$（上海工业大学,1984）

(35) $\displaystyle\int \frac{x+\sin x}{1+\cos x}\mathrm{d}x.$（上海交通大学,1980）

(36) $\displaystyle\int \frac{\mathrm{d}x}{1+\sin x+\cos x}.$（北京师范大学,1982）

(37) $\displaystyle\int \frac{\sin x+8\cos x}{2\sin x+3\cos x}\mathrm{d}x.$（淮南矿业学院,1982）

(38) $\displaystyle\int \frac{7\cos x-3\sin x}{5\cos x+2\sin x}\mathrm{d}x.$（中南矿冶学院,1980）

(39) $\displaystyle\int \frac{m\cos x+n\sin x}{p\cos x+q\sin x}\mathrm{d}x\ (mq-np\neq 0).$（上海工业大学,1982）

(40) $\displaystyle\int \frac{\sin^2 x\,\mathrm{d}x}{(\sin x-\cos x-1)^3}\mathrm{d}x.$（重庆大学,1983）

(41) $\displaystyle\int \frac{\sin 2x\,\mathrm{d}x}{\sin^4 x+\cos^4 x}\mathrm{d}x.$（吉林工业大学,1983）

(42) $\displaystyle\int \frac{\tan x}{a^2\sin^2 x+b^2\cos^2 x}\mathrm{d}x,$这里 a,b 为常数,且 $a\neq 0.$（上海交通大学,1984）

(43) $\displaystyle\int \sin^3\sqrt{x}\,\mathrm{d}x.$（合肥工业大学,1981）

(44) $\displaystyle\int x^2\arcsin x\,\mathrm{d}x.$（上海交通大学,1983）

(45) $\displaystyle\int \arctan\sqrt{x}\,\mathrm{d}x.$（北京航空学院,1983）

(46) $\displaystyle\int x\arctan\sqrt{x}\,\mathrm{d}x.$（大连海运学院,1980）

(47) $\displaystyle\int \frac{x\arctan x}{\sqrt{1+x^2}}\mathrm{d}x.$（兰州铁道学院,1984）

(48) $\displaystyle\int \left[\arcsin\left(x+\frac{1}{2}\right)\right]^2\mathrm{d}x.$（中山大学,1981）

(49) $\displaystyle\int \frac{\mathrm{e}^x(1+\sin x)}{1+\cos x}\mathrm{d}x.$（吉林工业大学,1983）

(50) $\displaystyle\int \frac{\mathrm{e}^{k\arctan x}}{\sqrt{(1+x^2)^3}}\mathrm{d}x,$这里 k 为常数.（中山大学,1983）

(51) $\displaystyle\int \frac{x\mathrm{e}^{\arctan x}}{(1+x^2)^{\frac{3}{2}}}\mathrm{d}x.$（同济大学,1983）

(52) $\displaystyle\int \frac{\mathrm{e}^{-\frac{x}{2}}(\cos x-\sin x)}{\sqrt{\sin x}}\mathrm{d}x.$（长沙铁道学院,1982）

(53) $\displaystyle\int \frac{3^x \cdot 5^x}{(25)^x - 9^x}\mathrm{d}x.$（中南矿冶学院,1981）

(54) $\displaystyle\int \ln(\cos x) \cdot \tan x\mathrm{d}x.$（华中工学院,1982）

(55) $\displaystyle\int \sin(\ln x)\mathrm{d}x.$（浙江大学,1982）

(56) $\displaystyle\int \cos(\ln x)\mathrm{d}x.$（西安交通大学,1984）

(57) $\displaystyle\int \arctan(1 + \sqrt{x})\mathrm{d}x.$（国防科技大学,1982）

(58) $\displaystyle\int \frac{\sin\sqrt{x}}{\sqrt{x}}\mathrm{d}x.$（北京航空学院,1986）

2. (1) 若 $I_n = \displaystyle\int (\ln x)^n \mathrm{d}x$($n$ 为自然数)，则 $I_n = x(\ln x)^n - nI_{n-1}(x \geqslant 1)$.（武汉地质学院,1982）

(2) 设 $I_n = \displaystyle\int \frac{\mathrm{d}x}{\sin^n x}$($n > 2$,自然数)，则 $I_n = \dfrac{n-2}{n-1}I_{n-1} - \dfrac{\cos x}{(n-1)\sin^{n-1}x}$.（上海工业大学,1984）

3. 建立 $I_n = \displaystyle\int \frac{\mathrm{d}x}{x^n\sqrt{x^2+1}}$ 的递推公式.（北京工业学院,1980）

4. 若 a 为常数，求 $\displaystyle\int t^a \ln t\mathrm{d}t.$（西安交通大学,1980）

5. 计算下列定积分：

(1) $\displaystyle\int_{-1}^{1} \frac{1+x^2}{1+x^4}\mathrm{d}x.$（北京师范大学,1982）

(2) $\displaystyle\int_{a}^{b} \frac{\mathrm{d}x}{\sqrt{(x-a)(b-x)}}.$（北京师范大学,1982）

(3) $\displaystyle\int_{-1}^{2} x\sqrt{|x|}\mathrm{d}x.$（一机部 1980 年出国进修生选拔试题）

(4) $\displaystyle\int_{-1}^{4} |t^2 + 3t + 2|\mathrm{d}t.$（复旦大学,1982）

(5) $\displaystyle\int_{-1}^{1} (x + |x|)^2\mathrm{d}x.$（北京大学,1982;武汉工业大学,1986）

(6) $\displaystyle\int_{0}^{2a} x^2\sqrt{2ax - x^2}\mathrm{d}x.$（兰州铁道学院,1984）

(7) $\displaystyle\int_{-2}^{-1} \frac{\mathrm{d}x}{x\sqrt{x^2-1}}.$（北京大学,1982）

(8) $\displaystyle\int_{-1}^{1} |x - y|\mathrm{e}^x\mathrm{d}x$,这里 $|y| \leqslant 1.$（上海交通大学,1984）

(9) $\displaystyle\int_{0}^{\frac{\pi}{2}} \sqrt{1 - \sin 2x}\mathrm{d}x.$（厦门大学,1982）

(10) $\displaystyle\int_{0}^{2\pi} \sqrt{1 + \cos x}\mathrm{d}x.$（无锡轻工业学院,1983）

(11) $\displaystyle\int_{0}^{n\pi} x|\sin x|\mathrm{d}x$,$n$ 为正整数.（中国人民解放军通讯工程学院,1982）

(12) $\displaystyle\int_{0}^{\frac{\pi}{4}} |\sin x - \cos x|\mathrm{d}x.$（上海交通大学,1980）

(13) $\displaystyle\int_{0}^{\frac{\pi}{2}} |a\cos x - \sin x|\mathrm{d}x$,$a$ 为常数.（东北师范大学,1983）

(14) $\displaystyle\int_{0}^{\pi} \sqrt{\sin x - \sin^3 x}\mathrm{d}x.$（同济大学,1979;上海机械学院,1982;昆明工学院,1982）

(15) $\int_{-\frac{\pi}{4}}^{\frac{\pi}{4}} \sqrt{\cos x - \cos^3 x}\, dx$. (厦门大学,1980)

(16) $\int_{-\frac{\pi}{2}}^{\frac{\pi}{2}} \sqrt{\sin^2 x - \sin^4 x}\, dx$. (无锡轻工业学院,1982)

(17) $\int_{0}^{\frac{\pi}{2}} \frac{dx}{1 + a\sin^2 x} (0 < a < 1)$. (国防科技大学,1983)

(18) $\int_{0}^{\pi} \frac{x\sin x}{1 + \cos x}\, dx$. (广西大学,1980)

(19) $\int_{0}^{\pi} \frac{\cos x}{2 + \sin x}\, dx$. (中国科学院,1983)

(20) $\int_{0}^{\pi} \frac{\sin x}{\sqrt{1 - 2a\cos x + a^2}}\, dx$, 其中 $a > 1$. (天津大学,1980)

(21) $\int_{\frac{\pi}{6}}^{\frac{\pi}{3}} \frac{1 + \tan\theta}{\sin 2\theta}\, d\theta$. (兰州大学,1982)

(22) $\int_{0}^{\frac{\pi}{2}} \frac{\sin^{10} x - \cos^{10} x}{4 - \sin x - \cos x}\, dx$. (北京工业大学,1982)

(23) $\int_{0}^{3} \arcsin\sqrt{\frac{x}{1+x}}\, dx$. (中南矿冶学院,1982)

(24) $\int_{0}^{\frac{\pi}{2}} \arctan 2x\, dx$. (上海机械学院,1982)

(25) $\int_{0}^{1} \frac{dx}{(1 + e^x)^2}$. (山东工学院,1982)

(26) $\int_{a}^{b} x e^{-|x|}\, dx$. (北京航空学院,1980)

(27) $\int_{-1}^{1} x e^{-x|x|}\, dx$. (天津纺织工学院,1984)

(28) $\int_{0}^{2} \operatorname{sh}^2 x \operatorname{ch}^2 x\, dx$. (北京大学,1982)

(29) $\int_{0}^{\frac{\pi}{2}} \ln(1 + \tan x)\, dx$. (北京工业学院,1982)

(30) $\int_{a}^{b} \frac{dx}{x\sqrt{1 + \ln^2 x}\,\ln x}$, 其中 $a = e^{\frac{\sqrt{3}}{3}}, b = e^{\sqrt{3}}$. (东北重型机械学院,1981)

(31) $\int_{\frac{1}{2}}^{2} \left(1 + x - \frac{1}{x}\right) e^{x + \frac{1}{x}}\, dx$. (北京邮电学院,1980)

(32) $\int_{0}^{2} \frac{dx}{x(1 + x^n)}$. (西安交通大学,1983)

(33) $\int_{0}^{\pi} \frac{\sin(2n-1)x}{\sin x}\, dx$ (n 为自然数). (西安冶金建筑学院,1983)

6. 设 $|y| \leqslant 1$, 求 $\int_{-1}^{1} |x - y| e^x\, dx$. (上海交通大学,1984)

7. 计算 $\int_{a}^{b} |2x - a - b|\, dx$, 其中 $a < b$. (陕西机械学院,1985)

8. 设 $f(x) = \frac{(x+1)^3(x-1)}{x^3(x-1)}$, 求 $\int_{-1}^{3} \frac{f'(x)}{1 + f^2(x)}\, dx$. (陕西机械学院,1982)

9. 若 $a \neq k\pi$, 求 $\int_{-1}^{1} \frac{\sin a\, dx}{1 - 2x\cos a + x^2}$. (华东纺织工学院,1982)

10. 若 $f'(e^x) = x e^x$, 且 $f(1) = 0$. 求 $\int_{1}^{2} \left[2f(x) + \frac{1}{2}(x^2 - 1)\right] dx$. (西北工业大学,1985)

11. 若函数

$$f(x) = \begin{cases} \sin x, & |x| < \dfrac{\pi}{2} \\ 0, & |x| \geqslant \dfrac{\pi}{2} \end{cases}$$

求 $I(x) = \displaystyle\int_0^x f(t)\,\mathrm{d}t.$（华东化工学院，1982）

12. 若 $\displaystyle\int_x^{2\ln 2} \dfrac{\mathrm{d}t}{\sqrt{\mathrm{e}^t - 1}} = \dfrac{\pi}{6}$，求 $x.$（西安交通大学，1981）

13. (1) 试证 $\displaystyle\int_0^{\frac{\pi}{2}} \cos^m x \sin^m x\,\mathrm{d}x = 2^{-m}\int_0^{\frac{\pi}{2}} \cos^m x\,\mathrm{d}x.$（南京工学院，1980；哈尔滨工业大学，1983）

(2) 计算 $I_n = \displaystyle\int_0^{\frac{\pi}{2}} \cos^n t\,\mathrm{d}t, n$ 为自然数.（北京钢铁学院，1980）

14. 计算 $\displaystyle\int_{-a}^a x[f(x) + f(-x)]\,\mathrm{d}x.$（湖南大学，1983）

15. 若 $f(\pi) = 1$，且 $\displaystyle\int_0^1 [f(x) + f''(x)]\sin x\,\mathrm{d}x = 3$，求 $f(0).$（西安交通大学，1983）

16. 当 $x \geqslant 0$ 时，$f_0(x) > 0$，又 $f_n(x) = \displaystyle\int_0^x f_{n-1}(x)\,\mathrm{d}x(n = 1,2,\cdots).$ 试证 $f_n(x) = \dfrac{1}{(n-1)!}\displaystyle\int_0^x (x-t)^{n-1}f_0(t)\,\mathrm{d}t.$（厦门大学，1983）

17. 若 $f(x)$ 是定义在 $(-\infty, +\infty)$ 上的周期为 T 的连续函数，证明 $\displaystyle\int_a^{a+T} f(x)\,\mathrm{d}x = \int_0^T f(x)\,\mathrm{d}x$（$a$ 为任意常数）.（华东化工学院，1982）

18. 若 n 为奇数，函数 $F(x) = \displaystyle\int_0^x \sin^n t\,\mathrm{d}t$ 是以 2π 为周期的周期函数.（甘肃工业大学，1982）

19. (1) 设函数 $f(x)$ 在闭区间 $[0,1]$ 上连续，试证明：$\displaystyle\int_0^{\frac{\pi}{4}} f(|\cos x|)\,\mathrm{d}x = \dfrac{1}{4}\int_0^{2\pi} f(|\cos x|)\,\mathrm{d}x.$（清华大学，1982）

(2) 若函数 $f(x)$ 在区间 $-\sqrt{a^2+b^2} \leqslant x \leqslant \sqrt{a^2+b^2}$ 上连续，试证明：$\displaystyle\int_0^{2\pi} f(a\cos\theta + b\sin\theta)\,\mathrm{d}\theta = 2\int_0^{\pi} f(\sqrt{a^2+b^2}\cos t)\,\mathrm{d}t.$（上海工业大学，1981）

20. (1) 试用变量替换 $y = \pi - x$，证明：$\displaystyle\int_0^{\pi} xf(\sin x)\,\mathrm{d}x = \dfrac{\pi}{2}\int_0^{\pi} f(\sin x)\,\mathrm{d}x$；

(2) 计算 $\displaystyle\int_0^{\pi} \dfrac{x\sin x}{1 + \cos^2 x}\,\mathrm{d}x.$（合肥工业大学，1980；东北工学院，1982；华东师范大学，1984）

21. 设函数 $f(x)$ 在闭区间 $[-a, a]$ 上连续（$a > 0$），试证明：$\displaystyle\int_{-a}^a f(x)\,\mathrm{d}x = \int_0^a [f(x) + f(-x)]\,\mathrm{d}x$，且由此计算 $\displaystyle\int_{-\frac{\pi}{4}}^{\frac{\pi}{4}} \dfrac{\mathrm{d}x}{1 + \sin x}.$（国防科技大学，1981）

22. 证明 $\displaystyle\int_0^a f(x)\,\mathrm{d}x = \int_0^a f(a-x)\,\mathrm{d}x$，且依此证明等式：$\displaystyle\int_0^{\frac{\pi}{4}} \dfrac{1 - \sin 2x}{1 + \sin 2x}\,\mathrm{d}x = \int_0^{\frac{\pi}{4}} \tan^2 x\,\mathrm{d}x$，并求其值.（武汉地质学院，1982）

23. 证明 $\displaystyle\int_1^a \dfrac{1}{x} f\left(x^2 + \dfrac{a^2}{x^2}\right)\,\mathrm{d}x = \int_1^a \dfrac{1}{x} f\left(x + \dfrac{a^2}{x}\right)\,\mathrm{d}x.$（长沙铁道学院，1983）

24. 设 $f'(x)$ 连续，$F(x) = \displaystyle\int_0^x f(t)f'(2a-t)\,\mathrm{d}t.$ 试证：$F(2a) - 2F(a) = [F(a)]^2 - f(0)f(2a).$（湖

南大学,1980)

25. 已知 $f(x)$ 是连续函数，则 $\int_0^{2a} f(x)dx = \int_0^a [f(x) + f(2a - x)]dx$，且利用此式计算 $\int_0^\pi \dfrac{x\sin x}{1 + \cos^2 x}dx$. (北京化工学院,1982)

26. 求证 $\int_0^1 f(x)dx = \dfrac{f(0) - f(1)}{2} - \dfrac{1}{2}\int_0^1 x(1 - x)f''(x)dx$，其中 $f''(x)$ 在 $[0,1]$ 上连续. (解放军测绘学院,1984)

27. 若函数 $f(x)$ 满足：对其定义域 $0 < x < +\infty$ 内任意两点 x,y 均有 $f(xy) + \ln a = f(x) + f(y)$，且 $f'(1) = 1$. (1) 求 $f(1)$；(2) 证明 $f(x)$ 可导；(3) 求 $f(x)$. (南京化工学院,1985)

28. (1) 若 $f(x) = \int_0^x \cos\dfrac{1}{t}dt$，则 $f'(0) = 0$；(2) 若 $f(x)$ 在 $(-\infty, +\infty)$ 上连续，且 $f(x) = \int_0^x f(t)dt$，试证 $f(x) \equiv 0 (-\infty < x < +\infty)$. (陕西机械学院,1982)

29. 若 $M(f) = \lim\limits_{x \to \infty} \dfrac{1}{x}\int_0^x f(t)dt$ 叫函数 $f(x)$ 在 $[0, +\infty)$ 上的中值，试求下列函数的中值：(1) $f(x) = \sin^2 x + \cos^2(\sqrt{2}x)$；(2) $f(x) = \arctan x$. (武汉地质学院,1982)

30. 设 $f(x)$ 为定义于 $\left[0, \dfrac{\pi}{2}\right]$ 上且满足 $\int_0^{\frac{\pi}{2}} f(t) \cdot f(t - x)dt = \cos^4 x$ 的连续函数，试求 $f(x)$ 在 $\left[0, \dfrac{\pi}{2}\right]$ 上的平均值. (甘肃工业大学,1982)

31. 对于一切实数 t，函数 $f(t)$ 是连续的，且有 $f(t) > 0$ 及 $f(-t) = f(t)$. 现对函数
$$F(x) = \int_{-a}^a |x - t|f(t)dt \quad -a \leqslant x \leqslant a$$
(1) 证明 $F'(x)$ 单调增加. (2) 当 x 为何值时，函数 $F(x)$ 取得最小值？(3) 若函数 $F(x)$ 的最小值为 a 的函数 $f(a) - a^2 - 1$ 时，试求 $f(t)$. (安徽大学,1984)

32. 若 $f(x)$ 在 $[0,1]$ 上有定义且单增，则对任何 $a \in (0,1)$ 有 $\int_0^a f(x)dx \geqslant a\int_0^1 f(x)dx$. (华中工学院,1983)

33. 设 $y = \varphi(x)(x \geqslant 0)$ 是严格单调增加的连续函数，且 $\varphi(0) = 0$；它的反函数是 $x = \psi(y)$. 试证 $\int_0^a \varphi(x)dx + \int_0^b \psi(y)dy \geqslant ab \ (a > 0, b > 0)$. (华中工学院,1984)

34. 若函数 $f(x)$ 在 $[a,b]$ 上连续，在 (a,b) 内可导，且 $f'(x) \leqslant 0$，则 $F(x) = \dfrac{1}{x - a}\int_a^x f(t)dt$ 在 (a,b) 内也有 $F'(x) \leqslant 0$. (同济大学,1980)

35. 应用定积分性质证明：$\sqrt{2}e^{-\frac{1}{2}} < \int_{-1/\sqrt{2}}^{1/\sqrt{2}} e^{-x^2}dx < \sqrt{2}$. (成都地质学院,1980)

36. 试证若 $f(x) = \int_x^{x+1} \sin^2 t \, dt$，当 $x > 0$ 时 $|f(x)| < \dfrac{1}{x}$. (北京工业大学,1980)

37. 由积分性质，比较 $\int_0^1 \dfrac{x}{1 + x}dx$ 和 $\int_0^1 \ln(1 + x)dx$ 的大小. (贵州工学院,1982)

38. 若函数 $f(x)$ 在 $[a,b]$ 上二次可微，且 $f'(x) > 0, f''(x) > 0$，试证 $(b - a)f(a) < \int_a^b f(x)dx < \dfrac{1}{2}(b - a)[f(b) + f(a)]$. (山东工学院,1982)

39. 试求下列反常积分：

(1) $\int_0^{+\infty} \dfrac{dx}{\sqrt{x} + x\sqrt{x}}$. (一机部 1981—1982 年度出国进修生选拔试题)

(2) $\int_1^{+\infty} \dfrac{\mathrm{d}x}{x\sqrt{x-1}}$. (同济大学,1984)

(3) $\int_0^{+\infty} \mathrm{e}^{-\sqrt{x}}\mathrm{d}x$. (哈尔滨工业大学,1981)

(4) $\int_0^{+\infty} \dfrac{\mathrm{e}^{-\alpha x^2} - \mathrm{e}^{-\beta x^2}}{x^2}\mathrm{d}x$ (其中 $\alpha > \beta > 0$). (中山大学,1981;山东海洋学院,1984)

(5) $\int_0^{+\infty} \dfrac{1 - \ln x}{x^2}\mathrm{d}x$. (上海海运学院,1980)

(6) $\int_0^1 \ln\dfrac{1}{1-x}\mathrm{d}x$. (北京师范大学,1983)

(7) $\int_0^{+\infty} x^n \mathrm{e}^{-x}\mathrm{d}x$ (n 为正整数). (上海机械学院,1981)

(8) $\int_0^{+\infty} x^n \mathrm{e}^{-ax}\mathrm{d}x$ (a 为正的常数,n 为自然数). (国防科技大学,1984)

(9) $\int_0^1 \ln x\mathrm{d}x$. (华东师范大学,1984)

(10) $\int_0^1 x^a (\ln x)^n\mathrm{d}x$ ($a > 1$,n 为自然数). (厦门大学,1982)

(11) $\int_{-\infty}^{+\infty} \dfrac{\mathrm{d}x}{(1+x^2)^n}$ (n 为自然数). (中国科学院,1983;合肥工业大学,1985)

(12) $\int_0^{\frac{\pi}{2}} \ln(\sin x)\mathrm{d}x$. (厦门大学,1980)

(13) $\int_0^{+\infty} \dfrac{\arctan x}{(1+x^2)^{2/3}}\mathrm{d}x$. (湘潭大学,1982)

(14) $\int_{-\infty}^{+\infty} a\mathrm{e}^{-ax^2}\mathrm{d}x$. (北京大学,1982)

(15) $\int_{-\infty}^{+\infty} (x+|x|)\mathrm{e}^{-|x|}\mathrm{d}x$. (苏州丝绸工学院,1984)

(16) $\int_0^{+\infty} \mathrm{e}^{-x}|\sin x|\mathrm{d}x$. (中国科技大学,1983)

(17) $\int_0^1 \ln\left(\dfrac{1}{1-x^2}\right)\mathrm{d}x$. (北京大学,1982)

(18) $\int_0^1 x^x\mathrm{d}x$. (成都科技大学,1980)

40. 研究积分 $\int_0^{+\infty} \dfrac{x^m}{1+x^n}\mathrm{d}x$ ($n \geqslant 0$) 的敛散性. (中山大学,1983)

41. 设 $f(x) = \dfrac{A}{\mathrm{e}^x + \mathrm{e}^{-x}}$ ($-\infty < x < +\infty$) 且满足 $\int_{-\infty}^{+\infty} f(x)\mathrm{d}x = 1$. 试求(1) 系数 A 值;

(2) $\int_{-\infty}^1 f(x)\mathrm{d}x$. (华东化工学院,1984)

42. 若 $\int_0^{+\infty} \dfrac{\sin x}{x}\mathrm{d}x = \dfrac{\pi}{2}$,计算 $\int_0^{+\infty} \dfrac{\sin^2 x}{x^2}\mathrm{d}x$. (大连轻工业学院,1982)

43. 若 $\int_0^{+\infty} \dfrac{\sin x}{x}\mathrm{d}x = \dfrac{\pi}{2}$,计算 $\int_0^{+\infty} \dfrac{\sin x\cos x}{x}\mathrm{d}x$. (华北电力学院北京研究生部,1980)

44. 若反常积分 $\int_0^{+\infty} \dfrac{\sin x}{x}\mathrm{d}x = \dfrac{\pi}{2}$,试证:

(1) 积分 $\int_0^{+\infty} \dfrac{\sin x\cos x}{x}\mathrm{d}x = \dfrac{\pi}{4}$;(2) 积分 $\int_0^{+\infty} \dfrac{\sin^2 x}{x^2}\mathrm{d}x = \dfrac{\pi}{2}$. (武汉钢铁学院,1980)

45. 试求 $\int_2^{+\infty} \dfrac{\mathrm{d}x}{x^3(\mathrm{e}^{\frac{\pi}{x}}-1)}$,若已知 $\sum\limits_{n=1}^{\infty}\dfrac{1}{n^2}=\dfrac{\pi^2}{6}$. (清华大学,1979)

46. 试求 $\int_0^{+\infty} \dfrac{t}{\mathrm{e}^{\pi t}-1}\mathrm{d}t$,若已知 $\sum\limits_{n=1}^{\infty}\dfrac{1}{n^2}=\dfrac{\pi^2}{6}$. (淮南煤矿学院,1982)

47. 试证 $\int_0^1 x^m(1-x)^n\mathrm{d}x=\int_0^1 x^n(1-x)^m\mathrm{d}x$. (武汉地质学院,1982)

48. 证明无穷积分 $\int_0^{+\infty}\dfrac{\cos x}{1+x}\mathrm{d}x$ 收敛且 $\left|\int_0^{+\infty}\dfrac{\cos x}{1+x}\mathrm{d}x\right|\leqslant 1$. (中国科学院,1984)

49. 证明在两个反常积分 $\int_0^{+\infty}\dfrac{\cos x}{1+x}\mathrm{d}x$ 和 $\int_0^{+\infty}\dfrac{\sin x}{(1+x)^2}\mathrm{d}x$ 中一个绝对收敛,另一个收敛但不绝对收敛,并且比较这两个积分值的大小. (中国科学院,1984)

50. (1) 决定常数 c,使 $\lim\limits_{x\to\infty}\left(\dfrac{x+c}{x-c}\right)^x=\int_{-\infty}^0 t\mathrm{e}^{2t}\mathrm{d}t$;(2) 试求 a,b,使 $\int_1^{+\infty}\left[\dfrac{2x^2+bx+a}{x(2x+a)}-1\right]\mathrm{d}x=1$. (镇江农机学院,1982)

51. (1) 设 $n>0$,试证 $\int_0^{+\infty}\mathrm{e}^{-x}x^{n-1}\mathrm{d}x$ 收敛;(2) 若 $\Gamma(n)=\int_0^{+\infty}\mathrm{e}^{-x}x^{n-1}\mathrm{d}x$,证明 $\Gamma(n+1)=n\Gamma(n)$;

(3) 计算 $\Gamma\left(\dfrac{9}{2}\right)$. (已知 $\Gamma\left(\dfrac{1}{2}\right)=\sqrt{\pi}$)(北京农机学院,1982)

52. 设 $\begin{cases} x''(t)+2mx'(t)+n^2x(t)=0 \\ x(0)=x_1 \\ x'(0)=x_2 \end{cases}$

其中,m,n 均为实的常数,并且 $m>n>0$.试求 $\int_0^{+\infty}x(t)\mathrm{d}t$. (清华大学,1985)

53. 设 β 为任意实数,试证 $\int_0^{+\infty}\dfrac{\mathrm{d}x}{(1+x^2)(1+x^\beta)}=\int_1^{+\infty}\dfrac{\mathrm{d}x}{1+x^2}$. (中国科技大学,1983)

54. 求曲线 $r=a(1+\cos\varphi)$ $(a>0)$ 所围面积. (山东海洋学院,1980)

55. 直线 $y=x$ 将椭圆 $x^2+3y^2=6y$ 分成两块,设小块面积为 A,大块面积为 B,求 A/B 的值. (清华大学,1980)

56. 若曲线 $y=\cos x$ $\left(0\leqslant x\leqslant\dfrac{\pi}{2}\right)$ 与 Ox,Oy 轴所围图形面积被曲线 $y=a\sin x$,$y=b\sin x$ $(a>b>0)$ 三等分,试确定 a,b 值. (西北电讯工程学院,1982)

57. 在点 $A(a,\varphi_0)$ 与 $B(b,\varphi_0+2\pi)$ 间引一圈阿基米德螺线 $p=c\vartheta$.证明半径 a 与 b $(a<b)$ 的圆环被它分割成两部分面积之比是 $\dfrac{b+2a}{a+2b}$. (上海工业大学,1982)

58. 若函数 $f(x),g(x)$ 满足下列条件:$f'(x)=g(x)$,$g'(x)=f(x)$,又 $f(0)=0$,$g(x)\neq 0$.试求由曲线 $y=\dfrac{f(x)}{g(x)}$ 与 $y=1$,$x=0$,$x=t$ $(t>0)$ 所围成的平面图形的面积. (武汉钢铁学院,1983)

59. (1) 对曲线 $y=f(x)$,试在横坐标 a 与 $a+h$ 之间找一点 ξ,使该点两边有阴影部分面积相等(图21);

(2) 在(1)中,设曲线 $y=\mathrm{e}^x$,记 $\xi=a+\theta h$,其余仍如(1),求 θ 且计算 $\lim\limits_{h\to 0}\theta$. (国防科技大学,1983)

60. 设位于圆 $x^2+(y-a)^2\leqslant c^2$ 内部而在抛物线 $x^2=2by$ 外部的那部分区域为 D,求 D 绕 Oy 轴旋转后所得旋转体的体积.其中 $a>c>0$,$a>b>0$,且 $c^2>2ab-b^2$. (南京大学,1982)

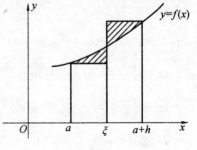

图 21

61. 求曲线 $y = xe^{-x}(x \geqslant 0)$,绕 Ox 轴旋转一周,所得的延展到无穷远的旋转体体积.(北京钢铁学院,1979;大连工学院,1982)

62. 将边长为 a 的正方形 $ABCD$ 分为三等份(图 22(a)),按 BF,GH 将正方形折围成三棱柱(图 22(b)),此时正方形对角线 BD 被折成空间折线 BP-PQ-QD,求此折线绕 AB 轴旋转所得的体积.(西安交通大学,1980)

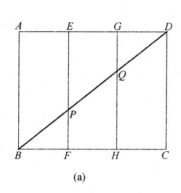
(a)

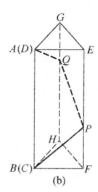
(b)

图 22

63. 设 $f(x)$ $(x \geqslant 1)$ 可微,且 $f(x) > 0$.将曲线 $y = f(x)$ 和两直线:$x = 1,x = \beta$ $(1 < \beta < +\infty)$ 以及 Ox 轴这四者所围图形绕 Ox 轴旋转一周产生的立体体积记为 $V(\beta)$.若 $1 < \beta < +\infty$ 时,恒有 $V(\beta) = \frac{\pi}{3}\left[\beta^2 f(\beta) - f(1)\right]$,且 $f(2) = \frac{2}{9}$,求 $f(x)$.(华南工学院,1984)

64. 以 $(-1,1),(1,1)$ 为端点,由方程 $y = ax^2 + bx + c$ 的曲线弧使之绕 Ox 轴旋转而成的立体体积最小时,求 a,b,c.(厦门大学,1983)

65. 设有质量均匀的细直杆 AB,粗细到处一样,其长为 l,质量为 M.

(1) 在 AB 的延长线上与其一个端点 A 的距离为 a 处有一质量为 m 的质点 N_1,试求细杆对点 N_1 的引力;(2) 在 AB 的中垂线上到杆距离为 a 处有一质量为 m 的质点 N_2,试求细杆对 N_2 的引力.(湘潭大学,1981)

66. 设有两均匀细杆,长度分别为 l_1,l_2,质量分别为 m_1,m_2,它们位于同一直线上,相邻两端点距离为 a,试求两细杆之间的引力.(太原工学院,1982)

67. 一水池有一圆形水门,直径 1 m,水门中心在水面下 10 m(图 23),求此水门所受之压力.(兰州铁道学院,1982)

68. 设一旋转抛物面内盛有高为 H cm 的液体,把另一同轴旋转抛物面浸沉在它里面达深度 h cm,问液面上升多少?(天津纺织工学院,1979)

69. 设一容器由曲线 $y = \sqrt{2px}$ 绕 y 轴旋转而成.今注入水后,其高为 h,若再加入 V 立方单位的水后,问水位高度增加了多少?(上海海运学院,1980)

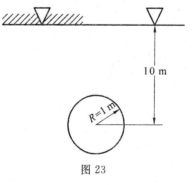

图 23

70. 一抛物形拱桥洞,拱高 2 m,底宽 4 m,设水满桥洞时流速为 3 m/s,求最大流量.(北京农业机械化学院,1982)

71. 半径为 R 的圆板(图 24),其上每一点所受的载荷分别以下面两种条件分布：

(1)$\lambda = \ln(1+r)$,其中 r 为圆板上任一点到圆心距离；

(2)$\lambda = 1 + \sin^2\theta$ $(0 \leqslant \theta < 2\pi)$,其中 θ 为极角.

试分别求出圆板所受的总负荷.(北京化工学院,1980)

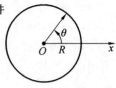

图 24

72. 求抛物线 $y = x^2$ $(0 \leqslant x \leqslant 2)$ 形状的金属线质量,设该金属线的密度

$$\rho(x,y) = \begin{cases} 1, & 0 \leqslant x \leqslant 1 \\ x, & 1 \leqslant x \leqslant 2 \end{cases}$$

(中国科学院,1982)

第 4 章

矢量代数及空间解析几何

内　容　提　要

（一）基本问题

1. 空间直角坐标系

由过空间一点 O 的互相垂直的 3 条数轴组成的坐标系,记 $\{O;X,Y,Z\}$ 或 $\{O;x,y,z\}$ 或 $O-XYZ$ 或 $O-xyz$.

3 坐标轴分别称为 OX,OY,OZ 或 Ox,Oy,Oz 轴(又称横轴、纵轴、立轴).

2. 两点距离公式

空间两点 $M_1(x_1,y_1,z_1),M_2(x_2,y_2,z_2)$ 的距离

$$|M_1M_2| = \sqrt{(x_1-x_2)^2+(y_1-y_2)^2+(z_1-z_2)^2}$$

3. 定比分点公式,坐标变换

若 $M(x,y,z)$ 是 M_1M_2 的分点,且 $M_1M:MM_2 = \lambda$,则 $\lambda > 0$ 时为内分,$\lambda < 0$ $(\lambda \neq 1)$ 时为外分,且

$$x = \frac{x_1+\lambda x_2}{1+\lambda},\ y = \frac{y_1+\lambda y_2}{1+\lambda},\ z = \frac{z_1+\lambda z_2}{1+\lambda}$$

（二）矢（向）量代数

矢量(自由矢量)　既有大小又有方向的量称矢量.其坐标表示记为

$$\boldsymbol{a} = a_1\boldsymbol{i}+a_2\boldsymbol{j}+a_3\boldsymbol{k} = \{a_1,a_2,a_3\} \text{ 或 }(a_1,a_2,a_3)$$

矢量的模　若 $\boldsymbol{a} = \{a_1,a_2,a_3\}$,则矢量的模

$$|\boldsymbol{a}| = \sqrt{a_1^2+a_2^2+a_3^2}$$

单位矢量　方向与 $\boldsymbol{a}$ 相同,模为 1 的矢量.

基本单位矢量　$\boldsymbol{i} = \{1,0,0\},\boldsymbol{j} = \{0,1,0\},\boldsymbol{k} = \{0,0,1\}$.

矢量的方向余弦　$\cos\alpha = \dfrac{a_1}{|\boldsymbol{a}|},\cos\beta = \dfrac{a_2}{|\boldsymbol{a}|},\cos\gamma = \dfrac{a_3}{|\boldsymbol{a}|}$,其中 α,β,γ 为矢量与三坐标轴夹角,且 $\cos^2\alpha+\cos^2\beta+\cos^2\gamma = 1$.

两矢量的夹角　设 $\boldsymbol{a} = \{a_1,a_2,a_3\},\boldsymbol{b} = \{b_1,b_2,b_3\}$,则 $\boldsymbol{a}$ 与 $\boldsymbol{b}$ 夹角 φ 满足

$$\cos \varphi = \frac{a_1 b_1 + a_2 b_2 + a_3 b_3}{|a||b|} \quad (\text{其中} \ 0 \leqslant \varphi \leqslant \pi)$$

矢量的运算

运　算	法　　则	运算律（性质）
加法	两矢量相加:平行四边形法则(三角形法则); 多个矢量相加:多边形法则	交换律　$a + b = b + a$; 结合律　$a + (b + c) = (a + b) + c$
数乘	λa 与 a 共线(当 $\lambda > 0$ 时同向;$\lambda < 0$ 时异向), $\|\lambda a\| = \|\lambda\|\|a\|$.$0 \cdot a = 0, -1 \cdot a = -a$	数乘的结合律　$\lambda(\mu a) = (\lambda\mu)a = \mu(\lambda a)$; 向量按数乘因子的分配律　$(\lambda + \mu)a = \lambda a + \mu a$; 数按向量因子的分配律　$\lambda(a + b) = \lambda a + \lambda b$
数积	若 $a = \{a_1, a_2, a_3\}$,$b = \{b_1, b_2, b_3\}$,则 $a \cdot b = \|a\|\|b\|\cos(\widehat{a,b}) = a_1 b_1 + a_2 b_2 + a_3 b_3$ $a \cdot b$ 又记 (a,b)	交换律　$a \cdot b = b \cdot a$; 结合律　$\lambda a \cdot b = (\lambda a) \cdot b$; 分配律　$a \cdot (b + c) = a \cdot b + a \cdot c (a \perp b \Longleftrightarrow a \cdot b = 0)$
矢积	$a \times b = \begin{vmatrix} i & j & k \\ a_1 & a_2 & a_3 \\ b_1 & b_2 & b_3 \end{vmatrix}$. $\|a \times b\| = \|a\|\|b\|\sin(\widehat{a,b})$、方向由右手法则确定	$a \times b = -b \times a$. 结合律　$\lambda(a \times b) = (\lambda a) \times b = a \times (\lambda b)$; 分配律　$(a + b) \times c = a \times c + b \times c$ $(a /\!/ b \Longleftrightarrow a \times b = 0)$
混积	若 $a = \{a_1, a_2, a_3\}$,$b = \{b_1, b_2, b_3\}$,$c = \{c_1, c_2, c_3\}$,则 $a \cdot (b \times c) = \begin{vmatrix} a_1 & a_2 & a_3 \\ b_1 & b_2 & b_3 \\ c_1 & c_2 & c_3 \end{vmatrix}$ $a \cdot (b \times c)$ 是以 a, b, c 为棱的平行六面体体积,混积 $a \cdot (b \times c)$ 常记为 $[abc]$ 或 (abc)	轮换性　$a \cdot (b \times c) = b \cdot (c \times a) = c \cdot (a \times b)$ $(a, b, c$ 共面 $\Longleftrightarrow \begin{vmatrix} a_1 & a_2 & a_3 \\ b_1 & b_2 & b_3 \\ c_1 & c_2 & c_3 \end{vmatrix} = 0)$

(三)空间平面与直线

1.空间平面方程

种　类	方　程　式
矢量式	$(r - r_0) \cdot n = 0$,n 为平面法矢,r_0 为已知点矢量
点法式	$A(x - x_0) + B(y - y_0) + C(z - z_0) = 0$ 其中 $\{A, B, C\}$ 为平面法矢 n,(x_0, y_0, z_0) 为平面一点
一般式	$Ax + By + Cz + D = 0$
截距式	$\dfrac{x}{a} + \dfrac{y}{b} + \dfrac{z}{c} = 1$,$a, b, c$ 为平面在三坐标轴上的截距
三点式	若 $M_i(x_i, y_i, z_i)$ $(i = 1, 2, 3)$ 为平面上三点,则 $\begin{vmatrix} x - x_1 & y - y_1 & z - z_1 \\ x_2 - x_1 & y_2 - y_1 & z_2 - z_1 \\ x_3 - x_1 & y_3 - y_1 & z_3 - z_1 \end{vmatrix} = 0$

2. 空间直线方程

空间直线方程的种类和方程表达式如下：

种　类	方　程　式
矢量式	$r = r_0 + st$，其中 r_0 为直线上已知点矢，s 为直线方向
标准式	$$\dfrac{x - x_0}{m} = \dfrac{y - y_0}{n} = \dfrac{z - z_0}{p}$$ 其中 (x_0, y_0, z_0) 为已知点，$\{m, n, p\}$ 为直线方向矢量的一组方向数
交面式（一般式）	$$\begin{cases} A_1 x + B_1 y + C_1 z + D_1 = 0 \\ A_2 x + B_2 y + C_2 z + D_2 = 0 \end{cases}$$
射影式	$$\begin{cases} x = az + p \\ y = bz + q \end{cases}$$ 两方程分别为直线在两坐标平面 xOz 和 yOz 上的投影
两点式	$$\dfrac{x - x_1}{x_2 - x_1} = \dfrac{y - y_1}{y_2 - y_1} = \dfrac{z - z_1}{z_2 - z_1}$$ 这里 (x_i, y_i, z_i)，$i = 1, 2$ 为已知点
参数式	$$x = x_0 + mt,\ y = y_0 + nt,\ z = z_0 + pt$$ 这里 t 是参数，(x_0, y_0, z_0) 为已知点，$\{m, n, p\}$ 为直线方向矢量的一组方向数

3. 点到平面距离

平面 $Ax + By + Cz + D = 0$ 及外一点 (x_0, y_0, z_0)，点到平面距离

$$d = \frac{\left| Ax_0 + By_0 + Cz_0 + D \right|}{\sqrt{A^2 + B^2 + C^2}}$$

4. 两条异面直线间距离

若空间两条直线的矢量式方程分别为

$$r = r_1 + s_1 t,\quad r = r_2 + s_2 t$$

则它们间的距离

$$d = \frac{\left| (r_1 - r_2) \cdot s_1 \times s_2 \right|}{\left| s_1 \times s_2 \right|} = \frac{\left| \left[(r_1 - r_2) s_1 s_2 \right] \right|}{\left| s_1 \times s_2 \right|}$$

5. 直线、平面的夹角

空间中直线与直线、直线与平面、平面与平面间的夹角公式如下：

种　类	公　式
平面与平面夹角	两平面 $A_i x + B_i y + C_i z + D_i = 0\ (i = 1, 2)$ 夹角 φ $$\cos \varphi = \frac{A_1 A_2 + B_1 B_2 + C_1 C_2}{\sqrt{A_1^2 + B_1^2 + C_1^2}\ \sqrt{A_2^2 + B_2^2 + C_2^2}}$$
直线与直线夹角	两直线 $\dfrac{x - x_i}{m_i} = \dfrac{y - y_i}{n_i} = \dfrac{z - z_i}{p_i}\ (i = 1, 2)$ 夹角 φ $$\cos \varphi = \frac{m_1 m_2 + n_1 n_2 + p_1 p_2}{\sqrt{m_1^2 + n_1^2 + p_1^2}\ \sqrt{m_2^2 + n_2^2 + p_2^2}}$$

种　类	公　式
直线与平面 夹　角	直线：$\dfrac{x-x_0}{m}=\dfrac{y-y_0}{n}=\dfrac{z-z_0}{p}$； 平面：$Ax+By+Cz+D=0$； 夹角 φ：$\sin\varphi=\dfrac{\mid Am+Bn+Cp\mid}{\sqrt{A^2+B^2+C^2}\ \sqrt{m^2+n^2+p^2}}$

6. 直线与平面平行和垂直

位置关系	平行条件	垂直条件
平面与平面	$\dfrac{A_1}{A_2}=\dfrac{B_1}{B_2}=\dfrac{C_1}{C_2}$	$A_1A_2+B_1B_2+C_1C_2=0$
直线与直线	$\dfrac{m_1}{m_2}=\dfrac{n_1}{n_2}=\dfrac{p_1}{p_2}$	$m_1m_2+n_1n_2+p_1p_2=0$
直线与平面	$mA+nB+pC=0$	$\dfrac{A}{m}=\dfrac{B}{n}=\dfrac{C}{p}$

（四）曲面与空间曲线

1. 曲面方程

用 $F(x,y,z)=0$（隐式）或 $z=f(x,y)$（显式）或

$$\begin{cases} x=x(u,v) \\ y=y(u,v) \\ z=z(u,v) \end{cases} \quad \text{（参数式）}$$

表示空间曲面方程.

2. 空间曲线

用 $\begin{cases} F(x,y,z)=0 \\ G(x,y,z)=0 \end{cases}$（隐交面式）或 $\begin{cases} y=y(x) \\ z=z(x) \end{cases}$（显交面式）或 $\begin{cases} x=x(t) \\ y=y(t) \\ z=z(t) \end{cases}$（参数式）表示空间曲线.

（五）二次曲面

名　称	方　程	图　形
球　面	$(x-a)^2+(y-b)^2+(z-c)^2=R^2$； 球心：$(a,b,c)$；半径：$R$	
椭球面	$\dfrac{x^2}{a^2}+\dfrac{y^2}{b^2}+\dfrac{z^2}{c^2}=1$	

名　称		方　程	图　形
柱　面	圆柱面	$x^2 + y^2 = R^2$	
	椭圆柱面	$\dfrac{x^2}{a^2} + \dfrac{y^2}{b^2} = 1$	
	双曲面柱面	$\dfrac{y^2}{b^2} - \dfrac{x^2}{a^2} = 1$	
	抛物柱面	$x^2 - 2py = 0$	
旋转曲面		曲线 $\begin{cases} f(y,z) = 0 \\ x = 0 \end{cases}$ 绕 Oz 轴旋转成 $f(\sqrt{x^2 + y^2}, z) = 0$	
椭圆抛物线		$\dfrac{x^2}{2p} + \dfrac{y^2}{2q} = z$ $(p, q$ 同号$)$	

名　称	方　程	图　形
锥　面	$\dfrac{x^2}{a^2}+\dfrac{y^2}{b^2}-\dfrac{z^2}{c^2}=0$ （当 $a=b$ 时为圆锥）	
单叶 双曲面	$\dfrac{x^2}{a^2}+\dfrac{y^2}{b^2}-\dfrac{z^2}{c^2}=1$	
双叶 双曲面	$-\dfrac{x^2}{a^2}+\dfrac{y^2}{b^2}-\dfrac{z^2}{c^2}=1$	
双曲 抛物面	$z=\dfrac{y^2}{2p}-\dfrac{x^2}{2p}$	

经 典 问 题 解 析

矢量代数与空间解析几何在高等数学课程内,多属于"应用"范畴,这里略举几例.

1. 矢量代数

例　试证$(1)a\times(b\times c)=b(c\cdot a)-c(a\cdot b)$;$(2)a\times(b\times c)+b\times(c\times a)+c\times(a\times b)=0.$

证　(1) 设 $a=x_1i+y_1j+z_1k,b=x_2i+y_2j+z_2k$ 及 $c=x_3i+y_3j+z_3k$, 则

$$a\times(b\times c)=(x_1i+y_1j+z_1k)\times\left(\begin{vmatrix}y_2&z_2\\y_3&z_3\end{vmatrix}i+\begin{vmatrix}z_2&x_2\\z_3&x_3\end{vmatrix}j+\begin{vmatrix}x_2&y_2\\x_3&y_3\end{vmatrix}k\right)$$

$$=\begin{vmatrix}i&j&k\\x_1&y_1&z_1\\y_2z_2-z_2y_3&z_2x_3-x_2z_3&x_2y_3-y_2x_3\end{vmatrix}$$

$$=[(x_3i+y_3j+z_3k)(x_1x_3+y_1y_3+z_1z_3)]-[(x_3i+y_3j+z_3k)(x_1x_2+y_1y_2+z_1z_2)]$$

$$=b(c\cdot a)-c(a\cdot b)$$

(2) 由结论(1)有

$$a\times(b\times c)=b(c\cdot a)-c(a\cdot b)$$

$$b\times(c\times a)=c(a\cdot b)-a(b\cdot c)$$

$$c\times(a\times b)=a(b\cdot c)-b(c\cdot a)$$

三式相加即得要证等式.

2. 直线与平面

(1) 直线方程

先来看平面直线问题,这些例子多与线性代数知识有关.

例 1　讨论空间两直线 $l_i: \dfrac{x-x_i}{m_i}=\dfrac{y-y_i}{n_i}=\dfrac{z-z_i}{p_i}$ $(i=1,2)$ 共面条件.

解　若两直线共面,设方程为 $Ax+By+Cz+D=0$.因 l_1 在平面上,故有

$$Ax_1+By_1+Cz_1+D=0 \qquad\qquad ①$$
$$Am_1+Bn_1+Cp_1=0 \qquad\qquad ②$$

又 l_2 亦在平面上,故有

$$Ax_2+By_2+Cz_2+D=0 \qquad\qquad ③$$
$$Am_2+Bn_2+Cp_2=0 \qquad\qquad ④$$

式 ③ — 式 ① 有

$$A(x_2-x_1)+B(y_2-y_1)+C(z_2-z_1)=0 \qquad\qquad ⑤$$

式 ②,④,⑤ 可视为 A,B,C 的线性齐次方程组,它们不能同时为零(即方程组有非零解),则系数行列式

$$\begin{vmatrix} x_2-x_1 & y_2-y_1 & z_2-z_1 \\ m_1 & n_1 & p_1 \\ m_2 & n_2 & p_2 \end{vmatrix}=0$$

此即该两直线共面的条件.

例 2　若矩阵 $A=\begin{bmatrix} a_1 & b_1 & c_1 \\ a_2 & b_2 & c_2 \\ a_3 & b_3 & c_3 \end{bmatrix}$ 满秩(可逆),证明直线

$$l_1: \dfrac{x-a_3}{a_1-a_2}=\dfrac{y-b_3}{b_1-b_2}=\dfrac{z-c_3}{c_1-c_2} \quad \text{与} \quad l_2: \dfrac{x-a_1}{a_2-a_3}=\dfrac{y-b_1}{b_2-b_3}=\dfrac{z-c_1}{c_2-c_3}$$

相交于一点.

证　由设 A 的行列式 $\det A\neq 0$,故从矩阵或行列式性质知

$$(a_2-a_3):(b_2-b_3):(c_2-c_3)\neq(a_1-a_2):(b_1-b_2):(c_1-c_2)$$

从而 $l_1 \not\!\parallel l_2$.将 l_1 化为参数式

$$\begin{cases} x=a_3+t(a_1-a_2) \\ y=b_3+t(b_1-b_2) \\ z=c_3+t(c_1-c_2) \end{cases}$$

且令 $t=1$ 代入 l_2 中的 3 个分式中皆为 -1,即它们相等,故 l_1,l_2 有公共点,又 l_1,l_2 分别过 (a_3,b_3,c_3) 和 (a_1,b_1,c_1),此两点相异.从而 l_1,l_2 任交于一点(不重合).

(2) 平面方程

例 1　试求两平面 $\pi_1: x-3y+2z-5=0$ 和 $\pi_2: 3x-2y-z+3=0$ 夹角平分面方程.

解　设 $P(x,y,z)$ 为夹角平分面上一点,则 P 到平面 π_1,π_2 距离分别为

$$d_1=\dfrac{|x-3y+2z-5|}{\sqrt{14}},\quad d_2=\dfrac{|3x-2y-z+3|}{\sqrt{14}}$$

由题设应有 $d_1=d_2$,即 $x-3y+2z-5=\pm(3x-2y-z+3)$,故所求平分面方程为

$$2x+y-3z+8=0 \quad \text{或} \quad 4x-5y+z-2=0$$

例 2　求过直线 $l_1: \dfrac{x-1}{2}=\dfrac{y+2}{3}=\dfrac{z+3}{4}$ 且平行于直线 $l_2: x=y=\dfrac{z}{2}$ 的平面方程.

解 设所求平面方程为 $Ax + By + Cz + D = 0$,这里 A,B,C 不同时为零.

因平面过 l_1,故 $A(x-1) + B(y+2) + C(z+3) = 0$.

又平面平行于 l_1,l_2,故 $2A + 3B + 4C = 0$ 和 $A + B + 2C = 0$.

上三式视为 A,B,C 的线性齐次方程组,且有非零解故其系数行列式

$$\begin{vmatrix} x-1 & y+2 & z+3 \\ 2 & 3 & 4 \\ 1 & 1 & 2 \end{vmatrix} = 0$$

即 $2x - z - 5 = 0$.

3. 空间曲线、曲面

例 1 一锥面的顶点在原点,准线为 $\dfrac{x^2}{a^2} + \dfrac{y^2}{b^2} = 1, z = c$. 试求该锥面方程.

解 过顶点 $(0,0,0)$ 和准线上的点 (x,y,z) 的母线为

$$\frac{X}{x} = \frac{Y}{y} = \frac{Z}{z}$$

用 $z = c$ 代入上式,有 $\dfrac{X}{x} = \dfrac{Y}{y} = \dfrac{Z}{c}$,故有 $x = \dfrac{cX}{Z}, y = \dfrac{cY}{Z}$.

再将其代入准线方程,得

$$\frac{X^2}{a^2} + \frac{Y^2}{b^2} - \frac{Z^2}{c^2} = 0$$

此即所求圆锥面方程.

例 2 验证 $M_0(3,2,1)$ 为单叶双曲面 $\dfrac{x^2}{9} + \dfrac{y^2}{4} - \dfrac{z^2}{1} = 1$ 上的一点,且求通过 M_0 的两条直母线方程.

解 将 $M_0(3,2,1)$ 代入方程知方程成立,故 M_0 在曲面上.

又将题设曲面方程改写为

$$\left(\frac{x}{3} + \frac{z}{1} \right) \left(\frac{x}{3} - \frac{z}{1} \right) = \left(1 + \frac{y}{2} \right) \left(1 - \frac{y}{2} \right)$$

则两条直母线的方程为

$$\begin{cases} \alpha \left(\dfrac{x}{3} + \dfrac{z}{1} \right) = \beta \left(1 + \dfrac{y}{2} \right) \\ \beta \left(\dfrac{x}{3} - \dfrac{z}{1} \right) = \alpha \left(1 - \dfrac{y}{2} \right) \end{cases}$$

$$\begin{cases} \lambda \left(\dfrac{x}{3} + \dfrac{z}{1} \right) = \mu \left(1 - \dfrac{y}{2} \right) \\ \mu \left(\dfrac{x}{3} - \dfrac{z}{1} \right) = \lambda \left(1 + \dfrac{y}{2} \right) \end{cases}$$

将 $M_0(3,2,1)$ 代入上两方程组中可以求得 $\alpha = \beta$ 和 $\lambda = 0$.

因而,过点 M_0 的两条直母线方程为

$$\begin{cases} 2x + 3y - 6z - 6 = 0 \\ 2x - 3y + 6z - 6 = 0 \end{cases} \quad \text{和} \quad \begin{cases} x - 3z = 0 \\ y - 2 = 0 \end{cases}$$

注 通过这个例子可启示我们去探寻证明单叶双曲面的一个性质"过单叶双曲面上每个点,均有两条直母线"的方法.

4. 曲线的切线、法线与法面

5. 曲面的切平面与法线

上两类问题详见"多元函数微分"中的例题.

研究生入学考试试题选讲

$1978 \sim 1986$ 年部分

1. 矢量运算问题

例 1 已知 $\triangle ABC$ 的两边矢量：$\overrightarrow{AB} = 2i + j - k, \overrightarrow{BC} = 3i + 2j + k$，求 $\triangle ABC$ 的面积.（南京化工学院，1979）

解
$$\overrightarrow{AB} \times \overrightarrow{BC} = \begin{vmatrix} i & j & k \\ 2 & 1 & -1 \\ 3 & 2 & 1 \end{vmatrix} = 3i - 5j + k.$$

因而 $\triangle ABC$ 面积

$$S_{\triangle ABC} = \frac{1}{2} \mid \overrightarrow{AB} \times \overrightarrow{BC} \mid = \frac{1}{2} \mid 3i - 5j + k \mid = \frac{\sqrt{35}}{2}$$

注 这里是利用向量矢积（外积）的几何意义来计算的.

例 2 已知不共线的矢量 a 和 b，求它们的夹角平分线上的单位矢量.（上海交通大学，1980；山东工学院，1979）

解 如图 1 所示，在 a, b 上分别截取单位矢量

$$\overrightarrow{OA} = a_0 = \frac{a}{\mid a \mid}$$

$$\overrightarrow{OB} = b_0 = \frac{b}{\mid b \mid}$$

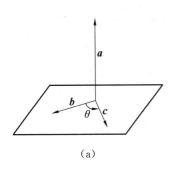

图 1

令 $c = a_0 + b_0$（注意到 $\mid a_0 \mid = \mid b_0 \mid$），则 c 为 a, b 夹角平分线矢量，且

$$c = \frac{a}{\mid a \mid} + \frac{b}{\mid b \mid} = \frac{\mid b \mid a + \mid a \mid b}{\mid a \mid \mid b \mid}$$

故 c 的单位矢量

$$c_0 = \frac{c}{\mid c \mid} = \frac{\mid b \mid a + \mid a \mid b}{\mid \mid b \mid a + \mid a \mid b \mid}$$

注 注意 a, b 夹角平分线在 $a_0 + b_0$ 方向.

例 3 已知两非零矢量 a 与 b 互相垂直，今将 b 绕 a 右旋角度 θ 得到矢量 c（图 2(a)）.试将 c 用给定的 a, b 及 θ 表出.（国防科技大学，1984）

解 建立直角坐标系（图 2(b)），不妨设 $a = ak, b = bi$.

注意到 $\mid c \mid = \mid b \mid = b$，因而

$$c = \mid c \mid \cos\theta i + \mid c \mid \sin\theta j = b\cos\theta i + b\sin\theta j$$

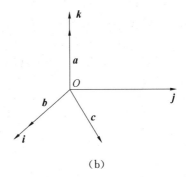

(a)

(b)

图 2

$$= b\cos\theta\,\frac{\boldsymbol{b}}{b} + b\sin\theta(\boldsymbol{k}\times\boldsymbol{i}) = b\cos\theta\,\frac{\boldsymbol{b}}{b} + b\sin\theta\left(\frac{\boldsymbol{a}}{a}\times\frac{\boldsymbol{b}}{b}\right)$$

$$= (\cos\theta)\boldsymbol{b} + \frac{\sin\theta}{a}(\boldsymbol{a}\times\boldsymbol{b}) = (\cos\theta)\boldsymbol{b} + \frac{\sin\theta}{|\boldsymbol{a}|}(\boldsymbol{a}\times\boldsymbol{b})$$

例 4 求既垂直于 $\boldsymbol{a} = \{3,6,8\}$,又垂直于 Ox 轴的单位矢量.(重庆建工学院,1985)

解 设所求矢量为 $\boldsymbol{y}$,则 $\boldsymbol{y} = \boldsymbol{a}\times\boldsymbol{i}$ 或 $\boldsymbol{i}\times\boldsymbol{a}$.

因为 $\boldsymbol{y} = \pm\begin{vmatrix} \boldsymbol{i} & \boldsymbol{j} & \boldsymbol{k} \\ 3 & 6 & 8 \\ 1 & 0 & 0 \end{vmatrix} = \pm(8\boldsymbol{j} - 6\boldsymbol{k})$,且 $|\boldsymbol{y}| = 10$,故

$$\boldsymbol{y}_0 = \pm\left\{0, \frac{4}{5}, -\frac{3}{5}\right\}$$

例 5 设 $\boldsymbol{a},\boldsymbol{b},\boldsymbol{c}$ 为普通几何空间中 3 个矢量,试证:若存在不全为零的 3 个数 k_1,k_2,k_3 使得 $k_1\boldsymbol{a}\times\boldsymbol{b} + k_2\boldsymbol{b}\times\boldsymbol{c} + k_3\boldsymbol{c}\times\boldsymbol{a} = \boldsymbol{0}$,则 3 个矢量 $\boldsymbol{a}\times\boldsymbol{b},\boldsymbol{b}\times\boldsymbol{c},\boldsymbol{c}\times\boldsymbol{a}$ 共线.(甘肃工业大学,1982)

证 由 $k_1\boldsymbol{a}\times\boldsymbol{b} + k_2\boldsymbol{b}\times\boldsymbol{c} + k_3\boldsymbol{c}\times\boldsymbol{a} = \boldsymbol{0}$,又 k_1,k_2,k_3 不全为零,无妨设 $k_1 \neq 0$,则由

$$\boldsymbol{c}\cdot(k_1\boldsymbol{a}\times\boldsymbol{b} + k_2\boldsymbol{b}\times\boldsymbol{c} + k_3\boldsymbol{c}\times\boldsymbol{a}) = 0$$

即 $k_1[\boldsymbol{cab}] + k_2[\boldsymbol{cbc}] + k_3[\boldsymbol{cca}] = 0$.

又因为 $[\boldsymbol{cbc}] = 0,[\boldsymbol{cca}] = 0$,且 $k_1 \neq 0$,故

$$[\boldsymbol{cab}] = \boldsymbol{c}\cdot(\boldsymbol{a}\times\boldsymbol{b}) = 0$$

即 $\boldsymbol{a},\boldsymbol{b},\boldsymbol{c}$ 三矢量共面,又 $\boldsymbol{a}\times\boldsymbol{b},\boldsymbol{b}\times\boldsymbol{c},\boldsymbol{c}\times\boldsymbol{a}$ 均垂直于该平面,因而它们共线.

注 类似地可以证明:

(1) 设矢量 $\overrightarrow{OA} = \boldsymbol{a},\overrightarrow{OB} = \boldsymbol{b},\overrightarrow{OC} = \boldsymbol{c}$,则 A,B,C 共线 $\Leftrightarrow \boldsymbol{a}\times\boldsymbol{b} + \boldsymbol{b}\times\boldsymbol{c} + \boldsymbol{c}\times\boldsymbol{a} = \boldsymbol{0}$.

(2) 若 $\boldsymbol{a}\times\boldsymbol{b} + \boldsymbol{b}\times\boldsymbol{c} + \boldsymbol{c}\times\boldsymbol{a} = \boldsymbol{0}$,则 $\boldsymbol{a},\boldsymbol{b},\boldsymbol{c}$ 共面.

2. 点、线、面问题

例 1 设 l 为空间中平行于向量 $\boldsymbol{l}$ 的直线,点 P_1 不在 l 上.

(1) 试证 P_1 到直线 l 的距离为

$$d = \frac{\boldsymbol{l}\times\overrightarrow{P_0P_1}}{\boldsymbol{l}}$$

其中 P_0 为 l 上任一点;

(2) 由此求点 $(2,1,-1)$ 到直线 $x = 3t,\ y = 1+2t,\ z = -5-t$ 的距离.(湖南大学,1985)

证 (1) 由图 3 可有 $d = |\overrightarrow{P_0P_1}|\sin\theta$.

又 $|\boldsymbol{l}\times\overrightarrow{P_0P_1}| = |\boldsymbol{l}||\overrightarrow{P_0P_1}|\sin\theta$. 故 $|\boldsymbol{l}\times\overrightarrow{P_0P_1}| = |\boldsymbol{l}|d$.

从而 $d = \dfrac{|\boldsymbol{l}\times\overrightarrow{P_0P_1}|}{|\boldsymbol{l}|}$.

(2) 由 $P_1 = (2,1,-1)$,在直线

$$x = 3t,y = 1+2t,z = -5-t$$

上任取一点 $P_0 = (0,1,5)$(对应 $t = 0$),矢量 $\boldsymbol{l} = \{3,2,-1\}$ 与直线平行,故

$$d = \frac{|\boldsymbol{l}\times\overrightarrow{P_0P_1}|}{|\boldsymbol{l}|} = \frac{|(3\boldsymbol{i}+2\boldsymbol{j}-\boldsymbol{k})\times(2\boldsymbol{i}+4\boldsymbol{k})|}{|3\boldsymbol{i}+2\boldsymbol{j}-\boldsymbol{k}|}$$

$$= \frac{|8\boldsymbol{i}-14\boldsymbol{j}-4\boldsymbol{k}|}{\sqrt{14}} = \frac{\sqrt{138}}{\sqrt{7}}$$

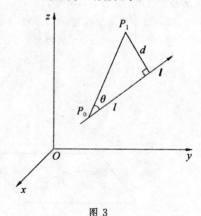

图 3

这里 $(3\boldsymbol{i} + 2\boldsymbol{j} - \boldsymbol{k}) \times (2\boldsymbol{i} + 4\boldsymbol{k}) = \begin{vmatrix} \boldsymbol{i} & \boldsymbol{j} & \boldsymbol{k} \\ 3 & 2 & -1 \\ 2 & 0 & 4 \end{vmatrix} = 8\boldsymbol{i} - 14\boldsymbol{j} - 4\boldsymbol{k}.$

注　本题前一问亦为:吉林工业大学,1985 年试题.

例 2　下列四点:$A(1,0,1)$,$B(4,4,6)$,$C(2,2,3)$,$D(10,10,15)$ 是否共面? 并说明理由.(镇江农机学院,1979)

解　以 A,B,C,D 作成 3 个矢量,即

$$\overrightarrow{AB} = \{3,4,5\},\overrightarrow{CB} = \{2,2,3\},\overrightarrow{CD} = \{8,8,12\}$$

注意到它们的混积

$$[\overrightarrow{AB}\ \overrightarrow{CB}\ \overrightarrow{CD}] = \overrightarrow{AB} \cdot (\overrightarrow{CB} \times \overrightarrow{CD}) = \begin{vmatrix} 3 & 4 & 5 \\ 2 & 2 & 3 \\ 8 & 8 & 12 \end{vmatrix} = 0$$

知三矢量共面,从而 A,B,C,D 共面.

注　此题亦可由空间四点

$$(x_i, y_i, z_i)(i = 1,2,3,4)\ 共面 \Longleftrightarrow \begin{vmatrix} x_1 & y_1 & z_1 & 1 \\ x_2 & y_2 & z_2 & 1 \\ x_3 & y_3 & z_3 & 1 \\ x_4 & y_4 & z_4 & 1 \end{vmatrix} = 0$$

进行证明.

例 3　若设在空间直角坐标系的 3 个坐标轴上各有一定点:$A(a,0,0)$,$B(0,b,0)$,$C(0,0,c)$,a,b,c 均为非零常数.试求出异于坐标原点的一点 $M_0(x_0, y_0, z_0)$,使以 M_0 为坐标原点构成的新直角坐标系时,新系的 3 个坐标轴分别通过 A,B,C.(西安冶金建筑学院,1982)

解　设所求点 $M_0(x_0, y_0, z_0)$,依题设则矢量

$$\overrightarrow{MA} = \{x_0 - a, y_0, z_0\},\overrightarrow{MB} = \{x_0, y_0 - b, z_0\},\overrightarrow{MC} = \{x_0, y_0, z_0 - c\}$$

两两互相垂直(正交),故有

$$\begin{cases} (x_0 - a)x_0 + y_0(y_0 - b) + z_0^2 = 0 & \text{①} \\ (x_0 - a)x_0 + y_0^2 + z_0(z_0 - c) = 0 & \text{②} \\ x_0^2 + y_0(y_0 - b) + z_0(z_0 - c) = 0 & \text{③} \end{cases}$$

由式①,②有 $y_0 = \dfrac{cz_0}{b}$;由式②,③有 $y_0 = \dfrac{ax_0}{b}$,故 $z_0 = \dfrac{ax_0}{c}$.

将 y_0, z_0 代入式①得

$$x_0^2 - ax_0 + \left(\frac{a}{b}\right)^2 x_0^2 - ax_0 + \left(\frac{a}{c}\right)^2 x_0^2 = 0$$

解得

$$x_0 = \frac{2ab^2c^2}{b^2c^2 + a^2c^2 + a^2b^2}$$

再由 $z_0 = \dfrac{az_0}{c}$ 及 $y_0 = \dfrac{cz_0}{b}$,有

$$y_0 = \frac{2ba^2c^2}{b^2c^2 + a^2c^2 + a^2b^2},z_0 = \frac{2ca^2b^2}{b^2c^2 + a^2c^2 + a^2b^2}$$

上面 (x_0, y_0, z_0) 即为所求(舍去 $x_0 = y_0 = z_0 = 0$ 情形).

注　这里关键是用了 3 个坐标轴的正交性.

例 4　设空间直角坐标系有一点 $A(-1,0,4)$,有一平面 $\pi:3x - 4y + z + 10 = 0$,有一直线 L:

$\frac{x+1}{1}=\frac{y-2}{1}=\frac{z}{2}$. 求一条过点 A 且平面 π 平行又与直线 L 相交的直线方程.（安徽大学,1982）

解 设过 $A(-1,0,4)$ 的直线方程为

$$\frac{x+1}{l}=\frac{y}{m}=\frac{z-4}{n}$$

直线 L 过点 $B(-1,2,0)$. 因所求直线与直线 L 相交,故三矢量

$$\overrightarrow{AB}=\{0,2,-4\},\{1,1,2\},\{l,m,n\}$$

共面,即满足关系式

$$\begin{vmatrix} 0 & 2 & -4 \\ 1 & 1 & 2 \\ l & m & n \end{vmatrix}=10l-4m-2n=0 \qquad ①$$

又直线平行于平面 π 知直线方向矢量与平面法矢正交,故

$$3l-4m+n=0 \qquad ②$$

令 $l=1$,由式①、②可解得 $m=\frac{4}{3}$, $n=\frac{7}{3}$,故所求直线为

$$\frac{x+1}{3}=\frac{y}{4}=\frac{z-4}{7}$$

注 本题在求 l,m,n 时（这是一组方向数）,令 $l=1$ 是简便的（当然可令 l 为其他非零常数）.

3. 曲面和几何体的方程

例1 已知平面 $\pi_1:2x+3y-5=0$, $\pi_2:z+y=0$ 和直线 $L_1:\frac{x-6}{3}=\frac{y}{2}=\frac{z-1}{1}$, $L_2:\frac{x}{3}=$ $\frac{y-8}{2}=\frac{z+y}{2}$.

(1) 若 $L^* \parallel \pi_1$,且 $L^* \parallel \pi_2$,又 L^* 与 L_1, L_2 均相交,求 L^* 的方程;

(2) 若 $L \parallel \pi_1$, L 与 L_1, L_2 均相交,求动直线 L 所形成的曲面 Σ 的方程.（武汉水运工程学院,1985）

解 (1) 设 L^* 的一组方向数为 $\{l,m,n\}$, L^* 与 L_1 的交点为 (a,b,c).

由 $\begin{cases} L^* \parallel \pi_1 \\ L^* \parallel \pi_2 \end{cases}$,可以推出 $\begin{cases} 2l+3m=0 \\ m+n=0 \end{cases}$. 由之解得 $\{l,m,n\}=\{3,-2,2\}$. 又 (a,b,c) 在 L_1 上,则

$$\frac{a-b}{3}=\frac{b}{2}=\frac{c-1}{1}$$

即 $a=6+\frac{3}{2}b$, $c=1+\frac{1}{2}b$.

又由 L^* 与 L_2 共面有方程

$$\begin{vmatrix} a & b-8 & c+4 \\ 3 & 2 & -2 \\ 3 & -2 & 2 \end{vmatrix}=0$$

展开、化简有 $b=4-c$,注意将它与上两式联立之,有

$$a=9, b=2, c=2$$

故 L^* 方程为 $\frac{x-9}{3}=\frac{y-2}{-2}=\frac{z-2}{2}$.

(2) 设 L 的一组方向数为 $\{l,m,n\}$,且 L 与 L_1 的交点为 (a,b,c).

则由 $L^* \parallel \pi_1$,有 $2l+3m=0$.

又 (a,b,c) 在 L_1 上,故有 $\frac{a-6}{3}=\frac{b}{2}=\frac{c-1}{1}$, 即

$$a = 6 + \frac{3}{2}b, c = 1 + \frac{1}{2}b$$

再由 L 与 L_2 共面有方程

$$\begin{vmatrix} a & b-8 & c+4 \\ 3 & 2 & -2 \\ l & m & n \end{vmatrix} = 0$$

即

$$(2n+3m)a + (3n+2l)(b-8) + (3m+2l)(c+4) = 0$$

将 $a = \dfrac{6+3b}{2}$, $c = \dfrac{1+b}{2}$ 代入上式化简后,有

$$(2n+3m)(6 + \frac{3}{2}b) - (3n+2l)(b-8) = 0$$

即

$$(3m-2l)6 = -16l - 12m - 36n \qquad\qquad (*)$$

若 $3m - 2l = 0$, 由 $2l + 3m = 0$,有 $l = m = 0$.再由上式得 $n = 0$,这不可能.

故 $3m - 2l \neq 0$,这时由式$(*)$及 $2l + 3m = 0$,可有 $b = 2 - \dfrac{6n}{m}$,将之代入 $a = 6 + \dfrac{3b}{2}$, $c = 1 + \dfrac{b}{2}$,有

$$a = 9 - \frac{9n}{m}, c = 2 - \frac{3n}{m}$$

又 $m \neq 0$,知 $\left\{\dfrac{l}{m}, 1, \dfrac{n}{m}\right\} = \left\{-\dfrac{3}{2}, 1, \dfrac{n}{m}\right\}$ 亦为 L 的一组方向数,令 $s = \dfrac{n}{m}$,L 的参数方程为

$$\begin{cases} x = 9 - 9s - \dfrac{3t}{2} \\ y = 2 - 6s + t \\ z = 2 - 3s + 5t \end{cases}$$

此即为 Σ 的方程(参数式).

例 2　直线 $\dfrac{x-1}{0} = \dfrac{y}{1} = \dfrac{z}{1}$ 绕 Oz 轴旋转一周,求旋转曲面的方程.(同济大学,1982)

解　设 $M_1(x_1, y_1, z_1)$ 为直线 $L: \dfrac{x-1}{0} = \dfrac{y}{1} = \dfrac{z}{1}$ 上任意点,由 L 的方程知 $x_1 = 1$,即 M_1 的坐标为 $(1, y_1, z_1)$.

当直线 L 绕 Oz 轴旋转到某一位置时,M_1 变到另一点 $M(x, y, z)$ 时,$z = z_1$ 不变;点 M, M_1 到 Oz 轴距离不变,且

$$r^2 = 1 + y_1^2 = x^2 + y^2$$

又因 M_1 在 L 上,由 L 方程知,$y_1 = z_1 = z$.因此

$$1 + y_1^2 = 1 + z_1^2 = 1 + z^2$$

故 $1 + z^2 = x^2 + y^2$,即 $x^2 + y^2 - z^2 = 1$.

此为旋转曲面方程,且它为单叶双曲面.

例 3　试求一柱面方程,以已知曲线 $L: y = \varphi(x)$ 为其准线,其母线平行于已知直线 $l: \dfrac{x-x_0}{a} = \dfrac{y-y_0}{b} = \dfrac{z-z_0}{c}$,其中常数 a, b, c 至少有 $c \neq 0$.(北京轻工业学院,1984)

解　设 $M(X, Y, Z)$ 为所求柱面上任意点,过 M 作直线 $l' \parallel l$,则直线 l' 的方程为

$$\frac{x-X}{a} = \frac{y-Y}{b} = \frac{z-Z}{c} \qquad\qquad ①$$

其中点 (x,y,z) 为 l' 上的动点.

由于柱面以 $L:y=\varphi(x)$ 为准线,故 l' 与 l 必在平面 $z=0$ 上相交.因而在式 ① 中令 $z=0$ 时可解出

$$\begin{cases} x=X-\dfrac{a}{c}Z \\[2mm] y=Y-\dfrac{b}{a}Z \end{cases} \qquad\qquad ②$$

即 l 与 l' 交点的坐标为

$$x=X-\frac{a}{c}Z,\quad y=Y-\frac{b}{c}Z,\quad z=0 \qquad\qquad ③$$

由于式 ③ 所决定的点 (x,y,z) 在曲线 L 中,故其应满足 L 的方程 $y=\varphi(x)$,因此将式 ③ 代入 $y=\varphi(x)$,有

$$Y-\frac{b}{c}Z=\varphi\left(X-\frac{a}{c}Z\right)$$

此即为所求柱面的方程,这里 (X,Y,Z) 为曲线上动点.

"正交"的概念无论在代数或几何中都十分重要.在几何中,平面上两曲线(族)正交,是指曲线(或族中)每个交点处两条切线互相垂直;而空间中两曲面(族)正交,是指它们在(族中)曲面每条交线上的点处,两曲面的法矢量互相垂直,下面请看例子①.

例 4 试证具有公共焦点的椭圆和双曲线互相正交.(上海交通大学,1979)

证 设椭圆和双曲线的公共焦点坐标为 $(-c,0)$ 和 $(c,0)$.

再令椭圆的长、短半轴分别为 a_1,b_1;双曲线的实、虚半轴分别为 a_2,b_2,且其方程分别为

$$\begin{cases} \dfrac{x^2}{a_1^2}+\dfrac{y^2}{b_1^2}=1 \\[3mm] \dfrac{x^2}{a_2^2}-\dfrac{y^2}{b_2^2}=1 \end{cases} \qquad\qquad \begin{matrix} ① \\[6mm] ② \end{matrix}$$

又在椭圆中,$b_1^2=a_1^2-c^2$;在双曲线中,$b_2^2=c^2-a_2^2$.这样式 ①,② 分别可化为

$$\begin{cases} \dfrac{x^2}{a_1^2}+\dfrac{y^2}{a_1^2-c^2}=1 \\[3mm] \dfrac{x^2}{a_2^2}-\dfrac{y^2}{c^2-a_2^2}=1 \end{cases} \qquad\qquad \begin{matrix} ③ \\[6mm] ④ \end{matrix}$$

解式 ③,④ 联立方程,得

$$x=\pm\frac{a_1a_2}{c},\quad y=\pm\frac{\sqrt{(c^2-a_2^2)(a_1^2-c^2)}}{c}$$

又令 k_1,k_2 分别为曲线交点处椭圆、双曲线的切线的斜率,则

$$k_1=y'_{椭}=-\frac{a_1^2-c^2}{a_1^2}\cdot\frac{x}{y},\qquad k_2=y'_{双}=\frac{c^2-a_2^2}{a_2^2}\cdot\frac{x}{y}$$

而 $\quad k_1\cdot k_2=-\dfrac{a_1^2-c^2}{a_1^2}\cdot\dfrac{c^2-a_2^2}{a_2^2}\cdot\dfrac{x^2}{y^2}=-\dfrac{(a_1^2-c^2)(c^2-a_2^2)}{a_1^2a_2^2}\cdot\dfrac{a_1^2a_2^2}{(a_1^2-c^2)(c^2-a_2^2)}=-1$

故上述两曲线正交.

例 5 求曲线族 $\cos y=ae^{-x}$(a 为参数)的正交曲线族.(西安冶金建筑学院,1985)

解 由 $\cos y=ae^{-x}$ 两边对 x 求导,有 $\sin y\cdot y'=ae^{-x}$.

---

① 以下几例读者初读若有困难可暂略去,待读完有关章节后再去考虑.以后若遇类似情况不再一一指明.

两式两边相比可有 $\tan y \cdot y' = 1$，即 $y' = \cot y$.

因所求曲线族与原曲线族正交，故在交点 (x,y) 处其导数互为负倒数，故可有

$$-\frac{1}{y'} = \cot y, \quad -\mathrm{d}x = \cot y \mathrm{d}y$$

两边积分，有 $-x = \ln(\sin y) + c$，即 $c \sin y = \mathrm{e}^{-x}$ 为所求与 $\cos y = a\mathrm{e}^{-x}$ 正交曲线族.

由上两例可以看出，这类问题显然与"微分方程"内容有关（详见后文）.

下面再来看一个三维（关于曲面）的问题.

例 6　已知 $a > 0, b > 0$，试证曲面 $x^2 + y^2 + z^2 = 2ax$ 与曲面 $x^2 + y^2 + z^2 = 2by$ 正交.（北京工业大学，1982）

证　在两曲面的交线

$$\begin{cases} x^2 + y^2 + z^2 = 2ax & \text{①} \\ x^2 + y^2 + z^2 = 2by & \text{②} \end{cases}$$

上任取一点 (x_0, y_0, z_0)，在该点处两曲面的法矢量分别为 $\boldsymbol{n}_1, \boldsymbol{n}_2$. 再令

$$F_1 = x^2 + y^2 + z^2 - 2ax$$

$$F_2 = x^2 + y^2 + z^2 - 2by$$

因此可有

$$\boldsymbol{n}_1 = \{F'_{1x}, F'_{1y}, F'_{1z}\}\big|_{(x_0, y_0, z_0)} = \{2(x_0 - a), 2y_0, 2z_0\}$$

$$\boldsymbol{n}_2 = \{F'_{2x}, F'_{2y}, F'_{2z}\}\big|_{(x_0, y_0, z_0)} = \{2(x_0 - a), 2y_0, 2z_0\}$$

由于　$\boldsymbol{n}_1 \cdot \boldsymbol{n}_2 = 4[x_0(x_0 - a) + y_0(y_0 - b) + z_0^2] = 4[x_0^2 + y_0^2 + z_0^2 - (ax_0 + by_0)]$

又 (x_0, y_0, z_0) 满足式 ① 及式 ②，从而

$$\boldsymbol{n}_1 \cdot \boldsymbol{n}_2 = 2[2(x_0^2 + y_0^2 + z_0^2) - 2(ax_0 + by_0)]$$
$$= 2[2ax_0 + 2by_0 - 2(ax_0 + by_0)] = 0$$

因此 $\boldsymbol{n}_1 \perp \boldsymbol{n}_2$，注意到 (x_0, y_0, z_0) 的任意性，即两曲面正交.

注　下面的命题显然是本例的特殊情形.

已知 $R > 0, A > 0$，试证球面 $\Sigma_1 : x^2 + y^2 + z^2 = R^2$ 与锥面 $\Sigma_2 : x^2 + y^2 = Az^2$ 直（正）交.（武汉水运工程学院，1985）

由于涉及切线、法线、切平面等概念，这里的问题往往是属于综合性的，它们既可视为导数、偏导数甚至微分方程的应用，又可视为几何问题，下面的例子更为明显.

例 7　一半径为 $\frac{1}{2}$ 的圆沿抛物线 $y = x^2$ 凹的一侧滚动，求此圆圆心轨迹的参数方程.（浙江大学，1979）

解　如图 4 所示，设圆心坐标为 (x, y)，圆与抛物线的切点坐标为 (t, p)，则有 $p = t^2$.

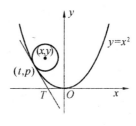

图 4

又在 (t, p) 点切线的斜率 $k = \dfrac{\mathrm{d}p}{\mathrm{d}t} = 2t$，则在该点的法线方程为

$$Y - p = -\frac{1}{2t}(X - t) \Rightarrow 2tY - 2t^3 = t - X$$

因圆心在此法线上，故得 $2ty - 2t^2 = t - x$.

而圆的方程为 $(Y_1 - y)^2 + (X_1 - x)^2 = \left(\dfrac{1}{2}\right)^2$，其中 (X_1, Y_1) 为圆上动点坐标，点 (t, p) 在此圆上，又 $p = t^2$，故有

$$(p-y)^2 + (t-x)^2 = \left(\frac{1}{2}\right)^2 \Rightarrow (y-t^2)^2 + (x-t)^2 = \frac{1}{4}$$

综上可有所求圆心 (x,y),轨迹参数方程,即

$$x = t - \frac{t}{\sqrt{4t^2+1}}, y = t^2 + \frac{5}{\sqrt{4t^2+1}}$$

例 8 设曲面方程 $F(z-ax,z-by)=0$,其中 $F(u,v)$ 具有连续的一阶偏导数,且 $F_u' + F_v' \neq 0$.

(1) 试证:$b\dfrac{\partial z}{\partial x} + a\dfrac{\partial z}{\partial y} = ab$;

(2) 问 $F(z-ax,z-by)=0$ 表示什么曲面?为什么?(北京轻工业学院,1982)

解 (1) 对方程 $F=0$ 两边分别关于 x 及 y 求偏导数,得

$$F'_u\left(\frac{\partial z}{\partial x} - a\right) + F'_v\frac{\partial z}{\partial x} = 0 \qquad\qquad ①$$

$$F'_u\frac{\partial z}{\partial y} + F'_v\left(\frac{\partial z}{\partial y} - b\right) = 0 \qquad\qquad ②$$

式 ①×b+式 ②×a,得

$$\left(b\frac{\partial z}{\partial x} + a\frac{\partial z}{\partial y}\right)(F'_u + F'_v) = ab(F'_u + F'_v)$$

由设 $F'_u + F'_v \neq 0$,故有 $b\dfrac{\partial z}{\partial x} + a\dfrac{\partial z}{\partial y} = ab$.

(2) 由式 ① 知 $F(z-ax,z-by)=0$ 表示这样的曲面,即该曲面上任何一点处的法矢量 $\left\{\dfrac{\partial z}{\partial x},\dfrac{\partial z}{\partial y},-1\right\}$ 总垂直于常矢量 $\{b,a,ab\}$,也就是说,该曲面上任一点处切平面总平行于常矢量 $\{b, a,ab\}$.

下面的问题是几何与分析的综合问题.

例 9 单位圆周上有相异两点 M,N,矢量 $\overrightarrow{OM},\overrightarrow{ON}$ 的夹角为 $\theta(0<\theta<\pi)$. 又 a,b 为正的常数,求极限 $I = \lim\limits_{\theta \to 0}\dfrac{1}{\theta^2}[|a\overrightarrow{OM}| + |b\overrightarrow{ON}| - |a\overrightarrow{OM} + b\overrightarrow{OM}|]$.(上海海运学院,1984)

解 设 $\overrightarrow{OM} = i\cos\alpha + j\cos\beta = i\cos\alpha + j\sin\alpha$,则
$$\overrightarrow{ON} = i\cos(\alpha+\theta) + j\sin(\alpha+\theta)$$

故
$$|a\overrightarrow{OM} + b\overrightarrow{ON}| = |[a\cos\alpha + b\cos(\alpha+\theta)]i + [a\sin\alpha + b\sin(\alpha+\theta)]j|$$
$$= \sqrt{a^2 + b^2 + 2ab\cos\theta}$$

又 $|\overrightarrow{OM}| = |\overrightarrow{ON}| = 1$(单位圆半径),且 $a>0, b>0$,故
$$|a\overrightarrow{OM}| = a, |b\overrightarrow{ON}| = b$$

从而
$$I = \lim_{\theta \to 0}\frac{a+b\sqrt{a^2+b^2-2ab\cos\theta}}{\theta^2} = \frac{ab}{2|a+b|}$$

1987 ～ 2012 年部分

(一) 填空题

题 1 (1995①) 设 $(a \times b) \cdot c = 2$,则 $[(a+b) \times (b+c)] \cdot (c-a) = $ _____.

解　因为在由 3 个向量组成的混合积中若有相同向量,则该混合积必为 0,所以

$$[(\boldsymbol{a}+\boldsymbol{b})\times(\boldsymbol{b}+\boldsymbol{c})]\cdot(\boldsymbol{c}-\boldsymbol{a})=2(\boldsymbol{a}\times\boldsymbol{b})\cdot\boldsymbol{c}=4$$

题 2　(1987①) 与两直线 $\begin{cases} x=1 \\ y=-1+t, \\ z=2+t \end{cases}$ 及 $\dfrac{x+1}{1}=\dfrac{y+2}{2}=\dfrac{z-1}{1}$ 都平行,且过原点的平面方程

为_____.

解　题设中的两条直线的方向矢量分别为 $\boldsymbol{s}_1=\{0,1,1\}$ 和 $\boldsymbol{s}_2=\{1,2,1\}$,则所求平面方程的法向量 $\boldsymbol{n}=\boldsymbol{s}_1\times\boldsymbol{s}_2=\{-1,1,-1\}$.

故所求平面方程为 $x-y+z=0$.

题 3　(1990①) 过点 $M(1,2,-1)$ 且与直线

$$\begin{cases} x=-t+2 \\ y=3t-4 \\ z=t-1 \end{cases}$$

垂直的平面方程是_____.

解　已知直线的方向矢量 $\boldsymbol{s}=\{-1,3,1\}$,所求平面的法向量 $\boldsymbol{n}\ /\!/\ \boldsymbol{s}$,故可取 $\boldsymbol{n}=\boldsymbol{s}$.

根据点法式得到所求平面方程为 $x-3y-z+4=0$.

题 4　(1991①) 已知两条直线的方程分别是

$$L_1:\frac{x-1}{1}=\frac{y-2}{0}=\frac{z-3}{-1},L_2:\frac{x+2}{2}=\frac{y-1}{1}=\frac{z}{1}$$

则过 L_1 且平行于 L_2 的平面方程是_____.

解　L_1 和 L_2 的方向矢量分别为 $\boldsymbol{s}_1=\{1,0,-1\}$ 和 $\boldsymbol{s}_2=\{2,1,1\}$.

则所求平面的法向量 $\boldsymbol{n}=\boldsymbol{s}_1\times\boldsymbol{s}_2=\{1,-3,1\}$.

这样由所求平面过 L_1,则它过 L_1 上的点 $\{1,2,3\}$,故所求方程为

$$x-1-3(y-2)+z-3=0 \Rightarrow x-3y+z+2=0$$

题 5　(1996①) 设一平面经过原点及点 $(6,-3,2)$,且与平面 $4x-y+2z=8$ 垂直,则此平面方程

为_____.

解　由原点和点 $(6,-3,2)$ 所确定的矢量 $\boldsymbol{a}=\{6,-3,2\}$,已知平面的法矢量 $\boldsymbol{n}_0=\{4,-1,2\}$.

因此所求平面的法矢量 $\boldsymbol{n}=\boldsymbol{a}\times\boldsymbol{n}_0=\{-4,-4,6\}=-2\{2,2,-3\}$.

故所求平面方程为 $2x+2y-3z=0$.

(二)选择题

题 1　(1995①) 设有直线 $L:\begin{cases} x+3y+2z+1=0 \\ 2x-y-10z+3=0 \end{cases}$ 及平面 $\pi:4x-2y+z-2=0$,则直线 L

(　　)

(A) 平行于 π　　　　(B) 在 π 上　　　(C) 垂直于 π　　　(D) 与 π 斜交

解　由题设 L 的方向向量

$$\boldsymbol{s}=\begin{vmatrix} \boldsymbol{i} & \boldsymbol{j} & \boldsymbol{k} \\ 1 & 3 & 2 \\ 2 & -1 & -10 \end{vmatrix}=\{-28,14,-7\}=7\{-4,2,-1\}$$

则 π 的法向量 $\boldsymbol{n}=\{4,-2,1\}$.因为 $\boldsymbol{s}\ /\!/\ \boldsymbol{n}$,知 L 垂直于 π.

故选(C).

题2 (1993①)设有直线 $L_1: \dfrac{x-1}{1} = \dfrac{y-5}{-2} = \dfrac{z+8}{1}$ 与 $L_2: \{x-y=6, 2y+z=3\}$,则 L_1 与 L_2 的

夹角为 ( )

(A) $\dfrac{\pi}{6}$ (B) $\dfrac{\pi}{4}$ (C) $\dfrac{\pi}{3}$ (D) $\dfrac{\pi}{2}$

解 L_1 的方向矢量 $s_1 = \{1, -2, 1\}$,而 L_2 的方向向量

$$s_2 = \begin{vmatrix} i & j & k \\ 1 & -1 & 0 \\ 0 & 2 & 1 \end{vmatrix} = \{-1, -1, 2\}$$

故 L_1 与 L_2 的交角余弦 $\cos\theta = \dfrac{|s_1 \cdot s_2|}{|s_1||s_2|} = \dfrac{1}{2}$,交角为 $\theta = \dfrac{\pi}{3}$.

故选(C).

(三)计算证明题

题1 (2003①②)已知平面上 3 条相异直线 $l_1: ax+2by+3c=0$;$l_2: bx+2cy+3a=0$;$l_3: cx+2ay+3b=0$.试证它们交于一点的充要条件是 $a+b+c=0$.

证 令 $A = \begin{bmatrix} a & 2b \\ b & 2c \\ c & 2a \end{bmatrix}$,$B = \begin{bmatrix} -3c \\ -3a \\ -3b \end{bmatrix}$,$x = \begin{pmatrix} x \\ y \end{pmatrix}$,且

$$\overline{A} = (A, B) = \begin{bmatrix} a & 2b & -3c \\ b & 2c & -3a \\ c & 2a & -3b \end{bmatrix}$$

充分性.由设 3 条直线交于一点,即 $Ax = B$ 有唯一解.

即 $r(A) = r(\overline{A}) = 2$,故 $|\overline{A}| = 0$.

将 A, B 代入 $3(a+b+c)[(a-b)^2 + (b-c)^2 + (c+a)^2] = 0$.

由题设三直线彼此相异,知 $(a-b)^2 + (b-c)^2 + (c-a)^2 \neq 0$,故

$$a+b+c=0$$

必要性.由 $a+b+c=0$ 可有 $|\overline{A}| = 0$,从而 $r(\overline{A}) < 3$.

又 $\begin{vmatrix} a & 2b \\ b & 2c \end{vmatrix} = a[a(a+b)+b^2] = -2\left[\left(a+\dfrac{b}{2}\right)^2 + \dfrac{3}{4}b^2\right] \neq 0$,故 $r(A) = 2$.

从而 $r(A) = r(\overline{A}) = 2$,知 $Ax = B$ 有唯一解,即 l_1, l_2, l_3 相交于一点.

再来看空间直线问题.

题2 (1998①)求直线 $l: \dfrac{x-1}{1} = \dfrac{y}{1} = \dfrac{z-1}{-1}$ 在平面 $\pi: x-y+2z-1=0$ 上的投影直线 l_0 的方程,

并求 l_0 绕 Oy 轴旋转一周所成曲面的方程.

解 (1)将直线 l 改写成一般式 $\begin{cases} x-y-1=0 \\ y+z-1=0 \end{cases}$,过 l 的平面束方程为

$$x-y-1+\lambda(y+z-1)=0$$

即 $\qquad\qquad\qquad x+(\lambda-1)y+\lambda z-(1+\lambda)=0$

因为它与平面 π 垂直,所以得 $1-(\lambda-1)+2\lambda=0$,解出 $\lambda = -2$.

回代到平面束方程中得到经过 l 且垂直于 π 的平面方程为

$$x-3y-2z+1=0$$

于是 l_0 的方程为

$$l_0: \begin{cases} x - y + 2z - 1 = 0 \\ x - 3y - 2z + 1 = 0 \end{cases}$$

(2) 将 l_0 的方程化为参数形式(y 为参数),即

$$\begin{cases} x = 2y \\ z = -\dfrac{1}{2}(y-1) \end{cases}.$$

则 l_0 绕 Oy 轴旋转一周所成曲面的方程为

$$x^2 + z^2 = 4y^2 + \frac{1}{4}(y-1)^2 \ \Rightarrow\ x^2 - 17y^2 + 4z^2 + 2y - 1 = 0$$

下面问题其实是一道综合题,题的前半部分与空间解析几何有关(求平面方程);后半部分则是要用积分计算.

题 3　(1994①)已知点 A 与 B 的直角坐标分别为 $(1,0,0)$ 与 $(0,1,1)$,线段 AB 绕 Oz 轴旋转一周所成的旋转曲面为 S,求由 S 及两平面 $z=0,z=1$ 所围成的立体体积.

解　首先求旋转面的方程.

直线 AB 的方程为 $\dfrac{x-1}{-1} = \dfrac{y}{1} = \dfrac{z}{1}$,解出 $x = 1-z, y = z$.

于是旋转面的方程为

$$x^2 + y^2 = (1-z)^2 + z^2 \Rightarrow x^2 + y^2 = 1 - 2z + 2z^2$$

再求旋转体的体积.

选 z 为积分变量,旋转体的横截面是圆,其半径的平方是 $1 - 2z + z^2$.

因此所求立体的体积

$$V = \pi \int_0^1 (1 - 2z + z^2)\mathrm{d}z = \frac{2}{3}\pi$$

国内外大学数学竞赛题赏析

1. 矢量代数

例 1　设 $\boldsymbol{a} \cdot \boldsymbol{b} = 3$,且 $\boldsymbol{a} \times \boldsymbol{b} = \{1,1,1\}$,试求 $\boldsymbol{a}$ 与 $\boldsymbol{b}$ 的夹角 θ.(陕西省大学生数学竞赛,1990)

解　由设有 $\boldsymbol{a} \cdot \boldsymbol{b} = |\boldsymbol{a}||\boldsymbol{b}|\cos\theta = 3$,又

$$|\boldsymbol{a} \times \boldsymbol{b}| = |\boldsymbol{a}||\boldsymbol{b}|\sin\theta = \sqrt{1^2 + 1^2 + 1^2} = \sqrt{3}$$

故有 $\tan\theta = \dfrac{\sqrt{3}}{3}$,从而 $\theta = \dfrac{\pi}{6}$.

例 2　若矢量 $\overrightarrow{OA} = \boldsymbol{a}, \overrightarrow{OB} = \boldsymbol{b}, \overrightarrow{OC} = \boldsymbol{c}$,证明 A,B,C 三点共线 $\Leftrightarrow \boldsymbol{a} \times \boldsymbol{b} + \boldsymbol{b} \times \boldsymbol{c} + \boldsymbol{c} \times \boldsymbol{a} = \boldsymbol{0}$.(重庆大学数学竞赛,1989)

证　如图 5 所示,由矢量性质知

$$S_{\triangle ABC} = \frac{1}{2}|\overrightarrow{AB} \times \overrightarrow{AC}|$$

其中 $\overrightarrow{AB} = \boldsymbol{b} - \boldsymbol{a}, \overrightarrow{AC} = \boldsymbol{c} - \boldsymbol{a}$. 于是

$$S_{\triangle ABC} = \frac{1}{2}|(\boldsymbol{b}-\boldsymbol{a}) \times (\boldsymbol{c}-\boldsymbol{a})| = \frac{1}{2}|\boldsymbol{b} \times \boldsymbol{c} - \boldsymbol{a} \times \boldsymbol{c} - \boldsymbol{b} \times \boldsymbol{a}|$$

$$= \frac{1}{2}|\boldsymbol{a} \times \boldsymbol{b} + \boldsymbol{b} \times \boldsymbol{c} + \boldsymbol{c} \times \boldsymbol{a}|$$

充分性. 若 $\boldsymbol{a} \times \boldsymbol{b} + \boldsymbol{b} \times \boldsymbol{c} + \boldsymbol{c} \times \boldsymbol{a} = \boldsymbol{0}$,则 $S_{\triangle ABC} = 0$,即 A,B,C 三点共线.

必要性. 若 A, B, C 三点共线，则 $S_{\triangle ABC} = 0$，有
$$a \times b + b \times c + c \times a = 0$$
下面的问题与极限概念有关.

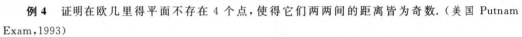

例 3　设 $a, b \in \mathbf{R}^3$ 上 2 个非零常矢量，且 $|b| = 1$，又 $\widehat{(a, b)} = \dfrac{\pi}{3}$.

求 $\lim\limits_{x \to 0} \dfrac{|a + xb| - |a|}{x}$. (天津大学数学竞赛，1995)

解　由题设及矢量性质，有
$$\lim_{x \to 0} \frac{|a + xb| - |a|}{x} = \lim_{x \to 0} \frac{|a + xb|^2 - |a|^2}{x(|a + xb| + |a|)}$$
$$= \lim_{x \to 0} \frac{(a + xb) \cdot (a + xb) - a \cdot a}{x(|a + xb| + |a|)} = \lim_{x \to 0} \frac{2a \cdot b + xb \cdot b}{|a + xb| + |a|}$$
$$= \frac{2a \cdot b}{2|a|} = |b| \cos\widehat{(a, b)} = \cos\frac{\pi}{3} = \frac{1}{2}$$

例 4　证明在欧几里得平面不存在 4 个点，使得它们两两间的距离皆为奇数. (美国 Putnam Exam，1993)

证　用反证法. 若存在这样的 4 个点，取其中一点为原点，且令 a_1, a_2, a_3 为从该点到其余 3 点的矢量.

由题设有 $a_i \cdot a_i$ 及 $|a_i - a_j|^2 = a_i \cdot a_i - 2a_i \cdot a_j + a_j \cdot a_j (i \neq j)$ 是奇整数的平方，从而
$$a_i \cdot a_i \equiv 1 \pmod 8, \quad |a_i - a_j|^2 = 1 \pmod 8$$

显然它们之中无 3 点共线，则有 x, y 使 $a_3 = xa_1 + ya_2$. 这样
$$\begin{cases} 2a_1 \cdot a_2 = 2xa_1 \cdot a_1 + 2ya_1 \cdot a_2 \\ 2a_2 \cdot a_3 = 2xa_2 \cdot a_1 + 2ya_2 \cdot a_2 \\ 2a_3 \cdot a_3 = 2xa_3 \cdot a_1 + 2ya_3 \cdot a_2 \end{cases} \qquad (*)$$

由于 $a_1 \not\parallel a_2$，因而
$$\det \begin{pmatrix} a_1 \cdot a_1 & a_1 \cdot a_2 \\ a_2 \cdot a_1 & a_2 \cdot a_2 \end{pmatrix} > 0$$

故知式 $(*)$ 的前两个关于 x, y 的方程有唯一解，记为
$$x = \frac{x}{D}, \quad y = \frac{y}{D}$$

其中 x, y 和 D 皆为整数，无妨设它们互质.

用 D 乘式 $(*)$ 两边，有
$$D \equiv 2x + y \pmod 8, \quad D \equiv x + 2y \pmod 8, \quad 2D \equiv x + y \pmod 8$$

把前两个同余式和减去第三式，得 $2x + 2y \equiv 0 \pmod 8$.

由第三个同余式知 D 是偶数，且由前两式知 x, y 也是偶数. 这与它们互质的假设矛盾. 故这种点不存在.

2. 直线与平面

例 1　求两条直线方程，它们每一条都与空间 4 条直线
$$\begin{cases} x = 1 \\ y = 0 \end{cases}, \quad \begin{cases} y = 1 \\ z = 0 \end{cases}, \quad \begin{cases} z = 1 \\ x = 0 \end{cases}, \quad x = y = -6z$$

全部相交. (美国 Putnam Exam，1939)

解　设直线 l 与已知四直线分别交于 A, B, C, D 点，则有 a, b, c, d 使 $A = (1, 0, a)$，$B = (b, 1, 0)$，$C =$

$(0,c,1)$ 和 $D = (6d,6d,-d)$.

它们共线的条件是 $\overrightarrow{AB} = \{b-1,1,-a\}$，$\overrightarrow{AC} = \{-1,c,1-a\}$ 和 $\overrightarrow{AD} = \{6d-1,6d,-d-a\}$ 平行,即

$$\frac{b-1}{-1} = \frac{1}{c} = \frac{-a}{1-a}, \frac{b-1}{6d-1} = \frac{1}{6d} = \frac{-a}{-d-a}$$

则有

$$\frac{c}{1-b} = \frac{a-1}{a}, \quad 6d = \frac{1-6d}{1-b} = \frac{a+d}{a}$$

从而 $6d = (1-6d) \cdot \dfrac{a-1}{a} = \dfrac{a+d}{a}$,即有

$$6ad = a+d, a+6d-1-6ad = a+d$$

两式相加,有 $4d+a+1$,故

$$6a(a+1) = 24ad = 4(a+d) = 5a+1$$

而 a 的二次方程 $6a(a+1) = 5a+1$ 有根 $a_1 = \dfrac{1}{3}, a_2 = -\dfrac{1}{2}$.

此时 $b_1 = \dfrac{3}{2}$，$b_2 = \dfrac{2}{3}$；$c_1 = -2$，$c_2 = 3$；$d_1 = \dfrac{1}{3}$，$d_2 = \dfrac{1}{8}$.

故所求直线方向矢量为 $(3,6,-2)$ 和 $(-2,6,3)$,则

$$l_1: \begin{cases} x = 1+3s \\ y = 6s \\ z = \dfrac{1}{3}-2s \end{cases}, \quad l_2: \begin{cases} x = 1-2t \\ y = 6t \\ z = -\dfrac{1}{2}+3t \end{cases}$$

当 $s = 0, \dfrac{1}{6}, -\dfrac{1}{3}, \dfrac{1}{3}; t = 0, \dfrac{1}{6}, \dfrac{1}{2}, \dfrac{1}{8}$ 时它们与已知四直线相交.

此时 $l_1: y = 2(x-1)-3z; l_2: y = 3(1-x) = 2z+1$.

例 2 考虑所有与曲线 $y = 2x^4+7x^3+3x-5$ 相交于 4 个不同点 $(x_i, y_i)(i = 1,2,3,4)$ 的直线,证明 $\dfrac{1}{4}(x_1+x_2+x_3+x_4)$ 与直线无关,且求它的值.(美国 Putnam Exam,1977)

证 今设直线 $y = mx+b$ 与曲线 $y = 2x^4+7x^3+3x-5$ 有 4 个交点 (x_i, y_i),$i = 1,2,3,4$,

由 $mx_i+b = 2x_i^4+7x_i^3+3x_i-5$，$i = 1,2,3,4$,则知 x_i 是方程 $2x^4+7x^3+(3-m)x-(5+b) = 0$ 的根.

由韦达定理知 $\displaystyle\sum_{i=1}^{4} x_i = -\dfrac{7}{2}$, 从而 $\dfrac{1}{4}\displaystyle\sum_{i=1}^{4} x_i = -\dfrac{7}{8}$,它与直线本身无关.

例 3 求空间两直线 $l_1: \begin{cases} y = 2x \\ z = x+1 \end{cases}$ 与 $l_2: \begin{cases} y = x+3 \\ z = x \end{cases}$ 之间的最短距离.(陕西省大学生数学竞赛,1999)

解 过直线 l_2 作平面 π 平行于直线 l_1,则 l_1 上的点到 π 的距离即为所求.将 l_1, l_2 方程改写为

$$l_1: \begin{cases} 2x-y = 0 \\ x-z+1 = 0 \end{cases} \quad \text{与} \quad l_2: \begin{cases} x-y+3 = 0 \\ x-z = 0 \end{cases}$$

这样平面 π 的方程形如

$$x-z+\lambda(x-y+3) = 0 \Rightarrow (1+\lambda)x-\lambda y-z+3\lambda = 0$$

则 π 的法矢量 $\boldsymbol{n} = \{1-\lambda, -\lambda, -1\}$. 又 l_1 的方向矢量

$$\boldsymbol{s} = \begin{vmatrix} i & j & k \\ 2 & -1 & 0 \\ 1 & 0 & -1 \end{vmatrix} = \{1,2,1\}$$

由 $l_1 // \pi$,则 $\boldsymbol{s} \cdot \boldsymbol{n} = 0$, 即 $1+\lambda-2\lambda-1 = 0$, 得 $\lambda = 0$.

故 π 的方程为 $x - z = 0$.

又 $(0,0,1)$ 为 l_1 的点,其到平面 π 的距离

$$d = \frac{|-1|}{\sqrt{2}} = \frac{1}{\sqrt{2}} = \frac{\sqrt{2}}{2}$$

即为两直线间最短距离.

下面的例子涉及三角形面积.

例 4 试证曲线 $x^3 + 3xy + y^3 = 1$ 上仅有三个可构成等边三角形的相异点 A, B, C,且求出该三角形面积.(美国 Putnam Exam,2006)

证 注意到题设曲线方程可分解如

$$x^3 + 3xy + y^3 - 1 = (x + y - 1)(x^2 - xy + y^2 + x + y + 1)$$

$$= (x + y - 1) \cdot \frac{1}{2}\left[(x+1)^2 + (y+1)^2 + (x-y)^2\right]$$

它的零点除 $x + y - 1 = 0$(由前一因式)外,还仅有 $x = y = -1$(由后一因式).

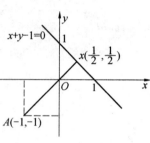

图 6

这样点 $(-1,-1)$ 为所求正三角形的一个顶点. 设其为 A,从图 6 可以看到时,点 $H(\frac{1}{2}, \frac{1}{2})$ 即为点 A 向直线 $x + y - 1 = 0$ 所作垂线的垂足,即 AH 为以 A 为顶点,以直线 $x + y - 1 = 0$ 为底边的等边三角形(设为 $\triangle ABC$)的高

$$AH = \sqrt{(-1 - \frac{1}{2})^2 + (-1 - \frac{1}{2})^2} = \frac{3\sqrt{2}}{2}$$

故 $$S_{\triangle ABC} = \frac{\sqrt{3}}{3}AH^3 = \frac{3\sqrt{3}}{2}$$

注 也可用点到直线距离公式求得 AH. 此外,若先求 $\triangle ABC$ 另外两顶点 B, C,步骤则显复杂. 本题关键步骤在于先将题设曲线方程分解.

例 5 三角形三边所在直线分别为 $l_i: A_i x + B_i y + C_i = 0 \ (i = 1, 2, 3)$. 证明该三角形面积(不计符号)是

$$\begin{vmatrix} A_1 & B_1 & C_1 \\ A_2 & B_2 & C_2 \\ A_3 & B_3 & C_3 \end{vmatrix}^2 \div \left[2 \begin{vmatrix} A_2 & B_2 \\ A_3 & B_3 \end{vmatrix} \cdot \begin{vmatrix} A_3 & B_3 \\ A_1 & B_1 \end{vmatrix} \cdot \begin{vmatrix} A_1 & B_1 \\ A_2 & B_2 \end{vmatrix} \right]$$

(美国 Putnam Exam,1940)

证 设 (x_i, y_i) 是三角形的 3 个顶点 $(i = 1, 2, 3)$,且设

$$\boldsymbol{M} = \begin{bmatrix} A_1 & B_1 & C_1 \\ A_2 & B_2 & C_2 \\ A_3 & B_3 & C_3 \end{bmatrix}, \boldsymbol{X} = \begin{bmatrix} x_1 & x_2 & x_3 \\ y_1 & y_2 & y_3 \\ 1 & 1 & 1 \end{bmatrix}$$

则 $S_{\triangle} = \frac{1}{2} |\det \boldsymbol{X}|$.

由 (x_i, y_i) 在 l_j 上 $(i \neq j)$,有

$$\boldsymbol{M} \cdot \boldsymbol{X} = \text{diag}\{d_1, d_2, d_3\} \tag{*}$$

其中 d_i 待定.

又 $\boldsymbol{M}\{x, y, z\}^{\mathrm{T}} = \{d_1, 0, 0\}^{\mathrm{T}}$,得 $z(\det \boldsymbol{M}) = d_1 \begin{vmatrix} A_2 & B_2 \\ A_3 & B_3 \end{vmatrix}$.

由式($*$)知解为 $\{x_1,y_1,1\}^{\mathrm{T}}$,故 $d_1=\dfrac{\det \boldsymbol{M}}{\begin{vmatrix} A_2 & B_2 \\ A_3 & B_3 \end{vmatrix}}$,同理

$$d_2=\frac{\det \boldsymbol{M}}{\begin{vmatrix} A_3 & B_3 \\ A_1 & B_1 \end{vmatrix}}, \quad d_3=\frac{\det \boldsymbol{M}}{\begin{vmatrix} A_1 & B_1 \\ A_2 & B_2 \end{vmatrix}}$$

又由式($*$)有

$$\det \boldsymbol{M} \cdot \det \boldsymbol{X}=\frac{(\det \boldsymbol{M})^3}{\begin{vmatrix} A_2 & B_2 \\ A_3 & B_3 \end{vmatrix} \cdot \begin{vmatrix} A_3 & B_3 \\ A_1 & B_1 \end{vmatrix} \cdot \begin{vmatrix} A_1 & B_1 \\ A_2 & B_2 \end{vmatrix}}$$

从而

$$S_{\triangle}=\frac{1}{2}\mid \det \boldsymbol{X} \mid=\frac{(\det \boldsymbol{M})^2}{\left[2 \begin{vmatrix} A_2 & B_2 \\ A_3 & B_3 \end{vmatrix} \cdot \begin{vmatrix} A_3 & B_3 \\ A_1 & B_1 \end{vmatrix} \cdot \begin{vmatrix} A_1 & B_1 \\ A_2 & B_2 \end{vmatrix}\right]}$$

3. 曲线与曲面

例 1　当 c 为何值时,存在一条直线与曲线 $y=x^4+9x^3+cx^2+9x+4$ 有 4 个不同交点?（美国 Putnam Exam,1994）

解　在讨论直线与曲线交点个数中,常数项和一次项系数对其无影响.

令

$$P(x)=x^4+9x^3+cx^2+9x+4$$

注意到变换 $\left(x-\dfrac{9}{4}\right)$ 代替 x 可使 $P(x)$ 次高项 x^3 消去.实施该变换,则

$$P\left(x-\frac{9}{4}\right)=x^4+\left(c-\frac{243}{8}\right)x^2+\cdots$$

余下来只需讨论 $y=x^4+ax^2$ 的情形.

从曲线 $y=x^4+ax^2$ 来看,当 $a<0$ 时,曲线呈 W 状,且在 $x=0$ 处有一个相对极大值,此时直线 $y=-\varepsilon$（$\varepsilon>0$ 且充分小）与曲线可有 4 个交点;而 $a\geqslant 0$ 时,曲线上凹,无直线可与之有两个以上的交点.

故 $c<\dfrac{243}{8}$ 为所求.

这是一个关于平面曲线的法线性质的题目,这类赛题不甚常见.

例 2　证明或否定:至少存在一条直线,该直线既是 $y=\mathrm{ch}\,x$ 的图形在某点 $(a,\mathrm{ch}\,a)$ 的法线,也是 $y=\mathrm{sh}\,x$ 的图形在某点 $(c,\mathrm{sh}\,c)$ 的法线.（注:$\mathrm{ch}\,x=\dfrac{1}{2}(e^x+e^{-x})$,$\mathrm{sh}\,x=\dfrac{1}{2}(e^x-e^{-x})$）（美国 Putnam Exam,1979）

证　由题设若这样的直线（公共法线）存在,则

$$-\frac{a-c}{\mathrm{ch}\,a-\mathrm{sh}\,c}=\mathrm{ch}\,c=\mathrm{sh}\,a \tag{$*$}$$

因 $\mathrm{ch}\,c>0$,由式($*$)知 $\mathrm{sh}\,a>0$,故 $a>0$.

若 $a<c$,则由 $0<a<c$ 有 $\mathrm{sh}\,a<\mathrm{ch}\,a<\mathrm{ch}\,c$,与式($*$)矛盾;

若 $a\geqslant c$,则由式($*$)左边不大于 0,故其不能等于 $\mathrm{ch}\,c$,与式($*$)亦矛盾!

综上,这样的直线（公共法线）不存在.

例 3　在曲面 $z=x^2+4y^2$ 上求点,使曲面在该点的切平面经过点 $(5,2,1)$ 且与直线 $\dfrac{x-1}{2}=\dfrac{y-2}{1}=\dfrac{z-3}{4}$ 平行.（北京轻工业学院数学竞赛,1992）

解　由题设知曲面 $z=x^2+4y^2$ 上点 (x,y,z) 的切平面的法矢量 $\boldsymbol{n}=\{-2x,-8y,1\}$.

依题意有内积

$$\{-2,-8y,1\} \cdot \{2,1,4\} = 0 \qquad\qquad ①$$

又向量 $\{5-x,2-y,1-z\}$ 在切平面内,故

$$\{5-x,2-y,1-z\} \cdot \{-2,-8y,1\} = 0 \qquad\qquad ②$$

又由题设曲面方程为

$$z = x^2 + 4y^2 \qquad\qquad ③$$

联立式①,②,③解得 $(-1,1,5)$ 或 $(3,-1,-13)$ 为所求的点.

下面的例子即是求曲面方程,又涉及最大、最小值问题.

例 4 已知两直线方程

$$l:\begin{cases} x = t+1 \\ y = 2t+4 \\ z = -3t+5 \end{cases}, \quad m:\begin{cases} x = 4t-12 \\ y = -t+8 \\ z = t+17 \end{cases}$$

求与此二直线都相切的最小球面方程.(美国 Putnam Exam,1959)

解 由题设知 l,m 异面,其存在唯一公垂线 PQ,其中 P 在 l 上,Q 在 m 上,则以 PQ 为直径的球面为所求.

又 l,m 可用含参数 t 的矢量分别表示为: $a+tv$ 和 $b+tw$.

由 $PQ \perp l, PQ \perp m$,则 $\overrightarrow{PQ} = \rho v \times w$,其中 ρ 待定.

令 $a+\sigma v$ 和 $b+\tau w$ 分别表示 P,Q 两点,其中 σ,τ 待定,则

$$\overrightarrow{PQ} = b-a-\sigma v+\tau w$$

故

$$a-b = -\rho(v \times w) - \sigma v + \tau w \qquad\qquad (*)$$

易知 $v \times w, v, w$ 线性无关,故 ρ, σ, τ 可以求出.

由 $\qquad a = \{1,4,5\}, b = \{-12,8,17\}, v = \{1,2,-3\}, w = \{4,-1,1\}$

从而 $v \times w = \{-1,-13,-9\}$,再由式(*)可解得

$$\rho = -\frac{147}{251}, \sigma = -\frac{782}{251}, \tau = \frac{657}{251}$$

且球心坐标为

$$a+\sigma v + \frac{1}{2}\rho(v \times w) = \frac{2}{50}\{-915,791,8\,525\}$$

半径为

$$\frac{1}{2}|\rho| \cdot |v \times w| = \frac{147}{\sqrt{1\,004}}$$

从而所求球面方程为

$$(502x+951)^2 + (502y-971)^2 + (502z-8\,525)^2 = 251 \times 147^2$$

下面的问题涉及曲线的曲率,这类问题我们在前面章节中已有叙述.

例 5 求平面曲线 $y = e^x$ 的曲率的最大值.(北京轻工业学院数学竞赛,1992)

解 欲求 $y = e^x$ 的曲率的最大值,只需求 $y = \ln x$ 的曲率的最大值.由曲率 κ 的表达式

$$\frac{1}{\kappa} = \frac{(1+y'^2)^{\frac{3}{2}}}{|y''|} = x^2(1+x^{-\frac{3}{2}})^{\frac{3}{2}} = \left(x^{\frac{4}{3}} + \frac{1}{2}x^{-\frac{3}{2}} + \frac{1}{2}x^{-\frac{3}{2}}\right)^{\frac{3}{2}}$$

$$\geq \left(3\sqrt[3]{x^{\frac{4}{3}} \cdot \frac{1}{2}x^{-\frac{3}{2}} \cdot \frac{1}{2}x^{-\frac{3}{2}}}\right)^{\frac{3}{2}} = \left(3\sqrt[3]{\frac{1}{2} \cdot \frac{1}{2}}\right)^{\frac{3}{2}} = \frac{3}{2}\sqrt{3}$$

从而得 $y = e^x$ 的曲率的最大值 $\kappa_{max} = \frac{2\sqrt{3}}{9}$.

例 6 求平面上与双曲线 $xy = 1$(两支)以及 $xy = -1$(两支)都相交的凸集的最小可能的面积(若

集合中的任两点连线段皆属于该集合,则它称为凸集).(美国 Putnam Exam 2007)

解　设 S 是具有题设性质的凸集.

在两对双曲线(四支)上分别选 $A,B,C,D \in S$ 且 A,B,C,D 分别位于第 Ⅰ ~ Ⅳ 象限,则四边形 $ABCD$ 之面积 S_{ABCD} 是 S 的一个下界.

今设它们的坐标分别为 $A\left(a,\dfrac{1}{a}\right),B\left(b,-\dfrac{1}{b}\right),C\left(-c,-\dfrac{1}{c}\right),D\left(d,\dfrac{1}{d}\right)$,这里 $a,b,c,d>0$.

此时

$$
S_{ABCD} = S_{\triangle ABC} + S_{\triangle ACD} = \left| \frac{1}{2} \left[\begin{vmatrix} a & \frac{1}{a} & 1 \\ b & -\frac{1}{b} & 1 \\ -c & -\frac{1}{c} & 1 \end{vmatrix} + \begin{vmatrix} -c & -\frac{1}{c} & 1 \\ d & \frac{1}{d} & 1 \\ a & \frac{1}{a} & 1 \end{vmatrix} \right] \right|
$$

$$
= \frac{1}{2}\left(\frac{a}{b} + \frac{b}{c} + \frac{b}{a} + \frac{c}{b} + \frac{c}{d} + \frac{d}{a} + \frac{d}{c} + \frac{a}{d} \right)
$$

$$
= \frac{1}{2}\left(\frac{a}{b} + \frac{b}{a} \right) + \frac{1}{2}\left(\frac{b}{c} + \frac{c}{b} \right) + \frac{1}{2}\left(\frac{c}{d} + \frac{d}{c} \right) + \frac{1}{2}\left(\frac{d}{a} + \frac{a}{d} \right)
$$

$$
\geqslant \sqrt{\frac{a}{b} \cdot \frac{b}{a}} + \sqrt{\frac{b}{c} \cdot \frac{c}{b}} + \sqrt{\frac{c}{d} \cdot \frac{d}{c}} + \sqrt{\frac{d}{a} \cdot \frac{a}{d}} = 4
$$

故该凸集最小面积为 4.

习　　题

1. 已知 $a+b+c=0$. 求证 $a \times b = b \times c = c \times a$.(太原工学院,1980)

2. (1) 证明 $(a+b) \cdot [(b+c) \times (c+a)] = 2a \cdot (b \times c)$.(清华大学,1979;成都科技大学,1980)

(2) 证明 $a \times (b \times c) = (a \cdot c)b - (a \cdot b)c$.(西北农学院,1979)

3. 已知 3 个非零矢量 a,b,c 中任意两个都不共线,但 $a+b$ 与 $c,b+c$ 与 a 共线,求这 3 个矢量和.(重庆建筑工程学院,1981)

4. 若 A,B,C 三点矢径分别是 r_1,r_2,r_3,证明:若 $r_1 \times r_2 + r_2 \times r_3 + r_3 \times r_1 = 0$,则 A,B,C 三点共线.(湖南大学,1982)

5. 设 $a = \{a_1,a_2,a_3\}$,$b = \{b_1,b_2,b_3\}$,$c = \{c_1,c_2,c_3\}$,试证这 3 个矢量的混积

$$
a \cdot (b \times c) = \begin{vmatrix} a_1 & a_2 & a_3 \\ b_1 & b_2 & b_3 \\ c_1 & c_2 & c_3 \end{vmatrix}
$$

(兰州大学,1979)

6. 已知矢量 $a = \{2,-3,6\}$,$b = \{-1,2,-2\}$,矢量 c 在 a,b 的夹角平分线上,且 $|c| = 3\sqrt{42}$,求 c 的坐标.(湘潭大学,1983)

7. 若 a,b,c 共面,且 a,b 不平行. 求证

$$
c = \frac{\begin{vmatrix} c \cdot a & b \cdot a \\ c \cdot b & b \cdot b \end{vmatrix} a + \begin{vmatrix} a \cdot a & a \cdot c \\ a \cdot b & b \cdot c \end{vmatrix} b}{\begin{vmatrix} a \cdot a & b \cdot a \\ a \cdot b & b \cdot b \end{vmatrix}}
$$

(成都大学,1979)

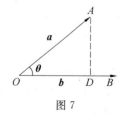

图 7

8.已知矢量 $\overrightarrow{OA} = a, \overrightarrow{OB} = b, \angle ODA = \frac{\pi}{2}$(图 7).

(1)求证:$\triangle ODA$ 的面积

$$S_{\triangle ODA} = \frac{|\,a \cdot b\,|\,|\,a \times b\,|}{2\,|\,b\,|^2}$$

(2)当 a, b 夹角 θ 为何值时,$\triangle ODA$ 面积最大?(四川大学,1980)

9.求与曲线 $4x^2 + 9y^2 - 8x + 18y = 59$ 相切,且与直线 $3x - 2y = 6$ 垂直的直线方程.(中国科技大学,1979)

10.设一直线过点 $A(3,0,0)$ 而与矢量 $a = \{2,4,3\}$ 平行,另一直线过点 $B(-1,3,2)$ 而与矢量 $b = \{2,0,1\}$ 平行,试求两条直线间的距离.(华中工学院,1980)

11.试求经过矢量 $r_1 = \{1,2,-1\}$ 与 $r_2 = \{3,-1,2\}$ 的终端点的直线,且计算原点到该直线的距离.(上海纺织工学院,1979)

12.试求两异面直线 $\frac{x-9}{4} = \frac{y+2}{-3} = \frac{z}{1}$ 和 $\frac{x}{-2} = \frac{y+7}{9} = \frac{z-2}{2}$ 间的距离.(上海交通大学,1979)

13.试用条件极值的拉格朗日乘数法,求点 $(3,2,1)$ 到平面 $2x - 3y - 4z = 25$ 的距离.(北京师范大学,1982)

14.在椭圆 $x^2 + 4y^2 = 4$ 上求一点,使之到直线 $2x + 3y - 6 = 0$ 的距离最近.(合肥工业大学,1982)

15.在抛物线 $y = x^2$ 上求一点,使之到直线 $3x - 4y - 2 = 0$ 的距离最短.(贵州工学院,1982)

16.求 Oy 轴上的一个给定点 $(0,b)$ 到抛物线 $x^2 = 4y$ 上的最短距离.(哈尔滨工业大学,1981)

17.极坐标方程 $r\cos(\theta - \theta_0) = p$(其中 θ_0, p 是常数)表示什么曲线?并求极点到该曲线的最短距离.(上海交通大学,1979)

18.已知曲线的参数方程:$x = a\cos^3\theta, y = a\sin^3\theta$ $(0 \leqslant \theta \leqslant 2\pi)$.

(1)讨论曲线的几何特性且作出草图;(2)试证若 $\theta \neq 0, \frac{\pi}{2}, \frac{3\pi}{2}$ 和 2π,则曲线上与 θ 值对应之点的切线被两坐标轴所截部分长恒定.(西北工业大学,1983)

19.半径 $\sqrt{5}$ 的圆与 x 轴相切,它沿 x 轴滚向抛物线 $y = x^2 + \sqrt{5}$(图 8),问它在何处与抛物线相切?求出这时圆心坐标.(湖南大学,1981)

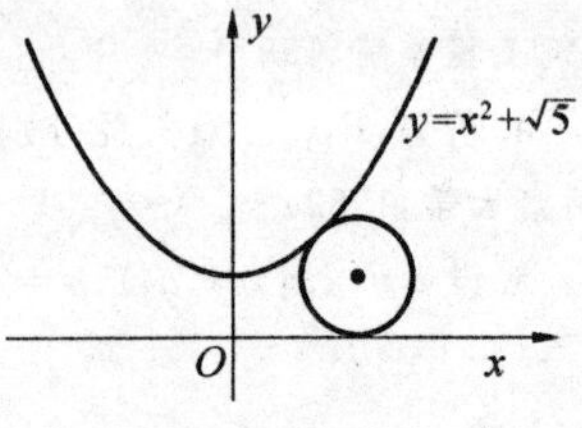

20.已知直线 TT' 与光滑曲线 $\rho = \rho(\theta)$ 相切于任意点 M,试证 OM 的延长线与 TT' 所成之角为 $\frac{\arctan(\rho(\theta))}{\rho'(\theta)}$.(沈阳机电学院,1980)

21.抛物线 $y = 4 - x^2$ 与直线 $y = 1 + 2x$ 相交于 A, B 两点,C 为抛物线上任一点,求 $\triangle ABC$ 面积的最大值.(沈阳机电学院,1981)

22.过曲线 $\Gamma: y = x^2 - 1$ $(x > 0)$ 上的点 P 作 Γ 的切线,与坐标轴交于 M, N,试求 P 点的坐标使 $\triangle MNO$(O 为原点)面积最小.(同济大学,1982)

23.长为 a 的线段其两端始终在直角坐标轴上滑动,过两端点分别作坐标轴的平行线,其交点为 C.由 C 向已知线段 a 作垂线,设垂足为 M.试求垂足 M 的轨迹方程,且说明它表示什么曲线.(上海交通大学,1979)

24.在 Oxy 平面上有一条曲线 L,在 L 上任一点 $P(x,y)$ 的切线与 Oy 轴交点为 M,则以 $\overline{PM}$ 为直径的圆均过定点 $(a,0)$.求曲线 L 的方程.(东北师范大学,1983)

25.设空间有 4 张不同的平面 $\pi_i(i=1,2,3,4)$.又 π_i 与 π_j 交线用 $l_{ij}(i<j;i,j=1,2,3,4)$ 表示,由此得到 3 对交线:l_{12} 和 l_{24}, l_{13} 和 l_{14}, l_{23}.试证:若 3 对交线的 1 对交线共面,则其他 2 对也分别共面;若其中 1 对不共面,则其他 2 对也分别不共面.(上海交通大学,1979)

$y = x^2 + \sqrt{5}$

图 8

26. 一直线 l 平行于平面 $3x+2y-z+6=0$，且与直线 $\dfrac{x-3}{2}=\dfrac{y+2}{4}=z$ 垂直，试求直线 l 的方向余弦.（华南工学院，1980）

27. 设曲线段 C 的参数方程是 $x=t, y=t^2, z=t^3\left(\dfrac{1}{2}\leqslant t\leqslant 2\right)$.试求 C 上一点 P，使过 P 的切线平行于平面 $x-2y+z=0$.（吉林大学，1983）

28. 设一四面体顶点位于坐标系中点 $(0,0,0)(x_i,y_i,z_i)(i=1,2,3)$，求证其体积为

$$\frac{1}{6}\begin{vmatrix} x_1 & y_1 & z_1 \\ x_2 & y_2 & z_2 \\ x_3 & y_3 & z_3 \end{vmatrix}$$

的绝对值.（复旦大学，1980）

29. 若空间直线 l_1 经过点 M_1，沿方向 $\boldsymbol{a}_1$，直线 l_2 经过点 M_2，沿方向 $\boldsymbol{a}_2$，且 l_1 与 l_2 不平行，求证：l_1 与 l_2 的距离

$$d=\frac{\mid(\boldsymbol{a}_1\times\boldsymbol{a}_2)\cdot\boldsymbol{M}_1\boldsymbol{M}_2\mid}{\mid\boldsymbol{a}_1\times\boldsymbol{a}_2\mid}$$

（太原工学院，1979）

30. 设 $\boldsymbol{a}$ 为非零常矢量，$\boldsymbol{r}$ 为动向径，问方程 $\boldsymbol{a}\cdot(\boldsymbol{r}-\boldsymbol{a})=0$ 在空间表示什么曲面？（西安交通大学，1980）

31. 设质点 M 作平面曲线运动 $\boldsymbol{r}=\boldsymbol{r}(t)$，其速度向量 $\boldsymbol{v}=\boldsymbol{v}(t)$.若矢量 $\boldsymbol{r}$ 扫过面积的速率为常数，试证 $\boldsymbol{r}\times\boldsymbol{v}$ 为常矢量.（复旦大学，1983）

32. 在三维欧氏空间中，矢量方程 $\boldsymbol{r}=a\cos t\boldsymbol{i}+a\sin t\boldsymbol{j}+bt\boldsymbol{k}$（$t$ 为参数，且 $t\geqslant 0$）表示一条曲线（a,b 为正的常数）.$\boldsymbol{i},\boldsymbol{j},\boldsymbol{k}$ 为沿 Ox，Oy，Oz 轴的单位矢量.

(1) 问：它是什么曲线？画出草图.(2) 对任何 $t>0$，求该曲线上单位切矢量.(3) 求曲线在 $t=0$ 到 $t=2\pi$ 范围内的长度.（中国科学院，1983）

33. 求在椭球 $\dfrac{x^2}{a^2}+\dfrac{y^2}{b^2}+\dfrac{z^2}{c^2}=1$ 内嵌入有最大体积的长方体体积.（东北工学院，1983）

34. 试求与圆族 $x^2+(y-c)^2=c^2$ 的正交曲线族.（大连轻工业学院，1982）

35. 设有一通过原点，圆心在 Ox 轴上的圆族，试求此圆族的正交轨线族.（东北工学院，1982）

36. 设 (r,φ,z) 是空间一点的柱坐标.证明下列三族曲面（或半平面）相互正交：$\ln r-z=c_1$，$r^2+2z=c_2, \varphi=c_3$（c_1,c_2,c_3 为常数）.（复旦大学，1980）

37. 设 $u(x,y)=c_1, v(x,y)=c_2$ 是平面上两曲线族，c_1, c_2 是任意常数，且对平面上任何点 (x,y) 有 $\dfrac{\partial u}{\partial x}=\dfrac{\partial v}{\partial y}, \dfrac{\partial u}{\partial y}=-\dfrac{\partial v}{\partial x}$.试证这两族曲线是正交的.（长沙铁道学院，1983）

第**5**章

多元函数微分

内 容 提 要

(一) 基本问题

1. 区域多元函数定义

由一条或几条曲线所围成的平面图形的一部分,且具有单连通性①者叫区域,围成区域的曲线称为该区域的边界.

$$区域 \begin{cases} 开、闭区域 \begin{cases} 闭区域:包括边界曲线在内的区域; \\ 开区域:不包括边界曲线在内的区域. \end{cases} \\ 有、无界区域 \begin{cases} 有界区域:能包含在半径为有限值的圆内者; \\ 无界区域:不能包含在半径为有限值的圆内者. \end{cases} \end{cases}$$

多元函数定义可见一元函数内容.

2. 二元函数的极限

二元函数的极限分全面极限和累次极限两种:

全面(二重)极限	累次(二次)极限
设 $P(x,y)$,$P_0(x_0,y_0)$,又 $$\rho = \lvert PP_0 \rvert = \sqrt{(x-x_0)^2 + (y-y_0)^2}$$ 若极限$\lim\limits_{\rho \to 0}(x,y)$ 存在,称之为 $P \to P_0$ 时全面极限	称极限 $\lim\limits_{x \to x_0}\left[\lim\limits_{y \to y_0} f(x,y)\right]$ 为累次或二次极限
变量 x,y 同时变化,且各自独立地趋向于 x_0,y_0;若$\lim\limits_{\rho \to 0} f(x,y)$ 存在,点(x,y) 以任何方式趋向于(x_0,y_0) 结论均如此	变量 x,y 先后变化,且相继地趋向于 x_0,y_0;函数 $f(x,y)$ 在累次极限过程,均以一元函数形式出现

注 一般地说,全面极限存在,累次极限未必存在;反之亦然.

二重极限与二次极根的关系 二重极限与二次极限是两个不同概念,它们之间关系如下:

---

① 所谓单连通性即区域内任意两点均可用一条折线连接起来,且折线上的点全部属于该区域.

$$\text{若}\ \lim_{(x\to x_0,\,y\to y_0)} f(x,y) = A$$

又 $x \neq x_0$ 时, $\lim\limits_{y\to y_0} f(x,y) = \varphi(x)$	又 $y \neq y_0$ 时, $\lim\limits_{x\to x_0} f(x,y) = \psi(y)$
$\lim\limits_{x\to x_0}\{\lim\limits_{y\to y_0} f(x,y)\} = A$	$\lim\limits_{y\to y_0}\{\lim\limits_{x\to x_0} f(x,y)\} = A$

$$\lim_{x\to x_0}\{\lim_{y\to y_0} f(x,y)\} = A = \lim_{y\to y_0}\{\lim_{x\to x_0} f(x,y)\}$$

3. 二元函数的连续性

若二元函数 $f(x,y)$ 满足

$$\lim_{P\to P_0} f(P) = f(P_0)\ \text{或}\ \lim_{(x\to x_0,\,y\to y_0)} = f(x_0,y_0)$$

其中,$P=(x,y)$,$P_0=(x_0,y_0)$,则称该函数在 P_0 点连续.

若 $f(x,y)$ 在区域 D 内每一点均连续,则称 $f(x,y)$ 在 D 内连续.

4. 二元连续函数的性质

(1) 在有界闭区域上二元连续函数有最大值、最小值定理(简称最值定理)及介值定理.

最值定理　有界闭区域上的连续函数必可取得最(大、小)值.

介值定理　有界闭区域上的连续函数取得两个不同的函数值,则它在该区域上可取得介于这两个值之间任何值.

(2) 二元连续函数的和、差、积、商(分母不为零处)及复合函数仍为连续函数.

(3) 二元初等函数在其定义域内各点处均连续.

(二) 二元函数的微分法

1. 偏导数、全微分、方向导数

关于二元函数的偏导数、全微分及方向导数的定义、计算和它们的几何意义如下:

	定　义	计　算	几　何　意　义
一阶偏导数	设 $z=f(x,y)$ 则 $\dfrac{\partial z}{\partial x} = \lim\limits_{\Delta x\to 0}[f(x+\Delta x,y) - f(x,y)]/\Delta x$ $\dfrac{\partial z}{\partial y} = \lim\limits_{\Delta y\to 0}[f(x,y+\Delta y) - f(x,y)]/\Delta y$	只对讨论的变量求导,其余变量视为常量(数)	$z=f(x,y)$ 在 (x_0,y_0) 处的偏导数 $f'_x(x_0,y_0)$ 是平面曲线 $z=f(x,y)$ 在 (x_0,y_0) 处切线的斜率 $\tan\alpha$,其中 α 为该切线与 Oxy 平面的夹角
二阶偏导数	$f''_{xx} = \dfrac{\partial}{\partial x}\left(\dfrac{\partial f}{\partial x}\right) = \dfrac{\partial^2 f}{\partial x^2}$ $f''_{xy} = \dfrac{\partial}{\partial y}\left(\dfrac{\partial f}{\partial x}\right) = \dfrac{\partial^2 f}{\partial x\partial y}$ $f''_{yy} = \dfrac{\partial}{\partial y}\left(\dfrac{\partial f}{\partial y}\right) = \dfrac{\partial^2 f}{\partial y^2}$	注意求导次序	
全微分	$\Delta f = A\Delta x + B\Delta y + o(\xi)$,其中 $\xi = \sqrt{\Delta x^2 + \Delta y^2}$,当 $\Delta x\to 0$,$\Delta y\to 0$ 时且与 A,B 无关	若函数 $z=f(x,y)$ 的各偏导数存在且连续,则 z 的全微分为 $\mathrm{d}z = \dfrac{\partial z}{\partial x}\mathrm{d}x + \dfrac{\partial z}{\partial y}\mathrm{d}y$	$z=f(x,y)$ 在点 (x_0,y_0) 的全微分,即是曲面 $z=f(x,y)$ 在点 (x_0,y_0,z_0) 处切平面对于自变量增量 $\Delta x,\Delta y$ 的增量

定　义	计　算	几何意义
方向导数	设函数 $z=f(x,y)$,过 $P_0(x_0,y_0)$ 引有向直线 l,与 Ox 轴正向夹角为 α,在 l 上取 $P(x_0+\Delta x,y_0+\Delta y)$,且 P,P_0 之间的距离 $\rho=\sqrt{\Delta x^2+\Delta y^2}$,称 $\lim_{\rho\to 0}[f(x_0+\Delta x,y_0+\Delta y)-f(x_0,y_0)]/\rho$ 为 z 在 P_0 沿 l 的方向导数,记为 $\dfrac{\partial f}{\partial \alpha}$	$\dfrac{\partial f}{\partial \alpha}=\dfrac{\partial f}{\partial x}\cos\alpha+\dfrac{\partial f}{\partial y}\sin\alpha$, $\dfrac{\partial f}{\partial \alpha}=\dfrac{\partial f}{\partial x}\sin\beta+\dfrac{\partial f}{\partial y}\cos\beta$, β 为 l 与 Oy 轴正向夹角,且 $\alpha+\beta=\dfrac{\pi}{2}$	

2. 复合函数及隐函数微分法

关于复合函数和隐函数的微分方法,如下:

复合函数 $\begin{cases} z=f(u,v),\text{其中} \\ \begin{cases} u=\varphi(x,y) \\ v=\psi(x,y) \end{cases}, \begin{cases} \dfrac{\partial z}{\partial x}=\dfrac{\partial z}{\partial u}\dfrac{\partial u}{\partial x}+\dfrac{\partial z}{\partial v}\dfrac{\partial v}{\partial x} \\ \dfrac{\partial z}{\partial y}=\dfrac{\partial z}{\partial u}\dfrac{\partial u}{\partial y}+\dfrac{\partial z}{\partial v}\dfrac{\partial v}{\partial y} \end{cases} \\ \begin{cases} u=\varphi(t) \\ v=\psi(t) \end{cases}, \dfrac{\partial z}{\partial t}=\dfrac{\partial z}{\partial u}\varphi'(t)+\dfrac{\partial z}{\partial v}\psi'(t). \end{cases}$

隐函数

二元函数 $F(x,y)=0$:
若 $y=f(x)$,则
$$f'(x)=\frac{F'_x(x,y)}{F'_y(x,y)}.$$

三元函数 $F(x,y,z)=0$:
若 $z=f(x,y)$,则
$$\begin{cases} \dfrac{\partial z}{\partial x}=-\dfrac{F'_x}{F'_z} \\ \dfrac{\partial z}{\partial y}=-\dfrac{F'_y}{F'_z} \end{cases}.$$

多元函数连续、可导、可微间的关系:

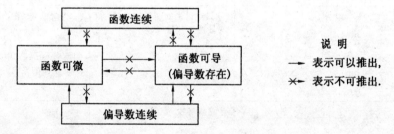

说明
$\longrightarrow$ 表示可以推出,
$\times\!\!\!\longleftarrow$ 表示不可推出.

3. 偏导数的几何应用

偏导数在几何上甚有应用,比如求空间曲线在某点处的切线及法平面方程、空间曲面在某点处的切平面及法线方程等.

如果理解了偏导数的几何意义,再结合上一章的理论,这些切线、法线及切平面、法平面方程不难求得.具体公式(方程)可见下面两表.

（1）曲面的切平面及法线方程

曲面方程分为显式和隐式,因而它们的切平面及法线方程有着不同形式的表达,如下:

（1）曲面的切平面及法线方程

曲面方程	切平面方程	法线方程
$z = f(x,y)$ （显　式）	$z - z_0 = f'_x(x_0,y_0) \cdot (x - x_0) +$ $f'_y(x_0,y_0) \cdot (y - y_0)$	$\dfrac{x - x_0}{f'_x(x_0,y_0)} = \dfrac{y - y_0}{f'_y(x_0,y_0)} = \dfrac{z - z_0}{-1}$
$F(x,y,z) = 0$ （隐　式）	$F'_x(x_0,y_0,z_0)(x - x_0) +$ $F'_y(x_0,y_0,z_0)(y - y_0) +$ $F'_z(x_0,y_0,z_0)(z - z_0) = 0$	$\dfrac{x - x_0}{F'_x(x_0,y_0,z_0)}$ $= \dfrac{y - y_0}{F'_y(x_0,y_0,z_0)}$ $= \dfrac{z - z_0}{F'_z(x_0,y_0,z_0)}$

（2）空间曲线的切线及法平面方程

曲线方程	切线方程	法平面方程
$\begin{cases} x = x(t) \\ y = y(t) \\ z = z(t) \end{cases}$	$\dfrac{x - x_0}{x'_t(t_0)} = \dfrac{y - y_0}{y'_t(t_0)} = \dfrac{z - z_0}{z'_t(t_0)}$	$x'_t(t_0)(x - x_0) +$ $y'_t(t_0)(y - y_0) +$ $z'_t(t_0)(z - z_0) = 0$
$\begin{cases} F(x,y,z) = 0 \\ \Phi(x,y,z) = 0 \end{cases}$	$\dfrac{x - x_0}{m} = \dfrac{y - y_0}{n} = \dfrac{z - z_0}{p}$	$m(x - x_0) + n(y - y_0) +$ $p(z - z_0) = 0$

注1　表中

$$m = \frac{D(F,\Phi)}{D(y,z)}\bigg|_{M_0} = \begin{vmatrix} F'_y & F'_z \\ \Phi'_y & \Phi'_z \end{vmatrix}\bigg|_{M_0}$$

$$n = \frac{D(F,\Phi)}{D(z,x)}\bigg|_{M_0} = \begin{vmatrix} F'_z & F'_x \\ \Phi'_z & \Phi'_x \end{vmatrix}\bigg|_{M_0}$$

$$p = \frac{D(F,\Phi)}{D(x,y)}\bigg|_{M_0} = \begin{vmatrix} F'_x & F'_y \\ \Phi'_x & \Phi'_y \end{vmatrix}\bigg|_{M_0}$$

其中 M_0 坐标为 (x_0,y_0,z_0). 又上述三行列式常称为雅可比（Jacobi）行列式. 这也可用形式行列式

$$(m,n,p) = \begin{vmatrix} i & j & k \\ F'_x & F'_y & F'_z \\ \Phi'_x & \Phi'_y & \Phi'_z \end{vmatrix}_{(x_0,y_0,z_0)}$$

去记忆.

注2　对参数方程曲线切线的方向余弦为

$$\{\cos\alpha,\cos\beta,\cos\gamma\} = \left\{\frac{x'(t_0)}{r},\frac{y'(t_0)}{r},\frac{z'(t_0)}{r}\right\}$$

其中 $r = \pm\sqrt{x'^2(t_0) + y'^2(t_0) + z'^2(t_0)}$，$\alpha,\beta,\gamma$ 为切线与三坐标轴正向夹角. 而一般方程曲线切线的方向余弦为 $\left\{\dfrac{m}{D},\dfrac{n}{D},\dfrac{p}{D}\right\}$，其中 $D = \pm\sqrt{m^2 + n^2 + p^2}$.

注3　从几何意义上去记忆上述诸方程是方便和容易的.

4. 多元函数极（大、小）、最（大、小）值

（1）充要条件

必要条件：$z = f(x,y)$ 在 (x_0,y_0) 处可微，且有极值，则 $f'_x(x_0,y_0) = 0$，$f'_y(x_0,y_0) = 0$.

充分条件：$z = f(x,y)$ 在 (x_0,y_0) 某个邻域内有连续二阶偏导 f''_{x^2}，f''_{xy}，f''_{y^2}，今设 $A = f''_{x^2}(x_0,$ $y_0)$；$B = f''_{x,y}(x_0,y_0)$；$C = f''_{y^2}(x_0,y_0)$.

又 $f'_x(x_0,y_0) = f'_y(x_0,y_0) = 0$,则有

条　件		结　论
$B^2 - AC < 0$	$A < 0$(或 $C < 0$)	$f(x_0,y_0)$ 极大值
	$A > 0$(或 $C > 0$)	$f(x_0,y_0)$ 极小值
$B^2 - AC = 0$		待　定
$B^2 - AC > 0$		$f(x_0,y_0)$ 不是极值

（2）条件极值

由条件 $\varphi(x,y) = 0$,求 $z = f(x,y)$ 的极值.这里 $z = f(x,y)$ 称**目标函数**,$\varphi(x,y) = 0$ 称**约束条件**.

① 升元法.（拉格朗日乘子法）引入新函数

$$F(x,y,\lambda) = f(x,y) + \lambda\varphi(x,y)$$

解方程组

$$\frac{\partial F}{\partial x} = 0, \frac{\partial F}{\partial y} = 0, \frac{\partial F}{\partial \lambda} = 0$$

（即 $\varphi(x,y) = 0$）得到极值的必要条件,再求极值.

注　一般情况下,函数在某区域内的极值与条件极值是不同的,条件极值是在某些约束条件下原来函数的极值.

升元法也称**拉格朗日乘子法**.

② 降元法.由约束条件 $\varphi(x,y) = 0$ 解出 $y = y(x)$ 或 $x = x(y)$,再代入目标函数 $z = f(x,y)$ 化为一元函数极值问题.

注　约束条件不易求出 x 和 y 的表达式时,则用乘子法好.

（3）最大、最小值

函数在区域内的极值及其在边界上的值,择其最大者即为该函数在闭区域上的最大值;择其最小者即为其最小值.

经 典 问 题 解 析

1. 偏导数的计算

（1）一阶偏导数问题

例 1　设函数 $f(x,y,z) = 10x\ln(10y^{10}) + 10^{3x}y$,又若 $u = xz$,$v = yz$,且 $w = (\lg \sqrt[3]{987})z^2$,求 $\left.\dfrac{\partial f(u,v,w)}{\partial y}\right|_{(100,10,1)}$.

解　由设 $f(u,v,w) = 10u\ln(10v^{10}) + 10^{3w}v$,其中 $u = xz$,$v = yz$,$w = \dfrac{1}{3}(\lg 987)z^2$. 又

$$\frac{\partial f(u,v,w)}{\partial y} = \frac{\partial f}{\partial v}\frac{\partial v}{\partial y} = \left(10^2 \cdot \frac{u}{v} + 10^{3w}\right)z$$

而在 $(x,y,z) = (100,10,1)$ 时,$u = 10^2$,$v = 10$,$w = \dfrac{1}{3}\lg 987$. 故

$$\left.\frac{\partial f(u,v,w)}{\partial y}\right|_{(100,10,1)} = \left(10^2 \times \frac{10^2}{10} + 10^{3 \times \frac{1}{3}\lg 987}\right) \times 1 = 1\,987$$

例 2　设 $z = z(x,y)$ 由关系式 $x^2 + y^2 + z^2 = xf\left(\dfrac{y}{x}\right)$ 定义,其中 $f(t)$ 可微,求 z'_x, z'_y.

解　将所给关系式两边对 x 求导,有

$$2x + 2z \cdot \frac{\partial z}{\partial x} = f\left(\frac{y}{x}\right) + xf'\left(\frac{y}{x}\right) \cdot \left(-\frac{y}{x^2}\right)$$

故

$$\frac{\partial z}{\partial x} = \frac{1}{2z}\left[f\left(\frac{y}{x}\right) - \frac{y}{x}f'\left(\frac{y}{x}\right) - 2x\right]$$

类似地可求得

$$\frac{\partial z}{\partial y} = \frac{1}{2z}\left[f'\left(\frac{y}{x}\right) - 2y\right]$$

注　下面的命题与例类似：

设函数 $z = z(x,y)$ 由方程 $x^2 + y^2 + z^2 = y\left(\frac{z}{y}\right)$ 定义，且 $f(t)$ 可微，则 $(x^2 - y^2 - z^2) \cdot z'_x + 2xy \cdot z'_y = 2xz$.

例 3　已知 $F = f(x - y, y - z, t - z)$，求 $F'_x + F'_y + F'_z + F'_t$.

解　令 $u = x - y, v = y - z, w = t - z$，则

$$F'_x = f'_u, \quad F'_y = -f'_u + f'_v, \quad F'_z = -f'_v - f'_w, \quad F'_t = f'_w$$

故

$$F'_x + F'_y + F'_z + F'_t = 0$$

例 4　设 $x^2 = vw, y^2 = wu, z^2 = uv$，以及 $f(x,y,z) = F(u,v,w)$. 试证 $xf'_x + yf'_y + zf'_z = uF'_u + vF'_v + wF'_w$.

解　由题设 $x^2 = vw$，$y^2 = wu$，$z^2 = uv$，可有

$$u = \frac{yz}{x}, \quad v = \frac{xz}{y}, \quad w = \frac{xy}{z} \tag{①}$$

或

$$u = -\frac{yz}{x}, \quad v = -\frac{xz}{y}, \quad w = -\frac{xy}{z} \tag{②}$$

对于 f 求偏导且注意式 ①，有

$$xf'_x + yf'_y + zf'_z$$
$$= x(F'_u u'_x + F'_v v'_x + F'_w w'_x) + y(F'_u u'_y + F'_v v'_y + F'_w w'_y) + z(F'_u u'_z + F'_v v'_z + F'_w w'_z)$$
$$= \left[x\left(-\frac{yz}{x^2}\right) + y\frac{z}{x} + z\frac{y}{x}\right]F'_u + \left[x\frac{z}{y} + y\left(-\frac{xz}{y^2}\right) + z\frac{x}{y}\right]F'_v +$$
$$\left[x\frac{z}{y} + y\frac{x}{z} + z\left(-\frac{xy}{z^2}\right)\right]F'_w$$
$$= uF'_u + vF'_v + wF'_w$$

下面两例是求函数导数的问题，不过解题过程中仍涉及多元函数偏导数.

例 5　设函数 $u(x)$ 是由方程组 $u = f(x,y), g(x,y,z) = 0$ 和 $h(x,z) = 0$ 所确定，且 $h_z \neq 0, g'_y \neq 0$. 试求 $\frac{du}{dx}$.

解　由 $g(x,y,z) = 0$，$h(x,z) = 0$ 对 x 求导，有

$$\begin{cases} \dfrac{\partial g}{\partial x} + \dfrac{\partial g}{\partial y}\dfrac{dy}{dx} + \dfrac{\partial g}{\partial z}\dfrac{dz}{dx} = 0 \\[2mm] \dfrac{\partial h}{\partial x} + \dfrac{\partial h}{\partial z}\dfrac{dz}{dx} = 0 \end{cases}$$

解得 $\dfrac{dy}{dx} = -\dfrac{\partial g}{\partial x}\Big/\dfrac{\partial g}{\partial y} + \dfrac{\partial g}{\partial z}\dfrac{\partial h}{\partial x}\Big/\dfrac{\partial g}{\partial y}\dfrac{\partial h}{\partial z}$，再由 $u = f(x,y)$ 对 x 求导，有

$$\frac{du}{dx} = \frac{\partial f}{\partial x} + \frac{\partial f}{\partial y}\frac{dy}{dx} = \frac{\partial f}{\partial x} - \frac{f'_y g'_x}{g'_y} + \frac{f'_y g'_z h'_x}{g'_y h'_z}$$

注　下面的命题与本例类同：

若 $u = f(x,y,z)$，又 $g(x,y,z) = 0$ 且 $h = (x,y) = 0$，其中 f, g, h 均可微，且 $h'_y g'_z \neq 0$，求 $\dfrac{\mathrm{d}u}{\mathrm{d}x}$.

$$\left(答：\frac{\mathrm{d}u}{\mathrm{d}x} = f'_x - \frac{f'_y \cdot h'_x}{h'_y} + \frac{f'_z(h'_x g'_y - g'_x h'_y)}{h'_y g'_z}\right)$$

例 6 若 $F(x) = \displaystyle\int_{\sin x}^{\cos x} \mathrm{e}^{t^2 + xt} \mathrm{d}t$，计算 $F'(0)$.

解 显然 $F(x)$ 是一个复合函数，若令 $G(u,v,x) = \displaystyle\int_v^u \mathrm{e}^{t^2+xt}\mathrm{d}t$，则 $F(x) = G(\cos x, \sin x, x)$. 因而

$$F'(x) = \frac{\partial G}{\partial u}\frac{\partial u}{\partial x} + \frac{\partial G}{\partial v}\frac{\partial v}{\partial x} + \frac{\partial G}{\partial x} = \mathrm{e}^{u^2+xu}(-\sin x) - \mathrm{e}^{v^2+xv}\cos x + \int_v^u t\mathrm{e}^{t^2+xt}\mathrm{d}t$$

故

$$F'(0) = -1 + \int_0^1 t\mathrm{e}^t \mathrm{d}t = \frac{1}{2}(\mathrm{e}-3)$$

接下来是一则求方向导数的例子.

例 7 求函数 $u = y\sqrt{x^2+y^2+z^2}$ 在点 $M(1,2,-2)$ 处沿曲线 $x = t, y = 2t^2, z = -2t^4$ 在这点切线方向的方向导数.

解 点 $M(1,2,-2)$ 对于曲线方程中参数 $t = 1$. 又

$$\frac{\mathrm{d}x}{\mathrm{d}t}\Big|_{t=1} = 1, \frac{\mathrm{d}y}{\mathrm{d}t}\Big|_{t=1} = 4, \frac{\mathrm{d}z}{\mathrm{d}t}\Big|_{t=1} = -8$$

故曲线在点 M 处切线 l 的方向余弦为

$$\{\cos\alpha, \cos\beta, \cos\gamma\} = \left\{\frac{1}{9}, \frac{4}{9}, -\frac{8}{9}\right\}$$

再注意到函数 u 在 M 处的偏导数

$$\frac{\partial u}{\partial x}\Big|_M = -\frac{xy}{(x^2+y^2+z^2)^{\frac{3}{2}}}\Big|_M = -\frac{2}{27}$$

$$\frac{\partial u}{\partial y}\Big|_M = \frac{x^2+z^2}{(x^2+y^2+z^2)^{\frac{3}{2}}}\Big|_M = \frac{5}{27}$$

$$\frac{\partial u}{\partial z}\Big|_M = -\frac{yz}{(x^2+y^2+z^2)^{\frac{3}{2}}}\Big|_M = \frac{4}{27}$$

综上

$$\frac{\partial u}{\partial l}\Big|_M = \frac{\partial u}{\partial x}\Big|_M \cos\alpha + \frac{\partial u}{\partial y}\Big|_M \cos\beta + \frac{\partial u}{\partial z}\Big|_M \cos\gamma = -\frac{2}{27}\times\frac{1}{9} + \frac{5}{27}\times\frac{4}{9} + \frac{4}{27}\left(-\frac{8}{9}\right) = -\frac{14}{243}$$

（2）高阶偏导数问题

普通多元函数高阶偏导数可用公式计算，下面介绍两则隐函数的高阶偏导数计算.

隐函数的高阶偏导数问题与复合函数高阶偏导数问题解法一样，关键是先求其一阶偏导数. 我们略举几例.

例 1 若 $xyz = x + y + z$. 求 z''_{xx}, z''_{yy}.

解 由题设，有 $z = \dfrac{x+y}{xy-1}$. 故

$$\frac{\partial z}{\partial x} = \frac{(xy-1)-(x+y)y}{(xy-1)^2} = -\frac{1+y^2}{(xy-1)^2}$$

且

$$\frac{\partial^2 z}{\partial x^2} = \frac{-(1+y^2)(-2)y}{(xy-1)^3} = \frac{2y(1+y^2)}{(xy-1)^3}$$

由 x, y 的轮换对称性，有

$$\frac{\partial z}{\partial y} = \frac{-(1+x^2)}{(xy-1)^2}, \frac{\partial^2 z}{\partial y^2} = \frac{2x(1+x^2)}{(xy-1)^3}$$

这里是先将 z 的表达式求出再求出偏导，同时解题过程中还用了变元的轮换对称性，这在解多元函

数偏导数或其他问题中,经常使用.

例 2 求由 $\dfrac{x^2}{a^2} + \dfrac{y^2}{b^2} + \dfrac{z^2}{c^2} = 1$ 确定的隐函数 z 的二阶导数 z''_{xx},z''_{yy} 和 z''_{xy}.

解 令 $F = \dfrac{x^2}{a^2} + \dfrac{y^2}{b^2} + \dfrac{z^2}{c^2} - 1 = 0$,有 $F'_x = \dfrac{2x}{a^2}$,$F'_y = \dfrac{2y}{b^2}$,$F'_z = \dfrac{2z}{c^2}$. 故

$$\frac{\partial z}{\partial x} = -\frac{F'_x}{F'_z} = -\frac{c^2 x}{a^2 z}$$

则

$$\frac{\partial^2 z}{\partial x^2} = -\frac{c^2}{a^2}\left(z - x\frac{\partial z}{\partial x}\right)\Big/ z^2 = -\frac{c^2(a^2 z^2 + c^2 x^2)}{a^4 z^3}$$

由对称性,有

$$\frac{\partial^2 z}{\partial y^2} = -\frac{c^2(b^2 z^2 + c^2 y^2)}{b^4 z^3}$$

类似地,有

$$\frac{\partial^2 z}{\partial x \partial y} = -\frac{c^2}{a^2}\left(-x\frac{\partial z}{\partial y}\right)\Big/ z^2 = -\frac{c^4 xy}{a^2 b^2 c^3}$$

2. 偏导数的应用

(1) 多元不等式问题

例 若 $x \geqslant 0$,$y \geqslant 0$,试证 $\dfrac{1}{4}(x^2 + y^2) \leqslant e^{x+y-2}$.

证 令 $f(x,y) = (x^2 + y^2)e^{-x-y}$,今考虑其极大值.

由

$$\frac{\partial f}{\partial x} = (2x - x^2 - y^2)e^{-x-y} = 0, \quad \frac{\partial f}{\partial y} = (2y - x^2 - y^2)e^{-x-y} = 0$$

知驻点满足方程 $x^2 - x = 0$,$y^2 - y = 0$,得驻点 $(1,1)$ 和 $(0,0)$,舍去后一解(平凡解).

又 $f(x,0) = x^2 e^{-x}$,$\dfrac{\mathrm{d}f(x,0)}{\mathrm{d}x} = (x^2 - 2x)e^{-x} = 0$,得 $x = 0$ 或 2.

故 $(2,0)$ 为 $f(x,0)$ 的驻点. 同理 $(0,2)$ 为 $f(0,y)$ 的驻点.

由 $f(1,1) = 2e^{-2}$,$f(2,0) = f(0,2) = 4e^{-2}$,知 $f_{\max}(x,y) = 4e^{-2}$.

故当 $x \geqslant 0$,$y \geqslant 0$ 时,$(x^2 + y^2)e^{-x-y} \leqslant 4e^{-2}$,即

$$\frac{1}{4}(x^2 + y^2) \leqslant e^{x+y-2}$$

(2) 多元函数的极值问题

先来看一则无约束的问题.

例 1 确定函数 $f(x,y) = e^{x^2-y}(5 - 2x + y)$ 的极值点.

解 由题设考虑到

$$\begin{cases} f'_x = e^{x^2-y}(-2 + 10x - 4x^2 + 2xy) = 0 \\ f'_y = e^{x^2-y}(-4 + 2x - y) = 0 \end{cases}$$

得

$$\begin{cases} -2 + 10x - 4x^2 + 2xy = 0 \\ -4 + 2x - y = 0 \end{cases} \Rightarrow \begin{cases} x = 1 \\ y = -2 \end{cases}$$

又 $A = f''_{xx}(1,2) = -2e^3 < 0$,$B = f''_{xy}(1,2) = 2e^3$,$C = f''_{yy}(1,-2) = -e^3$.

因 $B^2 - AC = 4e^6 - 2e^6 > 0$,故 $f(x,y)$ 无极值点.

接下来是两则有约束极值问题.

例 2 求函数 $f(x,y) = x^n y^m$ $(m,n > 0)$ 在线段 AB:$x + y = a$($a > 0$),$x \geqslant 0$,$y \geqslant 0$ 上的最大值.

解 由 $x + y = a$ 有 $y = a - x$,代入 $g(x,y)$,得

$$f(x,y) = x^n y^m = x^n(a - x)^m = F(x) \quad 0 \leqslant x \leqslant a$$

由 $F'(x) = x^{n-1}(a-x)^{m-1}(na - nx - mx) = 0$，得

$$x = \frac{na}{m+n} \quad (x = 0 \text{ 和 } x = a \text{ 系线段端点})$$

比较 $F(x)$ 在 $x = 0$ 和 $x = a$ 处的值，知

$$F\left(\frac{na}{m+n}\right) = \frac{m^m n^n a^{m+n}}{(m+n)^{m+n}}$$

系 $f(x, y)$ 在线段 AB 上的最大值.

注 显然本例是下面命题的变形：讨论 $y = x^n(a-x)^m$ 的极值.

例 3 设有 2 个正数 x 与 y 之和为定值. 求 $f(x, y) = \dfrac{x^n + y^n}{2}$ 的极值.

解 设 $x + y = a$ $(x > 0, y > 0, a$ 为正常数$)$.

再令 $F(x, y) = \dfrac{x^n + y^n}{2} + \lambda(x + y - a)$，且令 $F'_x = F'_y = F'_\lambda = 0$.

解方程组

$$\begin{cases} F'_x = \dfrac{nx^{n-1}}{2} + \lambda = 0 \\[2mm] F'_y = \dfrac{n\,y^{n-1}}{2} + \lambda = 0 \\[2mm] x + y - a = 0 \quad (\text{即 } F'_\lambda = 0) \end{cases}$$

得唯一驻点 $x = y = \dfrac{a}{2}$，即 $\left(\dfrac{a}{2}, \dfrac{a}{2}\right)$.

又 $\mathrm{d}^2 F = F''_{xx}\mathrm{d}x^2 + F''_{xy}\mathrm{d}x\mathrm{d}y + F''_{yy}\mathrm{d}y^2 = \dfrac{1}{2}n(n-1)x^{n-2}\mathrm{d}x^2 + n(n-1)y^{n-2}\mathrm{d}y^2 > 0$

故 $f(x, y)$ 在 $\left(\dfrac{a}{2}, \dfrac{a}{2}\right)$ 达极小且最小值.

例 4 求 $f = x + y + z + t$ 在 $xyzt \leqslant 2$ 的最小值.

解 由设 $\dfrac{\partial f}{\partial x} = \dfrac{\partial f}{\partial y} = \dfrac{\partial f}{\partial z} = \dfrac{\partial f}{\partial t} = 1 \neq 0$，知 f 无驻点.

考虑约束边界上的情形，由拉格朗日乘子法：令

$$L(x, y, z, t, \lambda) = x + y + z + t + \lambda(xyzt - 2)$$

由

$$\begin{cases} L'_x = 1 + \lambda yzt = 0 \\ L'_y = 1 + \lambda xzt = 0 \\ L'_x = 1 + \lambda xyt = 0 \\ L'_y = 1 + \lambda xyz = 0 \\ L'_\lambda = xyzt - 2 = 0 \end{cases}$$

解得 $x = y = z = t = -\sqrt[4]{2}$.

易算得 $f_{\min} = (x + y + z + t)_{\min} = -4\sqrt[4]{2}$.

例 5 求 λ 的值，使两曲面：$xyz = \lambda$ 与 $\dfrac{x^2}{a^2} + \dfrac{y^2}{b^2} + \dfrac{z^2}{c^2} = 1$ 在第一象限内相切，并求出在切点处两曲面的公共切平面方程.（天津市大学生数学竞赛，2008）

解 曲面 $xyz = \lambda$ 在点 (x, y, z) 处切平面的法向量为 $\boldsymbol{n}_1 = \{yz, zx, xy\}$.

曲面 $\dfrac{x^2}{a^2} + \dfrac{y^2}{b^2} + \dfrac{z^2}{c^2} = 1$ 在点 (x, y, z) 处切平面的法向量为 $\boldsymbol{n}_2 = \left\{\dfrac{x^2}{a^2}, \dfrac{y^2}{b^2}, \dfrac{z^2}{c^2}\right\}$.

欲使两曲面在点 (x,y,z) 处相切，必须 $\boldsymbol{n}_1 \parallel \boldsymbol{n}_2$，即 $\dfrac{x}{a^2 yz} = \dfrac{y}{b^2 zx} = \dfrac{z}{c^2 xy} \overset{\text{令}}{=} t.$

由 $x > 0, y > 0, z > 0$，得 $\dfrac{x^2}{a^2 \lambda} + \dfrac{y^2}{b^2 \lambda} + \dfrac{z^2}{c^2 \lambda} = 3t$，即 $3\lambda t = 1.$

于是有 $\dfrac{x^2}{a^2} = \dfrac{y^2}{b^2} = \dfrac{z^2}{c^2} = \dfrac{1}{3}$，解得 $x = \dfrac{a}{\sqrt{3}}, y = \dfrac{b}{\sqrt{3}}, z = \dfrac{c}{\sqrt{3}}, \lambda = \dfrac{abc}{3\sqrt{3}}.$

公共切平面方程为 $\dfrac{bc}{3}\left(x - \dfrac{a}{\sqrt{3}}\right) + \dfrac{ac}{3}\left(y - \dfrac{b}{\sqrt{3}}\right) + \dfrac{ab}{3}\left(z - \dfrac{c}{\sqrt{3}}\right) = 0$，即 $\dfrac{x}{a} + \dfrac{y}{b} + \dfrac{z}{c} = \sqrt{3}.$

研究生入学考试试题选讲

1978 ～ 1986 年部分

1. 二元函数的极限问题

关于二元函数的极限(注意多元函数重极限和累次极限是不同的概念)，这里不多介绍，我们仅举一例.

例 $f(x,y) = \begin{cases} x\sin\dfrac{1}{y} + y\sin\dfrac{1}{x}, & xy \neq 0 \\ 0, & xy = 0 \end{cases}$，讨论下面 3 种极限：

(1) $\lim\limits_{(x,y)\to(0,0)} f(x,y)$；　(2) $\lim\limits_{x\to 0}\lim\limits_{y\to 0} f(x,y)$；　(3) $\lim\limits_{y\to 0}\lim\limits_{z\to 0} f(x,y)$. (南京工学院，1982)

解　(1) 任给 $\varepsilon > 0$，取 $\delta \leqslant \dfrac{\varepsilon}{\sqrt{2}}$. 当 $0 < \sqrt{(x-0)^2 + (y-0)^2} = \sqrt{x^2 + y^2} < \delta$ 时

$$|f(x,y) - 0| \leqslant |x| + |y| \leqslant \sqrt{2} \cdot \sqrt{x^2 + y^2} < \varepsilon$$

故
$$\lim\limits_{(x,y)\to(0,0)} f(x,y) = 0$$

(2) 因 $x \neq 0, y \to 0$ 时，$\sin\dfrac{1}{y}$ 极限不存在，故 $\lim\limits_{y\to 0} f(x,y)$ 不存在，从而累次极限 $\lim\limits_{x\to 0}\lim\limits_{y\to 0} f(x,y)$ 不存在.

(3) 与(2)同理，$\lim\limits_{y\to 0}\lim\limits_{x\to 0} f(x,y)$ 不存在.

2. 函数的偏导数问题

(1) 函数的一、二阶偏导数

下面我们来看函数偏导数的计算问题，先来看一阶的.

例 1　已知 $\omega = f(x - y, y - z, t - z)$，求 $\dfrac{\partial\omega}{\partial x} + \dfrac{\partial\omega}{\partial y} + \dfrac{\partial\omega}{\partial z} + \dfrac{\partial\omega}{\partial t}$. (南京工学院，1980)

解　令 $u = x - y, v = y - z, w = t - z$，则

$$\dfrac{\partial\omega}{\partial x} + \dfrac{\partial\omega}{\partial y} + \dfrac{\partial\omega}{\partial z} + \dfrac{\partial\omega}{\partial t}$$

$$= \left(\dfrac{\partial f}{\partial u}\dfrac{\partial u}{\partial x} + \dfrac{\partial f}{\partial u}\dfrac{\partial u}{\partial y}\right) + \left(\dfrac{\partial f}{\partial v}\dfrac{\partial v}{\partial y} + \dfrac{\partial f}{\partial v}\dfrac{\partial v}{\partial z}\right) + \left(\dfrac{\partial f}{\partial w}\dfrac{\partial w}{\partial t} + \dfrac{\partial f}{\partial w}\dfrac{\partial w}{\partial z}\right)$$

$$= \left(\dfrac{\partial f}{\partial u} - \dfrac{\partial f}{\partial u}\right) + \left(\dfrac{\partial f}{\partial v} - \dfrac{\partial f}{\partial v}\right) + \left(\dfrac{\partial f}{\partial w} - \dfrac{\partial f}{\partial w}\right) = 0$$

从例中可见，复合函数求导须要先搞清函数复合关系(何谓自变量、何谓中间变量等).

例 2　设 $x = \dfrac{1}{u} + \dfrac{1}{v}, y = \dfrac{1}{u^2} + \dfrac{1}{v^2}, z = \dfrac{1}{u^3} + \dfrac{1}{v^3} + \mathrm{e}^x$，求 $\dfrac{\partial z}{\partial x}$ 和 $\dfrac{\partial z}{\partial y}$. (华中工学院，1984)

解　令 $F = x - \dfrac{1}{u} - \dfrac{1}{v}, G = y - \dfrac{1}{u^2} - \dfrac{1}{v^2}, H = z - \dfrac{1}{u^3} - \dfrac{1}{v^3} - \mathrm{e}^x$，且设 v, y 为独立变量，则

$$\frac{\partial z}{\partial v} = -\frac{D(F,G,H)}{D(v,x,u)} \Big/ \frac{D(F,G,H)}{D(z,x,u)} = \frac{3}{uv^3} - \frac{3}{v^4} + \frac{u+v}{v^3}e^x$$

且

$$\frac{\partial z}{\partial y} = -\frac{D(F,G,H)}{D(y,x,u)} \Big/ \frac{D(F,G,H)}{D(z,x,u)} = \frac{3}{2u} + \frac{u}{2}e^x$$

注 这里运用了三阶的雅可比行列式的性质,这种行列式的定义为

$$\frac{D(F,G,H)}{D(x,y,z)} = \begin{vmatrix} F'_x & G'_x & H'_x \\ F'_y & G'_y & H'_y \\ F'_z & G'_z & H'_z \end{vmatrix}$$

它还可以由先设 v, y 为独立变量,则有

$$\begin{cases} dx = -\dfrac{1}{u^2}du - \dfrac{1}{v^2}dv \\[2mm] dy = -\dfrac{2}{u^3}du - \dfrac{2}{v^3}dv \\[2mm] dz = -\dfrac{3}{u^4}du - \dfrac{3}{v^4}dv + e^x dx \end{cases}$$

可得

$$dz = \left(\frac{3}{uv^3} - \frac{3}{v^4} + \frac{u-v}{v^3}e^x\right)dv + \left(\frac{3}{2u} + \frac{ue^x}{2}\right)dy$$

注意到

$$du = -\left(\frac{u}{v}\right)^3 dv - \frac{u^3}{2}dy, \quad dx = \frac{u-v}{v^3}dv + \frac{u}{2}dy$$

由 dz 的表达式中可得 $\dfrac{\partial z}{\partial v}$ 和 $\dfrac{\partial z}{\partial y}$. 这显然是运用了全微分的性质.

例3 设函数 $f(x,y)$ 可微,且 $f(1,1)=1, f'_x(1,1)=a, f'_y(1,1)=b$. 又记 $\varphi(x)=f\{x,f[x, f(x,x)]\}$,求 $\varphi(1)$ 和 $\varphi'(1)$. (华东工程学院,1984)

解 由设 $f(1,1)=1$ 得 $f[1,f(1,1)]=f(1,1)=1$.

故 $\varphi(1)=f\{1,f[1,f(1,1)]\}=f(1,1)=1$.

又 $f(x,y)$ 可微且 $f'_x(1,1)=a$, $f'_y(1,1)=b$, 于是由

$$\varphi'(x)=f'_x\{x,f[x,f(x,x)]\}+f'_y\{x,f[x,f(x,x)]\}\{f'_x[x,f(x,x)]+$$
$$f'_y[x,f(x,x)][f'_x(x,x)+f'_y(x,x)]\}$$

从而可有

$$\varphi'(1)=f'_x(1,1)+f'_u(1,1)\{f'_x(1,1)+f'_y(1,1)[f'_x(1,1)+f'_y(1,1)]\}$$
$$=a+b[a+b(a+b)]=a(1+b+b^2+b^3)$$

显然这个问题与函数表达式有关.再来看一个证明问题.

例4 设 $\dfrac{1}{z} - \dfrac{1}{x} = f\left(\dfrac{1}{y} - \dfrac{1}{x}\right)$,试证 $x^2\dfrac{\partial z}{\partial x} + y^2\dfrac{\partial z}{\partial y} = z^2$. (大连海运学院,1985)

证 令 $u = \dfrac{1}{y} - \dfrac{1}{x}$, 则 $\dfrac{1}{z} - \dfrac{1}{x} = f(u)$.

上式两边分别对 x 求偏导,有

$$-\frac{1}{z^2}\frac{\partial z}{\partial x} + \frac{1}{x^2} = f'(u) \cdot \frac{1}{x^2}$$

解得

$$\frac{\partial z}{\partial x} = \frac{z^2}{x^2} - \frac{z^2}{x^2}f'(u)$$

上式两边再分别对 y 求偏导,有

$$-\frac{1}{z^2}\frac{\partial z}{\partial y} = f'(u) \cdot \left(-\frac{1}{y^2}\right)$$

解得
$$\frac{\partial z}{\partial y} = \frac{z^2}{y^2} f'(u)$$

于是 $x^2 \dfrac{\partial z}{\partial x} + y^2 \dfrac{\partial z}{\partial y} = z^2 - z^2 f'(u) + z^2 f'(u) = z^2.$

下面函数积分式的求导问题也与偏导数有关.

例 5 设函数 $f(x)$ 在 (a,b) 上连续,且 $f(x) > 0$,求函数
$$g(x) = \int_a^x (x-t) f(t) \mathrm{d}t$$

的导函数 $g'(x)$,并证明 $g'(x)$ 在 (a,b) 内单增.(华东师范大学,1984)

证 由 $g(x) = x \displaystyle\int_a^x f(t)\mathrm{d}t - \int_a^x t f(t)\mathrm{d}t$,则
$$g'(x) = \int_a^x f(t)\mathrm{d}t + x f(x) - x f(x) = \int_a^x f(t)\mathrm{d}t$$

或由求导公式,有
$$g'(x) = (x-t)f(t)\big|_{t=x} + \int_a^x \frac{\partial}{\partial x}[(x-t)f(t)]\mathrm{d}t = \int_a^x f(t)\mathrm{d}t$$

设 x_1, x_2 是 (a,b) 内两点,且 $x_1 < x_2$,则
$$g'(x_2) - g'(x_1) = \int_a^{x_2} f(t)\mathrm{d}t - \int_a^{x_1} f(t)\mathrm{d}t = \int_{x_1}^{x_2} f(t)\mathrm{d}t$$

由 $f(x) > 0$,且 $x_1 < x_2$,故知上式大于零,即
$$g'(x_2) - g'(x_1) > 0 \quad \text{或} \quad g'(x_1) < g'(x_2)$$

从而 $g'(x)$ 在 (a,b) 内单增.

例 6 设 $u = \sqrt{x^2 + y^2 + z^2}$,求 $\dfrac{\partial^2 \ln u}{\partial x^2} + \dfrac{\partial^2 \ln u}{\partial y^2} + \dfrac{\partial^2 \ln u}{\partial z^2}$.(北方交通大学,1982)

解 由函数求偏导公式,有
$$\frac{\partial^2 \ln u}{\partial x^2} = \frac{\partial}{\partial x}\left(\frac{\partial \ln u}{\partial x}\right) = \frac{\partial}{\partial x}\left(\frac{x}{x^2+y^2+z^2}\right) = \frac{y^2+z^2-x^2}{(x^2+y^2+z^2)^2}$$

类似地有
$$\frac{\partial^2 \ln u}{\partial y^2} = \frac{x^2+z^2-y^2}{(x^2+y^2+z^2)^2}$$

及
$$\frac{\partial^2 \ln u}{\partial z^2} = \frac{x^2+y^2-z^2}{(x^2+y^2+z^2)^2}$$

将以上三式两边相加,且将式右化简有
$$\frac{\partial^2 \ln u}{\partial x^2} + \frac{\partial^2 \ln u}{\partial y^2} + \frac{\partial^2 \ln u}{\partial z^2} = \frac{1}{x^2+y^2+z^2}$$

注 1 在"场论"中我们学过形式算子符号 $\Delta = \dfrac{\partial^2}{\partial x^2} + \dfrac{\partial^2}{\partial y^2} + \dfrac{\partial^2}{\partial z^2}$,则本题可记为:求 $\Delta \ln u$.

又将 $\Delta u = 0$ 的函数叫**调和函数**.(可见本章后面的例及习题)

形式算符 $\nabla = \dfrac{\partial}{\partial x}\boldsymbol{i} + \dfrac{\partial}{\partial y}\boldsymbol{j} + \dfrac{\partial}{\partial z}\boldsymbol{k}$ 称为哈密顿(Hamilton)算子,这样还有 $\Delta u = \nabla^2 u.$

注 2 与本命题相近的问题,如

设函数 $u = f(r)$,其中 $r = \ln \sqrt{x^2 + y^2 + z^2}$ 满足方程
$$\frac{\partial^2 u}{\partial x^2} + \frac{\partial^2 u}{\partial y^2} + \frac{\partial^2 u}{\partial z^2} = (x^2 + y^2 + z^2)^{-\frac{3}{2}}$$

求 $f(r)$ 的表达式.(湘潭大学,1981)

例 7 设 $f''(x)$ 连续,又设 $z = \dfrac{1}{x} f(xy) + y f(x+y)$,求 $\dfrac{\partial^2 z}{\partial x \partial y}$.(同济大学,1982)

解 由题设及函数求偏导数的公式,有

$$\frac{\partial z}{\partial x} = -\frac{1}{x^2}f(xy) + \frac{1}{x}f'(xy) \cdot y + yf'(x+y) \cdot 1$$

$$\frac{\partial^2 z}{\partial x \partial y} = -\frac{1}{x^2}f'(xy) \cdot x + \frac{1}{x}[f'(xy) + y \cdot f''(xy) \cdot x] + [f'(x+y) + yf''(x+y)]$$

$$= f'(x+y) + y[f''(xy) + f''(x+y)]$$

注 求复合函数(包括多元函数)高阶导数时,应按指定顺序逐阶求导.一般来讲,若 $u = f(x,y)$,则 $u''_{xy} \neq u''_{yx}$,即 $u''_{xy} = u''_{yx}$ 不一定成立.

比如,若函数

$$f(x,y) = \begin{cases} xy\left(\dfrac{x^2 - y^2}{x^2 + y^2}\right), & x, y \neq (0,0) \\ 0, & (x,y) = (0,0) \end{cases}$$

可以算得 $f''_{yx}(0,0) = -1$,而 $f''_{xy}(0,0) = 1$.

可以证明 $u''_{xy} = u''_{yx} \Longleftrightarrow u''_{xy}, u''_{yx}$ 连续.

例8 设 $z = f[x + \varphi(y)]$,其中 f, φ 均为二次可微函数,试求 $\dfrac{\partial^2 z}{\partial x^2}, \dfrac{\partial^2 z}{\partial y^2}$.(同济大学,1980)

解 由题设,有 $\dfrac{\partial z}{\partial x} = f'[x + \varphi(y)]$,从而

$$\frac{\partial^2 z}{\partial x^2} = f''[x + \varphi(y)]$$

又

$$\frac{\partial z}{\partial y} = f'[x + \varphi(y)] \cdot \varphi'(y)$$

则

$$\frac{\partial^2 z}{\partial y^2} = f''[x + \varphi(y)] \cdot [\varphi'(y)]^2 + f'[x + \varphi(y)] \cdot \varphi''(y)$$

我们来看一个求隐函数偏导数的问题.

例9 设 $F(x, y, x-z, y^2-w) = 0$,其中 F 具有二阶连续偏导数,且 $F'_4 \neq 0$.求 $\dfrac{\partial w}{\partial y}, \dfrac{\partial^2 w}{\partial y^2}$.(东北重型机械学院,1982)

解 对题设方程两边关于 y 求导,有

$$F'_2 + F'_4 \cdot \left(2y - \frac{\partial w}{\partial y}\right) = 0$$

解得

$$\frac{\partial w}{\partial y} = 2y + \frac{F'_2}{F'_4}$$

两边再对 y 求偏导可有

$$\frac{\partial^2 w}{\partial y^2} = 2 + \left(F'_4 \frac{\partial F'_2}{\partial y} - F'_2 \frac{\partial F'_4}{\partial y}\right) / (F'_4)^2 \tag{*}$$

而

$$\frac{\partial F'_2}{\partial y} = F''_{22} + F''_{24} \cdot \left(2y - \frac{\partial w}{\partial y}\right) = F''_{22} - F''_{24} \cdot \frac{F'_2}{F'_4}$$

且

$$\frac{\partial F'_4}{\partial y} = F''_{42} + F''_{24} \cdot \left(2y - \frac{\partial w}{2y}\right) = F''_{42} - F''_{24} \cdot \frac{F'_2}{F'_4}$$

将上两式代入式(*)可有

$$\frac{\partial^2 w}{\partial y^2} = 2 + \frac{(F'_4)^2 - 2F''_{24}F'_2F'_4 + (F'_2)F'_{44}}{(F''_4)^3}$$

注 这里 F 中变量 $1, 3$ 与 y 无关,因而无须对其微导.

在继续求导过程中,要注意已得结论的回代.

我们再来看 2 个证明题的例子,它们与偏微分方程有关.

例 10 若函数 $f(\xi,\eta)$ 具有连续的二阶偏导数,且满足拉普拉斯方程

$$\Delta f(\xi,\eta) = \frac{\partial^2 f}{\partial \xi^2} + \frac{\partial^2 f}{\partial \eta^2} = 0$$

证明函数 $z = (x^2 - y^2, 2xy)$ 也满足拉普拉斯方程,即 $\dfrac{\partial^2 f}{\partial x^2} + \dfrac{\partial^2 f}{\partial y^2} = 0$.(南京工学院,1983;无锡纺织工学院、北京工业学院,1984)

证 令 $\xi = x^2 - y^2$, $\eta = 2xy$, 则

$$\begin{cases} z'_x = f'_\xi \xi'_x + f'_\eta \eta'_x = 2x f'_\xi + 2y f'_\eta \\ z'_y = f'_\xi \xi'_y + f'_\eta \eta'_y = -2y f'_\xi + 2x f'_\eta \end{cases}$$

这样我们有

$$\begin{aligned} z''_{xx} &= 2f'_\xi + 2x(f''_{\xi\xi}\xi'_x + f''_{\xi\eta}\eta'_x) + 2y(f''_{\eta\xi}\xi'_x + f''_{\eta\eta}\eta'_x) \\ &= 2f'_\xi + 4x^2 f''_{\xi\xi} + 4xy f''_{\xi\eta} + 4xy f''_{\eta\xi} + 4y^2 f''_{\eta\eta} \\ z''_{yy} &= -2f'_\xi - 2y(f''_{\xi\xi}\xi'_y + f''_{\xi\eta}\eta'_y) + 2x(f''_{\eta\xi}\xi'_y + f''_{\eta\eta}\eta'_y) \\ &= -2f'_\xi + 4y^2 f''_{\xi\xi} - 4xy f''_{\xi\eta} - 4xy f''_{\eta\xi} + 4x^2 f''_{\eta\eta} \end{aligned}$$

故

$$\frac{\partial^2 z}{\partial x^2} + \frac{\partial^2 z}{\partial y^2} = 4(x^2 + y^2)\left(\frac{\partial^2 f}{\partial \xi^2} + \frac{\partial^2 f}{\partial \eta^2}\right) = 0$$

注 拉普拉斯方程即可由形式算子符号表示为 $\Delta z = 0$. 如前注,满足此方程的函数显然是调和函数.

例 11 证明 $z = \varphi(xy) + \psi\left(\dfrac{x}{y}\right)$ 满足方程 $x^2 \dfrac{\partial^2 z}{\partial x^2} - y^2 \dfrac{\partial^2 z}{\partial xy^2} + x\dfrac{\partial z}{\partial x} - y\dfrac{\partial z}{\partial y} = 0$.(山东海洋学院,1984)

证 由题设,有

$$\frac{\partial z}{\partial x} = \varphi' \cdot y + \psi' \cdot \frac{1}{y}, \quad \frac{\partial^2 z}{\partial x^2} = y^2 \varphi'' + \psi'' \cdot \frac{1}{y^2}$$

又

$$\frac{\partial z}{\partial y} = \varphi' \cdot x + \psi' \cdot \left(-\frac{x}{y^2}\right) = x\varphi' - \frac{x}{y^2}\psi'$$

及

$$\frac{\partial^2 z}{\partial y^2} = x^2 \varphi'' + \frac{2x}{y^3}\psi' - \frac{x}{y^2}\psi'' \cdot \left(-\frac{x}{y^2}\right) = x^2 \varphi'' + \frac{2x}{y^3}\psi' + \frac{x^2}{y^4}\psi''$$

将上面各式代入方程左端,有

$$x^2 \frac{\partial^2 z}{\partial x^2} - y^2 \frac{\partial^2 z}{\partial y^2} + x\frac{\partial z}{\partial x} - y\frac{\partial z}{\partial y}$$

$$= x^2\left(y^2\varphi'' + \psi'' \cdot \frac{1}{y^2}\right) - y^2\left(x^2\varphi'' + \frac{2x}{y^3}\psi' + \frac{x^2}{y^4}\psi''\right) + x\left(y\varphi' + \psi' \cdot \frac{1}{y}\right) - y\left(x\varphi' - \frac{x}{y^2}\psi'\right) = 0$$

注 解这类问题并不困难,只是要特别注意到"全",也就是不能丢项.稍复杂些的例子如:

设 $f(x,y)$ 具有连续的二阶偏导数,又 $x = \varphi(u,v)$, $y = \psi(u,v)$ 也有连续的二阶偏导数,且 $\dfrac{\partial x}{\partial u} = \dfrac{\partial y}{\partial v}$, $\dfrac{\partial x}{\partial v} = -\dfrac{\partial y}{\partial u}$,试证

$$\frac{\partial^2 f}{\partial u^2} + \frac{\partial^2 f}{\partial v^2} = \begin{vmatrix} \dfrac{\partial x}{\partial u} & \dfrac{\partial x}{\partial v} \\ \dfrac{\partial y}{\partial u} & \dfrac{\partial y}{\partial v} \end{vmatrix} \cdot \left(\frac{\partial^2 f}{\partial x^2} + \frac{\partial^2 f}{\partial y^2}\right)$$

(西南交通大学,1984)

(2)函数的高阶偏导数

下面我们看看关于高阶(三阶以上)偏导问题.

例 已知 $u = xyz\mathrm{e}^{x+y+z}$，求 $\dfrac{\partial^{q+p+r}u}{\partial x^p \partial y^q \partial z^r}$.（兰州大学，1982）

解 由设有

$$\frac{\partial u}{\partial x} = xyz\mathrm{e}^{x+y+z} + yz\mathrm{e}^{x+y+z} = (x+1)yz\mathrm{e}^{x+y+z}$$

归纳地有

$$\frac{\partial^p u}{\partial x^p} = xyz\mathrm{e}^{x+y+z} + pyz\mathrm{e}^{x+y+z} = (x+p)yz\mathrm{e}^{x+y+z}$$

且

$$\frac{\partial^{p+q}u}{\partial x^p \partial y^q} = (x+p)(y+q)z\mathrm{e}^{x+y+z}$$

故

$$\frac{\partial^{p+q+r}u}{\partial x^p \partial y^p \partial z^r} = (x+p)(y+q)(z+r)\mathrm{e}^{x+y+z}$$

注 1 例中函数式是轮换对称式，利用其对称性解题常可使问题简化.

注 2 同求一元函数高阶导数一样，求多元函数高阶偏导数时，应先用不完全归纳法预估导函数形状，再去证明它.

3. 函数的全微分问题

下面的例子是求全微分的.

例 1 设 $f(x,y,z) = \left(\dfrac{x}{y}\right)^{\frac{1}{z}}$，求 $\mathrm{d}f(1,1,1)$.（湘潭大学，1981）

解 由题设及函数全微分公式，有

$$\mathrm{d}f(x,y,z) = \frac{\partial f}{\partial x}\mathrm{d}x + \frac{\partial f}{\partial y}\mathrm{d}y + \frac{\partial f}{\partial z}\mathrm{d}z = \frac{1}{yz}\left(\frac{x}{y}\right)^{\frac{1}{z}-1}\mathrm{d}x - \frac{x}{y^2 z}\left(\frac{x}{y}\right)^{\frac{1}{z}-1}\mathrm{d}y - \frac{1}{z^2}\left(\frac{x}{y}\right)^{\frac{1}{z}}\ln\frac{x}{y}\mathrm{d}z$$

故

$$\mathrm{d}f(1,1,1) = \mathrm{d}x - \mathrm{d}y$$

注 若 $f(x,y,z)$ 改为 $\left(\dfrac{y}{x}\right)^{\frac{1}{z}}$ 计算 $\mathrm{d}f(1,1,1)$ 为北京市大学生竞赛 1996 年试题.

例 2 若 $u = x^{y^z}$（$x > 0, y > 0$），求 $\mathrm{d}y$.（山东化工学院，1980）

解 由题设，有

$$\frac{\partial u}{\partial x} = y^z x^{y^z - 1}$$

$$\frac{\partial u}{\partial y} = x^{y^z}\ln x \cdot (y^z)'_y = x^{y^z}\ln x \cdot zy^{z-1}$$

$$\frac{\partial u}{\partial z} = x^{y^z} \cdot \ln x \cdot (y^z)'_z = x^{y^z}\ln x \cdot y^z\ln y$$

故

$$\mathrm{d}u = y^z x^{y^z-1}\mathrm{d}x + x^{y^z}y^{z-1}z\ln x\mathrm{d}y + x^{y^z}y^z\ln x \cdot \ln y\mathrm{d}z$$

下面的例子也是关于函数全微分的，但它又与微分方程有关.

例 3 设 $f_1(x), f_2(x)$ 是连续可微函数，对于表达式 $yf_1(xy)\mathrm{d}x + xf_2(xy)\mathrm{d}y$，(1) 若它是某二元函数 $u(x,y)$ 的全微分，求 $f_1(x) - f_2(x)$；(2) 若 $\varphi(x)$ 是 $f_1(x)$ 的一个原函数，求全微分函数.（重庆大学，1984）

解 (1) 令 $p(x,y) = yf_1(xy), Q(x,y) = xf_2(xy)$.

由题设，有 $\dfrac{\partial P}{\partial y} = \dfrac{\partial Q}{\partial x}$，即

$$f_1(xy) + xyf'_1(xy) = f_2(xy) + xyf'_2(xy)$$

亦即

$$f_1(xy) - f_2(xy) + xy[f'_1(xy) - f'_2(xy)] = 0$$

记 $F(z) = f_1(z) - f_2(z), z = xy$，上式即为

$$F(z) + zF'(z) = 0$$

解此微分方程得

$$F(z) = \frac{c_1}{z}$$

故 $f_1(x) - f_2(x) = \dfrac{c_1}{x}$，这里 c_1 为任意常数.

(2) 由设 $\varphi'(x) = f_1(x)$ 及(1)的结论,有

$$P\mathrm{d}x + Q\mathrm{d}y = yf_1(xy)\mathrm{d}x + xf_2(xy)\mathrm{d}y = yf_1(xy)\mathrm{d}x + x\big[f_1(xy) - \frac{c_1}{xy}\big]\mathrm{d}y$$

$$= y\varphi'(xy)\mathrm{d}x + x\varphi'(xy)\mathrm{d}y - \frac{c_1}{y}\mathrm{d}y = \varphi'(xy)\mathrm{d}(xy) - \frac{c_1}{y}\mathrm{d}y = \mathrm{d}\varphi(xy) - \mathrm{d}(c_1\ln y)$$

故 $u(x,y) = \varphi(xy) - c_1\ln y + c_2$.（这里 c_1, c_2 为任意常数）

下面是一个齐次函数性质的例子,但它不是求全微分,只是貌似而已.

例 4　若函数 $f(x,y,z)$ 恒满足关系式 $f(tx,ty,tz) = t^k f(x,y,z)$,就称其为 k 次齐次函数,试证 k 次齐次函数 $f(x,y,z)$ 满足关系式

$$x\frac{\partial f}{\partial x} + y\frac{\partial f}{\partial y} + z\frac{\partial f}{\partial z} = kf$$

（上海机械学院,1981）

证　由设有 $f(tx,ty,tz) = t^k f(x,y,z)$. 令 $tx = u,\ ty = v,\ tz = w$. 则上式两边对 t 求导,有

$$xf'_u(tx,ty,tz) + yf'_v(tx,ty,tz) + zf'_w(tx,ty,tz) = kt^{k-1}f(x,y,z)$$

令 $t = 1$,即为 $x\dfrac{\partial f}{\partial x} + y\dfrac{\partial f}{\partial y} + z\dfrac{\partial f}{\partial z} = kf$.

注　这也是齐次函数的一个重要性质.

4. 函数的极、最值问题

求函数极值,是偏导数的一个重要应用.步骤是:① 求驻点;② 判断驻点是否为极值点.若求函数最（大、小）值,还须与函数定义域周界处函数值比较.

例 1　在平面上求一点,使之到 n 个点 $(x_k,y_k)(k = 1,2,\cdots,n)$ 的距离的平方和最小.（西北工业大学,1979）

解　设所求之点为 (x,y),令 $f(x,y) = \displaystyle\sum_{t=1}^{n}[(x - x_i)^2 + (y - y_i)^2]$. 由

$$\frac{\partial f}{\partial x} = 2nx - 2\sum_{i=1}^{n}x_i,\quad \frac{\partial f}{\partial y} = 2ny - 2\sum_{i=1}^{n}y_i$$

令 $\dfrac{\partial f}{\partial x} = 0,\ \dfrac{\partial f}{\partial y} = 0$,得 $(x_0,y_0) = \Big(\dfrac{1}{n}\displaystyle\sum_{i=1}^{n}x_i,\ \dfrac{1}{n}\sum_{i=1}^{n}y_i\Big)$.

又

$$f''_{xx} = 2n = A,\quad f''_{xy} = 0 = B,\quad f''_{yy} = 2n = C$$

而 $B^2 - AC = -n^2 < 0$,且 $A = 2n > 0$,知 $f(x,y)$ 在 (x_0,y_0) 取得极小值,且在此为最小值.

例 2　证明函数 $z = (1 + \mathrm{e}^y)\cos x - y\mathrm{e}^y$ 有无穷个极大值而无极小值.（上海海运学院,1980）

证　由

$$\begin{cases} \dfrac{\partial f}{\partial x} = (1 + \mathrm{e}^y)(-\sin x) = 0 \\[2mm] \dfrac{\partial f}{\partial y} = \mathrm{e}^y\cos x - \mathrm{e}^y - y\mathrm{e}^y = 0 \end{cases}$$

得无穷多个驻点: $(x,y) = (k\pi,\cos k\pi - 1)\ (k = 0,\pm 1,\pm 2,\cdots)$,即

$$(x,y) = (2k\pi,0)\ \text{或}\ ((2k+1)\pi,-2)\quad k = 0,\pm 1,\pm 2,\cdots$$

又 $f''_{xx} = -(1 + \mathrm{e}^y)\cos x,\ f''_{xy} = -\mathrm{e}^y\sin x,\ f''_{yy} = (\cos x - 2 - y)\mathrm{e}^y$.

当 $x = 2k\pi, y = 0$ 时,$A = -2$,$B = 0$,$C = -1$.

故 $B^2 - AC < 0$,且 $A < 0$,知 $(2k\pi, 0)$ 为极大点.

当 $x = (2k+1)\pi, y = -2$ 时,$A = 1 + e^{-2}$,$B = 0$,$C = -e^{-2}$.

故 $B^2 - AC = e^{-2}(1 + e^{-2}) > 0$,知 $((2k+1)\pi, -2)$ 为非极值点.

从而函数有无穷多个极大点 $(2k\pi, 0)$ $(k = 0, \pm 1, \pm 2, \cdots)$,而无极小点.

再来看两个空间曲线、曲面的极值问题.

例 3 在曲线 $\begin{cases} z = x^2 + 2y^2 \\ z = 6 - 2x^2 - y^2 \end{cases}$ 上求竖坐标分别为最大值和最小值的点.(苏州丝绸工学院,1985)

解 从曲线中消去 z 得曲线在 Oxy 平面上的投影方程,即

$$\begin{cases} z = 0 \\ x^2 + y^2 = 2 \end{cases}$$

这样,所求曲线上竖坐标分别为最大值和最小值的点能转化为求的数 $z = x^2 + 2y^2$(或 $z = 6 - 2x^2 - y^2$)在条件 $x^2 + y^2 = 2$ 的最大、最小值问题.

令 $F(x, y, \lambda) = x^2 + 2y^2 - \lambda(2 - x^2 - y^2)$.由

$$\begin{cases} \dfrac{\partial F}{\partial x} = 2x - 2\lambda x = 0 \\ \dfrac{\partial F}{\partial y} = 4y - 2\lambda y = 0 \end{cases}$$

解得 $x = 0$ 或 $y = 0$.

当 $x = 0$ 时,$y = \pm\sqrt{2}$,$z = 4$(最大值);当 $y = 0$ 时,$x = \pm\sqrt{2}$,$z = 2$(最小值).

注 本题还可用代入法化为一元函数极值问题来解:

将 $z = x^2 + y^2$ 代入 $z = x^2 + 2y^2$ 有 $z = 2 + y^2$.

当 $x = 0, y = \pm\sqrt{2}$ 时,$z = 4$(最大值);当 $x = \pm\sqrt{2}, y = 0$ 时,$z = 2$(最小值).

例 4 在部分球面 $x^2 + y^2 + z^2 = 5r^2, x > 0, y > 0, z > 0$ 上求一点使函数 $f(x, y, z) = \ln x + \ln y + 3\ln z$ 达到极大,且算出其极大值.利用上述结果证明:$abc^3 \leqslant 27\left(\dfrac{a+b+c}{5}\right)^5$.(镇江农机学院,1982;华中工学院,1984)

证 令 $F(x, y, z, \lambda) = f(x, y, z) - \lambda(x^2 + y^2 + z^2 - 5r^2)$.由

$$\begin{cases} F'_x = \dfrac{1}{x} - 2\lambda x = 0 \\ F'_y = \dfrac{1}{y} - 2\lambda y = 0 \\ F'_z = \dfrac{3}{z} - 2\lambda z = 0 \\ xF'_z + yF'_y + zF'_z = 0 \end{cases}$$

解得 $x^2 = y^2 = \dfrac{1}{2\lambda}$,$z^2 = \dfrac{3}{2\lambda}$,且

$$\lambda = \frac{5}{2(x^2 + y^2 + z^2)} = \frac{1}{2r^2}$$

故 $x^2 = y^2 = r^2$,$z^2 = 3r^2$,由之得到

$$\max f(x, y, z) = \ln[r \cdot r \cdot (\sqrt{3}r)^3] = \ln(3\sqrt{3}r^5)$$

若令 $x^2 = a$,$y^2 = b$,$z^2 = c$. 又由

$$\ln(xyz^3) \leqslant \ln(3\sqrt{3}r^5) = \ln\left\{3\sqrt{3}\left[\frac{x^2 + y^2 + z^2}{5}\right]^{\frac{5}{2}}\right\}$$

则
$$abc^3 \leqslant 27\left(\frac{a+b+c}{5}\right)^5$$

注 1　这里 λ 的解出是由前面诸式综合考虑的,这要视整个式子的情况而用不同的方法,有时可从 $F'_\lambda = 0$ 中得到,但有时却不行.

注 2　求条件极值时,有时可用代入法消去一些变量而直接求得条件极值(它通常是在某些线性约束下),这样做可减少变量个数,给求解或判断函数(条件)极值带来方便(这种方法也称直接代入法).

但在一般情况下(特别是目标函数为隐函数时),还是用拉格朗日乘子法较好.

注 3　本题为我们提供了证明不等式的一种手段(当然类似的例子我们前文已见过).我们既要会从求得函数极值后而考虑不等式,反过来也要会通过造函数、求极值来证明不等式(这是上述问题的反问题).实际上人们正是这样做的,这往往也是一些不等式的来源.

5. 几何应用问题

下面看看偏导数在几何方面应用的例子.

例 1　试求曲面 $x^2 + y^2 + z^2 - xy - 3 = 0$ 上同时垂直于平面 $z = 0$ 与 $x + y + 1 = 0$ 的切平面方程.(北京化工学院,1984)

解　所求切平面法矢量满足关系式
$$\boldsymbol{n} = \begin{vmatrix} \boldsymbol{i} & \boldsymbol{j} & \boldsymbol{k} \\ 0 & 0 & 1 \\ 1 & 1 & 0 \end{vmatrix} = \{-1, 1, 0\}$$

设 $\varphi(x, y, z) = x^2 + y^2 + z^2 - xy - 3$.

令 $\varphi'_x = -t$, $\varphi'_y = t$, $\varphi'_z = 0$(注意到矢量 $\{\varphi'_x, \varphi'_y, \varphi'_z\}$ 与 $\{-1, 1, 0\}$ 平行).

将 $x = -\dfrac{t}{3}$, $y = \dfrac{t}{3}$, $z = 0$ 代入 $\varphi(x, y, z) = 0$,解得 $t = \pm 3$.

故所求切点为 $(-1, 1, 0)$, $(1, -1, 0)$.

从而,所求切平面方程为 $y - x - 2 = 0$ 或 $y - x + 2 = 0$.

例 2　设有曲面 $S: \dfrac{x^2}{2} + y^2 + \dfrac{z^2}{4} = 1$,平面 $\pi: 2x + 2y + z + 5 = 0$.

(1)试在曲面 S 上求平行于平面 π 的切平面方程;

(2)试求曲面 S 与平面 π 间的最短距离.(清华大学,1984)

解　(1)由题设知 S 上点 $M(x, y, z)$ 处切平面的法矢量为
$$\boldsymbol{n} = x\boldsymbol{i} + 2y\boldsymbol{j} + \frac{z}{2}\boldsymbol{k}$$

平面 π 的法矢量为 $\boldsymbol{n}' = 2\boldsymbol{i} + 2\boldsymbol{j} + \boldsymbol{k}$.

由 $\boldsymbol{n} \parallel \boldsymbol{n}'$,有 $\dfrac{x}{2} = \dfrac{2y}{2} = \dfrac{z/2}{2} = t$,得 $x = 2t$, $y = t$, $z = 2t$.

代入曲面 S 的方程,有 $4t^2 = 1$,得 $t = \pm\dfrac{1}{2}$.

故所求切平面切点 $M_1\left(1, \dfrac{1}{2}, 1\right)$ 或 $M_2\left(-1, -\dfrac{1}{2}, -1\right)$.

从而,所求切平面平程为 $2x + 2y + z \pm 4 = 0$.

(2)曲面 S 为椭球,由(1)知它介于两切平面之间,又平面 π 在上述两平面外(注意 5 不在 -4 与 4 之间),故它不与椭球面相交.从而曲面 S 与平面 π 的最短距离为切点 M_1, M_2 至平面 π 距离的最小者.

又 M_1 到平面 π 的距离为
$$d_1 = \frac{\left|2 \times 1 + 2 \times \dfrac{1}{2} + 1 + 5\right|}{\sqrt{2^2 + 2^2 + 1^2}} = 3$$

而 M_2 到平面 π 的距离为

$$d_2 = \frac{\left| 2 \times (-1) + 2 \times \left(-\frac{1}{2}\right) + 1 \times (-1) + 5 \right|}{\sqrt{2^2 + 2^2 + 1^2}} = \frac{1}{3}$$

故曲面 S 与平面 π 的最小距离为 $\frac{1}{3}$.

例3 求圆锥曲线

$$\begin{cases} ax^2 + by^2 + cz^2 = 1 \\ x + y + z = 1 \end{cases}$$

上任一点 $M(x, y, z)$ 处切线的方向余弦.(南京工学院,1982)

解 由设曲面 $S_1 : F_1 = ax^2 + by^2 + cz^2 - 1 = 0$ 在 $M(x, y, z)$ 点的法矢量

$$n_1 = \frac{\partial F_1}{\partial x}i + \frac{\partial F_1}{\partial y}j + \frac{\partial F_1}{\partial z}k = 2axi + 2axj + 2axk$$

曲面 $S_2 : F_2 = x + y + z - 1 = 0$ 在 $M(x, y, z)$ 点的法矢量

$$n_2 = i + j + k$$

曲面 S_1 与 S_2 的交线在 M 点处切矢量

$$t = n_1 \times n_2 = 2(by - cz)i + 2(cz - ax)j + 2(ax - by)k$$

在 M 点处方向余弦为

$$\left\{ \frac{by - cz}{D}, \frac{cz - ax}{D}, \frac{ax - by}{D} \right\}$$

这里 $D = \pm \sqrt{(by - cz)^2 + (cz - ax)^2 + (ax - by)^2}$,且 $\pm$ 号为切线的一个指向.

注 本题亦可直接用公式:若曲线的切线的方向矢量为 $\{m, n, p\}$,则

$$\{m, n, p\} = \begin{vmatrix} i & j & k \\ F'_x & F'_y & F'_z \\ \Phi'_x & \Phi'_y & \Phi'_z \end{vmatrix}$$

其中 $F(x, y, z) = ax^2 + by^2 + cz^2 - 1 = 0, \Phi(x, y, z) = x + y + z - 1 = 0$.

于是 M 点方向余弦为 $\left\{ \frac{m}{D}, \frac{n}{D}, \frac{p}{D} \right\}$,这里 $D = \pm \sqrt{m^2 + n^2 + p^2}$,其中 $\pm$ 号为切线某一指向.

例题的解法则是直接由几何事实出发,这也是自然的、方便的.

最后我们再来看一个求方向导数的例子.

例4 求函数 $u = \cos^2(xy) + \dfrac{y}{z^2}$ 在 $B(0, -19, -24)$ 沿着直线 l 的方向导数,其中 l 是直线

$$\begin{cases} \dfrac{x}{3} - \dfrac{z}{2} = 1 \\ y - 2z + 4 = 0 \end{cases}$$

在平面 $x + y - z = 5$ 上的射影(l 的方向规定为 l 与 Oz 轴正向成钝角的方向).(南京大学,1982)

解 由题设易求得 l 的方向余弦,即

$$\left\{ -\frac{4}{\sqrt{186}}, -\frac{7}{\sqrt{186}}, -\frac{11}{\sqrt{186}} \right\}$$

又 $u'_x = -y \sin 2xy$,$u'_y = -x \sin 2xy + \dfrac{1}{z^2}$,$u'_z = -\dfrac{2y}{z^3}$.

因此函数 u 在 $P(0, 19, -24)$ 沿着直线 l 的方向导数为

$$u'_x \big|_{(0, -19, -24)} \cdot \left(-\frac{4}{\sqrt{186}}\right) + u'_y \big|_{(0, -19, -24)} \cdot \left(-\frac{7}{\sqrt{186}}\right) + u'_z \big|_{(0, -19, -24)} \cdot \left(-\frac{11}{\sqrt{186}}\right)$$

$$= \frac{125}{6\,912\,\sqrt{186}}$$

$1987 \sim 2012$ 年部分

(一) 填空题

1. 偏导数及全微分计算

(1) 一阶偏导数问题

题 1 (1995③④) 设 $z = xyf\left(\frac{y}{x}\right)$，$f(u)$ 可导，则 $xz'_x + yz'_y = $ _____.

解 由 $z'_x = yf - \frac{y^2}{x}f'$，$z'_y = xf + yf'$，故 $xz'_x + yz'_y = 2xyf\left(\frac{y}{x}\right) = 2z$.

题 2 (2000③) 设 $z = f\left(xy, \frac{x}{y}\right) + g\left(\frac{y}{x}\right)$，其中 f, g 均可微，则 $\frac{\partial z}{\partial x} = $ _____.

解 $\frac{\partial z}{\partial x} = f'_1 \cdot y + f'_2 \cdot \left(\frac{1}{y}\right) + g' \cdot \left(-\frac{y}{x^2}\right) = yf'_1 + \frac{1}{y}f'_2 - \frac{y}{x^2}g'$.

题 3 (1999④) 设 $f(x, y, z) = e^x yz^2$，其中 $z = z(x, y)$ 是由 $x + y + z + xyz = 0$ 确定的隐函数，则 $f'_x(0, 1, -1) = $ _____.

解 由 $f'_x = e^x yz^2 + 2e^x yzz'_x$，再对 $x + y + z + xyz = 0$ 两边关于 x 求偏导数，得

$$1 + z'_x + yz + xyz'_x = 0 \Rightarrow z'_x = -\frac{1 + yz}{1 + xy}$$

又因为 $z'_x|_{(0,1,-1)} = 0$，所以 $f'_x(0, 1, -1) = 1$.

题 4 (2001④) 设 $z = e^{-x} - f(x - 2y)$，且当 $y = 0$ 时，$z = x^2$，则 $\frac{\partial z}{\partial x} = $ _____.

解 由题设，当 $y = 0$ 时 $x^2 = e^{-x} - f(x)$，因此 $f(x) = e^{-x} - x^2$，则

$$z = e^{-x} - e^{2y-x} + (x - 2y)^2, \frac{\partial z}{\partial x} = -e^{-x} + e^{2y-x} + 2(x - 2y)$$

题 5 (2004②) 设函数 $z = z(x, y)$ 由方程 $z = e^{2x-3z} + 2y$ 确定，则 $3\frac{\partial z}{\partial x} + \frac{\partial z}{\partial y} = $ _____.

解 在 $z = e^{2x-3z} + 2y$ 的两边分别对 x, y 求偏导，z 为 x, y 的函数

$$\frac{\partial z}{\partial x} = e^{2x-3z}\left(2 - 3\frac{\partial z}{\partial x}\right), \frac{\partial z}{\partial y} = e^{2x-3z}\left(-3\frac{\partial z}{\partial y}\right) + 2$$

从而 $$\frac{\partial z}{\partial x} = \frac{2e^{2x-3z}}{1 + 3e^{2x-3z}}, \frac{\partial z}{\partial y} = \frac{2}{1 + 3e^{2x-3z}}$$

所以 $$3\frac{\partial z}{\partial x} + \frac{\partial z}{\partial y} = \frac{6e^{2x-3z} + 2}{1 + 3e^{2x-3z}} = 2 \cdot \frac{1 + 3e^{2x-3z}}{1 + 3e^{2x-3z}} = 2$$

题 6 (1992①) 设函数 $y = y(x)$ 由方程 $e^{x+y} + \cos(xy) = 0$ 确定，则 $\frac{dy}{dx} = $ _____.

解 设 $F(x, y) = e^{x+y} + \cos(xy)$，则

$$F'_x = e^{x+y} - y\sin(xy), \ F'_y = e^{x+y} - x\sin(xy)$$

故 $$\frac{dy}{dx} = -\frac{F'_x}{F'_y} = \frac{y\sin(xy) - e^{x+y}}{e^{x+y} - x\sin(xy)}$$

下面两问题是求函数全微分问题.

题 7 (1991①) 由方程 $xyz + \sqrt{x^2 + y^2 + z^2} = \sqrt{2}$ 所确定的函数 $z = z(x, y)$ 在点 $(1, 0, -1)$ 处的

全微分 $\mathrm{d}z = $ _____.

解 1 设 $F(x,y,z) = xyz + \sqrt{x^2+y^2+z^2} - \sqrt{2}$，则

$$F'_x = yz + \frac{x}{\sqrt{x^2+y^2+z^2}}, \quad F'_y = xz + \frac{y}{\sqrt{x^2+y^2+z^2}}, \quad F'_z = xy + \frac{z}{\sqrt{x^2+y^2+z^2}}$$

$$\frac{\partial z}{\partial x} = -\frac{F'_x}{F'_z} = -\frac{yz\sqrt{x^2+y^2+z^2}+x}{xy\sqrt{x^2+y^2+z^2}+z}, \quad \frac{\partial z}{\partial y} = -\frac{F'_y}{F'_z} = -\frac{xz\sqrt{x^2+y^2+z^2}+y}{xy\sqrt{x^2+y^2+z^2}+z}$$

或

$$\mathrm{d}z \Big|_{(1,0,-1)} = \frac{\partial z}{\partial x}\Big|_{(1,0,-1)}\mathrm{d}x + \frac{\partial z}{\partial y}\Big|_{(1,0,-1)}\mathrm{d}y = \mathrm{d}x - \sqrt{2}\,\mathrm{d}y$$

解 2 对题给方程两端取微分，得

$$yz\,\mathrm{d}x + xz\,\mathrm{d}y + xy\,\mathrm{d}z + \frac{1}{\sqrt{x^2+y^2+z^2}}(x\mathrm{d}x + y\mathrm{d}y + z\mathrm{d}z) = 0$$

将 $x=1, y=0, z=-1$ 代入上式中，解得 $\mathrm{d}z = \mathrm{d}x - \sqrt{2}\,\mathrm{d}y$.

题 8 (1991③④) 设 $z = \mathrm{e}^{\sin(xy)}$，则 $\mathrm{d}z = $ _____.

解 由 $\dfrac{\partial z}{\partial x} = \mathrm{e}^{\sin(xy)}\cos(xy) \cdot y$, $\dfrac{\partial z}{\partial y} = \mathrm{e}^{\sin(xy)}\cos(xy) \cdot x$，则

$$\mathrm{d}z = \mathrm{e}^{\sin(xy)}\cos(xy)(y\mathrm{d}x + x\mathrm{d}y)$$

（2）二阶偏导数问题

题 1 (2004③) 设函数 $f(u,v)$ 由关系式 $f[xg(y),y] = x + g(y)$ 所确定，其中函数 $g(y)$ 可微，且 $g(y) \neq 0$，则 $\dfrac{\partial^2 f}{\partial u \partial v} = $ _____.

解 令 $u = xg(y)$, $v = y$，则 $f(u,v) = \dfrac{u}{g(v)} + g(v)$，所以

$$\frac{\partial f}{\partial u} = \frac{1}{g(v)}, \quad \frac{\partial^2 f}{\partial u \partial v} = -\frac{g'(v)}{g^2(v)}$$

题 2 (1998①) 设 $z = \dfrac{1}{x}f(xy) + y\varphi(x+y)$，其中 f 和 φ 具有二阶连续导数，则 $\dfrac{\partial^2 z}{\partial x \partial y} = $ _____.

解 由 $\dfrac{\partial z}{\partial x} = -\dfrac{1}{x^2}f + \dfrac{y}{x}f' + y\varphi'$，则

$$\frac{\partial^2 z}{\partial x \partial y} = \frac{\partial}{\partial y}\left(-\frac{1}{x^2}f\right) + \frac{\partial}{\partial y}\left(\frac{y}{x}f'\right) + \frac{\partial}{\partial y}(y\varphi')$$

$$= -\frac{1}{x^2}f' \cdot x + \frac{1}{x}f' + \frac{y}{x}f'' \cdot x + \varphi' + y\varphi'' = yf'' + \varphi' + y\varphi''$$

题 3 (1994①) 设 $u = \mathrm{e}^{-x}\sin\dfrac{x}{y}$，则 $\dfrac{\partial^2 u}{\partial x \partial y}$ 在点 $\left(2, \dfrac{1}{\pi}\right)$ 处的值为 _____.

解 由 $\dfrac{\partial u}{\partial x} = -\mathrm{e}^{-x}\sin\dfrac{x}{y} + \mathrm{e}^{-x}\cos\dfrac{x}{y} \cdot \dfrac{1}{y} = \mathrm{e}^{-x}\left(\dfrac{1}{y}\cos\dfrac{x}{y} - \sin\dfrac{x}{y}\right)$，有

$$\frac{\partial^2 u}{\partial x \partial y} = \mathrm{e}^{-x}\left[-\frac{1}{y^2}\cos\frac{x}{y} - \frac{1}{y}\sin\frac{x}{y} \cdot \left(-\frac{x}{y^2}\right) - \cos\frac{x}{y} \cdot \left(-\frac{x}{y^2}\right)\right]$$

故 $\dfrac{\partial^2 u}{\partial x \partial y}\Big|_{(2,\frac{1}{\pi})} = \mathrm{e}^{-2}(-\pi^2\cos 2\pi + 2\pi^3\sin 2\pi + 2\pi^2\cos 2\pi) = \left(\dfrac{\pi}{\mathrm{e}}\right)^2$.

2. 偏导数的几何应用

题 1 (2000①) 曲面 $x^2 + 2y^2 + 3z^2 = 21$ 在点 $(1,-2,2)$ 的法线方程为 _____.

解 令 $F(x,y,z) = x^2 + 2y^2 + 3z^2 - 21$，则

$$F'_x = 2x, \quad F'_y = 4y, \quad F'_z = 6z$$

将点 $(1,-2,2)$ 的坐标代入，得法线方向矢量 $\boldsymbol{n} = \{2,-8,12\}$.

故所求法线方程为

$$\frac{x-1}{2} = \frac{y+2}{-8} = \frac{z-2}{12}$$

即

$$\frac{x-1}{1} = \frac{y+2}{-4} = \frac{z-2}{6}$$

题 2 (1993①)由曲线

$$\begin{cases} 3x^2 + 2y^2 = 12 \\ z = 0 \end{cases}$$

绕 Oy 轴旋转一周得到的旋转面在点 $(0, \sqrt{3}, \sqrt{2})$ 处的指向外侧的单位法矢量为_____.

解 旋转面方程为 $3x^2 + 2y^2 + 3z^2 - 12 = 0$,其法矢量 $\boldsymbol{n} = \{6x, 4y, 6z\}$,故在点 $(0, \sqrt{3}, \sqrt{2})$ 处的法矢量 $\boldsymbol{n}_1 = \{0, 4\sqrt{3}, 6\sqrt{2}\}$.

由于 $\boldsymbol{n}_1 \cdot \boldsymbol{k} = \{0, 4\sqrt{3}, 6\sqrt{2}\} \cdot \{0, 0, 1\} = 6\sqrt{2} > 0$,即 $\boldsymbol{n}_1$ 与 z 轴正向夹锐角,因此 $\boldsymbol{n}_1$ 指向外侧.

又 $|\boldsymbol{n}_1| = 2\sqrt{2}\sqrt{3}\sqrt{5}$,故所求单位法矢量 $\boldsymbol{n}_1^0 = \dfrac{1}{\sqrt{5}}\{0, \sqrt{2}, \sqrt{3}\}$.

题 3 (1994①)曲面 $z - e^z + 2xy = 3$ 在点 $(1, 2, 0)$ 处的切平面方程为_____.

解 题设曲面法矢量 $\boldsymbol{n} = \{2y, 2x, 1 - e^z\}$,其在点 $(1, 2, 0)$ 处的法矢量 $\boldsymbol{n}_0 = \{4, 2, 0\}$.

据点法式,所求切平面方程为 $2x + y - 4 = 0$.

题 4 (2003①)曲面 $z = x^2 + y^2$ 与平面 $2x + 4y - z = 0$ 平行的切平面的方程是_____.

解 令 $F(x, y, z) = z - x^2 - y^2$,则

$$F'_x = -2x, \quad F'_y = -2y, \quad F'_z = 1$$

设切点坐标为 (x_0, y_0, z_0),则切平面的法矢量为 $\{-2x_0, -2y_0, 1\}$,其与已知平面 $2x + 4y - z = 0$ 平行,因此有

$$\frac{-2x_0}{2} = \frac{-2y_0}{4} = \frac{1}{-1}$$

可解得 $x_0 = 1, y_0 = 2$,相应地有 $z_0 = x_0^2 + y_0^2 = 5$.

故所求的切平面方程为

$$2(x-1) + 4(y-2) - (z-5) = 0 \Rightarrow 2x + 4y - z = 5$$

3. 函数的梯度、散度、方向导数

题 1 (1992①)函数 $u = \ln(x^2 + y^2 + z^2)$ 在点 $M(1, 2, -2)$ 处的梯度 $\mathrm{grad}\, u \big|_M = $ _____.

解 由 $\dfrac{\partial u}{\partial x} = \dfrac{2x}{x^2 + y^2 + z^2}$,$\dfrac{\partial u}{\partial y} = \dfrac{2y}{x^2 + y^2 + z^2}$,$\dfrac{\partial u}{\partial z} = \dfrac{2z}{x^2 + y^2 + z^2}$,故

$$\mathrm{grad}\, u \big|_M = \left\{\frac{\partial u}{\partial x}, \frac{\partial u}{\partial u}, \frac{\partial u}{\partial z}\right\}\bigg|_M = \frac{2}{9}\{1, 2, -2\}$$

题 2 (1993①)设数量场 $u = \ln\sqrt{x^2 + y^2 + z^2}$,则 $\mathrm{div}(\mathrm{grad}\, u) = $ _____.

解 由 $\mathrm{div}(\mathrm{grad}\, u) = \mathrm{div}\left(\dfrac{\partial u}{\partial x}\boldsymbol{i} + \dfrac{\partial u}{\partial y}\boldsymbol{j} + \dfrac{\partial u}{\partial z}\boldsymbol{k}\right) = \dfrac{\partial^2 u}{\partial x^2} + \dfrac{\partial^2 u}{\partial y^2} + \dfrac{\partial^2 u}{\partial z^2}$.

又由题设 $\dfrac{\partial u}{\partial x} = \dfrac{x}{x^2 + y^2 + z^2}$,$\dfrac{\partial^2 u}{\partial x^2} = \dfrac{-x^2 + y^2 + z^2}{(x^2 + y^2 + z^2)^2}$.

同理 $\dfrac{\partial^2 u}{\partial y^2} = \dfrac{x^2 - y^2 + z^2}{(x^2 + y^2 + z^2)^2}$,$\dfrac{\partial^2 u}{\partial z^2} = \dfrac{x^2 + y^2 - z^2}{(x^2 + y^2 + z^2)^2}$.

故原式 $= \dfrac{1}{x^2 + y^2 + z^2}$.

题 3 (2001①)设 $r = \sqrt{x^2 + y^2 + z^2}$,则 $\mathrm{div}(\mathrm{grad}\, r)\big|_{(1,-2,2)} = $ _____.

解 由设 $\dfrac{\partial r}{\partial x} = \dfrac{x}{r}$, $\dfrac{\partial^2 r}{\partial x^2} = \dfrac{\partial}{\partial x}\left(\dfrac{x}{r}\right) = \dfrac{1}{r} - \dfrac{x^2}{r^3}$.

同理
$$\dfrac{\partial^2 r}{\partial y^2} = \dfrac{1}{r} - \dfrac{y^2}{r^3}, \dfrac{\partial^2 r}{\partial z^2} = \dfrac{1}{r} - \dfrac{z^2}{r^3}$$

于是
$$\text{div}(\text{grad}\ r) = \dfrac{\partial^2 r}{\partial x^2} + \dfrac{\partial^2 r}{\partial y^2} + \dfrac{\partial^2 r}{\partial z^2} = \dfrac{3}{r} - \dfrac{x^2 + y^2 + z^2}{r^2} = \dfrac{2}{r}$$

故
$$\text{div}(\text{grad}\ r)\Big|_{(1,-2,2)} = \dfrac{2}{3}$$

题 4 (1989①) 矢量场 $\boldsymbol{u}(x,y,z) = xy^2\boldsymbol{i} + ye^2\boldsymbol{j} + x\ln(1 + z^2)\boldsymbol{k}$ 在点 $P(1,1,0)$ 处的散度 $\text{div}\ \boldsymbol{u} = $ _____.

解 设 $u = P\boldsymbol{i} + Q\boldsymbol{j} + R\boldsymbol{k}$, 则 $\text{div}\ \boldsymbol{u} = \dfrac{\partial P}{\partial x} + \dfrac{\partial Q}{\partial y} + \dfrac{\partial R}{\partial z}$, 故 $\text{div}\ \boldsymbol{u}\big|_P = 2$.

题 5 (1996①) 函数 $u = \ln(x + \sqrt{y^2 + z^2})$ 在点 $A(1,0,1)$ 处沿点 A 指向点 $B(3,-2,2)$ 方向的方向导数为 _____.

解 由设知 $\boldsymbol{l} = \overrightarrow{AB} = \{2,-2,1\}$, 则其单位化后为 $\boldsymbol{l}_0 = \left\{\dfrac{2}{3}, -\dfrac{2}{3}, \dfrac{1}{3}\right\}$.

$$\dfrac{\partial u}{\partial x}\Big|_A = \dfrac{1}{x + \sqrt{y^2 + z^2}}\Big|_A = \dfrac{1}{2}, \dfrac{\partial u}{\partial y}\Big|_A = \dfrac{1}{x + \sqrt{y^2 + z^2}} \cdot \dfrac{y}{\sqrt{y^2 + z^2}}\Big|_A = 0, \dfrac{\partial u}{\partial z}\Big|_A = \dfrac{1}{2}.$$

故所求方向导数
$$\dfrac{\partial u}{\partial l}\Big|_A = \text{grad}\ u\big|_A \cdot \boldsymbol{l}_0 = \dfrac{1}{2} \times \dfrac{2}{3} + 0 \times \left(-\dfrac{2}{3}\right) + \dfrac{1}{3} \times \dfrac{1}{2} = \dfrac{1}{2}$$

(二) 选择题

1. 函数偏导数存在的判断与性质

题 1 (1997①) 二元函数
$$f(x,y) = \begin{cases} \dfrac{xy}{x^2 + y^2}, & (x,y) \neq (0,0) \\ 0, & (x,y) = (0,0) \end{cases}$$

在点 $(0,0)$ 处 （ ）

   (A) 连续、偏导数存在   (B) 连续、偏导数不存在

   (C) 不连续、偏导数存在   (D) 不连续、偏导数不存在

解 由题设 $f_x(0,0) = \lim\limits_{\Delta x \to 0} \dfrac{f(0 + \Delta x, 0) - f(0,0)}{\Delta x} = 0$.

同理 $f_y(0,0) = 0$, 知偏导数存在. 又当 (x,y) 沿 $y = kx$ 趋向于 $(0,0)$ 时
$$\lim\limits_{\substack{x \to 0 \\ y = kx \to 0}} f(x,y) = \lim\limits_{x \to 0} \dfrac{kx^2}{x^2 + (kx)^2} = \dfrac{k}{1 + k^2}$$

当 k 取不同值时该极限值也不同, 所以极限 $\lim\limits_{(x,y) \to (0,0)} f(x,y)$ 不存在, 知 $f(x,y)$ 在 $(0,0)$ 不连续.

故选 (C).

题 2 (1994①) 二元函数 $f(x,y)$ 在点 (x_0,y_0) 处两个偏导数 $f'_x(x_0,y_0), f'_y(x_0,y_0)$ 存在, 是 $f(x,y)$ 在该点连续的 （ ）

   (A) 充分条件而非必要条件   (B) 必要条件而非充分条件

   (C) 充分必要条件   (D) 既非充分条件又非必要条件

解 二元函数在某点连续与偏导数存在之间没有必然的联系. 例如

$$f(x,y) = \sqrt{x^2+y^2}, g(x,y) = \begin{cases} 1, & xy = 0 \\ 0, & xy \neq 0 \end{cases}$$

因为 $\lim\limits_{(x,y)\to(0,0)} f(x,y) = \lim\limits_{(x,y)\to(0,0)} \sqrt{x^2+y^2} = 0 = f(0,0)$,所以 $f(x,y)$ 在原点连续.

但是其偏导数 $f_x(0,0) = \lim\limits_{\Delta x\to 0} \dfrac{\sqrt{(\Delta x)^2}-0}{\Delta x} = \lim\limits_{\Delta x\to 0} \dfrac{|\Delta x|}{\Delta x}$ 不存在.

而 $g(x,y)$ 恰恰相反,它在原点不连续,但是两个偏导数都存在且为 0.

故选(D).

题 3 (2002①)考虑二元函数 $f(x,y)$ 的下面 4 条性质:

①$f(x,y)$ 在点 (x_0,y_0) 处连续;

②$f(x,y)$ 在点 (x_0,y_0) 处的两个偏导数连续;

③$f(x,y)$ 在点 (x_0,y_0) 处可微;

④$f(x,y)$ 在点 (x_0,y_0) 处的两个偏导数存在.

若用"$P\Rightarrow Q$"表示可由性质 P 推出性质 Q,则有 ( )

(A)②$\Rightarrow$③$\Rightarrow$①   (B)③$\Rightarrow$②$\Rightarrow$①

(C)③$\Rightarrow$④$\Rightarrow$①   (D)③$\Rightarrow$①$\Rightarrow$④

解 因为二元函数(两个)偏导数连续 $\Rightarrow$ 函数可微 $\Rightarrow$ 函数连续.

故选(A).

题 4 (2012①)如果函数 $f(x,y)$ 在 $(0,0)$ 处连续,那么下列命题正确的是 ( )

(A) 若极限 $\lim\limits_{\substack{x\to 0\\ y\to 0}} \dfrac{f(x,y)}{|x|+|y|}$ 存在,则 $f(x,y)$ 在 $(0,0)$ 处可微

(B) 若极限 $\lim\limits_{\substack{x\to 0\\ y\to 0}} \dfrac{f(x,y)}{x^2+y^2}$ 存在,则 $f(x,y)$ 在 $(0,0)$ 处可微

(C) 若 $f(x,y)$ 在 $(0,0)$ 处可微,则极限 $\lim\limits_{\substack{x\to 0\\ y\to 0}} \dfrac{f(x,y)}{|x|+|y|}$ 存在

(D) 若 $f(x,y)$ 在 $(0,0)$ 处可微,则极限 $\lim\limits_{\substack{x\to 0\\ y\to 0}} \dfrac{f(x,y)}{x^2+y^2}$ 存在

解 若取 $f(x,y) = |x|+|y|$,可知选项(A)错;

若取 $f(x,y) = 1$,可知选项(C)错;

若取 $f(x,y) = (x^2+y^2)^{\frac{3}{2}}$,可知选项(D)错;

若极限 $\lim\limits_{\substack{x\to 0\\ y\to 0}} \dfrac{f(x,y)}{x^2+y^2} = A$,由 $f(x,y)$ 的连续性可得

$$f(0,0) = 0$$

$$f'_x(0,0) = \lim\limits_{x\to 0} \dfrac{f(x,0)-f(0,0)}{x} = \lim\limits_{x\to 0} \dfrac{f(x,0)}{x^2} x = 0$$

由对称性 $f'_y(0,0) = 0$,从而有

$$\lim\limits_{\rho\to 0} \dfrac{\Delta z - [f'_x(0,0)\Delta x + f'_y(0,0)\Delta y]}{\rho} = \lim\limits_{\rho\to 0} \dfrac{f(\Delta x,\Delta y)}{\rho^2}\rho = 0$$

故 $f(x,y)$ 在点 $(0,0)$ 处可微.

故选(B).

下面的问题涉及函数的极(最)值问题.

题 5 (2003③④)设可微函数 $f(x,y)$ 在点 (x_0,y_0) 取得极小值,则下列结论正确的是 ( )

(A)$f(x_0,y)$ 在 $y=y_0$ 处的导数等于零   (B)$f(x_0,y)$ 在 $y=y_0$ 处的导数大于零

(C)$f(x_0,y)$ 在 $y=y_0$ 处的导数小于零　　　　(D)$f(x_0,y)$ 在 $y=y_0$ 处的导数不存在

解　可微函数 $f(x,y)$ 在点 (x_0,y_0) 取得极小值,知 $f'_y(x_0,y_0)=0$,即 $f(x_0,y)$ 在 $y=y_0$ 处的导数等于零.

故选(A).

注　本题也可用试值及排除法分析,取 $f(x,y)=x^2+y^2$,它在 $(0,0)$ 处可微且取得极小值,并且有 $f(0,y)=y^2$,可排除(B)、(C)、(D),故正确选项为(A).

题 6　(2003①)已知函数 $f(x,y)$ 在点 $(0,0)$ 的某个邻域内连续,且 $\lim\limits_{(x,y)\to(0,0)}\dfrac{f(x,y)-xy}{(x^2+y^2)^2}=1$,则
(　)

(A) 点 $(0,0)$ 不是 $f(x,y)$ 的极值点

(B) 点 $(0,0)$ 是 $f(x,y)$ 的极大值点

(C) 点 $(0,0)$ 是 $f(x,y)$ 的极小值点

(D) 根据所给条件无法判断点 $(0,0)$ 是否为 $f(x,y)$ 的极值点

解　由 $\lim\limits_{(x,y)\to(0,0)}\dfrac{f(x,y)-xy}{(x^2+y^2)^2}=1$ 知其分子的极限必为零,从而有 $f(0,0)=0$,且

$$f(x,y)-xy\approx(x^2+y^2)^2 \quad (|x|,|y| \text{充分小时})$$

于是
$$f(x,y)-f(0,0)\approx xy+(x^2+y^2)^2$$

故当 $y=x$ 且 $|x|$ 充分小时,$f(x,y)-f(0,0)\approx x^2+4x^4>0$;而当 $y=-x$ 且 $|x|$ 充分小时,$f(x,y)-f(0,0)\approx-x^2+4x^4<0$.

因而点 $(0,0)$ 不是 $f(x,y)$ 的极值点.

故选(A).

题 7　(2006①②③④)设 $f(x,y)$ 与 $\varphi(x,y)$ 均为可微函数,且 $\varphi'_y(x,y)\neq0$,已知 (x_0,y_0) 是 $f(x,y)$ 在约束条件 $\varphi(x,y)=0$ 下的一个极值点,下列选项正确的是
(　)

(A) 若 $f'_x(x_0,y_0)=0$,则 $f'_y(x_0,y_0)=0$

(B) 若 $f'_x(x_0,y_0)=0$,则 $f'_y(x_0,y_0)\neq0$

(C) 若 $f'_x(x_0,y_0)\neq0$,则 $f'_y(x_0,y_0)=0$

(D) 若 $f'_x(x_0,y_0)\neq0$,则 $f'_y(x_0,y_0)\neq0$

解　记 $F(x,y,\lambda)=f(x,y)+\lambda\varphi(x,y)$,并记对应 (x_0,y_0) 的参数 λ 的值为 λ_0,则

$$\begin{cases}F'_x(x_0,y_0,\lambda_0)=0\\F'_y(x_0,y_0,\lambda_0)=0\end{cases}$$

即
$$\begin{cases}f'_x(x_0,y_0)+\lambda_0\varphi'_x(x_0,y_0)=0\\f'_y(x_0,y_0)+\lambda_0\varphi'_y(x_0,y_0)=0\end{cases}$$

消去其中的 λ_0,得
$$f'_x(x_0,y_0)\varphi'_y(x_0,y_0)-f'_y(x_0,y_0)\varphi'_x(x_0,y_0)=0$$

由此可知,当 $f'_x(x_0,y_0)\neq0$ 时,由于 $\varphi'_y(x_0,y_0)\neq0$,必有 $f'_y(x_0,y_0)\neq0$.

因此本题应选(D).

题 8　(2005①②)设函数 $u(x,y)=\varphi(x+y)+\varphi(x-y)+\displaystyle\int_{x-y}^{x+y}\psi(t)\mathrm{d}t$,其中函数 φ 具有二阶导数,ψ 具有一阶导数,则必有
(　)

(A) $\dfrac{\partial^2 u}{\partial x^2}=-\dfrac{\partial^2 u}{\partial y^2}$　　(B) $\dfrac{\partial^2 u}{\partial x^2}=\dfrac{\partial^2 u}{\partial y^2}$　　(C) $\dfrac{\partial^2 u}{\partial x\partial y}=\dfrac{\partial^2 u}{\partial y^2}$　　(D) $\dfrac{\partial^2 u}{\partial x\partial y}=\dfrac{\partial^2 u}{\partial x^2}$

解　由题设可有

$$\frac{\partial u}{\partial x} = \varphi'(x+y) + \varphi'(x-y) + \psi(x+y) - \psi(x-y)$$

$$\frac{\partial^2 u}{\partial x^2} = \varphi''(x+y) + \varphi''(x-y) + \psi'(x+y) - \psi'(x-y) \qquad ①$$

$$\frac{\partial u}{\partial y} = \varphi'(x+y) - \varphi'(x-y) + \psi(x+y) + \psi(x-y)$$

$$\frac{\partial^2 u}{\partial y^2} = \varphi''(x+y) + \varphi''(x-y) + \psi'(x+y) - \psi'(x-y) \qquad ②$$

由式 ①，② 得 $\dfrac{\partial^2 u}{\partial x^2} = \dfrac{\partial^2 u}{\partial y^2}$.

因此本题选(B).

题 9　(2005①) 设有三元方程 $xy - z\ln y + \mathrm{e}^{xz} = 1$，根据隐函数存在定理，存在点 $(0,1,1)$ 的一个邻域，在此邻域内该方程　　　　　　　　　( )

(A) 只能确定一个具有连续偏导数的隐函数 $z = z(x,y)$

(B) 可确定两个具有连续偏导数的隐函数 $y = y(x,z)$ 和 $z = z(x,y)$

(C) 可确定两个具有连续偏导数的隐函数 $x = x(y,z)$ 和 $z = z(x,y)$

(D) 可确定两个具有连续偏导数的隐函数 $x = x(y,z)$ 和 $y = y(x,z)$

解　因为 $F(0,1,1) = 0$，且

$$\left.\frac{\partial F}{\partial x}\right|_{(0,1,1)} = (y + z\mathrm{e}^{xz})\Big|_{(0,1,1)} = 2 \neq 0$$

$$\left.\frac{\partial F}{\partial y}\right|_{(0,1,1)} = \left(x - \frac{z}{y}\right)\Big|_{(0,1,1)} = -1 \neq 0$$

$$\left.\frac{\partial F}{\partial z}\right|_{(0,1,1)} = (-\ln y + x\mathrm{e}^{xz})\Big|_{(0,1,1)} = 0$$

所以，所给方程在点 $(0,1,1)$ 的一个邻域内不能确定隐函数 $z = z(x,y)$，但能确定具有连续偏导数的隐函数 $x = x(y,z)$ 和 $y = y(x,z)$.

因此本题选(D).

2. 函数偏导数的几何应用

题 1　(1992①) 在曲线 $x = t, y = -t^2, z = t^3$ 的所有切线中，与平面 $x + 2y + z = 4$ 平行的切线　　　　　　　　　　　　　　( )

(A) 只有 1 条　　(B) 只有 2 条　　(C) 至少有 3 条　　(D) 不存在

解　所给曲线的切矢量 $\boldsymbol{T} = \{1, -2t, 3t^2\}$，而所给平面的法矢量 $\boldsymbol{n} = \{1,2,1\}$.

依题意 $\boldsymbol{T} \perp \boldsymbol{n}$，即有 $1 - 4t + 3t^2 = 0$.

因为其判别式 $\Delta = b^2 - 4ac = 4 > 0$，故方程有 2 个不同实根.

故选(B).

题 2　(1989①) 已知曲线 $z = 4 - x^2 - y^2$ 上点 P 处的切平面平行于平面 $2x + 2y + z - 1 = 0$，则点 P 的坐标是　　　　　　　　　　　　　　　( )

(A) $(1,-1,2)$　　(B) $(-1,1,2)$　　(C) $(1,1,2)$　　(D) $(-1,-1,2)$

解　所给曲面的法矢量 $\boldsymbol{n}_1 = \{2x, 2y, 1\}$，所给平面的法矢量 $\boldsymbol{n}_2 = \{2,2,1\}$.

依题意 $\boldsymbol{n}_1 /\!/ \boldsymbol{n}_2$. 将 4 个点的坐标依次代入 $\boldsymbol{n}_1$ 中，知选项(C) 正确.

故选(C).

题 3　(2001①) 设函数 $f(x,y)$ 在点 $(0,0)$ 附近(邻域)有定义，且 $f'_x(0,0) = 3, f'_y(0,0) = 1$，则　　　　　　　　　　　　　　　　　　　( )

(A) $\mathrm{d}z\big|_{(0,0)} = 3\mathrm{d}x + \mathrm{d}y$

(B) 曲面 $z = f(x,y)$ 在点 $(0,0,f(0,0))$ 的法矢量为 $\{3,1,1\}$

(C) 曲线 $\begin{cases} z = f(x,y) \\ y = 0 \end{cases}$ 在点 $(0,0,f(0,0))$ 的切矢量为 $\{1,0,3\}$

(D) 曲线 $\begin{cases} z = f(x,y) \\ y = 0 \end{cases}$ 在点 $(0,0,f(0,0))$ 的切矢量为 $\{3,0,1\}$

解 (1) 由题设 $f(x,y)$ 有偏导数存在但不一定可微,因此排除(A).

(2) 法矢量 $\boldsymbol{n} = \pm\{f_x(0,0), f_y(0,0), -1\} = \pm\{3,1,-1\}$,因此排除(B).

(3) 求曲线 $\begin{cases} z = f(x,y) \\ y = 0 \end{cases}$ 的切矢量可用如下两种方法之一:

方法 1:改写曲线为参数式

$$\begin{cases} x = x \\ y = 0 \\ z = f(x,0) \end{cases}$$

于是切矢量为

$$\boldsymbol{t} = \{1,0,f'_x(0,0)\} = \{1,0,3\}$$

方法 2:设 $F(x,y,z) = z - f(x,y)$,$G(x,y,z) = y$,于是切矢量

$$\boldsymbol{t} = \begin{vmatrix} \boldsymbol{i} & \boldsymbol{j} & \boldsymbol{k} \\ F_x & F_y & F_z \\ G_x & G_y & G_z \end{vmatrix} = \begin{vmatrix} \boldsymbol{i} & \boldsymbol{j} & \boldsymbol{k} \\ -f_x & -f_y & 1 \\ 0 & 1 & 0 \end{vmatrix} = \{-1,0,-f_x\}$$

把 $x = 0$,$y = 0$ 代入,得 $\boldsymbol{t} = \{-1,0,-3\}$,显然 $\{1,0,3\}$ 也是切矢量.

由以上计算结果知(C)正确.

故选(C).

(三) 计算证明题

1. 偏导数计算

(1) 一阶偏导数问题

题 1 (1987①) 设 f,g 为连续可微函数,$y = f(x,xy)$,$v = g(x+xy)$,求 $\dfrac{\partial u}{\partial x} \cdot \dfrac{\partial v}{\partial x}$.

解 由题设可有 $\dfrac{\partial u}{\partial x} = f'_1 + yf'_2$,$\dfrac{\partial v}{\partial x} = (1+y)g'$,则

$$\frac{\partial u}{\partial x} \cdot \frac{\partial v}{\partial x} = (f'_1 + yf'_2)(1+y)g'$$

题 2 (1990④) 设 $x^2 + z^2 = y\varphi\left(\dfrac{z}{y}\right)$,其中 φ 为可微函数,求 $\dfrac{\partial z}{\partial y}$.

解 1 直接法. 方程两边同时对 y 求偏导,得

$$2z\frac{\partial z}{\partial y} = \varphi\left(\frac{z}{y}\right) + y\varphi'\left(\frac{z}{y}\right) \cdot \frac{y\dfrac{\partial z}{\partial y} - z}{y^2}$$

由此解出

$$\frac{\partial z}{\partial y} = \frac{y\varphi\left(\dfrac{z}{y}\right) - z\varphi'\left(\dfrac{z}{y}\right)}{2yz - y\varphi'\left(\dfrac{z}{y}\right)}$$

解 2 设 $F(x,y,z) = x^2 + z^2 - y\varphi\left(\dfrac{z}{y}\right)$，则

$$F'_y = -\varphi + \frac{z}{y}\varphi', \quad F'_z = 2z - \varphi'$$

故

$$\frac{\partial z}{\partial y} = -\frac{F'_y}{F'_z} = \frac{\varphi - \dfrac{z}{y}\varphi'}{2z - \varphi'} = \frac{y\varphi - z\varphi'}{2yz - y\varphi'}$$

下面是两则求函数导数的例子.

题 3 （2001①）设函数 $z = f(x,y)$ 在点 $(1,1)$ 处可微，且

$$f(1,1) = 1, \quad \frac{\partial f}{\partial x}\bigg|_{(1,1)} = 2, \quad \frac{\partial f}{\partial y}\bigg|_{(1,1)} = 3, \quad \varphi(x) = f(x, f(x,x))$$

求 $\dfrac{\mathrm{d}}{\mathrm{d}x}\varphi^3(x)\bigg|_{x=1}$.

解 由 $\varphi(1) = f(1, f(1,1)) = f(1,1) = 1$，可有

$$\frac{\mathrm{d}}{\mathrm{d}x}\varphi^3(x) = 3\varphi^2(x)\frac{\mathrm{d}\varphi(x)}{\mathrm{d}x}$$

$$= 3\varphi^2(x)\{f'_1(x, f(x,x)) + f'_2(x, f(x,x))[f'_1(x,x) + f'_2(x,x)]\}$$

故

$$\frac{\mathrm{d}}{\mathrm{d}x}\varphi^3(x)\bigg|_{x=1} = 3 \times 1 \times [2 + 3(2+3)] = 51$$

题 4 （1997③④）设 $u = f(x,y,z)$ 有连续偏导数，$y = y(x)$ 和 $z = z(x)$ 分别由方程 $\mathrm{e}^{xy} - y = 0$ 和 $\mathrm{e}^z - xz = 0$ 所确定，求 $\dfrac{\mathrm{d}u}{\mathrm{d}x}$.

解 隐函数 $u = u(x)$ 由如下方程组确定，即

$$\begin{cases} u = f(x,y,z) \\ \mathrm{e}^{xy} - y = 0 \\ \mathrm{e}^z - xz = 0 \end{cases}$$

式中 x 为自变量，u, y, z 都是 x 的函数.

对方程组的各方程关于 x 求导数，得

$$\begin{cases} \dfrac{\mathrm{d}u}{\mathrm{d}x} = f_x + f_y\dfrac{\mathrm{d}y}{\mathrm{d}x} + f_z\dfrac{\mathrm{d}z}{\mathrm{d}x} & ① \\[2mm] \mathrm{e}^{xy}\left(y + x\dfrac{\mathrm{d}y}{\mathrm{d}x}\right) - \dfrac{\mathrm{d}y}{\mathrm{d}x} = 0 & ② \\[2mm] \mathrm{e}^z\dfrac{\mathrm{d}z}{\mathrm{d}x} - z - x\dfrac{\mathrm{d}z}{\mathrm{d}x} = 0 & ③ \end{cases}$$

由式 ② 解出 $\dfrac{\mathrm{d}y}{\mathrm{d}x} = \dfrac{y^2}{1 - xy}$，由式 ③ 解出 $\dfrac{\mathrm{d}z}{\mathrm{d}x} = \dfrac{z}{xz - x}$，再将 $\dfrac{\mathrm{d}y}{\mathrm{d}x}$ 和 $\dfrac{\mathrm{d}z}{\mathrm{d}x}$ 代入式 ①，得

$$\frac{\mathrm{d}u}{\mathrm{d}x} = f_x + \frac{y^2 f_y}{1 - xy} + \frac{z f_z}{xz - x}$$

下面问题涉及一阶偏导数等式.

题 5 （1991④）已知 $xy = xf(z) + yg(z), xf'(z) + yg'(x) \neq 0$，其中 $z = z(x,y)$ 是 x 和 y 的函数，求证 $[x - g(z)]\dfrac{\partial z}{\partial x} = [y - f(z)]\dfrac{\partial z}{\partial y}$.

证 设 $F(x,y,z) = xy - xf(z) - yg(z)$，则

$$F_x = y - f(z), \quad F_y = x - g(z), \quad F_z = -xf'(z) - yg'(z)$$

于是

$$\frac{\partial z}{\partial x} = -\frac{F'_x}{F'_z} = \frac{y - f(z)}{xf'(z) + yg'(z)}, \quad \frac{\partial z}{\partial y} = -\frac{F'_y}{F'_z} = \frac{x - g(z)}{xf'(z) + yg'(z)}$$

故
$$[x - g(z)]\frac{\partial z}{\partial x} = \frac{[x - g(z)][y - f(z)]}{xf'(z) + yg'(z)} = [y - f(z)]\frac{\partial z}{\partial y}$$

题 6 (1996③)设函数 $z = f(u)$,方程 $u = \varphi(u) + \int_y^x P(t)\mathrm{d}t$ 确定 u 是 x, y 的函数,其中 $f(u), \varphi(u)$ 可微,$P(t), \varphi'(u)$ 连续,且 $\varphi'(u) \neq 1$,求 $P(y)\dfrac{\partial z}{\partial x} + P(x)\dfrac{\partial z}{\partial y}$.

解 隐函数 $z = z(x, y)$ 和 $u = u(x, y)$ 由如下方程组确定,即

$$\begin{cases} z = f(u) \\ u = \varphi(u) + \int_y^x p(t)\mathrm{d}t \end{cases}$$

对方程组的各方程关于 x 求偏导数,得

$$\begin{cases} \dfrac{\partial z}{\partial x} = f'(u)\dfrac{\partial u}{\partial x} \\ \dfrac{\partial u}{\partial x} = \varphi'(u)\dfrac{\partial u}{\partial x} + P(x) \end{cases} \Rightarrow \dfrac{\partial z}{\partial x} = \dfrac{f'(u)P(x)}{1 - \varphi'(u)}$$

对方程组的各方程关于 y 求偏导数,得

$$\begin{cases} \dfrac{\partial z}{\partial y} = f'(u)\dfrac{\partial u}{\partial y} \\ \dfrac{\partial u}{\partial y} = \varphi'(u)\dfrac{\partial u}{\partial y} - P(y) \end{cases} \Rightarrow \dfrac{\partial z}{\partial y} = -\dfrac{f'(u)P(y)}{1 - \varphi'(u)}$$

故
$$P(y)\frac{\partial z}{\partial x} + P(x)\frac{\partial z}{\partial y} = P(y)\frac{f'(u)P(x)}{1 - \varphi'(u)} - P(x)\frac{f'(u)P(y)}{1 - \varphi'(u)} = 0$$

(2)隐函数的一阶导数

题 1 (1995①)设 $u = f(x, y, z)$,$\varphi(x^2, \mathrm{e}^y, z)$,$y = \sin x$,其中 f, φ 都具有一阶连续偏导数,且 $\dfrac{\partial \varphi}{\partial z} \neq 0$,求 $\dfrac{\mathrm{d}u}{\mathrm{d}x}$.

解 依次对题设中 3 个方程的两端关于 x 求导(注意 y 和 z 是因变量),得

$$\begin{cases} \dfrac{\mathrm{d}u}{\mathrm{d}x} = f'_x + f'_y\dfrac{\mathrm{d}y}{\mathrm{d}x} + f'_z\dfrac{\mathrm{d}z}{\mathrm{d}x} \\ 2x\varphi'_1 + \mathrm{e}^y\varphi'_2\dfrac{\mathrm{d}y}{\mathrm{d}x} + \varphi'_3\dfrac{\mathrm{d}z}{\mathrm{d}x} = 0 \\ \dfrac{\mathrm{d}y}{\mathrm{d}x} = \cos x \end{cases}$$

由此解得

$$\frac{\mathrm{d}u}{\mathrm{d}x} = f'_x + f'_y\cos x + \frac{f'_z}{\varphi'_3}(2x\varphi'_1 + \mathrm{e}^{\sin x}\varphi'_2\cos x)$$

题 2 (1999①)设 $y = y(x)$,$z = z(x)$ 是由方程 $z = xf(x + y)$ 和 $F(x, y, z) = 0$ 所确定的函数,其中 f 和 F 分别具有一阶连续导数和一阶连续偏导数,求 $\dfrac{\mathrm{d}z}{\mathrm{d}x}$.

解 依次对 $z = xf(x + y)$ 和 $F(x, y, z) = 0$ 的两端关于 x 求导(注意 y 和 z 是因变量),得

$$\begin{cases} \dfrac{\mathrm{d}z}{\mathrm{d}x} = f + x\left(1 + \dfrac{\mathrm{d}y}{\mathrm{d}x}\right)f' \\ F'_x + F'_y\dfrac{\mathrm{d}y}{\mathrm{d}x} + F'_z\dfrac{\mathrm{d}z}{\mathrm{d}x} = 0 \end{cases} \Rightarrow \begin{cases} -xf'\dfrac{\mathrm{d}y}{\mathrm{d}x} + \dfrac{\mathrm{d}z}{\mathrm{d}x} = f + xf' \\ F'_y\dfrac{\mathrm{d}y}{\mathrm{d}x} + F'_z\dfrac{\mathrm{d}z}{\mathrm{d}x} = -F'_x \end{cases}$$

由此解得

$$\frac{\mathrm{d}z}{\mathrm{d}x} = \frac{(f + xf')F'_y - xf'F'_x}{F'_y + xf'F'_z} \quad (\text{其中 } F'_y + xf'F'_z \neq 0)$$

题 3 (2001③④) 设 $u = f(x,y,z)$ 有连续的一阶偏导数,又函数 $y = y(x)$ 及 $z = z(x)$ 分别由下列两式确定:$\mathrm{e}^{xy} - xy = 2$ 和 $\mathrm{e}^x = \int_0^{x-z} \frac{\sin t}{t} \mathrm{d}t$,求 $\frac{\mathrm{d}u}{\mathrm{d}x}$.

解 隐函数 $u = u(x)$ 是由下列方程组确定,即

$$\begin{cases} u = f(x,y,z) \\ \mathrm{e}^{xy} - xy = 2 \\ \mathrm{e}^x = \int_0^{x-z} \frac{\sin t}{t} \mathrm{d}t \end{cases}$$

式中 x 是自变量,u,y,z 都是 x 的一元函数.对各方程的两边关于 x 求导数,得

$$\begin{cases} \dfrac{\mathrm{d}u}{\mathrm{d}x} = f'_x + f'_y \dfrac{\mathrm{d}y}{\mathrm{d}x} + f'_z \dfrac{\mathrm{d}z}{\mathrm{d}x} & ① \\[3mm] \mathrm{e}^{xy}\left(y + x\dfrac{\mathrm{d}y}{\mathrm{d}x}\right) - y - x\dfrac{\mathrm{d}y}{\mathrm{d}x} = 0 & ② \\[3mm] \mathrm{e}^x = \dfrac{\sin(x-z)}{x-z}\left(1 - \dfrac{\mathrm{d}z}{\mathrm{d}x}\right) & ③ \end{cases}$$

由式 ② 解出 $\dfrac{\mathrm{d}y}{\mathrm{d}x} = -\dfrac{y}{x}$,式 ③ 解出 $\dfrac{\mathrm{d}z}{\mathrm{d}x} = 1 - \dfrac{\mathrm{e}^x(x-z)}{\sin(x-z)}$.

再将这两式代入式 ① 中,得

$$\frac{\mathrm{d}u}{\mathrm{d}x} = f'_x - \frac{y}{x}f'_y + \left[1 - \frac{\mathrm{e}^x(x-z)}{\sin(x-z)}\right]f'_z$$

(3) 函数的全微分

题 1 (1987③④) 若 $z = \arctan \dfrac{x+y}{x-y}$,求 $\mathrm{d}z$.

解 由题设,有

$$\frac{\partial z}{\partial x} = \frac{1}{1 + \left(\dfrac{x+y}{x-y}\right)^2} \cdot \frac{-2y}{(x-y)^2} = \frac{-y}{x^2 + y^2}$$

$$\frac{\partial z}{\partial y} = \frac{1}{1 + \left(\dfrac{x+y}{x-y}\right)^2} \cdot \frac{2x}{(x-y)^2} = \frac{x}{x^2 + y^2}$$

故

$$\mathrm{d}z = \frac{\partial z}{\partial x}\mathrm{d}x + \frac{\partial z}{\partial y}\mathrm{d}y = \frac{-y\mathrm{d}x + x\mathrm{d}y}{x^2 + y^2}$$

题 2 (1989④) 已知 $z = a^{\sqrt{x^2 - y^2}}$,其中 $a > 0, a \neq 1$,求 $\mathrm{d}z$.

解 可得

$$\frac{\partial z}{\partial x} = a^{\sqrt{x^2-y^2}} \cdot \ln a \cdot \frac{x}{\sqrt{x^2-y^2}} = \frac{xz\ln a}{\sqrt{x^2-y^2}}$$

$$\frac{\partial z}{\partial y} = a^{\sqrt{x^2-y^2}} \cdot \ln a \cdot \frac{-y}{\sqrt{x^2-y^2}} = -\frac{yz\ln a}{\sqrt{x^2-y^2}}$$

故

$$\mathrm{d}z = \frac{\partial z}{\partial x}\mathrm{d}x + \frac{\partial z}{\partial y}\mathrm{d}y = \frac{z\ln a}{\sqrt{x^2-y^2}}(x\mathrm{d}x - y\mathrm{d}y)$$

题 3 (2002③④) 设函数 $u = f(x,y,z)$ 有连续偏导数,且 $z = z(x,y)$ 由方程 $x\mathrm{e}^x - y\mathrm{e}^y = z\mathrm{e}^z$ 所确定,求 $\mathrm{d}u$.

解 将 $x\mathrm{e}^x - y\mathrm{e}^y = z\mathrm{e}^z$ 两边微分,得

$$\mathrm{e}^x\mathrm{d}x + x\mathrm{e}^x\mathrm{d}x - \mathrm{e}^y\mathrm{d}y - y\mathrm{e}^y\mathrm{d}y = \mathrm{e}^z\mathrm{d}z + z\mathrm{e}^z\mathrm{d}z$$

解得

$$\mathrm{d}z = \frac{(1+x)\mathrm{e}^x\mathrm{d}x - (1+y)\mathrm{e}^y\mathrm{d}y}{(1+z)\mathrm{e}^z} \tag{*}$$

将 $u = f(x,y,z)$ 两边微分,且把式(*)代入,得

$$\mathrm{d}u = f'_x\mathrm{d}x + f'_y\mathrm{d}y + f'_z\mathrm{d}z = \left(f'_x + f'_z\frac{x+1}{z+1}\mathrm{e}^{x-z}\right)\mathrm{d}x + \left(f'_y - f'_z\frac{y+1}{z+1}\mathrm{e}^{y-z}\right)\mathrm{d}y$$

题 4 (2000④) 已知 $z = u^v, u = \ln\sqrt{x^2+y^2}, v = \arctan\dfrac{y}{x}$,求 $\mathrm{d}z$.

解 由题设及函数求偏导数公式,有

$$\frac{\partial z}{\partial x} = \frac{\partial z}{\partial u}\cdot\frac{\partial u}{\partial x} + \frac{\partial z}{\partial v}\cdot\frac{\partial v}{\partial x}$$

$$= (vu^{v-1})\cdot\frac{1}{2}\cdot\frac{2x}{x^2+y^2} + (u^v\ln u)\cdot\left[-\frac{1}{1+\left(\frac{y}{x}\right)^2}\right]\cdot\left(-\frac{y}{x^2}\right)$$

$$= \frac{u^v}{x^2+y^2}\left(\frac{xv}{u} - y\ln u\right)$$

$$\frac{\partial z}{\partial y} = \frac{\partial z}{\partial u}\cdot\frac{\partial u}{\partial y} + \frac{\partial z}{\partial v}\cdot\frac{\partial v}{\partial y}$$

$$= (vu^{v-1})\cdot\frac{1}{2}\cdot\frac{2y}{x^2+y^2} + (u^v\ln u)\cdot\frac{1}{1+\left(\frac{y}{x}\right)^2}\cdot\frac{1}{x}$$

$$= \frac{u^v}{x^2+y^2}\left(\frac{yv}{u} + x\ln u\right)$$

故

$$\mathrm{d}z = \frac{u^v}{x^2+y^2}\left[\left(\frac{xv}{u} - y\ln u\right)\mathrm{d}x + \left(\frac{yv}{u} + x\ln u\right)\mathrm{d}y\right]$$

题 5 (1993③④) 设 $z = f(x,y)$ 是由方程 $z - y - x + x\mathrm{e}^{z-y-x} = 0$ 所确定的二元函数,求 $\mathrm{d}z$.

解 1 设 $F(x,y,z) = z - y - x + x\mathrm{e}^{z-y-x}$,可得

$$F_x = -1 + \mathrm{e}^{z-y-x} - x\mathrm{e}^{z-y-x},\quad F_y = -1 - x\mathrm{e}^{z-y-x},\quad F_z = 1 + x\mathrm{e}^{z-y-x}$$

$$\frac{\partial z}{\partial x} = -\frac{F_x}{F_z} = \frac{1+(x-1)\mathrm{e}^{z-y-x}}{1+x\mathrm{e}^{z-y-x}},\quad \frac{\partial z}{\partial y} = -\frac{F_y}{F_z} = 1$$

故

$$\mathrm{d}z = \frac{1+(x-1)\mathrm{e}^{z-y-x}}{1+x\mathrm{e}^{z-y-x}}\mathrm{d}x + \mathrm{d}y$$

解 2 将方程两端取微分,得

$$\mathrm{d}z - \mathrm{d}y - \mathrm{d}x + \mathrm{e}^{z-y-x}\mathrm{d}x + x\mathrm{e}^{z-y-x}(\mathrm{d}z - \mathrm{d}y - \mathrm{d}x) = 0$$

解出

$$\mathrm{d}z = \frac{1+(x-1)\mathrm{e}^{z-y-x}}{1+x\mathrm{e}^{z-y-x}}\mathrm{d}x + \mathrm{d}y$$

(4) 二阶偏导数问题

题 1 (1997①) 设 $z = f(u,x,y), u = x\mathrm{e}^y$,其中 f 具有二阶连续偏导数,求 $\dfrac{\partial^2 z}{\partial x\partial y}$.

解 由 $\dfrac{\partial z}{\partial x} = f'_u\dfrac{\partial u}{\partial x} + f'_x = \mathrm{e}^y f'_u + f'_x$,有

$$\frac{\partial^2 z}{\partial x\partial y} = \frac{\partial}{\partial y}(\mathrm{e}^y f'_u + f'_x) = \mathrm{e}^y f'_u + \mathrm{e}^y\frac{\partial}{\partial y}(f'_u) + \frac{\partial}{\partial y}(f'_x)$$

$$= \mathrm{e}^y f'_u + x\mathrm{e}^{2y}f''_{uu} + \mathrm{e}^y f''_{uy} + x\mathrm{e}^y f''_{xu} + f''_{xy}$$

题 2 （1998③④）设 $z = (x^2 + y^2)\mathrm{e}^{-\arctan\frac{y}{x}}$，求 $\mathrm{d}z$ 与 $\dfrac{\partial^2 z}{\partial x \partial y}$.

解 （1）由 $\dfrac{\partial z}{\partial x} = 2x\mathrm{e}^{-\arctan\frac{y}{x}} - (x^2 + y^2)\mathrm{e}^{-\arctan\frac{y}{x}}\left(\dfrac{x^2}{x^2 + y^2}\right)\left(\dfrac{-y}{x^2}\right) = (2x + y)\mathrm{e}^{-\arctan\frac{y}{x}}$

且 $\dfrac{\partial z}{\partial y} = 2y\mathrm{e}^{-\arctan\frac{y}{x}} - (x^2 + y^2)\mathrm{e}^{-\arctan\frac{y}{x}}\left(\dfrac{x^2}{x^2 + y^2}\right)\dfrac{1}{x} = (2y - x)\mathrm{e}^{-\arctan\frac{y}{x}}$

故 $$\mathrm{d}z = \mathrm{e}^{-\arctan\frac{y}{x}}\big[(2x + y)\mathrm{d}x + (2y - x)\mathrm{d}y\big]$$

（2）$\dfrac{\partial^2 z}{\partial x \partial y} = \mathrm{e}^{-\arctan\frac{y}{x}} - (2x + y)\mathrm{e}^{-\arctan\frac{y}{x}}\left(\dfrac{x^2}{x^2 + y^2}\right)\dfrac{1}{x} = \dfrac{y^2 - xy - x^2}{x^2 + y^2}\mathrm{e}^{-\arctan\frac{y}{x}}$.

题 3 （1994③④）已知 $f(x,y) = x^2\arctan\dfrac{y}{x} - y^2\arctan\dfrac{x}{y}$，求 $\dfrac{\partial^2 f}{\partial x \partial y}$.

解 由题设可有

$$\frac{\partial f}{\partial x} = 2x\arctan\frac{y}{x} + x^2 \cdot \frac{1}{1 + \left(\frac{y}{x}\right)^2}\left(-\frac{y}{x^2}\right) - y^2 \cdot \frac{1}{1 + \left(\frac{x}{y}\right)^2} \cdot \frac{1}{y}$$

$$= 2x\arctan\frac{y}{x} - \frac{x^2 y}{x^2 + y^2} - \frac{y^3}{x^2 + y^2} = 2x\arctan\frac{y}{x} - y$$

故 $$\frac{\partial^2 f}{\partial x \partial y} = 2x \cdot \frac{1}{1 + \left(\frac{y}{x}\right)^2} \cdot \frac{1}{x} - 1 = \frac{2x^2}{x^2 + y^2} - 1 = \frac{x^2 - y^2}{x^2 + y^2}$$

题 4 （1988④）已知 $u = \mathrm{e}^{\frac{x}{y}}$，求 $\dfrac{\partial^2 u}{\partial x \partial y}$.

解 $\dfrac{\partial u}{\partial x} = \dfrac{1}{y}\mathrm{e}^{\frac{x}{y}}$，$\dfrac{\partial^2 u}{\partial x \partial y} = \dfrac{\partial}{\partial y}\left(\dfrac{1}{y}\mathrm{e}^{\frac{x}{y}}\right) = -\left(\dfrac{1}{y^2}\right)\mathrm{e}^{\frac{x}{y}} - \left(\dfrac{x}{y^3}\right)\mathrm{e}^{\frac{x}{y}} = -\dfrac{x + y}{y^3}\mathrm{e}^{\frac{x}{y}}$.

题 5 （1988③④）已知 $u + \mathrm{e}^u = xy$，求 $\dfrac{\partial^2 u}{\partial x \partial y}$.

解 由 $\dfrac{\partial u}{\partial x} = \dfrac{y}{1 + \mathrm{e}^u}$，$\dfrac{\partial u}{\partial y} = \dfrac{x}{1 + \mathrm{e}^u}$，则

$$\frac{\partial^2 u}{\partial x \partial y} = \frac{\partial}{\partial y}\left(\frac{y}{1 + \mathrm{e}^u}\right) = \frac{1 + \mathrm{e}^u - y\mathrm{e}^u \cdot \frac{\partial u}{\partial y}}{(1 + \mathrm{e}^u)^2} = \frac{(1 + \mathrm{e}^u)^2 - xy\mathrm{e}^u}{(1 + \mathrm{e}^u)^3} = \frac{1}{1 + \mathrm{e}^u} - \frac{xy\mathrm{e}^u}{(1 + \mathrm{e}^u)^3}$$

题 6 （1996④）设 $f(x,y) = \displaystyle\int_0^{xy}\mathrm{e}^{-t^2}\,\mathrm{d}t$. 求 $\dfrac{x}{y} \cdot \dfrac{\partial^2 f}{\partial x^2} - 2\dfrac{\partial^2 f}{\partial x \partial y} + \dfrac{y}{x} \cdot \dfrac{\partial^2 f}{\partial y^2}$.

解 由 $\dfrac{\partial f}{\partial x} = y\mathrm{e}^{-x^2 y^2}$，$\dfrac{\partial f}{\partial y} = x\mathrm{e}^{-x^2 y^2}$，可有

$$\frac{\partial^2 f}{\partial x^2} = -2xy^3\mathrm{e}^{-x^2 y^2}, \quad \frac{\partial^2 f}{\partial y^2} = -2x^3 y\mathrm{e}^{-x^2 y^2}, \quad \frac{\partial^2 f}{\partial x \partial y} = \mathrm{e}^{-x^2 y^2} - 2x^2 y^2\mathrm{e}^{-x^2 y^2}$$

故 $$\frac{x}{y} \cdot \frac{\partial^2 f}{\partial x^2} - 2\frac{\partial^2 f}{\partial x \partial y} + \frac{y}{x} \cdot \frac{\partial^2 f}{\partial y^2} = -2\mathrm{e}^{-x^2 y^2}$$

题 7 （1992③④）设 $z = \sin(xy) + \varphi\left(x, \dfrac{x}{y}\right)$，求 $\dfrac{\partial^2 z}{\partial x \partial y}$，其中 $\varphi(u,v)$ 有二阶偏导数.

解 由 $\dfrac{\partial z}{\partial x} = y\cos(xy) + \varphi'_u + \varphi'_v\dfrac{1}{y}$，故有

$$\frac{\partial^2 z}{\partial x \partial y} = \cos(xy) - xy\sin(xy) - \frac{x}{y^2}\varphi''_{uv} - \frac{1}{y^2}\varphi'_v + \frac{1}{y}\varphi''_{vv} \cdot \left(-\frac{x}{y^2}\right)$$

$$= \cos(xy) - xy\sin(xy) - \frac{1}{y^2}\varphi'_v - \frac{x}{y^2}\varphi''_{uv} - \frac{x}{y^3}\varphi''_{vv}$$

题 8 (2000①) 设 $z = f\left(xy, \dfrac{x}{y}\right) + g\left(\dfrac{y}{x}\right)$，其中 f 具有二阶连续偏导数，g 具有二阶连续导数，求 $\dfrac{\partial^2 z}{\partial x \partial y}$.

解 由 $\dfrac{\partial z}{\partial x} = yf'_1 + \dfrac{1}{y}f'_2 - \dfrac{y}{x^2}g'$，故有

$$\frac{\partial^2 z}{\partial x \partial y} = f'_1 + y\left(xf''_{11} - \frac{x}{y^2}f''_{12}\right) - \frac{1}{y^2}f'_2 + \frac{1}{y}\left(xf''_{21} - \frac{x}{y^2}f''_{22}\right) - \frac{1}{x^2}g' - \frac{y}{x^3}g''$$

$$= f'_1 - \frac{1}{y^2}f'_2 + xyf''_{11} - \frac{x}{y^3}f''_{22} - \frac{1}{x^2}g' - \frac{y}{x^3}g''$$

题 9 (1989③) 已知 $z = f(u,v), u = x + y, v = xy$，且 $f(u,v)$ 的二阶偏导数都连续，求 $\dfrac{\partial^2 z}{\partial x \partial y}$.

解 由 $\dfrac{\partial z}{\partial x} = \dfrac{\partial f}{\partial u} + y\dfrac{\partial f}{\partial v}$，故

$$\frac{\partial^2 z}{\partial x \partial y} = \frac{\partial^2 f}{\partial u^2} + x\frac{\partial^2 f}{\partial u \partial v} + \frac{\partial f}{\partial v} + y\left(\frac{\partial^2 f}{\partial v \partial u} + x\frac{\partial^2 f}{\partial v^2}\right) = \frac{\partial^2 f}{\partial u^2} + (x+y)\frac{\partial^2 f}{\partial u \partial v} + xy\frac{\partial^2 f}{\partial v^2} + \frac{\partial f}{\partial v}$$

题 10 (1992①) 设 $z = f(e^x \sin y, x^2 + y^2)$，其中 f 具有二阶连续偏导数，求 $\dfrac{\partial^2 z}{\partial x \partial y}$.

解 由 $\dfrac{\partial z}{\partial x} = e^x \sin y f'_1 + 2xf'_2$，有

$$\frac{\partial^2 z}{\partial x \partial y} = f''_{11}e^{2x}\sin y\cos y + 2e^x(y\sin y + x\cos y)f''_{12} + 4xyf''_{22} + f'_1 e^x \cos y$$

题 11 (2004②) 设 $z = f(x^2 - y^2, e^{xy})$，其中 f 具有连续二阶偏导数，求 $\dfrac{\partial z}{\partial x}, \dfrac{\partial z}{\partial y}, \dfrac{\partial^2 z}{\partial x \partial y}$.

解 由 $\dfrac{\partial z}{\partial x} = 2xf'_1 + ye^{xy}f'_2$，且 $\dfrac{\partial z}{\partial y} = -2yf'_1 + xe^{xy}f'_2$，故

$$\frac{\partial^2 z}{\partial x \partial y} = 2x[f''_{11} \cdot (-2y) + f''_{12} \cdot xe^{xy}] + e^{xy}f'_2 + xye^{xy}f'_2 +$$

$$ye^{xy}[f''_{21} \cdot (-2y) + f''_{22} \cdot xe^{xy}]$$

$$= -4xyf''_{11} + 2(x^2 - y^2)e^{xy}f''_{12} + xye^{2xy}f''_{22} + e^{xy}(1 + xy)f'_2$$

题 12 (1993①) 设 $z = x^3 f\left(xy, \dfrac{y}{x}\right)$，$f$ 具有连续二阶偏导数，求 $\dfrac{\partial z}{\partial y}, \dfrac{\partial^2 z}{\partial y^2}$ 及 $\dfrac{\partial^2 z}{\partial x \partial y}$.

解 由 $\dfrac{\partial z}{\partial y} = x^4 f'_1 + x^2 f'_2$，有

$$\frac{\partial^2 z}{\partial y^2} = x^3(x^2 f''_{11} + f''_{12}) + x(x^2 f''_{21} + f''_{22}) = x^5 f''_{11} + x^3 f''_{12} + x^3 f''_{21} + xf''_{22}$$

$$\frac{\partial^2 z}{\partial x \partial y} = 4x^3 f'_1 + x^4\left(yf''_{11} - \frac{y}{x^2}f''_{12}\right) + 2xf'_2 + x^2\left(yf''_{21} - \frac{y}{x^2}f''_{22}\right)$$

$$= x^4 yf''_{11} - yf''_{22} + 4x^3 f'_1 + 2xf'_2$$

题 13 (1989①) 设 $z = f(2x - y) + g(x, xy)$，其中函数 $f(t)$ 二阶可导，$g(u,v)$ 具有连续二阶偏导数，求 $\dfrac{\partial^2 z}{\partial x \partial y}$.

解 由 $\dfrac{\partial z}{\partial x} = 2f' + g'_u + yg'_v$，故 $\dfrac{\partial^2 z}{\partial x \partial y} = -2f'' + xg''_{uv} + xyg''_{vv} + g'_v$.

题 14 (1990①) 设 $z = f(2x - y, y\sin x)$，其中 $f(u,v)$ 具有连续的二阶偏导数，求 $\dfrac{\partial^2 z}{\partial x \partial y}$.

解 由 $\dfrac{\partial z}{\partial x} = 2f_u + yf_v \cos x$，则

$$\frac{\partial^2 z}{\partial x \partial y} = -2f_{uu} + 2f_{uv}\sin x + f_v\cos x - yf_{uv}\cos x + yf_{vv}\cos x\sin x$$

$$= -2f_{uu} + (2\sin x - y\cos x)f_{uv} + yf_{vv}\sin x\cos x + f_v\cos x$$

题 15　(2003③④) 设 $f(u,v)$ 具有二阶连续偏导数,且满足 $\dfrac{\partial^2 f}{\partial u^2} + \dfrac{\partial^2 f}{\partial f^2} = 1$. 又 $g(x,y) = f\left[xy, \dfrac{1}{2}(x^2 - y^2)\right]$,求 $\dfrac{\partial^2 g}{\partial x^2} + \dfrac{\partial^2 g}{\partial y^2}$.

解　由 $\dfrac{\partial g}{\partial x} = y\dfrac{\partial f}{\partial u} + x\dfrac{\partial f}{\partial v}, \dfrac{\partial g}{\partial y} = x\dfrac{\partial f}{\partial u} - y\dfrac{\partial f}{\partial v}$,有

$$\frac{\partial^2 g}{\partial x^2} = y^2\frac{\partial^2 f}{\partial u^2} + 2xy\frac{\partial^2 f}{\partial u \partial v} + x^2\frac{\partial^2 f}{\partial v^2} + \frac{\partial f}{\partial v}$$

且

$$\frac{\partial^2 g}{\partial y^2} = x^2\frac{\partial^2 f}{\partial u^2} - 2xy\frac{\partial^2 f}{\partial v \partial u} + y^2\frac{\partial^2 f}{\partial v^2} - \frac{\partial f}{\partial v}$$

所以

$$\frac{\partial^2 g}{\partial x^2} + \frac{\partial^2 g}{\partial y^2} = (x^2 + y^2)\frac{\partial^2 f}{\partial u^2} + (x^2 + y^2)\frac{\partial^2 f}{\partial v^2} = x^2 + y^2$$

题 16　(1998①) 设 $u = yf\left(\dfrac{x}{y}\right) + xg\left(\dfrac{y}{x}\right)$,其中函数 f,g 具有二阶连续导数,求 $x\dfrac{\partial^2 u}{\partial x^2} + y\dfrac{\partial^2 u}{\partial x \partial y}$.

解　由 $\dfrac{\partial u}{\partial x} = yf' \cdot \dfrac{1}{y} + g + xg' \cdot \left(-\dfrac{y}{x^2}\right) = f' + g - \dfrac{y}{x}g'$,有

$$\frac{\partial^2 u}{\partial x^2} = \frac{1}{y}f'' + g' \cdot \left(-\frac{y}{x^2}\right) + \frac{y}{x^2}g' + \frac{y^2}{x^3}g'' = \frac{1}{y}f'' + \frac{y^2}{x^3}g''$$

且

$$\frac{\partial^2 u}{\partial x \partial y} = f'' \cdot \left(-\frac{x}{y^2}\right) + g' \cdot \left(\frac{1}{x}\right) - \frac{1}{x}g' - \frac{y}{x^2}g'' = -\frac{x}{y^2}f'' - \frac{y}{x^2}g''$$

故

$$x\frac{\partial^2 u}{\partial x^2} + y\frac{\partial^2 u}{\partial x \partial y} = 0$$

下面是一个二阶偏导数的反问题,已知函数的偏导数求待定常数.

题 17　(1996①) 设变换 $\begin{cases} u = x - 2y \\ v = x + ay \end{cases}$,可把方程 $6\dfrac{\partial^2 z}{\partial x^2} + \dfrac{\partial^2 z}{\partial x \partial y} - \dfrac{\partial^2 z}{\partial y^2} = 0$ 简化为 $\dfrac{\partial^2 z}{\partial u \partial v} = 0$,求常数 a.

解　由 $\dfrac{\partial z}{\partial x} = \dfrac{\partial z}{\partial u} + \dfrac{\partial z}{\partial v}, \dfrac{\partial z}{\partial y} = -2\dfrac{\partial z}{\partial u} + a\dfrac{\partial z}{\partial v}, \dfrac{\partial^2 z}{\partial x^2} = \dfrac{\partial^2 z}{\partial u^2} + 2\dfrac{\partial^2 z}{\partial u \partial v} + \dfrac{\partial^2 z}{\partial v^2}$,有

$$\frac{\partial^2 z}{\partial y^2} = 4\frac{\partial^2 z}{\partial u \partial v} - 4a\frac{\partial^2 z}{\partial u \partial v} + a^2\frac{\partial^2 z}{\partial v^2}$$

$$\frac{\partial^2 z}{\partial x \partial y} = -2\frac{\partial^2 z}{\partial u^2} + (a - 2)\frac{\partial^2 z}{\partial u \partial v} + a\frac{\partial^2 z}{\partial v^2}$$

将上述结果代入原方程,经整理后得

$$(10 + 5a)\frac{\partial^2 z}{\partial u \partial v} + (6 + a - a^2)\frac{\partial^2 z}{\partial v^2} = 0$$

依题意 a 应满足 $6 + a - a^2 = 0$ 且 $10 + 5a \neq 0$,解之得 $a = 3$.

2. 偏导数的几何应用

题 1　(1988①) 设椭球面 $x^2 + 2y^2 + 3z^2 = 21$ 上某点 M 处的切平面 π 的方程,使 π 过已知直线 L: $\dfrac{x - 6}{2} = \dfrac{y - 3}{1} = \dfrac{2z - 1}{-2}$.

解　令 $F(x,y,z) = x^2 + 2y^2 + 3z^2 - 21$,则 $F_x = 2x$, $F_y = 4y$, $F_z = 6z$.

设切点 $P(x_0, y_0, z_0)$,则切平面方程为

$$2x_0(x - x_0) + 4y_0(y - y_0) + 6z_0(z - z_0) = 0$$

即
$$x_0 x + 2y_0 y + 3z_0 z = 21$$

在直线 L 上任取两点,无妨取 $A\left(6,3,\frac{1}{2}\right)$,$B\left(0,0,\frac{7}{2}\right)$,由于 L 在 π 上,所以 A,B 必在 π 上,满足 π 的方程,即

$$\begin{cases} 6x_0 + 6y_0 + \dfrac{3}{2}z_0 = 21 & \text{①} \\ z_0 = 2 & \text{②} \end{cases}$$

又 P 在椭球面上,则

$$x_0^2 + 2y_0^2 + 3z_0^2 = 21 \qquad\qquad\qquad ③$$

联立式①,②,③ 解得两组解:$x_0 = 3, y_0 = 0, z_0 = 2$ 和 $x_0 = 1, y_0 = 2, z_0 = 2$.
故所求切平面方程为

$$x + 2z = 7, \quad x + 4y + 6z = 21$$

题 2 (1995①)试求曲面 $z = \dfrac{x^2}{2} + y^2$ 平行于平面 $2x + 2y - z = 0$ 的切平面方程.

解 令 $F = \dfrac{x^2}{2} + y^2 - z$,则 $F_x = x$,$F_y = 2y$,$F_z = -1$.

设切点 $P(x_0, y_0, z_0)$,则切平面方程为

$$x_0(x - x_0) + 2y_0(y - y_0) - (z - z_0) = 0$$

因它与题设平面平行,有

$$\frac{x_0}{2} = \frac{2y_0}{2} = \frac{-1}{-1}, z_0 = \frac{x_0^2}{2} + y_0^2$$

由此得切点坐标为 $x_0 = 2, y_0 = 1, z_0 = 3$.代入切平面方程中,整理得

$$2x + 2y - z - 3 = 0$$

题 3 (1997①)设直线 $l:\begin{cases} x + y + b = 0 \\ x + ay - z - 3 = 0 \end{cases}$ 在平面 π 上,而平面 π 与曲面 $z = x^2 + y^2$ 相切于点 $(1, -2, 5)$,求 a, b 之值.

解 在点 $(1, -2, 5)$ 处曲面的法矢量 $n = \{2, -4, -1\}$,故切平面即平面 π 的方程为

$$2x - 4y - z - 5 = 0 \qquad\qquad ①$$

又直线 l 的方向矢量

$$s = \begin{vmatrix} i & j & k \\ 1 & 1 & 0 \\ 1 & a & -1 \end{vmatrix} = \{-1, 1, a-1\}$$

于是由 $s \perp n$,即 $s \cdot n = 0$,有 $-2 - 4 - a + 1 = 0$,即 $a = -5$.

由于直线 l

$$\begin{cases} x + y + b = 0 & ② \\ x + ay - z - 3 = 0 & ③ \end{cases}$$

在平面 π 上,故满足式 ② 和式 ③ 的 x, y, z 必满足式 ①,实际上,式 ② 加式 ③ 得

$$2x - 4y - z + b - 3 = 0$$

与式 ① 比较得 $b - 3 = -5$,即 $b = -2$.

下面是一则求方向导数的问题.

题 4 (1991①)设 n 是曲面 $2x^2 + 3y^2 + z^2 = 6$ 在点 $P(1,1,1)$ 处的指向外侧的法矢量,求函数 $u = \dfrac{\sqrt{6x^2 + 8y^2}}{z}$ 在点 P 处沿方向 n 的方向导数.

解　由题设知曲面的法矢量

$$n = \{F'_x, F'_y, F'_z\}\Big|_P = \{4x, 6y, 2z\}\Big|_P = \{4, 6, 2\} = 4i + 6j + 2k$$

将其单位化有 $n_0 = \dfrac{1}{\sqrt{14}}\{2, 3, 1\}$. 因为 $n \cdot k = 2 > 0$, 所以 n 指向外侧

$$\frac{\partial u}{\partial x}\Big|_P = \frac{6x}{z\sqrt{6x^2 + 8y^2}}\Big|_P = \frac{6}{\sqrt{14}}$$

$$\frac{\partial u}{\partial y}\Big|_P = \frac{8y}{z\sqrt{6x^2 + 8y^2}}\Big|_P = \frac{8}{\sqrt{14}}$$

$$\frac{\partial u}{\partial z}\Big|_P = -\frac{\sqrt{6x^2 + 8y^2}}{x^2}\Big|_P = -\sqrt{14}$$

故

$$\frac{\partial u}{\partial n}\Big|_P = \operatorname{grad} u\Big|_P \cdot n_0 = \frac{6}{\sqrt{14}} \cdot \frac{2}{\sqrt{14}} + \frac{8}{\sqrt{14}} \cdot \frac{3}{\sqrt{14}} - \sqrt{14} \cdot \frac{1}{\sqrt{14}} = \frac{11}{7}$$

3. 函数的极（最）值

题 1　(2004①) 设 $z = z(x, y)$ 是由 $x^2 - 6xy + 10y^2 - 2yz - z^2 + 18 = 0$ 确定的函数, 求 $z = z(x, y)$ 的极值点和极值.

解　因为 $x^2 - 6xy + 10y^2 - 2yz - z^2 + 18 = 0$ 对 x, y 求导, 有

$$\begin{cases} 2x - 6y - 2y\dfrac{\partial z}{\partial x} - 2z\dfrac{\partial z}{\partial x} = 0 \\ -6x + 20y - 2z - 2y\dfrac{\partial z}{\partial y} - 2z\dfrac{\partial z}{\partial y} = 0 \end{cases} \quad (*)$$

令 $\begin{cases} \dfrac{\partial z}{\partial x} = 0 \\ \dfrac{\partial z}{\partial y} = 0 \end{cases}$, 得 $\begin{cases} x - 3y = 0 \\ -3x + 10y - z = 0 \end{cases}$, 故 $\begin{cases} x = 3y \\ z = y \end{cases}$.

将上式代入 $x^2 - 6xy + 10y^2 - 2yz - z^2 + 18 = 0$, 可得

$$\begin{cases} x = 9 \\ y = 3 \\ z = 3 \end{cases} \quad 或 \quad \begin{cases} x = -9 \\ y = -3 \\ z = -3 \end{cases}$$

将式 $(*)$ 再分别对 x, y 求导, 有

$$2 - 2y\frac{\partial^2 z}{\partial x^2} - 2\left(\frac{\partial z}{\partial x}\right)^2 - 2z\frac{\partial^2 z}{\partial x^2} = 0$$

$$-6 - 2\frac{\partial z}{\partial x} - 2y\frac{\partial^2 z}{\partial x \partial y} - 2\frac{\partial z}{\partial y} \cdot \frac{\partial z}{\partial x} - 2z\frac{\partial^2 z}{\partial x \partial y} = 0$$

$$-20 - 2\frac{\partial z}{\partial y} - 2\frac{\partial z}{\partial y} - 2y\frac{\partial^2 z}{\partial y^2} - 2\left(\frac{\partial z}{\partial y}\right)^2 - 2z\frac{\partial^2 z}{\partial y^2} = 0$$

得

$$A = \frac{\partial^2 z}{\partial x^2}\Big|_{(9,3,3)} = \frac{1}{6}, \ B = \frac{\partial^2 z}{\partial x \partial y}\Big|_{(9,3,3)} = -\frac{1}{2}, \ C = \frac{\partial^2 z}{\partial y^2}\Big|_{(9,3,3)} = \frac{5}{3}$$

故 $AC - B^2 = \dfrac{1}{36} > 0$, 又 $A = \dfrac{1}{6} > 0$, 从而点 $(9, 3)$ 是 $z(x, y)$ 的极小值点, 极小值为 $z(9, 3) = 3$.

类似地, 由

$$A = \frac{\partial^2 z}{\partial x^2}\Big|_{(-9,-3,-3)} = -\frac{1}{6}, \ B = \frac{\partial^2 z}{\partial x \partial y}\Big|_{(-9,-3,-3)} = \frac{1}{2}, \ C = \frac{\partial^2 z}{\partial y^2}\Big|_{(-9,-3,-3)} = -\frac{5}{3}$$

可知 $AC - B^2 = \dfrac{1}{36} > 0$, 又 $A = -\dfrac{1}{6} < 0$, 从而点 $(-9, -3)$ 是 $z(x, y)$ 的极大值点, 极大值为 $z(-9, -3) = -3$.

题2 (1994①) 在椭圆 $x^2+4y^2=4$ 上求一点,使其到直线 $2x+3y-6=0$ 的距离最短.

解 设所求点为 $P(x,y)$,则 P 到直线 $2x+3y-6=0$ 的距离

$$d=\frac{|2x+3y-6|}{\sqrt{13}}$$

为简便,求解如下等价问题:

在满足 $x^2+4y^2=4$ 的条件下求 $l=(2x+3y-6)^2$ 的极小点.

设 $F(x,y,\lambda)=(2x+3y-6)^2+\lambda(x^2+4y^2-4)$. 令

$$\begin{cases} F'_x=4(2x+3y-6)+2\lambda x=0 & ① \\ F'_y=6(2x+3y-6)+8\lambda y=0 & ② \\ F'_\lambda=x^2+4y^2-4=0 & ③ \end{cases}$$

式 ①×6 与式 ②×4 比较,得 $3x=8y$.再与式 ③ 联立,解得

$$x_1=\frac{8}{5},\ y_1=\frac{3}{5};\ x_2=-\frac{8}{5},\ y_2=-\frac{3}{5}$$

计算

$$d\Big|_{(x_1,y_1)}=\frac{1}{\sqrt{13}},\ d\Big|_{(x_2,y_2)}=\frac{11}{\sqrt{13}}$$

由问题的实际意义最短距离存在,因此 $\left(\dfrac{8}{5},\dfrac{3}{5}\right)$ 即为所求点.

题3 (1995④) 求二元函数 $z=f(x,y)=x^2y(4-x-y)$ 在由直线 $x+y=6,Ox$ 轴和 Oy 轴所围成的闭区域 D 上的极值、最大值与最小值.

解1 先求极大值.由

$$f'_x(x,y)=2xy(4-x-y)-x^2y=xy(8-3x-2y)$$
$$f'_y(x,y)=x^2(4-x-y)-x^2y=x^2(4-x-2y)$$

令 $f'_x(x,y)=0,f'_y(x,y)=0$,解得 $x=0$ $(x\leqslant y\leqslant 6)$,及点 $(4,0)$ 和 $(2,1)$,其中只有 $(2,1)$ 是 D 的内点,是唯一可能取极值的驻点.注意到

$$f''_{xx}=8y-6xy-2y^2,f''_{xy}=8x-3x^2-4xy,f''_{yy}=-2x^2$$
$$A=f''_{xx}(2,1)=-6,B=f''_{xy}(2,1)=-4,C=f''_{yy}(2,1)=-8$$

由于 $AC-B^2=32>0,A=-6<0$,因此点 $(2,1)$ 是 $z=f(x,y)$ 的极大值点,且极大值 $f(2,1)=4$.

再来看极小值.先求 D 的 3 条边界线段上的可能最值点及其函数值.

在 D 的边界 $x=0$ $(0\leqslant y\leqslant 6)$ 及 $y=0$ $(0\leqslant x\leqslant 6)$ 上 $f(x,y)=0$.

在边界 $x+y=6$ 上,把 $y=6-x$ 代入 $f(x,y)$ 中,设 $\varphi(x)=2x^3-12x^2$ $(0<x<6)$.

令 $\varphi'(x)=6x^2-24x=0$,解得 $x=4,x=0$(已包含在其他边界中,舍去).当 $x=4$ 时,$y=2$.因此 $f(4,2)=-64$.

比较以上各可能最值点的函数值:当 (x,y) 在 $x=0$ 和 $y=0$ 边界上时,$f(x,y)=0$;又 $f(2,1)=4$,$f(4,2)=-64$,

综上 $z=f(x,y)$ 在 D 上的最大值为 $f(2,1)=4$,最小值为 $f(4,2)=-64$.

解2 先求区域 D 内部的函数极值.令

$$\begin{cases} f'_x=2xy(4-x-y)-x^2y=0 \\ f'_y=x^2(4-x-y)-x^2y=0 \end{cases}$$

解得唯一内部驻点 $(2,1)$.用充分条件判定是否取得极值

$$f''_{xx}=8y-6xy-2y^2,f''_{xy}=8x-3x^2-4xy,f''_{yy}=-2x^2$$

令 $A=f_{xx}(2,1)=-6,B=f_{xy}(2,1)=-4,C=f_{yy}(2,1)=-8$.

由 $AC-B^2=32>0$,且 $A<0$,因此 $(2,1)$ 是 $f(x,y)$ 的极大值点,极大值为 $f(2,1)=4$.

比较边界值以求函数最大值和最小值.

当 $x=0\ (0\leqslant y\leqslant 6)$ 和 $y=0\ (0\leqslant x\leqslant 6)$ 时 $f(x,y)=0$.

由边界方程 $x+y=6$ 解出 $y=6-x$,代入 $f(x,y)$ 中得

$$z=2x^3-12x^2 \quad 0\leqslant x\leqslant 6$$

令 $\dfrac{\mathrm{d}z}{\mathrm{d}x}=6x^2-24x=0$,解得边界 $x+y=6$ 上的唯一驻点 $x=4$,即 D 边界上点 $(4,2)$.以下比较所有可能最值点的函数值

$$f(0,0)=0,f(6,0)=0,f(0,6)=0,f(2,1)=4,f(4,2)=-64$$

由此知 $f(x,y)$ 在 D 上的最大值为 $f(2,1)=4$,最小值为 $f(4,2)=-64$.

题 4 (2007①)求函数 $f(x,y)=x^2+2y^2-x^2y^2$ 在区域 $D=\{(x,y)\mid x^2+y^2\leqslant 4,y\geqslant 0\}$ 上的最大值和最小值.

解 因为 $\dfrac{\partial f}{\partial x}=2x-2xy^2,\dfrac{\partial f}{\partial y}=4y-2x^2y$,所以

$$\begin{cases}\dfrac{\partial f}{\partial x}=0\\[2mm]\dfrac{\partial f}{\partial y}=0\end{cases},即\begin{cases}2x-2xy^2=0\\4y-2x^2y=0\end{cases}$$

解此方程组得 $f(x,y)$ 在 D_1 内的可能极值点为 $(\sqrt{2},1),(-\sqrt{2},1)$,且

$$f(\sqrt{2},1)=f(-\sqrt{2},1)=2$$

下面考虑 $f(x,y)$ 在 D 的边界上的最大值与最小值:

$f(x,y)\Big|_{\substack{-2\leqslant x\leqslant 2\\y=0}}=x^2(-2\leqslant x\leqslant 2)$,显然此时最大值为 4,最小值为 0.

由于 $f(x,y)\Big|_{\substack{x^2+y^2=4\\y\geqslant 0}}=4+y^2[1-(4-y^2)]=y^4-3y^2+4(0\leqslant y\leqslant 2)$,记

$$\varphi(y)=y^4-3y^2+4$$

则

$$\varphi'(y)=4y^3-6y=4y\left(y^2-\frac{3}{2}\right)\begin{cases}<0,0\leqslant y<\sqrt{\dfrac{3}{2}}\\[2mm]=0,y=\sqrt{\dfrac{3}{2}}\\[2mm]>0,\sqrt{\dfrac{3}{2}}<y\leqslant 2\end{cases}$$

所以 $f(x,y)\Big|_{\substack{x^2+y^2=4\\y\geqslant 0}}$ 的最大值为 $\max\{\varphi(0),\varphi(2)\}=8$,最小值为 $\varphi\left(\sqrt{\dfrac{3}{2}}\right)=\dfrac{7}{4}$.

于是 $f(x,y)$ 在 D 的边界上的最大值为 $\max\{4,8\}=8$,$f(x,y)$ 在 D 的边界上的最小值为 $\min\left\{0,\dfrac{7}{4}\right\}=0$.

比较 $f(x,y)$ 在 D 内的可能极值点处的值与 $f(x,y)$ 在 D 的边界上的最大值或最小值得 $f(x,y)$ 在 D 上的最大值为 $\max\{2,8\}=8$,$f(x,y)$ 在 D 上的最小值为 $\min\{2,0\}=0$.

题 5 (2002①)设有一小山,取它的底面所在的平面为 xOy 坐标平面,其底部所占的区域 $D=\{(x,y)\mid x^2+y^2-xy\leqslant 75\}$,小山的高度与其底部区域间函数为 $h(x,y)=75-x^2-y^2+xy$.

(1) 设 $M(x_0,y_0)$ 为区域 D 上一点,问 $h(x,y)$ 在该点沿平面上什么方向的方向导数最大? 若记此方向导数的最大值为 $g(x_0,y_0)$,试写出 $g(x_0,y_0)$ 的表达式.

(2) 现欲利用此小山开展攀岩活动,为此需要在山脚寻找一上山坡度最大的点作为攀岩的起点. 也就是说,要在 D 的边界线 $x^2+y^2-xy=75$ 上找出使(1)中的 $g(x,y)$ 达到最大值的点.试确定攀岩起点的位置.

解 (1) 由梯度的几何意义知,$h(x,y)$ 在点 $M(x_0,y_0)$ 处沿梯度

$$\mathrm{grad}\, h(x,y)\Big|_{(x_0,y_0)} = (y_0-2x_0)\boldsymbol{i}+(x_0-2y_0)\boldsymbol{j}$$

方向的方向导数最大,方向导数的最大值为该梯度的模,所以

$$g(x_0,y_0)=\sqrt{(y_0-2x_0)^2+(x_0-2y_0)^2}=\sqrt{5x_0^2+5y_0^2-8x_0y_0}$$

(2) 所求的攀登起点 (x,y) 是如下多元函数极值问题的解:

目标:求最大,即 $\max z=5x^2+5y^2-8xy$.

约束:满足于 $75-x^2-y^2+xy=0$.

用拉格朗日乘子法,设拉格朗日函数为

$$L(x,y,\lambda)=5x^2+5y^2-8xy+\lambda(75-x^2-y^2+xy)$$

令

$$\begin{cases} L'_x=10x-8y+\lambda(y-2x)=0 & \text{①} \\ L'_y=10y-8x+\lambda(x-2y)=0 & \text{②} \\ L'_\lambda=75-x^2-y^2+xy=0 & \text{③} \end{cases}$$

式 ① $\times(x-2y)$,式 ② $\times(y-2x)$,比较两式可得

$$(10x-8y)(x-2y)=(10y-8x)(y-2x)$$

即 $y^2=x^2$.

将 $y=\pm x$ 代入式 ③ 中得 $75-2x^2\pm x^2=0$,因此 $x=\pm 5\sqrt{3}$,$x=\pm 5$.

与此相应有 $y=\pm 5\sqrt{3}$,$y=\mp 5$.于是得到 4 个可能的极值点

$$M_1(5\sqrt{3},5\sqrt{3}),\ M_2(-5\sqrt{3},-5\sqrt{3}),\ M_3(5,-5),\ M_4(-5,5)$$

因为 $z(M_1)=z(M_2)=150$,$z(M_3)=z(M_4)=450$,所以 $M_3(5,-5)$ 和 $M_4(-5,5)$ 可作为攀登的起点.

题 6 (2008①)已知曲线 C: $\begin{cases} x^2+y^2-2z^2=0 \\ x+y+3z=5 \end{cases}$,求曲线 C 距离 xOy 面最远的点和最近的点.

解 设曲线 C: $\begin{cases} x^2+y^2-2z^2=0 \\ x+y+3z=5 \end{cases}$ 上的任意一点为 (x,y,z),则 (x,y,z) 到 xOy 面的距离为 $|z|$,

等价于求函数 $H=z^2$ 在条件 $x^2+y^2-2z^2=0$ 与 $x+y+3z=5$ 下的最大值点和最小值点.

设 $F(x,y,z,\lambda,\mu)=z^2+\lambda(x^2+y^2-2z^2)+\mu(x+y+3z-5)$.由

$$\begin{cases} F'_x=2\lambda x+\mu=0 \\ F'_y=2\lambda y+\mu=0 \\ F'_z=2z-4\lambda z+3\mu=0 \\ x^2+y^2-2z^2=0 \\ x+y+3z=5 \end{cases}$$

解得

$$\begin{cases} x=1 \\ y=1, \\ z=1 \end{cases} \begin{cases} x=-5 \\ y=-5 \\ z=5 \end{cases}$$

根据几何意义,曲线 C 上存在距离 xOy 面最远的点和最近的点,故所求点依次为 $(-5,-5,5)$ 和 $(1,1,1)$.

4. 在经济中的应用

题 1 (1991③④)某厂家生产的一种产品同时在两个市场销售,售价分别为 P_1 和 P_2,销售量分别为 q_1 和 q_2,需求函数分别为 $q_1=24-0.2P_1$ 和 $q_2=10-0.05P_2$,总成本函数为 $C=35+40(q_1+q_2)$,试问:厂家如何确定两个市场的售价,能使其获得的总利润最大? 最大总利润为多少?

解 总收入函数 $R=P_1q_1+P_2q_2=24P_1+0.2P_1^2+10P_2-0.05P_2^2$.

总利润函数
$$L=R-C=32P_1-0.2P_1^2-0.05P_2^2-1\,395+12P_2$$

令
$$\begin{cases}\dfrac{\partial L}{\partial P_1}=32-0.4P_1=0\\[2mm]\dfrac{\partial L}{\partial P_2}=12-0.1P_2=0\end{cases}$$

解得 $P_1=80,P_2=120$.根据问题的实际意义,此时厂家获得的总利润最大,其最大点利润 $L=L(80,120)=605$.

题 2 (1994④)某养殖场饲养两种鱼,若甲种鱼放养 x(万尾),乙种鱼放养 y(万尾),收获时两种鱼的收获量分别为
$$(3-\alpha x-\beta y)x \text{ 和 } (4-\beta x-2\alpha y)y \quad \alpha>\beta>0$$
求使产鱼总量最大的放养数.

解 依题意,产鱼总量为 $(3-\alpha x-\beta y)x+(4-\beta x-2\alpha y)y$,即
$$z=3x+4y-\alpha x^2-2\alpha y^2-2\beta xy$$

令
$$\begin{cases}\dfrac{\partial z}{\partial x}=3-2\alpha x-2\beta y=0\\[2mm]\dfrac{\partial x}{\partial y}=4-4\alpha y-2\beta x=0\end{cases}$$

由于 $\alpha>\beta>0$,知上方程组系数行列式 $D=4(2\alpha^2-\beta^2)>0$,故方程组有唯一解,解得唯一驻点为
$$x_0=\frac{3\alpha-2\beta}{2(\alpha^2-\beta^2)},\quad y_0=\frac{4\alpha-3\beta}{2(2\alpha^2-\beta^2)}$$

记
$$A=\frac{\partial^2 z}{\partial x^2}=-2\alpha,\ B=\frac{\partial^2 z}{\partial x\partial y}=-2\beta,\ C=\frac{\partial^2 z}{\partial y^2}=-4\alpha$$

因为 $AC-B^2=8\alpha^2-4\beta^2>0$ 且 $A<0$,所以 z 在 (x_0,y_0) 处有极大值,即最大值.

题 3 (1999③④)设生产某种产品必须投入两种要素,x_1 和 x_2 分别为两要素的投入量,Q 为产出量;若生产函数为 $Q=2x_1^\alpha x_2^\beta$,其中 α,β 为正的常数,且 $\alpha+\beta=1$.假设两种要素的价格分别为 P_1 和 P_2,试问:当产出量为 12 时,两要素各投入多少可以使得投入总费用最小?

解 由题设知问题的数学模型:

目标:求最小,即 $\min u=P_1x_1+P_2x_2$.

约束:满足于 $2x_1^\alpha x_2^\beta=12$ 或 $6-x_1^\alpha x_2^\beta=0$.

构造拉格朗日函数 $F(x_1,x_2,\lambda)=P_1x_1+P_2x_2+\lambda(6-x_1^\alpha x_2^\beta)$.

令
$$\begin{cases}\dfrac{\partial F}{\partial x_1}=P_1-\lambda\alpha x_1^{\alpha-1}x_2^\beta=0 & \text{①}\\[2mm]\dfrac{\partial F}{\partial x_2}=P_2-\lambda\beta x_1^\alpha x_2^{\beta-1}=0 & \text{②}\\[2mm]\dfrac{\partial F}{\partial \lambda}=6-x_1^\alpha x_2^\beta=0 & \text{③}\end{cases}$$

式 ① $\times \beta x_1$,式 ② $\times \alpha x_2$,即得 $P_1 \beta x_1 = P_2 \alpha x_2$,$x_1 = \dfrac{P_2 \alpha}{P_1 \beta} x_2$. 再代入式 ③,得

$$x_2 = 6\left(\frac{P_1 \beta}{P_2 \alpha}\right)^{\alpha}, \quad x_1 = 6\left(\frac{P_2 \alpha}{P_1 \beta}\right)^{\beta}$$

因驻点唯一,且实际问题存在最小值,则上面 (x_1,x_2) 即为最小值点,故上述两要素投放量可使投入总费用最小.

题 4 (1990③④) 某公司可通过电台及报纸两种方式做销售某种商品的广告,根据统计资料,销售收入 R(万元)与电台广告费用 x_1(万元)及报纸广告费用 x_2(万元)之间的关系有如下经验公式

$$R = 15 + 14x_1 + 32x_2 - 8x_1 x_2 - 2x_1^2 - 10x_2^2$$

(1) 在广告费用不限的情况下,求最优广告策略;

(2) 若提供的广告费用为 1.5 万元,求相应的最优广告策略.

解 (1) 由题设知利润函数为

$$\begin{aligned}
z = f(x_1,x_2) &= 15 + 14x_1 + 32x_2 - 8x_1 x_2 - 2x_1^2 - 10x_2^2 - (x_1 + x_2) \\
&= 15 + 13x_1 + 31x_2 - 8x_1 x_2 - 2x_1^2 - 10x_2^2
\end{aligned}$$

令

$$\begin{cases} \dfrac{\partial z}{\partial x_1} = 13 - 8x_2 - 4x_1 = 0 \\[2mm] \dfrac{\partial z}{\partial x_2} = 31 - 8x_1 - 20x_2 = 0 \end{cases}$$

解得 $x_1 = 0.75$(万元),$x_2 = 1.25$(万元).

利润函数 $z = f(x_1,x_2)$ 在 $(0.75,1.25)$ 处的二阶导数为

$$A = \frac{\partial^2 z}{\partial x_1^2} = -4, \quad B = \frac{\partial^2 z}{\partial x_1 \partial x_2} = 8, \quad C = \frac{\partial^2 z}{\partial x_2^2} = -20$$

因为 $AC - B^2 = 16 > 0$,$A = -4 < 0$,所以函数 $z = f(x_1,x_2)$ 在 $(0.75,1.25)$ 达到极大值,也即最大值.

(2) 问题是求利润函数 $z = f(x_1,x_2)$ 在 $x_1 + x_2 = 1.5$ 时的条件极值. 设

$$F(x_1,x_2,\lambda) = 15 + 13x_1 + 31x_2 - 8x_1 x_2 - 2x_1^2 - 10x_2^2 + \lambda(x_1 + x_2 - 1.5)$$

令

$$\begin{cases} \dfrac{\partial F}{\partial x_1} = -4x_1 - 8x_2 + 13 + \lambda = 0 \\[2mm] \dfrac{\partial F}{\partial x_2} = -8x_1 - 20x_2 + 31 + \lambda = 0 \\[2mm] \dfrac{\partial F}{\partial \lambda} = x_1 + x_2 - 1.5 = 0 \end{cases}$$

解得 $x_1 = 0$,$x_2 = 1.5$. 因此将广告费 1.5 万元全部用于报纸广告,可使利润最大.

题 5 (2000③④) 假设某企业在两个相互分割的市场上出售同一种产品,两个市场的需求函数分别是

$$P_1 = 18 - 2Q_1, \quad P_2 = 12 - Q_2$$

其中 P_1 和 P_2 分别表示该产品在两个市场的价格(单位:万元 /t),Q_1 和 Q_2 分别表示该产品在两个市场的销售量(即需求量,单位:t),并且该企业生产这种产品的总成本函数

$$C = 2Q + 5$$

其中 Q 表示该产品在两个市场的销售总量,即 $Q = Q_1 + Q_2$.

(1) 如果该企业实行价格差异策略,试确定两个市场上该产品的销售量和价格,使企业获得最大利润;

(2) 如果该企业实行价格无差别策略,试确定两个市场上该产品的销售量及其统一的价格,使该企业的总利润最大化,并比较两种价格策略下的总利润大小.

解 (1)据题意,总利润函数
$$L = R - C = P_1Q_1 + P_2Q_2 - (2Q - 5) = -2Q_1^2 - Q_2^2 + 16Q_1 + 10Q_2 - 5$$

令
$$\begin{cases} \dfrac{\partial L}{\partial Q_1} = -4Q_1 + 16 = 0 \\ \dfrac{\partial L}{\partial Q_2} = -2Q_2 + 10 = 0 \end{cases}$$

解得 $Q_1 = 4$, $Q_2 = 5$,则 $P_1 = 10$(万元 /t), $P_2 = 7$(万元 /t).

因驻点 $(4,5)$ 唯一,且实际问题一定存在最大值,故最大值必在驻点处达到.最大利润
$$L = -2 \times 4^2 - 5^2 + 16 \times 4 + 10 \times 5 - 5 = 52(万元)$$

(2) 若实行价格无差别策略,则 $P_1 = P_2$,于是有约束条件 $2Q_1 - Q_2 = 6$.因此数学模型:

目标:求最大,即 $\max L = -2Q_1^2 - Q_2^2 + 16Q_1 + 10Q_2 - 5$.

约束:满足于 $2Q_1 - Q_2 - 6 = 0$.

构造拉格朗日函数
$$F(Q_1,Q_2,\lambda) = -2Q_1^2 - Q_2^2 + 16Q_1 + 10Q_2 - 5 + \lambda(2Q_1 - Q_2 - 6)$$

令
$$\begin{cases} \dfrac{\partial F}{\partial Q_1} = -4Q_1 + 16 + 2\lambda = 0 \\ \dfrac{\partial F}{\partial Q_2} = -2Q_2 + 10 - \lambda = 0 \\ \dfrac{\partial F}{\partial \lambda} = 2Q_1 - Q_2 - 6 = 0 \end{cases}$$

解得 $Q_1 = 5$, $Q_2 = 4$, $\lambda = 2$,则 $P_1 = P_2 = 8$.

代入目标式得最大利润 $L_{\max} = 49$(万元).

由上述结果可知,企业实行差别定价所得总利润大于统一价格的总利润.

国内外大学数学竞赛题赏析

1. 多元函数性质

例 1 二元函数 f 在 $\mathbf{R}^2$ 上有定义,且对任意 x,y,z 满足
$$f(x,y) + f(y,z) + f(z,x) = 0$$
试证存在一元函数 g 使得对所有实数 x,y 均有 $f(x,y) = g(x) - g(y)$.(美国 Putnam Exam,2008)

证 首先令 $x = y = z = 0$,可有 $f(0,0) = 0$.

令 $y = z = 0$,可得 $f(0,x) = -f(x,0)$.

又令 $z = 0$ 可有 $f(x,y) + f(y,0) + f(0,x) = 0$,这样可有
$$f(x,y) = -f(y,0) - f(0,x) = -f(y,0) + f(x,0) = f(x,0) - f(y,0)$$
最后令 $g(x) = f(x,0)$,便有 $f(x,y) = g(x) - g(y)$.

例 2 设点 $(x,y) \in A$,其中 $A = \{(x,y) \mid 0 \leqslant x < 1, 0 \leqslant y < 1\}$,且令 $S(x,y) = \sum\limits_{\frac{1}{2} \leqslant \frac{m}{n} \leqslant 2} x^m y^n$,这里

的求和是对一切满足所列不等式 $\dfrac{1}{2} \leqslant \dfrac{m}{n} \leqslant 2$ 的正整数对 (m,n) 进行.试计算下面极限 $\lim\limits_{\substack{(x,y) \to (1,1) \\ (x,y) \in A}}$ $(1 - xy^2)(1 - x^2y)S(x,y)$.(美国 Putnam Exam,1999)

解 令 $T(x,y) = \sum\limits_{0 < \frac{m}{n} < \frac{1}{2}} x^m y^n$,则
$$S(x,y) = \sum_{m=1}^{\infty} \sum_{n=1}^{\infty} x^m y^n - T(x,y) - T(y,x)$$

(式中去掉不满足 $\frac{1}{2} \leqslant \frac{m}{n} \leqslant 2$ 的项)

又 $\sum\limits_{m=1}^{\infty} \sum\limits_{n=1}^{\infty} x^m y^n = \frac{x}{1-x} \cdot \frac{y}{1-y}$，此外

$$T(x,y) = \sum_{n=1}^{\infty} \sum_{m=2n+1}^{\infty} x^m y^n = \sum_{n=1}^{\infty} y^n \frac{x^{2n+1}}{1-x} = \frac{x}{1-x} \cdot \frac{x^2 y}{1-x^2 y}$$

则

$$S(x,y) = \frac{x}{1-x} \cdot \frac{y}{1-y} - \frac{x}{1-x} \cdot \frac{x^2 y}{1-x^2 y} - \frac{y}{1-y} \cdot \frac{y^2 x}{1-y^2 x}$$

$$= \frac{xy(1+y)(1+x) - x^3 y^3}{(1-x^2 y)(1-y^2 x)}$$

有

$$(1-x^2 y)(1-y^2 x)S(x,y) = xy(1+x)(1+y) - x^3 y^3$$

故

$$\lim_{\substack{(x,y)\to(1,1)\\(x,y)\in A}} (1-xy^2)(1-x^2 y)S(x,y) = \lim_{\substack{(x,y)\to(1,1)\\(x,y)\in A}} [xy(1+x)(1+y) - x^3 y^3] = 3$$

2. 多元函数的偏导数

例 1　若 $2\sin(x+2y-3z) = x+2y-3z$，求 $\frac{\partial z}{\partial x} + \frac{\partial z}{\partial y}$.（北京市大学生数学竞赛,1996）

解　题设等式两边分别对 x,y 求偏导,有

$$2\cos(x+2y-3z)\left(1-3\frac{\partial z}{\partial x}\right) = 1-3\frac{\partial z}{\partial x} \qquad ①$$

$$2\cos(x+2y-3z)\left(2-3\frac{\partial z}{\partial y}\right) = 2-3\frac{\partial z}{\partial y} \qquad ②$$

式①＋式②,有

$$2\cos(x+2y-3z)\left[3-3\left(\frac{\partial z}{\partial x}+\frac{\partial z}{\partial y}\right)\right] = 3-3\left(\frac{\partial z}{\partial x}+\frac{\partial z}{\partial y}\right)$$

由上解得

$$\frac{\partial z}{\partial x} + \frac{\partial z}{\partial y} = 1$$

例 2　设 $f(t)$ 可微,且 $f\left(\frac{1}{y}-\frac{1}{x}\right) = \frac{1}{z}-\frac{1}{x}$，求 $x^2 z'_x + y^2 z'_y$.（陕西省大学生数学竞赛,1990）

解　令 $F = f\left(\frac{1}{y}-\frac{1}{x}\right) - \frac{1}{z} + \frac{1}{x}$,则

$$z'_x = -\frac{F'_x}{F'_z} = -z^2 \left(\frac{1}{x^2}\right)\left[f'\left(\frac{1}{y}-\frac{1}{x}\right)-1\right]$$

$$z'_y = -\frac{F'_y}{F'_z} = \frac{z^2}{y^2} f'\left(\frac{1}{y}-\frac{1}{x}\right)$$

故

$$x^2 z'_x + y^2 z'_y = -z^2 \left[f'\left(\frac{1}{y}-\frac{1}{x}\right)-1\right] + z^2 f'\left(\frac{1}{y}-\frac{1}{x}\right) = z^2$$

例 3　设函数 $f(x,y)$ 可微,且 $f(1,1)=1, f'_x(1,1)=a, f'_y(1,1)=b$. 又记 $\varphi(x) = f\{x,f[x,f(x,x)]\}$，求 $\varphi'(1)$.（北京航空航天大学数学竞赛,1999）

解　由设 $f(x,y)$ 可微,且 $f'_x(1,1)=a, f'_y(1,1)=b$. 又

$$\varphi'(x) = f'_x\{x,f[x,f(x,x)]\} + f'_y\{x,f[x,f(x,x)]\} \cdot$$
$$\{f'_x[x,f(x,x)] + f'_y[x,f(x,x)][f'_x(x,x) + f'_y(x,x)]\}$$

$$\varphi'(1) = f'_x(1,1) + f'_y(1,1)\{f'_x(1,1) + f'_y(1,1)[f'_x(1,1) + f'_y(1,1)]\}$$

$$= a+b[a+b(a+b)] = a(1+b+b^2+b^3)$$

注 1 这是一个一元函数求导问题,但它与偏导数有关.

注 2 下面的问题与上面例子类似:

设函数 $f(x,y)$ 可微,且 $f(0,0)=0$, $f'_x(0,0)=m$, $f'_y(0,0)=n$,又 $\varphi(t)=f[t,f(t,t)]$,求 $\varphi'(0)$.(北京市大学生数学竞赛,1997)

略解:由 $\varphi'(t)=f'_1+f'_2(f'_1+f'_2)$,又当 $t=0$ 时

$$f'_1=f'_x(0,0)=m, f'_2=f'_y(0,0)=n$$

故

$$\varphi'(0)=m+m(m+n)$$

例 4 已知函数 $z=z(x,y)$ 满足 $x^2\dfrac{\partial z}{\partial x}+y^2\dfrac{\partial z}{\partial y}=z^2$,又设 $u=x,v=\dfrac{1}{x}-\dfrac{1}{y},w=\dfrac{1}{z}-\dfrac{1}{x}$,对函数 $w=w(u,v)$,求证:$\dfrac{\partial w}{\partial u}=0$.(北京市大学生数学竞赛,1995)

证 由 $u=x$, $v=\dfrac{1}{x}-\dfrac{1}{y}$,可有 $x=u$, $y=\dfrac{u}{1+uv}$.

故 $w=\dfrac{1}{z}-\dfrac{1}{x}$ 便是 u,v 的复合函数. 对 u 求偏导,有

$$\frac{\partial w}{\partial u}=-\frac{1}{z^2}\left(\frac{\partial z}{\partial x}\frac{\partial x}{\partial u}+\frac{\partial z}{\partial y}\frac{\partial y}{\partial u}\right)+\frac{1}{u^2}=-\frac{1}{z^2}\left[\frac{\partial z}{\partial x}+\frac{\partial z}{\partial y}\frac{1}{(1+uv)^2}\right]+\frac{1}{u^2}$$

$$=-\frac{1}{z^2x^2}\left[x^2\frac{\partial z}{\partial x}+\frac{\partial z}{\partial y}\frac{x^2}{(1+uv)^2}\right]+\frac{1}{u^2}=-\frac{1}{z^2x^2}\left(x^2\frac{\partial z}{\partial x}+y^2\frac{\partial z}{\partial y}\right)+\frac{1}{u^2}$$

$$=-\frac{1}{x^2}+\frac{1}{u^2}=0$$

例 5 设二元函数 $f(x,y)$ 有一阶连续偏导数,且 $f(0,1)=f(1,0)$,证明:在单位圆周 $x^2+y^2=1$ 上至少存在两个不同的点满足方程 $y\dfrac{\partial f}{\partial x}=x\dfrac{\partial f}{\partial y}$.(北京市大学生数学竞赛,2006)

证 令 $F(\theta)=f(\cos\theta,\sin\theta)$,则在区间 $[0,2\pi]$ 上 $F(\theta)$ 可导,又 $F(0)=F\left(\dfrac{\pi}{2}\right)=F(2\pi)$,由罗尔定理知至少存在两个不同的点 $\xi,\eta\in(0,2\pi)$,使得 $F'(\xi)=F'(\eta)=0$,而

$$F'(\theta)=-\sin\theta f_x(\cos\theta,\sin\theta)+\cos\theta f_y(\cos\theta,\sin\theta)$$

将 ξ,η 代入上式即得结论.

例 6 设可微函数 $u=f(x,y)$ 满足方程 $x\dfrac{\partial f}{\partial x}+y\dfrac{\partial f}{\partial y}=0$,证明:$f(x,y)$ 在极坐标系中只是 θ 的函数.(北京市大学生数学竞赛,1998)

证 令 $x=\rho\cos\theta$, $y=\rho\sin\theta$,则

$$\rho\cdot\frac{\partial f}{\partial\rho}=\left(\frac{\partial f}{\partial x}\cdot\frac{\partial x}{\partial\rho}+\frac{\partial f}{\partial y}\cdot\frac{\partial f}{\partial\rho}\right)\rho=\left(\frac{\partial f}{\partial x}\cos\theta+\frac{\partial f}{\partial y}\sin\theta\right)\rho=\frac{\partial f}{\partial x}\cdot x+\frac{\partial f}{\partial y}\cdot y=0$$

故 $f(x,y)$ 在极坐标系中仅是 θ 的函数.

例 7 设函数 $f(x,y)$ 满足 $f\dfrac{\partial^2 f}{\partial x\partial y}=\dfrac{\partial f}{\partial x}\cdot\dfrac{\partial f}{\partial y}$,证明:$f(x,y)=\varphi(x)\psi(y)$.(北京化工大学数学竞赛,1991)

证 由题设式可化为 $\dfrac{f''_{xy}}{f'_x}=\dfrac{f'_y}{f}$,两边对 y 积分有

$$\ln|f'_x|=\ln|f|+\varphi_1(x)$$

故 $\ln\left|\dfrac{f'_x}{f}\right|=\varphi_1(x)$, 即 $\dfrac{f'_x}{f}=\varphi_2(x)=\pm e^{\varphi_1(x)}$.

从而 $\ln|f| = \int \varphi_2(x)\mathrm{d}x + \psi_1(y) = \varphi_3(x) + \psi_1(y)$.

故 $f(x,y) = \pm \mathrm{e}^{\varphi_3(x)+\psi_1(y)} = \varphi(x) \cdot \psi(y)$.

例 8 设二元函数 $u(x,y)$ 具有二阶偏导数,且 $u(x,y) \neq 0$,证明 $u(x,y) = f(x)g(y)$ 的充要条件为

$$u\frac{\partial^2 u}{\partial x \partial y} = \frac{\partial u}{\partial x} \cdot \frac{\partial u}{\partial y}$$

(天津市大学生数学竞赛,2009)

证 必要性. 若 $u(x,y) = f(x)g(y)$,则 $\dfrac{\partial u}{\partial x} = f'(x)g(y)$,$\dfrac{\partial u}{\partial y} = f(x)g'(y)$,$\dfrac{\partial^2 u}{\partial x \partial y} = f'(x)g'(y)$,显然有

$$u\frac{\partial^2 u}{\partial x \partial y} = \frac{\partial u}{\partial x} \cdot \frac{\partial u}{\partial y}$$

充分性. 若 $u\dfrac{\partial^2 u}{\partial x \partial y} = \dfrac{\partial u}{\partial x} \cdot \dfrac{\partial u}{\partial y}$,则 $u\dfrac{\partial u}{\partial y}\left(\dfrac{\partial u}{\partial x}\right) - \dfrac{\partial u}{\partial x} \cdot \dfrac{\partial u}{\partial y} = 0$,由于 $u(x,y) \neq 0$,所以

$$\frac{\partial}{\partial y}\left(\frac{\dfrac{\partial u}{\partial x}}{u}\right) = \frac{u\dfrac{\partial u}{\partial y}\left(\dfrac{\partial u}{\partial x}\right) - \dfrac{\partial u}{\partial x} \cdot \dfrac{\partial u}{\partial y}}{u^2} = 0$$

即 $\dfrac{\partial}{\partial y}\left(\dfrac{\partial \ln u}{\partial x}\right) = 0$,因此 $\dfrac{\partial \ln u}{\partial x}$ 不含 y,故可设 $\dfrac{\partial \ln u}{\partial x} = \varphi(x)$. 从而有

$$\ln u = \int \varphi(x)\mathrm{d}x + \psi(y) \Rightarrow u = \mathrm{e}^{\int \varphi(x)\mathrm{d}x + \psi(y)} = \mathrm{e}^{\int \varphi(x)\mathrm{d}x} + \mathrm{e}^{\psi(y)}$$

即 $u(x,y) = f(x)g(y)$.

例 9 设函数 $h(x,y)$ 在 $\mathbf{R}^2 = (-\infty < x < +\infty, -\infty < y < +\infty)$ 内有连续偏导数,且存在常数 a, b 使

$$h(x,y) = a\frac{\partial h}{\partial x}(x,y) + b\frac{\partial h}{\partial y}(x,y)$$

试证:若存在一个常数 M,使所有 $(x,y) \in \mathbf{R}^2$ 均有 $|h(x,y)| \leqslant M$,则 $h(x,y) \equiv 0$. (美国 Putnam Exam,2010)

证 任取 $(x_0, y_0) \in \mathbf{R}^2$,且定义 $g(t) = h(x_0 + at, y_0 + bt)$,这样

$$g'(t) = a\frac{\partial h}{\partial x}(x_0 + at, y_0 + bt) + b\frac{\partial h}{\partial y}(x_0 + at, y_0 + bt)$$

$$= h(x_0 + at, y_0 + bt) = g(t)$$

解上面关于 t 的微分方程可得 $g(t) = g(0)\mathrm{e}^t$.

另一方面由题设对任意 $(x,y) \in \mathbf{R}^2$ 均有 $|h(x,y)| \leqslant M$,因而对所有 $t \in \mathbf{R} = (-\infty, +\infty)$,皆有 $|g(t)| \leqslant M$,故 $g(0) = 0$.

从而 $h(x_0, y_0) = g(0) = 0$.

例 10 设函数 $f(x,y,z)$ 有连续偏导数,证明 $f(tx,ty,tz) = t^n f(x,y,z) \Leftrightarrow xf'_x + yf'_y + zf'_z = nf$. (北方交通大学数学竞赛,1994)

证 必要性. 设 $tx = u, ty = v, tz = w$,则由题设有 $f(u,v,w) = t^n f(x,y,z)$. 两边对 t 求导有

$$\frac{\partial f}{\partial u}\frac{\partial u}{\partial t} + \frac{\partial f}{\partial v}\frac{\partial v}{\partial t} + \frac{\partial f}{\partial w}\frac{\partial w}{\partial t} = nt^{n-1}f(x,y,z)$$

即

$$\frac{\partial f}{\partial u}x + \frac{\partial f}{\partial v}y + \frac{\partial f}{\partial w}z = nt^{n-1}f(x,y,z)$$

两边同乘以 t,有

$$\frac{\partial f}{\partial u}tx + \frac{\partial f}{\partial v}ty + \frac{\partial f}{\partial w}tz = nt^n f(x,y,z)$$

即

$$u\frac{\partial f}{\partial u} + v\frac{\partial f}{\partial v} + w\frac{\partial f}{\partial w} = nf(u,v,w)$$

或

$$xf'_x + yf'_y + f'_z = nf$$

充分性. 令 $g(t) = f(tx,ty,tz)$, 又 $\dfrac{\mathrm{d}g(t)}{\mathrm{d}t} = \dfrac{n}{t}g(t)$ 可得

$$g(t) = t^n f(x,y,z)$$

即 $f(tx,ty,tz) = t^n f(x,y,z)$.

注　这种具有 $f(tx,ty,tz) = t^n f(x,y,z)$ 性质的函数称 k 次齐次函数.

例 11　若 $f(x),g(x)$ 在 **R** 上可微, 且不恒为常数. 又对任意 $x,y \in \mathbf{R}$ 均有 $f(x+y) = f(x)f(y) - g(x)g(y)$, 及 $g(x+y) = f(x)g(y) + g(x)f(y)$, 且 $f'(0) = 0$. 求证 $f^2(x) + g^2(x) = 1$. (美国 Putnam Exam, 1991)

证　由题设式分别对 y 对导, 即

$$\begin{cases} f'_y(x+y) = f(x)f'(y) - g(x)g'(y) & ① \\ g'_y(x+y) = f(x)g'(y) + g(x)f'(y) & ② \end{cases}$$

再令 $y = 0$, 有 $f'(x) = -g(x)g'(0)$ 及 $g'(x) = f(x)g'(0)$, 即有

$$2f(x)f'(x) + 2g(x)g'(x) = 0$$

两边积分有

$$f^2(x) + g^2(x) = c$$

又 $f^2(x+y) + g^2(x+y) = [f^2(x) + g^2(x)][f^2(y) + g^2(y)]$, 从而 $c = c^2$, 得 $c = 0$ (不妥舍去) 或 $c = 1$. 问题得证.

注　该命题显然是 $\sin^2 x + \cos^2 x = 1$ 结论的推广, 该结论又可视为三角函数形式的勾股定理.

下面的例子是求函数二阶偏导数的问题.

例 12　设二元函数 $u(x,y)$ 在有界闭区域 D 上可微, 在 D 的边界曲线上 $u(x,y) = 0$, 并满足 $\dfrac{\partial u}{\partial x} + \dfrac{\partial u}{\partial y} = u(x,y)$, 求 $u(x,y)$ 的表达式. (天津市大学生数学竞赛, 2005)

解　显然 $u(x,y) \equiv 0$ 满足题目条件. 下面证明只有 $u(x,y) \equiv 0$ 满足题目条件.

事实上, 若 $u(x,y)$ 不恒等于 0, 则至少存在一点 $(x_1,y_1) \in D$, 使得 $u(x_1,y_1) \neq 0$, 不妨假设 $u(x_1, y_1) > 0$, 同时, 也必在 D 内至少存在一点 (x_0,y_0), 使 $u(x_0,y_0) = M > 0$ 为 $u(x,y)$ 在 D 上的最大值. 因为 $u(x,y)$ 在 D 上可微, 故 $\left.\dfrac{\partial u}{\partial x}\right|_{(x_0,y_0)} = 0 = \left.\dfrac{\partial u}{\partial y}\right|_{(x_0,y_0)}$, 于是得到

$$\left.\frac{\partial u}{\partial x}\right|_{(x_0,y_0)} + \left.\frac{\partial u}{\partial y}\right|_{(x_0,y_0)} = 0$$

由题设知 $\dfrac{\partial u}{\partial x} + \dfrac{\partial u}{\partial y} = u(x,y)$, 因此应有 $u(x_0,y_0) = 0$, 这与 $u(x_0,y_0) = M > 0$ 的假设矛盾; 同理可证 $u(x_1,y_1) < 0$ 的情况.

因此可知在 D 上 $u(x,y) \equiv 0$.

例 13　设二元函数 $f(x,y) = |x-y|\varphi(x,y)$, 其中 $\varphi(x,y)$ 在点 $(0,0)$ 的一个邻域内连续. 试证明函数 $f(x,y)$ 在点 $(0,0)$ 处可微的充分必要条件是 $\varphi(0,0) = 0$. (北京市大学生数学竞赛, 2007)

解　必要性. 设 $f(x,y)$ 在 $(0,0)$ 点处可微, 则 $f'_x(0,0), f'_y(0,0)$ 存在.

由于 $f'_x(0,0) = \lim_{x \to 0}\dfrac{f(x,0) - f(0,0)}{x} = \lim_{x \to 0}\dfrac{|x|\varphi(x,0)}{x}$, 且

$$\lim_{x \to 0^+} \frac{|x|\varphi(x,0)}{x} = \varphi(0,0), \lim_{x \to 0^-} \frac{|x|\varphi(x,0)}{x} = -\varphi(0,0)$$

故有 $\varphi(0,0) = 0$.

充分性. 若 $\varphi(0,0) = 0$,则可知 $f'_x(0,0) = 0, f'_y(0,0) = 0$. 因为

$$\frac{f(x,y) - f(0,0) - f'_x(0,0)x - f'_y(0,0)y}{\sqrt{x^2+y^2}} = \frac{|x-y|\varphi(x,y)}{\sqrt{x^2+y^2}}$$

又

$$\frac{|x-y|}{\sqrt{x^2+y^2}} \leqslant \frac{|x|}{\sqrt{x^2+y^2}} + \frac{|y|}{\sqrt{x^2+y^2}} \leqslant 2$$

所以 $\lim_{x \to 0} \dfrac{|x-y|\varphi(x,y)}{\sqrt{x^2+y^2}} = 0$. 由定义 $f(x,y)$ 在 $(0,0)$ 点处可微.

例 14 设 $u = u(x,y)$ 有二阶连续偏导数,且满足方程 $\dfrac{\partial^2 u}{\partial x^2} - \dfrac{\partial^2 u}{\partial y^2} = 0$, 及 $u(x, 2x) = x$, $u'_x(x, 2x) = x^2$. 求 $u''_{xx}(x,2x), u''_{xy}(x,2x)$ 和 $u''_{yy}(x,2x)$.(陕西省大学生数学竞赛,1999)

解 将 $u(x,2x) = x$ 两边对 x 求导,有

$$u'_x(x,2x) + 2u'_y(x,2x) = 1$$

则 $u'_y(x,2x) = \dfrac{1}{2}(1-x^2)$. 再将 $u'_x(x,2x) = x^2$ 两边对 x 求导,有

$$u''_{xx}(x,2x) + 2u''_{xy}(x,2x) = 2x \qquad \qquad ①$$

将 $u'_y(x,2x) = \dfrac{1}{2}(1-x^2)$ 两边对 x 求导,有

$$u''_{xy}(x,2x) + 2u''_{yy}(x,2x) = -x \qquad \qquad ②$$

又由题设知 $u''_{xx} = u''_{yy}$,从而 $2 \times$ 式 ① $-$ 式 ② 可得

$$u''_{xy}(x,2x) = \dfrac{5}{3}x \qquad \qquad ③$$

将式 ③ 代入式 ① 可有

$$u''_{xx}(x,2x) = u''_{yy}(x,2x) = -\dfrac{4}{3}x$$

例 15 求常数 a,b,c 的值,使函数 $f(x,y,z) = axy^2 + byz + cx^3z^2$ 在点 $M(1,2,-1)$ 处沿 Oz 轴正方向的方向导数有最大值 64.(北京市大学生数学竞赛,2005)

解 由题设得知 $\mathrm{grad}\, f(1,2,-1) = \{4a+3c, 4a-b, 2b-2c\}$.

依题意有 $\mathrm{grad}\, f(1,2,-1) \; /\!/ \; \{0,0,1\}$ 且 $|\mathrm{grad}\, f(1,2,-1)| = 64$,故有 $\begin{cases} 4a+3c = 0 \\ 4a-b = 0 \\ 2b-2c > 0 \end{cases}$,且

$\sqrt{(2b-2c)^2} = 64$,解得 $a = 6, b = 24, c = -8$.

3. 涉及偏导数的不等式问题

下面是一个涉及偏导数的例子.

例 1 若设函数 $f(x,y)$ 及其二阶偏导数在全平面上连续,且 $f(0,0) = 0$. 又 $\left|\dfrac{\partial f}{\partial x}\right| \leqslant 2|x-y|, \left|\dfrac{\partial f}{\partial y}\right| \leqslant 2|x-y|$. 试证 $|f(5,4)| \leqslant 1$.(北京理工大学数学竞赛,1990)

证 由设 $\left|\dfrac{\partial f}{\partial x}\right| \leqslant 2|x-y|, \left|\dfrac{\partial f}{\partial y}\right| \leqslant 2|x-y|$,则对 $x = y$ 的点 (x,y),均有 $\dfrac{\partial f}{\partial x} = \dfrac{\partial f}{\partial y} = 0$.

又

$$f(4,4) = \int_{(0,0)}^{(4,4)} \left(\frac{\partial f}{\partial x}\mathrm{d}x + \frac{\partial f}{\partial y}\mathrm{d}y\right) + f(0,0) = 0$$

则 $|f(5,4)| = \left| \int_4^5 \dfrac{\partial f(x,4)}{\partial x} \mathrm{d}x + f(4,4) \right| \leqslant \int_4^5 \left| \dfrac{\partial f(x,4)}{\partial x} \right| \mathrm{d}x \leqslant \int_4^5 2(x-4)\mathrm{d}x = 1.$

例 2　设 $f(x,y)$ 在 $C:x^2+y^2 \leqslant 1$ 上是有偏导数的实函数,且 $|f(x,y)| \leqslant 1$.求证 $f(x,y)$ 在 C 内有一点 (x_0,y_0) 使

$$\left[\frac{\partial f(x_0,y_0)}{\partial x} \right]^2 + \left[\frac{\partial f(x_0,y_0)}{\partial y} \right]^2 \leqslant 16$$

(美国 Putnam Exam,1967)

解　令 $g(x,y) = f(x,y) + 2(x^2+y^2)$,在 C 上 $g(x,y) \geqslant 1$,在 $(0,0)$ 点 $g(0,0) \leqslant 1$,则 $g(x,y)$ 或为常数,或者在 $x^2+y^2 < 1$ 内有极小点.

若 $g(x,y) = \mathrm{const}$(常数),则 $f(x,y) = \mathrm{const} - 2(x^2+y^2)$.

此时由 $\dfrac{\partial f}{\partial x} = 4x, \dfrac{\partial f}{\partial y} = 4y$ 不难找到 (x_0,y_0) 满足题目要求.

若 $g(x,y)$ 在 C 内取其最小值,设其为 (x_0,y_0).而在该点

$$\frac{\partial g(x,y)}{\partial x}\bigg|_{(x_0,y_0)} = \frac{\partial g(x,y)}{\partial y}\bigg|_{(x_0,y_0)} = 0$$

又 $\dfrac{\partial g(x,y)}{\partial x}\bigg|_{(x_0,y_0)} = 4x_0$,且 $\dfrac{\partial g(x,y)}{\partial y}\bigg|_{(x_0,y_0)} = 4y_0$.从而

$$\left[\frac{\partial f(x_0,y_0)}{\partial x} \right]^2 + \left[\frac{\partial f(x_0,y_0)}{\partial y} \right]^2 = 16(x_0^2+y_0^2) \leqslant 16$$

习　　题

1. 讨论 $\lim\limits_{(x,y)\to(0,0)} \dfrac{xy^2}{x^2+y^4}$ 存在情况.(北京师范大学,1983)

2. 讨论 $\lim\limits_{(x,y)\to(0,0)} \dfrac{xy^2}{x^2y^2+(x-y)^2}$ 的存在情况,且说明理由.(华中工学院,1983)

3. 设二元函数

$$f(x,y) = \begin{cases} \dfrac{xy}{x^2+y^2}, & x^2+y^2 > 0 \\ 0, & x^2+y^2 = 0 \end{cases}$$

试证其在 $(0,0)$ 处不连续.(中国石化科学院,1980)

4. (1) 设 $z = f(x^2-y^2, \mathrm{e}^{xy})$,其中 f 可微,求 $\dfrac{\partial z}{\partial x}, \dfrac{\partial z}{\partial y}$.(湖南大学,1980)

(2) 设 $z = \dfrac{y}{f(x^2-y^2)}$,其中 f 为任意次可微函数,试求 $\dfrac{\partial z}{\partial x}, \dfrac{\partial z}{\partial y}$.(昆明工学院,1982)

5. 设 $z = f(u,v,x,y)$,而 u,v 是由方程组

$$F(u,v,x,y) = 0, G(u,v,x,y) = 0$$

确定的 x,y 的函数.若 f,F,G 关于其全部变元均有连续偏导数,且 $F'_u G'_v - F'_v G'_u \neq 0$.求 $\dfrac{\partial z}{\partial v}$ 和 $\dfrac{\partial z}{\partial y}$.(西北工业大学,1983)

6. 若 $x = x(y,z), y = y(z,x), z = z(x,y)$ 均是由 $F(x,y,z) = 0$ 定义的可微函数,求 $\dfrac{\partial x}{\partial y} \cdot \dfrac{\partial y}{\partial z} \cdot \dfrac{\partial z}{\partial x}$.（上海工业大学,1980)

7. 设 $u = u(x,y), v = v(x,y)$ 有连续偏导数,且 $\begin{vmatrix} \dfrac{\partial u}{\partial x} & \dfrac{\partial u}{\partial y} \\ \dfrac{\partial u}{\partial x} & \dfrac{\partial v}{\partial y} \end{vmatrix} \neq 0$,求 $\begin{vmatrix} \dfrac{\partial x}{\partial u} & \dfrac{\partial x}{\partial v} \\ \dfrac{\partial y}{\partial u} & \dfrac{\partial y}{\partial v} \end{vmatrix}$.（西北工业大

学,1982)

8. 已知 $z = z(u)$,且 $u = \varphi(u) + \int_y^x p(t)\mathrm{d}t$,其中 $z(u)$ 可微,$\varphi'(u)$ 连续,且 $\varphi'(u) \neq 1$,$p(t)$ 连续. 求 $p(y)\dfrac{\partial z}{\partial x} + p(x)\dfrac{\partial z}{\partial y}$. (厦门大学,1982)

9. 若 $F(xy, z - 2x) = 0$,求 $xz'_x - yz'_y$. (上海工业大学,1982)

10. 设 $y = y(x)$ 由方程 $F(x, y) = 0$ 决定,求 $\dfrac{\mathrm{d}^2 y}{\mathrm{d}x^2}$. (湘潭大学,1983)

11. 设 $2x - \tan(x - y) = \int_0^{x-y} \sec^2 t\,\mathrm{d}t$(这里 $x \neq y$),求 $\dfrac{\mathrm{d}^2 y}{\mathrm{d}x^2}$. (长沙铁道学院,1984)

12. 设 $w = F(x, y, z)$,$z = f(x, y)$,$y = \varphi(x)$,求 $\dfrac{\mathrm{d}w}{\mathrm{d}x}$. (上海科技大学,1981)

13. 设 $z = f(x, y, t)$,而 $y = \sin(x + t)$,$x = \ln(y + t)$,求 $\dfrac{\mathrm{d}z}{\mathrm{d}x}$,这里 $x + t \neq (2k+1)\pi$,$k = 0, \pm 1$, $\pm 2, \cdots$. (华东水利学院,1984)

14. 设 $y = f(x, t)$,而 t 是由方程 $\varphi(x, y, t) = 0$ 所决定的函数,且 $\varphi(x, y, t)$ 是可微的,试求 $\dfrac{\mathrm{d}y}{\mathrm{d}x}$. (兰州铁道学院,1979;天津大学,1982)

15. 设 $z = z(x, y)$ 由方程 $x^2 + y^2 + z^2 = yf\left(\dfrac{z}{y}\right)$ 所确定,其中 f 可微. 求 $\dfrac{\partial z}{\partial x}, \dfrac{\partial z}{\partial y}$ 及 $\mathrm{d}z$. (西北电讯工程学院,1985)

16. 给出函数 $f(x, y) = x^y$ 在 $(1,1)$ 点的一次近似公式. (中国科学院,1983).

17. 设函数 $u(x)$ 是由方程组 $\begin{cases} u = f(x, y) \\ g(x, y, z) = 0, \\ h(x, z) = 0 \end{cases}$ 所确定,且 $\dfrac{\partial h}{\partial x} \neq 0$,$\dfrac{\partial g}{\partial y} \neq 0$,求 $\dfrac{\partial u}{\partial x}$. (清华大学,1982)

18. 设 $(x, y) = \begin{cases} \dfrac{xy}{x^2 + y^2}, & (x, y) \neq (0,0) \\ 0, & (x, y) = (0,0) \end{cases}$,求 $f'_x(0,0), f'_y(0,0)$. (郑州工学院,1982)

19. 求 $z = (\ln x)^{\cos y}$,求 $\mathrm{d}z$. (上海海运学院,1980)

20. 若 $f(x, y, z) = \left(\dfrac{x}{y}\right)^{\frac{1}{z}}$,求 $\mathrm{d}(1,1)$. (北京交通大学,1983)

21. 设 $\begin{cases} x = \mathrm{e}^u \cos v \\ y = \mathrm{e}^u \sin v \\ z = uv \end{cases}$,求 $\dfrac{\partial z}{\partial x}$ 及 $\dfrac{\partial z}{\partial y}$. (上海工业大学,1983)

22. 若 $\cos(x^2 + yz) = x$,求 $\dfrac{\partial y}{\partial z}$. (华中工学院,1988)

23. 若 $z = y^{\sin x}$,求 $\dfrac{\partial^2 z}{\partial x \partial y}$. (天津纺织工学院,1980)

24. 设 $z = u\left(xy, \dfrac{y}{x}\right)$,求 $\dfrac{\partial^2 z}{\partial x^2}$. (山东大学,1980)

25. 设 $z = z(x, y)$ 由 $F(x, x+y, x+y+z) = 0$ 确定,其中 F 有二阶连续偏导数,求 $\dfrac{\partial^2 z}{\partial x^2}$. (同济大学,1984)

26. 已知 $z = f[\varphi(x) - y, x + \psi(y)]$,其中 f 有二阶连续偏导数,φ, ψ 均可微,试求 $\dfrac{\partial^2 z}{\partial x \partial y}$. (合肥工业

大学,1985)

27. 设 $z = f[x\varphi(y), x-y]$,其中 f 有二阶连续偏导数,φ 有二阶导数.试求 $\dfrac{\partial z}{\partial y}$ 和 $\dfrac{\partial^2 z}{\partial 2y\partial x}$.(北京化工学院,1984)

28. 设 $u = f(x+y, xy)$,求 $\dfrac{\partial^2 u}{\partial x \partial y}$.(太原工学院,1982)

29. 设 $z = f(xy, x^2 - y^2)$,求 $\dfrac{\partial^2 z}{\partial x \partial y}$.(甘肃工业大学,1982)

30. 设 $z = y^x \ln(xy)$,求 $\dfrac{\partial^2 z}{\partial x^2}, \dfrac{\partial^2 z}{\partial x \partial y}$.(上海交通大学,1984)

31. 设 $z = y\varphi\left(\dfrac{x}{y}\right) + \ln(2x - y)$,其中 φ 有二阶连续导数,求 $\dfrac{\partial^2 z}{\partial x \partial y}$.(南京航空学院,1980)

32. 若 $z(z^2 + 3x) + 3y = 0$,求 $\dfrac{\partial^2 z}{\partial x^2} + \dfrac{\partial^2 z}{\partial y^2}$.(西北大学,1982)

33. 设函数 $z = z(x, y)$ 由参数方程 $\begin{cases} x = u^2 + v^2 \\ y = u^3 + v^3 \\ z = u^2 v^2 \end{cases}$ 所确定,求 $\dfrac{\partial z}{\partial x}, \dfrac{\partial z}{\partial y}$ 及 $\dfrac{\partial^2 z}{\partial x \partial y}$.(同济大学,1983)

34. 已知 $u = \begin{vmatrix} 1 & 1 & 1 \\ x & y & z \\ x^2 & y^2 & z^2 \end{vmatrix}$.(1) 计算 $\dfrac{\partial u}{\partial x} + \dfrac{\partial u}{\partial y} + \dfrac{\partial u}{\partial z}$;(2) 计算 $\dfrac{\partial^2 u}{\partial x^2} + \dfrac{\partial^2 u}{\partial y^2} + \dfrac{\partial^2 u}{\partial z^2}$.(武汉钢铁学院,1980)

35. 设 $u = \dfrac{1}{\sqrt{(x-a)^2 + (y-b)^2 + (z-c)^2}}$,其中 a, b, c 为常数,求 $\dfrac{\partial^2 u}{\partial x^2} + \dfrac{\partial^2 u}{\partial y^2} + \dfrac{\partial^2 u}{\partial z^2}$.(北方交通大学,1984)

36. 已知 $u = f(x+y+z, x^2+y^2+z^2)$,求 $\dfrac{\partial^2 u}{\partial x^2} + \dfrac{\partial^2 u}{\partial y^2} + \dfrac{\partial^2 u}{\partial z^2}$.(上海机械学院、华北电力学院北京研究生部,1980)

37. 设 $z = xe^x \cos y$,求 $\dfrac{\partial^4 z}{\partial x^4} + 2\dfrac{\partial^4 z}{\partial x^2 \partial y^2} + \dfrac{\partial^4 z}{\partial y^4}$.(北京邮电学院,1980)

38. 设 $z = \sin(ax + by + c)$,求 $\dfrac{\partial^{m+n} z}{\partial x^m \partial y^n}$.(山东化工学院,1980)

39. 设函数 $f(x, y) = a\arctan\dfrac{y}{x}$,试计算 $H = [1 + (f'_y)^2]f''_{xx} - 2f'_x f'_y f''_{xy} + [1 + (f'_x)^2]f''_{yy}$.(安徽工学院,1985)

40. 设 $z = xf\left(\dfrac{y}{x}\right) + g\left(\dfrac{y}{x}\right)$,其中 f, g 二次可微,求 $x^2\dfrac{\partial^2 z}{\partial x^2} + 2xy\dfrac{\partial^2 z}{\partial x \partial y} + y^2\dfrac{\partial^2 z}{\partial y^2}$.(国防科技大学,1983)

41. 设 $F\left(\dfrac{y}{x}, \dfrac{z}{x}\right) = 0$,试证 $xz'_x + yz'_y = z$.(华中工学院,1982)

42. 设 $F(x + zy^{-1}, y + zx^{-1}) = 0$,且 $z = z(x, y)$ 和 F 均可微,证明 $xz'_x + yz'_y = z - xy$.(华北电力学院北京研究生部,1980)

43. 设 $u = x^n \varphi\left(\dfrac{y}{x^\alpha}, \dfrac{z}{y^\beta}\right)$,其中 φ 为可微函数,n, α, β 为常数.试验证

$$x\dfrac{\partial u}{\partial x} + \alpha y\dfrac{\partial u}{\partial y} + \alpha\beta z\dfrac{\partial u}{\partial z} = nu$$

(无锡轻工业学院,1983)

44. 设 z 为 x,y 的可微函数,$x = au + bv$,$y = cu + dv$,又 a,b,c,d 均为常数,证明 $xz'_x + yz'_y = uz'_u + vz'_v$.(中科院长春光机所,1982)

45. 设 $f(x,y) = F(u,v)$,其中 $x = u\cos\theta - v\sin\theta$,$y = u\sin\theta + v\cos\theta$($\theta$ 为常数).试证 $\left(\dfrac{\partial F}{\partial u}\right)^2 + \left(\dfrac{\partial F}{\partial v}\right)^2 = \left(\dfrac{\partial f}{\partial x}\right)^2 + \left(\dfrac{\partial f}{\partial y}\right)^2$.(华东化工学院,1984)

46. 设 $u = u(x,y)$,$v = v(x,y)$ 的一阶偏导数连续,且满足条件 $F(u,v) = 0$,$(F'_u)^2 + (F'_v)^2 > 0$,试证 $\dfrac{\partial(u,v)}{\partial(x,y)} = \begin{vmatrix} u'_x & u'_y \\ v'_x & v'_y \end{vmatrix} = 0$.(大连工学院,1985)

47. 求证由 $\sqrt{R^2 - z^2} = y + xf(z)$ 所确定的函数 $z = z(x,y)$ 满足方程 $xz'_x + (y - \sqrt{R^2 - z^2}) \cdot z'_y = 0$.(北京工业学院,1980)

48. 设 $x^2 = vw$,$y^2 = uw$,$z = uv$,且 $f(x,y,z) = F(u,v,w)$.证明 $xf'_x + yf'_y + zf'_z = uF'_u + vF'_v + wF'_w$.(西安公路学院,1980)

49. 已知 $z = z(x,y)$ 满足方程 $x\dfrac{\partial z}{\partial x} + y\dfrac{\partial z}{\partial y} = z + \sqrt{x^2 + y^2 + z^2}$.设 $\zeta = \dfrac{y}{x}$,$\eta = z + \sqrt{x^2 + y^2 + z^2}$.试证 $z = z(\zeta,\eta)$ 满足方程 $2z'_\eta = 1$.(成都地质学院,1982)

50. 若 $z = f(x,y)$ 是一个可微函数,则它是 k 次齐次函数的充要条件是:$xf'_x + yf'_y = kf$.(武汉测绘学院,1982)

51. 设 $f(x,y,z)$ 是 n 次齐次函数,且二次连续可微,试证:(1) 由 $(x,y,z) = 0$ 所确定的函数 $z = \varphi(x,y)$ 是一次齐次函数;(2) f'_x,f'_y,f'_z 皆是 $n-1$ 次齐次函数.(南京大学,1982)

52. 设 $u = x^k F\left(\dfrac{z}{x},\dfrac{y}{x}\right)$,试证 $x\dfrac{\partial u}{\partial x} + y\dfrac{\partial u}{\partial y} + z\dfrac{\partial u}{\partial z} = ku$.(大连工学院,1985)

53. 设 $u = f(r)$,其中 $r = \sqrt{x^2 + y^2 + z^2}$.$f$ 是二次可微函数,则 $\dfrac{\partial^2 u}{\partial x^2} + \dfrac{\partial^2 u}{\partial y^2} + \dfrac{\partial^2 u}{\partial z^2}$ 是 r 的函数.(东北工学院,1983)

54. 设 f 是 x,y 的可微函数,且 $x = \dfrac{1}{2}\ln(r^2 + s^2)$,$y = \arctan\dfrac{s}{r}$.试证 $f'^2_x + f'^2_y = (r^2 + s^2)(f'^2_r + f'^2_s)$.(吉林大学,1983)

55. 设函数 $z = z(x,y)$ 由隐函数 $\dfrac{x}{z} = \varphi\left(\dfrac{y}{z}\right)$ 所确定,其中 φ 是二阶可微函数.证明 $z(x,y)$ 满足关系式:$z''_{xx} \cdot z''_{yy} - (z''_{xy})^2 = 0$.(北京工业大学,1980)

56. 设 $\dfrac{1}{z} - \dfrac{1}{x} = f\left(\dfrac{1}{y} - \dfrac{1}{x}\right)$,证明 $x^2\dfrac{\partial z}{\partial x} + y^2\dfrac{\partial z}{\partial y} = z^2$.(大连海运学院,1985)

57. 若 z 为 x,y 的函数,又 $x = f(u,v)$,$y = g(u,v)$ 均有二阶连续偏导数,且 $f'_u = g'_v$,$f'_v = -g'_u$.试证 $z''_{uu} + z''_{vv} = (z''_{xx} + z''_{yy})(f'^2_u + f'^2_v)$.(华东化工学院,1982;西北电讯工程学院,1983)

58. 设 $u = f(x,y)$ 有二阶连续偏导数,又 $x = \rho\cos\theta$,$y = \rho\sin\theta$,试证:$\dfrac{\partial^2 u}{\partial x^2} + \dfrac{\partial^2 u}{\partial y^2} = \dfrac{\partial^2 u}{\partial \rho^2} + \dfrac{1}{\rho}\dfrac{\partial u}{\partial \rho} + \dfrac{1}{\rho^2}\dfrac{\partial^2 u}{\partial \theta^2}$.(华东化工学院,1980;南京林学院、上海工业大学,1982)

59. 已知 $u = \varphi\left(\dfrac{y}{x}\right) + x\psi\left(\dfrac{y}{x}\right)$,求证 $x^2\dfrac{\partial^2 u}{\partial x^2} + 2xy\dfrac{\partial^2 u}{\partial x\partial y} + y^2\dfrac{\partial^2 u}{\partial y^2} = 0$.(北方交通大学,1985)

60. 已知 $F\left(\dfrac{x}{z},\dfrac{y}{z}\right) = 0$ 确定 $z = f(x,y)$,其中 f,F 均有二阶连续偏导数,试证:(1) $x\dfrac{\partial z}{\partial x} + y\dfrac{\partial z}{\partial y} =$

z；(2)$(x^2+y^2)\dfrac{\partial^2 z}{\partial x\partial y}+xy\left(\dfrac{\partial^2 z}{\partial x^2}+\dfrac{\partial^2 z}{\partial y^2}\right)=0$．(青岛化工学院,1985)

61. 设 $u=u(x,y)$ 满足拉普拉斯方程 $\Delta u=\dfrac{\partial^2 u}{\partial x^2}+\dfrac{\partial^2 u}{\partial y^2}=0$，则函数 $v(x,y)\equiv u\left(\dfrac{x}{x^2+y^2},\dfrac{y}{x^2+y^2}\right)$ 亦满足拉普拉斯方程 $\Delta v=0$．(合肥工业大学,1981)

62. 设 $f(x_1,x_2,\cdots,x_n)=\dfrac{1}{(x_1^2+x_2^2+\cdots+x_n^2)^{\frac{n-2}{2}}}$，试证 $\sum\limits_{i=1}^{n}f''_{x_ix_i}=0$．(西安公路学院,1983)

63. 试证函数 $u(x,t)=\dfrac{1}{2}\left[\varphi(x+at)+\varphi(x-at)\right]+\dfrac{1}{2a}\displaystyle\int_{x-at}^{x+at}\psi(a)\mathrm{d}a$(其中 ψ 一阶连续可微,φ 二阶连续可微) 满足方程 $\dfrac{\partial^2 u}{\partial t^2}=a^2\dfrac{\partial^2 u}{\partial x^2}$，且它同时满足 $u\big|_{t=0}=\varphi(x)$，$\dfrac{\partial u}{\partial t}\Big|_{t=0}=\psi(x)$．(山东工学院,1982)

64. 设 $f(t,x)$ 在矩形域 $a\leqslant t\leqslant b, c\leqslant x\leqslant d$ 上有连续偏导数．又 $x=\varphi(t),y=\psi(t)$ 在 $[a,b]$ 上可微,且 $c\leqslant\varphi(t)\leqslant d, c\leqslant\varphi(t)\leqslant d$．试证

$$\dfrac{\mathrm{d}}{\mathrm{d}t}\int_{\varphi(t)}^{\psi(t)}f(t,x)\mathrm{d}x=\int_{\varphi(t)}^{\psi(t)}f'_t(t,x)\mathrm{d}x+f[t,\psi(t)]\psi'(t)-f[t,\varphi(t)]\varphi'(t)$$

(北京邮电学院,1983)

65. 设 z 是 x,y 的连续函数,且对 x,y 有连续偏导数．试求 $(z'_x)^2+(z'_y)^2$ 在变换 $x=uv,y=\dfrac{1}{2}(u^2-v^2)$ 后的表达式．(中国科技大学,1980)

66. 设 $u=x,v=\dfrac{1}{y}-\dfrac{1}{x},w=\dfrac{1}{z}-\dfrac{1}{x}$，式中 $w=w(u,v)$ 为新函数．试求做上述变换后 $x^2\dfrac{\partial z}{\partial x}+y^2\dfrac{\partial z}{\partial y}=z^2$ 的形式．(湖南大学,1981)

67. 设 $u=u(x,y)$ 和 $v=v(x,y)$ 可微,且 $\dfrac{\partial u}{\partial x}=\dfrac{\partial v}{\partial y},\dfrac{\partial u}{\partial y}=-\dfrac{\partial v}{\partial x}$，试证将 x,y 换成极坐标后有 $\dfrac{\partial u}{\partial r}=\dfrac{1}{r}\dfrac{\partial v}{\partial\theta},\dfrac{\partial v}{\partial r}=-\dfrac{1}{r}\dfrac{\partial u}{\partial\theta}$．(大连轻工业学院,1982)

68. 利用变换 $\begin{cases}\zeta=x+\alpha y\\\eta=x+\beta y\end{cases}$ 变换下列方程 $\dfrac{\partial^2 u}{\partial x^2}+5\dfrac{\partial^2 u}{\partial x\partial y}+\dfrac{\partial^2 u}{\partial y^2}=0$，适当选取 α,β 的值,使变换后方程为 $\dfrac{\partial^2 u}{\partial\zeta\partial\eta}=0$．(北京航空学院,1980)

69. 已知函数 $u=v(x,y)$ 满足方程 $\dfrac{\partial^2 u}{\partial x^2}-\dfrac{\partial^2 u}{\partial y^2}+a\dfrac{\partial u}{\partial x}+a\dfrac{\partial u}{\partial y}=0$．(1)试选择参数 α,β，通过变换 $u(x,y)=u(x,y)\mathrm{e}^{ax+\beta y}$ 把原方程变形,消去新方程中一阶偏导数项；(2)对新方程再令 $\zeta=x+y,\eta=x-y$ 变换方程．(华北电力学院北京研究生部,1980)

70. 已知 $z=xf\left(\dfrac{y}{x}\right)+2y\varphi\left(\dfrac{x}{y}\right)$，其中 f,φ 均为二次可微函数．(1) 求 $\dfrac{\partial z}{\partial x},\dfrac{\partial^2 z}{\partial x\partial y}$；(2) 当 $f=\varphi$，且 $\dfrac{\partial^2 z}{\partial x\partial y}\Big|_{x=a}=-by^2$ 时,求 $f(y)$(这里 a,b 为正的常数)．(天津大学,1982)

71. 设 $u(x,y),v(x,y)$ 在区域 D 内满足 $\dfrac{\partial u}{\partial x}=\dfrac{\partial v}{\partial y},\dfrac{\partial u}{\partial y}=-\dfrac{\partial v}{\partial x}$，又 $u^2+v^2=c$($c\neq 0$ 常数),则 $u(x,y),v(x,y)$ 恒为常数．(厦门大学,1983)

72. 设 $u(x,y)=y^2F(3x+2y)$，其中 F 为可微函数．(1) 试证 $3yu'_y-2yu'_x=6u$；(2) 已知 $u\left(x,\dfrac{1}{2}\right)=x^2$，求 $u(x,y)$．(北京钢铁学院,1982)

73. 求曲线 $\begin{cases} x^2+y^2+z^2=6 \\ x+y+z=0 \end{cases}$ 在点 $(1,-2,1)$ 处的切线方程.(大连轻工业学院,1982)

74. 求曲线 $x=t,y=-t^2,z=t^3$ 上与平面 $x+2y+z=4$ 平行的切线方程.(大连轻工业学院,1980)

75. 求圆周 $\begin{cases} x^2+y^2+z^2-3x=0 \\ 2x-3y+5z-4=0 \end{cases}$ 在点 $(1,1,1)$ 处的切线和法平面方程.(哈尔滨工业大学,1981)

76. 求空间曲线 $\begin{cases} x^2+y^2=\dfrac{1}{2}z^2 \\ x+y+z=4 \end{cases}$ 在点 $(1,-1,2)$ 处的切线和法平面方程.(华东工程学院,1980)

77. 求空间曲线 $\begin{cases} 2x^2+3y^2+z^2=9 \\ z^2=3x^2+y^2 \end{cases}$ 在点 $M_0(1,-1,2)$ 处的切线及法平面方程.(西安矿业学院,1983)

78. 求椭球面 $2x^2+3y^2+z^2=9$ 平行于平面 $2x-3y+2z+1=0$ 的切平面方程.(南京工学院,1980)

79. 求曲面 $x=ue^v,y=ve^u,z=u+v$ 在 $u=v=0$ 处的切平面方程.(长沙铁道学院,1984)

80. 证明曲面 $z=xf\left(\dfrac{y}{x}\right)$ 在任一点的切平面都通过原点.(长春光机学院,1983)

81. 求过直线 $\begin{cases} 10x+2y-2z=27 \\ x+y-z=0 \end{cases}$ 作曲面 $2x^2+y^2-z^2=27$ 的切平面方程.(长沙铁道学院,1980)

82. 求过直线 $\begin{cases} x+y+15=0 \\ 4x+z+8=0 \end{cases}$ 且与曲线 $\begin{cases} x=\dfrac{t}{1+t} \\ y=\dfrac{1+t}{t} \\ z=t^2 \end{cases}$ 在 $t=1$ 处的切线相平行的平面方程.(北京钢铁学院,1969)

83. 设 f 的一阶偏导数连续且不同时为零.(1)求曲面 $f(ax-bz,ay-cz)=0$(其中 $a^2+b^2+c^2\neq0$)上任一点处的切平面方程;(2)证明该曲线上任一点法线矢量均与某一个定矢量正交,且写出这个矢量.(西安冶金建筑学院、华南工学院,1984)

84. 求曲线 $x^2-z=0,3x+2y+1=0$ 上的点 $(1,-2,1)$ 处与直线 $\begin{cases} x-y-z=0 \\ 9x-7y-21z=0 \end{cases}$ 间的夹角.(武汉建材学院,1982)

85. 求双曲面 $x^2-y^2=z$ 上通过点 $(1,-1,0)$ 的两条直母线方程及其之间的夹角.(上海交通大学,1979)

86. 证明曲面 $F(nx-lz,ny-mz)=0$ 在任一点处的切平面平行于直线

$$\frac{x-1}{l}=\frac{y-2}{m}=\frac{z-3}{n}$$

(山东矿业学院,1984)

87. 试证锥面 $z=\sqrt{x^2+y^2}+3$ 的所有切平面均过锥面的顶点.(中南矿冶学院,1980)

88. 设曲面 $F_i(x,y,z)=0$ $(i=1,2,3)$ 切于同一直线 l 于 $P_0(x_0,y_0,z_0)$ 点的条件是

$$F_i(x_0,y_0,z_0)=0 \text{ 和 } \begin{vmatrix} F'_{1x} & F'_{1y} & F'_{1z} \\ F'_{2x} & F'_{2y} & F'_{2z} \\ F'_{3x} & F'_{3y} & F'_{3z} \end{vmatrix}_{(x_0,y_0,z_0)}=0. \text{(西南交通大学,1980)}$$

89. 求函数 $z=\sin x\sin y\sin(x+y)$ 的最大值,这里 $x>0,y>0,x+y<\pi$.(大连工学院,1982)

90. 确定函数 $f(x,y)=e^{x^2-y}(5-2x+y)$ 的极值点.(武汉建材学院,1982)

91. 把正数 a 分成三个正数 x,y,z 之和,使 $u=x^my^nz^p$ 最大,其中 m,n,p 为已知数.(武汉水电学

院,1979)

92. 当 $x^2 + y^2 = 1$ 时,求 $u = xy^3$ 的最大、最小值.(国防科技大学,1983)

93. 把正数 a 分成 3 个正整数之和,使它们的乘积最大.通过所求结果证明 $\sqrt[3]{xyz} \leqslant \dfrac{x+y+z}{3}$,这里 x, y, z 非负.(长春光机学院,1979)

94. 设正数 x, y 之和为定值,求函数 $f(x, y) = \dfrac{x^n + y^n}{2}$ 的极值,且由之证明 $\left(\dfrac{x+y}{2}\right)^n \leqslant \dfrac{1}{2}(x^n + y^n)$,这里 n 为正整数.(山东化工学院,1980)

95. 在已知三角形内求一点,使之到三角形三顶点距离的平方和最小.(四川大学,1980)

96. 过曲线 $3x^2 + 2xy + y^2 = 1$ 任意点作椭圆的切线,试求诸切线与两坐标轴所围成的三角形面积的最小值.(一机部 1981—1982 年出国进修生试题)

97. 在 Oxy 平面上求抛物线 $y = x^2$ 到直线 $x + y + 2 = 0$ 之间的最短距离.(华东师范大学,1984)

98. 经过点 $\left(2, 1, \dfrac{1}{3}\right)$ 的所有平面中,哪一个平面与三坐标所围成的立体的体积最小.(南京工学院,1980)

99. 已知三角形周长为 p,求出这样的三角形,当它绕自己的边旋转时,所转成立体体积最大.(华东化工学院,1982)

100. 在第一卦限作椭球面 $\dfrac{x^2}{a^2} + \dfrac{y^2}{b^2} + \dfrac{z^2}{c^2} = 1$ 的切平面,使得切平面与三坐标面所围成的四面体体积最小,求该切点坐标.(同济大学,1980)

101. 在球面 $x^2 + y^2 + z^2 = 1$ 上求一点,使之到 n 个已知点 $M_i(x_i, y_i, z_i)$ $(i = 1, 2, \cdots, n)$ 距离平方和最小.(上海工业大学,1980)

102. 设长方体 3 个面分别在坐标平面上,其一顶点在平面 $\dfrac{x}{a} + \dfrac{y}{b} + \dfrac{z}{c} = 1$ 上 $(a > 0, b > 0, c > 0)$,求其最大体积.(天津纺织工学院,1980)

103. 求原点到曲线 $\begin{cases} z = x^2 + y^2 \\ x + y + z = 1 \end{cases}$ 的最长和最短距离.(重庆建工学院,1985)

104. 在点 $(4, 2, -1)$ 处,计算 $f(x, y, z) = z \sqrt{x^2 - y^2}$ 沿 $l = \{2, 1, -1\}$ 的方向导数.(复旦大学,1982)

105. 求曲线 $F(x, y) = 0$ 在 $M(x, y)$ 处的曲率半径.(湖南大学,1982)

106. 试求曲面 $xyz = 1$ 上任意点 (α, β, γ) 处的法线方程和切平面方程,且证明切平面与 3 个坐标平面所围成图形的体积是一个常量.(大连工学院,1980)

107. 试证曲面 $\sqrt{x} + \sqrt{y} + \sqrt{z} = \sqrt{a}$ $(a > 0)$,在第一卦限的任一点 (x_0, y_0, z_0) 处的切平面,在三坐标轴上的截距离之和为常数.(上海化工学院、华东工程学院,1980;北方交通大学,1984)

108. 设平面上有 n 个质量为 m_i 的质点 $P_i(x_i, y_i)$ $(i = 1, 2, \cdots, n)$,试求这平面上一点 $Q(x, y)$,使该质点系对 Q 点的转动惯量为最小(要说明理由).(中国科技大学,1982)

第6章

多元函数积分

内 容 提 要

(一)重积分

1. 概念

(1)重积分的定义(略)

(2)重积分的几何、物理意义

积 分	几何意义	物理意义
二重积分	$\iint\limits_{D} \mathrm{d}x\mathrm{d}y$ 表示区域 D 的面积; $\iint\limits_{D} f(x,y)\mathrm{d}\sigma$ 表示曲顶直柱体体积代数和(这里 $\mathrm{d}\sigma = \mathrm{d}x\mathrm{d}y$ 称为**面积元**), $z = f(x,y)$ 为直柱体曲顶	① 平面薄板 D 的重心 $(\bar{x},\bar{y})$ $\begin{cases}\bar{x} = \dfrac{1}{M}\iint\limits_{D} x\mu(x,y)\mathrm{d}\sigma \\[2mm] \bar{y} = \dfrac{1}{M}\iint\limits_{D} y\mu(x,y)\mathrm{d}\sigma\end{cases}$ 其中, $\mu(x,y)$ 为密度函数, M 为 D 的质量. ② 平面薄板 D 对坐标轴及原点 O 的转动惯量(略)
三重积分	$\iiint\limits_{\Omega} \mathrm{d}x\mathrm{d}y\mathrm{d}z$ 或 $\iiint\limits_{\Omega} \mathrm{d}v$ 表示空间区域 Ω 的体积($\mathrm{d}v = \mathrm{d}x\mathrm{d}y\mathrm{d}z$ 称为**体积元**)	① 空间物体 Ω 的重心 $(\bar{x},\bar{y},\bar{z})$ $\begin{cases}\bar{x} = \dfrac{1}{M}\iiint\limits_{\Omega} x\mu(x,y,z)\mathrm{d}v \\[2mm] \bar{y} = \dfrac{1}{M}\iiint\limits_{\Omega} y\mu(x,y,z)\mathrm{d}v \\[2mm] \bar{z} = \dfrac{1}{M}\iiint\limits_{\Omega} z\mu(x,y,z)\mathrm{d}v\end{cases}$ 其中, $\mu(x,y,z)$ 为 Ω 的密度函数, M 为 Ω 的质量. ② 空间物体 Ω 对各坐标面、轴及原点的转动惯量(略)

(3)重积分的性质

见一元函数积分处的统一处理.

2. 计算

对直角坐标系而言,选择积分次序十分重要,在相同的积分域上,对某些函数(往往是不对称函数),选择不同的积分次序,其难易程度相差甚殊,有的甚至不能积出(见后面的例子).对三重积分也是如此.

当然更重要的是坐标变换,它往往可以使某些积分运算简化.

(1) 二重积分

直角坐标系	极坐标系
① $D:\begin{cases}\varphi_1(x)\leqslant y\leqslant\varphi_2(x)\\a\leqslant x\leqslant b\end{cases}$ $\displaystyle\iint\limits_{D}f\mathrm{d}\sigma=\int_a^b\mathrm{d}x\int_{\varphi_1(x)}^{\varphi_2(x)}f(x,y)\mathrm{d}y$ ② $D:\begin{cases}\psi_1(y)\leqslant x\leqslant\psi_2(y)\\c\leqslant y\leqslant d\end{cases}$ $\displaystyle\iint\limits_{D}f\mathrm{d}\sigma=\int_c^d\mathrm{d}y\int_{\psi_1(y)}^{\psi_2(y)}f(x,y)\mathrm{d}x$	① 极点在 D 的内部或边界上 $\qquad D:\begin{cases}0\leqslant\theta\leqslant 2\pi\\0\leqslant r\leqslant r(\theta)\end{cases}$ $\displaystyle\iint\limits_{D}f\mathrm{d}\sigma=\int_0^{2\pi}\mathrm{d}\theta\int_0^{r(\theta)}f(r\cos\theta,r\sin\theta)r\mathrm{d}r$ ② 极点在 D 的外部 $\qquad D:\begin{cases}r_1(\theta)\leqslant r\leqslant r_2(\theta)\\\alpha\leqslant\theta\leqslant\beta\end{cases}$ $\displaystyle\iint\limits_{D}f\mathrm{d}\sigma=\int_\alpha^\beta\mathrm{d}\theta\int_{r_1(\theta)}^{r_2(\theta)}f(r\cos\theta,r\sin\theta)r\mathrm{d}r$

(2) 三重积分

坐标系	积分区域	化为累次积分公式
直角坐标系	$\Omega:\begin{cases}\psi_1(x,y)\leqslant z\leqslant\psi_2(x,y)\\\varphi_1(x)\leqslant y\leqslant\varphi_2(x)\\a\leqslant x\leqslant b\end{cases}$	$\displaystyle I=\int_a^b\mathrm{d}x\int_{\varphi_1(x)}^{\varphi_2(x)}\mathrm{d}y\int_{\psi_1(x,y)}^{\psi_2(x,y)}f(x,y,z)\mathrm{d}z$
柱坐标系	$\Omega:\begin{cases}\psi_1(r,\theta)\leqslant z\leqslant\psi_2(r,\theta)\\\varphi_1(\theta)\leqslant r\leqslant\varphi_2(\theta)\\\alpha\leqslant\theta\leqslant\beta\end{cases}$	$\displaystyle I=\int_\alpha^\beta\mathrm{d}\theta\int_{\varphi_1(\theta)}^{\varphi_2(\theta)}\mathrm{d}r\int_{\psi_1(r,\theta)}^{\psi_2(r,\theta)}f(r\cos\theta,r\sin\theta,z)r\mathrm{d}z$
球坐标系	$\Omega:\begin{cases}\psi_1(\varphi,\theta)\leqslant r\leqslant\psi_2(\varphi,\theta)\\\varphi_1(\theta)\leqslant\varphi\leqslant\varphi_2(\theta)\\\alpha\leqslant\theta\leqslant\beta\end{cases}$	$\displaystyle I=\int_\alpha^\beta\mathrm{d}\theta\int_{\varphi_1(\theta)}^{\varphi_2(\theta)}\mathrm{d}\varphi\int_{\psi_1(\varphi,\theta)}^{\psi_2(\varphi,\theta)}f(r\sin\varphi\cos\theta,$ $r\sin\varphi\sin\theta,r\cos\varphi)\cdot r^2\sin\varphi\mathrm{d}r$

平面两种坐标系及适应范围如下:

坐标系	适用范围	面积元素	变量替换	积分表达式
直角坐标系	积分区域 D 的边界由直线、抛物线、双曲线等所围成	$\mathrm{d}x\mathrm{d}y$		$\displaystyle\iint\limits_{D}f(x,y)\mathrm{d}x\mathrm{d}y$
极坐标系	积分区域 D 的边界由圆周(或其一部分)或由极坐标方程给出的曲线所围成时.如以原点为心的扇形、圆环域等,且被积函数为 x^2+y^2 的函数时	$r\mathrm{d}r\mathrm{d}\theta$	$\begin{cases}x=r\cos\theta\\y=r\sin\theta\end{cases}$	$\displaystyle\iint\limits_{D}f(r\cos\theta,r\sin\theta)r\mathrm{d}r\mathrm{d}\theta$

空间三种坐标系选择及适用范围如下:

坐标系	适用范围	体积元素	变量替换	积分表达式
直角坐标系	积分区域界面由平面、抛物面围成	$\mathrm{d}x\mathrm{d}y\mathrm{d}z$		$\iiint\limits_{\Omega}f(x,y,z)\mathrm{d}x\mathrm{d}y\mathrm{d}z$
柱坐标系	积分区域界面为圆柱面或旋转抛物面等,被积函数为 x^2+y^2 和 z 的函数	$r\mathrm{d}r\mathrm{d}\theta\mathrm{d}z$	$\begin{cases}x=r\cos\theta \\ y=r\sin\theta \\ z=z\end{cases}$	$\iiint\limits_{\Omega}f(r\cos\theta,r\sin\theta,z)\cdot$ $r\mathrm{d}r\mathrm{d}\theta\mathrm{d}z$
球坐标系	积分区域界面为球面或圆锥面,被积函数为 $x^2+y^2+z^2$ 的函数	$r^2\sin\varphi\mathrm{d}r\mathrm{d}\varphi\mathrm{d}\theta$	$\begin{cases}x=r\sin\varphi\cdot\cos\theta \\ y=r\sin\varphi\cdot\sin\theta \\ z=r\cos\varphi\end{cases}$	$\iiint\limits_{\Omega}(r\sin\varphi\cos\theta,r\sin\varphi\sin\theta,$ $r\cos\varphi)\cdot r^2\sin\varphi\mathrm{d}r\mathrm{d}\varphi\mathrm{d}\theta$

注 1 坐标变换的选取,一般依被积函数的形式或积分区域形状而定.适当的选取,对于简化积分计算来讲十分重要.

注 2 变量替换的雅可比行列式

对一般函数变换来讲,其变换的面积或体积单元常数,可由雅可比行列式给出.

积 分	变量替换公式	雅可比行列式
二重积分	$\begin{cases}x=x(u,v) \\ y=y(u,v)\end{cases}$	$J=\dfrac{D(x,y)}{D(u,v)}=\begin{vmatrix}x'_u & x'_v \\ y'_u & y'_v\end{vmatrix}$
三重积分	$\begin{cases}x=x(u,v,w) \\ y=y(u,v,w) \\ z=z(u,v,w)\end{cases}$	$\dfrac{D(x,y,z)}{D(u,v,w)}=\begin{vmatrix}x'_u & x'_v & x'_w \\ y'_u & y'_v & y'_w \\ z'_u & z'_v & z'_w\end{vmatrix}$

显然,对于平面极坐标变换,$J=r$;对于空间柱坐标变换,$J=r$;对于空间球坐标变换,$J=r^2\sin\varphi$.这样

$$\iint\limits_{D}f(x,y)\mathrm{d}\sigma=\iint\limits_{D'}f[x(u,v),y(u,v)]\mid J\mid \mathrm{d}u\mathrm{d}v$$

$$\iiint\limits_{\Omega}f(x,y,z)\mathrm{d}v=\iiint\limits_{\Omega'}f[x(u,v,w),y(u,v,w),z(u,v,w)]\mathrm{d}u\mathrm{d}v\mathrm{d}w$$

3. 应用

		二重积分	三重积分
几何上	计算面积	平面曲线 D 所围成图形的面积 $$S=\iint\limits_{D}\mathrm{d}x\mathrm{d}y$$ 光滑曲面的 $z=f(x,y)$ 的面积 $$S=\iint\limits_{D}\sqrt{1+z_x'^2+z_y'^2}\mathrm{d}x\mathrm{d}y$$ D:已知曲面在 xOy 平面投影	
	计算体积	下底 D 在平面 $z=0$,上底为 $z=f(x,y)$ 的曲顶柱体体积 $$V=\iint\limits_{D}f(x,y)\mathrm{d}x\mathrm{d}y$$	已知界面的空间区域 Ω 的体积为 $$V=\iiint\limits_{\Omega}\mathrm{d}x\mathrm{d}y\mathrm{d}z$$

续表

		二重积分	三重积分
物理上	求重心	平面薄板域 D 重心 $(\bar{x},\bar{y})$ $$\begin{cases} \bar{x}=\dfrac{1}{M}\iint\limits_{D}x\mu\,\mathrm{d}x\mathrm{d}y \\[2mm] \bar{y}=\dfrac{1}{M}\iint\limits_{D}y\mu\,\mathrm{d}x\mathrm{d}y \end{cases}$$ 其中, $\mu(x,y)$ 为 D 的密度, M 为 D 的质量,且 $$M=\iint\limits_{D}\mu\,\mathrm{d}x\mathrm{d}y$$	空间物体 Ω 的重心 $(\bar{x},\bar{y},\bar{z})$ $$\begin{cases} \bar{x}=\dfrac{1}{M}\iiint\limits_{\Omega}x\mu\,\mathrm{d}x\mathrm{d}y\mathrm{d}z \\[2mm] \bar{y}=\dfrac{1}{M}\iiint\limits_{\Omega}y\mu\,\mathrm{d}x\mathrm{d}y\mathrm{d}z \\[2mm] \bar{z}=\dfrac{1}{M}\iiint\limits_{\Omega}z\mu\,\mathrm{d}x\mathrm{d}y\mathrm{d}z \end{cases}$$ 其中, $\mu(x,y,z)$ 为 Ω 的密度, M 为 Ω 的质量,且 $$M=\iiint\limits_{\Omega}\mu\,\mathrm{d}x\mathrm{d}y\mathrm{d}z$$
	求转动惯量	平面薄片 D 对 Ox, Oy 轴及原点 O 的转动惯量 $J_{Oy}=\iint\limits_{D}x^{2}\mu\,\mathrm{d}x\mathrm{d}y$, $J_{Ox}=\iint\limits_{D}y^{2}\mu\,\mathrm{d}x\mathrm{d}y$, $J_{O}=$ $J_{Ox}+J_{Oy}$	空间物体 Ω 对各坐标面、坐标轴及原点的转动惯量 $J_{xy面}=\iiint\limits_{\Omega}z^{2}\mu\,\mathrm{d}x\mathrm{d}y\mathrm{d}z$, $J_{yz面}=\iiint\limits_{\Omega}x^{2}\mu\,\mathrm{d}x\mathrm{d}y\mathrm{d}z$, $J_{zx面}=\iiint\limits_{\Omega}y^{2}\mu\,\mathrm{d}x\mathrm{d}y\mathrm{d}z$, $J_{Ox轴}=J_{xy}+J_{xz}$, $J_{Oy轴}=J_{yx}+J_{yz}$, $J_{Oz轴}=$ $J_{zx}+J_{zy}$, $J_{O}=J_{xy}+J_{yz}+J_{zx}$

（二）曲线及曲面积分

1. 曲线积分

两型曲线积分定义、计算方法及应用如下：

		第 Ⅰ 型(对弧长的)	第 Ⅱ 型(对坐标的)
定义		$$I=\int_{\overarc{AB}}f(x,y)\mathrm{d}s=\lim_{\substack{n\to\infty\\\|\Delta s\|\to0}}\sum_{i=1}^{n}f(\xi_i,\eta_i)\Delta s_i$$	$$I=\int_{\overarc{AB}}P(x,y)\mathrm{d}x+Q(x,y)\mathrm{d}y$$ $$=\lim_{\substack{n\to\infty\\\|\Delta s\|\to0}}\sum_{i=1}^{n}\{P(\xi_i,\eta_i)\Delta x_i+Q(\xi_i,\eta_i)\Delta y_i\}$$
计算方法		① $\overarc{AB}$: $y=\varphi(x)$, $a\leqslant x\leqslant b$, $\mathrm{d}s=\sqrt{1+\varphi'^{2}}\,\mathrm{d}x$, $I=\int_{a}^{b}f[x,\varphi(x)]\sqrt{1+\varphi'^{2}(x)}\,\mathrm{d}x$	① $\overarc{AB}$: $y=\varphi(x)$, $a\leqslant x\leqslant b$. $I=\int_{a}^{b}\{P[x,\varphi(x)]+Q[x,\varphi(x)]\varphi'(x)\}\mathrm{d}x$
		② $\overarc{AB}$: $\mathrm{d}s=\sqrt{1+\psi'^{2}}\,\mathrm{d}y$, $I=\int_{c}^{d}f[\psi(y),y]\sqrt{1+\psi'^{2}(y)}\,\mathrm{d}y$	② $\overarc{AB}$: $x=\psi(y)$, $c\leqslant y\leqslant d$. $I=\int_{c}^{d}\{P[\psi(y),y]\psi'(y)+Q[\psi(y),y]\}\mathrm{d}y$

	第 Ⅰ 型(对弧长的)	第 Ⅱ 型(对坐标的)
计算方法	③ $\overset{\frown}{AB}$: $x = \varphi(t), y = \psi(t)$,其中 $\alpha \leqslant t \leqslant \beta$, $I = \int_{\alpha}^{\beta} f[\varphi(t), \psi(t)] \sqrt{\varphi'^2 + \psi'^2} \, dt$	③ $\overset{\frown}{AB}$: $x = \varphi(t), y = \psi(t)$,其中 $\alpha \leqslant t \leqslant \beta$, $I = \int_{\alpha}^{\beta} \{P[\varphi(t), \psi(t)]\varphi'(t) + Q[\varphi(t), \psi(t)]\psi'(t)\} dt$
		④ 格林公式(见后面内容). ⑤ 斯托克斯公式(见后面内容)
应用 几何上	可微曲线 c 的弧长为 $\int_c ds$	平面单连通域 D 的边界曲线 c 为光滑曲线,且平行于坐标轴的直线与 c 的交点不多于两个,则 D 的面积 $$\iint_D dx dy = \frac{1}{2} \oint_c x \, dy - y \, dx$$
物理上	$\mu(x, y, z)$ 为可微曲线 c 的密度,c 的总质量 $M = \int_c \mu \, ds$,则 c 的重心 $G(\overline{x}, \overline{y}, \overline{z})$ $$\begin{cases} \overline{x} = \dfrac{1}{M} \int_c x \mu \, ds \\ \overline{y} = \dfrac{1}{M} \int_c y \mu \, ds \\ \overline{z} = \dfrac{1}{M} \int_c z \mu \, ds \end{cases}$$	若力 $\boldsymbol{F} = P\boldsymbol{i} + Q\boldsymbol{j} + R\boldsymbol{k}$ 的作用点描绘曲线 c,则 $\boldsymbol{F}$ 沿 c 做的功为 $$W = \int_c \boldsymbol{F} d\boldsymbol{l} = \int_c P dx + Q dy + R dz$$ 这里 $d\boldsymbol{l} = dx \boldsymbol{i} + dy \boldsymbol{j} + dz \boldsymbol{k}$

2. 曲面积分

两型曲面积分的定义、计算方法及应用如下:

	第 Ⅰ 型(对面积的)	第 Ⅱ 型(对坐标的)
定义	$I = \iint_{\Sigma} f(x, y, z) d\sigma$ $= \lim\limits_{\substack{n \to \infty \\ \|\Delta_i\| \to 0}} \sum_{i=1}^{n} f(x_i, y_i, z_i) \Delta\sigma_i$	$I = \iint_{\Sigma} P dy dz + Q dx dz + R dx dy$ $= \lim\limits_{\substack{n \to \infty \\ \|\Delta_i\| \to 0}} \sum_{i=1}^{n} \{P_i \Delta\sigma_{i, yz} - Q_i \Delta\sigma_{i, xz} - R_i \sigma_{i, xy}\}$
计算方法	① Σ: $z = z(x, y)$, D_{xy} 是 Σ 在 xy 平面投影 $$\iint_{\Sigma} f d\sigma = \iint_{D_{xy}} f[x, y, z(x, y)] \cdot \sqrt{1 + z_x'^2 + z_y'^2} \, dx dy$$	① $\iint_{\Sigma} P dy dz = \pm \iint_{D_{yz}} P[x(y, z), y, z] dy dz$. 类似地可有 $\iint_{\Sigma} Q dy dx, \iint_{\Sigma} R dx dz$ 的相应公式
	② 对于 Σ: $x = x(y, z)$ 或 $y = y(x, z)$,仿上可有类似公式	② 奥-高(Острградский-Gauss) 公式(见后面内容)

第 Ⅰ 型(对面积的)	第 Ⅱ 型(对坐标的)
几何上 曲面 Σ 的面积为 $\iint\limits_{\Sigma}\mathrm{d}\sigma$	空间区域 Ω 的体积(满足奥－高公式条件) $V = \iiint\limits_{\Omega}\mathrm{d}x\mathrm{d}y\mathrm{d}z = \dfrac{1}{3}\oiint\limits_{\Sigma_{外}} x\mathrm{d}y\mathrm{d}z + y\mathrm{d}x\mathrm{d}z + z\mathrm{d}x\mathrm{d}y$
应用 曲面 Σ 的质量密度为 $\mu(x,y,z)$,则 Σ 的总质量为 $M = \iint\limits_{\Sigma}\mu\mathrm{d}\sigma$,$\Sigma$ 的重心 $(\bar{x},\bar{y},\bar{z})$ 为 $\begin{cases} \bar{x} = \dfrac{1}{M}\iint\limits_{\Sigma}x\mu\mathrm{d}\sigma \\ \bar{y} = \dfrac{1}{M}\iint\limits_{\Sigma}y\mu\mathrm{d}\sigma \\ \bar{z} = \dfrac{1}{M}\iint\limits_{\Sigma}z\mu\mathrm{d}\sigma \end{cases}$	若流体流速 $\mathbf{v} = a\mathbf{i} + b\mathbf{j} + c\mathbf{k}$,它通过曲面 Σ 的流量为 $Q = \iint\limits_{\Sigma}\mathbf{v}\mathrm{d}\sigma = \iint\limits_{\Sigma}a\mathrm{d}y\mathrm{d}z + b\mathrm{d}x\mathrm{d}z + c\mathrm{d}x\mathrm{d}y$ 若电场场强 $\mathbf{E} = a\mathbf{i} + b\mathbf{j} + c\mathbf{k}$,它通过曲面 Σ 的电通量为 $\Phi = \iint\limits_{\Sigma}\mathbf{E}\mathrm{d}\sigma = \iint\limits_{\Sigma}a\mathrm{d}y\mathrm{d}z + b\mathrm{d}x\mathrm{d}z + c\mathrm{d}x\mathrm{d}y$

3. 各类积分的关系

① 第 Ⅰ,Ⅱ 型曲线积分关系

$$\int_{\overset{\frown}{AB}} P\mathrm{d}x + Q\mathrm{d}y + R\mathrm{d}z = \int_{\overset{\frown}{AB}}(P\cos\alpha + Q\cos\beta + R\cos\gamma)\mathrm{d}\sigma$$

这里 $(\cos\alpha,\cos\beta,\cos\gamma)$ 为 $\overset{\frown}{AB}$ 在 (x,y,z) 处切线矢量 $\mathbf{t}$ 的方向余弦.

对于平面情形是

$$\int_{\overset{\frown}{AB}} P\mathrm{d}x + Q\mathrm{d}y + R\mathrm{d}z = \int_{\overset{\frown}{AB}}(P\cos\alpha + Q\cos\beta)\mathrm{d}\sigma$$

② 第 Ⅰ,Ⅱ 型曲面积分关系

$$\iint\limits_{\Sigma} P\mathrm{d}y\mathrm{d}z + Q\mathrm{d}x\mathrm{d}z + R\mathrm{d}x\mathrm{d}y = \iint\limits_{\Sigma}(P\cos\alpha + Q\cos\beta + R\cos\gamma)\mathrm{d}\sigma$$

这里 $(\cos\alpha,\cos\beta,\cos\gamma)$ 是 Σ 上 (x,y,z) 处法线矢量 $\mathbf{n}$ 的方向余弦.

③ 第 Ⅱ 型曲线积分与曲面积分关系 —— 斯托克斯(Stokes)公式

$$\oint_{c} P\mathrm{d}x + Q\mathrm{d}y + R\mathrm{d}z = \iint\limits_{\Sigma}\begin{vmatrix} \mathrm{d}y\mathrm{d}z & \mathrm{d}x\mathrm{d}z & \mathrm{d}x\mathrm{d}y \\ \dfrac{\partial}{\partial x} & \dfrac{\partial}{\partial y} & \dfrac{\partial}{\partial z} \\ P & Q & R \end{vmatrix}$$

特例:$z = 0$,得格林(Green)公式

$$\oint_{c} P\mathrm{d}x + Q\mathrm{d}y = \iint\limits_{D}\left(\frac{\partial Q}{\partial x} - \frac{\partial P}{\partial y}\right)\mathrm{d}x\mathrm{d}y$$

对于斯托克斯公式,上面是用"形式行列式"记号给出的,即

$$\oint_{c} P(x,y,z)\mathrm{d}x + Q(x,y,z)\mathrm{d}y + R(x,y,z)\mathrm{d}z$$

$$= \iint\limits_{\Sigma}\begin{vmatrix} \mathrm{d}y\mathrm{d}z & \mathrm{d}z\mathrm{d}x & \mathrm{d}x\mathrm{d}y \\ \dfrac{\partial}{\partial x} & \dfrac{\partial}{\partial y} & \dfrac{\partial}{\partial z} \\ P & Q & R \end{vmatrix} = \iint\limits_{\Sigma}\begin{vmatrix} \cos\alpha & \cos\beta & \cos\gamma \\ \dfrac{\partial}{\partial x} & \dfrac{\partial}{\partial y} & \dfrac{\partial}{\partial z} \\ P & Q & R \end{vmatrix}\mathrm{d}\sigma$$

这里$(\cos\alpha,\cos\beta,\cos\gamma)$为$S$上的点$(x,y,z)$处法矢量的方向余弦.

④ 第 Ⅱ 型曲面积分与三重积分关系 —— 奥-高公式

$$\oiint\limits_{\Sigma外}P\mathrm{d}y\mathrm{d}z+Q\mathrm{d}x\mathrm{d}z+R\mathrm{d}x\mathrm{d}y=\iiint\limits_{\Omega}\left(\frac{\partial P}{\partial x}+\frac{\partial Q}{\partial y}+\frac{\partial R}{\partial z}\right)\mathrm{d}x\mathrm{d}y\mathrm{d}z$$

注 1 格林公式中,$P=-y,Q=x$,可算得区域D的面积

$$\sigma\iint\limits_{D}\mathrm{d}x\mathrm{d}y=\frac{1}{2}\oint_{c^+}x\mathrm{d}y-y\mathrm{d}x$$

注 2 在奥-高公式中,$P=x,Q=y,R=z$,可得Ω的体积

$$V=\iiint\limits_{\Omega}\mathrm{d}x\mathrm{d}y\mathrm{d}z=\frac{1}{3}\oint_{\Sigma外}x\mathrm{d}y\mathrm{d}z+y\mathrm{d}x\mathrm{d}z+z\mathrm{d}x\mathrm{d}y$$

⑤ 各型积分间关系(→ 表示转化)

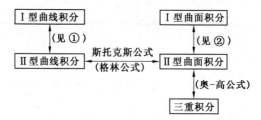

⑥ 各型积分的计算(→ 表示化为)

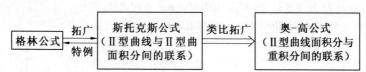

⑦ 三个公式的关系

格林公式 —拓广/特例→ 斯托克斯公式(Ⅱ型曲线与Ⅱ型曲面积分间的联系) —类比拓广→ 奥-高公式(Ⅱ型曲线面积分与重积分间的联系)

⑧ 线积分与路径无关的条件 —— 等价命题

平面区域	空间(单连通)区域
① $\dfrac{\partial P}{\partial y}=\dfrac{\partial Q}{\partial x}$;$(x,y)\in D$	① $\dfrac{\partial P}{\partial y}=\dfrac{\partial Q}{\partial x},\dfrac{\partial Q}{\partial z}=\dfrac{\partial R}{\partial y},\dfrac{\partial R}{\partial x}=\dfrac{\partial P}{\partial z}$;$(x,y,z)\in\Omega$
② $\oint_{c}P\mathrm{d}x+Q\mathrm{d}y=0$	② $\oint_{c}P\mathrm{d}x+Q\mathrm{d}y+R\mathrm{d}z=0$
③ $\int_{A}^{B}P\mathrm{d}x+Q\mathrm{d}y$ 与路径$\overset{\frown}{AB}$ 无关	③ $\int_{A}^{B}P\mathrm{d}x+Q\mathrm{d}y+R\mathrm{d}z$ 与路径$\overset{\frown}{AB}$ 无关
④ 若有 u 使 $\mathrm{d}u=P\mathrm{d}x+Q\mathrm{d}y$,则 $u(x,y)=\int_{(x_0,y_0)}^{(x,y)}P\mathrm{d}x+Q\mathrm{d}y$ $=\int_{x_0}^{x}P(x,y_0)\mathrm{d}x+\int_{y_0}^{y}Q(x,y)\mathrm{d}y$ $=\int_{y_0}^{y}Q(x_0,y)\mathrm{d}y+\int_{x_0}^{x}P(x,y)\mathrm{d}x$ 为 $P\mathrm{d}x+Q\mathrm{d}y$ 的原函数	④ 若有 $u(x,y,z)$ 使 $\mathrm{d}u=P\mathrm{d}x+Q\mathrm{d}y+R\mathrm{d}z$,则 $u(x,y,z)=\int_{(x_0,y_0,z_0)}^{(x,y,z)}P\mathrm{d}x+Q\mathrm{d}y+R\mathrm{d}z$ $=\int_{x_0}^{x}P(x,y_0,z_0)\mathrm{d}x+\int_{y_0}^{y}Q(x,y,z_0)\mathrm{d}y+\int_{z_0}^{z}R(x,y,z)\mathrm{d}z$ 为 $P\mathrm{d}x+Q\mathrm{d}y+R\mathrm{d}z$ 的原函数

4. 曲面积分与曲面形状无关的条件

Ⅱ 型曲面积分 3 个等价命题：

① $\dfrac{\partial P}{\partial x} + \dfrac{\partial Q}{\partial y} + \dfrac{\partial R}{\partial z} = 0; (x, y, z) \in \Omega.$

② $\oiint\limits_{\Sigma_{\text{外}}} P\mathrm{d}y\mathrm{d}z + Q\mathrm{d}x\mathrm{d}z + R\mathrm{d}x\mathrm{d}y = 0, \Sigma$ 为 Ω 内过 C 的任意封闭曲面.

③ $\iint\limits_{\Sigma} P\mathrm{d}y\mathrm{d}z + Q\mathrm{d}x\mathrm{d}z + R\mathrm{d}x\mathrm{d}y$ 与所沿曲面 Σ 的形状无关（即只与 Σ 的边界曲线 C 有关），其中 Σ 为 Ω 内过 C 的任意曲面.

经 典 问 题 解 析

1. 重积分计算

先来看 2 个二重积分的计算问题.

例 1　计算积分 $I = \iint \dfrac{x^2}{y^2}\mathrm{d}x\mathrm{d}y$，其中 D 是由 $y = x, xy = 1, x = 2$ 所围成的区域.

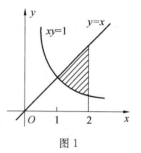

图 1

解　积分区域 D 如图 1 所示，故

$$I = \int_1^2 \mathrm{d}x \int_{\frac{1}{x}}^{x} \frac{x^2}{y^2}\mathrm{d}y = \int_1^2 \left[-\frac{x^2}{y}\right]_{\frac{1}{x}}^{x}\mathrm{d}x = \int_1^2 (x^3 - x)\mathrm{d}x = \frac{9}{4}$$

例 2　计算 $I = \iint\limits_{D}(x + y)\mathrm{d}x\mathrm{d}y$，其中 $D: x^2 + y^2 \leqslant x + y.$

解　D 即化为 $\left(x - \dfrac{1}{2}\right)^2 + \left(y - \dfrac{1}{2}\right)^2 \leqslant \dfrac{1}{2}$，令 $x = u + \dfrac{1}{2}, y = v +$

$\dfrac{1}{2}$，该变换的雅可比行列式 $J = \dfrac{D(x, y)}{D(u, v)} = \begin{vmatrix} 1 & 0 \\ 0 & 1 \end{vmatrix} = 1$，则

$$\iint\limits_{D}(x + y)\mathrm{d}x\mathrm{d}y = \iint\limits_{D'}(1 + u + v)\mathrm{d}u\mathrm{d}v$$

下面再用极坐标变换：$u = r\cos\theta, v = r\sin\theta$，则

$$I = \int_0^{2\pi}\mathrm{d}\theta \int_0^{\frac{1}{\sqrt{2}}}(1 + r\cos\theta + r\sin\theta)r\mathrm{d}r = \int_0^{2\pi}\left[\frac{r^2}{2} + (\cos\theta + \sin\theta) \cdot \frac{r^3}{3}\right]_0^{\frac{1}{\sqrt{2}}}\mathrm{d}\theta = \frac{\pi}{4}$$

例 3　计算 $\iint\limits_{D}\mathrm{e}^{-x^2-y^2}\mathrm{d}x\mathrm{d}y$，其中 $D: x^2 + y^2 \leqslant 1.$

解　考虑极坐标变换有

$$\iint\limits_{D}\mathrm{e}^{-x^2-y^2}\mathrm{d}x\mathrm{d}y = \int_0^{2\pi}\mathrm{d}\theta\int_0^1 r\mathrm{e}^{-r^2}\mathrm{d}r = -\frac{1}{2}\int_0^{2\pi}\mathrm{d}\theta\int_0^1 \mathrm{e}^{-r^2}\mathrm{d}(-r^2)$$

$$= -\frac{1}{2}\int_0^{2\pi}(\mathrm{e}^{-1} - 1)\mathrm{d}\theta = \pi(1 - \mathrm{e}^{-1})$$

例 4　计算积分 $A = \int_0^1\int_0^1 \left|xy - \dfrac{1}{4}\right|\mathrm{d}x\mathrm{d}y.$

解　如图 2 所示，将正方形 $[0, 1; 0, 1]$ 分成三部分，则

$$A = \int_0^{\frac{1}{4}}\mathrm{d}x\int_0^1 -\left(xy - \frac{1}{4}\right)\mathrm{d}y + \int_{\frac{1}{4}}^1\mathrm{d}x\int_0^{\frac{1}{4x}} -\left(xy - \frac{1}{4}\right)\mathrm{d}y +$$

$$\int_{\frac{1}{4}}^1\mathrm{d}x\int_{\frac{1}{4x}}^1 \left(xy - \frac{1}{4}\right)\mathrm{d}y$$

$$= \int_0^{\frac{1}{4}} \left(\frac{1}{4} - \frac{x}{2} \right) dx + \int_{\frac{1}{4}}^1 \frac{1}{32x} dx +$$

$$\int_{\frac{1}{4}}^1 \left(\frac{x}{2} - \frac{1}{32x} - \frac{1}{4} + \frac{1}{16x} \right) dx$$

$$= \frac{1}{16} - \frac{1}{64} + \frac{15}{64} - \frac{3}{16} + \frac{1}{16} \ln 4 = \frac{3}{32} + \frac{1}{8} \ln 2$$

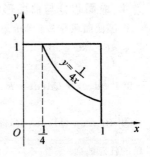

图 2

例 5 计算二重积分 $I = \iint\limits_{\substack{|x|<1 \\ 0<y<2}} \sqrt{|y-x^2|} \, dxdy$.

解 考虑绝对值性质,将积分区域分成两部分考虑(图3),则

$$I = \iint\limits_{\substack{|x|<1 \\ 0<y<x^2}} \sqrt{x^2-y} \, dxdy + \iint\limits_{\substack{|x|<1 \\ x^2<y<2}} \sqrt{y-x^2} \, dxdy$$

$$= \int_{-1}^1 dx \int_0^{x^2} \sqrt{x^2-y} \, dy + \int_{-1}^1 dx \int_{x^2}^2 \sqrt{y-x^2} \, dy$$

$$= \frac{4}{3} \int_0^1 x^3 dx + \frac{4}{3} \int_0^1 (2-x^2)^{\frac{3}{2}} dx = \frac{5}{3} + \frac{\pi}{2}$$

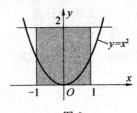

图 3

有些二次积分因按原序积分算不出而考虑换序,请看下面的例题.

例 6 计算 $I = \int_0^1 dy \int_y^{\sqrt{y}} \frac{\sin x}{x} dx$.

解 如图 4 所示

$$I = \int_0^1 dy \int_y^{\sqrt{y}} \frac{\sin x}{x} dx = \int_0^1 dx \int_{x^2}^x \frac{\sin x}{x} dy$$

$$= \int_0^1 (\sin x - x \sin x) dx = 1 - \sin 1$$

注 下面的问题同属此类:

1. 计算积分 $\int_1^2 dy \int_y^2 \frac{\sin x}{x-1} dx$;

2. 计算积分 $\int_0^1 x f(x) dx$,其中 $f(x) = \int_1^{x^2} \frac{\sin t}{t} dt$.

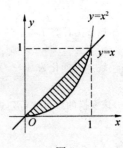

图 4

这是一个符号函数积分问题,解答该题关键是概念清楚.

例 7 计算 $I = \iint\limits_{x^2+y^2\leqslant 4} \text{sgn}\{y+\sqrt{3}x^3\} dxdy$,这里 $\text{sgn}\, x$ 是符号函数

$$\text{sgn}\, x = \begin{cases} 1, & x>0 \\ 0, & x=0 \\ -1, & x<0 \end{cases}$$

解 将 I 先改为累次积分

$$I = \int_{-2}^2 dx \int_0^{\sqrt{4-x^2}} \text{sgn}\{y+\sqrt{3}x^3\} dxdy + \int_{-2}^2 dx \int_{-\sqrt{4-x^2}}^0 \text{sgn}\{y+\sqrt{3}x^3\} dxdy = I_1 + I_2$$

由于 $\text{sgn}\{-y+\sqrt{3}(-x)^3\} = \text{sgn}\{-(y+\sqrt{3}x^3)\} = -\text{sgn}\{y+\sqrt{3}x^3\}$,对 I_2 作变换 $u = -x$,$v = -y$,则

$$I_2 = \int_2^{-2} -du \int_{\sqrt{4-x^2}}^0 -\text{sgn}\{v+\sqrt{3}u^3\}(-dv) = \int_{-2}^2 du \int_0^{\sqrt{4-x^2}} -\text{sgn}\{v+\sqrt{3}u^3\} dv = -I_1$$

从而 $\iint\limits_{x^2+y^2\leqslant 4} \text{sgn}\{y+\sqrt{3}x^3\} dxdy = I_1 + I_2 = 0$.

例 8 试将三重积分 $\iiint\limits_{\Omega} f(x,y,z) dxdydz$ 化为直角坐标的累次积分,其中 Ω 是由 $x^2+y^2=2z$,$z=1$

和 $z = 2$ 围成.

解 积分区域 Ω 如图 5 所示. 从图上我们有

$$I = \int_1^2 dz \int_{-\sqrt{2z}}^{\sqrt{2z}} dy \int_{-\sqrt{2z-y^2}}^{\sqrt{2z-y^2}} f(x,y,z) dx$$

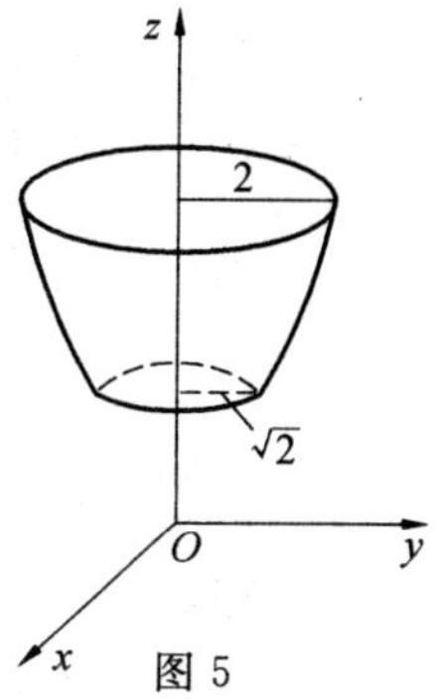

注 1 在柱坐标系下, 三重积分化为

$$I = \int_0^{2\pi} d\theta \int_0^{\sqrt{2}} r dr \int_1^2 f(r\cos\theta, r\sin\theta, z) dz + \int_0^{2\pi} d\theta \int_{\sqrt{2}}^2 r dr \int_{\frac{r^2}{2}}^2 f(r\cos\theta, r\sin\theta, z) dz$$

注 2 若被积函数为 $f(r) = f(\sqrt{x^2+y^2+z^2})$, 积分区域 Ω 为由曲面 $z = x^2+y^2, y = x, x = 1, y = 0, z = 0$ 围成, 即可写成 $0 \leqslant y \leqslant x, 0 \leqslant z \leqslant x^2+y^2$, 这时可直接写出累次积分

$$I = \int_0^1 dx \int_0^x dy \int_0^{x^2+y^2} f(\sqrt{x^2+y^2+z^2}) dz$$

换成球坐标时, 积分区域为

$$0 \leqslant \theta \leqslant \frac{\pi}{4}, \quad \arctan(\cos\theta) \leqslant \varphi \leqslant \frac{\pi}{2}, \quad \frac{\cos\varphi}{\sin^2\varphi} \leqslant r \leqslant \frac{1}{\sin\varphi\cos\varphi}$$

据此可写出球坐标系下的累次积分式.

例 9 改变积分 $I = \int_{-1}^1 dx \int_{-\sqrt{1-x^2}}^{\sqrt{1-x^2}} dy \int_{\sqrt{x^2+y^2}}^1 f(x,y,z) dz$ 的次序: (1) 先对 y, 再对 z, 最后对 x; (2) 先对 x, 再对 y, 最后对 z.

解 如图 6 所示, 由题设积分限可确定相应三重积分区域: 圆锥面 $z = \sqrt{x^2+y^2}$ 与平面 $z = 1$ 所围区域. 改变积分次序得

$$(1) I = \int_{-1}^0 dx \int_{-x}^1 dz \int_{-\sqrt{z^2-y^2}}^{\sqrt{z^2-y^2}} f(x,y,z) dy + \int_0^1 dx \int_x^1 dz \int_{-\sqrt{x^2-y^2}}^{\sqrt{x^2-y^2}} f(x,y,z) dy;$$

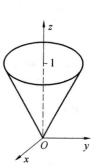

$$(2) I = \int_0^1 dz \int_{-z}^z dy \int_{-\sqrt{x^2-y^2}}^{\sqrt{x^2-y^2}} f(x,y,z) dx.$$

例 10 试求 $\iiint\limits_{\Omega} \left(\frac{x^4+y^4}{3} + x^2y^2 \right) dx dy dz$, 其中 Ω 是两个半球 $z = \sqrt{A^2-x^2-y^2}$ 和 $z = \sqrt{a^2-x^2-y^2} (0 < a < A)$ 及 $z = 0$ 所围成的区域.

图 6

解 Ω 形如图 7 所示, 由球坐标变换

$$\begin{cases} x = r\sin\varphi\cos\theta \\ y = r\sin\varphi\sin\theta \\ z = r\cos\varphi \end{cases}$$

其中: $a \leqslant r \leqslant A, 0 \leqslant \theta \leqslant 2\pi, 0 \leqslant \varphi \leqslant \frac{\pi}{2}$, 故

$$I = \iiint\limits_{\Omega} \frac{1}{2} r^4 \sin^4\varphi \cdot r^2 \sin\varphi dr d\varphi d\theta$$

$$= \frac{1}{2} \int_0^{2\pi} d\theta \int_a^A r^6 dr \int_0^{\frac{\pi}{2}} \sin^5\varphi d\varphi$$

$$= \frac{1}{2} \cdot 2\pi \cdot \frac{1}{7} (A^7 - a^7) \cdot \frac{2 \cdot 4}{3 \cdot 5} = \frac{8\pi}{105} (A^7 - a^7)$$

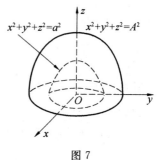

图 7

注 请注意 $\int_0^{\frac{\pi}{2}} \sin^n x dx$ 的计算公式.

例 11 ＊ 设 $\mathbf{R}^4$ 为四维欧几里得空间,计算 $\mathbf{R}^4$ 中单位球的体积.

解 在 $\mathbf{R}^4$ 中单位球为 $x_1^2 + x_2^2 + x_3^2 + x_4^2 \leqslant 1$,其体积设为 V,则

$$V = \iiiint\limits_{x_1^2+x_2^2+x_3^2+x_4^2 \leqslant 1} \mathrm{d}x_1 \mathrm{d}x_2 \mathrm{d}x_3 \mathrm{d}x_4 = \int_{-1}^1 \mathrm{d}x_4 \iiint\limits_{x_1^2+x_2^2+x_3^2 \leqslant 1} \mathrm{d}x_1 \mathrm{d}x_2 \mathrm{d}x_3$$

$$= \int_{-1}^1 \frac{4}{3}\pi (1-x_4^2)^{\frac{3}{2}} \mathrm{d}x_4 = \frac{8}{3}\pi \left[\frac{x}{8}(5-2x_4^2)\sqrt{1-x_4^2} + \frac{3}{8}\arcsin x_4\right]_0^1$$

$$= \frac{8}{3}\pi \cdot \frac{3}{8} \cdot \frac{\pi}{2} = \frac{\pi^2}{2}$$

最后看一个涉及不等式问题的重积分的例子.

例 12 设 $z = f(x,y)$ 在闭正方形 $D:0 \leqslant x \leqslant 1, 0 \leqslant y \leqslant 1$ 上连续,且满足下列条件: $\iint\limits_D f(x,y)\mathrm{d}x\mathrm{d}y = 0$, $\iint\limits_D f(x,y)xy\mathrm{d}x\mathrm{d}y = 1$,证明存在 $(\xi,\eta) \in D$,使 $f(\xi,\eta) \geqslant \dfrac{1}{A}$,此 $A = \int_0^1\int_0^1 \left|xy - \dfrac{1}{4}\right| \mathrm{d}x\mathrm{d}y$.

证 用反证法.若对任意 $(x,y) \in D$ 均有 $|f(x,y)| < \dfrac{1}{A}$,因 $f(x,y)$ 在 D 上连续,有 $|f(x,y)|$ 可在 D 上达到极大值,设之为 M,即

$$|f(x,y)| \leqslant M < \frac{1}{A}$$

于是

$$1 = \iint\limits_D f(x,y)\left(xy - \frac{1}{4}\right)\mathrm{d}x\mathrm{d}y \leqslant \iint\limits_D |f(x,y)|\left|xy - \frac{1}{4}\right|\mathrm{d}x\mathrm{d}y$$

$$\leqslant M\iint\limits_C \left|xy - \frac{1}{4}\right|\mathrm{d}x\mathrm{d}y = M \cdot A < A \cdot \frac{1}{A} = 1$$

这显然矛盾,故原命题成立.

2. 曲线、曲面积分计算

例 1 计算 $I = \oint_c |y|\mathrm{d}x + |x|\mathrm{d}y$(图 8).其中 c 是以 $A(1,0),B(0,1),C(-1,0)$ 为顶点的三角形边界(正向).

解 因被积函数中含绝对值号,可先脱去绝对值号.

记 $\triangle ABO$ 的边界为 c_1,区域为 D_1;且 $\triangle OBC$ 的边界为 c_2,区域为 D_2.

若均取正向,由格林公式

$$I = \oint_{c_1} y\mathrm{d}x + x\mathrm{d}y + \oint_{c_2} y\mathrm{d}x - x\mathrm{d}y$$

$$= \iint\limits_{D_1}(1-1)\mathrm{d}x\mathrm{d}y + \iint\limits_{D_2}(-1-1)\mathrm{d}x\mathrm{d}y = -2 \times \frac{1}{2} = -1$$

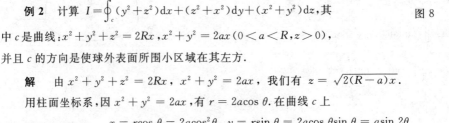

图 8

例 2 计算 $I = \oint_c (y^2+z^2)\mathrm{d}x + (z^2+x^2)\mathrm{d}y + (x^2+y^2)\mathrm{d}z$,其中 c 是曲线: $x^2+y^2+z^2 = 2Rx, x^2+y^2 = 2ax(0 < a < R, z > 0)$,并且 c 的方向是使球外表面所围小区域在其左方.

解 由 $x^2+y^2+z^2 = 2Rx$, $x^2+y^2 = 2ax$,我们有 $z = \sqrt{2(R-a)x}$.

用柱面坐标系,因 $x^2+y^2 = 2ax$,有 $r = 2a\cos\theta$.在曲线 c 上

$$x = r\cos\theta = 2a\cos^2\theta, \quad y = r\sin\theta = 2a\cos\theta\sin\theta = a\sin 2\theta$$

$$z = \sqrt{2(R-a) \cdot 2a\cos^2\theta} = 2\sqrt{(R-a)a}\cos\theta$$

则

$$I = \int_{-\frac{\pi}{2}}^{\frac{\pi}{2}} \left[a^2 \sin^2 2\theta + 4(R-a) a\cos^2\theta \right] (-4a\cos\theta\sin\theta) \mathrm{d}\theta +$$

$$\int_{-\frac{\pi}{2}}^{\frac{\pi}{2}} \left[4a(R-a)\cos^2\theta + 4a^2\cos^4\theta \right] 2a\cos 2\theta \mathrm{d}\theta +$$

$$\int_{-\frac{\pi}{2}}^{\frac{\pi}{2}} \left[4a^2\cos^4\theta + a^2\sin^2 2\theta \right] \left[-2\sqrt{a(R-a)} \right] \sin\theta \mathrm{d}\theta$$

$$= 16a^2 \int_0^{\frac{\pi}{2}} \left[(R-a)\cos^2\theta + a\cos^4\theta \right] (2\cos^2\theta - 1) \mathrm{d}\theta$$

$$= 2\pi a^2 R$$

注 本题亦可用斯托克斯公式去解.

例 3 计算高斯积分 $I = \oiint\limits_S \dfrac{\cos(\widehat{\boldsymbol{r},\boldsymbol{n}})}{r^2} \mathrm{d}s$，这里式中 $\boldsymbol{r} = (x-x_0)\boldsymbol{i} + (y-y_0)\boldsymbol{j} + (z-z_0)\boldsymbol{k}, r = |\boldsymbol{r}|, \boldsymbol{n}$ 是封闭曲面 S 外法向矢量，点 $M_0(x_0,y_0,z_0)$ 为定点，点 $M(x,y,z)$ 为动点. 研究：(1)M_0 在 S 的内部；(2)M_0 在 S 的外部两种情形.

解 设 $\boldsymbol{n} = \{\cos\alpha, \cos\beta, \cos\gamma\}$，则

$$I = \oiint\limits_S \left(\frac{x-x_0}{r^3}\cos\alpha + \frac{y-y_0}{r^3}\cos\beta + \frac{z-z_0}{r^3}\cos\gamma \right) \mathrm{d}s$$

(1) 当 M_0 在 S 的外部时：

因 $P = \dfrac{x-x_0}{r^3}, Q = \dfrac{y-y_0}{r^3}, R = \dfrac{z-z_0}{r^3}$ 在 S 及其内部连续且有连续偏导数，则

$$\frac{\partial P}{\partial x} + \frac{\partial Q}{\partial y} + \frac{\partial R}{\partial z} = 0$$

由 Острградский-Gauss 公式有 $I = \oiint\limits_S \dfrac{\cos(\widehat{\boldsymbol{r},\boldsymbol{n}})}{r^2} \mathrm{d}s = \iiint\limits_V 0 \mathrm{d}x\mathrm{d}y\mathrm{d}z = 0$.

(2) 当 M_0 在 S 的内部时：

以 M_0 为球心，ρ 为半径作一小球 S_0（S_0 含于 S 内部），由(1)知在 S_0 及 S 包围的区域 Ω 内有

$$\oiint\limits_{S+S_0} \frac{\cos(\widehat{\boldsymbol{r},\boldsymbol{n}})}{r^2} \mathrm{d}S = 0，从而可有$$

$$I = \oiint\limits_S = \oiint\limits_{S_0} \left(\frac{x-x_0}{r^3}\cos\alpha + \frac{y-y_0}{r^3}\cos\beta + \frac{z-z_0}{r^3}\cos\gamma \right) \mathrm{d}S$$

$$= \oiint\limits_{S_0} \left[\frac{(x-x_0)^2}{r^3} + \frac{(y-y_0)^2}{r^3} + \frac{(z-z_0)^2}{r^3} \right] \mathrm{d}S = \frac{1}{\rho^2} \cdot 4\pi\rho^2 = 4\pi$$

注 下面命题显然为例的特殊情形：

若 S 为封闭的简单曲面，而 l 为任何固定方向，则 $\iint\limits_S \cos(\widehat{\boldsymbol{n},\boldsymbol{l}}) \mathrm{d}s = 0$.

例 4 S 是以原点为圆心，半径为 r 的球面，$\boldsymbol{n}$ 为 S 上点 (x,y,z) 处的外法线向量，又向量 $\boldsymbol{A} = \begin{cases} \boldsymbol{r}, & r < a \\ \dfrac{a^2\boldsymbol{r}}{r^3}, & r \geqslant a \end{cases}$，其中 $\boldsymbol{r} = (x,y,z), r = \sqrt{x^2+y^2+z^2}$，试求：(1) $\operatorname{div}\boldsymbol{A}$；(2) $\iint\limits_S \boldsymbol{A} \cdot \boldsymbol{n} \mathrm{d}S$.

解 (1)可得

$$\boldsymbol{A} = (P,Q,R) = \begin{cases} (x,y,z), & r < a \\ \dfrac{a^2}{r^3}(x,y,z), & r \geqslant a \end{cases}$$

$$\operatorname{div} \boldsymbol{A} = \left(\frac{\partial P}{\partial x} + \frac{\partial Q}{\partial y} + \frac{\partial R}{\partial z}\right) = \begin{cases} 3, r < a \\ 0, r \geqslant a \end{cases}$$

(2) 当 $r < a$ 时,由高斯公式 $\iint\limits_{S} \boldsymbol{A} \cdot \boldsymbol{n}\mathrm{d}S = \iiint\limits_{\Omega} \operatorname{div} \boldsymbol{A}\mathrm{d}V = 3\iiint\limits_{\Omega}\mathrm{d}V = 4\pi r^3$,其中 Ω 为 S 所围的球体.

当 $r \geqslant a$ 时

$$\iint\limits_{S} \boldsymbol{A} \cdot \boldsymbol{n}\mathrm{d}S = \iint\limits_{S} \boldsymbol{A} \cdot \frac{\boldsymbol{r}}{r}\mathrm{d}S = \iint\limits_{S} \frac{a^2}{r^2}\mathrm{d}S = 4\pi a^2$$

注 (2)中若利用高斯公式,则有

$$\iint\limits_{S} \boldsymbol{A} \cdot \boldsymbol{n}\mathrm{d}S = \iiint\limits_{\Omega} \operatorname{div} \boldsymbol{A}\mathrm{d}V = \iiint\limits_{x^2+y^2+z^2 \leqslant a^2} 3\mathrm{d}V + \iiint\limits_{a^2 < x^2+y^2+z^2 \leqslant r^2} 0\mathrm{d}V = 4\pi a^3$$

事实上这里不能利用高斯公式,因为 P,Q,R 在 Ω 上不具有一阶连续偏导数.

研究生入学考试试题选讲

1978～1986 年部分

1. 二重积分问题

(1)二重积分的交换积分次序及计算

下面我们就来看看例子.

例 1 计算 $\int_0^1 \mathrm{d}x \int_x^1 \mathrm{e}^{y^2}\mathrm{d}y$. (浙江大学,1982)

解 原式 $= \int_0^1 \mathrm{d}y \int_0^y \mathrm{e}^{y^2}\mathrm{d}x = \int_0^1 y\mathrm{e}^{y^2}\mathrm{d}y = \frac{1}{2}\mathrm{e}^{y^2}\Big|_0^1 = \frac{1}{2}(\mathrm{e}-1)$.

注 1 对一元积分来讲,将被积式变形或变量替换是一种重要技巧,而变更积分次序对计算某些重积分也是十分重要的,否则有时将积不出(有限形式的)结果.

注 2 类似的问题(需交换积分次序再行计算)如:

1.计算二重积分 $\int_0^1 \mathrm{d}x \int_x^1 \mathrm{e}^{-y^2}\mathrm{d}y$. (北方交通大学,1984)

2.计算二重积分 $\int_0^1 \mathrm{d}y \int_y^{\sqrt{y}} \frac{\sin x}{x}\mathrm{d}x$. (武汉测绘学院,1984)

例 2 变更二次积分 $I = \int_0^2 \mathrm{d}x \int_0^{\frac{x^2}{2}} f(x,y)\mathrm{d}y + \int_2^{2\sqrt{2}} \mathrm{d}x \int_0^{\sqrt{8-x^2}} f(x,y)\mathrm{d}y$ 的顺序. (东北工学院,1982)

解 由题设知(图 9)

$$\sigma_1 : x = 2, x = 0, y = \frac{x^2}{2}, y = 0$$

$$\sigma_2 : x = 2, x = 2\sqrt{2}, y = 0, y = \sqrt{8-x^2}$$

由之 $I = \iint\limits_{\sigma_1+\sigma_2} f(x,y)\mathrm{d}x\mathrm{d}y = \int_0^2 \mathrm{d}y \int_{\sqrt{2y}}^{\sqrt{8-y^2}} f(x,y)\mathrm{d}x$.

注 变更积分次序的问题,一般应先画草图,找出积分区域的函数关系,然后再行变换.

例 3 计算 $\int_0^1 \mathrm{d}y \int_{\arcsin y}^{\pi-\arcsin y} x\mathrm{d}x$. (东北工学院,1981)

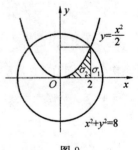

图 9

解　如图 10 所示,交换积分次序可有

$$\text{原式} = \int_0^\pi x\,\mathrm{d}x \int_0^{\sin x} \mathrm{d}y = \int_0^\pi x\sin x\,\mathrm{d}x$$

$$= -x\cos x \Big|_0^\pi + \int_0^\pi \cos x\,\mathrm{d}x = \pi$$

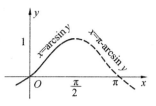

图 10

注　变换积分次序,往往需要考虑反函数.这常要留心函数的单值区域及符号.

例 4　计算积分 $I = \int_1^2 \mathrm{d}x \int_{\sqrt{x}}^x \sin\dfrac{\pi x}{2y}\mathrm{d}y + \int_2^4 \mathrm{d}x \int_{\sqrt{x}}^2 \sin\dfrac{\pi x}{2y}\mathrm{d}y.$ (太原工学院,1982)

解　由设及图 11 知

$$\sigma_1: x=1, x=2, y=\sqrt{x}, y=x$$

$$\sigma_2: x=2, x=4, y=\sqrt{x}, y=2$$

又 $\sigma = \sigma_1 \bigcup \sigma_2; y=x, y=\sqrt{x}, y=2.$ 从而

$$I = \iint_{\sigma_1} \sin\frac{\pi x}{2y}\mathrm{d}x\mathrm{d}y + \iint_{\sigma_2} \sin\frac{\pi x}{2y}\mathrm{d}x\mathrm{d}y$$

$$= \iint_{\sigma} \sin\frac{\pi x}{2y}\mathrm{d}x\mathrm{d}y$$

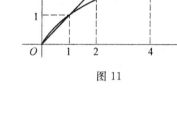

图 11

$$= \int_1^2 \mathrm{d}y \int_y^{y^2} \sin\frac{\pi x}{2y}\mathrm{d}x = \int_1^2 \left[-\frac{2}{\pi}y\cos\frac{\pi x}{2y}\right]_y^{y^2}\mathrm{d}y = \frac{4}{\pi^3}(2+\pi)$$

注　此题亦为上海交通大学 1991 年数学竞赛题.

例 5　计算二重积分 $I = \iint_D \dfrac{\sin xy}{x}\mathrm{d}x\mathrm{d}y, D$ 是由 $x=y^2$ 及 $x=1+$

$\sqrt{1-y^2}$ 所围成的平面区域.(合肥工业大学,1982)

解　由题设及图 12 有

$$I = \int_0^1 \mathrm{d}x \int_{-\sqrt{x}}^{\sqrt{x}} \frac{\sin xy}{x}\mathrm{d}y + \int_1^2 \mathrm{d}x \int_{-\sqrt{2x-x^2}}^{\sqrt{2x-x^2}} \frac{\sin xy}{x}\mathrm{d}y$$

因 $\dfrac{\sin xy}{x}$ 当 x 固定时是 y 的奇函数,故在对称区间上的积分为 0.

因而 $\iint_D \dfrac{\sin xy}{x}\mathrm{d}x\mathrm{d}y = 0.$

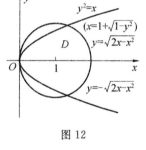

图 12

例 6　试计算 $I = \iint_{x^2+y^2\leqslant 1} (|x|+|y|)\mathrm{d}x\mathrm{d}y.$ (哈尔滨工业大学,1981)

解　将积分区域分为 $\sigma_1, \sigma_2, \sigma_3, \sigma_4$ (图 13),故有

$$I = \sum_{i=1}^4 \iint_{\sigma_i} (|x|+|y|)\mathrm{d}x\mathrm{d}y$$

$$= \iint_{\sigma_1} (x+y)\mathrm{d}x\mathrm{d}y + \iint_{\sigma_2} (-x+y)\mathrm{d}x\mathrm{d}y +$$

$$\iint_{\sigma_3} (-x-y)\mathrm{d}x\mathrm{d}y + \iint_{\sigma_4} (x-y)\mathrm{d}x\mathrm{d}y$$

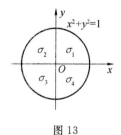

图 13

$$= \int_0^1 dx \int_0^{\sqrt{1-x^2}} (x+y)dy + \int_{-1}^0 dx \int_0^{\sqrt{1-x^2}} (-x+y)dy +$$

$$\int_{-1}^0 dx \int_{-\sqrt{1-x^2}}^0 (-x-y)dy + \int_0^1 dx \int_{-\sqrt{1-x^2}}^0 (x-y)dy$$

$$= 4 \times \frac{2}{3} = \frac{8}{3}$$

注 1 带有绝对值函数的积分,往往是分区域(在此区域上定号)处理.

注 2 若本命题中积分区域 D 改为:$xy = 2, y = x-1, y = x+1$ 所围成区域时,该命题为西北电讯工程学院,1983 年度试题.

例 7 计算 $\iint_D \sin x \sin y \max\{x, y\}dxdy$,其中 $D: 0 \leqslant x \leqslant \pi, 0 \leqslant y \leqslant \pi$.(山东矿业学院,1984)

解 由题设及绘出的积分区域图 14 可有

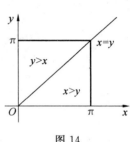

$$原式 = \int_0^\pi dx \Big[\int_0^x x \sin x \sin y dy + \int_x^\pi y \sin x \sin y dy \Big]$$

$$= \int_0^\pi [x \sin x (1 - \cos x) + (\pi - \sin x + x \cos x) \sin x]dx$$

$$= \int_0^\pi (x \sin x + \pi \sin x - \sin^2 x)dx$$

$$= \Big[\sin x - x \cos x - \pi \cos x - \frac{x}{2} + \frac{\sin^2 x}{4} \Big]_0^\pi$$

$$= \frac{5\pi}{2}$$

图 14

下面来看几个关于证明的例子.

例 8 试证 $\int_0^a \Big\{ \int_0^y e^{a-x} f(x)dx \Big\} dy = \int_0^a x e^x f(a-x)dx$.(西南交通大学,1984)

证 交换积分次序有

$$\int_0^a \Big\{ \int_0^y e^{a-x} f(x)dx \Big\} dy = \int_0^a e^{a-x} f(x) \Big\{ \int_x^a dy \Big\} dx = \int_0^a (a-x) e^{a-x} f(x)dx$$

再作变量代换令 $a - x = t$,则

$$\int_0^a (a-x) e^{a-x} f(x)dx = \int_a^0 t e^t f(a-t)(-dt) = \int_0^a t e^t f(a-t)dt$$

即

$$\int_0^a \Big\{ \int_0^y e^{a-x} f(x)dx \Big\} dy = \int_0^a x e^x f(a-x)dx$$

例 9 试证 $\int_a^b dx \int_a^x (x-y)^{n-2} f(y)dy = \frac{1}{n-1} \int_a^b (b-y)^{n-1} f(y)dy$($n$ 为大于 1 的自然数).(天津大学,1980)

证 如图 15 所示,考虑式左交换积分次序有

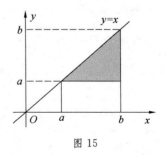

$$式左 = \int_a^b dy \int_y^b (x-y)^{n-2} f(y)dx$$

$$= \int_a^b \Big[f(y) \cdot \frac{(x-y)^{n-1}}{n-1} \Big]_y^b dy$$

$$= \frac{1}{n-1} \int_a^b (b-y)^{n-1} f(y)dy$$

注 这个式子虽然看上去与 n 有关,也许会令你想到归纳法,然而实际却不是这样.

图 15

例 10 设 $f(t)$ 为连续函数,求证 $\iint_D f(x-y)dxdy = \int_{-A}^A f(t)(A-$

$|t|)dt$,其中：$|x| \leqslant \dfrac{A}{2}$,$|y| = \dfrac{A}{2}$,这里 A 为正的常数.(湖南大学,1984)

解　令 $t = x - y$,则积分区域 D 变为图 16 中阴影所示部分,这样

$$\iint_D f(x - y)dxdy = \int_{-\frac{A}{2}}^{\frac{A}{2}}dx\int_{-\frac{A}{2}}^{\frac{A}{2}}f(x - y)dy$$

$$= \int_{-\frac{A}{2}}^{\frac{A}{2}}dx\int_{x-\frac{A}{2}}^{x+\frac{A}{2}}f(t)dt$$

$$= \int_{-A}^{0}f(t)dt\int_{-\frac{A}{2}}^{\frac{A}{2}+t}dx + \int_{0}^{A}f(t)dt\int_{-\frac{A}{2}+t}^{\frac{A}{2}}dx$$

$$= \int_{-A}^{0}f(t)(A + |t|)dt + \int_{0}^{A}f(t)(A - t)dt$$

$$= \int_{-A}^{0}f(t)(A - |t|)dt + \int_{0}^{A}f(t)(A - |t|)dt$$

$$= \int_{-A}^{A}f(t)(A - |t|)dt$$

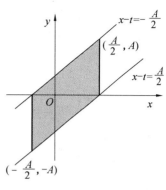

图 16

注　实施变量替换,应找准积分区域的变化情况.

（2）积分不等式问题

下面的例子是关于二元积分不等式的.

例 1　若 $f(x)$ 在 $[0,1]$ 上连续,试证 $\int_0^1 e^{f(x)}dx\int_0^1 e^{-f(y)}dy \geqslant 1$.(长沙铁道学院,1985)

证　对任意的实数 $t \neq 0$,总有 $e^t \geqslant 1 + t$,故

$$\int_0^1 e^{f(x)}dx\int_0^1 e^{-f(y)}dy = \int_0^1\int_0^1 e^{f(x)-f(y)}dxdy \geqslant \int_0^1\int_0^1 [1 + f(x) - f(y)]dxdy$$

$$= \int_0^1\int_0^1 dxdy + \int_0^1 f(x)dx\int_0^1 dy - \int_0^1 f(y)dy\int_0^1 dx = 1$$

例 2　若设函数 $f(x)$ 在闭区间 $a \leqslant x \leqslant b$ 上连续,试通过研究 $\int_a^b dx\int_a^b [f(x) - f(y)]^2 dy$,去证明不

等式 $\left[\int_a^b f(x)dx\right]^2 \leqslant (b - a)\int_a^b f^2(x)dx$.(华南工学院,1980)

证　由题设及重积分性质有

$$\int_a^b dx\int_a^b [f(x) - f(y)]^2 dy \quad （去括号展开）$$

$$= (b - a)\int_a^b f^2(x)dx - 2\left[\int_a^b f(x)dx\right]^2 + (b - a)\int_a^b f^2(x)dx$$

$$= 2(b - a)\int_a^b f^2(x)dx - 2\left[\int_a^b f(x)dx\right]^2$$

上式当且仅当 $f(x) \equiv f(y)$,即 $f(x)$ 为常数时等于零,而 $f(x)$ 不恒为常数时上式大于零,从而

$$(b - a)\int_a^b f^2(x)dx \geqslant \left[\int_a^b f(x)dx\right]^2$$

等号仅当 $f(x) \equiv c$(常数) 时成立.

我们再来看一个在"一元函数积分"中曾经遇到过的例子,在那里是利用二次三项式判别式考虑的.

例 3　设函数 $f(x)$ 在区间 $[a,b]$ 上连续且恒大于零,试用二重积分证明不等式

$$\int_a^b f(x)dx\int_a^b \frac{dx}{f(x)} \geqslant (b - a)^2$$

(长沙铁道学院,1983)

证　由设及积分性质有

$$\int_a^b f(x)\mathrm{d}x \int_a^b \frac{\mathrm{d}x}{f(x)} = \int_a^b f(x)\mathrm{d}x \int_a^b \frac{\mathrm{d}y}{f(y)} = \iint\limits_D \frac{f(x)}{f(y)}\mathrm{d}x\mathrm{d}y$$

其中 D 为 $a \leqslant x \leqslant b, a \leqslant y \leqslant b$.

类似地有

$$\int_a^b f(x)\mathrm{d}x \int_a^b \frac{\mathrm{d}x}{f(x)} + \iint\limits_D \frac{f(y)}{f(x)}\mathrm{d}x\mathrm{d}y = \iint\limits_D \left[\frac{f(x)}{f(y)} + \frac{f(y)}{f(x)}\right]\mathrm{d}x\mathrm{d}y$$

$$= \iint\limits_D \frac{f^2(x) + f^2(y)}{f(x)f(y)}\mathrm{d}x\mathrm{d}y \quad (由设\ f(x)\ 连续恒大于\ 0)$$

$$\geqslant \iint\limits_D \frac{2f(x)f(y)}{f(x)f(y)}\mathrm{d}x\mathrm{d}y = 2\iint\limits_D \mathrm{d}x\mathrm{d}y = 2(b-a)^2$$

故

$$\int_a^b f(x)\mathrm{d}x \int_a^b \frac{\mathrm{d}x}{f(x)} \geqslant (b-a)^2$$

下面的问题中是一个关于一重积分不等式的,但它化为二重积分后证明将十分方便.

例 4 设 $f(x)$ 在 $[a,b]$ 上连续,在 (a,b) 内可导,且 $|f'(x)| \leqslant M$ 及 $f(a) = 0$. 试证 $\frac{2}{(b-a)^2}\left|\int_a^b f(x)\mathrm{d}x\right| \leqslant M$.(安徽大学,1984)

证 因为 $\int_a^b f(x)\mathrm{d}x = \int_a^b \mathrm{d}x \int_a^x f'(t)\mathrm{d}t, a \leqslant x \leqslant b$(注意到 $f(a) = 0$ 的题设),故

$$\left|\int_a^b f(x)\mathrm{d}x\right| = \left|\int_a^b \mathrm{d}x \int_a^x f'(t)\mathrm{d}t\right| \leqslant \int_a^b \int_a^x |f'(t)|\mathrm{d}t\mathrm{d}x$$

$$\leqslant M\int_a^b (x-a)\mathrm{d}x = \frac{M}{2}(x-a)^2 \Big|_a^b = \frac{M}{2}(b-a)^2$$

从而

$$\frac{2}{(b-a)^2}\left|\int_a^b f(x)\mathrm{d}x\right| \leqslant M$$

注 本命题的另外解法可见本书"一元函数积分学"中的例子.

(3)重积分杂例

利用重积分计算某些积分的值,也是重积分的应用之一.

例 1 利用二重积分证明 $\int_0^{+\infty} e^{-x^2}\mathrm{d}x = \frac{\sqrt{\pi}}{2}$.(山东化工学院、西北工业大学,1980;北京大学,1982;国防科技大学,1983)

证 若 $a > 0$,令 $I(a) = \int_0^a e^{-x^2}\mathrm{d}x$. 由

$$I^2(a) = \int_0^a e^{-x^2}\mathrm{d}x \cdot \int_0^a e^{-y^2}\mathrm{d}y = \iint\limits_D e^{-(x^2+y^2)}\mathrm{d}x\mathrm{d}y$$

其中 D:$0 \leqslant x \leqslant a, 0 \leqslant y \leqslant a$.

考虑扇形区域(图17)

$$\sigma_1: x^2 + y^2 \leqslant a^2, x \geqslant 0, y \geqslant 0$$

$$\sigma_2: x^2 + y^2 \leqslant 2a^2, x \geqslant 0, y \geqslant 0$$

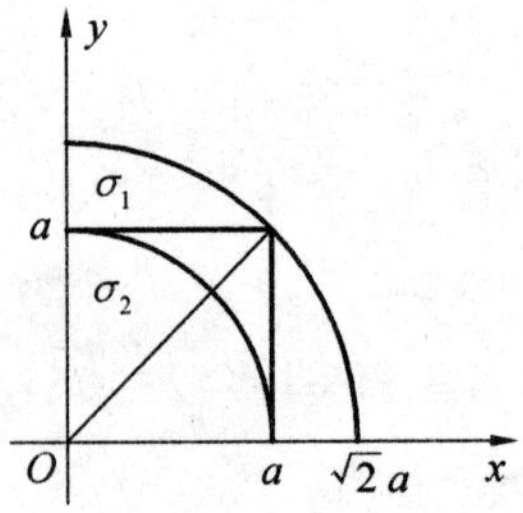

又 $e^{-(x^2+y^2)} > 0$,故有

图 17

$$\iint\limits_{\sigma_1} e^{-(x^2+y^2)}\mathrm{d}x\mathrm{d}y \leqslant I^2(a) \leqslant \iint\limits_{\sigma_2} e^{-(x^2+y^2)}\mathrm{d}x\mathrm{d}y$$

化为极坐标有

$$\int_0^{\frac{\pi}{2}}\mathrm{d}\theta\int_0^a e^{-r^2} r\mathrm{d}r \leqslant I^2(a) \leqslant \int_0^{\frac{\pi}{2}}\mathrm{d}\theta\int_0^{\sqrt{2}a} e^{-r^2} r\mathrm{d}r$$

积分后有

$$\frac{\pi}{4}(1 - e^{-a^2}) \leqslant I^2(a) \leqslant \frac{\pi}{4}(1 - e^{-2a^2})$$

当 $a \to +\infty$ 时,不等式两端极限均为 $\frac{\pi}{4}$,故 $\lim\limits_{a \to \infty} I^2(a) = \frac{\pi}{4}$,这样

$$\int_0^{+\infty} e^{-x^2} dx = \frac{\sqrt{\pi}}{2}$$

注 1 以上两例均是把一元函数的积分化为多元函数积分处理. 又本积分在概率论中甚为有用,故它又有"概率积分"之称.

注 2 本题还可用下面形式叙述及思考:

设 $f(x) = \left(\int_0^x e^{-t^2} dt \right)^2$,$g(x) = \int_0^1 \frac{e^{-x^2(1+t^2)}}{1+t^2} dt$. (1) 证明 $f(x) + g(x) \equiv c$(常数),且确定此常数;

(2) 由此证明 $\int_0^{+\infty} e^{-t^2} dt = \frac{\sqrt{\pi}}{2}$.(浙江大学,1981)

这只需考虑 $[f(x) + g(x)]' = 0$,且由 $f(0) + g(0) \equiv c$ 定出 $c = \frac{\pi}{4}$.

2. 三重积分问题

我们来看看三重积分的计算.

例 1 若 $f(t)$ 在区间 $[0,1]$ 上连续,证明 $\int_0^1 dx \int_x^1 dy \int_x^y f(x)f(y)f(z)dz = \frac{1}{3!} \left[\int_0^1 f(t)dt \right]^3$.（南京邮电学院,1984;国防科技大学,1985)

证 令 $F(x) = \int_0^x f(t)dt$,则

$$\int_0^1 dx \int_x^1 dy \int_x^y f(x)f(y)f(z)dz = \int_0^1 f(x)dx \int_x^1 f(t)dy \left[F(z) \right]_x^y$$

$$= \int_0^1 f(x)dx \int_x^1 f(y)[F(y) - F(x)]dy$$

$$= \int_0^1 f(x)dx \left[\int_x^1 F(y)dF(y) - F(x) \int_x^1 f(y)dy \right]$$

$$= \int_0^1 f(x) \left\{ \left[\frac{1}{2} F^2(y) \right]_x^1 - F(x) \left[F(y) \right]_x^1 \right\} dx$$

$$= \int_0^1 \left\{ \frac{1}{2} F^2(1) + \frac{1}{2} F^2(x) - F(x)F(1) \right\} dF(x)$$

$$= \frac{1}{2} F^3(1) + \frac{1}{2 \times 3} F^3(1) - \frac{1}{2} F^3(1)$$

$$= \frac{1}{2 \times 3} F^3(1)$$

注意到 $\frac{1}{2 \times 3} F^3(1) = \frac{1}{3!} \left[\int_0^1 f(t)dt \right]^3$.

注 1 本题还可用下面方法考虑,先将要证的等式左端的三重积分中 x, y 积分次序交换得

$$\int_0^1 dy \int_0^y dx \int_x^y f(x)f(y)f(z)dz$$

再交换 x, z 的积分次序有

$$\int_0^1 dy \int_0^y dz \int_0^z f(x)f(y)f(z)dx$$

令 $\Phi(t) = \int_0^t dy \int_0^y dz \int_0^z f(x)f(y)f(z)dx - \frac{1}{3!} \left[\int_0^t f(t)dt \right]^3$,只需证 $\Phi(t) = 0$ 即可.

注 2 本题结论可推广为:在题设条件下有

$$\int_0^t dx \int_x^t dy \int_x^y f(x)f(y)f(z)dz = \frac{1}{3!}\left[\int_0^t f(t)dt\right]^3$$

例 2 计算重积分 $I = \iiint\limits_V (x+y+z)dV$,其中 V 是 $z = h$,$x^2+y^2 = z^2(h>0)$ 所围成的区域.(浙江大学,1982)

解 令 $x = r\cos\varphi,y = r\sin\varphi,z = z$ 考虑所给区域变化后的方程有

$$I = \int_0^{2\pi}\int_0^h\int_r^h (r\cos\varphi + r\sin\varphi + z)rdrd\varphi dz$$

$$= \int_0^{2\pi}\int_0^h r^2(\cos\varphi + \sin\varphi)(h-r)drd\varphi + \int_0^{2\pi}\int_0^h \frac{r}{2}(h^2-r^2)drd\varphi$$

$$= \pi\int_0^h r(h^2-r^2)dr = \frac{\pi h^4}{4}$$

这里运用了柱坐标变换,有些时候还可考虑球坐标变换(主要看积分区域而定).

例 3 计算重积分 $I = \iiint\limits_\Omega \ln(x^2+y^2+z^2)dxdydz$,这里 $\Omega = \{(x,y,z) \mid x^2+y^2+z^2 \leqslant 1\}$.(武汉地质学院,1982)

解 因原点 $O(0,0,0)$ 是 $f(x,y,z) = \ln(x^2+y^2+z^2)$ 的瑕点,但由 $r^3 f(x,y,z) \to 0$,当 $(x,y,z) \to (0,0,0)$ 时,其中 $r = \sqrt{x^2+y^2+z^2}$,故瑕积分收敛.

今考虑令 $x = r\sin\theta\cos\varphi$,$y = r\sin\theta\sin\varphi$,$z = r\cos\theta$,则

$$I = \int_0^{2\pi}d\varphi\int_0^\pi d\theta\int_0^1 \ln r^2 \cdot r^2\sin\theta dr = \int_0^{2\pi}d\varphi\int_0^\pi \sin\theta d\theta\int_0^1 r^2\ln r^2 dr$$

$$= 2\pi \cdot 2\lim_{\varepsilon\to 0}\int_\varepsilon^1 r^2\ln rdr = 4\pi \cdot \frac{2}{3}\lim_{\varepsilon\to 0}\left[r^2\ln r - \frac{r^2}{3}\right]_\varepsilon^1 = -\frac{8\pi}{9}$$

多重积分也可视其为积分区域的函数,故也有相应的极限等问题(这方面的例子还可见第二章习题),这类问题多属于综合性的.

例 4 设 $z = (x^2+y^2)f(x^2+y^2)$,其中 f 具有连续的二阶偏导数,且 $f(1) = 0,f'(1) = 1$,又 z 满足方程 $\frac{\partial^2 z}{\partial x^2} + \frac{\partial^2 z}{\partial y^2} = 0$. 求 $\lim\limits_{\varepsilon\to 0^+}\iint\limits_D zdxdy$,其中 $D:0 < \varepsilon \leqslant \sqrt{x^2+y^2} \leqslant 1$.(西北工业大学,1985)

解 设 $x^2+y^2 = t$,则有

$$\frac{\partial z}{\partial x} = \frac{\partial z}{\partial t}\frac{\partial t}{\partial x} = [f(t)+tf'(t)]2x$$

$$\frac{\partial^2 z}{\partial x^2} = 2[f(t)+tf'(t)] + 4x^2[2f'(t)+tf''(t)]$$

同理

$$\frac{\partial^2 z}{\partial y^2} = 2[f(t)+tf'(t)] + 4y^2[2f'(t)+tf''(t)]$$

由 $\frac{\partial^2 z}{\partial x^2} + \frac{\partial^2 z}{\partial y^2} = 0$,则有 $t^2 f''(t) + 3tf'(t) + f(t) = 0$.解得 $f(t) = \frac{1}{t}(C_1 + C_2\ln t)$.

由 $f(1) = 0$,$f'(1) = 1$,得 $C_1 = 0$,$C_2 = 1$.故 $f(t) = \frac{\ln t}{t}$,于是 $z = tf(t) = \ln(x^2+y^2)$.

又

$$\iint\limits_D zdxdy = \iint\limits_D \ln(x^2+y^2)dxdy = \int_0^{2\pi}d\theta\int_\varepsilon^1 \ln r^2 \cdot rdr$$

$$= 2\pi\int_\varepsilon^1 \frac{1}{2}\ln r^2 dr^2 = \pi\left[r^2\ln r^2 - \int r^2\frac{2r}{r^2}dr\right]_\varepsilon^1 = \pi(-1 - 2\varepsilon^2\ln\varepsilon + \varepsilon^2)$$

故 $\lim\limits_{\varepsilon\to 0^+}\iint\limits_D zdxdy = \lim\limits_{\varepsilon\to 0^+}\pi(-1 - 2\varepsilon^2 + \ln\varepsilon + \varepsilon^2) = -\pi$.

例 5　设函数 $f(u)$ 具有连续的导数,求极限

$$\lim_{t \to 0} \frac{1}{\pi t^4} \iiint\limits_{x^2+y^2+z^2 \leqslant t^2} f(\sqrt{x^2+y^2+z^2})\mathrm{d}x\mathrm{d}y\mathrm{d}z$$

(同济大学,1980;西南交通大学,1984)

解　令 $x = r\sin\theta\cos\varphi$, $y = r\sin\theta\sin\varphi$, $z = r\cos\theta$,则

$$
\begin{aligned}
原式 &= \lim_{t \to 0} \left[\int_0^{2\pi}\mathrm{d}\theta \int_0^\pi \mathrm{d}\varphi \int_0^t f(r) \cdot r^2 \sin\varphi \mathrm{d}r \right] \Big/ \pi t^4 \\
&= \lim_{t \to 0} \left[4\pi \int_0^t r^2 f(r)\mathrm{d}r \right] \Big/ \pi t^4 = \lim_{t \to 0} \frac{4t^3 f(t)}{4t^4} = \lim_{t \to 0} \frac{f(t)}{t} \\
&= \begin{cases} f'(0), & f(0) = 0 \\ \infty, & f(0) \neq 0 \end{cases}
\end{aligned}
$$

3. 曲线积分、曲面积分问题

下面我们来看几个曲线、曲面积分的例子.

例 1　试将线积分 $\int_l f(|x|,|y|)\mathrm{d}y$ 表示成定积分,其中 l 是以 $A(1,2)$,$B(1,-1)$ 及 $C(2,0)$ 为顶点的三角形.(北京化工学院,1984)

解　如图 18 所示,可有

$$\int_l f(|x|,|y|)\mathrm{d}y = \int_{AD} + \int_{DB} + \int_{BC} + \int_{CA}$$

又

$$\int_{AD} = \int_2^0 f(1,y)\mathrm{d}y, \quad \int_{DB} = \int_0^{-1} f(1,-y)\mathrm{d}y$$

而

$$BC: y = x-2, \quad CA: y = 4-2x$$

故

$$\int_{BC} = \int_{-1}^0 f(y+2,-y)\mathrm{d}y \quad (或 \int_1^2 f(x,2-x)\mathrm{d}x)$$

且

$$\int_{CA} = \int_0^2 f\left(2-\frac{y}{2},y\right)\mathrm{d}y \quad (或 -2\int_2^1 f(x,4-2x)\mathrm{d}x)$$

将上诸式代入前面式子即可.

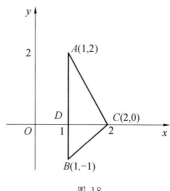

图 18

例 2　计算 $\displaystyle\int_{(0,0)}^{(\ln 2,\pi)} \mathrm{e}^x(\cos y\mathrm{d}x - \sin y\mathrm{d}y)$. (武汉地质学院,1982)

解　设 $P = \mathrm{e}^x\cos y$,$Q = -\mathrm{e}^x\sin y$. 由 $\dfrac{\partial P}{\partial y} = -\mathrm{e}^x\sin y = \dfrac{\partial Q}{\partial x}$,又 $\dfrac{\partial P}{\partial y}$,$\dfrac{\partial Q}{\partial x}$ 连续,故线积分与路径无关.

取 L 为折线 OAB(图 19),其中 $A(0,\pi)$,$B(\ln 2,\pi)$,则

$$
\begin{aligned}
原式 &= \int_{OA} + \int_{AB} = \int_0^\pi \mathrm{e}^{\ln 2} \cdot (-\sin y)\mathrm{d}y + \int_0^{\ln 2} \mathrm{e}^x(\cos 0)\mathrm{d}x \\
&= \left[\cos y\right]_0^\pi + \left[-\mathrm{e}^x\right]_0^{\ln 2} = -3
\end{aligned}
$$

注　一旦我们验证了积分与路径无关性,我们便可选择一条容易积分的路线(如 OAB 外,还可取 OCB),通常是取由平行于坐标轴的直线段组成的折线.

这里利用了与路径无关性,有些时候,也可不必(或者条件不允许),这要视具体情况而定.

例 3　求积分 $\displaystyle\int_{\overset{\frown}{OA}} \frac{y}{x+1}\mathrm{d}x + 2xy\mathrm{d}y$. 这里曲线 $\overset{\frown}{AB}$ 是沿 $y = x^2$ 由

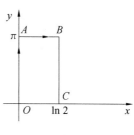

图 19

$A(0,0)$ 到 $B(1,1)$ 的那一段. (山东大学,1980)

解 可得

$$原式 = \int_0^1 \frac{x^2}{x+1}dx + \int_0^1 2x \cdot x^2 \cdot 2x dx = \int_0^1 \left(x-1+\frac{1}{x+1}\right)dx + \int_0^1 4x^4 dx$$

$$= \left[\frac{x^2}{2} - x + \ln|x+1| + \frac{4}{5}x^5\right]_0^1 = \ln 2 + \frac{3}{10}$$

例 4 已知 $\varphi(0) = \frac{1}{2}$,试确定 $\varphi(x)$ 使积分 $\int_A^B [e^x + \varphi(x)]y dx - \varphi(x)dy$ 与路径无关,并求当 A,B 分别为 $(0,0)$,$(1,1)$ 时线积分的值. (西南交通大学,1984)

解 记 $P = [e^x + \varphi(x)]y$,$Q = -\varphi(x)$.

由题设有 $\dfrac{\partial P}{\partial y} = \dfrac{\partial Q}{\partial x}$,故 $e^x + \varphi(x) = -\varphi'(x)$ 即 $\varphi'(x) + \varphi(x) = -e^x$.

解此方程得 $\varphi(x) = -\dfrac{1}{2}e^x + Ce^{-x}$.

以 $\varphi(0) = \dfrac{1}{2}$ 代入定出 $C = 1$,故 $\varphi(x) = -\dfrac{1}{2}e^x + e^{-x}$.

从而,当 A,B 分别为 $(0,0)$,$(1,1)$ 时,积分

$$\int_{(0,0)}^{(1,1)} [e^x + \varphi(x)]y dx - \varphi(x)dy = \int_0^1 -\varphi(1)dy = \int_0^1 \left(\frac{1}{2}e - e^{-1}\right)dy = \frac{1}{2}e - e^{-1}$$

我们再来看利用格林公式的例子.

例 5 计算 $\displaystyle\int_{\overset{\frown}{AMO}} (e^x \sin y - my)dx + (e^x \cos y - m)dy$ (m 为常数),$\overset{\frown}{AMO}$(图20)为由点 $A(a,0)$ 至点 $O(0,0)$ 的上半圆 $x^2 + y^2 = ax$. (兰州大学,1982)

解 令 $P = e^x \sin y - my$,$Q = e^x \cos y - m$.

又 $\dfrac{\partial P}{\partial y} = e^x \cos y - m$,$\dfrac{\partial Q}{\partial x} = e^x \cos y$. 由格林公式有

$$\oint_{\overset{\frown}{AMO}+\overline{OA}} (e^x \sin y - my)dx + (e^x \cos y - m)dy$$

$$= \iint_D m dx dy = m \iint_D dx dy = \frac{1}{8}\pi a^2 m$$

而 $I_1 = \displaystyle\int_{\overline{OA}} (e^x \sin y - my)dx + (e^x \cos y - m)dy = 0$,从而

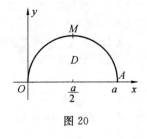

图 20

$$I = \frac{1}{8}\pi ma^2 - I_1 = \frac{1}{8}\pi ma^2$$

注 1 这里添上了在 OA 线段上的积分才可使用格林公式,尽管它的积分值为零.

注 2 若积分路线改为:由 $A(a,0)$ 到 $O(0,0)$ 的上半圆周 $x^2 + y^2 = 2ax$,为华中工学院 1981 年、西安冶金建筑学院 1983 年度试题.

注 3 类似的试题还有如:

计算积分 $\displaystyle\int_{\overset{\frown}{AB}} (e^x \sin y - 5y)dx + (e^x \cos y - 5y)dy$,其中 $\overset{\frown}{AB}$ 为从点 $A(2,0)$ 起沿 $\dfrac{x^2}{4} + \dfrac{y^2}{9} = 1$ 在第一象限内的弧段到 $B(0,3)$. (厦门大学,1982)

显然它只是本例的特殊情形. 又被积函数 $e^x \cos y - m$ 中的 m 还可换成 $\varphi(y)$,这里 $\varphi(y)$ 是 y 的可积函数,积分值却不变.

例 6 在下面两种情形下计算 $\displaystyle\oint_c \dfrac{x dy - y dx}{x^2 + y^2}$:(1)$c$ 是一条光滑闭曲线,原点在其围成的闭区域之外;(2)c 是一条光滑闭曲线,原点在其围成的闭区域之内. (上海科技大学、中国人民解放军通讯工程学院,

1979；北方交通大学,1980；大连轻工业学院,1985)

解　令 $P=\dfrac{-y}{x^2+y^2},Q=\dfrac{x}{x^2+y^2}$. 由 $\dfrac{\partial P}{\partial y}=\dfrac{\partial Q}{\partial x}=\dfrac{y^2-x^2}{(x^2+y^2)^2}$,且它们有一阶连续的偏导数,由格林

公式:

(1) 当 c 不包围原点时,有

$$\oint_c \frac{x\mathrm{d}y-y\mathrm{d}x}{x^2+y^2}=0$$

(2) 当 c 包围原点时,有以 O 为圆心作一圆 Γ,且作一直线 AB

连接 c,Γ(图 21).

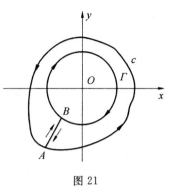

令 $l=\overline{AB}+(-\Gamma)+\overline{BA}+c$,则闭曲线 l 不包含原点,从而

$$\oint_l=\int_{\overline{AB}}+\oint_{-\Gamma}+\int_{\overline{BA}}+\oint_c=0$$

由 $\int_{\overline{AB}}=-\int_{\overline{BA}}$,　故　$\oint_{-\Gamma}+\oint_c=0$.

又 $\oint_{-\Gamma}=-\oint_\Gamma$,从而 $\oint_\Gamma=\oint_c$.

图 21

令圆 Γ 的参数方程为: $x=r\cos\theta$, $y=r\sin\theta$,则

$$\oint_\Gamma=\int_0^{2\pi}\left[r\cos\theta\cdot r\cos\theta-r\sin\theta(-r\sin\theta)\right]\frac{1}{r^2}\mathrm{d}\theta=\int_0^{2\pi}(\cos^2\theta+\sin^2\theta)\mathrm{d}\theta=2\pi$$

从而 $\oint_c=\dfrac{x\mathrm{d}y-y\mathrm{d}x}{x^2+y^2}=2\pi$.

注 1　补上一条线段使之变成可用格林公式的技巧是典型和常用的. 而在补的线段上函数的积分值,因方向的一正一反而抵消,实质上未增加计算量.

注 2　这个命题有许多变形,例子见本章习题.

这里的"变形"无非是指:

(1) 变换积分路线;

(2) 变形被积函数(多是把"奇点"平移到坐标平面的其他点);

(3) 变换题目的方式(如待定某个函数使被积式与路径无关等).

注 3　这里的解题方法也可拓广到空间情形,比如补一块曲面使之积分可用奥-高公式等(见本章后面的例).

例 7　验证 $\dfrac{x\mathrm{d}y-y\mathrm{d}x}{x^2+y^2}$ 在右半平面 $(x>0)$ 内是某个函数的全微分,并求出一个这样的函数.(山东化工学院,1980)

解　由上一个例题解法知题设式是某函数的全微分,这样

$$u(x,y)=\int_{(1,1)}^{(x,y)}\frac{x\mathrm{d}y-y\mathrm{d}x}{x^2+y^2}=\int_1^x\frac{-\mathrm{d}x}{x^2+1}+\int_1^y\frac{x\mathrm{d}y}{x^2+y^2}=-\arctan x\Big|_1^x+\arctan\frac{y}{x}\Big|_1^y$$

$$=\frac{\pi}{4}-\arctan x+\arctan\frac{y}{x}-\arctan\frac{1}{x}$$

例 8　确定函数 $g(x)$,使曲线积分

$$I=\int_c\left[g''(x)+9g(x)+2x^2-5x+1\right]y^2\mathrm{d}x+7g''(x)\mathrm{d}y$$

与积分路径 c 无关,c 为单连通域 G 内自点 $(0,0)$ 到点 $(1,1)$ 的任一光滑曲线,然后求出 I 的值.(华东水利学院,1982)

解　由设在单连通域 G 内有

$$\frac{\partial}{\partial y}\{[g''(x)+9g(x)+2x^2-5x+1]y^2\}\equiv\frac{\partial}{\partial x}[7g''(x)]$$

即

$$2y[g''(x)+9g(x)+2x^2-5x+1]\equiv 7g'''(x)$$

由上恒等式右端仅依赖于 x,故必有(因左端不能依赖于 y)

$$g''(x)+9g(x)+2x^2-5x+1=0 \qquad ①$$

由题设有

$$g'''(x)=0 \qquad ②$$

由式 ② 得 $g(x)=ax^2+bx+c$,代入式 ① 有

$$2a+9(ax^2+bx+c)+2x^2-5x+1=0$$

展开、合并、比较系数,故 $\begin{cases} 9a+2=0 \\ 9b-5=0 \\ 2a+9c+1=0 \end{cases}$,解之得 $a=-\dfrac{2}{9}$, $b=\dfrac{5}{9}$, $c=-\dfrac{5}{81}$.

故 $g(x)=-\dfrac{2}{9}x^2+\dfrac{5}{9}x-\dfrac{5}{81}$. 从而

$$I=\int_c 7\cdot(-\frac{4}{9})\mathrm{d}y=-\int_{(0,0)}^{(1,1)}\frac{28}{9}\mathrm{d}y=-\frac{28}{9}$$

注 这里也用了"待定系数法".

例 9 确定 $f(x)$ 使曲线积分

$$I=\int_{(0,0)}^{(x,y)}\left[e^x(x+1)^n+\frac{n}{x+1}f(x)\right]y\mathrm{d}x+f(x)\mathrm{d}y$$

与路径无关.设 $f(0)=0$,并计算此曲线积分.(中南矿冶学院,1981)

解 令 $P=\left[e^x(x+1)^n+\dfrac{n}{x+1}f(x)\right]y$, $Q=f(x)$.

由题设积分与路径无关应有 $\dfrac{\partial P}{\partial y}=\dfrac{\partial Q}{\partial x}$, 即

$$e^x(x+1)^n+\frac{n}{x+1}f(x)=f'(x)$$

解此一阶线性微分方程得

$$f(x)=(x+1)^n\left[\int e^x\mathrm{d}x+c\right]=(x+1)^n(e^x+c)$$

将 $f(0)=0$ 代入上式得 $c=-1$,则 $f(x)=(e^x-1)(x+1)^n$. 由此

$$I=\int_0^y(e^x-1)(x+1)^n\mathrm{d}y=(e^x-1)(x+1)^n y$$

注 这里的问题中也包含了微分方程求解,其实这种问题常常是综合性的.

例 10 设函数 $P(x,y),Q(x,y)$ 在曲线段 l 上连续,又 L 为 l 的长度,$M=\max\limits_{(x,y)\in l}\sqrt{P^2(x,y)+Q^2(x,y)}$.试证 $\left|\int_l P\mathrm{d}x+Q\mathrm{d}y\right|\leqslant L\cdot M$.

再利用上面的不等式估计积分 $I_R=\oint_{C_R}\dfrac{(y-1)\mathrm{d}x+(x+1)\mathrm{d}y}{(x^2+y^2+2x-2y+2)^2}$,其中 C_R 为圆周 $(x+1)^2+(y-1)^2=R^2$ 的正向,并求极限 $\lim\limits_{R\to+\infty}\mid I_R\mid$.(西北工业大学,1985)

解 由 $\int_l P\mathrm{d}x+Q\mathrm{d}y=\int_l(P\cos\alpha+Q\cos\beta)\mathrm{d}s$,其中 $\cos\alpha,\cos\beta$ 为 l 上的点 (x,y) 处的切线的方向余弦,且 $\cos^2\alpha+\cos^2\beta=1$.

由积分性质有

$$\left|\int_l P\mathrm{d}x+Q\mathrm{d}y\right|\leqslant\int_l\mid P\cos\alpha+Q\cos\beta\mid\mathrm{d}s$$

而
$$(P\cos\alpha + Q\cos\beta)^2 = P^2\cos^2\alpha + Q^2\cos^2\beta + 2PQ\cos\alpha\cos\beta$$

又
$$0 \leqslant (P\cos\alpha - Q\cos\beta)^2 = P^2\cos^2\alpha + Q^2\cos^2\beta - 2PQ\cos\alpha\cos\beta$$

故
$$(P\cos\alpha + Q\cos\beta)^2 \leqslant P^2(\cos^2\alpha + \cos^2\beta) + Q^2(\cos^2\alpha + \cos^2\beta) = P^2 + Q^2$$

从而 $|P\cos\alpha + Q\cos\beta| \leqslant \sqrt{P^2 + Q^2} \leqslant M$，故
$$\left| \int_l P\mathrm{d}x + Q\mathrm{d}y \right| \leqslant M \int_l \mathrm{d}s = M \cdot L$$

又，在 I_R 中，容易算得
$$P^2 + Q^2 = \frac{(x+1)^2 + (y-1)^2}{(x^2 + y^2 + 2x - 2y + 2)^4} = \frac{(x+1)^2 + (y-1)^2}{[(x+1)^2 + (y-1)^2]^4} = \frac{R^2}{R^8} = \frac{1}{R^6}$$

则 $M = \dfrac{1}{R^3}$. 故 $|I_R| \leqslant M \cdot L = \dfrac{1}{R^3} \cdot 2\pi R = \dfrac{2\pi}{R^2}$.

而 $0 \leqslant \lim\limits_{R \to +\infty} |I_R| \leqslant \lim\limits_{R \to +\infty} \leqslant \dfrac{2\pi}{R^2} = 0$，从而 $\lim\limits_{R \to +\infty} |I_R| = 0$.

再来看看三维的情形.

例 11　计算曲线积分 $I = \displaystyle\int_{\widehat{AB}} (x^2 - yz)\mathrm{d}x + (y^2 - xz)\mathrm{d}y + (z^2 - xy)\mathrm{d}z$，其中 $\widehat{AB}$ 为螺线 $x = \cos\varphi$，$y = \sin\varphi, z = \varphi$，由 $A(1,0,0)$ 到 $B(1,0,2\pi)$ 一段. (大连轻工业学院,1982)

解 1　由题设可有
$$I = \int_0^{2\pi} [(\cos^2\varphi - \varphi\sin\varphi)(-\sin\varphi) + (\sin^2\varphi - \varphi\cos\varphi)\cos\varphi + \varphi^2 - \sin\varphi\cos\varphi]\mathrm{d}\varphi$$

$$= -\int_0^{2\pi} \varphi\cos^2\varphi\sin\varphi\mathrm{d}\varphi + \int_0^{2\pi} \sin^2\varphi\cos\varphi\mathrm{d}\varphi + \int_0^{2\pi} \varphi(\sin^2\varphi - \cos^2\varphi)\mathrm{d}\varphi + \int_0^{2\pi} \varphi^2\mathrm{d}\varphi - \int_0^{2\pi} \sin\varphi\cos\varphi\mathrm{d}\varphi$$

$$= -\int_0^{2\pi} \varphi\cos 2\varphi\mathrm{d}\varphi + \int_0^{2\pi} \varphi^2\mathrm{d}\varphi = -\frac{1}{2}\varphi\sin 2\varphi \Big|_0^{2\pi} + \frac{1}{2}\int_0^{2\pi} \sin 2\varphi\mathrm{d}\varphi + \int_0^{2\pi} \varphi^2\mathrm{d}\varphi = \frac{8\pi^3}{3}$$

我们容易看到这种计算是烦琐的，其原因就在于它未能充分使用命题的条件，或者说未能使用恰当的公式或方法.

下面的解法是简洁的.

解 2　我们容易验证，若设 $P = x^2 - yz, Q = y^2 - xz, R = z^2 - xy$，则有
$$\frac{\partial P}{\partial y} = \frac{\partial Q}{\partial x} = -z, \quad \frac{\partial Q}{\partial z} = \frac{\partial R}{\partial y} = -x, \quad \frac{\partial R}{\partial x} = \frac{\partial P}{\partial z} = -y$$

此即说积分 I 与路径无关，这样我们可以取从 $A(1,0,0)$ 到 $B(1,0,2\pi)$ 的直线段 $\widehat{AB}$ 作为积分路线，故
$$I = \int_{\widehat{AB}} P\mathrm{d}x + Q\mathrm{d}y + R\mathrm{d}z = \int_{(1,0,0)}^{(1,0,2\pi)} x^2\mathrm{d}x + z^2\mathrm{d}z$$

$$= \frac{x^3 + z^3}{3} \Big|_{(1,0,0)}^{(1,0,2\pi)} = \frac{8\pi^3}{3}$$

注　通过此例我们可以看出，同是一个问题选用不同解法，其繁简程度甚殊.

例 12　求积分 $\displaystyle\oint_l y\mathrm{d}x + z\mathrm{d}y + x\mathrm{d}z$，其中 l 是以 $A_1(a,0,0), A_2(0,a,0), A_3(0,0,a)$ 为顶点的三角形 $(a > 0)$，方向由 A_1 经 A_2, A_3 再回到 A_1 (图 22). (太原工学院,1982)

解　过 A_1, A_2, A_3 作平面，以 l 为界的三角形为曲面 S，且 $(\cos\alpha, \cos\beta, \cos\gamma)$ 为 S 上法矢量方向余弦. 根据斯托克斯公式有

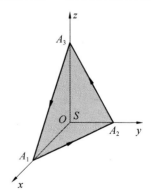

图 22

$$\oint_l y\mathrm{d}x + z\mathrm{d}y + x\mathrm{d}z = \iint_S \begin{vmatrix} \cos\alpha & \cos\beta & \cos\gamma \\ \dfrac{\partial}{\partial x} & \dfrac{\partial}{\partial y} & \dfrac{\partial}{\partial z} \\ P & Q & R \end{vmatrix} \mathrm{d}S$$

$$= -\sqrt{3}\iint_S \mathrm{d}S = -\sqrt{3}\cdot\frac{1}{2}\sqrt{a^2+a^2}\cdot\sqrt{a^2+a^2}\cdot\sin 60° = -\frac{3a^2}{2}$$

注 本题也可用下面公式考虑

$$\oint = \iint_S \begin{vmatrix} \mathrm{d}y\mathrm{d}z & \mathrm{d}z\mathrm{d}x & \mathrm{d}x\mathrm{d}y \\ \dfrac{\partial}{\partial x} & \dfrac{\partial}{\partial y} & \dfrac{\partial}{\partial z} \\ P & Q & R \end{vmatrix} = -\iint_S \mathrm{d}x\mathrm{d}y + \mathrm{d}y\mathrm{d}z + \mathrm{d}z\mathrm{d}x = -\frac{3a^2}{2}$$

因为 S 在三坐标面上投影面积均为 $\dfrac{a^2}{2}$.

例 13 求积分 $\oiint_S \left(x^3 + \dfrac{x}{a^2}\right)\mathrm{d}y\mathrm{d}z + (y^3 - xz)\mathrm{d}z\mathrm{d}x + \left(z^3 + \dfrac{z}{a^2}\right)\mathrm{d}x\mathrm{d}y$,其中 S 为球面 $x^2 + y^2 + z^2 = 2z$ 的外侧(a 为常数).(长沙铁道学院,1982)

解 令 $P = x^3 + \dfrac{x}{a^2}$,$Q = y^3 - xz$,$R = z^3 - \dfrac{z}{a^2}$,则

$$\frac{\partial P}{\partial x} + \frac{\partial Q}{\partial y} + \frac{\partial R}{\partial z} = 3(x^2 + y^2 + z^2)$$

又 S 为:$x^2 + y^2 + (z-1)^2 = 1$,由奥-高公式得

$$原式 = 3\iiint_\Omega (x^2 + y^2 + z^2)\mathrm{d}x\mathrm{d}y\mathrm{d}z \quad (用球坐标变换)$$

$$= 3\int_0^{2\pi}\mathrm{d}\theta\int_0^{\frac{\pi}{2}}\sin\varphi\mathrm{d}\varphi\int_0^{2\cos\varphi}r^4\mathrm{d}r = \frac{32\pi}{5}$$

例 14 计算曲面积分 $\oiint_\Sigma \dfrac{e^{\sqrt{y}}}{\sqrt{x^2+z^2}}\mathrm{d}x\mathrm{d}z$,其中 Σ 为由曲面 $y = x^2 + z^2$ 与平面 $y = 1$,$y = 2$ 所围立体表面的外侧.(上海交通大学,1984)

解 如图 23 所示

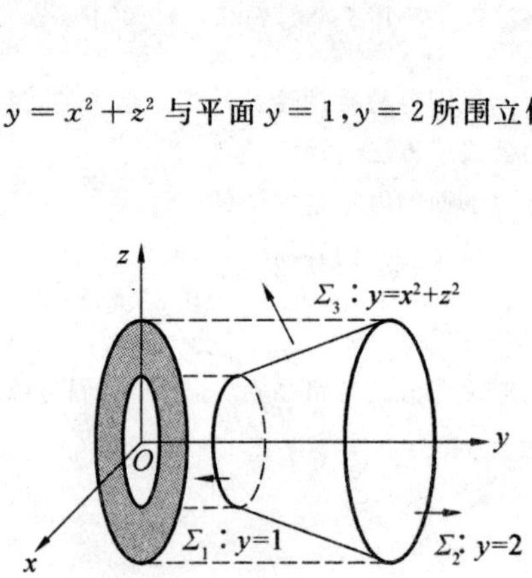

$$\Sigma = \Sigma_1 + \Sigma_2 + \Sigma_3$$

故

$$\oiint_\Sigma = \iint_{\Sigma_1} + \iint_{\Sigma_2} + \iint_{\Sigma_3}$$

而

图 23

$$\iint_{\Sigma_1} = -\iint_{D_{1xz}} \frac{e}{\sqrt{x^2+z^2}}\mathrm{d}x\mathrm{d}z = \lim_{\varepsilon\to 0}e\int_0^{2\pi}\mathrm{d}\theta\int_\varepsilon^1 \mathrm{d}r$$

$$= -2\pi e$$

$$\iint_{\Sigma_2} = \iint_{D_{2xz}} \frac{e^{\sqrt{2}}}{\sqrt{x^2+z^2}}\mathrm{d}x\mathrm{d}z = \lim_{\varepsilon\to 0}\int_0^{2\pi}\mathrm{d}\theta\int_\varepsilon^{\sqrt{2}} e^{\sqrt{2}}\,\mathrm{d}r$$

$$= 2\sqrt{2}\,\pi e^{\sqrt{2}}$$

$$\iint_{\Sigma_3} = -\iint_{D_{3xz}} \frac{e^{\sqrt{x^2+y^2}}}{\sqrt{x^2+z^2}}\mathrm{d}x\mathrm{d}z = -\int_0^{2\pi}\mathrm{d}\theta\int_1^{\sqrt{2}}e^r\,\mathrm{d}r = -2\pi(e^{\sqrt{2}} - e)$$

故

$$\oiint_\Sigma \frac{e^{\sqrt{y}}}{\sqrt{x^2+z^2}} = 2\pi e^{\sqrt{2}}(\sqrt{2} - 1)$$

注 这里是将 Σ 分片考虑的,因为积分区域不对称而不便于使用奥-高公式.

下面的例子是关于第一类曲线(面)积分的.

例 15　计算积分 $\displaystyle\int_l y\mathrm{d}s$，$l$ 是摆线 $\begin{cases} x = a(t - \sin t) \\ y = a(1 - \cos t) \end{cases}$ 的一拱 $(a > 0)$. (西安交通大学,1980)

解　由 $x' = a(1 - \cos t)$，$y' = a\sin t$，则

$$\mathrm{d}s = \sqrt{x'^2 + y'^2}\,\mathrm{d}t = \sqrt{2}\,a\,\sqrt{1 - \cos t}\,\mathrm{d}t$$

于是

$$I = \int_l y\mathrm{d}s = \sqrt{2}\,a^2\int_0^{2\pi}(1 - \cos t)^{\frac{3}{2}}\mathrm{d}t = \sqrt{2}\,a^2\int_0^{2\pi}\left(2\sin^2\frac{t}{2}\right)^{\frac{3}{2}}\mathrm{d}t$$

$$= 4a^2\int_0^{2\pi}\sin^3\frac{t}{2}\mathrm{d}t = -8a^2\int_0^{2\pi}\left(1 - \cos^2\frac{t}{2}\right)\mathrm{d}\left(\cos\frac{t}{2}\right)$$

$$= -8a^2\left[\cos\frac{t}{2} - \frac{1}{3}\cos^3\frac{t}{2}\right]_0^{2\pi} = \frac{32}{3}a^2$$

例 16　证明:若 S 为封闭的简单曲面,而 l 为任何固定方向,则曲面积分 $\displaystyle\iint_S \cos(\widehat{\boldsymbol{n},\boldsymbol{l}})\mathrm{d}s = 0$,其中 $\boldsymbol{n}$ 为曲面 S 的外法矢量.(山东工学院,1980)

证　设　$\boldsymbol{n} = \{\cos\alpha, \cos\beta, \cos\gamma\}$，$\boldsymbol{l} = \{\cos a, \cos b, \cos c\}$　$(a, b, c$ 为常数$)$

则 $\cos(\widehat{\boldsymbol{n},\boldsymbol{l}}) = \cos\alpha\cos a + \cos\beta\cos b + \cos\gamma\cos c$,故

$$\iint_S \cos(\widehat{\boldsymbol{n},\boldsymbol{l}})\mathrm{d}s = \iint_S(\cos\alpha\cos a + \cos\beta\cos b + \cos\gamma\cos c)\mathrm{d}s$$

$$= \iint_S \cos a\,\mathrm{d}y\mathrm{d}z + \cos b\,\mathrm{d}z\mathrm{d}x + \cos c\,\mathrm{d}x\mathrm{d}y = \iiint_V 0\,\mathrm{d}x\mathrm{d}y\mathrm{d}z = 0$$

下面看一实施某些变换使之变为可以利用公式的例子.

例 17　计算 $I = \displaystyle\iint_\Sigma(x^3\cos\alpha + y^3\cos\beta + z^3\cos\gamma)\mathrm{d}S$,其中 Σ 为曲面 $x^2 + y^2 = z^2$ $(0 \leqslant z \leqslant h)$ 的一部分,且 $(\cos\alpha, \cos\beta, \cos\gamma)$ 为此曲面的外法线的方向余弦. (南京航空学院,1982)

解　为了可以使用奥-高公式,我们考虑平面圆域 $S: z = h, x^2 + y^2 \leqslant h^2$ 的上侧,以 $\Sigma + S$ 为封闭曲面,这样

$$\iint_{\Sigma + S}(x^3\cos\alpha + y^3\cos\beta + z^3\cos\gamma)\mathrm{d}S = 3\iiint_V(x^2 + y^2 + z^2)\mathrm{d}v$$

其中 V 是曲线 $x^2 + y^2 = z^2$ 与平面 $z = h$ 所围区域,用球坐标变换

$$3\iiint_V(x^2 + y^2 + z^2)\mathrm{d}x\mathrm{d}y\mathrm{d}z = 3\int_0^{2\pi}\mathrm{d}\theta\int_0^{\frac{\pi}{4}}\mathrm{d}\varphi\int_0^{\frac{h}{\cos\varphi}}r^4\sin\varphi\mathrm{d}r$$

$$= 3\int_0^{2\pi}\mathrm{d}\theta\int_0^{\frac{\pi}{4}}\mathrm{d}\varphi\cdot\left[\frac{r^5}{5}\right]_0^{\frac{h}{\cos\varphi}}\mathrm{d}\varphi = \frac{6\pi h^5}{5}\int_0^{\frac{\pi}{4}}\frac{\sin\varphi}{\cos^5\varphi}\mathrm{d}\varphi = \frac{9\pi h^5}{10}$$

而 $\displaystyle\iint_S(x^3\cos\alpha + y^3\cos\beta + z^3\cos\gamma)\mathrm{d}S = \iint_{x^2 + y^2 \leqslant h}h^3\mathrm{d}x\mathrm{d}y = \pi h^5$. 从而

$$I = \frac{9\pi h^5}{10} - \pi h^5 = -\frac{\pi h^5}{10}$$

注 1　使用格林公式、奥-高公式,一定要注意条件,特别是积分线路(曲线或曲面)应该是**封闭**的,倘若题中条件没有满足公式使用条件或范围,我们常用的办法是在积分区域上"补","补"的准则,①是使线路或曲面封闭,②是使在所补部分函数积分易求.

注 2 格林公式、奥-高公式均是使低重(维)积分化为较高重(维)积分,这对某些问题来讲反而是变得"简单"了.

当然公式有时也会反向使用.当然在某些时候,不使用此类公式也不麻烦(它们往往被积函数不是对称式),如:

计算 $\iint\limits_{S} xyz \mathrm{d}x\mathrm{d}y$,其中 S 为 $x \geqslant 0, y \geqslant 0$ 时,球面 $x^2+y^2+z^2=1$ 的 $\frac{1}{4}$ 外侧.(武汉钢铁学院,1983)

注意到 $\frac{1}{4}$ 球面在 Oxy 平面上的投影 D_{xy},及球面在 Oxy 平面上、下侧的符号,不难有

$$\iint\limits_{S} xyz \mathrm{d}x\mathrm{d}y = 2\iint\limits_{D_{xy}} xy\sqrt{1-x^2-y^2}\mathrm{d}x\mathrm{d}y$$

再用极坐标变换可算得积分值为 $\frac{2}{15}$.

4. 重积分及曲线、曲面积的应用问题

最后,我们来看看上述各类积分的应用.先来看其几何应用.

例 1 求球面 $x^2+y^2+z^2=a^2$ 在柱面 $x^2+y^2-ax=0$ 内部的表面积.(哈尔滨工业大学,1981)

解 由 $\frac{\partial z}{\partial x} = \frac{-x}{\sqrt{a^2-x^2-y^2}}$,及 $\frac{\partial z}{\partial y} = \frac{-y}{\sqrt{a^2-x^2-y^2}}$,故

$$\sqrt{1+\left(\frac{\partial z}{\partial x}\right)^2+\left(\frac{\partial z}{\partial y}\right)^2} = \frac{a}{\sqrt{a^2-x^2-y^2}}$$

注意到图形的对称性有所求表面积

$$S = 2\iint\limits_{D} \frac{a}{\sqrt{a^2-x^2-y^2}}\mathrm{d}x\mathrm{d}y = 2a\iint\limits_{D} \frac{r\mathrm{d}r\mathrm{d}\theta}{\sqrt{a^2-r^2}}$$

$$= 2a\int_{-\frac{\pi}{2}}^{\frac{\pi}{2}}\mathrm{d}\theta\int_0^{a\cos\theta} \frac{r\mathrm{d}r}{\sqrt{a^2-r^2}} = 2a\int_{-\frac{\pi}{2}}^{\frac{\pi}{2}}\left[-\sqrt{a^2-r^2}\right]_0^{a\cos\theta}\mathrm{d}\theta$$

$$= 4a^2\int_0^{\frac{\pi}{2}}(1-\sin\theta)\mathrm{d}\theta = 2a^2(\pi-2)$$

例 2 曲面 $z=13-x^2-y^2$ 将球面 $x^2+y^2+z^2=25$ 分成三部分,求这三部分面积之比.(苏州丝绸工学院,1984)

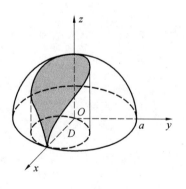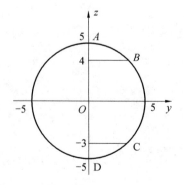

图 24

解 如图 24 所示,两曲面 $z=13-x^2-y^2$ 与 $x^2+y^2+z^2=25$ 交线为两圆周

$$\begin{cases} x^2+y^2=9 \\ z=4 \end{cases} \qquad 及 \qquad \begin{cases} x^2+y^2=16 \\ z=-3 \end{cases}$$

$\overset{\frown}{AB}$ 绕 Oz 轴旋转所成曲面面积

$$S_1 = \int_{\overset{\frown}{AB}} 2\pi y \mathrm{d}s = \int_{x_1}^{x_2} 2\pi \sqrt{25 - z^2} \cdot \frac{5}{\sqrt{25 - z^2}} \mathrm{d}z = 10\pi \int_4^5 \mathrm{d}z = 10\pi$$

同理 $\overset{\frown}{BC}$ 绕 Oz 轴旋转所成曲面面积

$$S_2 = \int_{\overset{\frown}{BC}} 2\pi y \mathrm{d}s = \int_{-3}^4 2\pi \sqrt{25 - z^2} \cdot \frac{5}{\sqrt{25 - z^2}} \mathrm{d}z = 10\pi \int_{-3}^4 \mathrm{d}z = 70\pi$$

类似地，$\overset{\frown}{CD}$ 绕 Oz 轴旋转所成曲面面积

$$S_3 = \int_{\overset{\frown}{CD}} 2\pi y \mathrm{d}s = 10\pi \int_{-3}^{-3} \mathrm{d}z = 20\pi$$

故 $S_1 : S_2 : S_3 = 1 : 7 : 2$.

注 这里的解法是由线积分、定积分给出的，它还可由曲面积分、二重积分去考虑.

下面的例子是属于物理学的.

例 3 设有半球体 $x^2 + y^2 + z^2 \leqslant 4, z \geqslant 0$，其各点密度 $\rho = z$，求此半球体的质量. （西北大学，1982）

解 由设且利用柱面坐标变换有球体质量

$$M = \iiint_\Omega z \mathrm{d}x\mathrm{d}y\mathrm{d}z = \int_0^{2\pi} \mathrm{d}\theta \int_0^2 z \mathrm{d}z \int_0^{\sqrt{4-z^2}} r \mathrm{d}r = 2\pi \int_0^2 \frac{1}{2} z(4 - z^2) \mathrm{d}z = 4\pi$$

例 4 求平面力场 $\boldsymbol{F}(x, y) = -y\boldsymbol{i} + x\boldsymbol{j}$ 使质点 P 沿椭圆 $\dfrac{x^2}{a^2} + \dfrac{y^2}{b^2} = 1$ 按逆时针方向运动一圈所作的功. （西安交通大学，1982）

解 设 C 是按逆时针方向的椭圆周，D 表示 C 围成的椭圆域，由格林公式，所求的功

$$W = \int_C -y\mathrm{d}x + x\mathrm{d}y = \iint_D \left[\frac{\partial x}{\partial x} - \frac{\partial(-y)}{\partial y} \right] \mathrm{d}x\mathrm{d}y = 2\iint_D \mathrm{d}x\mathrm{d}y = 2\pi ab$$

注 它还可将椭圆化为参数方程直接代入积分公式求解.

例 5 求由抛物线 $y^2 = x$ 及直线 $x = 1$ 所围成的均匀薄片（面密度为 1）关于 $y^2 = x$ 的转动惯量. （无锡轻工业学院，1982）

解 薄片上任一点 (x, y) 到直线 $y = x$ 的距离

$$d = \left| \frac{-1 \cdot x + 1 \cdot y + 0}{\sqrt{1^2 + 1^2}} \right| = \frac{|y - x|}{\sqrt{2}}$$

故所求转动惯量

$$I = \iint_D d^2 \mathrm{d}x\mathrm{d}y = \frac{1}{2} \int_0^1 \mathrm{d}x \int_{-\sqrt{x}}^{\sqrt{x}} (y - x)^2 \mathrm{d}y = \frac{1}{2} \int_0^1 \left(\frac{2}{3} x^{\frac{3}{2}} + 2x^{\frac{5}{2}} \right) \mathrm{d}x = \frac{44}{150}$$

1987 ～ 2012 年部分

（一）填空题

1. 重积分

题 1 （1990①）积分 $\displaystyle\int_0^2 \mathrm{d}x \int_x^2 \mathrm{e}^{-y^2} \mathrm{d}y$ 的值等于_____.

解 交换积分次序可有

$$\int_0^2 \mathrm{d}x \int_x^2 \mathrm{e}^{-y^2} \mathrm{d}y = \int_0^2 \mathrm{d}y \int_0^y \mathrm{e}^{-y^2} \mathrm{d}x = \int_0^2 y\mathrm{e}^{-y^2} \mathrm{d}y = \frac{1}{2}(1 - \mathrm{e}^{-4})$$

题 2 （1994①）设区域 D 为 $x^2 + y^2 \leqslant R^2$，则 $\displaystyle\iint_D \left(\frac{x^2}{a^2} + \frac{y^2}{b^2} \right) \mathrm{d}x\mathrm{d}y = $ _____.

解 由 $\iint\limits_{D}\dfrac{x^2}{a^2}\mathrm{d}x\mathrm{d}y = \dfrac{1}{a^2}\int_0^{2\pi}\cos^2\theta\mathrm{d}\theta\int_0^R r^3\mathrm{d}r = \dfrac{\pi}{4}\cdot\dfrac{R^4}{a^2}$. 同理

$$\iint\limits_{D}\dfrac{y^2}{b^2}\mathrm{d}x\mathrm{d}y = \dfrac{\pi}{4}\cdot\dfrac{R^4}{b^2}$$

两式相加有

$$\text{原式} = \dfrac{\pi}{4}\left(\dfrac{1}{a^2} + \dfrac{1}{b^2}\right)$$

题 3 (2003③④) 设 $a > 0$, $f(x) = g(x) = \begin{cases} a, & \text{若 } 0 \leqslant x \leqslant 1 \\ 0, & \text{其他} \end{cases}$, 而 D 表示全平面,则 $I = \iint\limits_{D}f(x)$
$\cdot g(y-x)\mathrm{d}x\mathrm{d}y = $ _____.

解 由设可有

$$I = \iint\limits_{D}f(x)g(y-x)\mathrm{d}x\mathrm{d}y = \iint\limits_{0\leqslant x\leqslant 1,\,0\leqslant y-x\leqslant 1}a^2\mathrm{d}x\mathrm{d}y = a^2\int_0^1\mathrm{d}x\int_x^{x+1}\mathrm{d}y$$
$$= a^2\int_0^1\left[(x+1)-x\right]\mathrm{d}x = a^2$$

题 4 (2001①) 交换二次积分的积分次序 $\int_{-1}^0\mathrm{d}y\int_2^{1-y}f(x,y)\mathrm{d}x = $ _____.

解 积分区域如图 25 中阴影部分所示. 当 y 由 -1 变到 0 时,x 由 2 变到 $1-y$,且由大到小变化,故须先交换积分上、下限,再交换积分次序,即

$$\text{原式} = -\int_{-1}^0\mathrm{d}y\int_{1-y}^2 f(x,y)\mathrm{d}x = -\int_0^2\mathrm{d}x\int_{1-x}^0 f(x,y)\mathrm{d}x$$
$$= \int_0^2\mathrm{d}x\int_0^{1-x}f(x,y)\mathrm{d}y$$

题 5 (2002③) 交换二次积分的积分次序:$I = \int_0^{\frac{1}{4}}\mathrm{d}y\int_y^{\sqrt{y}}f(x,y)\mathrm{d}x + \int_{\frac{1}{4}}^{\frac{1}{2}}\mathrm{d}y\int_y^{\frac{1}{2}}f(x,y)\mathrm{d}x = $ _____.

解 题设积分区域是曲线 $y = x$, $y = x^2$, $x = \dfrac{1}{2}$ 在第一象限所围成的区域,画出草图可得

$$I = \int_0^{\frac{1}{2}}\mathrm{d}x\int_{x^2}^x f(x,y)\mathrm{d}y$$

题 6 (1992③) 交换二次积分的积分次序 $\int_0^1\mathrm{d}y\int_{\sqrt{y}}^{\sqrt{2-y^2}}f(x,y)\mathrm{d}x = $ _____.

解 积分区域 D: $0 \leqslant y \leqslant 1$, $\sqrt{y} \leqslant x \leqslant \sqrt{2-y^2}$. 现将 D 分割为 D_1 和 D_2(图 26). 即
$$D_1: 0 \leqslant x \leqslant 1, \quad 0 \leqslant y \leqslant x^2$$
$$D_2: 1 \leqslant x \leqslant \sqrt{2}, \quad 0 \leqslant y \leqslant \sqrt{2-x^2}$$

于是 $I = \int_0^1\mathrm{d}x\int_0^{x^2}f(x,y)\mathrm{d}y + \int_1^{\sqrt{2}}\mathrm{d}x\int_0^{\sqrt{2-x^2}}f(x,y)\mathrm{d}y$.

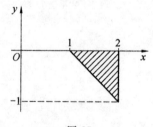

图 25   图 26

2. 曲线、曲面积分

题 1 (1989①) 设平面曲线 L 为下半圆周 $y = -\sqrt{1-x^2}$,则曲线积分 $\int_L(x^2+y^2)\mathrm{d}s = $ _____.

解 1　$L: y = -\sqrt{1-x^2}, -1 \leqslant x \leqslant 1, ds = \sqrt{1+y'^2}\, dx = \dfrac{1}{\sqrt{1-x^2}}\, dx.$

$$\int_L (x^2 + y^2) ds = \int_{-1}^{1} (x^2 + 1 - x^2) \frac{1}{\sqrt{1-x^2}}\, dx = \int_{-1}^{1} \frac{1}{\sqrt{1-x^2}}\, dx = \Big[\arcsin x \Big]_{-1}^{1} = \pi.$$

解 2　依题意, L 适合 $x^2 + y^2 = 1$, 故 原式 $= \displaystyle\int_L ds = \pi.$

题 2　(2004①) 设 L 为正向圆周 $x^2 + y^2 = 2$ 在第一象限中的部分,则曲线积分 $\displaystyle\int_L x\, dy - 2y\, dx$ 的值为 _____.

解　正向圆周 $x^2 + y^2 = 2$ 在第一象限中的部分可表示为

$$\begin{cases} x = \sqrt{2}\cos\theta \\ y = \sqrt{2}\sin\theta \end{cases} \quad (0 \leqslant \theta \leqslant \frac{\pi}{2}, \text{且 } \theta \text{ 由 } 0 \text{ 变到 } \frac{\pi}{2})$$

于是 $\displaystyle\int_L x\, dy - 2y\, dx = \int_0^{\frac{\pi}{2}} [\sqrt{2}\cos\theta \cdot \sqrt{2}\cos\theta + 2\sqrt{2}\sin\theta \cdot \sqrt{2}\sin\theta]\, d\theta = \pi + \int_0^{\frac{\pi}{2}} 2\sin^2\theta\, d\theta = \dfrac{3\pi}{2}.$

题 3　(1987①) 如果设 L 为取正向的圆周 $x^2 + y^2 = 9$,那么曲线积分 $\displaystyle\oint_L (2xy - 2y) dx + (x^2 - 4x) dy$ 的值是 _____.

解　L 所围区域记为 $D: x^2 + y^2 \leqslant 3$. 据格林公式有

$$\text{原式} = \iint_D [(2x - 4) - (2x - 2)] d\sigma = -2 \iint_D d\sigma = -18\pi$$

题 4　(1998①) 设 l 为椭圆 $\dfrac{x^2}{4} + \dfrac{y^2}{3} = 1$,其周长记为 a,则曲线积分 $\displaystyle\oint_l (2xy + 3x^2 + 4y^2) ds = $ _____.

解　因为 l 关于 Ox 轴(和 Oy 轴)对称,且 $2xy$ 是关于 y(和 x)的奇函数,所以 $\displaystyle\oint_l 2xy\, ds = 0.$

将 $\dfrac{x^2}{4} + \dfrac{y^2}{3} = 1$ 改写为 $3x^2 + 4y^2 = 12$, 代入原式中得

$$\text{原式} = \oint_l (3x^2 + 4y^2) ds = \oint_l 12\, ds = 12a$$

(二) 选择题

1. 重积分

题 1　(1988①) 设有空间区域 $\Omega_1: x^2 + y^2 + z^2 \leqslant R^2, z \geqslant 0$;及 $\Omega_2: x^2 + y^2 + z^2 \leqslant R^2, x \geqslant 0, y \geqslant 0, z \geqslant 0$,则　　　　　　　(　)

(A) $\displaystyle\iiint_{\Omega_1} x\, dv = 4\iiint_{\Omega_2} x\, dv$ 　　　　　　　　(B) $\displaystyle\iiint_{\Omega_1} y\, dv = 4\iiint_{\Omega_2} y\, dv$

(C) $\displaystyle\iiint_{\Omega_1} z\, dv = 4\iiint_{\Omega_2} z\, dv$ 　　　　　　　　(D) $\displaystyle\iiint_{\Omega_1} xyz\, dv = 4\iiint_{\Omega_2} xyz\, dv$

解　由题设 Ω_1 关于 xOz 面、yOz 面对称,凡被积函数关于 y 或 x 为奇函数的积分均为 0,因此选项 (A),(B),(D) 的左端积分均为 0,而右端均大于 0,故选项 (A),(B),(D) 被排除.

故选(C).

题 2　(1991①) 设 D 是 xOy 平面上以 $(1,1)$,$(-1,1)$ 和 $(-1,-1)$ 为顶点的三角形区域,D_1 是 D 在第一象限的部分,则 $\displaystyle\iint_D (xy + \cos x \sin y) dx\, dy$ 等于　　　　　　　(　)

(A)$2\iint\limits_{D_1}\cos x\sin y\mathrm{d}x\mathrm{d}y$ 　　　　　　(B)$2\iint\limits_{D_1}xy\mathrm{d}x\mathrm{d}y$

(C)$4\iint\limits_{D_1}(xy+\cos x\sin y)\mathrm{d}x\mathrm{d}y$ 　　(D)0

解 如图 27 连接 OB,其将区域 D 分为 △OAB 和 △OBC 两部分.

在后一区域(关于 Ox 轴对称)上,因为被积函数 $xy+\cos x\sin y$ 关于 y 为奇函数,所以积分为 0.

而在前一区域(关于 Oy 轴对称)上,因为 xy 关于 x 为奇函数,所以第一项积分为 0,而 $\cos x$ 关于 x 为偶函数,所以第二项积分等于 $2\iint\limits_{D_1}\cos x\sin y\mathrm{d}x\mathrm{d}y$.

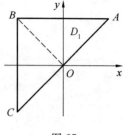

图 27

故选(A).

下面的问题涉及坐标变换.

题 3 (1996③)累次积分 $\displaystyle\int_0^{\frac{\pi}{2}}\mathrm{d}\theta\int_0^{\cos\theta}f(r\cos\theta,r\sin\theta)r\mathrm{d}r$ 可以写成 　　　　(　)

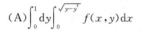

(A)$\displaystyle\int_0^1\mathrm{d}y\int_0^{\sqrt{y-y^2}}f(x,y)\mathrm{d}x$ 　　　　(B)$\displaystyle\int_0^1\mathrm{d}y\int_0^{\sqrt{1-y^2}}f(x,y)\mathrm{d}x$

(C)$\displaystyle\int_0^1\mathrm{d}x\int_0^1 f(x,y)\mathrm{d}y$ 　　　　　　(D)$\displaystyle\int_0^1\mathrm{d}x\int_0^{\sqrt{x-x^2}}f(x,y)\mathrm{d}y$

解 积分区域 $D:0\leqslant\theta\leqslant\dfrac{\pi}{2},0\leqslant r\leqslant\cos\theta$,化为直角坐标表示为

$$D:0\leqslant x\leqslant 1,\ 0\leqslant y\leqslant\sqrt{x-x^2}$$

因而题设积分在直坐标系下可化为二次积分$\displaystyle\int_0^1\mathrm{d}x\int_0^{\sqrt{x-x^2}}f(x,y)\mathrm{d}y$.

故选(D).

题 4 (2004②)设函数 $f(u)$ 连续,区域 $D=\{(x,y)\mid x^2+y^2\leqslant 2y\}$,则积分$\iint\limits_D f(xy)\mathrm{d}x\mathrm{d}y$ 等于

(　)

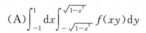

(A)$\displaystyle\int_{-1}^1\mathrm{d}x\int_{-\sqrt{1-x^2}}^{\sqrt{1-x^2}}f(xy)\mathrm{d}y$ 　　(B)$2\displaystyle\int_0^2\mathrm{d}y\int_0^{\sqrt{2y-y^2}}f(xy)\mathrm{d}x$

(C)$\displaystyle\int_0^\pi\mathrm{d}\theta\int_0^{2\sin\theta}f(r^2\sin\theta\cos\theta)\mathrm{d}r$ 　　(D)$\displaystyle\int_0^\pi\mathrm{d}\theta\int_0^{2\sin\theta}f(r^2\sin\theta\cos\theta)r\mathrm{d}r$

解 积分区域见图 28.在直角坐标系下

$$\iint\limits_D f(xy)\mathrm{d}x\mathrm{d}y=\int_0^2\mathrm{d}y\int_{-\sqrt{1-(y-1)^2}}^{\sqrt{1-(y-1)^2}}f(xy)\mathrm{d}x$$

$$=\int_{-1}^1\mathrm{d}x\int_{1-\sqrt{1-x^2}}^{1+\sqrt{1-x^2}}f(xy)\mathrm{d}y$$

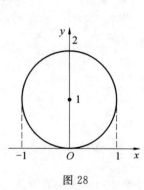

图 28

故应排除选项(A),(B).

作极坐标变换 $\begin{cases}x=r\cos\theta\\y=r\sin\theta\end{cases}$,则

$$\iint\limits_D f(xy)\mathrm{d}x\mathrm{d}y=\int_0^\pi\mathrm{d}\theta\int_0^{2\sin\theta}f(r^2\sin\theta\cos\theta)r\mathrm{d}r$$

故选(D).

题 5 (2004①) 设 $f(x)$ 为连续函数,$F(t) = \int_1^t \mathrm{d}y \int_y^t f(x) \mathrm{d}x$,则 $F'(2)$ 等于   （ ）

(A) $2f(2)$ (B) $f(2)$ (C) $-f(2)$ (D) 0

解 交换积分次序得

$$F(t) = \int_1^t \mathrm{d}y \int_y^t f(x) \mathrm{d}x = \int_1^t \left[\int_1^x f(x) \mathrm{d}y \right] \mathrm{d}x = \int_1^t f(x)(x-1) \mathrm{d}x$$

于是 $F'(t) = f(t)(t-1)$,从而有 $F'(2) = f(2)$.

故选(B).

2. 曲线、曲面积分

题 1 (1996①) 已知 $\dfrac{(x+ay)\mathrm{d}x + y\mathrm{d}y}{(x+y)^2}$ 为某函数的全微分,则 a 等于   （ ）

(A) -1 (B) 0 (C) 1 (D) 2

解 设 $P(x,y) = \dfrac{x+ay}{(x+y)^2}$, $Q(x,y) = \dfrac{y}{(x+y)^2}$,由 $\dfrac{\partial P}{\partial y} = \dfrac{\partial Q}{\partial x}$ 即可解得 $a = 2$.

故选(D).

题 2 (2000①) 设 $S: x^2 + y^2 + z^2 = a^2 (z \geqslant 0)$,$S_1$ 为 S 在第一卦限中的部分,则有   （ ）

(A) $\iint\limits_S x \mathrm{d}S = 4 \iint\limits_{S_1} x \mathrm{d}S$ (B) $\iint\limits_S y \mathrm{d}S = 4 \iint\limits_{S_1} x \mathrm{d}S$

(C) $\iint\limits_S z \mathrm{d}S = 4 \iint\limits_{S_1} x \mathrm{d}S$ (D) $\iint\limits_S xyz \mathrm{d}S = 4 \iint\limits_{S_1} xyz \mathrm{d}S$

解 利用奇偶函数在区间积分对称性质知,(A),(B),(D) 左端为零,而右端均不为零(见前面的例),可见(A),(B),(D) 不真.

故选(C).

（三）计算证明题

1. 重积分计算

（1）累次积分

题 1 (1992①) 计算二次积分 $\displaystyle\int_{\frac{1}{4}}^{\frac{1}{2}} \mathrm{d}y \int_{\frac{1}{2}}^{\sqrt{y}} \mathrm{e}^{\frac{y}{x}} \mathrm{d}x + \int_{\frac{1}{2}}^{1} \mathrm{d}y \int_{y}^{\sqrt{y}} \mathrm{e}^{\frac{y}{x}} \mathrm{d}x$.

解 交换二次积分次序(注意积分区域)有

$$\int_{\frac{1}{4}}^{\frac{1}{2}} \mathrm{d}y \int_{\frac{1}{2}}^{\sqrt{y}} \mathrm{e}^{\frac{y}{x}} \mathrm{d}x + \int_{\frac{1}{2}}^{1} \mathrm{d}y \int_{y}^{\sqrt{y}} \mathrm{e}^{\frac{y}{x}} \mathrm{d}x = \int_{\frac{1}{2}}^{1} \mathrm{d}x \int_{x^2}^{x} \mathrm{e}^{\frac{y}{x}} \mathrm{d}y = \int_{\frac{1}{2}}^{1} x(\mathrm{e} - \mathrm{e}^x) \mathrm{d}x = \frac{3}{8}\mathrm{e} - \frac{1}{2}\sqrt{\mathrm{e}}$$

题 2 (1988①②) 计算二次积分 $\displaystyle\int_1^2 \mathrm{d}x \int_{\sqrt{x}}^{x} \sin\frac{\pi x}{2y} \mathrm{d}y + \int_2^4 \mathrm{d}x \int_{\sqrt{x}}^{2} \sin\frac{\pi x}{2y} \mathrm{d}y$.

解 积分区域 D 如图 29 中阴影部分所示. 交换积分次序则

$$\int_1^2 \mathrm{d}x \int_{\sqrt{x}}^{x} \sin\frac{\pi x}{2y} \mathrm{d}y + \int_2^4 \mathrm{d}x \int_{\sqrt{x}}^{2} \sin\frac{\pi x}{2y} \mathrm{d}y = \int_1^2 \mathrm{d}y \int_{y}^{y^2} \sin\frac{\pi x}{2y} \mathrm{d}x$$

$$= \int_1^2 \frac{2y}{\pi} \left(\cos\frac{\pi}{2} - \cos\frac{\pi}{2}y \right) \mathrm{d}y$$

$$= -\frac{2}{\pi} \int_1^2 y\cos\frac{\pi}{2}y \mathrm{d}y = \frac{4}{\pi^3}(2+\pi)$$

（2）二重积分

题 1 (2002①) 计算二重积分 $\displaystyle\iint\limits_D \mathrm{e}^{\max\{x^2, y^2\}} \mathrm{d}x\mathrm{d}y$,其中 $D = \{(x,y) \mid 0 \leqslant x \leqslant 1, 0 \leqslant y \leqslant 1\}$.

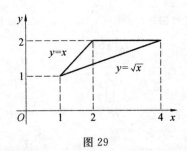

图 29

解 令 $x^2 = y^2$, 得知直线 $y = x$ 把 D 划分为两个区域

$$D_1 = \{(x,y) \mid 0 \leqslant x \leqslant 1, 0 \leqslant y \leqslant x\}$$
$$D_2 = \{(x,y) \mid 0 \leqslant x \leqslant 1, x \leqslant y \leqslant 1\}$$

于是

$$\iint\limits_{D} e^{\max\{x^2,y^2\}} dx dy = \iint\limits_{D_1} e^{\max\{x^2,y^2\}} dx dy + \iint\limits_{D_2} e^{\max\{x^2,y^2\}} dx dy = \iint\limits_{D_1} e^{x^2} dx dy + \iint\limits_{D_2} e^{y^2} dx dy$$

$$= \int_0^1 dx \int_0^x e^{x^2} dy + \int_0^1 dy \int_0^y e^{y^2} dx = \int_0^1 x e^{x^2} dx + \int_0^1 y e^{y^2} dy = e - 1$$

题 2 (1998③④) 设 $D = \{(x,y) \mid x^2 + y^2 \leqslant x\}$, 求 $\iint\limits_{D} \sqrt{x}\, dx dy$.

解 用极坐标. 记 $D_1: 0 \leqslant \theta \leqslant \dfrac{\pi}{2}$, $0 \leqslant r \leqslant \cos\theta$. 于是

$$\iint\limits_{D} \sqrt{x}\, dx dy = 2 \iint\limits_{D_1} \sqrt{x}\, dx dy \quad \text{(由函数奇偶及区间对称性)}$$

$$= 2 \iint\limits_{D_1} \sqrt{r\cos\theta}\, r dr d\theta = 2 \int_0^{\frac{\pi}{2}} d\theta \int_0^{\cos\theta} \sqrt{r\cos\theta}\, r dr$$

$$= 2 \int_0^{\frac{\pi}{2}} \sqrt{\cos\theta}\, d\theta \int_0^{\cos\theta} r^{\frac{3}{2}} dr = \frac{4}{5} \int_0^{\frac{\pi}{2}} \cos^3\theta\, d\theta = \frac{4}{15}$$

题 3 (1997④) 设 D 是以点 $O(0,0)$, $A(1,2)$ 和 $B(2,1)$ 为顶点的三角形区域, 求二重积分 $\iint\limits_{D} x dx dy$.

解 直线 OA, OB 和 AB 的方程分别为: $y = 2x$, $y = \dfrac{x}{2}$ 和 $y = 3 - x$. 自点 A 向 Ox 轴作的垂线将三角形区域 OAB 分割为两个三角形区域, 左、右区域分别记为 D_1 和 D_2, 则

$$\iint\limits_{D} x dx dy = \iint\limits_{D_1} x dx dy + \iint\limits_{D_2} x dx dy = \int_0^1 x dx \int_{\frac{x}{2}}^{2x} dy + \int_1^2 x dx \int_{\frac{x}{2}}^{3-x} dy$$

$$= \int_0^1 \frac{3}{2} x^2 dx + \int_1^2 \left(3x - \frac{3}{2} x^2\right) dx = \frac{3}{2}$$

题 4 (1987③④) 计算二重积分 $I = \iint\limits_{D} e^{x^2} dx dy$, 其中 D 是第一象限中由直线 $y = x$ 和曲线 $y = x^3$ 所围成的封闭区域.

解 可得

$$I = \int_0^1 dx \int_{x^3}^x e^{x^2} dy = \int_0^1 (x - x^3) e^{x^2} dx \quad \text{(令 } t = x^2)$$

$$= \int_0^1 \frac{1}{2} (1 - t) e^t dt = \frac{1}{2} \left[(1 - t) e^t\right]_0^1 + \frac{1}{2} \int_0^1 e^t dt = \frac{e}{2} - 1$$

题 5 (1988③④) 求二重积分 $\int_0^{\frac{\pi}{6}} dy \int_y^{\frac{\pi}{6}} \dfrac{\cos x}{x} dx$.

解　交换积分次序后再计算可有

$$\int_0^{\frac{\pi}{6}} dy \int_y^{\frac{\pi}{6}} \frac{\cos x}{x} dx = \int_0^{\frac{\pi}{6}} dx \int_0^x \frac{\cos x}{x} dy = \int_0^{\frac{\pi}{6}} \cos x dx = \sin x \Big|_0^{\frac{\pi}{6}} = \frac{1}{2}$$

题 6　（1989④）求二重积分 $\iint\limits_D \frac{1-x^2-y^2}{1+x^2+y^2} dxdy$，其中 D 是 $x^2+y^2=1, x=0$ 和 $y=0$ 所围成的区域在第一象限部分.

解　用极坐标变换,则

$$\iint\limits_D \frac{1-x^2-y^2}{1+x^2+y^2} dxdy = \iint\limits_D \frac{1-r^2}{1+r^2} rdrd\theta = \int_0^{\frac{\pi}{2}} d\theta \int_0^1 \frac{1-r^2}{1+r^2} rdr = \frac{\pi}{2} \int_0^1 \left(\frac{2}{1+r^2} - 1 \right) rdr$$

$$= \frac{\pi}{2} \left[\ln(1+r^2) - \frac{1}{2} r^2 \right]_0^1 = \frac{\pi}{2} \left(\ln 2 - \frac{1}{2} \right)$$

题 7　（1990③④）计算二重积分 $\iint\limits_D x e^{-y^3} dxdy$，其中 D 是曲线 $y=4x^2$ 和 $y=9x^2$ 在第一象限所围成的区域.

解　由题设 D 是无穷区域,由被积函数特点知,应先对 x 再对 y 积分,即

$$\iint\limits_D x e^{-y^3} dxdy = \int_0^{+\infty} e^{-y^3} dy \int_{\frac{1}{3}\sqrt{y}}^{\frac{1}{2}\sqrt{y}} x dx = \frac{1}{2} \int_0^{+\infty} \left(\frac{1}{4} y - \frac{1}{9} y \right) e^{-y^3} dy = \frac{5}{72} \int_0^{+\infty} y e^{-y^3} dy = \frac{5}{144}$$

题 8　（1999③④）计算二重积分 $\iint\limits_D ydxdy$，其中 D 是直线 $x=-2, y=0, y=2$ 以及曲线 $x=-\sqrt{2y-y^2}$ 所围成的平面区域.

解 1　如图 30 所示可有

$$\iint\limits_D ydxdy = \iint\limits_{D+D_1} ydxdy - \iint\limits_{D_1} ydxdy \qquad (*)$$

其中

$$\iint\limits_{D+D_1} ydxdy = \int_{-2}^0 dx \int_0^2 ydy = 4$$

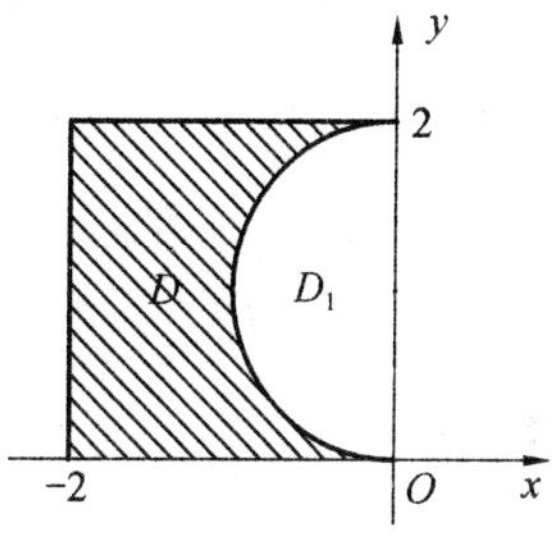

式（ $*$ ）中第二个积分使用极坐标有

$$\iint\limits_{D_1} ydxdy = \int_{\frac{\pi}{2}}^{\pi} d\theta \int_0^{2\sin\theta} r\sin\theta \cdot rdr = \frac{8}{3} \int_{\frac{\pi}{2}}^{\pi} \sin^4\theta d\theta$$

$$\left(\text{令 } \theta = t + \frac{\pi}{2} \right)$$

$$= \frac{8}{3} \int_0^{\frac{\pi}{2}} \cos^4 tdt = \frac{8}{3} \cdot \frac{3}{4} \cdot \frac{1}{2} \cdot \frac{\pi}{2} = \frac{\pi}{2}$$

图 30

故

$$\iint\limits_D ydxdy = 4 - \frac{\pi}{2}$$

解 2　使用直角坐标系,先对 x 积分,再对 y 积分.于是

$$\iint\limits_D ydxdy = \int_0^2 ydy \int_{-2}^{-\sqrt{2y-y^2}} dx = 2\int_0^2 ydy - \int_0^2 y\sqrt{2y-y^2} dy$$

$$= 4 - \int_0^2 y\sqrt{1-(y-1)^2} dy \quad （令 y-1=t）$$

$$= 4 - \int_{-1}^1 (t+1)\sqrt{1-t^2} dt$$

$$= 4 - \int_{-1}^1 \sqrt{1-t^2} dt \quad （因被积函数为奇数,有 \int_{-1}^1 t\sqrt{1-t^2} dt = 0）$$

$$= 4 - \frac{\pi}{2} \quad （由定积分几何意义 \int_{-1}^1 \sqrt{1-x^2} dr = \frac{\pi}{2}）$$

解3 对题中二重积分作变量代换,令 $x = x, y = t + 1$,则原积分区域 D 变为 D'(D' 的形状与 D 相同,只是在新坐标系中 D' 关于 Ox 轴对称). 于是

$$\iint\limits_{D} y \mathrm{d}x \mathrm{d}y = \iint\limits_{D'} (t+1) \mathrm{d}x \mathrm{d}t \quad (\text{由奇函数在对称区域积分性质} \iint\limits_{D'} t \mathrm{d}x \mathrm{d}t = 0)$$

$$= \iint\limits_{D'} \mathrm{d}x \mathrm{d}t = 4 - \frac{\pi}{2} \quad (D' \text{ 或 } D \text{ 的面积})$$

题9 (2001③④)求二重积分 $\iint\limits_{D} y \left[1 + x \mathrm{e}^{\frac{1}{2}(x^2+y^2)} \right] \mathrm{d}x \mathrm{d}y$ 的值,其中 D 是由直线 $y = x, y = -1$ 及 $x = 1$ 围成的平面区域.

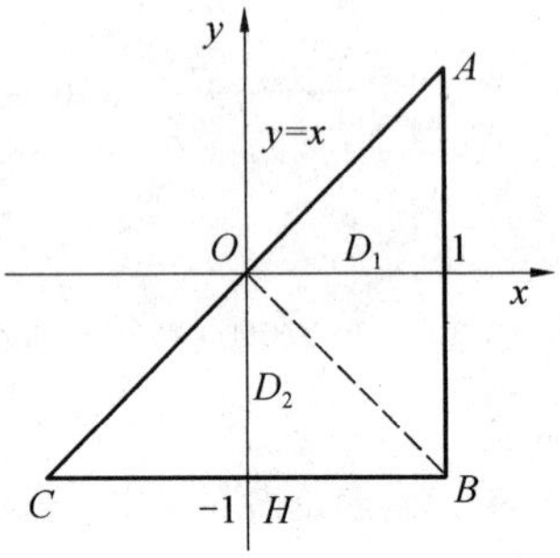

解 积分区域如图 31 中的直角 $\triangle ABC$ 所示. 联结 OB,记 $\triangle OAB$ 区域为 D_1,$\triangle OBC$ 区域为 D_2,$\triangle OBH$ 区域为 D_3,于是

原式 $= \iint\limits_{D_1} y \left[1 + x \mathrm{e}^{\frac{1}{2}(x^2+y^2)} \right] \mathrm{d}x \mathrm{d}y +$

$$\iint\limits_{D_2} y \mathrm{d}x \mathrm{d}y + \iint\limits_{D_2} xy \mathrm{e}^{-\frac{1}{2}(x^2+y^2)} \mathrm{d}x \mathrm{d}y$$

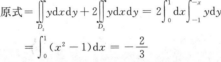

图 31

式中第 1 个积分为 0,因 D_1 关于 Ox 轴对称,被积函数是关于 y 的奇函数;第 3 个积分也为 0,因 D_2 关于 Oy 轴对称,被积函数关于 x 为奇函数. 于是

原式 $= \iint\limits_{D_2} y \mathrm{d}x \mathrm{d}y + 2 \iint\limits_{D_3} y \mathrm{d}x \mathrm{d}y = 2 \int_0^1 \mathrm{d}x \int_{-1}^{-x} y \mathrm{d}y$

$$= \int_0^1 (x^2 - 1) \mathrm{d}x = -\frac{2}{3}$$

题10 (1991③)计算二重积分 $I = \iint\limits_{D} y \mathrm{d}x \mathrm{d}y$,其中 D 是由 Ox 轴、Oy 轴与曲线 $\sqrt{\frac{x}{a}} + \sqrt{\frac{y}{b}} = 1$ 所围成的区域;$a > 0, b > 0$.

解 由 $\sqrt{\frac{x}{a}} + \sqrt{\frac{y}{b}} = 1$ 解出 $y = b \left(1 - \sqrt{\frac{x}{a}} \right)^2$. 于是

$$I = \int_0^a \mathrm{d}x \int_0^{b\left(1-\sqrt{\frac{x}{a}}\right)^2} y \mathrm{d}y = \frac{b^2}{2} \int_0^a \left(1 - \sqrt{\frac{x}{a}} \right)^4 \mathrm{d}x$$

设 $1 - \sqrt{\frac{x}{a}} = t$,$x = a(1-t)^2$,$\mathrm{d}x = -2a(1-t)\mathrm{d}t$.

当 $x = 0$ 时,$t = 1$;当 $x = a$ 时,$t = 0$. 则

$$I = ab^2 \int_0^1 (t^4 - t^5) \mathrm{d}t = \frac{ab^2}{30}$$

题11 (2004③④)求 $\iint\limits_{D} (\sqrt{x^2+y^2} + y) \mathrm{d}\sigma$,其中 D 是由圆 $x^2 + y^2 = 4$ 和 $(x+1)^2 + y^2 = 1$ 所围成的平面区域(图 32).

解 先将积分区域 D 表示成为:大圆域 $D_1 = \{(x,y) \mid x^2 + y^2 \leqslant 4\}$ 减去小圆域 $D_2 = \{(x,y) \mid (x+1)^2 + y^2 \leqslant 1\}$,再利用积分性质化为极坐标计算.

令 $D_1 = \{(x,y) \mid x^2 + y^2 \leqslant 4\}$,$D_2 = \{(x,y) \mid (x+1)^2 + y^2 \leqslant 1\}$,由对称性 $\iint\limits_{D} y \mathrm{d}\sigma = 0$,有

$$\iint\limits_{D} \sqrt{x^2+y^2} \mathrm{d}\sigma = \iint\limits_{D_1} \sqrt{x^2+y^2} \mathrm{d}\sigma - \iint\limits_{D_2} \sqrt{x^2+y^2} \mathrm{d}\sigma$$

$$= \int_0^{2\pi} \mathrm{d}\theta \int_0^2 r^2 \mathrm{d}r - \int_{\frac{\pi}{2}}^{\frac{3\pi}{2}} \mathrm{d}\theta \int_0^{-2\cos\theta} r^2 \mathrm{d}r = \frac{16\pi}{3} - \frac{32}{9} = \frac{16}{9}(3\pi - 2)$$

所以 $\iint\limits_D (\sqrt{x^2+y^2}+y)\mathrm{d}\sigma = \dfrac{16}{9}(3\pi-2)$

题 12 (1994③) 计算二重积分 $\iint\limits_D (x+y)\mathrm{d}x\mathrm{d}y$,其中区域 $D = \{(x,y)\mid x^2+y^2\leqslant x+y+1\}$.

解 区域 D 改写为 $\left(x-\dfrac{1}{2}\right)^2+\left(y-\dfrac{1}{2}\right)^2\leqslant\dfrac{3}{2}$.

令 $x=\xi+\dfrac{1}{2}$,$y=\eta+\dfrac{1}{2}$,且设 D_1 表示 $\xi^2+\eta^2\leqslant\dfrac{3}{2}$. 于是

$$\iint\limits_D (x+y)\mathrm{d}x\mathrm{d}y = \iint\limits_{D_1}(\xi+\eta+1)\mathrm{d}\xi\mathrm{d}\eta = \iint\limits_{D_1}\mathrm{d}\xi\mathrm{d}\eta = \dfrac{3}{2}\pi$$

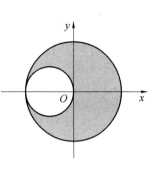

图 32

因 D_1 在新坐标系中关于 ξ 轴和 η 轴都对称,因此 $\iint\limits_{D_1}\xi\mathrm{d}\xi\mathrm{d}\eta = \iint\limits_{D_1}\eta\mathrm{d}\xi\mathrm{d}\eta = 0$.

故所求积分值为 $\dfrac{3}{2}\pi$.

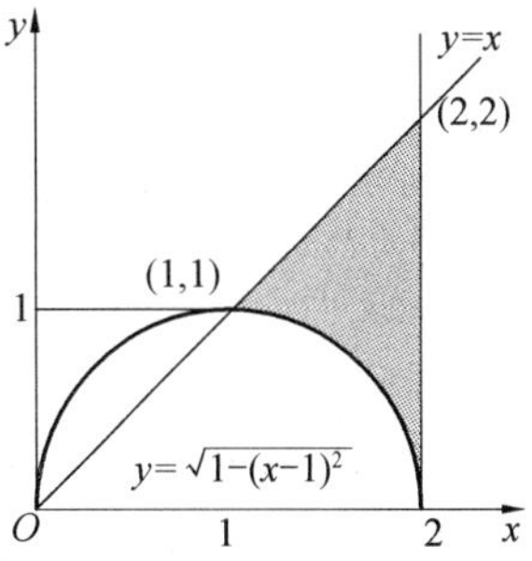

题 13 (2000④) 设 $f(x,y) = \begin{cases} x^2y, & 1\leqslant x\leqslant 2,0\leqslant y\leqslant x \\ 0, & \text{其他} \end{cases}$,求

$\iint\limits_D f(x,y)\mathrm{d}x\mathrm{d}y$,其中 $D = \{(x,y)\mid x^2+y^2\geqslant 2x\}$.

解 如图 33 所示,若记

$$D_1 = \{(x,y)\mid 1\leqslant x\leqslant 2,\sqrt{2x-x^2}\leqslant y\leqslant x\}$$

则

$$\iint\limits_D f(x,y)\mathrm{d}x\mathrm{d}y = \iint\limits_{D_1}x^2y\mathrm{d}x\mathrm{d}y = \int_1^2 x^2\cdot\dfrac{y^2}{2}\Big|_{\sqrt{2x-x^2}}^x\mathrm{d}x$$

$$= \int_1^2(x^4-x^3)\mathrm{d}x = \dfrac{49}{20}$$

题 14 (2000③) 计算二重积分 $\iint\limits_D\dfrac{\sqrt{x^2+y^2}}{\sqrt{4a^2-x^2+y^2}}\mathrm{d}\sigma$,其中 D 是由曲线 $y=-a+\sqrt{a^2-x^2}$ $(a>0)$ 和直线 $y=-x$ 围成的区域.

解 用极坐标. 题设积分区域 D 如图 34 所示. 把 $x=r\cos\theta$,$y=r\sin\theta$ 代入 $y=-a+\sqrt{a^2-x^2}$ 中,解得极坐标方程为 $r=-2a\sin\theta$. 于是

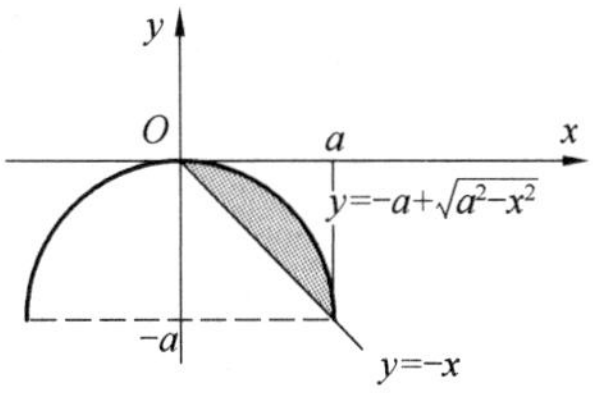

$$\iint\limits_D\dfrac{\sqrt{x^2+y^2}}{\sqrt{4a^2-x^2+y^2}}\mathrm{d}\sigma = \iint\limits_D\dfrac{r^2\mathrm{d}r\mathrm{d}\theta}{\sqrt{4a^2-r^2}}\mathrm{d}r = \int_{-\frac{\pi}{4}}^0\mathrm{d}\theta\int_0^{-2a\sin\theta}\dfrac{r^2}{\sqrt{4a^2-r^2}}\mathrm{d}r$$

设 $r=2a\sin t$,则 $\mathrm{d}r=2a\cos t$.

当 $r=0$ 时,$t=0$;当 $r=-2a\sin t$ 时,$t=-\theta$. 则

图 34

$$\iint\limits_D\dfrac{\sqrt{x^2+y^2}}{\sqrt{4a^2-x^2+y^2}}\mathrm{d}\sigma = \int_{-\frac{\pi}{4}}^0\mathrm{d}\theta\int_0^{-\theta}2a^2(1-\cos 2t)\mathrm{d}t$$

$$= 2a^2\int_{-\frac{\pi}{4}}^0\left(-\theta+\dfrac{1}{2}\sin 2\theta\right)\mathrm{d}\theta = a^2\left(\dfrac{\pi^2}{16}-\dfrac{1}{2}\right)$$

题 15 (2011①) 已知函数 $f(x,y)$ 具有二阶连续偏导数,且 $f(1,y)=0$,$f(x,1)=0$,$\iint\limits_D f(x,$

$y)\mathrm{d}x\mathrm{d}y=a$，其中 $D=\{(x,y)\mid 0\leqslant x\leqslant 1,0\leqslant y\leqslant 1\}$，计算二重积分 $I=\iint\limits_D xyf''_{xy}(x,y)\mathrm{d}x\mathrm{d}y$.

解 因为 $f(1,y)=0,f(x,1)=0$，所以 $f'_y(1,y)=0$，$f'_x(x,1)=0$. 注意到交换积分次序和分部积分，从而

$$\begin{aligned}I&=\int_0^1 x\mathrm{d}x\int_0^1 yf''_{xy}(x,y)\mathrm{d}y=\int_0^1 x\left[yf'_x(x,y)\Big|_{y=0}^{y=1}-\int_0^1 f'_x(x,y)\mathrm{d}y\right]\mathrm{d}x\\&=-\int_0^1 x\mathrm{d}y\int_0^1 xf'_x(x,y)\mathrm{d}x=-\int_0^1\left[xf(x,y)\Big|_{x=0}^{x=1}-\int_0^1 f(x,y)\mathrm{d}x\right]\mathrm{d}y\\&=\int_0^1\mathrm{d}y\int_0^1 f(x,y)\mathrm{d}x=a\end{aligned}$$

题 16 (2010③)计算二重积分 $\iint\limits_D(x+y)^3\mathrm{d}x\mathrm{d}y$，其中 D 由曲线 $x=\sqrt{1+y^2}$ 与直线 $x+\sqrt{2}y=0$，$x-\sqrt{2}y=0$ 所围成.

解 画出积分区域的草图(图 35)，先利用积分区域的对称性和被积函数的奇偶性简化计算后再求解. 由题设可知，积分域关于 Ox 轴对称，又被积函数

$$(x+y)^3=x^3+3x^2y+3xy^2+y^3$$

其中 $3x^2y+y^3$ 是 y 的奇函数，x^3+3xy^2 是 y 的偶函数，所以

$$\begin{aligned}\iint\limits_D(x+y)^3\mathrm{d}x\mathrm{d}y&=2\int_0^1\mathrm{d}y\int_{\sqrt{2}y}^{\sqrt{1+y^2}}(x^3+3xy^2)\mathrm{d}x\\&=2\int_0^1\left[\frac{(1+y^2)^2-4y^4}{4}+\frac{3y^2(1+y^2-2y^2)}{2}\right]\mathrm{d}y\\&=\frac{1}{2}\int_0^1(-9y^4+8y^2+1)\mathrm{d}y=\frac{14}{15}\end{aligned}$$

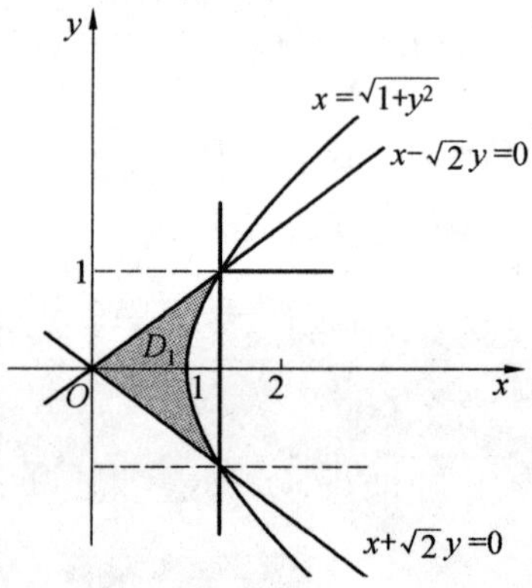

图 35

题 17 (2003③④)计算二重积分

$$I=\iint\limits_D \mathrm{e}^{-(x^2+y^2-\pi)}\sin(x^2+y^2)\mathrm{d}x\mathrm{d}y$$

其中积分区域 $D=\{(x,y)\mid x^2+y^2\leqslant\pi\}$.

解 作极坐标变换：$x=r\cos\theta,y=r\sin\theta$，则有

$$I=\mathrm{e}^{\pi}\iint\limits_D\mathrm{e}^{-(x^2+y^2)}\sin(x^2+y^2)\mathrm{d}x\mathrm{d}y=\mathrm{e}^{\pi}\int_0^{2\pi}\mathrm{d}\theta\int_0^{\sqrt{\pi}}r\mathrm{e}^{-r^2}\sin r^2\mathrm{d}r$$

令 $t=r^2$，则 $I=\pi\mathrm{e}^{\pi}\int_0^{\pi}\mathrm{e}^{-t}\sin t\mathrm{d}t$. 记 $A=\int_0^{\pi}\mathrm{e}^{-t}\sin t\mathrm{d}t$，则

$$\begin{aligned}A&=-\int_0^{\pi}\sin t\mathrm{d}(\mathrm{e}^{-t})=-\left[\mathrm{e}^{-t}\sin t\Big|_0^{\pi}-\int_0^{\pi}\mathrm{e}^{-t}\cos t\mathrm{d}t\right]\\&=-\int_0^{\pi}\cos t\mathrm{d}(\mathrm{e}^{-t})=-\left[\mathrm{e}^{-t}\cos t\Big|_0^{\pi}+\int_0^{\pi}\mathrm{e}^{-t}\sin t\mathrm{d}t\right]\\&=\mathrm{e}^{-\pi}+1-A\end{aligned}$$

因此 $A=\frac{1}{2}(1+\mathrm{e}^{-\pi})$，$I=\frac{\pi\mathrm{e}^{\pi}}{2}(1+\mathrm{e}^{-\pi})=\frac{\pi}{2}(1+\mathrm{e}^{\pi})$.

题 18 (2002④)设闭区域 $D:x^2+y^2\leqslant y$，又 $x\geqslant 0$. $f(x,y)$ 为 D 上的连续函数，且

$$f(x,y)=\sqrt{1-x^2-y^2}-\frac{8}{\pi}\iint\limits_D f(u,v)\mathrm{d}u\mathrm{d}v$$

求 $f(x,y)$.

解 设 $\iint\limits_D f(u,v)\mathrm{d}u\mathrm{d}v=A$，则题设式化为 $f(x,y)=\sqrt{1-x^2-y^2}-\frac{8A}{\pi}$.

积分得 $\displaystyle\iint\limits_{D}f(u,v)\mathrm{d}x\mathrm{d}y=\iint\limits_{D}\sqrt{1-x^2-y^2}\,\mathrm{d}x\mathrm{d}y-\frac{8A}{\pi}\iint\limits_{D}\mathrm{d}x\mathrm{d}y$，这里 $\displaystyle\iint\limits_{D}\mathrm{d}x\mathrm{d}y$ 即 D 的面积为 $\dfrac{\pi}{8}$.

从而有 $A=\displaystyle\iint\limits_{D}\sqrt{1-x^2-y^2}\,\mathrm{d}x\mathrm{d}y-A$，因此

$$A=\frac{1}{2}\iint\limits_{D}\sqrt{1-x^2-y^2}\,\mathrm{d}x\mathrm{d}y=\frac{1}{2}\int_0^{\frac{\pi}{2}}\mathrm{d}\theta\int_0^{\sin\theta}\sqrt{1-r^2}\cdot r\,\mathrm{d}r$$

$$=\frac{1}{6}\int_0^{\frac{\pi}{2}}(1-\cos^3\theta)\mathrm{d}\theta=\frac{1}{6}\left(\frac{\pi}{2}-\frac{2}{3}\right)$$

故 $f(x,y)=\sqrt{1-x^2-y^2}-\dfrac{4}{3\pi}\left(\dfrac{\pi}{2}-\dfrac{2}{3}\right)$.

题 19　（1995 ①）设函数 $f(x)$ 在闭区间 $[0,1]$ 上连续，并设积分 $\displaystyle\int_0^1 f(x)\mathrm{d}x=A$，求 $\displaystyle\int_0^1\mathrm{d}x\int_x^1 f(x)f(y)\mathrm{d}y$.

解　设 $F'(x)=f(x)$，则

$$\text{原式}=\int_0^1\mathrm{d}x\int_x^1 F'(x)F'(y)\mathrm{d}y=\int_0^1 F'(x)[f(y)]_x^1\mathrm{d}x=\int_0^1 F'(x)[F(1)-F(x)]\mathrm{d}x$$

$$=-\int_0^1[F(1)-F(x)]\mathrm{d}[F(1)-F(x)]=-\frac{1}{2}[F(1)-F(x)]^2\Big|_0^1=\frac{1}{2}A^2$$

题 20　（2005①）设 $D=\{(x,y)\mid x^2+y^2\leqslant\sqrt{2},x\geqslant 0,y\geqslant 0\}$，$[1+x^2+y^2]$ 表示不超过 $1+x^2+y^2$ 的最大整数，计算二重积分 $\displaystyle\iint\limits_{D}xy[1+x^2+y^2]\mathrm{d}x\mathrm{d}y$.

解　因为

$$[1+x^2+y^2]=\begin{cases}1,(x,y)\in D_1=\{(x,y)\mid x^2+y^2<1,x\geqslant 0,y\geqslant 0\}\\2,(x,y)\in D_2=\{(x,y)\mid 1\leqslant x^2+y^2\leqslant\sqrt{2},x\geqslant 0,y\geqslant 0\}\end{cases}$$

故

$$\iint\limits_{D}xy[1+x^2+y^2]\mathrm{d}x\mathrm{d}y=\iint\limits_{D_1}xy\mathrm{d}x\mathrm{d}y+2\iint\limits_{D_2}xy\mathrm{d}x\mathrm{d}y$$

$$\xemequal{\text{极坐标}}\int_0^{\frac{\pi}{2}}\mathrm{d}\theta\int_0^1 r^3\sin\theta\cos\theta\mathrm{d}r+2\int_0^{\frac{\pi}{2}}\mathrm{d}\theta\int_1^{\sqrt[4]{2}}r^3\sin\theta\cos\theta\mathrm{d}r$$

$$=\frac{1}{2}\sin^2\theta\Big|_0^{\frac{\pi}{2}}\cdot\left(\frac{1}{4}r^4\Big|_0^1+\frac{1}{2}r^4\Big|_1^{\sqrt[4]{2}}\right)=\frac{1}{2}\left(\frac{1}{4}+\frac{1}{2}\right)=\frac{3}{8}$$

题 21　（2005②③④）计算二重积分 $\displaystyle\iint\limits_{D}|x^2+y^2-1|\mathrm{d}\sigma$，其中 $D=\{(x,y)\mid 0\leqslant x\leqslant 1,0\leqslant y\leqslant 1\}$.

解　用曲线 $x^2+y^2=1$ 将 D 划分为两部分

$$D_1=\{(x,y)\mid x^2+y^2\leqslant 1,(x,y)\in D\}$$

$$D_2=\{(x,y)\mid x^2+y^2>1,(x,y)\in D\}$$

于是 $\displaystyle\iint\limits_{D}|x^2+y^2-1|\mathrm{d}\sigma=-\iint\limits_{D_1}(x^2+y^2-1)\mathrm{d}x\mathrm{d}y+\iint\limits_{D_2}(x^2+y^2-1)\mathrm{d}x\mathrm{d}y$. 其中

$$\iint\limits_{D_1}(x^2+y^2-1)\mathrm{d}x\mathrm{d}y=\int_0^{\frac{\pi}{2}}\mathrm{d}\theta\int_0^1(r^2-1)r\mathrm{d}r=\frac{\pi}{8}$$

$$\iint\limits_{D_2}(x^2+y^2-1)\mathrm{d}x\mathrm{d}y=\iint\limits_{D}(x^2+y^2-1)\mathrm{d}x\mathrm{d}y-\iint\limits_{D_1}(x^2+y^2-1)\mathrm{d}x\mathrm{d}y$$

$$=\int_0^1\mathrm{d}x\int_0^1(x^2+y^2-1)\mathrm{d}y+\frac{\pi}{8}=\frac{\pi}{8}-\frac{1}{3}$$

故
$$\iint\limits_{D} |x^2+y^2-1| \, d\sigma = \frac{\pi}{4} - \frac{1}{3}$$

题 22 (2007②③④) 设二元函数

$$f(x,y) = \begin{cases} x^2, & |x|+|y| \leqslant 1 \\ \dfrac{1}{\sqrt{x^2+y^2}}, & 1 \leqslant |x|+|y| \leqslant 2 \end{cases}$$

计算二重积分 $\iint\limits_{D} f(x,y) d\sigma$, 其中 $D = \{(x,y) \mid |x|+|y| \leqslant 2\}$.

解 积分区域 D 为图 36 中的大正方形区域. 由于 $f(x,y)$ 关于 x, y 均为偶函数, 且积分区域关于 x, y 轴都对称, 故有

$$\iint\limits_{D} f(x,y) d\sigma = 4\iint\limits_{D'} f(x,y) d\sigma$$

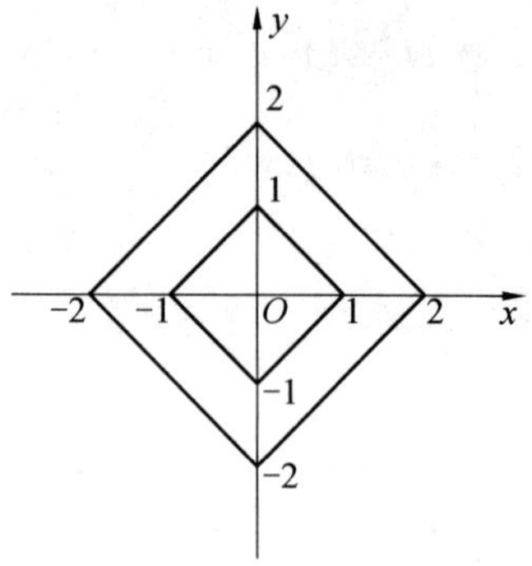

其中 D' 为 D 的第一象限部分. 记

$$D_1 = \{(x,y) \mid 0 \leqslant y \leqslant 1-x, 0 \leqslant x \leqslant 1\}$$
$$D_2 = \{(x,y) \mid 1 \leqslant x+y \leqslant 2, x \geqslant 0, y \geqslant 0\}$$

则有

$$\iint\limits_{D'} f(x,y) d\sigma = \iint\limits_{D_1} f(x,y) d\sigma + \iint\limits_{D_2} f(x,y) d\sigma$$

而

$$\iint\limits_{D_1} f(x,y) d\sigma = \iint\limits_{D_1} x^2 d\sigma = \int_0^1 dx \int_0^{1-x} x^2 dy = \frac{1}{12}$$

图 36

$$\iint\limits_{D_2} f(x,y) d\sigma = \iint\limits_{D_2} \frac{1}{\sqrt{x^2+y^2}} d\sigma = \int_0^{\frac{\pi}{2}} d\theta \int_{\frac{1}{\cos\theta+\sin\theta}}^{\frac{2}{\cos\theta+\sin\theta}} \frac{1}{r} r dr = \sqrt{2}\ln(\sqrt{2}+1)$$

故
$$\iint\limits_{D} f(x,y) d\sigma = 4\iint\limits_{D'} f(x,y) d\sigma = \frac{1}{3} + 4\sqrt{2}\ln(\sqrt{2}+1)$$

(3) 三重积分

题 1 (1997①) 计算 $I = \iiint\limits_{\Omega} (x^2+y^2) dv$, 其中 Ω 为平面曲线 $\begin{cases} y^2=2z \\ x=0 \end{cases}$ 绕 Oz 轴旋转一周形成的曲面与平面 $z=8$ 所围成的区域.

解 由题设知旋转面方程为 $2z = x^2+y^2$.

又 Ω 在 xOy 平面投影为圆盘 $x^2+y^2 \leqslant 16$. 利用截面法计算有

$$I = \int_0^8 dz \iint\limits_{x^2+y^2 \leqslant 2z} (x^2+y^2) dx dy = \int_0^8 dz \int_0^{2\pi} d\theta \int_0^{\sqrt{2z}} r^3 dr = \frac{1\,024}{3}\pi$$

题 2 (1989①) 计算三重积分 $\iiint\limits_{\Omega} (x+z) dv$, 其中 Ω 是由曲面 $z=\sqrt{x^2+y^2}$ 与 $z=\sqrt{1-x^2-y^2}$ 所围成的区域.

解 由函数奇偶及区间对称性知 $\iiint\limits_{\Omega} x dv = 0$. 利用球面坐标计算

$$\iiint\limits_{\Omega} (x+z) dv = \iiint\limits_{\Omega} z dv = \int_0^{2\pi} d\theta \int_0^{\frac{\pi}{4}} d\varphi \int_0^1 r\cos\varphi \cdot r^2\sin\varphi dr$$

$$= 2\pi \cdot \frac{1}{2}\sin^2\varphi \Big|_0^{\frac{\pi}{4}} \cdot \frac{1}{4} = \frac{\pi}{8}$$

题 3 (1991①) 求 $\iiint\limits_{\Omega} (x^2+y^2+z) dv$, 其中 Ω 是由曲线 $\begin{cases} y^2=2z \\ x=0 \end{cases}$ 绕 Oz 轴旋转一周而成的轴面与平

面 $z = 4$ 所围成的立体.

解 旋转面方程为 $2z = x^2 + y^2$. 利用柱面坐标计算

$$原式 = \int_0^{2\pi} d\theta \int_0^{\sqrt{8}} r dr \int_{\frac{1}{2}r^2}^4 (r^2 + z) dz = 2\pi \int_0^{\sqrt{8}} \left(4r^3 + 8r - \frac{5}{8}r^5 \right) dr = \frac{256}{3}\pi$$

题 4 （2003①）设函数 $f(x)$ 连续且恒大于零. 又设

$$F(t) = \frac{\iiint\limits_{\Omega(t)} f(x^2 + y^2 + z^2) dv}{\iint\limits_{D(t)} f(x^2 + y^2) d\sigma}, \quad G(t) = \frac{\iint\limits_{D(t)} f(x^2 + y^2) d\sigma}{\int_0^t f(x^2) dx}$$

其中 $\Omega(t) = \{(x, y, z) \mid x^2 + y^2 + z^2 \leqslant t^2\}$, $D(t) = \{(x, y) \mid x^2 + y^2 \leqslant t^2\}$.

(1) 讨论 $F(t)$ 在区间 $(0, +\infty)$ 内的单调性.

(2) 证明 $t > 0$ 时, $F(t) > \frac{2}{\pi}G(t)$.

解 （1）由题设及对 $F(t)$ 作球坐标变换于分子, 极坐标变换于分母, 则

$$F(t) = \frac{\int_0^{2\pi} d\theta \int_0^\pi d\varphi \int_0^t f(r^2) r^2 \sin \varphi dr}{\int_0^{2\pi} d\theta \int_0^t f(r^2) r dr} = \frac{2\int_0^t f(r^2) r^2 dr}{\int_0^t f(r^2) r dr}$$

又

$$F'(t) = \frac{2tf(t^2) \int_0^t f(r^2) r(t - r) dr}{\left[\int_0^t f(r^2) r dr \right]^2}$$

所以在 $(0, +\infty)$ 上 $F'(t) > 0$, 故 $F(t)$ 在 $(0, +\infty)$ 内单调增加.

(2) 对 $G(t)$ 用极坐标变换于分子有 $G(t) = \dfrac{\pi \int_0^t f(r^2) r dr}{\int_0^t f(r^2) dr}$.

要证 $t > 0$ 时 $F(t) > \frac{2}{\pi}G(t)$, 只需证 $t > 0$ 时, $F(t) - \frac{2}{\pi}G(t) > 0$, 即

$$\int_0^t f(t^2) r^2 dr \int_0^t f(r^2) dr - \left[\int_0^t f(t^2) r^2 dr \right]^2 > 0$$

令 $g(t) = \int_0^t f(r^2) r^2 dr \int_0^t f(r^2) dr - \left[\int_0^t f(t^2) r^2 dr \right]^2$, 则

$$g'(t) = f(t^2) \int_0^t f(r^2)(t - r)^2 dr > 0$$

故 $g(t)$ 在 $(0, +\infty)$ 内单调增加.

因为 $g(t)$ 在 $t = 0$ 处连续, 所以当 $t > 0$ 时, 有 $g(t) > g(0)$.

又 $g(0) = 0$, 故当 $t > 0$ 时, $g(t) > 0$.

因此, 当 $t > 0$ 时, $F(t) > \frac{2}{\pi}G(t)$.

（4）广义重积分

题 1 （1995③）计算二次积分 $I = \int_{-\infty}^{+\infty} \int_{-\infty}^{+\infty} \min\{x, y\} e^{-(x^2 + y^2)} dx dy$.

解 设全面区域记为 D, D 在 $y = x$ 的上半平面区域记为 D_1, 下半面区域记为 D_2, 则

$$I = \iint\limits_{D_1} x e^{-(x^2+y^2)} dx dy + \iint\limits_{D_2} y e^{-(x^2+y^2)} dx dy = \int_{-\infty}^{+\infty} e^{-y^2} dy \int_{-\infty}^y x e^{-x^2} dx + \int_{-\infty}^{+\infty} e^{-x^2} dx \int_{-\infty}^x y e^{-y^2} dy$$

$$= -\frac{1}{2} \int_{-\infty}^{+\infty} e^{-2y^2} dy - \frac{1}{2} \int_{-\infty}^{+\infty} e^{-2x^2} dx = -\int_{-\infty}^{+\infty} e^{-2x^2} dx$$

因为 $\int_0^{+\infty} e^{-x^2} dx = \dfrac{\sqrt{\pi}}{2}$,所以 $I = -\dfrac{2}{\sqrt{2}} \int_0^{+\infty} e^{-(\sqrt{2}x)^2} d(\sqrt{2}x) = -\dfrac{2}{\sqrt{2}} \cdot \dfrac{\sqrt{\pi}}{2} = -\sqrt{\dfrac{\pi}{2}}$.

2. 曲线、曲面积分计算

(1) 曲线积分问题

题 1 (1999①) 求 $I = \displaystyle\int_L [e^x \sin y - b(x+y)] dx + (e^x \cos y - ax) dy$,其中 a,b 为正的常数,L 为从点 $A(2a,0)$ 沿曲线 $y = \sqrt{2ax - x^2}$ 到点 $O(0,0)$ 的弧.

解 补一段曲线 $L_1 : y = 0$,x 由 0 变到 $2a$. 记 L 与 L_1 所围的区域为 D,则由格林公式

$$I = \int_{L+L_1} - \int_{L_1} = \iint_D (b-a) d\sigma - \int_{L_1} = \frac{\pi}{2} a^2 (b-a) - \int_{L_1}$$

而

$$\int_L = \int_{L_1} [e^x \sin y - b(x+y)] dx + (e^x \cos y - ax) dy = \int_0^{2a} (-bx) dx = -2a^2 b$$

故

$$I = \frac{\pi}{2} a^2 (b-a) + 2a^2 b = \left(\frac{\pi}{2} + 2\right) a^2 b - \frac{\pi}{2} a^3$$

题 2 (1997①) 计算曲线积分 $\displaystyle\oint_C (z-y) dx + (x-z) dy + (x-y) dz$,其中 C 是曲线 $\begin{cases} x^2 + y^2 = 1 \\ x - y + z = 2 \end{cases}$ 从 Oz 轴正向往 Oz 轴负向看 C 的方向是顺时针的.

解 1 设在平面 $x-y+z=2$ 上由曲线 C 所围成的有限曲面片记为 Σ,方向向下.Σ 在 xOy 面上的投影域 $D_{xy} : x^2 + y^2 \leqslant 1$. 根据斯托克斯公式,有

$$原式 = \iint_\Sigma \begin{vmatrix} dydz & dzdx & dxdy \\ \dfrac{\partial}{\partial x} & \dfrac{\partial}{\partial y} & \dfrac{\partial}{\partial z} \\ z-y & x-z & x-y \end{vmatrix} = \iint_\Sigma 2dxdy = -\iint_{D_{xy}} 2dxdy = -2\pi$$

解 2 将 C 改写为参数方程

$$x = \cos\theta, y = \sin\theta, z = 2 - x + y = 2 - \cos\theta + \sin\theta \quad (\theta\ 由\ 2\pi\ 到\ 0)$$

故

$$原式 = \int_{2\pi}^0 [-2(\sin\theta + \cos\theta) + 2\cos 2\theta + 1] d\theta = -2\pi$$

题 3 (2001①) 计算 $I = \displaystyle\oint_C (y^2 - z^2) dx + (2z^2 - x^2) dy + (3x^2 - y^2) dz$,其中 L 是平面 $x+y+z=2$ 与柱面 $|x|+|y|=1$ 的交线,从 Oz 轴正向看去,L 为逆时针方向.

解 记 S 为平面 $x+y+z=2$ 上 L 所围成部分的上侧,D 为 S 在 xOy 坐标面上的投影. 由斯托克斯公式得

$$I = \iint_S (-2y - 4z) dydz + (-2z - 6x) dzdx + (-2x - 2y) dxdy$$

$$= -\frac{2}{\sqrt{3}} \iint_S (4x + 2y + 3z) dS = -2\iint_D (x - y + 6) dxdy = -12\iint_D dxdy = -24$$

题 4 (1989①) 设曲线积分 $\displaystyle\int_C xy^2 dx + y\varphi(x) dy$ 与路径无关,其中 $\varphi(x)$ 具有连续的导数,且 $\varphi(0) = 0$. 计算 $\displaystyle\int_{(0,0)}^{(1,1)} xy^2 dx + y\varphi(x) dy$ 的值.

解 设 $P(x,y) = xy^2$,$Q(x,y) = y\varphi(x)$,由 $\dfrac{\partial P}{\partial y} = \dfrac{\partial Q}{\partial x}$ 得 $2xy = y\varphi'(x)$,有 $\varphi(x) = x^2 + C$,又由 $\varphi(0) = 0$,有 $\varphi(x) = x^2$. 故

$$原式 = \int_{(0,0)}^{(1,1)} xy^2 dx + y\varphi(x) dy = \int_0^1 0dx + \int_0^1 ydy = \frac{1}{2}$$

题 5　(1998①)确定常数 λ,使在右半平面 $x > 0$ 上的矢量 $\boldsymbol{A}(x,y) = 2xy(x^4 + y^2)^\lambda \boldsymbol{i} - x^2(x^4 + y^2)^\lambda \boldsymbol{j}$ 为某二元函数 $u(x,y)$ 的梯度,并求 $u(x,y)$.

解　令 $P = 2xy(x^4 + y^2)^\lambda$,$Q = -x^2(x^4 + y^2)^\lambda$. 又 $\boldsymbol{A}(x,y)$ 在右半平面 $x > 0$ 上为某二元函数 $u(x,y)$ 的梯度的充要条件是

$$\frac{\partial Q}{\partial x} = \frac{\partial P}{\partial y}$$

因而有 $4x(x^4 + y^2)^\lambda(\lambda + 1) = 0$,得 $\lambda = -1$.

于是,在右半平面内任取一点,如 $(1,0)$ 作为积分路径的起点,则得

$$u(x,y) = \int_{(1,0)}^{(x,y)} \frac{2xy\,\mathrm{d}x - x^2\,\mathrm{d}y}{x^4 + y^2} = \int_1^x \frac{2x \cdot 0}{x^4 + y^2}\,\mathrm{d}x - \int_0^y \frac{x^2}{x^4 + y^2}\,\mathrm{d}y = -\arctan\frac{y}{x^2}$$

题 6　(1995①)设函数 $Q(x,y)$ 在 xOy 平面上具有一阶连续偏导数,曲线积分 $\displaystyle\int_C 2xy\,\mathrm{d}x + Q(x,y)\,\mathrm{d}y$ 与路径无关,并且对任意 t 恒有

$$\int_{(0,0)}^{(t,1)} 2xy\,\mathrm{d}x + Q(x,y)\,\mathrm{d}y = \int_{(0,0)}^{(1,t)} 2xy\,\mathrm{d}x + Q(x,y)\,\mathrm{d}y$$

求 $Q(x,y)$.

解　由曲线积分与路径无关的条件知 $\dfrac{\partial Q}{\partial x} = \dfrac{\partial}{\partial y}2xy = 2x$,因而 $Q(x,y) = x^2 + C(y)$(其中 $C(y)$ 为待定函数). 计算

$$\int_{(0,0)}^{(t,1)} 2xy\,\mathrm{d}x + Q(x,y)\,\mathrm{d}y = \int_0^1 [t^2 + C(y)]\,\mathrm{d}y = t^2 + \int_0^1 C(y)\,\mathrm{d}y$$

$$\int_{(0,0)}^{(1,t)} 2xy\,\mathrm{d}x + Q(x,y)\,\mathrm{d}y = \int_0^1 [1^2 + C(y)]\,\mathrm{d}y = t + \int_0^t C(y)\,\mathrm{d}y$$

又由题设 $t^2 + \displaystyle\int_0^1 C(y)\,\mathrm{d}y = t + \int_0^t C(y)\,\mathrm{d}y$,两边对 t 求导 $2t = 1 + C(t)$,有 $C(t) = 2t - 1$,即 $C(y) = 2y - 1$.

故 $Q(x,y) = x^2 + 2y - 1$.

题 7　(2002②)设函数 $f(x)$ 在 $(-\infty, +\infty)$ 内具有一阶连续导数,L 是上半平面($y > 0$)内的有向分段光滑曲线,其起点为 (a,b),终点为 (c,d). 记

$$I = \int_C \frac{1}{y}[2 + y^2 f(xy)]\,\mathrm{d}x + \frac{x}{y^2}[y^2 f(xy) - 1]\,\mathrm{d}y$$

(1)证明曲线积分 I 与路径 L 无关;(2)当 $ab = cd$ 时,求 I 的值.

证　(1)设 $P = \dfrac{1}{y}[2 + y^2 f(xy)]$,$Q = \dfrac{x}{y^2}[y^2 f(xy) - 1]$. 因为

$$\frac{\partial P}{\partial y} = f(xy) - \frac{1}{y^2} + xyf'(xy) = \frac{\partial Q}{\partial x}$$

在上半平面内处处成立,所以在上半平面内曲线积分 I 与路径无关.

(2)选取积分路径 L 为由点 (a,b) 到点 (c,b) 再到点 (c,d) 的折线,则

$$I = \int_a^c \frac{1}{b}[1 + b^2 f(bx)]\,\mathrm{d}x + \int_b^d \frac{c}{y^2}[y^2 f(cy) - 1]\,\mathrm{d}y$$

$$= \frac{c-a}{b} + \int_a^c bf(bx)\,\mathrm{d}x + \int_b^d cf(cy)\,\mathrm{d}y + \frac{c}{d} - \frac{c}{b}$$

$$= \frac{c}{d} - \frac{a}{b} + \int_{ab}^{bc} f(t)\,\mathrm{d}t + \int_{bc}^{cd} f(t)\,\mathrm{d}t \quad (\text{由定积分变量代换})$$

$$= \frac{c}{d} - \frac{a}{b} + \int_{ab}^{cd} f(t)\,\mathrm{d}t$$

当 $ab = cd$ 时,最后一式中的积分为 0,故得 $I = \dfrac{c}{d} - \dfrac{a}{b}$.

题 8 (2000①)计算曲线积分 $I = \oint_L \dfrac{x\,\mathrm{d}y - y\,\mathrm{d}x}{4x^2 + y^2}$,其中 L 是以点 $(1,0)$ 为中心,R 为半径的圆周($R > 1$),取逆时针方向.

解 1 设 $P = \dfrac{-y}{4x^2 + y^2}$,$Q = \dfrac{x}{4x^2 + y^2}$,则有 $\dfrac{\partial P}{\partial y} = \dfrac{y^2 - 4x^2}{(4x^2 + y^2)^2} = \dfrac{\partial Q}{\partial x}$,这里 $(x,y) \neq (0,0)$.

作足够小椭圆 C: $\begin{cases} x = \dfrac{\delta}{2}\cos\theta \\ y = \delta\sin\theta \end{cases}$,$\theta$ 由 2π 变到 0(即顺时针方向).

设由 L 和 C 所围区域记为 D. 于是由格林公式有

$$I = \int_{L+C} - \oint_C = \iint_D \left(\frac{\partial Q}{\partial x} - \frac{\partial P}{\partial y}\right)\mathrm{d}\sigma - \oint_C \frac{x\,\mathrm{d}y - y\,\mathrm{d}x}{4x^2 + y^2} = 0 - \int_{2\pi}^0 \frac{\frac{1}{2}\sigma^2}{\sigma^2}\mathrm{d}\theta = \pi$$

解 2 作足够小的圆 C: $\begin{cases} x = \delta\cos\theta \\ y = \delta\sin\theta \end{cases}$,$\theta$ 由 π 变到 $-\pi$(即顺时针方向). 于是

$$I = \int_{L+C} - \oint_C = \iint_D \left(\frac{\partial Q}{\partial x} - \frac{\partial P}{\partial y}\right)\mathrm{d}\sigma - \oint_C \frac{x\,\mathrm{d}y - y\,\mathrm{d}x}{4x^2 + y^2}$$

$$= -\int_\pi^{-\pi} \frac{\mathrm{d}\theta}{4\cos^2\theta + \sin^2\theta} = 2\int_0^\pi \frac{\mathrm{d}(\tan\theta)}{4 + \tan^2\theta} = 2\left(\int_0^{\frac{\pi}{2}} \frac{\mathrm{d}(\tan\theta)}{4 + \tan^2\theta} + \int_{\frac{\pi}{2}}^\pi \frac{\mathrm{d}(\tan\theta)}{4 + \tan^2\theta}\right)$$

$$= 2\left[\frac{1}{2}\arctan\left(\frac{\tan\theta}{2}\right)\Big|_0^{\frac{\pi}{2}-0} + \frac{1}{2}\arctan\left(\frac{\tan\theta}{2}\right)\Big|_{\frac{\pi}{2}+0}^\pi\right] = \pi$$

题 9 (2003①)已知平面区域 $D = \{(x,y) \mid 0 \leqslant x \leqslant \pi, 0 \leqslant y \leqslant \pi\}$,$L$ 为 D 的正向边界. 试证:

(1) $\oint_C x\mathrm{e}^{\sin y}\mathrm{d}y - y\mathrm{e}^{-\sin x}\mathrm{d}x = \oint_L x\mathrm{e}^{-\sin y}\mathrm{d}y - y\mathrm{e}^{\sin x}\mathrm{d}x$;

(2) $\oint_C x\mathrm{e}^{\sin y}\mathrm{d}y - y\mathrm{e}^{-\sin x}\mathrm{d}x \geqslant 2\pi^2$.

解 1 (1) 可得

$$式左 = \int_0^\pi \pi\mathrm{e}^{\sin y}\mathrm{d}y - \int_\pi^0 \pi\mathrm{e}^{-\sin x}\mathrm{d}x = \pi\int_0^\pi (\mathrm{e}^{\sin x} + \mathrm{e}^{-\sin x})\mathrm{d}x$$

$$式右 = \int_0^\pi \pi\mathrm{e}^{-\sin y}\mathrm{d}y - \int_\pi^0 \pi\mathrm{e}^{\sin x}\mathrm{d}x = \pi\int_0^\pi (\mathrm{e}^{\sin x} + \mathrm{e}^{-\sin x})\mathrm{d}x$$

所以 $$\oint_C x\mathrm{e}^{\sin y}\mathrm{d}y - y\mathrm{e}^{-\sin x}\mathrm{d}x = \oint_L x\mathrm{e}^{-\sin y}\mathrm{d}y - y\mathrm{e}^{\sin x}\mathrm{d}x$$

(2) 由于 $\mathrm{e}^{\sin x} + \mathrm{e}^{-\sin x} \geqslant 2$,故由(1)得

$$\oint_L x\mathrm{e}^{\sin y}\mathrm{d}y - y\mathrm{e}^{-\sin x}\mathrm{d}x = \pi\int_0^\pi (\mathrm{e}^{\sin x} + \mathrm{e}^{-\sin x})\mathrm{d}x \geqslant 2\pi^2$$

解 2 (1) 根据格林公式可有

$$\oint_L x\mathrm{e}^{\sin y}\mathrm{d}y - y\mathrm{e}^{-\sin x}\mathrm{d}x = \iint_D (\mathrm{e}^{\sin y} + \mathrm{e}^{-\sin x})\mathrm{d}x\mathrm{d}y$$

$$\oint_L x\mathrm{e}^{-\sin y}\mathrm{d}y - y\mathrm{e}^{\sin x}\mathrm{d}x = \iint_D (\mathrm{e}^{-\sin y} + \mathrm{e}^{\sin x})\mathrm{d}x\mathrm{d}y$$

因为 D 具有轮换对称性,所以

$$\iint_D (\mathrm{e}^{\sin y} + \mathrm{e}^{-\sin x})\mathrm{d}x\mathrm{d}y = \iint_D (\mathrm{e}^{-\sin y} + \mathrm{e}^{\sin x})\mathrm{d}x\mathrm{d}y$$

故 $\oint_L x\mathrm{e}^{\sin y}\mathrm{d}y - y\mathrm{e}^{-\sin x}\mathrm{d}x = \oint_L x\mathrm{e}^{-\sin y}\mathrm{d}y - y\mathrm{e}^{\sin x}\mathrm{d}x$.

（2）由（1）知

$$\oint_L x\,\mathrm{e}^{\sin y}\mathrm{d}y - y\mathrm{e}^{-\sin x}\mathrm{d}x = \iint\limits_D (\mathrm{e}^{\sin y}+\mathrm{e}^{-\sin x})\mathrm{d}x\mathrm{d}y$$

$$= \iint\limits_D \mathrm{e}^{\sin y}\mathrm{d}x\mathrm{d}y + \iint\limits_D \mathrm{e}^{-\sin x}\mathrm{d}x\mathrm{d}y = \iint\limits_D \mathrm{e}^{\sin x}\mathrm{d}x\mathrm{d}y + \iint\limits_D \mathrm{e}^{-\sin x}\mathrm{d}x\mathrm{d}y \quad (\text{利用轮换对称性})$$

$$= \iint\limits_D (\mathrm{e}^{\sin x}+\mathrm{e}^{-\sin x})\mathrm{d}x\mathrm{d}y \geqslant \iint\limits_D 2\mathrm{d}x\mathrm{d}y = 2\pi^2$$

题 10　（2005①）设函数 $\varphi(y)$ 具有连续导数，在围绕原点的任意分段光滑简单闭曲线 L 上，曲线积分 $\displaystyle\oint_L \frac{\varphi(y)\mathrm{d}x + 2xy\mathrm{d}y}{2x^2+y^4}$ 的值恒为同一常数.

（1）证明：对右半平面 $x>0$ 内的任意分段光滑简单闭曲线 C，有

$$\oint_C \frac{\varphi(y)\mathrm{d}x + 2xy\mathrm{d}y}{2x^2+y^4} = 0$$

（2）求函数 $\varphi(y)$ 的表达式.

证　（1）设 $\displaystyle\oint_L \frac{\varphi(y)\mathrm{d}x + 2xy\mathrm{d}y}{2x^2+y^4} = k$ （其中，L 是围绕原点的任意分段光滑简单闭曲线），由图 37 可知

$$\oint_C \frac{\varphi(y)\mathrm{d}x + 2xy\mathrm{d}y}{2x^2+y^4}$$

$$= \int_{C_1} \frac{\varphi(y)\mathrm{d}x + 2xy\mathrm{d}y}{2x^2+y^4} + \int_{C_2} \frac{\varphi(y)\mathrm{d}x + 2xy\mathrm{d}y}{2x^2+y^4} \quad (\text{其中 } C = C_1 + C_2)$$

$$= \oint_{C_1+C_3} \frac{\varphi(y)\mathrm{d}x + 2xy\mathrm{d}y}{2x^2+y^4} + \int_{C_2+C_3^-} \frac{\varphi(y)\mathrm{d}x + 2xy\mathrm{d}y}{2x^2+y^4}$$

$$= k - k \quad (\text{由于 } C_1+C_3 \text{ 是围绕原点的一条正向闭曲线}，C_2+C_3^- \text{ 是围绕原点的一条反向闭曲线})$$

$$= 0$$

（2）记 $P=\dfrac{\varphi(y)}{2x^2+y^4}$，$Q=\dfrac{2xy}{2x^2+y^4}$. 由于对右半平面 $x>0$ 内的任意分段光滑简单闭曲线 C 都有

$$\oint_C P\mathrm{d}x + Q\mathrm{d}y = 0$$

所以当 $x>0$ 时有 $\dfrac{\partial Q}{\partial x}=\dfrac{\partial P}{\partial y}$，即

$$\frac{\partial}{\partial x}\left(\frac{2xy}{2x^2+y^4}\right) = \frac{\partial}{\partial y}\left(\frac{\varphi(y)}{2x^2+y^4}\right) \qquad ①$$

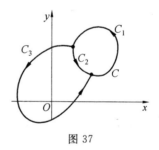

图 37

由于

$$\frac{\partial}{\partial x}\left(\frac{2xy}{2x^2+y^4}\right) = \frac{2y(2x^2+y^4)-2xy\cdot 4x}{(2x^2+y^4)^2} = \frac{2y^5-4x^2y}{(2x^2+y^4)^2}$$

$$\frac{\partial}{\partial y}\left(\frac{\varphi(y)}{2x^2+y^4}\right) = \frac{\varphi'(y)(2x^2+y^4)-4y^3\varphi(y)}{(2x^2+y^4)^2}$$

将它们代入式 ① 得 $2y^5-4x^2y = \varphi'(y)(2x^2+y^4)-4y^3\varphi(y)$，即

$$2y^5 + 4y^3\varphi(y) - y^4\varphi'(y) = 2x^2[\varphi'(y)+2y]$$

由于上式对任意 $x>0$ 都成立，因此有

$$\begin{cases} \varphi'(y)+2y = 0 \\ 2y^5 + 4y^3\varphi(y) - y^4\varphi'(y) = 0 \end{cases}$$

即

$$\begin{cases} \varphi'(y) + 2y = 0 & ② \\ \varphi'(y) - \dfrac{4}{y}\varphi(y) - = 2y & ③ \end{cases}$$

式 ③ — 式 ② 得 $-2y - \dfrac{4}{y}\varphi(y) = 2y$,即 $\varphi(y) = -y^2$.

(2) 曲面积分问题

题1 (1999①) 设 S 为椭球面 $\dfrac{x^2}{2} + \dfrac{y^2}{2} + z^2 = 1$ 的上半部分,点 $P(x,y,z) \in S$,π 为 S 在点 P 处的切平面,$\rho(x,y,z)$ 为点 $O(0,0,0)$ 到平面 π 的距离,求 $\iint\limits_S \dfrac{z}{\rho(x,y,z)} \mathrm{d}S$.

解 S 在点 P 处的法向量 $\boldsymbol{n} = \{x,y,2z\}$,则切平面 π 的方程为

$$\frac{xX}{2} + \frac{yY}{2} + zZ = 1$$

从而 $\rho(x,y,z) = \left(\dfrac{x^2}{4} + \dfrac{y^2}{4} + z^2\right)^{-\frac{1}{2}}$. 注意到 S:$z = \sqrt{1 - \dfrac{x^2}{2} - \dfrac{y^2}{2}}$,其投影域 D:$x^2 + y^2 \leqslant 2$. 又

$$\frac{\partial z}{\partial x} = -x / \sqrt{1 - \left(\frac{x^2}{2} + \frac{y^2}{2}\right)}, \frac{\partial z}{\partial y} = -y / \sqrt{1 - \left(\frac{x^2}{2} + \frac{y^2}{2}\right)}$$

从而

$$\mathrm{d}S = \sqrt{1 + \left(\frac{\partial z}{\partial x}\right)^2 + \left(\frac{\partial z}{\partial y}\right)^2}\mathrm{d}\sigma = \frac{\sqrt{4 - x^2 - y^2}}{2\sqrt{1 - \left(\frac{x^2}{2} + \frac{y^2}{2}\right)}}\mathrm{d}\sigma$$

于是 $\iint\limits_S \dfrac{z\mathrm{d}S}{\rho(x,y,z)} = \dfrac{1}{4}\iint\limits_D (4 - x^2 - y^2)\mathrm{d}\sigma = \dfrac{1}{4}\int_0^{2\pi}\mathrm{d}\theta\int_0^{\sqrt2}(4 - r^2)r\mathrm{d}r = \dfrac{3}{2}\pi$

题2 (1990①) 求曲面积分 $I = \iint\limits_\Sigma yz\mathrm{d}z\mathrm{d}x + 2\mathrm{d}x\mathrm{d}y$,其中 Σ 是球面 $x^2 + y^2 + z^2 = 4$ 外侧在 $z \geqslant 0$ 的部分.

解 补曲面 Σ_1:$z = 0 (x^2 + y^2 \leqslant 4)$,方向向下. 设由 Σ 和 Σ_1 所围成域记为 Ω. 根据高斯公式,有

$$I = \iint\limits_{\Sigma+\Sigma_1} - \iint\limits_{\Sigma_1} = \iiint\limits_\Omega z\mathrm{d}x\mathrm{d}y\mathrm{d}z - \iint\limits_{\Sigma_1} yz\mathrm{d}z\mathrm{d}x + 2\mathrm{d}x\mathrm{d}y$$

$$= \int_0^2 z\mathrm{d}z\iint\limits_{x^2+y^2\leqslant 4-z^2}\mathrm{d}x\mathrm{d}y + 2\iint\limits_{x^2+y^2\leqslant 4}\mathrm{d}x\mathrm{d}y = \int_0^2 \pi z(4 - z^2)\mathrm{d}z + 8\pi = 12\pi$$

题3 (1988①) 设 Σ 为曲面 $x^2 + y^2 + z^2 = 1$ 的外侧,计算曲面积分

$$I = \oiint\limits_\Sigma x^3\mathrm{d}y\mathrm{d}z + y^3\mathrm{d}z\mathrm{d}x + z^3\mathrm{d}x\mathrm{d}y$$

解 设 Σ 所围区域记为 Ω. 由高斯公式再用球坐标变换有

$$I = \iiint\limits_\Omega (x^2 + y^2 + z^2)\mathrm{d}v = 3\int_0^{2\pi}\mathrm{d}\theta\int_0^\pi \sin\varphi\mathrm{d}\varphi\int_0^1 r^2 \cdot r^2\mathrm{d}r = \frac{12}{5}\pi$$

题4 (1992①) 计算曲面积分

$$I = \iint\limits_\Sigma (x^3 + az^2)\mathrm{d}y\mathrm{d}z + (y^3 + ax^2)\mathrm{d}z\mathrm{d}x + (z^3 + ay^2)\mathrm{d}x\mathrm{d}y$$

其中 Σ 为上半球面 $z = \sqrt{a^2 - x^2 - y^2}$ 的上侧.

解 补曲面 Σ_0:$z = 0 (x^2 + y^2 \leqslant a^2)$,方向向下. 设由 Σ 和 Σ_0 所围区域记为 Ω. 根据高斯公式,有

$$I = \iint\limits_{\Sigma+\Sigma_0} - \iint\limits_{\Sigma_0} = \iiint\limits_\Omega 3(x^2 + y^2 + z^2)\mathrm{d}v + \iiint\limits_{x^2+y^2\leqslant a^2} ay^2\mathrm{d}x\mathrm{d}y$$

$$= 3\int_0^{2\pi}\mathrm{d}\theta\int_0^{\frac{\pi}{2}}\sin\varphi\mathrm{d}\varphi\int_0^a r^4\mathrm{d}r + \int_0^{2\pi}a\sin^2\theta\mathrm{d}\theta\int_0^a r^3\mathrm{d}r$$

$$= \frac{6}{5}\pi a^5 + \frac{1}{4}\pi a^5 = \frac{29}{20}\pi a^5$$

题 5　(1998①) 计算曲面积分 $\displaystyle\iint_{\Sigma}\frac{ax\mathrm{d}x\mathrm{d}z + (z+a)^2\mathrm{d}x\mathrm{d}y}{(x^2+y^2+z^2)^{\frac{1}{2}}}$，其中 Σ 为下半球面 $z = -\sqrt{a^2-x^2-y^2}$
的上侧，a 为大于零的常数.

解　由于 $x^2+y^2+z^2 = a^2$，代入原式中得

$$I = \iint_{\Sigma}\frac{ax\mathrm{d}x\mathrm{d}z + (z+a)^2\mathrm{d}x\mathrm{d}y}{(x^2+y^2+z^2)^{\frac{1}{2}}} = \frac{1}{a}\iint_{\Sigma}ax\mathrm{d}x\mathrm{d}z + (z+a)^2\mathrm{d}x\mathrm{d}y$$

考虑补曲面 $\Sigma_1:\begin{cases} x^2+y^2 \leqslant a^2 \\ z = 0 \end{cases}$，方向向下，其投影域记为 D. 记 Σ 与 Σ_1 所围的区域记为 Ω. 根据高斯
公式，有

$$I = \frac{1}{a}\left[\oiint_{\Sigma+\Sigma_1}ax\mathrm{d}x\mathrm{d}z + (z+a)^2\mathrm{d}x\mathrm{d}y - \iint_{\Sigma_1}ax\mathrm{d}x\mathrm{d}z + (z+a)^2\mathrm{d}x\mathrm{d}y\right]$$

$$= \frac{1}{a}\left[-\iiint_{\Omega}(2a+2z)\mathrm{d}v + \iint_{D}a^2\mathrm{d}x\mathrm{d}y\right]$$

$$= \frac{1}{a}\left(-2\pi a^4 - 2\iiint_{\Omega}z\mathrm{d}v + \pi a^4\right)$$

注意到 $\displaystyle\iiint_{\Omega}z\mathrm{d}v = \int_{-a}^0 z\mathrm{d}z\iint_{x^2+y^2\leqslant a^2-z^2}\mathrm{d}x\mathrm{d}y = \int_{-a}^0\pi z(a^2-z^2)\mathrm{d}z = -\frac{\pi}{4}a^4$. 于是

$$I = \frac{1}{a}\left(-\pi a^4 + \frac{\pi}{2}a^4\right) = -\frac{\pi}{2}a^3$$

此外还可按分块办法分别计算 $\displaystyle\frac{1}{a}\iint_{\Sigma}ax\mathrm{d}x\mathrm{d}y$ 和 $\displaystyle\frac{1}{a}\iint_{\Sigma}(z+a)^2\mathrm{d}x\mathrm{d}y$.

题 6　(1994①) 计算曲面积分 $\displaystyle\iint_{S}\frac{x\mathrm{d}y\mathrm{d}y + z^2\mathrm{d}x\mathrm{d}y}{x^2+y^2+z^2}$，其中 S 是由曲面 $x^2+y^2 = R^2$ 及两平面 $z = R$，
$z = -R(R > 0)$ 所围成立体表面的外侧.

解　根据第二类曲面积分的被积函数奇偶及积分区域对称性，S 关于 xOy 面对称，被积函数
$\displaystyle\frac{z^2}{x^2+y^2+z^2}$ 关于 z 为偶函数，则 $\displaystyle\iint_{S}\frac{z^2}{x^2+y^2+z^2}\mathrm{d}x\mathrm{d}y = 0$.

设 S_1, S_2, S_3 依次为 S 的上、下底和圆柱面部分，则

$$原式 = \iint_{S_1}\frac{x}{x^2+y^2+z^2}\mathrm{d}x\mathrm{d}y + \iint_{S_2}\frac{x}{x^2+y^2+z^2}\mathrm{d}x\mathrm{d}y + \iint_{S_3}\frac{x}{x^2+y^2+z^2}\mathrm{d}x\mathrm{d}y$$

因为在 S_1 和 S_2 上 $\mathrm{d}z = 0$，所以前两项均为 0.

设 S_4 为 S_3 的前片，而 S_4 向 yOz 面的投影域记为

$$D_{yz}: -R \leqslant y \leqslant R, \ -R \leqslant z \leqslant R$$

根据函数奇偶性及区域对称性，有

$$\iint_{S_3}\frac{x}{x^2+y^2+z^2}\mathrm{d}x\mathrm{d}y = 2\iint_{S_4}\frac{x}{x^2+y^2+z^2}\mathrm{d}x\mathrm{d}y = 2\iint_{D_{yz}}\frac{\sqrt{R^2-y^2}}{R^2+z^2}\mathrm{d}y\mathrm{d}z$$

$$= 2\int_{-R}^R\sqrt{R^2-y^2}\mathrm{d}y\int_{-R}^R\frac{\mathrm{d}z}{R^2+z^2} = \frac{\pi^2}{2}R$$

题 7　(1995①) 计算曲面积分 $\displaystyle\iint_{\Sigma}z\mathrm{d}S$，其中 Σ 为锥面 $z = \sqrt{x^2+y^2}$ 在柱体 $x^2+y^2 \leqslant 2x$ 内的部分.

解 设 Σ 在 xOy 平面上的投影区域 D：$x^2 + y^2 \leqslant 2x$.

又 $dS = \sqrt{1 + z_x^2 + z_y^2}\, d\sigma = \sqrt{2}\, d\sigma$. 于是

$$\iint\limits_{\Sigma} dS = \iint\limits_{D} \sqrt{x^2 + y^2} \cdot \sqrt{2}\, d\sigma = \sqrt{2} \int_{-\frac{\pi}{2}}^{\frac{\pi}{2}} d\theta \int_0^{2\cos\theta} r^2 dr = \frac{16}{3}\sqrt{2} \int_0^{\frac{\pi}{2}} \cos^3\theta\, d\theta = \frac{32}{9}\sqrt{2}$$

题 8 (1996①)计算曲面积分 $\iint\limits_{S}(2x+z)dydz + zdxdy$，其中 S 为有向曲面 $z = x^2 + y^2 (0 \leqslant z \leqslant 1)$，其法向量与 Oz 轴正向夹角为锐角.

解 考虑补 $S_1 : z = 1(x^2 + y^2 \leqslant 1)$，方向向下，投影域 $D_{xy} : x^2 + y^2 \leqslant 1$. 设 S 与 S_1 所围区域记为 Ω. 根据高斯公式有

$$原式 = \iint\limits_{S+S_1} - \iint\limits_{S_1} = -\iiint\limits_{\Omega}(2+1)dv + \iint\limits_{D_{xy}}dxdy = -3\int_0^{2\pi}d\theta\int_0^1 rdr\int_{r^2}^1 dz + \pi = -\frac{\pi}{2}$$

题 9 (1993①)计算曲面积分 $I = \oiint 2xz\,dydz + yz\,dzdx - z^2\,dxdy$，其中 Σ 是由曲面 $z = \sqrt{x^2 + y^2}$ 与 $z = \sqrt{1 - x^2 - y^2}$ 所围立体的表面外侧.

解 由高斯公式和球面坐标系下的三重积分计算公式有

$$I = \iiint\limits_{\Omega}(2z + z - 2z)dv = \iiint\limits_{\Omega}z\,dxdydz = \int_0^{2\pi}d\theta\int_0^{\frac{\pi}{4}}\sin\varphi\cos\varphi\,d\varphi\int_0^{\sqrt{2}}r^3\,dr = \frac{\pi}{2}$$

题 10 (2004①)计算曲面积分 $I = \iint\limits_{\Sigma}2x^3\,dydz + 2y^3\,dzdx + 3(z^2-1)dxdy$，其中 Σ 是曲面 $z = 1 - x^2 - y^2 (z \geqslant 0)$ 的上侧.

解 取 Σ_1 为 xOy 平面上被圆 $x^2 + y^2 = 1$ 所围部分的下侧，记 Ω 为由 Σ 与 Σ_1 围成的空间闭区域，则

$$I = \iint\limits_{\Sigma+\Sigma_1}2x^3\,dydz + 2y^3\,dzdx + 3(z^2-1)dxdy - \iint\limits_{\Sigma_1}2x^3\,dydz + 2y^3\,dzdx + 3(z^2-1)dxdy$$

由高斯公式知

$$\iint\limits_{\Sigma+\Sigma_1}2x^3\,dydz + 2y^3\,dzdx + 3(z^2-1)dxdy$$

$$= \iiint\limits_{\Omega}6(x^2 + y^2 + z)dxdydz = 6\int_0^{2\pi}d\theta\int_0^1 dr\int_0^{1-r^2}(r^2+z)rdz$$

$$= 12\pi\int_0^1\left[\frac{1}{2}r(1-r^2)^2 + r^3(1-r^2)\right]dr = 2\pi$$

而 $\iint\limits_{\Sigma_1}2x^3\,dydz + 2y^3\,dzdx + 3(z^2-1)dxdy = -\iint\limits_{x^2+y^2\leqslant 1} -3dxdy = 3\pi$，故

$$I = 2\pi - 3\pi = -\pi$$

3. 应用问题及杂例

题 1 (2000①)设有一半径为 R 的球体，P_0 是此球的表面上一个定点，球体上任一点的密度与该点到 P_0 的距离的平方成正比(比例常数 $k > 0$)，求球体的重心位置.

解 以球心为原点 O，射线 OP_0 为 Oz 轴负向，所建坐标系如图 38 所示.

点 P_0 的坐标为 $(0, 0, -R)$，球面的方程为 $x^2 + y^2 + z^2 = R^2$. 球面所围的区域记为 Ω.

设 Ω 的重心位置(坐标)为 $(\bar{x}, \bar{y}, \bar{z})$，由对称性得 $\bar{x} = 0, \bar{y} = 0$，而

$$\bar{z} = \frac{\iiint\limits_{\Omega}z \cdot k[x^2 + y^2 + (z+R)^2]dv}{\iiint\limits_{\Omega}k[x^2 + y^2 + (z+R)^2]dv}$$

式中分子、分母分别可算得

$$\iiint_{\Omega} [x^2 + y^2 + (z+R)^2] \mathrm{d}v$$
$$= \iiint_{\Omega} (x^2 + y^2 + z^2) \mathrm{d}v + \iiint_{\Omega} R^2 \mathrm{d}v$$
$$= \int_0^{2\pi} \mathrm{d}\theta \int_0^{\pi} \sin\varphi \mathrm{d}\varphi \int_0^R r^4 \mathrm{d}r + \frac{4}{3}\pi R^5 = \frac{32}{15}\pi R^5$$

$$\iiint_{\Omega} z[x^2 + y^2 + (z+R)^2] \mathrm{d}v = 2R \iiint_{\Omega} z^2 \mathrm{d}v = 2R \int_{-R}^{R} z^2 \mathrm{d}z \iint_{x^2+y^2 \leqslant R^2-z^2} \mathrm{d}x\mathrm{d}y = \frac{8}{15}\pi R^6$$

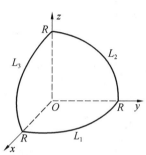

图 38

故 $\bar{z} = \dfrac{R}{4}$. 因此球体 Ω 的重心位置为 $\left(0, 0, \dfrac{R}{4}\right)$.

题 2　(1989①) 求八分之一球面 $x^2 + y^2 + z^2 = R^2$，$x \geqslant 0$，$y \geqslant 0$，$z \geqslant 0$ 的边界曲线的重心，设曲线的线密度 $\rho = 1$.

解　边界曲线如图 39 所示. 曲线在 xOy，yOz，zOx 坐标平面内弧段分别为 L_1，L_2，L_3，则曲线的质量为

$$m = \int_{L_1 + L_2 + L_3} \mathrm{d}s = 3 \cdot \frac{2\pi R}{4} = \frac{3}{2}\pi R$$

设所求曲线重心为 $(\bar{x}, \bar{y}, \bar{z})$，则由重心坐标公式有

$$\bar{x} = \frac{1}{m} \int_{L_1 + L_2 + L_3} x \mathrm{d}s$$
$$= \frac{1}{m} \left(\int_{L_1} x \mathrm{d}s + \int_{L_2} x \mathrm{d}s + \int_{L_3} x \mathrm{d}s \right)$$
$$= \frac{1}{m} \left(\int_{L_1} x \mathrm{d}s + 0 + \int_{L_3} x \mathrm{d}s \right) = \frac{2}{m} \int_{L_1} x \mathrm{d}s$$

图 39

因为 L_1：$x = R\cos t$，$y = R\sin t$，$z = 0$，其中 $0 \leqslant t \leqslant \dfrac{\pi}{2}$，所以

$$\int_{L_1} x \mathrm{d}s = \int_0^{\frac{\pi}{2}} R^2 \cos t \mathrm{d}t = R^2$$

由对称性知 $\bar{y} = \bar{z} = \bar{x} = \dfrac{4R}{3\pi}$，即所求重心为 $\left(\dfrac{4R}{3\pi}, \dfrac{4R}{3\pi}, \dfrac{4R}{3\pi}\right)$.

题 3　(1988①) 设位于点 $(0, 1)$ 的质点 A 对质点 M 的引力大小为 $\dfrac{k}{r^2}$（$k > 0$ 为常数，r 为质点 A 与 M 之间的距离），质点 M 沿曲线 $y = \sqrt{2x - x^2}$ 自 $B(2,0)$ 运动到 $O(0,0)$. 求在此运动过程中质点 A 对质点 M 的引力所作的功.

解　由题意，引力 $\boldsymbol{F}$ 的大小 $|\boldsymbol{F}| = \dfrac{k}{r^2}$，而方向为 $\overrightarrow{MA} = \{0 - x, 1 - y\}$.

因此 $\boldsymbol{F}^0 = \left\{ -\dfrac{x}{r}, \dfrac{1-y}{r} \right\}$，其中 $r = |\overrightarrow{MA}| = \sqrt{x^2 + (1-y)^2}$.

则引力 $\boldsymbol{F} = |\boldsymbol{F}| \boldsymbol{F}^0 = \dfrac{k}{r^3} \{-x, 1-y\}$. 于是引力所作的功

$$W = k \int_{\overset{\frown}{BO}} \frac{-x\mathrm{d}x + (1-y)\mathrm{d}y}{[x^2 + (1-y)^2]^{\frac{3}{2}}}$$

设 $P = \dfrac{-x}{[x^2 + (1-y)^2]^{\frac{3}{2}}}$，$Q = \dfrac{1-y}{[x^2 + (1-y)^2]^{\frac{3}{2}}}$.

由 $\dfrac{\partial Q}{\partial x} = \dfrac{-3x(1-y)}{[x^2 + (1-y)^2]^{\frac{5}{2}}} = \dfrac{\partial P}{\partial y}$，知积分与路径无关，故

$$W = k \int_{\overset{\frown}{BO}} \frac{-x\mathrm{d}x + (1-y)\mathrm{d}y}{[x^2 + (1-y)^2]^{\frac{3}{2}}} = k \int_2^0 \frac{-x}{(x^2 + 1)^{\frac{3}{2}}} \mathrm{d}x = k\left(1 - \frac{1}{\sqrt{5}}\right)$$

注　注意到 $\mathrm{d}r = \dfrac{1}{r}[x\mathrm{d}x - (1-y)\mathrm{d}y]$，则有

$$W = -k\int_{\overparen{BO}} \frac{\mathrm{d}r}{r^2} = k\left[\frac{1}{r}\right]_{\sqrt5}^1 = k\left(1 - \frac{1}{\sqrt5}\right)$$

题4 (1990①)质点 P 沿着以 AB 为直径的半圆周,从点 $A(1,2)$ 运动到点 $B(3,4)$ 的过程中受变力 F 作用,F 的大小等于点 P 与原点 O 之间的距离,其方向垂直于线段 OP,且与 Oy 轴正向的夹角小于 $\frac{\pi}{2}$.求变力 F 对质点 P 所作的功.

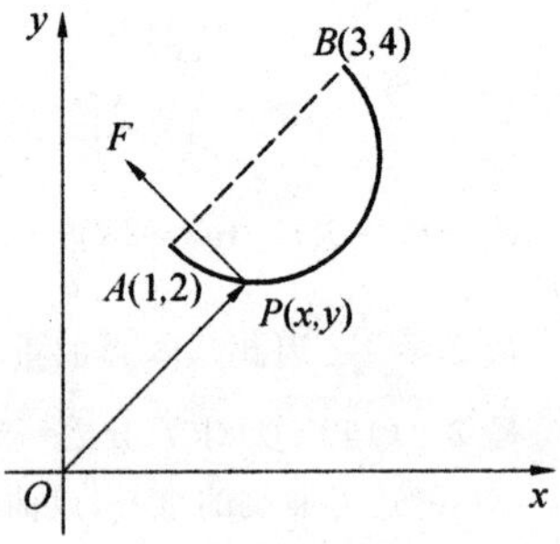

解 如图40所示,设变力 $F = \{F_1, F_2\}$,$\overrightarrow{OP} = \{x, y\}$.依题意,$|F| = |\overrightarrow{OP}|$ 及 $F \cdot \overrightarrow{OP} = 0$ 且 $F \cdot j > 0$($j = \{0,1\}$ 是 Oy 轴上的单位矢量),于是

$$\begin{cases} F_1^2 + F_2^2 = x^2 + y^2 \\ F_1 x + F_2 y = 0 \end{cases}$$

图 40

得 $\begin{cases} F_1 = -y \\ F_2 = x \end{cases}$,从而 $F = \{-y, x\}$.

圆弧 $\overparen{AB}$ 的参数方程是 $\begin{cases} x = 2 + \sqrt2 \cos\theta \\ y = 3 + \sqrt2 \sin\theta \end{cases}$,$\theta$ 由 $-\frac{3}{4}\pi$ 变到 $\frac{\pi}{4}$.

则变力 F 从 A 运动到 B 所作的功为

$$W = \int_{\overparen{AB}} -y\mathrm{d}x + x\mathrm{d}y = \int_{-\frac{3}{4}\pi}^{\frac{\pi}{4}} [\sqrt2(3 + \sqrt2\sin\theta)\sin\theta + \sqrt2(2 + \sqrt2\cos\theta)\cos\theta]\mathrm{d}\theta = 2(\pi - 1)$$

接下来的问题不仅涉及物理应用,还涉及极(最)值.

题5 (1992①)在变力 $F = yz\boldsymbol{i} + zx\boldsymbol{j} + xy\boldsymbol{k}$ 的作用下,质点由原点沿直线运动到椭球面 $\frac{x^2}{a^2} + \frac{y^2}{b^2} + \frac{z^2}{c^2} = 1$ 上第一卦限的点 $M(\xi, \eta, \zeta)$,问 ξ, η, ζ 取何值时,力 F 所作的功 W 最大?并求出 W 的最大值.

解 直线段 OM:$x = \xi t, y = \eta t, z = \zeta t, t$ 从 0 到 1,所求功为

$$W = \int_{OM} yz\mathrm{d}x + zx\mathrm{d}y + xy\mathrm{d}z = \int_0^1 3\xi\eta\zeta t^2 \mathrm{d}t = \xi\eta\zeta$$

下面求 $W = \xi\eta\zeta$ 在条件 $\frac{\xi^2}{a^2} + \frac{\eta^2}{b^2} + \frac{\zeta^2}{c^2} = 1(\xi \geqslant 0, \eta \geqslant 0, \zeta \geqslant 0)$ 下的最大值,用拉格朗日乘子法.

令 $G(\xi, \eta, \zeta) = \xi\eta\zeta + \lambda\left(1 - \frac{\xi^2}{a^2} + \frac{\eta^2}{b^2} + \frac{\zeta^2}{c^2}\right)$,由

$$\begin{cases} \dfrac{\partial G}{\partial \xi} = \eta\zeta - \dfrac{2\lambda\xi}{a^2} = 0 & \quad① \\[2mm] \dfrac{\partial G}{\partial \eta} = \xi\zeta - \dfrac{2\lambda\eta}{b^2} = 0 & \quad② \\[2mm] \dfrac{\partial G}{\partial \zeta} = \xi\eta - \dfrac{2\lambda\zeta}{c^2} = 0 & \quad③ \end{cases}$$

式 ①$\times\xi$,式 ②$\times\eta$,式 ③$\times\zeta$,三式比较可得

$$\frac{\xi^2}{a^2} = \frac{\eta^2}{b^2} = \frac{\zeta^2}{c^2}$$

代入椭球面有 $\frac{\xi^2}{a^2} = \frac{\eta^2}{b^2} = \frac{\zeta^2}{c^2} = \frac{1}{3}$,得 $\xi = \frac{a}{\sqrt3}, \eta = \frac{b}{\sqrt3}, \zeta = \frac{c}{\sqrt3}$.

由问题的实际意义知 $W_{\max} = \frac{\sqrt3}{9}abc$.

题6 (1989①)设半径为 R 的球面 Σ 的球心在定球面 $x^2+y^2+z^2=a^2(a>0)$ 上,问当 R 取何值时,球面 Σ 在定球面内部的那部分的面积最大?

解 设球面 Σ 的方程为 $x^2+y^2+(z-a)^2=R^2$. 两球面的交线在 xOy 面上的投影为

$$\begin{cases} x^2+y^2=\dfrac{R^2}{4a^2}(4a^2-R^2) \\ z=0 \end{cases}$$

记投影曲线所围平面区域为 D_{xy}. 这样球面 Σ 在定球面内的部分的方程为 $z=a-\sqrt{R^2-x^2-y^2}$,这部分球面的面积

$$\begin{aligned} S(R)&=\iint\limits_{D_{xy}}\sqrt{1+z'^2_x+z'^2_y}\,\mathrm{d}x\mathrm{d}y=\iint\limits_{D_{xy}}\frac{R}{\sqrt{R^2-x^2-y^2}}\mathrm{d}x\mathrm{d}y \\ &=\int_0^{2\pi}\mathrm{d}\theta\int_0^{\frac{R}{2a}\sqrt{4a^2-R^2}}\frac{rR\,\mathrm{d}r}{\sqrt{R^2-r^2}}=2\pi R^2-\frac{\pi R^2}{a} \quad 0<R<2a \end{aligned}$$

又 $S'(R)=4\pi R-\dfrac{3\pi R^2}{a}$,$S''(R)=4\pi-\dfrac{6\pi R}{a}$.

令 $S'(R)=0$,得唯一驻点 $R=\dfrac{4}{3}a$.

因为 $S''\left(\dfrac{4}{3}a\right)=-4\pi<0$,所以当 $R=\dfrac{4}{3}a$ 时,球面 Σ 在定球面的部分的面积最大.

题7 (1991①)在过点 $O(0,0)$ 和 $A(\pi,0)$ 的曲线族 $y=a\sin x(a>0)$ 中,求一条曲线 L,使沿该曲线从 O 到 A 的积分 $\displaystyle\int_L(1+y^2)\mathrm{d}x+(2x+y)\mathrm{d}y$ 值最小.

解 由题设 $L:y=a\sin x$,其中 x 由 0 变到 π. 于是

$$I(a)=\int_0^\pi[1+a^2\sin^2 x+(2x+a\sin x)a\cos x]\mathrm{d}x=\pi-4a+\frac{4}{3}a^3$$

令 $I'(a)=4(a^2-1)=0$,得 $a=1(a=-1$ 舍去$)$,且 $a=1$ 是 $I(a)$ 在 $(0,+\infty)$ 内的唯一驻点. 又由 $I''(1)=8>0$,所以 $I(a)$ 在 $a=1$ 处取到最小值. 因此所求曲线是

$$y=\sin x \quad 0\leqslant x\leqslant\pi$$

题8 (1987①)计算曲面积分 $I=\displaystyle\iint\limits_\Sigma(8y+1)x\mathrm{d}y\mathrm{d}z+2(1-y^2)\mathrm{d}z\mathrm{d}x-4yz\mathrm{d}x\mathrm{d}y$,其中 Σ 是由曲线 $\begin{cases} z=\sqrt{y-1} \\ x=0 \end{cases}(1\leqslant y\leqslant 3)$,绕 Oy 轴旋转一周所成的曲面,它的法向量与 Oy 轴正向的夹角恒大于 $\dfrac{\pi}{2}$.

解 Σ 的方程 $y=x^2+z^2+1$. 补平面 $\Sigma_1:y=3$,方向向右. Σ_1 向 xOz 面的投影域 $D_{xz}:x^2+z^2\leqslant 2$. 设 Σ 和 Σ_1 所围区域为 Ω. 由高斯公式,得

$$I=\iint\limits_{\Sigma+\Sigma_1}-\iint\limits_{\Sigma_1}=\iiint\limits_\Omega(8y+1-4y-4y)\mathrm{d}v-\iint\limits_{\Sigma_1}=\iiint\limits_\Omega\mathrm{d}v-\iint\limits_{\Sigma_1}$$

又 $\displaystyle\iiint\limits_\Omega\mathrm{d}v=\int_1^3\mathrm{d}y\iint\limits_{x^2+z^2\leqslant y-1}\mathrm{d}x\mathrm{d}z=\pi\int_1^3(y-1)\mathrm{d}y=2\pi$,而 $\displaystyle\iint\limits_{\Sigma_1}=\iint\limits_{D_{xz}}2(1-3^2)\mathrm{d}z\mathrm{d}x=-32\pi.$

故 $I=2\pi-(-32\pi)=34\pi.$

题9 (1989①)设空间区域 Ω 由曲面 $z=a^2-x^2-y^2$ 与平面 $z=0$ 围成,其中 a 为正常数. 记 Ω 表面外侧为 S,Ω 的体积为 V. 证明 $\displaystyle\oiint\limits_S x^2yz^2\mathrm{d}y\mathrm{d}z-xy^2z^2\mathrm{d}z\mathrm{d}x+z(1+xyz)\mathrm{d}x\mathrm{d}y=V.$

解 根据高斯公式及三重积分与函数奇偶、区域对称性关系,有

$$原式=\iiint\limits_\Omega(1+2xyz)\mathrm{d}x\mathrm{d}y\mathrm{d}z=V+2\iiint\limits_\Omega xyz\mathrm{d}x\mathrm{d}y\mathrm{d}z=V$$

国内外大学数学竞赛题赏析

1. 重积分与累次积分

(1)重积分与累次积分计算

例 1 设 $f(x,y) = \max_D \{x,y\}$, $D = \{(x,y) \mid 0 \leqslant x \leqslant 1, 0 \leqslant y \leqslant 1\}$, 计算

$$I = \iint_D f(x,y) \mid y - x^2 \mid \mathrm{d}\sigma$$

(天津市大学生数学竞赛 2007)

解 将区域 D 分成三块: $D_1 = \{(x,y) \mid 0 \leqslant x \leqslant 1, x \leqslant y \leqslant 1\}$, $D_2 = \{(x,y) \mid 0 \leqslant x \leqslant 1, x^2 \leqslant y \leqslant x\}$, $D_3 = \{(x,y) \mid 0 \leqslant x \leqslant 1, 0 \leqslant y \leqslant x^2\}$, 故

$$I = \iint_{D_1} y(y-x^2)\mathrm{d}\sigma + \iint_{D_2} x(y-x^2)\mathrm{d}\sigma + \iint_{D_3} x(x^2-y)\mathrm{d}\sigma$$

$$= \int_0^1 \mathrm{d}x \int_x^1 (y^2 - yx^2)\mathrm{d}y + \int_0^1 x\mathrm{d}x \int_{x^2}^x (y - x^2)\mathrm{d}y + \int_0^1 x\mathrm{d}x \int_0^{x^2} (x^2-y)\mathrm{d}y$$

$$= \int_0^1 \left(\frac{1}{3} - \frac{x^2}{2} - \frac{x^3}{3} + \frac{x^4}{2}\right)\mathrm{d}x + \int_0^1 \left(\frac{x^3}{2} - x^4 + \frac{x^5}{2}\right)\mathrm{d}x + \int_0^1 \frac{x^5}{2}\mathrm{d}x = \frac{11}{40}$$

例 2 若函数 $f(x,y) = \begin{cases} \arctan\dfrac{y}{x}, & x^2 + y^2 \geqslant 1 \text{ 且 } x > 0 \\ 0, & \text{其他} \end{cases}$, 求 $\iint_D f(x,y)\mathrm{d}x\mathrm{d}y$, 其中 $D = \{(x,y) \mid x^2 + y^2 \leqslant 2y\}$. (天津市大学生数学竞赛, 2008)

解 记区域 $D_1 = \{(x,y) \mid 1 \leqslant x^2 + y^2 \leqslant 2y, x \geqslant 0\}$, 则 $\iint_D f(x,y)\mathrm{d}x\mathrm{d}y = \iint_{D_1} \arctan\dfrac{y}{x}\mathrm{d}x\mathrm{d}y$.

当 $x \geqslant 0$ 时, 曲线 $x^2 + y^2 = 1$ 与 $x^2 + (y-1)^2 = 1$ 的交点 A 的坐标为

$$\begin{cases} x^2 + y^2 = 1 \\ x^2 + (y-1)^2 = 1 \end{cases} \Rightarrow \begin{cases} x = \dfrac{\sqrt{3}}{2} \\ y = \dfrac{1}{2} \end{cases}$$

在极坐标下计算, 点 A 的极坐标为: $\tan\theta = \dfrac{1}{2} / \dfrac{\sqrt{3}}{2} = \dfrac{1}{\sqrt{3}}$, $\theta = \dfrac{\pi}{6}$, $r = 1$.

又区域 $D_1 = \left\{(r,\theta) \mid \dfrac{\pi}{6} \leqslant \theta \leqslant \dfrac{\pi}{2}, 1 \leqslant r \leqslant 2\sin\theta\right\}$, 所以

$$\iint_D f(x,y)\mathrm{d}x\mathrm{d}y = \iint_{D_1} \arctan\frac{y}{x}\mathrm{d}x\mathrm{d}y = \int_{\frac{\pi}{6}}^{\frac{\pi}{2}} \theta\mathrm{d}\theta \int_1^{2\sin\theta} r\mathrm{d}r = \int_{\frac{\pi}{6}}^{\frac{\pi}{2}} \theta \cdot \frac{1}{2}(4\sin^2\theta - 1)\mathrm{d}\theta$$

$$= \int_{\frac{\pi}{6}}^{\frac{\pi}{2}} \left(\frac{1}{2}\theta - \theta\cos 2\theta\right)\mathrm{d}\theta = \left[\frac{1}{4}\theta^2 - \frac{1}{2}\theta\sin 2\theta\right]_{\frac{\pi}{6}}^{\frac{\pi}{2}} +$$

$$\frac{1}{2}\int_{\frac{\pi}{6}}^{\frac{\pi}{2}} \sin 2\theta\mathrm{d}\theta = \frac{\pi^2}{18} + \frac{\sqrt{3}}{24}\pi + \frac{3}{8}$$

例 3 设 $f(x)$ 在区间 $[-1,1]$ 上连续且为奇函数, 区域 D 由曲线 $y = 4 - x^2$ 与 $y = -3x$, $x = 1$ 所围成, 求 $I = \iint_D (1 + f(x)\ln(y + \sqrt{1+y^2}))\mathrm{d}x\mathrm{d}y$. (北京大学生数学竞赛, 2011)

解 令 $F(x,y) = f(x)\ln(y + \sqrt{1+y^2})$, 如图 41 所示, 因为 $D = D_1 + D_2$. 显然, 在 D_1 上 $F(-x, y) = -F(x,y)$; 在 D_2 上 $F(x,-y) = -F(x,y)$. 所以

$$I = \iint\limits_{D_1}(1+f(x)\ln(y+\sqrt{1+y^2}))\,\mathrm{d}x\mathrm{d}y + \iint\limits_{D_2}(1+f(x)\ln(y+\sqrt{1+y^2}))\,\mathrm{d}x\mathrm{d}y$$

$$= \iint\limits_{D_1}\mathrm{d}x\mathrm{d}y + \iint\limits_{D_2}\mathrm{d}x\mathrm{d}y = 2\int_0^1\mathrm{d}x\int_{3x}^{4-x^2}\mathrm{d}y + 2\int_0^1\mathrm{d}x\int_0^{3x}\mathrm{d}y$$

$$= 2\int_0^1\mathrm{d}x\int_0^{4-x^2}\mathrm{d}y = \frac{22}{3}$$

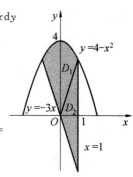

图 41

例 4 设 $f(x)$ 在 $(0,1)$ 上连续,证明 $\int_0^1\mathrm{d}x\int_x^1\mathrm{d}y\int_x^y f(x)f(y)f(z)\mathrm{d}z = \frac{1}{3!}\left[\int_0^1 f(t)\mathrm{d}t\right]^3$. (美国 Putnam Exam, 1941)

证 此问题前文已有述,这里给出它的另一解法. 令 $F(u) = \int_0^u f(t)\mathrm{d}t$,则

$$F'(u) = f(u)$$

$$\int_0^1\mathrm{d}x\int_x^1\mathrm{d}y\int_x^y f(x)f(y)f(z)\mathrm{d}z = \int_0^1 f(x)\left\{\int_x^1 f(y)[F(y)-F(x)]\mathrm{d}y\right\}\mathrm{d}x$$

$$= \int_0^1 f(x)\left\{\frac{1}{2}[F(y)-F(x)]^2\right\}\Big|_x^1\mathrm{d}x = \frac{1}{2}\int_0^1 f(x)[F(1)-F(x)]^2\mathrm{d}x$$

$$= -\frac{1}{6}[F(1)-F(x)]^3\Big|_0^1 = \frac{1}{6}[F(1)]^3$$

而 $\frac{1}{3!}\left[\int_0^1 f(t)\mathrm{d}t\right]^3 = \frac{1}{6}[F(1)]^3$,等式得证.

注 此题曾被国内一些院校作为考研或数学竞赛试题.

例 5 试证 $\int_0^1\int_x^1\int_x^y f(x)f(y)f(z)\mathrm{d}x\mathrm{d}y\mathrm{d}z = \frac{1}{6}m^3$,这里 $f(x)$ 在区间 $[0,1]$ 上连续,且 $\int_0^1 f(x)\mathrm{d}x = m$. (北京市大学生数学竞赛, 1997)

证 令 $F(u) = \int_0^u f(t)\mathrm{d}t$,则 $F(0) = 0$, $F(1) = m$. 这样

$$I = \int_0^1 f(x)\mathrm{d}x\int_x^1 f(y)\mathrm{d}y\int_x^y f(z)\mathrm{d}z = \int_0^1 f(x)\mathrm{d}x\int_x^1 f(y)\mathrm{d}y$$

$$= \int_0^1 f(x)\mathrm{d}x\int_x^1 [F(y)-F(x)]\mathrm{d}F(y) = \int_0^1 f(x)\left[\frac{1}{2}F^2(y)-F(x)F(y)\right]_x^1\mathrm{d}x\mathrm{d}y$$

$$= \int_0^1 f(x)\left[\frac{1}{2}F^2(1)-\frac{1}{2}F^2(x)-F(1)F(x)+F^2(x)\right]\mathrm{d}x$$

$$= \int_0^1 f(x)\left[\frac{1}{2}F^2(1)-\frac{1}{2}F^2(x)-F(1)F(x)+F^2(x)\right]\mathrm{d}F(x)$$

$$= \frac{1}{2}F^3(1)+\frac{1}{6}F^3(1)-\frac{1}{2}F^3(1) = \frac{1}{6}m^3$$

注 本例还可通过三重积分直接计算,积分区域为 $0 \leqslant x \leqslant 1, 0 \leqslant z \leqslant 1$.

例 6 求积分 $I = \int_0^{\frac{\pi}{2}}\frac{1}{\sqrt{x}}\mathrm{d}x\int_{\sqrt{x}}^{\sqrt{\frac{\pi}{2}}}\frac{\mathrm{d}y}{1+(\tan y^2)^{\sqrt{2}}}$. (北京市大学生数学竞赛, 2007)

解 交换积分顺序且实施变量代换可得

$$I = \int_0^{\sqrt{\frac{\pi}{2}}}\mathrm{d}y\int_0^{y^2}\frac{1}{\sqrt{x}}\cdot\frac{\mathrm{d}x}{1+(\tan y^2)^{\sqrt{2}}} = \int_0^{\sqrt{\frac{\pi}{2}}}\frac{2y}{1+(\tan y^2)^{\sqrt{2}}}\mathrm{d}y$$

$$\xrightarrow{u=y^2} \int_0^{\frac{\pi}{2}}\frac{1}{1+(\tan u)^{\sqrt{2}}}\mathrm{d}u = \int_0^{\frac{\pi}{2}}\frac{1}{1+(\cot u)^{\sqrt{2}}}\mathrm{d}u = \int_0^{\frac{\pi}{2}}\frac{(\tan u)^{\sqrt{2}}}{1+(\tan u)^{\sqrt{2}}}\mathrm{d}u$$

故
$$I = \frac{1}{2}\int_0^{\frac{\pi}{2}} \mathrm{d}u = \frac{\pi}{4}$$

例 7 设函数 $u(x,y)$, $v(x,y)$ 在闭区域 $D: x^2 + y^2 \leqslant 1$ 上有一阶连续偏导数,又

$$\boldsymbol{f}(x,y) = v(x,y)\boldsymbol{i} + u(x,y)\boldsymbol{j},\ \boldsymbol{g}(x,y) = \left(\frac{\partial u}{\partial x} - \frac{\partial u}{\partial y}\right)\boldsymbol{i} + \left(\frac{\partial v}{\partial x} - \frac{\partial v}{\partial y}\right)\boldsymbol{j}$$

且在 D 的边界上有 $u(x,y) \equiv 1$, $v(x,y) \equiv y$, 求 $\iint\limits_D \boldsymbol{f} \cdot \boldsymbol{g}\mathrm{d}\sigma$. (北京市大学生数学竞赛, 2007)

解 由

$$\boldsymbol{f} \cdot \boldsymbol{g} = v\left(\frac{\partial u}{\partial x} - \frac{\partial u}{\partial y}\right) + u\left(\frac{\partial v}{\partial x} - \frac{\partial v}{\partial y}\right) = v\frac{\partial u}{\partial x} + u\frac{\partial v}{\partial x} - \left(v\frac{\partial u}{\partial y} + u\frac{\partial v}{\partial y}\right)$$

$$= \frac{\partial(uv)}{\partial x} - \frac{\partial(uv)}{\partial y}$$

故

$$\iint\limits_D \boldsymbol{f} \cdot \boldsymbol{g}\mathrm{d}\sigma = \iint\limits_D \left(\frac{\partial(uv)}{\partial x} - \frac{\partial(uv)}{\partial y}\right)\mathrm{d}\sigma = \oint_L uv\mathrm{d}x + uv\mathrm{d}y = \oint_L y\mathrm{d}x + y\mathrm{d}y$$

$$= \int_0^{2\pi} (-\sin^2\theta + \sin\theta\cos\theta)\mathrm{d}\theta = -\pi$$

这里 $L: x^2 + y^2 = 1$, 正向.

例 8 设 $f(u)$ 连续, 证明 $\iiint\limits_\Omega f(z)\mathrm{d}v = \pi\int_{-1}^1 f(u)(1-u^2)\mathrm{d}u$, 其中 $\Omega: x^2 + y^2 + z^2 \leqslant 1$. (北方工业大学数学竞赛, 1999)

证 考虑柱坐标变换, 则

$$\iiint\limits_\Omega f(z)\mathrm{d}v = \int_{-1}^1 f(z)\mathrm{d}z\int_0^{2\pi}\mathrm{d}\theta\int_0^{\sqrt{1-z^2}} r\mathrm{d}r = \int_{-1}^1 f(z) \cdot 2\pi \cdot \frac{1}{2}(1-z^2)\mathrm{d}z$$

$$= \pi\int_{-1}^1 f(z)(1-z^2)\mathrm{d}z = \pi\int_{-1}^1 f(u)(1-u^2)\mathrm{d}u$$

例 9 设函数 $f(t)$ 在 $(-\infty, +\infty)$ 上连续且满足

$$f(t) = 3\iiint\limits_{x^2+y^2+z^2 \leqslant t^2} f(\sqrt{x^2 + y^2 + z^2})\mathrm{d}x\mathrm{d}y\mathrm{d}z + |t^3|$$

求 $f(t)$. (北京邮电大学数学竞赛, 1996)

解 注意到 $f(t)$ 为偶函数, 故 $f(0) = 0$. 考虑 $t > 0$ 由球坐标变换有

$$f(t) = 12\pi\int_0^t r^2 f(r)\mathrm{d}r + t^3$$

由设 $f(t)$ 连续, 故由上式知 $f(t)$ 可导, 两边对 t 求导有

$$f'(t) = 12\pi t^2 f(t) + 3t^2$$

此为一阶线性微分方程(详见后面"微分方程"一章内容), 可解得

$$f(t) = \frac{1}{4\pi}(\mathrm{e}^{4\pi t^3} - 1) \quad t > 0$$

从而 $f(t) = \frac{1}{4\pi}(\mathrm{e}^{4\pi|t^3|} - 1)$.

下面是一个重积分不等式问题.

例 10 设 D 为区域 $x^2 + y^2 \leqslant 1$, 证明 $\frac{61}{165}\pi \leqslant \iint\limits_D \sin\sqrt{(x^2 + y^2)^3}\mathrm{d}x\mathrm{d}y \leqslant \frac{2}{5}\pi$. (广东省大学生数学竞赛, 1991)

证 考虑极坐标变换有

$$I = \iint\limits_{D} \sin\sqrt{(x^2+y^2)^3}\,\mathrm{d}x\mathrm{d}y = 2\pi\int_0^1 r\sin r^3\,\mathrm{d}r \quad (将 \sin r^3 展开)$$

$$= 2\pi\int_0^1 r\left(r^3 - \frac{r^9}{6} + \cdots\right)\mathrm{d}r$$

由 $2\pi\int_0^1 r^4\,\mathrm{d}r = \frac{2}{5}\pi$，$2\pi\int_0^1 r\left(r^3 - \frac{r^9}{6}\right)\mathrm{d}r = \frac{61}{165}\pi$，故

$$\frac{61}{165}\pi = 2\pi\int_0^1 r\left(r^3 - \frac{r^9}{6}\right)\mathrm{d}r \leqslant I \leqslant 2\pi\int_0^1 r^4\,\mathrm{d}r = \frac{2}{5}\pi$$

例 11 设正值函数 $f(x)$ 在闭区间 $[a,b]$ 上连续，$\int_a^b f(x)\mathrm{d}x = A$，证明

$$\int_a^b f(x)\mathrm{e}^{f(x)}\,\mathrm{d}x \int_a^b \frac{1}{f(x)}\,\mathrm{d}x \geqslant (b-a)(b-a+A)$$

（天津市大学生数学竞赛，2005）

证 化为二重积分证明. 记 $D = \{(x,y) \mid a \leqslant x \leqslant b, a \leqslant y \leqslant b\}$，则原式

$$左边 = \int_a^b f(x)\mathrm{e}^{f(x)}\,\mathrm{d}x \int_a^b \frac{1}{f(y)}\,\mathrm{d}y = \iint\limits_{D} \frac{f(x)}{f(y)}\mathrm{e}^{f(x)}\,\mathrm{d}x\mathrm{d}y = \iint\limits_{D} \frac{f(y)}{f(x)}\mathrm{e}^{f(y)}\,\mathrm{d}x\mathrm{d}y$$

$$= \frac{1}{2}\iint\limits_{D}\left[\frac{f(y)}{f(x)}\mathrm{e}^{f(y)} + \frac{f(x)}{f(y)}\mathrm{e}^{f(x)}\right]\mathrm{d}x\mathrm{d}y \geqslant \iint\limits_{D}\mathrm{e}^{\frac{f(x)+f(y)}{2}}\,\mathrm{d}x\mathrm{d}y \geqslant \iint\limits_{D}\left[1 + \frac{f(x)}{2} + \frac{f(y)}{2}\right]\mathrm{d}x\mathrm{d}y$$

$$= (b-a)^2 + \int_a^b \mathrm{d}y\int_a^b f(x)\,\mathrm{d}x = (b-a)(b-a+A)$$

（2）体积问题及物理应用

例 1 求不等式 $(x^2 + y^2 + z^2 + 8)^2 \leqslant 36(x^2 + y^2)$ 所围曲面图形的体积.（美国 Putnam Exam，2006）

解 考虑柱坐标变换

$$r = \sqrt{x^2+y^2}, z = z$$

则题设不等式可化为

$$r^2 + z^2 + 8 \leqslant 6r \Rightarrow (r-3)^2 + z^2 \leqslant 1$$

这是一个圆环面，它是由 Oxz 平面上的单位圆盘 $(x-3)^2 + z^2 \leqslant 1$ 绕 Oz 轴旋转而成. 则其体积等于该圆面积 π 乘以质心旋转距离 $3 \cdot 2\pi = 6\pi$ 而得（由 Pappus 定理）. 从而

$$V = 6\pi^2$$

例 2 求抛物面 $z = x^2 + y^2 + 1$ 上任意一点 $P_0(x_0, y_0)$ 处的切平面与抛物面 $z = x^2 + y^2$ 所围成立体的体积.（北京市大学生数学竞赛，2006）

解 抛物面 $z = x^2 + y^2 + 1$ 在点 $P_0(x_0, y_0)$ 处的切平面为 $z = 2x_0 x + 2y_0 y - x_0^2 + y_0^2 + 1$，从而可由 $\begin{cases} z = x^2 + y^2 \\ z = 2x_0 x + 2y_0 y - x_0^2 + y_0^2 + 1 \end{cases}$ 求得其投影区域 $D: (x-x_0)^2 + (y-y_0)^2 \leqslant 1$，这样所围成的立体的体积

$$V = \iint\limits_{D}(2x_0 x + 2y_0 y - x_0^2 + y_0^2 + 1 - x^2 - y^2)\,\mathrm{d}x\mathrm{d}y$$

$$= \iint\limits_{D}[1 - (x-x_0)^2 - (y-y_0)^2]\,\mathrm{d}x\mathrm{d}y = \frac{\pi}{2}$$

例 3 在曲面 $z = 4 + x^2 + y^2$ 上求一点 P，使该曲面在 P 点处的切平面与曲面之间并被圆柱面 $(x-1)^2 + y^2 = 1$ 所围空间区域的体积最小.（天津市大学生数学竞赛，2010）

解 因为 $V = V_1 - V_2$，其中 V_1 和 V_2 分别是以曲面 $z = 4 + x^2 + y^2$ 和 P 点处的切平面为顶，以 $z = 0$ 为底，以圆柱面 $(x-1)^2 + y^2 = 1$ 为侧面的区域的体积，且 V_1 是常数，所以求 V 的最小值可转化为求 V_2

的最大值.

设点 P 的坐标为 (ξ, η, ζ), 则曲面在该点处的法向量为 $\{2\xi, 2\eta, -1\}$, 切平面方程为

$$2\xi(x - \xi) + 2\eta(y - \eta) - (z - \zeta) = 0$$

又 $\zeta = 4 + \xi^2 + \eta^2$, 故切平面方程为

$$z = 2\xi x + 2\eta y + 4 - \xi^2 - \eta^2$$

于是

$$\begin{aligned} V_2 &= \iint\limits_D z \mathrm{d}x\mathrm{d}y = \iint\limits_D (2\xi x + 2\eta y + 4 - \xi^2 - \eta^2)\mathrm{d}x\mathrm{d}y \\ &= \pi(4 - \xi^2 - \eta^2) + 2\iint\limits_D (\xi x + \eta y)\mathrm{d}x\mathrm{d}y \end{aligned}$$

其中 $D = \{(x, y) \mid (x - 1)^2 + y^2 \leqslant 1\}$.

利用极坐标计算

$$\begin{aligned} \iint\limits_D (\xi x + \eta y)\mathrm{d}x\mathrm{d}y &= \int_{-\frac{\pi}{2}}^{\frac{\pi}{2}} \mathrm{d}\theta \int_0^{2\cos\theta} (\xi\cos\theta + \eta\sin\theta)r^2 \mathrm{d}r \\ &= \int_{-\frac{\pi}{2}}^{\frac{\pi}{2}} (\xi\cos\theta + \eta\sin\theta)\frac{8}{3}\cos^3\theta\mathrm{d}\theta = 2 \cdot \frac{3}{4 \cdot 2} \cdot \frac{\pi}{2} \cdot \frac{8}{3} \cdot \xi = \pi\xi \end{aligned}$$

即 $V_2(\xi, \eta) = \pi(4 + 2\xi - \xi^2 - \eta^2)$. 由

$$\begin{cases} \dfrac{\partial V_2}{\partial \xi} = \pi(2 - 2\xi) = 0 \\ \dfrac{\partial V_2}{\partial y} = -2\pi\eta = 0 \end{cases}$$

解得唯一驻点为 $\xi = 1, \eta = 0$. 对应的 $V_2(1, 0) = 5\pi$.

又当 (ξ, η) 为区域 D 边界上的点时, 有

$$(\xi - 1)^2 + \eta^2 = 1 \Rightarrow \xi^2 - 2\xi + \eta^2 = 0$$

所以 V_2 恒为常数 4π. 可知 $V_2(\xi, \eta)$ 只在区域 D 的内部取到最大值. 而点 $(1, 0)$ 是 D 内的唯一驻点, 故 V_2 在此唯一驻点处的值 5π 是最大值.

此时切点 P 的坐标 $(1, 0, 5)$ 为所求. 切平面方程为 $2x - z + 3 = 0$, 最小体积为

$$V = \iint\limits_D (4 + x^2 + y^2)\mathrm{d}x\mathrm{d}y - 5\pi = \int_{-\frac{\pi}{2}}^{\frac{\pi}{2}} \mathrm{d}\theta \int_0^{2\cos\theta} r^3 \mathrm{d}\theta - \pi = \frac{3}{2}\pi - \pi = \frac{\pi}{2}$$

例 4 设匀质半球壳的半径为 R, 密度为 μ, 在球壳的对称轴上, 有一条长为 l 的均匀细棒, 其密度为 ρ. 若棒的近壳一端与球心的距离为 $a, a > R$, 求此半球壳对棒的引力. (天津市大学生数学竞赛, 2006)

解 设球心在坐标原点上, 半球壳为上半球面, 细棒位于正 z 轴上, 则由于对称性, 所求引力在 x 轴与 y 轴上的投影 F_x 及 F_y 均为零.

设 k 为引力常数, 则半球壳对细棒引力在 z 轴方向的分量为

$$\begin{aligned} F_z &= k\rho\mu \iint\limits_\Sigma \mathrm{d}s \int_a^{a+l} \frac{z - z_1}{\left[x^2 + y^2 + (z - z_1)^2\right]^{\frac{3}{2}}} \mathrm{d}z_1 \\ &= k\rho\mu \iint\limits_\Sigma \left\{ \left[x^2 + y^2 + (z - a - l)^2\right]^{-\frac{1}{2}} - \left[x^2 + y^2 + (z - a)^2\right]^{-\frac{1}{2}} \right\} \mathrm{d}s \end{aligned}$$

记 $M_1 = 2\pi R^2 \mu, M_2 = l\rho$. 在球坐标下计算 F_z, 得到

$$F_z = 2\pi k\rho\mu R^2 \int_0^\pi \left\{ \left[R^2 + (a + l)^2 - 2R(a + l)\cos\theta\right]^{-\frac{1}{2}} - \left[R^2 + a^2 - 2a\cos\theta\right]^{-\frac{1}{2}} \sin\theta \right\} \mathrm{d}\theta$$

$$= \frac{kM_1 M_2}{Rl} \left[\frac{\sqrt{R^2 + a^2} + R}{a} + \frac{\sqrt{R^2 + (a + l)^2} - R}{a + l} \right]$$

若半球壳仍为上半球面, 但细棒位于负 z 轴上, 则

$$F_z = \frac{GM_1M_2}{Rl} \left[\frac{\sqrt{R^2+(a+l)^2}-R}{a} - \frac{\sqrt{R^2+a^2}-R}{a-l} \right]$$

2. 曲线、曲面积分

（1）曲线、曲面积分计算

例 1 求曲面积分$\iint\limits_{\Sigma} x^2 \mathrm{d}y\mathrm{d}z + y^2 \mathrm{d}z\mathrm{d}x$，其中 Σ 是曲面 $z = x^2 + y^2$ 满足 $z \leqslant x$ 的部分的下侧。（注：

$\int_0^{\frac{\pi}{2}} \cos^{2n}\theta \mathrm{d}\theta = \frac{(2n-1)!!}{(2n)!!} \cdot \frac{\pi}{2}$）（北京轻工业学院数学竞赛，1992）

解 由函数奇偶性及积分区域对称性可有

$$I_1 = \iint\limits_{\Sigma} y^2 \mathrm{d}z\mathrm{d}x = 0$$

而

$$I_2 = \iint\limits_{\Sigma} x^2 \mathrm{d}y\mathrm{d}z = \iint\limits_{D}(z-y^2)\mathrm{d}y\mathrm{d}z = \iint\limits_{D} z\mathrm{d}y\mathrm{d}z - \iint\limits_{D} y^2 \mathrm{d}y\mathrm{d}z = \frac{7}{64}\pi$$

这里 D 为：$\left(z - \frac{1}{2}\right)^2 + y^2 \leqslant \left(\frac{1}{2}\right)^2$.

例 2 设二元函数 $f(x,y)$ 具有一阶连续偏导数，且 $\int_{(0,0)}^{(t,t^2)} f(x,y)\mathrm{d}x + x\cos y \mathrm{d}y = t^2$，求 $f(x,y)$.

（天津市大学生数学竞赛，2005）

解 注意到：被积函数 $P(x,y) = f(x,y)$，$Q(x,y) = x\cos y$，由于此积分与路径无关，所以必有

$$\frac{\partial P}{\partial y} = \frac{\partial Q}{\partial x} = \cos y$$

即有 $\frac{\partial f}{\partial y} = \cos y$，从而有 $f(x,y) = \sin y + C(x)$，代入原积分式，得到

$$\int_{(0,0)}^{(t,t^2)} \left[\sin y + C(x)\right]\mathrm{d}x + x\cos y \mathrm{d}y = t^2$$

即

$$\int_0^t C(x)\mathrm{d}x + \int_0^{t^2} t\cos y \mathrm{d}y = t^2$$

$$\int_0^t C(x)\mathrm{d}x + t\sin t^2 = t^2$$

将上式两端对 t 求导，得到

$$C(t) + \sin t^2 + 2t^2\cos t^2 = 2t$$

即

$$C(x) = 2x - \sin x^2 - 2x^2\cos x^2$$

故

$$f(x,y) = \sin y + 2x - \sin x^2 - 2x^2\cos x^2$$

例 3 计算积分 $I = \iint\limits_{\Sigma}(x^3\cos\alpha + y^3\cos\beta + z^3\cos\gamma)\mathrm{d}s$，其中 Σ 是锥面 $z^2 = x^2 + y^2$ 在 $-1 \leqslant z \leqslant 0$ 的

部分，$(\cos\alpha, \cos\beta, \cos\gamma)$ 是 Σ 上任一点 (x,y,z) 处法矢量方向余弦，且 $\cos\gamma > 0$.（陕西省大学生数学竞赛，1999）

解 在 Σ 上补一块 $\Sigma_1 : x^2 + y^2 \leqslant 1, z = -1$，且其法矢量向上，则

$$\iint\limits_{\Sigma} = \oiint\limits_{\Sigma+\Sigma_1} - \iint\limits_{\Sigma_1}$$

由 $\iint\limits_{\Sigma_1}(x^3\cos\alpha + y^3\cos\beta + z^3\cos\gamma)\mathrm{d}s = \iint\limits_{\Sigma_1}(-1)\mathrm{d}s = -\iint\limits_{x^2+y^2\leqslant 1}\mathrm{d}x\mathrm{d}y = -\pi$，再由奥—高公式有

$$\oiint\limits_{\Sigma+\Sigma_1} = \oiint\limits_{\Sigma+\Sigma_1} x^3\mathrm{d}y\mathrm{d}z + y^3\mathrm{d}z\mathrm{d}x + z^3\mathrm{d}x\mathrm{d}y$$

$$= -3 \iiint_{\Omega} (x^2 + y^2 + z^2) dv = -3 \int_0^{2\pi} d\theta \int_{\frac{3\pi}{4}}^{\pi} \sin\varphi d\varphi \int_0^{-\frac{1}{\cos\varphi}} r^4 dr$$

$$= \frac{6\pi}{5} \int_{\frac{3\pi}{4}}^{\pi} \sin\varphi \cdot \frac{1}{\cos^5\varphi} d\varphi = -\frac{6\pi}{5} \int_{\frac{3\pi}{4}}^{\pi} \cos^{-5}\varphi d(\cos\varphi) = -\frac{9\pi}{10}$$

故 $\iint_{\Sigma} (x^3 \cos\alpha + y^3 \cos\beta + z^3 \cos\gamma) ds = -\frac{9\pi}{10} - (-\pi) = \frac{\pi}{10}$.

例 4 计算 $I = \iint_{\Sigma} x^2 dydz + y^2 dzdx + z^2 dxdy$,其中 Σ 是球面 $(x-a)^2 + (y-b)^2 + (z-c)^2 = R^2$ 的外侧.(北京化工大学数学竞赛,1991)

解 由奥-高公式有 $I = 2 \iiint_{\Omega} (x + y + z) dxdydz$.

考虑密度为 1 的重心公式,且注意到 Ω 的中心为 (a,b,c),则

$$\iiint_{\Omega} x dv = a \cdot \frac{4}{3}\pi R^3, \quad \iiint_{\Omega} y dv = b \cdot \frac{4}{3}\pi R^3, \quad \iiint_{\Omega} z dv = c \cdot \frac{4}{3}\pi R^3$$

故 $I = \frac{8}{3}(a + b + c)\pi R^3$.

例 5 计算 $\iint_{\Sigma} x^2 dydz + y^2 dzdx + z^2 dxdy$,其中 $\Sigma: (x-1)^2 + (y-1)^2 + \frac{z^2}{4} = 1 (y \geqslant 1)$,取外侧.(北京市大学生数学竞赛,2007)

解 1 设 $\Sigma_0: y = 1$,左侧,$D: (x-1)^2 + \frac{z^2}{4} \leqslant 1$,则原式 $= \oiint_{\Sigma + \Sigma_0} - \oiint_{\Sigma_0}$. 又 $\oiint_{\Sigma_0} = -\iint_D dzdx = -2\pi$,得

$$\oiint_{\Sigma + \Sigma_0} = 2 \iiint_{V} (x + y + z) dv = 2 \iiint_{V} (x + y) dv$$

$$= 2 \int_0^{\pi} d\theta \int_0^{\pi} d\varphi \int_0^1 2(r\cos\theta\sin\varphi + r\sin\theta\sin\varphi + 2) r^2 \sin\varphi dr$$

$$= 4 \int_0^{\pi} d\theta \int_0^{\pi} \left(\frac{1}{4}\cos\theta\sin^2\varphi + \frac{1}{4}\sin\theta\sin^2\varphi + \frac{2}{3}\sin\varphi\right) d\varphi = \frac{19}{3}\pi$$

故

$$\iint_{\Sigma} x^2 dydz + y^2 dzdx + z^2 dxdy = \frac{19}{3}\pi + 2\pi = \frac{25}{3}\pi$$

解 2 设 $\Sigma_0: y = 1$,左侧,$D: (x-1)^2 + \frac{z^2}{4} \leqslant 1$,则原式 $= \oiint_{\Sigma + \Sigma_0} - \oiint_{\Sigma_0}$,得

$$\oiint_{\Sigma_0} = -\iint_D dzdx = -2\pi, \quad \oiint_{\Sigma + \Sigma_0} = 2 \iiint_{V} (x + y + z) dv$$

故

$$\iint_{\Sigma} x^2 dydz + y^2 dzdx + z^2 dxdy = 2 \iiint_{V} (x + y + z) dv + 2\pi$$

$$\iiint_{V} x dv = \int_0^2 x dx \iint_{D_x} dydz = \pi \int_0^2 x(2x - x^2) dx = \frac{4}{3}\pi, \quad D_x: (y-1)^2 + \frac{z^2}{4} \leqslant 2x - x^2, y \geqslant 1$$

$$\iiint_{V} y dv = \int_1^2 y dx \iint_{D_y} dzdx = \pi \int_0^2 y \cdot 2 \cdot (2y - y^2) dy = \frac{11}{6}\pi, \quad D_y: (x-1)^2 + \frac{z^2}{4} \leqslant 2y - y$$

故

$$\iint_{\Sigma} x^2 dydz + y^2 dzdx + z^2 dxdy = \frac{8}{3}\pi + \frac{11}{3}\pi + 2\pi = \frac{25}{3}\pi$$

例 6 证明 $\iint_{\Sigma} (1 - x^2 - y^2) dS \leqslant \frac{2\pi}{15}(8\sqrt{2} - 7)$,其中 Σ 为抛物面 $z = \frac{x^2 + y^2}{2}$ 夹在平面 $z = 0$ 和 $z =$

$\dfrac{t}{2}(t>0)$ 之间的部分.(北京市大学生数学竞赛,2006)

证　令 $I(t)=\iint\limits_{\Sigma}(1-x^2-y^2)\mathrm{d}S$,从而

$$I(t)=\iint\limits_{x^2+y^2\leqslant t}(1-x^2-y^2)\ \sqrt{1+x^2+y^2}\,\mathrm{d}x\mathrm{d}y=2\pi\int_0^{\sqrt{t}}r(1-r^2)\ \sqrt{1+r^2}\,\mathrm{d}r\quad t\in(0,+\infty)$$

由 $I'(t)=\pi(1-t)\ \sqrt{1+t}=0$,解得唯一驻点 $t=1$,则 $I(t)$ 的最大值为 $I(1)$,而

$$I(1)=2\pi\int_0^1 r(1-r^2)\ \sqrt{1+r^2}\,\mathrm{d}r=\frac{2(8\sqrt{2}-7)\pi}{15}$$

所以 $I(t)\leqslant\dfrac{2(8\sqrt{2}-7)\pi}{15}$.

注　严格地讲,仅从 $I'(t)=0$ 解得唯一驻点,尚不能断定其为极大点,然而从题意看结论应该如此.

接下来再看一个不等式问题.

例 7　已知平面区域 $D=\{(x,y)\mid 0\leqslant x\leqslant\pi,0\leqslant y\leqslant\pi\}$,$L$ 为 D 的正向边界,试证:

(1) $\oint_L x\,\mathrm{e}^{\sin y}\mathrm{d}y-y\mathrm{e}^{-\sin x}\mathrm{d}x=\oint_L x\,\mathrm{e}^{-\sin y}\mathrm{d}y-y\mathrm{e}^{\sin x}\mathrm{d}x$;

(2) $\oint_L x\,\mathrm{e}^{\sin y}\mathrm{d}y-y\mathrm{e}^{-\sin x}\mathrm{d}x\geqslant\dfrac{5}{2}\pi^2$.(全国大学生竞赛,2008)

证 1　由于区域 D 为一正方形,可以直接用对坐标曲线积分的计算法计算.

(1) 可得

$$\text{式左}=\int_0^\pi\pi\mathrm{e}^{\sin y}\mathrm{d}y-\int_\pi^0\pi\mathrm{e}^{-\sin x}\mathrm{d}x=\pi\int_0^\pi(\mathrm{e}^{\sin x}+\mathrm{e}^{-\sin x})\mathrm{d}x$$

$$\text{式右}=\int_0^\pi\pi\mathrm{e}^{-\sin y}\mathrm{d}y-\int_\pi^0\pi\mathrm{e}^{\sin x}\mathrm{d}x=\pi\int_0^\pi(\mathrm{e}^{\sin x}+\mathrm{e}^{-\sin x})\mathrm{d}x$$

所以 $$\oint_L x\,\mathrm{e}^{\sin y}\mathrm{d}y-y\mathrm{e}^{-\sin x}\mathrm{d}x=\oint_L x\,\mathrm{e}^{-\sin y}\mathrm{d}y-y\mathrm{e}^{\sin x}\mathrm{d}x$$

(2) 由于 $\mathrm{e}^{\sin x}+\mathrm{e}^{-\sin x}\geqslant 2+\sin^2 x$,则

$$\oint_L x\,\mathrm{e}^{\sin y}\mathrm{d}y-y\mathrm{e}^{-\sin x}\mathrm{d}x=\pi\int_0^\pi(\mathrm{e}^{\sin x}+\mathrm{e}^{-\sin x})\mathrm{d}x\geqslant\frac{5}{2}\pi^2$$

证 2　(1) 根据格林公式,将曲线积分化为区域 D 上的二重积分

$$\oint_L x\,\mathrm{e}^{\sin y}\mathrm{d}y-y\mathrm{e}^{-\sin x}\mathrm{d}x=\iint\limits_{D}(\mathrm{e}^{\sin y}+\mathrm{e}^{-\sin x})\mathrm{d}\sigma$$

$$\oint_L x\,\mathrm{e}^{-\sin y}\mathrm{d}y-y\mathrm{e}^{\sin x}\mathrm{d}x=\iint\limits_{D}(\mathrm{e}^{-\sin y}+\mathrm{e}^{\sin x})\mathrm{d}\sigma$$

因为关于 $y=x$ 对称,所以 $\iint\limits_{D}(\mathrm{e}^{\sin y}+\mathrm{e}^{-\sin x})\mathrm{d}\sigma=\iint\limits_{D}(\mathrm{e}^{-\sin x}+\mathrm{e}^{\sin x})\mathrm{d}\sigma$,故

$$\oint_L x\,\mathrm{e}^{\sin y}\mathrm{d}y-y\mathrm{e}^{-\sin x}\mathrm{d}x=\oint_L x\,\mathrm{e}^{-\sin y}\mathrm{d}y-y\mathrm{e}^{\sin x}\mathrm{d}x$$

(2) 由 $\mathrm{e}^t+\mathrm{e}^{-t}=2\sum_{n=0}^\infty\dfrac{t^{2n}}{(2n)!}\geqslant 2+t^2$,得

$$\oint_L x\,\mathrm{e}^{\sin y}\mathrm{d}y-y\mathrm{e}^{-\sin x}\mathrm{d}x=\iint\limits_{D}(\mathrm{e}^{\sin y}+\mathrm{e}^{-\sin x})\mathrm{d}\sigma=\iint\limits_{D}(\mathrm{e}^{\sin x}+\mathrm{e}^{-\sin x})\mathrm{d}\sigma\geqslant\frac{5}{2}\pi^2$$

例 8　设函数 $f(x)$ 连续,a,b,c 为常数,Σ 是单位球面 $x^2+y^2+z^2=1$.记第一型曲面积分 $I=\iint\limits_{\Sigma}f(ax+by+cz)\mathrm{d}S$.求证:$I=2\pi\int_{-1}^1 f(\sqrt{a^2+b^2+c^2}\,u)\mathrm{d}u$.(全国大学生数学竞赛,2011)

解 由 Σ 的面积为 4π 可见：当 a,b,c 都为零时，等式成立.

当它们不全为零时，可知：原点到平面 $ax+by+cz+d=0$ 的距离是 $\dfrac{\mid d\mid}{\sqrt{a^2+b^2+c^2}}$.

设平面 $P_u:u=\dfrac{ax+by+cz}{\sqrt{a^2+b^2+c^2}}$，其中 u 固定. 则 $\mid u\mid$ 是原点到平面 P_u 的距离，从而 $-1\leqslant u\leqslant 1$.

两平面 P_u 和 P_{u+du} 截单位球 Σ 的截下的部分上，被积函数取值为 $f(\sqrt{a^2+b^2+c^2}\,u)$.

这部分摊开可以看成一个细长条. 这个细长条的长是 $2\pi\sqrt{1-u^2}$，宽是 $\dfrac{du}{\sqrt{1-u^2}}$，它的面积是 $2\pi du$.

（2）涉及曲线，曲面积分的几何问题

例 9 设曲面 $\Sigma:\dfrac{x^2}{a^2}+\dfrac{y^2}{b^2}+\dfrac{z^2}{c^2}=1$ 上的点 (x,y,z) 处的切平面为 π，计算曲面积分 $\iint\limits_{\Sigma}\dfrac{1}{\lambda}dS$，其中 λ 是坐标原点到 π 的距离.（北京市大学生数学竞赛，2005）

解 由题设曲面 Σ 在 (x,y,z) 处的切平面 π 方程为：$\dfrac{x}{a^2}X+\dfrac{y}{b^2}Y+\dfrac{z}{c^2}Z-1=0$，故原点到 π 的距离

$$\lambda=\dfrac{1}{\sqrt{\dfrac{x^2}{a^4}+\dfrac{y^2}{b^4}+\dfrac{z^2}{c^4}}}.$$

设 Σ_1 为 Σ 中 $z\geqslant 0$ 的部分，D_{xy} 为 Σ_1 在 xOy 平面上的投影，则

$$\iint\limits_{\Sigma}\dfrac{1}{\lambda}dS=2\iint\limits_{\Sigma_1}\sqrt{\dfrac{x^2}{a^4}+\dfrac{y^2}{b^4}+\dfrac{z^2}{c^4}}dS=2c\iint\limits_{D_{xy}}\dfrac{\dfrac{x^2}{a^4}+\dfrac{y^2}{b^4}+\dfrac{1}{c^2}\left(1-\dfrac{x^2}{a^2}-\dfrac{y^2}{b^2}\right)}{\sqrt{1-\dfrac{x^2}{a^2}-\dfrac{y^2}{b^2}}}dxdy$$

而

$$\iint\limits_{D_{xy}}\dfrac{\dfrac{x^2}{a^4}dxdy}{\sqrt{1-\dfrac{x^2}{a^2}-\dfrac{y^2}{b^2}}}=\dfrac{ab}{a^2}\int_0^{2\pi}\cos^2\theta d\theta\int_0^1\dfrac{r^3}{\sqrt{1-r^2}}dr=\dfrac{2b\pi}{3a}$$

及

$$\iint\limits_{D_{xy}}\dfrac{\dfrac{y^2}{b^4}dxdy}{\sqrt{1-\dfrac{x^2}{a^2}-\dfrac{y^2}{b^2}}}=\dfrac{ab}{b^2}\int_0^{2\pi}\sin^2\theta d\theta\int_0^1\dfrac{r^3}{\sqrt{1-r^2}}dr=\dfrac{2a\pi}{3b}$$

则

$$\iint\limits_{D_{xy}}\dfrac{\dfrac{1}{c^2}\left(\sqrt{1-\dfrac{x^2}{a^2}-\dfrac{y^2}{b^2}}\right)dxdy}{\sqrt{1-\dfrac{x^2}{a^2}-\dfrac{y^2}{b^2}}}=\dfrac{1}{c^2}\int_0^{2\pi}d\theta\int_0^1 r\sqrt{1-r^2}dr=\dfrac{2ab\pi}{3c^2}$$

故

$$\iint\limits_{\Sigma}\dfrac{1}{\lambda}dS=2c\left(\dfrac{2b\pi}{3a}+\dfrac{2a\pi}{3b}+\dfrac{2ab\pi}{3c^2}\right)=\dfrac{4\pi}{3}abc\left(\dfrac{1}{a^2}+\dfrac{1}{b^2}+\dfrac{1}{c^2}\right)$$

例 10 设（1）闭曲线 Γ 是由圆锥螺线 $\overset{\frown}{OA}:x=\theta\cos\theta,y=\theta\sin\theta,z=\theta$，（$\theta$ 从 0 变到 2π）和直线段 $\overline{AO}$ 构成，其中 $O(0,0,0)$，$A(2\pi,0,2\pi)$；

（2）闭曲线 Γ 将其所在的圆锥面 $z=\sqrt{x^2+y^2}$ 划分成两部分，Σ 是其中的有界部分. Σ 在 xOy 面上的投影区域为 D.

① 求 D 上以 Σ 为曲顶的曲顶柱体的体积；

② 求曲面 Σ 的面积.（天津大学生数学竞赛，2011）

解 ① Σ 在 xOy 面上的投影区域为 D，在极坐标系下表示为

$$0\leqslant r\leqslant\theta,0\leqslant\theta\leqslant 2\pi$$

故所求曲顶柱体的体积为

$$V = \iint\limits_{D} \sqrt{x^2 + y^2} \, dx dy = \int_0^{2\pi} d\theta \int_0^\theta r^2 dr$$

$$= \int_0^{2\pi} \frac{1}{3} \theta^3 d\theta = \frac{4}{3} \pi^4$$

②Γ 所在的圆锥面方程为 $z = \sqrt{x^2 + y^2}$,曲面上任一点处向上的一个法向量为

$$\boldsymbol{n} = \{-z_x, -z_y, 1\} = \left\{ \frac{-x}{\sqrt{x^2 + y^2}}, \frac{-y}{\sqrt{x^2 + y^2}}, 1 \right\}$$

故所求曲面 Σ 的面积

$$S = \iint\limits_{D} \sqrt{z_x^2 + z_y^2 + 1} \, dx dy = \iint\limits_{D} \sqrt{2} \, dx dy$$

$$= \sqrt{2} \int_0^{2\pi} d\theta \int_0^\theta r dr = \frac{\sqrt{2}}{2} \int_0^{2\pi} \theta^2 d\theta = \frac{4\sqrt{2}}{3} \pi^3$$

习　　题

1. 计算下列不定积分:

(1) 求积分 $\int_0^1 f(x) dx$,其中 $f(x) = \int_1^x e^{-t} dt$.(上海交通大学,1980)

(2) 求积分 $\int_0^1 f(x) dx$,其中 $f(x) = \int_1^{x^2} e^{-t} dt$.(北京工学院,1983)

(3) 求积分 $\int_0^1 x f(x) dx$,其中 $f(x) = \int_0^{x^2} \frac{\sin t}{t} dt$.(山东矿业学院,1984)

2. 计算积分 $\int_0^1 dx \int_0^{\sqrt{x}} e^{-\frac{y}{2}} dy$.(沈阳机电学院,1981)

3. 计算 $\int_0^1 x^2 dx \int_x^1 e^{-y^2} dy$.(华中工学院,1981)

4. 计算 $\int_0^1 y dy \int_{2-y}^{1+\sqrt{1-y^2}} x dx$.(兰州铁道学院,1982)

5. 计算积分 $\int_0^1 dx \int_0^x x \sqrt{1 - x^2 - y^2} dy$.(东北工学院,1980)

6. 计算下列二重积分:

(1) $\iint\limits_{D} \sqrt{x^2 + y^2} \, dx dy$,其中 $D: x^2 + y^2 \leqslant 2x$.(浙江大学,1981)

(2) $\iint\limits_{D} (x^2 + y^2) dx dy$,其中 $D: y = x^2 (x \geqslant 0)$,$x + y = 2$ 及 $y = 0$ 围成的平面区域.(大连工学院,1982)

(3) $\iint\limits_{D} (x + y) dx dy$,其中 $D: x^2 + y^2 \leqslant x + y$.(同济大学,1982)

(4) $\iint\limits_{D} x^2 y^2 dx dy$,其中 $D: y = 2, y = 0, x = -2$,及 $x = -\sqrt{2y - y^2}$ 所围区域.(厦门大学,1982)

(5) $\iint\limits_{D} (|x| + y) dx dy$,其中 $D: |x| + |y| \leqslant 1$.(西安公路学院,1983)

(6) $\iint\limits_{D} |x^2 + y^2 - 4| dx dy$,其中 $D: x^2 + y^2 \leqslant 9$.(西安交通大学,1982)

(7) $\iint\limits_{D} |xy| dx dy$,其中 $D: |x| + |y| \leqslant 1$.(国防科技大学,1981)

(8)$\iint\limits_{D} \mid x - y \mid \mathrm{d}x\mathrm{d}y$,其中 $D:y = \sqrt{4 - x^2}$,$y = 0$,$x = 0$ 在第一象限区域.(中南矿冶学院,1983)

(9)$\iint\limits_{D} \mid y - x^2 \mid \mathrm{d}x\mathrm{d}y$,其中 $D: -1 \leqslant x \leqslant 1, 0 \leqslant y \leqslant 1$.(同济大学,1980)

(10)$\iint\limits_{D} \left(\frac{1 - x^2 - y^2}{1 + x^2 + y^2} \right)^{\frac{1}{2}} \mathrm{d}x\mathrm{d}y$,其中 $D:x^2 + y^2 = 1$ 与 Ox 轴、Oy 轴所围第一象限部分.(湖南大学,1981)

(11)$\iint\limits_{D} \frac{\mathrm{d}x\mathrm{d}y}{(x^2 + y^2)^m}(m > 0)$,其中 $D:x^2 + y^2 \leqslant 1$.(华中工学院,1983)

(12)$\iint\limits_{D} \mathrm{e}^{\frac{y}{x}} \mathrm{d}x\mathrm{d}y$,其中 $D:y = x^2$,$y = 0$,$x = 1$ 所围区域.(大连工学院,1980)

(13)$\iint\limits_{D} x\,\mathrm{e}^{xy} \mathrm{d}x\mathrm{d}y$,其中 $D:0 \leqslant x \leqslant 1, -1 \leqslant y \leqslant 0$.(北京大学,1982)

(14)$\iint\limits_{D} \mathrm{e}^{-(x^2 + y^2)} \mathrm{d}x\mathrm{d}y$,其中 $D:x^2 + y^2 \leqslant a^2$ 在第一象限部分.(北京大学,1982)

(15)$\iint\limits_{D} \mid \cos(x + y) \mid \mathrm{d}x\mathrm{d}y$,其中 $D:0 \leqslant x \leqslant \frac{\pi}{2}, 0 \leqslant y \leqslant \frac{\pi}{2}$.(湘潭大学、南京邮电学院,1982)

(16)$\iint\limits_{D} \mid \sin(x + y) \mid \mathrm{d}x\mathrm{d}y$,其中 $D:0 \leqslant x \leqslant \pi, 0 \leqslant y \leqslant \pi$.(苏州丝绸工学院,1984)

(17)$\iint\limits_{D} \sin \sqrt{x^2 + y^2} \,\mathrm{d}x\mathrm{d}y$,其中 $D:\pi^2 \leqslant x^2 + y^2 \leqslant 4\pi^2$.(昆明工学院,1982)

(18)$\iint\limits_{D} x[1 + yf(x^2 + y^2)]\mathrm{d}x\mathrm{d}y$,其中 $D:y = x^3$,$y = 1$,$x = -1$,而 f 是一个连续函数.(南京邮电学院,1984)

(19)$\iint\limits_{D} f(x, y)\mathrm{d}x\mathrm{d}y$,其中 $f(x, y) = \begin{cases} \mathrm{e}^{-(x+y)}, & x > 0, y > 0 \\ 0, & \text{其他} \end{cases}$,且积分区域 $D:a < x + y < b(0 < a < b)$.(湖南大学,1983)

7. 计算下列三重积分:

(1)$\iiint\limits_{V} (x^2 + y^2 + z)\mathrm{d}x\mathrm{d}y\mathrm{d}z$,其中 V:第一卦限中由旋转抛物面 $z = x^2 + y^2$ 与圆柱面 $x^2 + y^2 = 1$ 所围成的部分.(上海科技大学,1980)

(2)$\iiint\limits_{V} (x^2 + y^2)\mathrm{d}x\mathrm{d}y\mathrm{d}z$,其中 $V:x^2 + y^2 + z^2 = 1$ 及 $z = 0$ 所围成的上半球域.(武汉钢铁学院,1982)

(3)$\iiint\limits_{V} (x^2 + y^2)\mathrm{d}x\mathrm{d}y\mathrm{d}z$,其中 $V:y^2 = 2z$ 与 $x = 0$ 的交线绕 Oz 轴旋转而产生的曲面与平面 $z = 2$,$z = 8$ 所围成区域.(安徽工学院,1982)

(4)$\iiint\limits_{V} (x^2 + y^2)\mathrm{d}x\mathrm{d}y\mathrm{d}z$,其中 V:由两个半球面 $z = \sqrt{a^2 - x^2 - y^2}$ 和 $z = \sqrt{b^2 - x^2 - y^2}(b > a > 0)$ 及平面 $z = 0$ 所围成区域.(无锡轻工业学院,1983)

(5)$\iiint\limits_{V} xyz\mathrm{d}x\mathrm{d}y\mathrm{d}z$,其中 $V:x^2 + y^2 + z^2 = a^2$ 的第一卦限部分.(东北师范大学,1983)

(6)$\iiint\limits_{V} z^2\mathrm{d}x\mathrm{d}y\mathrm{d}z$,其中 $V:x^2 + y^2 + z^2 \leqslant R^2$,$x^2 + y^2 + z^2 \leqslant 2Rz$ 的公共部分.(兰州铁道学院,1980;华东化工学院,1982)

(7)$\iiint\limits_{V} z\sqrt{x^2 + y^2}\,\mathrm{d}x\mathrm{d}y\mathrm{d}z$,其中 $V:0 \leqslant z \leqslant a, 0 \leqslant y \leqslant \sqrt{2x - x^2}$.(复旦大学、山东大学,1982)

(8) $\iiint\limits_{V} z\sqrt{x^2+y^2}\,\mathrm{d}x\mathrm{d}y\mathrm{d}z$,其中 $V:x^2+y^2-2x=0$ 与平面 $z=0,z=a(a>0)$ 在第一卦限所围的区域.(北京师范大学,1980)

(9) $\iiint\limits_{V}\dfrac{1}{\sqrt{x^2+y^2+z^2}}\,\mathrm{d}x\mathrm{d}y\mathrm{d}z$,其中 $V:x^2+y^2+(z-1)^2\leqslant 1,z\geqslant 1,y\geqslant 0$.(西北电讯工程学院,1982)

(10) $\iiint\limits_{V}\dfrac{xyz}{x^2+y^2}\,\mathrm{d}x\mathrm{d}y\mathrm{d}z$,其中 V 是由 $x^2+y^2+z^2=a^2xy(z>0)$ 和平面 $z=0$ 围成的立体(a 是常数).(中国科技大学,1983)

8. 若 $f(u)$ 为偶函数,对于 $a>0$ 的常数来讲 $\int_{-a}^{a}\int_{-a}^{a}f(y-x)\mathrm{d}y\mathrm{d}x$ 等于 $\int_{0}^{2a}f(u)\left(1-\dfrac{u}{2a}\right)\mathrm{d}u$ 成立吗?为什么?(武汉建材学院,1982)

9. 已知 $\int_{0}^{2}\mathrm{e}^{-t}\mathrm{d}t=0.746\,8,\int_{0}^{\frac{1}{2}}\mathrm{e}^{-t}\mathrm{d}t=0.461\,3$,又 $\mathrm{e}^{-1}=0.367\,9,\mathrm{e}^{-\frac{1}{4}}=0.778\,8$.试交换积分次序,计算 $I=2\int_{-\frac{1}{2}}^{1}\left(\int_{0}^{x}\mathrm{e}^{-y^2}\mathrm{d}y\right)\mathrm{d}x$.(镇江农机学院,1982)

10. 计算 $\lim\limits_{r\to 0}\dfrac{1}{\pi r^2}\iint\limits_{D}\mathrm{e}^{x^2-y^2}\cos(x+y)\mathrm{d}x\mathrm{d}y$,其中 $D:x^2+y^2\leqslant r^2$.(中南矿冶学院,1983)

11. 将 $I=\int_{0}^{a\sin\varphi}\left[\int_{\sqrt{a^2-y^2}}^{\sqrt{b^2-y^2}}\mathrm{e}^{-(x^2+y^2)}\mathrm{d}x\right]\mathrm{d}y+\int_{a\sin\varphi}^{b\sin\varphi}\left[\int_{y\cot\varphi}^{\sqrt{b^2-y^2}}\mathrm{e}^{-(x^2+y^2)}\mathrm{d}x\right]\mathrm{d}y$ 化为重积分,且计算 I 的值.(东北重型机械学院,1981)

12. 将 $\int_{0}^{a}\mathrm{d}x\int_{0}^{y}\mathrm{d}y\int_{0}^{y}f(z)\mathrm{d}z$ 化为对 z 的定积分.(同济大学,1983;天津大学、成都地质学院,1984)

13. 改变下列累次积分次序:

(1) $\int_{-\sqrt{2}}^{\sqrt{2}}\mathrm{d}x\int_{x^2}^{4-x^2}f(x,y)\mathrm{d}y$.(大连海运学院,1980)

(2) $\int_{0}^{1}\mathrm{d}x\int_{-\sqrt{x-x^2}}^{\sqrt{x}}f(x,y)\mathrm{d}y$.(太原工学院,1980)

(3) $\int_{\frac{1}{2}}^{1}\mathrm{d}x\int_{1-x}^{x}f(x,y)\mathrm{d}y+\int_{1}^{+\infty}\mathrm{d}x\int_{0}^{x}f(x,y)\mathrm{d}y$,且化之为极坐标形式.(华东水利学院,1980;北方交通大学,1983)

(4) $\int_{\frac{1}{2}}^{1}\mathrm{d}x\int_{\frac{1}{x}}^{2}\dfrac{y}{x}\mathrm{d}y+\int_{1}^{2}\mathrm{d}x\int_{x}^{2}\dfrac{y}{x}\mathrm{d}y$,且求其值.(北方交通大学,1982)

(5) $\int_{-\sqrt{2}}^{\sqrt{2}}\int_{x^2}^{4-x^2}f(x,y)\mathrm{d}x\mathrm{d}y$.(西安交通大学,1979)

(6) $\int_{b}^{a}\mathrm{d}x\int_{\sqrt{2ax-x^2}}^{\sqrt{2ax}}f(x,y)\mathrm{d}y(a>0$ 常数).(北京工业学院,1984)

14. 改变累次积分 $\int_{0}^{1}\mathrm{d}y\int_{0}^{y^2}(x^2+y^2)\mathrm{d}x+\int_{1}^{2}\mathrm{d}y\int_{0}^{\sqrt{1-(y-1)^2}}(x^2+y^2)\mathrm{d}x$ 的积分次序,且计算积分值.(成都地质学院,1984)

15. 将二次积分 $\int_{0}^{2a}\mathrm{d}x\int_{\sqrt{2ax-x^2}}^{\sqrt{2ax}}f\left(\sqrt{x^2+y^2},\arctan\dfrac{y}{x}\right)\mathrm{d}y(a>0)$ 变换成极坐标形式.(同济大学,1984)

16. 试证下面积分等式
$$\int_{0}^{+\infty}\int_{0}^{t}f_1(\tau)f_2(t-\tau)\mathrm{e}^{-st}\mathrm{d}\tau\mathrm{d}t=\left[\int_{0}^{+\infty}f_1(\tau)\mathrm{e}^{-s\tau}\mathrm{d}\tau\right]\left[\int_{0}^{+\infty}f_2(t)\mathrm{e}^{-st}\mathrm{d}t\right]$$

(吉林工业大学,1983)

17. 将三次积分 $\int_0^1 dy \int_{-\sqrt{y-y^2}}^{\sqrt{y-y^2}} dx \int_0^{\sqrt{3(x^2+y^2)}} f(r)dz$ 变为柱坐标和球坐标形式,其中 $r = \sqrt{x^2+y^2+z^2}$.(长沙铁道学院,1981)

18. 设 $F(t)=\iiint\limits_V f(xyz)dxdydz$,其中 f 为可微函数,且 $V:0\leqslant x\leqslant t,0\leqslant y\leqslant t,0\leqslant z\leqslant t,t>0$,证明

$$F'(t)=\frac{3}{t}\left[F(t)+\iiint\limits_V xyzf'(xyz)dxdydz\right]$$

(湖南大学,1980)

19. 若函数 $F(x,y,z)$ 满足关系式 $F''_{xx}+F''_{yy}+F''_{zz}=0$.试证

$$\iiint\limits_\Omega\left[\left(\frac{\partial F}{\partial x}\right)^2+\left(\frac{\partial F}{\partial y}\right)^2+\left(\frac{\partial F}{\partial z}\right)^2\right]dv=\iint\limits_\Omega F\frac{\partial F}{\partial \boldsymbol{n}}ds$$

这里 Ω 是光滑闭曲面 S 所围成区域,$\frac{\partial F}{\partial \boldsymbol{n}}$ 是 F 在曲面 S 上沿曲面 S 外法线的方向导数.(南京邮电学院,1984)

20. 计算下列线积分:

(1) $\int_{(0,0)}^{(1,1)}(1-2xy-y^2)dx-(x+y)^2dy$.(湖南大学,1980)

(2) $\int_C(x+y)dx+(x-y)dy$,其中 C 为圆 $x^2+y^2=a^2$,逆时针方向为正向.(北京大学,1982)

(3) $\int_C(x^2+y^2)dx+(x^2-y^2)dy$,其中 $C:y=1-|1-x|\ (0\leqslant x\leqslant 2)$,由 $O(0,0)$ 经 $A(1,1)$ 到 $B(2,0)$ 为方向.(南京工学院,1982)

(4) $\int_C(3xy+\sin x)dx+(x^2-ye^y)dy$,其中 $C:y=x^2-2x$ 以上 $(0,0)$ 为始点,$(4,8)$ 为终点的曲线段.(湘潭大学,1982)

(5) $\int_C(1+xe^{2y})dx+(x^2e^{2y}-y)dy$,其中 C 为从原点经过圆 $(x-2)^2+y^2=4$ 的上半圆到点 $A(2,2)$ 的曲线段.(上海交通大学,1983)

(6) $\oint_C ydx+xdy+ydz$,其中 C 为曲线 $\begin{cases}x^2+y^2+z^2=a^2\\x+y+z=0\end{cases}$ 沿 Oz 轴正向看 C 为逆时针方向.(同济大学,1983)

(7) $\oint_C e^x(1-\cos y)dx-e^x(y-\sin y)dy$,其中 $C:0<x<\pi,0<y<\sin x$ 的正向围线.(山东工学院,1980)

(8) $\oint_C(yx^3+e^y)dx+(xy^3+xe^y-2y)dy$,其中 $C:$ 圆周 $x^2+y^2=a^2$ 的正向.(哈尔滨工业大学,1981)

(9) $\oint_C\frac{xdy-ydx}{x^2+4y^2}$,其中 $C:$ 任一不通过原点的简单光滑正向封闭曲线.(天津大学,1980)

(10) $\oint_C\frac{xdy-ydx}{x^2+y^2}$,其中 $C:$

① $(x-1)^2+(y-1)^2=1$.

② C 如图42所示.(北京化工学院,1980;西安地质学院,1982)

③ $(x-1)^2+(y-1)^2=1$ 从 $(2,1)$ 到 $(0,1)$ 的上半圆周.(鞍山钢铁学院,1982)

④C 为星形线 $x^{\frac{2}{3}} + y^{\frac{2}{3}} = a^{\frac{2}{3}}$，且 C 取正向.(北京工业大学,1984)

(11)$\oint \dfrac{(x-y)\mathrm{d}x + (x+y)\mathrm{d}y}{x^2 + y^2}$，其中 C 为:

① $x^{\frac{2}{3}} + y^{\frac{2}{3}} = \pi^{-\frac{2}{3}}$，方向为逆时针方向;(西安交通大学,1984)

② 以 $(2,0)$,$(1,3)$,$(0,1)$ 三点为顶点的三角形周界正向;(上海工业大学,1984)

③ 过 $A(1,0)$,$B(0,1)$,$C\left(-\dfrac{1}{2}, -\dfrac{\sqrt{3}}{2}\right)$ 三点的圆周正向.(上海工业大学,1984)

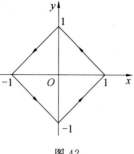

图 42

(12)$\oint_C \dfrac{y\mathrm{d}x - (x-1)\mathrm{d}y}{(x-1)^2 + y^2}$，其中 C:① 圆周 $x^2 + y^2 - 2y = 0$ 正向;②椭圆 $4x^2 + y^2 - 8x = 0$ 正向.(同济大学,1982)

(13)$\oint_C \dfrac{2xy\mathrm{d}x + x^2\mathrm{d}y}{|x| + |y|}$，其中 C 为闭合回路 $ABCDA$，这里 $A(1,0)$,$B(0,1)$,$C(-1,0)$,$D(0,-1)$.(南京化工学院,1982)

21. 设函数 $f(u)$ 连续,C 为平面上逐段光滑的闭曲线,证明
$$\oint_C f(x^2 + y^2)(x\mathrm{d}x + y\mathrm{d}y) = 0$$
(湖南大学,1983)

22. 确定参数 λ 的值,使得在不经过直线 $y = 0$ 的区域上,线积分
$$I = \int_C \frac{x(x^2 + y^2)^{\lambda}}{y}\mathrm{d}x - \frac{x^2(x^2 + y^2)^{\lambda}}{y^2}\mathrm{d}y$$
与路径无关,并求当 C 为从 $A(1,1)$ 到 $B(0,2)$ 时 I 的值.(上海交通大学,1982)

23. 设 $\boldsymbol{A}(x,y) = (2x^2 + 4xy)\boldsymbol{i} + (2x^2 - y^2)\boldsymbol{j}$,并且 $\boldsymbol{r} = x\boldsymbol{i} + y\boldsymbol{j}$.

(1) 证明积分 $I = \int_C \boldsymbol{A}\mathrm{d}\boldsymbol{r}$ 与路径无关;(2)若(1)中 C 起止点分别为 $(0,0)$ 和 $(1,2)$,试计算该积分值.(华东化工学院,1984)

24. 若 $f(x)$ 在 $(-\infty, +\infty)$ 内有连续的导数,求
$$\int_l \frac{1 + y^2 f(xy)}{y}\mathrm{d}x + \frac{x}{y^2}[y^2 f(xy) - 1]\mathrm{d}y$$
其中 l 是从 $A\left(3, \dfrac{2}{3}\right)$ 到 $B(1,2)$ 的直线段.(北京航空学院,1980)

25. 求可微函数 $f(x)$,使 $\oint_C f(x)(y\mathrm{d}x - x\mathrm{d}y) = 0$ 成立(C 为与 Oy 轴不相交的任何闭曲线).求后计算 $\int_{(1,0)}^{(x,y)} f(x)(y\mathrm{d}x - x\mathrm{d}y)$.(华东水利学院,1980)

26. (1) 已知可微函数 $\varphi(y)$ 使积分 $\int_A^B y\varphi(y)\mathrm{d}x + \left[\dfrac{e^y}{y} - \varphi(y)\right]x\mathrm{d}y$ 与路径无关,且 $\varphi(1) = e$,求 $\varphi(y)$.又若 A,B 分别为 $(0,1)$,$(1,2)$ 时,求该积分值.(东北重型机械学院,1981)

(2) 已知积分 $\int_L (x + xy\sin x)\mathrm{d}x + \dfrac{f(x)}{x}\mathrm{d}y$ 与路径无关,$f(x)$ 是可微函数,且 $f\left(\dfrac{\pi}{2}\right) = 0$,求 $f(x)$.又对上述 $f(x)$ 计算积分值,其中 L 是自 $A(\pi,1)$ 至 $B(2\pi,0)$ 的任一曲线.(北京化工学院,1982)

27. 已知 $f(0) = \dfrac{1}{2}$,确定 $f(x)$ 使 $\int_A^B [e^x + f(x)]y\mathrm{d}x - f(x)\mathrm{d}y$ 与路径无关,求 A,B 分别为 $(0,0)$,$(1,1)$ 时积分值.(上海交通大学,1980)

28. 已知 $f(0) = -1$,确定 $f(x)$ 使 $\int_{(0,0)}^{(1,1)} [\tan x - f(x)] \frac{y}{\cos^2 x} dx + f(x) dy$ 与路径无关,且求积分值. (东北工学院,1981)

29. 设 $du = e^{x-y}[(1+x+y)dx + (1-x-y)dy]$,求函数 u. (成都地质学院,1984)

30. 已知函数 $\varphi(x)$ 满足 $\varphi(0) = 1$,并且对任意两点 M_1, M_2,都有积分 $\int_{M_2}^{M_1} y\varphi(x)dx - [\varphi(x) - e^x]dy$ 与路径无关. 试确定 $\varphi(x)$,且计算 $M_1(1,1), M_2(2,2)$ 时线积分值. (吉林大学,1983)

31. 试计算下列线积分:

(1) $\oint_C x^2yz dx + (x^2+y^2)dy + (x+y+1)dz$,其中 C 为曲面 $x^2+y^2+z^2 = 5$ 和 $z = x^2+y^2+1$ 的交线(C 方向可任选). (天津大学,1979)

(2) $\oint_C (y+1)dx + (z+2)dy + (x+3)dz$,其中 C 为圆周 $x^2+y^2+z^2 = R^2$,$x+y+z = 0$,方向是从 Ox 轴正向看过去,在该圆周上依逆时针方向进行. (福州大学,1979)

(3) $\int_l y^2 dx + z^2 dy + x^2 dz$,其中 $l: x^2+y^2+z^2 = R^2$,$x^2+y^2 = Rx(R>0, z \geqslant 0)$,指向为 C 在球外表面所围区域在其左方. (浙江大学,1980)

(4) $\int_{\widehat{AB}} (x^2-yz)dx + (y^2-xz)dy + (z^2-xy)dz$,其中 $\widehat{AB}$ 为螺线 $x = \cos\varphi, y = \sin\varphi, z = \varphi$ 由 $A(1,0,0)$ 到 $B(1,0,2\pi)$ 一段. (大连轻工业学院,1982)

(5) $\oint_C (y-z)dx + (z-x)dy + (x-y)dz$,其中 C 为 $x^2+y^2 = a^2, \frac{x}{a} + \frac{z}{h} = 1(a>0, h>0)$,方向为若从 Ox 轴正向看去,C 依逆时针方向进行. (合肥工业大学,1982)

(6) $\oint_C (y^2+z^2)dx + (z^2+x^2)dy + (x^2+y^2)dz$. C 是曲线 $x^2+y^2+z^2 = 2Rx, x^2+y^2 = 2ax$ $(0<a<R, z>0)$,且方向为:使 C 在球的外表面上所围小区域 S 在其左方. (华中工学院,1980)

32. 设曲面 $x^2+y^2+z^2 = R^2$ 及曲面 $x^2+y^2+z^2 = 2Rz$ 的交线为 l. (1) 计算 $\oint_l (e^x\cos y + 2\cos x)dy + (e^x\sin y - 2y\sin x)dx$,方向为其正向;(2) 计算 $\oiint_S (x^2+y^2+z^2)dS$,S 为两球公共部分表面. (郑州工学院,1982)

33. 计算下列各曲面积分:

(1) $\iint_S (1+z)(x+y)^2 dxdy$,其中 S 为半球面 $x^2+y^2+z^2 = 1(y \geqslant 0)$ 朝 Oy 轴正向的一侧. (重庆大学,1983)

(2) $\iint_S x dydz + y dxdz + z dxdy$,$S$ 为半球面 $z = \sqrt{R^2-x^2-y^2}$ 外表面. (湘潭大学,1981)

(3) $\iint_S (a_1x+b_1y+c_1z+d_1)dydz + (a_2x+b_2y+c_2z+d_2)dzdx + (a_3x+b_3y+c_3z+d_3)dxdy (a_i, b_i, c_i$ 为常数,$i = 1,2,3)$,S 为球面 $x^2+y^2+z^2 = R^2$ 上侧. (南京气象学院,1984)

(4) $\oiint_S x dydz + y dxdz + z dxdy$,$S$ 为 $x^2+y^2+(z-a)^2 = a^2(z \geqslant a > 0)$ 及 $z^2 = x^2+y^2$ 所围区域表面的外侧. (中山大学,1982)

(5) $\oiint_S x^4 dydz + y^2 dxdz + z dxdy$,$S$ 是 $z^2 = x^2+y^2, z = 2, z = 1$ 所围立体的外表面. (合肥工业大学,1981)

(6) $\oiint_S xz^2 dydz + (x^2 y - z^3) dxdz + (2xy + y^2 z) dxdy$,其中 S 为半球面 $z = \sqrt{a^2 - x^2 - y^2}$ 和 $z = 0$ 所围区域的外侧.(东北工学院、大连轻工学院,1982;湘潭大学,1983)

(7) $\oiint_S xy dydz + y\sqrt{x^2 + z^2} dzdx + yz dxdy$,$S$ 为 $x^2 + y^2 + z^2 = a^2$,$x^2 + y^2 + z^2 = 4a^2$,$x^2 - y^2 + z^2 = 0 (y \geqslant 0, a > 0)$ 所围几何体表面的外侧.(天津大学,1981)

(8) $\oiint_S (y^2 - x) dydz + (z^2 - y) dzdx + (x^2 - z) dxdy$,$S$ 为曲面 $z = 2 - x^2 - y^2 (1 \leqslant z \leqslant 2)$ 的上侧.(浙江大学,1981)

(9) $\oiint_S x^3 dydz + y^3 dzdx + z^3 dxdy$,$S$ 为球 $x^2 + y^2 + z^2 = R^2$ 的外侧,用两种方法计算.(大连海运学院,1980)

(10) $\oiint_S \frac{1}{y} f\left(\frac{x}{y}\right) dydz + \frac{1}{x} f\left(\frac{x}{y}\right) dzdx + z dxdy$,其中 $f\left(\frac{x}{y}\right)$ 有一阶连续偏导数,S 为柱面 $x^2 + y^2 = R^2$,$y^2 = \frac{z}{2}$ 及平面 $z = 0$ 所围立体表面外侧.(一机部出国进修生选拔试题,1980)

(11) $\oiint_S dydz + \left[\frac{1}{z} f\left(\frac{y}{z}\right) + y^3\right] dzdx + \left[\frac{1}{y} f\left(\frac{y}{z}\right) + z^3\right] dxdy$,其中 S 为 $x > 0$ 的锥面 $y^2 + z^2 - x^2 = 0$ 与球面 $x^2 + y^2 + z^2 = 1$,$x^2 + y^2 + z^2 = 4$ 所围立体表面的外侧.(西安交通大学,1981)

(12) $\iint_S (x^2 \cos \alpha + y^2 \cos \beta + z^2 \cos \gamma) dS$,$S$ 为 $x^2 + y^2 = z^2$ 上位于 $0 \leqslant z \leqslant h$ 一部分,法向恒与 Oz 轴相交成锐角,$(\cos \alpha, \cos \beta, \cos \gamma)$ 为法线方向余弦.(南京大学,1982;中南矿冶学院,1983)

(13) $\oiint_S 4xz dydz - 2zy dzdx + (1 - z^2) dxdy$,其中 $S:z = a^y (0 \leqslant y \leqslant 2, a > 0, a \neq 1)$ 绕 Oz 轴旋转成的曲面下侧.(安徽工学院,1982)

(14) $\iint_S x^2 dydz + y^2 dzdx + z^2 dxdy$,其中 $S:(x-a)^2 + (y-b)^2 + (z-c)^2 = R^2$ 的外侧.(甘肃工业大学,1982;哈尔滨工业大学,1983)

(15) $\iint_S x^3 dydz + x^2 y dzdx + x^2 z dxdy$,其中 S 为柱体 $0 \leqslant z \leqslant b$,$x^2 + y^2 \leqslant a^2$ 边界外表面.(大连工学院,1982)

(16) $\iint_S \frac{z^2}{\sqrt{x^2 + y^2 + 1}} dxdy$,其中 S 为 $z^2 = x^2 + y^2$ 被 $z = 1$ 和 $z = 2$ 所截部分的外侧.(华东水利学院,1982)

(17) $\iint_S \frac{e^z}{\sqrt{x^2 + y^2}} dxdy$,其中 S 为 $z = \sqrt{x^2 + y^2}$,$z = 1$,$z = 2$ 所截部分的外侧.(北京师范大学,1982)

(18) $\iint_S xyz dxdy$,其中 S 为 $x \geqslant 0$,$y \geqslant 0$ 时球面 $x^2 + y^2 + z^2 = 1$ 的四分之一外侧.(武汉钢铁学院,1983)

34. 设 D 是光滑曲线 C 围成的单连通区域,函数 $U(x,y)$,$V(x,y)$ 在 $D + C$ 上有连续导数.证明
$$\iint_D V\left(\frac{\partial^2 U}{\partial x^2} + \frac{\partial^2 U}{\partial y^2}\right) dxdy = \int_C V\frac{\partial U}{\partial n} ds - \iint_D \left(\frac{\partial U}{\partial x}\frac{\partial V}{\partial x} + \frac{\partial U}{\partial y}\frac{\partial V}{\partial y}\right) dxdy$$
其中 n 为 S 上任一点处法矢量.(南京工学院,1983)

35. 若 S 为简单封闭曲面,则对任何固定的 l,总有 $\iint\limits_{S} \cos(\widehat{\boldsymbol{n},\boldsymbol{l}}) \mathrm{d}s = 0$,其中 $\boldsymbol{n}$ 为 S 上任一点处法矢量.(山东海洋学院,1984)

36. 设 l 表示从原点到椭球面 $\dfrac{x^2}{a^2}+\dfrac{y^2}{b^2}+\dfrac{z^2}{c^2}=1$ 上点 $P(x,y,z)$ 的切平面的垂直距离之长,求 $\iint\limits_{S} l\,\mathrm{d}S$,其中 S 为椭球面 $\dfrac{x^2}{a^2}+\dfrac{y^2}{b^2}+\dfrac{z^2}{c^2}=1$.(长沙铁道学院,1984)

37. 若设函数 $\varphi(x,y,z)$ 满足:(1) $\varphi_x'^2+\varphi_y'^2+\varphi_z'^2=\dfrac{f'(r)}{r^2}$,这里 $r=\sqrt{x^2+y^2+z^2}$,且 $f(0)=0$,又 $f'(r)$ 连续;(2) $\varphi_{xx}''+\varphi_{yy}''+\varphi_{zz}''=0$.计算积分 $\oiint\limits_{S} \varphi \cdot \dfrac{\partial \varphi}{\partial \boldsymbol{n}}\mathrm{d}S$,其中 S 为球面 $x^2+y^2+z^2=R^2$ 的外侧,$\dfrac{\partial \varphi}{\partial \boldsymbol{n}}$ 是 $\varphi(x,y,z)$ 在曲面 S 上沿外法线方向的方向导数.(大连轻工业学院,1985)

38. 求 xOy 平面上由曲线 $x=2+\sqrt{y-1}$,直线 $y=2x$ 及直线 $y=8-2x$ 所围图形的面积.(上海化工学院,1980)

39. 求 xOy 平面上闭曲线 $(x^2+y^2)^3=a^2(x^4+y^4)$ 所围区域的面积.(北京工业学院,1982)

40. 求柱面 $x^2+y^2=ax$ 在球面 $x^2+y^2+z^2=a^2$ 内的面积.(中南矿冶学院,1981)

41. 计算曲面 $y^2=2z$ 在其上面满足 $0 \leqslant y \leqslant 2, 0 \leqslant x \leqslant yz$ 的范围的面积.(武汉测绘学院,1982)

42. 若从球 $x^2+y^2+z^2 \leqslant a^2$ 中挖出圆柱体 $x^2+y^2 \leqslant ax$,求这圆柱体上部球面部分的面积.(上海海运学院,1980)

43. 设半径为 r 的球之球心在半径为 a(a 为常数)的定球面上,试证当前者夹在定球内部的表面积为最大时,$r=\dfrac{4}{3}a$.(北京航空学院,1980)

44. 求曲面 $x^2+y^2=6-z$ 及两坐标平面 xOz,yOz,平面 $y=4z,x=1,y=2$ 所围立体积.(大连铁道学院,1980)

45. 求旋转抛物面 $x^2+y^2=az,xOy$ 平面及柱面 $x^2+y^2=2ax$ 所围立体体积.(北京师范学院,1982)

46. 求曲面 $(x^2+y^2)+z^4=y$ 所围立体体积.(上海工业大学,1982)

47. 求曲面 $(x^2+y^2+z^2)^2=z$ 所围空间区域的体积.(华东水利学院,1982)

48. 求由 $0 \leqslant x \leqslant 1, 0 \leqslant y \leqslant x, x+y \leqslant z \leqslant \mathrm{e}^{x+y}$ 所围区域的体积.(山东大学,1980)

49. 求由曲线 $y=x\mathrm{e}^{-x}(x \geqslant 0),y=0$ 和 $x=a$ 所围成的图形绕 Ox 轴旋转得到的旋转体体积 V,且求 $\lim\limits_{a \to \infty} V$.(大连工学院,1982)

50. 已知平板为平面区域 $D:x^2+y^2 \leqslant 2ax, x^2+y^2 \leqslant 2ay$,其密度为 $u=\sqrt{x^2+y^2}$,试求平板 D 的质量.(天津纺织工学院,1980)

51. 具有质量的曲面 S 是半球面 $z=\sqrt{a^2-x^2-y^2}$ 在圆锥 $z=\sqrt{x^2+y^2}$ 里面的部分.若 S 的每点密度均等于该点到 xOy 平面距离的倒数,试求曲面 S 的质量.(华南工学院,1980)

52. 求下列曲面围成的均匀密度体的重心:$x^2+y^2+z^2 \geqslant 1, x^2+y^2+z^2 \leqslant 16, z \geqslant \sqrt{x^2+y^2}$.(北京工业大学,1980)

53. 以 1 为半径的均匀半球旁边,拼上一个底半径为 1,高为 H 的圆柱体,使圆柱体的底圆与半球的底圆重合,问 H 为多大时,拼得的整个物体重心恰好在半球的球心.(清华大学,1980)

54. 求曲线 $y^2=x$ 与直线 $x=1$ 围成的图形关于通过原点的任一直线的转动惯量,并讨论该转动惯量在何情况下取得最大、最小值.(福州大学,1979)

55. 试求球对于通过其球心的轴的惯性矩($R=1,\rho=1$).(北京师范大学,1980)

56. 求以下各均匀物体(密度为 ρ) 对原点的转动惯量 I_O:(1)圆面 $(x-a)^2+y^2\leqslant a^2$;(2)球体 $x^2+y^2+(z-a)^2\leqslant a^2$;(3)圆周 $(x-a)^2+y^2=a^2$;(4)球面 $x^2+y^2+(z-a)^2=a^2$. $(a>0)$(重庆大学,1984)

57. 有一密度均匀的半球,半径为 R,面密度为 μ,求它对于球心处质量为 m 的质点的引力.(南京工学院,1982)

58. 从已知直圆锥截出一圆台,其高为 1,两底半径分别为 1 与 2,顶点处有一质量为 m_0 的质点,求质点与圆台侧面间的引力(侧面面密度是均匀的).(中国矿业学院,1980)

59. 平面上一质点在某力场内沿曲线 $x^{\frac{2}{3}}+y^{\frac{2}{3}}=a^{\frac{2}{3}}$ 从点 $A(a,0)$ 逆时针方向移到点 $B(0,a)$,力的大小与作用点到原点的距离成正比,方向与矢径方向成 $\dfrac{\pi}{2}$ 夹角(逆时针),求质点所做的功.(华东纺织工学院,1982)

60. 设平面力场:$\boldsymbol{F}=\dfrac{x\boldsymbol{i}+y\boldsymbol{j}}{(x^2+y^2)^{\frac{3}{2}}}$,求单位质点从点 $(1,1)$ 移到点 $(2,4)$ 时场力所做的功.(东北工学院,1980)

61. 三个方向分别为 $(1,0,0),(0,1,0),(0,0,1)$ 的单位力 F_1,F_2,F_3 同时作用在点 $P(x,y,z)$.求点 P 由原点 $O(0,0,0)$ 沿直线运动到点 $M(1,1,1)$ 力所做的功.(清华大学,1980)

62. 已知流体流速 $\boldsymbol{v}=xy\boldsymbol{i}+yz\boldsymbol{j}+xz\boldsymbol{k}$,求由平面 $z=1,x=0,y=0$ 和锥面 $z^2=x^2+y^2$ 围成立体在第一卦限部分向外流出的流量.(一机部 1981—1982 年出国进修生选拔试题)

63. 流体在空间运动,其密度 $\rho=1$,已知速度 $\boldsymbol{y}=xz^2\boldsymbol{i}+yx^2\boldsymbol{j}+zy^2\boldsymbol{k}$,求流体在单位时间内流过曲面 $S:x^2+y^2+z^2=2z$ 的流量.(天津大学,1982)

第7章

无 穷 级 数

内 容 提 要

(一)数项级数

1. 一般概念

定义 $a_1 + a_2 + \cdots + a_k + \cdots = \sum\limits_{k=1}^{\infty} a_k$ 称为**无穷级数**. a_k 称为**通项**. $S_n = \sum\limits_{k=1}^{n} a_k$ 称为**部分和**.

若 $\lim\limits_{n \to \infty} S_n = S$ 存在,称级数**收敛**,且记成 $S = \sum\limits_{k=1}^{\infty} a_k$;否则称级数**发散**.

又若 $\sum |a_n|$ 收敛,则称级数 $\sum a_n$ **绝对收敛**;而 $\sum a_n$ 收敛,但 $\sum |a_n|$ 发散,则称级数 $\sum a_n$ **条件收敛**.

2. 基本性质

① 级数 $\sum a_n$ 与 $\sum k a_n (k$ 是常数) 有相同的敛散性,且若 $\sum a_n = S$,则 $\sum k a_n = kS$.

② 若 $\sum a_n = a$, $\sum b_n = b$(即它们收敛),则 $\sum (a_n \pm b_n) = \sum a_n \pm \sum b_n = a \pm b$;若 $\sum a_n$, $\sum b_n$ 之一发散(另一收敛),则 $\sum (a_n \pm b_n)$ 发散;若 $\sum a_n$, $\sum b_n$ 皆发散,则 $\sum (a_n \pm b_n)$ 敛散不定.

③ 加减有限项不改变其敛散性(若级数收敛,其和有变化).

④ 收敛级数不改变顺序的任意结合(添加括号)后,所得级数收敛,且有同一和数;反之任意结合后的级数发散,原级数发散;任意结合的级数收敛,原级数敛散不定.

3. 级数收敛的判别

必要条件 $\lim\limits_{n \to \infty} a_n = 0$(即 $\lim\limits_{n \to \infty} a_n \neq 0$,则 $\sum a_n$ 发散).

充要条件(柯西准则) 任给 $\varepsilon > 0$,存在 N,使当 $n > N$ 时及任意正整数 m 均有 $|S_{n+m} - S_n| < \varepsilon$.

充分条件(级数收敛的判定)

级数收敛的充分条件,即级数收敛的判定条件,我们区分正项级数和任意级数进行讨论,详见如下:(其中"⇒"表示"可以推出"之意).

正项级数
- **比较法** 若 $a_n \leqslant b_n$,则 $\begin{cases} \sum b_n \text{ 收敛} \Rightarrow \sum a_n \text{ 收敛}; \sum a_n \text{ 发散} \Rightarrow \sum b_n \text{ 发散}. \\ \text{常用的比较级数有:几何级数、调和级数和 } p\text{-级数}. \end{cases}$

- **比值法**(达朗贝尔(d'Alembert,J.)判别法) $\lim\limits_{n \to \infty} \dfrac{a_{n+1}}{a_n} = \rho \begin{cases} <1, \sum a_n \text{ 收敛} \\ >1, \sum a_n \text{ 发散}. \\ =1, \sum a_n \text{ 待定} \end{cases}$

- **高斯判别法**
  $$\frac{a_n}{a_{n+1}} = \lambda + \frac{\mu}{n} + \frac{\theta_n}{n^2} \begin{cases} \lambda>1, \text{或 } \lambda=1, \mu>1, \text{级数收敛} \\ \lambda<1 \text{ 或 } \lambda=1, \mu \leqslant 1, \text{级数发散} \end{cases}$$
  $(\lambda, \mu \text{ 为常数}, \theta_n \text{ 为有界变量})$

- **根值法** $\overline{\lim\limits_{n \to \infty}} \sqrt[n]{a_n} = \rho \begin{cases} <1, \sum a_n \text{ 收敛} \\ >1, \sum a_n \text{ 发散}. \\ =1, \sum a_n \text{ 待定} \end{cases}$

- **积分法**(柯西准则)(这里 $f(n)=a_n$) $\displaystyle\int_1^\infty f(x)\mathrm{d}x \begin{cases} \text{存在} \Rightarrow \sum a_n \text{ 收敛} \\ \text{不存在} \Rightarrow \sum a_n \text{ 发散}. \end{cases}$

- **其他方法**

任意项级数
- **交错级数**(莱布尼兹判别法) $\sum(-1)^n a_n, a_n>0$,则当 $a_n > a_{n+1}$,且 $\lim\limits_{n \to \infty} a_n = 0$ 时,级数收敛.

- **任意级数** 若 $\sum |a_n|$ 收敛,则 $\sum a_n$ 亦收敛.

注 几何级数、调和级数和 p-级数敛散判别表

几何级数 $\sum\limits_{k=0}^{\infty} ar^k$	$\|r\|<1$	收敛$\left(\text{和为 } \dfrac{a}{1-r}\right)$
	$\|r\| \geqslant 1$	发散
调和级数 $\sum\limits_{k=0}^{\infty} \dfrac{1}{k}$		发散
p-级数 $\sum\limits_{k=0}^{\infty} \dfrac{1}{k^p}$	$p>1$	收敛
($p>0$ 常数)	$p \leqslant 1$	发散

4. 数项级数敛散的判定程序

对于数项级数的敛散判定,一般可依据下面程序框图进行,当然具体情况还要具体分析.

数项级数敛散判别程序

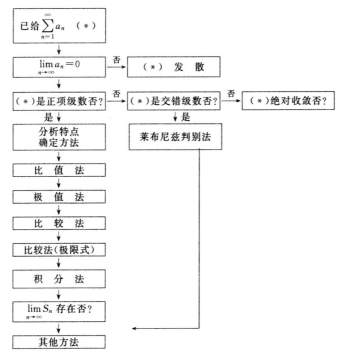

(二)函数项级数

1. 定义

设 $u_k(x)$ 是定义在 $[a,b]$ 上的函数 $(k=1,2,3,\cdots)$,则 $\sum\limits_{k=1}^{\infty} u_k(x)$ 称为**函数项级数**. 其和记为 $S(x)$,称之为和函数.

若 $S(x)=\sum\limits_{k=1}^{\infty} u_k(x)$ 为和函数,又 $S_n(x)=\sum\limits_{k=1}^{n} u_k(x)$,则 $r_n(x)=S(x)-S_n(x)$ 称为**余和**.

2. 一致收敛

定义 若余和 $|r_n(x)|<\varepsilon$ 对 $n>N$ 时,$x\in[a,b]$ 一致成立,称 $\sum u_n(x)$ 在 $[a,b]$ 上**一致收敛**.

判别法 对于 $\sum u_n(x)$ 与 $\sum m_n(m_n>0)$,若对 $x\in[a,b]$ 总有 $|u_n(x)|<m_n$,又 $\sum m_n$ 收敛,则 $\sum u_n(x)$ 在 $[a,b]$ 上一致收敛(M-判别法).

性质

(1) 若 $\sum u_n(x)$ 的每项均在 $[a,b]$ 上连续,且 $\sum u_n(x)$ 一致收敛,则:

① 和函数 $S(x)=\sum u_n(x)$ 也在 $[a,b]$ 上连续;

② 对于任何 $[x_1,x_2]\subset[a,b]$ 恒有 $\int_{x_1}^{x_2} S(x)\mathrm{d}x=\sum\int_{x_1}^{x_2} u_n(x)\mathrm{d}x$. (可逐项积分)

(2) 若 $\sum u_n(x)$ 在 $[a,b]$ 上收敛于 $S(x)$,且 $u'_n(x)$ 均在 $[a,b]$ 上连续,又 $\sum u'_n(x)$ 在 $[a,b]$ 上一致收敛,则 $S'(x)=\sum u'_n(x)$. (可逐项微分)

(三)两类重要的函数级数

1. 幂级数

幂级数 {
　　定义 级数 $\sum\limits_{n=1}^{\infty} a_n x^n$ 叫幂级数.

　　性质 {
　　　　一般性质 函数级数性质均适用;
　　　　收敛域 $(-R,R)$,其中 $R=\lim\limits_{n\to\infty}\left|\dfrac{a_n}{a_{n+1}}\right|$ 或者 $R=\varlimsup\limits_{n\to\infty}\dfrac{1}{\sqrt[n]{|a_n|}}$,端点处待定;
　　　　解析性 在收敛区间内和函数 $S(x)$ 连续,可逐项微分、逐项积分.
　　}

　　展开法 {
　　　　直接法 泰勒展开条件: $f^{(n)}(x_0)$ 存在,且 $\lim\limits_{n\to\infty} r_n(x)=0$.
　　　　(泰勒展开)　(若 $f(x)$ 能用幂级数表示,则其为泰勒级数)
　　　　间接法 运用代数运算、恒等变形,幂级数的性质以及 $\dfrac{1}{1-x}$, $\ln(1+x)$, e^x, $\sin x$ 等函数的幂级数展开.
　　}

　　应用 近似计算;表示函数;解微分方程.
}

2. 傅里叶(Fourier,J.B.J)级数

$$\begin{cases}
\textbf{定义} \quad f(x) \sim \dfrac{a_0}{2} + \sum_{n=1}^{\infty}(a_n\cos nx + b_n\sin nx) \text{ 叫傅里叶级数} \\[2mm]
\qquad\quad \text{(简称傅氏级数).} \\[2mm]
\textbf{性质} \quad \text{式右} = \begin{cases} f(x), & \text{当 } x \text{ 为连续点} \\[2mm] \dfrac{1}{2}[f(x+0)+f(x-0)], & \text{当 } x \text{ 为间断点} \\[2mm] \dfrac{1}{2}[f(-\pi+0)+f(\pi-0)], & x=\pm\pi \end{cases} \\[2mm]
\textbf{系数} \quad \text{在}[-\pi,\pi]\text{上}\begin{cases} a_n = \dfrac{1}{\pi}\displaystyle\int_{-\pi}^{\pi} f(x)\cos nx\,\mathrm{d}x\,(n=0,1,2,\cdots) \\[2mm] b_n = \dfrac{1}{\pi}\displaystyle\int_{-\pi}^{\pi} f(x)\sin nx\,\mathrm{d}x\,(n=1,2,3,\cdots) \end{cases} \\[2mm]
\qquad\qquad \text{在}[-l,l]\text{上}\begin{cases} a_n = \dfrac{1}{l}\displaystyle\int_{-l}^{l} f(x)\cos\dfrac{n\pi x}{l}\mathrm{d}x\,(n=0,1,2,\cdots) \\[2mm] b_n = \dfrac{1}{l}\displaystyle\int_{-l}^{l} f(x)\sin\dfrac{n\pi x}{l}\mathrm{d}x\,(n=1,2,3,\cdots) \end{cases} \\[2mm]
\qquad\qquad \text{从而 } f(x) \sim \dfrac{a_0}{2} + \sum_{n=1}^{\infty}\left(a_n\cos\dfrac{n\pi x}{l} + b_n\sin\dfrac{n\pi x}{l}\right). \\[2mm]
\textbf{应用} \quad \text{求某些三角级数值等.}
\end{cases}$$

（左侧大括号外标注：傅里叶级数）

注 1 非对称区间上的傅里叶级数展开

$f(x)$定义域	按迪利克雷条件开拓	傅里叶级数展开式
$[0,l]$	偶式开拓：令 $F(x)=\begin{cases} f(-x), & -l\leqslant x\leqslant 0 \\ f(x), & 0<x\leqslant l \end{cases}$	$\dfrac{a_0}{2}+\sum_{n=1}^{\infty}a_n\cos\dfrac{n\pi x}{l}$
	奇式开拓：令 $F(x)=\begin{cases} -f(-x), & -l\leqslant x\leqslant 0 \\ f(x), & 0<x\leqslant l \end{cases}$	$\sum_{n=1}^{\infty}b_n\sin\dfrac{n\pi x}{l}$

注2 $f(x)$的复数形式的傅里叶展开

设 $f(x)$是满足迪利克雷条件的以 T 为周期的函数,则

$$f(x) = \sum_{-\infty}^{+\infty} c_n \mathrm{e}^{\mathrm{i}n\omega x}$$

其中 $c_n = \dfrac{1}{T}\displaystyle\int_{-\frac{T}{2}}^{\frac{T}{2}} f(x)\mathrm{e}^{-\mathrm{i}n\omega x}\,\mathrm{d}x$, $\omega = \dfrac{2\pi}{T}$. 又 $|c_n|$ 常称为振幅频谱.

这只需注意到**欧拉公式** $\mathrm{e}^{\mathrm{i}\theta} = \cos\theta + \mathrm{i}\sin\theta$ 即可.

3. 两类级数的比较

下表给出幂级数及傅里叶级数性质、展开方法及应用等的比较.

	幂 级 数	傅里叶级数
被展函数	只有解析函数①才能展开为幂级数(且只有在其解析区间上才能展开)	相当广泛的函数均可在对称区间上展开为傅里叶级数,否则可作奇延拓或偶延拓
性 质	幂级数在其收敛域内有解析性质	傅里叶级数收敛问题较复杂
展开方法	直接方法(泰勒展开);间接方法(将函数变形……)	计算傅里叶系数(用公式)
用 途	用来作近似计算、解微分方程、求函数值等	计算某些级数和以及某些积分值

经 典 问 题 解 析

1. 数项级数

(1)数项级数判敛

例 1 若正项级数 $\sum_{n=1}^{\infty} a_n$ 与 $\sum_{n=1}^{\infty} b_n$ 都收敛,试证级数 $\sum_{n=1}^{\infty} \sqrt{a_n b_n}$ 与 $\sum_{n=1}^{\infty} \frac{\sqrt{a_n}}{n}$ 也收敛.

证 注意到题设 a_n,b_n 均为正数,由算术 — 几何平均值不等式有 $\sqrt{a_n b_n} \leqslant \frac{a_n+b_n}{2}$,又知 $\sum_{n=1}^{\infty} a_n$,

$\sum_{n=1}^{\infty} b_n$ 均收敛,则 $\frac{1}{2}\sum_{n=1}^{\infty}(a_n+b_n)$ 也收敛,从而 $\sum_{n=1}^{\infty} \sqrt{a_n b_n}$ 收敛.

令 $b_n = \frac{1}{n^2}$,则 $\sqrt{a_n b_n} = \sqrt{\frac{a_n}{n^2}}$. 注意到 $\sum_{n=1}^{\infty} \frac{1}{n^2}$ 收敛,故 $\sum_{n=1}^{\infty} \frac{\sqrt{a_n}}{n}$ 亦收敛.

例 2 若正项级数 $\sum_{n=1}^{\infty} a_n$ 收敛,则级数 $\sum_{n=1}^{\infty} \sqrt{a_n a_{n+1}}$ 也收敛. 又反之若何?

证 由上例只需取 $b_n = a_{n+1}$ 即可知 $\sum_{n=1}^{\infty} \sqrt{a_n a_{n+1}}$ 收敛. 反之则不然. 如 $\{a_k\}$ 取

$$a_k = a_{2n-1} = 1, \quad a_{k+1} = a_{2n} = \frac{1}{n^3} \quad n = 1,2,3,\cdots$$

则 $\sum_{k=1}^{\infty} = \sqrt{a_k a_{k+1}} = \sum_{n=1}^{\infty} \frac{1}{\sqrt{n^3}}$ 收敛,但 $\sum_{k=1}^{\infty} a_k = \sum_{n=1}^{\infty}(a_{2n-1}+a_{2n}) = \sum_{n=1}^{\infty}\left(1+\frac{1}{n^3}\right)$ 则发散.

又如若数列 $\{a_n\}$ 单减,即 $a_n > a_{n+1}$,则由 $a_n a_{n+1} > a_{n+1}^2$ 或 $a_{n+1} < \sqrt{a_n a_{n+1}}$,此时可有若 $\sum_{n=1}^{\infty} \sqrt{a_n a_{n+1}}$

收敛,则 $\sum_{n=1}^{\infty} a_n$ 也收敛;若 $\{a_n\}$ 单增,则 $\lim_{n\to\infty} a_n \neq 0$,故 $\sum_{n=1}^{\infty} a_n$ 发散.

例 3 若 $\{u_n\}$ 为单增正数列,则级数 $\sum_{k=1}^{\infty}\left(1-\frac{u_k}{u_{k+1}}\right)$ 收敛 $\Longleftrightarrow \{u_n\}$ 有界.

证 令 $S_n = \sum_{k=1}^{n}\left(1-\frac{u_k}{u_{k+1}}\right)$,由 u_n 单增知 $1-\frac{u_k}{u_{k+1}} > 0 (k=1,2,3,\cdots)$,从而 $\{S_n\}$ 为单增正数列.

(充分性)若 $\{u_n\}$ 有界,则有 $M>0$,使 $|u_n| \leqslant M$,则

---

① 所谓解析函数是指可以在一个区域上用幂级数表示的函数.

在实函数中,判断函数的解析性,可通过检验它的泰勒公式的余项是否收敛于零来决定.

对于复变函数来讲,若能验证它在某一区域内点点可微,则它在该区域内解析(即可微函数必是解析函数).

$$S_n = \sum_{k=1}^{n}\left(1-\frac{u_k}{u_{k+1}}\right) = \sum_{k=1}^{n}\frac{u_{k+1}-u_k}{u_{k+1}} \leqslant \frac{1}{u_2}(u_{n+1}-u_1) \leqslant \frac{1}{u_2}(M-u_1)$$

知 $\{S_n\}$ 有界,故 $\sum_{k=1}^{n}\left(1-\dfrac{u_k}{u_{k+1}}\right)$ 收敛.

（必要性）用反证法.若 $\{u_n\}$ 无界,则对任何 n 有 $N>n$ 使 $u_n>2u_n$,于是

$$S_{N-1}-S_n = \sum_{k=n}^{N-1}\left(1-\frac{u_k}{u_{k+1}}\right) \geqslant \frac{u_N-u_n}{u_n} \geqslant \frac{1}{2}$$

由柯西准则知 $\{S_n\}$ 发散,从而原级数发散.

例 4　若正项级数 $\sum_{n=1}^{\infty}a_n$ 收敛,试证:当 $p>1$ 时,级数 $\sum_{n=1}^{\infty}\sqrt{\dfrac{a_n}{n^p}}$ 收敛.

证　由柯西不等式,对任何正整数 m 有

$$\sum_{n=1}^{m}\sqrt{\frac{a_n}{n^p}} \leqslant \left[\sum_{n=1}^{m}(\sqrt{a_n})^2\right]^{\frac{1}{2}}\left[\sum_{n=1}^{m}\left(\frac{1}{\sqrt{n^p}}\right)^2\right]^{\frac{1}{2}} = \left(\sum_{n=1}^{m}a_n\right)^{\frac{1}{2}}\left(\sum_{n=1}^{m}\frac{1}{n^p}\right)^{\frac{1}{2}}$$

由设 $\sum_{n=1}^{\infty}a_n$ 和 $\sum_{n=1}^{\infty}\dfrac{1}{n^p}(p>1)$ 皆收敛,设它们的和分别为 s_1,s_2,又题设级数为正项级数,故

$$\sum_{n=1}^{m}\sqrt{\frac{a_n}{n^p}} \leqslant \left(\sum_{n=1}^{m}a_n\right)^{\frac{1}{2}} \leqslant \sqrt{s_1 s_2}$$

从而级数 $\sum_{n=1}^{\infty}\sqrt{\dfrac{a_n}{n^p}}\,(p>1)$ 收敛.

注 1　本题亦可用比值法判敛,注意到 $\sqrt{\dfrac{a_{n+1}}{(n+1)^p}}\Big/\sqrt{\dfrac{a_n}{n^p}} = \sqrt{\dfrac{a_{n+1}}{a_n}}\sqrt{\dfrac{1}{(1+1/n)^p}}<1$ 即可.

注 2　下面的问题与例几乎无异:

若 $\sum_{n=1}^{\infty}a_n$ 收敛,且 $a_n\geqslant 0$,则当 $p>\dfrac{1}{2}$ 时,级数 $\sum_{n=1}^{\infty}\dfrac{\sqrt{a_n}}{n^p}$ 收敛.

略证:由柯西不等式有

$$\sum_{k=1}^{n}\frac{\sqrt{a_k}}{k^p} \leqslant \left[\left(\sum_{k=1}^{n}a_k\right)\left(\sum_{k=1}^{n}\frac{1}{k^{2p}}\right)\right]^{\frac{1}{2}}$$

因级数 $\sum_{n=1}^{\infty}a_n$ 收敛,且由 $p>\dfrac{1}{2}$,则 $2p>1$,从而 $\sum_{k=1}^{\infty}\dfrac{1}{k^{2p}}$ 也收敛.

由比较判别法知级数 $\sum_{k=1}^{\infty}\dfrac{\sqrt{a_n}}{n^p}$ 收敛.

例 5　对于不同的 p 值,讨论级数 $\sum_{n=1}^{\infty}\dfrac{(-1)^{n-1}}{n^{p+\frac{1}{n}}}$ 的敛散性,包括绝对收敛.

解　令 $u_n = \dfrac{(-1)^{n-1}}{n^{p+\frac{1}{n}}}$,则对于 p 考虑下列情形:

当 $p\leqslant 0$,通项 $u_n\nrightarrow 0(n\to\infty$ 时),知级数发散.

当 $p>1$ 时,由 $\lim\limits_{n\to\infty}\dfrac{|u_n|}{\dfrac{1}{n^p}} = \lim\limits_{n\to\infty}\dfrac{1}{n^{\frac{1}{n}}} = 1$,而 $\sum_{n=1}^{\infty}\dfrac{1}{n^p}$ 收敛,知原级数绝对收敛.

当 $0\leqslant p\leqslant 1$ 时,记 $a_n = \dfrac{1}{n^{p+\frac{1}{n}}}$,当 $n\geqslant 3$ 时单调减少且趋于 $0(n\to\infty$ 时).由莱布尼兹判别法,原级数收敛.

但由于 $\lim\limits_{n\to\infty}\dfrac{n^p}{n^{p+\frac{1}{n}}} = 1$,而 $\sum_{n=1}^{\infty}\dfrac{1}{n^p}$ 发散,故原级数不绝对收敛.

例 6 判断下面级数的敛散性:$(1)\sum\limits_{n=1}^{\infty}\dfrac{(2n)!\;(3n)!}{n!\;(4n)!}$;$(2)\sum\limits_{n=1}^{\infty}\dfrac{1}{n^{1+\frac{1}{n}}}$.

解 (1)用比值法.注意到

$$\left[\dfrac{(2n+2)!\;(3n+3)!}{(n+1)!\;(4n+4)!}\right]\Big/\left[\dfrac{(2n)!\;(3n)!}{n!\;(4n)!}\right]$$

$$=\dfrac{(2n+2)(2n+1)(3n+3)(3n+2)(3n+1)}{(n+1)(4n+4)(4n+3)(4n+2)(4n+1)}\to\dfrac{27}{64}\quad n\to\infty\ \text{时}$$

故,级数 $\sum\limits_{n=1}^{\infty}\dfrac{(2n)!\;(3n)!}{n!\;(4n)!}$ 收敛.

(2)由 $\lim\limits_{n\to\infty}\left[\left(\dfrac{1}{n^{1+\frac{1}{n}}}\right)\Big/\left(\dfrac{1}{n\ln n}\right)\right]=\lim\limits_{n\to\infty}\dfrac{\ln n}{n^{\frac{1}{n}}}=\infty$,又 $\sum\limits_{n=1}^{\infty}\dfrac{1}{n\ln n}$ 发散,故级数 $\sum\limits_{n=1}^{\infty}\dfrac{1}{n^{1+\frac{1}{n}}}$ 发散.

例 7 若级数$(1)\sum\limits_{n=1}^{\infty}\dfrac{\sqrt{n+1}-\sqrt{n}}{n^{\alpha}}$,$(2)\sum\limits_{n=1}^{\infty}\left(\dfrac{1}{n}-\sin\dfrac{1}{n}\right)^{\beta}$ 收敛,求 α,β 值.

解 (1)注意到 $\dfrac{\sqrt{n+1}-\sqrt{n}}{n^{\alpha}}$ 与 $\dfrac{1}{n^{\alpha+\frac{1}{2}}}$ 同阶$(n\to\infty$ 时$)$,故

$$\lim\limits_{n\to\infty}\left[\left(\dfrac{\sqrt{n+1}-\sqrt{n}}{n^{\alpha}}\right)\Big/\left(\dfrac{1}{n^{\alpha+\frac{1}{2}}}\right)\right]=1$$

即 $\sum\limits_{n=1}^{\infty}\dfrac{\sqrt{n+1}-\sqrt{n}}{n^{\alpha}}$ 与 $\sum\limits_{n=1}^{\infty}\dfrac{1}{n^{\alpha+\frac{1}{2}}}$ 同敛散,故 $\alpha>\dfrac{1}{2}$ 时原级数收敛.

(2)若 $\beta\leqslant0$,由 $\left(\dfrac{1}{n}-\sin\dfrac{1}{n}\right)^{\beta}\not\to0(n\to\infty)$,级数发散.

若 $\beta>0$,将 $\sin x$ 展开成麦克劳林级数有

$$\dfrac{1}{n}-\sin\dfrac{1}{n}=\dfrac{1}{6n^3}+o\left(\dfrac{1}{n^3}\right)\quad n\to\infty$$

故

$$\left(\dfrac{1}{n}-\sin\dfrac{1}{n}\right)^{\beta}=\dfrac{1}{6^{\beta}n^{3\beta}}+o\left(\dfrac{1}{n^3}\right)\quad n\to\infty$$

从而 $\sum\limits_{n=1}^{\infty}\left(\dfrac{1}{n}-\sin\dfrac{1}{n}\right)^{\beta}$ 收敛当且仅当 $3\beta>1$ 即 $\beta>\dfrac{1}{3}$ 时.

例 8 设 $t_1,t_2,\cdots$ 是正整数,且 $0<t_1<t_2<\cdots$,称级数 $a_{t_1}+a_{t_2}+\cdots$ 为级数 $a_1+a_2+\cdots$ 的子级数. 试证:若级数所有子级数都收敛,则此数项级数绝对收敛.

证 令 $u_n=\begin{cases}a_n,&\text{若 }a_n>0\\0,&\text{若 }a_n\leqslant0\end{cases}$,$v_n=\begin{cases}0,&\text{若 }a_n>0\\-a_n,&\text{若 }a_n\leqslant0\end{cases}$.

显然 $\sum\limits_{n=1}^{\infty}u_n$ 和 $\sum\limits_{n=1}^{\infty}(-v_n)$ 都是 $\sum\limits_{n=1}^{\infty}a_n$ 的子级数,由题设它们收敛.

从而 $\sum\limits_{n=1}^{\infty}|a_n|=\sum\limits_{n=1}^{\infty}u_n+\sum\limits_{n=1}^{\infty}v_n$ 收敛,故 $\sum\limits_{n=1}^{\infty}a_n$ 绝对收敛.

(2)数项级数求和

例 1 求级数 $\sum\limits_{k=1}^{\infty}\dfrac{1}{9k^2-3k-2}$ 的和.

解 由 $\dfrac{1}{9k^2-3k-2}=\dfrac{1}{(3k+1)(3k-2)}=\dfrac{1}{3}\left(\dfrac{1}{3k-2}-\dfrac{1}{3k+1}\right)$,故

$$S_n=\sum\limits_{k=1}^{n}\dfrac{1}{9k^2-3k-2}=\sum\limits_{k=1}^{n}\left[\dfrac{1}{3}\left(\dfrac{1}{3k-2}-\dfrac{1}{3k+1}\right)\right]$$

$$= \frac{1}{3} \left[\left(1 - \frac{1}{4} \right) + \left(\frac{1}{4} - \frac{1}{7} \right) + \left(\frac{1}{7} - \frac{1}{10} \right) + \cdots + \left(\frac{1}{3n-2} - \frac{1}{3n+1} \right) \right]$$

注意前后项相消,从而 $S_n = \frac{1}{3} \left(1 - \frac{1}{3n+1} \right)$,故

$$\sum_{k=1}^{\infty} \frac{1}{9k^2 - 3k - 2} = \lim_{n \to \infty} S_n = \frac{1}{3}$$

例 2 证明 $\lim_{n \to \infty} \left(\frac{1}{n+1} + \frac{1}{n+2} + \cdots + \frac{1}{2n} \right) = \ln 2$.

证 1 注意到下面的变形

$$\frac{1}{n+1} + \frac{1}{n+2} + \cdots + \frac{1}{2n} = \left(1 + \frac{1}{2} + \cdots + \frac{1}{2n} \right) - \left(1 + \frac{1}{2} + \cdots + \frac{1}{n} \right)$$

$$= 1 + \frac{1}{2} + \cdots + \frac{1}{2n} - 2 \left(\frac{1}{2} + \frac{1}{2 \times 2} + \cdots + \frac{1}{2n} \right)$$

$$= 1 - \frac{1}{2} + \frac{1}{3} - \frac{1}{4} + \cdots + \frac{1}{2n-1} - \frac{1}{2n}$$

而上面级数恰好是 $\ln(1+x)$ 的麦克劳林展开的前 $2n$ 项当 $x = 1$ 时的值,从而

$$\lim_{n \to \infty} \left(\frac{1}{n+1} + \frac{1}{n+2} + \cdots + \frac{1}{2n} \right) = \ln 2$$

证 2 注意到

$$\frac{1}{n+1} + \frac{1}{n+2} + \cdots + \frac{1}{2n} = \sum_{k=1}^{n} \frac{1}{1 + \frac{k}{n}} \cdot \frac{1}{n}$$

从而 $\lim_{n \to \infty} \left(\frac{1}{n+1} + \frac{1}{n+2} + \cdots + \frac{1}{2n} \right) = \left(\sum_{k=1}^{\infty} \frac{1}{1 + \frac{k}{n}} \right) \frac{1}{n} = \int_0^1 \frac{1}{1+x} \mathrm{d}x = \ln 2$

证 3 由不等式 $\left(1 + \frac{1}{k} \right)^k < \mathrm{e} < \left(1 + \frac{1}{k-1} \right)^k$, $k \geqslant 2$,有

$$\ln 2 = \ln \left(\frac{2n}{n} \right) = \ln \left(\prod_{k=n+1}^{2n} \frac{k}{k-1} \right) = \sum_{k=n+1}^{2n} \left[\frac{1}{k} \ln \left(\frac{k}{k-1} \right)^k \right]$$

$$> \sum_{k=n+1}^{2n} \frac{1}{k} > \sum_{k=n+1}^{2n} \left[\frac{1}{k} \ln \left(\frac{k}{k-1} \right)^k \right]$$

$$= \ln \left(\prod_{k=n+1}^{2n} \frac{k}{k-1} \right) = \ln \left(\frac{2n+1}{n+1} \right)$$

从而,上式取极限$(n \to \infty)$,有 $\ln 2 \geqslant \lim_{n \to \infty} \left(\sum_{k=n+1}^{2n} \frac{1}{k} \right) \geqslant \ln 2$,即

$$\lim_{n \to \infty} \left(\sum_{k=n+1}^{2n} \frac{1}{k} \right) = \ln 2$$

例 3 若级数 $\sum_{k=1}^{n} \frac{(-1)^{k+1}}{k}$ 前 n 项和 $S_n = \sum_{k=1}^{n} \frac{(-1)^{k+1}}{k}$,且 $\sum_{k=1}^{\infty} \frac{(-1)^{k+1}}{k} = S$. 证明

$$\sum_{n=1}^{\infty} (S_n - S) = \ln 2 - \frac{1}{2}$$

证 显然问题是求 $\sum_{n=1}^{\infty} \sum_{k=1}^{\infty} \frac{(-1)^{n+k}}{n+k}$ 和,这是一个双求和的级数问题.

考虑 $F(x) = \sum_{j=1}^{\infty} \sum_{i=1}^{\infty} \frac{(-1)^{i+j}}{i+j} x^{i+j}$, $|x| < 1$, 由于

$$F'(x) = \sum_{j=1}^{\infty}\sum_{i=1}^{\infty}(-x)^{i+j-1}(-1) = \sum_{j=1}^{\infty}(-1)(-x)^j\sum_{i=1}^{\infty}(-x)^{i-1} = \sum_{j=1}^{\infty}(-1)(-x)^j\frac{1}{1+x}$$

$$= \frac{x}{1+x}\sum_{j=0}^{\infty}(-x)^j = \frac{x}{(1+x)^2} = \frac{1}{1+x} - \frac{1}{(1+x)^2}$$

故 $\int_0^x F'(x)\mathrm{d}x = \int_0^x\frac{\mathrm{d}x}{1+x} - \int_0^x\frac{\mathrm{d}x}{(1+x)^2}$，即

$$F(x) - F(0) = \ln(1+x)\Big|_0^x + \frac{1}{1+x}\Big|_0^x$$

有 $F(x) = \ln(1+x) + \frac{1}{1+x} - 1$，从而 $F(1) = \ln 2 + \frac{1}{2} - 1 = \ln 2 - \frac{1}{2}$.

2. 幂级数

(1) 幂级数的收敛域

例1 讨论级数 $\displaystyle\sum_{n=0}^{\infty}\frac{x^{4n}}{1+x^{8n}}$ 的收敛域.

解 注意到 $\dfrac{x^{4n}}{1+x^{8n}} \leqslant \dfrac{x^{4n}}{x^{8n}} = \dfrac{1}{x^{4n}} = \left[\left(\dfrac{1}{x}\right)^4\right]^n$，这样可分情况讨论级数敛散.

当 $|x| > 1$ 时，原级数收敛；

当 $0 \leqslant |x| < 1$ 时，由 $\dfrac{x^{4n}}{1+x^{8n}} \leqslant x^{4n} = (x^4)^n$，原级收敛；

当 $|x| = 1$ 时，原级数为 $\displaystyle\sum_{n=0}^{\infty}\frac{1}{2}$，其发散.

综上，级数 $\displaystyle\sum_{n=0}^{\infty}\frac{x^{4n}}{1+x^{8n}}$ 收敛域为 $(-\infty, -1)\bigcup(-1,1)\bigcup(1,+\infty)$.

例2 求级数 $\displaystyle\sum_{k=0}^{\infty}x(1-\sin x)^k$ 的收敛区间.

解 由 $\displaystyle\sum_{k=0}^{\infty}x(1-\sin x)^k = x\sum_{k=0}^{\infty}(1-\sin x)^k$，令 $1-\sin x = t$，则当 $|t| < 1$ 时，$\dfrac{1}{1-t} = \displaystyle\sum_{n=1}^{\infty}t^k$ 收敛，故 $|1-\sin x| < 1$ 时原级数亦收敛.

由 $|1-\sin x| < 1$ 解得 $\sin x > 0$，即 $2n\pi < x < (2n+1)\pi \, (n=0, \pm1, \pm2, \cdots)$ 时，原级数收敛. 又，当 $x=0$ 时原级数收敛；而当 $x \neq 0$，但 $\sin x = 0$ 时级数发散.

综上，原级数收敛区间为 $2n\pi < x < (2n+1)\pi$（n 为整数）和 $x=0$.

(2) 幂级数的和函数与函数的展开

例1 求 $1 + x + \dfrac{x^2}{2} + \dfrac{x^3}{1\times 3} + \dfrac{x^4}{2\times 4} + \dfrac{x^5}{1\times 3\times 5} + \dfrac{x^6}{2\times 4\times 6} + \cdots$ 的和函数.

解 令所求幂级数的和函数为 $S(x)$.

由

$$S'(x) = 1 + x + \frac{x^2}{1} + \frac{x^3}{2} + \frac{x^4}{1\times 3} + \frac{x^5}{2\times 4} + \cdots$$

$$= 1 + x\left(1 + x + \frac{x^2}{2} + \frac{x^3}{1\times 3} + \frac{x^4}{2\times 4} + \cdots\right)$$

$$= 1 + xS(x)$$

知 $S(x)$ 满足一阶线性微分方程 $\dfrac{\mathrm{d}S}{\mathrm{d}x} - xS = 1$，且 $S(0) = 1$. 解之故有

$$S(x) = \mathrm{e}^{\frac{x^2}{2}}\left(\int_0^x \mathrm{e}^{-\frac{t^2}{2}}\mathrm{d}t + 1\right)$$

下面的例是幂级数求和的反问题 —— 函数的幂级数展开问题.

例 2　将 $f(x) = \dfrac{1}{(1+x^3)(1+x^6)(1+x^{12})}$ 展成 x 的幂级数.

解　$f(x) = \dfrac{1-x^3}{(1-x^3)(1+x^3)(1+x^6)(1+x^{12})} = \dfrac{1-x^3}{1-x^{24}} = (1-x^3)(1-x^{24})^{-1}$, 故

$$f(x) = (1-x^3) \sum_{n=0}^{\infty} x^{24n} = \sum_{n=0}^{\infty} x^{24n} - \sum_{n=0}^{\infty} x^{24n+3}$$

$$= 1 - x^3 + x^{24} - x^{24+3} + \cdots + x^{24n} - x^{24n+3} + \cdots \quad |x| < 1$$

例 3　将 $f(x) = \ln(1+x+x^2+x^3)$ 展成 x 的幂级数.

解　$\ln(1+x+x^2+x^3) = \ln[(1+x)+x^2(1+x)] = \ln[(1+x)(1+x^2)] = \ln(1+x) + \ln(1+x^2)$, 又

$$\ln(1+x) = \sum_{n=1}^{\infty} (-1)^{n-1} \frac{x^n}{n} \quad -1 < x \leqslant 1$$

且

$$\ln(1+x^2) = \sum_{n=1}^{\infty} (-1)^{n-1} \frac{x^{2n}}{n} \quad (-1 < x \leqslant 1 \text{ 进而} -1 \leqslant x \leqslant 1)$$

故

$$f(x) = \sum_{n=1}^{\infty} (-1)^{n-1} \frac{x^n}{n} + \sum_{n=1}^{\infty} (-1)^n \frac{x^{2n}}{n} \quad -1 \leqslant x \leqslant 1$$

例 4　将 $\sin^3 x$ 展开成 x 的幂级数.

解　由三角函数公式 $\sin 3x = 3\sin x - 4\sin^3 x$, 则 $\sin^3 x = \dfrac{3}{4}\sin x - \dfrac{1}{4}\sin 3x$.

由 $\sin x = \sum\limits_{k=0}^{\infty} (-1)^k \dfrac{x^{2k+1}}{(2k+1)!}$, $\sin 3x = \sum\limits_{k=0}^{\infty} (-1)^k \dfrac{(3x)^{2k+1}}{(2k+1)!}$, 则

$$\sin^3 x = \sum_{k=0}^{\infty} \frac{(-1)^k}{(2k+1)!} \left(\frac{3}{4} x^{2k+1} - \frac{3^{2k+1}}{4} x^{2k+1} \right)$$

$$= \frac{3}{4} \sum_{k=1}^{\infty} \frac{(-1)^k}{(2k+1)!} (1 - 3^{2k}) x^{2k+1}$$

3. 级数问题杂例

先来看一个利用级数展开证明不等式的例子.

例 1　证明：当 $x > 0$ 时, $3\sin x < (2 + \cos x)x$.

证　由函数泰勒展开有 $3\sin x < 3\left(x - \dfrac{x^3}{3!} + \dfrac{x^5}{5!}\right)$, $x > 0$, 且

$$(2 + \cos x)x > \left(2 + 1 - \frac{x^2}{2!} + \frac{x^4}{4!} - \frac{x^6}{6!}\right)x \quad x > 0$$

又 $\dfrac{x^5}{4!} - \dfrac{x^7}{6!} > \dfrac{3x^5}{5!}$, 即 $\dfrac{1}{4!} - \dfrac{3}{5!} > \dfrac{1}{6!} x^2$, 则

$$x^2 < \left(\frac{1}{4!} - \frac{3}{5!}\right) 6! = \left(\frac{2}{5!}\right) 6! = 12$$

知 $0 < x < \sqrt{12}$ 时不等式成立.

又 $x \geqslant \sqrt{12}$ 时, $3x - \dfrac{x^3}{2!} + \dfrac{x^5}{4!} - \dfrac{x^7}{6!} < 3\left(x - \dfrac{x^3}{3!} + \dfrac{x^5}{5!}\right)$.

从而由前面不等式知 $x > 0$ 时, 上不等式亦成立.

故 $3\sin x < (2 + \cos x)x$.

利用级数也可以计算某些特性函数值. 请看下面的例子.

例 2　计算 $\sin 1°$ 的值.

解　$\sin x = x - \dfrac{x^3}{3!} + \cdots + (-1)^n \dfrac{x^{2n+1}}{(2n+1)!} + \cdots$, 而 $1° = \dfrac{\pi}{180}$, 上式中令 $x = \dfrac{\pi}{180}$ 且取前两项

可得

$$\sin 1° = \sin \frac{\pi}{180} \approx \frac{\pi}{180} - \frac{1}{3!}\left(\frac{\pi}{180}\right)^3 \approx 0.017\ 452\ 41 \quad (它的误差小于 10^{-8})$$

例 3 试计算 lg 11 的值(若 ln 10 ≈ 2.302 585).

解 由
$$\ln(1+x) = x - \frac{x^2}{2} + \cdots + (-1)^n \frac{x^n}{n} + \cdots$$

又 $\lg(1+x) = \dfrac{\ln(1+x)}{\ln 10}$(对数换底公式),且

$$\lg 11 = \lg 10 + \lg 1.1 = 1 + \frac{\ln 1.1}{\ln 10} \quad (将 \ln 1.1 按上式展开)$$

$$= 1 + \frac{1}{\ln 10}\left[0.1 - \frac{0.1^2}{2} + \cdots + (-1)^{n-1}\frac{0.1^n}{n} + \cdots\right]$$

$$\approx 1 + \frac{1}{\ln 10}\left[0.1 - \frac{0.1^2}{2} + \frac{0.1^3}{3} - \frac{0.1^4}{4}\right]$$

$$\approx 1.041\ 39 \quad (误差小于 10^{-5})$$

例 4 由 arccos x 的幂级数展开,导出圆周率 π 的一个计算公式.

解 容易由 arccos $x = \dfrac{\pi}{2} - \displaystyle\int_0^x \frac{\mathrm{d}t}{\sqrt{1-t^2}}$,求得

$$\arccos x = \frac{\pi}{2} - \left[x + \sum_{n=1}^{\infty} \frac{(2n-1)!!}{(2n)!!} \cdot \frac{x^{2n+1}}{2n+1}\right] \tag{$*$}$$

上式当 $-1 < x < 1$ 时成立,当 $x = 1$ 时由拉比(Raabe)判别法知 $x = \pm 1$ 上级数亦收敛.

式($*$)中令 $x = 1$ 可得 π 的一个计算公式

$$\pi = \left[1 + \sum_{n=1}^{\infty} \frac{(2n-1)!!}{(2n)!!} \cdot \frac{1}{2n+1}\right]$$

注 1 所谓拉比判敛法是:$n\left(\dfrac{a_n}{a_{n+1}} - 1\right)\begin{cases} \geq r > 1, & \sum a_n \text{ 收敛} \\ < 1, & \sum a_n \text{ 发散} \end{cases}$.

注 2 圆周率 π 的级数表示法还很多,比如

$$\pi = 8\sum_{n=0}^{\infty} \frac{1}{(4n+1)(4n+3)}$$

等等,这对于计算圆周率 π 来讲提供了方法.

后文还可以看到由 arcsin x 展开而计算 π 的例子.

例 5 利用 e^x 的幂级数展开式,取前十项计算 e 的近似值.

解 由 $e^x = 1 + x + \dfrac{x^2}{2!} + \cdots + \dfrac{x^n}{n!} + \cdots$,令 $x = 1$,且当 $n = 9$ 时

$$e = 1 + 1 + \frac{1}{2!} + \cdots + \frac{1}{9!} \approx 2.718\ 281$$

顺便讲一句,可以证明其误差不超过 10^{-6}.

下面是一个精彩的问题,用级数展开证明 e 的无理性.

例 6 证明数 e 是无理数.

证 用反证法.若不然,假设 e 是有理数,即 $e = \dfrac{m}{n}$,其中 $a, b \in \mathbf{Z}^+$,且 $(m, n) = 1$ 即 m, n 互质.

由 e^x 的泰勒展开式且令 $x = 1$,有 $e = \dfrac{m}{n} = \displaystyle\sum_{k=1}^{\infty} \frac{1}{k!}$,则

$$n!\left(\frac{m}{n} - \sum_{k=1}^{n} \frac{1}{k!}\right) = n! \sum_{k=n+1}^{\infty} \frac{1}{k!} = \frac{1}{n+1} + \frac{1}{(n+1)(n+2)} + \cdots$$

上式左为整数,且式右 >0,则式左为正整数. 但注意到

$$\frac{1}{n} + \frac{1}{(n+1)(n+2)} + \frac{1}{(n+1)(n+2)(n+3)} + \frac{1}{(n+1)(n+2)(n+3)(n+4)} + \cdots$$

$$= \frac{1}{n}\left[1 + \frac{1}{n+2} + \frac{1}{(n+2)(n+3)} + \frac{1}{(n+2)(n+3)(n+4)} + \cdots \right]$$

$$< \frac{1}{n}\left[1 + \frac{1}{n+1} + \frac{1}{(n+1)^2} + \frac{1}{(n+1)^3} + \cdots \right]$$

$$= \frac{1}{n+1}\left\{ 1 \Big/ \left[1 - \left(\frac{1}{n+1} \right) \right] \right\} = \frac{1}{n} < 1$$

显然与式左为正整数矛盾!从而前设 e 为有理数不真,即 e 为无理数.

4. 傅里叶级数

这类展开问题可见后例,这里介绍两个关于傅里叶级数系数的重要命题,其一见后文考研试题,其二如下例.

例 (贝塞尔不等式)设 $f(x)$ 在 $[-\pi, \pi]$ 上可积,又 a_n,b_n 为其傅里叶级数展开系数,则 $\dfrac{a_0^2}{2} + \sum\limits_{n=1}^{\infty}(a_n^2 + b_n^2) \leqslant \dfrac{1}{\pi}\displaystyle\int_{-\pi}^{\pi} f^2(x)\mathrm{d}x.$

证 设 S_n 为 $f(x)$ 的傅里叶展开 $\dfrac{a_0}{2} + \sum\limits_{n=1}^{\infty}(a_n\cos nx + b_n\sin nx)$ 前 n 项部分和,故

$$\int_{-\pi}^{\pi}[f(x) - S_n]^2\mathrm{d}x = \int_{-\pi}^{\pi}f^2(x)\mathrm{d}x - 2\int_{-\pi}^{\pi}f(x)S_n\mathrm{d}x + \int_{-\pi}^{\pi}S_n^2\mathrm{d}x$$

$$\int_{-\pi}^{\pi}f(x)S_n\mathrm{d}x = \int_{-\pi}^{\pi}f(x)\left[\frac{a_0}{2} + \sum_{k=1}^{\infty}(a_k\cos kx + b_k\sin kx) \right]\mathrm{d}x = \pi\left[\frac{a_0^2}{2} + \sum_{k=1}^{\infty}(a_k^2 + b_k^2) \right]$$

又由三角函数系的正交性可有

$$\int_{-\pi}^{\pi}S_n^2\mathrm{d}x = \pi\left[\frac{a_0^2}{2} + \sum_{k=1}^{\infty}(a_k^2 + b_k^2) \right]$$

将上两式代入前式(注意到 $\displaystyle\int_{-\pi}^{\pi}[f(x) - S_n]^2\mathrm{d}x \geqslant 0$)有

$$\int_{-\pi}^{\pi}f^2(x)\mathrm{d}x - \pi\left[\frac{a_0^2}{2} + \sum_{k=1}^{n}(a_k^2 + b_k^2) \right] \geqslant 0$$

令 $n \to \infty$,即 $\dfrac{a_0^2}{2} + \sum\limits_{k=1}^{\infty}(a_k^2 + b_k^2) \leqslant \dfrac{1}{\pi}\displaystyle\int_{-\pi}^{\pi}f^2(x)\mathrm{d}x.$

研究生入学考试试题选讲

1978~1986 年部分

1. 数项级数的敛散及求和问题

我们先来看看数项级数的判敛及求和问题.

例 1 试用三种方法证明级数 $\sum\limits_{n=1}^{\infty}\dfrac{n}{3^n}$ 收敛,且求级数和.(长春光机学院,1984)

证 (1)(根值法)$\lim\limits_{n\to\infty}\sqrt[n]{a_n} = \lim\limits_{n\to\infty}\dfrac{\sqrt[n]{n}}{3} = \dfrac{1}{3} < 1$,故级数收敛;

(2)(比值法)$\lim\limits_{n\to\infty}\dfrac{a_{n+1}}{a_n}=\lim\limits_{n\to\infty}\dfrac{\frac{n+1}{3^{n+1}}}{\frac{n}{3^n}}=\lim\limits_{n\to\infty}\dfrac{n+1}{3n}=\dfrac{1}{3}<1$,故级数收敛;

(3)考虑 $S_n-\dfrac{1}{3}S_n=\sum\limits_{k=1}^{n}\dfrac{k}{3^k}-\sum\limits_{k=1}^{n}\dfrac{k}{3^{k+1}}=\sum\limits_{k=1}^{n}\dfrac{k}{3^k}-\sum\limits_{k=2}^{n}\dfrac{k-1}{3^k}=\sum\limits_{k=1}^{n}\dfrac{1}{3^k}-\dfrac{n}{3^{n+1}}$,则 $S_n=$

$\dfrac{3}{2}\left(\sum\limits_{k=1}^{n}\dfrac{1}{3^k}-\dfrac{n}{3^{n+1}}\right)$,故 $S=\lim\limits_{n\to\infty}S_n=\dfrac{3}{2}\left[\dfrac{\frac{1}{3}}{1-\frac{1}{3}}-0\right]=\dfrac{3}{4}$.

例 2 证明 $\dfrac{1}{\dfrac{1}{1\times1\,986}+\dfrac{1}{1\,986\times3\,971}+\dfrac{1}{3\,971\times5\,956}+\cdots}=1\,985$.(北方交通大学,1985)

证 设 $a=1\,986$,于是 $3\,971=2a-1$,$5\,956=3a-2$,$\cdots$,归纳地有第 n 项为

$$(n+1)a-n \quad n=0,1,2,\cdots$$

又

$$\dfrac{1}{1\times1\,986}=\dfrac{1}{a}$$

$$\dfrac{1}{1\,986\times3\,971}=\dfrac{1}{a(2a-1)}=\dfrac{2}{2a-1}-\dfrac{1}{a}$$

$$\dfrac{1}{3\,971\times5\,956}=\dfrac{1}{(2a-1)(3a-2)}=\dfrac{3}{3a-2}-\dfrac{2}{2a-1}$$

$$\vdots$$

$$\dfrac{1}{(na-n+1)[(n+1)a-n]}=\dfrac{n+1}{(n+1)a-n}-\dfrac{n}{na-n+1}$$

$$\vdots$$

于是综上

$$原式=\lim\limits_{n\to\infty}\dfrac{1}{\dfrac{1}{1\times a}+\dfrac{1}{a\times(2a-1)}+\cdots+\dfrac{1}{(na-n+1)[(n+1)a-n]}}$$

$$=\lim\limits_{n\to\infty}\dfrac{1}{\dfrac{n+1}{(n+1)a-n}}=\lim\limits_{n\to\infty}\left(a-\dfrac{n}{n+1}\right)=a-1=1\,985$$

注 这种将级数通项拆成两项之差,而在它们求和时便于前后项相消的方法或手段,是级数求和的一个重要技巧.

又本题结论可推广至一般等差数列的情形.

例 3 设 x_n 是方程 $x=\tan x$ 的正根(按递增顺序排列),证明级数 $\sum\limits_{n=2}^{\infty}\dfrac{1}{x_n^2}$ 收敛.(西北工业大学,1985)

证 如图 1 所示,由题设知 $x=\tan x$ 的根

$$x_n\in\left((n-1)\pi+\dfrac{\pi}{2},n\pi+\dfrac{\pi}{2}\right) \quad n=1,2,3,\cdots$$

故 $x_n>(n-1)\pi+\dfrac{\pi}{2}=\left(n-\dfrac{1}{2}\right)\pi$,且 $x_n^2>\left(n-\dfrac{1}{2}\right)^2\pi^2$,从而

$$\dfrac{1}{x_n^2}<\dfrac{1}{\left(n-\dfrac{1}{2}\right)^2\pi^2}<\dfrac{1}{n^2}$$

$\sum\limits_{n=1}^{\infty}\dfrac{1}{n^2}$ 收敛,由比较法知 $\sum\limits_{n=1}^{\infty}\dfrac{1}{x_n^2}$ 亦收敛.

注 1 本题只需判断 $x=\tan x$ 的根的范围(所属区间),而无须求出它们.

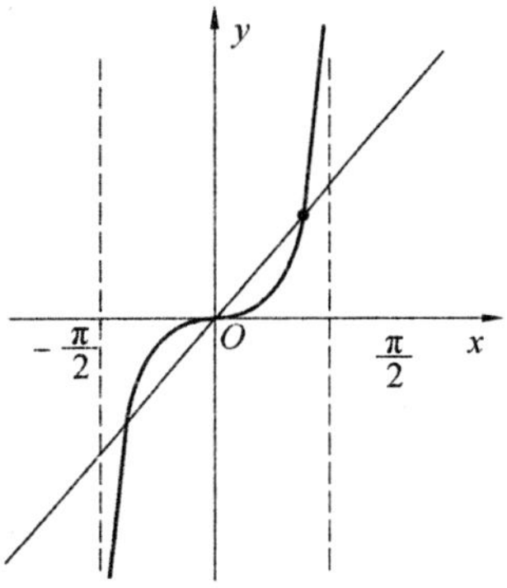

注 2 本题仅涉及 $x=\tan x$ 的正根,确切地有

$$k\pi<x_k<k\pi+\frac{\pi}{2} \quad k=1,2,3,\cdots$$

这样 $x_n^2>n^2\pi^2$,故由 $\sum\limits_{n=1}^{\infty}\dfrac{1}{n^2}$ 的收敛性,可有 $\sum\limits_{n=1}^{\infty}\dfrac{1}{x_n^2}$ 的收敛.

例 4 讨论级数 $\sum\limits_{n=1}^{\infty}n^{\alpha}\beta^n$ 的收敛性,其中 α 为任意实数,β 为非负实数.(上海交通大学,1980)

解 据题设及级数判敛法则,该级数敛散情况如下

图 1

$$\beta=1\text{ 时},\begin{cases}\alpha<-1,\text{级数收敛}\\ \alpha\geqslant-1,\text{级数发散}\end{cases}$$

$$\beta\neq1\text{ 时},\begin{cases}\beta<1,\text{级数收敛}\\ \beta>1,\text{级数发散}\end{cases}$$

这里只需注意到当 $\beta\neq1$ 时有

$$\lim_{n\to\infty}\frac{(n+1)^{\alpha}\beta^{n+1}}{n^{\alpha}\beta^n}=\lim_{n\to\infty}\beta\left(1+\frac{1}{n}\right)^{\alpha}=\beta$$

例 5 判断级数 $\sum\limits_{n=2}^{\infty}\sin\left(n\pi+\dfrac{1}{\ln n}\right)$ 是绝对收敛、条件收敛,还是发散.(西安交通大学,1984)

解 由题设知级数通项 $a_n=(-1)^n\sin\left(\dfrac{1}{\ln n}\right)$,只需注意到 $n>\mathrm{e}^{\frac{2}{\pi}}\approx1.9$,即 $n\geqslant2$ 时,有

$$0<\frac{1}{\ln n}<\frac{\pi}{2}$$

故此时 $\sin\left(\dfrac{1}{\ln n}\right)>0$,从而原级数是一个交错级数.

由 $|a_n|=\sin\left(\dfrac{1}{\ln n}\right)$,又 $\lim\limits_{n\to\infty}\dfrac{\sin\left(\dfrac{1}{\ln n}\right)}{\dfrac{1}{\ln n}}=1$,知 $\sum\limits_{n=2}^{\infty}\sin\left(\dfrac{1}{\ln n}\right)$ 与 $\sum\limits_{n=2}^{\infty}\dfrac{1}{\ln n}$ 有相同的敛散性.

又

$$\lim_{n\to\infty}\frac{\dfrac{1}{\ln n}}{\dfrac{1}{n}}=\lim_{n\to\infty}\frac{n}{\ln n}=+\infty$$

故由 $\sum\limits_{n=2}^{\infty}\dfrac{1}{n}$ 发散,知 $\sum\limits_{n=2}^{\infty}\dfrac{1}{\ln n}$ 发散,从而 $\sum\limits_{n=2}^{\infty}\sin\left(\dfrac{1}{\ln n}\right)$ 即 $\sum\limits_{n=2}^{\infty}|a_n|$ 发散.

又若令 $f(x)=\sin\left(\dfrac{1}{\ln x}\right)$,由 $f'(x)=\cos\left(\dfrac{1}{\ln x}\right)\cdot\left(-\dfrac{1}{\ln^2 x}\right)\cdot\dfrac{1}{x}$,当 $x\geqslant2$ 时,$f'(x)<0$,故 $f(x)$ 单减.

又 $\lim\limits_{n\to\infty}\left[\sin\left(\dfrac{1}{\ln n}\right)\right]=0$,知 $\sum\limits_{n=2}^{\infty}a_n$ 收敛.

综上,故原级数 $\sum\limits_{n=2}^{\infty}a_n$ 条件收敛.

例 6 讨论级数 $\sum\limits_{n=1}^{\infty}\left(n^{\frac{1}{n+1}}-1\right)$ 的敛散性.(华中工学院,1984)

解 由设

$$a_n = n^{\frac{1}{n^2+1}} - 1 = \exp\left(\frac{\ln n}{n^2+1}\right) - 1 \text{①}$$

而 $n \geqslant 2$ 时,$0 < \dfrac{\ln n}{n^2+1} < 1$.

故当 $0 < x < 1$ 时,有 $e^x - 1 < ex$,因而,$n \geqslant 2$ 时

$$0 < \exp\left(\frac{\ln n}{n^2+1}\right) - 1 < e \cdot \frac{\ln n}{n^2+1}$$

又级数 $\displaystyle\sum_{n=1}^{\infty} \frac{\ln n}{n^2+1}$ 收敛,从而级数 $\displaystyle\sum_{n=1}^{\infty} a_n$ 收敛.

注 本题还可由 $\displaystyle\lim_{n\to\infty} \frac{e^x-1}{x} = 1$ 及 $\displaystyle\sum_{n=1}^{\infty} \frac{\ln n}{n^2+1}$ 收敛性,得到 $\displaystyle\sum_{n=1}^{\infty} a_n$ 亦收敛.

例 7 就参数 λ 讨论级数 $\displaystyle\sum_{k=1}^{\infty} 2^{-\lambda\ln k}$ 的收敛性.(武汉水运工程学院,1985)

解 因题设级数是正项级数,且注意到

$$\begin{aligned}
\frac{a_k}{a_{k+1}} &= \frac{2^{-\lambda\ln k}}{2^{-\lambda\ln(k+1)}} = 2^{\lambda\ln\frac{k+1}{k}} = (2^\lambda)^{\ln\frac{k+1}{k}} = \left[\exp(\ln 2^\lambda)\right]^{\ln\frac{k+1}{k}} \\
&= \exp\left[(\ln 2^\lambda)\ln\frac{k+1}{k}\right] = \exp\left[\left(\ln\frac{k+1}{k}\right)\ln 2^\lambda\right] \\
&= \left\{\exp\left[\ln\left(\frac{k+1}{k}\right)\right]\right\}^{\ln 2^\lambda} = \left(\frac{k+1}{k}\right)^{\ln 2^\lambda} = \left(1+\frac{1}{k}\right)^{\ln 2^\lambda} \\
&= 1 + \frac{1}{k}\ln 2^\lambda + o\left(\frac{1}{k^2}\right) \quad \text{(由泰勒展开)}
\end{aligned}$$

由高斯判别法有:

若 $\ln 2^\lambda > 1$,即 $\lambda > \log_2 e$ 时,级数收敛;

若 $\ln 2^\lambda < 1$,即 $\lambda < \log_2 e$ 时,级数发散;

若 $\ln 2^\lambda = 1$,即 $\lambda = \log_2 e$ 时

$$a_k = 2^{-\lambda\ln k} = (2^\lambda)^{-\ln k} = e^{-\ln k} = \frac{1}{k}$$

则此时级数发散.

注 这里对于 $\dfrac{a_k}{a_{k+1}}(k\to\infty$ 时) 的讨论过程,利用了函数的泰勒展开.

例 8 已知正项级数 $\displaystyle\sum_{i=1}^{\infty} a_i$ 收敛,试判定级数 $\displaystyle\sum_{i=1}^{\infty} a_i^\beta$ 的敛散性,其中 β 为任意实数,说明判定的理由或者给出证明.(东北工学院,1981)

解 由设 $\displaystyle\sum a_i$ 收敛,有 $\displaystyle\lim_{n\to\infty} a_n = 0$.

故若 $\beta \geqslant 1$,且 n 充分大时,$a_i^\beta \leqslant |a_i| = a_i$,因 $\displaystyle\sum a_i^\beta$ 和 $\displaystyle\sum a_i$ 都是正项级数,由比较判别法知 $\displaystyle\sum a_i^\beta$ 收敛.

若 $\beta \leqslant 0$,$\displaystyle\sum a_i^\beta$ 发散($a_i^\beta \nrightarrow 0$).

若 $0 < \beta < 1$,则不确定.比如:

级数 $\displaystyle\sum \frac{1}{n^2}$ 收敛,而 $\displaystyle\sum \left(\frac{1}{n^2}\right)^{\frac{1}{2}} = \sum \frac{1}{n}$ 发散;

---

① 如前文这里 $e^{f(x)}$ 常记为 $\exp f(x)$.

又 $\sum \dfrac{1}{n^4}$ 收敛,而 $\sum \left(\dfrac{1}{n^4}\right)^{\frac{1}{2}} = \sum \dfrac{1}{n^2}$ 收敛,但 $\sum \left(\dfrac{1}{n^4}\right)^{\frac{1}{4}} = \sum \dfrac{1}{n}$ 却发散.

注 显然,下面的例子是它的特例:

讨论级数 $\displaystyle\sum_{n=1}^{\infty} n^\lambda \sin \dfrac{\pi}{2\sqrt{n}}$ 的收敛性,这里 λ 为实常数.(郑州工学院,1984)

这只需注意到级数与 $\displaystyle\sum_{n=1}^{\infty} n^\lambda \dfrac{\pi}{2\sqrt{n}}$ 同时敛散即可.

例 9 已知 n 充分大时, $a_n > 0, b_n > 0$,且 $\dfrac{a_n}{a_{n+1}} \geqslant \dfrac{b_n}{b_{n+1}}$.试证若 $\displaystyle\sum_{n=1}^{\infty} b_n$ 收敛,则 $\displaystyle\sum_{n=1}^{\infty} a_n$ 也收敛;若 $\displaystyle\sum_{n=1}^{\infty} a_n$ 发散, $\displaystyle\sum_{n=1}^{\infty} b_n$ 也发散.(华东工程学院,1984)

证 由设 n 充分大时 $a_n > 0, b_n > 0$,且 $\dfrac{a_n}{a_{n+1}} \geqslant \dfrac{b_n}{b_{n+1}}$,即 $\dfrac{a_n}{b_n} \geqslant \dfrac{a_{n+1}}{b_{n+1}} > 0$.

故 n 充分大时,数列 $\left\{\dfrac{a_n}{b_n}\right\}$ 单减,故存在极限

$$\lim_{n\to\infty} \dfrac{a_n}{b_n} = k \quad 0 \leqslant k < +\infty$$

从而,存在 N 当 $n > N$ 时,有 $\dfrac{a_n}{b_n} < k+1$,即

$$a_n < (k+1)b_n \quad n > N \text{ 时} \tag{*}$$

若 $\displaystyle\sum_{n=1}^{\infty} b_n$ 收敛,则 $\displaystyle\sum_{n=1}^{\infty} (k+1)b_n$ 也收敛,由比较判别法知 $\displaystyle\sum_{n=1}^{\infty} a_n$ 收敛.

由式(*)可见,若 $\displaystyle\sum_{n=1}^{\infty} a_n$ 发散,则由比较判别法知 $\displaystyle\sum_{n=1}^{\infty} (k+1)b_n$ 也发散,从而 $\displaystyle\sum_{n=1}^{\infty} b_n$ 发散.

注 类似地我们可以解下面问题:

若 $\displaystyle\lim_{n\to\infty} \dfrac{\ln \dfrac{1}{u_n}}{\ln n} = q$ 存在,则级数 $\displaystyle\sum_{n=1}^{\infty} u_n$(其中 $u_n > 0$)当 $q > 1$ 时收敛,当 $q < 1$ 时发散.(吉林工业大学,1985)

例 10 若设 $0 \leqslant b_n \leqslant a_n (n = 1,2,3,\cdots)$,又级数 $\displaystyle\sum_{n=1}^{\infty} a_n$ 收敛,试判别级数 $\displaystyle\sum_{n=1}^{\infty} \sqrt{a_n b_n \arctan n}$ 的敛散性.(北京工业大学,1984)

解 由 $0 \leqslant b_n \leqslant a_n$,又 $\dfrac{\pi}{4} \leqslant \arctan n < \dfrac{\pi}{2}(n > 1)$,故

$$0 \leqslant \sqrt{a_n b_n \arctan n} < \sqrt{a_n^2 \cdot \dfrac{\pi}{2}} = \sqrt{\dfrac{\pi}{2}} a_n$$

由正项级数比较判别法知级数收敛.

通过变形判断级数敛散求和,是级数部分重要的内容和手段,其技巧性很强.例如以下的例子.

例 11 数列 $\{x_n\} = \{na_n\}$ 收敛(即极限存在),级数 $\displaystyle\sum_{n=1}^{\infty} n(a_n - a_{n+1})$ 收敛,证明级数 $\displaystyle\sum_{n=1}^{\infty} a_n$ 收敛.(长沙铁道学院,1982;湖南大学,1983;北京邮电学院,1985)

证 令 $S_n = \displaystyle\sum_{k=1}^{n} k(a_k - a_{k-1})$,因 $\displaystyle\sum_{n=1}^{\infty} n(a_n - a_{n-1})$ 收敛,令其和为 S,则 $\displaystyle\lim_{n\to\infty} S_n = S$.而

$$\sum_{k=1}^{n} k(a_k - a_{k-1})$$

$$= (a_1 - a_0) + (2a_2 - 2a_1) + \cdots + [(n-1)a_{n-1} - (n-1)a_{n-2}] + (na_n - na_{n-1})$$

$$= -a_0 - a_1 - \cdots - a_{n-1} + na_n = -\sum_{k=0}^{n-1} a_k + na_n$$

故

$$\sum_{k=0}^{n-1} a_k = na_n - \sum_{k=1}^{n} k(a_k - a_{k-1})$$

因 $\{na_n\}$ 收敛(极限存在),设 $\lim_{n \to \infty} na_n = A$,则

$$\lim_{n \to \infty} \sum_{k=0}^{n-1} a_k = \lim_{n \to \infty} \left\{ na_n - \sum_{k=1}^{n} k(a_k - a_{k-1}) \right\} = \lim_{n \to \infty} na_n - \lim_{n \to \infty} \sum_{k=1}^{n} k(a_k - a_{k-1}) = A - S$$

故 $\sum_{n=1}^{\infty} a_n$ 也收敛.

例 12 若 $a_n > 0$,且 $a_{n+1} < a_n$,则级数 $\sum_{n=1}^{\infty} a_n$ 收敛 $\iff$ 级数 $\sum_{k=1}^{\infty} 2^k a_{2^k}$ 收敛.(天津大学,1984)

证 记 $S_n = \sum_{k=1}^{n} a_k$,$\tilde{S}_m = \sum_{k=0}^{m} 2^k a_{2^k}$.

充分性. 对任何 n,总有 m 使 $2^{m-1} < n \leqslant 2^m$,故

$$S_n = a_1 + a_2 + \cdots + a_n < a_1 + a_2 + \cdots + a_{2^m}$$

$$< a_1 + (a_2 + a_3) + (a_4 + a_5 + a_6 + a_7) + \cdots + (a_{2^{m-1}} + \cdots + a_{2^m - 1}) + (a_{2^m} + \cdots + a_{2^{m+1} - 1})$$

$$\leqslant a_1 + 2a_2 + 4a_4 + \cdots + 2^{m-1}a_{2^{m-1}} + 2^m a_{2^m} = \tilde{S}_m$$

由 $\sum_{k=1}^{\infty} 2^k a_{2^k}$ 收敛,故 $\tilde{S}_m$ 有界,从而 S_n 有界,故 $\sum_{n=1}^{\infty} a_n$ 收敛.

必要性. 对任何 m,总有 n 使 $2^m < n < 2^{m+1}$. 由

$$S_n > a_1 + a_2 + \cdots + a_{2^m}$$

$$= a_1 + a_2 + (a_3 + a_4) + (a_5 + a_6 + a_7 + a_8) + \cdots + (a_{2^{m-1}+1} + \cdots + a_{2^m})$$

$$\geqslant a_1 + a_2 + 2a_4 + 4a_8 + \cdots + 2^{m-1}a_{2^m}$$

$$> \frac{1}{2}(a_1 + 2a_2 + 4a_4 + \cdots + 2^m a_{2^m}) = \frac{1}{2}\tilde{S}_m$$

即

$$\tilde{S}_m < 2S_n$$

若 $\sum_{n=1}^{\infty} a_n$ 收敛,故 S_n 有界,从而 $\tilde{S}_m$ 有界,故 $\sum_{k=1}^{\infty} 2^k a_{2^k}$ 收敛.

利用级数的敛散性,还可求某些极限或确定某些无穷小量的阶(这在函数极限一章已有阐述),下面再来看个例子.

例 13 试用级数理论证明:当 $n \to \infty$ 时,$\dfrac{1}{n^n}$ 是比 $\dfrac{1}{n!}$ 高阶的无穷小.(武汉测绘学院,1979)

证 今考虑级数

$$\sum_{n=1}^{\infty} \frac{\dfrac{1}{n^n}}{\dfrac{1}{n!}} = \sum_{n=1}^{\infty} \frac{n!}{n^n} \tag{*}$$

注意到

$$\lim_{n \to \infty} \frac{a_{n+1}}{a_n} = \lim_{n \to \infty} \frac{(n+1)!}{(n+1)^{n+1}} \cdot \frac{n^n}{n!} = \lim_{n \to \infty} \frac{n^n}{(n+1)^n} = \lim_{n \to \infty} \frac{1}{\left(1 + \dfrac{1}{n}\right)^n} = \frac{1}{e} < 1$$

知级数(*)收敛,从而 $\lim_{n \to \infty} a_n = 0$,即 $\lim_{n \to \infty} \dfrac{n!}{n^n} = 0$.

故 $n \to \infty$ 时，$\dfrac{1}{n^n}$ 是比 $\dfrac{1}{n!}$ 高阶的无穷小.

调和级数 $\sum\limits_{n=1}^{\infty} \dfrac{1}{n}$ 是一个重要的级数，它常作为判断级数敛散的重要尺度.

例 14 试用级数的积分判别法证明调和级数 $\sum\limits_{n=1}^{\infty} \dfrac{1}{n}$ 发散，且证明下述极限存在

$$\lim_{n \to \infty} \left(\sum_{k=1}^{n} \frac{1}{k} - \ln n \right)$$

（合肥工业大学，1981）

证 因调和级数的通项 $u_n = \dfrac{1}{n}$，取 $f(x) = \dfrac{1}{x}$，则由

$$I = \int_1^{\infty} \frac{\mathrm{d}x}{x} = \lim_{b \to \infty} \int_1^b \frac{\mathrm{d}x}{x} = \lim_{b \to \infty} \left[\ln x \right]_1^b = \lim_{b \to \infty} \{\ln b\} = \infty$$

故知调和级数发散. 再考虑 e^x 的泰勒展开

$$\mathrm{e}^x = 1 + x + \frac{x^2}{2!} + \cdots + \frac{x^n}{n!} + \cdots$$

当 $1 > x > 0$ 时，$1 + x < \mathrm{e}^x < 1 + x + x^2 + \cdots = \dfrac{1}{1-x}$，两边取对数

$$\ln(1+x) < x < -\ln(1-x) \quad 0 < x < 1$$

令 $x = \dfrac{1}{2}, \dfrac{1}{3}, \cdots, \dfrac{1}{n}$ 分别代入上式，且两端各自相加化简后有

$$\ln \frac{n+1}{2} < \frac{1}{2} + \frac{1}{3} + \cdots + \frac{1}{n} < \ln n$$

两边同加 $1 - \ln n$ 有

$$\ln \frac{n+1}{2} + 1 - \ln n = 1 + \ln \frac{n+1}{2n} < 1 + \frac{1}{2} + \cdots + \frac{1}{n} - \ln n < 1 \qquad (*)$$

再设 $c_n = 1 + \dfrac{1}{2} + \cdots + \dfrac{1}{n} - \ln n$，由 $c_{n+1} - c_n = \dfrac{1}{n+1} + \ln\left(1 - \dfrac{1}{n+1}\right) > 0$，知 $c_{n+1} > c_n$，即数列 $\{c_n\}$ 单增.

又由不等式 $(*)$ 知 $1 + \ln \dfrac{1}{2} < c_n < 1$，从而 $\{c_n\}$ 有极限，设其为 c，则

$$c = \lim_{n \to \infty} \left[\left(1 + \frac{1}{2} + \cdots + \frac{1}{n}\right) - \ln n \right]$$

且

$$1 - \ln 2 < c < 1$$

注 1 $c = 0.577\,215\,6\cdots$ 称为**欧拉常数**. 它像 π，e 等一样是一个重要常数. 本题也为我们计算欧拉常数提供一种方法（注意 $\mathrm{e} = 2.718\,28\cdots$ 称为欧拉数）.

注 2 同样的问题不同的叙述如下.

问题：设 $a_{2n-1} = \dfrac{1}{n}$，$a_{2n} = \displaystyle\int_n^{n+1} \frac{1}{x} \mathrm{d}x$ $(n = 1, 2, \cdots)$，判断级数

$$a_1 - a_2 + a_3 - a_4 + \cdots + (-1)^{n-1} a_n + \cdots$$

的敛散性，且证明 $\lim\limits_{n \to \infty} \left(1 + \dfrac{1}{2} + \cdots + \dfrac{1}{n} - \ln n\right)$ 存在.（大连工学院，1982；南京工学院，1983）

解：由设知 $a_k > 0$，且对每一个 n 均有

$$a_{2n-1} = \frac{1}{n} > \ln\left(1 + \frac{1}{n}\right) = a_n > \frac{1}{n+1} = a_{2n+1}$$

知 $\{a_n\}$ 递减，且 $a_n \to 0 (n \to \infty$ 时)，从而交错级数 $\sum\limits_{n=1}^{\infty} (-1)^{n-1} a_n$ 收敛. 故级数部分和极限存在，特别地偶

数项的部分和极限存在,即

$$S_{2n}=1+\frac{1}{2}+\cdots+\frac{1}{n}-\left(\int_1^2\frac{1}{x}\mathrm{d}x+\int_2^3\frac{1}{x}\mathrm{d}x+\cdots+\int_n^{n+1}\frac{1}{x}\mathrm{d}x\right)$$

$$=1+\frac{1}{2}+\cdots+\frac{1}{n}-\int_1^{n+1}\frac{1}{x}\mathrm{d}x=1+\frac{1}{2}+\cdots+\frac{1}{n}-\ln(n+1)$$

$$=1+\frac{1}{2}+\cdots+\frac{1}{n}-\ln n-\ln\left(1+\frac{1}{n}\right)$$

当 $n\to\infty$ 时,由 $\lim\limits_{n\to\infty}\left\{\ln\left(1+\frac{1}{n}\right)\right\}$ 存在,且又知上极限存在,从而极限存在

$$\lim_{n\to\infty}\left(1+\frac{1}{2}+\cdots+\frac{1}{n}-\ln n\right)$$

2. 函数项级数问题

(1)幂级数敛散性、收敛区域

下面看一些函数项级数的例子.

例 1　讨论级数 $1-\frac{1}{2}x^2+\frac{1\cdot3}{2\cdot4}x^4-\frac{1\cdot3\cdot5}{2\cdot4\cdot6}x^6+\cdots$ 的敛散性.(北京农业大学,1984)

解　由 $\lim\limits_{n\to\infty}\left|\dfrac{u_{n+1}(x)}{u_n(x)}\right|=\lim\limits_{n\to\infty}\dfrac{2n+1}{2n+2}x^2=x^2$,故 $|x|<1$,级数收敛;$|x|>1$,级数发散.

而 $|x|=1$(即 $x=\pm1$)时级数变为

$$1-\frac{1}{2}+\frac{1\cdot3}{2\cdot4}-\frac{1\cdot3\cdot5}{2\cdot4\cdot6}+\cdots \tag{$*$}$$

若令 $a_n=\dfrac{(2n-1)!!}{(2n)!!}$,注意到:$\dfrac{1}{2}<\dfrac{2}{3},\dfrac{3}{4}<\dfrac{4}{5},\cdots,\dfrac{2n-1}{2n}<\dfrac{2n}{2n+1}$,故

$$\frac{1}{2}\cdot\frac{3}{4}\cdot\cdots\cdot\frac{2n-1}{2n}<\frac{2}{3}\cdot\frac{4}{5}\cdot\cdots\cdot\frac{2n}{2n+1}$$

即

$$a_n<\frac{2\cdot4\cdot\cdots\cdot(2n)}{3\cdot5\cdot\cdots\cdot(2n-1)}\cdot\frac{1}{2n+1}=\frac{a_n}{2n+1}$$

故 $a_n^2<\dfrac{1}{2n+1}$,即 $a_n<\dfrac{1}{\sqrt{2n+1}}$.

注意到 $a_n>0$,从而 $\lim\limits_{n\to\infty}a_n=0$.

另外,容易验证 $a_{n+1}<a_n$,从而交错级数($*$)收敛.

综上,级数 $\sum u_n(x)$ 当 $|x|\leqslant1$ 时收敛;当 $|x|>1$ 时发散.

例 2　求 $\sum\limits_{n=0}^{\infty}\dfrac{x^n}{\sqrt{1+n}}$ 的收敛区间.(哈尔滨工业大学,1981)

解　由 $\lim\limits_{n\to\infty}\left|\dfrac{a_{n+1}}{a_n}\right|=\lim\limits_{n\to\infty}\sqrt{\dfrac{1+n}{2+n}}=1$,再考虑 $x=\pm1$ 的情形:

$x=1$ 时,级数为 $\sum\limits_{n=0}^{\infty}\dfrac{1}{\sqrt{1+n}}$,其发散;$x=-1$ 时,级数为 $\sum\limits_{n=0}^{\infty}\dfrac{(-1)^n}{\sqrt{1+n}}$,其收敛.

故级数收敛域为 $[-1,1)$.

例 3　将 $\dfrac{1}{x}$ 展为 $x-1$ 的幂级数,且求其收敛域.(北京农机学院,1982)

解　由 $\dfrac{1}{x}=\dfrac{1}{1+(x-1)}$ 及 $\sum\limits_{k=0}^{\infty}(-1)(-1)^kr^k=\dfrac{1}{1+r}$,故有

$$\frac{1}{x}=\frac{1}{1+(x-1)}=\sum_{k=0}^{\infty}(-1)^k(x-1)^k$$

其收敛域为 $|x-1|<1$, 即 $-1<x-1<1$ 或 $0<x<2$.

注1 这种先将所要展开式子变形再求展开式的技巧(或幂级数的间接展开法)很重要. 这种变形多是把所要展开的函数式变成几种常见的函数展开, 如 $\dfrac{1}{f(x)-1}$, $\mathrm{e}^{f(x)}$, $\sin[f(x)]$, $\ln[1+f(x)]$ 等(将 $f(x)$ 视为 y 展开).

关于这一点可参见下面的例子及本章的习题, 当然还要注意和应用三角函数、指数函数、对数函数的某些性质, 如

$$\mathrm{e}^{g(x)}=\mathrm{e}^{a+f(x)}=\mathrm{e}^{a}\cdot\mathrm{e}^{f(x)} \quad (a\text{ 是常数})$$

$$\sin[g(x)]=\sin[\alpha+f(x)]=\sin\alpha\cos[f(x)]+\cos\alpha\sin[f(x)] \quad (\alpha\text{ 是常数})$$

这样只需求出 $\mathrm{e}^{f(x)}$, $\cos[f(x)]$, $\sin[f(x)]$ 展开式即可.

注2 若将 $\dfrac{1}{x}$ 展为 $x-2$ 的幂级数即为山东大学 1981 年度、清华大学 1983 年度试题.

例4 将 $f(x)=\dfrac{x}{x^2-2x-3}$ 展开为形如 $\displaystyle\sum_{n=0}^{\infty}a_nx^n$ 的幂级数, 且求其收敛域. (清华大学、浙江大学, 1982)

解 由题设将 $f(x)$ 变形有 $f(x)=\dfrac{x}{x^2-2x-3}=\dfrac{x}{(x+1)(x-3)}=\dfrac{1}{4}\left(\dfrac{1}{1+x}-\dfrac{1}{1-\dfrac{x}{3}}\right)$, 而

$$\frac{1}{1+x}=\sum_{n=0}^{\infty}(-1)^nx^n, \qquad \frac{1}{1-\dfrac{x}{3}}=\sum_{n=0}^{\infty}\left(\frac{x}{3}\right)^n$$

故

$$f(x)=\frac{1}{4}\sum_{n=0}^{\infty}(-1)^nx^n-\frac{1}{4}\sum_{n=0}^{\infty}\left(\frac{x}{3}\right)^n=\frac{1}{4}\sum_{n=0}^{\infty}\left[(-1)^n-\left(\frac{1}{3}\right)^n\right]x^n$$

收敛区间为 $(-1,1)$.

注 综合上面两例的方法可解下面的问题:

把函数 $f(x)=\dfrac{1}{x^2+5x+6}$ 展为 $x-4$ 的幂级数, 且求其收敛区域. (东北工学院, 1985)

再来看两个稍复杂的例子, 其中有的要逐项微分(或积分), 有的需将求和式巧妙变形.

例5 把函数 $f(x)=\dfrac{1}{x^2}$ 展成 $x-1$ 的幂级数, 且求其收敛区域. (无锡轻工业学院, 1984)

解 令 $F(x)=\displaystyle\int_1^x f(x)\mathrm{d}x=\dfrac{x-1}{x}=\dfrac{x-1}{1+(x-1)}$, 则

$$F(x)=\sum_{n=0}^{\infty}(-1)^n(x-1)^{n+1} \qquad |x-1|<1$$

故

$$f(x)=F'(x)=\sum_{n=0}^{\infty}(-1)^n(n+1)(x-1)^n \qquad 0<x<2$$

当 $x=0$ 时, $\displaystyle\sum_{n=0}^{\infty}(n+1)$ 发散; 当 $x=2$ 时, $\displaystyle\sum_{n=0}^{\infty}(-1)^n(n+1)$ 发散.

故级数收敛区间为 $(0,2)$.

注 这里既用到幂级数的间接展开法, 又用到幂级数逐项微分(在其收敛区域内)性质.

例6 将 $y=\dfrac{\mathrm{e}^x-\mathrm{e}^{-x}}{\mathrm{e}^x+\mathrm{e}^{-x}}$ 按 e^x 的乘幂展为级数, 且求其收敛区间. (西北纺织工学院, 1984)

解 考虑到 $y=\dfrac{\mathrm{e}^x-\mathrm{e}^{-x}}{\mathrm{e}^x+\mathrm{e}^{-x}}=\dfrac{\mathrm{e}^{2x}-1}{\mathrm{e}^{2x}+1}=1-\dfrac{2}{\mathrm{e}^{2x}+1}$, 故由幂级数公式有

$$y=1-2\sum_{n=0}^{\infty}(-1)^n\mathrm{e}^{2nx}$$

且级数收敛区间为 $|e^{2x}|<+\infty$,即 $x<0$.

例 7 证明下面等式:$\ln(x+2)=2\ln(x+1)-2\ln(x-1)+\ln(x-2)+2\left[\dfrac{2}{x^3-3x}+\dfrac{1}{3}\left(\dfrac{2}{x^3-3x}\right)^3+\dfrac{1}{5}\left(\dfrac{2}{x^3-3x}\right)^5+\cdots\right]$. (长沙铁道学院,1984)

证 由题设且考虑下面的式子变形

$$\ln(x+2)-\ln(x-2)+2\ln(x-1)-2\ln(x+1) \quad (\text{依对数性质})$$

$$=\ln\frac{(x+2)(x-1)^2}{(x-2)(x+1)^2}=\ln\frac{x^3-3x+2}{x^3-3x-2} \quad (\text{分子分母同除 } x^3-3x)$$

$$=\ln\frac{1+\dfrac{2}{x^3-3x}}{1-\dfrac{2}{x^3-3x}} \quad (\text{注意这里凑出 } x^3-3x \text{ 项,考虑 } \ln\frac{1+t}{1-t} \text{ 的展开})$$

$$=2\left[\frac{2}{x^3-3x}+\frac{1}{3}\left(\frac{2}{x^3-3x}\right)^3+\frac{1}{5}\left(\frac{2}{x^3-3x}\right)^5+\cdots\right]$$

这里注意到 $\ln\dfrac{1+t}{1-t}=\ln(1+t)-\ln(1-t)$,再分别展开它们,化简后即为上式,移项后即为题目要证的等式.

(2)幂级数的和函数

下面的例子是上面例子的逆问题.

例 1 若 $0<x<1$,求 $\displaystyle\sum_{n=0}^{\infty}\frac{x^{2^n}}{1-x^{2^{n+1}}}$ 的和函数 $f(x)$. (北京工业学院,1984)

解 注意到后面式子变形 $\dfrac{x^{2^n}}{1-x^{2^{n+1}}}=\dfrac{1}{1-x^{2^n}}-\dfrac{1}{1-x^{2^{n+1}}}$,故

$$\sum_{n=0}^{N}\frac{x^{2^n}}{1-x^{2^{n+1}}}=\sum_{n=0}^{N}\left(\frac{1}{1-x^{2^n}}-\frac{1}{1-x^{2^{n+1}}}\right)=\frac{1}{1-x}-\frac{1}{1-x^{2^{N+1}}}$$

注意上式前后项的相消,又由设 $0<x<1$,从而

$$f(x)=\lim_{N\to\infty}\left(\frac{1}{1-x}-\frac{1}{1-x^{2^{N+1}}}\right)=\frac{1}{1-x}-1=\frac{x}{1-x}$$

注 这里也是运用了裂项法,而使级数求和时便于前后项抵消,从而将求和问题简化.

例 2 求级数 $\displaystyle\sum_{n=0}^{\infty}\frac{3n+1}{n!}x^{3n}$ 的和函数. (中国科技大学,1982)

解 由 $\displaystyle\lim_{n\to\infty}\left|\frac{a_n}{a_{n+1}}\right|=\lim_{n\to\infty}\frac{\dfrac{3n+1}{n!}}{\dfrac{3n+4}{(n+1)!}}=\lim_{n\to\infty}\frac{(n+1)(3n+1)}{3n+4}=+\infty$,故级数收敛域为 $(-\infty,+\infty)$.

令 $f(x)=\displaystyle\sum_{n=0}^{\infty}\frac{3n+1}{n!}x^{3n}$,将此式两边积分,且对幂级数逐项积分

$$\int_0^x f(x)\mathrm{d}x=\sum_{n=0}^{\infty}\int_0^x\frac{3n+1}{n!}x^{3n}\mathrm{d}x=\sum_{n=0}^{\infty}\frac{x^{3n+1}}{n!}=x\sum_{n=0}^{\infty}\frac{(x^3)^n}{n!}=x\mathrm{e}^{x^3}$$

两边再对 x 求导有 $f(x)=\mathrm{e}^{x^3}(1+3x^2)$.

注 1 逐项微分、积分求级数和或和函数也是级数求和的重要技巧和方法,但要注意方法使用的条件.

注 2 类似的问题还有如:

求级数 $\displaystyle\sum_{n=1}^{\infty}\frac{n+1}{n!}x^n$ 的和. (哈尔滨工业大学,1984)

例 3 求 $\sum\limits_{n=1}^{\infty} nx^n$ 的收敛区间及和函数.(上海机械学院,1981;陕西师范大学,1982;中南矿冶学院, 1983)

解 所给幂级数收敛半径为

$$R=\lim_{n\to\infty}\left|\frac{a_n}{a_{n+1}}\right|=\lim_{n\to\infty}\frac{n}{n+1}=1$$

又当 $x=\pm 1$ 时,级数通项分别为 n 和 $(-1)^n n$,当 $n\to\infty$ 时,均不以 0 为极限,它们皆发散,故级数收敛区间为 $(-1,1)$.

利用逐项求导可求得和函数

$$S(x)=\sum_{n=1}^{\infty} nx^n=x\sum_{n=1}^{\infty} nx^{n-1}=x\sum_{n=1}^{\infty}(x^n)'=x\left(\sum_{n=1}^{\infty} x^n\right)'=x\left(\frac{x}{1-x}\right)'=\frac{x}{(1-x)^2}$$

注 1 本题还可解如:

令 $S(x)=\sum\limits_{n=1}^{\infty} nx^n$,则由下面变形

$$S(x)=x\sum_{n=1}^{\infty} nx^{n-1}=x\sum_{k=0}^{\infty}(k+1)x^k=x\left[\sum_{k=0}^{\infty} kx^k+\sum_{k=0}^{\infty} x^k\right]=x\left[S(x)+\frac{1}{1-x}\right]$$

解得 $S(x)=\dfrac{x}{(1-x)^2}$.

此外还可由 $S(x)-xS(x)=x+x^2+x^3+\cdots=x(1+x+x^2+\cdots)=\dfrac{x}{1-x}$. 解得 $S(x)$.

注 2 类似的问题可见:

(1) 求 $\sum\limits_{n=1}^{\infty} nx^{n+2}$ 的收敛域及和函数.(上海工业大学,1984)

(2) 求 $\sum\limits_{n=1}^{\infty}(2n+1)x^n$ 的收敛域及和函数.(天津纺织工学院,1980)

(3) 求 $\sum\limits_{n=1}^{\infty} n(x-1)^{n-1}$ 的收敛域及和函数.(同济大学,1979;上海交通大学等八院校,1985)

注 3 有些问题,常常需要逐项两次、三次……微导,这些例子可见习题及下面的问题:

当 $|x|<1$ 时,试求幂级数 $\sum\limits_{n=1}^{\infty} n(n+2)x^n$ 的和.(上海交通大学,1984)

这只需注意到:$n(n+2)x^n=nx^n+n(n+1)x^n$ 即可.

例 4 设 $a_1=a_2=1,a_{n+1}=a_n+a_{n-1}(n=2,3,\cdots)$,证明对于 $|x|<\dfrac{1}{2}$,幂级数 $\sum\limits_{n=1}^{\infty} a_n x^{n-1}$ 收敛,且求其和函数.(湖南大学,1984)

证 由 $a_n>0,a_{n+1}=a_n+a_{n-1}(n=2,3,\cdots)$,

故当 $n>2$ 时,$a_n>a_{n-1},a_{n-1}<2a_n$,因而

$$\left|\frac{a_{n+1}x^n}{a_n x^{n-1}}\right|=\frac{a_{n+1}}{a_n}|x|<\frac{2a_n}{a_n}|x|<2\times\frac{1}{2}=1$$

故当 $|x|<\dfrac{1}{2}$,幂级数收敛.

设在级数收敛域内令 $S(x)=\sum\limits_{n=1}^{\infty} a_n x^{n-1}$,则

$$S(x)=1+x+\sum_{n=1}^{\infty} a_{n+1}x^n=1+x+\sum_{n=1}^{\infty}(a_n+a_{n-1})x^n$$

$$= 1 + x + \sum_{n=1}^{\infty} a_n x^n + \sum_{n=2}^{\infty} a_{n-1} x^n$$

$$= 1 + x\left(1 + \sum_{n=1}^{\infty} a_n x^{n-1}\right) + x^2 \sum_{n=1}^{\infty} a_n x^{n-1}$$

$$= 1 + xS(x) + x^2 S(x)$$

解得 $S(x) = \dfrac{1}{1-x-x^2}$,故

$$\sum_{n=1}^{\infty} a_n x^{n-1} = \frac{1}{1-x-x^2} \qquad |x| < \frac{1}{2}$$

注 1 利用题设条件将求和式变形或乘(除)x^k 减去原式,常可获得含有和式的等式,和函数便可从中解出.

注 2 题设中的数列

$$a_1 = a_2 = 1, \ a_{n+1} = a_n + a_{n-1} \qquad n = 2, 3, \cdots$$

称为斐波那契数列,它有许多奇妙的性质和用途.

例 5 求级数 $\displaystyle\sum_{n=1}^{\infty} \frac{x^{2n-1}}{2n-1}$ 的收敛区间及和函数.(天津大学,1980)

解 由 $\displaystyle\lim_{n\to\infty}\left|\frac{u_{n+1}}{u_n}\right| = \lim_{n\to\infty}\left|\frac{2n-1}{2n+1}x^2\right| = x^2$,知 $|x| < 1$ 时,级数收敛.

又 $x = \pm 1$ 时原级数为 $\pm\displaystyle\sum_{n=1}^{\infty}\frac{1}{2n-1}$ 发散,故级数收敛区间为 $(-1, 1)$.

令 $s(x) = \displaystyle\sum_{n=1}^{\infty}\frac{x^{2n-1}}{2n-1}$,则 $s'(x) = \displaystyle\sum_{n=0}^{\infty} x^{2n} = \frac{1}{1-x^2}$,故

$$s(x) = \int_0^x \frac{\mathrm{d}x}{1-x^2} = \frac{1}{2}\ln\frac{1+x}{1-x}$$

逐项微分或积分求级数和(无论是数项级数,还是函数项级数),是一个十分重要的技巧,前文已介绍,下面我们再来看一个例子.

例 6 求级数 $\displaystyle\sum_{n=0}^{\infty}(-1)^n x^{2n}$ 的收敛半径 r 及其和函数 $S(x)$;并将 $S(x) = \arctan x$ 展成 x 的幂级数.(兰州大学,1982)

解 令 $t = x^2$,则原级数变为

$$1 - t + t^2 - t^3 + \cdots + (-1)^n t^n + \cdots$$

显然,其收敛半径为 $r = 1$.

又 $\dfrac{1}{1+t} = 1 - t + t^2 - t^3 + \cdots + (-1)^n t^n + \cdots$,故有

$$\frac{1}{1+x^2} = \sum_{n=0}^{\infty}(-1)^n x^{2n} = S(x) \qquad -1 \leqslant x \leqslant 1$$

将上式从 0 到 x 逐项积分,即得展开式

$$\arctan x = \int_0^x \frac{1}{1+x^2}\mathrm{d}x = \sum_{n=0}^{\infty}(-1)^n \frac{x^{2n+1}}{2n+1} \qquad -1 \leqslant x \leqslant 1$$

注 求某些函数的幂级数展开,可以直接从泰勒展开得到,然而有时却不方便,我们常是先将函数式变形(见例 4 的注),这其中包括对函数式的**微分**和**积分**(由幂级数的解析性,便可对级数逐项微分、积分),本例是需要逐项积分,类似的例子可见本章后面例子等.这类问题再如:

(1)把函数 $f(x) = (x+1)[\ln(x+1)-1]$ 展成幂级数,并求其收敛区间.(中南矿冶学院,1983)

这只需注意到：$f'(x)=\ln(1+x)=\int_0^x \dfrac{\mathrm{d}t}{1+t}$ 即可.

当然它既可由 $\ln(1+x)$ 展开式逐项积分得到, 也可由 $\dfrac{1}{1+x}$ 的展开式两次逐项积分得到.

至于逐项微分的例子如下.

(2) 试求 $\displaystyle\sum_{n=1}^{\infty}(-1)\dfrac{n(n+1)}{2^n}$ 的和. (北京工业大学, 1978)

注意到 $\left(-\dfrac{1}{1+x}\right)''=\dfrac{-2}{(1+x)^3}$, 及 $\left[\displaystyle\sum_{n=1}^{\infty}(-1)^n x^{n+1}\right]''=\displaystyle\sum_{n=1}^{\infty}(-1)^n(n+1)nx^{n-1}$, 有

$$\sum_{n=1}^{\infty}(-1)^n(n+1)nx^n=\dfrac{-2x}{(1+x)^3}\quad |x|<1$$

取 $x=\dfrac{1}{2}$ 即可.

(3) 幂级数的应用及杂例

利用幂级数有时可以计算某些数项级数和. 请看下面的例子.

例 1 求级数 $\displaystyle\sum_{n=1}^{\infty}\dfrac{n^2}{x^{n-1}}$ 的和函数, 且计算级数和 $1+\dfrac{4}{2}+\dfrac{9}{4}+\dfrac{16}{8}+\cdots$. (西安矿业学院, 1984)

解 令 $y=\dfrac{1}{x}$, 则原级数化为 $\displaystyle\sum_{n=1}^{\infty}n^2 y^{n-1}=\sum_{n=1}^{\infty}a_n y^{n-1}$ (即 $a_n=n^2$).

由 $\displaystyle\lim_{n\to\infty}\left|\dfrac{a_{n+1}}{a_n}\right|=\lim_{n\to\infty}\dfrac{(n+1)^2}{n^2}=1$, 知级数 $\displaystyle\sum a_n y^{n-1}$ 的收敛半径为 $R=1$.

又 $y=\pm 1$ 时, $\displaystyle\lim_{n\to\infty}a_n y^{n-1}\neq 0$, 知级数 $\displaystyle\sum a_n y^{n-1}$ 发散.

从而 $\displaystyle\sum_{n=1}^{\infty}a_n y^{n-1}$ 收敛区间为 $(-1,1)$, 而 $\displaystyle\sum_{n=1}^{\infty}a_n x^{n-1}$ 的收敛区间为 $|x|>1$.

又令 $f(y)=\displaystyle\sum_{n=1}^{\infty}n^2 y^{n-1}$, 两边积分有

$$\int_0^y f(y)\mathrm{d}y=\sum_{n=1}^{\infty}ny^n=y\left(\sum_{n=1}^{\infty}y^n\right)'=y\left(\dfrac{y}{1-y}\right)'=\dfrac{y}{(1-y)^2}$$

上式两边再对 y 求导有

$$f(y)=\left[\dfrac{y}{(1-y)^2}\right]'=\dfrac{1+y}{(1-y)^3}$$

故 $\displaystyle\sum_{n=1}^{\infty}\dfrac{n^2}{x^{n-1}}=f\left(\dfrac{1}{x}\right)=\dfrac{1+\left(\dfrac{1}{x}\right)}{\left[1-\left(\dfrac{1}{x}\right)\right]^2}=\dfrac{x^2(x+1)}{(x-1)^3}$.

令 $x=2$ 代入上式有 $\displaystyle\sum_{n=1}^{\infty}\dfrac{n^2}{2^{n-1}}=1+\dfrac{4}{2}+\dfrac{9}{4}+\cdots=\dfrac{2^2(2+1)}{(2-1)^3}=12$.

注 这里是先利用 $y=\dfrac{1}{x}$ 的代换, 然后再行计算. 当然亦可直接计算 (代换只是求得形式的简单).

下面例子中的方法, 在级数求和中也常用到.

例 2 求级数 $x+\dfrac{x^3}{1\cdot 3}+\dfrac{x^5}{1\cdot 3\cdot 5}+\dfrac{x^7}{1\cdot 3\cdot 5\cdot 7}+\cdots$ 的和. (南开大学, 1979)

解 设和函数为 $S(x)$, 则由

$$S'(x)=1+x^2+\dfrac{x^4}{1\cdot 3}+\dfrac{x^6}{1\cdot 3\cdot 5}+\dfrac{x^8}{1\cdot 3\cdot 5\cdot 7}+\cdots$$

$$=1+x\left(\dfrac{x^3}{1\cdot 3}+\dfrac{x^5}{1\cdot 3\cdot 5}+\dfrac{x^7}{1\cdot 3\cdot 5\cdot 7}+\cdots\right)=1+xS(x)$$

即有 $S'(x)-xS(x)=1$，且 $S(0)=0$.

解此微分方程(解法详见下章)，可得满足 $S(0)=0$ 的特解

$$S(x) = e^{\int_0^x x dx} \cdot \int_0^x e^{-\int_0^x x dx} dx = e^{\frac{x^2}{2}} \int_0^x e^{-\frac{x^2}{2}} dx$$

注 与之相仿的问题见本章习题.

利用幂级数有时还可以计算某些积分值. 请看下面的例子.

例3 利用幂级数计算积分 $\int_0^1 \dfrac{\ln(1+x)}{x} dx$ 的值.(国防科技大学,1984)

解 由 $\ln(1+x) = \sum\limits_{n=1}^{+\infty} (-1)^{n+1} \dfrac{x^n}{n}$ $(-1 < x \leqslant 1)$，有

$$\frac{\ln(1+x)}{x} = \sum_{n=1}^{\infty} (-1)^{n+1} \frac{x^{n-1}}{n} \quad -1 < x \leqslant 1, x \neq 0$$

故 $\int_0^1 \dfrac{\ln(1+x)}{x} dx = \int_0^1 \sum\limits_{n=1}^{\infty} (-1)^{n+1} \dfrac{x^{n-1}}{n} dx$，注意到 $x=0$ 是瑕点.

由于级数 $\sum\limits_{n=1}^{\infty} (-1)^{n+1} \dfrac{x^{n-1}}{n}$ 在 $[0,1]$ 上一致收敛,故其可在 $[0,1]$ 上逐项积分,从而

$$\int_0^1 \frac{\ln(1+x)}{x} dx = \sum_{n=1}^{\infty} (-1)^{n+1} \int_0^1 \frac{x^{n-1}}{n} dx = \sum_{n=1}^{\infty} (-1)^{n+1} \left[\frac{x^n}{n^2}\right]_0^1 = \sum_{n=1}^{\infty} (-1)^{n+1} \frac{1}{n^2} = \frac{\pi^2}{12}$$

这里最后一步的结果是由 x^2 的傅里叶展开式得到的,详见后文例的注.

注 这类利用级数计算积分的问题也常以下面的方式出现：

(1) 计算 $\int_0^{\frac{1}{2}} \dfrac{\ln(1+x^2)}{x} dx$ 的近似值,要求误差不超过 10^{-8}.(清华大学,1984)

(2) 求 $\int_0^1 \dfrac{1-e^x}{x} dx$ 的近似值,要求有四位有效数字.(中国科学院,1983)

它们的解法同例,只是在最后的计算中,按题目要求的精度进行项的取舍即可.

下面的例子涉及复变数.

例4 试先证明 $\dfrac{1-r^2}{1-2r\cos x + r^2} = 1 + 2\sum\limits_{n=1}^{\infty} r^n \cos nx$，当 $|r| < 1$ 时成立,从而证明

$$\int_{-\pi}^{\pi} \frac{1-r^2}{1-2r\cos x + r^2} dx = 2\pi \quad |r| < 1$$

(山东工学院,1982)

证 由欧拉公式有：$\cos x = \dfrac{e^{ix}+e^{-ix}}{2}$，记题设等式式左为 $f(x)$，则有

$$f(x) = \frac{1-r^2}{1-r(e^{ix}+e^{-ix})+r^2} = \frac{1-r^2}{(1-re^{ix})(1-re^{-ix})} = -1 + \frac{1}{1-re^{ix}} + \frac{1}{1-re^{-ix}}$$

因 $|re^{ix}| = |re^{-ix}| = r < 1$，故

$$f(x) = -1 + \sum_{n=0}^{\infty} r^n (e^{inx} + e^{-inx}) = 1 + 2\sum_{n=1}^{\infty} r^n \cos nx$$

又由于 $|r^n \cos nx| \leqslant r^n$，因此由魏尔施特拉斯(Weierstrass)判别法,上式右端级数在区间 $(-\infty, +\infty)$ 内一致收敛,于是,由逐项积分得

$$\int_{-\pi}^{\pi} f(x) dx = \int_{-\pi}^{\pi} 1 \cdot dx + 2\sum_{n=1}^{\infty} r^n \int_{-\pi}^{\pi} \cos nx dx = 2\pi \quad |r| < 1$$

注 这里利用了复数形式的傅里叶展开(且注意欧拉公式的应用).

例5 试求一函数 $f(x)$，使之满足 $\int_x^{2x} f(x) dx = e^x - 1$.(西北工业大学,1982)

解 设 $f(x)$ 能展开成幂级数即 $f(x) = \sum\limits_{n=0}^{\infty} a_n x^n$.

将它代入方程 $\int_x^{2x} f(x) dx = e^x - 1$ 且将 e^x 展成幂级数有

$$\sum_{n=0}^{\infty} a_n \frac{2^{n+1}-1}{n+1} x^{n+1} = \sum_{m=1}^{\infty} \frac{x^m}{m!}$$

将 $\sum\limits_{m=1}^{\infty} \dfrac{x^m}{m!}$ 写成 $\sum\limits_{n=0}^{\infty} \dfrac{x^{n+1}}{(n+1)!}$ 代入上式再比较两端 x 同次幂系数有

$$a_n = \frac{1}{n! \cdot (2^{n+1}-1)}$$

现在证明以上述 a_n 构成的幂级数 $\sum a_n x^n$ 即为所求 $f(x)$. 事实上 $\sum\limits_{n=0}^{\infty} \dfrac{1}{n! \cdot (2^{n+1}-1)} x^n$ 显然在 $(-\infty, +\infty)$ 内收敛,从而可逐项积分得

$$\int_x^{2x} \sum_{n=0}^{\infty} \frac{x^n}{n! \cdot (2^{n+1}-1)} dx = \sum_{n=0}^{\infty} \left[\frac{1}{n! \cdot (2^{n+1}-1)} \cdot \frac{2^{n+1}-1}{n+1} x^{n+1} \right]$$

$$= \sum_{n=0}^{\infty} \frac{x^{n+1}}{(n+1)!} = \sum_{m=1}^{\infty} \frac{x^m}{m!} = e^x - 1$$

这个问题是一个函数方程问题,考虑到 e^x 的积分与求导的性质,再注意到它的幂级数展开,人们是不难将题设问题考虑为幂级数形式的.

利用幂级数可以解某些微分方程,而通过求解某些微分方程也可求一些级数和(前文已有例述,详可见"微分方程"一章).

此外,利用幂级数还可以求某些函数值. 例如:

例 6 将 $\arcsin x$ 展为泰勒级数,且求 π 的值. (北京师范学院,1982)

解 由二项式展开(广义牛顿二项式展开)

$$(1+x)^a = 1 + \sum_{n=1}^{\infty} \frac{a(a-1)\cdots(a-n+1)}{n!} x^n \quad -1 < x < 1$$

令 $a = -\dfrac{1}{2}$ 可有

$$\frac{1}{\sqrt{1-x^2}} = 1 + \sum_{n=1}^{\infty} \frac{-\frac{1}{2}\left(-\frac{1}{2}-1\right)\cdots\left(-\frac{1}{2}-n+1\right)}{n!} (-x^2)^n = 1 + \sum_{n=1}^{\infty} \frac{(2n-1)!!}{(2n)!!} x^{2n}$$

故由 $\arcsin x = \int_0^x \dfrac{dx}{\sqrt{1-x^2}}$, 将上式代入积分式中可有

$$\arcsin x = \int_0^x dx + \sum_{n=1}^{\infty} \frac{(2n-1)!!}{(2n)!!} \int_0^x x^{2n} dx = x + \sum_{n=1}^{\infty} \frac{(2n-1)!!}{(2n)!!} \cdot \frac{x^{2n+1}}{2n+1} \quad -1 < x < 1$$

在上式中令 $x = \dfrac{1}{2}$,可有

$$\pi = 6\arcsin\frac{1}{2} = 6\left[\frac{1}{2} + \frac{1}{2} \times \frac{1}{3}\left(\frac{1}{2}\right)^3 + \frac{1 \times 3}{2 \times 4} \times \frac{1}{5}\left(\frac{1}{2}\right)^3 + \cdots \right]$$

取前六项时误差 $\delta < 10^{-4}$,故可将上式前六项每项算到小数点后五位,可有

$$\pi \approx 3.141\ 6$$

这个例子显然也为我们计算 $\pi, e, \cdots$ 这类常数,提供了方法.

3. 傅里叶级数问题

最后我们看两个傅里叶级数的例子.

例 1 试将函数 $f(x) = x^2$ 在区间 $[-\pi, \pi]$ 上展为傅里叶级数,且由此求 $\sum\limits_{n=1}^{\infty} \dfrac{1}{n^2}$ 的值. (北方交通大

学,1980)

解 由题设知 $f(x)$ 系偶函数,故

$$a_0 = \frac{2}{\pi} \int_0^\pi x^2 \mathrm{d}x = \frac{2}{3\pi} x^3 \Big|_0^\pi = \frac{2}{3} \pi^2$$

$$a_n = \frac{2}{\pi} \int_0^\pi x^2 \cos nx \, \mathrm{d}x = \frac{2}{\pi} \left[\frac{x^2}{n} \sin nx + \frac{2x}{n^2} \cos nx - \frac{2}{n^3} \sin nx \right]_0^\pi$$

$$= \frac{4}{n^2} \cos n\pi = (-1)^n \frac{4}{n^2} \quad n = 1, 2, \cdots$$

$$b_n = \frac{1}{\pi} \int_{-\pi}^\pi x^2 \sin x \, \mathrm{d}x = 0 \quad n = 1, 2, \cdots$$

因 $f(x)$ 在 $[-\pi, \pi]$ 上连续,且 $f(-\pi) = f(\pi)$,因此有展开式

$$x^2 = \frac{\pi^2}{3} + 4 \sum_{n=1}^\infty \frac{(-1)^n}{n^2} \cos nx \quad -\pi \leqslant x \leqslant \pi$$

令 $x = \pi$ 于上式,因 $\cos n\pi = (-1)^n$,故 $\sum\limits_{n=1}^\infty \frac{1}{n^2} = \frac{\pi}{6}$.

注 $\sum\limits_{n=1}^\infty \frac{1}{n^2} = \frac{\pi}{6}$ 是一个耐人寻味的结论,由此 $\pi = 6 \sum\limits_{n=1}^\infty \frac{1}{n^2}$ 是 π 的一种表达.类似的问题在下列院校试题中也曾出现:

(1) 利用 $f(x) = x^2$ 在 $(-\pi, \pi)$ 的傅里叶展开计算 $\sum\limits_{n=1}^\infty (-1)^{n+1} \frac{1}{n^2}$ 的值.(国防科技大学,1984)

(2)将 $f(x) = x^2$ 在 $[-\pi, \pi]$ 上展成傅里叶级数,且求 $\frac{\pi^2}{6}$ 和 $\frac{\pi^2}{12}$ 的展开式.(安徽工学院、大连轻工业学院,1982;上海海运学院,1984)

(3)已知 $f(x) = x^2, 0 < x < 2\pi$.①设周期为 2π,将 $f(x)$ 展为傅里叶级数;②由此证明 $\frac{1}{1^2} + \frac{1}{2^2} + \frac{1}{3^2} + \cdots + \frac{1}{n^2} + \cdots = \frac{\pi^2}{6}$;③进而求 $\int_0^1 \frac{\ln(1+x)}{x} \mathrm{d}x$.(兰州铁道学院,1980)

例2 将周期函数 $f(x) = \begin{cases} -1, & x \in [-\pi, 0) \\ 1, & x \in [0, \pi) \end{cases}$,展为傅里叶级数,且据此求周期函数 $f_1(x) = \begin{cases} a, & x \in [-\pi, 0) \\ b, & x \in [0, \pi) \end{cases}$,$f_2(x) = |x| \quad (-\pi < x < \pi)$ 的傅里叶级数,再求 $\sum\limits_{n=1}^\infty \frac{1}{(2n-1)^2}$.(东北工学院,1981)

解 $f(x)$ 是奇函数,故

$$a_n = 0 \quad n = 1, 2, \cdots$$

$$b_n = \frac{1}{\pi} \int_{-\pi}^\pi f(x) \sin nx \, \mathrm{d}x = \frac{2}{n\pi} [1 - (-1)^n] = \begin{cases} \frac{4}{n\pi}, & n = 1, 3, 5, \cdots, 2k+1, \cdots \\ 0, & n = 2, 4, 6, \cdots, 2k, \cdots \end{cases}$$

故

$$f(x) = \frac{4}{\pi} \sum_{n=1}^\infty \frac{\sin(2n-1)x}{2n-1} \quad -\infty < x < +\infty; x \neq 0, \pm\pi, \pm 2\pi, \cdots$$

注意到 $f_1(x) = \frac{a+b}{2} - \frac{a-b}{2} f(x)$,不难有

$$f_1(x) = \frac{a+b}{2} - \frac{2(a-b)}{\pi} \sum_{n=1}^\infty \frac{\sin(2n-1)x}{2n-1} \quad -\infty < x < +\infty; x \neq 0, \pm\pi, \pm 2\pi, \cdots$$

再由 $f_2(x) = \int_0^x f(x) \mathrm{d}x$,从而有

$$f_2(x) = \frac{4}{\pi} \int_0^x \left[\sum_{n=1}^\infty \frac{\sin(2n-1)x}{2n-1} \right] \mathrm{d}x = \frac{4}{\pi} \sum_{n=1}^\infty \int_0^x \frac{\sin(2n-1)x}{2n-1} \mathrm{d}x$$

$$= \frac{4}{\pi} \sum_{n=1}^{\infty} \frac{-1}{(2n-1)^2} \cos(2n-1)x + \frac{4}{\pi} \sum_{n=1}^{\infty} \frac{1}{(2n-1)^2}$$

最后,由 $f_2\left(\frac{\pi}{2}\right) = \frac{\pi}{2}$, 将 $x = \frac{\pi}{2}$ 代入上式可有

$$\frac{\pi}{2} = \frac{4}{\pi} \sum_{n=1}^{\infty} \frac{1}{(2n-1)^2}$$

故 $f_2(x)$ 的傅里叶级数为

$$f_2(x) = \frac{\pi}{2} - \frac{4}{\pi} \sum_{n=1}^{\infty} \frac{1}{(2n-1)^2} \cos(2n-1)x \quad -\pi < x < \pi$$

且求得 $\sum_{n=1}^{\infty} \frac{1}{(2n-1)^2} = \frac{\pi^2}{8}$.

注 1 $\sum_{n=1}^{\infty} \frac{1}{(2n-1)^2}$ 还可由 $f(x) = x$ 的傅里叶级数展开得到,例如:

将 $f(x) = x$ 在 $[-\pi, \pi]$ 上展为傅里叶级数,且求级数 $\sum_{n=1}^{\infty} \frac{1}{(2n-1)^2}$ 和.(北京农机学院、哈尔滨工业大学,1980)

注 2 由 $f(x) = |x|$ 在 $[-\pi, \pi]$ 上的傅里叶级数展开,还可求其他级数和:

将 $f(x) = |x|$ 在 $[-\pi, \pi]$ 上展为傅里叶级数,且求级数 $\sum_{n=1}^{\infty} \frac{1}{(2n)^2}$ 与 $\sum_{n=1}^{\infty} (-1)^{n-1} \frac{1}{n^2}$ 的和.(湖南大学,1982)

注 3 类似的提法还有:

判断 $\sum_{n=1}^{\infty} \frac{1}{(2n-1)^2}$ 收敛,且计算它的值.(武汉测绘学院,1982)

下面的问题貌似傅里叶级数问题,其实不然.

例 3 证明等式 $\sin x + \frac{\sin 3x}{3} + \cdots + \frac{\sin(2n-1)x}{2n-1} + \cdots = 1 - \frac{1}{3} + \frac{1}{5} - \cdots + (-1)^{n-1} \frac{1}{2n-1} + \cdots$ $(0 < x < \pi)$.(大连海运学院,1985)

证 记 $S_n = \sin x + \frac{\sin 3x}{3} + \cdots + \frac{\sin(2n-1)x}{2n-1}$.

考虑和式 $\sigma_n = \cos x + \cos 3x + \cdots + \cos(2n-1)x$,两边同乘 $2\sin x$,且利用积化和差后整理得 $\sigma_n = \frac{\sin 2nx}{2\sin x}$,两边从 $\frac{\pi}{2}$ 到 x 积分得

$$\int_{\frac{\pi}{2}}^{x} [\cos x + \cos 3x + \cdots + \cos(3n-1)x] \mathrm{d}x = \int_{\frac{\pi}{2}}^{x} \frac{\sin 2nx}{2\sin x} \mathrm{d}x$$

式左 $= \left[\sin x + \frac{\sin 3x}{3} + \cdots + \frac{\sin(2n-1)x}{2n-1} \right]_{\frac{\pi}{2}}^{x}$

$= \left[\sin x + \frac{\sin 3x}{3} + \cdots + \frac{\sin(2n-1)x}{2n-1} \right] - \left[1 - \frac{1}{3} + \frac{1}{5} - \cdots + (-1)^{n-1} \frac{1}{2n-1} \right]$

式右 $= -\frac{\cos 2nx}{4n\sin x} + \frac{\cos n\pi}{4n} - \int_{\frac{\pi}{2}}^{x} \frac{\cos 2nx \cos x}{4n\sin^2 x} \mathrm{d}x$

将它们代入前式,两边令 $n \to \infty$ 取极限

$$\text{式右} = \lim_{n \to \infty} \left[-\frac{\cos 2nx}{4n\sin x} + \frac{\cos n\pi}{4n} - \int_{\frac{\pi}{2}}^{x} \frac{\cos 2nx \cos x}{4n\sin^2 x} \mathrm{d}x \right] = 0$$

故 $\sin x + \frac{\sin 3x}{3} + \cdots + \frac{\sin(2n-1)x}{2n-1} + \cdots = 1 - \frac{1}{3} + \frac{1}{5} - \cdots + (-1)^{n-1} \frac{1}{2n-1} + \cdots$ $(0 < x < \pi)$

例 4 设 $f(x)$ 是以 2π 为周期的连续函数,且其傅里叶系数为 $a_n, b_n (n = 0, 1, 2, \cdots)$.(1)求 $f(x+l)$

(l 为常数)的傅里叶系数;(2)求积分 $\dfrac{1}{\pi}\displaystyle\int_{-\pi}^{\pi} f(t)\,f(x+t)\,\mathrm{d}t$ 的傅里叶系数,且以此证明

$$\frac{1}{\pi}\int_{-\pi}^{\pi} f^2(x)\,\mathrm{d}x = \frac{a_0^2}{2} + \sum_{n=1}^{\infty}(a_n^2 + b_n^2)$$

(哈尔滨工业大学,1984)

解 (1)设 $\tilde{a}_n,\tilde{b}_n$ 为 $f(x+l)$ 的傅里叶系数,则

$$\begin{aligned}
\tilde{a}_n &= \frac{1}{\pi}\int_{-\pi}^{\pi} f(x+l)\cos nx\,\mathrm{d}x \quad (\text{令 } x+l=t)\\
&= \frac{1}{\pi}\int_{-\pi+l}^{\pi+l} f(t)\cos n(t-l)\,\mathrm{d}t \quad (\text{利用 } \cos(\alpha+\beta) \text{ 公式})\\
&= \frac{1}{\pi}\int_{-\pi}^{\pi} f(t)\cos nt\cos nl\,\mathrm{d}t + \frac{1}{\pi}\int_{-\pi}^{\pi} f(t)\sin nt\sin nl\,\mathrm{d}t\\
&= a_n\cos nl + b_n\sin nl \quad (n=0,1,2,\cdots)
\end{aligned}$$

同理 $\tilde{b}_n = b_n\cos nl - b_n\sin nl \quad (n=1,2,3,\cdots)$.

(2)设 $F(x)=\dfrac{1}{\pi}\displaystyle\int_{-\pi}^{\pi} f(t)f(x+t)\,\mathrm{d}t$,且令其傅里叶系数为 A_n,B_n,则

$$A_0 = \frac{1}{\pi}\int_{-\pi}^{\pi} F(x)\,\mathrm{d}x = \frac{1}{\pi^2}\int_{-\pi}^{\pi}\mathrm{d}x\int_{-\pi}^{\pi} f(t)f(x+t)\,\mathrm{d}t = \frac{1}{\pi^2}\int_{-\pi}^{\pi} f(t)\,\mathrm{d}t\int_{-\pi}^{\pi} f(x+t)\,\mathrm{d}x = a_0^2$$

$$\begin{aligned}
A_n &= \frac{1}{\pi}\int_{-\pi}^{\pi} F(x)\cos nx\,\mathrm{d}x = \frac{1}{\pi^2}\int_{-\pi}^{\pi}\cos nx\,\mathrm{d}x\int_{-\pi}^{\pi} f(t)f(x+t)\,\mathrm{d}t\\
&= \frac{1}{\pi^2}\int_{-\pi}^{\pi} f(t)\,\mathrm{d}t\int_{-\pi}^{\pi} f(x+t)\cos nx\,\mathrm{d}x = \frac{1}{\pi^2}\int_{-\pi}^{\pi}[a_n f(t)\cos nt + b_n f(t)\sin nt]\,\mathrm{d}t\\
&= a_n^2 + b_n^2
\end{aligned}$$

类似地可有 $B_n = a_n b_n - b_n a_n = 0 \quad (n=0,1,2,\cdots)$.

注意到 $F(x)$ 也是以 2π 为周期的连续函数,故

$$\frac{1}{\pi}\int_{-\pi}^{\pi} f(t)f(x+t)\,\mathrm{d}t = \frac{a_0^2}{2} + \sum_{n=1}^{\infty}(a_n^2 + b_n^2)\cos nx$$

在上式中令 $x=0$,可有

$$\frac{1}{\pi}\int_{-\pi}^{\pi} f^2(x)\,\mathrm{d}x = \frac{a_0^2}{2} + \sum_{n=1}^{\infty}(a_n^2 + b_n^2)$$

注 类似的问题和提法再如:

设级数 $\dfrac{a_0}{2} + \displaystyle\sum_{n=1}^{\infty}(a_n\cos nx + b_n\sin nx)$ 在 $[-\pi,\pi]$ 上绝对一致收敛于 $f(x)$,试证等式

$$\frac{1}{\pi}\int_{-\pi}^{\pi} f^2(x)\,\mathrm{d}x = \frac{a_0^2}{2} + \sum_{n=1}^{\infty}(a_n^2 + b_n^2)$$

(南京气象学院,1984)

1987～2012 年部分

(一) 填空题

1. 数项级数求和

题 1 (1993 数学 ③)级数 $\displaystyle\sum_{n=0}^{\infty}\dfrac{(\ln 3)^n}{2^n}$ 的和为_____.

解 题设级数公比 $q = \dfrac{\ln 3}{2} < 1$,因此

$$\sum_{n=0}^{\infty} \frac{(\ln 3)^n}{2^n} = \sum_{n=0}^{\infty} \left(\frac{\ln 3}{2}\right)^n = \frac{1}{1 - \frac{\ln 3}{2}} = \frac{2}{2 - \ln 3}$$

题 2 （1999 数学 ③）$\sum_{n=1}^{\infty} n\left(\frac{1}{2}\right)^{n-1} =$ _____.

解 对 $\sum_{n=0}^{\infty} x^n = \frac{1}{1-x}$ 两边求导，得 $\sum_{n=1}^{\infty} nx^{n-1} = \frac{1}{(1-x)^2}$. 令 $x = \frac{1}{2}$，由无穷递缩等比数列求和公式得

$$\sum_{n=1}^{\infty} n\left(\frac{1}{2}\right)^{n-1} = \frac{1}{\left(1 - \frac{1}{2}\right)^2} = 4$$

2. 幂级数问题

题 1 （1989 数学 ③）幂级数 $\sum_{n=0}^{\infty} \frac{x^n}{\sqrt{n+1}}$ 的收敛域是 _____.

解 依公式，题设幂级数收敛半径为

$$R = \lim_{n \to \infty} \left|\frac{a_n}{a_{n+1}}\right| = \lim_{n \to \infty} \frac{\frac{1}{\sqrt{n+1}}}{\frac{1}{\sqrt{n+2}}} = \lim_{n \to \infty} \frac{\sqrt{n+2}}{\sqrt{n+1}} = 1$$

当 $x = 1$ 时，级数为 $\sum_{n=0}^{\infty} \frac{1}{\sqrt{n+1}}$.

因为 $\frac{1}{\sqrt{n+1}} \sim \frac{1}{n^{\frac{1}{2}}}$，而 $\sum_{n=0}^{\infty} \frac{1}{n^{\frac{1}{2}}}$ 发散，所以 $\sum_{n=0}^{\infty} \frac{1}{\sqrt{n+1}}$ 发散.

当 $x = -1$ 时，级数变为 $\sum_{n=0}^{\infty} \frac{(-1)^n}{\sqrt{n+1}}$.

因为 $a_n = \frac{1}{\sqrt{n+1}} > \frac{1}{\sqrt{n+2}} = a_{n+1}$，且 $\lim_{n \to \infty} a_n = 0$，所以 $\sum_{n=0}^{\infty} \frac{(-1)^n}{\sqrt{n+1}}$ 收敛.

故题设级数收敛域为 $[1, 1)$.

题 2 （1995 数学 ①）幂级数 $\sum_{n=1}^{\infty} \frac{n}{2^n + (-3)^n} x^{2n-1}$ 的收敛半径 $R =$ _____.

解 令 $u_n(x) = \frac{n}{2^n + (-3)^n} x^{2n-1}$，则有

$$\lim_{n \to \infty} \left|\frac{u_{n+1}(x)}{u_n(x)}\right| = \lim_{n \to \infty} \left|\frac{(n+1)[2^n + (-3)^n]}{n[2^{n+1} + (-3)^{n+1}]}\right| \cdot |x^2| = \frac{|x^2|}{3}$$

当 $\frac{|x^2|}{3} < 1$，即 $|x| < \sqrt{3}$ 时级数绝对收敛. 故 $R = \sqrt{3}$.

题 3 （1997①） 若 设 幂 级 数 $\sum_{n=0}^{\infty} a_n x^n$ 的 收 敛 半 径 为 3， 则 幂 级 数 $\sum_{n=1}^{\infty} na_n (x-1)^{n-1}$ 的收敛区间为 _____.

解 因级数 $\sum_{n=0}^{\infty} a_n x^n$，$\sum_{n=1}^{\infty} na_n x^{n-1}$ 和 $\sum_{n=1}^{\infty} na_n x^{n+1}$ 收敛半径相同，从而 $\sum_{n=1}^{\infty} na_n (x-1)^{n-1}$ 的收敛半径与 $\sum_{n=1}^{\infty} a_n (x-1)^n$ 的相同，因此所求级数收敛区间为 $|x-1| < 3$，即 $(-2, 4)$.

题 4 （1992③）级数 $\sum_{n=1}^{\infty} \frac{(x-2)^{2n}}{n4^n}$ 的收敛区域为 _____.

解　设 $u_n(x) = \dfrac{(x-2)^{2n}}{n4^n}$，则由比值判敛法，当

$$\lim_{n \to \infty}\left|\frac{u_{n+1}(x)}{u_n(x)}\right| = \lim_{n \to \infty}\left|\frac{(x-2)^{2n+2}}{(n+1)4^{n+1}} \cdot \frac{n4^n}{(x-2)^{2n}}\right| = \frac{1}{4}|x-2|^2 < 1$$

时，原级数收敛，即当 $0 < x < 4$ 时原级数收敛.

当 $x = 0$ 和 $x = 4$ 时，级数均为 $\sum\limits_{n=1}^{\infty}\dfrac{1}{n}$，发散，故收敛域为 $(0,4)$.

3. 傅里叶级数问题

题 1　(2003①) 设 $x^2 = \sum\limits_{n=0}^{\infty}a_n\cos nx\ (-\pi \leqslant x \leqslant \pi)$，则 $a_2 = $ _____.

解　根据余弦级数的定义，有

$$a_2 = \frac{2}{\pi}\int_0^{\pi}x^2 \cdot \cos 2x\,\mathrm{d}x = \frac{1}{\pi}\int_0^{\pi}x^2\,\mathrm{d}\sin 2x = \frac{1}{\pi}\left[x^2\sin 2x\Big|_0^{\pi} - \int_0^{\pi}\sin 2x \cdot 2x\,\mathrm{d}x\right]$$

$$= \frac{1}{\pi}\int_0^{\pi}x\,\mathrm{d}\cos 2x = \frac{1}{\pi}\left[x\cos 2x\Big|_0^{\pi} - \int_0^{\pi}\cos 2x\,\mathrm{d}x\right] = 1$$

题 2　(1993①) 设函数 $f(x) = \pi x + x^2\ (-\pi < x < \pi)$ 的傅里叶级数展开式为 $\dfrac{a_0}{2} + \sum\limits_{n=1}^{\infty}(a_n\cos nx + b_n\sin nx)$，则其中系数 b_3 的值为 _____.

解　由傅里叶系数公式 $b_n = \dfrac{1}{\pi}\int_{-\pi}^{\pi}(\pi x + x^2)\sin nx\,\mathrm{d}x$，可得 $b_3 = \dfrac{2}{3}\pi$ (注意 $\int_{-\pi}^{\pi}x\sin 3x\,\mathrm{d}x = 0$).

题 3　(1988①) 设 $f(x)$ 是周期为 2 的周期函数，它在区间 $(-1,1]$ 上的定义为

$$f(x) = \begin{cases} 2, & -1 < x \leqslant 0 \\ x^3, & 0 < x \leqslant 1 \end{cases}$$

则 $f(x)$ 的傅里叶级数在 $x = 1$ 处收敛于 _____.

解　由题设 $f(x)$ 是分段连续可微函数，如图 2 所示，$x = 1$
是 $f(x)$ 的间断点

$$f(1-0) = 1, \quad f(1+0) = 2$$

根据迪利克雷定理，级数在 $x = 1$ 处收敛于

$$\frac{1}{2}\big[f(1-0) + f(1+0)\big] = \frac{3}{2}$$

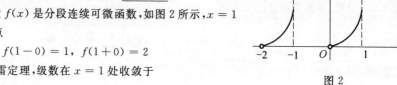

图 2

题 4　(1992①) 设 $f(x) = \begin{cases} -1, & -\pi < x \leqslant 0 \\ 1+x^2, & 0 < x \leqslant \pi \end{cases}$，则其以 2π 为周期的傅里叶级数在点 $x = \pi$ 处收

敛于 _____.

解　画出 $f(x)$ 的图形(这里略)，又由题设，于是 $f(\pi-0) = 1+\pi^2$，$f(\pi+0) = -1$，故所求值为

$$\frac{1}{2}\big[f(\pi-0) + f(\pi+0)\big] = \frac{\pi^2}{2}$$

(二) 选择题

1. 数项级数和及判敛

题 1　(1991①) 已知级数 $\sum\limits_{n=1}^{\infty}(-1)^{n-1}a_n = 2$，$\sum\limits_{n=1}^{\infty}a_{2n-1} = 5$，则级数 $\sum\limits_{n=1}^{\infty}a_n$ 等于　　　　(　　)

(A) 3　　　　　　(B) 7　　　　　　(C) 8　　　　　　(D) 9

解 1　将两组数改写为

$$a_1 - a_2 + a_3 - a_4 + a_5 - \cdots = 2 \tag{①}$$

$$a_1 \qquad +a_3 \qquad +a_5+\cdots=5 \qquad\qquad ②$$

设 a 和 b 为待定数,由式 ① $\times a +$ 式 ② $\times b$ 得

$$(a+b)a_1-aa_2+(a+b)a_3+\cdots=2a+5b$$

为使式左形如 $\sum\limits_{n=1}^{\infty}a_n$,只需令 $a+b=1,-a=1.$

由此解得 $a=-1,b=2$,则

$$\sum_{n=1}^{\infty}a_n=2\times(-1)+5\times 2=8$$

故选(C).

解 2 注意到 $\sum\limits_{n=1}^{\infty}a_n=2\sum\limits_{n=1}^{\infty}a_{2n-1}-\sum\limits_{n=1}^{\infty}(-1)^{n-1}a_n$,故 $\sum\limits_{n=1}^{\infty}a_n=2\times5-2=8.$

题 2 (2000①) 设级数 $\sum\limits_{n=1}^{\infty}u_n$ 收敛,则必收敛的级数为 $\qquad$ ( )

(A) $\sum\limits_{n=1}^{\infty}(-1)^n\dfrac{u_n}{n}$ $\qquad$ (B) $\sum\limits_{n=1}^{\infty}u_n^2$ $\qquad$ (C) $\sum\limits_{n=1}^{\infty}(u_{2n-1}-u_{2n})$ $\qquad$ (D) $\sum\limits_{n=1}^{\infty}(u_n+u_{n+1})$

解 因级数 $\sum\limits_{n=1}^{\infty}u_n$ 收敛则 $\sum\limits_{n=1}^{\infty}u_{n+1}$ 仅比前者少出一项 u_1,知其亦收敛,又两收敛级数之和仍收敛.
故选(D).

题 3 (2002①) 若设 $u_n\neq 0(n=1,2,3,\cdots)$,并且极限 $\lim\limits_{n\to\infty}\dfrac{n}{u_n}=1$,则级数 $\sum\limits_{n=1}^{\infty}(-1)^{n+1}\left(\dfrac{1}{u_n}+\dfrac{1}{u_{n+1}}\right)$

$\qquad$ ( )

(A) 发散 $\qquad$ (B) 绝对收敛 $\qquad$ (C) 条件收敛 $\qquad$ (D) 收敛性根据所给条件不能判定

解 先用特值法. 取 $u_n=n$,可立即排除(A),(B) 选项.

级数 $\sum\limits_{n=1}^{\infty}(-1)^{n+1}\left(\dfrac{1}{u_n}+\dfrac{1}{u_{n+1}}\right)$ 的部分和数列

$$S_n=\left(\frac{1}{u_1}+\frac{1}{u_2}\right)-\left(\frac{1}{u_2}+\frac{1}{u_3}\right)+\cdots+(-1)^{n+1}\left(\frac{1}{u_n}+\frac{1}{u_{n+1}}\right)$$

$$=\frac{1}{u_1}+(-1)^{n+1}\frac{1}{u_{n+1}}\to\frac{1}{u_1} \quad 当\ n\to\infty\ 时$$

故选(C).

题 4 (2004①) 设 $\sum\limits_{n=1}^{\infty}a_n$ 为正项级数,下列结论中正确的是 $\qquad$ ( )

(A) 若 $\lim\limits_{n\to\infty}na_n=0$,则级数 $\sum\limits_{n=1}^{\infty}a_n$ 收敛

(B) 若存在非零常数 λ,使得 $\lim\limits_{n\to\infty}na_n=\lambda$,则级数 $\sum\limits_{n=1}^{\infty}a_n$ 发散

(C) 若级数 $\sum\limits_{n=1}^{\infty}a_n$ 收敛,则 $\lim\limits_{n\to\infty}n^2a_n=0$

(D) 若级数 $\sum\limits_{n=1}^{\infty}a_n$ 发散,则存在非零常数 λ,使得 $\lim\limits_{n\to\infty}na_n=\lambda$

解 (特值法) 取 $a_n=\dfrac{1}{n\ln n}$, 则 $\lim\limits_{n\to\infty}na_n=0$, 但 $\sum\limits_{n=1}^{\infty}a_n=\sum\limits_{n=1}^{\infty}\dfrac{1}{n\ln n}$ 发散

(因为 $\int_e^{+\infty}\dfrac{dx}{x\ln x}=\ln\ln x\Big|_e^{+\infty}=+\infty$),排除选项(A),(D);

又取 $a_n = \dfrac{1}{n\sqrt{n}}$，则级数 $\displaystyle\sum_{n=1}^{\infty} a_n$ 收敛，但 $\displaystyle\sum_{n=1}^{\infty} n^2 a_n = \infty$，排除选项(C).

故选(B).

题5 （2003③）设 $p_n = \dfrac{a_n + |a_n|}{2}$，$q_n = \dfrac{a_n - |a_n|}{2}$，$n = 1, 2, \cdots$，则下列命题正确的是 （　　）

(A) 若 $\displaystyle\sum_{n=1}^{\infty} a_n$ 条件收敛，则 $\displaystyle\sum_{n=1}^{\infty} p_n$ 与 $\displaystyle\sum_{n=1}^{\infty} q_n$ 都收敛

(B) 若 $\displaystyle\sum_{n=1}^{\infty} a_n$ 绝对收敛，则 $\displaystyle\sum_{n=1}^{\infty} p_n$ 与 $\displaystyle\sum_{n=1}^{\infty} q_n$ 都收敛

(C) 若 $\displaystyle\sum_{n=1}^{\infty} a_n$ 条件收敛，则 $\displaystyle\sum_{n=1}^{\infty} p_n$ 与 $\displaystyle\sum_{n=1}^{\infty} q_n$ 敛散性都不定

(D) 若 $\displaystyle\sum_{n=1}^{\infty} a_n$ 绝对收敛，则 $\displaystyle\sum_{n=1}^{\infty} p_n$ 与 $\displaystyle\sum_{n=1}^{\infty} q_n$ 敛散性都不定

解 若 $\displaystyle\sum_{n=1}^{\infty} a_n$ 绝对收敛，即 $\displaystyle\sum_{n=1}^{\infty} |a_n|$ 收敛，当然也有级数 $\displaystyle\sum_{n=1}^{\infty} a_n$ 收敛.

再根据 $p_n = \dfrac{a_n + |a_n|}{2}$，$q_n = \dfrac{a_n - |a_n|}{2}$ 及收敛级数的运算性质知，级数 $\displaystyle\sum_{n=1}^{\infty} p_n$ 与 $\displaystyle\sum_{n=1}^{\infty} q_n$ 都收敛.

故选(B).

题6 （2004③）设有下列命题：

(1) 若 $\displaystyle\sum_{n=1}^{\infty} (u_{2n-1} + u_{2n})$ 收敛，则 $\displaystyle\sum_{n=1}^{\infty} u_n$ 收敛. (2) 若 $\displaystyle\sum_{n=1}^{\infty} u_n$ 收敛，则 $\displaystyle\sum_{n=1}^{\infty} u_{n+1\,000}$ 收敛.

(3) 若 $\displaystyle\lim_{n\to\infty} \dfrac{u_{n+1}}{u_n} > 1$，则 $\displaystyle\sum_{n=1}^{\infty} u_n$ 发散. (4) 若 $\displaystyle\sum_{n=1}^{\infty} (u_n + v_n)$ 收敛，则 $\displaystyle\sum_{n=1}^{\infty} u_n$，$\displaystyle\sum_{n=1}^{\infty} v_n$ 都收敛.

则以上命题中正确的是 （　　）

(A)(1)、(2) 　　(B)(2)、(3) 　　(C)(3)、(4) 　　(D)(1)、(4)

解 命题(1)显然不真，比如令 $u_n = (-1)^n$，则级数 $\displaystyle\sum_{n=1}^{\infty} (u_{2n-1} + u_{2n})$ 收敛，而级数 $\displaystyle\sum_{n=1}^{\infty} u_n$ 发散.

命题(2)正确，因为改变、增加或减少级数的有限项，不改变级数的敛散性.

命题(3)正确，因为由 $\displaystyle\lim_{n\to\infty} \dfrac{u_{n+1}}{u_n} > 1$ 可得到 u_n 不趋向于零（$n \to \infty$ 时），所以级数 $\displaystyle\sum_{n=1}^{\infty} u_n$ 发散.

命题(4)不真，如令 $u_n = \dfrac{1}{n}$，$v_n = -\dfrac{1}{n}$，显然 $\displaystyle\sum_{n=1}^{\infty} u_n$，$\displaystyle\sum_{n=1}^{\infty} v_n$ 都发散，而级数 $\displaystyle\lim_{n\to\infty}(u_n + v_n)$ 收敛.

正确的命题为(2)和(3)，故选(B).

题7 （1996③）下列各选项正确的是 （　　）

(A) 若 $\displaystyle\sum_{n=1}^{\infty} u_n^2$ 和 $\displaystyle\sum_{n=1}^{\infty} v_n^2$ 都收敛，则 $\displaystyle\sum_{n=1}^{\infty} (u_n + v_n)^2$ 收敛

(B) 若 $\displaystyle\sum_{n=1}^{\infty} |u_n v_n|$ 收敛，则 $\displaystyle\sum_{n=1}^{\infty} u_n^2$ 与 $\displaystyle\sum_{n=1}^{\infty} v_n^2$ 都收敛

(C) 若正项级数 $\displaystyle\sum_{n=1}^{\infty} u_n$ 发散，则 $u_n \geqslant \dfrac{1}{n}$

(D) 若级数 $\displaystyle\sum_{n=1}^{\infty} u_n$ 收敛，且 $u_n \geqslant v_n (n = 1, 2, \cdots)$，则级数 $\displaystyle\sum_{n=1}^{\infty} v_n$ 也收敛

解 因为 $(u_n + v_n)^2 = u_n^2 + v_n^2 + 2u_n v_n$，而 $|u_n v_n| \leqslant \dfrac{1}{2}(u_n^2 + v_n^2)$，所以若 $\displaystyle\sum_{n=1}^{\infty} u_n^2$ 和 $\displaystyle\sum_{n=1}^{\infty} v_n^2$ 收敛，则

$\sum\limits_{n=1}^{\infty} 2u_n v_n$ 收敛,从而 $\sum\limits_{n=1}^{\infty}(u_n+v_n)^2$ 收敛.

故选(A).

题 8 (1991③) 设 $0 \leqslant a_n < \dfrac{1}{n}(n=1,2,\cdots)$,则下列级数中肯定收敛的是 (   )

(A) $\sum\limits_{n=1}^{\infty} a_n$ (B) $\sum\limits_{n=1}^{\infty}(-1)^n a_n$ (C) $\sum\limits_{n=1}^{\infty} \sqrt{a_n}$ (D) $\sum\limits_{n=1}^{\infty}(-1)^n a_n^2$

解 因 $|(-1)^n a_n^2| = a_n^2 < \dfrac{1}{n^2}$,而级数 $\sum\limits_{n=1}^{\infty} \dfrac{1}{n}$ 收敛,故级数 $\sum\limits_{n=1}^{\infty}(-1)^n a_n^2$ 绝对收敛.

故选(D).

题 9 (1987①) 设常数 $k > 0$,则级数 $\sum\limits_{n=1}^{\infty}(-1)^n \dfrac{k+n}{n^2}$ (   )

(A) 发散   (B) 绝对收敛

(C) 条件收敛   (D) 收敛或发散与 k 的取值有关

解 因为 $\left|(-1)^n \dfrac{k+n}{n^2}\right| = \dfrac{k+n}{n^2} \sim \dfrac{1}{n}$,所以原级数不绝对收敛.

又因为 $\sum\limits_{n=1}^{\infty}(-1)^n \dfrac{k}{n^2}$ 和 $\sum\limits_{n=1}^{\infty}(-1)^n \dfrac{1}{n}$ 都收敛,所以原级数为条件收敛.

故选(C).

题 10 (1994①③) 设给定常数 $\lambda > 0$,而级数 $\sum\limits_{n=1}^{\infty} a_n^2$ 收敛,则级数 $\sum\limits_{n=1}^{\infty}(-1)^n \dfrac{|a_n|}{\sqrt{n^2+\lambda}}$ (   )

(A) 发散   (B) 条件收敛   (C) 绝对收敛   (D) 收敛性与 λ 有关

解 由算术-几何平均值不等式有 $\dfrac{|a_n|}{\sqrt{n^2+\lambda}} \leqslant \dfrac{1}{2}\left(a_n^2 + \dfrac{1}{n^2+\lambda}\right)$,而 $\sum\limits_{n=1}^{\infty} a_n^2$ 与 $\sum\limits_{n=1}^{\infty} \dfrac{1}{n^2+\lambda}$ 收敛,所以

$\sum\limits_{n=1}^{\infty}\left(a_n^2 + \dfrac{1}{\sqrt{n^2+\lambda}}\right)$ 收敛,故原级数绝对收敛.

故选(C).

题 11 (1992①) 级数 $\sum\limits_{n=1}^{\infty}(-1)^n\left(1-\cos\dfrac{\alpha}{n}\right)$(常数 $\alpha > 0$) (   )

(A) 发散   (B) 条件收敛   (C) 绝对收敛   (D) 收敛性与 α 有关

解 因 $\left|(-1)^n\left(1-\cos\dfrac{\alpha}{n}\right)\right| = 1-\cos\dfrac{\alpha}{n} \sim \dfrac{1}{2}\left(\dfrac{\alpha}{n}\right)^2$,而 $\sum\limits_{n=1}^{\infty} \dfrac{\alpha^2}{2n^2}$ 是收敛的,所以级数

$\sum\limits_{n=1}^{\infty}\left(1-\cos\dfrac{\alpha}{n}\right)$ 收敛.故原级数绝对收敛.

故选(C).

题 12 (1990①) 设 α 为常数,则级数 $\sum\limits_{n=1}^{\infty}\left[\dfrac{\sin(n\alpha)}{n^2} - \dfrac{1}{\sqrt{n}}\right]$ (   )

(A) 绝对收敛   (B) 条件收敛   (C) 发散   (D) 收敛性与 α 的取值有关

解 因为 $\left|\dfrac{\sin(n\alpha)}{n^2}\right| \leqslant \dfrac{1}{n^2}$,所以 $\sum \dfrac{\sin(n\alpha)}{n^2}$(绝对)收敛,而 $\sum\limits_{n=1}^{\infty} \dfrac{1}{\sqrt{n}}$ 发散,故原级数发散.

故选(C).

题 13 (1995①) 设 $u_n = (-1)^n \ln\left(1+\dfrac{1}{\sqrt{n}}\right)$,则级数 (   )

(A) $\sum\limits_{n=1}^{\infty} u_n$ 与 $\sum\limits_{n=1}^{\infty} u_n^2$ 都收敛   (B) $\sum\limits_{n=1}^{\infty} u_n$ 与 $\sum\limits_{n=1}^{\infty} u_n^2$ 都发散

(C) $\sum\limits_{n=1}^{\infty} u_n$ 收敛而 $\sum\limits_{n=1}^{\infty} u_n^2$ 发散   (D) $\sum\limits_{n=1}^{\infty} u_n$ 发散而 $\sum\limits_{n=1}^{\infty} u_n^2$ 收敛

解 因为 $|u_n| = \ln\left(1 + \dfrac{1}{\sqrt{n}}\right) \to 0$（当 $n \to \infty$ 时），且 $|u_n| \geqslant |u_{n+1}|$，所以交错级数 $\sum\limits_{n=1}^{\infty} u_n$ 收敛.

又因为 $u_n^2 = \ln^2\left(1 + \dfrac{1}{\sqrt{n}}\right) \sim \dfrac{1}{n}$，所以 $\sum\limits_{n=1}^{\infty} u_n^2$ 发散.

故选(C).

题 14 （1996①）设 $a_n > 0 (n = 1, 2, 3, \cdots)$ 且 $\sum\limits_{n=1}^{\infty} a_n$ 收敛，常数 $\lambda \in \left(0, \dfrac{\pi}{2}\right)$，则 $\sum\limits_{n=1}^{\infty} (-1)^n \cdot$

$\left(n\tan\dfrac{\lambda}{n}\right)a_{2n}$ (   )

(A) 绝对收敛   (B) 条件收敛   (C) 发散   (D) 敛散性与 λ 有关

解 因为 $\left(n\tan\dfrac{\lambda}{n}\right)a_{2n} \sim \lambda a_{2n}$，而 $\sum\limits_{n=1}^{\infty} a_{2n}$ 是收敛的，所以原级数绝对收敛.

故选(A).

题 15 （2007①②）设函数 $f(x)$ 在 $(0, +\infty)$ 上具有二阶导数，且 $f''(x) > 0$，令 $u_n = f(n) = 1$, $2, \cdots, n$，则下列结论正确的是

(A) 若 $u_1 > u_2$，则 $\{u_n\}$ 必收敛   (B) 若 $u_1 > u_2$，则 $\{u_n\}$ 必发散

(C) 若 $u_1 < u_2$，则 $\{u_n\}$ 必收敛   (D) 若 $u_1 < u_2$，则 $\{u_n\}$ 必发散

解 函数 $f_1(x) = -\sqrt{x}$，$f_2(x) = \dfrac{1}{x}$，$f_3(x) = x^2$ 都在 $(0, +\infty)$ 上有大于零的二阶导数.

对 $f_1(x)$ 有 $u_1 = -1 > -\sqrt{2} = u_2$，但 $\{u_n\} = \{-\sqrt{n}\}$ 发散，排除选项(A).

对 $f_2(x)$ 有 $u_1 = 1 > \dfrac{1}{2} = u_2$，但 $\{u_n\} = \left\{\dfrac{1}{n}\right\}$ 收敛，排除选项(B).

对 $f_3(x)$ 有 $u_1 = 1 < 4 = u_2$，但 $\{u_n\} = \{n^2\}$ 发散，排除选项(C).

因此本题选(D).

2. 幂级数问题

题 1 （2002③）设幂级数 $\sum\limits_{n=1}^{\infty} a_n x^n$ 与 $\sum\limits_{n=1}^{\infty} b_n x^n$ 的收敛半径分别为 $\dfrac{\sqrt{5}}{3}$ 与 $\dfrac{1}{3}$，则幂级数 $\sum\limits_{n=1}^{\infty} \dfrac{a_n^2}{b_n^2} x^n$ 的收

敛半径为   (   )

(A) 5   (B) $\dfrac{\sqrt{5}}{3}$ (C) $\dfrac{1}{3}$ (D) $\dfrac{1}{5}$

解 （特值法）设以下所列极限均存在.

若 $\sum\limits_{n=1}^{\infty} a_n x^n$ 的收敛半径为

$$R_a = \lim_{n \to \infty} \left|\frac{a_n}{a_{n+1}}\right| = \frac{\sqrt{5}}{3}$$

且 $\sum\limits_{n=1}^{\infty} b_n x^n$ 的收敛半径为

$$R_b = \lim_{n \to \infty} \left|\frac{b_n}{b_{n+1}}\right| = \frac{1}{3}$$

则 $\sum\limits_{n=1}^{\infty} \dfrac{a_n^2}{b_n^2} x^n$ 的收敛半径为

$$R = \lim_{n \to \infty} \left|\frac{a_n^2}{b_n^2} \middle/ \frac{a_{n+1}^2}{b_{n+1}^2}\right| = \frac{R_a^2}{R_b^2} = 5$$

故选(A).

题 2 (1988①) 若 $\sum\limits_{n=1}^{\infty} a_n(x-1)^n$ 在 $x = -1$ 处收敛,则此级数在 $x = 2$ 处   (   )

(A) 条件收敛   (B) 绝对收敛   (C) 发散   (D) 收敛性不能确定

解 设 $t = x - 1$,题设级数变为 $\sum\limits_{n=1}^{\infty} a_n t^n$. 由题设,当 $t = -1-1 = -2$ 时级数收敛.

根据阿贝尔定理,级数 $\sum\limits_{n=1}^{\infty} a_n t^n$ 在 $|t| < 2$ 时绝对收敛.

因此,当 $x = 2$ 时,$t = 2-1 = 1$ 在收敛区间内.

故选(B).

3. 傅里叶级数问题

题 1 (1989①) 设函数 $f(x) = x^2, 0 \leqslant x < 1$,而

$$S(x) = \sum_{n=1}^{\infty} b_n \sin n\pi x \quad -\infty < x < +\infty$$

其中 $b_n = 2\int_0^1 f(x) \sin n\pi x \, dx, n = 1, 2, 3, \cdots$,则 $S\left(-\dfrac{1}{2}\right)$ 等于   (   )

(A) $-\dfrac{1}{2}$ (B) $-\dfrac{1}{4}$ (C) $\dfrac{1}{4}$ (D) $\dfrac{1}{2}$

解 因为 $S(x)$ 是正弦级数,所以题设傅里叶级数是对 $f(x)$ 在 $(-1,0)$ 上作奇延拓后展开而得到的. 于是和函数 $S(x)$ 在一个周期内的表达式为

$$S(x) = \begin{cases} x^2, & 0 < x < 1 \\ -x^2, & -1 < x < 0 \\ 0, & x = \pm 1 \end{cases}$$

则 $S\left(-\dfrac{1}{2}\right) = -\left(-\dfrac{1}{2}\right)^2 = -\dfrac{1}{4}$.

故选(B).

题 2 (1999①) 设 $f(x) = \begin{cases} x, & 0 \leqslant x \leqslant \dfrac{1}{2} \\ 2-2x, & \dfrac{1}{2} < x < 1 \end{cases}$,又

$$S(x) = \dfrac{a_0}{2} + \sum_{n=1}^{\infty} a_n \cos n\pi x \quad -\infty < x < +\infty$$

其中 $a_n = 2\int_0^1 f(x) \cos n\pi x \, dx (n = 0, 1, 2, \cdots)$,则 $S\left(-\dfrac{5}{2}\right)$ 等于   (   )

(A) $\dfrac{1}{2}$ (B) $-\dfrac{1}{2}$ (C) $\dfrac{3}{4}$ (D) $-\dfrac{3}{4}$

解 若先画出 $f(x)$ 的图形,然后再画出将 $f(x)$ 进行偶延拓后的图形(略),特别是在点 $x = -\dfrac{5}{2}$ 处的两边各画出一个周期的图形后可看出

$$f\left(-\dfrac{5}{2} - 0\right) = 1, \quad f\left(-\dfrac{5}{2} + 0\right) = \dfrac{1}{2}$$

从而 $S\left(-\dfrac{5}{2}\right) = \dfrac{1}{2}\left[f\left(-\dfrac{5}{2} - 0\right) + f\left(-\dfrac{5}{2} + 0\right)\right] = \dfrac{3}{4}$

故选(C).

（三）计算证明题

1. 数项级数判敛

题 1 (1988③) 讨论级数 $\sum\limits_{n=1}^{\infty} \dfrac{(n+1)!}{n^{n+1}}$ 的敛散性.

解 令 $u_n = \dfrac{(n+1)!}{n^{n+1}}$,则由比值法有

$$\lim_{n\to\infty} \frac{u_{n+1}}{u_n} = \lim_{n\to\infty} \frac{(n+2)!}{(n+1)^{n+2}} \cdot \frac{n^{n+1}}{(n+1)!} = \lim_{n\to\infty} \frac{(n+2)n}{(n+1)^2} \cdot \frac{1}{\left(1+\dfrac{1}{n}\right)^n} = \frac{1}{e} < 1$$

故由比值判敛法知,所给级数收敛.

题 2 (1988③) 已知级数 $\sum\limits_{n=1}^{\infty} a_n^2$ 和 $\sum\limits_{n=1}^{\infty} b_n^2$ 都收敛,试证明级数 $\sum\limits_{n=1}^{\infty} a_n b_n$ 绝对收敛.

证 由不等式 $|a_n b_n| \leqslant \dfrac{1}{2}(a_n^2 + b_n^2)$ 以及 $\sum\limits_{n=1}^{\infty} a_n^2$ 和 $\sum\limits_{n=1}^{\infty} b_n^2$ 都收敛的题设可知,级数 $\sum\limits_{n=1}^{\infty} |a_n b_n|$ 收敛,从而级数 $\sum\limits_{n=1}^{\infty} a_n b_n$ 绝对收敛.

题 3 (1997①) 设 $a_1 = 2$,且 $a_{n+1} = \dfrac{1}{2}\left(a_n + \dfrac{1}{a_n}\right)$ $(n=1,2,\cdots)$. 证明:

(1) $\lim\limits_{n\to\infty} a_n$ 存在;(2) 级数 $\sum\limits_{n=1}^{\infty} \left(\dfrac{a_n}{a_{n+1}} - 1\right)$ 收敛.

证 (1) 因 $a_{n+1} = \dfrac{1}{2}\left(a_n + \dfrac{1}{a_n}\right) \geqslant \sqrt{a_n \cdot \dfrac{1}{a_n}} = 1$,又

$$a_{n+1} - a_n = \frac{1}{2}\left(a_n - \frac{1}{a_n}\right) = \frac{1 - a_n^2}{2a_n} \leqslant 0$$

故 $\{a_n\}$ 为单调递减有界(下界)数列,知 $\lim\limits_{n\to\infty} a_n$ 存在.

(2) 由(1) 知 $0 \leqslant \dfrac{a_n}{a_{n+1}} - 1 = \dfrac{a_n - a_{n+1}}{a_{n+1}} \leqslant a_n - a_{n+1}$.

记 $S_n = \sum\limits_{k=1}^{n} (a_k - a_{k+1}) = a_1 - a_{n+1}$,因 $\lim\limits_{n\to\infty} a_{n+1}$ 存在,故 $\lim\limits_{n\to\infty} S_n$ 存在,所以级数 $\sum\limits_{k=1}^{n} (a_n - a_{n+1})$ 收敛.

由比较判敛法知级数 $\sum\limits_{n=1}^{\infty} \left(\dfrac{a_n}{a_{n+1}} - 1\right)$ 收敛.

题 4 (1998①) 设正项数列 $\{a_n\}$ 单调减少,且级数 $\sum\limits_{n=1}^{\infty} (-1)^n a_n$ 发散,试问级数 $\sum\limits_{n=1}^{\infty} \left(\dfrac{1}{a_n+1}\right)^n$ 是否收敛?并说明理由.

证 级数 $\sum\limits_{n=1}^{\infty} \left(\dfrac{1}{a_n+1}\right)^n$ 收敛. 理由如下:

由于正项数列 $\{a_n\}$ 单调减少且 $a_n \geqslant 0$ 知其有下界,故 $\lim\limits_{n\to\infty} a_n$ 存在,记该极限值为 a,则 $a \geqslant 0$.

又若 $a = 0$,则由莱布尼兹判别法知 $\sum\limits_{n=1}^{\infty} (-1)^n a_n$ 收敛,与题设矛盾,故 $a > 0$.

由根值法,因 $\lim \sqrt[n]{u_n} = \lim\limits_{n\to\infty} \dfrac{1}{a_n+1} = \dfrac{1}{a+1} < 1$,故原级数收敛.

注 论证 $a > 0$ 是解答本题的关键所在.

题 5 (1994①) 设 $f(x)$ 在 $x = 0$ 的某一邻域内具有二阶连续导数,且 $\lim\limits_{n\to 0} \dfrac{f(x)}{x} = 0$,证明级数

$\displaystyle\sum_{n=1}^{\infty} f\left(\frac{1}{n}\right)$ 绝对收敛.

证 由题设 $\displaystyle\lim_{n\to 0}\frac{f(x)}{x}=0$ 可推得

$$f(0)=\lim_{x\to 0}f(x)=\lim_{x\to 0}\frac{f(x)}{x}\cdot x=0$$

及

$$f'(0)=\lim_{x\to 0}\frac{f(x)-f(0)}{x-0}=\lim_{x\to 0}\frac{f(x)}{x}=0$$

根据泰勒公式,有

$$f(x)=f(0)+f'(0)x+\frac{1}{2!}f''(\theta x)x^2=\frac{1}{2}f''(\theta x)x^2 \quad 0<\theta<1$$

再由 $f''(x)$ 的连续性知,在 x 的某个邻域内的一个对称闭区间上必存在 $M>0$,使 $|f''(x)|\leqslant M$,于是 $|f(x)|\leqslant\frac{M}{2}x^2$.

令 $x=\frac{1}{n}$,当 n 充分大时,有 $\left|f\left(\frac{1}{n}\right)\right|\leqslant\frac{M}{2}\cdot\frac{1}{n^2}$.

因为 $\displaystyle\sum_{n=1}^{\infty}\frac{1}{n^2}$ 收敛,所以级数 $\displaystyle\sum_{n=1}^{\infty}f\left(\frac{1}{n}\right)$ 绝对收敛.

2. 幂级数问题

(1) 幂级数收敛区间或半径

题1 (1988①)求幂级数 $\displaystyle\sum_{n=1}^{\infty}\frac{(x-3)^n}{n\cdot 3^n}$ 的收敛域.

解 由题设可有 $\displaystyle\lim_{n\to\infty}\left|\frac{u_{n+1}(x)}{u_n(x)}\right|=\lim_{n\to\infty}\left|\frac{(x-3)^{n+1}}{(n+1)\cdot 3^{n+1}}\cdot\frac{n\cdot 3^n}{(x-3)^n}\right|=\frac{1}{3}|x-3|$.

当 $\frac{1}{3}|x-3|<1$,即 $0<x<6$ 时幂级数收敛.

又当 $x=0$ 时,原级数为交错级数 $\displaystyle\sum_{n=1}^{\infty}(-1)^n\frac{1}{n}$,其收敛;

而当 $x=6$ 时,原级数为调和级数 $\displaystyle\sum_{n=1}^{\infty}\frac{1}{n}$,其发散.

故所求的收敛域为 $[0,6)$.

题2 (2000①)求幂级数 $\displaystyle\sum_{n=1}^{\infty}\left[\frac{1}{3^n+(-2)^n}\cdot\frac{x^n}{n}\right]$ 的收敛区间,并讨论该区间端点处的收敛性.

解 设幂级数系数 $a_n=\frac{1}{[3^n+(-2)^n]n}$,则题设级数收敛半径

$$R=\lim_{n\to\infty}\left|\frac{a_n}{a_{n+1}}\right|=\lim_{n\to\infty}\frac{[3^{n+1}+(-2)^{n+1}](n+1)}{[3^n+(-2)^n]n}=3$$

再注意到当 $x=3$ 时,因为 $\frac{3^n}{3^n+(-2)^n}\cdot\frac{1}{n}>\frac{1}{2n}$,且 $\displaystyle\sum_{n=1}^{\infty}\frac{1}{n}$ 发散,所以原级数在点 $x=3$ 处发散;

当 $x=-3$ 时,由于

$$\frac{(-3)^n}{3^n+(-2)^n}\cdot\frac{1}{n}=(-1)^n\frac{1}{n}-\frac{2^n}{3^n+(-2)^n}\cdot\frac{1}{n}$$

且级数 $\displaystyle\sum_{n=1}^{\infty}\frac{(-1)^n}{n}$ 与 $\displaystyle\sum_{n=1}^{\infty}\left[\frac{2^n}{3^n+(-2)^n}\cdot\frac{1}{n}\right]$ 都收敛,故原级数在点 $x=-3$ 处收敛.

知题设级数收敛区间为 $[-3,3)$.

题3 (1990③)求级数 $\displaystyle\sum_{n=1}^{\infty}\frac{(x-3)^n}{n^2}$ 的收敛域.

解 设 $t = x - 3$，则级数化为 $\sum\limits_{n=1}^{\infty} \dfrac{(x-3)^n}{n^2}$，其收敛半径为

$$R = \lim_{n\to\infty} \left| \frac{a_n}{a_{n+1}} \right| = \lim_{n\to\infty} \frac{(n+1)^2}{n^2} = 1$$

原级数在 $|t| = |x-3| < 1$（即 $2 < x < 4$）内收敛.

当 $x = 2$ 时，得交错级数 $\sum\limits_{n=1}^{\infty}(-1)^n \dfrac{1}{n^2}$；当 $x = 4$ 时，得级数 $\sum\limits_{n=1}^{\infty} \dfrac{1}{n^2}$，二者都收敛，于是原级数的收敛域为 $[2, 4]$.

题 4 （1995③）将函数 $y = \ln(1 - x - 2x^2)$ 展成 x 的幂级数，并指出其收敛区间.

解 由 $\ln(1 - x - 2x^2) = \ln[(1-2x)(1+x)] = \ln(1+x) + \ln(1-2x)$.

又

$$\ln(1+x) = \sum_{n=1}^{\infty}(-1)^{n+1}\frac{x^n}{n} \quad -1 < x \leqslant 1$$

且

$$\ln(1-2x) = \sum_{n=1}^{\infty}(-1)^{n+1}\frac{(-2x)^n}{n} = -\sum_{n=1}^{\infty}\frac{2^n x^n}{n} \quad -\frac{1}{2} \leqslant x < \frac{1}{2}$$

故 $\ln(1-x-2x^2) = \sum\limits_{n=1}^{\infty} \dfrac{(-1)^{n+1}-2^n}{n}x^n$，其收敛区间为 $\left[-\dfrac{1}{2}, \dfrac{1}{2}\right)$.

题 5 （1987③）将函数 $f(x) = \dfrac{1}{x^2 - 3x + 2}$ 展成 x 的幂级数，并指出其收敛区间.

解 由 $f(x) = \dfrac{1}{x^2-3x+2} = \dfrac{1}{(1-x)(2-x)} = \dfrac{1}{1-x} - \dfrac{1}{2-x}$，又

$$\frac{1}{1-x} = \sum_{n=0}^{\infty} x^n \quad |x| < 1$$

且

$$\frac{1}{2-x} = \frac{1}{2\left(1-\frac{x}{2}\right)} = \sum_{n=0}^{\infty}\frac{1}{2}\left(\frac{x}{2}\right)^n = \sum_{n=0}^{\infty}\frac{x^n}{2^{n+1}} \quad |x| < 2$$

故

$$f(x) = \frac{1}{1-x} - \frac{1}{2-x} = \sum_{n=0}^{\infty}\left(1 - \frac{1}{2^{n+1}}\right)x^n$$

其收敛区间为 $(-1,1) \bigcap (-2,2) = (-1,1)$.

（2）幂级数展开与级数求和

题 1 （1989①）将函数 $f(x) = \arctan \dfrac{1+x}{1-x}$ 展为 x 的幂级数.

解 先将 $f(x)$ 求导有 $f'(x) = \dfrac{1}{1+x^2} = \sum\limits_{n=0}^{\infty}(-1)^n x^{2n}, x \in (-1,1)$. 再将其两边积分

$$f(x) - f(0) = \int_0^x f'(t)\mathrm{d}t = \int_0^x \sum_{n=0}^{\infty}(-1)^n t^{2n}\mathrm{d}t = \sum_{n=0}^{\infty}\frac{(-1)^n}{2n+1}x^{2n+1}$$

又因 $f(0) = \arctan 1 = \dfrac{\pi}{4}$，故

$$\arctan\frac{1+x}{1-x} = \frac{\pi}{4} + \sum_{n=0}^{\infty}\frac{(-1)^n}{2n+1}x^{2n+1} \quad x \in [-1,1)$$

注 注意积分时且勿遗漏 $f(0) = \dfrac{\pi}{4}$ 这一项.

又通项积分后级数的收敛域可能扩大，因此积分后要对收敛区间端点重新检验敛散性.

题 2 （2003①）试将函数 $f(x) = \arctan \dfrac{1-2x}{1+2x}$ 展开成 x 的幂级数，并求级数 $\sum\limits_{n=0}^{\infty} \dfrac{(-1)^n}{2n+1}$ 的和.

解 因为 $f'(x) = -\dfrac{2}{1+4x^2} = -2\sum\limits_{n=0}^{\infty}(-1)^n 4^n x^{2n}, x \in \left(-\dfrac{1}{2}, \dfrac{1}{2}\right)$.

又 $\int_0^x f'(t)\mathrm{d}x = f(x) - f(0)$，且 $f(0) = \dfrac{\pi}{4}$，所以

$$f(x) = f(0) + \int_0^x f'(t)\mathrm{d}t = \frac{\pi}{4} - 2\int_0^x \left[\sum_{n=0}^{\infty}(-1)^n 4^n t^{2n}\right]\mathrm{d}t$$

$$= \frac{\pi}{4} - 2\sum_{n=0}^{\infty}\frac{(-1)^n 4^n}{2n+1}x^{2n+1} \quad x \in \left(-\frac{1}{2}, \frac{1}{2}\right)$$

因为级数 $\displaystyle\sum_{n=0}^{\infty}\frac{(-1)^n}{2n+1}$ 收敛，函数 $f(x)$ 在 $s = \dfrac{1}{2}$ 处连续，所以

$$f(x) = \frac{\pi}{4} - 2\sum_{n=0}^{\infty}\frac{(-1)^n 4^n}{2n+1}x^{2n+1} \quad x \in \left(-\frac{1}{2}, \frac{1}{2}\right]$$

上式中令 $x = \dfrac{1}{2}$，可有

$$f\left(\frac{1}{2}\right) = \frac{\pi}{4} - 2\sum_{n=0}^{\infty}\left[\frac{(-1)^n 4^n}{2n+1} \cdot \frac{1}{2^{2n+1}}\right] = \frac{\pi}{4} - \sum_{n=0}^{\infty}\frac{(-1)^n}{2n+1}$$

再由 $f\left(\dfrac{1}{2}\right) = 0$，得

$$\sum_{n=0}^{\infty}\frac{(-1)^n}{2n+1} = \frac{\pi}{4} - f\left(\frac{1}{2}\right) = \frac{\pi}{4}$$

题 3 （1994①）将函数 $f(x) = \dfrac{1}{4}\ln\dfrac{1+x}{1-x} + \dfrac{1}{2}\arctan x - x$ 展开成 x 的幂级数．

解 先对 $f(x)$ 求导可有

$$f'(x) = \frac{1}{2(1-x^2)} + \frac{1}{2(1+x^2)} - 1 = \frac{1}{1-x^4} - 1 = \sum_{n=1}^{\infty}x^{4n} \quad x \in (-1,1)$$

上式两边积分且注意到 $f(0) = 0$，则

$$f(x) = f(0) + \int_0^x \left(\sum_{n=1}^{\infty}x^{4n}\right)\mathrm{d}x = \sum_{n=1}^{\infty}\frac{x^{4n+1}}{4n+1} \quad x \in (-1,1)$$

题 4 （2001①）设 $f(x) = \begin{cases} \dfrac{1+x^2}{x}\arctan x, & x \neq 0 \\ 1, & x = 0 \end{cases}$，试将 $f(x)$ 展开成 x 的幂级数，并求级数

$\displaystyle\sum_{n=1}^{\infty}\frac{(-1)^n}{1-4n^2}$ 的和．

解 设 $\varphi(x) = \arctan x$，对 $\varphi(x)$ 求导

$$\varphi'(x) = \frac{1}{1+x^2} = \sum_{n=0}^{\infty}(-1)^n x^{2n} \quad x \in (-1,1)$$

两边积分

$$\arctan x = \sum_{n=0}^{\infty}\frac{(-1)^n}{2n+1}x^{2n+1} \quad x \in [-1,1]$$

于是

$$f(x) = 1 + \sum_{n=1}^{\infty}\frac{(-1)^n}{2n+1}x^{2n} + \sum_{n=0}^{\infty}\frac{(-1)^n}{2n+1}x^{2n+1} = 1 + \sum_{n=1}^{\infty}\frac{(-1)^n}{2n+1}x^{2n} + \sum_{n=1}^{\infty}\frac{(-1)^{n-1}}{2n-1}x^{2n}$$

$$= 1 + 2\sum_{n=1}^{\infty}\frac{(-1)^n}{1-4n^2}x^{2n} \quad x \in [-1,1]$$

因此 $\displaystyle\sum_{n=1}^{\infty}\frac{(-1)^n}{1-4n^2} = \frac{1}{2}[f(1) - 1] = \frac{\pi}{4} - \frac{1}{2}$．

上例我们已看到：数项级数求和，有时要将其转化为幂级数问题考虑，而幂级数求和函数一般都是先通过逐项求导、逐项积分等转化为可直接求和的几何级数情形，然后再通过逐项积分、逐项求导等逆

运算最终确定和函数.

题 5 (1996①) 求级数 $\sum\limits_{n=2}^{\infty} \dfrac{1}{(n^2-1)2^n}$ 的和.

解 设 $S(x) = \sum\limits_{n=2}^{\infty} \dfrac{x^n}{n^2-1} = \sum\limits_{n=2}^{\infty} \dfrac{1}{2}\left(\dfrac{1}{n-1} - \dfrac{1}{n+1}\right)x^n$, 其中

$$\sum_{n=2}^{\infty} \frac{x^n}{n-1} = x\sum_{n=2}^{\infty} \frac{x^{n-1}}{n-1} = x\sum_{n=1}^{\infty} \frac{x^n}{n}, \quad \sum_{n=2}^{\infty} \frac{x^n}{n+1} = \frac{1}{x}\sum_{n=3}^{\infty} \frac{x^n}{n} \quad x \neq 0$$

而

$$\sum_{n=1}^{\infty} \frac{x^n}{n} = \int_0^x \sum_{n=1}^{\infty} \left(\frac{x^n}{n}\right)' dx = \int_0^x \left(\sum_{n=1}^{\infty} x^{n-1}\right) dx = \int_0^x \frac{dx}{1-x} = -\ln(1-x)$$

从而

$$S(x) = \frac{x}{2}\left[-\ln(1-x)\right] - \frac{1}{2x}\left[-\ln(1-x) - x - \frac{x^2}{2}\right]$$

$$= \frac{2+x}{4} + \frac{1-x^2}{2x}\ln(1-x) \quad |x| < 1, x \neq 0$$

因此

$$\sum_{n=2}^{\infty} \frac{1}{(n^2-1)2^n} = S\left(\frac{1}{2}\right) = \frac{5}{8} - \frac{3}{4}\ln 2$$

题 6 (1993①) 求级数 $\sum\limits_{n=0}^{\infty} \dfrac{(-1)^n(n^2-n+1)}{2^n}$ 的和.

解 $\sum\limits_{n=0}^{\infty} \dfrac{(-1)^n(n^2-n+1)}{2^n} = \sum\limits_{n=2}^{\infty} n(n-1)\left(-\dfrac{1}{2}\right)^n + \sum\limits_{n=0}^{\infty}\left(-\dfrac{1}{2}\right)^n$, 其中 $\sum\limits_{n=0}^{\infty}\left(-\dfrac{1}{2}\right)^n = \dfrac{1}{1+\dfrac{1}{2}} =$

$\dfrac{2}{3}$, 下面求 $\sum\limits_{n=2}^{\infty} n(n-1)\left(-\dfrac{1}{2}\right)^n$.

对 $\sum\limits_{n=0}^{\infty} x^n = \dfrac{1}{1-x}$ 两边连续两次求导, 得

$$\sum_{n=2}^{\infty} n(n-1)x^{n-2} = \left(\frac{1}{1-x}\right)'' = \frac{2}{(1-x)^3} \quad x \in (-1,1)$$

由 $\sum\limits_{n=2}^{\infty} n(n-1)x^n = \dfrac{2x^2}{(1-x)^3}$, 得 $\sum\limits_{n=2}^{\infty} n(n-1)\left(-\dfrac{1}{2}\right)^n = \dfrac{4}{27}$.

故 $\sum\limits_{n=0}^{\infty} \dfrac{(-1)^n(n^2-n+1)}{2^n} = \dfrac{4}{27} + \dfrac{2}{3} = \dfrac{22}{27}$.

题 7 (1999①) 设 $a_n = \int_0^{\frac{\pi}{4}} \tan^n x \, dx$.

(1) 求 $\sum\limits_{n=1}^{\infty} \dfrac{1}{n}(a_n + a_{n+2})$ 的值;

(2) 试证: 对任意的常数 $\lambda > 0$, 级数 $\sum\limits_{n=1}^{\infty} \dfrac{a_n}{n^\lambda}$ 收敛.

解 (1) 注意到下面式子变换

$$\frac{1}{n}(a_n + a_{n+2}) = \frac{1}{n}\int_0^{\frac{\pi}{4}} \tan^n x (1 + \tan^2 x) dx = \frac{1}{n}\int_0^{\frac{\pi}{4}} \tan^n x \sec^2 x \, dx$$

$$= \frac{1}{n}\int_0^{\frac{\pi}{4}} \tan^n x \, d\tan x = \frac{1}{n(n+1)}\left[\tan^{n+1} x\right]_0^{\frac{\pi}{4}} = \frac{1}{n(n+1)}$$

又 $S_n = \sum\limits_{k=1}^{n} \dfrac{1}{k}(a_k + a_{k+2}) = \sum\limits_{k=1}^{n}\left(\dfrac{1}{k} - \dfrac{1}{k+1}\right) = 1 - \dfrac{1}{n+1}$, 因此

$$\sum_{n=1}^{\infty} \frac{1}{n}(a_n + a_{n+2}) = \lim_{n \to \infty} S_n = 1$$

(2) 由 (1) 知 $a_n + a_{n+2} = \dfrac{1}{n+1}$, 因此

$$\frac{a_n}{n^\lambda} < \frac{1}{n^\lambda}(a_n + a_{n+2}) = \frac{1}{n^\lambda(n+1)} < \frac{1}{n^{\lambda+1}}$$

由 $\lambda + 1 > 1$ 知 $\displaystyle\sum_{n=1}^{\infty} \frac{1}{n^{\lambda+1}}$ 收敛, 从而 $\displaystyle\sum_{n=1}^{\infty} \frac{a_n}{n^\lambda}$ 收敛.

题 8 (2000③) 设 $I_n = \displaystyle\int_0^{\frac{\pi}{4}} \sin^n x \cos x \, dx$, $n = 0, 1, 2, \cdots$, 求 $\displaystyle\sum_{n=0}^{\infty} I_n$.

解 考虑 $I_n = \displaystyle\int_0^{\frac{\pi}{4}} \sin^n x \, d(\sin x) = \frac{1}{n+1} \sin^{n+1} x \Big|_0^{\frac{\pi}{4}} = \frac{1}{n+1}\left(\frac{\sqrt{2}}{2}\right)^{n+1}$, 因此

$$\sum_{n=0}^{\infty} I_n = \sum_{n=0}^{\infty} \frac{1}{n+1}\left(\frac{\sqrt{2}}{2}\right)^{n+1}$$

设

$$S(x) = \sum_{n=0}^{\infty} \frac{1}{n+1} x^{n+1} \quad x \in (-1, 1) \qquad\qquad ①$$

求导后再求和, 得

$$S'(x) = \sum_{n=0}^{\infty} x^n = \frac{1}{1-x} \qquad\qquad ②$$

积分, 得

$$S(x) = \int_0^x \frac{1}{1-t} dt = -\ln|1-x|$$

令 $x = \dfrac{\sqrt{2}}{2} \in (-1, 1)$, 则由式 ① 及式 ② 有

$$S\left(\frac{\sqrt{2}}{2}\right) = \sum_{n=0}^{\infty} \frac{1}{n+1}\left(\frac{\sqrt{2}}{2}\right)^{n+1} = -\ln\left|1 - \frac{\sqrt{2}}{2}\right| = \ln(2 + \sqrt{2})$$

故 $\displaystyle\sum_{n=0}^{\infty} I_n = \sum_{n=0}^{\infty} \int_0^{\frac{\pi}{4}} \sin^n x \cos x \, dx = \ln(2 + \sqrt{2})$.

题 9 (1990①) 求幂级数 $\displaystyle\sum_{n=0}^{\infty} (2n+1)x^n$ 的收敛域, 并求其和函数.

解 (1) 级数收敛半径: $R = \displaystyle\lim_{n\to\infty} \left|\frac{a_n}{a_{n+1}}\right| = \lim_{n\to\infty} \frac{2n+1}{2n+3} = 1$.

当 $x = \pm 1$ 时, 由于一般项不趋于 0, 级数都发散, 故收敛域为 $(-1, 1)$.

(2) 求和函数. 注意到

$$S(x) = \sum_{n=0}^{\infty} (2n+1)x^n = 2\sum_{n=0}^{\infty} nx^n + \sum_{n=0}^{\infty} x^n = 2x\left(\sum_{n=0}^{\infty} x^n\right)' + \frac{1}{1-x}$$

$$= \frac{2x}{(1-x)^2} + \frac{1}{1-x} = \frac{1+x}{(1-x)^2} \quad x \in (-1, 1)$$

题 10 (1987①) 求幂级数 $\displaystyle\sum_{n=1}^{\infty} \frac{1}{2^n n} x^{n-1}$ 的收敛域, 并求其和函数.

(1) 级数收敛半径: $R = \displaystyle\lim_{n\to\infty} \left|\frac{a_n}{a_{n+1}}\right| = \lim_{n\to\infty} \frac{2^{n+1}(n+1)}{2^n n} = 2$.

当 $x = 2$ 时, 级数 $\displaystyle\sum_{n=1}^{\infty} \frac{2^{n-1}}{2^n n} = \sum_{n=1}^{\infty} \frac{1}{2n}$, 其发散;

当 $x = -2$ 时, 级数 $\displaystyle\sum_{n=1}^{\infty} \frac{(-1)^{n-1} \cdot 2^{n-1}}{2^n n} = \sum_{n=1}^{\infty} \frac{(-1)^{n-1}}{2n}$, 其收敛.

故级数的收敛域为 $[-2, 2)$.

(2) 设 $S(x) = \sum\limits_{n=1}^{\infty} \dfrac{x^{n-1}}{2^n n}$，则 $xS(x) = \sum\limits_{n=1}^{\infty} \dfrac{x^n}{2^n n}$，两边求导得

$$\left[xS(x) \right]' = \left[\sum\limits_{n=1}^{\infty} \frac{1}{n} \left(\frac{x}{2} \right)^n \right]' = \sum\limits_{n=1}^{\infty} \left[\frac{1}{n} \left(\frac{x}{2} \right)^n \right]' = \frac{1}{2} \sum\limits_{n=1}^{\infty} \left(\frac{x}{2} \right)^{n-1} = \frac{1}{2} \cdot \frac{1}{1 - \frac{x}{2}} = \frac{1}{2-x}$$

两边积分 $xS(x) = \displaystyle\int_0^x \frac{1}{2-x} \mathrm{d}x = -\ln(2-x) + \ln 2$.

当 $x \neq 0$ 时, $S(x) = -\dfrac{1}{x} \ln\left(1 - \dfrac{x}{2} \right)$；当 $x = 0$ 时, $S(0) = \dfrac{1}{2}$.

故 $\sum\limits_{n=1}^{\infty} \dfrac{x^{n-1}}{n 2^n} = \begin{cases} -\dfrac{1}{x} \ln\left(1 - \dfrac{x}{2} \right), & x \in [-2,0) \cup (0,2] \\ \dfrac{1}{2}, & x = 0 \end{cases}$.

前文已述, 有些时候级数求和还要借助于微分方程(详见后文"微分方程"一章)求解, 下面来看例.

题 11 (2010①) 求幂级数 $\sum\limits_{n=1}^{\infty} \dfrac{(-1)^{n-1}}{2n-1} x^{2n}$ 的收敛域与和函数.

解 因为级数缺项, 所以要利用比值法计算收敛半径, 再通过讨论幂级数在收敛区间端点的收敛性得出收敛域. 记 $u_n(x) = \dfrac{(-1)^{n-1}}{2n-1} x^{2n}$, 注意到

$$\rho(x) = \lim_{n \to \infty} \left| \frac{u_{n-1}(x)}{u_n(x)} \right| = \lim_{n \to \infty} \left| \frac{\dfrac{(-1)^{n-1}}{2n+1} x^{2n+2}}{\dfrac{(-1)^{n-1}}{2n+1} x^{2n}} \right| = x^2 \leqslant 1 \Rightarrow -1 < x < 1$$

于是可得幂级数的收敛区间为 $(-1,1)$, 当 $x = \pm 1$ 时, 则幂级数为 $\sum\limits_{n=1}^{\infty} \dfrac{(-1)^{n-1}}{2n-1}$, 由莱布尼兹交错级数判敛法则可知此级数收敛, 所以幂级数的收敛域为 $[-1,1]$.

当 $x \in [-1,1]$ 时, 逐项求导, 再积分

$$S(x) = \sum\limits_{n=1}^{\infty} \frac{(-1)^{n-1}}{2n-1} x^{2n} = x \sum\limits_{n=1}^{\infty} \frac{(-1)^{n-1}}{2n-1} x^{2n-1} = x \int_0^1 \left[\sum\limits_{n=1}^{\infty} \frac{(-1)^{n-1}}{2n-1} x^{2n-1} \right]' \mathrm{d}x$$

$$= \int_x^0 \frac{1}{1+x^2} \mathrm{d}x = x \arctan x$$

注 若幂级数不是标准形式, 形式为 $\sum\limits_{n=0}^{\infty} a_n x^{2n}$, $\sum\limits_{n=0}^{\infty} a_n x^{2n+1}$ 等, 则需利用比值法求收敛半径, 如对

$$\sum\limits_{n=0}^{\infty} u_n(x), \diamondsuit \lim_{n \to \infty} \left| \frac{u_{n+1}(x)}{u_n(x)} \right| = \rho(x) < 1$$

求出 x 的范围, 即收敛区间, 如有要求再考虑区间端点的情况.

题 12 (2012①) 求幂级数 $\sum\limits_{n=0}^{\infty} \dfrac{4n^2 + 4n + 3}{2n+1} x^{2n}$ 的收敛域及和函数.

解 记 $a_n = \dfrac{4n^2 + 4n + 3}{2n+1} (n = 0,1,2,\cdots)$. 因为 $\lim\limits_{n \to \infty} \dfrac{a_{n+1}}{a_n} = 1$, 所以原级数的收敛半径为 1.

又因为当 $x = \pm 1$ 时, 级数 $\sum\limits_{n=0}^{\infty} \dfrac{4n^2 + 4n + 3}{2n+1}$ 发散, 所以幂级数的收敛域是 $(-1,1)$.

记 $\qquad S(x) = \sum\limits_{n=0}^{\infty} \dfrac{4n^2 + 4n + 3}{2n+1} x^{2n} = \sum\limits_{n=0}^{\infty} (2n+1) x^{2n} + 2 \sum\limits_{n=0}^{\infty} \dfrac{x^{2n}}{2n+1}$

由于

$$\sum\limits_{n=0}^{\infty} (2n+1) x^{2n} = \left(\sum\limits_{n=0}^{\infty} x^{2n+1} \right)' = \left(\frac{x}{1-x^2} \right)' = \frac{1+x^2}{(1-x^2)^2} \quad -1 < x < 1$$

$$\sum_{n=0}^{\infty}\frac{x^{2n}}{2n+1}=\frac{1}{x}\sum_{n=0}^{\infty}\frac{x^{2n+1}}{2n+1}=\frac{1}{x}\int_0^x(\sum_{n=0}^{\infty}t^{2n})\mathrm{d}t=\frac{1}{x}\int_0^x\frac{1}{1-t^2}\mathrm{d}t=\frac{1}{2x}\ln\frac{1+x}{1-x}\quad 0<|x|<1$$

又 $S(0)=3$,所以和函数

$$S(x)=\begin{cases}\dfrac{1+x^2}{(1-x^2)^2}+\dfrac{1}{x}\ln\dfrac{1+x}{1-x}, & 0<|x|<1\\ 3, & x=0\end{cases}$$

题 13 (2004③) 设级数

$$\frac{x^4}{2\cdot 4}+\frac{x^6}{2\cdot 4\cdot 6}+\frac{x^8}{2\cdot 4\cdot 6\cdot 8}+\cdots \quad -\infty<x<+\infty$$

的和函数为 $S(x)$. 求:(1)$S(x)$ 所满足的 3 阶微分方程;(2)$S(x)$ 的表达式.

解 (1) 设 $S(x)=\dfrac{x^4}{2\cdot 4}+\dfrac{x^6}{2\cdot 4\cdot 6}+\dfrac{x^8}{2\cdot 4\cdot 6\cdot 8}+\cdots$,易见 $S(0)=0$,又

$$S'(x)=\frac{x^3}{2}+\frac{x^5}{2\cdot 4}+\frac{x^7}{2\cdot 4\cdot 6}+\cdots$$
$$=x\left(\frac{x^2}{2}+\frac{x^4}{2\cdot 4}+\frac{x^6}{2\cdot 4\cdot 6}+\cdots\right)=x\left[\frac{x^2}{2}+S(x)\right]$$

因此 $S(x)$ 是初值问题 $y'=xy+\dfrac{x^3}{2}$, $y(0)=0$ 的解.

(2) 方程 $y'=xy+\dfrac{x^3}{2}$ 的通解为

$$y=\mathrm{e}^{\int x\mathrm{d}x}\left[\int\frac{x^3}{2}\mathrm{e}^{-\int x\mathrm{d}x}\mathrm{d}x+C\right]=-\frac{x^2}{2}-1+C\mathrm{e}^{\frac{x^2}{2}}$$

由初始条件 $y(0)=0$,得 $C=1$. 故 $y=-\dfrac{x^2}{2}+\mathrm{e}^{\frac{x^2}{2}}-1$.

因此和函数 $S(x)=-\dfrac{x^2}{2}+\mathrm{e}^{\frac{x^2}{2}}-1$.

题 14 (2002①③)(1)验证函数 $y(x)=1+\dfrac{x^3}{3!}+\dfrac{x^6}{6!}+\dfrac{x^9}{9!}+\cdots+\dfrac{x^{3n}}{(3n)!}+\cdots(-\infty<x<+\infty)$ 满足微分方程 $y''+y'+y=\mathrm{e}^x$;

(2) 利用(1)的结果求幂级数 $\displaystyle\sum_{n=0}^{\infty}\frac{x^{3n}}{(3n)!}$ 的和函数.

解 (1) 对 $y(x)=1+\dfrac{x^3}{3!}+\dfrac{x^6}{6!}+\dfrac{x^9}{9!}+\cdots+\dfrac{x^{3n}}{(3n)!}+\cdots$ 两次逐项微导

$$y'(x)=\frac{x^2}{2!}+\frac{x^5}{5!}+\frac{x^8}{8!}+\cdots+\frac{x^{3n-1}}{(3n-1)!}+\cdots$$
$$y''(x)=x+\frac{x^4}{4!}+\frac{x^7}{7!}+\cdots+\frac{x^{3n-2}}{(3n-2)!}+\cdots$$

再代入 $\quad y''+y'+y=1+x+\dfrac{x^2}{2!}+\cdots+\dfrac{x^{3n-1}}{(3n-1)!}+\dfrac{x^{3n}}{(3n)!}+\cdots=\mathrm{e}^x$

(2) 下面二阶线性非齐次微分方程的特解 $y(x)$ 即为 $\displaystyle\sum_{n=0}^{\infty}\frac{x^{3n}}{(3n)!}$ 的和函数

$$\begin{cases}y''+y'+y=\mathrm{e}^x\\ y(0)=1,\ y'(0)=0\end{cases}$$

相应齐次微分方程的特征方程为

$$\lambda^2+\lambda+1=0$$

特征根为 $\lambda_{1,2}=-\dfrac{1}{2}\pm\dfrac{\sqrt{3}}{2}\mathrm{i}$. 因此相应齐次微分方程的通解为

$$Y = \mathrm{e}^{-\frac{x}{2}}\left[C_1\cos\frac{\sqrt{3}}{2}x + C_2\sin\frac{\sqrt{3}}{2}x\right]$$

非齐次微分方程的特解形式为 $y^* = a\mathrm{e}^x$,代入原方程中,定出 $a = \dfrac{1}{3}$.

于是 $y^* = \dfrac{1}{3}\mathrm{e}^x$ 是非齐次方程的一个特解.

综上,方程通解为

$$y = Y + y^* = \mathrm{e}^{-\frac{x}{2}}\left[C_1\cos\frac{\sqrt{3}}{2}x + C_2\sin\frac{\sqrt{3}}{2}x\right] + \frac{1}{3}\mathrm{e}^x$$

将初始条件代入,可得 $C_1 = \dfrac{2}{3}$,$C_2 = 0$. 故幂级数 $\sum\limits_{n=0}^{\infty}\dfrac{x^{3n}}{(3n)!}$ 的和函数为

$$y(x) = \frac{2}{3}\mathrm{e}^{-\frac{x}{2}}\cos\frac{\sqrt{3}}{2}x + \frac{1}{3}\mathrm{e}^x \quad -\infty < x < +\infty$$

题 15 (2001③)已知 $f'_n(x) = f_n(x) + x^{n-1}\mathrm{e}^x$($n$ 为正整数),且 $f_n(1) = \dfrac{\mathrm{e}}{n}$,求函数项级数 $\sum\limits_{n=1}^{\infty}f_n(x)$ 之和.

解 根据题设和一阶线性微分方程通解公式有

$$f_n(x) = \mathrm{e}^{\int\mathrm{d}x}\left(\int x^{n-1}\mathrm{e}^x\mathrm{e}^{-\int\mathrm{d}x}\mathrm{d}x + C\right) = \mathrm{e}^x\left(\frac{x^n}{n} + C\right)$$

由条件 $f_n(1) = \dfrac{\mathrm{e}}{n}$,得 $C = 0$,故 $f_n(x) = \dfrac{x^n\mathrm{e}^x}{n}$. 因此

$$\sum_{n=1}^{\infty}f_n(x) = \sum_{n=1}^{\infty}\frac{x^n\mathrm{e}^x}{n} = \mathrm{e}^x\sum_{n=1}^{\infty}\frac{x^n}{n}$$

设 $S(x) = \sum\limits_{n=1}^{\infty}\dfrac{x^n}{n}$,其收敛域为 $[-1,1)$.

当 $x \in (-1,1)$ 时,两边求导后再积分求和,先两边求导有

$$S'(x) = \sum_{n=1}^{\infty}x^{n-1} = \frac{1}{1-x}$$

两边积分得 $S(x) = \displaystyle\int_0^x\dfrac{1}{1-t}\mathrm{d}t = -\ln(1-x)$.

当 $x = -1$ 时,$\sum\limits_{n=1}^{\infty}f_n(-1) = \mathrm{e}^{-1}\sum\limits_{n=1}^{\infty}\dfrac{(-1)^n}{n} = -\mathrm{e}^{-1}\ln 2$.

于是,当 $-1 \leqslant x < 1$ 时有 $\sum\limits_{n=1}^{\infty}f_n(x) = -\mathrm{e}^x\ln(1-x)$.

题 16 (2005①)求幂级数 $\sum\limits_{n=1}^{\infty}(-1)^{n-1}\left(1 + \dfrac{1}{n(2n-1)}\right)x^{2n}$ 的收敛区间与和函数 $f(x)$.

解 令 $t = x^2$,则所给幂级数成为

$$\sum_{n=1}^{\infty}(-1)^{n-1}\left[1 + \frac{1}{n(2n-1)}\right]t^n \tag{*}$$

记 $a_n = (-1)^{n-1}\left[1 + \dfrac{1}{n(2n-1)}\right]$($n = 1,2,\cdots$),则由

$$\lim_{n\to\infty}\left|\frac{a_{n+1}}{a_n}\right| = \lim_{n\to\infty}\frac{1 + \dfrac{1}{(n+1)(2n+1)}}{1 + \dfrac{1}{n(2n-1)}} = 1$$

得到式(*)的收敛半径为 1.从而式(*)的收敛区间为 $(0,1)$,即 $0 \leqslant x^2 < 1$,所以原幂级数的收敛区间

为$(-1,1)$.

在$(-1,1)$内,记

$$f_1(x) = \sum_{n=1}^{\infty}(-1)^{n-1}x^{2n}, f_2(x) = \sum_{n=1}^{\infty}(-1)^{n-1}\frac{1}{n(2n-1)}x^{2n}$$

则

$$f_1(x) = \frac{x^2}{1+x^2}$$

下面计算$f_2(x)$:由于

$$f'_2(x) = \left[\sum_{n=1}^{\infty}(-1)^{n-1}\frac{1}{n(2n-1)}x^{2n}\right]' = \sum_{n=1}^{\infty}\left[(-1)^{n-1}\frac{1}{n(2n-1)}x^{2n}\right]'$$

$$= \sum_{n=1}^{\infty}(-1)^{n-1}\frac{2}{(2n-1)}x^{2n-1}$$

$$f''_2(x) = \left[\sum_{n=1}^{\infty}(-1)^{n-1}\frac{2}{(2n-1)}x^{2n-1}\right]' = \sum_{n=1}^{\infty}\left[(-1)^{n-1}\frac{2}{2n-1}x^{2n-1}\right]'$$

$$= \sum_{n=1}^{\infty}2(-1)^{n-1}x^{2n-2} = \frac{2}{1+x^2}$$

所以,$f'_2(x) - f'_2(0) = \int_0^x\frac{2}{1+t^2}\mathrm{d}t = 2\arctan t\mid_0^x = 2\arctan x$,即

$$f'_2(x) = f'_2(0) + 2\arctan x = 2\arctan x \quad (\text{利用 } f'_2(0)=0)$$

于是,$f_2(x) - f_2(0) = \int_0^x 2\arctan t\mathrm{d}t = 2\left[t\arctan t\mid_0^x - \int_0^x\frac{t}{1+t^2}\mathrm{d}t\right] = 2x\arctan x - \ln(1+x^2)$,即

$$f_2(x) = f_2(0) + 2x\arctan x - \ln(1+x^2) = 2x\arctan x - \ln(1+x^2) \quad (\text{利用 } f_2(0)=0)$$

故 $f(x) = f_1(x) + f_2(x) = \dfrac{x^2}{1+x^2} + 2x\arctan x - \ln(1+x^2), x\in(-1,1)$.

题17 (2007①) 设幂级数 $\displaystyle\sum_{n=0}^{\infty}a_nx^n$ 在$(-\infty,+\infty)$内收敛,其和函数 $y(x)$ 满足

$$y'' - 2xy' - 4y = 0, y(0) = 0, y'(0) = 1$$

(1)证明 $a_{n+2} = \dfrac{2}{n+1}a_n, n=1,2,\cdots$;(2)求 $y(x)$ 的表达式.

证 (1)将 $y(0)=0, y'(0)=1$ 代入 $y(x) = \displaystyle\sum_{n=0}^{\infty}a_nx^n$ 得 $a_0=0, a_1=1$. 于是

$$y(x) = x + \sum_{n=2}^{\infty}a_nx^n \qquad (*)$$

将它代入所给微分方程得

$$\left(x+\sum_{n=2}^{\infty}a_nx^n\right)'' - 2x\left(x+\sum_{n=2}^{\infty}a_nx^n\right)' - 4\left(x+\sum_{n=2}^{\infty}a_nx^n\right) = 0$$

即

$$\sum_{n=2}^{\infty}n(n-1)a_nx^{n-2} - 2x\left(1+\sum_{n=2}^{\infty}na_nx^{n-1}\right) - 4\left(x+\sum_{n=2}^{\infty}a_nx^n\right) = 0$$

$$2a_2 + 6a_3x + \sum_{n=2}^{\infty}(n+2)(n+1)a_{n+2}x^n - 2x - \sum_{n=2}^{\infty}2na_nx^n - 4x - \sum_{n=2}^{\infty}4a_nx^n = 0$$

$$2a_2 + 6(a_3-1)x + \sum_{n=2}^{\infty}[(n+2)(n+1)a_{n+2} - 2na_n - 4a_n]x^n = 0$$

由此得到

$$2a_2 = 0$$

$$6(a_3-1) = 0$$

$$(n+2)(n+1)a_{n+2}-2(n+2)a_n=0 \quad n=2,3,\cdots$$

解求得

$$a_2=0$$

$$a_3=1=\frac{2}{1+1}a_1$$

$$a_{n+2}=\frac{2}{n+1}a_n \quad n=2,\cdots$$

由此证得 $a_{n+2}=\frac{2}{n+1}a_n(n=1,2,\cdots)$.

(2)由以上计算知

$$a_0=0,a_1=1$$

$$a_2=0,a_3=1$$

$$a_4=\frac{2}{2+1}a_2=0,a_5=\frac{2}{4}a_3=\frac{1}{2!}$$

$$a_6=\frac{2}{4+1}a_4=0,a_7=\frac{2}{5+1}a_5=\frac{1}{3!}$$

$$\vdots$$

$$a_{2n}=0,a_{2n+1}=\frac{1}{n!}$$

$$\vdots$$

故

$$y(x)=x+x^3+\frac{1}{2!}x^5+\frac{1}{3!}x^7+\cdots+\frac{1}{n!}x^{2n+1}+\cdots$$

$$=x\left[1+x^2+\frac{1}{2!}(x^2)^2+\frac{1}{3!}(x^2)^3+\cdots+\frac{1}{n!}(x^2)^n+\cdots\right]=xe^{x^2}$$

3. 傅里叶级数问题

题1 (1995①) 将 $f(x)=x-1(0\leqslant x\leqslant 2)$ 展开成周期为 4 的余弦级数.

解 由傅里叶级数公式可有 $f(x)\dfrac{a_0}{2}+\sum\limits_{n=1}^{\infty}a_n\cos\dfrac{n\pi x}{l}$,其中 $l=2$,且

$$a_0=\frac{2}{2}\int_0^2(x-1)\mathrm{d}x=0$$

$$a_n=\frac{2}{2}\int_0^2(x-1)\cos\frac{n\pi x}{2}\mathrm{d}x=\frac{2}{n\pi}\int_0^2(x-1)\mathrm{d}\left(\sin\frac{n\pi x}{2}\right)$$

$$=-\frac{2}{n\pi}\int_0^2\sin\frac{n\pi x}{2}\mathrm{d}x=\frac{4}{n^2\pi^2}[(-1)^n-1] \quad (n=1,2,3,\cdots)$$

$$=\begin{cases}0, & n=2k \\ -\dfrac{8}{(2k-1)^2\pi^2}, & n=2k-1\end{cases} \quad k=1,2,\cdots$$

故 $f(x)=-\dfrac{8}{\pi^2}\sum\limits_{n=1}^{\infty}\dfrac{1}{(2k-1)^2}\cos\dfrac{(2k-1)\pi x}{2}$, $x\in[0,2]$.

题2 (1991①) 将函数 $f(x)=2+|x|(-1\leqslant x\leqslant 1)$ 展开成以2为周期的傅里叶级数,并由此求级数 $\sum\limits_{n=1}^{\infty}\dfrac{1}{n^2}$ 的和.

解 由于 $f(x)=2+|x|(-1\leqslant x\leqslant 1)$ 是偶函数,所以

$$a_0=2\int_0^1(2+x)\mathrm{d}x=5$$

$$a_n = 2\int_0^1 (2+x)\cos n\pi x\,\mathrm{d}x = 2\int_0^1 x\cos n\pi x\,\mathrm{d}x = \frac{2(\cos n\pi - 1)}{n^2\pi^2} \quad n = 1,2,\cdots$$

$$b_n = 0 \quad n = 1,2,3,\cdots$$

因所给函数在区间 $[-1,1]$ 上满足收敛定理的条件,故

$$2+|x| = \frac{5}{2} + \sum_{n=1}^{\infty} \frac{2(\cos n\pi - 1)}{n^2\pi^2}\cos n\pi x = \frac{5}{2} - \frac{4}{\pi^2}\sum_{n=0}^{\infty} \frac{\cos(2n+1)n\pi}{(2n+1)^2}$$

当 $x = 0$ 时, $2 = \frac{5}{2} - \frac{4}{\pi^2}\sum_{n=1}^{\infty}\frac{1}{(2n+1)^2}$, 因此 $\sum_{n=0}^{\infty}\frac{1}{(2n+1)^2} = \frac{\pi^2}{8}$.

又 $\sum_{n=1}^{\infty}\frac{1}{n^2} = \sum_{n=0}^{\infty}\frac{1}{(2n+1)^2} + \sum_{n=1}^{\infty}\frac{1}{(2n)^2} = \sum_{n=0}^{\infty}\frac{1}{(2n+1)^2} + \frac{1}{4}\sum_{n=1}^{\infty}\frac{1}{n^2}$,故

$$\sum_{n=1}^{\infty}\frac{1}{n^2} = \frac{4}{3}\sum_{n=0}^{\infty}\frac{1}{(2n+1)^2} = \frac{\pi^2}{6}$$

4. 杂例

题 1 (1997③) 从点 $P_1(1,0)$ 作 Ox 轴的垂线,交抛物线 $y = x^2$ 于点 $Q_1(1,1)$,再从 Q_1 作这条抛物线的切线与 Ox 轴交于 P_2;然后又从 P_2 作 Ox 轴的垂线,交抛物线于 Q_2,依次重复上述过程得到一系列的点 P_1, Q_1; $P_2, Q_2; \cdots; P_n, Q_n; \cdots$

(1) 求 $\overline{OP_n}$;

(2) 求级数 $\overline{Q_1P_1} + \overline{Q_2P_2} + \cdots + \overline{Q_nP_n} + \cdots$ 的和,其中 $n(n \geqslant 1)$ 为自然数,而 $\overline{M_1M_2}$ 表示点 M_1 与 M_2 之间的距离.

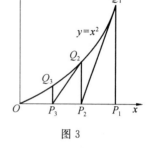

图 3

解 (1) 设 Q_{n-1} 的坐标为 (x_{n-1}, y_{n-1}),则以 Q_{n-1} 为切点的抛物线切线方程为

$$y - y_{n-1} = 2x_{n-1}(x - x_{n-1})$$

如图 3 所示,令 $y = 0$,解得 Q_n 的横坐标

$$x_n = x_{n-1} - \frac{y_{n-1}}{2x_{n-1}} = x_{n-1} - \frac{x_{n-1}^2}{2x_{n-1}} = \frac{1}{2}x_{n-1} \quad n = 2,3,\cdots$$

由上面递推公式及 $x_1 = 1$,得

$$\overline{OP_n} = x_n = \frac{1}{2}x_{n-1} = \frac{1}{2^2}x_{n-2} = \cdots = \frac{1}{2^{n-1}}x_1 = \frac{1}{2^{n-1}}$$

(2) 由(1)知 $y_n = x_n^2 = \frac{1}{2^{2n-2}}$. 因此

$$\sum_{n=1}^{\infty}\overline{Q_nP_n} = \sum_{n=1}^{\infty}y_n = \sum_{n=1}^{\infty}\frac{1}{2^{2n-2}} = \frac{1}{1-\left(\frac{1}{2}\right)^2} = \frac{4}{3}$$

题 2 (1998③) 设有两条抛物线 $y = nx^2 + \frac{1}{n}$ 和 $y = (n+1)x^2 + \frac{1}{n+1}$,记它们交点的横坐标的绝对值为 a_n.

(1) 求这两条抛物线所围成的平面图形的面积 S_n;

(2) 求级数 $\sum_{n=1}^{\infty}\frac{S_n}{a_n}$ 的和.

解 (1) 从抛物线方程 $y = nx^2 + \frac{1}{n}$ 与 $y = (n+1)x^2 + \frac{1}{n+1}$ 消去 y,解得 x,即有 $|x| = a_n = \frac{1}{\sqrt{n(n+1)}}$.

因图形关于 Oy 轴对称,所以

$$S_n = 2\int_0^{a_n}\left[nx^2+\frac{1}{n}-(n-1)x^2-\frac{1}{n+1}\right]\mathrm{d}x$$

$$= 2\int_0^{a_n}\left[\frac{1}{n(n+1)}-x^2\right]\mathrm{d}x = \frac{4}{3}\frac{1}{n(n+1)}\frac{1}{\sqrt{n(n+1)}}$$

(2)由(1)知

$$\frac{S_n}{a_n} = \frac{4}{3}\cdot\frac{1}{n(n+1)} = \frac{4}{3}\left(\frac{1}{n}-\frac{1}{n+1}\right)$$

故

$$\sum_{n=1}^{\infty}\frac{S_n}{a_n} = \lim_{n\to\infty}\sum_{k=1}^{n}\frac{S_k}{a_k} = \lim_{n\to\infty}\left[\frac{4}{3}\left(1-\frac{1}{n+1}\right)\right] = \frac{4}{3}$$

题3 (2004①)设有方程 $x^n+nx-1=0$,其中 n 为正整数,证明此方程存在唯一正实根 x_n,并证明当 $\alpha>1$ 时,级数 $\sum_{n=1}^{\infty}x_n^{\alpha}$ 收敛.

证 记 $f_n(x)=x^n+nx-1$. 由 $f_n(0)=-1<0$,$f_n(1)=n>0$ 及连续函数的介值定理知,方程 $x^n+nx-1=0$ 存在正实数根 $x_n\in(0,1)$.

当 $x>0$ 时,$f'_n(x)=nx^{n-1}+n>0$,可见 $f_n(x)$ 在 $[0,+\infty)$ 上单调增加,故知方程 $x^n+nx-1=0$ 仅有唯一正实数根 x_n.

由 $x^n+nx-1=0$ 与 $x_n>0$,知 $0<x_n=\frac{1-x_n^n}{n}<\frac{1}{n}$,故当 $\alpha>1$ 时

$$0<x_n^{\alpha}<\left(\frac{1}{n}\right)^{\alpha}$$

而正项级数 $\sum_{n=1}^{\infty}\frac{1}{n^{\alpha}}$ 收敛,所以当 $\alpha>1$ 时,级数 $\sum_{n=1}^{\infty}x_n^{\alpha}$ 收敛.

下面的问题不仅求级数和函数,还要求其极值,它显然是一道综合问题.

题4 (2003③)求幂级数 $1+\sum_{n=1}^{\infty}(-1)^n\frac{x^{2n}}{2n}$($|x|<1$) 的和函数 $f(x)$ 及其极值.

解 由题设考虑 $f'(x)=\sum_{n=1}^{\infty}(-1)^n x^{2n-1}=-\frac{x}{1+x^2}$,上式两边从 0 到 x 积分,得

$$f(x)-f(0)=-\int_0^x\frac{t}{1+t^2}\mathrm{d}t=-\frac{1}{2}\ln(1+x^2)$$

由 $f(0)=1$,得 $f(x)=1-\ln(1+x^2)$($|x|<1$).

令 $f'(x)=0$,求得唯一驻点 $x=0$.

由于 $f''(x)=-\frac{1-x^2}{(1+x^2)^2}$,知 $f''(0)=-1<0$.

故 $f(x)$ 在 $x=0$ 处取得极大值,且极大值为 $f(0)=1$.

国内外大学数学竞赛题赏析

1. 数项级数判敛与求和

(1)数项级数判敛问题

例1 两正项级数 $\sum_{n=1}^{\infty}a_n$,$\sum_{n=1}^{\infty}b_n$ 通项满足 $\frac{a_n}{a_{n+1}}\geqslant\frac{b_n}{b_{n+1}}$($n=1,2,\cdots$),试讨论两级数间敛散关系.(北京市大学生数学竞赛,1996)

证 由设若 $\frac{a_n}{a_{n+1}}\geqslant\frac{b_n}{b_{n+1}}$($n=1,2,\cdots$),可有

$$\frac{a_1}{a_2} \cdot \frac{a_2}{a_3} \cdot \cdots \cdot \frac{a_n}{a_{n+1}} \geqslant \frac{b_1}{b_2} \cdot \frac{b_2}{b_3} \cdot \cdots \cdot \frac{b_n}{b_{n+1}}$$

即

$$\frac{a_1}{a_{n+1}} \geqslant \frac{b_1}{b_{n+1}} \quad \text{或} \quad b_{n+1} \geqslant \left(\frac{b_1}{a_1}\right) a_{n+1} \quad n = 1, 2, \cdots$$

故若 $\sum a_n$ 发散,则 $\sum b_n$ 必发散;若 $\sum b_n$ 收敛,则 $\sum a_n$ 必收敛.

又若取 $a_n = \left\{ \left(\frac{1}{2}\right)^n \right\}, b_n = 1(n = 1, 2, \cdots)$,则题设不等式 $\frac{a_n}{a_{n+1}} \geqslant \frac{b_n}{b_{n+1}}$ 仍成立,但 $\sum a_n$ 收敛,$\sum b_n$ 发散.

例 2　判断无穷级数 $\sum\limits_{n=1}^{\infty} \frac{1}{n^{\frac{n+1}{n}}}$ 的敛散性.(美国 Putnam Exam, 1953)

解　若 $n \geqslant 1$ 的整数,则 $n < 2^n$,即 $n^{\frac{1}{n}} < 2$.

从而 $n^{1+\frac{1}{n}} < 2n$,即 $\frac{1}{2n} < \frac{1}{n^{\frac{n+1}{n}}}$.

由于 $\sum\limits_{n=1}^{\infty} \frac{1}{2n}$ 发散,故 $\sum\limits_{n=1}^{\infty} \frac{1}{n^{\frac{n+1}{n}}}$ 发散.

注　仿例可求解下面问题:

依据正数 α 的取值范围,讨论级数 $\sum\limits_{n=1}^{\infty} \frac{1}{\alpha^{\ln n}}$ 的敛散性.(上海市大学生数学竞赛, 1991)

例 3　判断级数 $\sum\limits_{n=1}^{\infty} (-1)^n \tan(\sqrt{n^2 + 2}\pi)$ 的敛散性(包括绝对收敛).(广东省大学生数学竞赛, 1991)

解　由三角函数性质且注意下面式子变形有

$$a_n = \tan(\sqrt{n^2 + 2}\pi) = \tan(\sqrt{n^2 + 2} - n)\pi = \tan\frac{2\pi}{\sqrt{n^2 + 2} + n}$$

知当 $n = 2, 3, 4, \cdots$ 时,$a_n > 0$,且 a_n 单减,又 $\lim\limits_{n \to \infty} a_n = 0$,故 $\sum\limits_{n=1}^{\infty} (-1) \tan(\sqrt{n^2 + 2}\pi) = \sum\limits_{n=1}^{\infty} (-1)^n a_n$ 收敛.

又 $a_n > \frac{1}{n}$,由 $\sum\limits_{n=1}^{\infty} \frac{1}{n}$ 发散,知 $\sum\limits_{n=1}^{\infty} a_n$ 发散.

综上,原级数条件收敛.

例 4　设 $a > 0$,判别级数 $\sum\limits_{n=1}^{\infty} \frac{a^{\frac{n(n+1)}{2}}}{(1+a)(1+a^2)\cdots(1+a^n)}$ 的敛散性.(北京大学生数学竞赛, 2009)

解　(1) 设级数通项为 b_n,考察

$$\lim_{n \to \infty} \frac{b_{n+1}}{b_n} = \lim_{n \to \infty} \frac{\dfrac{a^{\frac{(n+1)(n+2)}{2}}}{(1+a)(1+a^2)\cdots(1+a^n)(1+a^{n+1})}}{\dfrac{a^{\frac{n(n+1)}{2}}}{(1+a)(1+a^2)\cdots(1+a^n)}} = \lim_{n \to \infty} \frac{a^{n+1}}{1+a^{n+1}} = \begin{cases} 0, a < 1 \\ \dfrac{1}{2}, a = 1 \\ 1, a > 1 \end{cases}$$

由达朗贝尔判别法知道,当 $a \leqslant 1$ 时级数收敛.

(2) 今考察 $a > 1$ 的情形,此时由于

$$b_n = \frac{a^{\frac{n(n+1)}{2}}}{(1+a)(1+a^2)\cdots(1+a^n)} = \frac{1}{(1+c_1)(1+c_1^2)\cdots(1+c_1^n)} \quad \text{(这里 } 0 < c_1 = \frac{1}{a} < 1\text{)}$$

令 $c_n = (1+c_1)(1+c_1^2)\cdots(1+c_1^n)$,显然 $\{c_n\}$ 单增.

由 $x > 0, e^x > 1 + x$ 可知

$$c_n = (1+c_1)(1+c_1^2)\cdots(1+c_1^n) < e^{n_1} e^{n_1^2} \cdots e^{n_1^n} = e^{\frac{n_1 - n_1^{n+1}}{1 - n_1}} < e^{\frac{n_1}{1 - a_1}}$$

知其有界.

从而 $\{c_n\}$ 单调有界则其收敛,且其极限介于 1 与 $\mathrm{e}^{\frac{n_1}{1-n_1}}$ 之间,从而 $\lim\limits_{n\to\infty}b_n$ 存在,其值大于 0,从而原级数发散.

综上所述: $\sum\limits_{n=1}^{\infty}\dfrac{a^{\frac{n(n+1)}{2}}}{(1+a)(1+a^2)\cdots(1+a^n)}$ 当 $0<a\leqslant1$ 时收敛,当 $a>1$ 时发散.

例5 若 $a_k=\displaystyle\int_{-\infty}^{+\infty}x^{2k}\mathrm{e}^{-kx^2}\mathrm{d}x,k=1,2,\cdots$,讨论 $\sum\limits_{k=1}^{\infty}a_k$ 的收敛性.(北京大学生数学竞赛,2010)

解 由分部积分法得

$$a_k=\int_{-\infty}^{+\infty}x^{2k}\mathrm{e}^{-kx^2}\mathrm{d}x=-\frac{1}{2k}x^{2k-1}\mathrm{e}^{-kx^2}\Big|_{-\infty}^{+\infty}+\frac{2k-1}{2k}\int_{-\infty}^{+\infty}x^{2k-2}\mathrm{e}^{-kx^2}\mathrm{d}x$$

$$=\frac{2k-1}{2k}\int_{-\infty}^{+\infty}x^{2k-2}\mathrm{e}^{-kx^2}\mathrm{d}x$$

$$=-\frac{2k-1}{(2k)^2}x^{2k-3}\mathrm{e}^{-kx^2}\Big|_{-\infty}^{+\infty}+\frac{(2k-1)(2k-3)}{(2k)^2}\int_{-\infty}^{+\infty}x^{2k-4}\mathrm{e}^{-kx^2}\mathrm{d}x$$

$$=\frac{(2k-1)(2k-3)}{(2k)^2}\int_{-\infty}^{+\infty}x^{2k-4}\mathrm{e}^{-kx^2}\mathrm{d}x$$

于是

$$a_k=\frac{(2k-1)\cdot(2k-3)\cdot\cdots\cdot3\cdot1}{(2k)^k}\int_{-\infty}^{+\infty}\mathrm{e}^{-kx^2}\mathrm{d}x=\frac{(2k-1)!!}{(2k)^k}\frac{\sqrt{\pi}}{\sqrt{k}}$$

从而

$$\lim_{k\to\infty}\frac{a_{k+1}}{a_k}=\lim_{k\to\infty}\frac{(2k+1)!!}{(2k-1)!!}\cdot\frac{(2k)^k}{(2k+2)^{k+1}}\cdot\frac{\sqrt{k}}{\sqrt{k+1}}=\lim_{k\to\infty}\frac{2k+1}{2k+2}\cdot\left(\frac{k}{k+1}\right)^k\cdot\sqrt{\frac{k}{k+1}}=\frac{1}{\mathrm{e}}<1$$

由比值判别法知 $\sum\limits_{k=1}^{\infty}a_k$ 收敛.

例6 考虑函数 $f(x)$

$$f(x)=\begin{cases}x, & \text{若 }x\leqslant\mathrm{e}\\xf(\ln x), & \text{若 }x>\mathrm{e}\end{cases}$$

试问 $\sum\limits_{n=1}^{\infty}\dfrac{1}{f(n)}$ 是否收敛?(美国 Putnam Exam,2008)

解 答案是否定的,理由如下:

由题设知 $f(\mathrm{e})=\mathrm{e}$.故当 $x\geqslant\mathrm{e}$ 时,我们有 $f(x)=xf(\ln x)$.

令 $r_0=1$,且对 $k\geqslant0$,设 $r_{k+1}=\mathrm{e}^{r_k}$.对 k 用数学归纳法可证得:

函数 $f(x)$ 连续且恒大于 0,同时对于 $k\geqslant0$,$f(x)$ 在区间 $[r_k,r_{k+1}]$ 上是增函数.

这样函数 $f(x)$ 在 $[1,+\infty)$ 上连续且恒正,同时是增函数.

因而若 $\sum\limits_{n=1}^{\infty}\dfrac{1}{f(n)}$ 收敛,当且仅当积分 $I=\displaystyle\int_1^{\infty}\dfrac{1}{f(x)}\mathrm{d}x$ 收敛.注意到 $f(x)$ 恒正,则有

$$\int_{\mathrm{e}}^{+\infty}\frac{1}{f(x)}\mathrm{d}x=\int_{\mathrm{e}}^{+\infty}\frac{1}{xf(x)}\mathrm{d}x=\int_1^{+\infty}\frac{1}{f(t)}\mathrm{d}t\quad t=\ln x$$

而

$$\int_1^{+\infty}\frac{1}{f(t)}\mathrm{d}t=\int_1^{\mathrm{e}}\frac{1}{f(t)}\mathrm{d}t+\int_{\mathrm{e}}^{+\infty}\frac{1}{f(t)}\mathrm{d}x$$

有 $\displaystyle\int_1^{\mathrm{e}}\frac{1}{f(t)}\mathrm{d}t=0$,这是不可能的,从而 $\sum\limits_{n=1}^{\infty}\dfrac{1}{f(n)}$ 发散.

(2)**数项级数求和**

例1 求无穷级数和: $1-\dfrac{1}{4}+\dfrac{1}{7}-\dfrac{1}{10}+\cdots+\dfrac{(-1)^{n+1}}{3n-2}+\cdots$.(美国 Putnam Exam,1951)

解 当 $t \neq -1$ 时,注意到

$$\frac{1}{1+t^3} = \sum_{n=1}^{m} (-1)^{n+1} t^{3n-3} + \frac{(-1)^m t^{3m}}{1+t^3}$$

上式移项后两边从 0 到 1 积分

$$\int_0^1 \frac{dt}{1+t^3} - \sum_{n=1}^{m} (-1)^{n+1} \int_0^1 t^{3n-3} dt = (-1)^m \int_0^1 \frac{t^{3m}}{1+t^3} dt$$

故

$$\left| \int_0^1 \frac{dt}{1+t^3} - \sum_{n=1}^{m} \frac{(-1)^{n+1}}{3n-2} \right| = \left| \int_0^1 \frac{t^{3m}}{1+t^3} dt \right| \leqslant \int_0^1 t^{3m} dt = \frac{1}{3m+1}$$

令 $m \to \infty$, 有 $\sum\limits_{n=1}^{\infty} \frac{(-1)^{n+1}}{3n-2} = \int_0^1 \frac{dt}{1+t^3}$. 而

$$\int_0^1 \frac{dt}{1+t^3} = \frac{1}{3} \int_0^1 \left[\frac{1}{1+t} + \frac{2-t}{1+t+t^2} \right] dt$$

$$= \frac{1}{3} \left[\ln(1+t) - \frac{1}{2} \ln(1-t-t^2) + \sqrt{3} \arctan \frac{2t-1}{\sqrt{3}} \right]_0^1$$

$$= \frac{1}{3} \left[\ln 2 + \sqrt{3} \left(\frac{\pi}{6} + \frac{\pi}{6} \right) \right] = \frac{1}{3} \left(\ln 2 + \frac{\pi}{\sqrt{3}} \right)$$

故 $-\frac{1}{4} + \frac{1}{7} - \frac{1}{10} + \cdots + \frac{(-1)^{n+1}}{3n-2} = \frac{1}{3} \left(\ln 2 + \frac{\pi}{\sqrt{3}} \right)$.

下面的问题是级数求和问题的变形:

例 2 设正项级数 $\sum\limits_{n=1}^{\infty} a_n$ 收敛,且和为 S. 试求:

(1) $\lim\limits_{n \to \infty} \frac{a_1 + 2a_2 + \cdots + na_n}{n}$; (2) $\sum\limits_{n=1}^{\infty} \frac{a_1 + 2a_2 + \cdots + na_n}{n(n+1)}$. (北京市大学生数学竞赛,2007)

解 (1)将所求极限式分子变形改写有 (这里 $S_n = \sum\limits_{k=1}^{n} a_k$)

$$\frac{a_1 + 2a_2 + \cdots + na_n}{n} = \frac{S_n + S_n - S_1 + S_n - S_2 + \cdots + S_n - S_{n-1}}{n}$$

$$= S_n - \frac{S_1 + S_2 + \cdots + S_{n-1}}{n} = S_n - \frac{S_1 + S_2 + \cdots + S_{n-1}}{n-1} \cdot \frac{n-1}{n}$$

故

$$\lim_{n \to \infty} \frac{a_1 + 2a_2 + \cdots + na_n}{n} = S - S = 0$$

这里用到了若 $\lim\limits_{n \to \infty} a_n = a$, 则 $\lim\limits_{n \to \infty} \frac{a_1 + a_2 + \cdots + a_n}{n} = a$.

(2) 考虑到 $\frac{1}{n(n+1)} = \frac{1}{n} - \frac{1}{n+1}$, 则有

$$\frac{a_1 + 2a_2 + \cdots + na_n}{n(n+1)} = \frac{a_1 + 2a_2 + \cdots + na_n}{n} - \frac{a_1 + 2a_2 + \cdots + na_n}{n+1}$$

$$= \frac{a_1 + 2a_2 + \cdots + na_n}{n} - \frac{a_1 + 2a_2 + \cdots + na_n + (n-1)a_{n+1}}{n+1} + a_{n+1}$$

记 $b_n = \frac{a_1 + 2a_2 + \cdots + na_n}{n}$, 则 $\frac{a_1 + 2a_2 + \cdots + na_n}{n(n+1)} = b_n - b_{n+1} + a_{n+1}$. 故

$$\sum_{n=1}^{\infty} \frac{a_1 + 2a_2 + \cdots + na_n}{n(n+1)} = \sum_{n=1}^{\infty} b_n - \sum_{n=1}^{\infty} b_{n+1} + \sum_{n=1}^{\infty} a_{n+1} = \sum_{n=1}^{\infty} a_n = S$$

例 3 设 $f(x) = x^x$, 且 $f(0) = 1$. 求证 $\int_0^1 x^x dx = \sum\limits_{n=1}^{\infty} (-1)^{n+1} \frac{1}{n^n}$. (美国 Putnam Exam,1969)

证 由题设 $f(x) = \exp\{x \ln x\} = \sum\limits_{n=1}^{\infty} \frac{1}{m!} x^m (\ln x)^m$.

又 $\ln f(x) = x\ln x$ 在 $[0,1]$ 上有最大值、最小值分别为

$$\max\{\ln f(x)\} = \ln f(0) = \ln 1 = 0$$

$$\min\{\ln f(x)\} = \ln f\left(\frac{1}{e}\right) = -\frac{1}{e}$$

因为 $x \in [0,1]$ 时 $x\ln x \leqslant \frac{1}{e} < 1$,故 $\int_0^1 x^x \mathrm{d}x = \sum_{n=1}^{\infty} \frac{1}{m!} x^m (\ln x)^m \mathrm{d}x$.

令 $F(m,k) = -\int_0^1 x^m (\ln x)^k \mathrm{d}x$,则当 $m \geqslant 0, k \geqslant 1$ 时由分部积分可得

$$F(m,k) = -\frac{k}{m+1}F(m,k-1)$$

从而

$$F(m,m) = (-1)^m m! \ (m+1)^{-m} F(m,0) = \frac{(-1)^m m!}{(m+1)^{m+1}}$$

故

$$\int_0^1 x^x \mathrm{d}x = \sum_{n=1}^{\infty} (-1)^m m! \ (m+1)^{-m-1} = \sum_{n=1}^{\infty} \frac{(-1)^{n+1}}{n^n}$$

例 4 设 $f_0(x) = e^x$,$f_{n+1}(x) = xf_n'(x)(n = 0,1,2,\cdots)$. 证明 $\sum_{n=0}^{\infty} \frac{f_n(1)}{n!} = e^e$. (美国 Putnam Exam,1975)

证 由设 $f_0(x) = e^x = \sum_{k=0}^{\infty} \frac{x^k}{k!}$,用数学归纳法可证

$$f_n(x) = \sum_{k=0}^{\infty} \frac{k^n x^k}{k!}$$

又级数的项为正项,则有

$$\sum_{n=0}^{\infty} \frac{f_n(1)}{n!} = \sum_{n=0}^{\infty} \sum_{k=0}^{\infty} \frac{k^n}{k! \ n!} = \sum_{k=0}^{\infty} \frac{1}{k!} \sum_{n=0}^{\infty} \frac{k^n}{n!} = \sum_{k=0}^{\infty} \frac{e^k}{k!} = e^e$$

接下来是两则双求和问题.

例 5 将 $\sum_{n=1}^{\infty} \sum_{m=1}^{\infty} \frac{1}{mn(m+n+2)}$ 表为一个有理数. (美国 Putnam Exam,1978)

解 注意到下面的变形

$$I = \sum_{n=1}^{\infty} \frac{1}{n} \sum_{m=1}^{\infty} \frac{1}{m(m+n+2)} = \sum_{n=1}^{\infty} \frac{1}{n} \sum_{m=1}^{\infty} \left[\frac{1}{n+2}\left(\frac{1}{m} - \frac{1}{m+n+2}\right)\right]$$

$$= \sum_{n=1}^{\infty} \frac{1}{n(n+2)} \sum_{m=1}^{\infty} \left(\frac{1}{m} - \frac{1}{m+n+2}\right)$$

$$= \sum_{n=1}^{\infty} \frac{1}{n(n+2)} \left[\left(1 - \frac{1}{n+3}\right) + \left(\frac{1}{2} - \frac{1}{n+4}\right) + \left(\frac{1}{3} - \frac{1}{n+5}\right) + \cdots\right]$$

$$= \sum_{n=1}^{\infty} \frac{1}{n(n+2)} \left(1 + \frac{1}{2} + \frac{1}{3} + \cdots + \frac{1}{n+2}\right)$$

$$= \sum_{n=1}^{\infty} \frac{1}{2}\left(\frac{1}{n} - \frac{1}{n+2}\right)\left(1 + \frac{1}{2} + \frac{1}{3} + \cdots + \frac{1}{n+2}\right)$$

$$= \frac{1}{2}\left[\left(1 - \frac{1}{3}\right)\left(1 + \frac{1}{2} + \frac{1}{3}\right) + \left(\frac{1}{2} - \frac{1}{4}\right)\left(1 + \frac{1}{2} + \frac{1}{3} + \frac{1}{4}\right) + \cdots\right]$$

$$= \frac{1}{2}\left[\left(1 + \frac{1}{2} + \frac{1}{3}\right) + \frac{1}{2}\left(1 + \frac{1}{2} + \frac{1}{3} + \frac{1}{4}\right) + \frac{1}{3}\left(\frac{1}{4} + \frac{1}{5}\right) + \frac{1}{4}\left(\frac{1}{5} + \frac{1}{6}\right) + \cdots\right]$$

$$= \frac{1}{2}\left[\frac{11}{6} + \frac{1}{2} \cdot \frac{25}{12} + \sum_{k=3}^{\infty} \frac{1}{k(k+1)}\right] = \frac{7}{2}$$

注意求和式 $\sum_{k=3}^{n} \frac{1}{k(k+1)} = \sum_{k=3}^{n} \left(\frac{1}{k} - \frac{1}{k+1}\right)$ 展开后的前后项相消(最后只剩下首项和最末项).

例 6 求级数 $S = \sum\limits_{m=1}^{\infty} \sum\limits_{n=1}^{\infty} \dfrac{m^2 n}{3^m (n3^m + m3^n)}$ 的和.（美国 Putnam Exam，1999）

解 由

$$S = \sum_{m=1}^{\infty} \sum_{n=1}^{\infty} \frac{m^2 n^2}{m3^n} \left(\frac{1}{n3^m} - \frac{1}{n3^m + m3^n} \right) = \sum_{m=1}^{\infty} \sum_{n=1}^{\infty} \frac{mn}{3^m 3^n} - \sum_{m=1}^{\infty} \sum_{n=1}^{\infty} \frac{mn^2}{3^n (n3^m + m3^n)}$$

$$= \sum_{m=1}^{\infty} \sum_{n=1}^{\infty} \frac{mn}{3^m 3^n} - S$$

故

$$2S = \sum_{m=1}^{\infty} \sum_{n=1}^{\infty} \frac{mn}{3^m 3^n} = \left(\sum_{m=1}^{\infty} \frac{m}{3^m} \right)^2$$

由 $\sum\limits_{n=0}^{\infty} n x^n = x \left(\sum\limits_{n=0}^{\infty} x^n \right)' = x \left(\dfrac{1}{1-x} \right)' = \dfrac{x}{(1-x)^2}$，令 $x = \dfrac{1}{3}$，有 $\sum\limits_{n=1}^{\infty} \dfrac{n}{3^n} = \dfrac{3}{4}$，从而由 $2S = \left(\dfrac{3}{4} \right)^2$，得 $S = \dfrac{9}{32}$.

注 显然求 $\sum\limits_{n=1}^{\infty} \dfrac{n^2}{3^n}$ 的和可视为例 5 的特殊情形. 此外还可解如

$$\sum_{n=1}^{\infty} \frac{n^2}{3^n} = \frac{1}{3} \sum_{n=1}^{\infty} \frac{n(n-1)}{3^{n-1}} - \frac{1}{3} \sum_{n=1}^{\infty} \frac{n}{3^n} = \frac{1}{3} \left[\left(\frac{1}{1-x} \right)'' - \left(\frac{1}{1-x} \right)' \right]_{x=\frac{1}{3}} = \frac{3}{2}$$

例 7 试求 $\dfrac{1 + \dfrac{\pi^4}{5!} + \dfrac{\pi^8}{9!} + \dfrac{\pi^{12}}{13!} + \cdots}{\dfrac{1}{3!} + \dfrac{\pi^4}{7!} + \dfrac{\pi^8}{11!} + \dfrac{\pi^{12}}{15!} + \cdots}$ 的值.（北京航空航天大学数学竞赛，1999）

解 令所求分数值为 $\dfrac{p}{q}$（其中 p 代表分式分子，q 代表分式分母），注意到

$$\sin \pi = \pi - \frac{\pi^3}{3!} + \frac{\pi^5}{5!} + \cdots + (-1)^n \frac{\pi^{2n+1}}{(2n+1)!} + \cdots$$

则 $p\pi - q\pi^3 = \sin \pi = 0$，从而 $\dfrac{p}{q} = \pi^2$.

注 1 这是一个甚有创意的题目，拟题者当然是反向思考而得，关键之式为 $p\pi - q\pi^3 = 0$.

注 2 本题曾为北京师范大学 1980 年、无锡轻工业学院 1982 年研究生入学考试试题，也曾是前苏联 1975 年大学生数学竞赛试题.

例 8 对任意正整数 n，令 $\langle n \rangle$ 表示最接近 $\sqrt{n}$ 的整数. 求和式 $\sum\limits_{n=1}^{\infty} \dfrac{2^{\langle n \rangle} + 2^{-\langle n \rangle}}{2^n}$ 之值.（美国 Putnam Exam，2001）

解 令 S_k 是所求值的和式中使用 $\langle n \rangle = k$ 的 n 的和. 由于

$$\langle n \rangle = k \Leftrightarrow k - \frac{1}{2} < \sqrt{n} < k + \frac{1}{2} \Leftrightarrow k^2 - k + \frac{1}{4} < n < k^2 + k + \frac{1}{4}$$

$$\Leftrightarrow (k-1)k < n \leqslant k(k+1)$$

即得

$$S_k = \sum_{n=k^2-k+1}^{k^2+k} \frac{2^k + 2^{-k}}{2^n} = (2^k + 2^{-k}) \sum_{n=k^2-k+1}^{k^2+k} \frac{1}{2^n}$$

$$= (2^k + 2^{-k}) \left[\left(\frac{1 - (1/2)^{k^2+k+1}}{1/2} \right) - \left(\frac{1 - (1/2)^{k^2-k+1}}{1/2} \right) \right]$$

$$= 2(2^k - 2^{-k})(2^{-k^2+k-1} - 2^{-k^2-k-1})$$

$$= 2(2^{-(k-1)^2} - 2^{-(k+1)^2})$$

这样

$$\sum_{n=1}^{\infty}\frac{2^{\langle n\rangle}+2^{-\langle n\rangle}}{2^n}=\lim_{N\to\infty}\sum_{k=1}^{N}S_k=\lim_{N\to\infty}\sum_{k=1}^{N}2(2^{-(k-1)^2}-2^{-(k+1)^2})$$
$$=\lim_{N\to\infty}2\left(1+\frac{1}{2}-2^{-N^2}-2^{-(N+1)^2}\right)=3$$

例 9 试求 $\sum_{n=1}^{\infty}\arctan\frac{1}{n^2+n+1}$ 的和.(中国第三届全国大学生夏令营试题,1989)

解 1 当 $x>0,y>0$ 时,有等式 $\arctan\frac{x-y}{1+xy}=\arctan x-\arctan y$ 成立.

令 $x=\frac{1}{n},y=\frac{1}{n+1}$,则 $\arctan\frac{1}{n^2+n+1}=\arctan\frac{1}{n}-\arctan\frac{1}{n+1}$,故

$$\sum_{n=1}^{\infty}\arctan\frac{1}{n^2+n+1}=\sum_{n=1}^{\infty}\left(\arctan\frac{1}{n}-\arctan\frac{1}{n+1}\right)$$
$$\lim_{k\to\infty}\sum_{n=1}^{k}\left(\arctan\frac{1}{n}-\arctan\frac{1}{n+1}\right)=\lim_{k\to\infty}\left(\arctan 1-\arctan\frac{1}{k+1}\right)=\frac{\pi}{4}$$

解 2 如解 1 令 $x=n+1,y=n$,则

$$\arctan\frac{1}{n^2+n+1}=\arctan(n+1)-\arctan n$$

故

$$\sum_{n=1}^{\infty}\arctan\frac{1}{n^2+n+1}=\sum_{n=1}^{\infty}[\arctan(n+1)-\arctan n]$$
$$=\lim_{k\to\infty}\sum_{n=1}^{k}[\arctan(n+1)-\arctan n]=\lim_{k\to\infty}[\arctan(n+1)-\arctan 1]$$
$$=\frac{\pi}{2}-\frac{\pi}{4}=\frac{\pi}{4}$$

例 10 (1)举例说明存在通项趋于零但发散的交错级数;(2)举例说明存在收敛的正项级数 $\sum_{n=1}^{\infty}a_n$,但 $a_n\neq o\left(\frac{1}{n}\right)$,此处 $o\left(\frac{1}{n}\right)$ 是当 $n\to\infty$ 时比 $\frac{1}{n}$ 高阶的无穷小.(北京市大学生数学竞赛,2005)

解 (1)由于交错级数收敛的充分条件为通项单调向零,而题目没有强调"单调"性,故考虑级数

$$\sum_{n=2}^{\infty}\frac{(-1)^n}{\sqrt{n}+(-1)^n}=\sum_{n=2}^{\infty}\left[\frac{(-1)^n\sqrt{n}}{n-1}-\frac{1}{n-1}\right]$$

注意它非单调. 由于级数 $\sum_{n=2}^{\infty}\frac{(-1)^n\sqrt{n}}{n-1}$ 收敛,而 $\sum_{n=2}^{\infty}\frac{1}{n-1}$ 发散,因此级数 $\sum_{n=2}^{\infty}\left[\frac{(-1)^n\sqrt{n}}{n-1}-\frac{1}{n-1}\right]$ 发散.

(2)定义 $\{a_n\}$:当 n 是整数的平方时,$a_n=\frac{1}{n}$;当 n 不是整数的平方时,$a_n=\frac{1}{n^2}$.

所以 $a_n\neq o\left(\frac{1}{n}\right)$,而 $\sum_{n=1}^{\infty}a_n$ 的部分和 $S_n\leqslant 2\sum_{k=1}^{n}\frac{1}{k^2}$,因此 $\sum_{n=1}^{\infty}a_n$ 收敛.

2. 幂级数问题

先来看几个幂级数求和问题.

例 1 若 $0<x<1$,试将 $\sum_{n=0}^{\infty}\frac{x^{2^n}}{1-x^{2^n}}$ 表为 x 的有理函数.(美国 Putnam Exam,1977)

解 由设 $|x|<1$,考虑下面式子变形

$$\sum_{n=0}^{N}\frac{x^{2^n}}{1-x^{2^n}}=\sum_{n=0}^{N}\left(\frac{1}{1-x^{2^n}}-\frac{1}{1-x^{2^{n+1}}}\right)=\frac{1}{1-x}-\frac{1}{1-x^{2^{N+1}}}$$

这里注意前后项的相消,从而

$$\sum_{n=0}^{\infty} \frac{x^{2^n}}{1-x^{2^n}} = \lim_{N \to \infty} \left(\sum_{n=0}^{N} \frac{x^{2^n}}{1-x^{2^n}} \right) = \lim_{N \to \infty} \left(\frac{1}{1-x} - \frac{1}{1-x^{2^{N+1}}} \right) = \frac{1}{1-x} - 1 = \frac{x}{1-x}$$

例 2 求级数 $\sum_{n=1}^{\infty} \frac{x^n}{4n-3}$ 的和函数 $(x \geqslant 0)$. (陕西省大学生数学竞赛,1999)

解 易算得题设级数收敛区间为 $[0,1)$.

令 $x = t^4$,则题设级数化为 $\sum_{n=1}^{\infty} \frac{t^{4n}}{4n-3}$. 由

$$\sum_{n=1}^{\infty} \frac{t^{4n}}{4n-3} = t^3 \sum_{n=1}^{\infty} \frac{t^{4n-3}}{4n-3} = t^3 \sum_{n=1}^{\infty} \int_0^t t^{4n-4} \, \mathrm{d}t = t^3 \int_0^t \left(\sum_{n=1}^{\infty} t^{4n-4} \right) \mathrm{d}t$$

$$= t^3 \int_0^t \frac{\mathrm{d}t}{1-t^4} = \frac{t^3}{2} \left(\int_0^t \frac{\mathrm{d}t}{1-t^2} + \int_0^t \frac{\mathrm{d}t}{1+t^2} \right)$$

$$= \frac{t^3}{2} \left(\ln \frac{1+t}{1-t} - \arctan t \right)$$

故

$$\sum_{n=1}^{\infty} \frac{x^n}{4n-3} = \frac{1}{2} x^{\frac{3}{4}} \left(\frac{1}{2} \ln \frac{1+x^{\frac{1}{4}}}{1-x^{\frac{1}{4}}} - \arctan x^{\frac{1}{4}} \right) \quad 0 \leqslant x < 1$$

下面是关于幂级数性质的例子.

例 3 对于所有整数 $n>1$,证明 $\frac{1}{2n_e} < \frac{1}{e} - \left(1 - \frac{1}{n}\right)^n < \frac{1}{n_e}$. (美国 Putnam Exam,2002).

解 若 $n>1$,则 $e^{\frac{1}{n-1}} = 1 + \frac{1}{n-1} + \cdots > \frac{n}{n-1}$,它蕴涵着 $\left(1 - \frac{1}{n}\right)^{n-1} > \frac{1}{e}$. 因而 $\left(1 - \frac{1}{n}\right)^n > \frac{1}{e}\left(1 - \frac{1}{n}\right)$,由此即得所断言的上界. 注意到

$$\left(1 - \frac{1}{n}\right)^n = \exp\left[n\ln\left(1 - \frac{1}{n}\right) \right] < \exp\left[n\left(-\frac{1}{n} - \frac{1}{2n^2} - \frac{1}{3n^3} - \cdots \right) \right]$$

$$< e^{-1} \exp\left[-\left(\frac{1}{2n} + \frac{1}{3n^2} \right) \right]$$

由于对于 $n \geqslant 1$,有 $\frac{1}{2n} + \frac{1}{3n^2} < 1$,又由于当 $n \geqslant 2 \left(> \frac{1}{\sqrt{6}-3/2} \right)$ 时,有 $\frac{1}{2n} + \frac{1}{3n^2} < \frac{\sqrt{3}}{2} \cdot \frac{1}{n}$,因此

$$\exp\left[-\left(\frac{1}{2n} + \frac{1}{3n^2} \right) \right] < 1 - \left(\frac{1}{2n} + \frac{1}{3n^2} \right) + \frac{1}{2}\left(\frac{1}{2n} + \frac{1}{3n^2} \right)^2 < 1 - \frac{1}{2n}$$

故

$$\left(1 - \frac{1}{n}\right)^n < e^{-1}\left(1 - \frac{1}{2n}\right)$$

例 4 求证无穷级数 $\sum_{n=0}^{\infty} \frac{x^n(x-1)^{2n}}{n!}$ 的幂级数展开式中,不会有三个相邻项的系数全为零. (美国 Putnam Exam,1972)

证 由题设知幂级数 $\sum_{n=0}^{\infty} \frac{x^n(x-1)^{2n}}{n!}$ 系 $e^{x(x-1)^2}$ 的展开式. 下证.

命题:若 $P(x)$ 是一任意三次多项式,则 $f(x) = e^{P(x)}$ 的幂级数展开中,不会有三个相邻的项它们的系数皆为零.

证明:由 n 阶导数的莱布尼兹公式,注意到 $m \geqslant 4$ 时,$P^{(m)}(x) = 0$,则

$$f^{(k+1)}(x) = f^{(k)}(x)P'(x) + C_k^1 f^{(k-1)}(x)P''(x) + C_k^2 f^{(k-2)}(x)P'''(x) \qquad (*)$$

这里 $k \geqslant 2$.

假定存在某个 x_0 使 $f^{(k-2)}(x_0) + f^{(k-1)}(x_0) + f^{(k)}(x_0) = 0$,由式 $(*)$ 可有对于 $t = k+2, k+3, \cdots$ 恒

有 $f^{(i)}(x_0) = 0.$ 于是 $f(x)$ 成为多项式函数,这与题设 $f(x) = e^{P(x)}$ 相抵!

故命题成立.进而知要证问题结论真.

例 5 若对非负整数 n,k 定义 $Q(n,k)$ 为 $(1 + x + x^2 + x^3)^n$ 的展开式中 x^k 的系数.证明 $Q(n,k) = \sum_{j=0}^{n} C_n^j C_n^{k-2j}$.(美国 Putnam Exam,1992)

证 注意到下面的式子变形

$$(1 + x + x^2 + x^3)^n = \left[(1 + x^2)(1 + x)\right]^n = (1 + x^2)^n (1 + x)^n$$

$$= \sum_{j=0}^{n} C_n^j x^{2j} \cdot \sum_{i=0}^{n} C_n^i x^i = \sum_{j=0}^{n} \sum_{i=0}^{n} C_n^j C_n^i x^{2j+i} = \sum_{j=0}^{n} C_n^j C_n^{k-2j} \cdot \sum_{k=0}^{n} x^k$$

又 $(1 + x + x^2 + x^3)^n = \sum_{k=0}^{n} Q(n,k) x^k$,故

$$Q(n,k) = \sum_{j=0}^{n} C_n^j C_n^{k-2j}$$

最后来看一个函数(分式)展成幂级数问题.

例 6 将 $\dfrac{1}{(1+x)(1+x^2)(1+x^4)(1+x^8)}$ 展开成 x 的幂级数.(前苏联大学生数学竞赛,1976)

解 可得

$$\frac{1}{(1+x)(1+x^2)(1+x^4)(1+x^8)} = \frac{1-x}{(1-x)(1+x)(1+x^2)(1+x^4)(1+x^8)}$$

$$= \frac{1-x}{1-x^{16}} = (1-x) \sum_{n=0}^{\infty} (x^{16})^n$$

$$= 1 - x + x^{16} - x^{17} + \cdots$$

3. 级数杂例

例 1 用幂级数展开计算 $\int_0^1 \dfrac{\sin x}{x} dx$,使其误差不超过 10^{-4},问至少要用到级数前几项? 说明理由.

(陕西省大学生数学竞赛,1999)

解 由 $\sin x$ 的泰勒展开有 $\dfrac{\sin x}{x} = 1 - \dfrac{x^2}{3!} + \dfrac{x^4}{5!} - \dfrac{x^6}{7!} + \cdots$,则

$$\int_0^1 \frac{\sin x}{x} dx = 1 - \frac{1}{3 \cdot 3!} + \frac{1}{5 \cdot 5!} - \frac{1}{7 \cdot 7!} + \cdots$$

这是满足莱布尼兹定理的收敛交错级数,其余项和的绝对值不大于余项首项绝对值,注意到

$$\frac{1}{(2n-1)[(2n-1)!]} < \frac{1}{10\,000}$$

解得 $n > 3.$ 故至少要用到前 3 项.

下面的例子是利用函数级数展开计算函数各阶导数值的例子.

例 2 若 $f(x)$ 是实数集上无穷次可微的函数,又 $f\left(\dfrac{1}{n}\right) = \dfrac{n^2}{n^2+1}$,$n = 1,2,3,\cdots$,计算 $f^{(k)}(0)(k = 1,2,3,\cdots)$ 的值.(美国 Putnam Exam,1992)

解 令 $g(x) = f(x) - \dfrac{1}{1+x^2}$,则 $g\left(\dfrac{1}{n}\right) = 0,n = 1,2,3,\cdots$.

由 $g(x)$ 可微,又 $x_1,x_2,x_3,\cdots$ 是一个使 $g(x_n) = 0(n = 1,2,3,\cdots)$ 的严格递减于 0 的序列,则由罗尔定理知,存在一个严格递减于 0 的序列 $y_1,y_2,y_3,\cdots$ 使其满足 $x_{n+1} < y_n < x_n$,且 $g'(y_n) = 0,n = 1,2,3,\cdots$.

对 $g(x),g'(x),g''(x),\cdots$ 应用上述结论,注意到 $g^{(k)}(x)$ 在 $x = 0$ 处的连续性,知 $g^{(k)}(0) = 0,k =$

$1,2,3,\cdots$. 即 $f^{(k)}(0)=\dfrac{\mathrm{d}^k}{\mathrm{d}x^k}\left(\dfrac{1}{1+x^2}\right)\Big|_{x=0}$ 为函数 $\dfrac{1}{1+x^2}$ 的麦克劳林展开级数 $\sum\limits_{k=0}^{\infty}(-1)^k x^{2k}$ 的系数值.

故 $f^{(k)}(0)=\begin{cases}\dfrac{(-1)^{\frac{k}{2}}}{k!}, & k\text{ 为偶数}\\ 0, & k\text{ 为奇数}\end{cases}$.

利用函数的幂级数展开,还可计算某些高阶导数值.

例 3 设 $f(x)=\dfrac{x^n}{x^2-1}$,求 $f^{(n)}(x)$,其中 $n=1,2,3,\cdots$.(广东省大学生数学竞赛,1991)

解 为了讨论 $f(x)$ 的展开问题,考虑 n 的奇偶情况:

当 $n=2k+1$ 时,其中 $k=0,1,2,\cdots$,可有

$$f(x)=\frac{x^{2k+1}}{x^2-1}=x^{2k-1}+x^{2k-3}+\cdots+x+\frac{1}{2}\left(\frac{1}{x-1}+\frac{1}{x+1}\right)$$

当 $n=2k$ 时,其中 $k=1,2,3,\cdots$,可有

$$f(x)=\frac{x^{2k}}{x^2-1}=x^{2k-2}+x^{2k-4}+\cdots+1+\frac{1}{2}\left(\frac{1}{x-1}+\frac{1}{x+1}\right)$$

注意到 $x^{2k-1},x^{2k-2},\cdots,x,1$ 的 $2k$ 阶导数皆为 0,故

$$f^{(2k)}(x)=\frac{(2k)!}{2}\left[\frac{1}{(x-1)^{2k+1}}+\frac{1}{(x+1)^{2k+1}}\right]\quad k=1,2,3,\cdots$$

则

$$f^{(n)}(x)=\frac{n!}{2}\left[\frac{(-1)^n}{(x-1)^{n+1}}+\frac{1}{(x+1)^{n+1}}\right]\quad n=1,2,3,\cdots$$

下面的例子是一则综合题,由函数展开式再求积分.

例 4 定义 $C(\alpha)$ 为 $(1+x)^\alpha$ 在 $x=0$ 处幂级数展开式中 x^{1992} 的系数,求积分 $I=\int_0^1 C(-y-1)\left(\dfrac{1}{y+1}+\dfrac{1}{y+2}+\dfrac{1}{y+3}+\cdots+\dfrac{1}{y+1992}\right)\mathrm{d}y$ 的值.(美国 Putnam Exam,1992)

解 由题设 $(1+x)^\alpha$ 在 $x=0$ 处幂级数展开式 x^{1992} 的系数为

$$C(\alpha)=\frac{\alpha(\alpha-1)\cdots(\alpha-1991)}{1992!}$$

故 $C(-y-1)=\dfrac{(-y-1)(-y-2)\cdots(-y-1992)}{1992!}=\dfrac{(y+1)(y+2)\cdots(y+1992)}{1992!}$

则

$$I=\int_0^1 \frac{\mathrm{d}}{\mathrm{d}y}\left[\frac{(y+1)(y+2)\cdots(y+1992)}{1992!}\right]=\frac{(y+1)(y+2)\cdots(y+1992)}{1992!}\Big|_0^1$$
$$=1993-1=1992$$

例 5 任何有理数必为调和级数的有限项之和.(北京市大学生数学竞赛,1990)

证 设 $\dfrac{a}{b}\in \mathbf{Q}^+$(正有理数集),且 $a,b\in \mathbf{N}$,又 $b\neq 0$.由 $\sum\limits_{k=1}^{\infty}\dfrac{1}{k}$ 发散,由有 n_0 使

$$\sum_{k=1}^{n_0}\frac{1}{k}\leqslant \frac{a}{b}<\sum_{k=1}^{n_0+1}\frac{1}{k} \qquad\qquad ①$$

(1) 若式 ① 中等号成立,命题得证,即 $\sum\limits_{k=1}^{n_0}\dfrac{1}{k}=\dfrac{a}{b}$,否则有

$$\sum_{k=1}^{n_0}\frac{1}{k}<\frac{a}{b}<\sum_{k=1}^{n_0+1}\frac{1}{k}$$

令 $\dfrac{c}{d}=\dfrac{a}{b}-\sum\limits_{k=1}^{n_0}\dfrac{1}{k}$,则 $\dfrac{c}{d}<\dfrac{1}{n_0+1}$,这样有 n_1 使

$$\frac{1}{n_1+1} \leqslant \frac{c}{d} < \frac{1}{n_1} \qquad ②$$

(2) 仿(1)讨论要么 $\frac{c}{d} = \frac{1}{n_1+1}$ 问题获证,要么有 $\frac{e}{f} = \frac{c}{d} - \frac{1}{n_1+1}$,则

$$\frac{e}{f} = \frac{c(n_1+1)-d}{d(n_1+1)} < \frac{c}{d(n_1+1)} < \frac{1}{n_1(n_1+1)}$$

故有 n_2 使

$$\frac{1}{n_2+1} < \frac{e}{f} < \frac{1}{n_2} \qquad ③$$

如此下去有 $\frac{c}{d} > \frac{e}{f} > \cdots$,且 $c > e > \cdots$,经有限步骤后分子将减至 1,此时命题获证.

接下来是几则级数不等式问题.

例 6 证明不等式 $1 + \frac{n}{1!} + \frac{n^2}{2!} + \cdots + \frac{n^n}{n!} > \frac{e^n}{2}$ 对每个 $n \geqslant 0$ 的整数成立.(注:$e^x - \sum\limits_{k=1}^{n} \frac{x^k}{k!} = \frac{1}{n!} \int_0^x (x-t)^n e^t dt$,且 $n! = \int_0^{+\infty} t^n e^{-t} dt$)(美国 Putnam Exam,1974)

证 依题设要证 $\sum\limits_{k=0}^{n} \frac{n^k}{k!} = e^n - \frac{1}{n!} \int_0^n (n-t)^n e^t dt > \frac{e^n}{2}$,只需证 $n! > 2e^{-n} \int_0^n (n-t)^n e^t dt$,即

$$\int_0^{+\infty} t^n e^{-t} dt > 2e^{-n} \int_0^n (n-t) e^t dt$$

令 $u = n - t$,上式化为 $\int_0^{+\infty} t^n e^{-t} dt > \int_0^n u^n e^{-u} du$,即

$$\int_n^{+\infty} u^n e^{-u} du > \int_0^n u^n e^{-u} du \quad (\text{注意到} \int_0^{+\infty} = \int_0^n + \int_n^{+\infty})$$

设 $f(u) = u^n e^{-u}$,则只需证 $f(n+h) \geqslant f(n-h)$,$0 \leqslant h \leqslant n$,其等价于

$$(n+h)^n e^{-h} \geqslant (n-h)^n e^h \quad \text{或} \quad n\ln(n+h) - h \geqslant n\ln(n-h) + h$$

设 $g(h) = h\ln(n+h) - n\ln(n-h) - 2h$,则 $g(0) = 0$.

这样对 $0 < h < n$ 有

$$\frac{dg}{dh} = \frac{n}{n+h} + \frac{n}{n-h} - 2 = \frac{2n^2}{n^2 - h^2} - 2 > 0$$

故当 $0 < h < n$ 时,$g(h) > 0$.问题得证.

例 7 设 n 为大于 1 的整数,求证

$$\frac{3n+1}{2n+2} < \left(\frac{1}{n}\right)^2 + \left(\frac{2}{n}\right)^2 + \cdots + \left(\frac{n}{n}\right)^2 < 2$$

(美国 Putnam Exam,1962)

证 当 $x > 0$,$n > 1$ 时,函数 x^n 是凸函数(图象下凸).故 x^n 在 $[0,1]$ 上的积分小于用梯形计算得的面积值

$$\frac{1}{n+1} = \int_0^1 x^n dx < \frac{1}{n}\left[\frac{1}{2}\left(\frac{0}{n}\right)^n + \left(\frac{1}{n}\right)^n + \left(\frac{2}{n}\right)^n + \cdots + \left(\frac{n-1}{n}\right)^n + \frac{1}{2}\left(\frac{n}{n}\right)^n\right]$$

再注意到

$$\frac{3n+1}{2n+2} = \frac{1}{2} + \frac{n}{n+1} < \left(\frac{1}{n}\right)^n + \left(\frac{2}{n}\right)^n + \cdots + \left(\frac{n-1}{n}\right)^n + \left(\frac{n}{n}\right)^n$$

又 $1 - x \leqslant e^{-x}$,$x \in (-\infty, +\infty)$,则 $\left(1 - \frac{k}{n}\right)^n \leqslant e^{-1}$.

令 $k = 0, 1, 2, \cdots, n$,即有

$$\left(\frac{n}{n}\right)^n + \left(\frac{n-1}{n}\right)^n + \cdots + \left(\frac{2}{n}\right)^n + \left(\frac{1}{n}\right)^n \leqslant 1 + e^{-1} + e^{-2} + \cdots + e^{-(n-1)}$$

$$\leqslant \frac{1}{1-e^{-1}} = \frac{e}{e-1} < 2$$

利用级数证明不等式是一种巧妙手段,尽管不常作用.

例 8 求 c 使得不等式 $\frac{1}{2}(e^x + e^{-x}) \leqslant e^{cx^2}$ 对所有 x 成立.(美国 Putnam Exam,1980)

解 1 设 $c \geqslant \frac{1}{2}$,因为 $(2n)! \geqslant 2^n n! \ (n = 0, 1, 2, \cdots)$,故对一切 x 有

$$\frac{1}{2}(e^x + e^{-x}) = \sum_{n=0}^{\infty} \frac{x^{2n}}{(2n)!} = \sum_{n=0}^{\infty} \frac{x^{2n}}{2^n n!} = e^{\frac{x^2}{2}} \leqslant e^{cx^2}$$

反之,若对一切实数 x 题设不等式成立,则由

$$\lim_{x \to 0} \frac{e^{cx^2} - \frac{1}{2}(e^x + e^{-x})}{x^2} = \lim_{x \to 0} \frac{(1 + cx^2 + \cdots) - \left(1 + \frac{1}{2}x^2 + \cdots\right)}{x^2}$$

$$= \lim_{x \to 0} \frac{\left(c - \frac{1}{2}\right)x^2 + \cdots}{x^2} = c - \frac{1}{2}$$

由题设知上面极限式应不小于 0,故 $c - \frac{1}{2} \geqslant 0$,即 $c \geqslant \frac{1}{2}$.

解 2 由题设,考虑下面等式

$$e^{cx^2} - \frac{1}{2}(e^x + e^{-x}) = \sum_{n=0}^{\infty} \frac{c^n x^{2n}}{n!} - \sum_{n=0}^{\infty} \frac{x^{2n}}{(2n)!} = \sum_{n=0}^{\infty} \left[\frac{c^n}{n!} - \frac{1}{(2n)!}\right] x^{2n}$$

若 $e^{cx^2} - \frac{1}{2}(e^x + e^{-x}) \geqslant 0$,上式两边同除 x^2 后,且令 $x = 0$ 有 $c \geqslant \frac{1}{2}$.

又 $c \geqslant \frac{1}{2}$ 时,再考虑

$$\frac{1}{2}(e^x + e^{-x}) = \sum_{n=0}^{\infty} \frac{x^{2n}}{(2n)!} \leqslant \sum_{n=0}^{\infty} \left[\frac{x^{2n}}{2^n n!}\right] = e^{\frac{x^2}{2}} \leqslant e^{cx}$$

最后看一个利用级数展开式求数列极限的例子.

例 9 求极限 $\lim\limits_{n \to \infty} n\sin(2\pi e n!)$.(前苏联大学生数学竞赛试题)

解 考虑 e 的泰勒展开式

$$e = 1 + \frac{1}{2!} + \frac{1}{3!} + \cdots + \frac{1}{n!} + \frac{1}{(n+1)!} + R_{n+1} \quad R_{n+1} = o\left(\frac{1}{(n+1)!}\right)$$

这样 $2\pi e n! = 2n\pi + \frac{2\pi}{n+1} + o\left(\frac{1}{n+1}\right)$,故

$$\lim_{n \to \infty} n\sin(2\pi e n!) = \lim_{n \to \infty} n\sin\left[\frac{2\pi}{n+1} + o\left(\frac{1}{n+1}\right)\right] = \lim_{n \to \infty} n \cdot \frac{2\pi}{n+1} = 2\pi$$

习　题

1. 判断下列级数的敛散性:

(1) $\sum\limits_{n=1}^{\infty} \frac{1}{\sqrt{(2n-1)(2n+1)}}$.(中南矿冶学院,1980)

(2) $\sum\limits_{n=2}^{\infty} \frac{1}{(\ln n)^2}$.(同济大学,1980)

(3) $\sum\limits_{n=1}^{\infty} \frac{1}{n^2 - \ln n}$.(武汉钢铁学院,1982)

(4) $\sum\limits_{n=2}^{\infty} \frac{1}{\sqrt[n]{\ln n}}$.(兰州铁道学院,1982)

(5) $\displaystyle\sum_{n=2}^{\infty}\frac{1}{n\ln^p n}$. (成都电讯工程学院,1984)

(6) $\displaystyle\sum_{n=1}^{\infty}\left(1-\cos\frac{\pi}{n}\right)$. (长沙铁道学院,1981)

(7) $\displaystyle\sum_{n=1}^{\infty}2^n\sin\frac{\pi}{3^n}$. (华东师范大学,1984)

(8) $\displaystyle\sum_{n=1}^{\infty}\frac{\sin\dfrac{1}{n}}{\ln(1+n)}$. (天津大学,1983)

(9) $\displaystyle\sum_{n=1}^{\infty}\int_0^{\frac{1}{n}}\frac{\sqrt{x}}{1+x^4}\mathrm{d}x$. (浙江大学,1980)

(10) $\displaystyle\sum_{n=1}^{\infty}\frac{a^{\frac{n(n+1)}{2}}}{(1+a)(1+a^2)\cdots(1+a^n)}$,其中 $a>0$. (上海交通大学,1983)

2. 求下列级数和:

(1) $\displaystyle\sum_{n=1}^{\infty}\frac{n}{2^n}$. (华中工学院,1982;北京钢铁学院,1979)

(2) $\displaystyle\sum_{n=1}^{\infty}\frac{1}{n(n+1)}$. (北京大学,1982)

(3) $\displaystyle\sum_{n=1}^{\infty}\frac{1}{n(n+1)(n+2)}$. (武汉地质学院,1982)

(4) $\displaystyle\sum_{n=1}^{\infty}\frac{1}{(3n-2)(3n+1)}$. (北京邮电学院,1979)

(5) $\displaystyle\sum_{n=0}^{\infty}\frac{2n+1}{n!}$. (长沙铁道学院,1982)

(6) $\displaystyle\sum_{n=1}^{\infty}\frac{(-1)^{n-1}}{n(2n-1)}$. (沈阳机电学院,1981)

(7) $\dfrac{1}{2}+\dfrac{3}{4}+\dfrac{5}{8}+\dfrac{7}{16}+\cdots$. (上海铁道学院,1979)

(8) $\dfrac{1+\dfrac{\pi^4}{5!}+\dfrac{\pi^8}{9!}+\dfrac{\pi^{12}}{13!}+\cdots}{\dfrac{1}{3!}+\dfrac{\pi^4}{7!}+\dfrac{\pi^8}{11!}+\dfrac{\pi^{12}}{15!}+\cdots}$. (北京师范大学,1980;无锡轻工业学院,1982)

(9) $\displaystyle\sum_{n=1}^{\infty}n\left(-\frac{1}{3}\right)^{n-1}$. (四川大学,1979)

(10) $\displaystyle\sum_{n=1}^{\infty}\frac{n}{3^{n-1}}$. (长沙铁道学院,1980)

(11) $\displaystyle\sum_{n=1}^{\infty}(-1)^n(n^{\frac{1}{n}}-1)$. (大连工学院,1985)

(12) $\dfrac{1}{1\times3}+\dfrac{1}{2\times3^2}+\dfrac{1}{3\times3^3}+\dfrac{1}{4\times3^4}+\cdots$. (华中工学院,1983)

(13) $1-\dfrac{1}{2\times3}+\dfrac{1}{4\times5}-\dfrac{1}{6\times7}+\cdots$. (吉林大学,1983)

(14) $1+\dfrac{1}{2}\times\dfrac{19}{9}+\dfrac{2!}{3^2}\times\left(\dfrac{19}{9}\right)^2+\dfrac{3!}{4^3}\times\left(\dfrac{19}{9}\right)^3+\dfrac{4!}{5^4}\times\left(\dfrac{19}{9}\right)^4+\cdots$. (上海交通大学,1984)

3. 判断级数 $\displaystyle\sum_{n=1}^{\infty}a_n$ 的敛散性,其中 $a_n=\displaystyle\int_0^{\frac{\pi}{n}}\frac{\sin x}{1+x}\mathrm{d}x$. (天津纺织工学院,1984)

4. 若 $a_n = \int_0^1 x^2(1-x)^n \mathrm{d}x$，证明级数 $\sum\limits_{n=1}^{\infty} a_n$ 收敛，且求其和.（华南工学院，1984）

5. 若正项级数 $\sum\limits_{n=1}^{\infty} a_n$，$\sum\limits_{n=1}^{\infty} b_n$ 满足 $\lim\limits_{n\to\infty}\dfrac{a_n}{b_n}=1$，则 $\sum\limits_{n=1}^{\infty} a_n$，$\sum\limits_{n=1}^{\infty} b_n$ 同时收敛或发散.（中国人民解放军通讯工程学院，1980）

6. 若 $a_n \neq 0 (n=1,2,3,\cdots)$，且 $\lim\limits_{n\to\infty} a_n = a(a\neq0)$，求证下列两级数：$\sum\limits_{n=1}^{\infty}\left|a_{n+1}-a_n\right|$ 与 $\sum\limits_{n=1}^{\infty}\left|\dfrac{1}{a_{n+1}}-\dfrac{1}{a_n}\right|$ 同时收敛或发散.（国防科技大学，1979）

7. 级数 $\sum\limits_{n=1}^{\infty} a_n$ 与 $\sum\limits_{n=1}^{\infty} b_n$ 都收敛，且对一切自然数 n 均有 $a_n < c_n < b_n$，证明级数 $\sum\limits_{n=1}^{\infty} c_n$ 也收敛.（西安交通大学，1980）

8. 若正项级数 $\sum\limits_{n=1}^{\infty} a_n$ 收敛，证明 $\sum\limits_{n=1}^{\infty}\dfrac{\sqrt{a_n}}{n}$ 也收敛.（北京钢铁学院，1981）

9. 若正项级数 $\sum\limits_{n=1}^{\infty} a_n$，$\sum\limits_{n=1}^{\infty} b_n$ 都收敛，证明正项级数 $\sum\limits_{n=1}^{\infty}\sqrt{a_n b_n}$ 与 $\sum\limits_{n=1}^{\infty}\dfrac{\sqrt{a_n}}{n}$ 也收敛.（西安交通大学，1982；大连轻工业学院，1984）

10.（1）若正项级数 $\sum\limits_{n=1}^{\infty} a_n$ 收敛，则 $\sum\limits_{n=1}^{\infty}\sqrt{a_n a_{n+1}}$ 也收敛；（2）若正项级数列 $\{a_n\}$ 单减，且 $\sum\limits_{n=1}^{\infty}\sqrt{a_n a_{n+1}}$ 收敛，则级数 $\sum\limits_{n=1}^{\infty} a_n$ 也收敛.（无锡轻工业学院，1982）

11. 试证若有 $\alpha > 0$ 使当 $n\geqslant n_0$ 时，$\dfrac{\ln\dfrac{1}{a_n}}{\ln n}\geqslant 1+\alpha$，则级数 $\sum\limits_{n=1}^{\infty} a_n$ 收敛；若 $n\geqslant n_0$ 时，$\dfrac{\ln\dfrac{1}{a_n}}{\ln n}\leqslant 1$，则级数 $\sum\limits_{n=1}^{\infty} a_n$ 发散，这里 $a_n > 0(n=1,2,\cdots)$.（哈尔滨工业大学，1983）

12. 若 $\sum\limits_{n=1}^{\infty} a_n$ 绝对收敛，试证：（1）$\sum\limits_{n=1}^{\infty}\dfrac{1}{a_n^2}$ 发散；（2）$\sum\limits_{n=1}^{\infty}\left(1+\dfrac{1}{n}\right)^n a_n$ 绝对收敛；（3）$\sum\limits_{n=1}^{\infty} a_n^2$ 收敛.（北京钢铁学院，1982）

13. 已知 $\sum\limits_{n=1}^{\infty}\dfrac{c_n}{n}(c_n\geqslant 0, n=1,2,\cdots)$ 收敛，证明级数 $\sum\limits_{n=1}^{\infty}\sum\limits_{k=1}^{\infty}\dfrac{c_n}{n^2+k^2}$ 收敛.（南京工学院，1982）

14.（1）若 $\lim n a_n = l(l>0)$，（2）$\lim n^2 a_n = l(l>0)$，则正项级数 $\sum\limits_{n=1}^{\infty} a_n$ 收敛还是发散？说明理由.（国防科技大学，1982）

15. 设偶函数 $f(x)$ 的二阶导数 $f''(x)$ 在 $x=0$ 的一个邻域内连续，且 $f(0)=1$，$f''(0)=2$. 试证级数 $\sum\limits_{n=1}^{\infty}\left[f\left(\dfrac{1}{n}\right)-1\right]$ 绝对收敛.（东北工学院，1984）

16. 求下列级数的收敛区间：

（1）$\sum\limits_{n=0}^{\infty}\dfrac{x^n}{\sqrt{1+n}}$.（哈尔滨工业大学，1981）

（2）$\sum\limits_{n=0}^{\infty}\dfrac{4^n+(-3)^n}{n+1}x^n$.（中国科学院，1983）

（3）$\sum\limits_{n=0}^{\infty}\dfrac{\ln(n+1)}{n+1}x^{n+1}$.（哈尔滨工业大学，1981；同济大学，1982）

（4）$\sum\limits_{n=1}^{\infty} n!\left(\dfrac{x}{n}\right)^n (x\geqslant 0)$.（一机部 1981—1982 年出国进修生选拔试题）

(5) $\sum_{n=1}^{\infty}(-1)^n\dfrac{\ln^n x}{n}$. (北京工业学院,1983)

(6) $\sum_{n=1}^{\infty}(-1)^n\dfrac{x^{2n+1}}{2n+1}$. (西北大学,1982;华东师范大学,1984)

(7) $\sum_{n=1}^{\infty}\dfrac{2^n+3^n}{n}x^n$. (东北工学院,1982)

(8) $\sum_{n=1}^{\infty}\dfrac{x^n}{n^p}(p\geqslant 0$ 常数$)$. (昆明工学院,1982)

(9) $\sum_{n=1}^{\infty}\left[\dfrac{1}{n^2}+(-1)^n+\sin n\right]x^n$. (西北电讯工程学院,1983)

(10) $\sum_{n=1}^{\infty}\dfrac{x^n}{1+\dfrac{1}{2}+\dfrac{1}{3}+\cdots+\dfrac{1}{n}}$. (北京工业大学,1983)

(11) $\sum_{n=1}^{\infty}n2^{2n}x^n(1-x)^n$. (湘潭大学,1983)

(12) $\sum_{n=1}^{\infty}ne^{-nx}$. (华南工学院,1984)

17. 指出下列级数收敛域,且求其和函数:

(1) $\sum_{n=1}^{\infty}n(n+1)x^n$. (哈尔滨工业大学,1984)

(2) $\sum_{n=1}^{\infty}\dfrac{x^n}{n(n+1)}$. (天津大学,1979;上海机械学院,1981;兰州大学、甘肃工业大学、武汉钢铁学院,1982)

(3) $\sum_{n=1}^{\infty}(-1)^{n-1}\dfrac{x^{n+2}}{n(n+2)}$. (北京工业大学,1983)

(4) $\sum_{n=1}^{\infty}\dfrac{x^n}{n(n+1)(n+2)}$. (中山大学,1983)

(5) $\sum_{n=1}^{\infty}\dfrac{2n+1}{n!}x^{2n}$. (上海机械学院、兰州铁道学院、武汉建材学院,1982;武汉水电学院,1984)

(6) $\sum_{n=1}^{\infty}\dfrac{n^3}{n!}x^n$. (长春地质学院,1983)

(7)① $\sum_{n=1}^{\infty}n^2x^{n-1}$;② $\sum_{n=1}^{\infty}\dfrac{n^2}{2^n}x^{n-1}$. (太原工学院,1982)

(8) $\sum_{n=1}^{\infty}n2^nx^{2n-1}$. (西安矿业学院,1983)

(9) $\sum_{n=1}^{\infty}\dfrac{x^{2n}}{(2n)!!}$. (中南矿冶学院、武汉地质学院,1982)

(10) $\sum_{n=1}^{\infty}\dfrac{1}{2n(n-1)}x^{2n}$. (北京航空学院,1981)

(11) $\sum_{n=1}^{\infty}\dfrac{n-\dfrac{1}{2}}{n+1}x^{2n}$. (华东水利学院,1982)

(12) $\sum_{n=1}^{\infty}\dfrac{(n-1)^2}{n+1}x^n$. (南京邮电学院,1984)

(13) $\sum_{n=1}^{\infty}\dfrac{(x+2)^n}{n\cdot 3^n}$. (甘南工业大学,1984)

18. 求 $\sum\limits_{n=1}^{\infty} \dfrac{n(n+1)}{2^{n-1}} x^{n-1}$ 的收敛区间,且求级数 $\sum\limits_{n=1}^{\infty} \dfrac{n(n+1)}{2^{n-1}}$ 的和.(厦门大学,1982;上海科技大学,1979)

19. 试求 $\sum\limits_{n=1}^{\infty} \dfrac{x^{n+2}}{(n+1)(n+2)}$ 的和函数,且计算 $\sum\limits_{n=1}^{\infty} \dfrac{1}{4(n+1)(n+2)2^n}$.(北京化工学院,1984)

20. 求 $\sum\limits_{n=1}^{\infty} \left(\dfrac{n}{3}\right)\left(\dfrac{x}{3}\right)^{n-1}$ 的和函数,且求 $\sum\limits_{n=1}^{\infty} \dfrac{n}{3^n}$.(南京化工学院,1982)

21. 求(1) $\sum\limits_{n=1}^{\infty} \dfrac{(-1)^{n-1}}{n(n+1)}\left(\dfrac{2+x}{2-x}\right)^{2n}$;(2) $\sum\limits_{n=1}^{\infty} \dfrac{(x^2-1)^n}{n(n+1)}$ 的收敛域且求其和.(中国科技大学,1984)

22. 求 $\sum\limits_{n=1}^{\infty} n^2 x^{n-1}$ 的收敛区间以及和函数,且计算级数和 $\sum\limits_{n=1}^{\infty} (-1)^{n-1}\dfrac{n^2}{2^{n-1}}$.(鞍山钢铁学院,1982)

23. 讨论 $\sum\limits_{n=1}^{\infty} \int_0^{\frac{1}{n}} \dfrac{\sqrt{x}}{1+x^2}\,dx$ 的敛散性.(安徽工学院,1982)

24. 讨论级数 $\sum\limits_{n=1}^{\infty} \dfrac{x^n}{(1+x)(1+x^2)\cdots(1+x^n)}$ $(x \geqslant 0)$ 的敛散性.(西安地质学院,1984)

25. 求幂级数 $3x^2 - \dfrac{5}{2}x^4 + \dfrac{7}{3}x^6 - \cdots + (-1)^{n-1}\dfrac{2n+1}{n}x^{2n} + \cdots$ 的和函数.(天津大学,1981)

26. 求幂级数 $x - 4x^2 + 9x^3 - 16x^4 + \cdots$ 的和函数.(西安地质学院,1984)

27. 已知级数 $x + \dfrac{x^3}{3} + \dfrac{x^5}{5} + \dfrac{x^7}{7} + \cdots$.(1)求它的收敛区间;(2)求它的和函数;(3)求 $\sum\limits_{n=1}^{\infty} \dfrac{1}{2^n(2n-1)}$.(上海纺织工学院,1979;东北工学院,1983;兰州铁道学院,1984)

28. 讨论级数 $x + x(1-\sin x) + x(1-\sin x)^2 + x(1-\sin x)^3 + \cdots$ 的收敛性.(湖南大学,1979)

29. (1)试证 $\sum\limits_{k=1}^{\infty} \dfrac{\sin(2k-1)x}{2k-1} = \sum\limits_{n=1}^{\infty} (-1)^{n-1}\dfrac{1}{2n-1}$ $(0<x<\pi)$;(2)求上式式右级数和.(无锡轻工业学院,1983)

30. 试将下列函数展开为 x 的幂级数,指出收敛域:

(1) $f(x) = \dfrac{1}{x^2+3x+2}$.(北京大学,1982)

(2) $f(x) = \dfrac{x}{1+x-2x^2}$.(山东矿业学院,1984)

(3) $f(x) = \dfrac{1}{2x^2-3x+1}$.(湖南大学,1980)

(4) $f(x) = \dfrac{3x}{2-x-x^2}$.(合肥工业大学、长春光机学院,1983)

(5) $f(x) = \dfrac{1}{(1-x)^3}$.(北京化工学院,1983)

(6) $f(x) = \dfrac{1}{(1+x)(1+x^2)}$.(吉林工业大学,1983)

(7) $f(x) = \dfrac{1}{(1+x^2)(1+x^6)(1+x^{12})}$.(西北电讯工程学院,1983)

(8) $f(x) = \ln(1+x-2x^2)$.(大连铁道学院,1980)

(9) $f(x) = \ln(1+x+x^2+x^3)$.(南京大学,1982)

(10) $f(x) = \sin^3 x$.(北京师范大学,1982)

(11) $f(x) = \operatorname{ch} x$.(北京大学,1982)

(12) $f(x) = x\arcsin x + \sqrt{1-x^2}$ $(|x|<1)$.(复旦大学,1982)

(13) $f(x) = \dfrac{1}{2}\arctan x + \dfrac{1}{4}\ln \dfrac{1+x}{1-x}$. (无锡轻工业学院,1984)

(14) $f(x) = \dfrac{2}{\sqrt{\pi}}\displaystyle\int_0^x e^{-x^2}\,dx$. (西北电讯工程学院,1985)

31. 将函数 $\dfrac{d}{dx}\left(\dfrac{\cos x - 1}{x}\right)$ 展为 x 的幂级数,指出其收敛域,且由此求级数 $\displaystyle\sum_{n=1}^{\infty}(-1)^n\dfrac{2n-1}{(2n)!}\left(\dfrac{\pi}{2}\right)^{2n}$ 的和.(安徽大学,1984)

32. 将 $\dfrac{d}{dx}\left(\dfrac{e^x - 1}{x}\right)$ 展为 x 的幂级数,且由此推证下式成立:$\displaystyle\sum_{n=1}^{\infty}\dfrac{n}{(n+1)!} = 1$.(山东工学院,1980;成都地质学院、淮南煤矿学院,1982;长沙铁道学院,1983;成都地质学院,1984)

33. 试证 $\ln 2 = \displaystyle\sum_{n=1}^{\infty}\dfrac{1}{n2^n}$.(西安交通大学,1979)

34. 将 $(x+1)[\ln(x+1)-1]$ 展开幂级数并求其收敛区间.(中南矿冶学院,1983)

35. (1) 将 $f(x) = \ln x$ 展为 $x-2$ 的幂级数,且求其收敛域.(同济大学,1980)

(2) 将函数 $f(x) = \ln\dfrac{x}{1+x}$ 展成 $x-1$ 的幂级数,且求其收敛区间.(同济大学,1984)

(3) 将 $f(x) = \ln(x^2 - x)$ 展为 $x-3$ 的幂级数.(厦门大学,1983)

(4) 将 $\dfrac{1}{x}$ 展为 $x-2$ 的幂级数,且求其收敛域.(山东大学,1981;清华大学,1983)

(5) 将 $f(x) = \dfrac{1}{x^2 + 4x + 3}$ 展为 $x-1$ 的幂级数,且指出其收敛域.(兰州铁道学院,1979)

36. 将 $\displaystyle\sum_{n=1}^{\infty}n\left(\dfrac{x}{3}\right)^{n-1}$ 的和函数展为 $x-2$ 的幂级数,且求其收敛域.(西北工业大学,1983)

37. 将级数 $\displaystyle\sum_{n=1}^{\infty}(-1)^{n-1}\dfrac{x^{2n-1}}{4^{2n-2}(2n-1)!}$ 的和函数展为 $x-1$ 的幂级数.(郑州工学院,1984)

38. 已知级数 $\displaystyle\sum_{n=1}^{\infty}\dfrac{a^n + (-b)^n}{n(n-1)}(x+1)^n$,其中 $0 < b < a < 1$.试求:(1) 级数和函数的定义域;(2) 将它展为 x 的幂级数,且指出其收敛域.(东北工学院,1984)

39. 求级数 $\displaystyle\sum_{n=3}^{\infty}\dfrac{(-1)^n}{(n^2 - 3n + 2)^x}$ 的绝对收敛、条件收敛和发散的区域.(北京钢铁学院,1981)

40. 试证幂级数 $\displaystyle\sum_{n=0}^{\infty}\dfrac{x^{2n}}{(2n)!}$ 在其收敛域中的和函数满足微分方程 $y' + y = e^x$,由此求幂级数的和.(国防科技大学,1982)

41. 已知级数 $\displaystyle\sum_{n=0}^{\infty}\dfrac{x^{2n}}{(2n)!}$.(1) 求其收敛域;(2) 求其和函数;(3) 求 $S(x)$ 在 $x=0$ 处的各阶导数;

(4) 证明 $\displaystyle\lim_{n\to\infty}\dfrac{a^n}{(2n)!} = 0$;(5) 求 $S\left(\dfrac{1}{2}\right)$ 的近似值,使其精确到 10^{-3}.(北京航空学院,1982)

42. 数列 $\{a_k\}$ 定义如下:$a_{2k-1} = \dfrac{1}{k}$,$a_{2k} = \displaystyle\int_k^{k+1}\dfrac{dx}{x}$,$k=1,2,3,\cdots$.试讨论 $S_{2n-1} = \displaystyle\sum_{k=1}^{2n-1}(-1)^{k-1}a_k$ $(n=1,2,3,\cdots)$ 的敛散性.(合肥工业大学,1985)

43. 设 $f(x)$ 是 $|x| < r$ 的幂级数之和,且 $g(x) = f(x^2)$,证明对每个 n 均有

$$g^{(n)}(0) = \begin{cases} 0, & n \text{ 为奇数} \\ n!f^{\left(\frac{\pi}{2}\right)}(0)\Big/\left(\dfrac{n}{2}\right)!, & n \text{ 为偶数} \end{cases}$$

(上海工业大学,1979)

44. 求 $\int_0^{0.2} \dfrac{\sin t}{t}\mathrm{d}t$ 的近似值(精确到 10^{-4}).(大连工学院,1984)

45. 已知椭圆 $\begin{cases} x = a\cos\varphi \\ y = b\sin\varphi \end{cases}(a > b > 0)$ 且 $\varepsilon^2 = \dfrac{a^2 - b^2}{a^2}$.

(1)按 ε^2 的正整数幂将 $S = \pi\left[\dfrac{3}{2}(a+b) - \sqrt{ab}\right]$ 展成幂级数;(2)求 S 与椭圆周长 l 的误差.(清华大学,1981)

46. 将下列函数在指定区间展为傅里叶级数,且讨论其收敛情况:

(1) $f(t) = \begin{cases} -1, & -1 \leqslant t < 0 \\ 1, & 0 \leqslant t < l \end{cases}$.(湘潭大学,1984)

(2) $f(x) = 1 - |x|$ $(-1 < x < 1)$.(西安冶金学院,1984)

(3) $f(x) = \begin{cases} -\dfrac{1}{2}(\pi + x), & -1 \leqslant x < 0 \\ \dfrac{1}{2}(\pi - x), & 0 \leqslant x < \pi \end{cases}$.(镇江农机学院,1982;成都科技大学,1984)

(4) $f(x) = \begin{cases} \mathrm{e}^x, & 0 \leqslant x \leqslant \dfrac{\pi}{2} \\ 0, & \dfrac{\pi}{2} \leqslant x < 0 \end{cases}$.(湘潭大学,1982)

(5) $f(x) = \pi^2 - x^2$ $(-\pi \leqslant x \leqslant \pi)$.(上海机械学院,1982)

(6) $f(x) = \dfrac{1}{2}\cos x + |x|$ $(-\pi \leqslant x \leqslant \pi)$.(中山大学,1982)

(7) $f(x) = \ln\left|2\cos\dfrac{x}{2}\right|$ $(-\infty, +\infty)$.(北京大学,1982)

(8) $y = \sin\left(\arcsin\dfrac{x}{\pi}\right)$,在其定义域内.(南京化工学院,1982)

(9) $f(x) = \arcsin(\sin x)$,在其定义域内.(哈尔滨工业大学、西安矿业学院,1983)

47. (1)将下列函数展为正弦级数:

① $f(x) = \begin{cases} x, & 0 \leqslant x \leqslant \dfrac{1}{2} \\ 0, & \dfrac{1}{2} < x < l \end{cases}$.(山东大学,1982)

② $f(x) = \begin{cases} x, & 0 \leqslant x \leqslant \dfrac{1}{2} \\ l - x, & \dfrac{1}{2} < x \leqslant l \end{cases}$.(北京大学,1982)

③ $f(x) = \begin{cases} x, & 0 \leqslant x \leqslant \dfrac{1}{2} \\ \dfrac{1}{2}, & \dfrac{1}{2} < x < 1 \\ 0, & x = 1 \end{cases}$.(中山大学,1983)

(2)将下列函数展为余弦级数:

① $f(x) = x$ $(0 \leqslant x \leqslant \pi)$.(哈尔滨工业大学,1981)

② $f(x)=\begin{cases}1, & 0\leqslant x\leqslant\dfrac{\pi}{2} \\ x, & \dfrac{\pi}{2}<x\leqslant\pi\end{cases}$.（太原工学院，1980）

③ $f(x)=\sin ax(0\leqslant x\leqslant\pi)$.（东北工学院，1983）

48. 试将 $f(x)=x(\pi-x)$ 在 $[0,\pi]$ 上展为傅里叶级数，且由此计算 $1-\dfrac{1}{3^3}+\dfrac{1}{5^3}-\cdots+\dfrac{(-1)^{n-1}}{(2n-1)^3}+\cdots$ 的和.（武汉测绘学院，1984）

49. 将 $f(x)=x^3(0\leqslant x\leqslant\pi)$ 展为余弦级数，且由此来求 $\displaystyle\sum_{n=1}^{\infty}\dfrac{1}{n^4}$ 的和.（华南工学院，1979）

50. 将 $f(x)=e^x(-\pi,\pi)$ 上展成傅里叶级数，且求级数 $\displaystyle\sum_{n=1}^{\infty}\dfrac{1}{1+n^2}$ 的和.（东北工学院，1982）

51. 将 $f(x)=e^{|\omega x|}$ 在 $\left(-\dfrac{\pi}{\omega},\dfrac{\pi}{\omega}\right)$ 上展为傅里叶级数，且求级数 $\displaystyle\sum_{n=0}^{\infty}\dfrac{1}{\omega^2+n^2}$ 的和.（成都电讯工程学院，1984）

52. 将函数 $f(x)=\dfrac{\pi}{2}\cdot\dfrac{e^x+e^{-x}}{e^{\pi}-e^{-\pi}}$ 在 $[-\pi,\pi]$ 上展为傅里叶级数，且求级数 $\displaystyle\sum_{n=1}^{\infty}\dfrac{(-1)^n}{1+(2n)^n}$ 的和.（天津大学，1982）

53. 证明在区间 $[-\pi,\pi]$ 上有 $\displaystyle\sum_{n=1}^{\infty}\dfrac{(-1)^{n-1}}{n^2}\cos nx=\dfrac{\pi^2}{12}-\dfrac{x^2}{4}$，由此求级数 $\displaystyle\sum_{n=1}^{\infty}\dfrac{(-1)^{n-1}}{n^2}$ 的和.（合肥工业大学，1982）

54. 证明在 $(0,\pi)$ 上有 $\displaystyle\sum_{n=1}^{\infty}\dfrac{1}{(2n-1)(2n+1)}\cos 2nx=\dfrac{1}{2}-\dfrac{\pi}{4}\sin x$.（南京邮电学院，1982）

55. 将 $f(x)=\sin\dfrac{x}{2}$ 在 $\left(-\dfrac{\pi}{2},\pi\right)$ 内展成形如 $\displaystyle\sum_{n=1}^{\infty}b_n\sin 2nx$ 的级数.（北京师范大学，1983）

56. 求形如 $\displaystyle\sum_{n=1}^{\infty}a_n\sin nx$ 的级数，使之在 $(0,\pi)$ 中的和函数是 $\dfrac{1}{2}(\pi-x)$，且问此级数在 $x=0$ 与 $x=-\dfrac{\pi}{2}$ 处的级数和是多少？（华东工程学院，1979）

57. 设 $f(x)$ 定义于 $\left(0,\dfrac{\pi}{2}\right)$，且可积. 应如何将 $f(x)$ 延拓到区间 $(-\pi,\pi)$ 上，使得它的傅里叶级数具有形式：$\displaystyle\sum_{n=1}^{\infty}b_{2n-1}\sin(2n-1)x$. 又以 $f(x)=x+1\left(0<x<\dfrac{\pi}{2}\right)$ 为例，作出它的延拓图形.（华东纺织工学院，1982）

58. 证明 $e^x\sin x=\displaystyle\sum_{n=1}^{\infty}\dfrac{2^{\frac{n}{2}}\sin\dfrac{n\pi}{4}}{n!}x^n(-\infty<x<+\infty)$.（长沙铁道学院，1982）

59. 证明 $\displaystyle\sum_{n=1}^{\infty}\dfrac{\cos nx}{n^2}=\dfrac{1}{12}(3x^2-6\pi x+2\pi^2)$ $(0\leqslant x\leqslant\pi)$.（西南石油学院，1982）

60. 设 $f(x+2\pi)=f(x)$，又 $f(x)$ 有 r 阶连续导数，并且 $\displaystyle\int_0^{2\pi}f(t)\mathrm{d}t=0$，证明 $f(x)=\displaystyle\sum_{k=1}^{\infty}\dfrac{1}{\pi k^2}\int_0^{2\pi}\cos\left[k(t-x)+\dfrac{r\pi}{2}\right]f^{(r)}(t)\mathrm{d}t$.（哈尔滨工业大学，1982）

微 分 方 程

内 容 提 要

(一)基本概念

1. 微分方程

微分方程 表示函数与导数及自变量间的方程称为**微分方程**.

只含有一个变量的微分方程叫做**常微分方程**.常微分方程的一般形式是 $F(x,y,y',y'',\cdots,y^{(n)})=0$,所含最高导数的阶数称为方程的**阶**.

解 代入微分方程使两端成为恒等式的函数.

通解 含有 n 个常数(n 为方程的阶)的解.

初始条件 确定解中 n 个常数的条件:给定 $y(x_0)=y_0,y_0',\cdots,y_0^{(n)}$.

特解 满足初始条件(或不含常数)的解.

奇解 不能由初始条件而从通解中得到的解.

2. 解的存在唯一定理

定理 若 $f(x,y)$ 及 $\dfrac{\partial f}{\partial y}$ 在 (x_0,y_0) 的邻域 $R:|x-x_0|<\delta,|y-y_0|<\delta$ 内每一点连续,则在 R 内存在 $y'=f(x,y)$ 经过点 (x_0,y_0) 的一个解,并且仅有一个解.

(二)各类方程解法

1. 一阶微分方程

关于各类一阶微分方程的解如下:

方程类型	求解方法
直接积分类型	$y'=f(x)$,则 $\begin{cases} y=\displaystyle\int f(x)\mathrm{d}x \ (\text{不带初始条件}) \\ y=\displaystyle\int_{x_0}^{x} f(x)\mathrm{d}x + y_0 (\text{带初始条件}) \end{cases}$

方程类型	求解方法
可分离变量	$y'=N(x)M(y)$，则 $\dfrac{\mathrm{d}y}{M(y)}=\displaystyle\int N(x)\mathrm{d}x$
	$N_1(x)M_1(y)\mathrm{d}x+N_2(x)M_2(y)\mathrm{d}y=0$，则 $\displaystyle\int\dfrac{M_2(y)}{M_1(y_1)}\mathrm{d}y=-\int\dfrac{N_1(x)}{N_2(x)}\mathrm{d}x$
齐次方程	$\left.\begin{array}{l}y'=f\left(\dfrac{y}{x}\right)，令\ u=\dfrac{y}{x}\\[2mm]\left(y'=\varphi\left(\dfrac{x}{y}\right)，令\ u=\dfrac{x}{y}\right)\end{array}\right\}\ \begin{array}{c}u+u'x=f(u)\\(可分离变量型)\end{array}$ 有 $\ln x=\displaystyle\int\dfrac{\mathrm{d}\mu}{f(\mu)-\mu}+C$
线性方程	齐次方程 $y'+Py=0$ $\begin{cases}分离变量法(当\ P=P(x)时)\\特征根法(当\ P\ 是常数时)\end{cases}$
	非齐次方程 $y'+Py=Q(x)$ $\begin{cases}常数变易法(当\ P=P(x)时)\\待定系数法(当\ P=\alpha\ 时)\end{cases}$ $y=\left(\displaystyle\int Q\mathrm{e}^{\int P\mathrm{d}x}\mathrm{d}x+C\right)\mathrm{e}^{-\int P\mathrm{d}x}$
	伯努利方程 $y'+Py=Qy^n(n\neq0,1)$，令 $z=y^{1-n}\Rightarrow z'+(1-n)Pz=(1-n)Q(线性方程)$
全微分方程 (恰当方程)	当 $P(x,y)\mathrm{d}x+Q(x,y)\mathrm{d}y=0$，且 $\dfrac{\partial P}{\partial y}=\dfrac{\partial Q}{\partial x}$，则 $\displaystyle\int_{x_0}^{x}P(x,y)\mathrm{d}x+\int_{y_0}^{y}Q(x_0,y)\mathrm{d}y=C.$
	注 若 $\dfrac{\partial P}{\partial y}\neq\dfrac{\partial Q}{\partial x}$，将方程两边乘以 $\mu(x,y)$ 使方程变为 $$\mu(x,y)P(x,y)\mathrm{d}x+\mu(x,y)Q(x,y)\mathrm{d}y=0$$ 其中 $\mu(x,y)$ 满足 $\dfrac{\partial(\mu P)}{\partial y}=\dfrac{\partial(\mu Q)}{\partial x}$，且称之为**积分因子**.此方法为积分因子法.用此法应注意**增根**和**失根**
其他类型	可解出 y 的方程 $y=f(x,y')$，两边对 x 求导，且令 $p=y'$ 得 $$p=\dfrac{\partial f}{\partial x}+\dfrac{\partial f}{\partial p}\cdot\dfrac{\mathrm{d}p}{\mathrm{d}x}$$ 解得 $G(x,p,c)=0$ 再与 $y=f(x,y')$ 联立
	克莱洛(Clairaut,A.C.)**方程** $y=px+\varphi(p)$，其中 $p=y'$
	$y'=F(ax+b)$，令 $ax+b=\mu$
	$y'=F\left(\dfrac{a_1x+b_1y+c_1}{a_2x+b_2y+c_2}\right)$，当 $\begin{vmatrix}a_1&b_1\\a_2&b_2\end{vmatrix}\neq0$ 时，令 $\begin{cases}x=X+h\\y=Y+k\end{cases}$，可将上面微分方程化为齐次问题 $\left(其中\ h,k\ 为\ \begin{cases}a_1x+b_1y+c_1=0\\a_2x+b_2y+c_2=0\end{cases}\ 的解\right)$

附1　一阶常系数微分方程 $y'+ay=f(x)$**解法**

通解:$y=Y+y^*$,Y 为相应齐次方程通解,y^* 为特解.

特解求法：

$f(x)$的形状	特解 y^*
e^{rx}（r不是相应特征方程的根）	Ae^{rx}
$a_0 x^n + a_1 x^{n-1} + \cdots + a_{n-1}x + a_n$	$b_0 x^n + b_1 x^{n-1} + \cdots + b_{n-1}x + b_n$
$\sin \omega x$ 或 $\cos \omega x$	$A\sin \omega x + B\cos \omega x$
$a\sin \omega x + b\cos \omega x$	$A\sin \omega x + B\cos \omega x$
e^{ax}（a相应是特征方程的根）	Axe^{ax}

附2 恰当方程寻找积分因子表

对于方程 $P(x,y)\mathrm{d}x + Q(x,y)\mathrm{d}y = 0$，且 $\dfrac{\partial Q}{\partial x} \neq \dfrac{\partial P}{\partial y}$，可按下表寻找积分因子 $\mu(x,y)$ 使 $\dfrac{\partial(\mu Q)}{\partial x} = \dfrac{\partial(\mu P)}{\partial y}$，从而使方程化为全微分方程：

条 件	积分因子 $\mu(x,y)$
$xP \pm yQ = 0$	$\mu = \dfrac{1}{xP \mp yQ}$
$xP + yQ \neq 0$ P,Q 是同次齐式	$\mu = \dfrac{1}{xP + yQ}$
$xP + yQ \neq 0, P(x,y) = yP_1(xy), Q(x,y) = xQ_1(xy)$	$\mu = \dfrac{1}{xP - yQ}$
$\dfrac{1}{Q}\left(\dfrac{\partial P}{\partial y} - \dfrac{\partial Q}{\partial x}\right) = f(x)$	$\mu = e^{\int f(x)\mathrm{d}x}$
$\dfrac{1}{P}\left(\dfrac{\partial Q}{\partial x} - \dfrac{\partial P}{\partial y}\right) = f(y)$	$\mu = e^{\int f(y)\mathrm{d}y}$
$\dfrac{\partial P}{\partial y} - \dfrac{\partial Q}{\partial x} = Pf_1(y) - Qf_2(x)$	形如 $m(x)n(y)$
存在适合下式的常数 m, n 使 $nxP - myQ + xy\left(\dfrac{\partial P}{\partial y} - \dfrac{\partial Q}{\partial x}\right) = 0$	$\mu = x^m y^n$

进而可用曲线积分与题无关条件或用凑微分方法，求得微分方程解.

附3 一阶常微分方程类型及关系表

一阶常微分方程的类型及关系如下:

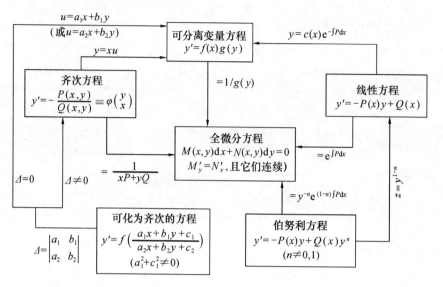

2. 高阶微分方程

二阶以上微分方程称为高阶微分方程,其类型大致有四类,具体解法如下:

方程类型	求解方程
可降阶方程	$y^{(n)}=f(x)$ 通过 n 次积分求解
	$y''=f(x,y')$(不含 y) 令 $y'=p$
	$y''=f(y,y')$(不含 x) 令 $y'=P(y)$
线性方程 $y''+P_1(x)y'+P_0(x)y=f(x)$,其中 $P_0(x)$, $P_1(x)$为 x 的多项式	解为,$y=\tilde{y}+y^*$,其中 $\tilde{y}$ 为 $f(x)=0$ 时方程的解,y^* 是方程特解. 特例:$y''+a_1y'+a_0y=0(a_0,a_1$ 为常数)用特征方程法,即令 $y=e^{\lambda x}$ 方程化为 $y''+a_1y'+a_0y=f(x)$. 先求 $\tilde{y}$,再由 $f(x)=P_n(x)e^{\lambda x}$ 用**待定系数**求 y^*
常系数线性微分方程 $a_0y^{(n)}+a_1y^{(n-1)}+\cdots+a_{n-1}y'+a_ny=0$,其中 $a_0\neq0$	找出其对应的特征方程,求出其根,由这些特征根的情况,再去找其相应的 n 个线性无关的特解 $y_i(x)$ $(i=1,2,\cdots,n)$,则通解 $$y(x)=\sum_{i=1}^{n}c_iy_i(x)$$
欧拉方程 $x^ny^{(n)}+p_1x^{n-1}y^{(n-1)}+\cdots+p_{n-1}xy'+p_ny=f(x)$,$p_i$ 均为常数$(i=1,2,\cdots,n)$	令 $x=e^t$,得到 y 关于 t 的线性常系数微分方程

注 高阶微分方程可化为线性微分方程组.然而通常逆向应用.

附1 二阶常系数微分方程解法

1)齐次型:$y''+ay'+by=0$.

由其相应的特征方程的判别式决定解,有下面三种情况:

相应特征方程		微分方程通解
判别式	两特征根	
$a^2-4b>0$	相异实根 λ_1,λ_2	$y=c_1\mathrm{e}^{\lambda_1 x}+c_2\mathrm{e}^{\lambda_2 x}$
$a^2-4b=0$	二重实根 λ_1	$y=(c_1+c_2 x)\mathrm{e}^{\lambda_1 x}$
$a^2-4b<0$	一对共轭复根 $\alpha\pm\mathrm{i}\beta$	$y=\mathrm{e}^{\alpha x}(c_1\cos\beta x+c_2\sin\beta x)$

2)非齐次型:$y''+ay'+by=f(x)$.

关于非齐次二阶常系数微分方程的特解形式如下:

$f(x)$ 形状	关系	试探解 y^* 形式
$\mathrm{e}^{rx}P_m(x)$	r 非特征根	$\mathrm{e}^{rx}Q_m(x)$
	r 是特征根	$x^k\mathrm{e}^{rx}Q_m(x)$,k 为根 r 的重数
$\mathrm{e}^{\alpha x}[P_m(x)\cos\beta x+$ $Q_n(x)\sin\beta x]$	$\alpha\pm\mathrm{i}\beta$ 非特征根	$\mathrm{e}^{\alpha x}[R_M(x)\cos\beta x+S_M(x)\sin\beta x]$
	$\alpha\pm\mathrm{i}\beta$ 是特征根	$x\mathrm{e}^{\alpha x}[R_M(x)\cos\beta x+S_M(x)\sin\beta x]$ 其中,R_M,S_M 的次数 $M=\max\{m,n\}$

二阶可降阶的微分方程,有其独特的解法,它依据方程类型会有不同方法处理.二阶可降阶微分方程解法如下:

类 型	特 点	变 换	降阶方程	特 例
$y''=f(x,y')$	缺 y	$y'=p=p(x),y''=p'$	$p'=f(x,p)$	$y''=f(x),y''=f(y')$
$y''=f(y,y')$	缺 x	$y'=p=p[y(x)],y''=p\dfrac{\mathrm{d}p}{\mathrm{d}y}$	$p\dfrac{\mathrm{d}p}{\mathrm{d}y}=f(x,p)$	$y''=f(y'),y''=f(y)$

附 2 n 阶常系数线性方程解法

1)齐次

n 阶齐次常系数微分方程解的情况如下:

特征根的情况	微分方程通解中相应的项
一个单实根 r	一项 $c_1\mathrm{e}^{rx}$
一个 k 重实根 r	k 项 $(c_1+c_2 x+\cdots+c_k x^{k-1})\mathrm{e}^{rx}$
一对共轭复根 $\alpha\pm\mathrm{i}\beta$	两项 $\mathrm{e}^{\alpha x}(A\cos\beta x+B\sin\beta x)$
一对 k 重共轭复根 $\alpha\pm\mathrm{i}\beta$	$2k$ 项 $\mathrm{e}^{\alpha x}[(a_1+a_2 x+\cdots+a_k x^{k-1})\cos\beta x+(b_1+b_2 x+\cdots+b_k x^{k-1})\sin\beta x]$

2)非齐次

通解＝Y＋y^*＝对应的齐次方程通解＋特解.

试探解 y^* 的形式取决于 $f(x)$,若 $r,\alpha+i\beta$ 非特征根,见上面;若 $r,\alpha+i\beta$ 为 k 重根,注意式子前面应乘以 x^k.

一般来讲,特解可由①待定系数法、②常数变易法求得.

又齐次方程的特解亦可用微分算子解法求得.

附3 一般二阶线性微分方程 $y''+p(x)y'+Q(x)y=0$ 的解法

1)齐次 $y''+P(x)y'+Q(x)y=0$

①观察法:据方程系数的特点,联系某些函数导数形状,观察(猜或估计)出特解.

②降阶法:若已观察出某些方程的一个特解 $y_1(x)$,可用设 $y_2=y_1(x)u(x)$ 代入原方程得一个可降阶的关于 $u(x)$ 的二次方程,解之有

$$u(x)=\int\frac{1}{y_1^2(x)}e^{-\int p(x)\mathrm{d}x}\mathrm{d}x$$

故可求得与 $y_1(x)$ 线性无关的特解

$$y_2=y_1(x)u(x)=y_1(x)\int\frac{1}{y_1^2(x)}e^{-\int p(x)\mathrm{d}x}\mathrm{d}x$$

2)非齐次 $y''+P(x)y'+Q(x)y=f(x)$

常数变易法:若 $c_1y_1+c_2y_2$ 是齐次方程 $y''+P(x)y'+Q(x)y=0$ 的通解,则可设

$$y^*=u(x)y_1+v(x)y_2$$

为非齐次方程 $y''+P(x)y'+Q(x)y=f(x)$ 的一个特解,$u(x),v(x)$ 为待定函数,且它们满足

$$\begin{cases}y_1u'(x)+y_2v'(x)=0\\y_1'u'(x)+y_2'v'(x)=f(x)\end{cases}$$

解此方程组且积分得

$$\begin{cases}u(x)=-\int\dfrac{y_2f(x)}{y_1y_2'-y_1'y_2}\mathrm{d}x\\[2mm]v(x)=\int\dfrac{y_1f(x)}{y_1y_2'-y_1'y_2}\mathrm{d}x\end{cases}$$

附4 欧拉公式

$$e^{\pm i\vartheta}=\cos\theta\pm i\sin\theta$$

3. 线性微分方程组

方 程 组 类 型	解 法
由一阶方程组成的方程组	一般化成高阶方程去解或用消元法解
由线性方程(高阶)组成的方程组	一般可用消元法解或用算子法解

4. 解题思路

1)解题步骤

2)各种解法间的关系

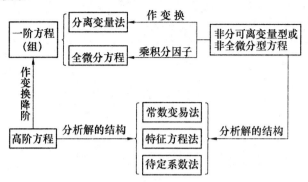

（三）在数学、物理上的应用（详见后文例）

经 典 问 题 解 析

1. 一阶微分方程

（1）可分离变量方程问题

例 1 解微分方程 $(x^2-y^2-2y)\mathrm{d}x+(x^2+2x-y^2)\mathrm{d}y=0$.

解 方程由因式分解可变形为

$$[(x+y)(x-y)-(x+y)+(x-y)]\mathrm{d}x+[(x+y)(x-y)+(x+y)+(x-y)]\mathrm{d}y=0$$

令 $x+y=u$，$x-y=v$，则 $2\mathrm{d}x=\mathrm{d}u+\mathrm{d}v$，$2\mathrm{d}y=\mathrm{d}u-\mathrm{d}v$，代入原方程化简，有

$$(u+1)v\mathrm{d}u-u\mathrm{d}v=0$$

当 $uv\neq0$ 时分离变量有 $\dfrac{u+1}{u}\mathrm{d}u=\dfrac{1}{v}\mathrm{d}v$，积分之 $u+\ln u=\ln v+\ln C$，即 $\dfrac{u\mathrm{e}^u}{v}=C$.

代回原变量得微分方程的解 $\dfrac{(x+y)\mathrm{e}^{x+y}}{x-y}=C$，此外 $v=0$，即 $x-y=0$ 亦为方程解.

例 2 若 $n>1$ 整数，能否在 $[0,+\infty)$ 上求一可微函数，其导数等于它的 n 次幂值，且 $y(0)>0$.

解 由设若 $y(x)$ 为所求，依题意有 $y'(x)=y^n(x)$，或 $\dfrac{\mathrm{d}y}{y^n}=\mathrm{d}x$，抑或 $\mathrm{d}\left(\dfrac{y^{1-n}}{1-n}\right)=\mathrm{d}x$.

由后一方程解得 $y^{1-n}=(1-n)x+c$.

又 $c=y^{1-n}(0)=\dfrac{1}{y^{n-1}(0)}>0$，则 $y(x)=\dfrac{1}{[c+(1-n)x]^{\frac{1}{n-1}}}$，它是在 $\left[0,\dfrac{c}{n-1}\right)$ 中满足 $y'(x)=y^n$，$y(0)=c^{\frac{1}{n-1}}$ 的解.

由于 $x\to\dfrac{c}{n-1}$ 时，$y(x)\to\infty$，故不存在题设要求的解.

例 3 求微分方程 $x+yy'=f(x)\cdot g(\sqrt{x^2+y^2})$ 的通解，且用此结论求方程 $x'+yy'=(\sqrt{x^2+y^2}-1)\tan x$ 的通解.

解 设 $\sqrt{x^2+y^2}=u$，则 $\mathrm{d}u=\dfrac{2x\mathrm{d}x+2yy'\mathrm{d}x}{2u}$，即

$$u\mathrm{d}u=x\mathrm{d}x+yy'\mathrm{d}x$$

故题设方程变为 $u\mathrm{d}u=f(x)g(u)\mathrm{d}x$，分离变量后积分之

$$\int \frac{u \, du}{g(u)} = \int f(x) dx + C \qquad (*)$$

左边积分后将 $u = \sqrt{x^2 + y^2}$ 代入,即得方程的通解.

对于方程 $x + yy' = (\sqrt{x^2 + y^2} - 1)\tan x$,利用上面的结果,注意到 $f(x) = \tan x$,及 $g(u) = u - 1$ 代入式 $(*)$ 有

$$\int \frac{u}{u-1} du = \int \tan x dx + C$$

即

$$\int \left(1 + \frac{1}{u-1}\right) du = \int \tan x dx + C$$

或

$$u + \ln(u-1) + \ln(\cos x) = C$$

亦即

$$\sqrt{x^2 + y^2} + \ln(\sqrt{x^2 + y^2} - 1) + \ln(\cos x) = C$$

（2）一阶齐次方程问题

再来看一个关于齐次方程的例子.

例 求微分方程 $\dfrac{dy}{dx} = \dfrac{x+y+1}{x-y-3}$ 的通解.

解 由设有 $\dfrac{dy}{dx} = \dfrac{(x-1)+(y+2)}{(x-1)-(y+2)}$,令 $\xi = x-1, \eta = y+2$.

故 $\dfrac{d\eta}{d\xi} = \dfrac{\xi+\eta}{\xi-\eta}$,解之再回代原变量可有

$$\arctan \frac{y+2}{x-1} = \frac{1}{2}\ln[(x-1)^2 + (y+2)^2] + C$$

（3）一阶线性微分方程问题

再来看一个关于一阶线性微分方程的求解问题. 这类方程一旦鉴别、认定后,可用求解公式直接得到解,不过有时这种方程须先进行变换才能化成一般标准形式.

例 求方程 $\dfrac{dy}{dx} = \dfrac{2x^3 y}{x^4 + y^2}$ 满足 $y(1) = 1$ 的特解.

解 原方程可写为 $\dfrac{dx}{dy} = \dfrac{x^4 + y^2}{2x^3 y}$,两边乘 $4x^3$ 变形后有

$$\frac{d(x^4)}{dy} - \frac{2x^4}{y} = 2y$$

令 $u = x^4$ 方程变为 $\dfrac{du}{dy} - \dfrac{2}{y}u = 2y$,解之有

$$u = e^{\int \frac{2}{y} dy}\left(\int 2y e^{-\int \frac{2}{y} dy} + C\right) = y^2\left(\int \frac{2}{y} dy + C\right) = y^2(2\ln y + C)$$

代回原变量,注意到 $y(1) = 1$,故所求特解为 $x^4 = y^2(2\ln y + 1)$.

（4）全微分方程问题

接下来是一个求解全微分方程的例子.

例 试求方程 $2(3xy^2 + 2x^3)dx + 3(2x^2 y + y^2)dy = 0$ 的通解.

解 令 $P(x,y) = 2(3xy^2 + 2x^3)$, $Q(x,y) = 3(2x^2 y + y^2)$.

由 $P'_y = 12xy = Q'_x$,故有 $u(x,y)$ 使 $du = Pdx + Qdy$,有

$$u(x,y) = \int_0^x (6xy^2 + 4x^3)dx + \int_0^y (6x^2 y + 3y^2)dy = x^4 + 3x^2 y^2 + y^3$$

故原方程通解 $x^4 + 3x^2 y^2 + y^3 = c$.

2. 高阶微分方程

(1) 高阶常系数微分方程问题

先来看一个二阶常系数微分方程的求解问题.

例 1 求 $\dfrac{d^2 x}{dt^2} - 2\dfrac{dx}{dt} + x = \sin t$ 满足 $x(0) = 1, x'(0) = 0$ 的解.

解 题设方程相应齐次方程的特征方程为 $r^2 - 2r + 1 = (r-1)^2 = 0$.

故相应齐次方程的通解是 $\alpha e^t + \beta t e^t$, 其中 $\alpha, \beta \in \mathbf{R}$.

又 $x^* = \dfrac{1}{2}\cos t$ 为题设方程的一个特解, 则其通解为 $\alpha e^t + \beta t e^t + \dfrac{1}{2}\cos t$.

由 $x(0) = 1, x'(0) = 0$, 则 $\alpha = \dfrac{1}{2}, \beta = -\dfrac{1}{2}$.

故题设方程满足初始条件的解为 $\dfrac{1}{2}(e^t - t e^t + \cos t)$.

这类方程求解并不困难, 关键是记住特征方程根与方程解形状间的关系. 此外, 当方程含有参数时, 要对其进行讨论.

例 2 若 k 为正整数, 当 c 为何值时方程 $\dfrac{d^2 x}{dt^2} - 2c\dfrac{dx}{dt} + x = 0$ 有满足 $x(0) = x(2k\pi) = 0$ 的解.

解 题设方程的特征方程为 $r^2 - 2cr + 1 = 0$, 解得 $r = c \pm \sqrt{c^2 - 1}$. 下面讨论 c 值.

① $|c| > 1$ 时, 令 $\omega = \sqrt{c^2 - 1}$, 则方程通解为 $x(t) = e^{ct}(A\mathrm{ch}\,\omega t + B\mathrm{sh}\,\omega t)$.

由题设 $x(0) = 0$ 有 $A = 0$; 又 $x(2k\pi) = 0$, 知 $B = 0$.

则 $x(t) = 0$, 即方程无非平凡解.

② $c = 1$ 时, 方程通解为 $x(t) = Ae^t + Bte^t$.

由 $x(0) = 0$ 有 $A = 0$, 又 $x(2k\pi) = 0$, 知 $B = 0$, 则方程亦无非平凡解.

③ $c = -1$ 时, 仿上可得方程无非平凡解.

④ $-1 < c < 1$ 时, 令 $\omega = \sqrt{1 - c^2}$, 于是方程通解为
$$x(t) = e^{ct}(A\cos \omega t + B\sin \omega t)$$

由 $x(0) = 0$ 有 $A = 0$, 若 $x(2k\pi) = 0$ 且 $B \neq 0$, 知 $2k\pi\omega = n\pi (n \in \mathbf{Z})$, 即 $\omega = \dfrac{n}{2k}$, 且
$$c^2 = 1 - \omega^2 = 1 - \frac{n^2}{4k^2}$$

仅当 $0 < |n| \leqslant 2k$ 时, $0 \leqslant 1 - \dfrac{n^2}{4k^2} \leqslant 1$, 此时 $c = \pm\sqrt{1 - \dfrac{n^2}{4k^2}}, n = 1, 2, \cdots, 2k$.

例 3 解微分方程 $y'' + 4y' + a^2 y = e^{-2x}$, 其中 a 为实数 (特解中待定系数不必求出).

解 题设方程相应齐次方程的特征方程为 $r^2 + 4r + a^2 = 0$, 解得 $r = -2 \pm \sqrt{4 - a^2}$.

若 $\tilde{y}$ 表示相应齐次方程通解, y^* 表示方程特解, y 表示方程通解, 则:

(1) $|a| = 2$ 时, r 有重根 -2, 此时
$$\tilde{y} = (c_1 + c_2 x)e^{-2x}, \quad y^* = bx^2 e^{-2x} \quad (b \text{ 为待定系数, 下同})$$
则
$$y = e^{-2x}(c_1 + c_2 x + bx^2)$$

(2) $|a| < 2$ 时, r 有两实根 $-2 \pm \sqrt{4 - a^2}$, 此时
$$\tilde{y} = e^{-2x}(c_1 e^{\sqrt{4 - a^2}\,x} + c_2 e^{-\sqrt{4 - a^2}\,x}), \quad y^* = be^{-2x}$$
则
$$y = e^{-2x}(c_1 e^{\sqrt{4 - a^2}\,x} + c_2 e^{-\sqrt{4 - a^2}\,x} + b)$$

(3) $|a| > 2$ 时, r 有复根 $-2 \pm \sqrt{a^2 - 4}\,\mathrm{i}$, 此时

$$\tilde{y}=\mathrm{e}^{-2x}(c_1\cos\sqrt{4-a^2}\,x+c_2\sin\sqrt{4-a^2}\,x),\quad y^*=b\mathrm{e}^{-2x}$$

则
$$y=\mathrm{e}^{-2x}(c_1\cos\sqrt{4-a^2}\,x+c_2\sin\sqrt{4-a^2}\,x+b)$$

下面来看一个四阶常数微分方程解法.

例 4 求方程 $x^{(4)}-16x=5\sin t$ 的通解.

解 相应齐次方程的特征方程 $r^4-16=0$ 的根为 $r_{1,2}=\pm2$，$r_{3,4}=\pm2\mathrm{i}$，则该齐次方程的通解为
$$\tilde{x}=c_1\mathrm{e}^{2t}+c_2\mathrm{e}^{-2t}+c_3\cos2t+c_4\sin2t$$

因方程特征根不为 $\pm\mathrm{i}$，故设原方程特解 $x_1=a\cos t+b\sin t$.

由 $x'_1=-a\sin t+b\cos t$，$x''_1=-a\cos t-b\sin t=-x_1$，$x^{(4)}=(-x_1)''=-x''_1=x_1$，代入原方程有
$$x_1-16x_1=5\sin t$$

即
$$-15a\cos t-15b\sin t=5\sin t$$

比较两边系数有 $a=0$，$b=-\dfrac{1}{3}$. 故 $x_1=-\dfrac{\sin t}{3}$，从而原方程通解
$$x=\tilde{x}+x_1=c_1\mathrm{e}^{2t}+c_2\mathrm{e}^{-2t}+c_3\cos2t+c_4\sin2t-\frac{1}{3}\sin t$$

(2)欧拉方程问题

最后我们来看一个欧拉方程的例子.

例 求方程 $4x^3y'''-4x^3y'+4x^2y'=1$ 的通解.

解 令 $y^*=ax^{-1}$ 代入方程得 $a=-\dfrac{1}{36}$，得其特解 $y^*=-\dfrac{1}{36}x^{-1}=-\dfrac{1}{36x}$.

考虑相应齐次方程 $4x^3y'''-4x^3y'+4x^2y'=0$，即
$$x^3y'''-x^2y''+xy'=0$$

此为欧拉方程，令 $x=\mathrm{e}^t$ 可化为 $y'''_t-4y''_t+4x^3y'''=0$.

其特征方程为 $r(r-2)^2=0$，得 $r_1=0$，$r_{2,3}=2$. 知方程通解为
$$\tilde{y}=c_1+c_2\mathrm{e}^{2t}+c_3t\mathrm{e}^{2t}=c_1+c_2x^2+c_3x^2\ln x$$

故 $y=c_1+c_2x^2+c_3x^2\ln x-\dfrac{1}{36x}$.

研究生入学考试试题选讲

1978~1986 年部分

1. 一阶微分方程

如前所说,这类方程有可分离变量和普通一阶线性型.我们来看例子.

例 1 求微分方程 $y'+\sin\dfrac{x+y}{2}=\sin\dfrac{x-y}{2}$ 的通解. (北方交通大学,1980)

解 由三角函数积化和差公式 $2\cos\dfrac{x}{2}\sin\dfrac{y}{2}=\sin\dfrac{x+y}{2}-\sin\dfrac{x-y}{2}$，故原方程可化为
$$\frac{\mathrm{d}y}{\mathrm{d}x}=-2\cos\frac{x}{2}\sin\frac{y}{2}$$

分离变量 $\dfrac{\mathrm{d}y}{\sin\dfrac{y}{2}}=-2\cos\dfrac{x}{2}\mathrm{d}x$，通解为 $(\csc y-\cot y)^2=c\mathrm{e}^{-4\sin\frac{x}{2}}$.

注 求某些含有三角函数式的方程,常常需用到三角恒等变形,目的是易于分离变量(多为和差化积).

例 2 已知 $\left(\int\mathrm{d}x+\int y\mathrm{d}x+\int y^2\mathrm{d}x+\int y^3\mathrm{d}x\right)\cdot\int\dfrac{1-y}{1-y^4}\mathrm{d}x=-1$，求 $x=\varphi(y)$ 的关系式.（湖南大学，1979）

解 由题设关系注意到 $(1-y^4)=(1-y)(1+y+y^2+y^3)$ 可有

$$\left(\int\frac{1-y^4}{1-y}\mathrm{d}x\right)\left(\int\frac{1-y}{1-y^4}\mathrm{d}x\right)=-1$$

令 $Y=\dfrac{1-y^4}{1-y}$，考虑

$$\int Y\mathrm{d}x\cdot\int\frac{1}{Y}\mathrm{d}x=-1 \qquad\qquad (*)$$

显然 $\int Y\mathrm{d}x\neq0$，且 $\int\dfrac{1}{Y}\mathrm{d}x\neq0$，从而式（*）可化为

$$\int\frac{1}{Y}\mathrm{d}x=\frac{-1}{\int Y\mathrm{d}x}$$

上式两边分别对 x 求导有 $\dfrac{1}{Y}=\dfrac{Y}{\left(\int Y\mathrm{d}x\right)^2}$，即有 $\int Y\mathrm{d}x=\pm Y$. 两边再对 x 求导得 $Y=\pm Y'$.

解之有 $x=\ln cY$ 或 $x=\ln\dfrac{c}{Y}$（c 为常数）.

即 $x=\ln\dfrac{c(1-y^4)}{1-y}$ 或 $x=\ln\dfrac{c(1-y)}{1-y^4}$.

注 这里应用了 $1+y+y^2+y^3=\dfrac{1-y^4}{1-y}$. 这也是解本题的关键步骤.

例 3 试求方程 $f'(x)+xf'(-x)=x$ 的所有解.（北京工业大学，1982）

解 令

$$f'(x)+xf'(-x)=x \qquad\qquad ①$$

用 $-x$ 代 x 有

$$f'(-x)-xf'(x)=-x \qquad\qquad ②$$

式①$-x\cdot$式②得 $f'(x)+x^2f'(x)=x+x^2$. 即

$$f'(x)=\frac{x+x^2}{1+x^2}$$

从而 $\qquad f(x)=\displaystyle\int\frac{x+x^2}{1+x^2}\mathrm{d}x=\frac{1}{2}\ln(1+x^2)+x-\arctan x+C$

注 这里应用了所给方程的**对称性**，用 $-x$ 代 x 目的是消去 $f(-x)$，这一点是常要注意的. 又若题设有 $f'(x),f'\left(\dfrac{1}{x}\right)$，则须用 $\dfrac{1}{x}$ 代 x 然后消去 $f'\left(\dfrac{1}{x}\right)$.

再来看一个含初始条件的定解问题.

例 4 求方程 $\dfrac{\mathrm{d}y}{\mathrm{d}x}=\dfrac{2x^3y}{x^4+y^2}$ 满足初始条件 $y(1)=1$ 的特解.（华东工程学院，1984）

解 原方程可改写为

$$\frac{\mathrm{d}x}{\mathrm{d}y}=\frac{x^4+y^2}{2x^3y},\quad\text{即}\quad\frac{\mathrm{d}x}{\mathrm{d}y}=\frac{x}{2y}+\frac{y}{2x^3},\quad\text{或}\quad\frac{\mathrm{d}x}{\mathrm{d}y}-\frac{x}{2y}=\frac{y}{2x^3}$$

上面后一方程两边同乘 $4x^3$ 后，式左凑微分后有 $\dfrac{\mathrm{d}(x^4)}{\mathrm{d}y}-\dfrac{2x^4}{y}=2y$.

令 $z=x^4$，方程化为 $\dfrac{\mathrm{d}z}{\mathrm{d}y}-\dfrac{2}{y}z=2y$.

解得 $z = \mathrm{e}^{\int \frac{2}{y}\mathrm{d}y}\left(\int 2y\mathrm{e}^{-\int \frac{2}{y}\mathrm{d}y}\mathrm{d}y + c\right) = y^2\left(\int \frac{2}{y}\mathrm{d}y + c\right) = y^2(2\ln y + c).$

故题设方程通解为 $x^4 = y^2(2\ln y + c).$

又由初始条件 $y(1) = 1$ 代入上式得 $c = 1.$

故所求特解为 $x^4 = y^2(2\ln y + 1).$

下面来看一个如何求方程特解的例子.

例 5 设 $f(x)$ 是以 ω 为周期的连续函数,李雅普诺夫(Ляпунов, A. M.)证明了对于线性微分方程: $\dfrac{\mathrm{d}y}{\mathrm{d}t} + ky = f(x)$ (k 为常数)必存在唯一的以 ω 为周期的特解,请把这个解求出来.(上海工业大学,1982)

解 由设原方程通解为

$$y(x) = \mathrm{e}^{-kx}\left(\int f(x)\mathrm{e}^{kx}\mathrm{d}x + c\right)$$

因而 $y(x+\omega) = \mathrm{e}^{-kx-k\omega}\left(\int f(x)\mathrm{e}^{kx+k\omega}\mathrm{d}x + c\right)$. 欲使 $y(x+\omega) = y(x)$,需且只需 $c = 0.$

故此方程有如下唯一的以 ω 为周期的特解: $y(x) = \mathrm{e}^{-kx}\int f(x)\mathrm{e}^{kx}\mathrm{d}x.$

这里充分利用了周期函数的性质.

下面的例子是求函数解析式的,这类问题,我们已多次遇到.

例 6 设 $y(x)$ 是 x 的一个连续可微函数,且满足关系式 $x\displaystyle\int_{x_0}^{x} y(x)\mathrm{d}x = (x+1)\displaystyle\int_{x_0}^{x} xy(x)\mathrm{d}x$,求 $y(x)$.(太原工学院,1980)

解 将题设式两边对 x 求导,得

$$xy + \int_{x_0}^{x} y\mathrm{d}x = \int_{x_0}^{x} xy\mathrm{d}x + x^2 y + xy$$

两边消去 xy 再对 x 求导 $y = xy + x^2 y' + 2xy + \displaystyle\int_{x_0}^{x} y\mathrm{d}x$,即 $x^2\dfrac{\mathrm{d}y}{\mathrm{d}x} = (1-3x)y$,解之有 $y = \dfrac{c\mathrm{e}^{-\frac{1}{x}}}{x^3}.$

由题设 $y(x)$ 连续、可微,又注意到 $\lim\limits_{x\to 0}\dfrac{\mathrm{e}^{-\frac{1}{x}}}{x^3} = 0$,故

$$y(x) = \begin{cases} \dfrac{c\mathrm{e}^{-\frac{1}{x}}}{x^3}, & x\neq 0 \\[2mm] 0, & x = 0 \end{cases}$$

注 1 由上例及本例可以看到:在求解带有积分号的微分方程时,通常是先对等式两边求导,去掉积分号,再去求解方程.

注 2 注意函数在 $x = 0$ 点的连续性.

注 3 类似的问题如:

设 $f(x)$ 是 x 在 $[1, +\infty)$ 内的一个具有连续导数的函数,且其满足 $x\displaystyle\int_{1}^{x} y(x)\mathrm{d}x = (x+1)\displaystyle\int_{1}^{x} xy(x)\mathrm{d}x, y(1) = 1$,试求 $y(x)$.(北方交通大学,1984)

注意这里是一个定解问题(由设初始条件为 $y(1) = 1$).

例 7 已知可微函数 $f(x)$ 满足 $\displaystyle\int_{1}^{x}\dfrac{f(x)\mathrm{d}x}{f^2(x)+x} = f(x) - 1$,求 $f(x)$.(重庆大学,1985)

解 将题设式子两边对 x 求导,有

$$\frac{f(x)}{f^2(x)+x} = f'(x)$$

记 $f(x)=y$,上式可写为

$$y=(y^2+x)\frac{\mathrm{d}y}{\mathrm{d}x} \quad 或 \quad \frac{\mathrm{d}x}{\mathrm{d}y}-\frac{1}{y}x=y$$

这是一个一阶非齐次线性方程,故

$$x=\mathrm{e}^{\int\frac{1}{y}\mathrm{d}y}\left[c+\int y\mathrm{e}^{-\int\frac{1}{y}\mathrm{d}y}\mathrm{d}y\right]=y\left[c+\int y\cdot y^{-1}\mathrm{d}y\right]=cy+y^2$$

注意到 $f(1)=1$(将 1 代入题设式),得 $c=0$.

故有 $x=y^2$ 或 $y=\pm\sqrt{x}$,再由 $y|_{x=1}=1$ 知 $y=\sqrt{x}$,即 $f(x)=\sqrt{x}$.

例 8 若 $F(x)$ 是 $f(x)$ 的一个原函数,$G(x)$ 是 $\frac{1}{f(x)}$ 的一个原函数,又 $F(x)G(x)=-1$,$f(0)=1$. 求 $f(x)$.(清华大学,1980)

解 将 $F(x)G(x)=-1$ 两边对 x 求导,得

$$F(x)G'(x)+F'(x)G(x)=0 \tag{$*$}$$

由设 $G'(x)=\frac{1}{f(x)}=\frac{1}{F'(x)}$,及 $F(x)G(x)=-1$ 或 $G(x)=\frac{-1}{F(x)}$,从而有

$$\frac{F(x)}{F'(x)}-\frac{F'(x)}{F(x)}=0$$

解得 $\frac{\mathrm{d}F}{\mathrm{d}x}=\pm F(x)$,故 $F(x)=c\mathrm{e}^x$ 或 $F(x)=c\mathrm{e}^{-x}$.

故 $f(x)=F'(x)=c\mathrm{e}^x$ 或 $f(x)=-c\mathrm{e}^{-x}$. 由 $f(0)=1$ 定出 $c=1$ 或 $c=-1$. 从而 $f(x)=\mathrm{e}^x$ 或 $f(x)=\mathrm{e}^{-x}$.

利用微分方程求级数和,为级数求和提供了手段(前文已有述),下面再来看一个例子,它也是属于这类问题的.

例 9 证明 $y=1+\sum\limits_{k=1}^{\infty}\frac{(2k-1)!!}{(2k)!!}x^k$ 满足微分方程 $(1-x)y'=\frac{1}{2}y$,且求出原级数之和 y.(西北电讯工程学院,1982)

证 注意到极限 $\lim\limits_{k\to\infty}\frac{(2k-1)!!}{(2k)!!}\Big/\frac{(2k+1)!!}{(2k)!!}x^k=\lim\limits_{k\to\infty}\frac{(2k+2)!!}{(2k+1)!!}=1$,知级数收敛半径 $R=1$,于是在 $(-1,1)$ 内有

$$y'(x)=\left[\sum_{k=1}^{\infty}\frac{(2k-1)!!}{(2k)!!}x^k\right]'=\sum_{k=1}^{\infty}\frac{(2k-1)!!}{(2k)!!}kx^{k-1}$$

故

$$(1-x)y'=\frac{1}{2}+\frac{1}{2}\sum_{k=1}^{\infty}\frac{(2k-1)!!}{(2k)!!}x^k=\frac{1}{2}\left[1+\sum_{k=1}^{\infty}\frac{(2k-1)!!}{(2k)!!}x^k\right]$$

即 $(1-x)y'=\frac{1}{2}y$ 或 $\frac{2\mathrm{d}y}{y}=\frac{\mathrm{d}x}{1-x}$,两边积分有

$$\ln y^2=\ln\frac{1}{1-x}+C$$

因 $y(0)=0$,故 $C=0$. 从而 $y^2=\frac{1}{1-x}$,得 $y=\frac{1}{\sqrt{1-x}}$.

注 1 类似的问题可见:

设级数 $\sum\limits_{n=0}^{\infty}a_nx^n$,当 $n>1$ 时,$a_{n-2}-n(n-1)a_n=0$,且 $a_0=4$,$a_1=1$. 求级数和.(成都科技大学,1984)

注 2 它的反问题即用级数求微分方程解的问题可见后面的例子.

例 10 设(1)$f(x)$,$g(x)$ 在 $(-\infty,+\infty)$ 内可导,$g(x)\neq0$;(2)$f'(x)=g(x)$,$g'(x)=f(x)$,$f(x)\neq$

$g(x)$,若 $F(x)=\dfrac{f(x)}{g(x)}$,求证方程 $F(x)=0$ 有且仅有一个实根.(武汉测绘学院,1982)

证 将题设 $F(x)=\dfrac{f(x)}{g(x)}$ 两边对 x 求导有 $F'=\dfrac{f'g-g'f}{g^2}=\dfrac{g^2-f^2}{g^2}$.再对前式两边求导 $F''=\left(\dfrac{g^2-f^2}{g^2}\right)'=\dfrac{-2f(g^2-f^2)}{g^3}$.

因之 $F''=-2FF'$.令 $F'=p$,方程可化为

$$p\dfrac{\mathrm{d}p}{\mathrm{d}F}=-2pF \Rightarrow p=-F^2+c_1$$

又 $p=\dfrac{g^2-f^2}{g^2}$,$F=\dfrac{f}{g}$,有 $c_1=1$.因此 $p=\dfrac{\mathrm{d}F}{\mathrm{d}x}=1-F^2$,从而有 $F=\dfrac{ce^{2x}-1}{ce^{2x}+1}$ $(c>0)$.

因之,F 有且仅有一实根 $x=\dfrac{1}{2}\ln\dfrac{1}{c}$.

例 11 若可微函数 $f(x)$ 满足关系式 $f(x)=\displaystyle\int_0^x f(t)\mathrm{d}t$,则 $f(x)\equiv 0$.(华东水利学院,1980)

证 将 $f(x)=\displaystyle\int_0^x f(t)\mathrm{d}t$ 两边对 x 求导得 $f'(x)=f(x)$.

解之得 $f(x)=ce^x$.由 $f(0)=0$ 定出常数 $c=0$,故 $f(x)\equiv 0$.

注 本题亦可用反证法考虑去证.

例 12 若已知方程 $(6y+x^2y^2)\mathrm{d}x+(8x+x^3y)\mathrm{d}y=0$ 有形如 $y^3f(x)$ 的积分因子,试求出 $f(x)$ 且解此微分方程.(大连轻工业学院,1982)

解 将方程两边乘上 $y^3f(x)$ 有

$$[6y^4+x^2y^5]f(x)\mathrm{d}x+[8xy^3+x^3y^4]f(x)\mathrm{d}y=0 \qquad (*)$$

令 $M=6y^4f(x)+x^2y^5f(x)$,且 $N=8xy^3f(x)+x^3y^4f(x)$.

若 $\dfrac{\partial M}{\partial y}=\dfrac{\partial N}{\partial x}$,有 $xf'(x)=f(x)$,解得 $f(x)=x^2$.故

$$M=6x^2y^4+x^4y^5,N=8x^3y^3+x^5y^4$$

此时方程 $(*)$ 是全微分方程.

设其左端是 $u=u(x,y)$ 的全微分,则 $M=\dfrac{\partial u}{\partial x}$,$N=\dfrac{\partial u}{\partial y}$.从而

$$u(x,y)=\int(6x^2y^4+x^4y^5)\mathrm{d}x+\varphi(y)=2x^3y^4+\dfrac{1}{5}x^5y^5+\varphi(y)$$

为使 $\dfrac{\partial u}{\partial y}=N$,应有 $8x^3y^3+x^5y^4+\varphi'(y)=8x^3y^3+x^5y^4$,即 $\varphi'(y)=0$,有 $\varphi(y)=c$.

这样,原方程通解为 $2x^3y^4+\dfrac{1}{5}x^5y^5=c$.

2. 高阶微分方程

下面我们来看一些高阶(主要是二阶)微分方程的例子.

例 1 求微分方程 $y''+a^2y=e^x$ 的通解(其中 a 为常数).(大连轻工业学院,1982)

解 此方程相应的特征方程为 $r^2+a^2=0$,解得 $r=\pm ai$,

故原方程对应的齐次方程通解为 $y=c_1\cos ax+c_2\sin ax$.

令 $y=ce^x$ 代入原方程可得 $c(1+a^2)=1$,由之有 $c=\dfrac{1}{1+a^2}$,故原方程通解为

$$y=c_1\cos ax+c_2\sin ax+\dfrac{e^x}{1+a^2}$$

例 2 求方程 $x^2y''+3xy'+y=\ln x$ 的通解.(镇江农机学院,1982)

解 这是欧拉方程,故可令 $x=e^t$,原方程化为

$$\frac{d^2 y}{dt^2}+2\frac{dy}{dt}+y=t \qquad\qquad (*)$$

其特征方程为 $r^2+2r+1=0$,解得 $r=-1$(重根).

故式($*$)所对应的齐次方程通解为 $y=(c_1 t+c_2)e^{-t}$.

令 $y=At+B$ 代入式($*$)可求出 $A=1,B=-2$.

最后得到式($*$)的通解 $y=(c_1 t+c_2)e^{-t}+t-2$,从而原方程通解为

$$y=\frac{1}{x}(c_1\ln x+c_2)+\ln x-2$$

注 要注意欧拉方程的解法(用变换 $x=e^t$ 或 $t=\ln x$),当然也要注意欧拉方程的判别类型.

下面的方程给出的形式比较新鲜(方程本身有两个不同表达式),因而所用方法似乎有些与众不同了,即要分段考虑.

例 3 求微分方程

$$\begin{cases} y''+y=x, & \text{当 } x<\dfrac{\pi}{2}\text{时} \\ y''+4y=0, & \text{当 } x>\dfrac{\pi}{2}\text{时} \end{cases}$$

满足初始条件 $y|_{x=0}=0,y'|_{x=0}=0$ 且在 $x=\dfrac{\pi}{2}$ 处连续并可微的解.(同济大学、上海科技大学等八院校,1985)

解 当 $x<\dfrac{\pi}{2}$ 时,容易求得方程 $y''+y=x$ 的通解为

$$y=c_1\cos x+c_2\sin x+x$$

由 $y(0)=0$ 得 $c_1=0$;且由 $y'(0)=0$ 得 $c_2=-1$. 故 $y=x-\sin x$.

按 y 的连续性及可微性应有

$$y\left(\frac{\pi}{2}\right)=\frac{\pi}{2}-1,\quad y'\left(\frac{\pi}{2}\right)=1$$

当 $x>\dfrac{\pi}{2}$ 时,可求得方程 $y''+4y=0$ 的通解为 $y=c_1\cos 2x+c_2\sin 2x$.

由 y 的连续及可微要求 $y\left(\dfrac{\pi}{2}\right)=\dfrac{\pi}{2}-1,y'\left(\dfrac{\pi}{2}\right)=1$,即 $-c_1=\dfrac{\pi}{2}-1,-2c_2=1$,得

$$c_1=1-\frac{\pi}{2},\quad c_2=-\frac{1}{2}$$

故 $y=\left(1-\dfrac{\pi}{2}\right)\cos 2x-\dfrac{1}{2}\sin 2x$.

综上,$y=\begin{cases} x-\sin x, & x\leqslant\dfrac{\pi}{2} \\ \left(1-\dfrac{\pi}{2}\right)\cos 2x-\dfrac{1}{2}\sin 2x, & x\geqslant\dfrac{\pi}{2} \end{cases}$.

例 4 (1)设 $f(x)$ 是 $[0,1]$ 上的连续函数,且 $0\leqslant f(x)\leqslant 1$,证明:必有常数 $c(0\leqslant c\leqslant 1)$ 使 $f(c)=c$;

(2)设 $f(x)$ 是二次可微函数,$g(x)$ 是任意函数,且 $f''(x)+f'(x)g(x)-f(x)=0$. 证明:若 $f(x)$ 在某两点取值为 0,则 $f(x)$ 在该两点之间恒为 0.(鞍山钢铁学院,1982)

证 (1)由 $f(x)$ 在 $[0,1]$ 上连续,故设

$$\min_{x\in[0,1]}f(x)=f(a)=0,\quad \max_{x\in[0,1]}f(x)=f(b)=1$$

作函数 $F(x)=f(x)-x$:

①设 $a<b$,由 $F(x)$ 在 $[0,1]$ 上连续,又
$$F(a)=f(a)-a=-a\leqslant 0,\quad F(b)=f(b)-b=1-b\geqslant 0$$
故必有 $c\in[0,1]$ 使 $F(c)=0$,即 $f(c)=c$.

②设 $a>b$,证明仿上.

③设 $a=b$,$f(x)=$const(常数). 若 c 不为此常数,则命题不真.

(2)由 $g(x)$ 的任意性,今取 $g(x)\equiv 1$.

又设 x_1,x_2 使 $f(x_1)=f(x_2)=0$,则题设方程变为
$$f''(x)+f'(x)-f(x)=0\quad x_1<x<x_2$$

其特征方程是 $\lambda^2+\lambda-1=0$,得 $\lambda_{1,2}=\dfrac{1}{2}(-1\pm\sqrt{5})$.

故 $f(x)=c_1\mathrm{e}^{\lambda_1 x}+c_2\mathrm{e}^{\lambda_2 x}$.

由 $f(x_1)=0$,$f(x_2)=0$,得 $c_1=0$,$c_2=0$.

从而 $f(x)\equiv 0$,$x_1\leqslant x\leqslant x_2$.

注1 (1)是函数介值定理的问题,其关键在于造函数.

注2 (2)由 $g(x)$ 的任意性,这里选了 $g(x)\equiv 1$,这既充分利用题设而又使问题简化,它常常是重要的. 其实,我们也可取 $g(x)\equiv 0$.

注3 问题(1)中的点 c 显然是映射 f 的一个不动点(见第二章例的注).

下面来看几个由方程解去求方程的例子.

例5 求 $u_1(x)=\mathrm{e}^{2x}$,$u_2(x)=x\mathrm{e}^{2x}$ 所满足的二阶常系数线性齐次微分方程.(北京钢铁学院,1981)

解 由所给解的形式知 $r=2$ 是特征方程的二重根,故特征方程是 $(r-2)^2=0$,即,$r^2-4r+4=0$,这样所求微分方程是 $u''(x)-4u'(x)+4u(x)=0$.

注 这是求解微分方程的**反问题**——由解去确定方程形状.下面的例子也是这类问题.

例6 求一个以下列四函数:$y_1=\mathrm{e}^t$,$y_2=2t\mathrm{e}^t$,$y_3=\cos 2t$,$y_4=3\sin 2t$ 为解的线性微分方程,且求其通解.(北京钢铁学院,1980)

解 由设知所求微分方程的特征方程是以 $r=1$(二重根),$r=\pm 2\mathrm{i}$ 为根的,故特征方程为
$$(r-1)^2(r^2+4)=0$$
即 $r^4-2r^3+5r^2-8r+4=0$,而微分方程通解为 $y=(c_1+c_2 t)\mathrm{e}^t+c_3\cos 2t+c_4\sin 2t$.

例7 已知函数 $\sin^2 x,\cos^2 x$ 是方程 $y''+p(x)y'+q(x)y=0$ 的解.

(1)证明 $\sin^2 x,\cos^2 x$ 构成基本解组;

(2)证明 $1,\cos 2x$ 也构成基本解组;

(3)求 $p(x),q(x)$;

(4)求方程 $y''+p(x)y'+q(x)y=\sin 2x$ 的通解.(华东工程学院,1984)

证 (1)由题设 $\sin^2 x,\cos^2 x$ 是微分方程
$$y''+p(x)y'+q(x)y=0 \qquad\qquad ①$$
的解. 又 $\dfrac{\sin^2 x}{\cos^2 x}=\tan^2 x\ne$ 常数,故 $\sin^2 x$ 和 $\cos^2 x$ 线性无关,从而 $\sin^2 x,\cos^2 x$ 构成方程①基本解组.

(2)由设及公式 $\sin^2 x+\cos^2 x=1$ 和 $\cos^2 x-\sin^2 x=\cos 2x$ 知:$1,\cos 2x$ 亦为方程①的两个解.

又 $\dfrac{1}{\cos 2x}\ne$ 常数,故 1 和 $\cos 2x$ 线性无关,从而 $1,\cos 2x$ 也构成方程①的基本解组.

(3)将 $y=1$ 代入式①得 $q(x)=0$;

再将 $y=\cos 2x$ 代入式①,注意到 $q(x)=0$,有
$$(-4\cos 2x)+p(x)\cdot(-2\sin 2x)=0$$
故
$$p(x)=-2\cot 2x$$

(4)令 $y'=p$,则 $y''=\dfrac{\mathrm{d}p}{\mathrm{d}x}=p'$ 代入方程

$$y''-2\cot 2x \cdot y'=\sin 2x \qquad ②$$

得

$$p'-2\cot 2x \cdot p=\sin 2x$$

这是关于 p 和 x 的一阶线性微分方程,故有

$$p=\mathrm{e}^{\int 2\cot 2x\mathrm{d}x}\left(\int \sin 2x \cdot \mathrm{e}^{-\int 2\cot 2x\mathrm{d}x}\mathrm{d}x+c_1\right)=\mathrm{e}^{\ln\sin 2x}\left(\int \sin 2x \cdot \mathrm{e}^{-\ln\sin 2x}\mathrm{d}x+c_1\right)$$

$$=\sin 2x \cdot (x+c_1)$$

从而题设方程的通解为

$$y=\int \sin 2x \cdot (x+c_1)\mathrm{d}x+c_2=\int x\sin 2x\mathrm{d}x+c_1\int \sin 2x\mathrm{d}x+c_2$$

$$=\frac{1}{4}\sin 2x-\frac{1}{2}(x+c_1)\cos 2x+c_2$$

下面是用幂级数求解方程的例子,这种方法有其本身的特点.

例 8 用幂级数方法解方程:$f''(x)+f(x)=0$;$f(0)=0$,$f'(0)=1$.且求出幂级数的收敛半径及和函数.(华北电力学院北京研究生部,1980)

解 设 $f(x)=\displaystyle\sum_{n=0}^{\infty}a_n x^n$,由 $f(0)=0$ 知 $a_0=0$;由 $f'(0)=1$ 知 $a_1=1$,从而

$$f(x)=x+a_2 x^2+\cdots+a_n x^n+\cdots$$

这样 $f'(x)=1+\displaystyle\sum_{n=2}^{\infty}na_n x^{n-1}$,$f''(x)=2a_2+\displaystyle\sum_{n=3}^{\infty}n(n-1)a_n x^{n-2}$,代入题设方程可有

$$2a_2+(3!a_3+1)x+\sum_{n=4}^{\infty}[n(n-1)a_n+a_{n-2}]x^{n-2}=0$$

故

$$a_2=0,\quad a_3=-\frac{1}{3!},\quad a_n=-\frac{a_{n-2}}{n(n-1)}\quad n=4,5,\cdots$$

从而

$$a_4=a_6=\cdots=a_{2n}=0\quad n=0,1,2,\cdots$$

且

$$a_5=(-1)^2\frac{1}{5!},\quad a_7=(-1)^3\frac{1}{7!},\quad a_9=(-1)^4\frac{1}{9!},\quad\cdots$$

$$a_{2n+1}=(-1)^n\frac{1}{(2n+1)!}\quad n=0,1,2,\cdots$$

故 $f(x)=\displaystyle\sum_{n=0}^{\infty}(-1)^n\frac{x^{2n+1}}{(2n+1)!}$.

由 $\displaystyle\lim_{n\to\infty}\left[\frac{1}{(2n-1)!}\Big/\frac{1}{(2n+1)!}\right]=\infty$,故 $f(x)$ 在 $(-\infty,+\infty)$ 上收敛.

再注意前式知其和函数 $f(x)=\displaystyle\sum_{n=0}^{\infty}a_n x^n=\sin x$.

3. 函数表达式及杂例

求函数表达式(解析式),也是微分方程的一个重要应用.这一点我们已经见过几个例子,下面再来看两个例子.

例 1 求具有性质 $x(t+s)=\dfrac{x(t)+x(s)}{1-x(t)x(s)}$ 的连续函数 $x(t)$,已知 $x'(0)$ 存在.(西北电讯工程学院,1983)

解 由题设等式中令 $s=0$ 可得 $x(t)=\dfrac{x(t)+x(0)}{1-x(t)x(0)}$,即

$$\frac{x(0)[1+x^2(t)]}{1-x(0)x(t)}=0$$

由 $1+x^2(t)\neq0$,故解得

$$x(0)=0 \qquad\qquad (*)$$

由

$$\lim_{s\to0}\frac{x(t+s)-x(t)}{s}=\lim_{s\to0}\left\{\left[\frac{x(t)+x(s)}{1-x(t)x(s)}-x(t)\right]\Big/s\right\}$$

$$=\lim_{s\to0}\frac{x(s)-x(0)}{s}\cdot\lim_{s\to0}\frac{1+x^2(t)}{1-x(t)x(s)}\quad(\text{注意题设及 }x(0)=0)$$

$$=x'(0)[1+x^2(t)]$$

即 $x'(t)=x'(0)[1+x^2(t)]$,两边同除 $1+x^2(t)$ 后再积分可有

$$\int_0^t\frac{x'(t)}{1+x^2(t)}dt=\int_0^t x'(0)dt$$

即有 $\arctan x(t)=x'(0)t+c$,亦即 $\tan[x'(0)t+c]=x(t)$.

又由式(*)知 $x(0)=0$,故 $c=0$.所以 $x(t)=\tan[x'(0)t]$.

再来看一个例子.

例2 设函数 $f(x)$ 在区间 $(-\infty,+\infty)$ 上可导,且对任何实数 a,b 均有 $f(a+b)=e^a f(b)+e^b f(a)$.又已知 $f'(0)=e$,试求 $f'(x)$ 及 $f(x)$.(西安交通大学,1983;北京化工学院,1984)

解 由题设及导数定义可有

$$f'(a)=\lim_{b\to0}\frac{f(a+b)-f(a)}{b}=\lim_{b\to0}\frac{e^a f(b)+e^b f(a)-f(a)}{b}$$

$$=\lim_{b\to0}\frac{e^a f(b)}{b}+\lim_{b\to0}\frac{f(a)(e^b-1)}{b}$$

$$=e^a f'(0)+f(a)\quad(\text{注意到 }f'(0)=e)$$

$$=e^{a+1}+f(a)$$

即

$$f'(x)=e^{x+1}+f(x)\quad\text{或}\quad y'=e^{x+1}+y$$

故 $y=e^{\int dx}\left[\int e^{x+1}e^{-\int dx}dx+c\right]=e^x[e^x+c]=xe^{x+1}+ce^x$.

由 $f'(x)=e^{x+1}+f(x)$ 知 $f'(0)=e+f(0)$,故 $f(0)=0$.从而 $c=0$.

综上 $f(x)=xe^{x+1}$,$f'(x)=(x+1)e^{x+1}$.

注1 它前面部分还可由固定 a 将 $f(a+b)=e^a f(b)+e^b f(a)$ 对 b 求导,亦可求得关系式

$$f'(a)=e^{a+1}+f(a)$$

注2 类似的问题还可参见第二章中的例子.

例3 设 $\varphi(x)=e^x-\int_0^x(x-u)\varphi(u)du$,其中 $\varphi(x)$ 为连续函数,试求 $\varphi(x)$.(上海交通大学等八院校,1985)

解 由设 $\varphi(x)=e^x-x\int_0^x\varphi(u)du+\int_0^x u\varphi(u)du$,且有 $\varphi(0)=1$.

由 $\varphi(x)$ 的连续性,故有

$$\varphi'(x)=e^x-\int_0^x\varphi(u)du-x\varphi(x)+x\varphi(x)=e^x-\int_0^x\varphi(u)du$$

显然还可有 $\varphi'(0)=1$.

再由 $\varphi(x)$ 的连续性又有 $\varphi''(x)=e^x-\varphi(x)$,从而 $\varphi(x)$ 为下面微分方程的解

$$\begin{cases}\varphi''(x)+\varphi(x)=e^x\\\varphi(0)=1,\quad\varphi'(0)=1\end{cases}$$

解之可有 $\varphi(x)=(c_1\cos x+c_2\sin x)+\dfrac{1}{2}\mathrm{e}^x$.

再由初始条件可定出 $c_1=c_2=\dfrac{1}{2}$，故 $\varphi(x)=\dfrac{1}{2}(\cos x+\sin x+\mathrm{e}^x)$.

注 下面的类似问题还与不等式有关：

当 $x>-1$ 时，可微函数 $f(x)$ 满足关系式

$$f'(x)+f(x)-\frac{1}{x+1}\int_0^x f(x)\mathrm{d}x=0$$

及 $f(0)=1$，则当 $x\geqslant 0$ 时，$\mathrm{e}^{-x}\leqslant f(x)\leqslant 1$.（武汉水电学院，1985）

利用微分方程的解，还可以计算某些函数值，请看下面的例题.

例 4 若 $f(t)$ 为 $(-\infty,+\infty)$ 内的连续函数，且满足

$$f(t)=3\iiint\limits_{x^2+y^2+z^2\leqslant t^2} f(\sqrt{x^2+y^2+z^2})\mathrm{d}x\mathrm{d}y\mathrm{d}z+|t^3|\quad t\in(-\infty,+\infty)$$

试确定 $f\left(\dfrac{1}{\sqrt[3]{4\pi}}\right)$ 与 $f\left(-\dfrac{1}{\sqrt[3]{2\pi}}\right)$ 的值.（武汉水运工程学院，1985）

解 由设可有（利用球坐标变换）

$$f(t)=3\int_0^{2\pi}\mathrm{d}\theta\int_0^{\pi}\sin\varphi\mathrm{d}\varphi\int_0^{|t|}f(t)r^2\mathrm{d}r+|t^3|=12\pi\int_0^{|t|}f(r)r^2\mathrm{d}r+|t^3|$$

显然 $f(0)=0$.

当 $t>0$ 时，$f(t)=12\pi\int_0^t f(r)r^2\mathrm{d}r+t^3$，有 $f'(t)=12\pi f(t)t^2+3t^2$，此为 $f(t)$ 的一阶微分方程，解之有

$$f(t)=\mathrm{e}^{\int 12\pi t^2\mathrm{d}t}\left[\int 3t^2\mathrm{e}^{-\int 12\pi t^2\mathrm{d}t}\mathrm{d}t+c_1\right]=\mathrm{e}^{4\pi t^3}\left[\int 3t^2\mathrm{e}^{-4\pi t^3}\mathrm{d}t+c_1\right]=\mathrm{e}^{4\pi t^3}\left[-\frac{1}{4\pi}\mathrm{e}^{-4\pi t^3}+c_1\right]=-\frac{1}{4\pi}+c_1\mathrm{e}^{4\pi t^3}$$

由 $f(0)=0$ 得 $-\dfrac{1}{4\pi}+c_1=0$，即 $c_1=\dfrac{1}{4\pi}$.

故 $f(t)=\dfrac{1}{4\pi}(\mathrm{e}^{4\pi t^3}-1)$，从而 $f\left(\dfrac{1}{\sqrt[3]{4\pi}}\right)=\dfrac{1}{4\pi}(\mathrm{e}-1)$.

当 $t<0$ 时，$f(t)=12\pi\int_0^{-t}f(r)r^2\mathrm{d}r-t^3$，有

$$f'(t)=-12\pi f(-t)(-t)^2-3t^2=-12\pi\cdot\frac{1}{4\pi}\left[\mathrm{e}^{4\pi(-t)^3}-1\right]\cdot(-t)^2-3t^2=-3t^2\mathrm{e}^{-4\pi t^3}$$

故 $f(t)=\int_0^t(-3r^2)\mathrm{e}^{-4\pi r^3}\mathrm{d}t=\dfrac{1}{4\pi}(\mathrm{e}^{-4\pi t^3}-1)$，从而

$$f\left(-\frac{1}{\sqrt[3]{2\pi}}\right)=\frac{1}{4\pi}(\mathrm{e}^2-1)$$

注 注意本题题设式子是一个含 $f(t)$ 的未知等式，直接将 $t=\dfrac{1}{\sqrt[3]{4\pi}}$ 等代入式中计算，显然不妥.

再者还应注意到 $t>0$ 与 $t<0$ 时所得方程类型不一样.

下面的例子是关于微分方程解的性质的.

例 5 设 $f(x)$ 在区间 $(0,+\infty)$ 上连续，且 $\lim\limits_{x\to+\infty}f(x)=k(k>0$ 常数$)$. 求证 $\dfrac{\mathrm{d}y}{\mathrm{d}x}+y=f(x)$ 的所有解，当 $x\to+\infty$ 时均趋于常数 k.（西安矿业学院，1983）

解 题设方程为一阶线性微分方程，其通解为

$$y=\left[\int_0^x \mathrm{e}^x f(x)\mathrm{d}x+c_1\right]\mathrm{e}^{-x}$$

故
$$\lim_{x \to +\infty} y = \lim_{x \to +\infty} e^{-x}\left[\int_0^x e^x f(x)\mathrm{d}x + c_1\right] = \lim_{x \to +\infty}\frac{\int_0^x e^x f(x)\mathrm{d}x + c_1}{e^x}$$

但 $\lim\limits_{x \to +\infty} f(x) = k$,取 $\varepsilon_0 = \dfrac{1}{2}$,则存在 $X > 0$,使当 $x > X$ 时

$$k - \frac{1}{2} < f(x) < k + \frac{1}{2}$$

故
$$\lim_{x \to +\infty}\int_1^x \left(k - \frac{1}{2}\right)e^x \mathrm{d}x = \infty, \quad \text{知} \lim_{x \to +\infty} e^{-x} f(x) = \infty$$

又 $\lim\limits_{x \to +\infty} e^x = \infty$,由洛必达法则有

$$\lim_{y \to +\infty} y = \lim_{x \to +\infty}\frac{e^x f(x)\mathrm{d}x}{e^x} = \lim_{x \to +\infty} f(x) = k$$

我们再看一个关于求解微分方程组的例子.

例6 求微分方程组

$$\begin{cases} \dfrac{\mathrm{d}y_1}{\mathrm{d}x} = y_1 & \text{①} \\[2mm] \dfrac{\mathrm{d}y_2}{\mathrm{d}x} = y_1 + y_2 + y_3 & \text{②} \\[2mm] \dfrac{\mathrm{d}y_3}{\mathrm{d}x} = 2y_1 - y_2 + y_3 & \text{③} \end{cases}$$

满足初始条件 $y_1(0) = 1, y_2(0) = 1, y_3(0) = 1$ 的解.(中山大学,1981)

解 由式①解得 $y_1 = c_1 e^x$,又由 $y_1(0) = 1$ 得 $c_1 = 1$,从而 $y_1 = e^x$.

将它代入另外两个方程可得

$$\begin{cases} \dfrac{\mathrm{d}y_2}{\mathrm{d}x} = e^x + y_2 + y_3 & \text{④} \\[2mm] \dfrac{\mathrm{d}y_3}{\mathrm{d}x} = 2e^x - y_2 + y_3 & \text{⑤} \end{cases}$$

由式④得

$$y_3 = \frac{\mathrm{d}y_2}{\mathrm{d}x} - y_2 - e^x \qquad \text{⑥}$$

将其两边对 x 求导有 $\dfrac{\mathrm{d}y_3}{\mathrm{d}x} = \dfrac{\mathrm{d}^2 y_2}{\mathrm{d}x^2} - \dfrac{\mathrm{d}y_2}{\mathrm{d}x} - e^x$,式④、式⑤代入式⑥有

$$\frac{\mathrm{d}^2 y_2}{\mathrm{d}x^2} - 4\frac{\mathrm{d}y_2}{\mathrm{d}x} + 4y_2 = 0$$

又由 $y_2(0) = 1$,可得 $y_2 = e^{2x}(c_2 x + 1)$.

因 $\dfrac{\mathrm{d}y_2}{\mathrm{d}x} = e^{2x}(2c_2 x + c_2 + 2)$, 代入式⑥得 $y_3 = e^{2x}(c_2 x + c_2 + 1) - e^x$.

由 $y_3(0) = 1$,得 $c_2 = 1$.从而所求之解为

$$\begin{cases} y_1 = e^x \\ y_2 = e^{2x}(x + 1) \\ y_3 = e^{2x}(x + 2) - e^x \end{cases}$$

4. 微分方程的应用问题

关于微分方程的应用,我们在前面的章节已有过介绍,这里只举几例(求曲线方程和物体运动方程的),其余的可见习题.

例1 设曲线 $y = f(x)$ 过原点及点 $(2,3)$,且 $f(x)$ 单调并有连续导数.今在曲线上任取一点作两坐标轴的平行线,其中一条平行线与 Ox 轴和曲线 $y = f(x)$ 围成面积是另一条平行线与 Oy 轴和曲线

$y = f(x)$ 围成面积的两倍, 求曲线 $y = f(x)$ 的方程. (湖南大学, 1984)

解 设 (x, y) 为曲线 $y = f(x)$ 上任一点, 如图 1 有 $S_2 = 2S_1$. 即

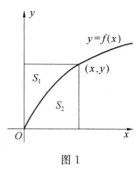

$$\int_0^x f(x) \mathrm{d}x = 2\left[xy - \int_0^x f(x) \mathrm{d}x\right]$$

或

$$3\int_0^x f(x) \mathrm{d}x = 2xy$$

两边对 x 求导有 $3f(x) = 2y + 2xy'$. 从而 $2xy' = y$, 解得 $y^2 = cx$.

由 $y|_{x=2} = 3$, 得 $c = \dfrac{9}{2}$.

故所求曲线为 $y^2 = \dfrac{9}{2}x$.

图 1

例 2 设 $y = f(x)$ $(x \geqslant 0)$ 连续可微, 且 $f(0) = 1$. 现已知 $y = f(x)$, 与 Ox 轴, Oy 轴及 Ox 轴上过 x 点的垂线所围图形面积值与曲线 $y = f(x)$ 在 $[0, x]$ 上一段弧长值相等, 求 $f(x)$. (湘潭大学, 1982)

解 由设所围图形面积为 $\displaystyle\int_0^x f(t) \mathrm{d}t$, 而题设弧长为

$$\int_0^x \mathrm{d}s = \int_0^x \sqrt{1 + f'^2(t)} \, \mathrm{d}t$$

因而

$$\int_0^x f(t) \mathrm{d}t = \int_0^x \sqrt{1 + f'^2(t)} \, \mathrm{d}t$$

两边对 x 求导得

$$f(x) = \sqrt{1 + f'^2(x)}$$

又 $f(0) = 1$, 故所求函数 $f(x)$ 满足

$$\begin{cases} y = \sqrt{1 + y'^2} & \text{①} \\ y|_{x=0} = 1 & \text{②} \end{cases}$$

由式①得 $y^2 = 1 + y'^2$, 故 $y' = \pm\sqrt{y^2 - 1}$.

注意到 $y' = \dfrac{\mathrm{d}y}{\mathrm{d}x}$, 从而 $\dfrac{\mathrm{d}y}{\sqrt{y^2 - 1}} = \pm \mathrm{d}x$, 两边积分, 故

$$\int \frac{\mathrm{d}y}{\sqrt{y^2 - 1}} = \pm \int \mathrm{d}x$$

则方程通解为 $\ln c(y + \sqrt{y^2 - 1}) = \pm x$, 即 $c(y + \sqrt{y^2 - 1}) = \mathrm{e}^{\pm x}$.

又 $y|_{x=0} = 1$ 代入上式得 $c = 1$, 从而所求之解为 $y + \sqrt{y^2 - 1} = \mathrm{e}^{\pm x}$.

解得 $y = \dfrac{1}{2}(\mathrm{e}^x + \mathrm{e}^{-x})$, 即

$$f(x) = \frac{1}{2}(\mathrm{e}^x + \mathrm{e}^{-x}) = \mathrm{ch}\, x$$

注 更一般的情形可见:

设 B 为曲线 l 上任意一点, 若曲边梯形 $OABC$ 的面积与弧 AB 的长度成正比 (比例系数为 k), 求 l 的方程 (图 2). (华东化工学院, 1982)

例 3 一质量为 m 的质点作直线运动, 从速度等于零的时刻起, 有一个和时间成正比 (比例系数为 k_1) 的力作用在它上面, 此外质点又受到介质的阻力, 阻力和速度成正比 (比例系数为 k_2). 试求此质点的速度与时间的关系. (鞍山钢铁学院, 1982)

解 设质点运动速度为 $v = v(t)$, 又 $v(0) = 0$.

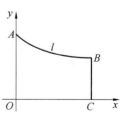

图 2

由牛顿定律有 $m\dfrac{\mathrm{d}v}{\mathrm{d}t}=k_1t-k_2v$,即 $\dfrac{\mathrm{d}v}{\mathrm{d}t}+\dfrac{k_2}{m}v=\dfrac{k_1}{m}t$.

它是 v 的一阶线性微分方程,其通解为

$$v=\mathrm{e}^{-\int\frac{k_2}{m}\mathrm{d}t}\left[\frac{k_1}{m}\int t\mathrm{e}^{\int\frac{k_2}{m}\mathrm{d}t}\mathrm{d}t-C\right]=\mathrm{e}^{-\frac{k_2t}{m}}\left[\frac{k_1}{m}\left(\frac{m}{k_2}t\mathrm{e}^{\frac{k_2t}{m}}\right)-\left(\frac{m^2}{k_2^2}\mathrm{e}^{\frac{k_2t}{m}}\right)+C\right]$$

$$=\frac{k_1}{k_2}t-\frac{k_1m}{k_2^2}+C\mathrm{e}^{-\frac{k_2t}{m}}$$

由 $v(0)=0$ 可定出 $C=\dfrac{k_1m}{k_2^2}$. 故质点的速度与时间的关系为

$$v=\frac{k_1}{k_2}t-\frac{k_1}{k_2^2}m\mathrm{e}^{-\frac{k_2t}{m}}-\frac{k_1m}{k_2^2}$$

1987～2012 年部分

(一)填空题

1. 微分方程的解

(1)一阶微分方程问题

题 1 (1994②)微分方程 $y\mathrm{d}x+(x^2-4x)\mathrm{d}y=0$ 的通解为_____.

解 将方程化为 $\dfrac{\mathrm{d}y}{y}=\dfrac{\mathrm{d}x}{4x-x^2}$.两边积分得

$$\ln|y|=\frac{1}{4}\int\left(\frac{1}{4-x}+\frac{1}{x}\right)\mathrm{d}x=-\frac{1}{4}[\ln|4-x|-\ln|x|+\ln|C|]$$

由此可有 $\ln(y^4)=\ln\left|\dfrac{Cx}{4-x}\right|$,即 $y^4=\dfrac{Cx}{4-x}$,或 $(x-4)y^4=Cx$.

题 2 (1992①)微分方程 $y'+y\tan x=\cos x$ 的通解为 $y=$ _____.

解 由一阶线性微分方程求解公式知题设方程通解为

$$y=\mathrm{e}^{-\int\tan x\mathrm{d}x}\left(\int\cos x\mathrm{e}^{\int\tan x\mathrm{d}x}\mathrm{d}x+C\right)=(x+C)\cos x$$

题 3 (2004②)微分方程 $(y+x^3)\mathrm{d}x-2x\mathrm{d}y=0$ 满足 $y|_{x=1}=\dfrac{6}{5}$ 的特解为_____.

解 原方程变形为 $\dfrac{\mathrm{d}y}{\mathrm{d}x}-\dfrac{1}{2x}y=\dfrac{1}{2}x^2$,由一阶线性方程通解公式得

$$y=\mathrm{e}^{\int\frac{1}{2x}\mathrm{d}x}\left[\int\frac{1}{2}x^2\mathrm{e}^{-\int\frac{1}{2x}\mathrm{d}x}\mathrm{d}x+C\right]=\mathrm{e}^{\frac{1}{2}\ln x}\left[\int\frac{1}{2}x^2\mathrm{e}^{-\frac{1}{2}\ln x}\mathrm{d}x+C\right]$$

$$=\sqrt{x}\left[\int\frac{1}{2}x^{\frac{3}{2}}\mathrm{d}x+C\right]=\sqrt{x}\left[\frac{1}{5}x^{\frac{5}{2}}+C\right]=\frac{1}{5}x^3+Cx^{\frac{1}{2}}$$

又由题设 $y(1)=\dfrac{6}{5}$,则有 $C=1$,从而所求的解为

$$y=\sqrt{x}+\frac{1}{5}x^3$$

(2)与一阶微分方程有关的曲线、切线等几何问题

题 1 (2004②)过点 $\left(\dfrac{1}{2},0\right)$ 且满足关系式 $y'\arcsin x+\dfrac{y}{\sqrt{1-x^2}}=1$ 的曲线方程为_____.

解 1 方程化为 $y'+\dfrac{y}{\arcsin x\sqrt{1-x^2}}=\dfrac{1}{\arcsin x}$, 设 $P=\dfrac{1}{\arcsin\sqrt{1-x^2}}$, $Q=\dfrac{1}{\arcsin x}$,则

$$\int P\mathrm{d}x = \int \frac{\mathrm{d}(\arcsin x)}{\arcsin x} = \ln(\arcsin x)$$

通解

$$y = \mathrm{e}^{-\ln(\arcsin x)}\left(\int \frac{1}{\arcsin x}\mathrm{e}^{\ln(\arcsin x)}\mathrm{d}x + C\right) = \frac{x+C}{\arcsin x}$$

由 $y\left(\frac{1}{2}\right)=0$ 可定出 $C=-\frac{1}{2}$，故曲线方程为 $y=\frac{1}{\arcsin x}\left(x-\frac{1}{2}\right)$.

解 2 由 $y'\arcsin x + \frac{y}{\sqrt{1-x^2}} = (y\arcsin x)'$，知 $(y\arcsin x)'=1$，则 $y\arcsin x = x + C$.

以下同解 1.

题 2 (1993①)已知曲线 $y=f(x)$ 过点 $\left(0,-\frac{1}{2}\right)$，且其上任一点 (x,y) 处的切线斜率为 $x\ln(1+x^2)$，则 $f(x)=$ _____.

解 由题设知 $y=f(x)$ 满足 $\frac{\mathrm{d}y}{\mathrm{d}x}=x\ln(1+x^2)$，$y|_{x=0}=-\frac{1}{2}$. 因而

$$y = \int x\ln(1+x)^2\mathrm{d}x = \frac{1}{2}\int \ln(1+x)^2\mathrm{d}(x^2) = \frac{1}{2}(1+x^2)\ln(1+x^2) - \frac{1}{2}x^2 + C$$

将 $x=0$，$y=-\frac{1}{2}$ 代入上式得 $C=-\frac{1}{2}$，故

$$f(x) = \frac{1}{2}(1+x^2)[\ln(1+x^2)-1]$$

(3)二阶微分方程问题

题 1 (1996②)微分方程 $y''+2y'+5y=0$ 的通解为 _____.

解 题设方程的特征方程为 $r^2+2r+5=0$，其根 $r_{1,2}=-1\pm 2\mathrm{i}$. 故所求通解为
$$y = \mathrm{e}^{-x}(C_1\cos 2x + C_2\sin 2x)$$

题 2 (1995①)微分方程 $y''+y=-2x$ 的通解为 _____.

解 题设方程相应的特征方程为 $r^2+1=0$，其根 $r_{1,2}=\pm\mathrm{i}$，则相应齐次方程通解为
$$Y = C_1\cos x + C_2\sin x$$

直接观察可得到题设方程的特解 $y^*=-2x$.

故所求通解为 $y=C_1\cos x + C_2\sin x - 2x$.

题 3 (1996①)微分方程 $y''-2y'+2y=\mathrm{e}^x$ 的通解为 _____.

解 题设方程相应的特征方程为 $r^2-2r+2=0$，得 $r_{1,2}=1\pm\mathrm{i}$.

设题设方程的特解为 $y^*=A\mathrm{e}^x$，代入方程得 $A=1$.

故所求通解为 $y=\mathrm{e}^x(C_1\cos x + C_2\sin x + 1)$.

题 4 (1996①②)$y''-4y=\mathrm{e}^{2x}$ 的通解为 $y=$ _____.

解 题设方程的特征方程为 $r^2-4=0$，得 $r=\pm 2$.

设题设方程的特解为 $y^*(x)=Ax\mathrm{e}^{2x}$，代入原方程得 $A=\frac{1}{4}$.

故所求通解为 $y=C_1\mathrm{e}^{-2x}+C_2\mathrm{e}^{2x}+\frac{1}{4}x\mathrm{e}^{2x}$.

题 5 (2002①)微分方程 $xy''+3y'=0$ 的通解为 _____.

解 设 $y'=p$，则 $y''=\frac{\mathrm{d}p}{\mathrm{d}x}$，方程化为 $x\frac{\mathrm{d}p}{\mathrm{d}x}+3p=0$，即 $\int \frac{\mathrm{d}p}{p}=-\int \frac{3\mathrm{d}x}{x}$，得 $p=\frac{C}{x^3}$，即 $\frac{\mathrm{d}y}{\mathrm{d}x}=\frac{C}{x^3}$，

从而

$$y=-\frac{C}{2}\cdot\frac{1}{x^2}+C_2=\frac{C_1}{x^2}+C_2\quad\left(\text{其中 }C_1=-\frac{C}{2}\right)$$

题 6 (2002①②)微分方程 $yy''+y'^2=0$ 满足初始条件 $y|_{x=0}=1,y'|_{x=0}=\frac{1}{2}$ 的特解是_____.

解 设 $y'=p$,则 $y''=p\dfrac{\mathrm{d}p}{\mathrm{d}y}$. 原方程化为 $p\left(y\dfrac{\mathrm{d}p}{\mathrm{d}y}+p\right)=0$.

从而有 $p=0$(不满足初始条件,舍去),$\dfrac{\mathrm{d}p}{p}=-\dfrac{\mathrm{d}y}{y}$.

将后式两边积分后,得 $p=\dfrac{C_1}{y}$,将初始条件代入,定出 $C_1=\dfrac{1}{2}$.

从而有 $p=\dfrac{\mathrm{d}y}{\mathrm{d}x}=\dfrac{1}{2y}$,即 $2y\mathrm{d}y=\mathrm{d}x$,两边积分得 $y^2=x+C_2$,代入初始条件,定出 $C_2=1$.

故所求特解为 $y^2=x+1$(或 $y=\sqrt{x+1}$).

下面是一道欧拉方程求解问题.

题 7 (2004①)欧拉方程 $x^2\dfrac{\mathrm{d}^2y}{\mathrm{d}x^2}+4x\dfrac{\mathrm{d}y}{\mathrm{d}x}+2y=0(x>0)$ 的通解为_____.

解 令 $x=\mathrm{e}^t$,则 $\dfrac{\mathrm{d}y}{\mathrm{d}x}=\dfrac{\mathrm{d}y}{\mathrm{d}t}\cdot\dfrac{\mathrm{d}t}{\mathrm{d}x}=\mathrm{e}^{-t}\dfrac{\mathrm{d}y}{\mathrm{d}t}=\dfrac{1}{x}\dfrac{\mathrm{d}y}{\mathrm{d}t}$. 且

$$\frac{\mathrm{d}^2y}{\mathrm{d}x^2}=-\frac{1}{x^2}\frac{\mathrm{d}y}{\mathrm{d}t}+\frac{1}{x}\frac{\mathrm{d}^2y}{\mathrm{d}t^2}\cdot\frac{\mathrm{d}t}{\mathrm{d}x}=\frac{1}{x^2}\left[\frac{\mathrm{d}^2y}{\mathrm{d}t^2}-\frac{\mathrm{d}y}{\mathrm{d}t}\right]$$

将上面两式代入原方程后,整理可得

$$\frac{\mathrm{d}^2y}{\mathrm{d}t^2}+3\frac{\mathrm{d}y}{\mathrm{d}t}+2y=0$$

解此方程得通解为 $y=c_1\mathrm{e}^{-t}+c_2\mathrm{e}^{-2t}=\dfrac{c_1}{x}+\dfrac{c_2}{x^2}$.

接下来是一则微分方程求解的反问题——已知解反求方程.

题 8 (2001①)设 $y=\mathrm{e}^x(C_1\sin x+C_2\cos x)(C_1,C_2$ 为任意常数)为某二阶常系数线性齐次微分方程的通解,则该方程为_____.

解 由题设,方程通解所对应特征方程的根为 $r_{1,2}=1\pm\mathrm{i}$,因此特征方程为
$$[r-(1+\mathrm{i})][r-(1-\mathrm{i})]=r^2-2r+2=0$$
故所求方程为 $y''-2y'+2y=0$.

2. 函数方程问题——求解 $f(x)$

下面的问题是所谓函数方程求解,它可以属于积分问题,也可视为方程求解问题.

题 1 (2004①)已知 $f'(\mathrm{e}^x)=x\mathrm{e}^{-x}$,且 $f(1)=0$,则 $f(x)=$_____.

解 令 $\mathrm{e}^x=t$,则 $x=\ln t$,于是有 $f'(t)=\dfrac{\ln t}{t}$,即 $f'(x)=\dfrac{\ln x}{x}$. 积分得

$$f(x)=\int\frac{\ln x}{x}\mathrm{d}x=\frac{1}{2}(\ln x)^2+C$$

利用初始条件 $f(1)=0$,得 $C=0$,故所求函数为 $f(x)=\dfrac{1}{2}(\ln x)^2$.

题 2 (1989①②)设 $f(x)$ 是连续函数,且 $f(x)=x+2\displaystyle\int_0^1 f(t)\mathrm{d}t$,则 $f(x)=$_____.

解 设 $\displaystyle\int_0^1 f(t)\mathrm{d}t=A$,显然它是常数,这样 $f(x)=x+2A$,两边积分得

$$\int_0^1 f(t)\mathrm{d}t=\int_0^1 x\mathrm{d}x+2A$$

知 $A=\frac{1}{2}+2A$，即 $A=-\frac{1}{2}$，故 $f(x)=x-1$.

3. 差分方程问题

这是经济类考研数学试题中的一类新题型，这类问题多与经济问题有关.

题1 (1997③)差分方程 $y_{t+1}-y_t=t2^t$ 的通解为_____.

解 题设方程相应的齐次方程 $y_{t+1}-y_t=0$ 的通解为 $C(C$ 为任意常数).

题设非齐次方程特解形如 $y_t^*=(at+b)2^t$，则 $y_{t+1}^*=[a(t+1)+b]2^{t+1}$.

代入原方程，得 $at+2a+b=t$. 由此定出 $a=1,b=-2$.

知非齐次方程特解为 $y_t^*=(t-2)2^t$.

故原差分方程通解为 $y_t=C+(t-2)2^t$.

题2 (1998③)差分方程 $2y_{t+1}+10y_t-5t=0$ 的通解为_____.

解 化原方程为标准形式 $y_{t+1}+5y_t=\frac{5}{2}t$.

其相应齐次方程 $y_{t+1}+5y_t=0$ 的通解为 $Y_t=C(-5)^t$.

又非齐次方程的特解形式为 $y_t^*=at+b$，代入方程中得

$$a(t+1)+b+5(at+b)=\frac{5}{2}t, \quad 即\ 6at+a+6b=\frac{5}{2}t$$

由此定出 $a=\frac{5}{12},b=-\frac{5}{72}$. 因此特解为 $y_t^*=\frac{5}{12}t-\frac{5}{72}$.

故所求通解为 $y_t=C(-5)^t+\frac{5}{12}t-\frac{5}{72}$.

下面是一道应用题.

题3 (2001③)某公司每年的工资总额在比上一年增加 20% 的基础上再追加 2 百万元，若以 W_t 表示第 t 年工资总额(单位:百万元)，则 W_t 满足的差分方程是_____.

解 依题意可有 $W_t=W_{t-1}+0.2W_{t-1}+2$，故差分方程是

$$W_t=1.2W_{t-1}+2$$

(二)选择题

1. 微分方程的解

题1 (1989①)设线性无关的函数 y_1,y_2,y_3 都是二阶非齐次线性方程的解，C_1,C_2 是任意常数，则该非齐次方程的通解是 ( )

(A) $C_1y_1+C_2y_2+y_3$ (B) $C_1y_1+C_2y_2+(C_1+C_2)y_3$

(C) $C_1y_1+C_2y_2-(1-C_1-C_2)y_3$ (D) $C_1y_1+C_2y_2+(1-C_1-C_2)y_3$

解 选项(A),(B),(C)中函数不一定为非齐次方程的解，可排除.

故应选(D).

事实上注意到选项(D)中 y_i 的系数和 $C_1+C_2+(1-C_1-C_2)=1$，或者由

$$C_1y_1+C_2y_2+(1-C_1-C_2)y_3=C_1(y_1-y_3)+C_2(y_2-y_3)+y_3$$

因 y_1-y_3,y_2-y_3 为对应齐次方程的两个线性无关的解，故(D)为非齐次方程的通解.

故应选(D).

题2 (1989②)微分方程 $y''-y=e^x+1$ 的一个特解应具有形式(式中 a,b 为常数) ( )

(A) ae^x+b (B) axe^x+b (C) ae^x+bx (D) axe^x+bx

解 题设方程相应的特征方程为 $r^2-a=0$，其根 $r_{1,2}=\pm1$，故特解形式为 $y^*=axe^x+b$.

故选(B).

题3 (2004②)微分方程 $y''+y=x^2+1+\sin x$ 的特解形式可设为 　　　　( )

(A)$y^*=ax^2+bx+c+x(A\sin x+B\cos x)$ 　　(B)$y^*=x(ax^2+bx+c+A\sin x+B\cos x)$

(C)$y^*=ax^2+bx+c+A\sin x$ 　　　　　　(D)$y^*=ax^2+bx+c+A\cos x$

解 题设方程对应的齐次方程 $y''+y=0$ 的特征方程为 $\lambda^2+1=0$.

解得特征根为 $\lambda=\pm i$.

对 $y''+y=x^2+1=e^0(x^2+1)$ 而言,因 0 不是其相应特征方程的特征根,从而其特解形式可设为
$$y_1^*=ax^2+bx+c$$

对 $y''+y=\sin x=\text{Im}(e^{ix})$,这里 $\text{Im}(e^{ix})$ 即 e^{ix} 的虚部,因 i 不是特征根,从而其特解形式可设为
$$y_2^*=x(A\sin x+B\cos x)$$

从而 $y''+y=x^2+1+\sin x$ 的特解形式可设为
$$y^*=ax^2+bx+c+x(A\sin x+B\cos x)$$

故选(A).

下面是关于微分方程求解的反问题:知道解求方程.

题4 (2000②)具有特解 $y_1=e^{-x}$,$y_2=2xe^{-x}$,$y_3=3e^x$ 的 3 阶常数齐次线性微分方程是 ( )

(A)$y'''-y''-y'+y=0$ 　　　　　　(B)$y'''+y''-y'-y=0$

(C)$y'''-6y''+11y'-6y=0$ 　　　　(D)$y'''-2y''-y'+2y=0$

解 $y_1=e^{-x}$ 和 $y_2=2xe^{-x}$ 所对应特征方程的根为 $r=-1$(二重根);$y_3=3e^x$ 所对应特征方程的根为 $r=1$.因此特征方程为
$$(r+1)^2(r-1)=0,\ \text{即}\ r^3+r^2-r-1=0$$

与此特征方程所对应的微分方程是 $y'''+y''-y'-y=0$.

故选(B).

2. 函数方程问题——求解 $f(x)$

题1 (2003②)已知 $y=\dfrac{x}{\ln x}$ 是微分方程 $y'=\dfrac{y}{x}+\varphi\left(\dfrac{x}{y}\right)$ 的解,则函数 $\varphi\left(\dfrac{x}{y}\right)$ 的表达式为 ( )

(A)$-\dfrac{y^2}{x^2}$ 　　(B)$\dfrac{y^2}{x^2}$ 　　(C)$-\dfrac{x^2}{y^2}$ 　　(D)$\dfrac{x^2}{y^2}$

解 将 $y=\dfrac{x}{\ln x}$ 代入微分方程 $y'=\dfrac{y}{x}+\varphi\left(\dfrac{x}{y}\right)$,得
$$\frac{\ln x-1}{\ln^2 x}=\frac{1}{\ln x}+\varphi(\ln x)\ \Rightarrow\ \varphi(\ln x)=-\frac{1}{\ln^2 x}$$

令 $\ln x=u$,有 $\varphi(u)=-\dfrac{1}{u^2}$,因此 $\varphi\left(\dfrac{x}{y}\right)=-\dfrac{y^2}{x^2}$.

故选(A).

题2 (1991①)若连续函数 $f(x)$ 满足关系式 $f(x)=\displaystyle\int_0^{2x}f\left(\dfrac{t}{2}\right)dt+\ln 2$,则 $f(x)$ 等于 ( )

(A)$e^x\ln 2$ 　　(B)$e^{2x}\ln 2$ 　　(C)$e^x+\ln 2$ 　　(D)$e^{2x}+\ln 2$

解 对题设关系式两边关于 x 求导,得 $f'(x)=2f(x)$,且有初始条件 $f(0)=\ln 2$.

由 $f'(x)=2f(x)$,则 $\dfrac{df(x)}{f(x)}=2dx$,有 $\ln|f(x)|=2x+\ln|C|$,即 $f(x)=Ce^{2x}$.

令 $x=0$,得 $C=\ln 2$. 故 $f(x)=e^{2x}\ln 2$.

故选(B).

题3 (1993①)设曲线积分 $\displaystyle\int_L[f(x)-e^x]\sin y dx-f(x)\cos y dy$ 与路径无关,其中 $f(x)$ 具有一阶连续导数,且 $f(0)=0$,则 $f(x)$ 等于 ( )

(A)$\dfrac{1}{2}(e^{-x}-e^{x})$ (B)$\dfrac{1}{2}(e^{x}-e^{-x})$

(C)$\dfrac{1}{2}(e^{x}-e^{-x})-1$ (D)$1-\dfrac{1}{2}(e^{x}-e^{-x})$

解　设 $P=[f(x)-e^{x}]\sin y$，$Q=-f(x)\cos y$，由积分和路径无关的充要条件 $\dfrac{\partial Q}{\partial x}=\dfrac{\partial P}{\partial y}$ 可得微分方程 $f'(x)+f(x)=e^{x}$，其通解为

$$f(x)=e^{-\int dx}\left(\int e^{x}e^{\int dx}dx+C\right)=\dfrac{1}{2}e^{x}+Ce^{-x}$$

再由条件 $f(0)=0$ 定出 $C=-\dfrac{1}{2}$．故 $f(x)=\dfrac{1}{2}(e^{x}-e^{-x})$．

故选(B)．

接下来是一个求解二元函数问题．

题 4　(1999③④)设 $f(x,y)$ 连续，且 $f(x,y)=xy+\iint\limits_{D}f(u,v)dudv$，其中 D 是由 $y=0$，$y=x^2$，$x=1$ 所围区域，则 $f(x,y)$ 等于   (　　)

(A)xy (B)$2xy$ (C)$xy+\dfrac{1}{8}$ (D)$xy+1$

解　设 $\iint\limits_{D}f(u,v)dudv=A$(常数)，则 $f(x,y)=xy+A$．

上式两边同时积分得

$$A=\iint\limits_{D}f(x,y)dxdy=\iint\limits_{D}xydxdy+A\iint\limits_{D}dxdy=\int_{0}^{1}xdx\int_{0}^{x^2}ydy+A\int_{0}^{1}dx\int_{0}^{x^2}ydy=\dfrac{1}{12}+\dfrac{A}{3}$$

因此 $\dfrac{2}{3}A=\dfrac{1}{12}$，即 $A=\dfrac{1}{8}$，故 $f(x,y)=xy+\dfrac{1}{8}$．

故选(C)．

3. 综合问题

下面问题中既有微分方程求解，又有极限运算，显然是一道综合问题．

题 1　(2002②)设 $y=y(x)$ 是二阶常系数微分方程 $y''+py'+qy=e^{3x}$ 满足初始条件 $y(0)=y'(0)=0$ 的特解，则当 $x\to0$ 时，函数 $\dfrac{\ln(1+x^2)}{y(x)}$ 的极限   (　　)

(A)不存在   (B)等于 1   (C)等于 2   (D)等于 3

解 1　由题设 $y(0)=y'(0)=0$，则由无穷小量代换 $\ln(1+t)\sim t$ 和洛必达法则有

$$\lim_{x\to0}\dfrac{\ln(1+x^2)}{y(x)}=\lim_{x\to0}\dfrac{x^2}{y(x)}=\lim_{x\to0}\dfrac{2x}{y'(x)}=\lim_{x\to0}\dfrac{2}{y''(x)}=\lim_{x\to0}\dfrac{2}{e^{3x}-py'(x)-qy(x)}=2$$

解 2　由题设知方程的特解形式有三种可能：$y=ae^{3x}$，$y=axe^{3x}$ 和 $y=ax^w+e^{3x}$．前两种都不满足初始条件．

因此，特解形式为 $y=ax^2e^{3x}$，此时表明 $\lambda=3$ 是特征方程

$$R(r)=r^2+pr+q=0$$

的二重根．设 $Q=ax^2$，则 $Q'=2ax$，$Q''=2a$ 代入公式

$$Q''+R'(3)Q'+R(3)Q=1$$

中，则得 $2a=1$，即 $a=\dfrac{1}{2}$，因此 $y(x)=\dfrac{1}{2}x^2e^{3x}$．

又当 $x\to0$ 时 $\ln(1+x^2)\sim x^2$，则

$$\lim_{x\to0}\dfrac{\ln(1+x^2)}{y(x)}=\lim_{x\to0}\dfrac{x^2}{\dfrac{1}{2}x^2e^{3x}}=2$$

故选(C).

(三)计算证明题

1. 一阶微分方程问题

(1)一阶微分方程的特解

题1 (1991②)求微分方程 $xy'+y=xe^x$ 满足 $y(1)=1$ 的特解.

解 由一阶线性微分方程的求解公式有

$$y=e^{-\int\frac{1}{x}dx}\left[\int e^x\cdot e^{\int\frac{1}{x}dx}dx+C\right]=\frac{1}{x}\left[(x-1)e^x+C\right]$$

当 $x=1,y=1$ 时,得 $C=1$,故所求特解为 $y=\dfrac{x-1}{x}e^x+\dfrac{1}{x}$.

题2 (1993①)求微分方程 $x^2y'+xy=y^2$ 满足初始条件 $y(1)=1$ 的特解.

解 题设方程为齐次方程其可化为 $\dfrac{dy}{dx}=\left(\dfrac{y}{x}\right)^2-\dfrac{y}{x}$. 设 $y=xu$,有

$$x\frac{du}{dx}+u=u^2-u,\text{即}\frac{du}{u^2-2u}=\frac{dx}{x}$$

两边积分得 $[\ln|u-2|-\ln|u|]=2\ln|x|+\ln|C|$,即 $\dfrac{u-2}{u}=Cx^2$,从而有 $\dfrac{y-2x}{y}=Cx^2$. 由 $y(1)=1$,得 $C=-1$.

故所求特解为 $\dfrac{y-x}{y}=-x^2$, 即 $y=\dfrac{2x}{1+x^2}$.

题3 (1987②)求微分方程 $x\dfrac{dy}{dx}=x-y$ 满足条件 $y|_{x=\sqrt{2}}=0$ 之解.

解 由题设有 $y=e^{-\int\frac{1}{x}dx}\left[\int e^{\int\frac{1}{x}dx}dx+C\right]=\dfrac{1}{2}x+\dfrac{C}{x}$.

由 $y|_{x=\sqrt{2}}=0$,得 $C=-1$,所求之解为 $y=\dfrac{x}{2}-\dfrac{1}{x}$.

题4 (1990②)求微分方程 $x\ln xdy+(y-\ln x)dx=0$ 满足条件 $y|_{x=e}=1$ 的特解.

解 题设方程可化为 $y'+\dfrac{1}{x\ln x}y=\dfrac{1}{x}$. 由一阶线性微分方程通解公式有

$$y=e^{-\int\frac{1}{x\ln x}dx}\left[\int\frac{1}{x}e^{\int\frac{1}{x\ln x}dx}dx+C\right]=\frac{1}{\ln x}\left(\frac{1}{2}\ln^2x+C\right)$$

由 $y|_{x=\sqrt{2}}=1$,解出 $C=\dfrac{1}{2}$, 故所求特解为 $y=\dfrac{1}{2}\left(\ln x+\dfrac{1}{\ln x}\right)$.

题5 (1993②)求微分方程 $(x^2-1)dy+(2xy-\cos x)dx=0$ 满足初始条件 $y(0)=1$ 的特解.

解 题设方程可化为 $\dfrac{dy}{dx}+\dfrac{2x}{x^2-1}y=\dfrac{\cos x}{x^2-1}$. 其通解为

$$y=e^{-\int\frac{1}{x\ln x}dx}\left[\int e^{\int\frac{1}{x\ln x}dx}\cdot\frac{\cos x}{x^2-1}dx+C\right]=\frac{\sin x+C}{x^2-1}$$

由 $y(0)=1$,得 $C=-1$,故所求特解为 $y=\dfrac{\sin x-1}{x^2-1}$.

题6 (1999②)求初值问题微分方程 $\begin{cases}(y+\sqrt{x^2+y^2})dx-xdy=0(x>0)\\ y|_{x=1}=0\end{cases}$ 的解.

解 将题设方程化为 $\dfrac{dy}{dx}=\dfrac{y+\sqrt{x^2+y^2}}{x}$, 令 $y=xu$,得

$$u+x\frac{\mathrm{d}u}{\mathrm{d}x}=u+\sqrt{1+u^2}, \quad \text{即} \quad \frac{\mathrm{d}u}{\sqrt{1+u^2}}=\frac{\mathrm{d}x}{x}$$

两边积分得 $u+\sqrt{1+u^2}=Cx$，即 $y+\sqrt{x^2+y^2}=Cx^2$.

将 $y|_{x=1}=0$ 代入，得 $C=1$，故题设初值问题微分方程的解为

$$y+\sqrt{x^2+y^2}=x^2, \quad \text{即} \quad y=\frac{1}{2}x^2-\frac{1}{2}$$

题 7 (1991③)求微分方程 $xy\dfrac{\mathrm{d}y}{\mathrm{d}x}=x^2+y^2$ 满足 $y|_{x=\mathrm{e}}=2\mathrm{e}$ 的特解.

解 题设方程可化为 $\dfrac{\mathrm{d}y}{\mathrm{d}x}=\dfrac{x^2+y^2}{xy}=\dfrac{1+\left(\dfrac{y}{x}\right)^2}{\dfrac{y}{x}}$，此为齐次方程.

设 $\dfrac{y}{x}=u$，有 $\dfrac{\mathrm{d}y}{\mathrm{d}x}=u+x\dfrac{\mathrm{d}u}{\mathrm{d}x}$，将其代入上式得

$$u+x\frac{\mathrm{d}u}{\mathrm{d}x}=\frac{1+u^2}{u}$$

有 $x\dfrac{\mathrm{d}u}{\mathrm{d}x}=\dfrac{1}{u}$，即 $u\mathrm{d}u=\dfrac{\mathrm{d}x}{x}$，从而 $\dfrac{1}{2}u^2=\ln|x|+C$.

将 $u=\dfrac{y}{x}$ 代入上式，得通解 $y^2=2x^2(\ln|x|+C)$.

由初始条件 $y|_{x=\mathrm{e}}=2\mathrm{e}$，求得 $C=1$.

故所求特解为 $y^2=2x^2(\ln|x|+1)$.

下面是一则由微分方程的已知解求其特解的例子.

题 8 (1995②)设 $y=\mathrm{e}^x$ 是微分方程 $xy'+p(x)y=x$ 的一个解，求此微分方程满足条件 $y|_{x=\ln 2}=0$ 的特解.

解 将 $y=\mathrm{e}^x$ 代入原方程有 $x\mathrm{e}^x+p(x)\mathrm{e}^x=x$，解得 $p(x)=x\mathrm{e}^{-x}-x$，代入原方程得

$$xy'+(x\mathrm{e}^{-x}-x)y=x, \quad \text{即} \quad y'+(\mathrm{e}^{-x}-1)y=1$$

通解为 $y=\mathrm{e}^{-\int(\mathrm{e}^{-x}-1)\mathrm{d}x}\left(\int \mathrm{e}^{\int(\mathrm{e}^{-x}-1)\mathrm{d}x}\mathrm{d}x+C\right)=\mathrm{e}^x+C\mathrm{e}^{x+\mathrm{e}^{-x}}$.

由 $y|_{x=\ln 2}=0$，得 $2+2\mathrm{e}^{\frac{1}{2}}C=0$，即 $C=-\mathrm{e}^{-\frac{1}{2}}$.

故所求特解为 $y=\mathrm{e}^x-\mathrm{e}^{x+\mathrm{e}^{-x}-\frac{1}{2}}$.

(2)一阶微分方程的通解

题 1 (1997②)求微分方程 $(3x^2+2xy-y^2)\mathrm{d}x+(x^2-2xy)\mathrm{d}y=0$ 的通解.

解 题设微分方程是齐次方程(也是全微分方程)，其可化为

$$\frac{\mathrm{d}y}{\mathrm{d}x}=\frac{y^2-2xy-3x^2}{x^2-2xy}$$

设 $y=xu$，有 $x\dfrac{\mathrm{d}u}{\mathrm{d}x}=-\dfrac{3(u^2-u-1)}{2u-1}$，从而 $\dfrac{2u-1}{u^2-u-1}\mathrm{d}u=-\dfrac{3}{x}\mathrm{d}x$.

两边积分得 $u^2-u-1=Cx^{-x}$，即 $xy^2-x^2y-x^3=C$.

题 2 (1996③)求微分方程 $\dfrac{\mathrm{d}y}{\mathrm{d}x}=\dfrac{y-\sqrt{x^2+y^2}}{x}$ 的通解.

解 (1)当 $x>0$ 时，方程化为 $\dfrac{\mathrm{d}y}{\mathrm{d}x}=\dfrac{y}{x}-\sqrt{1+\left(\dfrac{y}{x}\right)^2}$.

设 $\dfrac{y}{x}=u$，$\dfrac{\mathrm{d}y}{\mathrm{d}x}=u+x\dfrac{\mathrm{d}u}{\mathrm{d}x}$，代入前式中得

$$u + x\frac{\mathrm{d}u}{\mathrm{d}x} = u - \sqrt{1+u^2}, \quad 即 \quad \frac{\mathrm{d}u}{\sqrt{1+u^2}} = -\frac{\mathrm{d}x}{x}$$

故 $\ln(u + \sqrt{1+u^2}) = -\ln x + \ln|C|$.

即 $u + \sqrt{1+u^2} = \dfrac{C}{x}$. 将原变量代回得通解 $y + \sqrt{x^2+y^2} = C$.

(2)当 $x < 0$ 时,方程化为 $\dfrac{\mathrm{d}y}{\mathrm{d}x} = \dfrac{y}{x} + \sqrt{1 + \left(\dfrac{y}{x}\right)^2}$.

设 $\dfrac{y}{x} = u$, $\dfrac{\mathrm{d}y}{\mathrm{d}x} = u + x\dfrac{\mathrm{d}u}{\mathrm{d}x}$, 代入前式中得

$$u + x\frac{\mathrm{d}u}{\mathrm{d}x} = u + \sqrt{1+u^2}, \quad 即 \quad \frac{\mathrm{d}u}{\sqrt{1+u^2}} = \frac{\mathrm{d}x}{x}$$

故 $\ln(u + \sqrt{1+u^2}) = \ln|x| + \ln|C|$.

即 $u + \sqrt{1+u^2} = Cx$,代回原变量得通解 $\dfrac{y}{x} + \sqrt{1 + \dfrac{y^2}{x^2}} = Cx$.

即 $y - \sqrt{x^2+y^2} = Cx^2$.

题3 (1990③)求微分方程 $y' + y\cos x = (\ln x)\mathrm{e}^{-\sin x}$ 的通解.

解 令 $p(x) = \cos x$,则 $\displaystyle\int p(x)\mathrm{d}x = \int \cos x\mathrm{d}x = \sin x$.

由一阶线性微分方程通解公式,有

$$y = \mathrm{e}^{-\sin x}\left\{\int\left[(\ln x)\mathrm{e}^{-\sin x}\cdot\mathrm{e}^{\sin x}\right]\mathrm{d}x + C\right\} = \mathrm{e}^{-\sin x}(x\ln x - x + C)$$

题4 (1992②)求微分方程 $(y - x^3)\mathrm{d}x - 2x\mathrm{d}y = 0$ 的通解.

解 题设方程化为 $y' - \dfrac{1}{2x}y = -\dfrac{x^2}{2}$,由公式其通解为

$$y = \mathrm{e}^{\int\frac{1}{2x}\mathrm{d}x}\left(\int -\frac{x^2}{2}\mathrm{e}^{-\int\frac{1}{2x}\mathrm{d}x}\mathrm{d}x + C\right) = \sqrt{x}\left(-\frac{1}{5}x^{\frac{5}{2}} + C\right) = C\sqrt{x} - \frac{1}{5}x^3$$

题5 (1988②)求微分方程 $y' + \dfrac{1}{x}y = \dfrac{1}{x(x^2+1)}$ 的通解(一般解).

解 由一阶线性微分方程通解公式有

$$y = \mathrm{e}^{-\int\frac{1}{2x}\mathrm{d}x}\left[\int\frac{1}{x(x^2+1)}\mathrm{e}^{\int\frac{1}{2x}\mathrm{d}x}\mathrm{d}x + C\right] = \frac{1}{x}\left[\int\frac{1}{1+x^2}\mathrm{d}x + C\right] = \frac{1}{x}(\arctan x + C)$$

题6 (1989②)求微分方程 $xy' + (1-x)y = \mathrm{e}^{2x}\,(0 < x < +\infty)$ 满足 $y(1) = 0$ 的解.

解 由一阶线性微分方程通解公式有

$$y = \mathrm{e}^{-\int\frac{1-x}{x}\mathrm{d}x}\left[\int\frac{\mathrm{e}^{2x}}{x}\mathrm{e}^{\int\frac{1-x}{x}\mathrm{d}x} + C\right] = \frac{1}{x}(C\mathrm{e}^x + \mathrm{e}^{2x})$$

由 $y(1) = 0$,得 $C = -\mathrm{e}$,故所求解为 $y = \dfrac{\mathrm{e}^x}{x}(\mathrm{e}^x - \mathrm{e})$.

题7 (2004④)设 $f(u,v)$ 具有连续偏导数,且满足 $f'_u(u,v) + f'_v(u,v) = uv$. 求 $y(x) = \mathrm{e}^{-2x}f(x,x)$ 所满足的一阶微分方程,并求其通解.

解 先求 y',利用已知关系 $f'_u(u,v) + f'_v(u,v) = uv$,可得到关于 y 的一阶微分方程. 由题设有

$$y' = -2\mathrm{e}^{-2x}f(x,x) + \mathrm{e}^{-2x}f'_u(x,x) + \mathrm{e}^{-2x}f'_v(x,x) = -2y + x^2\mathrm{e}^{-2x}$$

解得 $y = \mathrm{e}^{-\int 2\mathrm{d}x}\left(\int x^2\mathrm{e}^{-2x}\mathrm{e}^{\int 2\mathrm{d}x}\mathrm{d}x + C\right) = \left(\dfrac{1}{3}x^3 + C\right)\mathrm{e}^{-2x}$ (C 为任意常数).

题8 (1999③)设有微分方程 $y' - 2y = \varphi(x)$,其中 $\varphi(x) = \begin{cases} 2, & 若\ x < 1 \\ 0, & 若\ x > 1 \end{cases}$,试求在 $(-\infty, +\infty)$ 内的连

续函数 $y=y(x)$，使之在 $(-\infty,1)$ 和 $(1,+\infty)$ 内都满足所给方程，且满足条件 $y(0)=0$.

解 当 $x<1$ 时方程为 $y'-2y=2$，其通解是

$$y=\mathrm{e}^{\int 2\mathrm{d}x}\left[\int 2\mathrm{e}^{-\int 2\mathrm{d}x}\mathrm{d}x+C_1\right]=\mathrm{e}^{2x}\left[\int 2\mathrm{e}^{-2x}\mathrm{d}x+C_1\right]=C_1\mathrm{e}^{2x}-1$$

将初始条件 $y(0)=0$ 代入通解中，得 $C_1=1$. 故方程有特解

$$y=\mathrm{e}^{2x}-1 \qquad x<1$$

当 $x>1$ 时方程为 $y'-2y=0$，其通解是 $y=C_2\mathrm{e}^{\int 2\mathrm{d}x}=C_2\mathrm{e}^{2x}$.

因为 $y=y(x)$ 要求是连续函数，所以有

$$\lim_{x\to1^+}C_2\mathrm{e}^{2x}=\lim_{x\to1^-}(\mathrm{e}^{2x}-1),\ \ \text{有}\ \ C_2\mathrm{e}^2=\mathrm{e}^2-1,\ \ \text{即}\ \ C_2=1-\mathrm{e}^{-2}$$

故方程特解为 $y=(1-\mathrm{e}^{-2})\mathrm{e}^{2x}\ (x>1)$.

补充定义函数值 $y|_{x=1}=\mathrm{e}^2-1$，得在 $(-\infty,+\infty)$ 上的连续函数，即所求解

$$y(x)=\begin{cases} \mathrm{e}^{2x}-1, & \text{若}\ x\leqslant1 \\ (1-\mathrm{e}^{-2})\mathrm{e}^{2x}, & \text{若}\ x>1 \end{cases}$$

题 9 (2008②)设 $f(x)$ 是区间 $[0,+\infty)$ 上具有连续导数的单调增加函数，且 $f(0)=1$. 对任意的 $t\in[0,+\infty)$，直线 $x=0,x=t$，曲线 $y=f(x)$ 以及 x 轴所围成的曲边梯形绕 x 轴旋转一周生成一旋转体. 若该旋转体的侧面面积在数值上等于其体积的 2 倍，求函数 $f(x)$ 的表达式.

解 旋转体的体积 $V=\pi\int_0^t f^2(x)\mathrm{d}x$，侧面积 $S=2\pi\int_0^t f(x)\sqrt{1+f'^2(x)}\mathrm{d}x$，由题设条件知

$$\int_0^t f^2(x)\mathrm{d}x=\int_0^t f(x)\sqrt{1+f'^2(x)}\,\mathrm{d}x$$

上式两端对 t 求导得 $f^2(t)=f(t)\sqrt{1+f'^2(t)}$，即 $y'=\sqrt{y^2-1}$.

由分离变量法解得

$$\ln(y+\sqrt{y^2-1})=t+C_1$$

即

$$y+\sqrt{y^2-1}=C\mathrm{e}^t$$

将 $y(0)=1$ 代入知 $C=1$，故 $y+\sqrt{y^2-1}=\mathrm{e}^t$，$y=\dfrac{1}{2}(\mathrm{e}^t+\mathrm{e}^{-t})$.

故所求函数为 $y=f(x)=\dfrac{1}{2}(\mathrm{e}^x+\mathrm{e}^{-x})$.

2. 高阶微分方程问题

(1)高阶微分方程的解

题 1 (1996②)求微分方程 $y''+y'=x^2$ 的通解.

解 1 设 $y'=p$，则题设方程化为 $p'+p=x^2$，由一阶线性微分方程通解公式有

$$p=y'=\mathrm{e}^{-\int\mathrm{d}x}\left(\int x^2\mathrm{e}^{\int\mathrm{d}x}\mathrm{d}x+C_1\right)=x^2-2x+2+C_1\mathrm{e}^{-x}$$

故原方程通解为 $y=\int p\mathrm{d}x=\dfrac{1}{3}x^3-x^2+2x-C_1\mathrm{e}^{-x}+C_2$.

解 2 题设方程相应齐次方程的特征方程为 $r^2+r=0$，由此可解得 $r_1=0,r_2=-1$，则齐次方程通解为 $Y=C_1+C_2\mathrm{e}^{-x}$.

设原方程特解为 $y^*=x(ax^2+bx+c)$，代入方程得 $a=\dfrac{1}{3},b=-1,c=2$.

故原方程通解为 $y=\dfrac{1}{3}x^3-x^2+2x-C_1\mathrm{e}^{-x}+C_2$.

题 2 (1992②)求微分方程 $y''-3y'+2y=x\mathrm{e}^x$ 的通解.

解 题设方程相应齐次方程的特征方程为 $r^2-3r+2=0$,解得其根为 $r_1=1,r_2=2$.于是对应齐次方程的通解为 $Y=C_1\mathrm{e}^x+C_2\mathrm{e}^{2x}$.

由于 $\lambda=1$ 是特征方程的单根,原方程特解形式为 $y^*=x(ax+b)\mathrm{e}^x$.

设 $Q=ax^2+bx$,则 $Q'=2ax+b$, $Q''=2a$.

有 $2a-(2ax+b)=x$.由此知 $-2a=1,2a-b=0$,得 $a=-\dfrac{1}{2},b=-1$,知原方程特解为

$$y^*=-\left(\frac{x^2}{2}+x\right)\mathrm{e}^x$$

故所求通解为 $y=C_1\mathrm{e}^x+C_2\mathrm{e}^{2x}-\left(\dfrac{x^2}{2}+x\right)\mathrm{e}^x$.

题3 (1987②)求微分方程 $y''+2y'+y=x\mathrm{e}^x$ 的通解.

解 相应齐次方程的特征方程为 $r^2+2r+1=0$,其根为 $r=-1$(重根).

故对应齐次方程之通解为 $Y=(C_1+C_2x)\mathrm{e}^{-x}$.

设所求方程的特解为 $y^*=(ax+b)\mathrm{e}^x$,则

$$y^{*\prime}=(ax+a+b)\mathrm{e}^x, y^{*\prime\prime}=(ax+2a+b)\mathrm{e}^x$$

代入原方程有 $(4ax+4a+4b)\mathrm{e}^x=x\mathrm{e}^x$.

解得 $a=\dfrac{1}{4},b=-\dfrac{1}{4}$.因此得 $y^*=\dfrac{1}{4}(x-1)\mathrm{e}^x$.

故原方程通解为 $y=(C_1+C_2x)\mathrm{e}^{-x}+\dfrac{1}{4}(x-1)\mathrm{e}^x$.

题4 (1989③)求微分方程 $y''+5y'+6y=2\mathrm{e}^{-x}$ 的通解.

解 相应齐次方程的特征方程为 $r^2+5r+6=(r+2)(r+3)=0$,故特征根为 $r_1=-2,r_2=-3$.
于是,对应齐次微分方程的通解为 $Y=C_1\mathrm{e}^{-2x}+C_2\mathrm{e}^{-3x}$.

设所给非齐次方程的特解为 $y^*=u\mathrm{e}^{-x}$,则 $(y^*)'=-u\mathrm{e}^{-x}$, $(y^*)''=u\mathrm{e}^{-x}$.

代入原方程中,得 $u=1$.因此特解为 $y^*=u\mathrm{e}^{-x}$.

故所求通解为 $y=Y+y^*=C_1\mathrm{e}^{-2x}+C_2\mathrm{e}^{-3x}+\mathrm{e}^{-x}$.

题5 (1990①)求微分方程 $y''+4y'+4y=\mathrm{e}^{-2x}$ 的通解.

解 相应齐次方程的特征方程为 $r^2+4r+4=0$,其根 $r=-2$(重根).对应齐次方程的通解为
$$Y=(C_1+C_2x)\mathrm{e}^{-2x}$$

原方程的特解 $y^*=ax^2\mathrm{e}^{-2x}$,代入原方程得 $a=\dfrac{1}{2}$.故,原方程的通解为

$$y=Y+y^*=(C_1+C_2x)\mathrm{e}^{-2x}+\frac{x^2}{2}\mathrm{e}^{-2x}$$

题6 (1992①)求微分方程 $y''+2y'-3y=\mathrm{e}^{-2x}$ 的通解.

解 仿前诸例可有 $y=C_1\mathrm{e}^x+C_2\mathrm{e}^{-3x}-\dfrac{1}{4}x\mathrm{e}^{-3x}$,计算过程略.

题7 (1990②)求微分方程 $y''+4y'+4y=\mathrm{e}^{ax}$ 的通解,其中 a 为实数.

解 相应齐次方程的特征方程为 $r^2+4r+4=0$,其根 $r=-2$(重根).对应齐次方程的通解为
$$Y=(C_1+C_2x)\mathrm{e}^{-2x}$$

当 $a\neq-2$ 时,设非齐次方程的特解为 $y^*=A\mathrm{e}^{ax}$,代入原方程得 $A=\dfrac{1}{(a+2)^2}$,特解为

$$y^*=\frac{1}{(a+2)^2}\mathrm{e}^{ax}$$

当 $a=-2$ 时,设非齐次方程的特解为 $y^*=A_1x^2\mathrm{e}^{-2x}$,代入原方程得 $A_1=\dfrac{1}{2}$,特解为

$$y^* = \frac{1}{2}x^2 e^{-2x}$$

故通解为 $y = \begin{cases} (C_1 + C_2 x)e^{-2x} + \dfrac{1}{(a+2)^2}e^{ax}, & \text{当 } a \neq -2 \text{ 时} \\ \left(C_1 + C_2 x + \dfrac{1}{2}x^2\right)e^{-2x}, & \text{当 } a = -2 \text{ 时} \end{cases}$.

题 8 (1991②)求微分方程 $y'' + y = x + \cos x$ 的通解.

解 相应齐次方程的特征方程为 $r^2 + 1 = 0$,其根为 $r_{1,2} = \pm i$.

故对应齐次方程的特解为 $Y = C_1 \cos x + C_2 \sin x$.

又非齐次方程 $y'' + y = x$ 的特解形式为 $y_1 = a_1 x + b_1$.

代入方程中得 $a_1 = 1, b_1 = 0$. 因此 $y_1 = x$.

而非齐次方程 $y'' + y = \cos x$ 的特解形式为 $y_2 = x(a_2 \cos x + b_2 \sin x)$.

代入方程中得 $a_2 = 0, b_2 = \dfrac{1}{2}$,因此 $y_2 = \dfrac{1}{2}x \sin x$.

故原方程的通解为 $y = C_1 \cos x + C_2 \sin x + x + \dfrac{1}{2}x \sin x$.

题 9 (1994②)求微分方程 $y'' + a^2 y = \sin x$ 的通解,其中常数 $a > 0$.

解 相应齐次方程的特征方程为 $r^2 + a^2 = 0$,解得其根 $r_{1,2} = \pm ai$.

故对应的齐次方程的通解为 $Y = C_1 \cos ax + C_2 \sin ax$.

(1)当 $a \neq 1$ 时,原方程的特解形式为 $y^* = A \sin x + B \cos x$,代入原方程得

$$A(a^2 - 1)\sin x + B(a^2 - 1)\cos x = \sin x$$

比较等式两端对应项的系数得 $A = \dfrac{1}{a^2 - 1}$, $B = 0$.

故特解为 $y^* = \dfrac{1}{a^2 - 1}\sin x$.

(2)当 $a = 1$ 时,原方程的特解形式为 $y^* = x(A \sin x + B \cos x)$,代入方程得

$$2A \cos x - 2B \sin x = \sin x$$

比较等式两端对应项的系数得 $A = 0$, $B = -\dfrac{1}{2}$.

故特解为 $y^{**} = -\dfrac{1}{2}x \cos x$.

综上,通解为 $y = \begin{cases} C_1 \cos ax + C_2 \sin ax + \dfrac{1}{a^2 - 1}\sin x, & \text{当 } a \neq 1 \text{ 时} \\ C_1 \cos x + C_2 \sin x - \dfrac{1}{2}x \cos x. & \text{当 } a = 1 \text{ 时} \end{cases}$.

题 10 (1998②)利用代换 $y = \dfrac{u}{\cos x}$ 将方程 $y'' \cos x - 2y' \sin x + 3y \cos x = e^x$ 化简,并求出原方程的通解.

解 由题设有 $y = u \sec x$, $y' = u' \sec x + u \sec x \cdot \tan x$,且

$$y'' = u'' \sec x + 2u' \sec x \cdot \tan x + u \sec x \cdot \tan^2 x + u \sec^2 x$$

代入原方程得 $u'' + 4u = e^x$,其通解为 $u = C_1 \cos 2x + C_2 \sin 2x + \dfrac{e^x}{5}$.

从而原方程的通解为 $y = C_1 \dfrac{\cos 2x}{\cos x} + 2C_2 \sin x + \dfrac{e^x}{5 \cos x}$.

题 11 (2002③)求微分方程 $y'' - 2y' - e^{2x} = 0$ 满足条件 $y(0) = 1, y'(0) = 1$ 的解.

解 将题设方程变形为 $y'' - 2y' = e^{2x}$.

上面方程相应齐次方程的特征方程为 $r^2-2r=0$，其根 $r_1=0$，$r_2=2$.

因此齐次方程通解为 $Y=C_1+C_2\mathrm{e}^{2x}$.

设非齐次方程的解为 $y^*=ax\mathrm{e}^{2x}$，则由

$$(y^*)'=(a+2ax)\mathrm{e}^{2x},\ (y^*)''=4a(1+x)\mathrm{e}^{2x}$$

代入原方程，解得 $a=\dfrac{1}{2}$，因此非齐次方程特解为 $y^*=\dfrac{1}{2}x\mathrm{e}^{2x}$.

综上，题设方程通解为 $y=Y+y^*=C_1+\left(C_2+\dfrac{1}{2}x\right)\mathrm{e}^{2x}$.

将 $y(0)=1$ 和 $y'(0)=1$ 代入通解，求得 $C_1=\dfrac{3}{4}$，$C_2=\dfrac{1}{4}$.

从而所求的解为 $y=\dfrac{3}{4}+\dfrac{1}{4}(1+2x)\mathrm{e}^{2x}$.

下面是一个三阶常微分方程求解问题，解法只需按公式即可.

题 12 （1987①）求微分方程 $y'''+6y''+(9+a^2)y'=1$ 的通解，其中常数 $a>0$.

解 相应齐次方程的特征方程 $r^3+6r^2+(9+a^2)r=0$ 的三个根分别为

$$r_1=0,\ r_{2,3}=-3\pm ai$$

从而对应齐次方程的通解为 $Y=C_1+\mathrm{e}^{-3x}(C_2\cos ax+C_3\sin ax)$.

又非齐次方程的特解如 $y^*=Ax$，代入原方程得 $A=\dfrac{1}{9+a^2}$.

因此，原方程通解为

$$y=Y+y^*=C_1+\mathrm{e}^{-3x}(C_2\cos ax+C_2\sin ax)+\dfrac{x}{9+a^2}$$

题 13 （2007②）求微分方程 $y''(x+y'^2)=y'$ 满足初始条件 $y(1)=y'(1)=1$ 的特解.

解 令 $\dfrac{\mathrm{d}y}{\mathrm{d}x}=p$，则 $\dfrac{\mathrm{d}^2y}{\mathrm{d}x^2}=\dfrac{\mathrm{d}p}{\mathrm{d}t}$，原方程化为 $\dfrac{\mathrm{d}p}{\mathrm{d}t}(x+p^2)=p$，即

$$\dfrac{\mathrm{d}x}{\mathrm{d}p}-\dfrac{1}{p}x=u$$

此为一阶线性微分方程，解得

$$x=\mathrm{e}^{-\int-\left(\frac{1}{p}\right)\mathrm{d}p}\left(\int p\mathrm{e}^{\int\frac{1}{p}\mathrm{d}p}\mathrm{d}p+C\right)=p(p+C)$$

由 $p(1)=y'(1)=1$，可得 $C=0$，故 $x=p^2$，$p=\sqrt{x}$（因 $p(1)>0$）. 从而有 $y'=\sqrt{x}$，积分得

$$y=\int\sqrt{x}\mathrm{d}x=\dfrac{2}{3}x^{\frac{3}{2}}+C_1$$

再由 $y(1)=1$，得 $C_1=\dfrac{1}{3}$. 故所求的特解为

$$y=\dfrac{2}{3}x^{\frac{3}{2}}+\dfrac{1}{3}$$

（2）微分方程求解的反问题

下面是求解微分方程的反问题——已知解反求方程.

题 1 （1997②）已知 $y_1=x\mathrm{e}^x+\mathrm{e}^{2x}$，$y_2=x\mathrm{e}^x+\mathrm{e}^{-x}$，$y_3=x\mathrm{e}^x+\mathrm{e}^{2x}-\mathrm{e}^{-x}$ 是某二阶线性非齐次方程的三个解，求此微分方程.

解 设 $\dfrac{\mathrm{d}^2y}{\mathrm{d}x^2}+P(x)\dfrac{\mathrm{d}y}{\mathrm{d}x}+Q(x)y=f(x)$ 是所求微分方程.

又设形式记号 $L=\dfrac{\mathrm{d}^2}{\mathrm{d}x^2}+P(x)\dfrac{\mathrm{d}}{\mathrm{d}x}+Q(x)$，则方程可简记为 $L(y)=f(x)$.

由题设:$L(y_1)=f(x)$,$L(y_2)=f(x)$,$L(y_3)=f(x)$,即

$$\begin{cases} L(xe^x)+L(e^{2x})=f(x) & ① \\ L(xe^x)+L(e^{-x})=f(x) & ② \\ L(xe^x)+L(e^{2x})-L(e^{-x})=f(x) & ③ \end{cases}$$

式①－式③,得 $L(e^{-x})=0$,表明 e^{-x} 是齐次方程的一个解.

式①－式②,得 $L(e^{2x})-L(e^{-x})=0$,有 $L(e^{2x})=0$,表明 e^{2x} 是齐次方程的另一个解.

由特解 e^{-x} 和 e^{2x} 所确定的齐次方程是 $y''-y'-2y=0$.(因特征方程的根是 -1 和 2,则特征方程为 $r^2-r-2=0$)

由 $L(e^{2x})=0$ 和式①可得 $L(xe^x)=f(x)$,于是

$$f(x)=(xe^x)''-(xe^x)'-2xe^x=e^x-2xe^x$$

故所求方程为 $y''-y'-2y=e^x-2xe^x$.

题 2 (1993②)设二阶常系数线性微分方程 $y''+\alpha y'+\beta y=\gamma e^x$ 的一个特解为 $y=e^{2x}+(1+x)e^x$.试确定 α,β,γ,并求该方程的通解.

解 1 将 $y=e^{2x}+(1+x)e^x$ 代入原方程,得

$$(4+2\alpha+\beta)e^{2x}+(3+2\alpha+\beta)e^x+(1+\alpha+\beta)xe^x=\gamma e^x$$

比较同类项的系数,有

$$\begin{cases} 4+2\alpha+\beta=0 \\ 3+2\alpha+\beta=\gamma \\ 1+\alpha+\beta=0 \end{cases}$$

解方程组得 $\alpha=-3,\beta=2,\gamma=-1$,即原方程为 $y''-3y'+2y=-e^x$.

其对应的特征方程为 $r^2-3r+2=0$,得 $r_1=1,r_2=2$,故齐次方程的通解为

$$Y=C_1e^x+C_2e^{2x}$$

加上题设特解得原方程的通解为

$$y=C_1e^x+C_2e^{2x}+[(1+x)e^x] \quad 或 \quad y=C_3e^{2x}+C_4e^x+xe^x$$

解 2 由题设 $y=e^{2x}+e^x+xe^x$ 是一个特解,而特解都可以通过确定方程通解中的任意常数而得到,由题设特解和方程右端的函数形式,可以写出如下的题设方程的通解形式如

$$y=C_1e^{r_1x}+C_2e^{r_2x}+ax^ke^x$$

其中,r_1,r_2 是特征方程的根(应为实根),a 为待定系数,$k=0,1,2$ 之一.

令 $C_1e^{r_1x}+C_2e^{r_2x}+ax^ke^x=e^{2x}+e^x+xe^x$.

比较恒等式两边的项,可得:

$r_1=2$,从而 $C_1=1$;$r_2=1$,从而 $C_2=1$;且 $a=1,k=1$.

由此得特征方程 $(r-2)(r-1)=0$.

即 $r^2-3r+2=0$. 因此 $\alpha=-3,\beta=2$.

则题设微分方程为 $y''-3y'+2y=\gamma e^x$.把特解 $y=xe^x$ 代入此方程中得

$$(x+2)e^x-3(x+1)e^x-2xe^x=\gamma e^x$$

由此定出 $\gamma=-1$,故原方程的通解为 $y=C_1e^{2x}+C_2e^x+xe^x$.

3. 微分方程的综合问题

下面是一些涉及微分方程的综合问题.

题 1 (1996②)设 $f(x)$ 为连续函数.

(1)求初值问题 $\begin{cases} y'+ay=f(x) \\ y|_{x=0}=0 \end{cases}$ 的解 $y(x)$,其中 a 是正常数;

(2)若 $|f(x)| \leqslant k (k$ 为常数),证明当 $x \geqslant 0$ 时,有

$$|y(x)| \leqslant \frac{k}{a}(1-e^{-ax})$$

解 (1)由一阶线性微分方程通解公式知原方程的通解为

$$y = e^{-ax}\left[\int f(x)e^{ax} dx + C\right]$$

式中 $\int f(x)e^{ax} dx$ 显然为 $f(x)e^{ax}$ 的一个原函数,因此可写为 $\int_0^x f(t)e^{at} dt$. 于是通解为

$$y = e^{-ax}\left[\int_0^x f(t)e^{at} dt + C\right]$$

由 $y(0) = 0$,得 $C = 0$. 故所求特解为 $y = e^{-ax}\int_0^x f(t)e^{at} dt$.

又可在原方程两端同乘 e^{ax},方程化为 $(ye^{ax})' = f(x)e^{ax}$,则

$$y(x) = e^{-ax}\int_0^x f(t)e^{at} dt$$

(2)若 $|f(x)| \leqslant k$,当 $x \geqslant 0$ 时可有

$$|y(x)| \leqslant e^{-ax}\int_0^x |f(t)e^{ax}| dt \leqslant ke^{-ax}\int_0^x e^{at} dt = \frac{k}{a}(1-e^{-ax})$$

题2 (2000②)函数 $f(x)$ 在 $[0,+\infty)$ 上可微,又 $f(0)=1$,且满足等式

$$f'(x) + f(x) - \frac{1}{x+1}\int_0^x f(t)dt = 0$$

(1)求导数 $f'(x)$;

(2)证明:当 $x \geqslant 0$ 时,成立不等式 $e^{-x} \leqslant f(x) \leqslant 1$.

解 (1)原方程两边乘 $x+1$ 后再求导,得

$$(x+1)f''(x) = -(x-2)f'(x)$$

设 $f'(x) = p$,则 $f''(x) = \frac{dp}{dx}$,方程化为 $(x+1)\frac{dp}{dx} = -(x+2)p$,即

$$\int \frac{dp}{p} = -\int \frac{x+2}{x+1}dx = -\int\left(1+\frac{1}{x+1}\right)dx$$

则

$$\ln p = -x - \ln(x+1),\text{即} f'(x) = p = \frac{Ce^{-x}}{x+1}$$

由 $f(0)=1$ 及 $f'(0)+f(0)=0$,知 $f'(0)=-1$,从而 $C=-1$,故

$$f'(x) = -\frac{e^{-x}}{x+1}$$

(2)对 $f'(x) = \frac{e^{-x}}{x+1}$ 两边积分,得 $f(x) - f(0) = -\int_0^x \frac{e^{-t}}{t+1}dt$,即

$$\int_0^x \frac{e^{-t}}{t+1}dt = 1 - f(x)$$

当 $x \geqslant 0$ 时,有 $0 \leqslant \int_0^x \frac{e^{-t}}{t+1}dt \leqslant \int_0^x e^{-t} dt = 1-e^{-x}$,于是 $0 \leqslant 1-f(x) \leqslant 1-e^{-x}$,即

$$e^{-x} \leqslant f(x) \leqslant 1$$

题3 (2000①)设对于半空间 $x>0$ 内任意的光滑有向封闭曲面 S,都有

$$\oiint\limits_S xf(x)dydz - xyf(x)dzdx - e^{2x}zdxdy = 0$$

其中函数 $f(x)$ 在区间 $(0,+\infty)$ 内具有连续的一阶导数,且 $\lim_{x\to 0^+} f(x) = 1$.试求 $f(x)$.

解 不失一般性,假设曲面 S 的方向向外,据高斯公式有

$$0 = \oiint_S x f(x) \mathrm{d}y\mathrm{d}x - xy f(x) \mathrm{d}z\mathrm{d}x - \mathrm{e}^{2x} z \mathrm{d}x\mathrm{d}y = \iiint_V [x f'(x) + f(x) - x f(x) - \mathrm{e}^{2x}] \mathrm{d}v$$

由 S 的任意性知 $x f'(x) + f(x) - x f(x) - \mathrm{e}^{2x} = 0$，即

$$f'(x) + \left(\frac{1}{x} - 1\right) f(x) = \frac{1}{x} \mathrm{e}^{2x}$$

它是一阶线性微分方程，其通解为

$$f(x) = \mathrm{e}^{\int (1 - \frac{1}{x})\,\mathrm{d}x} \left[\int \frac{1}{x}\mathrm{e}^{2x} \cdot \mathrm{e}^{\int (\frac{1}{x} - 1)\,\mathrm{d}x}\,\mathrm{d}x + C\right] = \frac{\mathrm{e}^x}{x}(\mathrm{e}^x + C)$$

因为 $\lim\limits_{x \to 0^+} f(x) = \lim\limits_{x \to 0^+}\left(\dfrac{\mathrm{e}^{2x} + C\mathrm{e}^x}{x}\right) = 1$，所以 $\lim\limits_{x \to 0^+}(\mathrm{e}^{2x} + C\mathrm{e}^x) = 0$，即 $C + 1 = 0$，解出 $C = -1$.

故 $f(x) = \dfrac{\mathrm{e}^x}{x}(\mathrm{e}^x - 1)$.

题 4 (2001②)设函数 $f(x), g(x)$ 满足 $f'(x) = g(x)$，$g'(x) = 2\mathrm{e}^x - f(x)$，且 $f(0) = 0$，$g(0) = 2$. 求 $\int_0^\pi \left[\dfrac{g(x)}{1+x} - \dfrac{f(x)}{(1+x)^2}\right]\mathrm{d}x$.

解 由 $f'(x) = g(x)$，得 $f''(x) = g'(x) = 2\mathrm{e}^x - f(x)$，于是有

$$\begin{cases} f''(x) + f(x) = 2\mathrm{e}^x \\ f(0) = 0, \quad f'(0) = 2 \end{cases}$$

解得 $f(x) = \sin x - \cos x + \mathrm{e}^x$. 这样

$$\int_0^\pi \left[\frac{g(x)}{1+x} - \frac{f(x)}{(1+x)^2}\right]\mathrm{d}x = \int_0^\pi \frac{f'(x)(1+x) - f(x)}{(1+x)^2}\mathrm{d}x = \int_0^\pi \mathrm{d}\left[\frac{f(x)}{1+x}\right] = \frac{f(x)}{1+x}\bigg|_0^\pi = \frac{1 + \mathrm{e}^\pi}{1 + \pi}$$

题 5 (1994③)设函数 $y = y(x)$ 满足条件

$$\begin{cases} y'' + 4y' + 4y = 0 \\ y(0) = 2, \quad y'(0) = -4 \end{cases}$$

求广义积分 $\int_0^{+\infty} y(x)\mathrm{d}x$.

解 解题设方程相应特征方程 $r^2 + 4r + 4 = 0$，得 $r_1 = r_2 = -2$.

知原方程的通解为 $y = (C_1 + C_2 x)\mathrm{e}^{-2x}$.

由初始条件得 $C_1 = 2$，$C_2 = 0$. 因此，原微分方程的(特)解为 $y = 2\mathrm{e}^{-2x}$.

故 $\int_0^{+\infty} y(x)\mathrm{d}x = \int_0^{+\infty} 2\mathrm{e}^{-2x}\mathrm{d}x = \int_0^{+\infty} \mathrm{e}^{-2x}\mathrm{d}(2x) = \left[-\mathrm{e}^{-2x}\right]_0^{+\infty} = 1$.

题 6 (1998②)设 $y = y(x)$ 是一向上凸的连续曲线，其上任意一点 (x, y) 处的曲率为 $\dfrac{1}{\sqrt{1 + y'^2}}$，且此曲线上点 $(0, 1)$ 处的切线方程为 $y = x + 1$，求该曲线的方程，并求函数 $y = y(x)$ 的极值.

解 因曲线向上凸，故 $y'' < 0$. 又由题设曲率有

$$\frac{-y''}{\sqrt{(1 + y'^2)^2}} = \frac{1}{\sqrt{1 + y'^2}}, \quad 即 \quad \frac{y''}{1 + y'^2} = -1$$

令 $p = y'$，则 $p' = y''$，从而上述方程化为

$$\frac{p'}{1 + p^2} = -1, \quad 即 \quad \frac{\mathrm{d}p}{1 + p^2} = -\mathrm{d}x$$

两边积分有 $\arctan p = C_1 - x$.

因为 $y = y(x)$ 在 $(0, 1)$ 处切线方程为 $y = x + 1$，所以 $p|_{x=0} = y'|_{x=0} = 1$. 代入上式得

$$C_1 = \frac{\pi}{4}$$

故 $y'=\tan\left(\dfrac{\pi}{4}-x\right)$. 两边积分得 $y=\ln\left|\cos\left(\dfrac{\pi}{4}-x\right)\right|+C_2$.

因为曲线过点 $(0,1)$,所以 $y|_{x=0}=1$,代入上式得 $C_2=1+\dfrac{1}{2}\ln 2$,故所求曲线的方程为

$$y=\ln\left[\cos\left(\dfrac{\pi}{4}-x\right)\right]+1+\dfrac{1}{2}\ln 2 \quad x\in\left(-\dfrac{\pi}{4},\dfrac{3\pi}{4}\right)$$

因为 $\cos\left(\dfrac{\pi}{4}-x\right)\leqslant 1$,且当 $x=\dfrac{\pi}{4}$ 时 $\cos\left(\dfrac{\pi}{4}-x\right)=1$,所以当 $x=\dfrac{\pi}{4}$ 时函数取得极大值

$$y=1+\dfrac{1}{2}\ln 2$$

题7 (2003①②)设函数 $y=y(x)$ 在 $(-\infty,+\infty)$ 内具有二阶导数,且 $y'\neq 0$,$x=x(y)$ 是 $y=y(x)$ 的反函数.

(1)试将 $x=x(y)$ 所满足的微分方程 $\dfrac{d^2x}{dy^2}+(y+\sin x)\left(\dfrac{dx}{dy}\right)^2=0$ 变换为 $y=y(x)$ 满足的微分方程.

(2)求变换后的微分方程满足初始条件 $y(0)=0$,$y'(0)=\dfrac{3}{2}$ 的解.

解 (1)由反函数的求导公式知 $\dfrac{dx}{dy}=\dfrac{1}{y'}$,于是有

$$\dfrac{d^2x}{dy^2}=\dfrac{d}{dx}\left(\dfrac{dx}{dy}\right)\cdot\dfrac{dx}{dy}=\dfrac{d}{dx}\left(\dfrac{1}{y'}\right)\cdot\dfrac{dx}{dy}=\dfrac{-y''}{y'^2}\cdot\dfrac{1}{y'}=\dfrac{-y''}{(y')^3}$$

代入原微分方程得

$$y''-y=\sin x \tag{$*$}$$

(2)方程 $(*)$ 所对应齐次方程 $y''-y=0$ 的通解为

$$Y=C_1 e^x+C_2 e^{-x}$$

设方程 $(*)$ 的特解为 $y^*=A\cos x+B\sin x$,代入方程 $(*)$,求得 $A=0$,$B=-\dfrac{1}{2}$,故 $y^*=-\dfrac{1}{2}\sin x$,从而 $y''-y=\sin x$ 的通解是

$$y=Y+y^*=C_1 e^x+C_2 e^{-x}-\dfrac{1}{2}\sin x$$

由 $y(0)=0$,$y'(0)=\dfrac{3}{2}$,得,$C_1=1$,$C_2=-1$.

故所求初值问题的解为 $y=e^x-e^{-x}-\dfrac{1}{2}\sin x$.

4. 微分方程的几何应用

微分方程在许多方面均有应用,我们先来看看它在几何方面的应用.

题1 (1988①②)设函数 $y=y(x)$ 满足微分方程 $y''-3y'+2y=2e^x$,且其图形在点 $(0,1)$ 处的切线与曲线 $y=x^2-x+1$ 在该点的切线重合,试求函数 $y=y(x)$.

解 题设方程相应的特征方程为 $r^2-3r+2=0$,其根为 $r_1=1$,$r_2=2$.

因此对应齐次方程的通解为 $Y=C_1 e^x+C_2 e^{2x}$.

设原方程的特解为 $y^*=axe^x$,代入原方程中,解得 $a=-2$.

于是,原方程通解为 $y(x)=C_1 e^x+C_2 e^{2x}-2xe^x$.

因为积分曲线与曲线 $y=x^2-x+1$ 有公共切线,所以 $y(0)=1$,$y'(0)=-1$,代入通解中得

$$\begin{cases} C_1+C_2=1 \\ C_1+2C_2=1 \end{cases}$$

解得

$$\begin{cases} C_1 = 1 \\ C_2 = 0 \end{cases}$$

故所求函数为 $y = (1 - 2x)e^x$.

题 2 (1996①)设对任意 $x > 0$, 曲线 $y = f(x)$ 上点 $(x, f(x))$ 处的切线在 Oy 轴上的截距等于 $\dfrac{1}{x} \displaystyle\int_0^x f(t) \, dt$, 求 $f(x)$ 的一般表达式.

解 曲线 $y = f(x)$ 上点 $(x, f(x))$ 处的切线方程为

$$Y - f(x) = f'(x)(X - x)$$

令 $X = 0$, 得截距 $Y = f(x) - x f'(x)$. 依题意知

$$\frac{1}{x} \int_0^x f(t) \, dt = f(x) - x f'(x)$$

则

$$\int_0^x f(t) \, dt = x[f(x) - x f'(x)]$$

上式两边求导得 $x f''(x) + f'(x) = 0$, 从而 $\dfrac{d}{dx}[x f'(x)] = 0$, 故 $x f'(x) = C_1$.

上面末式两边除以 x 后积分得 $f(x) = C_1 \ln x + C_2$.

题 3 (1995①)设曲线 L 位于 xOy 平面的第一象限内, L 上任一点 M 处的切线与 Oy 轴总相交, 交点记为 A. 已知 $|\overline{MA}| = |\overline{AO}|$, 且 L 过点 $\left(\dfrac{3}{2}, \dfrac{3}{2}\right)$, 求 L 的方程.

解 曲线 $L: y = y(x)$ 在点 $M(x, y)$ 处的切线 MA 的方程为

$$Y - y = y'(X - x)$$

令 $X = 0$, 解得点 A 的坐标为 $(0, y - xy')$.

由题设 $|\overline{MA}| = |\overline{AO}|$, 得 $|y - xy'| = \sqrt{(x - 0)^2 + (y - y + xy')^2}$.

即 $2yy' - \dfrac{1}{x} y^2 = -x$. 令 $z = y^2$, 得 $\dfrac{dz}{dx} - \dfrac{z}{x} = -x$.

据一阶线性微分方程求解公式, 有

$$y^2 = z = e^{\int \frac{1}{x} dx}\left(-\int x e^{-\int \frac{1}{x} dx} \, dx + C\right) = x(-x + C)$$

由于所求曲线在第一象限内, 故方程为 $y = \sqrt{Cx - x^2}$.

再以题设条件 $y\left(\dfrac{3}{2}\right) = \dfrac{3}{2}$ 代入上式得 $C = 3$.

于是所求曲线方程为 $y = \sqrt{3x - x^2}$ $(0 < x < 3)$.

题 4 (1997②)设曲线 L 的极坐标方程为 $r = r(\theta)$, $M(r, \theta)$ 为 L 上任一点, $M_0(2, 0)$ 为 L 上一定点, 若极径 OM_0, OM 与曲线 L 所围成的曲边扇形面积值等于 L 上 M_0, M 两点间弧长值的一半, 求曲线 L 的方程.

解 在极坐标中 $r(\theta), \theta = \alpha, \theta = \beta$ 所围曲边扇形面积为 $\dfrac{1}{2} \displaystyle\int_\alpha^\beta r^2(\theta) \, d\theta$, 又曲线弧 $r = r(\theta)(\alpha \leqslant \theta \leqslant \beta)$ 的长为 $\displaystyle\int_\alpha^\beta \sqrt{r^2(\theta) + [r'(\theta)]^2} \, d\theta$, 故由题设得

$$\frac{1}{2} \int_0^\theta r^2 \, d\theta = \frac{1}{2} \int_0^\theta \sqrt{r^2 + r'^2} \, d\theta$$

两边求导得 $r^2 = \sqrt{r^2 + r'^2}$, 得 $r' = \pm r \sqrt{r^2 - 1}$, 即 $\dfrac{dr}{r \sqrt{r^2 - 1}} = \pm d\theta$.

两边积分得 $-\arcsin \dfrac{1}{r} + C = \pm \theta$.

将题设 $r(0)=2$ 代入上式,得 $C=\dfrac{\pi}{6}$.

故所求曲线 L 的方程为 $r\sin\left(\dfrac{\pi}{6}\mp\theta\right)=1$,亦即直线 $x\mp\sqrt{3}\,y=2$.

题5 (1993③)假设:(1)函数 $y=f(x)(0\leqslant x<+\infty)$ 满足条件 $f(0)=0$ 和 $0\leqslant f(x)\leqslant e^x-1$;(2)平行于 Oy 轴的动直线 MN 与曲线 $y=f(x)$ 和 $y=e^x-1$ 分别相交于点 P_1 和 P_2;(3)曲线 $y=f(x)$,直线 MN 与 Ox 轴所围封闭图形的面积 S 恒等于线段 P_1P_2 的长度.求函数 $y=f(x)$ 的表达式.

解 如图 3 所示,$S=\displaystyle\int_0^x f(t)\mathrm{d}t$, 且 $\overline{P_1P_2}=e^x-1-f(x)$,依题意可有

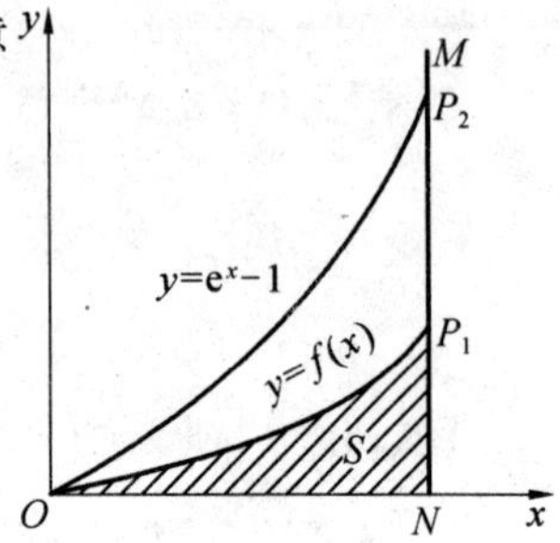

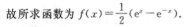

$$\int_0^x f(x)\mathrm{d}x=e^x-1-f(x)$$

两边求导,得 $f(x)=e^x-f'(x)$,即

$$f'(x)+f(x)=e^x$$

依一阶线性微分方程公式方程通解为

$$f(x)=e^{-x}\left(\int e^x\cdot e^x\mathrm{d}x+C\right)=Ce^{-x}+\frac{1}{2}e^x$$

由 $f(0)=0$,得 $C=-\dfrac{1}{2}$.

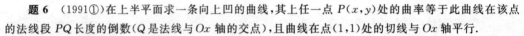

图 3

故所求函数为 $f(x)=\dfrac{1}{2}(e^x-e^{-x})$.

题6 (1991①)在上半平面求一条向上凹的曲线,其上任一点 $P(x,y)$ 处的曲率等于此曲线在该点的法线段 PQ 长度的倒数(Q 是法线与 Ox 轴的交点),且曲线在点 $(1,1)$ 处的切线与 Ox 轴平行.

解 曲线 $y=y(x)$ 在 (x,y) 处的法线方程是 $Y-y=-\dfrac{1}{y'}(X-x)$.

令 $Y=0$ 解得点 Q 坐标 $(x+yy',0)$.

依题意即曲率等于 $\dfrac{1}{|PQ|}$,且 $y''>0$ 知

$$\frac{y''}{(1+y'^2)^{\frac{3}{2}}}=\frac{1}{\sqrt{(yy')^2+y^2}},\text{即 } yy''=1+y'^2$$

且由题设知:当 $x=1$ 时,$y=1$,$y'=0$.

令 $y'=p$,则 $y''=p\dfrac{\mathrm{d}p}{\mathrm{d}y}$,代入方程中整理得 $\dfrac{p\mathrm{d}p}{1+p^2}=\dfrac{\mathrm{d}y}{y}$,两边积分有 $\sqrt{1+p^2}=C_1 y$.

由初始条件定出 $C_1=1$,将 $p=y'$ 代入前面方程,解出

$$y'=\pm\sqrt{y^2-1},\text{即 } \frac{\mathrm{d}y}{\sqrt{y^2-1}}=\pm\mathrm{d}x$$

两边积分有 $\mathrm{arcch}\,y=\pm x+C_2$ 或 $(\ln|y+\sqrt{y^2-1}|=\pm x+C_2)$.

因为当 $x=1$ 时 $y=1$,所以定出 $C_2=\pm1$,于是得到曲线方程

$$\mathrm{arcch}\,y=\pm(x-1)\quad\text{或}\quad y=\mathrm{ch}(x-1)$$

亦即

$$y=\frac{1}{2}\left[e^{x-1}+e^{-(x-1)}\right]\text{(或 }\ln|y+\sqrt{y^2-1}|=\pm(x-1))$$

题7 (2001②)设位于第一象限的曲线 $y=f(x)$ 过点 $\left(\dfrac{\sqrt{2}}{2},\dfrac{1}{2}\right)$,并且曲线上任一点 $P(x,y)$ 处的法线与 Oy 轴的交点为 Q,又线段 PQ 被 Ox 轴平分.

(1)求曲线 $y=f(x)$ 的方程;

（2）已知曲线 $y=\sin x$ 在 $[0,\pi]$ 上的弧长为 l，试用 l 表示曲线 $y=f(x)$ 的弧长 s.

解 （1）曲线 $y=f(x)$ 在点 $P(x,y)$ 处的法线方程为

$$Y-y=\frac{1}{y'}(X-x)$$

其中 (X,Y) 为法线上任意一点的坐标. 令 $X=0$，则 $Y=y+\dfrac{x}{y'}$.

故点 Q 的坐标为 $\left(0,y+\dfrac{x}{y'}\right)$. 由题设知

$$\frac{1}{2}\left(y+y+\frac{x}{y'}\right)=0,\ \text{即}\ 2y\mathrm{d}y+x\mathrm{d}x=0$$

两边积分得 $x^2+2y^2=C$（C 为任意常数）. 由 $y\Big|_{x=\frac{\sqrt{2}}{2}}=\dfrac{1}{2}$ 知 $C=1$.

故曲线 $y=f(x)$ 的方程为 $x^2+2y^2=1$.

（2）曲线 $u=\sin x$ 在 $[0,\pi]$ 上的弧长为

$$l=\int_0^\pi \sqrt{1+\cos^2 x}\,\mathrm{d}x=2\int_0^{\frac{\pi}{2}}\sqrt{1+\cos^2 x}\,\mathrm{d}x$$

曲线 $y=f(x)$ 的参数方程为 $\begin{cases} x=\cos t \\ y=\dfrac{\sqrt{2}}{2}\sin t \end{cases},0\leqslant t\leqslant \dfrac{\pi}{2}$.

故 $s=\displaystyle\int_0^{\frac{\pi}{2}}\sqrt{\sin^2 t+\frac{1}{2}\cos^2 t}\,\mathrm{d}t=\frac{1}{\sqrt{2}}\int_0^{\frac{\pi}{2}}\sqrt{1+\sin^2 t}\,\mathrm{d}t$.

注意到 l 的表达式，令 $t=\dfrac{\pi}{2}-u$，则

$$s=\frac{1}{\sqrt{2}}\int_{\frac{\pi}{2}}^0 \sqrt{1+\cos^2 u}\,(-\mathrm{d}u)=\frac{1}{\sqrt{2}}\int_0^{\frac{\pi}{2}}\sqrt{1+\cos^2 u}\,\mathrm{d}u=\frac{l}{2\sqrt{2}}=\frac{\sqrt{2}}{4}l$$

题 8 （2003④）设 $y=f(x)$ 是第一象限内连接点 $A(0,1),B(1,0)$ 的一段连续曲线，$M(x,y)$ 为该曲线上任意一点，点 C 为 M 在 x 轴上的投影，O 为坐标原点. 若梯形 $OCMA$ 的面积与曲边三角形 CBM 的面积之和为 $\dfrac{x^3}{6}+\dfrac{1}{3}$，求 $f(x)$ 的表达式.

简析 如图 4 所示，梯形 $OCMA$ 的面积可直接用梯形面积公式计算得到，曲边三角形 CBM 的面积可用定积分计算，再由题设，可得一含有变限积分的等式，两边求导后可转化为一阶线性微分方程，然后用通解公式计算即可.

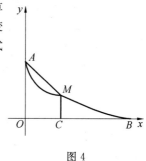

图 4

解 根据题意有 $\dfrac{x}{2}[1+f(x)]+\displaystyle\int_x^1 f(t)\,\mathrm{d}t=\dfrac{x^3}{6}+\dfrac{1}{3}$.

两边关于 x 求导，得

$$\frac{1}{2}[1+f(x)]+\frac{1}{2}xf'(x)-f(x)=\frac{1}{2}x^2$$

当 $x\neq 0$ 时，得 $f'(x)-\dfrac{1}{x}f(x)=\dfrac{x^2-1}{x}$.

此为一阶线性微分方程，其通解为

$$f(x)=\mathrm{e}^{-\int -\frac{1}{x}\mathrm{d}x}\left[\int \frac{x^2-1}{x}\mathrm{e}^{\int -\frac{1}{x}\mathrm{d}x}\,\mathrm{d}x+C\right]=\mathrm{e}^{\ln x}\left[\int \frac{x^2-1}{x}\mathrm{e}^{-\ln x}\,\mathrm{d}x+C\right]$$

$$=x\left(\int \frac{x^2-1}{x^2}\mathrm{d}x+C\right)=x^2+1+Cx$$

当 $x=0$ 时，$f(0)=1$. 由于 $x=1$ 时，$f(1)=0$，故有 $2+C=0$，从而 $C=-2$.

所以 $f(x)=x^2+1-2x=(x-1)^2$.

题9 (1999①②)设函数 $y(x)$($x\geqslant 0$)二阶可导且 $y'(x)>0$,$y(0)=1$.过曲线 $y=y(x)$ 上任意一点 $P(x,y)$ 作该曲线的切线及 Ox 轴的垂线,上述两直线与 Ox 轴所围成的三角形的面积记为 S_1,区间 $[0,x]$ 上以 $y=y(x)$ 为曲边的曲边梯形面积记为 S_2,并设 $2S_1-S_2$ 恒为1,求此曲线 $y=y(x)$ 的方程.

解 曲线 $y=y(x)$ 上点 $P(x,y)$ 处的切线方程为

$$Y-y=y'(x)(X-x)$$

它与 Ox 轴的交点为 $\left(x-\dfrac{y}{y'},0\right)$. 由于 $y'(x)>0$,$y(0)=1$,则 $y(x)>0$,于是

$$S_1=\frac{1}{2}y\left|x-\left(x-\frac{y}{y'}\right)\right|=\frac{y^2}{2y'}$$

由题设 $S_2=\displaystyle\int_0^x y(t)\mathrm{d}t$ 及 $2S_1-S_2=1$,知 $\dfrac{y^2}{y'}-\displaystyle\int_0^x y(t)\mathrm{d}t=1$.

两边求导有 $yy''=(y')^2$. 令 $y'=p$,则 $y''=p\dfrac{\mathrm{d}p}{\mathrm{d}y}$.

上面方程可化为 $y\dfrac{\mathrm{d}p}{\mathrm{d}y}=p$ 或 $\dfrac{\mathrm{d}p}{p}=\dfrac{\mathrm{d}y}{y}$,两边积分得 $p=C_1y$,即 $\dfrac{\mathrm{d}y}{\mathrm{d}x}=C_1y$.

两边再积分得 $y=\mathrm{e}^{C_1x+C_2}$.

由 $y(0)=1$ 及 $\dfrac{y^2}{y'}-\displaystyle\int_0^x y(t)\mathrm{d}t=1$ 知 $y'(0)=1$,由此可得 $C_1=1$,$C_2=0$.

故所求曲线的方程是 $y=\mathrm{e}^x$.

题10 (2001②)设 L 是一条平面曲线,其上任意一点 $P(x,y)$($x>0$)到坐标原点的距离,恒等于该点处的切线在 Oy 轴上的截距,且 L 经过点 $\left(\dfrac{1}{2},0\right)$.

(1)试求曲线 L 的方程;

(2)求 L 位于第一象限部分的一条切线,使该切线与 L 以及两坐标轴所围图形的面积最小.

解 (1)L 过点 $P(x,y)$ 的切线方程为 $Y-y=y'(X-x)$,此切线在 Oy 轴上的截距为 $y-xy'$.

由题设知 $\sqrt{x^2+y^2}=y-xy'$,其为齐次微分方程.

令 $u=\dfrac{y}{x}$ 变换后,可解得方程通解 $y+\sqrt{x^2+y^2}=C$.

由 L 经过点 $\left(\dfrac{1}{2},0\right)$,知 $C=\dfrac{1}{2}$.

于是,L 方程为 $y+\sqrt{x^2+y^2}=\dfrac{1}{2}$,即 $y=\dfrac{1}{4}-x^2$.

(2)第一象限内曲线 $y=\dfrac{1}{4}-x^2$ 在点 $P(x,y)$ 处的切线方程为

$$Y-\left(\frac{1}{4}-x^2\right)=-2x(X-x)$$

它与 Ox 轴及 Oy 轴交点分别为 $\left[\dfrac{1}{2x}\left(x^2+\dfrac{1}{4}\right),0\right]$ 与 $\left(0,x^2+\dfrac{1}{4}\right)$. 设 L 与 Ox 轴和 Oy 轴在第一象限内所围图形面积为 S_0,则所求面积为

$$S(x)=\frac{1}{2}\cdot\frac{1}{2x}\left(x^2+\frac{1}{4}\right)^2-S_0=\frac{1}{4x}\left(x^2+\frac{1}{4}\right)^2-S_0$$

令 $S'(x)=\dfrac{1}{4x^2}\cdot\left[4x^2\left(x^2+\dfrac{1}{4}\right)-\left(x^2+\dfrac{1}{4}\right)^2\right]=\dfrac{1}{4x^2}\left(x^2+\dfrac{1}{4}\right)\left(3x^2-\dfrac{1}{4}\right)=0$.

解得驻点 $x=\dfrac{\sqrt{3}}{6}$(已舍去负值).

当 $0<x<\dfrac{\sqrt{3}}{6}$ 时，$S'(x)<0$；$x>\dfrac{\sqrt{3}}{6}$ 时，$S'(x)>0$，因而 $x=\dfrac{\sqrt{3}}{6}$ 是 $S(x)$ 在 $\left(0,\dfrac{1}{2}\right)$ 内的唯一极小值点，即最小值点. 于是所求切线为

$$Y=-2\cdot\frac{\sqrt{3}}{6}X+\frac{3}{36}+\frac{1}{4}，即 \ Y=-\frac{\sqrt{3}}{3}X+\frac{1}{3}$$

题 11 （2002②）求微分方程 $x\mathrm{d}y+(x-2y)\mathrm{d}x=0$ 的一个解 $y=y(x)$，使得由曲线 $y=y(x)$ 与直线 $x=1,x=2$ 以及 Ox 轴所围成的平面图形绕 Ox 轴旋转一周的旋转体体积最小.

解 题设方程可化为 $\dfrac{\mathrm{d}y}{\mathrm{d}x}-\dfrac{2}{x}y=-1$. 利用求解公式得通解

$$y=\mathrm{e}^{\int\frac{2}{x}\mathrm{d}x}\left[-\int\mathrm{e}^{-\int\frac{2}{x}\mathrm{d}x}\mathrm{d}x+C\right]=x^2\left(\frac{1}{x}+C\right)=x+Cx^2$$

旋转体体积 $V(C)=\displaystyle\int_1^2\pi(x+Cx^2)^2\mathrm{d}x=\pi\left(\dfrac{31}{5}C^2+\dfrac{15}{2}C+\dfrac{7}{3}\right)$.

由 $V'(C)=\pi\left(\dfrac{62}{5}C+\dfrac{15}{2}\right)=0$，解得 $C=-\dfrac{75}{124}$.

由于 $V''(C)=\dfrac{62}{5}\pi>0$，意即 $C=-\dfrac{75}{124}$ 为唯一极小值点，也是最小值点，于是

$$y=x-\frac{75}{124}x^2$$

题 12 （1998③）设函数 $f(x)$ 在 $[1,+\infty)$ 上连续，若由曲线 $y=f(x)$，直线 $x=1,x=t(t>1)$ 与 Ox 轴所围平面图形绕 Ox 轴旋转一周所成的旋转体体积为

$$V(t)=\frac{\pi}{3}[t^2f(t)-f(1)]$$

试求 $y=f(x)$ 所满足的微分方程，并求该微分方程满足条件 $y\big|_{x=2}=\dfrac{2}{9}$ 的解.

解 由旋转体体积公式，$V(t)=\pi\displaystyle\int_1^t f^2(x)\mathrm{d}x$. 依题意

$$\pi\int_1^t f^2(x)\mathrm{d}x=\frac{\pi}{3}[t^2f(t)-f(1)]$$

两边对 t 求导得 $3f^2(t)=2tf(t)+t^2f'(t)$.

将上式改写为 $x^2y'=3y^2-2xy$，即 $\dfrac{\mathrm{d}y}{\mathrm{d}x}=3\left(\dfrac{y}{x}\right)^2-2\cdot\dfrac{y}{x}$.

令 $\dfrac{y}{x}=u$，则 $\dfrac{\mathrm{d}y}{\mathrm{d}x}=u+x\dfrac{\mathrm{d}u}{\mathrm{d}x}$. 代入前式，得 $u+x\dfrac{\mathrm{d}u}{\mathrm{d}x}=3u^2-2u$，即 $\dfrac{\mathrm{d}u}{u(u-1)}=\dfrac{3\mathrm{d}x}{x}$.

两边再积分得 $\dfrac{u-1}{u}=Cx^3$. 代回原变量得通解

$$y-x=Cx^3y \quad （C \text{ 为任意常数}）$$

把已知条件 $y\big|_{x=2}=\dfrac{2}{9}$ 代入通解中，定出 $C=-1$，从而所求的解为

$$y-x=-x^3y \ 或 \ y=\frac{x}{1+x^3}$$

题 13 （2006③④）在 xOy 坐标平面上，连续曲线 L 过点 $M(1,0)$，其上任意点 $P(x,y)(x\ne0)$ 处的切线斜率与直线 OP 的斜率之差等于 ax（常数 $a>0$）.

(1)求 L 的方程；

(2)当 L 与直线 $y=ax$ 所围成平面图形的面积为 $\dfrac{8}{3}$ 时，确定 a 的值.

解 （1）设曲线 L 的方程为 $y=f(x)$，由题意得

$$y' - \frac{1}{x}y = ax \quad x \neq 0 \text{(一阶线性微分方程)} \qquad ①$$

且

$$y(1) = 0 \qquad ②$$

式①的通解为

$$y = e^{\int \frac{1}{x}dx}\left(C + \int ax e^{-\int \frac{1}{x}dx}dx\right) = x\left(C + \int a dx\right) = Cx + ax^2$$

利用式②得 $0 = C + a$,即 $C = -a$,所以 L 的方程为

$$y = -ax + ax^2 \quad x \neq 0$$

由于 L 是连续曲线,因此它的方程为 $y = -ax + ax^2 (-\infty < x < +\infty)$.

(2) L 与曲线 $y = ax$ 所围成的平面图形 D 如图 5 所示,所以 D 的面积

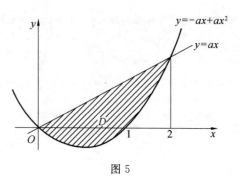

$$S = \int_0^2 [ax - (-ax + ax^2)]dx = a\int_0^2 (2x - x^2)dx = \frac{4}{3}a$$

另一方面,由题意知 $S = \frac{8}{3}$. 由此得到 $a = 2$.

图 5

5. 其他应用问题

以下来看微分方程在物理、化学及工程等方面的应用问题.

题 1 (1995②)设单位质点在水平面内作直线运动,初速度 $v\big|_{t=0} = v_0$. 已知阻力与速度成正比(比例常数为1),问 t 为多少时此质点的速度为 $\frac{v_0}{3}$?并求到此时刻该质点所经过的路程.

解 设质点的运动速度为 $v(t)$. 由题设和牛顿第二定律有

$$m\frac{dv}{dt} = -v \quad \text{式中质量 } m = 1$$

解得 $v(t) = v_0 e^{-t}$. 又由 $\frac{v_0}{3} = v_0 e^{-t}$,得 $t = \ln 3$.

到此时刻该质点所经过的路程 $s = \int_0^{\ln 3} v_0 e^{-t}dt = \frac{2}{3}v_0$.

题 2 (1993①)设物体 A 从点 $(0,1)$ 出发,以速度大小为常数 v 沿 Oy 轴正向运动. 物体 B 从点 $(-1,0)$ 与 A 同时出发,其速度大小为 $2v$,方向始终指向 A. 试建立物体 B 的运动轨迹所满足的微分方程,并写出初始条件.

解 设物体 A 的运动轨迹方程是 $y = y(x)$,而在时刻 t,物体 B 的位置是 $P(x,y)$,物体 A 的位置是 $Q(0, vt + 1)$.

依题意,Q 在运动轨迹过点 P 的切线上,该切线的方程是

$$Y - y = y'(X - x)$$

因此 $vt + 1 - y = y'(0 - x)$,即 $vt = y - 1 - xy'$.

另一方面,依题设物体 B 在时刻 t 已走过的距离是

$$2vt = \int_{-1}^x \sqrt{1 + y'^2} dx$$

与前式比较 $2(y - 1 - xy') = \int_{-1}^x \sqrt{1 + y'^2} dx$.

两边再求导即得所求微分方程 $2xy'' + \sqrt{1 + y'^2} = 0$.

方程初始条件是 $y(-1)=0$, $y'(-1)=1$.

题 3 (1998①②)从船上向海中沉放某种探测仪器,按探测要求,需确定仪器的下沉深度 y(从海平面算起)与下沉速度 v 之间的函数关系.设仪器在重力作用下,从海平面由静止开始铅直下沉,在下沉过程中还受到阻力和浮力的作用.设仪器的质量为 m,体积为 B,海水密度为 ρ,仪器所受的阻力与下沉速度成正比,比例系数为 $k(k>0)$.试建立 y 与 v 所满足的微分方程,并求出函数关系式 $y=y(v)$.

解 取沉放点为原点 O,且 Oy 轴正向铅直向下,则由牛顿第二定律得 $m\dfrac{\mathrm{d}^2 y}{\mathrm{d}t^2}=mg-B\rho-kv$.

令 $\dfrac{\mathrm{d}y}{\mathrm{d}t}=v$, 则 $\dfrac{\mathrm{d}^2 y}{\mathrm{d}t^2}=v\dfrac{\mathrm{d}v}{\mathrm{d}y}$, 代入上式中得 $mv\dfrac{\mathrm{d}v}{\mathrm{d}y}=mg-B\rho-kv$, 则 $\mathrm{d}y=\dfrac{mv}{mg-B\rho-kv}\mathrm{d}v$.

两边积分得 $y=-\dfrac{m}{k}v-\dfrac{m(mg-B\rho)}{k^2}\ln(mg-B\rho-kv)+C$. 由初始条件 $v\big|_{y=0}=0$ 定出

$$C=\frac{m(mg-B\rho)}{k^2}\ln(mg-B\rho)$$

故所求 y 与 v 的函数关系式为

$$y=-\frac{m}{k}v-\frac{m(mg-B\rho)}{k^2}\ln\frac{mg-B\rho-kv}{mg-B\rho}$$

题 4 (2004①②)某种飞机在机场降落时,为了减少滑行距离,在触地的瞬间,飞机尾部张开减速伞,以增大阻力,使飞机迅速减速并停下.

现有一质量为 $9\,000$ kg 的飞机,着陆时的水平速度为 700 km/h,经测试,减速伞打开后,飞机所受的总阻力与飞机的速度成正比(比例系数为 $k=6.0\times10^6$).问从着陆点算起,飞机滑行的最长距离是多少?

解 1 依题设,飞机的质量 $m=9\,000$ kg,着陆时的水平速度 $v_0=700$ km/h.从飞机接触跑道开始计时,设 t 时刻飞机的滑行距离为 $x(t)$,速度为 $v(t)$.

根据牛顿第二定律,得 $m\dfrac{\mathrm{d}v}{\mathrm{d}t}=-kv$. 又 $\dfrac{\mathrm{d}v}{\mathrm{d}t}=\dfrac{\mathrm{d}v}{\mathrm{d}x}\cdot\dfrac{\mathrm{d}x}{\mathrm{d}t}=v\dfrac{\mathrm{d}v}{\mathrm{d}x}$.

由以上两式得 $\mathrm{d}x=-\dfrac{m}{k}\mathrm{d}v$, 两边积分得 $x(t)=-\dfrac{m}{k}v+C$.

由于 $v(0)=v_0$, $x(0)=0$, 故得 $C=\dfrac{m}{k}v_0$, 从而

$$x(t)=\frac{m}{k}[v_0-v(t)]$$

当 $v(t)\to0$ 时,$x(t)\to\dfrac{mv_0}{k}=\dfrac{9\,000\times700}{6.0\times10^6}=1.05$(km).

所以,飞机滑行的最长距离为 1.05 km.

解 2 根据牛顿第二定律,得 $m\dfrac{\mathrm{d}v}{\mathrm{d}t}=-kv$,所以 $\dfrac{\mathrm{d}v}{v}=-\dfrac{m}{k}\mathrm{d}t$.

两边积分得通解 $v=Ce^{-\frac{k}{m}t}$,代入初始条件 $v\big|_{t=0}=v_0$,解得 $C=v_0$,故

$$v(t)=v_0\,e^{-\frac{k}{m}t}$$

因而飞机滑行的最长距离为

$$x=\int_0^{+\infty}v(t)\mathrm{d}t=-\frac{mv_0}{k}e^{-\frac{k}{m}t}\bigg|_0^{+\infty}=\frac{mv_0}{k}=1.05\text{(km)}$$

或由 $\dfrac{\mathrm{d}x}{\mathrm{d}t}=v_0\,e^{-\frac{k}{m}t}$, 知 $x(t)=\int_0^t v_0\,e^{-\frac{k}{m}t}\mathrm{d}t=-\dfrac{kv_0}{m}(e^{-\frac{k}{m}t}-1)$.

故滑行最长距离为 $t\to\infty$ 时 $x(t)$ 的极限值,即 $x(t)\to\dfrac{kv_0}{m}=1.05$(km).

解3 根据牛顿第二定律,得 $m\dfrac{\mathrm{d}^2x}{\mathrm{d}t^2}=-k\dfrac{\mathrm{d}x}{\mathrm{d}t}$,即 $\dfrac{\mathrm{d}^2x}{\mathrm{d}t^2}+\dfrac{k}{m}\dfrac{\mathrm{d}x}{\mathrm{d}t}=0$.

它是二阶线性齐次方程,其相应的特征方程为 $\lambda^2+\dfrac{k}{m}\lambda=0$,解得

$$\lambda_1=0,\quad \lambda_2=-\dfrac{k}{m}$$

故微分方程的解为 $x=C_1+C_2\mathrm{e}^{-\frac{k}{m}t}$.

由 $x(t)\big|_{t=0}=0$,$v(t)\big|_{t=0}=\dfrac{\mathrm{d}x}{\mathrm{d}t}\Big|_{t=0}=-\dfrac{kC_2}{m}\mathrm{e}^{-\frac{k}{m}t}\Big|_{t=0}=v_0$,得 $C_1=-C_2=\dfrac{mv_0}{k}$,于是

$$x(t)=\dfrac{mv_0}{k}(1-\mathrm{e}^{-\frac{k}{m}t})$$

当 $t\to+\infty$ 时,$x(t)\to\dfrac{mv_0}{k}=1.05$(km).

所以,飞机滑行的最长距离为 1.05 km.

题5 (2003②)有一平底容器,其内侧壁是由曲线 $x=\varphi(y)$($y\geqslant0$)绕 Oy 轴旋转而成的旋转曲面(图6),容器的底面圆的半径为 2 m.根据设计要求,当以 3 $\mathrm{m}^3/\mathrm{min}$ 的速率向容器内注入液体时,液面的面积将以 π $\mathrm{m}^2/\mathrm{min}$ 的速率均匀扩大(假设注入液体前,容器内无液体).

(1)根据 t 时刻液面的面积,写出 t 与 $\varphi(y)$ 之间的关系式;

(2)求曲线 $x=\varphi(y)$ 的方程.

解 (1)设在 t 时刻液面的高度为 y,则由题设知:此时液面面积为 $\pi\varphi^2(y)=4\pi+\pi t$,从而 $t=\varphi^2(y)-4$.

(2)液面的高度为 y 时,液体的体积为

$$\pi\int_0^y\varphi^2(u)\mathrm{d}u=3t=3\varphi^2(y)-12$$

上式两边对 y 求导,得

$$\pi\varphi^2(y)=6\varphi(y)\varphi'(y),\quad 即\ \pi\varphi(y)=6\varphi'(y)$$

解此微分方程,得

$$\varphi(y)=C\mathrm{e}^{\frac{\pi}{6}y}$$

其中 C 为任意常数,由 $\varphi(0)=2$ 知 $C=2$.

故所求曲线方程为 $x=2\mathrm{e}^{\frac{\pi}{6}y}$.

题6 (2001②)一个半球体状的雪堆,其体积融化的速率与半球面面积 S 成正比,比例常数 $K>0$.假设在融化过程中雪堆始终保持半球体状,已知半径为 r_0 的雪堆在开始融化的 3 h 内,融化了其体积的 $\dfrac{7}{8}$,问雪堆全部融化需要多少小时?

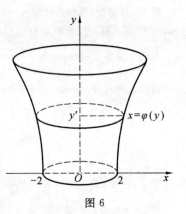

图6

解 设在 t h 雪堆的底面半径为 $r(t)$.

于是雪堆体积 $V(t)=\dfrac{2}{3}\pi r^3$,侧面积 $S(t)=2\pi r^2$.依题意有

$$\dfrac{\mathrm{d}V(t)}{\mathrm{d}t}=-KS(t),\quad 即\ 2\pi r^2\dfrac{\mathrm{d}r}{\mathrm{d}t}=-K\cdot2\pi r^2$$

亦即 $\dfrac{\mathrm{d}r}{\mathrm{d}t}=-K$,可解得 $r=-Kt+C$.

由初始条件 $r(0)=r_0$,定出 $C=r_0$.得 $r=r_0-Kt$.

令 $r=0$,解得融化时间为 $t=\dfrac{r_0}{K}$.下求该值.

依题设，$V(3)=\dfrac{1}{8}V(0)$，即 $\dfrac{2}{3}\pi(r_0-3K)^3=\dfrac{1}{8}\cdot\dfrac{2}{3}\pi r_0^3$.

由此求得 $\dfrac{r_0}{K}$ 即雪堆融化时间为 $t=\dfrac{r_0}{K}=6(\text{h})$.

或由上解得 $K=\dfrac{1}{6}r_0$，从而 $r=r_0-\dfrac{1}{6}r_0t$，令 $r=0$ 得 $t=6(\text{h})$.

题 7 （2001①）设有一高度为 $h(t)$（t 为时间）的雪堆在融化过程中，其侧面满足方程 $z=h(t)-\dfrac{2(x^2+y^2)}{h(t)}$（设长度单位为 cm，时间单位为 h），已知体积减小的速率与侧面积成正比（比例系数 0.9），问高度为 130 cm 的雪堆全部融化需多少小时？

解 设在 t 时刻 $V(t)$ 和 $S(t)$ 分别表示雪堆的体积和侧面积，$D(t):x^2+y^2\leqslant\dfrac{1}{2}h^2(t)$ 表示底面区域. 于是

$$V(t)=\iint\limits_{D(t)}z\mathrm{d}x\mathrm{d}y=\iint\limits_{D(t)}\left[h(t)-\dfrac{2(x^2+y^2)}{h(t)}\right]\mathrm{d}x\mathrm{d}y=\dfrac{\pi}{4}h^3(t)$$

或

$$V(t)=\int_0^{h(t)}\mathrm{d}z\iint\limits_{x^2+y^2\leqslant\frac{1}{2}[h^2(t)-h(t)z]}\mathrm{d}x\mathrm{d}y=\int_0^{h(t)}\dfrac{1}{2}\pi[h^2(t)-h(t)z]\mathrm{d}z=\dfrac{\pi}{4}h^3(t)$$

又

$$S(t)=\iint\limits_{D(t)}\sqrt{1+(z'_x)^2+(z'_y)^2}\mathrm{d}x\mathrm{d}y\quad（将 z'_x,z'_y 代入）$$

$$=\iint\limits_{D(t)}\sqrt{1+\dfrac{16(x^2+y^2)}{h^2(t)}}\mathrm{d}x\mathrm{d}y\quad（化为极坐标）$$

$$=\int_0^{2\pi}\mathrm{d}\theta\int_0^{\frac{h(t)}{\sqrt{2}}}\sqrt{1+\dfrac{16r^2}{h^2(t)}}\,r\mathrm{d}r$$

$$=\dfrac{2\pi}{h(t)}\int_0^{\frac{h(t)}{\sqrt{2}}}[h^2(t)+16r^2]^{\frac{1}{2}}r\mathrm{d}r=\dfrac{13}{12}\pi h^2(t)$$

依题意 $\dfrac{\mathrm{d}V(t)}{\mathrm{d}t}=-0.9S(t)$. 将 $V(t)$ 和 $S(t)$ 的表达式代入式中，化简得

$$\dfrac{\mathrm{d}h(t)}{\mathrm{d}t}=-\dfrac{13}{10}，\quad 则\quad h(t)=-\dfrac{13}{10}t+C$$

由初始条件 $h(0)=130$，定出 $C=130$. 雪堆高度公式为 $h(t)=130-\dfrac{13}{10}t$.

令 $h(t)=0$，解得 $t=100(\text{h})$，即为雪堆全融化时间.

题 8 （2000②）某湖泊的水量为 V，每年排入湖泊内含污染物 A 的污水量为 $\dfrac{V}{6}$，流入湖泊内不含 A 的水量为 $\dfrac{V}{6}$，流出湖泊的水量为 $\dfrac{V}{3}$. 已知 1999 年底湖中 A 的含量为 $5m_0$，超过国家规定指标. 为了治理污染，从 2000 年初起，限定排入湖泊中含 A 污水的浓度不超过 $\dfrac{m_0}{V}$. 问至少需经过多少年，湖泊中污染物 A 的含量降至 m_0 以内？（**注**：设湖泊中 A 的浓度是均匀的）

解 设从 2000 年初（令此时 $t=0$）开始，第 t 年湖泊中污染物 A 的总量为 m，浓度为 $\dfrac{m}{V}$，则时间间隔 $[t,t+\mathrm{d}t]$ 内，排入湖泊中 A 的量为

$$\dfrac{m_0}{V}\cdot\dfrac{V}{6}\mathrm{d}t=\dfrac{m_0}{6}\mathrm{d}t$$

流出湖泊的水中 A 的量为

$$\frac{m}{V} \cdot \frac{V}{3} dt = \frac{m}{3} dt$$

因而在此时间间隔内湖泊中污染物 A 的改变量 $dm = \left(\frac{m_0}{6} - \frac{m}{3}\right) dt$，用分离变量法解上面微分方程

得 $m = \frac{m_0}{2} - Ce^{-\frac{t}{3}}$.

代入初始条件 $m\big|_{t=0} = 5m_0$，定出 $C = -\frac{9}{2} m_0$.

于是，湖泊中污染物 A 的总量变化规律为 $m = \frac{m_0}{2}(1 + 9e^{-\frac{t}{3}})$.

令 $m = m_0$，得 $t = 6\ln 3$，即至多需经过 $6\ln 3$ 年，湖泊中污染物 A 的含量降至 m_0 以内.

题 9（1997①）在某一人群中推广新技术是通过其中已掌握新技术的人进行的，设该人群的总人数为 N，在 $t=0$ 时刻已掌握新技术的人数为 x_0，在任意时刻 t 已掌握新技术的人数 $x(t)$（将 $x(t)$ 视为连续可微变量），其变化率与已掌握新技术人数和未掌握新技术人数之积成正比，比例常数 $k>0$，求 $x(t)$.

解 依题意有 $\frac{dx}{dt} = kx(N-x)$，$x\big|_{t=0} = x_0$.

前式分离变量化为 $\frac{dx}{x(N-x)} = kdt$，并积分得 $x = \frac{NCe^{kNt}}{(1+Ce^{kNt})}$.

代入初始条件 $x(0) = x_0$ 得 $C = \frac{x_0}{N-x_0}$，故 $x = \frac{Nx_0 e^{kNt}}{N - x_0 + x_0 e^{kNt}}$.

6. 函数方程

题 1（2002②）已知函数 $f(x)$ 在 $(0, +\infty)$ 内可导，$f(x)>0$，$\lim\limits_{x\to+\infty} f(x) = 1$，且满足

$$\lim_{h\to 0}\left[\frac{f(x+hx)}{f(x)}\right]^{\frac{1}{h}} = e^{\frac{1}{x}}$$

求 $f(x)$.

解 根据 1^∞ 型极限计算公式（前文曾有介绍）
$$\lim[1 \pm u(x)]^{v(x)} = \lim\{\exp[v(x)\ln(1 \pm u(x))]\} = \exp\{\lim[v(x)\ln(1 \pm u(x))]\}$$
$$= \exp\{\lim v(x)[\pm u(x)]\} = \exp\{\pm v(x)u(x)\}$$

则 $\lim\limits_{h\to 0}\left[\frac{f(x+hx)}{f(x)}\right]^{\frac{1}{h}} = \exp\lim\limits_{h\to 0}\frac{f(x+hx)-f(x)}{f(x)h} = \exp\left[\frac{x}{f(x)}\lim\limits_{h\to 0}\frac{f(x+hx)-f(x)}{hx}\right] = \exp\frac{xf'(x)}{f(x)}$.

由题设等式可得 $\frac{xf'(x)}{f(x)} = \frac{1}{x}$，即 $\frac{f'(x)}{f(x)} = \frac{1}{x^2}$，从而 $f(x) = Ce^{-\frac{1}{x}}$.

由 $\lim\limits_{x\to+\infty} f(x) = 1$，得 $C=1$，故 $f(x) = e^{-\frac{1}{x}}$.

题 2（2004②）设函数 $f(x)$ 在 $(-\infty, +\infty)$ 上有定义，且在闭区间 $[0,2]$ 上有，$f(x) = x(x^2-4)$，又若对任意的 x 都满足 $f(x) = kf(x+2)$，其中 k 为常数.

(1)写出 $f(x)$ 在 $[-2,0]$ 上的表达式；

(2)问 k 为何值时，$f(x)$ 在 $x=0$ 处可导.

解（1）当 $-2 \leqslant x < 0$，即 $0 \leqslant x+2 < 2$ 时
$$f(x) = kf(x+2) = k(x+2)[(x+2)^2 - 4] = kx(x+2)(x+4)$$

(2)由题设知 $f(0) = 0$.这样可有
$$f_+'(0) = \lim_{x\to 0^+}\frac{f(x)-f(0)}{x-0} = \lim_{x\to 0^+}\frac{x(x^2-4)}{x} = -4$$
$$f_-'(0) = \lim_{x\to 0^-}\frac{f(x)-f(0)}{x-0} = \lim_{x\to 0^-}\frac{kx(x+2)(x+4)}{x} = 8k$$

令 $f_-'(0) = f_+'(0)$，得 $k = -\dfrac{1}{2}$. 此时 $f(x)$ 在 $x=0$ 处可导.

即当 $k = -\dfrac{1}{2}$ 时，$f(x)$ 在 $x=0$ 处可导.

注 这个求 $f(x)$ 的问题其实与微分方程无涉，这类例子我们前文也曾介绍过.

题3 (1992③)求连续函数 $f(x)$，使它满足 $f(x) + 2\displaystyle\int_0^x f(t)\mathrm{d}t = x^2$.

解 对题设方程两边同时求导，得 $f'(x) + 2f(x) = 2x$.

根据一阶线性微分方程的求解公式得
$$f(x) = \mathrm{e}^{-2x}\left(\int 2x\mathrm{e}^{2x}\mathrm{d}x + C\right) = C\mathrm{e}^{-2x} + x - \frac{1}{2}$$

在原方程中，令 $x=0$，得 $f(0)=0$. 将此初始条件代入上面解中，得 $C = \dfrac{1}{2}$.

故所求函数为 $f(x) = \dfrac{1}{2}\mathrm{e}^{-2x} + x - \dfrac{1}{2}$.

题4 (1992④)求连续函数 $f(x)$，使它满足 $\displaystyle\int_0^1 f(tx)\mathrm{d}t = f(x) + x\sin x$.

解 设 $tx = u$，则 $x\mathrm{d}t = \mathrm{d}u$. 当 $t=0$ 时，$u=0$；当 $t=1$ 时，$u=x$. 于是
$$x\int_0^1 f(tx)\mathrm{d}t = \int_0^x f(u)\mathrm{d}u$$

原方程两边乘以 x 后，变为
$$\int_0^x f(u)\mathrm{d}u = xf(x) + x^2\sin x$$

两边求导 $f(x) = f(x) + xf'(x) + 2x\sin x + x^2\cos x$，即 $f'(x) = -2\sin x - x\cos x$.

两边积分得
$$f(x) = 2\cos x - \int x\mathrm{d}\sin x = 2\cos x - x\sin x - \cos x + C = \cos x - x\sin x + C$$

题5 (1995③)已知连续函数 $f(x)$ 满足条件 $f(x) = \displaystyle\int_0^{3x} f\left(\frac{t}{3}\right)\mathrm{d}t + \mathrm{e}^{2x}$，求 $f(x)$.

解 因为原方程右边函数皆可导，所以 $f(x)$ 可导. 对方程两边求导得
$$f'(x) = 3f(x) + 2\mathrm{e}^{2x}, \quad \text{即} \quad f'(x) - 3f(x) = 2\mathrm{e}^{2x}$$

据一阶线性微分方程通解公式得
$$f(x) = \mathrm{e}^{3x}\left(\int 2\mathrm{e}^{2x} \cdot \mathrm{e}^{-3x}\mathrm{d}x + C\right) = \mathrm{e}^{3x}(C - 2\mathrm{e}^{-x}) = C\mathrm{e}^{3x} - 2\mathrm{e}^{2x}$$

在原方程中，令 $x=0$，得 $f(0)=1$. 代入通解中，定出 $C=3$.

故所求函数为 $f(x) = 3\mathrm{e}^{3x} - 2\mathrm{e}^{2x}$.

题6 (1999④)设 $F(x)$ 为 $f(x)$ 的原函数，且当 $x \geqslant 0$ 时
$$f(x)F(x) = \frac{x\mathrm{e}^x}{2(1+x)^2}$$
已知 $F(0)=1$，$F(x)>0$，试求 $f(x)$.

解 由 $F'(x) = f(x)$，有 $2F(x)F'(x) = \dfrac{x\mathrm{e}^x}{(1+x)^2}$，积分得
$$F^2(x) = \int 2F(x)F'(x)\mathrm{d}x = \int \frac{x\mathrm{e}^x}{2(1+x)^2}\mathrm{d}x = -\int x\mathrm{e}^x\mathrm{d}\left(\frac{1}{1+x}\right) = \frac{\mathrm{e}^x}{1+x} + C$$

由 $F(0)=1$ 和 $F^2(0)=1+C$，得 $C=0$.

从而 $F(x) = \sqrt{\dfrac{e^x}{1+x}}\ (F(x) > 0)$，求导得 $f(x) = \dfrac{x e^{\frac{x}{2}}}{2(1+x)^{\frac{3}{2}}}$.

题 7 (2001②)设函数 $f(x)$ 在 $[0, +\infty)$ 上可导，又 $f(0) = 0$，且其反函数为 $g(x)$. 若 $\displaystyle\int_0^{f(x)} g(t)\,\mathrm{d}t = x^2 e^x$，求 $f(x)$.

解 等式两边对 x 求导得 $g[f(x)]f'(x) = 2xe^x + x^2 e^x$.

将 $g[f(x)] = x$ 代入前式中得 $xf'(x) = 2xe^x + x^2 e^x$.

当 $x \neq 0$ 时，$f'(x) = 2e^x + xe^x$，两边积分得 $f(x) = (x+1)e^x + C$.

由于 $f(x)$ 在 $x = 0$ 处连续，故由

$$f(0) = \lim_{x \to 0^+} f(x) = \lim_{x \to 0^+} [(x+1)e^x + C] = 0$$

得 $C = -1$. 因此 $f(x) = (x+1)e^x - 1$.

题 8 (1997①②)设 $f(x)$ 连续，$\varphi(x) = \displaystyle\int_0^1 f(xt)\,\mathrm{d}t$，且 $\displaystyle\lim_{x \to 0} \dfrac{f(x)}{x} = A$（$A$ 为常数）. 求 $\varphi'(x)$，并讨论 $\varphi'(x)$ 在 $x = 0$ 处的连续性.

解 由 $f(0) = \displaystyle\lim_{x \to 0} f(x) = \lim_{x \to 0} \dfrac{f(x)}{x} \cdot x = 0$，因此 $\varphi(0) = 0$. 以下设 $x \neq 0$.

令 $u = xt$，得 $\varphi(x) = \dfrac{1}{x}\displaystyle\int_0^x f(u)\,\mathrm{d}u$，两边对 x 求导有

$$\varphi'(x) = \frac{1}{x^2}\left[xf(x) - \int_0^x f(u)\,\mathrm{d}u \right]$$

又 $\varphi'(0) = \displaystyle\lim_{x \to 0} \dfrac{\varphi(x) - \varphi(0)}{x - 0} = \lim_{x \to 0} \dfrac{\dfrac{1}{x}\displaystyle\int_0^x f(u)\,\mathrm{d}u}{x} = \lim_{x \to 0} \dfrac{f(x)}{2x} = \dfrac{A}{2}$.

由于

$$\lim_{x \to 0} \varphi'(x) = \lim_{x \to 0} \frac{1}{x^2}\left[xf(x) - \int_0^x f(u)\,\mathrm{d}u \right]$$

$$= \lim_{x \to 0} \frac{f(x)}{x} - \lim_{x \to 0} \frac{\displaystyle\int_0^x f(u)\,\mathrm{d}u}{x^2} \quad \text{(由题设及前式)}$$

$$= A - \frac{A}{2} = \frac{A}{2} = \varphi'(0)$$

所以 $\varphi'(x)$ 在 $x = 0$ 处连续.

下面的例子除了求 $f(x)$ 表达式外，还有涉及其他函数性质的问题，如求拐点，甚至求区域面积等.

题 9 (2012②③)已知函数 $f(x)$ 满足方程 $f''(x) + f'(x) - 2f(x) = 0$ 及 $f''(x) + f(x) = 2e^x$.

(1)求 $f(x)$ 的表达式；

(2)求曲线 $y = f(x^2)\displaystyle\int_0^x f(-t^2)\,\mathrm{d}t$ 的拐点.

解 (1)联立方程

$$\begin{cases} f''(x) + f'(x) - 2f(x) = 0 \\ f''(x) + f(x) = 2e^x \end{cases}$$

解得 $f'(x) - 3f(x) = -2e^x$，因此

$$f(x) = e^{\int 3\,\mathrm{d}x}\left(\int (-2e^x) e^{-\int 3\,\mathrm{d}x}\,\mathrm{d}x + C \right) = e^x + Ce^{3x}$$

代入 $f''(x) + f(x) = 2e^x$，得 $C = 0$，所以 $f(x) = e^x$.

(2)由 $y = f(x^2)\displaystyle\int_0^x f(-t^2)\,\mathrm{d}t = e^{x^2}\displaystyle\int_0^x e^{-t^2}\,\mathrm{d}t$，两边求导两次有

$$y' = 2x e^{x^2} \int_0^x e^{-t^2} dt + 1, y'' = 2x + 2(1+2x^2) e^{x^2} \int_0^x e^{t^2} dt$$

当 $x<0$ 时，$y''<0$；当 $x>0$ 时，$y''>0$，又 $y(0)=0$，所以曲线的拐点为 $(0,0)$.

题 10 (1989①②)设 $f(x)=\sin x - \int_0^x (x-t)f(t)dt$，其中 f 为连续函数，求 $f(x)$.

解 对 $f(x)=\sin x - x\int_0^x f(t)dt + \int_0^x tf(t)dt$ 连续两次求导，得

$$f'(x) = \cos x - \int_0^x f(t)dt, \quad f''(x) = -\sin x - f(x)$$

设 $y=f(x)$，有 $y''+y=-\sin x$. 此为二阶线性微分方程.

初始条件为 $y\big|_{x=0}=f(0)=0$，$y'\big|_{x=0}=f'(0)=1$.

相应特征方程为 $r^2+1=0$，其根 $r_{1,2}=\pm i$. 知对应齐次方程的通解为

$$Y = C_1\sin x + C_2\cos x$$

又上面非齐次方程的特解形如 $y^* = x(a\sin x + b\cos x)$.

代回原方程，定出 $a=0, b=\dfrac{1}{2}$.

于是非齐次方程的通解为 $y=C_1\sin x + C_2\cos x + \dfrac{x}{2}\cos x$.

由初始条件定出 $C_1=\dfrac{1}{2}, C_2=0$，故 $f(x)=\dfrac{1}{2}\sin x + \dfrac{x}{2}\cos x$.

题 11 (1994①)设 $f(x)$ 具有二阶连续导数，$f(0)=0, f'(0)=1$，且

$$[xy(x+y)-f(x)y]dx + [f'(x)+x^2 y]dy = 0$$

为一全微分方程，求 $f(x)$ 及此全微分方程的通解.

解 (1)由方程全微分方程的充要条件 $\dfrac{\partial Q}{\partial x}=\dfrac{\partial P}{\partial y}$，这里 $P=xy(x+y)-f(x)y$，$Q=f'(x)+x^2 y$，知

$$f''(x)+2xy = x^2 + 2xy - f(x)$$

即

$$f''(x)+f(x) = x^2 \tag{*}$$

此方程为二阶线性微分方程，易求得其相应的齐次方程 $f''(x)+f(x)=0$ 的通解为

$$Y = C_1\cos x + C_2\sin x$$

非齐次方程 $(*)$ 的特解形式为 $y^* = ax^2+bx+c$，代入方程 $(*)$ 中可定出 $a=1, b=0, c=-2$. 于是 $y^* = x^2-2$.

方程 $(*)$ 的通解 $f(x)=C_1\cos x + C_2\sin x + x^2 - 2$.

又由 $f(0)=0, f'(0)=1$，求得 $C_1=2, C_2=1$，从而得 $f(x)=2\cos x + \sin x + x^2 - 2$.

(2)将 $f(x)$ 表达式代入原方程中，得

$$[xy^2-(2\cos x+\sin x)y+2y]dx + (-2\sin x + \cos x + 2x + x^2 y)dy = 0$$

由上式及全微分函数公式可知全微分函数为

$$U(x,y) = \int_{(0,0)}^{(x,y)} [xy^2-(2\cos x+\sin x)y+2y]dx + (-2\sin x + \cos x + 2x + x^2 y)dy$$

$$= \int_0^y (-2\sin x + \cos x + 2x + x^2 y)dy = -2y\sin x + y\cos x + 2xy + \frac{1}{2}x^2 y^2$$

所以原方程的通解为 $-2y\sin x + y\cos x + 2xy + \dfrac{1}{2}x^2 y^2 = C$.

题 12 (2003③)设 $F(x)=f(x)g(x)$，其中函数 $f(x), g(x)$ 在 $(-\infty, +\infty)$ 内满足以下条件：

$f'(x) = g(x), g'(x) = f(x)$,且 $f(0) = 0, f(x) + g(x) = 2e^x$.

(1)求 $F(x)$ 所满足的一阶微分方程;

(2)求出 $F(x)$ 的表达式.

解 $F(x)$ 所满足的微分方程自然应含有其导函数,故应先对 $F(x)$ 求导,并将其余部分转化为用 $F(x)$ 表示,导出相应的微分方程,然后再求解相应的微分方程.

(1)由

$$F'(x) = f'(x)g(x) + f(x)g'(x) = g^2(x) + f^2(x)$$
$$= [f(x) + g(x)]^2 - 2f(x)g(x) = (2e^x)^2 - 2F(x)$$

可见 $F(x)$ 所满足的一阶微分方程为 $F'(x) + 2F(x) = 4e^{2x}$.

(2)由一阶线性微分方程求解公式有

$$F(x) = e^{-\int 2dx} \left[\int 4e^{2x} \cdot e^{\int 2dx} dx + C \right] = e^{-2x} \left[\int 4e^{4x} dx + C \right] = e^{2x} + Ce^{-2x}$$

将 $F(0) = f(0)g(0) = 0$ 代入上式,得 $C = -1$. 于是 $F(x) = e^{2x} - e^{-2x}$.

注 本题没有直接给出微分方程,而是要求先通过求导以及恒等变形引出微分方程再去求解之.

题 13 (1997①)设函数 $f(u)$ 具有二阶连续导数,而 $z = f(e^x \sin y)$ 满足方程 $\dfrac{\partial^2 z}{\partial x^2} + \dfrac{\partial^2 z}{\partial y^2} = e^{2x} z$,求 $f(u)$.

解 由题设先求 z 的偏导数

$$\frac{\partial z}{\partial x} = f'(u)e^x \sin y, \frac{\partial^2 z}{\partial x^2} = f'(u)e^x \sin y + f''(u)e^{2x} \sin^2 y$$

$$\frac{\partial z}{\partial y} = f'(u)e^x \cos y, \frac{\partial^2 z}{\partial y^2} = -f'(u)e^x \sin y + f''(u)e^{2x} \cos^2 y$$

代入原方程得 $f''(u) - f(u) = 0$. 它是 u 的二阶线性齐次微分方程,其特征方程为 $r^2 - 1 = 0$,其根 $r_{1,2} = \pm 1$.

于是 $f(u) = C_1 e^u + C_2 e^{-u}$.

题 14 (2001④)设 $f(x)$ 在 $(0, +\infty)$ 内连续,且 $f(1) = \dfrac{5}{2}$,又对所有 $x, t \in (0, +\infty)$,均满足条件

$$\int_0^{xt} f(u)du = t\int_1^x f(u)du + x\int_1^t f(u)du$$

求 $f(x)$.

解 由于 $f(x)$ 连续,题设方程各项均可导,两边关于 x 求导得

$$tf(xt) = tf(x) + \int_1^t f(u)du$$

令 $x = 1$,由 $f(1) = \dfrac{5}{2}$,得 $tf(t) = \dfrac{5}{2}t + \int_1^t f(u)du$.

此式右端是可导的,从而 $f(t)$ 是可导的. 上式两边关于 t 求导得

$$f(t) + tf'(t) = \frac{5}{2} + f(t), \text{即 } f'(t) = \frac{5}{2t}$$

两边积分得 $f(t) = \dfrac{5}{2}\ln t + C$. 由 $f(1) = \dfrac{5}{2}$,得 $C = \dfrac{5}{2}$.

于是 $f(x) = \dfrac{5}{2}(\ln x + 1)$.

题 15 (1997③)设函数 $f(t)$ 在 $[0, +\infty)$ 上连续,且满足方程

$$f(t) = e^{4\pi t^2} + \iint_{x^2 + y^2 \leq 4t^2} f\left(\frac{1}{2}\sqrt{x^2 + y^2}\right) dxdy$$

求 $f(t)$.

解 先来计算积分(利用极坐标变换)

$$\iint\limits_{x^2+y^2\leqslant 4t^2} f\left(\frac{1}{2}\sqrt{x^2+y^2}\right)\mathrm{d}x\mathrm{d}y = \int_0^{2\pi}\mathrm{d}\theta\int_0^{2t} f\left(\frac{1}{2}r\right)r\mathrm{d}r = 2\pi\int_0^{2t} rf\left(\frac{r}{2}\right)\mathrm{d}r$$

因此 $f(t) = \mathrm{e}^{4\pi t^2} + 2\pi\int_0^{2t} rf\left(\frac{r}{2}\right)\mathrm{d}r$.

上式求导得 $f'(t) = 8\pi t\mathrm{e}^{4\pi t^2} + 8\pi tf(t)$,即 $f'(t) - 8\pi tf(t) = 8\pi t\mathrm{e}^{4\pi t^2}$.

上面最末式为一阶线性微分方程,由求解公式知其通解为

$$f(t) = \mathrm{e}^{\int 8\pi t\mathrm{d}t}\left(\int 8\pi t\mathrm{e}^{4\pi t^2}\,\mathrm{e}^{-\int 8\pi t\mathrm{d}t}\,\mathrm{d}t + C\right) = (4\pi t^2 + C)\mathrm{e}^{4\pi t^2}$$

在原方程中,令 $t=0$,得 $f(0)=1$,代入通解中,定出 $C=1$.

故所求函数为 $f(t) = (4\pi t^2 + 1)\mathrm{e}^{4\pi t^2}$.

题 16 (2011③)设函数 $f(x)$ 在区间 $[0,1]$ 上具有连续导数,$f(0)=1$,且满足

$$\iint\limits_{D_t} f'(x+y)\mathrm{d}x\mathrm{d}y = \iint\limits_{D_t} f(t)\mathrm{d}x\mathrm{d}y$$

其中 $D_t = \{(x,y) \mid 0\leqslant y\leqslant t-x, 0\leqslant x\leqslant t\}$ $(0<t\leqslant 1)$.求 $f(x)$ 的表达式.

解 由题设可有

$$\iint\limits_{D_1} f'(x+y)\mathrm{d}x\mathrm{d}y = \int_0^t\mathrm{d}x\int_0^{t-x} f'(x+y)\mathrm{d}y = \int_0^t[f(t)-f(x)]\mathrm{d}x = tf(t) - \int_0^t f(x)\mathrm{d}x$$

又 $\iint\limits_{D_t} f(t)\mathrm{d}x\mathrm{d}y = \dfrac{t^2}{2}f(t)$,再由题设有 $tf(x) - \int_0^t f(x)\mathrm{d}x = \dfrac{t^2}{2}f(t)$.

两边对 t 求导整理得 $(2-t)f'(t) = 2f(t) \Rightarrow f(t) = \dfrac{C}{(2-t)^2}$.

下面是一则求 $f(x)$ 问题的引申,即求 $f(x) + f\left(\dfrac{1}{x}\right)$ 问题.

题 17 (2006①②)设函数 $f(u)$ 在 $(0,+\infty)$ 内具有二阶导数,且 $z = f(\sqrt{x^2+y^2})$ 满足等式

$$\frac{\partial^2 z}{\partial x^2} + \frac{\partial^2 z}{\partial y^2} = 0$$

(1)验证 $f''(u) + \dfrac{f'(u)}{u} = 0$;

(2)若 $f(1)=0$,$f'(1)=1$,求函数 $f(u)$ 的表达式.

解 (1)记 $u = \sqrt{x^2+y^2}$,则

$$\frac{\partial z}{\partial x} = f'(u)\cdot\frac{x}{\sqrt{x^2+y^2}}$$

$$\frac{\partial^2 z}{\partial x^2} = f''(u)\cdot\frac{x^2}{x^2+y^2} + f'(u)\cdot\frac{y^2}{(x^2+y^2)^{\frac{3}{2}}} \qquad ①$$

同样可以算得

$$\frac{\partial^2 z}{\partial y^2} = f''(u)\cdot\frac{y^2}{x^2+y^2} + f'(u)\cdot\frac{y^2}{(x^2+y^2)^{\frac{3}{2}}} \qquad ②$$

将式①、式②代入 $\dfrac{\partial^2 z}{\partial x^2} + \dfrac{\partial^2 z}{\partial y^2} = 0$,得

$$f''(u) + f'(u)\cdot\frac{1}{\sqrt{x^2+y^2}} = 0,\text{即 } f''(u) + \frac{f'(u)}{u} = 0$$

(2)上式可以改写为

$$uf''(u) + f'(u) = 0 \Rightarrow [uf'(u)]' = 0$$

于是有 $uf'(u) = C_1$,利用初始条件 $f'(1) = 1$ 得 $C_1 = 1$,所以

$$uf'(u) = 1, \quad 即 \quad f'(u) = \frac{1}{u}$$

由此得到 $f(u) = \ln u + C_2$,利用初始条件 $f(1) = 0$ 得 $C_2 = 0$。因此 $f(u) = \ln u$.

国内外大学数学竞赛题赏析

1. 微分方程求解

(1)解微分方程

例 1 求微分方程 $x^3 yy' = 1 - xyy' + y^2$ 的通解.(北京市大学生数学竞赛,1997)

解 将题设方程分离变量后化为

$$\frac{y}{1+y^2}\mathrm{d}y = \frac{\mathrm{d}x}{x(1+x^2)}, \quad 即 \quad \frac{y}{1+y^2}\mathrm{d}y = \left(\frac{1}{x} - \frac{x}{1+x^2}\right)\mathrm{d}x$$

两边积分有 $\frac{1}{2}\ln(1+y^2) = \frac{1}{2}\ln\frac{x^2}{1+x^2} + \frac{1}{2}\ln C$,即 $y^2 = \frac{Cx^2}{1+x^2} - 1$.

例 2 解微分方程 $y(y+1)\mathrm{d}x + [x(y+1) + x^2 y^2]\mathrm{d}y = 0$.(北京市大学生数学竞赛,1988)

解 题设方程经变形后可化为

$$\frac{y\mathrm{d}x + x\mathrm{d}y}{x^2 y^2} + \frac{\mathrm{d}y}{y+1} = 0, \quad 即 \quad \mathrm{d}\left(-\frac{1}{xy}\right) + \mathrm{d}(\ln|y+1|) = 0$$

解得 $-\frac{1}{xy} + \ln|y+1| = C_0$,或 $\ln|y+1| = C_0 \frac{1}{xy}$,即 $|y+1| = \mathrm{e}^{C_0}\mathrm{e}^{\frac{1}{xy}}$,故 $y = C\mathrm{e}^{\frac{1}{xy}} - 1$ 为方程通解.

例 3 求微分方程 $\frac{\mathrm{d}^2 x}{\mathrm{d}t^2} + 2\frac{\mathrm{d}x}{\mathrm{d}t} + 2x = 3$ 的通解.(广东省大学生数学竞赛,1991)

解 题设方程为二阶常系数微分方程,其相应齐次方程的特征方程为

$$r^2 + 2r + 2 = 0$$

解特征方程得 $r_1 = -1+\mathrm{i}$, $r_2 = -1-\mathrm{i}$.

故齐次方程的通解为 $x(t) = \mathrm{e}^{-t}(c_1\cos t + c_2\sin t)$,易看出,题设方程有特解

$$x^*(t) = \frac{3}{2}$$

则所求方程通解为 $x(t) = \mathrm{e}^{-t}(c_1\cos t + c_2\sin t) + \frac{3}{2}$.

例 4 求微分方程 $y'' - xy' - y = 0$ 的通解.(前苏联大学生数学竞赛,1991)

解 注意到 $y'' - xy' - y = (y' - xy)'$,故题设方程等价于 $y' - xy = C_1$,其中 C_1 为任一常数.

方程为一阶线性微分方程,由求解公式知原方程的通解为

$$y(x) = C_1\mathrm{e}^{\int x\mathrm{d}x}\left(\int_0^x \mathrm{e}^{-\int x\mathrm{d}x}\mathrm{d}x + C_2\right) = C_1\mathrm{e}^{\frac{x^2}{2}}\left(\int_0^x \mathrm{e}^{-\frac{x^2}{2}}\mathrm{d}x + C_2\right)$$

其中,C_1,C_2 为任意常数.

注 解本题关键在于发现 $y'' - xy' - y = (y' - xy)'$ 的关系式.

(2)求 $f(x)$ 问题

有时求函数 $f(x)$ 表达式问题涉及函数导数,这类问题本质上讲是求解微分方程.请看:

例 1 设 $f(x)$ 连续,试解方程 $f(x) = \mathrm{e}^x + \mathrm{e}^x\int_0^x [f(t)]^2\mathrm{d}t$.(北京市大学生数学竞赛,1997)

解 对题设方程两边求导有

$$f'(x) = \mathrm{e}^x + \mathrm{e}^x\int_0^x [f(t)]^2\mathrm{d}t + \mathrm{e}^x[f(x)]^2$$

与原方程比较有 $f'(x)=f(x)+\mathrm{e}^x[f(x)]^2$，即 $\dfrac{f'(x)}{f^2(x)}-\dfrac{1}{f(x)}x=\mathrm{e}^x$.

令 $u=\dfrac{1}{f(x)}$，则 $u'(x)=-\dfrac{f'(x)}{f^2(x)}$，故 $u'+u=\mathrm{e}^x$.

它是一阶线性微分方程，由一阶微分方程通解公式可有

$$u(x)=\mathrm{e}^{-\int \mathrm{d}x}\left[\int \mathrm{e}^{\int \mathrm{d}x}(-\mathrm{e}^x)\mathrm{d}x+C\right]=C\mathrm{e}^{-x}-\frac{1}{2}\mathrm{e}^x$$

故 $f(x)=\left(C\mathrm{e}^{-x}-\dfrac{1}{2}\mathrm{e}^x\right)^{-1}$，由 $f(0)=1$，可定出 $C=\dfrac{3}{2}$.

从而 $f(x)=\dfrac{2}{3\mathrm{e}^{-x}-\mathrm{e}^x}$.

例 2 已知 $f(x)$ 在 $\left(\dfrac{1}{4},\dfrac{1}{2}\right)$ 内满足 $f'(x)=\dfrac{1}{\sin^3 x+\cos^3 x}$，求 $f(x)$. （全国大学生数学竞赛，2010）

解 由 $\sin^3 x+\cos^3 x=\dfrac{1}{\sqrt{2}}\cos(\dfrac{\pi}{4}-x)\left[1+2\sin^2(\dfrac{\pi}{4}-x)\right]$，得

$$I=\sqrt{2}\int \dfrac{\mathrm{d}x}{\cos(\dfrac{\pi}{4}-x)\left[1+2\sin^2(\dfrac{\pi}{4}-x)\right]}$$

令 $u=\dfrac{\pi}{4}-x$，得

$$I=-\sqrt{2}\int \dfrac{\mathrm{d}u}{\cos u(1+2\sin^2 u)}=-\sqrt{2}\int \dfrac{\mathrm{d}\sin u}{\cos^2 u(1+2\sin^2 u)}$$

$$\xrightarrow{\text{令}\ t=\sin u}-\sqrt{2}\int \dfrac{\mathrm{d}t}{(1-t^2)(1+2t^2)}=-\dfrac{\sqrt{2}}{3}\left[\int \dfrac{\mathrm{d}t}{1-t^2}+\int \dfrac{2\mathrm{d}t}{1+2t^2}\right]$$

$$=-\dfrac{\sqrt{2}}{3}\left[\dfrac{1}{2}\ln\left|\dfrac{1+t}{1-t}\right|+\sqrt{2}\arctan\sqrt{2}t\right]+C$$

$$=-\dfrac{\sqrt{2}}{6}\ln\left|\dfrac{1+\sin(\dfrac{\pi}{4}-x)}{1-\sin(\dfrac{\pi}{4}-x)}\right|-\dfrac{2}{3}\arctan(\sqrt{2}\sin(\dfrac{\pi}{4}-x))+C$$

例 3 是否存在实空间 $\mathbf{R}=(-\infty,+\infty)$ 上的严格单增函数 $f(x)$ 满足 $f'(x)=f(f(x))$？（美国 Putnam Exam，2010）

解 答案是否定的，今用反证法证之.

假设 $f(x)$ 存在，由题设知 $f'(x)\geqslant 0$.

由 $f''(x)=f'(f(x))f'(x)\geqslant 0$，因而 $f'(x)$ 非减（单增）.

下面考虑 $f''(x)$ 的情况：

(1) 如果对于任意 $x\in \mathbf{R}$，均有 $f''(x)=0$，知 $f'(x)\equiv \mathrm{const}$（常数），这样存在某两常数 a,b，使 $f(x)=ax+b$. 再由题设 $f'(x)=f(f(x))$，即 $a=a(ax+b)+b$，可推得 $a=b=0$，这与题设 $f(x)$ 严格单增相悖！

(2) 对于 $x\in \mathbf{R}$ 时 $f''(x)=0$ 不总成立，比如存在 r，使 $f''(r)=s>0$，则对所有 $x\geqslant r$ 均有 $f''(x)\geqslant s$，知 $f'(x)$ 无界单增，这样存在某个实数 a，使 $f(a)>a+1>0$.

在区间 $[a,a+1]$ 上对 $f(x)$ 运用中值定理，有

$$f(a+1)>f(a+1)-f(a)=f'(c)=f(f(c))>f(f(a))>f(a+1)$$

矛盾！从而前设不真，这里 $c\in(a,a+1)$.

例 4 已知函数 $f(x)$ 满足 $f'(-x)=x[f'(x)-1]$，求 $f(x)$. （北京市大学生数学竞赛，1994）

解 用 $-x$ 代替 x 代入题设式有

$$f'(x)=-x[f'(-x)-1] \qquad ①$$

用 x 乘以题设式有

$$xf'(-x)=x^2[f'(x)-1] \qquad \qquad ②$$

由式①及式②(消去 $f'(-x)$)有 $f'(x)=\dfrac{x+x^2}{1+x^2}$,故

$$f(x)=\int \frac{x+x^2}{1+x^2}\mathrm{d}x=\frac{1}{2}\ln(1+x^2)+x-\arctan x+C$$

例 5　若函数 $f(x)$ 在 $(-\infty,+\infty)$ 可微,且对任意实数 x 和正整数 n 都有

$$f'(x)=\frac{f(x+n)-f(x)}{n}$$

求 $f(x)$.(美国 Putnam Exam,2010)

　　解　由题设对任意 $x\in\mathbf{R}$ 和 $n\in\mathbf{Z}^+$ 可有

$$nf'(x)=f(x+n)-f(x) \qquad \qquad ①$$

又由题设 $n=1$ 时有

$$f'(x+1)=\frac{f(x+2)-f(x+1)}{1}$$
$$=[f(x+2)-f(x)]-[f(x+1)-f(x)]$$

再由式①可有

$$f'(x+1)=2f'(x)-f'(x)=f'(x) \qquad \qquad ②$$

从而再由式①且注意到上面式②,有

$$f''(x)=[f'(x)]'=[f(x+1)-f(x)]'=f'(x+1)-f'(x)=0$$

上式两边积分两次可得

$$f(x)=ax+b$$

容易验证,任何线性函数 $f(x)=ax+b$ 均满足题设等式.

　　例 6　设 $f(x)$ 在 $(-\infty,+\infty)$ 上有定义,且对于任意的实数 a,b 有等式 $f(a+b)=\mathrm{e}^a f(b)+\mathrm{e}^b f(a)$ 成立,又 $f'(0)=1$,求 $f(x)$.(北京市大学生数学竞赛,2006)

　　解　由 $f(0+0)=f(0)+f(0)$,得 $f(0)=0$,有

$$f'(x)=\lim_{\Delta x\to 0}\frac{f(x+\Delta x)-f(x)}{\Delta x}=\lim_{\Delta x\to 0}\frac{\mathrm{e}^x f(\Delta x)+\mathrm{e}^{\Delta x}f(x)-f(x)}{\Delta x}$$
$$=\lim_{\Delta x\to 0}\frac{\mathrm{e}^x[f(\Delta x)-f(0)]+f(x)(\mathrm{e}^{\Delta x}-\mathrm{e}^0)}{\Delta x}=\mathrm{e}^x+f(x)$$

解此微分方程可得 $f(x)=\mathrm{e}^x(C+x)$,又 $f(0)=0$,所以 $f(x)=x\mathrm{e}^x$.

　　注　这是一道成题,多次被部分院校当作考研试题(全国统考前).

　　例 7　函数 $f(x),g(x),h(x)$ 在 $(-\delta,\delta)$ 内可微,且满足

$$f'=2f^2 gh+\frac{1}{gh},f(0)=1$$

$$g'=fg^2 h+\frac{4}{fh},g(0)=1$$

$$h'=3fgh^2+\frac{1}{fg},h(0)=1$$

求 $f(x)$.(美国 Putnam Exam,2009)

　　解　由题设且注意到

$$(fgh)'=f'gh+fg'h+fgh'$$
$$=(2f^2 gh+\frac{1}{gh})gh+(fg^2 h+\frac{4}{fh})fh+$$

$$(3fgh^2+\frac{1}{fg})fg$$
$$=6f^2g^2h^2+6$$

令 $F(x)=f(x)g(x)h(x)$,则其满足微分方程

$$F'(x)=6F^2+6=6(F^2+1)$$

又 $F(0)=f(0)g(0)h(0)=1$,则可解得

$$F(x)=\tan(6x+\frac{\pi}{4})$$

再由第 1 个题设方程可有

$$f'=2fF+\frac{f}{F}\Rightarrow\frac{f'(x)}{f(x)}=2F(x)+\frac{1}{F(x)}$$

从而

$$\frac{f'(x)}{f(x)}=2\tan(6x+\frac{\pi}{4})+\cot(6x+\frac{\pi}{4})$$

两边积分且注意到 $\tan t=\frac{\sin t}{\cos t},\cot t=\frac{\cos t}{\sin t}$,可得

$$\ln f(x)=-\frac{1}{3}\ln\cos(6x+\frac{\pi}{4})+\frac{1}{6}\ln\sin(6x+\frac{\pi}{4})+C$$

故

$$f(x)=e^C\sqrt[6]{\sin(6x+\frac{\pi}{4})}/\sqrt[3]{\cos(6x+\frac{\pi}{4})}$$

又 $f(0)=1$,得

$$e^C=\sqrt[6]{\frac{\sqrt{2}}{2}}=\frac{1}{\sqrt[12]{2}}或\ 2^{-\frac{1}{12}}$$

从而

$$f(x)=2^{-\frac{1}{12}}\sqrt[6]{\sin(6x+\frac{\pi}{4})}/\sqrt[3]{\cos(6x+\frac{\pi}{4})}$$

再来看一个涉及求导函数表达式的例子.

例 8 设函数 $\varphi(x)=\int_0^{\sin x}f(tx^2)dt$,其中 $f(x)$ 是连续函数,且 $f(0)=2$.

(1) 求 $\varphi'(x)$;(2) 讨论 $\varphi'(x)$ 的连续性.(天津市大学生数学竞赛,2008)

解 由题设且令 $u=tx^2$,则 $\varphi(x)=\int_0^{x^2\sin x}\frac{1}{x^2}f(u)du=\frac{1}{x^2}\int_0^{x^2\sin x}f(u)du,x\neq 0$,由已知得 $\varphi(0)=0$.

(1) 当 $x\neq 0$ 时,有

$$\varphi'(x)=-\frac{2}{x^3}\int_0^{x^2\sin x}f(u)du+\frac{1}{x^2}f(x^2\sin x)(2x\sin x+x^2\cos x)$$
$$=-\frac{2}{x^3}\int_0^{x^2\sin x}f(u)du+f(x^2\sin x)\left(\frac{2}{x}\sin x+\cos x\right)$$

在 $x=0$ 点处,由导数定义有

$$\varphi'(0)=\lim_{x\to 0}\frac{\varphi(x)-\varphi(0)}{x}=\lim_{x\to 0}\frac{1}{x^3}\int_0^{x^2\sin x}f(u)du=\lim_{x\to 0}\frac{(2x\sin x+x^2\cos x)f(x^2\sin x)}{3x^2}$$
$$=\lim_{x\to 0}f(x^2\sin x)\cdot\lim_{x\to 0}\frac{2\sin x+x\cos x}{3x}=f(0)=2$$

所以 $\varphi'(x)=\begin{cases}-\dfrac{2}{x^2}\int_0^{x^2\sin x}f(u)du+f(x^2\sin x)\left(\dfrac{2}{x}\sin x+\cos x\right),& x\neq 0\\ 2,& x=0\end{cases}$.

（2）因为

$$\lim_{x \to 0}\varphi'(x) = \lim_{x \to 0}\left[-\frac{2}{x^3}\int_0^{x^2 \sin x} f(u)\mathrm{d}u + f(x^2 \sin x)\left(\frac{2}{x}\sin x + \cos x \right) \right] = -2f(0) + 3f(0) = 2 = \varphi'(0)$$

故 $\varphi'(x)$ 在 $x=0$ 点处连续；又当 $x \neq 0$ 时，$\varphi'(x)$ 连续，所以 $\varphi'(x)$ 处处连续.

2. 微分方程解的性质及解微分方程的反问题

例1 当 λ 为何值时，方程 $\int_0^1 \min\{x,y\}f(y)\mathrm{d}y = \lambda f(x)$ 在 $(0,1)$ 内有不恒为零的连续解？试求之.
(美国 Putnam Exam,1948)

解 将题设方程改写为

$$\lambda f(x) = \int_0^x yf(y)\mathrm{d}y + x\int_x^1 f(y)\mathrm{d}y \qquad ①$$

由上式则当 $\lambda \neq 0$ 时，$f(x)$ 可微，故

$$\lambda f'(x) = xf(x) - xf(x) + \int_x^1 f(y)\mathrm{d}y = \int_x^1 f(y)\mathrm{d}y \qquad ②$$

同样由上式知 $f'(x)$ 可微，从而又有

$$\lambda f''(x) = -f(x) \qquad ③$$

若 $\lambda = 0$，则有 $-f(x) = 0$，即 $f(x) = 0$.

若 $\lambda \neq 0$，式③的通解为

$$f(x) = A\cos\frac{x}{\sqrt{|\lambda|}} + B\sin\frac{x}{\sqrt{|\lambda|}} \qquad ④$$

又由式①有 $\lim\limits_{x \to 0}f(x) = 0$，从而式④中 $A = 0$.

再由式②有 $\lim\limits_{x \to 0}f'(x) = 0$，知 $\lambda < 0$ 时，式中 $B = 0$，有 $f(x) = 0$.

当 $\lambda > 0$ 时，仅当 $\cos\frac{x}{\sqrt{\lambda}} = 0$，即 $\frac{1}{\sqrt{\lambda}}$ 为 $k\pi + \frac{\pi}{2}$ 时式④有非平凡解 $f(x) = B\sin\left(k\pi + \frac{\pi}{2} \right)$，此时 $\lambda = \frac{4}{(2k+1)^2\pi^2}$，其中 $k = 0,1,2,\cdots$.

例2 求以 $y = (C_1 + C_2x + x^2)\mathrm{e}^{-2x}$（其中，$C_1,C_2$ 为任意常数）为通解的微分方程.（陕西省大学生数学竞赛,1999）

解1 由题设可有

$$y' = -2y + (C_2 + 2x)\mathrm{e}^{-2x} \qquad ①$$
$$y'' = -2y' + 2\mathrm{e}^{-2x} - 2(C_2 + 2x)\mathrm{e}^{-2x} \qquad ②$$

由式①有 $(C_2 + 2x)\mathrm{e}^{-2x} = y' + 2y$，代入式②得

$$y'' = -2y' + 2\mathrm{e}^{-2x} - 2y' - 4y, \quad 即 \quad y'' + 4y' + 4y = 2\mathrm{e}^{-2x}$$

解2 由题设的结构知所求方程为线性方程，且其相应齐次方程为

$$y'' + 4y' + 4y = 0$$

又由题设取 $C_1 = C_2 = 0$，知 $x^2\mathrm{e}^{-2x}$ 是所求方程的解，则方程形如

$$y'' + 4y' + 4y = f(x)$$

从而 $f(x) = (x^2\mathrm{e}^{-2x})'' + 4(x^2\mathrm{e}^{-2x})' + 4(x^2\mathrm{e}^{-2x}) = 2\mathrm{e}^{-2x}$，故所求方程

$$y'' + 4y' + 4y = 2\mathrm{e}^{-2x}$$

例3 若 $y_1(x) = \mathrm{e}^x, y_2(x) = 2x\mathrm{e}^x, y_3(x) = 3\cos 3x, y_4(x) = 4\sin 3x$ 是 4 阶常系数线性微分方程的解，求该方程及其通解.（北京市大学生数学竞赛,1995）

解 由设可知题设微分方程的特征方程为

$$(r-1)^2(r^2 + 3^2) = 0$$

即 $r^4-2r^3+10r^2-18r+9=0$，故所求微分方程为
$$y^{(4)}-2y^{(3)}+10y^{(2)}-18y^{(1)}+9y=0$$
又方程通解为 $y=(C_1+C_2x)e^x+C_3\cos 3x+C_4\sin 3x$.

例 4 已知 $y_1=xe^x+e^{2x}$，$y_2=xe^x+e^{-x}$，$y_3=xe^x+e^{2x}-e^{-x}$ 是某二阶常系数线性非齐次微分方程的三个解，试求此微分方程.（全国大学生数学竞赛，2008）

根据二阶线性非齐次微分方程解的结构的有关知识，由题设可知：e^{2x} 与 e^{-x} 是相应齐次方程两个线性无关的解，且 xe^x 是非齐次的一个特解. 故可用下述两种方法求解.

解 1 由上面分析知此方程为 $y''-y'-2y=f(x)$，将 $y=xe^x$ 代入上式，得
$$f(x)=(xe^x)''-(xe^x)'-2xe^x=2e^x+xe^x-e^x-xe^x-2xe^x=e^x-2xe^x$$
故所求方程为 $y''-y'-2y=e^x-2xe^x$.

解 2 故 $y=xe^x+c_1e^{2x}+c_2e^{-x}$，是所求方程的通解，由
$$y'=e^x+xe^x+2c_1e^{2x}-c_2e^{-x}, \quad y''=2e^x+xe^x+4c_1e^{2x}+c_2e^{-x}$$
消去 c_1,c_2 得所求方程为 $y''-y'-2y=e^x-2xe^x$.

例 5 设 $y_1(x),y_2(x),y_3(x)$ 均为非齐次线性方程 $y''+P_1(x)y'+P_2(x)y=Q(x)$ 的特解，其中 $P_1(x),P_2(x),Q(x)$ 为已知函数，且 $\dfrac{y_2-y_1}{y_3-y_1}\neq$ 常数. 证明 $y=(1-C_1-C_2)y_1+C_1y_2+C_2y_3$ 为题设方程的通解.（北京市大学生数学竞赛，1990）

证 由题设且注意到（对 y 分别求一阶、二阶导数）
$$y'=(1-C_1-C_2)y_1'+C_1y_2'+C_2y_3'$$
$$y''=(1-C_1-C_2)y_1''+C_1y_2''+C_2y_3''$$
代入题设方程式左经化简后可有
$$\text{式左}=(1-C_1-C_2)Q(x)+C_1Q(x)+C_2Q(x)=Q(x)$$
故知 $y=(1-C_1-C_2)y_1+C_1y_2+C_2y_3$ 为原方程的解.

又 $$y=(1-C_1-C_2)y_1+C_1y_2+C_2y_3=y_1+C_1(y_2-y_1)+C_2(y_3-y_1)$$
由设 y_2-y_1,y_3-y_1 是相应齐次方程的解，再由 $\dfrac{y_2-y_1}{y_3-y_1}\neq$ 常数，即它们线性无关，又 y_1 是题设方程的特解，故 $y=(1-C_1-C_2)y_1+C_1y_2+C_2y_3$ 是题设方程的通解.

例 6* 设函数 $y(x)$ 满足微分方程 $y''=-(1+\sqrt{x})y$ 及初始条件 $y(0)=1$，$y'(0)=0$. 求证 $y(x)$ 在区间 $\left(0,\dfrac{\pi}{2}\right)$ 内恰有一个零点.（美国 Putnam Exam，1961）

证 考察下面三个具有初始条件的方程所确定的函数
$$u''+3u=0, \quad u(0)=1, \quad u'(0)=0$$
$$y''+(1+\sqrt{x})y=0, \quad y(0)=1, \quad y'(0)=0$$
$$v''+v=0, \quad v(0)=1, \quad v'(0)=0.$$
解得 $u(x)=\cos\sqrt{3}x$，$v(x)=\cos x$.

对于 $0<x<\dfrac{\pi}{2}$，可有 $1<1+\sqrt{x}<3$. 这样，由斯图姆（Sturm，J.C.F.）比较定理（请阅读相关文献）知：

在 $\left(0,\dfrac{\pi}{2}\right)$ 内，u 的第一个零点 $\dfrac{\pi}{2\sqrt{3}}$ 应位于 y 的第一个零点 ξ 的前面，而 ξ 应位于 v 的第一个零点 $\dfrac{\pi}{2}$ 的前面，即 $\dfrac{\pi}{2\sqrt{3}}<\xi<\dfrac{\pi}{2}$. 假定 y 在 $\left(\xi,\dfrac{\pi}{2}\right)$ 有第二个零点 η，则由斯图姆定理断定：

u 的零点应位于 (ξ,η) 内,但 u 在 $\left(0,\dfrac{\pi}{2}\right)$ 内仅有一个零点 $\dfrac{\pi}{2\sqrt{3}}<\xi$,故 y 不可能有第二个零点出现在 $\left(0,\dfrac{\pi}{2}\right)$ 内.

例 7 证明方程 $y'=\dfrac{1}{1+x^2+y^2}$ 的全部解在整个数轴上有界.(前苏联大学生数学竞赛试题)

证 将题设方程两边从 0 到 x 积分有

$$y(x)-y(0)=\int_0^x \frac{\mathrm{d}x}{1+x^2+y^2}$$

故当 $x\geqslant 0$ 时总有

$$|y(x)-y(0)|\leqslant \int_0^x \frac{\mathrm{d}x}{1+x^2}\leqslant \int_0^{+\infty}\frac{\mathrm{d}x}{1+x^2}=\arctan x\Big|_0^{+\infty}=\frac{\pi}{2}$$

仿上对 $x<0$ 时我们可有同样的不等式.

下面是一则求函数解析式的例子.

例 8 试求满足函数方程 $f(x+y)=\dfrac{f(x)+f(y)}{1-f(x)f(y)}$ 的所有可微函数.(前苏联大学生数学竞赛,1975)

解 因为 $f(x)=\dfrac{f(x)+f(0)}{1-f(x)f(0)}$,所以

$$f(0)(1+f^2(x))=0\Rightarrow f(0)=0$$

又

$$f'(x)=\lim_{\Delta x\to 0}\frac{f(x+\Delta x)-f(x)}{\Delta x}=\lim_{\Delta x\to 0}\frac{f(\Delta x)}{\Delta x}\cdot\frac{1+f^2(x)}{1-f(x)f(\Delta x)}=f'(0)(1+f^2(x))$$

由此

$$\int_0^x \frac{f'(x)}{1+f^2(x)}\mathrm{d}x=\int_0^x f'(0)\mathrm{d}x\Rightarrow \arctan f(x)=f'(0)x$$

故

$$f(x)=\tan cx$$

3. 微分方程的应用

先来看一个利用微分方程求级数和的例子.

例 1 证明 $x+\dfrac{2}{3}x^3+\dfrac{2}{3}\cdot\dfrac{4}{5}x^5+\dfrac{2}{3}\cdot\dfrac{4}{5}\cdot\dfrac{6}{7}x^7+\cdots=\dfrac{\arcsin x}{\sqrt{1-x^2}}$.(美国 Putnam Exam,1948)

证 令 $f(x)=x+\dfrac{2}{3}x^3+\dfrac{2}{3}\cdot\dfrac{4}{5}x^5+\dfrac{2}{3}\cdot\dfrac{4}{5}\cdot\dfrac{6}{7}x^7+\cdots$,则

$$f'(x)=1+x\left(2x+\frac{2}{3}\cdot 4x^3+\frac{2}{3}\cdot\frac{4}{5}\cdot 6x^5+\cdots\right)=1+x\frac{\mathrm{d}}{\mathrm{d}x}\left(x^2+\frac{2}{3}x^4+\frac{2}{3}\cdot\frac{4}{5}x^6+\cdots\right)$$
$$=1+x[xf(x)]'=1+xf(x)+x^2f'(x)$$

即 $(1-x^2)f'(x)-xf(x)-1=0$.

又由题设知 $f(0)=0$,可由上式解得满足初始问题 $f(0)=0$ 的解

$$f(x)=\frac{\arcsin x}{\sqrt{1-x^2}}$$

故 $x+\dfrac{2}{3}x^3+\dfrac{2}{3}\cdot\dfrac{4}{5}x^5+\dfrac{2}{3}\cdot\dfrac{4}{5}\cdot\dfrac{6}{7}x^7+\cdots=\dfrac{\arcsin x}{\sqrt{1-x^2}}$.

例 2 证明下面等式

$$\frac{\dfrac{x}{1}+\dfrac{x^3}{1\cdot 3}+\dfrac{x^5}{1\cdot 3\cdot 5}+\dfrac{x^7}{1\cdot 3\cdot 5\cdot 7}+\cdots}{1+\dfrac{x^2}{2}+\dfrac{x^4}{2\cdot 4}+\dfrac{x^6}{2\cdot 4\cdot 6}+\cdots}=\int_0^x \mathrm{e}^{-\frac{t^2}{2}}\mathrm{d}t$$

（美国 Putnam Exam，1950）

证 由题设式分母为 $\sum_{n=0}^{\infty} \frac{1}{n!} \cdot \left(\frac{x^2}{2}\right) = \mathrm{e}^{\frac{x^2}{2}}$，分子收敛，设其和为 $f(x)$，则只需证

$$f(x) = \mathrm{e}^{\frac{x^2}{2}} \int_0^x \mathrm{e}^{-\frac{t^2}{2}} \mathrm{d}t \qquad (*)$$

对 $f(x) = \sum_{k=1}^{\infty} \frac{x^{2k-1}}{(2k-1)!!}$ 逐项微导，可得 $f'(x) = 1 + xf(x)$.

又 $f(0) = 0$，则可由 $y'(x) - xu(x) = 0$，得 $y(x) = c\mathrm{e}^{\frac{x^2}{2}}$.

又 $\mathrm{e}^{-\frac{t^2}{2}}$ 是 $f'(x) = 1 + xf(x)$ 的一个积分因子，从而 $\left[f(x)\mathrm{e}^{-\frac{x^2}{2}}\right]' = \mathrm{e}^{-\frac{x^2}{2}}$，故式 (*) 成立.

再来看两个应用问题.

例 3 飞机在机场开始滑行着陆. 在着陆时刻已失去垂直速度，水平速度为 v_0 m/s. 飞机与地面的摩擦因数为 μ，且飞机运动时所受空气的阻力与速度的平方成正比，在水平方向的比例系数为 k_x kg·s^2/m^2，在垂直方向的比例系数为 k_y kg·s^2/m^2. 设飞机的质量为 m kg，求飞机从着陆到停止所需的时间. （北京市大学生数学竞赛，2007）

解 水平方向的阻力 $R_x = k_x v^2$，垂直方向的阻力 $R_y = k_y v^2$，摩擦力 $W = \mu(mg - R_y)$.

由牛顿第二定律，有 $\dfrac{\mathrm{d}^2 s}{\mathrm{d}t^2} + \dfrac{k_x - \mu k_y}{m} \left(\dfrac{\mathrm{d}s}{\mathrm{d}t}\right)^2 + \mu g = 0$.

记 $A = \dfrac{k_x - \mu k_y}{m}$，$B = \mu g$，根据题意知 $A > 0$. 于是有 $\dfrac{\mathrm{d}^2 s}{\mathrm{d}t^2} + A\left(\dfrac{\mathrm{d}s}{\mathrm{d}t}\right)^2 + B = 0$，即 $\dfrac{\mathrm{d}v}{\mathrm{d}t} + Av^2 + B = 0$.

分离变量得 $\dfrac{\mathrm{d}v}{Av^2 + B} = -\mathrm{d}t$，积分得 $\dfrac{1}{\sqrt{AB}} \arctan\left(\sqrt{\dfrac{A}{B}}\, v\right) = -t + C$.

代入初始条件 $t = 0$，$v = v_0$，得 $C = \dfrac{1}{\sqrt{AB}} \arctan\left(\sqrt{\dfrac{A}{B}}\, v_0\right)$.

故 $t = \dfrac{1}{\sqrt{AB}} \arctan\left(\sqrt{\dfrac{A}{B}}\, v_0\right) - \dfrac{1}{\sqrt{AB}} \arctan\left(\sqrt{\dfrac{A}{B}}\, v\right)$.

当 $v = 0$ 时，$t = \dfrac{1}{\sqrt{AB}} \arctan\left(\sqrt{\dfrac{A}{B}}\, v_0\right) = \sqrt{\dfrac{m}{(k_x - \mu k_y)\mu g}} \arctan\sqrt{\dfrac{k_x - \mu k_y}{m\mu g}}\, v_0$ (s).

例 4 某湖泊的蓄水量为 V，每年流入湖泊中的含污染物 A 的污水量为 $\dfrac{V}{6}$，流入湖泊中的不含污染物 A 的水量为 $\dfrac{V}{6}$，流出湖泊的水量为 $\dfrac{V}{3}$，已知 2005 年底湖泊中污染物 A 的含量为 $5m_0$，超过国家规定的指标，为了治理污染，从 2006 年初，限定流入湖泊中的含污染物 A 的污水浓度不超过 $\dfrac{m_0}{V}$，问至少需要经过多少年，湖泊中污染物 A 的含量降至 m_0 以内. 假设湖水中污染物 A 的分布是均匀的. （北京大学生数学竞赛，2009）

解 设 t 年湖泊中污染物 A 的含量为 $m(t)$，则浓度为 $\dfrac{m(t)}{V}$，污染物增量为 $\mathrm{d}m(t)$，又设 2006 年初 $t_0 = 0$，$m(0) = 5m_0$，$m(T) = m_0$，由于污染物 A 的增量＝污染物 A 的流入量－污染物 A 的流出量，在时间间隔 $[t, t+\mathrm{d}t]$ 内污染物 A 的流入量为 $\dfrac{V}{6} \cdot \dfrac{m_0}{V} \mathrm{d}t = \dfrac{m_0}{6} \mathrm{d}t$，污染物 A 的流出量为 $\dfrac{V}{3} \cdot \dfrac{m(t)}{V} \mathrm{d}t = \dfrac{m(t)}{3} \mathrm{d}t$.

于是 $\mathrm{d}m = \dfrac{m_0}{6} \mathrm{d}t - \dfrac{m}{3} \mathrm{d}t$，即 $\dfrac{\mathrm{d}m}{\mathrm{d}t} = \dfrac{m_0}{6} - \dfrac{m}{3}$.

此微分方程系可分离变量的微分方程，或一阶线性微分方程，求解得

$$m(t) = \mathrm{e}^{-\int \frac{1}{3}\mathrm{d}t} \left[C + \int \frac{m_0}{6} \mathrm{e}^{\int \frac{1}{3}\mathrm{d}t} \mathrm{d}t\right] = \frac{m_0}{2} + C\mathrm{e}^{-\frac{1}{3}t}$$

由 $m(0)=5m_0$，得 $C=\dfrac{9}{2}m_0$，因此满足初始条件的特解为

$$m(t)=\dfrac{m_0}{2}+\dfrac{9}{2}m_0\mathrm{e}^{-\frac{1}{3}t}$$

又由 $m(T)=\dfrac{m_0}{2}+\dfrac{9}{2}m_0\mathrm{e}^{-\frac{1}{3}T}=m_0$，解得 $T=6\ln 3\approx 6.6$(年)，即至少需要经过 6.6 年，湖泊中污染物 A 的含量降至 m_0 以内.

习　　题

1. 求下列方程的解：

(1) $xy'+2y=\mathrm{e}^{-x}$.（山东工学院，1982）

(2) $y'=\dfrac{1}{x-y^2}$.（华东纺织工学院，1982）

(3) $y'=\dfrac{1}{x+2y}$.（一机部研究院，1982）

(4) $y'=\dfrac{x+y+1}{x-y-3}$.（湖南大学，1980）

(5) $y'=\dfrac{3x^2+y^2-6x+3}{2xy-2y}$.（上海交通大学，1983）

(6) $y-xy'=\pi(y^2+y')$.（兰州大学，1982）

(7) $y'\csc^2 x+y-\tan x=0$.（北京师范大学，1982）

(8) $(xy+y+\sin y)\mathrm{d}x+(x+\cos y)\mathrm{d}y=0$.（天津大学，1981）

(9) $(x^2-y^2-2y)\mathrm{d}x+(x^2+2x-y^2)\mathrm{d}y=0$.（西安交通大学，1980）

(10) $(xy^5-x^2y^2)\mathrm{d}y+(x^2-y^6)\mathrm{d}x=0$.（中国科技大学，1982）

(11) $(x^2y^2+x)\mathrm{d}x+(x^3y+x+xy^2)\mathrm{d}y=0$.（湖南大学，1983）

2. 求下列适合给定初始条件的解：

(1) $y'=1-x+y^2-xy^2$；$y(0)=1$.（浙江大学，1980）

(2) $y'=2|y|^{\frac{1}{2}}$；$y(0)=0$，这里 y 在 $(-\infty,+\infty)$ 内单调.（陕西机械学院，1983）

(3) $(x\cos y+\sin^2 y)y'=1$；$y(0)=0$.（华东纺织工学院，1982）

(4) $xy'+(1-x)y=\mathrm{e}^{2x}(0<x<+\infty)$，且 $\lim\limits_{x\to 0^+}y(x)=1$.（北京钢铁学院，1980）

(5) $(y^3+xy)y'=1$，$y(0)=0$.（北京农机学院，1980）

(6) $y(0)=1$，$y(x)=\displaystyle\int_0^x y(t)\mathrm{d}t+x^2+1$.（合肥工业大学，1983）

3. 已给微分方程 $y'+y=f(x)$，其中 $f(x)=\begin{cases}1, & 0\leqslant x\leqslant 1\\ 0, & x>1\end{cases}$. 求连续函数 $y=f(x)$，满足 $y(0)=0$，且在区间 $[0,1)$，$(1,+\infty)$ 内满足上述方程.（天津大学，1980；合肥工业大学，1981）

4. 试用幂级数求微分方程 $(1-x)y'+y=1$ 满足初始条件 $y|_{x=0}=0$ 的特解.（华东师范大学，1984）

5. 已知 $f(0)=0$ 且 $f'(x)=1+\displaystyle\int_0^x[6\sin^2 t-f(t)]\mathrm{d}t$，求 $f(x)$.（长沙铁道学院，1983）

6. 试求满足 $\displaystyle\int_0^1 f(tx)\mathrm{d}x=af(x)(a>0)$ 的函数 $f(x)$.（南京工学院，1983）

7. 若对于所有实数 x，函数 $f(x)$ 满足方程

$$\int_0^x f(t)\mathrm{d}t=\int_x^1 t^2 f(t)\mathrm{d}t+\dfrac{x^2}{2}+c$$

试求函数 $f(x)$ 及常数 c.（浙江大学，1984）

8. 若 $f(x)$ 是不恒为 0 的连续函数，且满足

$$f^2(x) = \int_x^\pi f(t)\frac{\cos t}{2+\sin t}dt$$

求 $f(x)$. (无锡轻工业学院, 1983)

9. 设函数 $y=y(x)$ 的二阶导数连续, 且 $y'(0)=0$, 又 $y(x)$ 满足

$$y(x) = e^{-x} - \frac{1}{2}\int_0^x [y''(t) + y(t) + t]dt$$

求 $y(x)$. (苏州丝绸工学院, 1983)

10. 求具有连续二阶导数的函数 $f(x)$, 使积分

$$\oint_l [\ln x - f'(x)]\frac{y}{x}dx + f'(x)dy = 0$$

其中 l 为 Oxy 平面第一象限内的任一闭曲线, 又 $f(1)=f'(1)=0$. (西北工业大学, 1983)

11. 若 $f(x)$ 在数轴上处处确定, 恒不为零, $f'(0)$ 存在, 且对任何 x, ξ 恒有 $f(x+\xi) = f(x) \cdot f(\xi)$. 试根据导数定义求 $f'(x)$ 与 $f(x)$ 之间关系, 并由此求 $f(x)$. (西北工业大学, 1979)

12. 试求一可导函数 $y(x)$, 使当 $x \geq 0$ 时, 恒有下式成立: $\int_0^{y^2} e^t dt - xe^x = 0$. (北京轻工业学院, 1984)

13. 设二次可微函数 $f(x)$ 满足方程

$$\int_0^x (x+1-t)f'(t)dt = x^2 + e^x - f(x)$$

求 $f(x)$. (天津大学, 1984)

14. 试求连续函数 $y=y(x)$, 使之适合 $y = x^3 + \int_1^x \frac{y(t)}{t}dt (x > 0)$. (甘肃工业大学, 1984)

15. 设可微函数 $f(x)$ 满足方程 $f(x) - 1 = \int_1^x \left[f^2(x)\ln x - \frac{f(x)}{x}\right]dx$, 求 $f(x)$. (西北轻工业学院, 1985)

16. 若连续函数 $f(x)$ 满足 $f(x) = 1 + \int_x^x \frac{f(t)}{t^2}dt$, 求 $f(x)$. (安徽工学院, 1984)

17. 试确定定义在 $x \geq 0$ 上的正实数值函数, 使它对于每一正数 x, 函数 $f(x)$ 在闭区间 $[0, x]$ 上的平均值等于 $f(0)$ 与 $f(x)$ 的几何平均值. (北京航空学院, 1983)

18. 若在 $x > -1$ 所定义的可微函数 $f(x)$ 满足条件

$$f'(x) + f(x) - \frac{1}{x+1}\int_0^x f(t)dt = 0, \quad f(0) = 1$$

(1) 求 $f'(x)$; (2) 试证当 $x \geq 0$ 时, $e^{-x} \leq f(x) \leq 1$. (大连工学院, 1980; 东北工学院, 1983)

19. 设非齐次线性微分方程 $y' + P(x)y = Q(x)$ 有两个不同的解 y_1, y_2, 若其线性组合 $\alpha y_1 + \beta y_2$ 也是方程的解, 试求 α 与 β 的关系. (华南工学院, 1980)

20. 求下列微分方程的通解:

(1) $y'' + 3y' + 2y = 4e^{-2x}$. (兰州大学, 1982)

(2) $y'' + 2y' + 2y = 3e^{-x}$. (东北工学院, 1982)

(3) $y'' + y' - y = 2e^{-x}$. (武汉地质学院, 1982)

(4) $y'' - y = e^{2x}$. (华东化工学院, 1982)

(5) $y'' - y' = x\sin^2 x$. (长沙铁道学院, 1981)

(6) $y'' + 16y = \sin(4x+a)$ (a 是常数). (天津大学, 1982)

(7) $y'' + 4y' = 4 + \cos 2x$. (郑州工学院, 1982)

(8) $y'' + y = \sin x - 2e^{-x}$. (上海交通大学, 1983)

(9) $y'' - 7y' + 6y = \sin x + e^x$. (兰州铁道学院, 1982)

(10)$y'' - 3y' + 2y = 16x + \sin 2x + e^{2x}$. (一机部研究院,1982)

(11)$y'' - 4y' + 4y = (1 + t + t^2 + \cdots + t^{23})e^{2t}$. (浙江大学,1980)

(12)$y'' - by' = e^{ax}$(a, b 为非零常数). (北京化工学院,1980)

(13)$y'' + 2ay' + a^2 y = e^x$(a 为实常数). (中山大学,1981)

(14)$y'' - 2y' + \lambda y = xe^{ax} + \sin 2x$($\lambda, a$ 为实常数). (湖南大学,1982)

(15)$y'' + y = \tan x$. (华中工学院,1981)

(16)$y'' + y' - 2y = \dfrac{e^x}{1 + e^x}$. (中国科学院研究生院,1982)

(17)$(x + 1)y'' + y' = \ln(x + 1)$. (东北工学院,1982)

(18)$x^2 y'' + \mu y = 0$,u 为实常数. (北京工业大学,1983)

(19)$x^2 y'' - 4xy' + 6y = 2\ln x$. (湘潭大学,1981)

(20)$x^4 y'' + 2x^3 y' + n^2 y = 0$($x \neq 0$,$n$ 为正整数). (国防科技大学,1981)

(21)$y'' - \dfrac{1}{x}y' + \dfrac{1}{x^2}(y - \ln x) = 0$. (北方交通大学,1982)

(22)$x^2 y'' - xy' + y - 4x + 3x^2 = 0$. (甘肃工业大学,1982)

(23)$\dfrac{d^2 u}{dr^2} + \dfrac{2}{r}\dfrac{du}{dr} + k^2 u = 0$(北京师范学院,1982)

21. 求解满足下列初始条件的微分方程:

(1)$y'' + 4y' + 3y = e^{-t}$,$y(0) = y'(0) = 1$. (华东纺织工学院,1982)

(2)$y'' - y = 4xe^x$,$y(0) = 0$,$y'(0) = 1$. (华北水电学院,1982)

(3)$y'' + y = 3\cos 2x$,$y(0) = 0$,$y'(0) = 1$. (山东大学,1982)

(4)$y'' + 4y = 3|\sin x|$,在$(-\pi, \pi)$上且有 $y\left(\dfrac{\pi}{2}\right) = 0$,$y'\left(\dfrac{\pi}{2}\right) = 1$. (北京航空学院,1981;成都电讯工程学院,1982)

(5)$y'' + a^2 y = e^x + 1$,$y(0) = 0$,$y'(0) = \dfrac{1}{1 + a^2}$. (中山大学,1982)

(6)$2\cos 2x \cdot y'y'' + 2\sin 2x \cdot y'^2 = \sin 2x$,且 $y(0) = 1$,$y'(0) = 0$. (中国科技大学,1980)

(7)$yy'' = 2(y'^2 - y')$,$y(0) = 1$,$y'(0) = 2$. (同济大学,1982)

22. 求满足下列条件的函数:

(1) 若 $f'(x) + 2f(x) + 5\displaystyle\int_0^x f(x)dx + \cos 3x = 0$,且 $f(0) = f'(0) = 0$,求 $f(x)$. (成都地质学院,1984)

(2) 若 $2\displaystyle\int_0^y tf(t)dt = f(y) - y^2 - 1$,求 $f(y)$. (重庆建工学院,1985)

(3) 若 $y = y(x)$是定义在$[0, +\infty)$上的二次可微函数,且满足方程
$$y'(x) = a^2 \int_0^x y(t)dt = 2e^{ax} \quad (a \text{ 为常数})$$
及条件 $y(0) = 0$,求 $y(x)$. (中南矿冶学院,1984)

23. 若已知方程 $y'' + (x + e^{2y})y'^3 = 0$,(1)若把 x 看成因变量,而 y 视为自变量,方程将变为何种形式?(2)求此方程通解. (华东化工学院,1982)

24. 解初值问题 $\dfrac{dx}{dt} - 2tx + 2e^{-t^2}x^2 = 0$,$x(0) = x_0$,且求 $\lim\limits_{t \to \infty} x(t)$. (浙江大学,1984)

25. 已知函数 $y(x)$ 满足方程$(x + 1)y'' - y'$,$y(0) = 3$,$y'(0) = -2$. 试证对 $x \geqslant 0$,不等式 $\displaystyle\int_0^x y(t)\sin^{2n-2}tdt \leqslant \dfrac{4n + 1}{n(4n^2 - 1)}$ 成立,$n > 1$ 自然数. (东北工学院,1984)

26. (1)证明对微分方程 $y''+a(x)y'+b(x)y=f(x)$,作变量代换 $y=ze^{-\frac{1}{2}\int a(x)\mathrm{d}x}$ 后,所得关于 z 的方程中,不含 z 对 x 的一阶导数;(2)应用此种代换于方程 $y''+\dfrac{2}{x}+k^2y=\dfrac{A}{x}$,其中 k,A 为常数,试解之.
(华东水利学院,1980)

27. 若 $y_1(x)$ 是微分方程 $y''+P(x)y'+Q(x)y=0$ 的一个非零解,求该微分方程的通解.(北京工学院,1983)

28. 借助代换 $\begin{cases} x=\tan t \\ y=\dfrac{\mu(t)}{\cos t} \end{cases}$,其中 $|t|<\dfrac{\pi}{2}$,试求微分方程 $(1+x^2)y''=y$ 满足 $y(0)=0$,$y'(0)=1$ 的特解.(天津大学,1981)

29. 作变换 $t=\tan x$,把微分方程 $\cos^4 x\cdot y''+2\cos^2 x(1-\sin x\cos x)y'+y=\tan x$ 变成 y 关于 t 的微分方程,且求原来微分方程的通解.(浙江大学,1982)

30. 已知 $y=x$ 是齐次线性微分方程 $x^2y''-(x+2)(xy'-y)=0$ 的解,求非齐次线性微分方程 $x^2y''-(x+2)(xy'-y)=x^4$ 的通解.(同济大学,1983)

31. 已知 $\displaystyle\sum_{n=0}^{\infty}\dfrac{x^{4n}}{(4n)!}$.(1)证明该级数满足关系式 $y^{(4)}=y$;(2)求此级数的和函数.(上海工业大学,1982)

32. 试证幂级数 $x+\dfrac{x^3}{3!}+\dfrac{x^5}{5!}+\cdots+\dfrac{x^{2n+1}}{(2n+1)!}+\cdots$ 在其收敛域的和函数 $y(x)$,满足微分方程 $y'+y=e^x$,且求此幂级数的和函数.(苏州丝绸工学院,1984)

33. 用幂级数方法解方程 $y''+y=0$,且 $y(0)=0$,$y'(0)=1$.(华北电力学院,1980)

34. 设函数 $\varphi=f(r)$(其中 $r=\sqrt{x^2+y^2}$)有连续二阶偏导数,且满足方程:$\dfrac{\partial^2\varphi}{\partial x^2}+\dfrac{\partial^2\varphi}{\partial y^2}=0$,求 $f(r)$.
(华南工学院,1980)

35. 设函数 $u=u(x,y,z)=f(r)$(其中 $r=\sqrt{x^2+y^2+z^2}$),满足
$$\dfrac{\partial^2 u}{\partial x^2}+\dfrac{\partial^2 u}{\partial y^2}+\dfrac{\partial^2 u}{\partial z^2}=\left(\dfrac{\partial^2 u}{\partial x^2}\right)^2+\left(\dfrac{\partial^2 u}{\partial y^2}\right)^2+\left(\dfrac{\partial^2 u}{\partial z^2}\right)^2$$
试求函数 $u(x,y,z)$.(华东水利学院,1982)

36. (1)求 $x^{(4)}+10x''+9x=\cos(2t+3)$ 的通解.(陕西机械学院,1982)
(2)求 $x^4y^{(4)}+3x^2y''-7xy'+8y=0$ 的通解.(西北大学,1982)

37. 写出微分方程 $\dfrac{1}{\sin\theta}\dfrac{\mathrm{d}}{\mathrm{d}\theta}\left(\sin\theta\dfrac{\mathrm{d}\Theta}{\mathrm{d}\theta}\right)+6\Theta(\theta)=0$ 的一个特解.(中国科学院,1982)

38. 设 $y_1(t),y_2(t),y_3(t)$ 都是非齐次线性微分方程 $y''+a(t)y'+b(t)y=f(t)$ 的特解(其中 $a(t)$,$b(t)$,$f(t)$ 为已知函数),且 $\dfrac{y_2(t)-y_1(t)}{y_3(t)-y_1(t)}\neq$ 常数.求证 $y(t)=(1-c_1-c_2)y_1(t)+c_1y_2(t)+c_2y_3(t)$(其中 c_1,c_2 为任意常数)是该方程的通解.(华东工程学院,1979)

39. 求下列微分方程组的通解.

(1) $\begin{cases} \dfrac{\mathrm{d}y_1}{\mathrm{d}x}=-7y_1+y_2 \\ \dfrac{\mathrm{d}y_2}{\mathrm{d}x}=-2y_1-5y_2 \end{cases}$.(清华大学,1982)

(以下诸题中 x,y 均为 t 的函数)

(2) $\begin{cases} \dot{x}=3x+8y \\ \dot{y}=-x-3y \end{cases}$.(北京师范大学,1983)

(3) $\begin{cases} \dot{x}=3x-2y+\sin t \\ \dot{y}=5x-3y \end{cases}$. (东北工学院,1981)

(4) $\begin{cases} \dot{x}=x-5y+\cos 2t \\ \dot{y}=x-y \end{cases}$. (中国科技大学,1982)

(5) $\begin{cases} \ddot{x}+2\dot{y}-x=0 \\ \dot{x}+y=0 \end{cases}$. (北京轻工业学院,1982)

(6) $\begin{cases} \dot{x}=y \\ \dot{y}=x+\cos t \\ x(0)=y(0)=1 \end{cases}$. (东北工学院,1983)

40. 已知曲线在第一象限,且曲线上任意点处的切线和过切点垂直于 Ox 轴的直线所围成的梯形面积等于常数 k^2,又曲线过点(k,k),试求曲线方程. (东北重型机械学院,1982)

41. 试求一曲线,已知其曲率 $k=\dfrac{1}{2y^2\cos\theta}$,$\theta$ 为切线倾角,且知曲线在$(1,1)$处切线与 Ox 轴平行. (南京航空学院,1982)

42. 试求一曲线使由切线在坐标轴上的截距 X 和 Y 所构成的矩形面积四倍于由切点处的横坐标 x 与纵坐标 y 所构成的矩形面积. (兰州大学,1982)

43. 试在第一象限中求曲线方程 $y=f(x)$,使从这条曲线上的任一点 C 所作纵轴的垂线(垂足为 B)与纵轴和曲线本身所包围的面积 $S_{曲边三角形ABC}$ 等于矩形 $OBCD$ 面积的三分之一(其中 O 为坐标原点,A 为曲线与纵轴的交点,D 为自 C 向横轴所作垂线之垂足). (南京工学院,1982)

44. 今有连接两点 $A(0,1)$,$B(1,0)$ 的一条曲线,它位于弦 AB 的上方,又设 $P(x,y)$ 为曲线上任一点,已知曲线与弦 AP 之间的面积为 x^3,求曲线的方程. (西安交通大学,1982)

45. 确定这样一些曲线使直角三角形 PQT(图7)有一固定面积 α(TP 是过曲线上任一点 P 的切线). (兰州大学,1982)

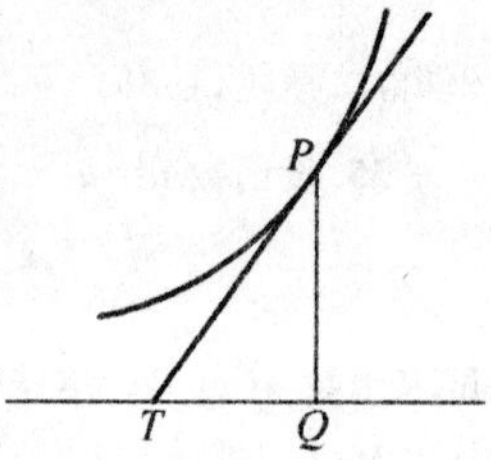

46. 已知曲线的切线和曲线的矢径相交角为 $\dfrac{\pi}{4}$,求此曲线. (上海海运学院,1980)

47. 设过曲线上任一点 $M(x,y)$ 的切线 MT 与坐标原点到此点的连线(向径)OM 相交成定角 ω,求此曲线方程. (湖南大学,1983)

图7

48. 试求曲线 $y=f(x)$,使其倾角 α 满足条件 $\cos 2\alpha=x$. (国防科技大学,1983)

49. 求曲线,使其上任一点到原点的距离等于该点之切线在 x 轴上的截距. (华中工学院,1980)

50. 一段曲线与两端点的向径所围成的曲边扇形面积的值等于这段弧值的一半,求此曲线方程. (1980 年一机部出国进修生选拔试题)

51. 已知曲线 $yy''-y'^2=0$ 的一条积分曲线通过$(0,1)$点,且在该点与直线 $y=2x+1$ 相切,求该曲线方程. (北京工业大学,1980)

52. 设一曲线过点 $M(1,2)$ 且具有下列性质:从原点到此曲线上任一点的法线的垂直距离,在数值上总是等于该点的纵坐标,求此曲线方程. (北京航空学院,1980)

53. 问满足方程 $y''+y'-2y'=0$ 的哪一条积分曲线通过$(0,-5)$点,且在这点有倾角为 arctan 3 的切线且曲率为 0? (上海机械学院,1980)

54. 问满足方程 $y^{(4)}=a^2y''$ 的哪一条积分曲线在原点的邻近近似于曲线 $y=x^3$? (北京工业学院,1982)

55. 一曲线通过 A,B 两点,使其界于 A,B 之间的曲线围绕 Ox 轴旋转,使得旋转体的表面积最小.

试证明此曲线方程适合 $1+y'^2-yy''=0$,并解此方程.(昆明工学院,1982)

56. 一质点从原点出发,沿坐标轴正向作直线运动,经时间 T 停止运动,所经路程为 S,若经时间 t 质点位移为 $s(t)$,就有

$$s(0)=0, s'(0)=0, s(T)=s, s'(T)=0$$

试证质点在某一时刻的加速度的绝对值不小于 $\dfrac{4s}{T^2}$.(无锡轻工业学院,1982)

57. 一质量为 m 的质点,以初速度为 v_0 铅直上抛,空气阻力为 kv^2(常数 $k>0$),求到达最高点的时间.(太原工学院,1980)

58. 一个质点徐徐地沉入液体,液体的阻力与下沉的速度成正比,求该质点的运动规律.(山东化工学院,1980)

59. 设一河宽为 l m,河中各点的水流速度方向与河岸平行,且大小与该点和两岸的距离乘积成正比(设比例常数为 1).一渡船以恒速 v_0 向对岸行驶,求该船的实际航行路线和到达对岸的地点.(山东大学,1982)

60. 位于坐标原点的我舰向位于 Ox 轴上 A 点处的敌舰发射制导鱼雷,使鱼雷永远对准敌舰.设敌舰以最大速度 v_0 沿平行于 Oy 轴方向直线行驶,而鱼雷速度为 $5v_0$,求鱼雷航迹的曲线方程.又敌舰行多远时,将被鱼雷击中?(为计算便利起见,设 $|OA|=1$).(天津大学,1981)

61. 设有长为 l 的弹簧,其上端固定.用五个质量均为 m 的重物同时挂于弹簧的下端,使弹簧伸长了 $5a$.今突然取出其中一重物,使弹簧由静止状态开始振动,若不计弹簧本身重量,求所挂重物的运动规律.(福州大学,1979;上海机械学院,1982)

62. 若方程 $\ddot{x}+c\dot{x}+x=0$ 表示弹簧运动.(1)问对什么样的 c,运动是振荡的?(2)当 $c=1$ 时,求 $x(t)$ 使得当 $t\approx 0$ 时,$x(t)\approx 2$;(3)当 $c=1$ 时,且 $x(0)=A,\dot{x}(0)=-\dfrac{A}{2}$,问大约经过多少次振荡能使振幅小于 $\dfrac{A}{10^5}$.(注:$\ln 10\approx 2.3$)(清华大学,1980)

本书是吴先生在数学工作室出版的系列著作中的一部,原本准备两卷合一,但因篇幅过大印刷有一定难度所以分成两卷.篇幅之大,当为此类书之观止.

笔者与吴先生是老朋友了,每次去天津必去讨扰,听吴先生谈古论今是一种享受.作者王朔在为海岩的小说《海誓山盟》所写的序中写道:"我想序就是作者信任的第一个读者的读后感吧,好话要说,批评的话也要有点,假装公允,就是这类文体的通例."笔者作为本书的策划编辑当然是第一个读者,所以编辑手记也应按此套路,不过考虑到本书优点如此明显且读者眼睛又是雪亮的,所以先说点不足:

一是在试题的解法选择上不够多样化,有一些更为简捷的方法没被收集到书中.

如 P550 页中的例 2:

设函数 $f(x)$ 在区间 $(-\infty, +\infty)$ 上可导,且对任何实数 a, b 均有 $f(a+b) = e^a f(b) + e^b f(a)$,又已知 $f'(0) = e$. 试求 $f'(x)$ 及 $f(x)$.

此题是 1983 年西安交通大学和 1984 年北京化工学院的硕士研究生招生试题,在本书中出现过两次,但给出的解法都是基于导数的定义,其实此题还有一个更好的解法是基于柯西方程的,因为它可通过两边同除以 e^{a+b} 得

$$\frac{f(a+b)}{\mathrm{e}^{a+b}} = \frac{f(b)}{\mathrm{e}^b} + \frac{f(a)}{\mathrm{e}^a}$$

设 $g(x) = \dfrac{f(x)}{\mathrm{e}^x}$，则原方程可变为

$$g(a+b) = g(a) + g(b)$$

则由柯西方程知 $g(x) = g'(0)x$，则 $f(x) = \mathrm{e}^{x+1}x$.

这种方法还可以解决本书 P101 中的例 6：

已知 $f(x)$ 在数轴上处处有定义，且 $f'(0)$ 存在，又对任何 x, ξ，恒有 $f(x+\xi) = f(x) + f(\xi) + 2x\xi$，试求出 $f(x)$.

这是 1982 年南京航空学院招收硕士研究生的试题.

在本书中也是用导数方法，其实将方程两端同加上 $-x^2 - \xi^2$ 后，原方程可变为

$$f(x+\xi) - (x+\xi)^2 = [f(x) - x^2] + [f(\xi) - \xi^2]$$

这样只需令 $g(x) = f(x) - x^2$. 即可得柯西方程

$$g(x+\xi) = g(x) + g(\xi)$$

其解是已知的. 这种把许多貌似不同的题目归到一个共同的来源可以使学生以不变应万变，节约大脑空间.

其次，还有个别问题虽给出多种解法但并没给出最简解法，如 P183 例 13：

令 $a_1, a_2, \cdots, a_n$ 和 $b_1, b_2, \cdots, b_n$ 都是非负实数，证明

$$(a_1 a_2 \cdots a_n)^{\frac{1}{n}} + (b_1 b_2 \cdots b_n)^{\frac{1}{n}} \leqslant$$
$$((a_1 + b_1)(a_2 + b_2) \cdots (a_n + b_n))^{\frac{1}{n}}$$

此题是 2003 年美国普特南竞赛试题. 本书一共给出了两种证法：一种是利用初等对称函数，另一种是利用 Jensen 不等式.

其实本题有一个更为"初等"的证法：因为 $a_i, b_i \in \mathbf{R}^+$，则不等式等价于

$$\left(\prod_{i=1}^{n} \frac{a_i}{a_i + b_i} \right)^{\frac{1}{n}} + \left(\prod_{i=1}^{n} \frac{b_i}{a_i + b_i} \right)^{\frac{1}{n}} \leqslant 1$$

由均值不等式

$$\sqrt{\frac{a_1}{a_1 + b_1} \cdot \frac{a_2}{a_2 + b_2} \cdot \cdots \cdot \frac{a_n}{a_n + b_n}} \leqslant$$
$$\frac{1}{n} \left(\frac{a_1}{a_1 + b_1} + \frac{a_2}{a_2 + b_2} + \cdots + \frac{a_n}{a_n + b_n} \right)$$

$$\sqrt{\frac{b_1}{a_1 + b_1} \cdot \frac{b_2}{a_2 + b_2} \cdot \cdots \cdot \frac{b_n}{a_n + b_n}} \leqslant$$
$$\frac{1}{n} \left(\frac{b_1}{a_1 + b_1} + \frac{b_2}{a_2 + b_2} + \cdots + \frac{b_n}{a_n + b_n} \right)$$

相加即得，等号当且仅当 $a_k = \lambda(a_k + b_k)$ 且 $b_k = \mu(a_k + b_k)$ 即 $a_k = t b_k$（常数 $t > 0, k = 1, 2, \cdots, n$）时成立.

这个不等式早在中学广为流传（被称为闵可夫斯基不等式），并被应用来解决如下一类极值问题：

题 1 设 $x, y \in \mathbf{R}^+$，且 $x + y = 1, a, b$ 为正常数，$n \in \mathbf{N}^+$.

求：$\min\left(\dfrac{a}{x^n}+\dfrac{b}{y^n}\right)$.

解 由题设知

$$\dfrac{a}{x^n}+\dfrac{b}{y^n}=\underbrace{(x+y)(x+y)\cdots(x+y)}_{n\uparrow}\left(\dfrac{a}{x^n}+\dfrac{b}{y^n}\right)\geqslant$$

$$\left(\sqrt[n+1]{x^n\cdot\dfrac{a}{x^n}}+\sqrt[n+1]{y^n\cdot\dfrac{b}{y^n}}\right)^{n+1}=$$

$$(\sqrt[n+1]{a}+\sqrt[n+1]{b})^{n+1}$$

当且仅当

$$x=\dfrac{\sqrt[n+1]{a}}{\sqrt[n+1]{a}+\sqrt[n+1]{b}}$$

$$y=\dfrac{\sqrt[n+1]{b}}{\sqrt[n+1]{a}+\sqrt[n+1]{b}}$$

时不等式取等号，所以

$$\min\left(\dfrac{a}{x^n}+\dfrac{b}{y^n}\right)=(\sqrt[n+1]{a}+\sqrt[n+1]{b})$$

题 2 点 $P(a,b)$ 在第一象限内，过点 P 作一直线 l，交 x 轴和 y 轴的正半轴于 A,B 两点，O 为原点，m 为正整数，求使 PA^m+PB^m 取最小值时直线 l 的斜率 k_l.（《中等数学》2002 年 6 期）

解 作 $PC\perp x$ 轴于 C，$PD\perp y$ 轴于 D，则有 $PD=a$，$PC=b$.

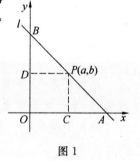

图 1

设 $\dfrac{PB}{PA}=\lambda$，由图 1 知

$$\triangle PAC\backsim\triangle BPD$$

于是

$$\dfrac{PB}{PA}=\dfrac{BD}{PC}=\dfrac{PD}{AC}=\lambda$$

$$BD=\lambda PC=\lambda b$$

由勾股定理，得

$$PB=\sqrt{BD^2+PD^2}=\sqrt{\lambda^2 b^2+a^2}$$

从而

$$PA^m+PB^m=\left(1+\dfrac{1}{\lambda^m}\right)(\sqrt{\lambda^2 b^2+a^2})^m$$

$$=1+\dfrac{1}{\lambda^m}\sqrt{(\lambda^2 b^2+a^2)^m}$$

$$=\sqrt{\dfrac{(\lambda^m+1)^2}{(\lambda^m)^2}(\lambda^2 b^2+a^2)^m}$$

$$=\sqrt{(\lambda^m+1)^2\left(\dfrac{1}{\lambda^2}a^2+b^2\right)^m}\equiv f(\lambda)$$

要求上式在 $\lambda\in\mathbf{R}^+$ 时的最小值，可直接应用上述提到的不等式

$$[f(\lambda)]^2 = (\lambda^m + 1)(\lambda^m + 1)\left(\frac{1}{\lambda^2}a^2 + b^2\right)\cdots\left(\frac{1}{\lambda^2}a^2 + b^2\right)$$

$$\geqslant \left(\sqrt[m+2]{\lambda^m \cdot \lambda^m \cdot \frac{1}{\lambda^2}a^2 \cdots \frac{1}{\lambda^2}a^2} + \sqrt[m+2]{1 \cdot 1 \cdot b^2 \cdots b^2}\right)^{m+2}$$

$$= \left(\sqrt[m+2]{a^{2m}} + \sqrt[m+2]{b^{2m}}\right)^{m+2}$$

故
$$PA^m + PB^m = f(\lambda) \geqslant \left(a^{\frac{2m}{m+2}} + b^{\frac{2m}{m+2}}\right)^{\frac{m+2}{2}}$$

此时
$$k_l = -\frac{BD}{PD} = -\frac{\lambda b}{a} = -\left(\frac{b}{a}\right)^{\frac{m}{m+2}}$$

最后需要指出的一点是本书的目标读者除了如作者预想的大学师生外,优秀的高中师生也应包括在内,因为本书的许多例题和习题都可以稍加改变就可成为重点大学自主招生试题.如前面提到的柯西方程问题在 2008 年上海交大保送生招生考试就有相应的变形:

若函数 $f(x)$ 满足 $f(x+y) = f(x) + f(y) + xy(x+y)$,$f'(0) = 1$,求函数 $f(x)$ 的解析式.

在第 23 届"希望杯"高一第 2 试试题也有类似题目:

已知函数 $f:\mathbf{R} \to \mathbf{R}$ 满足(1)$f(m+n) = f(m) + f(n) - 1$;(2)当 $x > 0$ 时,$f(x) > 1$,解答以下问题:

(1) 求证 $f(x)$ 是增函数;

(2) 若 $f(2\,012) = 6\,037$,解不等式 $f(a^2 - 8a + 13) < 4$.

此问题从中学函数角度看属抽象函数问题,但从柯西方程角度看 $f(x)$ 是很容易被求出的.只需将(1)变为

$$f(m+n) - 1 = [f(m) - 1] + [f(n) - 1]$$

设 $g(x) = f(x) - 1$,则上式变为

$$g(m+n) = g(m) + g(n)$$

则 $g(x) = cx$,故 $f(x) = cx + 1$.

由(2) 取 $x = 1$,可得 $c > 0$,则以下显然.

再例如 P90 例 4:

若 $f_n(x) = 1 + x + \dfrac{x^2}{2!} + \dfrac{x^3}{3!} + \cdots + \dfrac{x^n}{n!}$,其中 n 为自然数,求证:方程 $f_n(x)f_{n+1}(x) = 0$ 在 $(-\infty, +\infty)$ 内仅有一实根.

这个问题在 2012 年被"华约"改编为:

已知 $f_n(x) = 1 + x + \dfrac{x^2}{2!} + \cdots + \dfrac{x^n}{n!}$,$n = 1, 2, 3, \cdots$.求证:当 n 为偶数时,$f_n(x) = 0$ 无解,当 n 为奇数时,$f_n(x) = 0$ 有唯一解 x_n,且 $x_{n+2} < x_n$.

当然还有一些问题完全是高考类型的.如 P513,题 1:

从点 $P_1(1,0)$ 作 Ox 轴的垂线,交抛物线 $y = x^2$ 于点 $Q_1(1,1)$,再从 Q_1 作这条抛物线的切线与 Ox 轴交于 P_2;然后又从 P_2 作 Ox 轴的垂线,交抛物线于 Q_2,依次重复上述过程得到一系列的点 $P_1, Q_1; P_2, Q_2; \cdots; P_n, Q_n; \cdots\cdots$

(1) 求 $\overline{OP_n}$;

(2) 求级数 $\overline{Q_1P_1}+\overline{Q_2P_2}+\cdots+\overline{Q_nP_n}+\cdots$ 的和,其中 $n(n\geqslant 1)$ 为自然数,而 $\overline{M_1M_2}$ 表示点 M_1 与 M_2 之间的距离.

此题无论从什么角度看当成高考试题都十分恰当,只需将"级数"一词改为"无穷数列"即可,近年由于各地高考自主命题增多,命题的水准也有所下降,借鉴成题,略加改编是一个不错的选择.

在别人的大作之后啰嗦了这么多,颇有狗尾续貂之嫌,毕竟只是一孔之见.

曾国藩有言:"知书籍之多而吾所见者寡,则不敢以一得自喜;知世变之多而吾所办者少,则不敢以功名自矜."

当以此共勉.

刘培杰
2013 年 4 月 22 日
于哈工大

哈尔滨工业大学出版社刘培杰数学工作室
已出版(即将出版)图书目录

书　　名	出 版 时 间	定　价	编号
新编中学数学解题方法全书(高中版)上卷	2007—09	38.00	7
新编中学数学解题方法全书(高中版)中卷	2007—09	48.00	8
新编中学数学解题方法全书(高中版)下卷(一)	2007—09	42.00	17
新编中学数学解题方法全书(高中版)下卷(二)	2007—09	38.00	18
新编中学数学解题方法全书(高中版)下卷(三)	2010—06	58.00	73
新编中学数学解题方法全书(初中版)上卷	2008—01	28.00	29
新编中学数学解题方法全书(初中版)中卷	2010—07	38.00	75
新编平面解析几何解题方法全书(专题讲座卷)	2010—01	18.00	61
数学眼光透视	2008—01	38.00	24
数学思想领悟	2008—01	38.00	25
数学应用展观	2008—01	38.00	26
数学建模导引	2008—01	28.00	23
数学方法溯源	2008—01	38.00	27
数学史话览胜	2008—01	28.00	28
从毕达哥拉斯到怀尔斯	2007—10	48.00	9
从迪利克雷到维斯卡尔迪	2008—01	48.00	21
从哥德巴赫到陈景润	2008—05	98.00	35
从庞加莱到佩雷尔曼	2011—08	138.00	136
从比勃巴赫到德·布朗斯	即将出版		
数学解题中的物理方法	2011—06	28.00	114
数学解题的特殊方法	2011—06	48.00	115
中学数学计算技巧	2012—01	48.00	116
三角形中的角格点问题	2013—01	88.00	207
中学数学证明方法	2012—01	58.00	117
数学趣题巧解	2012—03	28.00	128
含参数的方程和不等式	2012—09	28.00	213
数学奥林匹克与数学文化(第一辑)	2006—05	48.00	4
数学奥林匹克与数学文化(第二辑)(竞赛卷)	2008—01	48.00	19
数学奥林匹克与数学文化(第二辑)(文化卷)	2008—07	58.00	34
数学奥林匹克与数学文化(第三辑)(竞赛卷)	2010—01	48.00	59
数学奥林匹克与数学文化(第四辑)(竞赛卷)	2011—08	58.00	87

哈尔滨工业大学出版社刘培杰数学工作室
已出版(即将出版)图书目录

书　名	出版时间	定　价	编号
发展空间想象力	2010—01	38.00	57
走向国际数学奥林匹克的平面几何试题诠释(上、下)(第1版)	2007—01	68.00	11,12
走向国际数学奥林匹克的平面几何试题诠释(上、下)(第2版)	2010—02	98.00	63,64
平面几何证明方法全书	2007—08	35.00	1
平面几何证明方法全书习题解答(第1版)	2005—10	18.00	2
平面几何证明方法全书习题解答(第2版)	2006—12	18.00	10
平面几何天天练上卷·基础篇(直线型)	2013—01	58.00	208
平面几何天天练中卷·基础篇(涉及圆)	2013—01	28.00	234
平面几何天天练下卷·提高篇	2013—01	58.00	237
最新世界各国数学奥林匹克中的平面几何试题	2007—09	38.00	14
数学竞赛平面几何典型题及新颖解	2010—07	48.00	74
初等数学复习及研究(平面几何)	2008—09	58.00	38
初等数学复习及研究(立体几何)	2010—06	38.00	71
初等数学复习及研究(平面几何)习题解答	2009—01	48.00	42
世界著名平面几何经典著作钩沉——几何作图专题卷(上)	2009—06	48.00	49
世界著名平面几何经典著作钩沉——几何作图专题卷(下)	2011—01	88.00	80
世界著名平面几何经典著作钩沉(民国平面几何老课本)	2011—03	38.00	113
世界著名数论经典著作钩沉(算术卷)	2012—01	28.00	125
世界著名数学经典著作钩沉——立体几何卷	2011—02	28.00	88
世界著名三角学经典著作钩沉(平面三角卷Ⅰ)	2010—06	28.00	69
世界著名三角学经典著作钩沉(平面三角卷Ⅱ)	2011—01	28.00	78
世界著名初等数论经典著作钩沉(理论和实用算术卷)	2011—07	38.00	126
几何学教程(平面几何卷)	2011—03	68.00	90
几何学教程(立体几何卷)	2011—07	68.00	130
几何变换与几何证题	2010—06	88.00	70
几何瑰宝——平面几何500名题暨1000条定理(上、下)	2010—07	138.00	76,77
三角形的解法与应用	2012—07	18.00	183
近代的三角形几何学	2012—07	48.00	184
一般折线几何学	即将出版	58.00	203
三角形的五心	2009—06	28.00	51
三角形趣谈	2012—08	28.00	212
俄罗斯平面几何问题集	2009—08	88.00	55
俄罗斯平面几何5000题	2011—03	58.00	89
俄罗斯初等数学万题选——三角卷	2012—11	38.00	222
计算方法与几何证题	2011—06	28.00	129

哈尔滨工业大学出版社刘培杰数学工作室

已出版(即将出版)图书目录

书　　名	出版时间	定　价	编号
463个俄罗斯几何老问题	2012—01	28.00	152
近代欧氏几何学	2012—03	48.00	162
罗巴切夫斯基几何学及几何基础概要	2012—07	28.00	188
超越吉米多维奇——数列的极限	2009—11	48.00	58
Barban Davenport Halberstam 均值和	2009—01	40.00	33
初等数论难题集(第一卷)	2009—05	68.00	44
初等数论难题集(第二卷)(上、下)	2011—02	128.00	82,83
谈谈素数	2011—03	18.00	91
平方和	2011—03	18.00	92
数论概貌	2011—03	18.00	93
代数数论	2011—03	48.00	94
初等数论的知识与问题	2011—02	28.00	95
超越数论基础	2011—03	28.00	96
数论初等教程	2011—03	28.00	97
数论基础	2011—03	18.00	98
解析数论基础	2012—08	28.00	216
数论入门	2011—03	38.00	99
数论开篇	2012—07	28.00	194
解析数论引论	2011—03	48.00	100
无穷分析引论(上)	2013—04	88.00	247
无穷分析引论(下)	2013—04	98.00	245
数学分析中的一个新方法及其应用	2013—01	38.00	231
数学分析例选:通过范例学技巧	2013—01	88.00	243
三角级数论(上册)	2013—01	38.00	232
三角级数论(下册)	2013—01	48.00	233
基础数论	2011—03	28.00	101
超越数	2011—03	18.00	109
三角和方法	2011—03	18.00	112
谈谈不定方程	2011—05	28.00	119
整数论	2011—05	38.00	120
随机过程(Ⅰ)	2012—12	78.00	224
随机过程(Ⅱ)	2013—01	68.00	235
整数的性质	2012—11	38.00	192
初等数论100例	2011—05	18.00	122
初等数论经典例题	2012—07	18.00	204
最新世界各国数学奥林匹克中的初等数论试题(上、下)	2012—01	138.00	144,145
算术探索	2011—12	158.00	148

哈尔滨工业大学出版社刘培杰数学工作室
已出版(即将出版)图书目录

书　名	出版时间	定　价	编号
初等数论(Ⅰ)	2012—01	18.00	156
初等数论(Ⅱ)	2012—01	18.00	157
初等数论(Ⅲ)	2012—01	28.00	158
组合数学浅谈	2012—03	28.00	159
同余理论	2012—05	38.00	163
丢番图方程引论	2012—03	48.00	172
平面几何与数论中未解决的新老问题	2013—01	68.00	229
历届 IMO 试题集(1959—2005)	2006—05	58.00	5
历届 CMO 试题集	2008—09	28.00	40
历届加拿大数学奥林匹克试题集	2012—08	38.00	215
历届美国数学奥林匹克试题集:多解推广加强	2012—08	38.00	209
历届国际大学生数学竞赛试题集(1994—2010)	2012—01	28.00	143
全国大学生数学夏令营数学竞赛试题及解答	2007—03	28.00	15
全国大学生数学竞赛辅导教程	2012—07	28.00	189
历届美国大学生数学竞赛试题集	2009—03	88.00	43
前苏联大学生数学奥林匹克竞赛题解(上编)	2012—04	28.00	169
前苏联大学生数学奥林匹克竞赛题解(下编)	2012—04	38.00	170
整函数	2012—08	18.00	161
俄罗斯初等数学问题集	2012—05	38.00	177
俄罗斯函数问题集	2011—03	38.00	103
俄罗斯组合分析问题集	2011—01	48.00	79
博弈论精粹	2008—03	58.00	30
多项式和无理数	2008—01	68.00	22
模糊数据统计学	2008—03	48.00	31
模糊分析学与特殊泛函空间	2013—01	68.00	241
受控理论与解析不等式	2012—05	78.00	165
解析不等式新论	2009—06	68.00	48
反问题的计算方法及应用	2011—11	28.00	147
建立不等式的方法	2011—03	98.00	104
数学奥林匹克不等式研究	2009—08	68.00	56
不等式研究(第二辑)	2012—02	68.00	153
初等数学研究(Ⅰ)	2008—09	68.00	37
初等数学研究(Ⅱ)(上、下)	2009—05	118.00	46,47
中国初等数学研究　2009 卷(第 1 辑)	2009—05	20.00	45
中国初等数学研究　2010 卷(第 2 辑)	2010—05	30.00	68
中国初等数学研究　2011 卷(第 3 辑)	2011—07	60.00	127
中国初等数学研究　2012 卷(第 4 辑)	2012—07	48.00	190

哈尔滨工业大学出版社刘培杰数学工作室
已出版(即将出版)图书目录

书　　名	出版时间	定　价	编号
数阵及其应用	2012—02	28.00	164
绝对值方程—折边与组合图形的解析研究	2012—07	48.00	186
不等式的秘密(第一卷)	2012—02	28.00	154
初等不等式的证明方法	2010—06	38.00	123
数学奥林匹克不等式散论	2010—06	38.00	124
数学奥林匹克不等式欣赏	2011—09	38.00	138
数学奥林匹克超级题库(初中卷上)	2010—01	58.00	66
数学奥林匹克不等式证明方法和技巧(上、下)	2011—08	158.00	134,135
近代拓扑学研究	2013—04	38.00	239
500个最新世界著名数学智力趣题	2008—06	48.00	3
新编640个世界著名数学智力趣题	2013—02	88.00	242
400个最新世界著名数学最值问题	2008—09	48.00	36
500个世界著名数学征解问题	2009—06	48.00	52
400个中国最佳初等数学征解老问题	2010—01	48.00	60
500个俄罗斯数学经典老题	2011—01	28.00	81
1000个国外中学物理好题	2012—04	48.00	174
300个日本高考数学题	2012—05	38.00	142
500个前苏联早期高考数学试题及解答	2012—05	28.00	185

书　　名	出版时间	定　价	编号
数学 我爱你	2008—01	28.00	20
精神的圣徒　别样的人生——60位中国数学家成长的历程	2008—09	48.00	39
数学史概论	2009—06	78.00	50
斐波那契数列	2010—02	28.00	65
数学拼盘和斐波那契魔方	2010—07	38.00	72
斐波那契数列欣赏	2011—01	28.00	160
数学的创造	2011—02	48.00	85
数学中的美	2011—02	38.00	84

书　　名	出版时间	定　价	编号
最新全国及各省市高考数学试卷解法研究及点拨评析	2009—02	38.00	41
高考数学的理论与实践	2009—08	38.00	53
中考数学专题总复习	2007—04	28.00	6
向量法巧解数学高考题	2009—08	28.00	54
新编中学数学解题方法全书(高考复习卷)	2010—01	48.00	67
新编中学数学解题方法全书(高考真题卷)	2010—01	38.00	62
新编中学数学解题方法全书(高考精华卷)	2011—03	68.00	118

哈尔滨工业大学出版社刘培杰数学工作室
已出版(即将出版)图书目录

书 名	出版时间	定 价	编号
高考数学核心题型解题方法与技巧	2010—01	28.00	86
数学解题——靠数学思想给力(上)	2011—07	38.00	131
数学解题——靠数学思想给力(中)	2011—07	48.00	132
数学解题——靠数学思想给力(下)	2011—07	38.00	133
我怎样解题	2013—01	48.00	227
2011年全国及各省市高考数学试题审题要津与解法研究	2011—10	48.00	139
全国中考数学压轴题审题要津与解法研究	2013—04	78.00	248
新课标高考数学——五年试题分章详解(2007~2011)(上、下)	2011—10	78.00	140,141
30分钟拿下高考数学选择题、填空题	2012—01	48.00	146
高考数学压轴题解题诀窍(上)	2012—02	78.00	166
高考数学压轴题解题诀窍(下)	2012—03	28.00	167
格点和面积	2012—07	18.00	191
射影几何趣谈	2012—04	28.00	175
斯潘纳尔引理——从一道加拿大数学奥林匹克试题谈起	2012—12	18.00	228
李普希兹条件——从几道近年高考数学试题谈起	2012—10	18.00	221
拉格朗日中值定理——从一道北京高考试题的解法谈起	2012—10	18.00	197
闵科夫斯基定理——从一道清华大学自主招生试题谈起	2012—10	18.00	198
哈尔测度——从一道冬令营试题的背景谈起	2012—08	28.00	202
切比雪夫逼近问题——从一道中国台北数学奥林匹克试题谈起	2013—04	38.00	238
伯恩斯坦多项式与贝齐尔曲面——从一道全国高中数学联赛试题谈起	2013—03	38.00	236
卡塔兰猜想——从一道普特南竞赛试题谈起	即将出版		
麦卡锡函数和阿克曼函数——从一道前南斯拉夫数学奥林匹克试题谈起	2012—08	18.00	201
贝蒂定理与拉姆贝克莫斯尔定理——从一个拣石子游戏谈起	2012—08	18.00	217
皮亚诺曲线和豪斯道夫分球定理——从无限集谈起	2012—08	18.00	211
平面凸图形与凸多面体	2012—10	28.00	218
斯坦因豪斯问题——从一道二十五省市自治区中学数学竞赛试题谈起	2012—07	18.00	196
纽结理论中的亚历山大多项式与琼斯多项式——从一道北京市高一数学竞赛试题谈起	2012—07	28.00	195
原则与策略——从波利亚"解题表"谈起	2013—04	38.00	244
转化与化归——从三大尺规作图不能问题谈起	2012—08	28.00	214

哈尔滨工业大学出版社刘培杰数学工作室
已出版(即将出版)图书目录

书　　名	出版时间	定　价	编号
代数几何中的贝祖定理——从一道IMO试题的解法谈起	2012－07	18.00	193
成功连贯理论与约当块理论——从一道比利时数学竞赛试题谈起	2012－04	18.00	180
磨光变换与范·德·瓦尔登猜想——从一道环球城市竞赛试题谈起	即将出版		
素数判定与大数分解	2012－08	18.00	199
置换多项式及其应用	2012－10	18.00	220
许瓦兹引理——从一道西德1981年数学奥林匹克试题谈起	即将出版		
椭圆函数与模函数——从一道美国加州大学洛杉矶分校(UCLA)博士资格考题谈起	2012－10	38.00	219
差分方程的拉格朗日方法——从一道2011年全国高考理科试题的解法谈起	2012－08	28.00	200
拉姆塞定理——从王诗宬院士的一个问题谈起	即将出版		
力学在几何中的一些应用	2013－01	38.00	240
高斯散度定理、斯托克斯定理和平面格林定理——从一道国际大学生数学竞赛试题谈起	即将出版		
康托洛维奇不等式——从一道全国高中联赛试题谈起	即将出版		
西格尔引理——从一道第18届IMO试题的解法谈起	即将出版		
罗斯定理——从一道前苏联数学竞赛试题谈起	即将出版		
拉克斯定理和阿廷定理——从一道IMO试题的解法谈起	2013－04	58.00	246
毕卡大定理——从一道美国大学数学竞赛试题谈起	即将出版		
贝齐尔曲线——从一道全国高中联赛试题谈起	即将出版		
拉格朗日乘子定理——从一道2005年全国高中联赛试题谈起	即将出版		
雅可比定理——从一道日本数学奥林匹克试题谈起	2013－04	48.00	249
李天岩－约克定理——从一道波兰数学竞赛试题谈起	即将出版		
整系数多项式因式分解的一般方法——从克朗耐克算法谈起	即将出版		
布劳维不动点定理——从一道美国数学奥林匹克试题谈起	即将出版		
压缩不动点定理——从一道高考数学试题的解法谈起	即将出版		
伯恩赛德定理——从一道英国数学奥林匹克试题谈起	即将出版		
布查特－莫斯特定理——从一道上海市初中竞赛试题谈起	即将出版		
数论中的同余数问题——从一道普特南竞赛试题谈起	即将出版		
范·德蒙行列式——从一道美国数学奥林匹克试题谈起	即将出版		

哈尔滨工业大学出版社刘培杰数学工作室
已出版(即将出版)图书目录

书　　名	出版时间	定　价	编号
中国剩余定理——从一道美国数学奥林匹克试题的解法谈起	即将出版		
牛顿程序与方程求根——从一道全国高考试题解法谈起	即将出版		
库默尔定理——从一道IMO预选试题谈起	即将出版		
卢丁定理——从一道冬令营试题的解法谈起	即将出版		
沃斯滕霍姆定理——从一道IMO预选试题谈起	即将出版		
卡尔松不等式——从一道莫斯科数学奥林匹克试题谈起	即将出版		
信息论中的香农熵——从一道近年高考压轴题谈起	即将出版		
约当不等式——从一道希望杯竞赛试题谈起	即将出版		
拉比诺维奇定理	即将出版		
刘维尔定理——从一道《美国数学月刊》征解问题的解法谈起	即将出版		
卡塔兰恒等式与级数求和——从一道IMO试题的解法谈起	即将出版		
勒让德猜想与素数分布——从一道爱尔兰竞赛试题谈起	即将出版		
天平称重与信息论——从一道基辅市数学奥林匹克试题谈起	即将出版		
艾思特曼定理——从一道CMO试题的解法谈起	即将出版		
一个爱尔特希问题——从一道西德数学奥林匹克试题谈起	即将出版		
有限群中的爱丁格尔问题——从一道北京市初中二年级数学竞赛试题谈起	即将出版		
贝克码与编码理论——从一道全国高中联赛试题谈起	即将出版		
中等数学英语阅读文选	2006—12	38.00	13
统计学专业英语	2007—03	28.00	16
统计学专业英语(第二版)	2012—07	48.00	176
幻方和魔方(第一卷)	2012—05	68.00	173
尘封的经典——初等数学经典文献选读(第一卷)	2012—07	48.00	205
尘封的经典——初等数学经典文献选读(第二卷)	2012—07	38.00	206
实变函数论	2012—06	78.00	181
非光滑优化及其变分分析	2013—01	48.00	230
初等微分拓扑学	2012—07	18.00	182
方程式论	2011—03	38.00	105
初级方程式论	2011—03	28.00	106
Galois 理论	2011—03	18.00	107
古典数学难题与伽罗瓦理论	2012—11	58.00	223
代数方程的根式解及伽罗瓦理论	2011—03	28.00	108

哈尔滨工业大学出版社刘培杰数学工作室
已出版(即将出版)图书目录

书 名	出版时间	定 价	编号
线性偏微分方程讲义	2011—03	18.00	110
N 体问题的周期解	2011—03	28.00	111
代数方程式论	2011—05	28.00	121
动力系统的不变量与函数方程	2011—07	48.00	137
基于短语评价的翻译知识获取	2012—02	48.00	168
应用随机过程	2012—04	48.00	187
矩阵论(上)	2013—06	58.00	250
矩阵论(下)	2013—06	48.00	251
三角级数论(哈代)	2013—06	48.00	254
圆锥曲线习题集(上)	2013—06	68.00	255
闵嗣鹤文集	2011—03	98.00	102
吴从炘数学活动三十年(1951～1980)	2010—07	99.00	32

书 名	出版时间	定 价	编号
吴振奎高等数学解题真经(概率统计卷)	2012—01	38.00	149
吴振奎高等数学解题真经(微积分卷)	2012—01	68.00	150
吴振奎高等数学解题真经(线性代数卷)	2012—01	58.00	151
高等数学解题全攻略(上卷)	2013—06	58.00	252
高等数学解题全攻略(下卷)	2013—06	58.00	253
钱昌本教你快乐学数学(上)	2011—12	48.00	155
钱昌本教你快乐学数学(下)	2012—03	58.00	171

联系地址:哈尔滨市南岗区复华四道街 10 号　哈尔滨工业大学出版社刘培杰数学工作室

网　　址:http://lpj.hit.edu.cn/

邮　　编:150006

联系电话:0451—86281378　　13904613167

E-mail:lpj1378@163.com